名品 산림기사·산업기사

10개년 과년도, CBT 모의고사

2026 최신개정

권현준 저

과년도 필기

BEST 명품강의 보러가기
www.kisa.co.kr

실시간 카톡문의
@kisa
1544-8509

자격시험안내

1. 개요

산에 나무를 심는 것 뿐만 아니라 산에 자라는 나무를 효율적으로 관리하여 산림자원을 보호 또한 부대시설인 임도의 개설, 사방ㆍ수문ㆍ벌출ㆍ기계화ㆍ측량분야 등 산림의 공학적 분야에 대한 이해를 전제로 경제적이고 합리적인 임업경영을 수행하면, 인간의 생활환경에 알맞는 산림의 공익적 기능을 발휘될 수 있다. 산림의 공학적 분야를 총괄적으로 이해한 산림 전문가가 산림자원을 효율적이고 합리적으로 개발할 수 있도록 도모하기 위해 자격제도를 제정.

2. 시행기관 및 원서접수

한국산업인력공단(www.q-net.or.kr)

3. 수행직무

산림과 관련한 기술이론 지식을 가지고 영림계획편성, 경영분석, 산림휴양시설의 설계 및 관리 등의 기술업무를 수행 및 산림실무의 사방설계 및 시공, 임도설계, 시공 임업기계 비용, 기술 등의 직무수행

4. 시험과목 및 검정방법

구분	산림기사	산림산업기사
필기시험	① 산림조성 ② 산림경영 ③ 사방ㆍ산지복구 ④ 산림기반시설 ⑤ 산림보호	① 산림조성 ② 산림경영 ③ 산림토목 ④ 산림보호
실기시험	산림경영실무(필답형)	산림경영실무(필답형+작업형)

5. 합격기준

① 필기 : 100점을 만점으로 하여 과목당 40점 이상, 전 과목 평균 60점 이상
② 실기 : 100점을 만점으로 하여 60점 이상

6. 응시절차

1	필기원서접수	• Q-net를 통한 인터넷 원서접수 • 필기접수 기간 내 수험원서 인터넷 제출 • 사진(6개월 이내에 촬영한 3.5×4.5cm 칼라사진, 수수료 전자결제 • 수험표 본인 선택(선착순)
2	필기시험	수험표, 신분증, 필기구(흑색 싸인펜 등), 공학용 계산기 지참
3	합격자 발표	• Q-net를 통한 합격확인(마이페이지 등) • 응시자격(기술사, 기능장, 산업기사, 서비스 분야 일부종목) • 제한종목은 합격예정자 발표일부터 8일 이내에(토, 공휴일 제외) • 응시자격서류를 제출하여 합격처리된 사람에 한하여 실기접수가 가능
4	실기원서 접수	• 실기접수기간 내 수험원서 인터넷(www.Q-net.or.kr)제출 • 사진(6개월 이내에 촬영한 반명함판 사진파일(JPG), 수수료(정액) • 시험일시, 장소, 본인 선택(선착순) 단, 기술사 면접시험은 시행 10일 전 공고
5	실기시험	수험표, 신분증, 필기구, 공학용 계산기, 수험자 지참준비물(작업형 시험한정) 지참
6	최종합격자 발표	Q-net를 통한 합격확인(마이페이지 등)
7	자격증 발급	• (인터넷) 인터넷 신청 후 우편 배송 • (방문수령) 여권규격사진 및 신분확인 서류

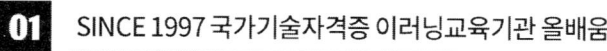

모두 바르게 빨리 **올배움** 한다.

이러닝교육기관 올배움이 특별한 이유!

01 SINCE 1997 국가기술자격증 이러닝교육기관 올배움

02 고객이 신뢰하는 브랜드대상 수상기관

03 합격생이 인정하는 최고의 명품강의

합격강의 올배움

올배움 www.kisa.co.kr 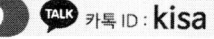 1544-8509 카톡 ID : kisa

전국 한국산업인력공단 안내

기관명	주소	연락처
서울지역본부	(02512)서울 동대문구 장안벚꽃로 279(휘경동 49-35)	02-2137-0590
서울서부지사	(03302)서울 은평구 진관3로 36(진관동 산100-23)	02-2024-1700
서울남부지사	(07225)서울시 영등포구 버드나루로 110(당산동)	02-876-8322
서울강남지사	(06193)서울시 강남구 테헤란로 412 알레르망타워 15층(대치동)	02-2161-9100
인천지사	(21634)인천시 남동구 남동서로 209(고잔동)	032-820-8600
경인지역본부	(16626)경기도 수원시 권선구 호매실로 46-68(탑동)	031-249-1201
경기동부지사	(13313)경기 성남시 수정구 성남대로 1214 광우빌딩(1~7층)	031-750-6200
경기서부지사	(14488) 경기도 부천시 길주로 463번길 69(춘의동)	032-719-0800
경기남부지사	(17561)경기 안성시 공도읍 공도로 51-23	031-615-9000
경기북부지사	(11801)경기도 의정부시 바대논길 21 해인프라자 3~5층(고산동)	031-850-9100
강원지사	(24408)강원특별자치도 춘천시 동내면 원창 고개길 135(학곡리)	033-248-8500
강원동부지사	(25440)강원특별자치도 강릉시 사천면 방동길 60(방동리)	033-650-5700
부산지역본부	(46519)부산시 북구 금곡대로 441번길 26(금곡동)	051-330-1910
부산남부지사	(48518)부산시 남구 신선로 454-18(용당동)	051-620-1910
경남지사	(51519)경남 창원시 성산구 두대로 239(중앙동)	055-212-7200
경남서부지사	(52733)경남 진주시 남강로 1689(초전동 260)	055-791-0700
울산지사	(44538)울산광역시 중구 종가로 347(교동)	052-220-3277
대구지역본부	(42704)대구시 달서구 성서공단로 213(갈산동)	053-580-2300
경북지사	(36616)경북 안동시 서후면 학가산 온천길 42(명리)	054-840-3000
경북동부지사	(37580)경북 포항시 북구 법원로 140번길 9(장성동)	054-230-3200
경북서부지사	(39371)경상북도 구미시 산호대로 253(구미첨단의료 기술타워 2층)	054-713-3000
광주지역본부	(61008)광주광역시 북구 첨단벤처로 82(대촌동)	062-970-1700
전북지사	(54852)전북특별자치도 전주시 덕진구 유상로 69(팔복동)	063-210-9200
전북서부지사	(54098)전북특별자치도 군산시 공단대로 197번지 풍산빌딩 2층(수송동)	063-731-5500
전남지사	(57948)전남 순천시 순광로 35-2(조례동)	061-720-8500
전남서부지사	(58604)전남 목포시 영산로 820(대양동)	061-288-3300
대전지역본부	(35000)대전광역시 중구 서문로 25번길 1(문화동)	042-580-9100
충북지사	(28456)충북 청주시 흥덕구 1순환로 394번길 81(신봉동)	043-279-9000
충북북부지사	(27480)충북 충주시 호암수청2로 14 (호암동) 충주농협 호암행복지점 3~4층	043-722-4300
충남지사	(31081)충남 천안시 서북구 상고1길 27(신당동)	041-620-7600
세종지사	(30128)세종특별자치시 한누리대로 296(나성동)	044-410-8000
제주지사	(63220)제주 제주시 복지로 19(도남동)	064-729-0701

7. 출제기준

산림기사

직무분야	농림어업	중직무분야	임업	자격종목	산림기사	적용기간	2026.1.1.~2029.12.31.

○ 직무내용
　산림과 관련한 공학적 기술이론 지식을 가지고 산림조성, 산림경영, 산림토목, 산림보호 및 복원 등 업무를 수행하는 직무이다

필기검정방법	객관식	문제수	100	시험시간	2시간 30분

필기과목명	문제수	주요항목
산림조성	20	1. 산림환경　　　　　　2. 산림갱신 3. 산림조성사업 설계　4. 산림조성사업 감리
산림경영	20	1. 산림경영 체계　　　2. 지황조사 3. 임황조사　　　　　　4. 산림경영계획 5. 목재수확 작업계획 수립
사방·산지복구	20	1. 사방계획　　　　　　　　2. 사방지 조사 측량 3. 사방지 설계도서 작성　4. 산림유역 수리수문분석 5. 사방지시공　　　　　　　6. 산지 복구·복원 사전 준비 7. 산지 복구·복원 시공
산림기반시설	20	1. 임도계획　　　　　　2. 산림토목감리 3. 임도 설계도 작성　　4. 임도 설계서 작성 5. 임도 토공사　　　　　6. 임도 구조물 공사
산림보호	20	1. 산림병해충 방제 설계　2. 산림병해충 방제시공 3. 산림 병해충 감리　　　　4. 산불 예방 및 진화

산림산업기사

직무분야	농림어업	중직무분야	임업	자격종목	산림산업기사	적용기간	2026.1.1.~2029.12.31.
○ 직무내용 산림과 관련한 기초이론 및 기술을 가지고 산림조성, 산림경영, 산림토목, 산림보호 등 조사·실행 업무를 수행하는 직무이다.							
필기검정방법	객관식	문제수	80	시험시간	2시간		

필기과목명	문제수	주요항목
산림조성	20	1. 산림환경 2. 묘목생산 후 관리 3. 용기묘 생산 후 관리 4. 어린나무가꾸기 5. 솎아베기 6. 천연림가꾸기 7. 식재 8. 식재지 관리 9. 가지치기 10. 산림조성사업 안전관리
산림경영	20	1. 산림경영 체계 2. 지황조사 3. 임황조사 4. 산림경영계획 사전조사 5. 식재·육림작업 장비운용 6. 임목수확작업 장비운용
산림토목	20	1. 사방지 조사 측량 2. 사방지시공 3. 산지 복구·복원 4. 임도공학 5. 임도 토공사 6. 임도 구조물 공사
산림보호	20	1. 산림병해충 예찰 2. 산림병해충 방제시공 3. 산불 예방 및 진화

차례

PART I 산림기사 문제

- 2013년 산림기사 과년도문제
  - 1회 ··· 2
  - 2회 ··· 19
  - 3회 ··· 37
- 2014년 산림기사 과년도문제
  - 1회 ··· 54
  - 2회 ··· 72
  - 3회 ··· 89
- 2015년 산림기사 과년도문제
  - 1회 ··· 107
  - 2회 ··· 124
  - 3회 ··· 143
- 2016년 산림기사 과년도문제
  - 1회 ··· 161
  - 2회 ··· 178
  - 3회 ··· 195
- 2017년 산림기사 과년도문제
  - 1회 ··· 213
  - 2회 ··· 229
  - 3회 ··· 246
- 2018년 산림기사 과년도문제
  - 1회 ··· 264
  - 2회 ··· 283
  - 3회 ··· 301
- 2019년 산림기사 과년도문제
  - 1회 ··· 319
  - 2회 ··· 336
  - 3회 ··· 353
- 2020년 산림기사 과년도문제
  - 1·2회 ······································ 369
  - 3회 ··· 387
  - 4회 ··· 405

- 2021년 산림기사 과년도문제
  - 1회 ··· 421
  - 2회 ··· 438
  - 3회 ··· 456
- 2022년 산림기사 과년도문제
  - 1회 ··· 473
  - 2회 ··· 490
- CBT 산림기사 모의고사 문제
  - 1회 ··· 508
  - 2회 ··· 524
  - 3회 ··· 539
  - 4회 ··· 555
  - 5회 ··· 571

PART II 산림산업기사 문제

- 2013년 산림산업기사 과년도문제
  - 1회 ··· 590
  - 2회 ··· 604
  - 3회 ··· 618
- 2014년 산림산업기사 과년도문제
  - 1회 ··· 632
  - 2회 ··· 646
  - 3회 ··· 660
- 2015년 산림산업기사 과년도문제
  - 1회 ··· 674
  - 2회 ··· 689
  - 3회 ··· 703
- 2016년 산림산업기사 과년도문제
  - 1회 ··· 717
  - 2회 ··· 730
  - 3회 ··· 743
- 2017년 산림산업기사 과년도문제
  - 1회 ··· 756
  - 2회 ··· 769
  - 3회 ··· 782

- **2018년 산림산업기사 과년도문제**
  - 1회 ---------- 796
  - 2회 ---------- 809
  - 3회 ---------- 823
- **2019년 산림산업기사 과년도문제**
  - 1회 ---------- 837
  - 2회 ---------- 849
  - 3회 ---------- 862
- **2020년 산림산업기사 과년도문제**
  - 1·2회 ---------- 875
  - 3회 ---------- 887
- **CBT 산림산업기사 모의고사 문제**
  - 1회 ---------- 900
  - 2회 ---------- 912
  - 3회 ---------- 924
  - 4회 ---------- 938
  - 5회 ---------- 951
  - 6회 ---------- 964
  - 7회 ---------- 977
  - 8회 ---------- 989
  - 9회 ---------- 1002
  - 10회 ---------- 1014

PART 1

산림기사
과년도 기출문제

2013년 시행
2014년 시행
2015년 시행
2016년 시행
2017년 시행
2018년 시행
2019년 시행
2020년 시행
2021년 시행
2022년 시행
CBT 모의고사

2013년 제1회 산림기사

01 잡목림 3ha를 개벌하고 이곳에 1~3년생 잣나무를 2m × 3m 장방형으로 조림하고자 한다. 필요한 묘목수는?

① 3000주 ② 4000주
③ 5000주 ④ 6000주

해설

식재 묘목 수 = $\dfrac{30000m^2}{2m \times 3m} = 5000$

02 성숙한 종자가 발아하기에 적합한 환경에서도 발아하지 못하고 휴면상태에 있는 원인에 해당하지 않는 것은?

① 배휴면 ② 종피휴면
③ 생리적휴면 ④ 이차휴면

해설

종자가 모수에서 성숙할 경우 휴면 상태에 있을 때 1차 휴면이라 하고 모수에서 분리되어 광, 산소, 온도, 수분 등의 여러 조건이 발아하기 불리한 조건에서 유발되는 휴면을 2차 휴면이라 한다.

03 조림수종을 선택하는 요건 중 틀린 것은?

① 성장속도가 빠르고 재적생장량이 높은 것
② 위해에 대하여 저항력이 강한 것
③ 가지가 굵고 길며, 줄기가 곧은 것
④ 산물의 이용가치가 높고 수요량이 많은 것

해설

조림수종 선택 요건에서 가지가 가늘고 짧은 것을 선택한다.

※ 조림 수종의 선택
· 성장속도가 빠르고 재적성장량이 높은 것
· 가지가 가늘고 짧으며 줄기가 곧은 것
· 위해에 대하여 저항력이 강한 것
· 입지에 대하여 적응력이 큰 것
· 산물의 이용가치가 높고 수요량이 많은 것
· 임분조성이 용이하고 조림의 실패율이 적은것

04 수종과 연령 및 입지를 동일하게 하고 밀도만을 다르게 했을 때 임목의 형질과 생산량에 나타나는 현상으로 옳은 것은?

① 지하고는 고밀도일수록 낮아진다.
② 상층목의 평균수고는 임목밀도에 따라 크게 다르다.
③ 단목의 평균간재적은 고밀도일수록 커진다.
④ 고밀도일수록 연륜폭은 좁아진다.

해설

임목이 고밀도일수록 직경생장이 저하되어 연륜폭이 좁아지게 된다.

05 모수림작업에서 단풍나무류의 1ha당 적정한 잔존본수는?

① 10본 내외 ② 15~30본 정도
③ 50~100본 정도 ④ 100본 이상

해설

모수림작업의 잔존본수 기준은 본수 기준 2~3%, 재적 기준 10%, ha 당 15~30그루이다.

정답 01. ③ 02. ④ 03. ③ 04. ④ 05. ②

06 순림(純林)의 장점이 아닌 것은?
① 간벌 등 작업이 용이하다.
② 경관상으로 더 아름다울 수 있다.
③ 조림이 경제적으로 될 수 있다.
④ 병충해에 강하다.

해설
순림은 단일수종으로 병충해에 약하다

07 식물체 내 여러 가지 중요한 기능을 나타내는 무기 양료에서 건전한 잎의 건중(乾重)에 포함된 다량원소가 아닌 것은?
① 철   ② 질소
③ 마그네슘 ④ 황

해설
철은 미량원소에 속한다.

08 다음 접목 방법 중 소나무류에서 주로 실시하는 것은?
① 절접   ② 할접
③ 박접   ④ 아접

해설
할접은 대목 중앙부에 접수의 절단면 길이정도를 잘라 쐐기모양으로 접수를 삽입하는 방법으로 대목이 굵고 세로로 잘 쪼개지는 소나무에 적용한다.

09 학명에 대한 설명 중에서 틀린 것은?
① 사용하는 언어는 라틴어이거나 라틴어화 하여 사용해야 한다.
② 종소명은 소문자로 쓴다.
③ 속명과 명명자 이름은 모두 대문자로 쓴다.
④ 품종표기는 명명자 다음에 온다.

해설
속명과 명명자의 이름의 첫글자는 대문자로 나머지는 소문자이다.

10 온도가 식물에 끼치는 영향에 대한 설명으로 틀린 것은?
① 많은 식물의 경우 광합성에 대한 최적온도는 최적호흡에 대한 최적온도 보다 높다.
② 산간에서 흐르는 찬물로 관개를 하면 위조가 올수 있다
③ 환경의 제한으로 받게 되는 휴면을 타발 휴면이라 한다.
④ 월평균온도에 있어서 5℃ 이상의 값을 적산한 값을 온량지수라 한다.

해설
대부분의 식물의 경우 광합성에 대한 최적온도는 최적호흡에 대한 최적온도보다 낮다
※ 최적온도는 특정 활동을 하는데 있어 가장 활발할 수 있는 온도를 의미한다.

11 파종상실면적 500m², 묘목잔존본수 1000본/m², 1g당 종자평균입수 60립, 순량율 0.90 실험실발아율 0.90, 묘목잔존율 0.4로 가정할 때의 파종량은?
① 25.7kg   ② 28.2kg
③ 28.7kg   ④ 29.2kg

해설
$$파종량 = \frac{500 \times 1000}{60 \times 0.9 \times 0.9 \times 0.4}$$
$$= \frac{500000}{19.44} ≒ 25720(g)$$
→ 약 25.7kg
※ 파종량 공식
$$W = \frac{A \times S}{D \times P \times G \times L}$$
여기서, W : 파종할 종자 양(g)
A : 파종 면적(m²)
S : m² 당 남길 묘목수
D : g 당 종자입수
P : 순량률
G : 발아율
L : 득묘율(0.3~0.5)
P × G : 효율

정답 06. ④ 07. ① 08. ② 09. ③ 10. ① 11. ①

12 가지치기의 주 효과가 아닌 것은?

① 지엽이 부식되어 토양비옥도를 높인다.
② 무절 완만재를 생산한다.
③ 직경 생장을 증대한다.
④ 산림의 여러 가지 해를 예방한다.

해설

가지치기의 효과
- 무절재 생산이 가능하다.
- 수간의 완만도를 높인다.
- 나무의 성장을 촉진시킨다.
- 나무간의 경쟁을 완화시킨다.
- 산림화재(수관화)의 피해를 줄일 수 있다.

13 임지의 지위지수(site index)를 평가하는 방법에 대하여 바르게 기술하고 있는 것은?

① 특정 임령에서 그 임분의 우세목의 수고로 지위지수를 결정한다.
② 특정 임령에서 그 임분의 우세목의 재적으로 지위지수를 결정한다.
③ 특정 임령에서 그 임분을 구성하는 우세목과 열세목의 평균직경으로 지위지수를 결정한다.
④ 특정 임령에서 그 임분의 전체 축적으로 지위지수를 결정한다.

해설

지위지수는 산림의 잠재생산력 혹은 생산력의 판단지표로서 특정 임령의 우세목의 평균수고를 이용한다.

14 채파(採播)에 대한 설명으로 맞는 것은?

① 상면에 균일한 간격으로 1~3립씩 파종하는 방법
② 발아력이 강하고 생장이 빠르며 해가림이 필요 없는 수종에 파종하는 방법
③ 묘상 전면에 종자를 고르게 흩어 뿌리는 방법
④ 종자의 발아력이 상실되지 않도록 채종 즉시 파종하는 방법

해설

이듬해 가을까지 저장이 어려운 수종은 즉시 파종하며 이를 채파 혹은 추파라고 한다.

15 암석이 토양을 구성하는 작은 입자로 분해된 후에 하천의 물에 의해 운반되어 다른 곳으로 옮겨 쌓여서 형성된 토양은?

① 잔적토   ② 붕적토
③ 마사토   ④ 충적토

해설

충적토는 토양입자가 물에 의해 운반이나 퇴적된 흙을 말하며 유기물질이 풍부한 편이다.

16 우리나라 한대림에서 관찰할 수 없는 수종은?

① 가문비나무   ② 주목
③ 단풍나무   ④ 잎갈나무

해설

단풍나무의 경우 우리나라의 온대림 지역에 분포하는 수종이다.
※ 한대림 수종 : 가문비나무, 분비나무, 잎갈나무, 주목, 잣나무, 전나무 등

정답 12. ① 13. ① 14. ④ 15. ④ 16. ③

17 다음 중 풀베기 작업을 낫을 이용하여 실시할 경우에 제거 대상 식물의 생리적인 측면을 고려한 작업의 적기는?

① 3월 초순 ② 11월 하순
③ 7월 ④ 9월 이후

해설
풀베기는 6월~8월에 실시한다.
※ 풀베기 작업 특징
· 보통 6~8월에 실시하고 9월 이후는 실시하지 않는다.
· 풀베기는 어린나무를 식재한 곳이나 주위 식생에 의해 피압되기 쉬운 곳에서 실시한다.
· 속성수는 식재후 3년간, 장기수는 5년간 실시한다.
· 잣나무, 소나무는 5~8회, 낙엽송, 참나무는 5회를 기준으로 한다.

18 종자의 활력 시험 중 종자 내 산화 효소가 살아있는지의 여부를 시약의 발색반응으로 검사하는 방법은 무엇인가?

① 종자발아시험
② 테트라졸리움시험
③ 배추출시험
④ X선 사진법

해설
종자 활력검사 방법으로 테트라졸륨을 사용한 배는 적색 혹은 분홍색일 때 건전한 배로 간주한다.

19 회양목 종자 채취시기로 가장 적합한 시기는?

① 3월 중순 ② 5월 중순
③ 7월 중순 ④ 9월 중순

해설
회양목은 7월에 종자를 채취한다.

20 수종간 접목의 친화력(親和力)이 식물계통상 가장 가까운 것은?

① 이속간(異屬間)
② 이과간(異科間)
③ 동속이종간(同屬異種間)
④ 동종이품종간(同種異品種間)

해설
접목의 친화력은 동종간이 가장 양호하며 동속이품종간, 동과이속간의 순서로 양호하다

21 산림해충 중 천공성 해충이 아닌 것은?

① 솔나방
② 박쥐나방
③ 바늘바구미
④ 알락하늘소

해설
솔나방은 잎을 가해하는 식엽성해충이다.

22 솔노랑잎벌의 월동 형태로 맞는 것은?

① 성충 ② 번데기
③ 유충 ④ 알

해설
솔노랑잎벌은 알 형태로 월동한다.

23 밤나무의 종실을 가해하여 많은 피해를 주는 해충은?

① 버들재주나방
② 어스렝이나방
③ 소나무순명나방
④ 복숭아명나방

해설
복숭아명나방은 종실을 가해한다.
※ 종실 및 구과 가해 해충 : 도토리바구미, 밤나방, 밤바구미, 복숭아명나방, 솔알락명나방, 하늘소류 등

정답 17. ③ 18. ② 19. ③ 20. ④ 21. ① 22. ④ 23. ④

24 소나무 잎떨림병의 방제방법으로 틀린 것은?

① 종자소독을 철저히 한다.
② 조림에서는 여러 종류의 활엽수를 하목(下木)으로 식재하면 피해가 경감된다.
③ 나무를 건강하게 키우도록 주의한다.
④ 캡탄제를 살포한다.

해설

소나무잎떨림병 방제법
· 병든 낙엽은 채취하여 소각하거나 토양에 매장한다.
· 병든 나무는 보르도액이나 캡탄제 등을 살포한다.
· 수관 하부에서 발생이 심해 풀베기, 제초 및 가지치기를 실시한다.

25 수목의 그을음병에 대한 방제로 틀린 것은?

① 통풍과 채광을 높인다.
② 흡즙성 곤충을 방제한다.
③ 그을음이 있는 잎은 적당한 세제로 닦는다.
④ 질소질 비료를 충분히 준다.

해설

그을음병은 질소질 비료가 과다할 경우 발병 혹은 확산되므로 양을 조절하도록 한다.

26 산림 화재 중 지표에 쌓여 있는 낙엽과 지피물, 지상관목 등이 불에 타는 화재는?

① 지중화   ② 지표화
③ 수관화   ④ 수간화

해설

지표화는 지표의 낙엽과 지피물등에 화재가 발생하며 등산객의 부주의에 의해 흔하게 발생된다.

27 솔잎혹파리의 생활사에 관한 설명으로 맞는 것은?

① 1년에 1회 발생하며 알로 충영 속에서 월동한다.
② 1년에 2회 발생하며 지피물 속에서 성충으로 월동한다.
③ 1년에 2회 발생하며 성충으로 충영 속에서 월동한다.
④ 1년에 1회 발생하며 유충으로 땅 속 또는 충영 속에서 월동한다.

해설

솔잎혹파리
· 주로 소나무와 해송에 피해를 준다.
· 유충이 솔잎 밑부분에 벌레혹인 충영을 만들고 그 속에서 즙액을 빨아먹는다.
· 1년에 1회 발생한다.
· 지피물아래나 땅속에서 유충형태로 월동한다.

28 내화력(耐火力)이 강한 수종이 아닌 것은?

① 은행나무   ② 고로쇠나무
③ 동백나무   ④ 소나무

해설

내화성이 높은 수종으로 은행나무, 잎갈나무, 낙엽송, 굴참나무, 고로쇠나무 등이 있다. 반대로 소나무, 해송, 녹나무, 아까시나무 등은 내화성이 낮은 수종이다.

29 수목에 도달하는 병원체의 침입 중 자연개구부(natural openings)를 통한 침입이 아닌 것은?

① 각피   ② 기공
③ 수공   ④ 피목

해설

각피는 식물의 물리적 보호기능 및 수분증발의 억제기능을 가지고 있어 세균의 침입이 어렵다. 식물체 내에 침입이 가능한 통로로 기공, 피목, 밀선, 수공 등이 있다.

정답 24. ① 25. ④ 26. ② 27. ④ 28. ④ 29. ①

30 전나무 잎녹병의 병원균의 녹포자가 날아가 기생할 수 있는 중간기주는?

① 작약   ② 뱀고사리
③ 모란   ④ 현호색

해설
뱀고사리는 전나무 잎녹병의 중간기주이다.

31 대추나무 빗자루병의 병원균은?

① bacteria   ② phytoplasma
③ fungi   ④ nematode

해설
파이토플라스마는 대추나무 빗자루병, 오동나무 빗자루병의 병원균이다.

32 우리나라에서 서식하고 있는 포유류 중 천연기념물이 아닌 것은?

① 수달   ② 늑대
③ 물범   ④ 산양

해설
천연기념물의 종류로 삽살개, 물범, 하늘다람쥐, 산양, 진돗개, 수달 등이 있다. 늑대는 멸종위기 야생동물 1급에 속한다.

33 한상(寒傷)에 대한 설명으로 맞는 것은?

① 찬서리에 의하여 일어나는 임목 피해
② 찬바람에 의하여 나무 조직이 어는 임목 피해
③ 0℃ 이상의 낮은 기온으로 일어나는 임목 피해
④ 기온이 0℃ 이하로 내려가야 일어나는 임목 피해

해설
한상은 0℃ 이상의 낮은 온도에서 식물에 결빙현상은 없으나 식물의 활동에 장해가 일어나는 경우를 말한다.

34 다음 중 밤나무혹벌의 천적은?

① 알좀벌
② 먹좀벌
③ 수중다리무늬벌
④ 남색긴꼬리좀벌

해설
밤나무혹벌의 천적으로 노란꼬리혹좀벌, 남색긴꼬리좀벌, 상수리좀벌 등이 있다.

35 육림작업에 의한 방제 중 임지무육에 의한 작업방법으로 맞는 것은?

① 위생간벌, 가지치기, 풀베기 등을 한다.
② 항구, 공항 및 국제 우편국에서 종자, 생목, 삽수, 목재에 검사를 한다.
③ 약제를 수간에 주사한다.
④ 토양소독, 종자소독을 실시한다.

해설
육림작업의 임지무육으로 지피물보존, 하목식재, 임지시비 등이 있다.

36 수목에 피해를 주는 수병 중 자낭균에 의한 것은?

① 벚나무 빗자루병
② 뽕나무 오갈병
③ 잣나무 털녹병
④ 삼나무 붉은마름병

해설
벚나무 빗자루병은 자낭균류에 의해 발병한다. 그 외 자낭균에는 소나무 잎떨림병, 잣나무잎떨림병, 밤나무줄기마름병 등이 있다
② 뽕나무 오갈병 - 마이코플라스마
③ 잣나무 털녹병 - 담자균
④ 삼나무 붉은마름병 - 진균

정답 30. ② 31. ② 32. ② 33. ③ 34. ④ 35. ① 36. ①

37 곤충의 외표피(外表皮)와 관련이 없는 것은?
① 시멘트층
② 왁스층
③ 단백질성 외표피
④ 기저막

해설
외표피는 시멘트층, 왁스층, 단백성 외표피층이 있다. 기저막은 진피층 아래 구조가 없는 얇은 막으로 외표피와 관련이 없다.

38 다음 중 가해식물의 종류가 가장 많은 산림해충은?
① 미국흰불나방 ② 솔나방
③ 천막벌레나방 ④ 솔잎혹파리

해설
미국흰불나방의 경우 100종류 이상의 활엽수종을 가해한다.

39 곤충의 외분비물질로 특히 개척자가 새로운 기주를 찾았다고 동족을 불러들이는데 사용되는 종내 통신 물질로 나무좀류에서 발달되어 있는 물질은?
① 경보 페로몬
② 집합 페로몬
③ 길잡이 페로몬
④ 성 페로몬

해설
집합 페로몬은 집단의 형성과 유지에 관여되는 페르몬의 일종이다. 나무좀류의 경우 암수 성충이 먼저 나무를 먹어 들어간 구멍에서 나무와 배변의 혼합물을 배출하여 다수의 성충을 유인한다.

40 수목의 뿌리를 통해서 감염되지 않는 것은?
① 침엽수 모잘록병 ② 뿌리썩이선충
③ 소나무 재선충병 ④ 뿌리혹병

해설
소나무 재선충의 경우 매개충인 솔수염하늘소가 나무에 구멍을 뚫어 침입한다.

41 산림에 대한 인식을 단순히 경제적인 역할에만 한정하지 않고 사회적·경제적·생태적·문화 및 정신적 역할로 인식하여 산림을 경영하고자 하는 것을 무엇이라 하는가?
① 보속수확 산림경영
② 지속가능한 산림경영
③ 다목적이용 산림경영
④ 다자원적 산림경영

해설
지속가능한 산림경영은 사회적, 경제적, 생태적, 문화적, 정신적 역할을 인식하여 산림을 보호 관리하는 것을 의미한다.

42 임업투자 결정과정의 순서로 올바른 것은?
① 현금흐름 추정→투자사업의 경제성 평가→투자사업 모색→투자사업 수행→투자사업 재평가
② 현금흐름 추정→투자사업 모색→투자사업의 경제성 평가→투자사업 수행→투자사업 재평가
③ 투자사업 모색→현금흐름 추정→투자사업의 경제성→투자사업 수행→투자사업 재평가
④ 투자사업 모색→현금흐름 추정→투자사업의 경제성→투자사업 재평가→투자사업 수행

해설
임업투자는 투자사업을 모색하고 현금의 흐름을 추정, 사업의 경제성을 평가하여 투자사업을 수행하고 마지막으로 이것을 재평가하여 결정하는 과정을 거친다.

정답 37. ④ 38. ① 39. ② 40. ③ 41. ② 42. ③

43 산림투자에 있어서 미래상황의 불확실성을 투자분석에 포함시켜 경제성분석지표가 어느 정도 민감하게 변화되는가를 예측하는 것은?

① 내부수익률법 ② 감응도 분석
③ 순현재가치법 ④ 회수기간법

> **해설**
> 감응도분석 미래에 불확실한 투자 분석에 포함하여 어느정도 민감하게 변화되는지를 예측 하는 것으로 생산량, 사업기간 지연, 생산물 가격, 노임, 자재비용(원료 및 원자재) 등이 있다

44 임업이율 중 일반 물가등귀율을 내포하고 있는 것은?

① 자본 이자 ② 평정 이율
③ 장기적 이율 ④ 명목적 이율

> **해설**
> 물가등귀율을 내포하는 있는 이율은 명목적 이율로 명목이율과 물가등귀율을 통해 실질이율을 도출할 수 있다.

45 현실적인 임업경영의 목적에 의한 경영형태 중 주업적 임업경영은 노동 및 자금의 투입과 판매수입 면에서 개별경제에 대하여 차지하는 비중이 크다. 다음 중에서 기계화된 임업경영의 형태로 큰 회사의 산업비림에서 볼 수 있는 유형은?

① 식재→육림→임목매각
② 식재→육림→벌채→원목매각
③ 식재→육림→벌채→표고 생산·제탄·제재
④ 식재→육림→벌채→원료 원목공급(제지)

> **해설**
> 기계화된 임업경영의 형태로 원목을 원료로 하는 업체의 경우 식재와 육림, 벌채의 과정을 통해 원목을 원료로 이용한다.

46 임업자본 중 유동자본으로 맞는 것은?

① 묘목 ② 벌목기구
③ 기계 ④ 임도

> **해설**
> 유동자본의 종류로 종자, 묘목, 약제, 비료가 있다.

47 취득원가 2000만원, 잔존가액 80만원인 목재운반용 트럭이 있다. 이 트럭의 총 운행가능거리가 15만km 이고 실제 운행거리가 4만km이면, 생산량 비례법에 의한 총 감가상각액은?

① 3,120,000원 ② 4,120,000원
③ 5,120,000원 ④ 6,120,000원

> **해설**
> (구입가 − 폐물가) × $\frac{연도별 작업 시간수}{자산존속 기간의 총작업시간수}$
> = (2000만 − 80만) × $\frac{4만km}{15만km}$ = 512만원

48 자연휴양림 조성의 목적이 아닌 것은?

① 임산물의 생산
② 훼손된 산림의 복구
③ 자연생태계를 유지·보전
④ 레크리에이션적 가치의 창출 및 활용

> **해설**
> 자연휴양림은 국민의 정서, 보건, 교육을 목적으로 한다. 훼손된 산림 복구는 산림복구사업인 사방사업 등에 속한다.

49 동령림(同齡林)의 임분구조는 전형적으로 어떤 형태로 나타나는가?

① 역 J자 형태 ② J자 형태
③ W자 형태 ④ 정규분포 형태

> **해설**
> 동령림의 임분구조는 종모양의 정규분포형태를 가진다. 이령림의 경우 직경이 증가할수록 본수가 작아지는 역 J자 형태를 가진다.

정답 43. ② 44. ④ 45. ④ 46. ① 47. ③ 48. ② 49. ④

50 산림생장 및 수확예측모델의 구성인자가 아닌 것은?

① 기상예측　② 생장예측
③ 고사예측　④ 진계성장예측

해설
산림생장 및 수확예측의 구성인자로 생장예측, 고사예측, 진계생장예측 등이 있다.

51 산림의 경계선을 명백히 하고 그 면적을 확정하기 위해 실시하는 측량은?

① 주위측량　② 시설측량
③ 세부측량　④ 산림구획측량

해설
산림의 경계선을 명백히 하고 면적을 정하기 위해 경계를 따라 주위측량을 실시한다.

52 국유림경영계획에서는 산림을 6가지 기능으로 구분하여 관리하고 있다. 다음 중 생태·문화 및 학술적으로 보호할 가치가 있는 자연 및 산림을 보호·보전하기 위한 산림의 기능을 무엇이라 하는가?

① 자연환경보전기능
② 생활환경보전기능
③ 수원함양기능
④ 산지재해방지기능

해설
생태, 문화, 역사, 경관, 학술적 가치의 보전에 필요한 산림을 자연환경보전림이라 한다.

53 이령림 경영시스템에서 산림수확조절 방법에서 요구되고 있는 결정인자는?

① 벌기령　② 회귀년
③ 이용간벌　④ 윤벌기

해설
회귀년은 최초 벌채된 지역인 벌구에 다시 작업을 하는데 소요되는 기간을 의미하며 이령림의 경영구조의 결정인자이다.

54 마케팅의 구성 요소 중 야외휴양에 있어서 이용객에게 제공될 휴양 기회에 해당하는 요소는?

① 가격　② 판촉
③ 분배　④ 상품

해설
이용객에게 제공되는 휴양의 기회는 상품에 해당한다.

55 산림구획 시 임반의 면적은 현지 여건상 불가피한 경우를 제외하고 가능한 한 얼마를 기준으로 구획 하는가?

① 50ha 내외　② 100ha 내외
③ 300ha 내외　④ 500ha 내외

해설
임반은 가능한 100ha 내외고 구획하며 불가피한 경우 조정이 가능하며 소반은 최소 1ha 이상으로 구획하며 부득이한 경우 소수점 한자리까지 가능하다.

정답 50. ① 51. ① 52. ① 53. ② 54. ④ 55. ②

56 시장가 역산법에 의한 임목가의 결정과 관련이 없는 것은?

① 원목시장가
② 벌채운반비
③ 조림무육관리비
④ 기업이익률

해설
조림무육관리비의 경우 임목비용가법에 관련된 인자이다.

※ **시장가역산법**

$$X = f\left(\frac{A}{1+mP+r} - B\right)$$

X : 단위 재적당 임목가격
f : 조재율, P : 월이율,
m : 자본 회수 기간
r : 기업이익률
B : 단위재적당 벌목, 운반 비용

57 임목수관의 지상투영면적의 백분율로 나타내는 임분밀도의 척도는?

① 상대밀도
② 임분밀도지수
③ 상대공간지수
④ 수관경쟁인자

해설
수관경쟁인자는 임목 수관의 지상투영면적의 비율이다.

58 자본장비도와 자본효율의 개념을 임업에 도입할 때 자본장비도에 해당하는 것은?

① 임목축적
② 생장률
③ 소득
④ 노동

해설
자본장비도를 임업에 적용할 경우 임목축적, 자본효율은 생장률에 해당한다.

59 유령림에서 장령림에 이르는 중간영급의 임목을 평가하는 방법으로 가장 적합한 것은?

① 임목비용가법
② 임목기망가법
③ 글라제르(Glaser)법
④ 임목매매가법

해설
Glaser 법은 중령림의 가격 평정을 위해 임목비용가법과 임목기망가법의 중간적인 방법으로 만들어진 방법이다.

60 자연휴양림 안에 설치할 수 있는 시설의 규모로서 임도·순환로·산책로·숲체험코스 및 등산로의 면적을 제외하고 산림의 형질을 변경할 수 있는 허용 면적은?

① 10만 제곱미터 이하
② 20만 제곱미터 이하
③ 30만 제곱미터 이하
④ 50만 제곱미터 이하

해설
산림문화, 휴양에 관한 법률에 의거 자연휴양림시설의 설치에 따른 산림의 형질 변경 면적은 10만 제곱미터 이하가 되도록 한다.

61 임도에 횡단배수구를 설치할 때 검토해야 할 사항으로 틀린 것은?

① 유역의 강우강도
② 임도의 종단물매
③ 노상의 토질
④ 돌림수로의 상태

해설
횡단배수구는 강우강도, 종단물매, 노상 토질, 옆도랑의 종류 등을 검토하여 노상을 침식하지 않는 범위에서 설치하도록 한다.

정답 56. ③ 57. ④ 58. ① 59. ③ 60. ① 61. ④

62 차도에 있어서 설계속도를 20km/hr로 설계할 때 시거는 몇 m 이상 확보해야 하는가?

① 40m ② 30m
③ 20m ④ 10m

해설
차도에 있어 설계속도에 따른 시거는 아래와 같다.

설계속도(km/hr)	시거(m)
40	40 이상
30	30 이상
20	20 이상

63 임도망 계획 시 고려사항으로 틀린 것은?

① 운재비가 적게 들도록 한다.
② 신속한 운반이 되도록 한다.
③ 운재 방법이 다양화 되도록 한다.
④ 산림풍치의 보전과 등산, 관광 등의 편익도 고려한다.

해설
운재방법은 단일화 할수록 효율적이다.

64 임도 시공용 기계 중 주로 도로시공의 정지 작업에 사용되는 것은?

① 탬핑롤러 ② 모터 그레이더
③ 스크레이퍼 ④ 파워셔블

해설
모터그레이더는 정지 작업인 노면 깎기, 노면 다지기 등의 작업에 적합한 장비이다.

65 환경보전을 고려한 경제적이고 효율적인 임도를 개설하기 위하여 적정한 노선을 선택하고자 임도노선 흐름도를 작성 하려고 한다. 노선 흐름도의 작성 순서로서 가장 적절히 나열된 것은?

① 지형도→현지측정→노선선정→예정선의 기입→ 개략설계
② 지형도→예정선의 기입→노선선정→현지측정→ 개략설계
③ 지형도→예정선의 기입→현지측정→노선선정→ 개략설계
④ 지형도→개략설계→노선선정→현지측정→예정선의 기입

해설
먼저 지형도를 검토하여 노선의 적정 여부를 확인하기 위해 예정선을 기입한다. 예측을 의한 노선을 선정 및 현지 측정을 진행하여 개략 설계를 하도록 한다.

66 와이어로프의 용도별 안전계수 중 가공본줄의 안전계수는?

① 2.7 이상 ② 4.0 이상
③ 4.7 이상 ④ 6.0 이상

해설
와이어로프 안전계수
· 가공본줄 : 2.7
· 짐당김줄, 되돌림줄, 버팀줄, 고정줄 : 4.0
· 짐올림줄, 짐매달음줄 : 6.0

정답 62. ③ 63. ③ 64. ② 65. ② 66. ①

67 다음 유량계산식에서 m 이 의미하는 것은?

$$유량(Q) = K \times \frac{a \times \frac{m}{1000}}{60 \times 60}$$

① 유역면적(m²)
② 최대 시우량(mm/시간)
③ 유출계수
④ 평균유속(m/s)

해설
K : 유거계수, a : 유역면적, m : 최대시우량

68 임도에서 흙깎기 비탈면 돌림수로에 대해 바르게 설명한 것은?

① 강우시 비탈면의 지하수 분출로 인한 비탈면보호를 위해 설치한다.
② 비탈어깨부위와 원래 자연비탈면의 경계부위의 적당한 곳에 설치한다.
③ 속도랑과 겉도랑을 함께 설치한다.
④ 홍수시 출수를 유하시키기 위해 콘크리트로 포장 한다.

해설
비탈림돌림수로는 비탈면 보호를 목적으로 비탈어깨부위와 원래의 자연비탈면의 경계부 위에 설치한다.

69 블레이드면의 방향이 진행방향의 중심선에 대하여 20°~30°의 경사가 진 도저의 종류는?

① 트리불도저   ② 스트레이트도저
③ 앵글도저   ④ 틸트도저

해설
블레이드면의 진행 방향을 좌우로 각도 변환이 가능하며 이때 중심선에 대해 20~30° 경사가 있다.

70 임도의 교각법에 의한 곡선 설치시 각 기호가 나타낸 설명으로 맞는 것은?

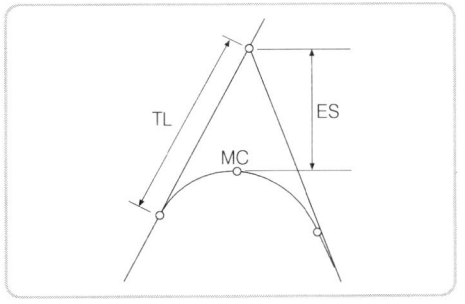

① TL : 외선길이, MC : 곡선중점, ES : 곡선길이
② TL : 접선길이, MC : 곡선중점, ES : 외선길이
③ TL : 곡선길이, MC : 곡선시점, ES : 접선길이
④ TL : 곡선길이, MC : 곡선반지름, ES : 외선길이

해설
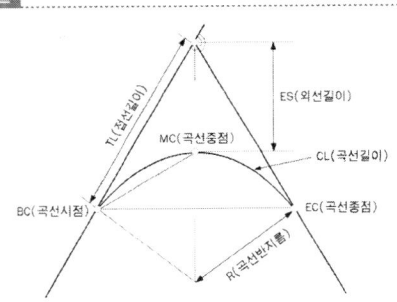

71 합성물매가 10%이고, 외쪽물매가 6%인 지역의 종단 물매는 얼마인가?

① 7%   ② 8%
③ 9%   ④ 10%

해설
합성물매 = $\sqrt{횡단물매^2 + 종단물매^2}$
$10 = \sqrt{6^2 + 종단물매^2}$
종단물매 : 8 %

정답 67. ② 68. ② 69. ③ 70. ② 71. ②

72 임업토목용 골재 중 잔골재의 일반적인 단위 무게는?

① 1450~1700 kg/m³
② 1550~1850 kg/m³
③ 1760~2000 kg/m³
④ 1900~2150 kg/m³

해설

잔골재는 모래와 같은 세립골재로 5mm 체에 중량 85% 이상 통과하는 것을 말한다.
· 굵은 골재 : 1550~1850 kg/m³
· 잔골재 : 1450 ~ 1700 kg/m³
· 굵은골재 + 잔골재 : 1760~2000kg/m³

73 우리나라 임도관련 규정상에서 설계속도 40(km/시간)으로 건설된 간선임도 종단곡선의 길이(미터)에 대한 기준은?

① 50m 이상   ② 40m 이상
③ 30m 이상   ④ 20m 이상

해설

설계속도(km/hr)	종단곡선의 길이(m)
40	40 이상
30	30 이상
20	20 이상

74 임도의 시공시 흙쌓기공사 중 흙의 압축 또는 수축을 고려할 때, 흙쌓기의 높이를 9~12m로 한다면 더쌓기의 높이는 얼마로 하는 것이 바람직한가?

① 흙쌓기 높이의 10%
② 흙쌓기 높이의 8%
③ 흙쌓기 높이의 6%
④ 흙쌓기 높이의 4%

해설

흙쌓기 높이 3m 까지는 더쌓기 높이는 10%, 흙쌓기 높이 12m 이상의 경우 더쌓기 높이는 높이의 5% 정도로 하며 통상 5~10% 라고 정의한다.

※ 더쌓기 상세 기준

흙쌓기 높이(m)	더쌓기 높이(%)
3	10
3~6	8
6~9	7
9~12	6
12 이상	5

75 반출할 목재의 길이가 20m인 전간목을 너비가 4m인 도로에서 트레일러로 운반할 때 최소곡선반지름은 몇 m 로 하여야 하는가?

① 20m   ② 25m
③ 30m   ④ 35m

해설

최소곡선반지름

$$R = \frac{l^2}{4B} = \frac{20^2}{4 \times 4} = \frac{400}{16} = 25$$

여기서, R : 곡선반지름(m)
  l : 통나무길이(m)
  B : 노폭(m)

76 측구(콘크리트관)에 흐르는 유적(流積)이 0.35m²이고, 측구를 흐르는 물의 평균 유속이 4m/s일 때 유량을 구하면?

① 1.4m³/s   ② 2.0m³/s
③ 2.8m³/s   ④ 3.5m³/s

해설

유량 = 유속 × 유적 = 4×0.35=1.4

77 노선의 전체 길이가 3km인 다각측량을 실시하였더니, 폐합비가 1/5000 이었다. 폐합오차는 몇 cm 인가?

① 0.06cm   ② 0.6cm
③ 6cm   ④ 60cm

해설

$$3000m \times \frac{1}{5000} = 0.6m = 60cm$$

정답 72. ① 73. ② 74. ③ 75. ② 76. ① 77. ④

78 설계작업을 하면서 적절한 곳에 횡단배수구를 설치하려고 한다. 횡단 배수구의 설치장소로 적당하지 않은 것은?

① 유하(流下)방향으로 종단물매의 변이점
② 구조물(構造物)의 중간
③ 흙이 부족하여 속도랑으로서는 부적당한 곳
④ 외쪽물매 때문에 옆도랑물이 역류하는 곳

해설
횡단배수구는 구보물의 앞 혹은 뒤에 설치한다.

79 줄떼다지기공법에서 비탈 전체를 일정한 물매로 유지하며, 비탈을 보호 녹화하기 위하여 수직높이 몇 cm 간격으로 반떼를 수평으로 붙이는가?

① 20 ~ 30 cm   ② 30 ~ 40 cm
③ 40 ~ 60 cm   ④ 60 ~ 80 cm

해설
줄떼다지기는 비탈면 기울기를 유지하고 보호 및 녹화 목적으로 수직높이의 20 ~30cm 간격으로 반떼를 수평으로 붙인다.

80 도로 양쪽으로부터 임목이 집재되고 도로 양쪽의 면적이 거의 같다고 가정할 때 평균집재거리는 임도간격의 몇 분의 1 에 해당되는가?

① 1/2   ② 1/3
③ 1/4   ④ 1/5

해설
평균집재거리는 임도간격의 1/4 이다.
※ 평균집재거리(양방향집재)
$$ASD = \frac{10000}{ORD \times 4} = \frac{2500}{ORD}$$
ASD : 집재거리(m)
ORD : 적정임도밀도(m/ha)

81 비교적 척박하고 건조한 지역에서 잘자라며, 맹아에 의한 갱신이 잘 이루어지는 사방녹화용 주요 목본식물은?

① 리기다소나무   ② 물오리나무
③ 아까시나무   ④ 곰솔(해송)

해설
척박하고 건조한 지역의 경우 콩과식물의 종류인 아까시나무가 잘 자란다.

82 토양침식 및 유실에서 유출 토사량의 추정방법으로 틀린 것은?

① 만능토양유실량식에 의한 방법
② 부유사량 측정에 의한 방법
③ 하천퇴적량 측정에 의한 방법
④ 총유실량과 유사운송비 계산에 의한 방법

해설
하천퇴적량 측정은 홍수의 위험성을 예측 및 예방하고자 실시하는 방법이다.

83 유량이 40m³/sec이고, 평균유속이 5m/sec이며, 수로횡단면의 형상 및 크기가 일정할 때 수로횡단 면적은?

① 5m²   ② 6m²
③ 7m²   ④ 8m²

해설
유량 = 유속 × 유적
40 m³/s = 5m/s × A
A = 8 m²

정답 78. ② 79. ① 80. ③ 81. ③ 82. ③ 83. ④

84 토지로부터 가벼운 흙입자나 유기물 등 가용양료를 탈취함으로써 토양 비옥도와 생산성 유지에 지대한 손실을 가져다주는 침식 형태는?

① 우격침식 ② 면상침식
③ 세굴침식 ④ 누구침식

해설
토양의 전면이 엷게 유실되면서 가벼운 흙입자 및 유기물의 손실이 발생한다.

85 붕괴형 산사태에 대한 설명으로 맞는 것은?

① 파쇄대 또는 온천지대에서 많이 발생한다.
② 속도는 완만해서 토괴는 교란되지 않고 원형을 유지한다.
③ 이동면적이 1ha 이하가 많고, 깊이도 수 m 이하가 많다.
④ 활재(滑材)가 있는 경우가 많고, 지하수가 유인되는 경우가 많다.

해설
붕괴형 산사태의 경우 발생 면적 규모 및 깊이가 작다.

86 다음 설명에 해당하는 것은?

> 시멘트는 저장 중에 공기 중의 수분을 흡수하여 경미한 수화작용을 일으키고, 그 결과 생긴 수산화칼슘이 공기 중의 이산화탄소와 결합하여 탄산칼슘을 만든다.

① 풍화(aeration)   ② 경화(hardening)
③ 양생(curing)   ④ 소성(plasticity)

해설
암석이 물리적, 화학적 작용에 의해 부서지는 현상을 풍화라고 하며 시멘트 역시 공기중 수분과 반응하여 화학적 작용으로 인해 강도가 약해지는 현상을 보인다.

87 경심(徑深)에 대한 설명으로 틀린 것은?

① 물과 접촉하는 수로 주변의 길이를 말한다.
② 유적을 윤변으로 나눈 것을 말한다.
③ 동수반지름이라고 한다.
④ 특히 개수로에서는 수리평균심이라 한다.

해설
물과 접촉하는 수로 주변의 길이는 윤변에 대한 내용이다.

88 물에 의한 침식의 종류에 해당하지 않는 것은?

① 침강침식 ② 지중침식
③ 하천침식 ④ 우수침식

해설
물에 의한 침식으로 우수침식, 하천침식, 지중침식, 바다침식이 있다.

89 다음 중 수제(水制)의 높이를 결정할 때 고려되어야 할 사항으로 가장 거리가 먼 것은?

① 유수의 저항 ② 유수의 전석
③ 하상의 변화 ④ 하상의 크기

해설
수제의 높이는 유수의 저항, 유수의 전석, 하상의 변화, 근부의 높이를 고려한다.

90 토양 중 화합물의 한 성분으로 토양을 100~110°C로 가열해도 분리되지 않는 결정수는?

① 중력수   ② 모관수
③ 결합수   ④ 흡습수

해설
결합수는 토양에 강하게 결합되어서 쉽게 제거할 수 없는 물로 100°C로 가열해도 분리되지 않는 수분이다.

정답 84. ② 85. ③ 86. ① 87. ① 88. ① 89. ④ 90. ③

91 우리나라 3대 사방녹화수종에 해당하는 것은 무엇인가?

① 해송   ② 참싸리
③ 리기다소나무   ④ 졸참나무

해설
리기다소나무, 아까시나무 등의 속성수는 사방녹화사업에 유리하다.

92 해안사방의 사구조성공법에 해당하지 않는 것은?

① 퇴사울세우기   ② 정사울세우기
③ 모래덮기   ④ 파도막이

해설
사구조성공법에는 퇴사울세우기, 모래덮기, 파도막이 등이 있으며 정사울세우기는 식재공법과 함께 사지조림 공법에 속한다.

93 사방댐의 방수로 크기를 결정할 때 직접적으로 관계가 없는 것은?

① 암반상태   ② 집수면적
③ 황폐상황   ④ 강수량

해설
방수로의 크기 결정요인으로 집수면적, 산림상태(황폐정도), 강수량, 경사가 있다.

94 비탈면에 나무를 심을 때, 고려할 사항으로 틀린 것은?

① 식재한 수목이 만일 넘어진다 하여도 위험성이 없도록 해야 한다.
② 흙쌓기 비탈면에서는 비탈면의 하단부에 식재하는 것이 좋다.
③ 비탈면에는 대묘이식을 하지 않는 것이 좋다.
④ 일반적으로 비탈면에 관목을 심기 위해서는 비탈면을 1:3 보다 완만하게 해야 한다.

해설
비탈면 기울기는 관목이 1:2, 교목은 1:3을 기준으로 시공한다.

95 야계사방공사 현장의 가장 일반적인 곡선의 설정법은?

① 교각법   ② 편각법
③ 진출법   ④ (1/4)법

해설
야계사방에서는 일반적으로 (1/4)법을 이용한다.

96 산사태 및 산붕에 대한 일반적인 설명으로 틀린 것은?

① 주로 사질토에서 많이 발생한다.
② 20도 이상의 급경사지에서 많이 발생한다.
③ 강우 특히 강우강도에 영향을 받는다.
④ 징후의 발생이 많고 서서히 활락한다.

해설
발생전 징후가 많고 천천히 활락하는 것은 땅밀림에 대한 특징이다. 산사태 및 산붕은 징후 발생이 적고 돌발적으로 활락한다.

정답 91. ③ 92. ② 93. ① 94. ④ 95. ④ 96. ④

97 콘크리트의 응결경화촉진제로 많이 사용하는 혼화제는?

① 염화칼슘 ② 석회
③ 규조토 ④ 규산백토

해설
응결경화 촉진제는 수화반응을 통해 조기에 강도를 상승시키는 작용을 하며 염화칼슘, 염화알루미늄 등이 있다.

98 콘크리트블록과 같은 가벼운 블록으로 비탈면을 처리하기 곤란한 지역에서 거푸집을 설치하고 콘크리트치기를 하여 비탈안정을 위한 틀을 만드는 비탈 안정공법은?

① 비탈 힘줄박기 공법
② 비탈 블록 붙이기 공법
③ 비탈 격자틀 붙이기 공법
④ 비탈 지오웨브 공법

해설
비탈 힘줄박기는 직접 거푸집을 설치하고 콘크리트를 이용해 비탈면의 안정을 도모하는데 이때 뼈대인 힘줄을 박고 흙이나 돌로 채우는 공법이다.

99 비탈다듬기나 단끊기 공사로 생긴 토사의 활동을 방지하기 위하여 설치하는 공작물은?

① 산복돌망태흙막이
② 땅속흙막이공작물
③ 산복바자얽기
④ 떼단쌓기

해설
땅속흙막이
땅속흙막이는 비탈다듬기나 단끊기 등의 흙깎기 과정에서 부토가 많고 깊게 퇴적되는 곳에서는 강우 등에 의해 토괴가 미끄러져 내리기 쉬운데 이러한 토사의 유실을 방지하기 위해 땅속에 설치하며 지표면에는 드러나지 않는다.

100 황폐 계류 유역을 구분하는데 포함되지 않는 것은?

① 토사 생산 구역
② 토사 퇴적 구역
③ 토사 유과 구역
④ 토사 가름 구역

해설
황폐계류의 상류부를 토사생산구역, 생산된 토사가 이동하는 토사유과구역, 하류에 토사가 퇴적되는 토사퇴적구역으로 구분된다.

정답 97. ① 98. ① 99. ② 100. ④

2013년 제2회 산림기사

01 제벌의 실행에 관한 설명 중 옳은 것은?
① 생육 휴면기인 겨울철이 적정시기이다.
② 낙엽송은 식재 후 15년 정도가 적정시기이다.
③ 일반적으로 수관간의 경쟁이 시작되고 조림목의 생육이 저해되는 시점이 적정시기이다.
④ 침입수종 제거가 목적으로 조림목은 원칙적으로 제거하지 않는다.

해설
유해수종을 제거하고 밀생지의 경우 공간 조절을 할 수 있는데 보통 수관간의 경쟁이 시작되고 조림목의 생육이 저해된다고 판단되는 시점이 적당한 작업시기로 제거 대상목의 맹아력이 약해지는 6~9월 사이에 실시를 하는 편이다.

02 파종상에서 2년, 그 뒤 상체상에서 1년을 지낸 3년생 묘목을 가장 잘 표현한 것은?
① 2-1묘
② 1-2묘
③ 1/2묘
④ 2-1-1묘

해설
파종상에서 2년 상체상에서 1년을 지낸 3년생 묘는 2-1묘로 표현한다.

03 다음 수목 중 자웅이주가 아닌 것은?
① 소나무
② 은행나무
③ 꽝꽝나무
④ 호랑가시나무

해설
소나무는 자웅동주이다.

04 생가지치기를 피해야 하는 수종으로 적합하지 않은 것은?
① 벚나무류
② 단풍나무류
③ 느릅나무류
④ 참나무류

해설
생가지치기의 위험이 적은 수종에는 소나무, 낙엽송, 포플러류, 삼나무, 편백, 참나무 등이 있다.

05 우수우상복엽이며 소엽은 긴 타원형이고 가장자리에 파상톱니가 있고 가끔 가시가 줄기에 발달하는 콩과의 교목성 식물은?
① 아까시나무
② 다릅나무
③ 회화나무
④ 주엽나무

해설
주엽나무
· 쌍떡잎식물 장미목 콩과 낙엽교목
· 굵은 가지가 사방으로 퍼지며 작은 가지는 갈라진 가시가 있다
· 소엽은 타원형 혹은 긴 타원형이며 양 끝이 둥글고 가장자리에 물결 톱니가 있다

06 지위가 중(中)인 일반 활엽수림의 간벌 개시 연령으로 옳은 것은?
① 10~20년
② 20~30년
③ 30~40년
④ 40~50년

해설
활엽수림 간벌 개시 임령

지위	임령
상	20~30
중	30~40
하	40~50

정답 01. ③ 02. ① 03. ① 04. ④ 05. ④ 06. ③

07 파종 1개월 정도 전에 노천매장하여 발아촉진에 도움이 되는 수종은?

① 소나무 ② 잣나무
③ 느티나무 ④ 은행나무

해설
노천매장
파종 1개월 전 노천매장하여 발아가 촉진되는 수종으로 소나무, 해송, 낙엽송, 전나무, 삼나무 등이 있다.

08 삽목 발근이 용이한 수종만으로 나열된 것은?

① 감나무, 자작나무
② 꽝꽝나무, 동백나무
③ 백합나무, 사시나무
④ 두릅나무, 산초나무

해설
삽목발근이 용이한 수종으로 포플러류, 개나리, 무궁화, 배롱나무, 동백나무, 회양목, 꽝꽝나무, 은행나무, 삼나무, 향나무 등이 있다.

09 다음 중 지리산에서 낙엽분해에 소요되는 기간이 가장 짧은 수종은?

① 일본잎갈나무 ② 전나무
③ 서어나무 ④ 졸참나무

해설
침엽수보다는 상대적으로 활엽수의 낙엽 분해 속도가 더 빠른데 침엽수의 경우 큐틴의 발달로 분해속도가 상대적으로 느리다. 1년 기준 졸참나무는 약 30%, 서어나무는 약 40% 정도 분해가 되는 것으로 나타나 서어나무의 낙엽 분해 소요기간이 더 짧게 나타난다.

10 산림이나 묘포장 토양의 토양산도에 대하여 바르게 기술하고 있는 것은?

① pH 4.0~4.7인 토양은 망간, 알루미늄이 다량 용해되어 나무의 생육에 이롭다.
② pH 6.6~7.3인 토양에서는 미생물의 활동이 왕성하고 양료의 이용이 높으며, 부식의 형성이 쉽게 진전된다.
③ 묘포토양으로서는 pH 6.5 이상이 되어야 좋다.
④ pH 7.4~8.0의 토양산도는 침엽수종의 생육에 유리하다.

해설
① pH 4.0~4.7인 산성토양에서 망간, 알루미늄이 다량 용해될 경우 나무의 생육을 더디게 한다.
③ 수종에 따라 적합한 pH가 다르다.
④ 침엽수종은 pH 5.0~5.5 정도가 생육에 유리하다.

11 판갈이(상체) 밀도에 대한 설명 중 옳은 것은?

① 묘목이 클수록 밀식한다.
② 양수는 음수보다 밀식한다.
③ 땅이 비옥할수록 소식한다.
④ 잎과 가지가 확장하는 것은 밀식한다.

해설
판갈이 밀도와의 관계
· 묘목이 클수록 소식한다.
· 지엽이 옆으로 확장하는 것은 소식한다.
· 양수는 음수보다 소식한다.
· 땅이 비옥할수록 소식한다.

12 다음 중 입지의 종류가 아닌 것은?

① 자연적 입지 ② 경제적 입지
③ 정책적 입지 ④ 행정적 입지

해설
입지의 종류에 경제적 입지, 자연적 입지, 정책적 입지가 있다.

정답 07. ① 08. ② 09. ③ 10. ② 11. ③ 12. ④

13 숲을 구성하고 있는 나무 중에서 성숙목을 국소적으로 선택해서 일부 벌채하고, 이와 동시에 불량한 어린 나무도 제거해서 갱신이 이루어지도록 하는 것은?

① 택벌작업   ② 왜림작업
③ 죽림작업   ④ 개벌작업

> **해설**
> 택벌작업은 일부분 국소적으로 벌채하는 작업으로 양수수종에 적용이 어렵다. 하지만 모수가 많아 치수 보호에 유리하고 미적 가치가 높은 것이 특징이다.

14 은행나무 등의 겉씨식물이 출현하기 시작한 지질 시대는?

① 선캄브리아대   ② 고생대
③ 중생대   ④ 신생대

> **해설**
> 은행나무 등의 겉씨식물은 고생대 중에서도 페름기 때 출현하였다.
>
> | 구분 | | 특징 |
> |---|---|---|
> | 고생대 | 실루리아기 | 하등한 양치식물이 상륙 |
> | | 데본기 | 석송, 속새류, 고사리 등 양치식물이 번성 |
> | | 석탄기 | 대형 양치식물이 거대 숲을 형성 |
> | | 페름기 | 소철, 소나무, 전나무, 은행나무 등의 겉씨식물이 나타남 |
> | 중생대 | 백악기 | 속씨식물인 활엽수가 나타남 |
> | 신생대 | 제3기 | 초본류가 급격히 증가 |

15 수목 호르몬인 지베렐린에 대한 설명으로 틀린 것은?

① 벼의 키다리병을 일으키는 곰팡이에서 처음 추출된 호르몬이다.
② 거의 모든 지베렐린은 알칼리성을 띤다.
③ 줄기의 신장을 촉진한다.
④ 개화 및 결실을 돕는 역할을 한다.

> **해설**
> 지베렐린은 극성이동이 없어 확산에 의해 이동하며 산성을 띤다.

16 갱신의 방법에서 인공조림에 의한 방법이 아닌 것은?

① 파종 조림   ② 식수 조림
③ 삽목 조림   ④ 맹아 갱신

> **해설**
> 맹아갱신의 경우 천연갱신에 의한 방법이다.

17 다음 중 묘목의 광보상점이 가장 낮은 수종은?

① 미송   ② 굴참나무
③ 설탕단풍나무   ④ 스트로브잣나무

> **해설**
> 양수보다는 음수의 광보상점이 낮으며 단풍나무는 음수 수종에 속한다. 미송, 굴참나무, 스트로브 잣나무는 양수 수종이다.
> ※ 음수 수종 : 전나무, 가문비나무, 너도밤나무, 서어나무, 녹나무, 단풍나무

18 다음 중 수목종자의 표준품질기준에서 효율이 가장 높은 수종은?

① 주목   ② 잣나무
③ 소나무 ④ 은행나무

> **해설**
> 보기 중 소나무의 효율이 82%로서 가장 높다.
> ① 주목 : 53%   ② 잣나무 : 69%
> ③ 소나무 : 82% ④ 은행나무 : 66%

정답   13. ①   14. ②   15. ②   16. ④   17. ③   18. ③

19 장령림의 시비에 대한 설명으로 올바른 것은?

① 항공시비에서는 가루 형태의 비료보다 굵은 입자 형태의 비료를 살포하는 것이 좋다.
② 임지시비의 시기는 노동력을 동원하기 쉬운 늦여름이나 초가을이 적기이다.
③ 임지시비는 묘목을 식재한 이듬해의 가을에 1회 시비하는 것만으로 충분하다.
④ 뿌리가 땅속 깊이 뻗어있기 때문에 구덩이를 깊이 파고 시비해야 한다.

> 해설
> 항공시비의 경우 입상 직경이 2mm 정도로 질소, 인산, 칼륨을 15 : 20 : 5 의 비율로 만들어 뿌려준다.
> ② 시비 시기는 계절보다 기후 조건이 중요하며 계절적으로는 가을이나 초봄이 효과적이다.
> ③ 시비 횟수 및 시비량은 입지조건, 임목생장상태를 고려하여 정하도록 한다.
> ④ 장령림 시비는 속효성비료의 경우 표면살포하며 고형복합비료는 등고선 방향으로 땅을 파서 시비하는데 이처럼 비료의 종류에 따라 적절한 방법을 선택한다.

20 가을에 종자가 모수로부터 떨어질 때 미성숙한 배의 형태로 떨어지는 수종은?

① 층층나무
② 은행나무
③ 싸리나무
④ 상수리나무

> 해설
> 은행나무의 경우 미발달배의 형태를 보유하여 후숙이 필요하다. 미발달배를 가지는 수종으로 향나무, 주목 등이 있다.

21 잣나무 털녹병의 중간기주에 발생하는 포자 형태가 아닌 것은?

① 여름포자
② 녹포자
③ 겨울포자
④ 담자포자

> 해설
> 녹포자는 중간기주 이전에 형성되어 중간기주로 이동해 여름포자를 형성한다.

22 수목의 그을음병을 방제하는데 가장 적합한 것은?

① 흡즙성 곤충을 방제한다.
② 해가림시설을 설치한다.
③ 방풍시설을 설치한다.
④ 중간기주를 제거한다.

> 해설
> 그을음병은 흡즙성 해충에 의해 발병되기에 흡즙성 곤충의 방제를 통해 예방이 가능하다.

23 수목의 잎을 가해하는 곤충이 아닌 것은?

① 대벌레
② 솔나방
③ 참나무재주나방
④ 박쥐나방

> 해설
> 박쥐나방은 어린 유충일 때 줄기를 식해하며 성장 후 목질부를 가해한다.

정답 19. ① 20. ② 21. ② 22. ① 23. ④

24 파이토플라스마에 의한 수목병이 아닌 것은?

① 대추나무 빗자루병
② 오동나무 빗자루병
③ 벚나무 빗자루병
④ 붉나무 빗자루병

해설
파이토플라스마에 의한 병으로 대추나무 빗자루병, 오동나무 빗자루병, 뽕나무 오갈병이 있으며 벚나무 빗자루병은 자낭균에 의해 발생된다.

25 모잘록병균의 중요한 월동 장소는?

① 토양
② 수피사이
③ 중간기주
④ 병든 나무의 가지

해설
모잘록병균은 토양 혹은 병든 식물체에 월동한다.

26 솔잎혹파리 성숙유충의 크기는?

① 0.5mm ~ 1.0mm
② 1.0mm ~ 1.5mm
③ 1.7mm ~ 2.8mm
④ 3.5mm 내외이다.

해설
솔잎혹파리의 성숙 유충의 크기는 1.8~ 2.8mm 정도이고 성충의 크기는 수컷 1.75mm, 암컷 2.0mm 정도이다.

27 불리한 환경에 따른 곤충의 활동정지와 휴면에 대한 설명으로 옳은 것은?

① 일장은 휴면으로의 진입여부 결정에 중요한 요소는 아니다.
② 활동정지는 환경조건이 호전되면 곧 발육이 재개된다.
③ 의무적 휴면의 예는 흰불나방에서 찾아볼 수 있다.
④ 기회적 휴면은 1년에 한 세대만 발생하는 곤충이 갖는다.

해설
정상적인 조건아래에서 곤충의 발육은 지속되나 환경조건이 불리해지면 발육 및 활동이 정지되지만 이러한 활동정지는 불리한 환경조건을 제거하면 생육이 곧 회복된다.

28 다음 중 생엽의 발화 온도가 가장 높은 수종은?

① 피나무
② 뽕나무
③ 은행나무
④ 네군도단풍나무

해설
보기 중 네군도단풍나무가 490°C 정도의 가장 높은 발화온도를 가진다.

※ 수종에 따른 생엽 발화 온도

· 360°C : 피나무	· 450°C : 졸참나무, 가문비나무
· 370°C : 뽕나무	· 458°C : 가중나무
· 380°C : 아까시나무	· 460°C : 밤나무
· 430°C : 은행나무	· 480°C : 수수꽃다리
· 440°C : 소나무	· 490°C : 네군도단풍나무

29 나무병은 다음 중 어느 병원체에 의하여 가장 많이 발생하는가?

① 바이러스
② 박테리아(세균)
③ 곰팡이(진균)
④ 파이토플라스마

해설
발생빈도는 진균에 의한 병이 가장 많으며 다음으로 세균과 바이러스 순이다.

정답 24. ③ 25. ① 26. ③ 27. ② 28. ④ 29. ③

30 다음 중 나무좀, 하늘소, 바구미 등과 같은 천공성 해충을 방제하는데 가장 적합한 방법은?

① 경운법
② 훈증법
③ 온도처리법
④ 번식장소 유살법

해설
천공성 해충은 나무를 직접 가해하는 습성을 이용하여 통나무와 같은 번식처에 유인하여 방제하는 유살법이 효율적이다.

31 다음 침엽수 중 내화력이 가장 강한 수종은?

① 삼나무 ② 편백
③ 해송   ④ 가문비나무

해설
내화력이 강한 수종으로 은행나무, 잎갈나무, 황벽나무, 굴참나무, 음나무, 가문비나무 등이 있다.

32 임연부(forest edge)에 대한 설명으로 틀린 것은?

① 햇빛이 잘 들기 때문에 종자와 과실의 생산량이 많다.
② 산림과 다른 환경 유형이 인접하는 곳을 임연부라 한다.
③ 고라니나 노루는 임연부 환경을 선호한다.
④ 임연부의 무성한 관목으로 인해 둥지를 만들기 어렵다.

해설
임연부는 숲의 가장자리로 서로 다른 환경유형이 인접하는 곳을 말하며 무성한 관목은 둥지를 만들기 쉽고 천적에게도 발견되기 어려운 이점이 있다.

33 농약의 독성을 표시하는 단위에서 LD_{50} 이란?

① 50% 치사에 필요한 농약의 침투 속도
② 50% 치사에 필요한 농약의 종류
③ 50% 치사에 필요한 농약의 량
④ 50% 치사에 필요한 시간

해설
LD_{50} 은 농약의 독성 실험을 통해 동물의 반수가 치사에 이르는 농약의 양을 의미한다.

34 참나무 시들음병에 대한 설명으로 틀린 것은?

① 매개충은 광릉긴나무좀이다.
② 피해목은 초가을에 모든 잎이 낙엽된다.
③ 피해목의 변재부는 병원균에 의하여 변색된다.
④ 매개충의 암컷등판에는 곰팡이를 넣는 균낭이 있다.

해설
피해목은 7월부터 붉게 시들기 시작하며 잎은 떨어지지 않고 붙어 있다.

35 다음 중 물에 타서 사용하는 약제가 아닌 것은?

① 액제   ② 분제
③ 유제(乳劑) ④ 수화제

해설
분제는 분말형태로 사용하는 약제이다.

정답 30. ④ 31. ④ 32. ④ 33. ③ 34. ② 35. ②

36 주로 묘포의 종자를 가해하는 조류로만 짝지어진 것은?

① 백로, 왜가리
② 박새, 딱따구리
③ 참새, 할미새
④ 어치, 동박새

[해설]
참새와 할미새는 주로 묘포의 소립종자를 식해한다.

37 대추나무 빗자루병의 내과요법으로 많이 이용되고 있는 약제는?

① 베노밀(benomyl)수화제
② 스트렙토마이신(streptomycin)수화제
③ 아진포스메틸(azinphos-methyl)수화제
④ 옥시테트라사이클린(oxytetracycline)수화제

[해설]
파이토 플라스마에 의해 발생되는 대추나무, 오동나무 빗자루병은 테트라사이클린 약제를 수간주사 방법으로 투입한다.

38 미국흰불나방의 월동 형태로 가장 적합한 것은?

① 알
② 성충
③ 번데기
④ 유충

[해설]
미국흰불나방은 번데기 형태로 월동한다.

39 대추나무 빗자루병에 대한 설명으로 틀린 것은?

① 감염시 꽃봉오리가 잎으로 변한다.
② 대추나무 흉고 직경 10~15cm 기준으로 항생제를 1회 5g/1ℓ을 수간주입 한다.
③ 매개충은 마름무늬매미충이다.
④ 병든 가지와 줄기는 제거하여 소각처리 한다.

[해설]
대추나무 빗자루병은 옥시테트라싸이클린을 주입하는데 1g/1L 기준으로 한다.

40 포스팜 50% 액제 50cc를 포스팜 농도 0.5%로 희석하려고 할 경우 요구되는 물의 양은? (단, 원액의 비중은 1이다.)

① 4500cc
② 4950cc
③ 5500cc
④ 6000cc

[해설]
농도 0.5%는 물 100cc 당 0.5cc의 액제가 들어 있는 것이다. 현재 포스팜은 50cc 용량에 50% 농도이므로 전건기준 25cc 이다. 이를 비례식을 이용하여 총용량을 구하게 되면
25cc : W(물용량) = 0.5 : 100 → W = 5000
※ 총 물의 양은 5000cc 이고 여기서 기존의 액제 용량 50cc 를 제외하면 요구되는 물의 양인 4950cc 가 도출된다.

41 임목의 흉고직경(DBH)을 측정하기 위해 사용되는 여러 가지 기구가 있다. 다음 중 나무의 둘레를 측정하여 직접 직경을 구할 수 있도록 고안된 기구는?

① 윤척(Caliper)
② 직경테이프(Diameter Tape)
③ 빌티모아 스티크(Biltmore Stick)
④ 슈퍼겔 렐라스코프(Spiegel Relascope)

[해설]
직경테이프는 임목의 둘레를 측정하는 장비이다. 휴대가 간편하고 크기의 제한을 받지 않는다.

정답 36. ③ 37. ④ 38. ③ 39. ② 40. ② 41. ②

42 임업원가 관리에 있어서 원가의 유형은 사용 목적에 따라 여러 가지로 분류할 수 있다. 다음 중 기회원가에 대한 설명으로 옳은 것은?

① 특정 부문의 제품 또는 공정별로 쉽게 알아낼 수 있는 원가를 말한다.
② 제품의 생산수준에 따라 비례적으로 변동하는 원가를 말한다.
③ 제품의 생산수준이 변하여도 총액이 고정되어 있는 원가를 말한다.
④ 여러 가지 생산 활동 방안 중에서 어느 한 가지를 선택함으로써 다른 방안을 선택할 수 없게 되어 포기한 수익을 말한다.

해설
특정 이익을 위해 다른 이익을 포기하는 경우 이때 포기하는 수익을 기회원가라 한다.

43 산림을 비축적 자산의 하나로 보유하는 산림의 경영형태는?

① 종속적 임업경영
② 부차적 임업경영
③ 주업적 임업경영
④ 가업적 임업경영

해설
부차적 산림경영은 산림의 비축적 자산의 하나로 주업적 산림경영에 따르는 공백을 막고 이용률을 극대화하여 전체적인 수익을 올리기 위한 겸업적임업의 형태이다.

44 통나무의 중앙단면적이 0.25m²이고 길이가 15m라고 할 때 이 통나무의 재적을 후버(Huber)식에 의해 구하면 얼마인가?

① 2.25m³ ② 2.75m³
③ 3.25m³ ④ 3.75m³

해설
중앙단면적 × 목재 길이 = 0.25 × 15 = 3.75

※ 후버식
$$V(m^3) = r \times L = \frac{\pi}{4} \times d^2 \times L$$
V : 재적, r : 중앙 단면적,
L : 목재 길이, d : 지름

45 다음 중 자산, 부채, 자본의 관계를 잘 나타낸 것은?

① 자산 = 자본 − 부채
② 자산 = 자본 + 부채
③ 자산 = 부채 − 자본
④ 자산 = 자본 ÷ 부채

해설
자산은 자본과 부채의 합으로 나타낸다.

46 다음 그림과 같은 4가지 형태의 산림의 구조 중 속성수 도입 및 복합임업경영(혼농임업 등)도입이 필요한 산림구조는?

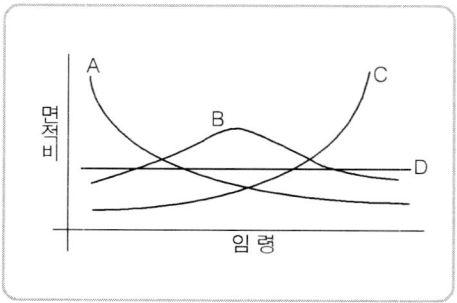

① A형 산림구조
② B형 산림구조
③ C형 산림구조
④ D형 산림구조

해설
국내의 산림은 A형 구조(유령림이 많은 산림)가 많아 속성수 및 복합임업경영을 통해 산림의 구조를 개선해야 한다.

정답 42. ④ 43. ② 44. ④ 45. ② 46. ①

47 임지의 평가에서 똑같은 산림경영패턴이 영구히 반복된다는 것을 가정한 평가법은?

① 임지비용가법 ② 임지기망가법
③ 임지예상가법 ④ 임지매매가법

해설
장차 발생될 것으로 기대되는 수익의 합계를 기망가라 하며 임지기망가는 임지의 사업을 영구적으로 실시한다는 가정으로 토지에서 기대되는 순수익의 현재 합계를 말한다.

48 임업투자계획의 경제성을 평가하는 방법이 아닌 것은?

① 순현재가치의 방법
② 편익비용비의 방법
③ 수확표에 의한 방법
④ 내부수익률의 방법

해설
임업투자의 경제성을 평가하는 방법으로 순현재가치법, 내부수익률법, 회수기간법, 투자이익률법이 있다

49 임업소득의 계산방법 중 옳은 것은?

① 가족노동에 귀속하는 소득 = 임업소득 − (지대+자본이자)
② 경영관리에 귀속하는 소득 = 임업소득 − (지대+자본이자)
③ 임지에 귀속하는 소득 = 임업소득 − (지대+가족노임추정액)
④ 자본에 귀속하는 소득 = 임업순수익 − (지대+자본이자)

해설
임업소득은 임산물의 생산과 판매를 통해 임가가 얻는 소득으로서 임업조수입에서 임업경영비를 빼면 구할 수 있다.
② 경영관리에 귀속하는 소득=임업순수익-(지대+자본이자)
③ 임지에 귀속하는 소득=임업소득-(자본이자+가족노임추정액)
④ 자본에 귀속하는 소득=임업소득-(지대+가족노임추정액)

50 매년 말에 풀베기 작업을 통해 1,000,000원의 수입을 얻을 수 있는 임지가 있다면 이 임지의 자본가는 얼마인가? (단, 이자율은 8%이다.)

① 925,926원   ② 1,250,000원
③ 12,500,000원 ④ 80,000원

해설
매년 말 수익을 얻는 경우 무한연년이자의 전가계산 방식을 통해 구하도록 한다.
$$K = \frac{r}{P} = \frac{1000000}{0.08} = 12500000$$

51 산림의 생산력 발전 단계 중 노동생산성이 작업노동과 관리노동으로 분리 취급된 단계는?

① 자연자원 보존의 단계
② 자본장비 확충의 단계
③ 자연력 의존의 단계
④ 자연력 통제의 단계

해설
생산력 발전 단계
㉠ 자연력 의존 : 자연에서 나오는 그대로를 채취
㉡ 자연력 통제 : 관리노동, 작업노동 등 노동의 제어
㉢ 자본장비 확충 : 작업 체계의 고도화 및 작업효율의 향상
㉣ 자연자원의 보존과 환경위기 : 환경문제에 대한 인식 및 개선

52 다음 임업자본 중 유동자본에 해당하지 않는 것은?

① 관리비   ② 조림비
③ 임금   ④ 차량

해설
차량의 경우 고정자산에 속한다.

정답 47. ② 48. ③ 49. ① 50. ③ 51. ④ 52. ④

53 수확을 위한 벌채는 입목의 평균수령이 기준 벌기령 이상에 해당하는 임지에서 실행하는데 다음 중 수확을 위한 벌채 실행방법이 아닌 것은 무엇인가?

① 솎아베기 ② 골라베기
③ 왜림작업 ④ 모수작업

해설
솎아베기는 기준벌기령 이전에 실시하여 관리와 중간수입을 얻는데 중점을 둔다.

54 우리나라 국유림의 경영계획구 명칭은 보통의 경우 어떻게 부여하는가?

① 행정구역상 시, 군 단위 명칭
② 행정구역상 읍, 면 단위 명칭
③ 행정구역상 리, 마을 단위 명칭
④ 해당 지방산림청의 명칭

해설
우리나라 국유림의 경우 경영계획구의 명칭은 시, 군 단위로 부여한다.

55 효과적인 휴양자원 관리를 위해서는 휴양지역의 속성, 즉 그 지역의 특성을 아는 것이 중요하다고 한다. 그 이유에 가장 합당한 것은?

① 다른 자원의 이용에 대한 경쟁력과 갈등을 규명하는데 기초정보를 제공한다.
② 야외 휴양지는 많은 위험요소를 가지고 있어 이를 사전에 예방할 수 있다.
③ 야외활동을 통하여 이용객의 욕구를 충족시킬 수 있는 서비스 개발이 가능하다.
④ 현재의 수준을 파악하여 더욱 서비스의 질을 높은 수준으로 개선하는 계기가 된다.

해설
지역의 다양한 임산물 및 자원의 기초정보를 제공하여 개선에 도움을 준다.

56 산림문화·휴양에 관한 법률에 따라 자연휴양림 지정을 위한 타당성평가 기준으로 틀린 것은?

① 경관 : 표고차, 임목, 수령, 식물 다양성 및 생육 상태 등이 적정할 것
② 위치 : 접근도로 현황 및 인접도시와의 거리 등에 비추어 그 접근성이 용이 할 것
③ 수계 : 계류 길이, 계류 폭, 수질 및 유수기간 등이 적정할 것
④ 휴양요소 : 유용적·문화적 유산, 산림문화자산 및 특산물 등이 다양할 것

해설
산림 문화 및 휴양에 관한 법률에 의거 휴양요소는 역사적 문화적 유산, 산림문화자산 및 특산물 등이 다양해야 한다. 이러한 타당성 평가 기준에는 경관, 위치, 면적, 수계, 휴양요소, 개발여건이 있다.

57 산림문화·휴양에 관한 법률에 따라 자연휴양림시설에서 [보기]와 같은 설치기준에 해당하는 것은?

[보기]
▷ 산사태 등의 위험이 없을 것
▷ 일조량이 많은 지역에 배치하되, 바깥의 조망이 가능하도록 할 것

① 편익시설 ② 숙박시설
③ 위생시설 ④ 안전시설

해설
보기의 내용은 자연휴양림시설에서 숙박시설의 설치기준에 해당된다.

정답 53. ① 54. ① 55. ① 56. ④ 57. ②

58 휴양지는 생태적 수용, 물리적 수용, 시설적 수용, 사회적 수용으로 분류된다. 그 중 생태적 수용력에서 중요시되는 영향 인자는?

① 시설의 점유율
② 특정 동·식물의 관찰 개체 수
③ 이용자 수
④ 이용자간 인간관계

해설
생태적 수용력은 지피식생의 피복률, 야생동물의 생태적 지표, 토양견밀도, 토양유실 등이 해당된다.

59 어떤 임목의 흉고단면적이 $0.1m^2$, 수고가 14m일 때 형수법에 의해 이 임목의 재적을 구하면? (단, 형수는 0.4 이다.)

① $0.14m^3$ ② $0.56m^3$
③ $1.4m^3$ ④ $5.6m^3$

해설
형수법
재적 = 단면적×높이×형수
0.1×14×0.4 = 0.56

60 매년 800,000원씩 조림비를 5년간 지불한다면 마지막 지불이 끝났을 때의 유한연년수입의 후가합계식을 이용하여 후가를 계산하면 약 얼마인가? (단, 이율은 5%이고, 1.05^5=1.2763을 적용한다.)

① 4,420,800원 ② 4,410,000원
③ 5,526,000원 ④ 5,700,000원

해설
$$K = \frac{r[(1+P)^n - 1]}{P}$$
$$= \frac{800000[(1+0.05)^5 - 1]}{0.05}$$
$$= 4,420,800$$

※ 유한연년이자
매년 말 r 씩 n 회 얻을 수 있는 이자의 후가합계는 아래와 같다
$$K = \frac{r[(1+P)^n - 1]}{P}$$

61 임업토목시공 작업별 적용기종 중 제근을 주로 하는 기종은?

① backhoe
② tractor-shovel
③ rake dozer
④ road roller

해설
제근작업은 잡초 및 뿌리를 제거하는 작업으로 레이크도저가 제근에 용이한 장비구조를 가진다.

62 옹벽의 안정도를 계산 검토해야 하는 조건이 아닌 것은?

① 전도에 대한 안정
② 활동에 대한 안정
③ 침하에 대한 안정
④ 외부응력에 대한 안정

해설
옹벽의 안정성 검토 사항으로 전도, 활동, 침하, 내부응력에 대한 안정이 있다.

63 축척이 1 : 25000의 지형도에서 도상거리가 8cm일 때 지상거리는 몇 km인가?

① 2   ② 3
③ 4   ④ 5

해설
8cm × 25000(축척) = 200,000cm = 2km

정답 58. ② 59. ② 60. ① 61. ③ 62. ④ 63. ①

64 지형도 1 : 25000에서 주곡선의 간격은?

① 5m   ② 10m
③ 15m   ④ 20m

해설

축척에 대한 선 간격

구분	주곡선	간곡선	조곡선	계곡선
1 : 50,000	20	10	5	100
1 : 25,000	10	5	2.5	50
1 : 10,000	5	2.5	1.25	25

65 토목작업 시 깎아낸 흙이 부족할 때에는 다른 곳에서 파와야 된다. 이렇게 필요한 흙을 채취하는 곳을 무엇이라 하는가?

① 취토장   ② 사토장
③ 집재장   ④ 토장

해설

취토장은 흙이 부족할 경우 보급하기 위한 장소이다.

66 임도의 종단물매가 4%, 횡단물매가 3%일 때의 합성 물매는?

① 3%   ② 5%
③ 7%   ④ 9%

해설

합성기울기
$= \sqrt{종단기울기^2 + 횡단기울기^2}$
$= \sqrt{4^2 + 3^2} = 5$

67 임도노면 포장공사의 방법에는 여러 가지가 있으나 부순돌을 재료로 하여 표층을 부설한 길을 쇄석도 또는 머캐덤도 라고도 한다. 다음 중 머캐덤도의 설명으로 틀린 것은?

① 교통체 머캐덤도 – 쇄석이 교통과 강우로 인하여 다져진 도로
② 수체 머캐덤도 – 쇄석의 틈 사이에 모래 및 마사를 삼투시켜 롤러로 다져진 도로
③ 역청 머캐덤도 – 쇄석을 타르나 아스팔트로 결합 시킨 도로
④ 시멘트 머캐덤도 – 쇄석을 시멘트로 결합 시킨 도로

해설

수체 머캐덤도는 쇄석의 틈사이에 석분을 물로 투입하여 롤러로 다져진 도로이다.

68 임도 구조와 구성요소에 대한 연결이 잘못된 것은?

① 시거 – 노체길
② 길어깨 – 횡단선형
③ 최급 물매 – 종단선형
④ 최소 곡선 반지름 – 평면선형

해설

시거는 자동차 주행에 있어 필요한 최소한의 보이는 거리로 평면선형에 속한다.

69 토양이 흩어진 후에는 수축하기 때문에 흙쌓기 후에는 얼마간의 더쌓기를 실시한다. 흙쌓기의 높이가 3m라면 더쌓기의 높이 기준은?

① 흙쌓기 높이의 10%
② 흙쌓기 높이의 20%
③ 흙쌓기 높이의 25%
④ 흙쌓기 높이의 30%

해설

흙쌓기 높이 3m 의 경우 더쌓기는 흙쌓기 높이의 10% 를 기준으로 한다.

정답 64. ② 65. ① 66. ② 67. ② 68. ① 69. ①

70 임도망 계획 시 고려해야 할 사항으로 틀린 것은?

① 신속한 운반이 되도록 한다.
② 운재비가 적게 들도록 한다.
③ 운반량에 제한을 두도록 한다.
④ 일기 및 계절에 따른 운재능력의 제한이 없도록 한다.

> **해설**
> 임도망 계획시 운반량에는 제한을 두지 않는다.

71 임도의 횡단선형 중 임도의 나비로 맞는 것은?

① 차도나비
② 차도나비 + 길어깨나비
③ 차도나비 + 길어깨나비 + 옆도랑
④ 차도나비 + 길어깨나비 + 옆도랑 + 성토의 비탈면

> **해설**
> 임도의 나비는 차도의 나비와 길어깨 나비를 합한 값이다.

72 평판측량에 있어 평판 설치의 3요소가 아닌 것은?

① 치심   ② 시준
③ 표정   ④ 정치

> **해설**
> 평판측량시 고려해야할 주요 요소로 수평을 맞추는 정준(정치), 중심을 맞추는 구심(치심), 방향을 맞추는 표정으로 3가지가 있다.

73 임도에서 콘크리트옹벽의 제작 과정을 순서대로 바르게 나열한 것은?

> ㉠ 양생
> ㉡ 콘크리트치기
> ㉢ 콘크리트 다지기
> ㉣ 콘크리트 비비기

① : ㉣ → ㉡ → ㉢ → ㉠
② : ㉠ → ㉢ → ㉡ → ㉣
③ : ㉠ → ㉡ → ㉢ → ㉣
④ : ㉡ → ㉢ → ㉣ → ㉠

> **해설**
> 콘크리트는 제일먼저 재료의 비비기, 치기, 다지기, 양생의 순서로 이루어진다.

74 임의의 등고선과 교차되는 두 점을 지나는 임도의 노선 물매가 10%이고, 등고선 간격이 5m 일 때 두 점간의 수평거리는?

① 5m   ② 50m
③ 10m   ④ 100m

> **해설**
> $경사 = \dfrac{표고차(등고선간격)}{실제거리} \times 100$
>
> $\rightarrow 10 = \dfrac{5}{x} \times 100 \rightarrow 실제거리 : 50m$

75 임도망 계획 시 고려하지 않아도 되는 사항은?

① 신속한 운재와 비용을 줄인다.
② 임목 벌채량을 적게 한다.
③ 운반량의 탄력성이 있도록 한다.
④ 목재운반에 일관성이 있어야 한다.

> **해설**
> 임목 벌채량에 따라 임도망을 계획하기에 벌채량을 적게 할 필요는 없다.

정답 70. ③ 71. ② 72. ② 73. ① 74. ② 75. ②

76 다음 중 임도교량의 활하중에 속하는 것은?

① 주보의 무게
② 통행하는 트럭의 무게
③ 바닥 틀의 무게
④ 교상의 시설물

해설
활하중은 움직임을 가지는 것으로 보행자 및 차량에 의한 하중이다.

77 통일 분류법에 의한 모래는 흙 입자 지름이 몇 mm의 범위인가?

① 0.005mm ~ 0.42mm
② 0.075mm ~ 4.75mm
③ 0.42mm ~ 2mm
④ 2mm ~ 4mm

해설
대부분의 분류법에서는 모래의 크기는 0.05~2mm 정도이나 통일분류법에 의한 모래의 입자크기는 0.075~4.75mm 이다.

78 1/25000 지형도상에서 산정표고가 250m, 산 밑의 표고가 50m인 사면의 경사는?(단, 산정부터 산 밑까지 지형도상의 수평거리는 6cm임)

① 약 10.3%   ② 약 12.3%
③ 약 13.3%   ④ 약 16.3%

해설
· 표고차 : 250m - 50m = 200m
· 실제 거리 : 6cm × 25,000
  = 150,000cm = 1500m
경사 = $\frac{표고차}{실제거리} \times 100$
→ $\frac{200}{1500} \times 100 ≒ 13.3(\%)$

79 저습지대에서 노면의 침하를 방지하기 위하여 사용하는 것은?

① 토사도   ② 사리도
③ 섶길   ④ 쇄석도

해설
저습지대에서 노면의 침하를 방지하기 위해 통나무길이나 섶길을 이용한다.

80 임도시설의 물매를 표현하는 방법으로 틀린 것은?

① 각도 : 수평은 0°, 수직은 90°로 하여 그 사이를 90등분한 것
② 1/n : 높이 1에 대하여 수평거리 n으로 나눈 것
③ n% : 수평거리 100에 대한 n의 고저차를 갖는 백분율
④ 비탈물매 : 수평거리 100에 대한 수직높이의 비

해설
비탈물매는 수직거리 1에 대한 수평거리의 비이다.

81 비탈면 녹화조경공법의 목적이 아닌 것은?

① 경관미의 조속한 회복
② 조림을 위한 지존작업
③ 도로 외부로부터의 교통장애요인의 저지
④ 인위적으로 훼손된 비탈면을 빠르고 안전하게 피복하여 침식 및 붕괴현상의 방지

해설
비탈면 녹화조경공법의 목적은 토양과 환경의 보전을 통한 경관보호에 있다. 조림은 이러한 목적을 달성하기 위한 수단이며 목적이 되지는 않는다.

정답   76. ②   77. ②   78. ③   79. ③   80. ④   81. ②

82. 식생공법에 관한 설명으로 틀린 것은?

① 인위적으로 발생된 비탈면을 식물로 피복녹화하는 방법을 말한다.
② 토양침식을 방지하며, 지표면의 온도를 완화·조절한다.
③ 식물체에 의한 표토의 토립자에 대한 동상붕락의 현상이 증가한다.
④ 녹화에 의한 경관조성효과를 목적으로 시공한다.

해설
식생공법을 통해 표토의 유실을 막아 동상붕락 현상이 감소한다.

83. 침식과정의 메카니즘에서 가장 초기상태의 침식은?

① 구곡침식 ② 누구침식
③ 면상침식 ④ 우격침식

해설
침식의 과정 순서는 우격침식, 면상침식, 누구침식, 구곡침식의 순서로 진행되며 가장 초기 상태의 침식은 우격침식이다.

84. 산복사방에서 돌흙막이공을 계획할 때 최대 높이는 원칙적으로 얼마까지로 할 수 있는가?

① 찰쌓기 2.5m 이하, 메쌓기 1.5m 이하
② 찰쌓기 3.0m 이하, 메쌓기 2.0m 이하
③ 찰쌓기 3.5m 이하, 메쌓기 2.5m 이하
④ 찰쌓기 4.0m 이하, 메쌓기 3.0m 이하

해설
돌흙막이공을 계획시 찰쌓기는 3.0m 이하, 메쌓기는 2.0m 이하를 기준으로 한다.

85. 해안 모래언덕 사방공사의 주요 공종이 아닌 것은?

① 둑쌓기   ② 구정바자얽기
③ 정사울세우기 ④ 모래덮기

해설
둑쌓기는 야계사방 공사에 속한다.
※ **해안사방 공종** : 퇴사울세우기, 정사울세우기, 해안조림, 사초심기 등

86. 선떼붙이기 공법에 대한 설명으로 틀린 것은?

① 1m당 떼의 사용 매수에 따라 1~9급으로 구분한다.
② 선떼붙이기 중 경제적으로 또는 효과적으로 널리 채용하는 것이 1~3급이다.
③ 1급 선떼붙이기에 가까울수록 고급 공법이다.
④ 발디딤은 선떼붙이기 작업의 편의를 도모하고, 바닥떼의 활착이 용이하게 하기 위한 것이다.

해설
선떼붙이기 저급(9급에 가까울수록)일수록 효과적이며 일반적으로 6~7급을 많이 채용한다.

87. 돌 골막이 시공 시 돌쌓기의 표준 기울기로 맞는 것은?

① 1 : 0.1   ② 1 : 0.2
③ 1 : 0.3   ④ 1 : 0.4

해설
돌쌓기 기울기는 1 : 0.3 을 기준으로 한다.

정답 82. ③ 83. ④ 84. ② 85. ① 86. ② 87. ③

88 계상에서 석력의 교대는 있어도 세굴과 침전이 평형을 유지하여 종단형상에 변화를 일으키지 않는 기울기는?

① 평형기울기 ② 안정기울기
③ 사면기울기 ④ 편류기울기

해설
안정기울기는 안정물매라고도 하며 유수 중의 사력과 계상면의 사력과의 교대가 있어도 종단형상에는 변화를 일으키지 않는다.

89 파종에 의하여 비탈면에 응급으로 식생을 도입하고자 하는 경우 외래 초본류를 주로 하고 여기에 재래 초본류를 첨가하는 이유를 잘못 설명한 것은?

① 외래 초본류는 일반적으로 발아가 빠르고, 조기에 지표의 피복효과가 기대되기 때문이다.
② 외래 초본류는 종자의 구득이 일반적으로 용이하기 때문이다.
③ 외래 초본류는 엽량과 뿌리가 많으므로 지표와 지중에 유기물질을 집적하여 토양의 성질을 개선해 주기 때문이다.
④ 외래 초본류는 생육이 왕성하여 뿌리의 자람이 좋고, 토양의 긴박력이 작기 때문이다.

해설
외래 초본류는 토양에 대한 긴박력이 크다.

90 파종녹화공법에서 파종량(W)을 구하는 식으로 옳은 것은?(단, S=평균입수. P=순도, B=발아율, C=발생대기본수이다.)

① $W = C \times S \times P \times B \times 100$
② $W = \dfrac{C}{S \times P \times B} \times 100$
③ $W = \dfrac{C}{S \times P} \times B \times 100$
④ $W = \dfrac{C}{S \times B} \times P \times 100$

해설
파종량
$= \dfrac{\text{발생대기본수}}{\text{평균입수} \times \text{순도} \times \text{발아율}} \times 100$

91 산지사방공사에서 6급 선떼붙이기 1m를 시공하는데 필요한 떼(길이40cm, 나비25cm, 흙 두께 5cm) 사용 매수는?

① 12.50매 ② 7.50매
③ 6.25매   ④ 2.50매

해설
1등급 차이는 1.25매 이다.
※ 선떼붙이기

1급	12.5 매
2급	11.25 매
3급	10 매
4급	8.75 매
5급	7.5 매
6급	6.25매

92 평균유속을 V(m/s), 유로 단면적을 A(m²)라고 할 때 유량(Q)은?

① $Q = \dfrac{V}{A}$ ② $Q = VA$
③ $Q = \dfrac{V}{2A}$ ④ $Q = \dfrac{2A}{V}$

해설
유량 = 유속 × 유적

정답 88. ② 89. ④ 90. ② 91. ③ 92. ②

93 해풍에 의해 날리는 모래를 억류하고 퇴적시켜 인공사구를 조성하기 위해 사용하는 사방공법은?

① 비탈덮기 ② 떼붙이기
③ 퇴사울세우기 ④ 목책세우기

해설
퇴사울세우기 공법은 해안 사구에 바람으로 인하여 이동하는 모래를 안정시키는 공법이다.

94 절토사면 중 토질이 모래층인 사면에 대한 설명으로 옳지 않은 것은?

① 절토공사 직후에는 단단한 편이나 건조하면 푸석푸석해지고 붕락되기 쉽다.
② 침식에 대단히 약하여 식생이 착근하기 전에 유실될 가능성이 높다.
③ 토양유실을 방지할 목적으로, 보통 흙으로 전면적 객토를 해주어야 한다.
④ 적용 공법은 새집붙이기 공법이 가장 적절하다.

해설
절토사면의 토질이 모래층인 경우 토양유실의 가능성이 있어 피복망덮기 공법이 적합하다
※ 새집붙이기 공법은 암반사면에 적용하는 공법으로 잡석을 쌓고 내부에 흙을 채우는 방법이다.

95 토사유과구역에 대한 설명으로 맞지 않는 것은?

① 토사생산구역에 접속된 구역이다.
② 침식이나 퇴적이 비교적 적다.
③ 보통 선상지를 형성한다.
④ 중립지대 또는 무작용지대 등으로 불린다.

해설
황폐계류의 상류부를 토사생산구역, 생산된 토사가 이동하는 토사유과구역, 하류에 토사가 퇴적되는 토사퇴적구역으로 구분된다. 그중에서 토사 유과 구역은 토사생산구역에서 생산된 토사를 이동시키는 구역으로 침식 및 퇴적이 적으며 협곡을 이룬다.

96 다음 중 사방댐의 위치 선정으로 맞는 것은?

① 댐은 계상 및 양안에 암반이 존재해야 하며, 사력층 위에는 사방댐을 계획하면 안된다.
② 지계의 합류점 부근에서 댐을 계획할 때는 일반적으로 합류점의 직 상류부에 위치를 선정한다.
③ 계단상으로 댐을 계획할 때는 첫 번째 댐의 추정 퇴사선이 구계상기울기를 자르는 점에 상류댐의 계획위치가 오도록 한다.
④ 유출토사 억제 목적의 댐은 퇴사지 하류에서 댐 상류부의 계상물매가 완만하고 계폭이 좁은 지점에 계획한다.

해설
① 사력층 위에도 사방댐 계획은 가능하다
② 지계의 합류점에서는 합류점의 하류부에 위치를 선정한다.
④ 유출토사 억제 목적의 경우 계상물매가 완만하고 계폭이 넓은 지점에 계획한다.

97 계류의 유속과 방향을 조절할 수 있도록 둑이나 계안으로부터 돌출되게 설치하는 계간 공작물은?

① 구곡막이 ② 기슭막이
③ 수제 ④ 옹벽

해설
하천에 유심의 방향을 변경시켜 계안으로부터 멀리 보내 유로 및 계안 침식을 방지, 기슭막이 공작물의 세굴을 방지하기 위해 사용된다.

정답 93. ③ 94. ④ 95. ③ 96. ③ 97. ③

98 비탈면 녹화공종에서 초식공법으로만 나열된 것은?

① 힘줄박기공법, 새심기공법
② 줄떼심기공법, 평떼공법
③ 격자틀붙이기공법, 선떼붙이기공법
④ 돌망태쌓기공법, 바자얽기공법

해설
비탈면 식재녹화 공법에서 초식공법은 줄떼다지기, 평떼다지기, 선떼붙이기, 새심기 공법이 있다.

99 화성암은 화학적으로 어떤 성분함량에 따라 산성암, 중성암, 염기성암으로 구분되는가?

① Al_2O_3 ② SiO_2
③ Fe_2O_3 ④ K_2O

해설
규산(SiO_2)의 함량에 따라 암석의 색이나 특성이 달라지며 규산함량이 많을수록 색이 상대적으로 밝고 규산함량이 적고 염기가 많을 경우 어두운 색을 띤다.

100 해안과 일반적인 주풍방향의 설명 중 틀린 것은?

① 모래언덕은 주풍과 밀접한 관계가 있다.
② 해안지방에서의 주풍은 대부분 바다에서 육지를 향해 분다.
③ 주풍방향과 해안선의 각도가 직각일 경우에 주풍이 파도와 모래에 미치는 영향은 가장 적다.
④ 바람은 파도와 연안류를 일으키며, 파도로 육지에 밀려온 모래를 이동시키는 원동력이 된다.

해설
주풍방향과 해안선의 각이 직각일 경우 주풍이 파도와 모래에 미치는 영향이 크다.

정답 98. ② 99. ② 100. ③

2013년 제3회 산림기사

01 토양을 형성하는 암석 중 수성암에 속하는 것은?

① 섬록암 ② 편마암
③ 안산암 ④ 혈암

해설
수성암에는 사암, 혈암, 석회암이 있다

02 수목의 내음성과 여기에 영향을 미치는 인자와의 관계 설명으로 틀린 것은?

① 토양 수분조건이 좋아지면 내음성이 강해진다.
② 양료가 풍부하면 내음성이 강해진다.
③ 온도가 높을수록 수목이 요구하는 광량은 줄어든다.
④ 산 높이의 증가에 따라 그 수종의 광선요구량이 감소한다.

해설
고위도 지방일수록 광선요구량이 증가한다.

03 풀베기용 제초제에 대하여 바르게 설명한 것은?

① 염소산염제는 선택성이며 이행형 제초제이다.
② 피클로람(picloram)·K는 호르몬형으로 흡수이행성이 큰 제초제이다.
③ 시마진(simazine)은 비선택성이며 접촉형 제초제이다.
④ 헥사지논(hexazinone)은 비선택성 제초제로 소나무에 약해가 심하다.

해설
① 염소산염제는 비선택성 접촉형 제초제이다.
③ 시마진은 선택성 흡수이행성 제초제이다.
④ 헥사지논은 선택성 제초제이다.

04 간접적 지위평가법에 해당되지 않은 것은?

① 구간법
② 지표식물에 의한 접근
③ 지위지수
④ 점밀도법

해설
간접적 지위 평가방법으로 지위지수, 지표식물에 의한 접근, 구간법, 환경인자에 의한 접근 방법이 있다.

05 다량원소로 분류되면서 엽록소의 구성성분인 무기양료는?

① 칼슘(Ca) ② 칼륨(K)
③ 마그네슘(Mg) ④ 유황(S)

해설
Mg(마그네슘)은 엽록소의 활동에 관계되며 다량원소에 속한다.

※ 마그네슘 특징
· 마그네슘은 식물의 광합성에 필수적인 엽록소의 구성성분이다.
· 칼륨, 망간에 길항작용을 한다.
· 황산고토, 백운성으로 결핍을 방지할 수 있다.
· 늙은 잎에서 먼저 황화되며 심할 경우 백화현상이 일어난다.
· 뿌리, 줄기의 생장이 저해된다.

정답 01. ④ 02. ④ 03. ② 04. ④ 05. ③

06 밤이나 도토리 등과 함수량이 많은 전분(澱粉) 종자를 추운 겨울 동안 동결하지 않고 동시에 부패하지 않도록 저장하는 방법은?

① 노천매장법 ② 보호저장법
③ 상온저장법 ④ 저온저장법

해설
보호저장법은 모래와 종자를 섞어서 용기 안에 저장하는 방법으로 은행나무, 밤나무, 굴참나무 등에 적합하다.

07 전나무의 속명으로 맞는 것은?

① Juniperus ② Pinus
③ Populus   ④ Abies

해설
전나무의 속명은 Abies, 학명으로 Abies holophylla MAX 이다.

08 삼림 작업종 분류의 기준이 아닌 것은?

① 임분의 기원
② 벌구의 크기와 형태
③ 벌채종
④ 갱신 임분의 수종

해설
산림작업종의 분류 기준은 임분의 기원, 벌구의 크기와 형태, 벌채종이다.

09 소나무류(Hard Pine)와 잣나무류(Soft Pine)의 식별에 대한 설명으로 잘못된 것은?

① 잣나무류는 잎이 3~5개이고 소나무류는 2~3개이다.
② 잣나무류의 실편(實片)은 끝이 얇고 가시가 없으며, 소나무류는 실편은 끝이 두껍고 가시가 있다.
③ 잣나무류는 가지에 침엽이 달렸던 자리가 도드라졌고 소나무류는 밋밋하다.
④ 잣나무류의 유관속은 1개이고 소나무류는 2개이다.

해설
잣나무류는 잎이 달렸던 자리가 밋밋하고 소나무류가 잎이 달렸던 자리가 도드라진다.

10 낙엽송, 소나무류, 삼나무, 편백 등의 저장종자에 효과가 있는 종자발아촉진법은?

① 냉수처리법
② 고온처리법
③ 종피의 기계적 가상
④ 황산처리법

해설
차가운 물에 침수처리하는 것을 냉수침지법이라 하며 2-3일 정도 차가운 물에 침지하여 발아를 촉진하는 방법으로 낙엽송, 삼나무, 편백, 소나무 종자에 적합한 방법이다.

11 묘목식재 시 시비할 경우 본당 질소성분의 시비 기준량(g/본)이 가장 높은 수종은?

① 낙엽송 ② 소나무
③ 잣나무 ④ 해송

해설
① 낙엽송 : 10~14g/본
② 소나무 : 6~8g/본
③ 잣나무 : 6~8g/본
④ 해송 : 6~8g/본

정답 06. ② 07. ④ 08. ④ 09. ③ 10. ① 11. ①

12 토양단면에서 부식이 바로 위에 있는 층보다 적고 갈색 또는 황갈색을 띠며 가용성 염기류가 많고 비교적 견밀한 특징을 구비한 토양층은?

① 유기물층　　② 용탈층
③ 집적층　　　④ 모재

해설
집적층은 상부에서 하부로 용탈되는 물질이 집적하는 층이다. 견밀한 특징을 가진다.

13 산벌작업 방법에 속하는 것은?

① 균형벌　　② 단벌
③ 윤벌　　　④ 하종벌

해설
산벌은 예비벌, 하종벌, 후벌의 순서로 이루어진다.

14 덩굴치기에 대한 설명으로 잘못된 것은?

① 덩굴식물에 의한 피해는 수관피복형과 수관압박형이 있다.
② 덩굴식물은 울폐된 산림지역에 많다.
③ 덩굴치기의 시기는 7월경이 좋다.
④ 칡은 무성생식으로도 잘 번식한다.

해설
덩굴식물은 다른 식물의 기둥에 의지해 감아 올라가면서 충분한 광선과 생활 공간을 확보하는 식물이다. 대체적으로 충분한 광선이 많은 지역에 분포하여 울폐된 산림지역에는 적다.

15 건조탈출식물의 특성으로 틀린 것은?

① 뿌리/지상부 비율이 작다.
② 왜소하다.
③ 생활사가 짧다.
④ 우기동안 개화 결실을 완성한다.

해설
건조탈출식물은 수분 부족으로 인해 생장이 더디게 되면서 지상부가 상대적으로 작아지면서 <뿌리/지상부>의 비율은 커지게 된다.

16 유령림 비배의 시비법 중 식재 전에 시비하는 방법은?

① 표층시비
② 측방시비
③ 식혈(植穴)토양하부시비
④ 원주상 또는 반원주상 시비

해설
묘목식재위에 구멍을 뚫는 것을 식혈이라 하며 유령림에서 식재 전에 구덩이를 파서 비료를 시비하도록 한다.

17 묘목 양성과정 가운데 상체작업이란 무엇인가?

① 파종상에서 기른 1~2년생 실생묘를 산지식재에 알맞게 하기 위해서 다른 묘상에 옮겨 심는 작업
② 묘목이 자라는 토양을 어느 정도 밭갈이 해주는 작업
③ 묘목 생장을 돕기 위해서 비료를 주는 작업
④ 잡초의 발생을 막기 위해서 하는 작업

해설
상체는 발아한 묘목을 자람에 따라 파종상에서 옮겨 심는 작업을 말한다.

정답　12. ③　13. ④　14. ②　15. ①　16. ③　17. ①

18 침엽수 채종림에 적합한 나무의 조건이 아닌 것은?

① 가지가 굵어야 한다.
② 자연 낙지가 잘되어야 한다.
③ 줄기가 곧아야 한다.
④ 지하고가 높아야 한다.

> **해설**
> 침엽수 채종림의 나무는 가지가 가늘어야 한다.
> ※ **침엽수 채종림 나무 조건**
> · 생장이 왕성할 것
> · 수관이 좁고 가지가 가늘며 한쪽으로 치우지치 않을 것
> · 심한 병충에 걸리지 않은 것
> · 수간이 완만하고 굽거나 비틀어지지 않은 것
> · 상당량의 종자가 달릴 것

19 평균 흉고직경이 20cm인 임분을 간벌할 때 잔존본수를 가장 많이 남겨두는 것은?

① 소나무　② 낙엽송
③ 삼나무　④ 편백

> **해설**
> 편백이 잔존본수 1070본으로 가장 많이 남겨둔다.
> ※ **직경 20cm 간벌시 잔존본수**
> ① 소나무 : 650(중부지방)~840(북부지방)
> ② 낙엽송 : 700
> ③ 삼나무 : 1010
> ④ 편백 : 1070

20 식재 후 첫 번째 제벌이 실시되는 수종별 임령이 옳은 것은?

① 소나무 7~8년
② 낙엽송 10년
③ 삼나무 13~15년
④ 가문비나무 20~25년

> **해설**
> **제벌 실시 임령**
> · 소나무, 낙엽송 7~8년
> · 삼나무, 편백 10년
> · 전나무, 가문비나무 13~15년

21 진균(眞菌)의 영양기관에 해당되지 않는 것은?

① 균사　② 균핵
③ 발아관　④ 자낭각

> **해설**
> 자낭각은 번식기관에 속한다.
> · 영양기관 : 균사체, 균사막, 균사속, 균핵, 자좌 등
> · 번식기관 : 포자, 분생자병, 포자낭, 자낭반, 포자각, 자낭각 등

22 버즘나무 탄저병에 대한 설명으로 틀린 것은?

① 잎맥을 중심으로 갈색반점이 불규칙한 모양으로 생긴다.
② 봄비가 잦은 해에 피해가 심하다.
③ 병든 낙엽은 모아서 태우거나 땅속에 묻는다.
④ 어린잎만 부분적으로 말라죽는다.

> **해설**
> 버즘나무 탄저병의 피해는 두 번에 걸쳐 나타나며 어린잎만 아니라 크게 자란 잎에서도 발생한다.

정답 18. ① 19. ④ 20. ① 21. ④ 22. ④

23 다음 해충 중 충영형성 해충이 아닌 것은?

① 밤나무혹벌 ② 솔노랑잎벌
③ 아까시잎혹파리 ④ 솔잎혹파리

> **해설**
> 충영해충은 기주식물에 혹을 만드는 해충으로 밤나무순혹벌, 솔잎혹파리, 진딧물류 등이 있으며 솔노랑잎벌은 잎을 가해하는 해충으로 별도의 충영을 형성하지는 않는다.

24 유효성분이 물에 녹지 않으므로 유기용매에 유효성분을 녹여 만드는 농약은?

① 유제(乳劑) ② 액제(液劑)
③ 수용제(水溶劑) ④ 수화제(水和劑)

> **해설**
> 유제는 물질이 물에 녹지 않을 경우 유기용매를 이용하여 만드는 농약이다.

25 약제를 식물체의 뿌리, 줄기, 잎 등에 흡수시켜 깍지벌레와 같은 흡즙성 곤충을 죽게 하는 살충제는?

① 기피제 ② 유인제
③ 소화중독제 ④ 침투성살충제

> **해설**
> 침투성 살충제는 식물에 처리하기에 주로 흡즙성 해충을 방제한다.

26 수목의 질병을 예방하기 위한 위생무육에 해당되지 않는 것은?

① 예초 ② 가지치기
③ 제벌 ④ 개벌

> **해설**
> 개벌은 모두베기로 위생무육과는 거리가 멀다. 오히려 병충해의 발생빈도를 높이기도 한다.

27 야생동물의 피해를 감소하기 위해 곤충이나 지렁이 등을 구제하여야 하는 포유류는?

① 곰   ② 멧돼지
③ 사슴 ④ 두더지

> **해설**
> 두더지는 땅속에서 나무의 뿌리에 피해를 주는 벌레를 잡아먹는다.

28 다음 중 내화력이 강한 수종이 아닌 것은?

① 소나무 ② 피나무
③ 가중나무 ④ 은행나무

> **해설**
> 내화성이 높은 수종으로 은행나무, 잎갈나무, 낙엽송, 굴참나무, 고로쇠나무 등이 있다. 반대로 소나무, 해송, 녹나무, 아까시나무 등은 내화성이 낮은 수종이다.

29 다음 모잘록병 병원균 중 불완전 균류는?

① Pythium debaryanum
② Phytophthora cactorum
③ Rhizoctonia solani
④ P. Ultimum

> **해설**
> 불완전균류가 무성적인 번식기관만을 갖는 균류로 Rhizoconia solani, Fusarium oxysporum, Cylindrocladim scoparium 등이 대표적이다.

30 주로 토양에 의하여 전반(傳搬)되는 병원체는?

① 밤나무 줄기마름병균
② 오동나무 빗자루병
③ 오리나무 갈색무늬병균
④ 묘목의 잘록병균

> **해설**
> 근두암종병균, 묘목의 잘록병균은 토양에 의해 전반된다.

정답 23. ② 24. ① 25. ④ 26. ④ 27. ④ 28. ① 29. ③ 30. ④

31 다음 중 파이토플라즈마에 의한 수병은?

① 감나무 시들음병
② 벚나무 빗자루병
③ 낙엽송 잎떨림병
④ 뽕나무 오갈병

해설
대추나무빗자루병, 오동나무빗자루병, 뽕나무오갈병은 파이토플라스마에 의한 수병이다.

32 소나무재선충의 매개충은?

① 소나무깍지벌레
② 솔수염하늘소
③ 소나무좀
④ 참나무하늘소

해설
소나무재선충의 매개충은 솔수염하늘소, 북방수염하늘소이다.

33 다음 균류 중 균사에 격벽이 없고, 무성포자인 유주포자를 생성하는 특징이 있는 것은?

① 난균류   ② 자낭균류
③ 담자균류 ④ 불완전균류

해설
난균류는 균사에 격벽이 없고 무성포자인 유주포자를 생성한다.

34 대추나무 빗자루병의 발병 원인은?

① 바이러스   ② 파이토플라스마
③ 선충   ④ 진균

해설
대추나무빗자루병, 오동나무빗자루병은 파이토플라스마에 의해 발생한다.

35 마름무늬매미충에 의해 전염되는 수목병이 아닌 것은?

① 대추나무 빗자루병
② 뽕나무 오갈병
③ 오동나무 빗자루병
④ 붉나무 빗자루병

해설
담배장님노린재의 경우 파이토플라스마를 전파하여 오동나무 빗자루병을 일으키는 매개충이다.

36 호두나무잎벌레의 생태에 대한 설명으로 맞는 것은?

① 1년에 1회 발생되며, 성충으로 월동한다.
② 1년에 2회 발생하며, 번데기로 월동한다.
③ 1년에 1회 발생되며, 알로 월동한다.
④ 1년에 1회 발생하며, 번데기로 월동한다.

해설
호두나무잎벌레는 년 1회 발생하고 성충으로 월동한다.

37 버즘나무방패벌레의 월동 형태는?

① 알   ② 성충
③ 번데기   ④ 유충

해설
버즘나무방패벌레는 성충 형태로 월동한다.

38 밤나무혹벌 성충의 체장은?

① 2.0~2.5mm   ② 2.5~3.0mm
③ 3.0~3.5mm   ④ 3.5~4.0mm

해설
밤나무혹벌의 유충의 체장길이는 2.5mm, 성충은 3.0mm 내외 이다.

정답 31. ④ 32. ② 33. ① 34. ② 35. ③ 36. ① 37. ② 38. ②

39 배설물을 종실 밖으로 배출하지 않아 외견상으로 피해식별이 어려운 해충은?

① 밤바구미 ② 복숭아명나방
③ 솔알락명나방 ④ 도토리거위벌레

해설
밤바구미는 배설물을 외부로 배출하지 않아 식별이 어렵다.

40 한해(旱害 ; drought injury)에 대한 설명으로 틀린 것은?

① 토양의 수분부족으로 인해 나무의 끝이 말라죽거나 생장이 감소하는 현상을 말한다.
② 오리나무, 들메나무 등 습생식물은 한해에 강하다.
③ 한해의 피해는 주로 천근성 수종을 토심이 얕은 남향사면 경사지에 심었을 때 피해가 크다.
④ 조림지에서는 지피물을 보존시켜 지표의 고온화와 토양의 건조를 완화시켜 한해를 예방한다.

해설
한해의 피해는 토양의 수분 결핍으로 일어나는데 수분 요구도가 많은 수종일 경우 자주 발생한다. 습생식물은 들메나무, 버드나무, 포플러, 오리나무 등이 있으며 이들은 수분요구도가 높은 수종으로 한해의 피해를 받기 쉽다.

41 국유림경영의 주목표가 아닌 것은?

① 보호기능
② 임산물 생산기능
③ 휴양 및 문화기능
④ 지속성 및 경제성

해설
국유림 경영의 주목표
· 산림보호의 기능
· 임산물 생산의 기능
· 휴양과 문화의 기능
· 인력고용의 기능
· 경영의 개선

42 다음 수확조정기법 중 생장량법에 속하지 않는 것은?

① 생장율법 ② 조사법
③ Beckmann법 ④ Martin법

해설
Beckmann법은 수확조정기법에서 재적을 기준으로 하는 재적배분법에 속한다.

43 면적평분법(面積平分法)의 설명과 관련이 없는 것은?

① 복벌(複伐)
② 분구(分區)
③ 재벌(再伐)
④ 택벌작업에 응용할 수 없다.

해설
면적평분법
· 면적평분법은 법정상태가 되면 분기의 면적을 균등하게 하므로 개벌작업 응용이 가능하다. 반대로 택벌작업에 응용할 수가 없다
· 복벌이나 재벌, 경리기 외 편입을 응용하는 수확조절법을 면적평분법이라 한다.

정답 39. ① 40. ② 41. ④ 42. ③ 43. ②

44 아래와 같은 수확표가 있다. 수확표에 의한 방법으로 법정축적을 계산하면 얼마인가? (단, 산림면적 100ha, 윤벌기 50년)

구분	임령				
	10	20	30	40	50
재적(m³)	20	175	360	520	630

① 31,500m³ ② 27,800m³
③ 26,800m³ ④ 25,800m³

해설

$10(20+175+360+520+\frac{630}{2}) \times \frac{100}{50}$

$= 27,800$

※ 수확표 기준 법정축적

$n(m_1 + m_2 + \sim + \frac{m_u}{2}) \times \frac{F}{U}$

n : 수확표의 년차
m_u : 각 영급의 재적
F : 산림면적
U : 윤벌기

45 산림가격 형성에 영향을 미치는 요인을 개별적 요인과 지역적 요인으로 구분할 경우 지역적 요인(외적 요인)에 포함되는 것은?

① 임상   ② 토양상태
③ 영급   ④ 하층식생

해설

임지의 토양상태는 지역적 요인이다.
※ 개별적 요인 : 임상, 하층, 영급

46 해마다 연말에 간벌 수입으로 100만원씩 수입이 되는 임분을 가지고 있을 때, 이 임분의 자본가는 얼마인가? (단, 이율은 4%이다.)

① 15,000,000원 ② 20,000,000원
③ 25,000,000원 ④ 30,000,000원

해설

해마다 연말에 수입이 발생하므로 무한연년이자의 전가계산방법을 이용한다.

$K(자본가) = \frac{r}{P} = \frac{100만원}{0.04} = 2500만원$

47 자연휴양림으로 지정된 산림에 휴양시설의 설치 및 숲가꾸기 등을 하고자 할 때에는 농림축산식품부령으로 정하는 바에 따라 휴양시설 및 숲가꾸기 등의 조성계획을 작성하여 누구에게 승인을 받는가?

① 대통령   ② 농림축산식품부장관
③ 산림청장   ④ 시, 도지사

해설

산림문화 및 휴양에 관한 법률에 의거 자연휴양림으로 지정된 산림에 휴양시설의 설치 및 숲가꾸기 등을 하려는 자는 농림축산식품부령으로 정하는바에 따라 계획을 작성하여 시, 도지사의 승인을 받아야 한다.

48 임분 밀도의 척도에 해당하지 않는 것은?

① 지위지수   ② 1ha당 본수
③ 임분 밀도지수   ④ 상대 공간지수

해설

지위지수는 임지의 생산능력에 대한 척도이다.
※ 임분밀도의 척도 인자
· 단위면적당 임목본수 및 재적
· 흉고단면적
· 상대밀도 및 공간지수
· 임분밀도지수
· 상대임분밀도
· 수관경쟁인자

정답 44. ② 45. ② 46. ③ 47. ④ 48. ①

49 산림문화, 휴양에 관한 법률에 규정된 자연휴양림 지정 타당성 평가기준으로 틀린 것은?

① 경관
② 수계
③ 이용자 만족도
④ 휴양요소

해설
산림 문화 및 휴양에 관한 법률에 의거 휴양요소는 역사적 문화적 유산, 산림문화자산 및 특산물 등이 다양해야 한다. 이러한 타당성 평가 기준에는 경관, 위치, 면적, 수계, 휴양요소, 개발여건이 있다.

50 임업이율은 보통 이율보다 낮게 평정되고 있다. 그 이유로서 타당치 않은 것은?

① 산림소유의 안전성
② 임료(賃料)수입의 유동성
③ 산림투자의 불확실성
④ 생산기간의 장기성

해설
임업이율이 보통 이율보다 낮게 평정되는 이유로 소유의 안정, 경영의 간편, 발전에 의한 이율 저하, 생산기간의 장기성, 수입과 재산의 유동성이 있다.

51 자연휴양림과 도시공원녹지와의 비교 시 가장 큰 차이점은?

① 공공주체
② 정서함양
③ 임업의 생산활동
④ 레크레이션 이용

해설
도시공원에서는 임업 생산활동이 어려우나 자연휴양림은 가능하다.

52 농업이나 축산 또는 기타 사업을 하면서 여력을 이용하여 임업을 경영하는 형태는?

① 농가임업
② 부업적 임업
③ 겸업적 임업
④ 주업적 임업

해설
주업적 경영을 하면서 임업을 부업으로 경영하는 형태를 부업적 임업이라 한다.

53 임목의 성장량 측정에서 현실성장량의 분류에 속하지 않는 것은?

① 연년성장량
② 정기성장량
③ 벌기성장량
④ 벌기평균성장량

해설
벌기평균성장량은 평균성장량에 속한다.

54 다음 임업경영자산 중 유동자산으로 볼 수 없는 것은?

① 임업용 생산 자제
② 미처분 임산물
③ 임업생산용 기계
④ 현금

해설
기계, 건물, 임도 등은 고정자산에 속한다.

55 감가상각비용에 대한 설명으로 틀린 것은?

① 고정자산에 감가원인은 물리적 원인과 기능적 원인으로 나눌 수 있다.
② 새로운 발명이나 기술진보에 따른 사용가치의 감가는 감가상각비로 처리하지 않는다.
③ 시장변화 및 제조방법 등의 변경으로 인하여 사용할 수 없게 된 경우에도 감가상각비로 처리한다.
④ 감가상각비는 시간의 경과에 따른 부패, 부식 등에 의한 가치의 감소를 포함한다.

해설
발명이나 진보 등에 따른 기능적 가치의 하락 역시 감가상각비로 처리하며 이를 진부화라 한다.

정답 49. ③ 50. ③ 51. ③ 52. ② 53. ④ 54. ③ 55. ②

56 임업소득이 5,000,000원이고 임가소득이 10,000,000원 일 때 임업 의존도는 몇 %인가?

① 0.5%   ② 5%
③ 50%   ④ 200%

해설

임업의존도 $= \dfrac{\text{임업소득}}{\text{임가소득}} \times 100$

$= \dfrac{500\text{만원}}{1000\text{만원}} \times 100 = 50(\%)$

57 산림청장은 관계중앙행정기관의 장과 협의하여 전국의 산림을 대상으로 산림문화, 휴양기본계획을 수립하여야 하는데 몇 년마다 시행하는가?

① 매년마다   ② 5년마다
③ 10년마다   ④ 20년마다

해설

산림문화 및 휴양기본계획 수립은 5년마다 시행한다.
[2018년 법안 개정 해설 수정]

58 법정축적법에 일종인 kameraltaxe법에 의하여 수확조정을 하고자 할 때 표준연벌채량의 계산인자가 아닌 것은?

① 현실축적
② 갱정기
③ 경리기외 편입기간
④ 법정축적

해설

Kameraltaxe 법의 표준연벌채량 계산인자로 현실축적, 갱정기, 법정축적, 생장량이 있다
※ Kameraltaxe 법의 표준연벌채량 공식

생장량 $+ \dfrac{\text{현실축적} - \text{법정축적}}{\text{갱정기}}$

59 휴양림 방문자의 이용밀도를 조절하고 이들의 안전과 질서를 유지하기 위한 관리기법 중에서 직접기법에 해당하는 것은?

① 접근도로, 산책로, 주차장 등의 선형 변경 및 신설
② 이용 빈도가 적은 지역을 알리는 안내판, 방송, 교육 실시
③ 지역별, 계절별 차등요금 부과
④ 특정 시간 또는 기간에 특정 지역의 사용 금지

해설

이용자 관리의 직접기법은 아래와 같다
· 벌금 및 과태료   · 입산금지
· 자연휴식년제   · 시설 내 이용시간의 제한
· 참여인원 제한   · 취사행위금지

60 산림의 이용구분에 따른 보전산지(保全山地) 중 공익용 산지가 아닌 것은?

① 요존국유림
② 보안림
③ 자연휴양림의 산지
④ 산림유전자원보호림

해설

요존국유림은 임업용 산지에 속한다.
※ 보전산지
· 임업용 : 요존국유림, 채종림, 실험림 등
· 공익용 : 보호림, 휴양림, 그 외 보호구역 등

61 지반조사에 이용되는 것이 아닌 것은?

① 오거 보링(auger boring)
② 관입(貫入) 시험
③ 케이슨 공법
④ 파이프 때려박기

해설

케이슨 공법은 지반 기초 공법이다.

정답 56. ③ 57. ② 58. ③ 59. ④ 60. ① 61. ③

62 다음 중 임도설계 시 곡선설정법이 아닌 것은?

① 교각법　　　② 편각법
③ 진출법　　　④ 교회법

해설
임도노선 곡선 설정 방법으로 교각법, 편각법, 진출법이 있다. 교회법은 평판측량의 방법이다.

63 경사면과 임도 시공기면과의 교차선으로 임도시공 시 절토와 성토작업을 구분하는 경계선은?

① 중심선　　　② 시공선
③ 곡선시점　　④ 영선

해설
영선은 절토작업과 성토작업의 경계선이 된다.

64 임도 시공 시 흙깎이 공사의 내용과 거리가 먼 것은?

① 근주지름 30cm 이상의 입목은 기계톱으로 벌채한다.
② 암석의 굴착시 경암은 불도저에 부착된 리퍼로 굴착하는 것이 유리하다.
③ 흙깎기공사를 시공할 때에는 현장에 적당한 간격으로 흙일겨냥틀을 설치한다.
④ 완성된 임도의 양부(良否)는 시공시 흙의 수분상태와 지하수 위치에 의해 좌우되므로 함수비가 높을 때는 함수비를 저하시킬 필요가 있다.

해설
암석의 굴착시 연암이 불도저에 부착된 리퍼로 굴착하는 것이 효율적이다. 경암의 경우 폭약을 사용한다.

65 임도개설공사에 임하여 동일공사 내에서 각종 세부공사의 시공에 대한 우선순위의 결정이나 또는 가설재료, 가설도로, 기계도구와 작업인부 등의 배치계획과 작업계획을 세우는 것을 무엇이라 하는가?

① 시공계획　　② 공정계획
③ 공간적계획　④ 시간적계획

해설
시공계획은 공사실행을 위한 사업계획으로 공사설계도, 설계서 등의 실시설계가 있으며 이때 기계의 배치, 가설물, 자재의 반입경로, 시공 순서 등을 세운다.

66 자침 편차가 변화하는 주된 내용이 아닌 것은?

① 일변화 (diurnal variation)
② 규칙변화 (regular variation)
③ 주기변화 (periodic variation)
④ 년변화 (annual variation)

해설
자침편차는 진북과 자북의 각으로 그 종류는 일변화, 연변화, 주기변화, 불규칙변화로 분류한다.

67 콘크리트 뿜어붙이기 공법에서 사용되는 굵은 골재의 최대 입경으로 적합한 것은?

① 15mm 이하　② 20mm 이하
③ 25mm 이하　④ 30mm 이하

해설
콘크리트 뿜어붙이기 공법에서 굵은 골재의 최대입경은 15mm 이하로 하여야 안전하다.

정답　62. ④　63. ④　64. ②　65. ①　66. ②　67. ①

68 임도 시공시 현장감독관이 현장에 비치하고 기록, 관리하여야 하는 것으로 틀린 것은?

① 재료시험표   ② 반입재료검사부
③ 자재수불부   ④ 작업일지

해설
임도 시공시 현장감독관은 감독일지, 반입재료검사, 자재수불부, 재료시험표를 기록 및 관리한다.

69 일반지형에서 설계속도가 20km/시간 일때 임도에서 사용 할 수 있는 최소곡선반지름의 기준은?

① 15m   ② 20m
③ 25m   ④ 30m

해설
설계속도 20km/시간의 경우 최소곡선반지름의 일반지형은 15m 를 기준으로 한다.

설계속도(km/hr)	최소곡선반지름(m)	
	일반지형	특수지형
40	60	40
30	30	20
20	15	12

70 돌쌓기에서 돌의 가장 긴 면이 벽면에 직각일 때 벽면에 나타난 돌의 면을 무엇이라 하는가?

① 뒷길이면   ② 나비면
③ 길이면   ④ 줄눈

해설
돌쌓기에 돌의 가장 긴 면이 벽면에 직각일 경우 벽면에 나타난 돌의 면을 나비면이라 정의한다.

71 임도 종단면도는 종단 측량 결과에 의거 수평축척과 수직축척을 표시하여 제도하는데 옳은 축척은?

① 수평축척은 1:1000, 수직축척은 1:200
② 수평축척은 1:200, 수직축척은 1:1200
③ 수평축척은 1:1000, 수직축척은 1:100
④ 수평축척은 1:100, 수직축척은 1:1000

해설
종단면도는 횡 1 : 1000 , 종 1 : 200 으로 작성한다.

72 임도의 주된 역할 및 효용으로 볼 수 없는 것은?

① 지역진흥
② 산림생태계 보전 및 미적 경관의 증진
③ 임업, 임산업의 진흥
④ 산림의 공익적 기능의 고도 발휘

해설
임도는 수원파괴 및 야생동물의 서식공간 단절 등의 단점을 가지기도 한다.
※ **임도의 효과**
· 산림의 공익적 기능 증진
· 임업, 임산업의 진흥
· 산림자원의 이용 증대
· 임업생산성의 향상
· 작업의 안정성과 노동환경의 개선
· 산림 보호 및 관리의 강화

정답   68. ④   69. ①   70. ②   71. ①   72. ②

73 다음 중 고저측량에 대한 설명으로 틀린 것은?

① 전시(F.S)와 후시(B.S)가 모두 있는 측점을 이기점(T.P)이라 한다.
② 기계고(I.H)는 지반고(G.H) + 후시(B.S)이다.
③ 기점과 최종점의 고저차는 후시의 합계 + 이기점의 전시의 합계이다.
④ 지반고(G.H)는 기계고(I.H) - 전시(F.S)이다.

해설
고저차의 경우 <후시의 합계-이기점의 전시의 합계>이다.

74 다음 중 임도 설계 업무의 순서로 옳은 것은?

① 예측 → 예비조사 → 답사 → 실측 → 설계서 작성
② 예비조사 → 답사 → 예측 → 실측 → 설계서 작성
③ 예비조사 → 예측 → 답사 → 실측 → 설계서 작성
④ 답사 → 예비조사 → 예측 → 실측 → 설계서 작성

해설
임도설계 순서
예비조사 → 답사 → 예측, 실측 → 설계도 작성 → 공사량 산출 → 설계서 작성

75 노선의 진행 방향을 향하여 측점을 중심으로 좌측, 우측으로 나누어 지형의 고저기복을 측정한 측량은?

① 평면측량   ② 종단측량
③ 횡단측량   ④ 곡선측량

해설
횡단측량은 임도의 측량시 중심말뚝이 있는 곳에서 중심선과 직각방향으로 지형의 고저 및 기복을 측정하는 것이다.

76 토질시험시 입경가적곡선에서 유효입경은 가적 통과율의 몇 % 에 해당하는가?

① 10%   ② 20%
③ 60%   ④ 100%

해설
입경가적곡선은 통과 중량 백분율 10%에 대한 입자의 유효입경을 말한다.

77 임도의 평면선형과 관련이 없는 것은?

① 주행속도   ② 교통차량의 안전성
③ 운재능력   ④ 노면배수

해설
평면선형은 평면적으로 본 도로 중심선의 형상으로 직선, 단곡선, 완화곡선 등으로 구성된다. 주행속도, 차량 안정, 운재 능력 등에 연관이 되나 노면배수의 경우 종단선형에 연관된다.

78 임도망 계획시 고려할 사항이 아닌 것은?

① 운반비가 적게 들도록 한다.
② 목재의 손실이 적도록 한다.
③ 신속한 운반이 되도록 한다.
④ 운재방법이 이원화되도록 한다.

해설
운재방법은 단일화 한다.

79 산림의 단위 면적당 임도연장(m/ha)으로 나타내는 것은?

① 산림개발도   ② 임도효율요인
③ 임도밀도   ④ 평균집재거리

해설
임도밀도는 총연장거리를 총면적으로 나눈 값이다.

정답 73. ③ 74. ② 75. ③ 76. ① 77. ④ 78. ④ 79. ③

80 우리나라 산림관리 기반시설의 설계 및 시설 기준에서 정한 간선임도, 지선임도의 대피소 설치 기준으로 맞는 것은?

① 유효길이 10m 이상
② 유효길이 15m 이상
③ 유효길이 20m 이상
④ 유효길이 25m 이상

> 해설
> 대피소의 간격 300m 이내, 너비 5m 이상, 유효길이 15m 이상을 기준으로 한다.

81 도시림 생태계 복원에서 식생 복원을 위하여 자생수종의 생태적 특성을 토대로 훼손지 복구 또는 복원에만 국한해야 할 지역은?

① 자연식생녹지   ② 인공조림녹지
③ 도시시설녹지   ④ 반자연식생녹지

> 해설
> 자연녹지지역은 도시의 녹지공간 확보등 보전이 필요한 지역으로 불가피한 경우 제한적 개발이 가능한 지역이다.

82 사방댐과 골막이 모두 축설하는 것은?

① 앞 댐   ② 방수로
③ 대수면   ④ 반수면

> 해설
> 사방댐은 대수면과 반수면을 모두 축조하고 골막이는 반수면만 축조한다.

83 산림토목공사에서 사용하는 골재를 비중에 따라 분류할 경우 중량골재는 비중이 어느 정도이어야 하는가?

① 2.50 이하   ② 2.60 이상
③ 2.70 이상   ④ 2.80 이하

> 해설
> 중량골재의 비중은 2.7 이상이다.
> • 보통골재 : 2.5 ~ 2.65
> • 경량골재 : 2.5 이하

84 황폐계류유역에 해당하지 않는 것은?

① 토사억제구역   ② 토사생산구역
③ 토사유과구역   ④ 토사퇴적구역

> 해설
> 황폐계류의 상류부를 토사생산구역, 생산된 토사가 이동하는 토사유과구역, 하류에 토사가 퇴적되는 토사퇴적구역으로 구분된다.

85 앞 모래언덕 육지 쪽에 후방 모래를 고정하여 그 표면을 안정시키고, 식재목이 잘 생육할 수 있는 환경 조성을 위해 실시하는 공법은?

① 구정바자얽기
② 모래덮기공법
③ 퇴사울타리공법
④ 정사울세우기공법

> 해설
> 정사울 세우기는 전사구에 후방 모래를 고정하여 표면을 안정화하고 식재목이 생육할 수 있는 환경 조성을 위해 실시하며 주로 모래덮기공법과 사초심기공법을 함께 시행한다.

정답 80. ② 81. ① 82. ④ 83. ③ 84. ① 85. ④

86 사방댐의 설계요인을 틀리게 설명한 것은?

① 댐의 위치는 계상에 암반이 존재해야만 설치할 수 있다.
② 계획계상물매는 현 계상물매의 1/2~2/3 정도가 실용적인 것으로 알려져 있다.
③ 단독의 높은 댐과 연속된 낮은 댐군의 선택은 그 지역의 토사생산의 특성과 시공 및 유지의 난이도를 충분히 검토하여 결정한다.
④ 종, 횡침식이 일어나는 구간이 긴 구간에서는 원칙적으로 계단상 댐을 계획한다.

해설
계상에 암반이 존재하는 것이 원칙이나 없을 경우에도 설치는 가능하다.

87 침투능을 측정하는 침투계의 종류가 아닌 것은?

① 관수형 침투계 ② 살수형 침투계
③ 매립형 침투계 ④ 유수형 침투계

해설
토양의 침투능력 측정기기로 관수형 침투계, 살수형 침투계, 유수형 침투계가 있다.
· 관수형 침투계 : 기구를 땅에 직접 박아 시험
· 살수형 침투계 : 노즐을 이용하여 물을 뿌려 침투정도를 시험을 실시
· 유수형 침투계 : 금속틀에 물을 흐르게 하여 시험을 실시

88 산비탈의 붕괴지에 시공되는 콘크리트벽 흙막이의 높이는 몇 m이하로 하는 것이 좋은가?

① 4m   ② 5m
③ 6m   ④ 7m

해설
산비탈의 붕괴지에 시공하는 콘크리트벽 흙막이의 높이는 4m 이하를 기준으로 한다.

89 다음 산림토목용 석재 중 압축강도가 가장 큰 석재는?

① 석회암 ② 화강암
③ 사암   ④ 안산암

해설
사암과 같이 퇴적암의 경우 강도가 매우 약하지만 화강암은 경암으로서 강도가 매우 강하다.

90 콘크리트를 쳐서 수화작용이 충분히 계속되도록 보존하는 것을 무엇이라고 하는가?

① 풍화 ② 배합
③ 경화 ④ 양생

해설
양생은 콘크리트의 응결 및 경화를 촉진하여 균열방지나 강도를 개선하기 위해서 실시한다.

91 비탈면의 안정해석방법에 이용하는 안전율은 흙의 무엇을 현재의 전단응력으로 나눈 값인가?

① 함수비   ② 함수율
③ 전단강도 ④ 인장강도

해설
흙의 안전율은 전단응력에 대한 전단강도의 비이다.
※ 안전율 = 흙의 전단강도 ÷ 전단응력(실제하중)

정답 86. ① 87. ③ 88. ① 89. ② 90. ④ 91. ③

92 특수비탈면녹화공법만을 나열한 것은?

① 잔디줄기살포법, 네트잔디공법, 식생매트공법
② 잔디줄기쉬트공법, 식생대공법, 비탈면 지오웨이브공법
③ 식생반공법, 식생자루공법, SF녹화공법
④ 식생구멍공법, 종자분사파종공법, 앵커박기공법

해설
비탈면은 인공에 의해 만들어진 경사지형으로 문제에서 언급한 특수비탈면은 일반적이지 않은 비탈면을 의미한다. 이를 녹화시키는데 있어 특수한 지형의 경우 필요한 공사법은 지형의 특수성에 따라 상이하다고 할 수 있다.

93 본댐의 유효고가 H(m)이고 월류수심이 t(m)일 때, 본댐과 앞댐과의 간격 L(m)을 구하는 식은?(단, 높은 댐의 경우이다.)

① L ≥ 1.5 (H − t)
② L ≥ 2.0 (H − t)
③ L ≥ 1.5 (H + t)
④ L ≥ 2.0 (H + t)

해설
댐간격
· 높은 댐: $L \geq 1.5(H+t)$
· 낮은 댐: $L \geq 2.0(H+t)$

94 산복사방에서 비탈다듬기로 생긴 토사의 활동을 방지하기 위해 설치하는 것은?

① 누구막이
② 선떼붙이기
③ 땅속흙막이공작물
④ 사방댐

해설
땅속흙막이는 비탈다듬기나 단끊기 등의 흙깎기 과정에 발생되는 토사의 유실을 방지하기 위해 땅속에 설치하는 흙막이의 일종으로 지표면에는 드러나지 않는다.

95 중력댐의 안정조건으로 거리가 먼 것은?

① 전도에 대한 안정
② 활동에 대한 안정
③ 홍수에 대한 안정
④ 기초지반의 지지력에 대한 안정

해설
중력댐의 안정조건으로 전도에 대한 안정, 활동에 대한 안정, 제체의 파괴에 대한 안정, 기초지반의 지지력에 대한 안정이 있다.

96 계간사방공사에 이용되는 기본적인 사방공종이 아닌 것은?

① 사방댐
② 바닥막이
③ 기슭막이
④ 흙막이

해설
흙막이는 산지사방공사에 이용된다.

97 황폐지를 진행상태 및 정도에 따라 구분할 경우 초기황폐지 단계를 설명한 것은?

① 산지 비탈면이 여러 해 동안의 표면침식과 토양 유실로 토양의 비옥도가 떨어진 임지
② 외관상으로 황폐지로 보이지 않지만, 임지 내에서 이미 침식상태가 진행 중인 임지
③ 산지의 임상이나 산지의 표면침식으로 외견상 분명히 황폐지라 인식할 수 있는 상태의 임지
④ 지표면의 침식이 현저하여 방치하면 가까운 장래에 민둥산이 될 가능성이 높은 임지

해설
초기황폐지는 황폐지임을 인지할수 있는 지역을 의미한다.

정답 92. ① 93. ③ 94. ③ 95. ③ 96. ④ 97. ③

98 계간사방 공사에서 일반적인 돌골막이의 돌쌓기 기울기는 얼마를 표준으로 하는가?

① 1 : 0.1 ② 1 : 0.3
③ 1 : 0.5 ④ 1 : 0.7

해설
돌골막이의 돌쌓기 기울기는 1 : 0.3 을 기준으로 한다.

99 자연식생이 발달된 산림으로 현대화된 도시에 둘러싸여 환경피해는 입고 있으나 대체적으로 산림생태계가 유지되는 식물 집단은?

① 재배식물집단
② 자생식물군집
③ 도시형 식물군집
④ 농촌형 식물군집

해설
어떤 지역에 예전부터 자연적으로 분포하여 인위적 간섭을 받지 않고 증식하여 생활하는 식물을 자생식물이라 하며 현대에 와서는 환경피해 등을 입고 있으나 대체적으로 산림생태계가 유지되고 있는 집단을 자생식물집단이라 한다.

100 낙석방지망덮기공법에 대한 설명으로 틀린 것은?

① 주로 아연을 도금한 철사망 또는 합성섬유로짠 망을 사용하여 비탈면에서 낙석이 도로 등지에 튀어 내리지 않게 한다.
② 일반적인 철사망눈의 크기는 15~20cm 정도이며, 합성섬유망은 강도가 약하므로 철사망을 사용한다.
③ 시공방법은 비탈면에 망을 깐 후, 가로세로 양쪽방향으로 와이어로프로 망을 잡아끌어서 그 끝부분을 앵커에 고정시킨다.
④ 사용되는 와이어로프의 간격은 가로와 세로 모두 4~5m로 한다.

해설
일반적인 철사망눈의 크기는 5~10cm 정도이다.

정답 98. ② 99. ② 100. ②

2014년 제1회 산림기사

01 잎의 밑모양이 이저(耳底)인 수종은?
① 갈참나무 ② 졸참나무
③ 신갈나무 ④ 상수리나무

해설
잎의 밑모양이 이저인 수종은 잎의 모양이 귀모양과 유사한 수종을 찾는 것이며 신갈나무의 경우 잎이 점점 좁아지며 귀모양을 한다.

02 모수작업에 의한 갱신이 상대적으로 유리한 수종은?
① 소나무 ② 잣나무
③ 호두나무 ④ 상수리나무

해설
모수작업은 소나무, 낙엽송 등의 양수 수종에 적합한 작업 방법이다.

03 차가운 물에 침수 처리하여 발아촉진하는 종자의 수종은?
① 옻나무 ② 삼나무
③ 주엽나무 ④ 아까시나무

해설
차가운 물에 침수처리하는 것을 냉수침지법이라 하며 2-3일 정도 차가운 물에 침지하여 발아를 촉진하는 방법으로 낙엽송, 삼나무, 편백, 소나무 종자에 적합한 방법이다.

04 제벌에 대해 바르게 설명하고 있는 것은?
① 중간 수입을 주목적으로 하는 벌채작업이다.
② 작업의 효율성을 고려하여 겨울철에 실시하는 것이 원칙이다.
③ 윤벌기 내에 가지치기와 병행하여 단 1회만 실시하는 것이 원칙이다.
④ 조림목에 있어서 불량목을 제거하여 임목의 생장과 형질을 향상시키는 작업이다.

해설
간벌 전까지 형질불량목, 폭목 등을 제거하여 임목의 형질을 향상시키는 작업을 제벌이라 한다.

05 천연림 보육에 대한 옳지 않은 설명은?
① 하층 임분은 특별한 이유가 없는 한 그대로 둔다.
② 미래목은 장차 미래에 효용가치가 실생목보다 맹아목을 우선적으로 고려하여 선정하는 것이 좋다.
③ 세력이 너무 왕성한 보호목은 가지를 제거하여 그 세력을 줄이고 미래목의 생장에 영향이 없도록 한다.
④ 상층목의 생육공간을 확보해주기 위하여 수관경쟁을 하고 있는 불량형질목과 가치가 낮은임목은 제거한다.

해설
미래목은 효용가치가 높은 수종을 선정하고 맹아목보다 실생묘를 우선적으로 선정하며 가능하면 전 임지에 골고루 분포되도록 한다.

정답 01. ③ 02. ① 03. ② 04. ④ 05. ②

06 수목의 증산작용에 대한 설명으로 옳지 않은 것은?

① 잎의 온도를 낮추어 준다.
② 무기염의 흡수와 이동을 촉진시키는 역할을 한다.
③ 증산작용을 할 수 없는 100%의 상대습도에서는 식물이 자라지 못한다.
④ 식물의 표면으로부터 물이 수증기의 형태로 방출되는 것을 의미한다.

해설
상대습도 100%에서도 식물은 생장가능하다.

07 도태간벌에서 미래목 선정시 고려사항이 아닌 것은?

① 수령   ② 수목사회적 위치
③ 형질   ④ 생육상태의 건전성

해설
미래목은 수목사회적 위치, 형질, 생육상태의 건전성 등이 미래목 선정시 주요 고려사항이다.

08 개화 결실의 주기성이 가장 짧은 수종으로만 짝지어진 것은?

① 느릅나무, 낙우송
② 전나무, 신갈나무
③ 단풍나무, 자작나무
④ 소나무, 일본잎갈나무

해설
단풍나무와 자작나무는 해마다 혹은 격년의 개화결실 주기성을 보인다.

09 숲의 종류를 구분하는 데 있어 작업종 또는 생성 기원에 따른 것으로 옳지 않은 것은?

① 교림   ② 순림
③ 왜림   ④ 중림

해설
순림은 한 수종만으로 구성된 것으로 작업종에 관련이 없다.
※ 작업종의 분류에는 임분의 기원, 벌채종, 벌구의 모양과 크기에 따라 여러 종류가 있고 작업종을 분류하기 위해 갱신에서부터 교림, 중림, 왜림의 구조형태가 나타난다.

10 다음 조건으로 파종량을 계산하면 약 몇 kg인가?(단, 파종상 면적 500m², 순량률 90%, 발아율 60%, 실중 500g, 남겨둘 묘목 본수 400본/m², 묘목잔존율 80%)

① 131kg   ② 231kg
③ 331kg   ④ 431kg

해설
파종량
$$= \frac{\text{파종면적} \times m^2\text{당 잔존본수}}{g\text{당 종자수} \times \text{순량률} \times \text{발아율} \times \text{득묘율}}$$
$$= \frac{500 \times 400}{2 \times 0.9 \times 0.6 \times 0.8} ≒ 231481g$$
파종량 = 약 231kg

11 임업종자에 대한 설명으로 옳지 않은 것은?

① 종자산지(provenance)는 미국의 동부지역이다.
② 발아율이 80%이고, 순량률이 70%인 종자의 효율은 56%이다.
③ 옻나무나 아까시나무에 적용할 수 있는 종자의 탈종법은 부숙마찰법이다.
④ 강원도에서 얻어진 리기다소나무의 도토리는 밀폐시켜 저장하면 활력이 저하된다.

해설
옻나무나 아까시나무의 경우 절구로 찧는 기계적 방법인 구도법이 효율적이다.

정답 06. ③ 07. ① 08. ③ 09. ② 10. ② 11. ③

12 목본식물의 피자식물에서는 개화를 억제하나 나자식물의 경우는 개화에 긍정적으로 작용하는 것은?

① GA
② IBA
③ IAA
④ NAA

해설
GA(지베렐린)은 피자식물의 개화를 억제하나 나자식물의 경우 개화를 촉진하는 특징이 있다.

13 묘포 조성 작업의 순서로 옳은 것은?

① 밭갈이 → 쇄토 → 작상
② 밭갈이 → 작상 → 쇄토
③ 작상 → 밭갈이 → 쇄토
④ 작상 → 쇄토 → 밭갈이

해설
묘포 조성 작업시 밭갈이, 쇄토, 작상의 순서로 진행되며 이러한 작업을 정지작업이라 한다. 밭갈 이후 경운은 토양을 갈아주는 작업이며 쇄토는 경운한 흙을 곱게 부수어 지면을 평평하게 고르는 작업이다.

14 Quercus 속에 속하지 않는 수종은?

① 밤나무
② 신갈나무
③ 상수리나무
④ 종가시나무

해설
Quercus 는 참나무속이며 밤나무의 경우 밤나무속(Castanea)에 속한다.

15 다음은 어떤 수종에 대한 지위지수곡선으로서 25년생을 기준 연령으로 한 것이다. 35년생으로 우세목의 평균 수고가 16m 라면 지위지수의 추정치는?

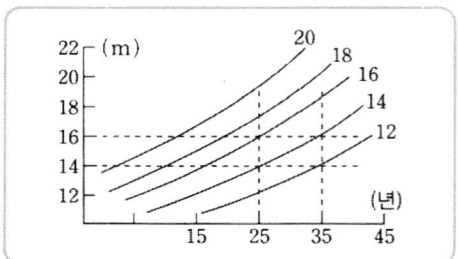

① 12
② 14
③ 16
④ 18

해설
지위지수 표를 통해 35년생 기준 수고 16m 일 경우 교차되는 지위지수 값 14를 표에서 찾는다.

16 우리나라의 소나무 중에서 줄기가 곧고, 수관이 가늘고 좁으며 지하고가 높은 특성을 보이는 지역형은?

① 안강형
② 위봉형
③ 금강형
④ 중남부평지형

해설
종자의 생태형

생태형	특징
동북형	수형은 줄기가 곧고 수관은 난형이며 지하고가 짧다
금강형	수형은 줄기가 곧고 수관이 가늘고 좁으며 지하고가 높다
중남부 평지형	줄기가 굽고 천박하고 넓게 퍼지며 지하고가 길다
위봉형	전나무 모양을 닮았으며 수관이 좁고 줄기생장은 저조하다
안강형	줄기가 매우 굽으며 수관은 위가 평평하고 수고가 낮고 난쟁이 형이다.
중남부 고지형	금강형과 중남부평지형의 중간형으로 환경에 따라 금강형 혹은 중남부 평지형을 띤다.

정답 12. ① 13. ① 14. ① 15. ② 16. ③

17 개화-결실 과정에서 화기의 구조와 종자 또는 열매의 상호 관계를 올바르게 연결한 것은?

① 자방 - 종자 ② 배주 - 열매
③ 주피 - 종피 ④ 난핵 - 배유

해설

씨방(자방) → 열매	주심 → 내종피
밑씨(배주) → 종자	극핵(2개)+정핵
주피 → 씨껍질(종피)	→ 배젖(속씨식물)
	난핵 + 정핵 → 배

18 비료의 농도가 너무 높아 묘목이 말라죽는 경우에서 토양과 묘목의 수분포텐셜(ψ)의 관계로 옳은 것은?

① ψ토양 > ψ묘목 ② ψ토양 = ψ묘목
③ ψ토양 < ψ묘목 ④ ψ토양 ∝ ψ묘목

해설

수분은 수분포텐셜이 높은 곳에서 낮은 곳으로 이동하며 묘목의 수분포텐셜이 높을 경우 수분 흡수를 하지 못해 말라죽게 된다.

19 접목을 할 때 접수와 대목 수종(접수 - 대목)이 옳지 않은 것은?

① 소나무 - 곰솔
② 밤나무 - 밤나무
③ 호두나무 - 가래나무
④ 은행나무 - 비자나무

해설

은행나무의 대목은 은행나무이다.

접수 - 대목	접수 - 대목
소나무류 - 해송	장미나무 - 찔레나무
섬잣나무 - 해송	호두나무 - 가래나무
귤나무-탱자, 감귤나무	사과나무 - 해당화

20 수목과 건조한 환경에 대한 설명으로 옳지 않은 것은?

① 일반적으로 내건성 수목은 얕고 넓은 근계를 형성한다.
② 내건성이란 건조한 환경에 견딜 수 있는 능력을 말한다.
③ 내건성 수종은 주로 소나무, 은행나무, 상수리나무 등이 있다.
④ 건조한 지역에서 자라는 수목은 각피층이 두껍고, 증산량이 낮은 경엽(硬葉)을 가지고 있다.

해설

일반적으로 내건성 수목은 깊고 넓은 근계를 형성한다.

21 졸참나무를 중간기주로 하는 수병은?

① 소나무 혹병
② 소나무 잎녹병
③ 잣나무 털녹병
④ 배나무 붉은별무늬병

해설

소나무 혹병의 중간기주는 졸참나무, 신갈나무 등 참나무류이다.

22 미국흰불나방은 1년에 몇 회 우화하는가?

① 1회 ② 2회
③ 4회 ④ 6회

해설

미국흰불나방은 1년에 2회 발생한다.

정답 17. ③ 18. ③ 19. ④ 20. ① 21. ① 22. ②

23 산림곤충 표본조사법 중 곤충의 음성 주기성(높은 곳으로 기어가는 습성)을 이용한 방법은?

① 미끼트랩 ② 수반트랩
③ 페로몬트랩 ④ 말레이즈트랩

해설
말레이즈트랩은 곤충이 위로 올라가는 습성을 이용한 곤충포획방법이다.

24 청설모의 생태에 관한 설명으로 옳지 않은 것은?

① 숲 내의 땅속에 집을 짓고 산다.
② 4~6월에 3~4마리의 새끼를 낳는다.
③ 먹이는 잣, 밤, 호두, 도토리 등이다.
④ 땅을 파고 먹이를 저장하는 습성이 있다.

해설
청설모는 나무를 타고 나무 위에서 주로 생활한다.

25 야생동물의 서식에 필수 구성요소로 옳지 않은 것은?

① 물 ② 먹이
③ 온도 ④ 은신처

해설
야생동물의 생존을 위한 서식에 필수로 물, 먹이, 은신처가 있다.

26 뿌리혹병에 대한 설명으로 옳은 것은?

① 세균병으로 활엽수류를 주로 침해한다.
② 세균병으로 침엽수류를 주로 침해한다.
③ 바이러스로 활엽수류를 주로 침해한다.
④ 바이러스로 침엽수류를 주로 침해한다.

해설
뿌리혹병은 세균에 의해 발생하며 주로 활엽수류의 상처부위를 통해 침입한다.

27 수목에 충영을 형성하는 해충으로 옳은 것은?

① 텐트나방
② 밤나무혹벌
③ 솔수염하늘소
④ 느티나무벼룩바구미

해설
밤나무혹벌은 수목에 벌레혹인 충영을 형성한다.

28 솔잎혹파리에 대한 설명으로 옳지 않은 것은?

① 유충형태로 토양에서 월동한다.
② 일본에서 최초로 발견된 해충이다.
③ 침엽기부에 혹을 만들고 피해를 준다.
④ 성충은 5월 하순과 8월 중순 2회 발생한다.

해설
솔잎혹파리는 1년에 1회 발생하며 성충우화기는 5월~7월이며 우화 최성기는 6월 상순이다.

29 녹병균의 포자형으로 옳지 않은 것은?

① 겨울포자 ② 여름포자
③ 분생포자 ④ 담자포자

해설
녹병균은 기주식물에서 녹병포자, 녹포자를 형성하고 중간기주로 이동하여 여름포자, 겨울포자, 담자포자를 형성한다.

30 유충과 성충이 모두 나무의 잎을 가해하는 해충은?

① 솔나방 ② 잣나무넓적잎벌
③ 어스렝이나방 ④ 오리나무잎벌레

해설
유충과 성충이 모두 잎을 가해하는 해충은 오리나무잎벌레이다.

정답 23. ④ 24. ① 25. ③ 26. ① 27. ② 28. ④ 29. ③ 30. ④

31 다음 중 곤충의 피부구조에서 가장 바깥에 위치하는 조직은?

① 기저막　　② 내원표피
③ 외원표피　④ 진피세포

> **해설**
> 보기중 곤충의 피부 가장 바깥에 위치하는 표피는 외원표피이다.

32 모닥불 자리나 산불 발생지에서 많이 발생하는 수병으로 옳은 것은?

① 모잘록병
② 뿌리혹병
③ 피목가지마름병
④ 리지나뿌리썩음병

> **해설**
> 리지나뿌리썩음병은 포자 발아를 위해 고온의 조건이 필요하기에 통상 산불피해를 입은 지역에서 많이 나타난다.

33 일반적으로 액체보다 가루약을 주입하며 살균제나 살충제보다 영양제 및 미량원소를 주입하는 데 가장 좋은 수간주사 방법은?

① 중력식　　② 흡수식
③ 삽입식　　④ 미세압력식

> **해설**
> 가루약을 주입하기 위해 수간에 작은 구멍을 뚫어 약제주입기로 직접 주입하는 삽입식방법을 이용한다.

34 <보기>에서 설명하는 산림해충은?

> 정착한 1령 약충은 여름에 긴 휴면을 가진 후 10월경에 생장하기 시작하고, 11월경에 탈피하여 2령 약충이 된다. 2령 약충은 생장이 활발한 11월~이듬해 3월에 수목피해를 가장 많이 주고, 수컷은 3월 상순 전후에 탈피하여 3령 약충이 된다.

① 솔껍질깍지벌레
② 호두나무잎벌레
③ 참나무재주나방
④ 도토리거위벌레

> **해설**
> **솔껍질깍지벌레**
> · 성충과 약충이 가지에 기생해 수액을 빨아먹는다.
> · 1년에 1회 발생한다.
> · 매미목이며 후약충형태로 월동한다.

35 담자균류에 의한 수목병으로 옳지 않은 것은?

① 소나무 혹병　② 전나무 잎녹병
③ 잣나무 털녹병　④ 낙엽송 잎떨림병

> **해설**
> 낙엽송 잎떨림병은 자낭균에 의해 발생한다.

36 내염성 수종으로 옳지 않은 것은?

① 곰솔　　② 향나무
③ 전나무　④ 사철나무

> **해설**
> 내염성 수종으로 해송, 향나무, 사철나무, 팽나무 등이 있다, 전나무는 내염성이 약한 수종이다

정답 31. ③ 32. ④ 33. ③ 34. ① 35. ④ 36. ③

37 유충시기에 군서하지 않는 해충은?

① 매미나방　② 텐트나방
③ 미국흰불나방　④ 어스렝이나방

해설
매미나방은 초기 군집생활을 하다가 나중에는 분산한다.

38 온실효과를 발생하는 주요 가스로 옳지 않은 것은?

① 메탄　② 산소
③ 수증기　④ 아산화질소

해설
온실가스 종류로 이산화탄소(CO_2), 메탄(CH_4), 이산화질소(N_2O), 프레온가스(CFC_s), 수증기 등이 있다.

39 보르도액에 대한 설명으로 옳지 않은 것은?

① 보호살균제이다.
② 황산동액에 석회유를 부어서 조제한다.
③ 1차 전염 일주일 전에 살포하면 효과적이다.
④ 수목의 흰가루병, 토양전염성 병원균에는 효과가 없다.

해설
보르도액은 석회유에 황산동액을 부어 제조한다.
※ **보르도액**
• 황산구리와 수산화칼슘을 원료로 제조한다.
• 보르도액은 청색을 띤다.
• 장기간 보관시 앙금이 생겨 약품의 효과가 떨어지기도 한다.
• 비가 오거나, 예상되는 경우 살포하지 않는다.

40 병원체가 지니고 있는 병원성에 대한 설명으로 옳지 않은 것은?

① 흰가루병균과 녹병균은 절대기생체이다.
② 바이러스나 파이토플라스마는 부생체이다.
③ 식물조직의 죽은 유기물을 영양원으로 하여 살아가는 것을 부생체라 한다.
④ 인공배양이 불가능하며 살아있는 기주조직 내에서만 증식하는 것을 절대기생체라 한다.

해설
바이러스나 파이토플라스마는 절대기생체이다.

41 중간 영림의 임목 평가에 적용하는 Glaser 식에 대한 설명으로 옳은 것은?

① 임목매매가법과 임목비용가법을 절충한 식이다.
② 임목매매가법과 임목기망가법을 절충한 식이다.
③ 임목비용가법과 임목기망가법을 절충한 식이다.
④ 예상이익을 현재가치로 환산하여 임목의 가치를 구하는 방법이다.

해설
Glaser 법은 중령림의 가격 평정을 위해 임목비용가법과 임목기망가법의 중간적인 방법으로 만들어진 방법이다.

정답　37. ①　38. ②　39. ②　40. ②　41. ③

42 소생림 중심의 자연휴양림의 관리방법으로 옳은 것은?

① 여름철 산책공간으로 교목림으로 육성한다.
② 출입제한 등의 이용규제가 없어도 높은 자연성을 유지할 수 있다.
③ 이용밀도가 가장 높은 공간이므로 답압에 의한 영향을 고려해야 한다.
④ 인위적 관리를 통해 수목은 적게 하고 잔디 및 초지가 주가 되도록 한다.

해설
소생림형은 관리가 필요한 자연휴양림으로 수림피도가 40~60% 정도로서 여름철 교목림을 육성하여 산책공간을 확보한다.

43 사유림의 경영주체가 아닌 것은?

① 회사　　② 개인
③ 종교단체　④ 지방자치단체

해설
지방자치단체는 공유림의 경영주체이다.

44 산림지리정보시스템의 구성 요소인 벡터 자료와 래스터 자료의 특성에 대한 설명으로 옳지 않은 것은?

① 래스터 자료는 연산이 빠르다.
② 벡터 자료는 섬세한 묘사가 가능하다.
③ 래스터 자료는 선이나 점의 표현이 부정확 하다.
④ 벡터 자료는 화소 단위의 자료와 연계성이 높다.

해설
벡터 자료는 화소 단위의 자료와의 연계성이 낮다. 레스터 자료가 화소 단위의 자료와 연계성이 높은 편이다.
- 벡터 자료 : 경계선이 정확하고 선과 점을 이용하여 섬세한 묘사가 가능하나 연산에 많은 시간이 소요되고 화소 단위의 자료와의 연계성이 낮은 편이다.
- 래스터 자료 : 벡터와는 반대로 연산이 빠르고 화소 단위와의 연계성이 좋은 편이나 선과 점의 표현이 부정확하고 섬세한 묘사가 어렵다.

45 임목의 연년생장량과 평균생장량간의 관계를 바르게 설명한 것은?

① 초기에는 연년생장량이 평균생장량보다 작다.
② 연년생장량이 평균생장량보다 최대점에 늦게 도달한다.
③ 평균생장량이 최대가 될 때 연년생장량과 평균생장량은 같게 된다.
④ 평균생장량이 최대점에 이르기까지는 연년 생장량이 평균생장량보다 항상 작다.

해설
초기에 연년생장량이 평균생장량보다 크며 평균생장량이 최대가 되는 지점은 연년생장량과 평균생장량이 같게 된다.
※ **평균생장량과 연년생장량의 관계**
- 초기에는 연년생장량이 평균생장량보다 크다.
- 연년생장량은 평균생장량 보다 극대점이 빨리 나타난다.
- 평균생장량의 극대점에서는 연년생장량과 평균생장량의 크기가 같다.
- 평균생장량의 극대점 까지 연년생장량이 항상 평균생장량보다 크다.

46 휴양림 마케팅 전략에서 판매촉진 방법 중 가장 효과가 느린 것은?

① 광고
② 특별판매 촉진
③ 개인적인 접촉
④ 신문 등에 기사화

해설
광고 및 판매 촉진, 신문 등은 다수의 사람이 동시에 접촉하면서 판매촉진에 효율적이나 개인적인 접촉은 단일 전달개념으로 보기 중 가장 느린 방법에 속한다.

정답　42. ①　43. ④　44. ④　45. ③　46. ③

47 흉고직경 26cm, 수고 20m인 잣나무의 재적을 형수법으로 계산하면 얼마인가? (단, 형수는 0.4544 이다.)

① 약 $0.121m^3$ ② 약 $0.482m^3$
③ 약 $0.642m^3$ ④ 약 $0.964m^3$

해설
형수법
재적 = 단면적×높이×형수
재적 = (3.14×0.13²)×20×0.4544 ≒ 0.482

48 대학 학술림에서 임도 개설을 위하여 3000만원을 투자하여 굴삭기를 구입하였는데 이 굴삭기의 수명은 5년이고, 폐기 이후의 잔존가치는 없다고 한다. 이 투자에 의하여 5년동안 해마다 720만원의 순이익을 얻을 수 있다면 이 사업의 투자이익률은 몇 %인가? (단, 감가상각비 계산은 정액법을 적용한다.)

① 36%   ② 48%
③ 64%   ④ 72%

해설
· 투자이익률 = 연평균순수익 ÷ 연평균투자액
· 연평균순수익 = 720만원
· 연평균투자액 = 총투자액 ÷ 2
　　　　　　　 = 3000만원 ÷ 2 = 1500만원
→ 투자이익률
　 = (720만원 ÷ 1500만원)×100(%)=48(%)

49 내용연수가 50년인 대학 학술림 관리소 건물의 장부원가는 5000만원이고, 폐기할 때의 잔존가치가 1000만원인 경우 정액법에 의한 이 건물의 연간 감가상각비는?

① 60만원   ② 80만원
③ 100만원 ④ 120만원

해설
$$정액법 = \frac{구입가 - 폐기가}{내용연수}$$
$$= \frac{5000만 - 1000만}{50} = 80만원$$

50 임업 원가관리에서 원가에 대한 설명으로 옳지 않은 것은?

① 제품의 생산수준에 따라 비례하는 원가를 변동원가라 한다.
② 특정 제품의 생산만을 위해서 발생한 원가를 직접원가라 한다.
③ 과거에 이미 현금을 지불하였거나 부채가 발생한 원가를 매몰원가라 한다.
④ 어떤 생산수준에서 제품의 여러 단위를 더 생산할 때 추가로 발생하는 원가를 한계원가라 한다.

해설
어떤 생산 수준에서 제품을 1단위 더 생산할 때 발생하는 추가 비용을 한계원가라 하며, 여러 단위를 일괄적으로 추가 생산할 때 총비용의 증가분을 증분원가라 한다.

51 산림수확조절법 중에서 윤벌기를 계산인자로 사용할 필요가 없는 것은?

① 조사법   ② Mantel 법
③ 임분경제법   ④ 재적평분법

해설
산림수확조절법에서 조사법은 경험에 의한 방법으로 윤벌기를 계산인자로 이용하지 않는다.

52 임업경영의 지도원칙 중에서 자연보호와 보건휴양을 중요시하는 것은?

① 생산성의 원칙   ② 보속성의 원칙
③ 수익성의 원칙   ④ 환경보전의 원칙

해설
환경보전의 원칙은 국토보안의 원칙이라 하며 국토보전, 수원함양, 레크리에이션 등의 기능이 충분히 발휘되도록 경영해야 한다는 원칙이다.

정답 47. ② 48. ② 49. ② 50. ④ 51. ① 52. ④

53 일반적으로 국내 산림소유 구분 중 면적 비율이 가장 높은 것은?

① 공유림 ② 사유림
③ 요존 국유림 ④ 불요존 국유림

해설
사유림은 우리나라에 60~70% 정도로 가장 높은 비중을 차지한다.

54 다음 중 휴양의 특성과 가장 거리가 먼 것은?

① 자유로운 선택이어야 한다.
② 노동과 관련이 없어야 한다.
③ 학습의 효과가 있어야 한다.
④ 재충전의 편익이 있어야 한다.

해설
휴양의 특성과 교육 및 학습과는 거리가 멀다.

55 산림경영계획의 운용과정을 순서대로 바르게 나타낸 것은?

① 경영계획 - 연차계획 - 사업실행 - 사업예정 - 조사업무
② 경영계획 - 연차계획 - 사업예정 - 사업실행 - 조사업무
③ 경영계획 - 연차계획 - 사업예정 - 조사업무 - 사업실행
④ 경영계획 - 연차계획 - 조사업무 - 사업예정 - 사업실행

해설
산림경영계획은 연차계획이후 사업을 예정하고 실행 후 실행에 대한 조사 순서로 이루어진다.

56 순토측고기를 사용하여 임목의 수고를 측정할 때 올바른 측정계산방법은?

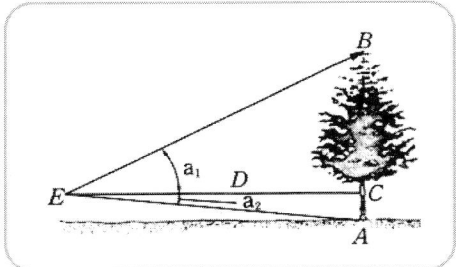

① $(\tan a_1 + \tan a_2) \times D$
② $(\tan a_1 + \tan a_2) \times D \times 100$
③ $(\cos a_1 + \cos a_2) \times D$
④ $(\cos a_1 + \cos a_2) \times D \times 100$

해설
보기의 경우 측정자의 눈높이(E지점)가 수목의 근원부보다 위쪽에 있어 E지점과 동일한 높이인 C 지점을 기준으로 위쪽과 아래쪽의 길이를 더해주고 거리(D)만큼 곱해준다.

57 앞으로도 수년간 수확이 정기적으로 예상 되는 밤나무 임분의 평가는 어떤 방법으로 이루어져야 하는가?

① 대용법 ② 입지법
③ 기망가법 ④ 임지비용가

해설
앞으로 정기적으로 예상되는 평가, 즉 수익에 대한 내용으로 앞으로 기대되는 수익인 기망가를 통해 평가가 이루어진다.

정답 53. ② 54. ③ 55. ② 56. ① 57. ③

58 산림경영계획에서 1-2-3-1로 표시된 산림구획이 의미하는 것은?

① 1 임반 2 보조임반 3 소반 1 보조소반
② 1 임반 2 소반 3 보조임반 1 보조소반
③ 1 경영계획구 2 임반 3 소반 1 보조소반
④ 1 경영계획구 2 임반 3 보조임반 1 소반

해설
산림구획에서 임반-보조임반-소반-보조소반으로 표기하며 보조소반은 없을 경우 생략 가능하다.

59 임업의 기술적 특성으로 옳지 않은 것은?

① 임업생산이 집약적이다.
② 생산기간이 대단히 길다.
③ 임목의 성숙기가 일정하지 않다.
④ 자연조건의 영향을 많이 받는다.

해설
임업생산은 조방적이며 이는 경제적 특성에 해당된다.

60 미처분 임산물은 임업경영 자산 중 어디에 속하는가?

① 부채   ② 임목자산
③ 유동자산   ④ 고정자산

해설
미처분임산물은 유동자산에 속한다.

61 임도작업 시 토목기계 사용의 장점으로 옳지 않은 것은?

① 기계 구입비, 유지비가 저렴하다.
② 규모가 큰 공사라도 공사기간을 단축할 수 있다.
③ 인력으로 곤란한 공사라도 무난히 완공할 수 있다.
④ 공사비를 절감할 수 있고 시공효율을 높일 수 있다.

해설
임도작업의 토목기계의 경우 기계구입비 및 유지비가 많이 든다.

62 다음의 산림토목 시공용 기계 중 주로 굴착작업에 사용되는 기계는?

① 래머   ② 탬핑롤러
③ 파워셔블   ④ 모터그레이더

해설
파워셔블은 굴착기계로서 지면보다 높은 곳을 굴착하기 적합하다. 보기의 래머, 탬핑롤러, 모터그레이더는 임도의 진압과 정지작업에 이용된다.

63 임도 노면 시공방법으로 머캐덤(Macadam)이라고도 불리는 것은?

① 사리도   ② 토사도
③ 쇄석도   ④ 통나무길

해설
쇄석도는 쇄석(부순돌)끼리 서로 물려서 죄는 힘과 결합력에 의해 만들어진 단단한 도로이다. 쇄석도는 보통 습기가 많은 지대의 임도에서 사용되는데 이때 쇄석도의 시공시 머캐덤식은 쇄석재료로만 시공한 도로이다.

정답 58. ① 59. ① 60. ③ 61. ① 62. ③ 63. ③

64 축척 1/500 도면 1매의 면적이 10,000m²이다. 만약 그 도면의 축척을 1/1000로 했다면 이 도면 1매의 면적은 얼마인가?

① 20000m² ② 40000m²
③ 80000m² ④ 10000m²

해설
축척이 2배가 되었을 경우 면적은 제곱으로 4배가 되어 40,000m² 이다.

65 다음 중 가선집재의 장점이 아닌 것은?

① 임지와 입목의 피해가 적다.
② 지형조건의 영향을 덜 받는다.
③ 낮은 임도밀도에서도 작업이 가능하다.
④ 장비의 가격이 저렴하고, 숙련된 기술을 요하지 않는다.

해설
가선집재는 장비가 고가이고 숙련된 기술이 필요하다

66 아래 그림에서 경사도의 표식과 물매값으로 옳은 것은?

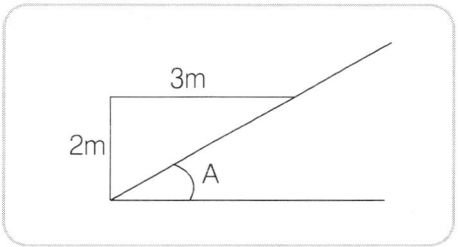

① 2 : 3과 67%   ② 2 : 3과 150%
③ 3 : 2과 67%   ④ 3 : 2과 150%

해설
경사도 = 높이 : 밑변 = 2 : 3
기울기 = 높이/밑변 × 100(%)
     = 2/3 × 100 = 약 67(%)

67 임도의 설계 시 구분되는 암(岩)의 종류로 옳지 않은 것은?

① 경암   ② 연암
③ 준경암 ④ 최강암

해설
보기의 암의 종류는 임도설계시 기준으로 연암, 보통암, 경암으로 분류된다.

68 임도상에 설치하는 대피소 유효길이의 규정 값으로 옳은 것은?

① 5m 이상   ② 10m 이상
③ 15m 이상 ④ 20m 이상

해설
대피소의 설치 기준은 너비 5m, 유효길이 15m, 간격 300m 이다.

69 A점의 좌표가 (203.08, 203.15)이고, 측선 AB의 길이가 125m 일 때, B 점의 좌표는? (단, 단위는 m, 측선 AB의 방위는 S35°36'01"E 이다.)

① (101.44, 275.92)
② (304.72, 275.92)
③ (101.44, 130.38)
④ (304.72, 130.38)

해설
· 위거 = 측선거리×cos θ,
  경거 = 측선거리×sin θ
· 위거 = 125m × cos(35°36'01")
     = -101.64
  → 203.08-101.64=101.44
· 경거 = 125m × sin(35°36'01")=72.77
  → 203.15+72.77=275.92

정답 64. ② 65. ④ 66. ① 67. ④ 68. ③ 69. ①

70 노체의 기본구조를 같은 순서대로 나열한 것으로 옳은 것은?

① 노상 → 노반 → 기층 → 표층
② 노상 → 기층 → 노반 → 표층
③ 노상 → 기층 → 표층 → 노반
④ 노상 → 표층 → 기층 → 노반

> **해설**
> 노체의 기본구조는 가장 아래인 노상을 기준으로 위쪽으로 노반, 기층, 표층순이다.

71 길어깨 및 옆도랑의 최소너비 기준으로 옳은 것은?

① 20cm　② 30cm
③ 40cm　④ 50cm

> **해설**
> 길어깨 및 옆도랑의 최소너비의 범위는 50cm~100cm이다.

72 어떤 산림에 임도를 설계하고자 할 때 가장 먼저 해야 할 사항으로 옳은 것은?

① 예측　② 답사
③ 예비조사　④ 설계서 작성

> **해설**
> 임도의 설계업무는 예비조사, 답사, 예측 및 실측, 설계도 작성, 공사량의 산출, 설계도 작성의 순서로 이루어진다.

73 모터그레이더를 사용 목적에 의하여 분류한 것으로 가장 옳은 것은?

① 전압기계　② 굴착기계
③ 운반기계　④ 정지기계

> **해설**
> 모터그레이더는 정지 작업인 노면 깎기, 노면 다지기 등의 작업에 적합한 장비이다.

74 평면곡선에서 중심각은 60°, 곡선반지름이 20m 일 때 안전시거는 약 얼마인가?

① 18m　② 21m
③ 28m　④ 31m

> **해설**
> 안전시거
> $= \dfrac{2\pi \times 곡선반지름}{360} \times \theta(중심각)$
> $= \dfrac{2 \times 3.14 \times 20}{360} \times 60 ≒ 20.93$
> 안전시거 : 약 21m

75 임도의 시공사면에 석축옹벽을 설치할 때 석재의 종류와 시공방법에 대한 설명으로 옳지 않은 것은?

① 견치돌은 메쌓기와 찰쌓기에 모두 이용 가능하다.
② 막깬돌은 반드시 메쌓기용으로 시공해야 튼튼하다.
③ 야면석은 자연석으로 무게 약 100kg 정도로 찰쌓기와 메쌓기에 사용된다.
④ 마름돌은 고급석재이므로 미관을 요하는 경우의 메쌓기나 찰쌓기로 이용된다.

> **해설**
> 막깬돌은 주로 골쌓기에 이용된다.

76 가공본줄을 이용한 가선집재방식으로 옳지 않은 것은?

① 스너빙식
② 폴링블록식
③ 호이스티캐리지식
④ 런닝스카이라인식

> **해설**
> 러닝스카이라인식, 하이리드식, 슬랙라인식 등은 가공본줄을 이용하지 않는 방법이다.
> ※ 가공본줄을 이용한 가선집재방식 : 타일러식, 엔드리스 타일러식, 폴링블록식, 스너빙, 호이스트캐리지식

정답　70. ①　71. ④　72. ③　73. ④　74. ②　75. ②　76. ④

77 고저측량의 기고식 야장기입법에서 지반고를 구하는 식으로 옳은 것은?

① 기계고(I.H) + 후시(B.S)
② 기계고(I.H) − 후시(B.S)
③ 기계고(I.H) − 전시(B.S)
④ 기계고(I.H) + 전시(B.S)

해설
· 지반고 = 기계고 − 전시
     = 지반고 + 후기 − 전시
· 기계고 = 지반고 + 후시

78 예산내역서에 대한 설명으로 옳은 것은?

① 공정별로 집계표를 작성하고 누계하여 적용 한다.
② 당해 공사의 목적, 기준, 시공후 기여도 등을 상세히 기록한다.
③ 일반적인 과업지시사항과 공사목적 및 현지의 입지조건 등을 수록한다.
④ 공정별 수량계산서에 의한 공종별 수량과 단가산출서에 의한 공종별 단가를 곱하여 작성한다.

해설
임도에 들어가는 비용을 각 수량에 맞춰 작성하는 것으로 공정별 수량계산서에 의해 공종별 수량을 구하고 단가산출서 및 일위대가표를 통해 공종별 단가를 곱하여 작성한다.

79 임도 보수 관리 책임자는 임도노면 및 시설물을 연간 몇 회 이상 점검하도록 되어 있는가?

① 1회 이상   ② 2회 이상
③ 3회 이상   ④ 4회 이상

해설
임도 보수 관리 책임자(시장, 군수 또는 국유림 관리소장)는 통행의 안전을 기할 수 있도록 노체, 교량, 암거 및 배수관, 측구 및 도수로, 기타 시설물 등을 연 2회 이상 점검하여야 한다.

80 임도설계에서 실시하는 측량방법으로 옳지 않은 것은?

① 예측은 선정된 노선을 현지에 설정하여 정밀 측량을 실시하는 것이다.
② 종단측량은 레벨과 표척을 사용하여 중심선의 고저기복을 측량하는 작업이다.
③ 횡단측량은 중심말뚝마다 중심선과 직각 방향으로 지형의 고저기복 상태를 측정한다.
④ 평면측량은 교각점에서는 교각을 따라 곡선을 설정하고 곡선시종점 등의 곡선말뚝을 현지에 설정한다.

해설
예측은 설계도면에 임의 선정에 의한 것으로 정밀 측량을 실시하지 않는다. 예측에 의한 노선을 현지에서 정밀 측량을 실시하는 경우를 실측이라 한다.

81 붕괴형 침식 중에서 그 발생 부위가 반드시 계천의 유수와 밀접한 관계가 있는 것은?

① 산붕(landslip)   ② 포락(caving)
③ 붕락(slumping) ④ 산사태(landslide)

해설
포락은 계천에 침식된 토사가 무너지는 현상으로 계천의 유수와 관계가 깊다.

82 붕괴 현황조사에서 중요시하는 붕괴의 3요소에 해당되지 않는 것은?

① 붕괴 위치
② 붕괴 면적
③ 붕괴 평균 깊이
④ 붕괴 평균 경사각

해설
붕괴의 3요소는 붕괴평균경사각, 붕괴면적, 붕괴평균깊이가 있다.

정답 77. ③ 78. ④ 79. ② 80. ① 81. ② 82. ①

83 지표면 유출현상이 계속적으로 일어나 소규모의 물줄기에 의한 흐름 때문에 생기는 토사이동현상으로 옳은 것은?

① 구곡침식   ② 면상침식
③ 우적침식   ④ 누구침식

해설
강우에 의해 소규모의 물줄기가 발생하는 것을 누구침식이라 한다.

84 등산로 및 주변 환경 훼손 상태에 따른 관리대책으로 옳지 않은 것은?

① 등산로의 경미한 물리적 변화가 발생한 경우 현 이용수준이 유지될 수 있도록 한다.
② 등산로의 표토층 훼손이 시작되면 등산객의 순환코스 이용을 유도하여 훼손 확산을 방지한다.
③ 등산로의 토양침식이 발생하여 지피식생이 고사하는 경우 식생복구작업을 실시한다.
④ 등산로 황폐화가 가속되어 수목의 뿌리가 노출된 경우 나지에 표토 흙을 채워 자연회복 되도록 한다.

해설
황폐화가 가속된 경우 자연회복이 어렵기에 복구 작업 및 대책이 필요하다.

85 운반 경비가 저렴하고 짧은 기간 내에 시공이 가능한 사방댐으로 가장 적절한 것은?

① 흙댐
② 강제댐
③ 철근콘크리트댐
④ 중력식 콘크리트댐

해설
강제댐의 경우 재료의 취급이 용이하고 조립에 의해 공사기간이 짧은 편이다.

86 해안의 모래언덕 발달순서로 옳은 것은?

① 치올린 모래언덕 → 반월사구 → 설상사구
② 반월사구 → 설상사구 → 치올린 모래언덕
③ 치올린 모래언덕 → 설상사구 → 반월사구
④ 반월사구 → 치올린 모래언덕 → 설상사구

해설
해안사구의 발달순서 : 치올린 모래언덕 → 설상사구 → 반월사구의 과정을 거친다.

87 해안사방의 기본 공종에 대한 설명으로 옳지 않은 것은?

① 사지조림 공법에는 정사울세우기, 식수 공법 등이 있다.
② 사구조성 공법에는 퇴사울세우기, 모래덮기, 파도막이 등의 공법이 있다.
③ 정사울세우기는 주로 전사구의 바다쪽의 모래를 고정하기 위해 실시하는 공법이다.
④ 퇴사울세우기는 바다쪽에서 불어오는 바람에 의하여 날리는 모래를 억류하고 퇴적시키는 공법이다.

해설
정사울 세우기는 전사구에 후방 모래를 고정하여 표면을 안정화하고 식재목이 생육할 수 있는 환경 조성을 위해 실시하며 주로 모래덮기공법과 사초심기공법을 함께 시행한다.

정답 83. ④ 84. ④ 85. ② 86. ③ 87. ③

88 비탈면 안정 평가를 위해 안전율을 계산하는 방법으로 옳은 것은?

① 비탈의 활동면에 대한 흙의 압축응력을 현재의 전단강도로 나눈 값
② 비탈의 활동면에 대한 흙의 전단응력을 현재의 전단강도로 나눈 값
③ 비탈의 활동면에 대한 흙의 압축강도를 현재의 압축응력으로 나눈 값
④ 비탈의 활동면에 대한 흙의 전단강도를 현재의 전단응력으로 나눈 값

[해설]
안전율 = 흙의 전단강도 ÷ 전단응력(실제하중)

89 돌골막이의 축설 요령에 대한 틀린 설명은?

① 쌓기 비탈물매는 1 : 0.3으로 한다.
② 길이 4 ~ 5m, 높이 2m 이내로 축설한다.
③ 사방댐과는 달리 대수측만을 설치한다.
④ 축설방향은 상류의 유심(流心)에 대하여 직각이 되도록 한다.

[해설]
사방댐은 대수면과 반수면을 모두 축조하나 골막이는 반수면만 축조한다.

90 폐탄광지 복구를 위한 공법으로 부적합한 것은?

① 바자얽기   ② 돌조공법
③ 산비탈돌쌓기 ④ 기슭막이공법

[해설]
폐탄광지 복구에는 편책공법, 파종공법, 바자얽기, 산비탈돌쌓기공법 등이 이용된다. 기슭막이는 계안이나 야계의 침식을 방지를 목적으로 한다.

91 계간수로의 횡단면산정법에서 가장 유리한 사다리꼴 횡단면일 경우 다음 중 옳은 것은? (단, 수로의 밑너비 b, 깊이 t, 측사각 ϕ)

① $b = t \tan \frac{\phi}{2}$ ② $b = 2t \tan \frac{\phi}{2}$
③ $b = t \tan \phi$ ④ $b = 2t \tan \phi$

[해설]
수로의 단면은 사다리꼴이 형태의 가장 효과적이다.

92 암석을 깎아낸 암반 비탈면에 3열로 수목을 식재하여 차폐효과를 얻고자 할 때 가장 적당한 방법은?

① 중앙에 침엽수를 1열로 식재하고, 그 앞뒤에 활엽교목, 관목을 식재한다.
② 중앙에 활엽교목를 1열로 식재하고, 그 앞뒤에 침엽수, 관목을 식재한다.
③ 중앙에 관목을 2열로 열식하고, 그 앞뒤에 교목을 식재한다.
④ 중앙에 관목을 2열로 열식하고, 그 앞뒤에 관목을 식재한다.

[해설]
암석을 깎아낸 암반 비탈면에 3열로 수목을 식재하는 것을 차폐수벽공법으로서 수벽을 3열로 식재조성할 경우 중앙에 활엽교목을 1열로 식재하고, 그 앞뒤로 침엽수 또는 관목으로 열식하거나, 또는 중앙에 교목을 2열로 열식하고, 앞뒤에 관목을 열식할 수도 있다.

93 사방댐에서 안전시공을 위해 고려해야 할 외력은?

① 풍력   ② 유속
③ 수압   ④ 물받이 면적

[해설]
사방댐에서 고려되어야할 외력으로 제체의 중량, 수압, 지진력, 양압력, 퇴사압 등이 있다.

정답   88. ④ 89. ③ 90. ④ 91. ② 92. ② 93. ③

94 녹화파종공법을 시행할 때 파종량의 산출에 대하여 바르게 설명한 것은?

① 파종량의 결정은 발아율과 비례관계에 있다.
② 파종량의 결정은 순량율과 비례관계에 있다.
③ 파종량의 결정은 평균입수와 비례관계에 있다.
④ 파종량의 결정은 발생기대본수와 비례관계에 있다.

해설
파종량 공식에 의거 발생기대본수와는 비례관계에 있다.

95 중력댐의 안정조건으로 옳지 않은 것은?

① 전도에 대한 안정
② 퇴적에 대한 안정
③ 자체 파괴에 대한 안정
④ 기초지반 지지력에 대한 안정

해설
중력댐의 안정조건으로 전도에 대한 안정, 활동에 대한 안정, 제체의 파괴에 대한 안정, 기초지반의 지지력에 대한 안정이 있다.

96 산림환경보전공사용 토목재료의 특성에 대한 설명으로 옳지 않은 것은?

① 내구성이 커야 한다.
② 변형이 적어야 한다.
③ 내수성이 낮아야 한다.
④ 내마모성이 커야 한다.

해설
산림환경보전공사용 토목재료는 안정을 위해 내수성이 커야 한다.

97 선떼 붙이기에서 발디딤의 설치 목적으로 옳지 않은 것은?

① 작업용 흙을 쌓아 놓기 위해
② 공작물의 파괴를 방지하기 위해
③ 바닥떼의 활착을 조장하기 위해
④ 작업자들이 밟고 서서 작업하기 위해

해설
발디딤은 안쪽에 수평으로 배치하는 떼로 작업자의 발디딤과 바닥떼의 활착을 조장하고 이를 통해 공작물의 파괴를 방지하는 역할을 한다.

98 다음 중 산비탈기초 사방공사가 아닌 것은?

① 배수로
② 흙막이
③ 떼단쌓기
④ 비탈다듬기

해설
사방공사는 크게 기초공사와 녹화공사로 분류되며 보기의 떼단쌓기만 녹화공사로 분류된다.
※ 산지사방 기초공사 : 비탈다듬기, 누구막이, 흙막이, 골막이, 산비탈 배수로 등

99 유역면적이 10000m²이고, 최대시우량이 150mm/hr 일 때 임상이 좋은 산림지역에서의 유량은 약 얼마인가?(단, 유거계수는 0.35 이다.)

① 0.146m³/sec
② 1.458m³/sec
③ 14.58m³/sec
④ 145.8m³/sec

해설
시우량 공식

$$Q = k \times \frac{A \times \frac{m}{1000}}{60 \times 60}$$

$$= 0.35 \times \frac{10000 \times \frac{150}{1000}}{60 \times 60} ≒ 0.146$$

Q : 유출량(m³/sec)
m : 최대시우량(mm/hr)
k : 유거계수
A : 집수 면적(m²)

정답 94. ④ 95. ② 96. ③ 97. ① 98. ③ 99. ①

100 조공(條工)시공 방법으로 비교적 완경사지의 비탈면에 수평으로 계단을 만들 때 계단간 수직높이와 너비로 옳은 것은?

① 1.0~1.5m, 50~60cm
② 1.0~1.5m, 40~50cm
③ 2.0~2.5m, 50~60cm
④ 2.0~2.5m, 40~50cm

해설
조공시공시 산복비탈면에 수평으로 계단간 수직높이는 1~1.5m, 너비 50~60cm 정도를 기준으로 한다.

정답 100. ①

2014년 제2회 산림기사

01 다음 중 토양수분에 대한 요구도가 가장 낮은 수종은?
① 신갈나무 ② 자작나무
③ 버드나무 ④ 들메나무

해설
토양수분에 대한 요구도가 낮은 수종으로 향나무, 소나무, 자작나무, 신갈나무, 노간주나무 등이 있다. 그 중에서도 가장 낮은 것은 신갈나무이다.
※ 토양수분 요구도가 높은 수종 : 참나무, 삼나무, 낙우송, 가문비나무, 오리나무 등

02 가지치기에 대한 설명으로 옳은 것은?
① 벚나무는 절단면이 잘 유합된다.
② 지름 5cm 이상의 가지를 잘라낸다.
③ 형질이 좋은 나무에서 우선적으로 실시한다.
④ 살아있는 가지를 치는 시기는 봄부터 여름까지가 좋다.

해설
가지치기는 형질이 좋은 나무를 먼저 실시한다.
① 벚나무는 상처 유합이 잘 되지 않아 자연낙지를 유도한다.
② 지름 5cm 이상 가지는 자르지 않는다.
④ 가지치기는 생장휴지기인 11월~3월이 적기이다.

03 무성번식에 대한 설명으로 옳지 않은 것은?
① 실생묘에 비해 대량생산이 쉽다.
② 모수의 특성을 그대로 이어 받는다.
③ 결실이 불량한 수목의 번식에 적합하다.
④ 생장이 빠르고 묘목 양성기간이 단축된다.

해설
무성번식은 실생묘에 비해 대량생산이 어렵다

04 지하자엽형으로 발아하는 수종으로만 짝지어진 것은?
① 개암나무, 양버즘나무
② 단풍나무, 물푸레나무
③ 버즘나무, 아까시나무
④ 호두나무, 상수리나무

해설
자엽이 땅속에 남아있는 것을 지하자엽형이라 하며 대표적으로 밤나무, 호두나무, 참나무류 등이 있다

05 낙엽, 낙지 등에 의한 임지피복에 대한 설명으로 옳지 않은 것은?
① 강우에 의한 표토의 침식과 유실을 막는다.
② 임지피복이 잘 된 지역일수록 모수림 작업의 성공확률이 높다.
③ 토양에 유기물을 공급하여 양료를 증가시켜 수목의 생장을 돕는다.
④ 토양수분의 증발을 막고 표토의 온도를 조절하여 토양미생물을 보호한다.

해설
임지피복은 모수림 작업의 성공확률은 낮춘다.

06 이태리포플러와 유연관계가 가장 가까운 것은?
① 왕버들 ② 미루나무
③ 황철나무 ④ 은수원사시나무

해설
미루나무는 양버들과 잡종으로 만든 것이 이태리 포플러이다.

정답 01. ① 02. ③ 03. ① 04. ④ 05. ② 06. ②

07 학명이 *Pinus densiflora for. multicaulis* 인 수종은?

① 반송　　② 곰솔
③ 잣나무　④ 일본잎갈나무

해설
Pinus densiflora for. multicaulis 는 반송이다.
② 곰솔 - *Pinus thunbergii*
③ 잣나무 - *Pinus koraiensis*
④ 일본잎갈나무 - *Larix kaempferi*

08 열대우림에 대한 설명으로 옳지 않은 것은?

① 동식물의 종다양성이 높다.
② 낙엽의 분해가 빨라서 1차생산성이 낮다.
③ 연중 비가 내리는 열대우림에는 상록활엽수가 우점한다.
④ 토양은 화학적 풍화가 빠르고 수용성물질의 용탈이 심하다.

해설
낙엽의 분해가 빠르면 물질 및 양분의 순환이 빨라 1차 생산성이 높다.

09 수목의 뿌리 부근 토양에서 볼 수 있는 토양 미생물 중 유기물의 존재를 필요로 하지 않는 것은?

① *Aerobacter*　② *Azotobacter*
③ *Clostridium*　④ *Nitrosomonas*

해설
니트로소모나스(Nitrosomonas)는 토양 내 암모늄이온의 질산화 과정에 관여하며 유기물이 필요하지 않은 독립영양질산화균이다.

10 종자의 정선에서 수선법을 주로 사용 하는 수종은?

① 소나무, 밤나무 향나무
② 잣나무, 향나무, 상수리나무
③ 밤나무, 호두나무, 상수리나무
④ 일본잎갈나무, 소나무, 비자나무

해설
수선법은 주로 잣나무, 향나무, 주목, 상수리나무 등에 적용한다.

11 광합성에 대한 설명으로 가장 옳은 것은?

① 토양의 수분포텐셜과는 무관하다.
② 양수는 음수에 비하여 광보상점이 낮다.
③ 양엽이 음엽에 비하여 광포화점이 높다.
④ 녹색 파장영역의 빛이 광합성에 효율적이다.

해설
양엽은 음엽에 비해 광보상점, 광포화점이 높다.

12 묘목 잎의 엽록소 형성에 미치는 영향이 가장 작은 영양소는?

① B　　② N
③ Fe　④ Mg

해설
붕소는 세포의 분열과 화분의 수정에 관여하는 미량원소이다.

정답　07. ①　08. ②　09. ④　10. ②　11. ③　12. ①

13 덩굴제거 방법으로 옳지 않은 것은?

① 줄기를 제거하거나 뿌리를 굴취 한다.
② 약제주입기로 글라신액제를 대상 덩굴에 주입하고 고사시킨다.
③ 디캄바액제는 비선택성 제초제로 일반적인 덩굴류에 적용한다.
④ 주로 칡, 다래, 머루 같은 덩굴류가 무성한 지역을 대상으로 한다.

해설
디캄바액제는 호르몬형 이행성의 선택성 제초제이다.

14 토양의 화학적 풍화작용으로 회색 또는 담색으로 되는 경향이 있으며, 습한 유기물이 쌓인 곳에서 주로 일어나는 작용은?

① 탄산염화 ② 수화작용
③ 가수분해 ④ 환원작용

해설
습한 유기물이 많이 쌓인 경우 공기순환이 원활하지 못해 토양에 환원작용이 발생하게 된다.

15 묘포 파종상에서 산파의 경우 파종량을 구하는 식으로 옳은 것은?

A = 파종상의 면적 (m²)
L = 득묘율(묘목의 잔존율(%))
P = 순량률(%)
G = 발아율(%)
S = 남겨둘 묘목본수(본/m²)
C = kg 당 종자수

① $\dfrac{A \times S}{P \times G \times L} \times C$

② $\dfrac{A \times S}{P \times G \times L} \times \dfrac{1}{C}$

③ $\dfrac{A \times S}{P \times G \times L} \times C^2$

④ $\dfrac{A \times S}{P \times G \times L} \times \sqrt{C}$

해설
파종량 공식

$$W = \dfrac{A \times S}{D \times P \times G \times L}$$

W : 파종할 종자 양(g)   A : 파종 면적(m²)
S : m² 당 남길 묘목수   D : g 당 종자입수
P : 순량률   G : 발아율
L : 득묘율(0.3~0.5)   P × G : 효율

16 조림목이 간벌기에 도달할 때까지 쓸모없는 침입목이나 성장 및 형질이 불량한 나무를 제거하기 위해 실시하는 작업으로 옳은 것은?

① 개벌   ② 산벌
③ 제벌   ④ 택벌

해설
간벌기에 도달하기 이전에 실시하는 작업을 제벌(어린나무가꾸기)이라 한다.
※ 제벌 : 제벌작업은 밑깎기와 간벌작업의 중간에 실시되는 작업으로 제벌대상목이 왕성하게 성장하는 6~9월 사이 실시하는 것이 원칙이며 늦어도 11월에 실시한다.

17 산림토양의 표토에서 많이 나타나고 유기물이 풍부하고 보수성과 통기성이 좋아서 수목의 생장에 가장 적합한 토양 구조는?

① 판상(platy)구조
② 벽상(blocky)구조
③ 입상(granular)구조
④ 주상(prismatic)구조

해설
입상구조는 작물 및 입목의 생육에 가장 좋은 구조로서 용탈층에 존재한다.

정답 13. ③ 14. ④ 15. ② 16. ③ 17. ③

18 음이온의 형태로 수목의 뿌리로부터 흡수되는 것은?

① K ② Ca
③ NH₄ ④ SO₄

해설
SO_4^{2-}의 음이온 형태로 흡수된다.

19 다음 수목의 종자 중 저장수명이 가장 긴 것은?

① 삼나무 ② 굴참나무
③ 버드나무 ④ 아까시나무

해설
종피에 지방질이 있는 종자의 수명이 긴 편이며 아까시나무가 이러한 특징을 보인다. 건조 보관하면 최대 10년 이상 종자의 활력을 유지할 수 있다.

20 중림작업에 대한 설명으로 옳은 것은?

① 교림작업과 왜림작업의 혼합림 작업이다.
② 교림작업과 죽림작업의 혼합림 작업이다.
③ 교림작업과 순림작업의 혼합림 작업이다.
④ 교림작업과 치수림작업의 혼합림 작업이다.

해설
중림작업은 상층임관은 교림으로 형질이 좋은 목재를, 하층임관은 왜림으로 용재 및 연료재로 동시에 실시하는 혼합림 작업이다.

21 설해를 예방하는 방법이 아닌 것은?

① 설해에 약한 수종의 동령단순림을 피한다.
② 삼각식재나 장방형식재의 방법을 적용한다.
③ 햇빛을 차단하여 낮 동안 온도상승을 낮춘다.
④ 임목생장을 건전하게 하여 설상목으로 키운다.

해설
설해는 온도상승을 낮추면 피해가 더 커진다.

22 한해의 피해 특징으로 옳은 것은?

① 보통 52~54℃의 고온에서 원형질이 생명력을 잃는 현상
② 수피 부분에 수분 증발이 발생하면서 수피조직이 말라죽는 현상
③ 묘목이나 치수의 근부 형성층 조직이 피해 받아 고사하는 현상
④ 토양의 수분 부족으로 나무의 끝이 말라죽거나 생장이 감소하는 현상

해설
한해는 토양에 수분이 부족하여 발생하는 피해로 수목의 생장이 감소하거나 고사하는 피해가 발생한다.

23 잣나무 털녹병의 중간 기주는?

① 송이풀 ② 향나무
③ 신갈나무 ④ 매발톱나무

해설
잣나무 털녹병의 중간기주는 송이풀, 까치밥나무이다.

24 솔잎혹파리 및 솔껍질깍지벌레 구제를 위하여 수간주사에 사용되는 살충제는?

① 포스파미돈 액제
② 테부코나졸 액제
③ 페니트로티온 수화제
④ 디플루벤주론 수화제

해설
솔잎혹파리와 솔껍질깍지벌레의 경우 포스파미돈(포스팜)과 아세타미프라드액제를 수간주사 한다.

25 야생동물의 서식지 구성요소가 아닌 것은?

① 물 ② 공간
③ 먹이 ④ 천적

해설
야생동물 서식지의 구성요소는 물, 공간, 먹이, 은신처가 있다.

정답 18. ④ 19. ④ 20. ① 21. ③ 22. ④ 23. ① 24. ① 25. ④

26 우리나라 소나무에 피해를 주는 소나무재선충병의 매개충은?

① 알락하늘소
② 미끈이하늘소
③ 솔수염하늘소
④ 남방수염하늘소

> **해설**
> 소나무재선충병의 매개충은 하늘소과의 솔수염하늘소이다.

27 산림해충의 임업적 방제법에 속하지 않는 것은?

① 내충성 품종으로 조림하여 피해 최소화
② 혼효림 조성하여 생태계의 안정성 증가
③ 천적을 이용하여 유용식물 피해 규모 경감
④ 임목밀도를 조절하여 건전한 임목으로 육성

> **해설**
> 천적을 이용하는 것은 생물적 방제법이다.

28 다음 중 선충의 분류학상 위치는?

① 선형동물문 ② 강장동물문
③ 편형동물문 ④ 윤형동물문

> **해설**
> 선충은 체형이 가늘고 긴 선형을 나타내는 선형동물문에 속한다.

29 산림해충 중 국외로부터 국내에 침입한 해충이 아닌 것은?

① 솔나방   ② 솔잎혹파리
③ 미국흰불나방 ④ 버즘나무방패벌레

> **해설**
> 솔나방은 토종벌레이다.

30 다음 중 성충으로 월동하는 해충으로만 나열된 것은?

① 솔나방, 복숭아명나방
② 소나무좀, 미국흰불나방
③ 소나무좀, 버즘나무방패벌레
④ 버즘나무방패벌레, 복숭아명나방

> **해설**
> 소나무, 버즘나무방패벌레는 성충형태로 월동한다.

31 병의 발생 원인이 진딧물이나 깍지벌레류와 밀접한 관계를 가지고 있는 것은?

① 흰가루병   ② 그을음병
③ 점무늬병   ④ 잎떨림병

> **해설**
> 진딧물이나 깍지벌레 등 흡즙성 해충에 의해 그을음병이 발생된다.

32 녹병의 방제방법으로 틀린 것은?

① 병든 나무소각
② 중간기주 제거
③ 보르도액살포
④ 주론수화제살포

> **해설**
> 녹병의 경우 병든가지나 나무는 제거하거나 소각하도록 하며 8월쯤 보르도액을 살포하여 소생자의 침입을 막도록한다. 중간기주는 제거하면 녹병의 확산을 방지하는데 효과적이다.

정답 26. ③ 27. ③ 28. ① 29. ① 30. ③ 31. ② 32. ④

33 파이토플라스마에 의한 수병으로 옳지 않은 것은?

① 붉나무 빗자루병
② 벚나무 빗자루병
③ 대추나무 빗자루병
④ 오동나무 빗자루병

해설
파이토플라스마에 의해 발생되는 것으로 붉나무 빗자루병, 대추나무 빗자루병, 오동나무 빗자루병이며 벚나무빗자루병의 경우 진균에 의해 발생한다.

34 흰가루병이 발생한 잎은 흰가루를 뿌려 놓은 듯한 증상이 나타난다. 이때 병원균의 포자 형태로 옳은 것은?

① 난포자   ② 자낭포자
③ 접합포자   ④ 분생포자

해설
병환부의 흰가루부분(흰색 반점)은 분생포자에 의한 표징이다.

35 오리나무잎벌레의 월동 형태와 장소는?

① 알로 지피물 밑에서
② 성충으로 땅 속에서
③ 번데기로 수피 사이에서
④ 유충으로 나뭇잎 아래에서

해설
오리나무잎벌레는 성충형태로 지피물이나 땅속에 월동한다.

36 아까시잎혹파리에 대한 설명으로 옳지 않은 것은?

① 1년에 5~6회 발생한다.
② 원산지는 북아메리카이다.
③ 땅속에서 성충으로 월동한다.
④ 주로 흰가루병과 그을음병을 동반한다.

해설
아까시잎혹파리는 번데기 형태로 월동한다.

37 곤충의 소화기관 중 입에서 가까운 것부터 나열한 것으로 옳은 것은?

① 전위 - 인두 - 전소장 - 위맹낭
② 전위 - 인두 - 위맹낭 - 전소장
③ 인두 - 전위 - 전소장 - 위맹낭
④ 인두 - 전위 - 위맹낭 - 전소장

해설
곤충의 소화기관은 전장, 중장, 후장으로 크게 분류되며 인두와 전위는 전장, 위맹낭은 중장, 전소장은 후장에 속한다.

38 밤나무 줄기마름병의 방제 방법으로 옳지 않은 것은?

① 내병성 품종을 식재한다.
② 질소질 비료를 많이 준다.
③ 동해 및 볕데기를 막고 상처가 나지 않게 한다.
④ 천공성 해충류의 피해가 없도록 살충제를 살포한다.

해설
질소질 비료를 많이 사용하면 밤나무 줄기마름병에 대한 저항성을 떨어뜨려 사용량을 적절하게 조절해야 한다.

39 온도가 높은 여름에 비교적 건조한 토양에서 피해가 큰 모잘록병균으로 옳은 것은?

① *Fusarium* 균
② *Cercospora* 균
③ *Microsphaera* 균
④ *Cylindrocladium* 균

해설
Fusarium 균은 온도가 높고 건조한 토양에서 모잘록병을 발생시킨다.

정답 33. ② 34. ④ 35. ② 36. ③ 37. ④ 38. ② 39. ①

40 액상의 농약을 제조할 때 주제를 녹이기 위하여 사용하는 물질을 무엇이라 하는가?

① 용제 ② 유제
③ 유화제 ④ 증량제

해설
용제는 살충제의 효과를 높이기 위해 첨가되는 보조 물질로 용해시키기 위한 약제이다.

41 재적이 $0.5m^3$인 통나무 2개 가격의 합보다 재적 $1m^3$인 통나무 1개의 가격이 훨씬 높다. 그 이유를 가장 잘 나타낸 것은?

① 형질생장 ② 가치생장
③ 등귀생장 ④ 재적생장

해설
형질생장은 목재의 질이 좋아짐이 곧 가격의 증가를 의미하며 절반의 재적의 통나무 2개보다 하나의 통나무가 높은 이유이다.

42 임업 협업경영의 원칙으로 옳지 않은 것은?

① 공동출역 ② 공동출자
③ 균등관리 ④ 균등분배

해설
임업의 협업경영의 원칙으로 공동출자, 공동출역, 균등분배가 있다.
※ **임업 협업경영 형태** : 공동작업, 공동이용, 공동관리 등

43 산림에서 임목을 벌채하여 제재목을 생산할 때 부수적으로 톱밥이 생산되는데, 이러한 두 가지 생산물의 관계를 무엇이라고 하는가?

① 결합생산 ② 경합생산
③ 보완생산 ④ 보합생산

해설
결합생산은 하나의 생산과정에서 두 가지 이상의 생산물이 발생하는 것을 의미한다. 보기의 경우도 제재목을 생산할 경우 톱의 활동에 의해 발생되는 톱밥까지 두 가지의 생산물이 발생하므로 이를 결합생산이라 한다.

44 임업자산의 유형과 구성요소의 연결로 옳지 않은 것은?

① 유동자산 – 비료
② 유동자산 – 현금
③ 고정자산 – 묘목
④ 임목자산 – 산림축적

해설
묘목은 유동자산에 속한다.

고정자산	임지, 건물, 기계 등
유동자산	미처분임산물, 묘목, 비료, 종자 등
임목자산	임목축적

45 소나무림 40년생(지위지수 10)의 현실 축적이 $280m^3$, 임분 수확표에서의 ha 당 축적이 $250m^3$, 연간생장량이 $10m^3$인 경우 Hundeshagen 이용률법으로 계산한 연간 벌채량은 얼마인가?

① $8.2m^3$ ② $8.9m^3$
③ $11.2m^3$ ④ $11.5m^3$

해설
$$E = V_a \times \frac{K}{V_r} = 280 \times \frac{10}{250} = 11.2$$

V_a : 현실축적, V_r : 법정축적,
K : 연간생장량

46 어떤 산림의 ha당 축적이 2000년은 $150m^3$, 2010년은 $220m^3$일 때 단리에 의한 성장률은?

① 3.5% ② 3.7%
③ 4.5% ④ 4.7%

해설
$$P = \frac{V-v}{n \times v} \times 100$$
$$= \frac{220-150}{10 \times 150} \times 100 = 4.7(\%)$$

P : 생장률, V : 현재 재적,
v : n 년 전 재적, n : 년수

정답 40. ① 41. ① 42. ③ 43. ① 44. ③ 45. ③ 46. ④

47 감가상각비의 계산방법 중 정액법에 의한 것은?

① $\dfrac{\text{취득원가} - \text{잔존가치}}{\text{추정내용연수}}$

② (취득원가 - 잔존가치) × 감가율

③ 실제작업시간 × $\dfrac{\text{취득원가} - \text{잔존가치}}{\text{추정총작업시간}}$

④ (취득원가-감가상각비누계액)×감가율

해설
정액법은 가장 간단하고 보편적인 계산법으로 매년 일정액이 감소한다는 가정한 방법이다.

48 임업경영의 생산성 원칙을 달성하기 위하여 어떤 종류의 생장량이 최대인 시기를 벌기로 결정해야 하는가?

① 총생장량 ② 연년생장량
③ 한계생장량 ④ 평균생장량

해설
단위면적당 최대 목재 생산의 원칙을 의미하며 가장 이상적인 방법은 재적수확최대의 벌기령을 기준으로 하는데 평균생장량이 가장 큰 경우를 말한다.

49 임업의 특성 중에 입지조건이 중요시되는 이유와 가장 밀접한 관계가 있는 것은?

① 임업생산은 노동집약적이다.
② 육성임업과 채취임업이 병존한다.
③ 임업노동은 계절적 제약을 크게 받지 않는다.
④ 원목가격의 구성요소 중 운반비가 차지하는 비중이 높다.

해설
원목가격의 결정에는 운반비가 큰 요소로 작용한다.

50 말구직경 20cm, 원구직경 24cm, 재장이 2m인 통나무의 재적을 스말리안(Smalian)식에 의해 구한 것은? (단, 소수 넷째자리에서 반올림 할 것)

① $0.024m^3$ ② $0.077m^3$
③ $0.098m^3$ ④ $0.182m^3$

해설
스말리안식

$$V(m^3) = \dfrac{\pi}{4} \times \dfrac{d_0^2 + d_n^2}{2} \times L$$
$$= \dfrac{3.14}{4} \times \dfrac{0.2^2 + 0.24^2}{2} \times 2$$
$$\fallingdotseq 0.077$$

V : 재적 , L : 목재 길이,
d_0 : 원구 지름 , d_n : 말구 지름

51 휴양자원에 대한 설명으로 옳지 않은 것은?

① 사회적 요구에 부합하여야 한다.
② 인공적 환경요소로 정의할 수 있다.
③ 이용자중심형, 자원중심형 등으로 구분한다.
④ 개인의 소유는 불가하여 국가나 공공기관 소유이다.

해설
휴양자원은 국유림, 공유림, 사유림형이 있으며 개인 소유도 가능하다.

52 수확표 상의 흉고단면적에 대한 실제 흉고단면적의 비율을 나타내는 것은?

① 소밀도 ② 입목도
③ 상대밀도 ④ 상대공간지수

해설
임목도는 적정상태 임목본수나 재적에 대한 현재 생육중인 임목본수 혹은 재적의 비를 말한다.

정답 47. ① 48. ④ 49. ④ 50. ② 51. ④ 52. ②

53 임업이율의 성격으로 옳은 것은?

① 실질이율 ② 평정이율
③ 대부이율 ④ 현실이율

해설

임업이율의 성격
· 임업이율은 대부이율이 아닌 자본이율이다.
· 임업이율은 현실이율이 아닌 평정이율이다.
· 임업이율은 실질이율이 아닌 명목이율이다.
· 임업이율은 장기이율이다.

54 임업소득에 대한 설명으로 옳지 않은 것은?

① 임업소득은 조림지 면적의 크기에 비례하여 증대된다.
② 임업조수익 중에서 입업소득이 차지하는 비율을 임업의존도라 한다.
③ 임업소득가계충족률은 임가의 소비경제가 임업에 의하여 지탱되는 정도를 나타낸다.
④ 임업순수익은 임업경영이 순수익의 최대를 목표로 하는 자본가적 경영이 이루어졌을 때 얻을 수 있는 수익이다.

해설

임업의존도는 임업소득을 임가소득으로 나눈값을 백분율로 표현한 것이다.

55 수간석해를 통하여 계산할 수 없는 것은?

① 근주재적 ② 지조재적
③ 소단부재적 ④ 결정간재적

해설

수간석해는 계산시 초단부재적, 근주재적, 결정간재적을 나누어 계산 후 총재적으로 합산한다. 지조재적은 가지부분의 재적으로 나무의 단판으로 구하는 수간석해로는 계산을 할 수가 없다

※ 수간석해
수간석해는 임목의 생장과정을 조사하기 위하여 임목을 벌채하여 생장을 조사하는 측정방법이다. 수간석해는 표준목을 벌채하여 수고의 높이에 따라 단판을 채취하고 각 단판의 임령, 직경 등을 측정함으로써 임령에 따른 직경과 수고를 파악하고 재적을 계산하는 방법이다.

56 임목 평가 방법에 대한 설명으로 옳은 것은?

① 유령림은 임목기망가에 의하여 평정한다.
② 장령림은 임목비용가에 의하여 평정한다.
③ 벌기 이상의 성숙림은 시장가역산법에 의하여 평정한다.
④ 식재 직후의 임분은 원가수익절충법에 의하여 평정한다.

해설

산림 평가 방법
· 유령림 - 임목비용가법
· 벌기 미만 장령림 - 임목기망가법
· 중령림 - 임목비용가법, Glaser 법
· 벌기 이상 임목 - 시장가역산법

57 숲해설의 주제를 선택할 때 바람직하지 않은 것은?

① 가능한 전문성이 높은 주제를 선택한다.
② 흥미를 유발할 수 있는 주제를 선택한다.
③ 청중의 특성과 연관되어 있는 주제를 선택한다.
④ 청중에게 유익한 경험을 줄 수 있는 주제를 선택한다.

해설

숲해설은 많은 사람들이 쉽게 이해할 수 있도록 하며 과도한 전문성이 높은 주제는 피하도록 한다.

58 국유림경영계획 수립에 있어 경영목표의 우선순위를 결정할 때 목표들이 상충하는 경우 가장 우선하는 것은?

① 산림보호 기능 ② 경영수지 개선
③ 고용증진 효과 ④ 휴양장소 제공

해설

경영목표의 상충시 산림의 보호를 최고 우선으로 한다.

59 다음 중 "산림자원의 조성 및 관리에 관한 법률"에 정의된 산림의 기능으로 옳지 않은 것은?

① 수원함양림
② 산림휴양림
③ 자연환경보전림
④ 환경생활보전림

해설
산림자원의 조성 및 관리에 관한 법률에 의거하면 산림의 기능은 수원함양림, 산지재해방지림, 자연환경보전림, 목재생산림, 산림휴양림, 생활환경보전림이 있다.

60 원가계산을 위한 원가비교 방법으로 옳지 않은 것은?

① 기간비교   ② 상호비교
③ 수익비용비교 ④ 표준실제비교

해설
원가계산을 위한 비교방법에는 기간비교, 상호비교, 표준실제비교가 있다.

61 임도 설계시 각 측점의 단면적마다 절토고, 성토고 및 단면적의 물량을 기입하는 설계도는?

① 평면도   ② 종단면도
③ 횡단면도   ④ 구조물도

해설
횡단면도는 각 측점의 단면의 지반고, 계획고, 절토고, 성토고, 단면적, 지장목의 제거, 사면보호공의 물량 등을 기입하여 토적계산 자료로 활용한다.

62 실제 지상의 두 점간 거리가 100m인 지점이 지도상에서 4mm로 나타났다면 이 지도의 축척은 얼마인가?

① 1 / 1,000   ② 1 / 2,500
③ 1 / 25,000   ④ 1 / 50,000

해설
축척은 일종의 비율로서 지도거리와 실제거리를 이용하여 구하도록 한다.

$$\frac{4mm}{100m} = \frac{4mm}{100,000mm} = \frac{1}{25,000}$$

63 수준측량에 있어서 측점6의 지반고(m)는 얼마인가?

측점	후시(m)	전시(m)		지반고(m)
		TP	IP	
BM	2.191			10.000
1			2.507	
2			2.325	
3	3.019	1.496		
4			2.513	
5	1.752	2.811		
6		3.817		

① 8838   ② 8932
③ 9684   ④ 9933

해설
측점6지반고 = 지반고 + 후시합계 - 전시합계
지반고 = 10000 + (2191+3019+1752)
　　　　 - (1496+2811+3817) = 8838

64 롤러의 표면에 돌기를 부착한 것으로 점착성이 큰 점성토나 풍화연암 다짐에 적합하며 다짐 유효깊이가 큰 장점을 가진 임업기계는?

① 탠덤롤러   ② 탬핑롤러
③ 타이어롤러 ④ 머캐덤롤러

해설
롤러 표면에 다량의 돌기가 있어 흙의 압축이 용이한 장비를 탬핑롤러라 한다.

정답 59. ④ 60. ③ 61. ③ 62. ③ 63. ① 64. ②

65 임도의 설계에서 종단면도를 작성할 때 횡, 종의 축척은 얼마로 해야 하는가?

① 횡 : 1/1200, 종 : 1/120
② 횡 : 1/1000, 종 : 1/200
③ 횡 : 1/1000, 종 : 1/100
④ 횡 : 1/1200, 종 : 1/150

해설
임도의 종단면도는 횡 : 1/1000 , 종 : 1/200 을 기준으로 한다.

66 옹벽의 안정성 검토 사항으로 옳지 않은 것은?

① 다짐   ② 전도
③ 활동   ④ 침하

해설
옹벽의 안정성 검토에서는 옹벽의 안정성 확보를 위해 전도, 활동, 침하, 내부응력에 대한 안정을 고려해야 한다.

67 산림관리기반시설의 설계 및 시설기준에 따른 교량 및 암거에 대한 설명으로 다음 (   ) 안에 알맞은 것은?

> 교량 및 암거의 활하중은 사하중에 실리는 차량·보행자 등에 따른 교통하중을 말하며, 그 무게 산정은 사하중 위에서 실제로 움직여지고 있는 (   ) 하중 이상의 무게에 따른다.

① DB-10   ② DB-12
③ DB-18   ④ DB-20

해설
표준트럭하중을 DB 라하며 활하중의 무게 산정시 사하중 위에서 실제로 움직이는 DB-18(32.45톤) 이상의 무게를 기준으로 한다. 그 외 DB-13.5(24.3톤), DB-24 (43.2톤)이 있다.
※ 사하중 : 교상의 시설 및 바닥판 등의 시설물 무게

68 사리도(자갈길, gravel road)의 유지관리에 대한 설명으로 옳지 않은 것은?

① 방진처리에 염화칼슘은 사용하지 않는다.
② 노변의 제초나 예불은 1년에 한번 이상 한다.
③ 횡단배수구의 물매는 5~6%를 유지하도록 한다.
④ 가능한한 비가 온 후 습윤한 상태에서 노면 정지작업을 실시한다.

해설
사리도는 염화칼슘을 이용하여 방진처리를 한다.

69 산림관리 기반시설의 설계 및 시설기준에서 암거, 배수관 등 유수가 통과하는 배수 구조물 등의 통수단면은 최대 홍수유량 단면적에 비해 어느 정도 되어야 한다고 규정하고 있는가?

① 1.0배 이상   ② 1.2배 이상
③ 1.5배 이상   ④ 1.7배 이상

해설
배수구 통수단면은 100 년 빈도 확률강우량과 홍수도달시간을 이용하여 최대홍수유출량의 1.2 배 이상으로 설치한다.

70 일반적으로 돌쌓기의 표준물매는 찰쌓기 구조물의 경우에 얼마로 하는가?

① 1 : 0.2   ② 1 : 0.3
③ 1 : 0.5   ④ 1 : 1

해설
찰쌓기의 경우 1 : 0.2 를 표준으로 한다.

정답 65. ② 66. ① 67. ③ 68. ① 69. ② 70. ①

71 반출할 목재의 길이가 15m, 임도의 노폭이 3m 일 때 이 목재를 운반할 수 있는 최소 곡선반지름은 약 얼마인가? (단, 차량의 운반 속도는 매우 느리다고 가정한다.)

① 12.3m ② 14.1m
③ 18.8m ④ 20.1m

해설

최소곡선반지름

$$R = \frac{l^2}{4B} = \frac{15^2}{4 \times 3} = \frac{225}{12} ≒ 18.8$$

R : 곡선반지름(m)
l : 통나무 길이(m)
B : 노폭(m)

72 콤파스 측량으로 AB측선의 방위각을 측정하니 50°였다. 역방위각을 구하면 얼마인가?

① 25° ② 140°
③ 230° ④ 320°

해설

역방위각은 방위각의 반대이므로
50°+180°=230° 이다.

73 임도계획의 순서로 가장 적합한 것은?

① 임도밀도계획 – 임도노선배치계획 – 임도노선선정
② 임도노선배치계획 – 임도노선선정 – 임도밀도계획
③ 임도밀도계획 – 임도노선선정 – 임도노선배치계획
④ 임도노선선정 – 임도노선배치계획 – 임도밀도계획

해설

임도계획의 경우 임도밀도를 시작으로 임도노선배치, 임도노선선정의 순서로 진행하는 것이 효율적이다.

74 임도의 종단물매에 대한 설명으로 옳지 않은 것은?

① 최소 물매는 3% 이상으로 설치하는 것이 좋다.
② 종단물매를 높게 하면 임도우회율이 적어진다.
③ 임도 설계시 종단물매 변경은 전 노선을 조정하여 재시공하는 의미를 갖는다.
④ 보통자동차에서는 설계속도의 90% 이상 정도로 오를 수 있도록 설정한다.

해설

임도의 종단물매는 보통자동차의 설계속도의 50~80% 정도로 설정해준다.

75 임도공사에서 절개지 비탈면에 격자틀붙이기 공법을 사용하고자 한다. 용수가 있는 곳에서의 격자틀 내부처리 방법으로 가장 적절한 것은?

① 흙 채움 ② 작은 돌 채움
③ 떼붙이기 채움 ④ 콘크리트 채움

해설

절개지 비탈면에서 용수가 있는 곳은 작은 돌을 채워 배수 및 안전성을 기하도록 한다.

76 흙의 입도분포의 좋고 나쁨을 나타내는 균등계수의 산출식으로 옳은 것은? (단, 통과중량 백분율 X에 대응하는 입경은 Dx라 한다.)

① $D_{50} \div D_{20}$ ② $D_{10} \div D_{60}$
③ $D_{20} \div D_{50}$ ④ $D_{60} \div D_{10}$

해설

균등계수 : 균등계수는 체로 분류하여 60% 통과율을 나타내는 모래 입자의 크기 비율로 나타낸다.
[균등계수]

$$= \frac{통과중량백분율 60\% 대응입경}{통과중량백분율 10\% 대응입경}$$

$$= \frac{D_{60}}{D_{10}}$$

정답 71. ③ 72. ③ 73. ① 74. ④ 75. ② 76. ④

77 체인톱의 쵸크(choke) 사용방법에 대하여 옳은 것은?

① 쵸크는 항상 열어둔다
② 쵸크는 항상 닫아둔다.
③ 시동이 되면 쵸크를 닫는다.
④ 시동하고자 할 때에는 쵸크를 닫는다.

해설
체인톱을 사용할 때 공기의 유입을 조절하는 것으로 최초 시동에는 닫아둔다.

78 임도의 노체를 구성하는 기본적인 구조가 아닌 것은?

① 노상   ② 기층
③ 표층   ④ 노층

해설
임도의 구조는 표면을 시작으로 표층, 기층, 노반, 노상으로 구성되며 이때 노상과 노반을 합쳐 노면이라 부르기도 한다.

79 급경사지에서 노선거리를 연장하여 물매를 완화할 목적으로 설치하는 평면선형에서의 곡선은?

① 완화곡선   ② 복심곡선
③ 배향곡선   ④ 반향곡선

해설
배향곡선은 경사가 급한 곳에서 노선거리를 연장하거나, 종단기울기를 완화하거나, 동일사면에서 우회할 목적으로 설치한다.

80 임도의 설계순서로 맞는 것은?

① 예비조사 – 예측 – 답사 – 실측 – 설계서 작성
② 예측 – 예비조사 – 답사 – 실측 – 설계서 작성
③ 예측 – 답사 – 예비조사 – 실측 – 설계서 작성
④ 예비조사 – 답사 – 예측 – 실측 – 설계서 작성

해설
임도설계 순서
예비조사 → 답사 → 예측, 실측 → 설계도 작성 → 공사량 산출 → 설계서 작성

81 빗물에 의한 침식의 발생 순서로 올바른 것은?

① 우격침식 – 면상침식 – 구곡침식 – 누구침식
② 우격침식 – 구곡침식 – 면상침식 – 누구침식
③ 우격침식 – 누구침식 – 면상침식 – 구곡침식
④ 우격침식 – 면상침식 – 누구침식 – 구곡침식

해설
강우에 의한 토양침식 과정
우격침식 → 면상침식 → 누구침식 → 구곡침식

정답 77. ④ 78. ④ 79. ③ 80. ④ 81. ④

82 황폐된 산림의 면적이 50ha 이고, 최대시우량 45mm/hr, 유거계수가 0.8이면 최대시우량법에서 유량(m³/sec)은?

① 5 ② 10
③ 15 ④ 20

해설
시우량 공식 대입전 면적의 경우 동일 단위로 환산하여 계산해주도록 한다.
A(면적) : 50ha → 500,000m²
※ 시우량 공식

$$Q = k \times \frac{A \times \frac{m}{1000}}{60 \times 60}$$

$$= 0.8 \times \frac{500000 \times \frac{45}{1000}}{3600} = 5$$

Q : 유출량(m³/sec)
m : 최대시우량(mm/hr)
k : 유거계수
A : 집수 면적(m²)

83 채광지 복구 공법으로 가장 부적당한 것은?

① 파종공법
② 편책공법
③ 모래덮기공법
④ 기초옹벽식 돌쌓기

해설
모래덮기공법은 해안사방의 사구조성공법으로 채광지 복구에는 부적당하다.

84 다음 중 물받이가 필요하지 않는 공작물은?

① 골막이 ② 흙막이
③ 사방댐 ④ 바닥막이

해설
산지사방 기초공사의 흙막이에는 유실되는 토사를 방지하는 공작물로 물받이가 필요하지 않다

85 해안사방에서 사초심기공법에 관한 설명으로 옳지 않은 것은?

① 망구획 크기는 1m×1m 구획으로 내부에도 사이심기를 한다.
② 식재사초는 모래의 퇴적으로 잘 말라죽지 않는 수종으로 선택한다.
③ 다발심기는 사초 4~8 포기를 한다. 발로 만들어 30~50cm 간격으로 심는다.
④ 줄심기는 1~2주를 1렬로 하여 주간거리 4~5cm, 열간거리 30~40cm가 되도록 심는다.

해설
망구획 크기는 2m×2m 를 기준으로 한다.

86 수로 뒷부분 공극에 콘크리트를 축설하여 집수량이 많아 침식위험이 높은 산비탈에 적용하는 수로는?

① 바자수로 ② 떼붙임수로
③ 메붙임수로 ④ 찰붙임수로

해설
콘크리트를 축설하는 찰붙임수로의 경우 유속이 빠르고 집수량이 많은 지역에 설치하며 단면은 일반적으로 사다리꼴을 이용한다.

87 돌골막이의 돌쌓기를 실시할 때 길이는 일반적으로 얼마인가?

① 0~1m ② 2~3m
③ 4~5m ④ 6~7m

해설
돌골막이 돌쌓기의 길이는 4~5m, 높이 2m 정도로 중앙부를 낮게 하여 만든다.

정답 82. ① 83. ③ 84. ② 85. ① 86. ④ 87. ③

88 골막이(구곡막이)에 대한 설명으로 틀린 것은?

① 시공목적은 사방댐과 유사하다.
② 반수측만 축설하고 대수측은 채우기 한다.
③ 골막이의 양쪽 귀는 견고한 지반까지 파내야 한다.
④ 사방댐에 비해 계류상에서 시공위치는 약간의 차이가 있다.

해설
골막이는 구곡의 유속을 완화하여 침식을 방지하는데 양쪽 귀는 견고한 지반까지 파내지 않는다.

89 다음 중에서 훼손지 및 비탈면의 녹화공법에 사용되는 수종으로 적합하지 않은 것은?

① 은행나무 ② 오리나무
③ 싸리나무류 ④ 아까시나무

해설
사방수종은 적응력이 강하고 성장이 빠른 소나무, 해송, 오리나무, 아까시나무, 싸리 등이 적합하다.

90 설상사구에 대한 설명으로 옳은 것은?

① 주로 파도막이 뒤에 형성 되는 모래 언덕이다.
② 모래가 정선부에 퇴적하여 얕은 모래 둑을 형성한다.
③ 혀 모양의 형태로 모래가 쌓인 후 반달 모양으로 형태가 바뀐 것이다.
④ 치올린 언덕의 모래가 비산하여 내륙으로 이동하면서 진로상 수목이나 사초가 있을 때 형성된다.

해설
설상사구 : 바다로부터 불어오는 바람이 치올린 언덕의 모래를 비산하여 내륙으로 이동시키는데 이때 방해물이 있으면 방해물의 뒤편에 합류하여 혀모양의 모래언덕이 형성된다.

91 선떼붙이기공법은 1급부터 9급까지 구분 하는데 그 기준은 무엇인가?

① 수직단면적 $1m^2$ 당 떼의 사용매수
② 수직단길이 $1m$ 당 떼의 사용매수
③ 수평단면적 $1m^2$ 당 떼의 사용매수
④ 수평단길이 $1m$ 당 떼의 사용매수

해설
선떼붙이기는 비탈다듬기를 시행한 곳에 비탈에 높이 1~2m 정도로 수평으로 단끊기를 하는 것으로 수평단길이 m 당 사용매수에 따라 1급에서 9급 선떼붙이기 공법으로 구분한다.

92 산지 수로공사에서 수로의 경사가 30°, 경심이 1m, 유속계수가 0.5 였을 때 Chezy의 평균유속공식에 의한 유속은 약 얼마인가?

① 0.10 m/s ② 0.21 m/s
③ 0.27 m/s ④ 0.38 m/s

해설
보기의 일반 경사 각도를 공식대입을 위해 %로 변화시키며 이때 tan를 이용한다.
※ Chezy 공식
· tan 30 = 약 58%
· 평균유속
  = 유속계수 $\sqrt{경심 \times 수로 기울기}$
  → $0.5 \times \sqrt{1 \times 0.58} ≒ 0.38$

93 견치돌을 다듬을 때 접촉부(이맞춤) 너비는 일반적으로 앞면의 길이를 기준으로 얼마 이상으로 하는가?

① 1.5배 이상 ② 1/5 이상
③ 1/3 이상 ④ 1/10 이상

해설
견치돌은 앞면의 길이 기준 1.5배 이상, 접촉부 너비는 1/5 이상, 뒷면을 1/3 정도 크기로 한다.

정답 88. ③ 89. ① 90. ④ 91. ④ 92. ④ 93. ②

94 시멘트에 대한 설명으로 옳지 않은 것은?

① 시멘트를 제조할 때 석고를 넣으면 급결성이 된다.
② 조기에 강도를 내기 위하여 염화칼슘을 쓰기도 한다.
③ 시멘트는 분말도가 높을수록 내구성이 약해지기 쉬우므로 주의해야 한다.
④ 일반적으로 포틀랜드시멘트는 수경성이고 강도가 크며 비중은 대체로 3.05 ~ 3.15 이다.

해설
시멘트를 제조할 경우 석고를 넣으면 완결성이 된다.

95 강우시의 침투능에 대한 설명으로 틀린 것은?

① 나지보다 경작지의 침투능이 더 크다.
② 초지보다 산림지의 침투능이 더 크다.
③ 침엽수림이 활엽수림보다 침투능이 더 크다.
④ 시간이 지속되면 점점 작아지다가 일정한 값이 된다.

해설
활엽수림이 침엽수림보다 침투능이 더 크다

96 비탈면 안정녹화공법에서 경관적 처리로 가장 부적절한 것은?

① 사초심기, 사지식수공법 등이 있다.
② 콘크리트블록이나 옹벽은 덩굴식물을 심어 은폐한다.
③ 경관조성을 목적으로 수목 식재시에는 비탈면 기울기를 완화시킨다.
④ 큰 비탈의 경우에는 비탈면의 길이 7m 정도마다 또는 적소에 소단을 설치하여 분할한다.

해설
사초심기는 해안사구에 적용하는 공법중 하나이다.

97 비탈면의 토질이 대단히 혼효성으로 복잡하거나, 마사토로 구성되어 취약하거나, 지하수의 용출·누수에 의한 침식이 심한 곳에 적용하면 좋은 공법으로 현장에서 직접 거푸집을 설치하여 콘크리트치기하는 공법은?

① 숏크리트 공법
② 힘줄박기 공법
③ 격자틀붙이기 공법
④ 콘크리트블록쌓기 공법

해설
힘줄박기 공법은 직접 거푸집을 설치하고 콘크리트치기를 한 뼈대(힘줄)를 만들고, 그 안에 작은 돌이나 흙으로 채워 녹화하는 비탈면안정공법이다.

98 사방용 수종의 일반적인 특성으로 옳지 않은 것은?

① 뿌리의 자람이 좋을 것
② 가급적인 양수 수종일 것
③ 척악지의 조건에 적응성이 강할 것
④ 생장력이 왕성하며 쉽게 번무할 것

해설
사방용 수종으로 양수, 음수의 구별은 큰 관련이 없으며 적응력이 좋고 생장력이 좋은 경제수종으로 선택한다.

99 산사태 및 산붕과 비교한 땅밀림 침식의 설명으로 옳지 않은 것은?

① 침식의 규모가 1~100ha로 넓은 편이다.
② 5~20° 이상의 완경사지에서 발생한다.
③ 주로 사질토로 된 곳에서 많이 발생한다.
④ 침식의 이동속도가 10m/day 이하로 일반적으로 느리다.

해설
땅밀림 침식은 점성토로 된 곳에서 많이 발생하는 편이다.

정답 94. ① 95. ③ 96. ① 97. ② 98. ② 99. ③

100 정사울세우기를 가장 잘 설명한 것은?

① 볏짚, 보리짚, 갈대, 섶, 억새류 등을 설치한 것
② 해안지역의 모래를 안정하여 식재목을 조성한 것
③ 모래날림 많은 경우 인공모래 언덕 조성을 위한 것
④ 암벽 비탈변의 침식방지를 위한 울타리를 설치한 것

해설
정사울 세우기는 전사구에 후방 모래를 고정하여 표면을 안정화하고 식재목이 생육할 수 있는 환경 조성을 위해 실시하며 주로 모래덮기공법과 사초심기공법을 함께 시행한다.

정답 100. ②

2014년 제3회 산림기사

01 다음 공식은 종자 m²당 파종량을 산정하기 위한 공식이다. A × S를 옳게 설명한 것은?

$$W = \frac{A \times S}{D \times P \times G \times L}$$

① 순량률과 발아세를 곱한 값이다.
② 발아율과 파종 면적을 곱한 값이다.
③ 종자입수에 파종 면적을 곱한 값이다.
④ 파종 면적에 m²당 묘목의 잔존본수를 곱한 값이다.

해설

A × S 는 파종면적(A) 에 m²당 묘목의 잔존본수(S)를 곱한 값이다.

$$W = \frac{A \times S}{D \times P \times G \times L}$$

여기서, W : 파종할 종자 양(g)
A : 파종 면적(m²)
S : m² 당 남길 묘목수
D : g 당 종자입수
P : 순량률
G : 발아율
L : 득묘율(0.3~0.5)
P × G : 효율

02 다음 중 내음력이 가장 강한 수종은?

① 주목   ② 향나무
③ 사시나무 ④ 물푸레나무

해설

내음력이 강한 수종은 주로 음수수종으로 그중에서도 주목은 극음수에 속한다.

※ 내음성에 따른 수종의 분류

극음수	주목, 개비자나무, 사철나무, 회양목
음수	전나무, 가문비나무, 너도밤나무, 단풍나무류
중용수	편백, 참나무류, 물푸레나무, 층층나무, 피나무, 굴피나무, 벚나무류
양수	은행나무, 소나무류, 측백나무, 향나무, 낙우송, 밤나무, 오리나무, 사시나무
극양수	방크스소나무, 잎갈나무, 버드나무, 자작나무, 포플러

03 광합성 색소인 카로테노이드(carotenoids)에 관한 설명으로 옳지 않은 것은?

① 식물에서 노란색, 오렌지색, 적색 등을 나타내는 색소이다.
② 광도가 높을 경우 광산화작용에 의한 엽록소의 파괴를 방지한다.
③ 엽록소를 보조하여 햇빛을 흡수함으로써 광합성시 보조색소 역할을 담당한다.
④ 식물체내에 있는 색소 중에서 광질에 반응을 나타내며, 광주기 현상과 관련된다.

해설

광주기 현성과 관련있는 식물의 색소 단백질은 파이토크롬이다.

정답 01. ④ 02. ① 03. ④

04 건조에 의해 생활력을 쉽게 잃게 되는 종자를 저장하는데 가장 적합한 방법은?

① 노천매장법
② 실내창고 저장법
③ 저온밀봉 저장법
④ 저온건조제 사용 저장법

해설
건조에 의해 생활력을 쉽게 잃는 종자의 경우 저장과 발아를 동시에 촉진할 수 있는 노천매장법이 적당하다.

※ **노천매장법**
· 저장과 발아를 동시에 할 수 있다.
· 종자를 하루동안 맑은 물에 담궜다가 종자의 1~3배 가량의 젖은 모래와 혼합하여 땅속에 묻어두는 방법이다.
· 묻는 방법은 두께 2~3cm의 판자로 깊이 30~40cm의 상자를 만들고 상자의 상하는 철망을 붙여 설치류의 피해를 예방하도록 한다.

05 묘목의 뿌리가 천근성이기 때문에 단근작업을 생략해도 되는 수종은?

① 곰솔
② 소나무
③ 굴참나무
④ 느티나무

해설
주로 측근이 발달하는 1년생 산출묘는 단근하지 않는다. 대표적으로 낙엽송, 느티나무, 편백, 전나무 등은 단근작업을 하지 않는다.

06 장미과에 속하는 수종이 아닌 것은?

① 조팝나무
② 자귀나무
③ 벚나무
④ 마가목

해설
자귀나무는 콩과에 속한다.

07 아래 설명에 해당하는 것은?

○ 엽록소를 구성하고 효소의 활동에 관계하며, 식물체 내에서의 이동은 용이한 편이다.
○ 이것은 종자와 잎에 비교적 많고 뿌리에는 비교적 적다.
○ 이것이 결핍되면 인산의 이용이 감소한다.

① Mg
② Ca
③ N
④ K

해설
Mg(마그네슘)은 엽록소의 활동에 관계되며 다량원소에 속한다.

※ **마그네슘 특징**
· 마그네슘은 식물의 광합성에 필수적인 엽록소의 구성성분이다.
· 칼륨, 망간에 길항작용을 한다.
· 황산고토, 백운성으로 결핍을 방지할 수 있다.
· 늙은 잎에서 먼저 황화되며 심할 경우 백화현상이 일어난다.
· 뿌리, 줄기의 생장이 저해된다.

08 다음 중 모수작법의 일종인 것은?

① 중림작업
② 두목작업
③ 보잔목작업
④ 대상초벌작업

해설
보잔목 작업은 모수작업과 비슷하게 임분이 갱신된 후에 보다 많은 모수들을 남겨 다음 벌기에 이르기까지 대경목으로 키우는 작업방법이다.

09 화성암 중 땅속 깊은 곳에서 생성되고 입상조직을 나타내며 양료의 함량이 비교적 적은 산성암류는?

① 사암
② 화강암
③ 현무암
④ 편마암

해설
화강암은 심성암 중 가장 분포가 넓으며 산성암에 속한다. 마그네슘의 함량이 1% 미만으로 낮고 다른 양료의 함량도 비교적 낮은 편이다.

정답 04. ① 05. ④ 06. ② 07. ① 08. ③ 09. ②

10 다음 중 개화시기가 가장 늦은 수종은?

① 주목 ② 은행나무
③ 구상나무 ④ 개잎갈나무

[해설]
개잎갈나무는 개화시기가 10~11월로 보기 중 가장 늦다.

11 생가지치기를 하는 경우 절단면이 썩을 위험성이 가장 큰 수종은?

① 사시나무 ② 단풍나무
③ 소나무 ④ 삼나무

[해설]
생가지치기 위험이 있는 수종으로 단풍나무, 느릅나무, 물푸레나무, 벚나무 등이 있다.

12 잣나무를 폭 5m, 열 5m 간격으로 5ha에 정방향으로 조림하고자 할 때 필요한 묘목 본수는?

① 200본 ② 1000본
③ 2000본 ④ 10000본

[해설]
$$\frac{면적}{폭 \times 열} = \frac{50,000m^2}{5 \times 5} = 2000$$

13 풀베기 작업에 대한 설명으로 옳지 않은 것은?

① 일반적으로 5~7월에 실시한다.
② 연 2회 실시할 경우 8월에 추가로 실시할 수 있다.
③ 군상식재지 등 조림목의 특별한 보호가 필요한 경우 줄베기를 실시한다.
④ 한해 및 풍해의 위험성이 있는 지역에서는 9월 이후에 실시하는 것이 좋다

[해설]
한해 및 풍해의 위험성이 있는 지역은 9월 이후에는 실시하지 않는 것이 좋다.

※ 풀베기 작업 특징
· 보통 6~8월에 실시하고 9월 이후는 실시하지 않는다.
· 풀베기는 어린나무를 식재한 곳이나 주위 식생에 의해 피압되기 쉬운 곳에서 실시한다.
· 속성수는 식재 후 3년간, 장기수는 5년간 실시한다.
· 잣나무, 소나무는 5~8회, 낙엽송, 참나무는 5회를 기준으로 한다.

14 Moller의 항속림 사상의 강조 내용으로 옳은 것은?

① 갱신은 인공갱신을 원칙으로 한다.
② 정해진 윤벌기에 군상목 택벌을 원칙으로 한다.
③ 개벌을 금하고 해마다 간벌형식의 벌채를 반복한다.
④ 벌채목의 선정은 산벌작업의 산정기준에 준해서한다.

[해설]
임지, 임목은 항속될 수 있도록 경영하는 사상이 뮬러(moller)의 항속림 사상이다. 그래서 단순 혹은 동령림으로 유도하는 개벌을 금한다.

15 토양에서 부식의 기능에 대한 설명으로 옳지 않은 것은?

① 염기치환용량을 증대시킨다.
② 토양의 완충능을 증대시킨다.
③ 토립을 연결시켜 안정한 입단구조를 형성한다.
④ 토양을 갈색 또는 암색으로 변화시키며 토양 온도를 낮춘다.

[해설]
토양이 부식하게 되면 유기물이 분해되면서 교질상태가 되는 과정에서 온도가 올라가게 된다.

정답 10. ④ 11. ② 12. ③ 13. ④ 14. ③ 15. ④

16 용기 육묘에 대한 설명으로 옳지 않은 것은?

① 포트대의 높이는 지면에서 60~80cm 정도 위치가 좋다.
② 물주기를 할 때 지하수나 수돗물을 자주 주는 것이 필요하다.
③ 포트대 아래는 공기 순환이 잘되도록 하여 뿌리의 썩음이 없도록 주의해야 한다.
④ 포트대를 설치하는 이유 중 하나는 포트 밖으로 나온 뿌리가 땅속으로 뻗지 않도록 하기 위해서이다.

해설
물주기의 경우 지하수나 수돗물을 자주 주게 되면 어린묘목이 온도변화에 의해 피해를 받을 수 있기에 가급적 상온에 일정 시간 놓아두고 주도록 한다.

17 솎아베기(간벌)의 효과로 거리가 먼 것은?

① 간벌 수확을 얻을 수 있다.
② 생산될 목재의 형질이 향상된다.
③ 옹이가 없는 완만재로 목재가치가 높아진다.
④ 임목의 건강성을 향상시켜 병충해에 대한 저항력을 높인다.

해설
옹이가 없고 수간의 완만도를 높이는 것은 가지치기의 특징이다.
※ 간벌의 특징
· 임목의 직경생장을 촉진하여 재적이 증가한다.
· 다양한 위해를 감소시킬수 있다.
· 지력을 증진시킨다.
· 간벌재를 이용하여 중간소득이 가능하다.
· 숲의 가장자리인 임연부를 보호 및 관리할수 있다.
· 생육 공간(밀도) 조절이 가능하다.
· 산불의 위험성이 줄어 든다.

18 겉씨식물의 특징에 대한 설명으로 옳지 않은 것은?

① 배주가 심피에 싸여 있다
② 배유의 염색체는 반수체 (n) 이다.
③ 꽃잎, 꽃받침, 수술, 암술이 없다.
④ 수체 내의 수분 이동은 헛물관(가도관)을 통하여 이루어진다.

해설
겉씨식물의 특징으로 씨방이 없어 밑씨인 배주가 노출되어 있다.

19 종자의 발아휴면과 관계가 없는 것은?

① 이중휴면성
② 종피불투수성
③ 종자의 지나친 성숙
④ 생장억제물질의 존재

해설
종자 휴면의 원인으로 종피의 불투수성, 물리적 작용, 가스 교환의 억제, 미발달배, 배휴면, 억제물질, 이중 휴면성이 있다.

20 소나무 종자의 용적중이 500g/L, 실중이 10g, 순량률이 90%, 발아율이 50%일 경우에 이 종자의 효율은?

① 45%   ② 50%
③ 85%   ④ 90%

해설
종자의 효율 = (순량율 × 발아율)/100
= (90 × 50)/100 = 45%

21 약제 살포 시 천적에 대한 피해가 가장 적은 살충제는?

① 훈증제   ② 접촉제
③ 소화중독제   ④ 침투성 살충제

해설
식물에 약제를 투입시키며 흡즙성 해충 처리에 유리하며 다른 곤충이나 천적등에 피해가 적다.

정답 16. ② 17. ③ 18. ① 19. ③ 20. ① 21. ④

22 벚나무 빗자루병의 병원체는 다음 중 어느 균류에 해당되는가?

① 조균류
② 자낭균류
③ 담자균류
④ 불완전균류

해설
벚나무 빗자루병의 병원체는 자낭균류이다.

23 아까시잎혹파리의 월동 형태로 옳은 것은?

① 알　　② 유충
③ 성충　④ 번데기

해설
아까시잎혹파리는 9월쯤 번데기 형태로 월동한다.
※ 아까시잎혹파리
· 1년에 2~3회 발생한다.
· 9월경 번데기 형태로 월동한다.
· 피해가 심한 나무는 수종 갱신을 하고 밀원수종으로 헛개나무, 백합나무 등으로 선정한다.

24 밤나무혹벌에 대한 설명으로 옳지 않은 것은?

① 충영형성 해충이다.
② 유충으로 월동한다.
③ 1년에 2회 발생한다.
④ 천적으로 중국긴꼬리좀벌 등이 있다

해설
밤나무 혹벌은 1년에 1회 발생한다.

25 포식기생충이 다른 포식기생충에 기생하는 형태를 무엇이라 하는가?

① 중기생
② 다포식기생
③ 내부포식기생
④ 제1차포식기생

해설
기생충이 기주로 하여 다시 기생충이 기생하는 현상을 중기생이라 한다.

26 서로 다른 환경유형이 인접한 공간으로, 인접한 양쪽 환경유형을 다른 목적으로 이용하는 동물들에게 중요한 미세서식지로 제공되는 공간은?

① 피난처　② 임연부
③ 세력권　④ 행동권

해설
임연부는 숲의 가장자리로 서로 다른 환경유형이 인접하는 곳을 말한다.

27 7월 하순 이후 참나무류의 종실이 달린 가지가 땅에 많이 떨어져 있다면 이것은 어떤 해충의 피해인가?

① 왕거위벌레
② 도토리바구미
③ 밤나무재주나방
④ 도토리거위벌레

해설
도토리거위벌레의 성충은 참나무류의 종실에 산란후 가지를 주둥이로 잘라 땅으로 떨어뜨린다.

정답　22. ②　23. ④　24. ③　25. ①　26. ②　27. ④

28 모잘록병 방제를 위한 설명으로 옳지 않은 것은?

① 질소질 비료를 많이 준다.
② 병든 묘목은 발견 즉시 뽑아 태운다.
③ 병이 심한 묘포지는 돌려짓기를 한다.
④ 묘상이 과습하지 않도록 배수와 통풍에 주의한다.

해설
모잘록병 방제를 위해 질조질 비료의 과용을 피하도록 한다.

29 수목의 자연개구부를 통해 감염되는 병원균은?

① 낙엽송끝마름병균
② 소나무잎떨림병균
③ 오동나무빗자루병균
④ 밤나무줄기마름병균

해설
소나무잎떨림병균은 자연개구부 중 잎의 기공으로 침입한다.

30 세균에 의한 수목병으로 옳은 것은?

① 소나무 잎녹병
② 밤나무 뿌리혹병
③ 포플러 모자이크병
④ 오동나무 빗자루병

해설
세균에 의한 수목병으로 밤나무뿌리혹병, 포플러뿌리혹병, 밤나무눈마름병 등이 있다.

31 잣나무 털녹병의 중간기주에 발생하는 포자 형태가 아닌 것은?

① 녹포자   ② 담자포자
③ 겨울포자 ④ 여름포자

해설
녹포자는 중간기주 이전에 발생하여 중간기주로 이동 후 여름포자를 형성한다.

32 흰가루병에 걸린 병환부에 가을철에 나타나는 표징으로 흑색의 알갱이가 보이는데, 이것은 무엇인가?

① 포자각   ② 자낭구
③ 병자각   ④ 분생자병

해설
흰가루병의 표징으로 잎, 줄기에 흰가루 모양의 반점이 발생한다. 가을철에 나타나는 흑색의 알갱이는 자낭구이다.

33 어린 유충은 초본의 줄기 속을 식해 하지만 성장한 후 나무로 이동하여 수피와 목질부를 가해하는 해충은?

① 솔나방   ② 매미나방
③ 박쥐나방 ④ 미국흰불나방

해설
박쥐나방은 어린 유충일 때 줄기를 식해하며 성장후 목질부를 가해한다. 솔나방, 매미나방, 미국흰불나방의 경우 잎을 가해하는 식엽성 해충이다.

정답 28. ① 29. ② 30. ② 31. ① 32. ② 33. ③

34 산불에 의한 토양피해 양상이 아닌 것은?

① 토양 공극률 감소
② 유효 광물질 유실
③ 지하 저수기능 증가
④ 호우시 일시적인 지표유하수 증가

해설
산불로 부식층이 타게 되어 이화학적 성질이 변화하면서 지하의 저수기능이 감퇴한다.

35 산불이 발생한 지역에서 많이 발생할 것으로 예측되는 병은?

① 모잘록병
② 자줏빛날개무늬병
③ 리지나뿌리썩음병
④ 아밀라리아뿌리썩음병

해설
리지나뿌리썩음병은 40℃ 이상의 고온인 조건에서 발생한다.

36 소나무 재선충병에 대한 설명으로 옳지 않은 것은?

① 매개충은 솔수염하늘소 단일종이다.
② 감염된 수목은 빠르면 수주 내에 고사한다.
③ 매개충이 소나무류의 수목을 식해할 때 침입한다.
④ 우리나라에서 소나무재선충에 의한 피해는 부산의 금정산에서 처음 발견되었다.

해설
소나무 재선충병의 매개충은 단일종이 아닌 솔수염하늘소와 북방수염하늘소가 있다

37 토양의 결빙과 해동이 반복되면서 묘목의 뿌리가 지상부로 뽑혀 올라오지만, 땅이 녹은 이후 뿌리가 지표면 아래로 내려가지 못해 결국 말라 죽게 되는 수목피해를 무엇이라고 하는가?

① 상렬   ② 열공
③ 동상   ④ 상주

해설
서릿발의 피해인 상주는 지표면이 빙점 이하의 저온으로 냉각될 경우 모관수가 얼고 녹는 것을 반복하면서 얼음기둥이 올라오는 현상을 말한다.

38 녹병의 기주교대 식물로 올바르게 짝지어 진 것은?

① 소나무와 향나무
② 소나무와 송이풀
③ 잣나무와 배나무
④ 일본잎갈나무와 포플러류

해설
녹병의 기주는 포플러이며 중간기주는 낙엽송, 줄꽃주머니, 현호색 이다.

39 밤바구미에 관한 설명으로 옳지 않은 것은?

① 경제적 피해 수종은 주로 밤나무이다.
② 땅속에서 유충의 형태로 월동한 후에 번데기가 된다.
③ 밤껍질 밖으로 배설물을 방출하므로 쉽게 알 수 있다.
④ 유충이 밤이나 도토리의 과육을 식해하여 피해를 준다.

해설
밤바구미는 배설물을 외부로 내보내지 않기에 식별이 어렵다.

정답 34. ③ 35. ③ 36. ① 37. ④ 38. ④ 39. ③

40 아황산가스의 식물체 내 유입은 주로 어느 곳을 통하는가?

① 기공 ② 통도조직
③ 해면조직 ④ 책상조직

해설
아황산가스는 식물체의 잎의 기공을 통해 유입된다.

41 유동자본재에 속하는 것은?

① 임도 ② 기계
③ 묘목 ④ 저목장

해설
유동자본재는 미처분임산물, 묘목, 비료, 종자 등이 있다.

42 임분밀도를 나타내는 척도로 옳지 않은 것은?

① 재적 ② 임목도
③ 지위지수 ④ 상대공간지수

해설
지위지수는 임지의 생산능력을 수치화 한 것이다.
※ **임분밀도의 척도 인자**
- 단위면적당 임목본수 및 재적
- 흉고단면적
- 상대밀도
- 임분밀도지수
- 상대임분밀도
- 수관경쟁인자

43 임지기망가의 최대치에 영향을 미치는 주요 인자가 아닌 것은?

① 이율
② 운반비
③ 주벌 및 간벌 수확
④ 조림비 및 관리비

해설
임지기망가에 크게 영향을 주는 계산인자로 주벌 및 간벌수확, 조림비 및 관리비, 이율, 벌기 등이 있다.

44 산림경영계획 수립을 위한 임상조사에서 입목지를 활엽수림으로 구분하는 기준은?

① 활엽수가 60% 이상인 임분
② 활엽수가 65% 이상인 임분
③ 활엽수가 70% 이상인 임분
④ 활엽수가 75% 이상인 임분

해설
활엽수가 75% 이상인 산림을 활엽수림이라 한다.
※ **임상**

구분	기준
침엽수림(침)	침엽수 점유율이 75% 이상인 임분
활엽수림(활)	활엽수 점유율이 75% 이상인 임분
혼효림(혼)	침엽수 혹은 활엽수가 26~75% 미만 점유하는 임분

정답 40. ① 41. ③ 42. ③ 43. ② 44. ④

45 다음과 같은 조건을 가진 통나무의 재적을 Huber식에 의해 계산하면 얼마인가?(단, 소수 넷째자리에서 반올림할 것)

- 재장 : 5m
- 원구직경 : 23cm
- 중앙직경 : 20cm
- 말구직경 : 18cm

① 0.084m³ ② 0.157m³
③ 0.160m³ ④ 0.251m³

[해설]
후버식은 중앙단면적을 이용하며 다음과 같이 구한다.
$3.14 \times 0.1^2 \times 5 = 0.157 \, m^3$

46 유형고정자산의 감가 중에서 기능적 감가 원인에 해당되지 않는 것은?

① 부적응에 의한 감가
② 진부화에 의한 감가
③ 경제적 요인에 의한 감가
④ 마찰 및 부식에 의한 감가

[해설]
마찰 및 부식에 의한 감가는 물질적 감가에 속한다.

47 손익분기점의 분석을 위한 가정에 대한 설명으로 옳지 않은 것은?

① 제품 한 단위당 변동비는 항상 일정하다
② 총비용은 고정비와 변동비로 구분할 수 있다.
③ 제품의 판매가격은 판매량이 변동하여도 변화되지 않는다.
④ 생산량과 판매량은 항상 다르며 생산과 판매에 보완성이 있다.

[해설]
손익분기점의 분석을 위한 가정으로 생산량과 판매량은 항상 같고 생산과 판매에 동시성이 있다.

48 산림경영계획수립을 위한 지황조사 표기 내용으로 틀린 것은?

① 지리 6급지 - 601~700m
② 토심 중 - 유효토심 30~60cm
③ 급경사지(급) - 경사도 20~25° 미만
④ 소밀도 중 - 수관밀도가 41~70%인 임분

[해설]
지리 6급지는 501~600m 범위를 가진다.
※ 지리

급지	기준
1	100m 이하
2	101~200m 이하
3	201~300m 이하
4	301~400m 이하
5	401~500m 이하
6	501~600m 이하
7	601~700m 이하
8	701~800m 이하
9	801~900m 이하
10	901m 이상

49 임지기망가 적용상의 문제점에 대한 설명으로 틀린 것은?

① 플러스의 값만 발생 되어 실제와 맞지 않는다.
② 수익과 비용인자는 평가시점에 따라 가변적이다.
③ 동일한 작업을 영구히 계속하는 것은 비현실적이다.
④ 임업이율의 대소가 임지기망가에 미치는 영향이 크다.

[해설]
임지기망가 적용상 마이너스 값이 발생할 수도 있어 실제와 맞지 않는다.
※ **임지기망가** : 장차 발생될 것으로 기대되는 수익의 합계를 기망가라 하며 임지기망가는 임지의 사업을 영구적으로 실시한다는 가정으로 토지에서 기대되는 순수익의 현재 합계를 말한다.

정답 45. ② 46. ④ 47. ④ 48. ① 49. ①

50 현실림 축적이 1,000m³이고 생장률이 연 3%일 때 10년 후 산림 축적을 단리법 계산에 의해 구하면 얼마인가?

① 1270m³ ② 1300m³
③ 1344m³ ④ 1453m³

해설

단리법
$N = V(1+nP)$
$= 1000(1+10 \times 0.03) = 1300$
N : 원리합계, V : 원금, n : 기간, P : 이율

51 흉고형수에 대한 설명으로 옳은 것은?

① 지위가 양호할수록 형수가 크다.
② 흉고직경이 작아질수록 형수가 작다.
③ 수고가 작은 나무일수록 형수가 작다
④ 지하고가 높고 수관의 양이 적은 나무가 형수가 크다.

해설

① 지위가 양호할수록 형수가 작아진다.
② 흉고직경이 커질수록 형수는 작아진다.
③ 수고가 높을수록 형수가 작아진다.

52 임업조수익 구성요소에 해당하는 것은?

① 감가상각액
② 임업현금지급
③ 미처분 임산물 증감액
④ 임업생산자재 재고 감소액

해설

임업조수익을 구하기 위한 구성요소로 산림현금수입, 미처분임산물증감액, 산림생산자재재고증가액, 임목생장액, 산림생산물가계소비액이 있으며 이들을 모두 더한 값이 임업조수익이다.

53 임목의 평균생장량이 최대가 될 때를 벌기령으로 정한 것은?

① 재적수확 최대의 벌기령
② 화폐 수익 최대의 벌기령
③ 토지순수익 최대의 벌기령
④ 산림순수익 최대의 벌기령

해설

재적수확최대의 벌기령은 단위면적당 목재 생산량이 최대가 되는 때를 벌기령으로 이는 평균생장량이 최대가 되는 시기와 같다.

54 면적당 임목의 현존량 측정시 가장 먼저 할 일은?

① 조사목 선정
② 조사구역 설정
③ 조사목의 중량 측정
④ 임분의 현존량 추정

해설

현존량 측정시 가장 먼저 측정대상의 조사구역을 설정한다.

※ **면적당 임목 현존량 측정 순서**
조사구역 설정 → 조사목 선정 → 조사목 측정 → 임목 현존량 추정

정답 50. ② 51. ④ 52. ③ 53. ① 54. ②

55 산림경영의 지도원칙에 대한 설명으로 옳지 않은 것은?

① 수익성 원칙은 최대의 이익 또는 이윤을 얻을수 있도록 하는 것이다.
② 합자연성 원칙은 산림 수확을 연년 균등하게 영구히 존속할 수 있도록 하는 것이다.
③ 경제성 원칙은 합목적성의 원칙이라고도 하며 수익성 실현의 전제로 간주될 수 있다.
④ 생산성 원칙은 벌기평균재적생장량이 최대가 되는 벌기령을 택함으로써 실현될 수 있다.

해설
산림 수확을 균등하게 영구히 존속하는 것은 산림경영의 지도 원칙의 보속성의 원칙에 해당한다. 합자연성 원칙 자연법칙을 존중하면서 산림을 경영하자는 원칙을 의미한다.

56 취득원가가 40만원, 폐기 시 잔존가치가 4만원인 체인톱의 총사용가능시간은 8만 시간, 실제작업시간이 4천시간일 때 작업시간 비례법으로 계산한 시간당 총 감가상각비는?

① 14000원   ② 16000원
③ 18000원   ④ 20000원

해설
$$\frac{실제작업시간 \times (취득원가 - 잔존가치)}{총추정작업시간}$$
$$= \frac{4000 \times (40만원 - 4만원)}{80000} = 18000원$$

57 소나무 임분의 평균생장량이 $5m^3$, ha 당 현실축적과 법정축적이 각각 $85m^3$, $102m^3$이다. 조정계수가 0.7 이고, 갱정기를 20년이라고 할 때 Heyer 공식법으로 ha당 표준벌채량은?

① $1.75m^3$ ② $2.45m^3$
③ $3.5m^3$ ④ $5.25m^3$

해설
Heyer(표준벌채량)
$$(평균생장량 \times 조정계수) + \frac{현실축적 - 법정축적}{갱정기}$$
$$= (5 \times 0.7) + \frac{85 - 120}{20} = 1.75$$

58 산림휴양림의 조성 및 관리에 대한 설명으로 옳지 않은 것은?

① 방풍 및 방음용으로 관리할 수 있다.
② 공간이용지역과 자연유지지역으로 구분한다.
③ 관리목표는 다양한 휴양기능을 발휘할수 있는 특색 있는 산림조성이다.
④ 법령에 의한 자연휴양림 및 휴양기능 증진을 위해 관리가 필요한 산림을 대상으로 한다.

해설
산림휴양림은 방풍 및 방음용 관리에 대한 범위는 없으며 국민의 정서함양, 보건휴양 및 교육 등을 목적으로 한다.

59 투자 효율 측정 중에서 현재가가 0 보다 크면 투자할 가치가 있는 것으로 평가하는 것은?

① 회수기간법   ② 수익비용률법
③ 투자이익률법 ④ 순현재가치법

해설
순현재가치법은 사업에 모든 비용과 편익을 기준년도의 현재가치로 할인하여 편익에서 총 비용을 제한 값을 의미한다. 순현재가치가 0 보다 크면 경제적 타당성이 있다고 판단하고 0 보다 작으면 경제적 타당성이 없다고 결정한다.

정답 55. ② 56. ③ 57. ① 58. ① 59. ④

60 자연휴양림의 수림 공간 형성 특성 중 레크레이션 활동 공간으로써 자유도가 가장 높은 구역은?

① 열개림형 ② 소생림형
③ 산개림형 ④ 밀생림형

해설
- 밀생림형이 레크레이션의 활동 공간으로는 부적합하나 교육적 활동은 가능한 수림형이다.
- 레크레이션 이용 밀도로 산개림이 가장 높고 다음으로 소생림, 밀생림 순서이다.

유형	특징	수림피도(%)
산개림형	독립 혹은 소수 그룹의 식재로 산개된 자연휴양림	10~30
소생림형	인위적 관리가 필요한 자연휴양림	40~60
밀생림형	폐쇄되고 변화가 없는 자연휴양림	70~100

61 아래 그림에서 각 불도저의 명칭이 바르게 나열된 것은?

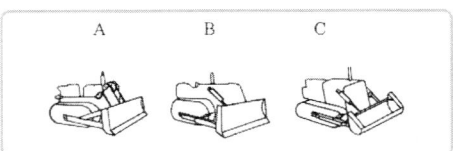

① A : 스트레이트도저, B : 앵글도저, C : 버킷도저
② A : 버킷도저, B : 앵글도저, C : 스트레이트도저
③ A : 스트레이트도저, B : 버킷도저, C : 앵글도저
④ A : 스트레이트도저, B : 레이크도저, C : 트리도저

해설
A : 스트레이트도저 - 날 전체가 상하로만 움직이는 것이 특징이다.
B : 앵글도저 - 날이 앞뒤로 움직이는 것이 특징이다.
C : 버킷도저 - 굴삭기와 같이 흙을 담는다.

62 임도의 합성물매는 15%로 설정하고 외쪽물매를 5%로 적용한다면 종단물매는 약 몇 % 이하가 적당한가?

① 8%   ② 10%
③ 12% ④ 14%

해설
합성물매 = $\sqrt{횡단물매^2 + 종단물매^2}$
$15 = \sqrt{5^2 + X^2}$, $X ≒ 14$

63 최적임도밀도 산출 방법으로 옳지 않은 것은?

① 여러 개의 임도망 대안을 비교하여 최적안 선정
② 임도유지비 또는 임지손실비를 포함하여 산정
③ 목재생산을 위한 시설로 집재비만을 고려하여 산정
④ 집재소요비용과 임도개설비용의 합을 최소화하여 산정

해설
최적임도 밀도 산출시 집재비만을 고려하는 것이 아닌 임도개설비용을 함께 고려한다.

64 임도시공 시 흙쌓기 공사에서 보통 토양의 수축 내지 침하량을 고려한 성토 높이가 3m 이하일 때 더쌓기는 높이의 몇 %가 가장 적절한가?

① 5%   ② 7%
③ 8%   ④ 10%

해설
흙쌓기 높이 3m 까지는 더쌓기 높이는 10%, 흙쌓기 높이 12m 이상의 경우 더쌓기 높이는 높이의 5% 정도로 하며 통상 5~10% 라고 정의한다.

정답 60. ③ 61. ① 62. ④ 63. ③ 64. ④

65 트래버스측량에서 폐합다각형을 편각법으로 측정할 때 편각의 총합은?

① 180°   ② 270°
③ 360°   ④ 540°

해설
편각의 합은 360° 이다.

66 임도설치 및 관리 등에 관한 규정에서 정의된 임도의 종류로 옳지 않은 것은?

① 사유임도   ② 국유임도
③ 공설임도   ④ 테마임도

해설
임도설치 및 관리 등에 관한 규정에서 임도의 종류에는 국유임도, 공설임도, 사설임도, 테마임도가 있다.
※ **임도 설치 및 관리 등에 관한 규정**
· 국유임도 : 국가가 설치하는 임도
· 공설임도 : 지방자치단체가 설치하는 임도
· 사설임도 : 산림소유자 혹은 산림을 경영하는자가 설치하는 임도
· 테마임도 : 산림관리기반시설로서의 기능을 가지고 특정주제로 널리 이용되는 임도

67 임도에서 노면과 차량의 마찰계수가 0.15, 노면의 횡단물매는 5%, 설계속도가 20km/h일 때의 곡선반지름은?

① 약 4m   ② 약 8m
③ 약 16m   ④ 약 20m

해설
$$\frac{설계속도^2}{127(타이어 마찰계수 + 노면횡단물매)}$$
$$= \frac{20^2}{127(0.15+0.05)} ≒ 16$$

68 체인톱을 이용한 작업 시 엔진이 돌지 않는 현상이 발생할 때 예상되는 원인으로 옳지 않은 것은?

① 에어필터가 더럽혀져 있다.
② 연료내 오일 혼합량이 적다.
③ 기화기의 조절이 잘못되어 있다.
④ 점화코일과 단류장치에 결함이 있다

해설
연료내 오일 혼합량이 과다하면 시동 불량 현상이 나타날 수 있다.

69 지형지수 산출 인자로 옳지 않은 것은?

① 식생   ② 곡밀도
③ 기복량   ④ 산복경사

해설
지형지수 산출시 식생과는 관련이 없다
※ **지형지수의 3 요소** : 경사, 기복량, 곡밀도

70 임도망계획에서 임도망 특성지표에 관한 설명으로 옳지 않은 것은?

① 임도간격은 m로서 나타내는 입도간의 평균 거리이다.
② 임도밀도는 ha당의 m로서 표시되는 단위면적당의 평균도로 길이이다.
③ 개발용은 개발된 부분의 전산림면적은 전시업면적에 대한 비율(%)로서 표시한다.
④ 평균집재거리는 산림내의 각각의 산지집재장에서부터 임도상의 집재장까지의 실제 집재거리의 합계이다.

해설
평균집재거리는 임도의 이상적인 배치를 나타내는 개발지수에 관여하는 인자로서 임도변의 집재작업(최소집재거리)과 집재한계선(최대집재거리)까지 집재작업이 동일하게 실행되므로 평지림의 경우 집재거리의 1/2, 임도간격은 1/4 이 된다.

정답   65. ③   66. ①   67. ③   68. ②   69. ①   70. ④

71 콘크리트 포장 시공에서 보조기층의 기능으로 옳지 않은 것은?

① 노상의 지지력이 증대한다.
② 통상의 영향을 최소화한다.
③ 노상이나 차단층의 손상을 방지한다.
④ 줄눈, 균열, 슬래브 단부에서 펌핑현상이 증대된다.

해설
보조기층은 노상 위에 위치하는 층으로서 위쪽의 포장층에서 발생되는 하중을 분산시켜 노상으로 전달하는 역할을 한다. 펌핑현상의 경우 주로 표층에서 일어나는 현상이다.

72 체인톱 작업 중 체인이 끊어지거나 안내판에서 벗겨질 경우 작동하는 안전장치로 옳은 것은?

① 핸드가드　② 체인잡이
③ 체인브레이크　④ 안전스로틀레버

해설
체인잡이는 볼트가 체인이 끊어질 경우 잡아주는 안전장치의 역할을 한다.

73 임도의 유지관리를 위한 설명으로 옳은 것은?

① 빗물받이는 주로 절토 비탈면 뒤에 설치한다.
② 옆도랑에 쌓인 토사는 답압하여 길어깨로 사용한다.
③ 평시에 유량이 많은 지역에는 세월시설을 설치하여 관리한다.
④ 종단물매와 절취면의 토질에 따라 50~200m 간격으로 횡단배수구를 설치한다.

해설
임도의 유지, 보수
· 노체의 지지력이 약화되면 차량 통행을 통제한다.
· 강우전 빗물받이를 점검한다.
· 노면보다 높은 길어깨는 깎아낸다.
· 배수시설에 쌓인 토사 및 낙엽 등은 신속하게 처리한다.

74 1/50000 지형도상에서 면적이 $40cm^2$일 때 실제 면적으로 옳은 것은?

① $0.1km^2$　② $1km^2$
③ $10km^2$　④ $100km^2$

해설
· 실제면적=도상면적×축적 분모값^2
· $40cm^2 \times 50,000^2 = 100,000,000,000cm^2$
· $100,000,000,000cm^2$
　$= 10,000,000m^2 = 10km^2$

75 임도 설치 시 다져진 사질토 지반의 절취토에서 5m 이하 높이에 적용하는 표준비탈면 기울기로 옳은 것은?

① 1 : 0.4~0.6　② 1 : 0.6~0.8
③ 1 : 0.8~1.0　④ 1 : 1.0~1.2

해설
다져진 사질토 지반의 절취토가 5m 이하의 경우 1 : 0.8~1.0 의 기울기를 기준으로 한다.
※ **사질토 경사면 기울기**

높이	다진 사질토	다지지 않은 사질토
5m 이하	1 : 0.8~1.0	1 : 1.0~1.2
5~10m	1 : 1.0~1.2	1 : 1.2~1.5

76 임도 실시설계시 수행하는 측량 작업으로 옳지 않은 것은?

① 면적측량　② 종단측량
③ 횡단측량　④ 중심선측량

해설
임도 실시 설계시 면적 측량은 실시하지 않으며 영선측량, 중심선측량, 평면측량, 종단측량, 횡단측량 등을 수행한다.

정답 71. ④　72. ②　73. ④　74. ③　75. ③　76. ①

77 임도 규정상 임도의 횡단면도를 설계할 때 사용하는 축척으로 옳은 것은?

① 1 : 50   ② 1 : 100
③ 1 : 200   ④ 1 : 1000

해설
횡단면도는 1:100 축척을 기준으로 한다.

78 종단면도에 기록되는 사항 중 옳지 않은 것은?

① 측점   ② 단면적
③ 성토고   ④ 누가거리

해설
단면적의 경우 횡단면도에 기록하는 사항이다.
※ **종단면도 작성 사항** : 선측점, 구간거리, 누가거리, 지반높이, 계획높이, 절토·성토 높이, 기울기 등

79 다음은 임도설계업무의 요소를 나타낸 것이다. 순서에 알맞게 나열한 것은?

A : 답사,   B : 설계서 작성,
C : 예비조사,   D : 예측
E : 공사수량의 산출,
F : 실측   G : 설계도 작성

① C→A→F→E→D→G→B
② C→A→F→D→E→G→B
③ C→A→D→G→F→E→B
④ C→A→D→F→G→E→B

해설
임도설계 순서
예비조사 → 답사 → 예측, 실측 → 설계도 작성 → 공사량 산출 → 설계서 작성

80 산림 토목공사용 기계로 옳지 않은 것은?

① 식혈기   ② 전압기
③ 착암기   ④ 정지기

해설
식혈기는 묘목식재를 위해 땅에 구멍을 뚫는 조림용 기계이다.

81 다음 중 침식의 성질이 다른 것은?

① 가속침식   ② 자연침식
③ 정상침식   ④ 지질학적 침식

해설
가속침식은 황폐지에서 발생되는 제어 가능한 침식으로 자연침식에 비해 빠르게 진행되는 것이 특징이다. 자연침식은 인간활동이 가해지지 않은 자연상태의 침식으로 매우 느리게 발생되며 정상침식 역시 자연침식의 속도를 초과하지 않는 경우를 의미한다. 지질학적 침식은 자연침식의 일종으로 정의한다.

82 해안사방 조림용으로 일반적으로 사용되지 않는 수종은?

① 사시나무   ② 자귀나무
③ 느티나무   ④ 아까시나무

해설
해안사방의 조림용 수종으로 곰솔, 섬향나무, 자귀나무, 팽나무, 아까시나무, 사시나무 등이 적합하다

83 콘크리트를 비빌 때 첨가하는 재료로 시멘트를 절약하고 콘크리트 성질을 개선하는 것으로 사용량이 비교적 많은 것은 무엇인가?

① 석고   ② 혼화재
③ 탄산나트륨   ④ 경화촉진제

해설
혼화재는 시멘트를 절약하고 콘크리트 성질을 개선하는데 비교적 사용량이 많은 편이다.

정답 77. ② 78. ② 79. ④ 80. ① 81. ① 82. ③ 83. ②

84 황폐 계천 사방공작물 중 토사퇴적구역에 주로 시공하는 것은?

① 사방댐
② 식생공법
③ 모래막이
④ 바자얽기

> **해설**
> 모래막이는 토사유출이 심한 곳에 설치하여 토사의 침적을 유도하는 구조물이다.

85 해안사방의 기본 공종에서 사구(모래언덕) 조성을 위한 공법으로 옳지 않은 것은?

① 파도막이
② 모래덮기공법
③ 퇴사울타리공법
④ 정사울세우기공법

> **해설**
> 정사울 세우기는 전사구에 후방 모래를 고정하여 표면을 안정화하고 식재목이 생육할수 있는 환경 조성을 위해 실시한다.

86 휴양활동에서 발생되는 답압은 임지에 피해를 준다. 답압으로 인한 임지피해에 대한 설명으로 옳지 않은 것은?

① 답압이 지속되면 토양의 낙엽층이 손실된다.
② 답압은 휴양활동이 많은 곳에서 많이 발생 한다.
③ 답압을 통해 많은 공극이 제거되고 토양입자가 서로 완화되어 토양유실의 원인이 된다.
④ 답압된 토양 속으로는 물이 침투가 어려워 유거수가 증가하여 표면침식이 증가한다.

> **해설**
> 답압에 의해 토양의 공극이 줄어들게 되고 물의 투수를 막아 토양유실이 줄어든다.

87 유수의 교란성에 의한 상향하는 속도성분에 의하여 유로 단면상에서 운반되는 토사로 옳은 것은?

① 소류사
② 전동사
③ 도동사
④ 부유사

> **해설**
> 부유사는 물이 흐름에 의해 부상하여 이동하는 토사이다.

88 땅깎기 비탈면의 안정과 녹화를 위한 적용 공법에 관한 설명으로 옳지 않은 것은?

① 경암 비탈면은 풍화, 낙석 우려가 많으므로 부분 객토 식생공법이 적절하다
② 점질성 비탈면은 표면침식에 약하고 동상, 붕락이 많으므로 떼붙이기공법이 적절하다.
③ 자갈이 많은 비탈면은 모래가 유실 후 요철 면이 생기기 쉬우므로 떼붙이기보다 분사파 종공법이 좋다.
④ 모래층 비탈면은 절토공사 직후에는 단단한 편이나 건조해지면 붕락되기 쉬우므로 전면적 객토를 요한다.

> **해설**
> 경암 비탈면은 풍화, 낙석의 우려가 적고 비탈면이 급한편이라 객토가 어렵다. 그렇기에 낙석저지책을 시공하여 덩굴식물 등으로 녹화하는 것이 적합하다.

89 우리나라에서 녹화용으로 식재되고 있는 주요 사방조림수종과 거리가 먼 것은?

① 잣나무
② 아까시나무
③ 산오리나무
④ 리기다소나무

> **해설**
> 사방조림수종은 척박하고 건조한 산지에 적응력이 좋은 수종으로 선택해야 하며 주로 리기다소나무, 해송, 사방오리나무, 자작나무 등이 사용된다. 잣나무의 경우 양분 요구도가 높은 편이라 사방조림용으로는 적합하지 않다.

정답 84. ③ 85. ④ 86. ③ 87. ④ 88. ① 89. ①

90 유역면적이 30ha 이고 최대시우량이 60mm/h인 유역을 대상으로 시우량법에 의한 최대 홍수유량(m^3/s)은? (단, 유거계수는 0.8로 한다.)

① 0.4 ② 1.4
③ 2.0 ④ 4.0

해설

0.002778 × 0.8 × 60 × 30 = 약 4
※ 합리식법
$Q = 0.002778\ CIA$
여기서, Q : 유출량(m^3/sec)
　　　　C : 유거계수
　　　　I : 최대시우량(mm/hr)
　　　　A : 유역 면적(ha)

91 암석산지나 노출된 암벽의 녹화용 공법(새집공법)으로 주로 사용되는 수종이 아닌 것은?

① 회양목 ② 개나리
③ 버드나무 ④ 노간주나무

해설

암석산지의 경우 관목류가 적합하며 개나리, 회양목, 노간주나무 등이 이용된다. 버드나무의 경우 주로 습지나 물가에서 자생하며 암석산지에서는 식생이 어렵다.

92 다음 중 비탈면녹화공법에 해당하지 않는 것은?

① 조공 ② 사초심기
③ 비탈덮기 ④ 선떼붙이기

해설

사초심기는 해안사방공법에 해당한다.

93 산사태와 비교하였을 때 땅밀림에 대한 설명으로 옳지 않은 것은?

① 이동속도가 빠르다
② 지하수의 영향이 크다.
③ 완경사면에서 주로 발생한다.
④ 주로 점성토가 미끄럼면으로 활동한다.

해설

땅밀림은 산사태와 비교하여 이동속도가 느리다.

94 침식이 심하고 경사가 급하며 상수가 있는 산비탈의 수로에 적합한 공법은?

① 바자수로 ② 돌붙임수로
③ 메쌓기수로 ④ 떼붙임수로

해설

돌붙임 수로는 집수구역이 넓고 경사가 급하며 유량이 많은 산비탈지역에 시공하며 종류로는 찰쌓기, 메쌓기가 대표적이다.

95 정사울타리를 설치할 때 표준높이로 옳은 것은?

① 0.5~0.7m ② 1.0~1.2m
③ 2.0~2.2m ④ 2.5~2.7m

해설

정사울타리 높이는 1~1.2m 정도를 기준으로 한다.

정답 90. ④ 91. ③ 92. ② 93. ① 94. ② 95. ②

96 자연산지비탈면의 붕괴현상에 관한 설명으로 옳지 않은 것은?

① 토층 속에 암편이 소량 혼합된 경우 주로 발생한다.
② 풍화토층과 하부기반의 경계가 명확할수록 많이 발생한다.
③ 화강암계통에서 풍화된 사질토와 역질토에서 많이 발생한다.
④ 풍화토층에 점토가 결핍되면 응집력이 약화 되어 많이 발생한다.

> **해설**
> 토층 속에 암편이 소량 혼합된 경우는 붕괴현상이 잘 발생되지 않는다.

97 계간사방의 공법으로 짝지어진 것은?

① 흙막이, 바닥막이
② 기슭막이, 누구막이
③ 누구막이, 흙막이
④ 바닥막이, 기슭막이

> **해설**
> 계간사방 공법에는 골막이, 기슭막이, 바닥막이 등을 설치한다. 누구막이와 흙막이의 경우 산복사방 공법이다.

98 수제의 간격은 일반적으로 수제 길이의 몇 배로 하는가?

① 0.25 ~ 0.5
② 0.5 ~ 1.25
③ 1.25 ~ 4.5
④ 4.5 ~ 8.25

> **해설**
> 수제의 간격은 수제 길이의 1.25~4.5배 정도로 한다.

99 계간사방공사의 시공목적으로 옳지 않은 것은?

① 유송토사억제 및 조정
② 계류의 수질 정화와 산사태 대비
③ 산각의 고정과 산복의 붕괴방지
④ 계상물매를 완화하여 계류의 침식 방지

> **해설**
> 계간사방공사는 계천의 침식방지와 산각의 고정을 주목적으로 한다.

100 사방사업 대상지로 옳지 않은 것은?

① 임도가 미개설되어 접근이 어려운 지역
② 산불 등으로 산지의 피복이 훼손된 지역
③ 황폐가 예상되는 산지와 계천으로서 복구공사가 필요한 지역
④ 해일 및 풍랑 등 재해예방을 위해 해안림 조성이 필요한 지역

> **해설**
> 사방사업 대상지는 임도가 개설되어 접근이 용이한 지역이어야 한다.

정답 96. ① 97. ④ 98. ③ 99. ② 100. ①

2015년 제1회 산림기사

01 우리나라 소나무의 형질개량을 위해 주로 사용된 육종방법은?

① 교잡육종법 ② 도입육종법
③ 조직배양법 ④ 선발육종법

해설
선발육종법은 재래 개채군에서 우량 형질을 선출하여 새로운 품종을 개발해내는 방법이다.

02 다음 조건에서 1m²당 파종량은?

- 실제 파종하여야 할 상면적 10m²
- 가을에 m²당 남겨질 소나무 1년생 묘목의 수 1000본
- 1g 당의 종자의 평균입수 100립
- 순량율 90%, 발아율 90%, 득묘율 20%

① 약 42g   ② 약 52g
③ 약 62g   ④ 약 72g

해설
실제 파종 면적은 10m² 이지만 이를 다시 문제에서 요구하는 1m²으로 환산하도록 한다.
※ 파종량 공식

$$\frac{파종면적 \times m^2당\ 남길\ 묘목수}{g당\ 종자입수 \times 순량률 \times 발아율 \times 득묘율}$$

$$= \frac{10 \times 1000}{100 \times 0.9 \times 0.9 \times 0.2}$$

$$= 617.2 \div 10 = 61.72 ≒ 62g$$

03 다음 중 내음성이 가장 강한 수종은?

① *Pinus Koraiensis* Siebold & Zucc.
② *Prunus Yedoensis* Matsum.
③ *Chamaecyparis obtusa* Endl.
④ *Cephalotaxus Koreana* Nakai

해설
개비자나무는 극음수로서 내음성이 보기 중 가장 강하다.
① 잣나무 ② 왕벚나무 ③ 편백
④ 개비자나무

04 토양층위를 O, A, B, C, R층으로 구분했을 때 빗물이 아래로 침전하면서 부식질·점토·철분·알루미늄 성분 등을 용탈하여 내려가다가 집적해 놓은 토양층은?

① O층   ② A층
③ B층   ④ C층

해설
B 층은 집적층으로 상부에서 하부로 용탈되는 물질이 집적하는 층이다.
※ 토양 단면도 구분

| O 층 – 유기물층 |
| A 층 – 용탈층 |
| B 층 – 집적층 |
| C 층 – 모재층 |

정답 01. ④ 02. ③ 03. ④ 04. ③

05 종자를 구성하고 있는 배가 미성숙배라서 후숙이 필요한 수종은?

① 소나무 ② 잣나무
③ 사시나무 ④ 은행나무

해설
은행나무, 향나무 등은 미성숙배를 가져 후숙이 필요하다.

06 다음 〈보기〉 수종의 종자를 건조할 때 주로 사용하는 방법은?

〈보기〉
Chamaecyparis pisifera Endl.
Populus deltoides Marsh.

① 인공건조법 ② 양광건조법
③ 반음건조법 ④ 자연건조법

해설
Chamaecyparis pisifera Endl(화백), Populus deltoides Marsh(미루나무)는 햇볕에 약한 종자로 반음건조법을 통해 통풍이 잘되는 옥내에 얇게 펴서 건조한다.

07 다음 무기영양소 중 수목 내 이동이 상대적으로 어려운 원소는?

① 황, 철 ② 칼륨, 구리
③ 칼슘, 붕소 ④ 질소, 마그네슘

해설
무기영양소 이동성

이동 용이한 원소	N, P, K, Mg
이동 어려운 원소	Ca, Fe, B
이동 중간 원소	S, Zn, Mn, Cu

08 시비량 산출공식($M = \dfrac{A-B}{C}$) 중 C의 내용은?

① 비료의 흡수율
② 비료의 성분비
③ 비료 요소의 천연 공급량
④ 묘목이 필요로 하는 비료의 요소량

해설
시비량 $= \dfrac{\text{비료요소흡수량} - \text{천연공급량}}{\text{비료의 흡수율}}$

09 개벌작업의 장점에 대한 설명으로 옳지 않은 것은?

① 음수 갱신에 유리하다.
② 벌목, 조재, 집재가 편리하고 비용이 적게 든다.
③ 작업의 실행이 빠르고 높은 수준의 기술이 필요하지 않다.
④ 현재의 수종을 다른 수종으로 바꾸고자 할 때 가장 쉬운 방법이다.

해설
개벌작업은 양수 갱신에 유리하다.

10 같은 임지에 있어서 수종과 연령은 같고 밀도만을 다르게 할 때, 임목의 형질과 생산량에 나타나는 현상에 대한 설명으로 옳지 않은 것은?

① 밀도가 높을수록 연륜폭은 좁아진다.
② 밀도가 높을수록 지하고는 낮아진다.
③ 밀도가 높을수록 수간형은 완만해 진다.
④ 밀도가 높을수록 평균흉고직경은 작아진다.

해설
밀도가 높을수록 지하고는 높아진다.

정답 05. ④ 06. ③ 07. ③ 08. ① 09. ① 10. ②

11 소나무류 접목 방법으로 주로 사용하는 것은?

① 절접   ② 할접
③ 설접   ④ 아접

해설
할접은 대목 중앙부에 접수의 절단면 길이정도를 잘라 쐐기모양으로 접수를 삽입하는 방법으로 대목이 굵고 세로로 잘 쪼개지는 소나무에 적용한다.

12 다음 중 가지치기의 시행시기로 가장 적합한 것은?

① 겨울철   ② 해빙기 이후
③ 이른 가을철   ④ 봄에서 여름 사이

해설
가지치기의 작업시기는 11월~이듬해 2월 사이 실시한다.

13 접목의 장점으로 옳지 않은 것은?

① 클론보존
② 대목효과
③ 개화·결실의 촉진
④ 과간(科間) 접목 가능

해설
과가 다른 식물의 접목은 거의 불가능하다.

14 열매의 형태가 삭과에 해당하는 수종은?

① *Camellia Japonica* L.
② *Acer palmatum* THUNB
③ *Quercus acutissima* CARRUTH
④ *Ulmus davidiana* var. *japonica* NAKAI

해설
삭과의 종류로 도라지, 나팔꽃, 백합, 동백나무, 오동나무 등이 있다.
① 동백나무 ② 단풍나무 ③ 상수리나무
④ 느릅나무

15 종자발아 촉진 방법으로 옳지 않은 것은?

① 환원처리법   ② 침수처리법
③ 황산처리법   ④ 고저온처리법

해설
환원처리법은 크롬계 배수의 처리법으로 종자발아 촉진방법과는 거리가 멀다.

16 참나무류 줄기에서 수액상승 속도가 다른 수종에 비해 빠른 이유는?

① 뿌리가 심근성이기 때문이다.
② 도관의 지름이 크기 때문이다.
③ 심재가 잘 형성되기 때문이다.
④ 잎의 앞면과 뒷면에 모두 기공이 있기 때문이다.

해설
도관은 물이 지나가는 배관으로서 이 배관의 크기는 참나무류가 상대적으로 크다

17 종자의 배(embryo) 형성에 대한 설명으로 옳은 것은?

① 극핵과 정핵이 만나서 형성된다.
② 난핵과 정핵이 만나서 형성된다.
③ 난핵과 조세포가 만나서 이루어진다.
④ 정핵과 조세포가 만나서 이루어진다.

해설
배는 정핵과 난핵이 만나 형성된다.

18 종자가 발아할 때 자엽이 땅속에 남아 있는 수종으로 짝지어진 것은?

① 소나무, 잣나무
② 전나무, 칠엽수
③ 밤나무, 호두나무
④ 상수리나무, 물푸레나무

해설
자엽이 땅속에 남아있는 것을 지하자엽형이라 하며 대표적으로 밤나무, 호두나무, 참나무류 등이 있다.

정답   11. ② 12. ① 13. ④ 14. ① 15. ① 16. ② 17. ② 18. ③

19 산림작업종에 대한 설명으로 옳은 것은?
① 산림작업종은 크게 풀베기, 가지치기, 제벌, 간벌 등으로 구분한다.
② 산림작업종 중 간벌작업을 이용해 효과적으로 산림을 갱신시킬 수 있다.
③ 산림작업종은 하나의 작업기술 체계로 매년 최대 목재 생산을 목적으로 한다.
④ 산림작업종의 분류 기준은 임분의 기원, 벌구의 크기와 형태, 벌채종이다.

해설
작업종의 분류에는 임분의 기원, 벌채종, 벌구의 모양과 크기에 따라 분류된다.

20 굵은 가지를 생가지치기하면 부후 위험성이 높은 수종으로만 짝지어진 것은?
① 편백, 물푸레나무
② 느릅나무, 물푸레나무
③ 느릅나무, 일본잎갈나무
④ 자작나무, 일본잎갈나무

해설
생가지치기 위험이 있는 수종으로 단풍나무, 느릅나무, 물푸레나무, 벚나무 등이 있다. 반대로 위험성이 거의 없는 수종으로 소나무, 낙엽송이 대표적이다.

21 곤충 분류로서 유리나방과, 명나방과, 솔나방과를 포함하는 목(目)은?
① Blattaria   ② Hemiptera
③ Plecoptera ④ Lepidoptera

해설
나비목의 종류로 나비류와 나방류 등이 대표적이다.
① 바퀴목 ② 노린재목(반시류)
③ 강도래류(절지동물) ④ 나비목

22 다음 중 목질부를 천공하여 피해를 주는 것은?
① 솔나방   ② 미끈이하늘소
③ 미국흰불나방 ④ 잣나무넓적잎벌

해설
소나무좀, 바구미류, 박쥐나방, 하늘소류, 솔나방 등

23 지표를 배회하는 성질을 가진 곤충 채집 방법으로 효과적인 것은?
① 유아등(light trap)
② 수반트랩(water trap)
③ 핏폴트랩(pitfall trap)
④ 말레이즈트랩(Malaise trap)

해설
핏폴트랩은 설치한 트랩안으로 배회하는 곤충을 채집하는 방법으로 종이컵이나 플라스틱용기를 사용하기도 한다.

24 낙엽송 잎떨림병에 대한 설명으로 옳지 않은 것은?
① 자낭균에 의한 병해이다.
② 병징은 3월에 가장 뚜렷하다.
③ 4-4식 보르도액을 살포하여 방제할 수 있다.
④ 피해 수목은 수관 하부에서부터 적갈색을 나타낸다.

해설
낙엽송잎떨림병의 병징은 잎이 떨어지는 9월에 가장 뚜렷하다.

정답 19. ④ 20. ② 21. ④ 22. ② 23. ③ 24. ②

25 곤충의 일반적인 형태 설명으로 옳지 않은 것은?

① 소화관은 전장, 중장, 후장으로 나뉜다.
② 앞날개는 앞가슴에 뒷날개는 뒷가슴에 부착되어 있다.
③ 가슴은 앞가슴, 가운데가슴, 뒷가슴으로 구성되어 있다.
④ 다리마디는 밑마디, 도래마디, 넓적마디, 종아리마디, 발마디로 구성되어 있다.

해설
곤충의 앞날개는 앞가슴이 아닌 가운데 가슴에 있다.

26 종실을 가해하는 해충으로만 짝지어진 것은?

① 과실파리, 깍지벌레류, 진딧물류
② 애기잎말이나방, 거세미류, 풍뎅이류
③ 솔알락명나방, 밤바구미, 미국흰불나방
④ 밤바구미, 도토리거위벌레, 복숭아명나방

해설
종실을 가해하는 대표 해충으로 하늘소류, 솔알락명나방, 밤바구미, 복숭아명나방, 도토리거위벌레 등이 있다.

27 녹병균의 겨울포자가 발아한 모습이다. 다음 그림 중 "A"는 어떤 포자인가?

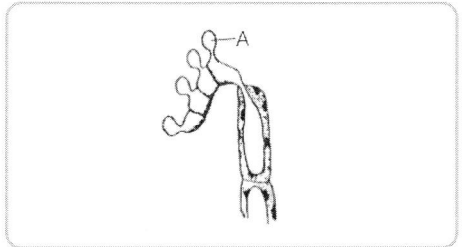

① 녹포자   ② 담자포자
③ 여름포자 ④ 자낭포자

해설
녹병균 겨울포자는 담자포자로 그림에서 A 부분을 말한다.

28 자기 나라에 없던 새로운 병원체가 다른 나라로부터 들어와 피해를 준 사례로, 1900년경 동양에서 미국으로 수입한 묘목에 묻어 들어간 병해로 밤나무에 크게 피해를 준 것은?

① 밤나무 잎떨림병
② 밤나무 눈마름병
③ 밤나무 줄기마름병
④ 밤나무 붉은마름병

해설
밤나무 줄기마름병은 동양의 풍토병으로 1900년대 서양으로 퍼졌으며 1940년경에는 미국동부지역의 밤나무림을 황폐화시키기도 하였다.

29 박쥐나방에 대한 설명으로 옳지 않은 것은?

① 어린 유충은 초본의 줄기 속을 식해한다.
② 성충은 박쥐처럼 저녁에 활발히 활동한다.
③ 1년 또는 2년에 1회 발생하며 알로 월동한다.
④ 성충은 나무에 구멍을 뚫어 알을 산란한다.

해설
박쥐나방 성충은 땅에 알을 산란한다.

30 만상(晩霜)의 피해에 대한 설명으로 옳은 것은?

① 가을에 이상 기온으로 조기에 잎이 변색되는 피해
② 이른 봄에 수목생장이 개시되기 전 치수가 고사하는 피해
③ 이른 봄에 수목생장이 개시된 후 급격한 온도 저하로 어린 지엽이 입는 피해
④ 늦가을에 식물생육이 완전히 휴면되기 전에 급격한 온도 저하로 오래된 지엽이 입는 피해

해설
만상은 이른 봄에 늦서리가 내려 급격한 온도 저하로 어린지엽이 피해를 받거나 심할 경우 어린 나무가 죽기도 한다.

정답 25. ② 26. ④ 27. ② 28. ③ 29. ④ 30. ③

31 1년에 1회 발생하며 현재 암컷만이 알려져 단성생식을 하는 해충으로 옳은 것은?

① 밤나무혹벌 ② 넓적다리잎벌
③ 노랑애나무좀 ④ 오리나무잎벌레

해설
단성생식은 처녀생식이라고 하며 암컷만으로 번식하는 것으로 밤나무혹벌이 단성생식을 한다.

32 살충효과를 조사하고자 한다. 대조구의 생충율이 98.3%이고, 약제 처리구의 생충율이 88.2% 이었다면 처리구의 보정 살충율은 몇 % 인가?

① 10.17% ② 10.56%
③ 10.94% ④ 11.33%

해설

$$\frac{\text{대조구의 생충률} - \text{처리구의 생충률}}{\text{대조구의 생충률}} \times 100(\%)$$

$$= \frac{98.3 - 88.3}{98.3} \times 100(\%) = 10.17(\%)$$

33 파이토플라스마(phytoplasma)는 다음 중 어느 것에 감수성이 있는가?

① Benlate ② Tetracycline
③ Penicillin ④ Streptomycin

해설
파이토플라스마는 항생물질인 테트라사이클린으로 처리가 가능하다.

34 수목의 뿌리혹병(crown gall) 세균이 침입하는 장소로 가장 거리가 먼 것은?

① 새순 ② 삽목 하단부
③ 뿌리의 절단면 ④ 지상부 접목부위

해설
뿌리혹병은 상처 부위를 통해 침입하며 새순의 경우 새로 나는 잎으로 침입장소와는 거리가 멀다.

35 야생동물의 분포도 작성을 위한 서식정보 수집방법에 해당되지 않는 것은?

① 지형조사 ② 육안조사
③ 포획조사 ④ 설문조사

해설
야생동물 분포도 작성을 위한 조사 방법으로 육안조사, 포획조사, 설문조사, 전수조사 등이 있다.

36 다음은 염풍(salt wind)에 의한 수목 피해 설명이다. (   )안에 들어갈 수치로 가장 적절한 것은?

> 일반적으로 식물은 염분이 ( )% 이상의 농도일 경우에는 대부분의 생육을 방해하고, 염화나트륨은 토양내에 세균의 생육을 불가능하게 하여 유기물질의 분해를 방해한다.

① 0.5 ② 1.0
③ 1.5 ④ 2.0

해설
수목은 염도가 0.5% 이상일 때는 임목생육에 피해를 받는다.

37 난균류에 속하는 균들의 무성포자 형성기관에 해당하는 것은?

① 균핵 ② 담자기
③ 자낭자좌 ④ 유주포자낭

해설
유주포자를 담고 있는 유주포자낭은 무성포자를 형성하며 그 외에도 분생포자, 후벽포자 등이 있다.

정답 31. ① 32. ① 33. ② 34. ① 35. ① 36. ① 37. ④

38 다음 중 병환부에 표징이 가장 잘 나타나는 병은?

① 소나무 시들음병
② 오동나무 빗자루병
③ 떡갈나무 흰가루병
④ 포플러 모자이크병

[해설]
흰가루병의 표징으로 잎, 줄기에 흰가루 모양의 반점이 발생한다.

39 석회보르도액은 다음 중 어느 것에 해당되는가?

① 토양살균제 ② 직접살균제
③ 보호살균제 ④ 침투성살균제

[해설]
석회보르도액은 작물의 보호살균제로 널리 사용되고 있다.

40 소나무좀에 대한 설명으로 옳지 않은 것은?

① 암컷 성충은 수피를 뚫고 갱도를 만들면서 가해한다.
② 1년에 1회 발생하지만 봄과 여름 두 번에 걸쳐 가해한다.
③ 먹이나무를 설치하여 월동성충이 산란하게 한 후 소각한다.
④ 주로 쇠약목, 이식목, 병해충 피해목에 기생하지만 벌채목에는 기생하지 않는다.

[해설]
소나무좀은 천공성해충으로 벌채목에도 기생한다.

41 임령에 대한 연년생장량의 설명으로 옳은 것은?

① 벌기에 도달했을 때의 생장량
② 총생장량을 임령으로 나눈 양
③ 일정한 기간 내에 평균적으로 생장한 양
④ 임령이 1년 증가함에 따라 추가적으로 증가하는 수확량

[해설]
연년생장량은 수목이 1년 동안 생장한 양이다.

42 산림휴양림의 공간이용지역 관리에 관한 설명으로 옳지 않은 것은?

① 기계적 솎아베기 금지
② 덩굴제거는 필요한 경우 인력으로 제거
③ 작업시기는 방문객이 적은 시기에 실시
④ 가급적 목재생산림의 우량대경재에 준하여 관리

[해설]
보기 ①, ②, ③은 공간이용지역 관리에 대한 내용이며 보기 ④는 자유유지지역 관리에 대한 내용이다.

43 벌기령과 벌채령에 대한 설명으로 옳지 않은 것은?

① 벌채령은 임목이 실제로 벌채되는 임령을 의미한다.
② 벌기령과 벌채령이 일치할 때를 법정벌채령이라 한다.
③ 대부분의 임분은 영림계획상의 벌기령과 벌채령이 일치한다.
④ 벌기령은 임목이 성숙기에 도달하는 계획상의 연수를 의미한다.

[해설]
벌기령과 벌채령이 같을 때를 법정벌기령이라 정의한다.

정답 38. ③ 39. ③ 40. ④ 41. ④ 42. ④ 43. ②

44 산림경영의 지도원칙으로 옳지 않은 것은?

① 수익성의 원칙
② 공공성의 원칙
③ 기회비용의 원칙
④ 합자연성의 원칙

해설
기회비용의 원칙은 부동산 관련 원칙이며 산림경영 지도원칙으로는 수익성, 경제성, 생산성, 공공성, 보속성, 합자연성의 원칙이 있다.

45 현재 기준연도에서 벌채 예정 연도까지의 임목기망가식에 대한 설명으로 옳은 것은?

① 주벌 및 간벌수확 전가합계 − 지대 및 관리비 전가 합계
② 주벌 및 간벌수확 후가합계 − 지대 및 관리비 후가 합계
③ 주벌 및 간벌수확 전가합계 − 지대 및 관리비 후가 합계
④ 주벌 및 간벌수확 후가합계 − 지대 및 관리비 전가 합계

해설
임목기망가는 벌채 예정일 까지 얻을수 있는 수입의 현재가 합계에서 그 동안 들어간 경비의 현재가의 합계를 공제한 것이다.

46 다음은 매년말 r씩 n회 취득할 수 있는 이자의 전가합계를 구하는 식이다. A에 대한 설명으로 옳은 것은?

$$K = \frac{r}{0.0P} \times \underbrace{\frac{1.0P^n - 1}{1.0P^n}}_{A}$$

① 감채계수
② 연금후가계수
③ 연금불현가계수
④ 최대자본회수계수

해설
A 부분을 연금불현가계수라 한다.

47 자연휴양림에 휴식년제를 실시할 경우 고시하는 사항으로 옳지 않은 것은?

① 휴식년제 실시의 목적
② 휴식년제를 실시하는 자연휴양림의 명칭
③ 대체 자연휴양림의 이용안내 및 위반에 따른 제재사항
④ 그 밖에 지방자치단체의 장 또는 국유림관리소장이 필요하다고 인정하는 사항

해설
휴식년제는 지방자치단체장 혹은 국립자연휴양림관리소장이 필요하다고 인정하는 사항을 고시한다.

48 산림관리협회(FSC)는 "산림관리에 관한 FSC의 원칙과 규준"을 기초로 하여 평가·인정·모니터링을 하고 있다. FSC의 원칙이 아닌 것은?

① 조림
② 원주민의 권리
③ 지구의 탄소순환
④ 지역사회와의 관계와 노동자의 권리

해설
FSC 산림인증 10대 원칙
· 법률과 FSC원칙 준수
· 소유권, 사용권 및 책임
· 원주민의 권리
· 환경적 영향
· 지역사회와의 관계와 노동자의 권리
· 경영계획
· 모니터링과 평가
· 산림이 가져오는 편익
· 보호가치가 높은 산림의 보호
· 조림

정답 44. ③ 45. ① 46. ③ 47. ④ 48. ③

49 벌기가 20년인 활엽수 맹아림의 임목가는 40만원이다. 마르티나이트(Martineit)식으로 계산한 15년생의 임목가는?

① 112,500원　② 150,000원
③ 225,000원　④ 300,000원

해설

마르티나이트식

표준벌기의 임목가격 × $\dfrac{\text{평가대상 임목의 현재연령}^2}{\text{표준벌기}^2}$

= 40만원 × $\dfrac{15^2}{20^2}$ = 225,000원

50 손익분기점 분석을 위한 가정에 대한 설명으로 옳지 않은 것은?

① 제품의 생산능률은 변화한다.
② 제품 한 단위당 변동비는 항상 일정하다.
③ 고정비는 생산량의 증감에 관계없이 항상 일정하다.
④ 제품의 판매가격은 판매량이 변동하여도 변화되지 않는다.

해설

손익분기점 분석시 제품의 생산능률은 변화가 없음을 가정한다.

51 임업투자의 경제성 평가방법 중에서 순현재가치를 영(0)으로 하는 할인율로 평가하는 것은?

① 회수기간법　② 내부수익률법
③ 순현재가치법　④ 수익비용비법

해설

미래의 수익과 지출이 같게 되어 순현재가치가 0 이 되는 할인율을 내부수익률법이라 한다.

52 Glaser식에 대한 설명으로 옳은 것은?

① 복리계산을 하기 때문에 복잡하다.
② 이율을 사용하므로 주관성이 개입된다.
③ 비용가법과 기망가법의 중간적 방법이다.
④ 벌기가 지난 임목의 가치 측정에 적당한 방법이다.

해설

Glaser 식은 중령림에 적용하기 적합한 방법으로 비용가법과 기망가법의 중간적 방법으로 만들어졌다.

53 어느 임업 법인체의 임목벌채권 취득원가가 8000만 원이고, 잔존가치는 3000만원이라고 한다. 총벌채 예정량은 10만㎥이고 당기 벌채량은 2000㎥이라고 하면 당기 총 감가상각비는?

① 1,000,000원　② 2,000,000원
③ 3,000,000원　④ 4,000,000원

해설

· m^3 감가상각비율

$= \dfrac{\text{취득원가} - \text{잔존가치}}{\text{총벌채예정량}}$

$= \dfrac{8000만원 - 3000만원}{10만 m^3}$

$= 500만원/m^3$

· 감가상각비 = 당기 벌채량 × m^3 감가상각비율
　　　　　　= 2000m^3 × 500만원/m^3
　　　　　　= 1,000,000원

정답 49. ③　50. ①　51. ②　52. ③　53. ①

54 자연휴양림의 입지조건을 수요와 공급 측면으로 구분할 때 수요측면에서의 자연휴양림 입지조건이 아닌 것은?

① 다수 국민이 쉽게 접근 또는 이용할 수 있는 지역의 산림지
② 해당 산림의 자연휴양림적 이용과 목재생산과의 합리적 조정을 도모할 수 있는 곳
③ 배후 도시상황·거주인구·기존시설 등의 사회경제적 레크레이션(recreation)수요에 대응되는 곳
④ 해당 산림 상태와 각종 시설과의 조화를 도모하면서 풍치적 시업을 하여 자연휴양적 이용이 가능한 지역

해설

자연휴양림 공급측면
· 자연경관이 아름답고 임상이 울창한 산림지
· 자연탐방, 등산, 하이킹, 피서 등 자연휴양자원적 가치를 갖는 곳
· 해당 산림상태와 시설과의 조화를 도모하여 풍치적 시업을 하여 자연 휴양적 이용이 가능한 지역
· 지형이 완경사로 표면 배수가 양호하며 재해의 발생위험이 적은 수림지
· 주변지에 하천, 호수 등의 입지와 식수원 확보가 가능한 곳
· 단지면적은 국, 공유림이 30만m² 이상, 사유림은 20만m² 이상인 산림

55 재장이 4.2m이고 말구직경이 30cm인 국산재 원목의 재적을 말구직경자승법으로 계산하면?(단, 소수 셋째자리에서 반올림 할 것)

① 0.09m³   ② 0.38m³
③ 0.50m³   ④ 0.67m³

해설

재장 6m 미만 기준, 말구직경 단위 cm, 재장 단위 m

말구직경² × 재장 × $\frac{1}{10000}$

= $30^2 × 4.2 × \frac{1}{10000} ≒ 0.38$

56 보속작업에 있어서 하나의 작업급에 속하는 모든 임분을 일순 벌하는데 소요되는 기간은?

① 윤벌령   ② 윤벌기
③ 벌기령   ④ 벌채령

해설

윤벌기는 벌채한 구역을 다시 벌채하는데 걸리는 기간으로 모든 임분을 일순 벌하는 기간과 동일한 의미이다.

57 임업경영의 총자본을 종사하는 사람의 수로 나눈 값으로 종사자 1인당 자본액을 의미하는 것은?

① 자본장비도   ② 자본보유율
③ 자본수익률   ④ 자본회수계수

해설

경영 총자본인 고정자본과 유동자본의 합을 경영 종사자 수로 나눈 값을 자본장비도라 정의한다.

58 어떤 산림의 기말재적이 2,000,000m³이고 10년생의 생장 초기 재적이 500,000 m³일 때 프레슬러(pressler)식에 의한 연년생장률은?

① 12%   ② 15%
③ 24%   ④ 30%

해설

프레슬러 공식

$\frac{현재 재적 - n년전 재적}{현재 재적 + n년전 재적} × \frac{200}{n}$

→ $\frac{200만m^3 - 50만m^3}{200만m^3 + 50만m^3} × \frac{200}{10} = 12(\%)$

정답 54. ④ 55. ② 56. ② 57. ① 58. ①

59 생산물의 가격이 고정되어 있을 때 일정한 수입을 얻게되는 생산물의 조합을 무엇이라고 하는가?

① 확장경로 ② 등수입곡선
③ 등비용곡선 ④ 결합생산경로

해설
생산물 가격이 고정시 일정 수입을 얻게 되는 생산물의 조합을 등수입곡선이라 한다. 반대로 등비용곡선은 생산요소가격의 조건이 일정할 경우를 말한다.

60 국가산림자원조사에서 적용되는 산림의 정의로 옳지 않은 것은?

① 최소 폭이 30m 이상
② 최소 면적 0.5ha 이상
③ 산림으로 회복될 가능성이 있는 미립목지 또는 죽림도 포함
④ 수고가 최소한 10m까지 자랄 수 있는 임목의 수관밀도 30%이상

해설
국가산림자원조사에서 산림의 정의시 수고는 최소 5m 까지 자랄 수 있는 임목의 수관밀도 10%이상을 조건으로 한다.

61 임도의 유지 및 보수에 대한 설명으로 옳지 않은 것은?

① 노체의 지지력이 약화되었을 경우 기층 및 표층의 재료를 교체하지 않는다.
② 노면 고르기는 노면이 건조한 상태보다 어느 정도 습윤한 상태에서 실시한다.
③ 유토, 지조와 낙엽 등에 의하여 배수구의 유수단면적이 적어지므로 수시로 제거한다.
④ 결빙된 노면은 마찰저항이 증대되는 모래, 부순돌, 석탄재, 염화칼슘 등을 뿌린다.

해설
노체 지지력이 약화되면 사고의 위험성이 있어 기층 및 표층의 재료를 교체 혹은 보강해주어야 한다.

62 트래버스측량에 의한 면적계산에서 사용되는 배횡거에 대한 설명으로 옳지 않은 것은?

① 횡거의 2배를 배횡거라 한다.
② 최초 측선의 배횡거는 그 측선의 위거와 같다.
③ 마지막 측선의 배횡거는 그 측선의 경거와 같다.
④ 임의의 측선의 배횡거는 앞 측선의 배횡거 및 경거와 그 측선의 대수합이다.

해설
최초 측선의 배횡거는 그 측선의 경거와 같다.

63 하베스터와 포워더를 이용한 작업시스템의 목재생산법은?

① 전목생산방법 ② 전간생산방법
③ 단목생산방법 ④ 전간목생산방법

해설
단목생산방법은 벌도 및 조재작업후 운반까지의 작업으로 하베스터는 다공정 처리기기로 벌도 및 조재작업을 수행하고 포워더를 이용해 작업된 목재를 운반한다.

64 다음 그림과 같은 지형의 남쪽에서 북쪽을 향하여 임도를 설치하려 할 때 임도의 효율을 가장 높일 수 있는 통과지점으로 적합한 곳은?

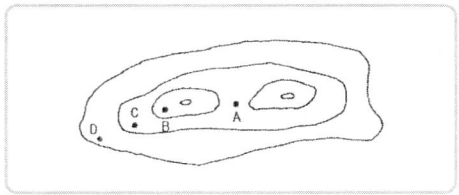

① A ② B
③ C ④ D

해설
임도의 효율은 운반을 쉽게 해야 하며 거리 및 경사를 고려할 때 A가 가장 적합하다.

정답 59. ② 60. ④ 61. ① 62. ② 63. ③ 64. ①

65 굴삭기(유압식 백호우)의 시간당 작업량 산출공식에서 쓰이지 않은 것은?

① 작업효율 ② 버킷계수
③ 버킷면적 ④ 토량환산계수

해설
굴삭기의 시간당 작업량은 버킷의 용량, 버킷 계수, 토량환산계수, 작업효율, 사이클 시간을 이용하여 산출한다.

66 임도의 종단기울기 선정시 다음 표에 들어갈 수치는?

설계속도 (km/hr)	종단기울기 (순기울기, %)	
	일반지형	특수지형
40	7	(나)
30	8	(다)
20	(가)	14

① 가 : 10, 나 : 12, 다 : 13
② 가 : 10, 나 : 10, 다 : 12
③ 가 : 9, 나 : 12, 다 : 13
④ 가 : 9, 나 : 10, 다 : 12

해설

설계속도 (km/hr)	종단기울기(순기울기,%)	
	일반지형	특수지형
40	7	10
30	8	12
20	9	14

67 임도개설시 흙을 다지는 목적과 관계가 가장 먼 것은?

① 압축성의 감소 ② 지지력의 증대
③ 흡수력의 감소 ④ 투수성의 증대

해설
흙을 다지게 되면 토양의 공극이 줄어들어 투수성이 감소한다.

68 평시에는 유량이 적지만 강우시에 유량이 급격히 증가하는 지역 등과 같은 곳에 설치하는 것은?

① 세월교 ② 속도랑
③ 빗물받이 ④ 횡단배수관

해설
세월교는 갑작스럽게 많은 비가 올 때 유량이 급증하는 지역에 적합한 시설이다.

69 수평각 측정에서 폐합된 5각형의 외각의 합은 얼마 인가?

① 360° ② 540°
③ 720° ④ 1260°

해설
폐합된 5각형 외각의 합은 5각의 총합에서 내각의 합의 차로 구할 수 있다
· 5각의 내각의 합 = 180°×3=540°
· 5각의 내외각의 합 = 5×360°=1800°
· 5각형의 외각의 합
 = 1800° − 540°=1260°

70 쇄석의 틈 사이에 석분을 물로 침투시켜 롤러로 다져진 도로는?

① 역청머캐덤도
② 수체머캐덤도
③ 교통체머캐덤도
④ 시멘트머캐덤도

해설
쇄석 사이에 물과 석분을 침투시킨 후 롤러로 다져 도로를 시공한 도로를 수체머캐덤도라 한다.

정답 65. ③ 66. ④ 67. ④ 68. ① 69. ④ 70. ②

71 임도타당성평가 항목이 아닌 것은?

① 산림경영상 활용도
② 노선대상지의 식생
③ 농산촌마을연결 활용도
④ 멸종위기 동·식물 서식지 유·무

해설
임도 타당성 평가 항목
· 산림경영, 산림보호 및 관리, 농산촌마을연결 활용도 등
· 경사도, 도로와의 연접성, 토질 등
· 멸종위기 동, 식물 서식지, 산사태 등 재해취약지 등

72 산림관리기반시설의 설계 및 시설기준상의 "평면도" 작성시 표시하지 않아도 되는 것은?

① 교각점
② 곡선제원
③ 지적선
④ 구조물

해설
설계도 작성시 평면도 기입 사항으로 임시기표, 교각점, 경계, 구조물, 지형지물, 곡선제원 등이 있다.

73 토공작업에 적합한 기계 연결로 옳지 않은 것은?

① 굴착 – 파워 쇼벨, 백호우
② 벌근제거 – 트랜쳐, 불도저
③ 정지 – 불도저, 모터 그레이더
④ 운반 – 덤프트럭, 벨트 컨베이어

해설
트랜쳐는 깊고 좁은 굴을 파는 도랑파기 및 기초굴착 등에 사용하는 굴착기기이다.

74 임도개설과 같이 폭이 좁고 길이가 상대적으로 긴 구간에서 발생되는 토량을 산출하기 위하여 사용되는 토적계산으로 적합하지 않은 것은?

① 주상체공식
② 중앙단면적법
③ 양단면적평균법
④ 직사각형기둥법

해설
직사각형기둥법은 이름그대로 토량 산출을 위한 지역을 직사각형모양으로 동일 면적으로 나누어 계산하기에 폭이 좁고 길이가 상대적으로 긴 구간의 경우 적합하지 않다.

75 평지림에 시설된 임도의 중앙점에서 양측 길섶(길어깨)으로 3%의 횡단경사를 주고자 한다. 임도폭이 4m 일 경우 양측 길섶은 임도 중앙점보다 얼마가 낮아져야 하는가?

① 1cm
② 3cm
③ 6cm
④ 9cm

해설
폭이 4m 인 임도폭의 중앙점을 기준으로 양측 길섶에 3% 경사를 주기에 2m의 3% 인 6cm 만큼 낮게 한다.

76 임도의 비탈면 기울기를 나타내는 방법에 대한 설명으로 옳은 것은?

① 비탈어깨와 비탈밑 사이의 수직높이 1에 대하여 수평거리가 n일 때 1:n으로 표기한다.
② 비탈어깨와 비탈밑 사이의 수평거리 1에 대하여 수직높이가 n일 때 1:n으로 표기한다.
③ 비탈어깨와 비탈밑 사이의 수평거리 100에 대하여 수직높이가 n일 때 1:n으로 표기한다.
④ 비탈어깨와 비탈밑 사이의 수직높이 100에 대하여 수평거리가 n일 때 1:n으로 표기한다.

해설
비탈면의 기울기는 수직높이 1에 대한 수평거리의 비로 나타낸다.

정답 71. ② 72. ③ 73. ② 74. ④ 75. ③ 76. ①

77 롤러 표면에 돌기를 부착한 것으로 점착성이 큰 점성토 다짐에 적합하며 다짐 유효깊이가 큰 장비는?

① 탠덤롤러　　② 탬핑롤러
③ 타이어롤러　④ 머캐덤롤러

[해설]
롤러 표면에 다량의 돌기가 있어 흙의 압축이 용이한 장비를 탬핑롤러라 한다.

78 평판측량에서 구심(치심)에 허용되는 편심거리는 무엇에 의해서 결정되는가?

① 축척　　　　② 측점의 수
③ 자침의 길이　④ 방향선의 길이

[해설]
평판측량시 구심의 허용 편심거리를 축척이라하고 편심오차는 축척이 작을수록 오차가 커진다.

79 콤파스측량에서 시준선의 기준방향은?

① S.W　　② E.W
③ N.E　　④ N.S

[해설]
시준선은 북쪽과 남쪽의 연장선으로 기호 N, S 이다.

80 1 : 25,000 지형도상에서 산정표고 485.35m, 산밑표고 234.54m, 산정으로부터 산 밑까지의 도상 수평거리가 5cm일 때 사면의 경사는 약 얼마인가?

① 10%　　② 15%
③ 20%　　④ 25%

[해설]
경사는 표고차와 수평거리의 비를 이용하여 구하도록 한다.
- 표고차 : 485.35m - 234.54m
 = 250.81m
- 도상거리 : 0.05m × 25,000 = 1250m
- 경사 : 250.81/1250 × 100 = 약 20 %

81 바닥막이 공사에 관한 설명으로 옳지 않은 것은?

① 높이는 사방댐보다 낮게, 골막이보다 높게 설치한다.
② 방수로의 폭은 계천폭과 같게 하거나 다소 좁게 한다.
③ 연속적인 바닥막이 공사로 계상 기울기를 완화시킨다.
④ 계상의 종침식을 방지하는 경우에는 낮은 바닥막이를 계획한다.

[해설]
바닥막이는 사방댐과 골막이보다 낮게 설치한다.

82 산지사방공사의 단끊기에 대한 설명으로 옳지 않은 것은?

① 단끊기에 의한 절취토사의 이동은 최소로 한다.
② 단끊기를 시공할 때는 하부로부터 상부로 시공한다.
③ 단 간격의 수직높이는 비탈의 경사에 따라 다르게 한다.
④ 비탈의 경사가 급할 때에는 단의 너비를 좁게 하여 상·하 단간의 비탈경사가 완만하게 한다.

[해설]
단끊기를 시공할 때는 상부에서 하부로 시공한다.

정답　77. ②　78. ①　79. ④　80. ③　81. ①　82. ②

83 사방사업에서 주로 사용되는 평균유속의 산정식이 아닌 것은? (단, V : 유속, C : 유속계수, R : 경심, I : 수로 기울기, α, β, n : 조도계수)

① $V = \sqrt{\dfrac{1}{\alpha + \beta/R}} \cdot \sqrt{RI}$
② $V = C\sqrt{RI}$
③ $V = \dfrac{87}{1 + n/\sqrt{R}} \cdot \sqrt{RI}$
④ $V = \dfrac{\alpha}{1 + \beta/\sqrt{R}}$

해설
① bazin 구공식, ② chezy 공식 ③ bazin 신공식 이며 ④ 은 유속계수로서 평균유속 산정식이 아니다.

84 사방사업이 필요한 지역의 유형분류에서 황폐지에 해당되지 않는 것은?
① 민둥산 ② 밀린 땅
③ 임간나지 ④ 척악임지

해설
황폐지는 척악임지, 임간나지, 민둥산 등이 있으며 밀린땅은 지활지로 분류된다.

85 비탈면에 콘크리트 블록을 조립하여 그 안에 작은 돌이나 흙으로 채우고 녹화하는 공법은?
① 비탈 힘줄박기
② 비탈 격자틀 붙이기
③ 비탈 콘크리트 블록쌓기
④ 비탈 콘크리트 뿜어붙이기

해설
비탈격자틀붙이기 공법은 격자를 만들어 앵커핀으로 고정하여 격자 안에 돌이나 흙 등의 재료를 채우는 방법이다.

86 직접적으로 계상을 종침식을 방지하는 계간사방 공작물이 아닌 것은?
① 사방댐 ② 골막이
③ 바닥막이 ④ 기슭막이

해설
기슭막이는 계안, 야계의 횡침식을 방지하는 공작물이다.

87 콘크리트 비빔 시에 결합시기를 촉진하고 동절기 콘크리트 공사수행을 위하여 사용하는 혼화재료는?
① 점토 ② 인산염
③ 염화칼슘 ④ 플라이 애쉬

해설
콘크리트의 결합 촉진 혼화재료인 염화칼슘은 응결을 촉진하여 조기 강도를 높여준다.

88 식재목의 생육환경 조성을 위하여 후방에 풍속을 약화시키고 모래의 이동을 막는 목적으로 시공하는 것은?
① 모래덮기 ② 퇴사울세우기
③ 사지식수공법 ④ 정사울세우기

해설
사구 조림시 모래의 이동을 방지하기 위해 설치하는 울타리를 정사울이라 하며 높이 1~1.2m 정도로 설치한다.

89 내음성, 내한성이 커서 한랭지에 혼파하기 좋은 사면녹화용 도입초본은?
① 능수귀염풀(weeping love grass)
② 우산잔디(bermuda grass)
③ 오리새(orchard grass)
④ 큰조아재비(timothy)

해설
오리새는 추위에 강한 내한성을 지니고 있으며 유럽과 서아시아가 원산지이다.

정답 83. ④ 84. ② 85. ② 86. ④ 87. ③ 88. ④ 89. ③

90 중력식 사방댐의 제체의 자중(G) 및 모든 외력 P의 합력(R)의 작용선은 제체의 하류 끝에서 중앙까지를 지난다고 볼 때, 전도에 대해서 안전하려면 어느 위치를 지나야 하는가?

① 제저 중앙의 1/5 이내
② 제저 중앙의 1/4 이내
③ 제저 중앙의 1/3 이내
④ 제저 중앙의 1/2 이내

해설
전도에 대한 안전을 위해서는 제저 중앙의 1/3 이내를 통과해야 한다.

91 비탈면 돌쌓기 공종 중 메쌓기의 표준 기울기로 옳은 것은?

① 1 : 0.1 ② 1 : 0.2
③ 1 : 0.3 ④ 1 : 0.4

해설
메쌓기 표준 기울기는 1 : 0.3 을 기준으로 한다.

92 산비탈수로의 집수면적이 3.6ha, 유거계수(K)가 1.0이고 최대시우량이 500mm/h이면 수로의 설계유량(m³/s)은?

① 1.0 ② 5.0
③ 10.0 ④ 15.0

해설

$$유거계수 \times \frac{유역면적 \times \frac{최대시우량}{1000}}{60 \times 60}$$

$$= 1.0 \times \frac{36000 \times \frac{500}{1000}}{3600} = 5$$

93 사면혼파공법의 일반적인 시공요령으로 옳지 않은 것은?

① 부토사는 하부에 흙막이 공작물을 시공하여 처리한다.
② 비탈면에서는 수평으로 작은 골을 파서 종자 유실을 방지한다.
③ 비탈다듬기 공사를 하고 견지반을 노출시키지 않도록 한다.
④ 비탈면에는 수직높이 60cm 정도, 나비 20 ~ 30cm의 수평계단을 설치한다.

해설
사면혼파공법시 비탈다듬기 공사를 하고 견지반을 노출시키도록 한다.

94 계류의 바닥 폭이 5m, 양안의 경사각이 모두 45°이고 높이가 1.2m일 때의 계류 횡단면적(m²)은?

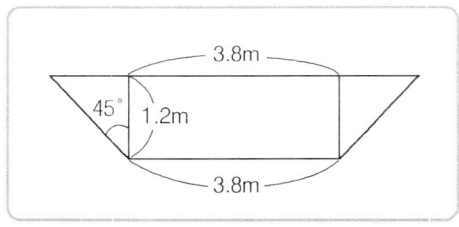

① 6.0 ② 6.8
③ 7.4 ④ 8.0

해설
일반적인 면적구하기 방법으로 양변의 삼각형을 합쳐 하나의 사각형으로 간주하고 계산시 높이 1.2m 폭 5m 의 직사각형으로 넓이 6이 도출된다.

정답 90. ③ 91. ③ 92. ② 93. ③ 94. ①

95 폐탄광지의 복구녹화에 대한 설명으로 옳지 않은 것은?

① 경제림을 단기적으로 조성한다.
② 차폐식재하여 좋은 경관을 만든다.
③ 폐석탄 등을 제거하고 복토하여 식재한다.
④ 사면붕괴 방지를 위해 사면 안정각을 유지한다.

해설
폐탄광지는 경제림보다 훼손된 식생 복구를 위한 노력이 필요하다.

96 중력식 콘크리트 사방댐의 구조에 포함되지 않는 것은?

① 물받이   ② 양수장
③ 방수로   ④ 댐둑어깨

해설
양수장은 농업용수 저장용도로 사방댐 구조에는 포함되지 않는다.

97 선떼붙이기 공법은 수평계단 1m당 떼의 사용매수에 따라 1급에서 9급까지로 구분하는데 이때 1등급 증가할 때마다 떼의 사용매수는 얼마씩 차이가 나는 가? (단, 떼의 크기는 길이 40cm, 나비는 25cm 이다.)

① 1급에 1.25매씩 감소
② 1급에 2.50매씩 증가
③ 1급에 1.25매씩 증가
④ 1급에 2.50매씩 감소

해설
선떼붙이기

1급	12.5 매
2급	11.25 매
3급	10 매
4급	8.75 매
5급	7.5 매

98 발생기대본수가 3,000본/m², 평균입도 1000립/g인 종자가 순량율이 50%, 발아율이 80%라면 1ha의 면적을 파종하기 위해 구입해야 할 종자량은?

① 55 kg   ② 75 kg
③ 550 kg ④ 750 kg

해설
$$파종량 = \frac{발생기대본수}{평균입수 \times 순량률 \times 발아율}$$
$$= \frac{3000}{1000 \times 0.8 \times 0.5} = 7.5$$
$7.5 \times 10,000 m^2 (1ha) = 75000g = 75kg$

99 평균 유속을 구하는 매닝 공식
$$V = \frac{R^{2/3} \times I^{1/2}}{n}$$
에서 n은 무엇인가?

① 조도계수   ② 유출계수
③ 점성계수   ④ 마찰계수

해설
매닝공식의 분모 n 은 유로조도계수이다.

100 누구침식이 점점 더 진행되어 그 규모가 커져서 보다 깊고 넓은 골을 형성하는 왕성한 침식형태는?

① 하천침식   ② 우격침식
③ 면상침식   ④ 구곡침식

해설
구곡침식은 누구침식의 다음 단계로 도랑이 더욱 확장되는 침식형태이다.

정답 95. ① 96. ② 97. ① 98. ② 99. ① 100. ④

2015년 제2회 산림기사

01 가지치기에 대한 설명으로 옳지 않은 것은?
① 수간의 무절부분이 증가한다.
② 가지치기는 callus와 관련이 있다.
③ 산불 발생 시 수관화의 위험성을 경감시킨다.
④ 포플러류는 생가지치기를 하면 부후위험성이 커진다.

[해설]
포플러류는 생가지치기에 대한 위험성이 적은 수종이다.

02 파종상 실면적 500m², m²당 묘목잔존본수 600본, 1g 당 종자평균입수 60립, 순량률 0.9, 발아율 0.9, 묘목잔존율 0.3인 경우 파종량은?
① 약 1kg   ② 약 11kg
③ 약 21kg   ④ 약 31kg

[해설]
파종량 $= \dfrac{500 \times 600}{60 \times 0.9 \times 0.9 \times 0.3}$
$= \dfrac{300000}{14.58} ≒ 21$

※ 파종량 공식
$W = \dfrac{A \times S}{D \times P \times G \times L}$

여기서, W : 파종할 종자 양(g)
A : 파종 면적(m²)
S : m² 당 남길 묘목수
D : g 당 종자입수
P : 순량률   G : 발아율
P × G : 효율

03 균근에 대한 설명으로 옳은 것은?
① 산성토양에서 질소 배출을 촉진한다.
② 인산 등을 포함하여 무기양료의 흡수를 촉진한다.
③ 송이버섯은 소나무와 관계가 있는 대표적인 내생균근이다.
④ 외생균근은 균사가 기주식물의 세포 안으로 들어가 자란다.

[해설]
① 균근은 산성토양에서 암모늄태질소를 흡수할 수 있도록 한다.
③ 송이버섯은 소나무의 외생균근이다.
④ 외생균근은 균사가 식물뿌리 표면에 번식한다.

04 종자발아 과정에서 휴면이 원인이 아닌 것은?
① 이중휴면성
② 사이토키닌 처리
③ 종피의 불투수성
④ 종피의 기계적 작용

[해설]
사이토키닌은 발아촉진을 유도하는 물질이다. 그 외에도 발아촉진에는 지베렐린, 에틸렌, 질산칼륨 등이 있다.
※ 종자 휴면의 원인
· 종피 불투수성
· 종피의 물리적 작용
· 미발달배
· 가스작용 억제
· 배휴면

정답 01. ④ 02. ③ 03. ② 04. ②

05. 학명에 대한 설명으로 옳지 않은 것은?

Pinus densiflora for. *multicaulis* UYEKI

① *Pinus* 는 속명을 나타낸다.
② *densiflora* 는 종명을 나타낸다.
③ for. *multicaulis* 는 변종을 나타낸다.
④ UYEKI 는 명명자의 이름을 나타낸다.

해설
for. *multicaulis* 부분은 품종을 의미한다.
※ **학명** : 학술적인 목적으로 사용되는 생물의 명칭으로 세계 공통으로 쓰이는 이름이다.

06. 버드나무류 및 사시나무류의 파종상을 제작하려고 한다. 가장 적합한 형태는?

① 저상(低床)   ② 고상(高床)
③ 평상(平床)   ④ 준고상(準高床)

해설
버드나무와 사시나무류는 상면을 보도면 보다 약 7~10cm정도 낮게 저상으로 만든다.

07. 식재밀도에 영향을 미치는 인자에 대한 설명으로 옳지 않은 것은?

① 비옥한 토양일수록 소식한다.
② 양수는 소식하고 음수는 밀식한다.
③ 줄기가 자유롭게 굽는 수종은 소식한다.
④ 소경재 생산이 목표일 경우에는 밀식한다.

해설
줄기가 자유롭게 굽는 수종의 경우 밀식하여 수간경쟁을 유도한다.

08. 왜림작업의 적용이 가장 용이한 수종은?

① 전나무   ② 잣나무
③ 일본잎갈나무   ④ 리기다소나무

해설
왜림작업은 맹아력이 강한 수종이 유리하며 대표적으로 상수리나무, 신갈나무, 서어나무, 물푸레나무, 포플러류, 리기다소나무 등이 있다.

09. 토양수의 종류 중 pF 4.2~5.5 에 해당하여 식물의 이용이 불가능한 것은?

① 팽윤수   ② 흡습수
③ 중력수   ④ 모세관수

해설
팽윤수는 pF 4.2~5.5 에 해당되며 식물이 이용 불가능한 수분의 종류이다.

10. 천연림가꾸기의 간벌림 보육작법에 대한 설명으로 옳지 않은 것은?

① 1차 보육은 우세목의 평균수고가 10m 이상 되는 시기이다.
② 2차 보육은 우세목의 평균수고가 12 ~ 16m 사이에 실시한다.
③ 유령림 단계의 마지막 보육 후 2 ~ 4년, 혹은 5~6년이 경과된 때가 적당하다.
④ 상층임관을 이루고 있는 임목의 평균 나무 키가 2m 내외인 임목을 제거한다.

해설
천연림가꾸기에서 간벌림 보육단계의 제거대상목은 미래목의 수관생장을 억압하는 생장경쟁목, 미래목의 수관과 수간에 해를 입히는 나무, 피해목, 형질이 불량한 중용목, 폭목, 덩굴류로 선정한다.

정답 05. ③ 06. ① 07. ③ 08. ④ 09. ① 10. ④

11 다음 중 음수 갱신에 가장 불리한 작업법은?
① 산벌작업   ② 택벌작업
③ 이단림작업   ④ 모수림작업

해설
모수림작업은 양수 갱신에 적합한 방법이다.
· 산벌작업 : 10~20년 정도의 짧은 갱신기간을 가지며 음수수종에 적합하나 양수도 가능하다.
· 택벌작업 : 일부분 국소적으로 벌채하는 작업으로 양수수종에 적용이 어렵다.
· 이단림작업 : 임목의 수직구조를 상, 하층으로 구분하여 두 차례 걸쳐 수확하는 방법

12 꽃의 구조가 열매가 되어 생성되는 구조 관계를 연결한 것으로 옳지 않은 것은?
① 난핵 → 배유   ② 배주 → 종자
③ 자방 → 열매   ④ 주심 → 내종피

해설
종자 구조 발달
· 씨방(자방) → 열매
· 밑씨(배주) → 종자
· 주피 → 씨껍질(종피)
· 주심 → 내종피
· 극핵(2개)+정핵 → 배젖(속씨식물)
· 난핵 + 정핵 → 배

13 수목 종자의 발아를 촉진시키는 데 가장 효과적으로 사용될 수 있는 물질은?
① 지베렐린(GA₃)
② 인돌젖산(IBA)
③ 테트라졸륨(TTC)
④ 아브시스산(ABA)

해설
지베렐린, 시토키닌, 에틸렌, 질산칼륨 등은 발아 촉진에 도움을 준다.

14 일반적으로 수목의 광합성에 유효한 광파장 영역은?
① 200nm 이하   ② 200~350nm
③ 400~700nm   ④ 750nm 이상

해설
광합성은 400~700nm 에 적색과 청색영역이 유효한 파장영역이다.

15 풀베기작업을 두 번하고자 할 때 첫 번째 작업 시기로 가장 적당한 것은?
① 1~3월   ② 3~5월
③ 5~7월   ④ 7~9월

해설
풀베기는 보통 6~8월에 실시하는 것이 좋다.

16 다음 중 수목종자 순량율 품질기준이 가장 높은 것은?
① 잣나무   ② 굴참나무
③ 박달나무   ④ 가문비나무

해설
보기 중 순량률은 잣나무가 98%로 가장 높다.
② 굴참나무 75 %
③ 박달나무 76 %
④ 가문비나무 78 %

17 다음 중 내음성이 가장 높은 수종은?
① *Ginkgo biloba* LINN
② *Taxus cuspidata* S. et Z
③ *Juniperus rigida* S. et Z
④ *Larix leptolepis* GORDON

해설
보기 중 주목은 극음수로 내음성이 가장 높다.
① 은행나무 ② 주목 ③ 노간주나무
④ 낙엽송

정답 11. ④ 12. ① 13. ① 14. ③ 15. ③ 16. ① 17. ②

18 묘포토양의 조건으로 옳지 않은 것은?

① 토양산도가 pH 5.5~6.5 인 토양
② 토심이 얕고 부식질이 많은 토양
③ 사양토로 입단구조를 보이는 토양
④ 배수, 통기성 등 물리적 성질이 좋은 토양

해설
묘포토양은 토심이 깊고 부식질이 적당한 사양토나 식양토가 좋다. 부식질이 과도할 경우 도장의 가능성이 있어 피하도록 한다.

19 밀식에 대한 설명으로 옳지 않은 것은?

① 간벌 수입이 기대된다.
② 밀식한 임분은 줄기가 굵고 근계가 발달하여 풍해·설해 등 위해에 강하다.
③ 제벌 및 간벌에 있어서 선목의 여유가 있어서 우량임분으로 유도할 수 있다.
④ 수관의 울폐가 빨리 와서 표토의 침식과 건조를 방지하여 개벌에 의한 지력의 감퇴를 줄인다.

해설
밀식한 임분은 줄기가 가늘고 근계가 약하며 풍해 및 설해, 병해충 등의 위해에 약하다.
※ 밀식의 특징
· 풀베기 작업의 감소
· 자연낙지 등으로 가지치기 비용 절감
· 제벌 및 간벌이 지연될 경우 줄기가 가늘고 병해충에 취약해진다

20 나자식물의 수정과정에서 나타나는 특징으로 옳지 않은 것은?

① 나자식물의 수정과정에서 특이한 것은 부계 세포질유전이다.
② 수정과정에서 난세포의 소기관이 소멸되어 웅성배우체의 세포질유전이 이루어진다.
③ 개화 상태에서 암꽃의 배주는 난모세포를 형성하는 단계에 머물러 있으며 아직 난자를 형성하지 않고 있다.
④ 한 개의 정핵은 난자와 결합하여 배를 만들고 다른 정핵은 2개의 극핵과 결합하여 배를 만드는 중복수정을 한다.

해설
침엽수종은 한 개의 정핵과 한 개의 난핵이 수정하여 n의 배유가 형성된다.

21 참나무시들음병에 대한 설명으로 옳지 않은 것은?

① 피해목의 줄기 하단부에는 톱밥가루가 있다.
② 피해목은 벌채 후 밀봉하여 훈증처리 또는 소각한다.
③ 피해목은 7월 말경부터 빠르게 시들면서 빨갛게 말라 죽는다.
④ 병원균은 *Raffaelea* sp. 이고 이것을 매개하는 것은 북방수염하늘소이다.

해설
참나무시들음병의 매개충은 광릉긴나무좀이다.

정답 18. ② 19. ② 20. ④ 21. ④

22 다음 설명에 해당하는 것은?

> 기주식물에 능동적으로 감염할 수 있는 구조나 효소를 갖고 있지 않기 때문에 매개 생물이나 상처부위를 통해서만 감염이 가능하다.

① 세균 ② 선충
③ 곰팡이 ④ 바이러스

해설
바이러스는 살아있는 기주세포에만 증식이 가능하며 인공배양이 불가능하다

23 다음 중 온실효과를 일으키는 가스가 아닌 것은?

① CH_4 ② N_2O
③ SO_2 ④ CFCs

해설
아황산가스는 대기오염물질로 온실효과를 일으키는 가스와는 관련이 없다
※ **온실가스 종류** : 이산화탄소(CO_2), 메탄(CH_4), 이산화질소(N_2O), 프레온가스(CFCs) 등

24 다음 중 산림해충의 생물학적 방제방법은?

① 식재할 때 내충성품종을 선정한다.
② BT수화제를 이용하여 솔나방 등을 방제한다.
③ 임목밀도를 조절하여 건전한 임분을 육성한다.
④ 생리활성물질인 키틴합성억제제를 이용하여 산림해충을 방제한다.

해설
BT 수화제는 미생물농약으로 생물학적 방제방법에 속한다.
※ **생물학적 방제법**
· 기생성 천적의 이용
· 포식성 천적의 이용
· 병원 미생물의 이용

25 수목을 가해하는 해충의 방제에 대한 설명으로 옳지 않은 것은?

① 성 페로몬을 이용한 방법은 친환경적 방제법이다.
② 방사선을 이용한 해충의 불임법은 국제적으로 금지 되어 있다.
③ 식물검역은 해충 방제법의 하나로서 공항, 항만, 국제우체국 등에서 실시한다.
④ 생물적 방제는 다른 생물을 이용하여 해충군의 밀도를 억제하는 방법이다.

해설
방사선을 이용하는 방법은 물리적 방제법의 하나로 별도 국제 금지 항목은 없다.

26 소나무류 잎떨림병의 방제법으로 옳지 않은 것은?

① 병든 낙엽을 모아 태운다.
② 4-4식 보르도액을 살포한다.
③ 풀베기와 가지치기를 지양한다.
④ 여러 종류의 활엽수를 하목으로 심는다.

해설
소나무 잎떨림병은 풀베기와 가지치기를 실시하면 방제에 도움이 된다.

27 성충과 유충이 동시에 잎을 가해하는 것은?

① 박쥐나방
② 솔잎혹파리
③ 복숭아명나방
④ 오리나무잎벌레

해설
오리나무잎벌레는 성충과 유충이 동시에 잎을 가해한다.

정답 22. ④ 23. ③ 24. ② 25. ② 26. ③ 27. ④

28 잣나무 털녹병에 대한 설명으로 옳지 않은 것은?

① 중간기주는 송이풀이다.
② 담자균에 의한 병해이다.
③ 1936년 가평에서 처음 발견되었다.
④ 여름포자가 형성되기 전인 3월까지 중간기주를 제거해야 효과적이다.

해설
특정 기간이 아닌 지속적으로 중간기주를 제거해야 효과적이다.

29 미국흰불나방이 월동하는 형태는?

① 알　　　　② 유충
③ 성충　　　④ 번데기

해설
미국흰불나방은 번데기 형태로 월동한다.

30 다음 중 내화력이 강한 수종은?

① 녹나무　　② 소나무
③ 사철나무　④ 아까시나무

해설
내화력이 강한 수종으로 은행나무, 가문비나무, 사철나무, 굴참나무 등이 있다.

31 바이러스 감염에 의한 수목병의 대표적인 병징으로 옳지 않은 것은?

① 위축　　　② 그을음
③ 잎말림　　④ 얼룩무늬

해설
바이러스의 병징으로 왜화, 잎말림, 기형, 얼룩, 위축 등이 있다.

32 다음 중 천연기념물이 아닌 것은?

① 무태장어　② 사향노루
③ 하늘다람쥐　④ 반달가슴곰

해설
천연기념물로 진돗개, 사향노루, 산양, 하늘다람쥐, 반달가슴곰 등이 있다. 무태장어는 원래 천연기념물이었으나 2009년도에 해제되었다.

33 다음 수목병 중에서 원인이 다른 것은?

① 뽕나무 오갈병
② 벚나무 빗자루병
③ 대추나무 빗자루병
④ 오동나무 빗자루병

해설
벚나무 빗자루병은 진균에 의해 발생하며 그 외 보기의 뽕나무 오갈병, 대추나무빗자루병, 오동나무빗자루병은 파이토플라스마에 의해 발생한다.

34 소나무재선충병 예방 약제로 적합한 것은?

① 메탐소듐액제
② 에마멕틴벤조에이트 유제
③ 티오파네이트메틸 수화제
④ 옥시테트라사이클린 수화제

해설
소나무재선충병 예방을 위해 에마멕틴벤조에이트 유제를 년 2회 수간주사한다.

정답　28. ④　29. ④　30. ③　31. ②　32. ①　33. ②　34. ②

35 수목병의 대발생을 억제하기 위한 임업적 방제의 방법으로 옳지 않은 것은?

① 혼효림을 조성한다.
② 이령림을 조성한다.
③ 추운 지방에서 생산된 내동성이 강한 묘목을 조림한다.
④ 종자를 조림예정지와 유사한 환경을 가진 장소에 생육하는 모수에서 채취한다.

해설
추위에 강한 묘목을 조림한다고 하여 수목병의 발생을 억제할 수는 없다.

36 다음 중 2차 해충에 속하는 것은?

① 소나무좀   ② 흰불나방
③ 밤나무혹벌 ④ 오리나무잎벌레

해설
소나무좀은 벌채목과 쇠약목 혹은 죽은나무 등 모두 가해하는 2차 해충이다.

37 다음 설명에 해당하는 살충제는?

- 식물의 뿌리나 잎, 줄기 등으로 약제를 흡수시켜 식물체 내의 각 부분에 도달하게 하고, 해충이 식물체를 섭식함으로써 사망하는 것으로, 가축의 먹이에 혼합하거나 주사하여 기생하는 해충을 방제하기도 한다.
- 식물체 내에 약제가 흡수되어버리므로 천적이 직접적으로 피해를 받지 않고 식물의 줄기나 잎 내부에 서식하는 해충에도 효과가 있다.

① 소화중독제   ② 접촉살충제
③ 화학불임제   ④ 침투성살충제

해설
식물에 흡수시켜 차후 흡즙성해충과 같이 식물의 즙액을 빨아먹는 해충들만 선택적으로 제거할 수 있어 천적에 피해가 없는 것이 특징이다.

38 전나무 잎녹병에 대한 설명으로 옳지 않은 것은?

① 중간기주는 뱀고사리이다.
② 침엽 뒷면에 흰색의 녹포자퇴가 형성된다.
③ 여름포자퇴는 살아 있는 잎에서 월동한다.
④ 중간기주의 분포가 계곡의 습지에 한정되어 있어 대면적 발생은 예상되지 않는다.

해설
전나무 잎녹병의 여름포자퇴는 죽어있는 잎에서 월동한다.

39 밤나무혹벌이 주로 산란하는 곳은?

① 밤나무의 눈
② 밤나무의 뿌리
③ 밤나무의 잎뒷면
④ 밤나무주변 지피물

해설
밤나무혹벌은 밤나무 잎눈에 3~5개 산란한다.

40 종자나 열매를 가해하는 해충이 아닌 것은?

① 솔나방   ② 밤바구미
③ 솔알락명나방 ④ 복숭아명나방

해설
솔나방은 잎을 가해하는 식엽성해충이다.

41 다음 중 유동자본에 해당하지 않은 것은?

① 묘목비   ② 보험료
③ 운반비   ④ 벌목기구

해설
벌목기구는 고정자본에 속한다.

정답 35. ③ 36. ① 37. ④ 38. ③ 39. ① 40. ① 41. ④

42 다음 조건에서 소나무림의 임목가는?

- 평균원목시장가격 : 6 만원/m³
- 조재비용 : 1 만원/m³
- 임령 : 40년
- 집재비용 : 2만원/m³
- 임목재적 : 100m³
- 임목이용률 : 70%
- 월 이율 : 3.7%
- 자본회수기간 : 4개월

① 약 156만원 ② 약 210만원
③ 약 226만원 ④ 약 296만원

해설

$0.7 \times \left(\dfrac{60000}{1+4 \times 0.037} - 30000 \right) ≒ 15585$

15585×100= 약 156만원

※ 시장가역산법

$X = f\left(\dfrac{A}{1+mP+r} - B \right)$

X : 단위 재적당 임목가격
f : 조재율, P : 월이율,
m : 자본 회수 기간
r : 기업이익률
B : 단위재적당 벌목, 운반 비용

43 임령 표시 방법에서 $\dfrac{35}{20-40}$ 일 때 35가 의미하는 것은?

① 임분의 벌기령
② 임분의 최소임령
③ 임분의 평균임령
④ 임분의 최대임령

해설

임령표시방법 = $\dfrac{평균임령}{최소임령 - 최대임령}$

44 자연휴양림의 지정을 해제할 수 있는 경우가 아닌 것은?

① 자연휴양림의 지정을 받은 자가 지정해제 또는 변경을 요청하는 경우
② 정당한 사유 없이 승인을 받은 계획의 내용대로 사업을 이행하지 않은 경우
③ 공공사업의 시행 등으로 인하여 지정목적을 달성할 수 없거나 지적구역의 변경이 필요한 경우
④ 천재지변 등으로 인한 피해로 산림의 임상면적 등이 타당성 평가 기준에 적합하지 아니하게 된 경우

해설

정당한 사유 없이 승인을 받은 계획의 내용대로 사업을 이행하지 않은 경우 지정해제가 아닌 자연휴양림 조성계획의 승인을 취소 할 수 있다.

※ 자연휴양림 지정 해제
- 자연휴양림의 지정을 받은 자가 지정해제 또는 지정구역 변경을 요청 하는 경우
- 천재지변 등으로 인한 피해로 산림의 임상, 면적 등이 타당성평가 기준에 적합하지 아니하게 된 경우
- 공공사업의 시행 등으로 인하여 지정목적을 달성할 수 없거나 지정구역의 변경이 필요한 경우

45 다음 조건에 따라 연수합계법으로 계산된 제 6년도 감가상각비는?

- 취득원가 : 5,000만원
- 폐기할 때 잔존가격 : 500만원
- 추정내용연수 : 12년

① 약 346만원 ② 약 404만원
③ 약 449만원 ④ 약 900만원

해설

- 내용연수의 총합계 : 1+2+…+12 = 78
- 6년차 잔존내용연수 : 7(각 년도별 1 감소)
- $(5000만원 - 500만원) \times \dfrac{7}{78}$
  ≒ 4500만원 × 0.0897 ≒ 404만원

정 답 42. ① 43. ③ 44. ② 45. ②

※ 연수합계

$$(취득원가 - 잔존가격) \times \frac{잔존내용연수}{내용연수총합계}$$

46 다음 조건에서 클리노미터를 이용한 입목의 수고 측정값은?

- 측정은 평지에서 실시
- 측정자와 임목간의 수평거리가 18m
- 입목의 첨단을 시준한 결과 50%
- 입목의 근주를 시준한 결과 -20%

① 5.4m ② 8.6m
③ 10.4m ④ 12.6m

해설

$$\frac{50\% - (-20\%)}{100} \times 18 = 12.6m$$

※ 클리노미터 수고 측정 공식

$$\frac{초두부 값 - 근원부값}{100} \times 이격거리$$

47 다음 중 형수(form factor)의 설명으로 옳지 않은 것은?

① 정형수는 흉고직경을 기준으로 한다.
② 절대형수는 수간 최하부의 직경을 기준으로 한다.
③ 지하고가 높고 수관량이 적은 나무 일수록 흉고형수가 크다.
④ 일반적으로 지위가 양호할수록 흉고형수는 작은 경향이 있다.

해설

수고 1/n 위치의 직경을 기준으로 하는 형수를 말한다.

48 산림 표본조사 방법으로 옳지 않은 것은?

① 층화추출법
② 부차적추출법
③ 계통적추출법
④ 복합무작위추출법

해설

산림 표본조사 방법에는 임의추출법, 층화추출법, 계통적 추출법, 부차추출법, 이중추출법이 있다.

49 다음 중 시범림의 종류가 아닌 것은?

① 조림성공 시범림
② 산림교육 시범림
③ 숲가꾸기 시범림
④ 복합경영 시범림

해설

시범림은 산림기술 등을 개발, 보급하여 산림을 효율적으로 경영하기 위해 공유림 중 조림성공지 혹은 경제림 육성단지 등을 시범림으로 조성하여 운영하기도 한다.

※ **시범림 종류** : 조림성공시범림, 경제림육성 시범림, 숲가꾸기 시범림, 임업기계화 시범림, 복합경영 시범림, 산림인증 시범림 등

50 육림비의 절감방법으로 옳지 않은 것은?

① 낮은 이자율의 자본을 이용한다.
② 투입한 자본의 회수기간을 짧게 한다.
③ 노임을 절약할 수 있는 방법을 찾는다.
④ 중간부수입(간벌수입 등)은 최소화한다.

해설

중간부수입을 늘리는 것이 좋다.

※ **육림비의 절감방법**
- 이자, 노임를 줄인다.
- 자본회수기간을 단축한다.
- 많은 부수입을 올린다.
- 벌기령을 단축한다.

정답 46. ④ 47. ① 48. ④ 49. ② 50. ④

51 임지기망가의 기본 공식이 되는 것은?
(단, R : 수익에 대한 전가, C : 비용에 대한 전가, n 벌기연수, p : 이율)

① $\dfrac{R-C}{0.0p}$ ② $\dfrac{R-C}{1.0p^n}$
③ $\dfrac{R-C}{1.0p^n - 1}$ ④ $\dfrac{R-C}{0.0p(1.0p^n - 1)}$

해설
임지기망가는 임지에 일정한 시업을 영구적으로 실시한다는 가정으로 토지에 기대되는 순수익의 현재 합계액을 계산한 것이다.

52 윤벌기가 30년이고, 작업급의 면적이 120 ha인 일본잎갈나무림의 법정축적을 벌기수확에 의한 방법으로 계산하면 얼마인가?

[수확표]

연령(년)	10	20	30
ha당 재적(m³)	20	50	80

① 3000m³ ② 4200m³
③ 4800m³ ④ 6000m³

해설
$\dfrac{30}{2} \times 80 \times \dfrac{120}{30} = 4800$

※ 벌기수확 기준 법정축적
$\dfrac{U}{2} m_u \times \dfrac{F}{U}$

m_u : 각 영급의 재적
F : 산림면적
U : 윤벌기

53 한 가지 방안의 선택 때문에 다른 방안을 선택할 수 없어서 포기한 수익은?

① 기회원가 ② 매몰원가
③ 한계원가 ④ 증분원가

해설
하나의 이익을 위해 다른 하나의 이익을 포기하는 것을 기회원가라 한다.

54 말구직경자승법으로 통나무의 직경을 측정하는 방법으로 옳은 것은?

① 수피를 제외한 길이 검척 내의 최대 직경으로 한다.
② 수피를 포함한 길이 검척 내의 최소 직경으로 한다.
③ 수피를 포함한 길이 검척 내의 최대 직경으로 한다.
④ 수피를 제외한 길이 검척 내의 최소 직경으로 한다.

해설
말구에서 수피를 제외한 최소직경을 측정하는 것을 말구직경자승법의 검척법이다.

55 "산림교육의 활성화에 관한 법률 시행령"에 따라 숲길체험지도사를 배치하지 않아도 되는 시설은?

① 자연공원 ② 국립공원
③ 산림욕장 ④ 자연휴양림

해설
숲길체험지도사는 자연휴양림, 삼림욕장, 숲길, 자연공원에 주로 배치한다.

※ 숲길체험지도사
· 숲길체험지도사란 산림문화, 휴양에 관한 법률에 따라 산림청장이 인증한 숲길체험지도사 교육과정 운영기관에서 운영하는 숲길체험지도사 교육과정을 이수한 자를 말한다.
· 숲길체험지도사란 국민이 안전하고 쾌적하게 등산, 트레킹을 할 수 있도록 해설하거나 지도, 교육하는 사람을 말한다.
· 숲길체험지도사는 산림교육전문가 중의 하나로서 숲길체험지도사, 유아숲지도사, 숲해설가로 구분된다.

정답 51. ③ 52. ③ 53. ① 54. ④ 55. ②

56 손익분기점의 분석을 위한 가정으로 옳지 않은 것은?

① 제품의 판매가격은 변함이 없다.
② 원가는 고정비와 변동비로 구분할 수 있다.
③ 제품의 생산능률은 판매량의 변동에 따라서 변한다.
④ 생산량과 판매량은 항상 같으며, 생산과 판매에 동시성이 있다.

해설
손익분기점 분석을 위한 가정 중에서 제품의 생산능률은 변함이 없어야 한다.

57 예정된 원가와 실제로 발생한 원가 사이의 차이점, 원인, 원인 제거를 위한 조치 등을 검토하는 것은?

① 원가통제   ② 원가계산
③ 원가비교   ④ 원가실행

해설
원가관리란 실제원가를 표준원가 또는 예산원가와 비교하여 경영의 비합리적 요소를 제거하는 것을 말하며 원가관리는 원가통제로 한다.

58 자연휴양림의 지정을 위한 타당성평가 기준으로 국가 및 지방자치단체 이외의 자가 자연휴양림을 조성하려는 경우 최소의 산림면적은? (단, 도서지역이 아님)

① 10ha   ② 20ha
③ 30ha   ④ 40ha

해설
자연휴양림의 지정을 위해 면적의 경우 국가 및 지방자치단체가 조성하는 경우 30만㎡(30ha), 그 외의 자가 조성하는 경우 20만㎡(20ha) 이상으로 한다.

59 GIS 자료 관리 기능 중 공간분석에 대한 설명으로 옳은 것은?

① 버퍼는 점, 선, 면 중 2개의 객체 요소에 대해서 적용한다.
② 확산기능은 관심 대상지역을 지정한 범위만큼 도출하는 것이다.
③ 근접분석은 특정 위치를 에워싸고 있는 주변지역의 특성을 추출 하는 것이다.
④ 네트워크분석은 일정한 지점을 중심으로 일정한 방향으로 넓혀가는 것을 뜻한다.

해설
① 버퍼는 점, 선, 면 중 특정 요소가 아닌 어떤 것이라도 적용한다.
② 확산기능은 지정한 범위가 아닌 일정 방향으로 그 범위를 넓혀 간다.
④ 네트워크분석은 일정 지점 중심이 아닌 서로 연관된 연결성과 경로를 분석하는 것이다.
※ **지리정보시스템(GIS)**
자원이나 지형 및 지세에 관련된 대부분의 국토정보는 위치, 속성, 및 시간으로 정의되는 지리정보로 구성되어 있으며, 정보시스템이란 이러한 현상을 관측하고 자료를 수집, 저장, 분석하여 의사결정에 유용한 정보로 압축하는 일련의 처리과정이다.

60 평가하려는 임목과 비슷한 조건과 성질을 가지는 임목의 실제의 거래 시세로 가격을 결정하는 임목 평가방법은?

① 임목매매가   ② 임목기망가
③ 법정축적가   ④ 임목비용가

해설
평가대상입목과 비슷한 성질과 내용을 가진 임목의 최근 매매사례를 기준으로 하여 가격을 평정하는 방법을 임목매매가라 한다.

정답 56. ③ 57. ① 58. ② 59. ③ 60. ①

61 식생이 사면 안정에 미치는 효과가 아닌 것은?

① 표토층 침식방지
② 심층부 붕괴방지
③ 강우 및 바람에 의한 토양유실 방지
④ 급경사지에서 수목 자체 무게로 인한 토양 안정

해설
수목 자체 무게가 아닌 키가 작은 관목류를 식재하여 뿌리를 내리게 하여 안정을 도모한다.

62 임도망 배치의 효율성 정도를 나타내는 개발지수에 대한 설명으로 틀린 것은?

① 균일하게 임도가 배치되었을 때 개발지수는 1.0 이다.
② 노선이 중첩되면 될수록 임도배치 효율성은 높아진다.
③ 개발지수의 산출식은 (평균집재거리 × 임도 밀도) / 2500 이다.
④ 개발지수가 1 보다 크거나 작을수록 임도 배치 효율은 불균일상태가 된다.

해설
노선이 중첩될수록 이용효율성은 떨어진다.

63 흙일(토공)의 균형을 얻기 위해 작성하는 곡선은?

① 토질곡선 ② 종단곡선
③ 유토곡선 ④ 토압곡선

해설
유토곡선(=토량곡선)
측량으로 얻은 종단, 횡단면도에 의해 각 측점의 토량을 계산하고 그 측점에 집중된다고 가정하고 흙깎기를 (+)로, 흙쌓기를 (−)로 하여 각 측점에 대한 합을 구한 것을 제도하여 그린 곡선을 의미한다.

64 곡선 편각법에 의한 곡선 설치를 하고자 한다. 반지름 50m의 원곡선에서 시단현 5m에 대한 편각은?

① 2°43′   ② 2°52′
③ 5°36′   ④ 5°44′

해설
$$\sin\theta = \frac{표준단현}{2 \times 곡선반지름} \rightarrow 경사\ 5\%$$
$$= \frac{5}{2 \times 50} = 0.05$$
$$= 2°52'$$

65 다음 중 트래버스의 종류가 아닌 것은?

① 결합트래버스 ② 개방트래버스
③ 방위트래버스 ④ 폐합트래버스

해설
트래버스의 종류로 개방트래버스, 폐합트래버스, 결합트래버스, 트래버스 망이 있다.

66 흙의 입경분포곡선에서 $D_{10} = 0.04mm$, $D_{30} = 0.06mm$, $D_{60} = 0.14mm$ 였다면 균등계수는 얼마인가?

① 0.67   ② 0.42
③ 2.3   ④ 3.5

해설
$$\frac{D_{60}}{D_{10}} = \frac{0.14}{0.04} = 3.5$$

※ 균등계수
균등계수는 체로 분류하여 60% 통과율을 나타내는 모래 입자의 크기 비율로 나타낸다.
$$균등계수 = \frac{통과중량백분율 60\% 대응입경}{통과중량백분율 10\% 대응입경}$$

정답 61. ④ 62. ② 63. ③ 64. ② 65. ③ 66. ④

67 다음 중 집재용 도구가 아닌 것은?

① 쐐기(wedge)   ② 사피(sappi)
③ 피비(peavey) ④ 켄트훅(cant hook)

해설
쐐기는 벌목의 방향을 결정하거나 작업중 톱이 벌채점 사이에 끼지 않도록 도와주는 벌목용 장비이다.

68 임도의 노면침하를 방지하기 위하여 저습지대에 시설하는 것은?

① 토사도   ② 사리도
③ 쇄석도   ④ 통나무길

해설
노면침하 방지를 위한 저습지대에 설치하는 것은 주로 통나무길, 섶길이다.

69 임도 설계도에서 평면도상에 표기하지 않아도 되는 것은?

① 물매   ② 교각점
③ 측점번호 ④ 임시기표

해설
평면도는 도로의 중심선, 곡선의 제원, 임도부지, 구조물의 위치, 종류 및 규격, 현장주변의 현황, 지형의 변화 및 모든 공사계획을 삽입한 도면이다.

70 임도시공 현장에서의 안전사고 대책으로 옳지 않은 것은?

① 작업장의 정리정돈은 작업의 편의를 위하여 작업상태 그대로 둘 것
② 노무자에게 작업목적과 시공상의 문제점에 대하여 충분히 숙지시킬 것
③ 시공기계 기종이 선정되면 사용 전·후에 여러 가지 안전대책을 강구할 것
④ 기계화 시공에는 여러 가지 재해가 발생할 위험이 있으므로 안전대책을 마련할 것

해설
작업장은 안전 및 작업의 효율을 위해 항상 정리정돈한다.

71 임도설계 시 흙량(토적)산출 방법으로 옳은 것은?

① 종단면도만 있으면 충분하다.
② 횡단면도만 있으면 충분하다.
③ 횡단면도와 평면도가 있어야 한다.
④ 종단면도와 횡단면도가 있어야 한다.

해설
토적산출을 위해서는 단면적과 길이가 필요하므로 종단면도와 횡단면도가 있어야 한다.

72 직접 수준 측량에서 어떤 한 지점의 표고만을 알기 위하여 전시(F.S)만을 취하는 점은?

① 전환점(T.P)   ② 후시점(B.S)
③ 중간점(I.P)   ④ 수준점(B.M)

해설
중간점은 고저측량시 전시만을 읽는 점으로 표고를 관측할 미지점이다.

정답 67. ① 68. ④ 69. ① 70. ① 71. ④ 72. ③

73 1/25,000 지형도에서 임도의 종단물매 10%의 노선을 긋고자 한다. 등고선간의 도상 거리를 얼마로 해야 하는가?

① 4mm ② 5mm
③ 6mm ④ 7mm

해설
1/25000 지형도는 등고선 간격의 기준이 10m 이다. 즉 종단물매가 10% 이므로 수평거리는 등고선간격 10m ÷ 물매 0.1% = 100m 임을 도출할 수 있다.
1 : 25000 = 도상거리 : 100
→ 도상거리 : 4mm

74 아스팔트 포장과 비교하였을 때 시멘트 콘크리트 포장의 장점으로 옳은 것은?

① 평탄성이 좋다.
② 내마모성이 크다.
③ 시공속도가 빠르다.
④ 간단 공법으로 유지수선이 가능하다

해설
아스팔트 포장 대비 시멘트 콘크리트 포장은 골재와 시멘트를 섞어 시공하기에 강도나 내마모성이 좋고 포장이 오래 간다.

75 옹벽의 종류 중 형식에 의한 분류가 아닌 것은?

① L자형 옹벽 ② 중력식 옹벽
③ 부벽식 옹벽 ④ 콘크리트 옹벽

해설
콘크리트 옹벽의 경우 재료에 의한 분류이다.

76 다음과 같은 폐합다각측량 성과표를 이용하여 측점 D의 좌표를 구한 값 중 옳은 것은? (단, A점의 좌표는 0,0 이고, 위·경거의 오차는 없는 것으로 한다.)

측선	위거	경거
AB	+95.66	+113.84
BC	-64.84	+49.95
CD	-95.70	( )
DA	( )	-92.92

① (+64.88, +70.87)
② (-64.88, +70.87)
③ (+64.88, -70.87)
④ (-64.88, -70.87)

해설
통상 위거와 경거의 합은 0 이다.
위거 = AB+BC+CD+DA
    = +95.66-64.84-95.70+( )
    = 0 → +64.88
경거 = AB+BC+CD+DA
    = +113.84+49.95( )-92.92
    = 0 → -70.87

77 흙일에 있어 자연상태의 토양을 깎으면 토량이 늘어나게 되는데 다음 중 토량의 변화가 가장 큰 것은?

① 모래 ② 경암
③ 역질토 ④ 점성토

해설
자연상태 토양을 깎을 경우 토량의 변화는 경암이 가장 크며 다음으로 점성토, 역질토, 모래 순이다.

정답 73. ① 74. ② 75. ④ 76. ③ 77. ②

78 기계경비의 직접경비 중 기계손료의 구성으로 옳은 것은?

① 감가상각비 + 정비비 + 관리비
② 연료유지비 + 운전노무비 + 조립해체비
③ 감가상각비 + 운전노무비 + 소모성 부품비
④ 운전노무비 + 연료유지비 + 소모성 부품비

해설
기계손료는 상각비, 정비비, 수리비 및 기계 관리비를 합친 것이다.

79 고저측량 기고식 야장기입에서 기준으로 되는 기계고는?

① 그 점의 지반고(G.H) + 그 점의 전시 (F.S)
② 그 점의 기계고(I.H) + 그 점의 전시 (F.S)
③ 그 점의 지반고(G.H) + 그 점의 후시 (B.S)
④ 그 점의 기계고(I.H) + 그 점의 후시 (B.S)

해설
기계고는 평균해수면에서 측량기계의 시준선에 이르는 수직거리를 말하는데, 때로는 지표면에서 측량기계의 시준선까지 수직거리를 말하기도 한다.
※ 기계고 = 지반고 + 후시

80 임도에서 너비에 대한 설명으로 옳지 않은 것은?

① 곡선부에서는 곡선 반경에 따라 너비를 확대하여야 한다.
② 길어깨 및 옆도랑의 너비는 각각 1m~2m의 범위로 한다.
③ 유효너비는 길어깨 및 옆도랑의 너비를 제외하여 3m를 기준으로 한다.
④ 임도의 축조한계는 유효너비에서 길어깨를 포함한 규격에 따라 설치한다.

해설
길어깨 및 옆도랑의 너비는 각각 0.5m ~1m 범위로 한다.

81 사방댐의 시공 요령으로 옳지 않은 것은?

① 방수로 양옆의 기울기는 1 : 1이 표준이다.
② 계상의 양안에 암반이 있는 지역이 시공 적지이다.
③ 찰쌓기(측벽)를 할 때 3m²당 1개의 물빼기 구멍을 설치한다.
④ 계획 기울기는 현재 계상기울기의 2/3 ~ 4/5를 표준으로 한다.

해설
계획 기울기는 현재 계상 기울기의 1/2 ~2/3 을 표준으로 한다.

82 비탈면 안정공법이 아닌 것은?

① 돌쌓기공법
② 새심기 공법
③ 힘줄박기 공법
④ 격자틀붙이기 공법

해설
새심기 공법은 비탈면 녹화공법 중 하나이다.

83 유역면적 200ha, 최대시우량 100mm/h, 유거계수 0.6 일 때 최대홍수유량(m^3/s)은?

① 5.5   ② 9.2
③ 33   ④ 60

해설
0.002778×0.6×100×200=33.336 → 약 33
※ 합리식법
$Q = 0.002778\ CIA$
Q : 유출량(m^3/sec)
C : 유거계수
I : 최대시우량(mm/hr)
A : 유역 면적(ha)

정답 78. ① 79. ③ 80. ② 81. ④ 82. ② 83. ③

84 계류에 반수면만을 축설하여 계상기울기를 완화하고 산각을 고정하며, 토사유출을 방지하기 위한 횡공작물은?

① 수제   ② 골막이
③ 흙막이   ④ 산비탈수로

해설
골막이는 구곡의 유속을 완화하여 침식을 방지하고 토사유출 및 사면의 붕괴를 막는다. 계류 상의 위쪽에 시공하여 반수면만 축조하여 중앙부를 낮게 하여 물이 빠지도록 한다.

85 산사태 복구시 산비탈수로에 대한 설명으로 옳지 않은 것은?

① 콘크리트수로는 현장에서 콘크리트를 쳐서 시공한다.
② 떼붙임수로는 기울기가 급하고 집수량이 많은곳에 이용된다.
③ 콘크리트블록수로는 여러 가지 단면을 갖도록 미리 만들어진 제품에 의해 축설한다.
④ 메붙임수로는 막깬돌, 호박돌 등을 붙여 축설 하는 것으로 유량이 적고 기울기가 급한 곳에 이용된다.

해설
떼붙임수로는 기울기가 적고 집수량 적은 곳에 이용된다.

86 황폐계류에 대한 설명으로 옳지 않는 것은?

① 유량의 변화가 적다.
② 계류의 기울기가 급하다.
③ 유로의 길이가 비교적 짧다.
④ 호우 시에 사력의 유송이 심하다.

해설
황폐계류의 경우 유량의 변화가 많다. 유로의 연장이 비교적 짧고 계상물매가 급한 것이 특징이다. 또한 사력이 생산되어 하류부로 유출되고 호우가 끝나면 유령이 줄어든다.

※ 황폐계류
계상 자체가 황폐되어 있는 계류로서, 구체적으로는 퇴적토사가 가로 및 세로침식을 받아 2차적으로 토사를 생산하고 유송하는 상태에 있는 계류를 말한다.

87 돌쌓기 방법에 어긋나게 시공된 것으로 돌의 접촉부가 맞지 않거나 힘을 받지 못하는 불안정한 돌은?

① 선돌   ② 금기돌
③ 뾰족돌   ④ 괴임돌

해설
시공상 돌이 접촉부에 맞지 않은 불안정한 돌을 금기돌이라 정의한다. 금기돌은 넷붙임, 셋붙임, 뜬돌, 거울돌, 떨어진돌, 꼬치쌓기, 선돌, 누운돌, 이마대기, 포갠돌, 뾰족돌 등이 있다.

88 누구침식에 대한 설명으로 옳은 것은?

① 가벼운 흙입자 및 유기물이 유실된다.
② 침식의 규모가 작아 경운작업으로 쉽게 제거된다.
③ 빗방울이 땅에 떨어져 지표의 토양을 타격하고 분산 시킨다.
④ 산지침식 중에서 대형은 깊이가 2m 이상, 너비가 5m 이상이 된다.

해설
누구침식은 우격침식, 면상침식 다음의 상당히 침식이 일정량 진행되었으나 규모가 작고 경운작업으로 제거가 가능하다.

89 산지의 침식형태 중에서 중력에 의한 침식으로 옳지 않은 것은?

① 산붕   ② 포락
③ 산사태   ④ 사구침식

해설
중력에 의한 침식의 종류로 산붕, 붕락, 포락, 산사태 등이 있다.

정답 84. ② 85. ② 86. ① 87. ② 88. ② 89. ④

90 정사울세우기에 대한 설명으로 옳지 않은 것은?

① 정사울타리의 높이는 60~70cm 를 표준으로 한다.
② 정사울타리는 20cm 정도를 모래 속에 묻어야 한다.
③ 직사각형의 정사울타리는 긴 변을 주풍방향에 직각이 되도록 한다.
④ 시공효과를 크게 하기 위해 정사각형이나 직사각형으로 구획한다.

해설
정사울타리의 높이는 1~1.2m 정도를 기준으로 한다.

91 흙사방댐의 높이가 2.5m 일 때에 적당한 댐마루 너비는?(단 Merrimar식 이용)

① 1m   ② 1.5m
③ 2m   ④ 2.5m

해설
댐마루너비
$= \dfrac{댐높이}{5} + 1.5 = \dfrac{2.5}{5} + 1.5 = 2$

92 계상의 침식을 방지하는 계간사방 공작물로서 일반적으로 높이가 3m 이하로 시공하는 것은?

① 흙막이   ② 사방댐
③ 누구막이   ④ 바닥막이

해설
바닥막이는 통상 1~1.5m 정도로 주로 황폐한 계천 바닥의 종침식을 방지하고 바닥에 퇴적한 불안정한 토사석력의 유실을 방지함으로써 황폐계천의 안정을 도모하기 위하여 계류를 횡단하여 구축하는 사방공작물이다.

93 해풍에 의한 비사를 억류하고 퇴적시켜서 모래언덕을 조성할 목적으로 시공하는 것은?

① 모래덮기   ② 모래막이
③ 퇴사울세우기 ④ 정사울세우기

해설
퇴사울세우기 공법은 해안 사구에 바람으로 인하여 이동하는 모래를 안정시키는 공법이다.

※ 퇴사울세우기
· 바람에 의해 날리는 모래를 억류하고 퇴적시키는 방법이다.
· 앞모래언덕의 축조를 위해서 짚, 갈대, 억새, 대, 수수대, 판자, 플라스틱제 발 등을 재료로 설치하는 울타리 시설을 퇴사울이라 하고, 퇴사울을 설치하는 제반공사를 퇴사울세우기공사라 정의한다.
· 매설 후에는 그 바람받이쪽 약 50cm 거리에 다음 퇴사울타리를 설치한다.
· 퇴사울타리의 높이는 1m 정도로 한다.
· 바람막이 부분과 통풍부분의 비율은 1 : 1 정도로 시공한다.
· 퇴사울타리의 설치방향은 주풍방향에 직각이 되도록 배치한다.

94 산복 비탈다듬기 공사 요령으로 옳은 것은?

① 속도랑 공사는 비탈다듬기를 완료한 후에 시공한다.
② 붕괴면 주변의 상부는 최소한으로 끊어내도록 설계한다.
③ 비탈다듬기는 산 아래부터 시작하여 산꼭대기로 진행한다.
④ 비탈다듬기로 인한 뜬 흙을 계곡부에 쌓는 곳에 땅속흙막이를 설계한다.

해설
① 속도랑 공사 이후 비탈다듬기를 한다.
② 붕괴면 주변의 상부는 최소한이 아닌 충분히 끊어내도록 설계한다.
③ 비탈다듬기는 산정상에서 아랫방향으로 진행한다.

정답 90. ① 91. ③ 92. ④ 93. ③ 94. ④

95 돌쌓기의 시공요령으로 옳지 않은 것은?

① 돌쌓기는 세로줄눈이 일직선이 되는 통줄눈이 좋다.
② 메쌓기의 기울기는 1 : 0.3을 기준으로 하여 돌을 쌓는다.
③ 찰쌓기를 할 때는 물빼기 구멍을 반드시 설치하여야 한다.
④ 돌의 배치는 다섯에움 이상 일곱에움 이하가 되도록 한다.

해설
돌쌓기는 통줄눈은 피하고 파선줄눈이 좋다.

96 황폐 산지를 복구 녹화하기 위한 산복사방 공작물의 주요 공종이 아닌 것은?

① 기슭막이   ② 비탈흙막이
③ 돌수로내기 ④ 선떼붙이기

해설
기슭막이는 계천사방 공작물에 속한다.

97 「사방사업의 설계·시공기준」의 사방사업 기준에서 산사태가 발생한 산지의 2차 붕괴 침식 또는 토석의 유출을 방지하고 새로운 식생을 정착시키기 위하여 시행하는 사업은?

① 산지복원사업
② 산지보전사업
③ 산사태복구사업
④ 산사태예방사업

해설
산사태가 발생한 산지에 토석 유출 방지 및 새로운 식생을 정착하기 위해 복구사업을 실시한다.

98 흙쌓기 비탈면에서 토질에 따라 적용 가능한 사방공법으로 옳지 않은 것은?

① 모래층 비탈면은 피복토를 객토하지 않고 녹화한다.
② 용출수가 있는 비탈면은 돌망태공법 등을 적용한다.
③ 자갈이 많은 비탈면은 객토로 피복한 후에 식생공법을 적용한다.
④ 점토 비탈면은 점성이 약한 사면에서는 복토 없이 식생공법을 이용할 수 있다.

해설
모래층 비탈면은 유실의 우려가 있기에 객토작업을 실시한다.

99 Bazin의 평균유속 신공식에서 n의 값이 1.75인 수로 상태는?

$$V = \frac{87}{1 + \frac{n}{\sqrt{R}}} \times \sqrt{RI}$$

① 야면석을 쌓은 수로
② 다듬돌을 쌓은 수로
③ 시멘트를 바른 수로
④ 큰 자갈 및 수초가 많은 흙수로

해설
※ Bazin 신공식의 조도계수 n

수로 상태	n
시멘트를 바른 수로 혹은 대패질한 판자수로	0.06
대패질을 하지 않은 판자수로, 벽돌수로, 콘크리트수로	0.16
다듬돌 혹은 야면석수로	0.46
축석수로 및 장석수로	0.86
흙수로	1.30
큰 자갈 및 수초가 많은 흙수로	1.75

정답 95. ① 96. ① 97. ③ 98. ① 99. ④

100 콘크리트 양생시 가마니 덮기와 물 뿌리기 등을 일정 기간 계속해 주어야 하는 이유는?

① 시멘트가 골재 사이로 침투되어 공극을 없애기 위해
② 콘크리트 표면이 고르게 응결되어 미적 효과를 높이기 위해
③ 물과 시멘트와의 수화작용을 높여 콘크리트 강도를 높이기 위해
④ 시멘트와 골재와의 혼합이 잘 되도록 하여 콘크리트 강도를 높이기 위해

해설
양생은 콘크리트의 응결 및 경화를 촉진하여 균열방지나 강도를 개선하기 위해서 실시한다.

정답 100. ③

2015년 제3회 산림기사

01 소나무의 지역품종으로 줄기가 곧고 수관이 좁고 가지가 가늘고 지하고가 높은 것은?

① 동북형   ② 금강형
③ 안강형   ④ 중남부평지형

해설
금강형의 수형은 줄기가 곧고 수관이 가늘고 좁으며 지하고가 길다.

※ **생태형**
- 동북형 : 수형은 줄기가 곧고 수관은 난형이며 지하고가 짧다.
- 안강형 : 줄기가 매우 굽으며 수관은 위가 평평하고 수고가 낮고 난쟁이 형이다.
- 중남부평지형 : 줄기가 굽고 천박하고 넓게 퍼지며 지하고가 길다.
- 중남부고지형 : 금강형과 중남부평지형의 중간형으로 환경에 따라 금강형 혹은 중남부 평지형을 띤다.
- 위봉형 : 전나무 모양을 닮았으며 수관이 좁고 줄기 생장은 저조하다.

02 수목종자의 발아촉진 방법과 해당 수종을 연결한 것으로 옳지 않은 것은?

① 채파 – 향나무
② 황산처리 – 옻나무
③ 침수처리 – 삼나무
④ 노천매장 – 단풍나무

해설
향나무의 발아촉진을 위한 적합한 방법은 종피에 상처를 내는 것이다.

03 왜림작업으로 갱신하기 적당하지 않은 수종은?

① 잣나무   ② 오리나무
③ 신갈나무 ④ 물푸레나무

해설
왜림작업은 맹아력이 강한 수종이 적합하며 대표적으로 상수리나무, 신갈나무, 서어나무, 물푸레나무, 오리나무, 포플러, 피나무 등이 있다

04 종자 발아를 위해 후숙이 필요한 수종은?

① *Salix koreensis* AND
② *Taxus cuspidata* S. et Z
③ *Quercus serrata* THUNB
④ *Ulmus davidiana* var. *japonica* NAKAI

해설
주목은 미발달배로 인해 후숙이 필요하다.
① 버드나무 ② 주목 ③ 졸참나무
④ 느릅나무

05 일반적으로 봄에 종자가 성숙하는 수종은?

① 소나무   ② 향나무
③ 미루나무 ④ 동백나무

해설
주로 봄철(5월)에 성숙하는 수종으로 버드나무, 미루나무, 양버들, 사시나무 등이 있다
① 소나무 - 9~10월
② 향나무 - 9월
④ 동백나무 - 11월

정답 01. ② 02. ① 03. ① 04. ② 05. ③

06 편백과 화백의 공통점으로 옳지 않은 것은?

① 측백속이다.
② 일가화 수종이다.
③ 일본에서 도입되었다.
④ 내음성이 중성에 가깝다.

해설
편백과 화백은 편백속이다.

07 풀베기에 대한 설명으로 옳은 것은?

① 잡초가 다 자란 9월 이후에 실시한다.
② 소나무는 다른 수종보다 늦게 실시한다.
③ 묘목을 심은 뒤 1~2년 동안에만 실시한다.
④ 한해나 풍해가 우려되는 조림지는 둘레베기를 하는 것이 좋다

해설
① 풀베기는 주로 6~8월에 실시한다.
② 소나무와 같은 양수수종은 다른 수종보다 일찍 실시한다.
③ 수종마다 차이가 있으며 장기수의 경우 5년간 실시하기도 한다.

08 삽목 발근이 잘 되는 수종으로만 짝지어진 것은?

① 밤나무, 오리나무
② 무궁화, 배롱나무
③ 호두나무, 은행나무
④ 신갈나무, 쥐똥나무

해설
삽목발근이 용이한 수종으로 포플러류, 개나리, 무궁화, 배롱나무, 동백나무, 회양목, 꽝꽝나무, 은행나무, 삼나무, 향나무 등이 있다.

09 생가지치기를 할 경우 절단부위가 썩을 위험성이 큰 수종으로만 짝지어진 것은?

① 편백, 자작나무
② 소나무, 버드나무
③ 단풍나무, 물푸레나무
④ 일본잎갈나무, 벚나무

해설
단풍나무, 물푸레나무, 느릅나무, 벚나무 등은 상처 유합이 어려워 썩기가 쉬워 생가지치기는 피하고 자연낙지를 유도한다.

10 2-1로 표시된 묘목의 설명으로 옳은 것은?

① 2년생 실생묘 ② 3년생 이식묘
③ 3년생 접목표 ④ 3년생 삽목묘

해설
2-1 은 파종상에 2년 이후 이식상에서 1년을 보낸 총 3년생 묘목을 의미한다.

11 균근에 대한 설명으로 옳지 않은 것은?

① 참나무류에 형성되는 균근은 내생균근이다.
② 소나무류에 형성되는 균근은 외생균근이다.
③ 토양 비옥도와 균근의 형성률은 반비례한다.
④ 수목은 뿌리가 토양 중에 있는 균류와 공생하는 것이다.

해설
참나무류에 형성되는 균근은 외생균근이다.

※ 균근의 특징
• 균류는 외생균근, 내생균근, 내외생균근이 있다.
• 외생균근이 형성되는 대표 수종은 자작나무, 참나무, 소나무 등이 있다.
• 내생균근이 형성되는 대표 수종은 은행나무, 향나무, 낙우송 등이 있다.

정답 06. ① 07. ④ 08. ② 09. ③ 10. ② 11. ①

12 잣나무에 대한 설명으로 옳지 않은 것은?

① 암수한그루이다.
② 심근성 수종이다.
③ 잎 뒷면에 흰 기공선을 가지고 있다.
④ 어려서는 음수이고 자라면서 햇빛 요구량이 줄어든다.

> **해설**
> 잣나무는 어려서는 음수이지만 성장하면서 양수로 변해 햇빛 요구량이 늘어난다.

13 종자의 결실 주기가 5년 이상인 수종은?

① *Abies holophylla* Max.
② *Larix leptolepis* GORDON
③ *Cryptomeria japonica* D. Don
④ *Pinus densiflora* SIEB.et ZUCC

> **해설**
> 낙엽송, 너도밤나무는 결실주기가 5년 이상이다.
> ① 전나무 ② 낙엽송 ③ 삼나무 ④ 소나무
> ※ 수종에 따른 결실 주기
>
> | 주기 | 수종 |
> | --- | --- |
> | 해마다 결실 | 버드나무류, 오리나무류, 포플러류 |
> | 격년결실 | 소나무류, 오동나무, 아까시나무, 자작나무 |
> | 2~3년 주기 | 참나무류, 들메나무, 느티나무, 편백, 삼나무 |
> | 3~4년 주기 | 전나무, 가문비나무, 녹나무 |
> | 5년 이상 | 낙엽송, 너도밤나무 |

14 양묘과정 중 해가림 시설을 해야 하는 수종으로만 짝지어진 것은?

① 아까시나무, 삼나무, 편백
② 잣나무, 소나무, 사시나무
③ 소나무, 아까시나무, 곰솔
④ 가문비나무, 잣나무, 전나무

> **해설**
> 음수수종인 가문비나무, 주목, 잣나무, 전나무, 너도밤나무 등은 해가림이 필요하다.

15 산벌작업의 특징으로 옳지 않은 것은?

① 임지보호 효과가 있다.
② 음수의 갱신이 가능하다.
③ 개벌작업에 비해 기술요구도가 낮다.
④ 예비벌, 하종벌, 후벌 순서로 진행한다.

> **해설**
> 산벌작업은 개벌작업에 비해 복잡하고 기술요구도가 높다.
> ※ **산벌작업의 특징**
> · 상대적으로 택벌작업보다 간단하고 개벌작업보다 복잡하다.
> · 동령림으로 굵기가 고르며 줄기가 곧게 자란다.
> · 벌채하려는 나무가 분산되어 있어 비용이 많이 든다.
> · 산벌작업은 갱신을 위해 크게 예비벌, 하종벌, 후벌의 과정으로 진행된다.

16 수목의 목부 중 수액이동 조직이 아닌 것은?

① 수(pith) ② 도관(vessel)
③ 세포막공(pit) ④ 가도관(tracheid)

> **해설**
> 수(pith)는 나무의 한가운데 위치하면서 기계적 지지 기능을 담당한다.

정답 12. ④ 13. ② 14. ④ 15. ③ 16. ①

17 질소결핍 증상으로 주로 나타나는 현상은?

① T/R률이 증가
② 겨울눈의 조기 형성
③ 성숙한 잎의 황화현상
④ 모잘록병 발생률의 증가

해설
질소 결핍시 잎의 생장이 불량하고 잎이 짧아진다. 또한 잎 전체가 황화 현상이 일어나고 심할 경우 고사한다.

18 접수와 대목의 굵기가 비슷하며 조직이 유연하고 굵지 않을 때 적합한 접목법은?

① 복접   ② 교접
③ 기접   ④ 설접

해설
설접은 접수와 대목의 굵기가 비슷하고 조직이 유연하고 굵지 않을 경우 적용한다.

19 소나무와 곰솔을 비교한 설명으로 옳지 않은 것은?

① 곰솔의 침엽은 굵고 길다.
② 소나무의 겨울눈은 굵고 회백색이다.
③ 소나무 수피는 적갈색이고 곰솔은 암흑색이다.
④ 침엽 수지도가 곰솔은 중위이고 소나무는 외위이다.

해설
곰솔과 비교하여 소나무의 겨울눈은 가늘고 붉은색을 띤다.

20 C_3 식물에서 CO_2를 받아들이는 첫 번째 효소는?

① PEP 효소   ② Malic 효소
③ Pyruvic 효소   ④ Rubisco 효소

해설
Rubisco 효소는 광합성의 캘빈회로에서 5탄당에 CO_2를 결합시켜 2개의 3탄당을 만드는 효소로 CO_2를 받아들이는 첫 효소이다.

21 다음 중 내화성 수종이 아닌 것은?

① 삼나무   ② 마가목
③ 은행나무   ④ 느티나무

해설
소나무, 해송, 삼나무, 편백, 아까시나무, 벚나무 등은 내화력이 약한 대표 수종이다.

22 밤나무혹벌에 대한 설명으로 옳지 않은 것은?

① 1년에 1회 발생하며 눈의 조직 내에서 유충의 형태로 월동한다.
② 천적으로 노란꼬리좀벌, 남색긴꼬리좀벌, 상수리좀벌 등이 알려져 있다.
③ 유충기를 벌레혹에서 보낸 후에 탈출하여 번데기는 수피 틈새에 형성한다.
④ 피해목은 개화 및 결실이 잘 되지 않고, 피해가 누적되면 고사하는 경우가 많다.

해설
밤나무혹벌이 성충이 되면 벌레혹에서 탈출하여 나무의 새순(잎눈)에 3~5개 알을 산란한다.

정답 17. ③ 18. ④ 19. ② 20. ④ 21. ① 22. ③

23 소나무재선충병에 대한 설명으로 옳지 않은 것은?

① 북방수염하늘소에 의해 발병하기도 한다.
② 감염 우려 지역은 아바멕틴 유제를 사용하여 나무주사를 실시한다.
③ 방제법으로 항공살포, 피해목 훈증, 위생간벌 등이 있지만 토양관주는 효과가 없다.
④ 피해 입은 소나무는 침엽이 아래로 처지고 황색과 갈색으로 변색되면서 고사된다.

해설
토양관주는 나무에 구멍을 뚫지 않고 약재를 토양에 주입하는 방법으로 나무에 상처없이 처리가 가능하며 소나무재선충을 사전에 예방하는데 효과가 있다

24 다음 ( ) 안에 들어갈 용어로 옳은 것은?

> 향나무 녹병의 발병특징
> 향나무의 잎이나 가지 사이에 형성되는 ( )의 색깔이나 형태는 병원균의 종류에 따라 매우 다양하게 나타난다. 4~5월 봄철 비가 와서 수분을 흡수하면 ( )는 노란색 또는 오렌지색의 한천모양으로 불어난다.

① 녹포자기   ② 겨울포자퇴
③ 녹병정자기 ④ 여름포자퇴

해설
향나무녹병균은 향나무의 잎과 줄기에 붉은 겨울포자퇴가 잎, 줄기 등에 형성된다.

25 다음 중 여름포자 세대를 형성하지 않는 것은?

① 소나무 혹병
② 포플러 잎녹병
③ 오리나무 잎녹병
④ 배나무 붉은별무늬병

해설
배나무 붉은별무늬병은 겨울포자, 소포자, 녹포자 등을 형성하지만 여름포자는 형성하지 않는다.
※ **배나무붉은별무늬병** : 병원균은 담자균류이며 배나무에 정자와 수포자가 형성하고 향나무에는 동포자가 형성된다. 방제방법으로 주위의 향나무를 제거하는 것이 좋다.

26 염풍(salt wind)에 의한 피해가 아닌 것은?

① 염분이 잎 뒷면의 기공으로 침입하여 생리적 작용을 저해한다.
② 염풍의 해가 심하면 나뭇잎이 갈색 또는 흑색으로 변하여 고사한다.
③ 토양에 스며든 염분으로 인하여 토양 내 유기물 분해가 너무 빨리 일어난다.
④ 나뭇잎에 부착된 NaCl 이 원형질로부터 수분을 탈취하여 원형질 분리를 일으킨다.

해설
토양에 스며든 염분으로 미생물의 기능이 발휘되지 못해 유기물 분해가 느려진다.

정답 23. ③ 24. ② 25. ④ 26. ③

27 흰가루병에 대한 설명으로 옳지 않은 것은?

① 자낭균으로 자낭구를 형성한다.
② 물푸레나무, 밤나무 등에 발병한다.
③ 무성으로 분생포자를 많이 만들어 내는 완전사물기생균이다.
④ 식물 잎에 밀가루를 뿌려 놓은 것처럼 흰색의 균사가 자라서 덮는 것이다.

해설
흰가루병은 완전사물기생균이 아닌 살아있는 식물에 기생하는 활물기생균이다.

28 수목 생장 시기인 봄에 내린 서리에 의한 피해는?

① 만상   ② 춘상
③ 조상   ④ 추상

해설
이른 봄에 서리가 내리는 경우를 늦서리 혹은 만상이라 하며 급격한 온도 저하로 어린나무는 고사기도 한다.

29 다음 설명에 해당하는 해충은?

· 고사목 또는 벌채된지 얼마 되지 않은 나무에 산란하여 유충이 수피 밑을 식해함
· 표고골목의 경우 벌채 당년에 종균을 접종한 직경 10cm 미만의 소경목에 주로 산란함
· 주로 1년에 1회 발생하고 성충으로 바위나 낙엽 밑에서 월동함

① 알락하늘소   ② 향나무하늘소
③ 포플러하늘소 ④ 털두꺼비하늘소

해설
털두꺼비하늘소
· 1년에 1회 발생하고 일부는 2년에 1세대인 것도 있다.
· 땔감 나무를 쌓아 놓은 곳이나 참나무류의 벌채목 등에서 발견된다.
· 애벌레는 나무껍질 밑과 목질부를 불규칙적으로 식해한다.
· 8월에는 피해 부위에서 번데기가 된다.

30 세균이 식물체 내에 침입 가능한 통로가 아닌 것은?

① 수공   ② 각피
③ 피목   ④ 밀선

해설
각피는 식물의 물리적 보호기능 및 수분증발의 억제 기능을 가지고 있어 세균의 침임이 어렵다. 식물체 내에 침입이 가능한 통로로 기공, 피목, 밀선, 수공 등이 있다.

31 잣나무 털녹병균에 대한 설명으로 옳은 것은?

① 중간기주에 기주교대를 하는 이종 기생균이다.
② 중간기주에 기주교대를 하는 동종 기생균이다.
③ 중간기주에 기주교대를 하지 않는 이종 기생균이다.
④ 중간기주에 기주교대를 하지 않는 동종 기생균이다.

해설
잣나무 털녹병균은 기주인 잣나무와 중간기주인 송이풀, 까치밥나무를 기주교대하는 이종 기생균이다.

32 솔잎혹파리의 기생성 천적이 아닌 것은?

① 솔잎혹파리먹좀벌
② 혹파리원뿔먹좀벌
③ 혹파리살이먹좀벌
④ 혹파리등뿔먹좀벌

해설
솔잎혹파리의 방제를 위해 사용되는 천적으로 솔잎혹파리먹좀벌, 혹파리살이먹좀벌, 혹파리등뿔먹좀벌, 혹파리반뿔먹좀벌이 있다.

정답 27. ③ 28. ① 29. ④ 30. ② 31. ① 32. ②

33 모잘록병 방제 방법으로 옳지 않은 것은?

① 묘상이 과습하지 않도록 한다.
② 복토가 너무 두껍지 않도록 한다.
③ 병이 심한 묘포지는 돌려짓기를 한다.
④ 인산비료보다는 질소비료를 충분히 준다.

해설
질소질비료를 많이 사용하게 되면 도장의 위험성이 있어 사용량을 조절해야 한다.

34 천연기념물로 지정된 조류가 아닌 것은?

① 따오기   ② 꾀꼬리
③ 크낙새   ④ 두루미

해설
꾀꼬리는 참새목 꾀꼬리과이며 천연기념물로 지정되어 있지는 않다.

35 외국에서 유입된 해충이 아닌 것은?

① 솔잎혹파리
② 소나무재선충
③ 잣나무넓적잎벌
④ 버즘나무방패벌레

해설
① 솔잎혹파리 - 일본
② 소나무재선충 - 북미
④ 버즘나무방패벌레 - 북미

36 1900년경 동양에서 수입된 밤나무에 병원균이 묻어 들어가 미국 동부지방에 피해를 준 수목병으로 배수가 불량한 지역의 밤나무가 형성층에 손상을 입은 경우 잘 발생하는 것은?

① 밤나무 잉크병
② 밤나무 시들음병
③ 밤나무 흰가루병
④ 밤나무 줄기마름병

해설
밤나무줄기마름병은 밤나무, 참나무 등에 피해를 주며 역사적으로 1900년경 동양에서 미국 동부, 유럽으로 전파되어 밤나무림을 황폐화시킨 전례가 있다.

37 다음 각 해충이 주로 가해하는 수종으로 옳지 않은 것은?

① 미국흰불나방 : 소나무류
② 광릉긴나무좀 : 참나무류
③ 복숭아심식나방 : 사과나무
④ 버즘나무방패벌레 : 물푸레나무

해설
미국흰불나방은 100종이상의 활엽수종을 가해하는 해충이다.

38 봄에 진딧물 알에서 부화한 애벌레를 무엇이라 하는가?

① 유충   ② 간부
③ 간모   ④ 약충

해설
진딧물이 알로 월동하고 3~4월에 부화하면 간모가 된다.

정답 33. ④ 34. ② 35. ③ 36. ④ 37. ① 38. ③

39 주로 종실을 가해하는 해충이 아닌 것은?

① 밤바구미
② 솔알락명나무
③ 복숭아명나방
④ 참나무재주나방

해설
참나무재주나방은 잎을 가해하는 해충이다.

40 다음 중 세균에 의한 수목 병해는?

① 청변병 ② 불마름병
③ 모잘록병 ④ 그을음병

해설
세균에 의한 병해 종류로 불마름병, 뿌리혹병 등이 대표적이다.
① 청변병 - 균사
③ 모잘록병 - 진균
④ 그을음병 - 진균

41 산림의 생산기간에 대한 설명으로 옳지 않은 것은?

① 회귀년이 짧은 경우 단위면적에서 벌채될 재적이 많다.
② 벌기령과 벌채령이 일치할 때 벌기령을 법정벌기령이라 한다.
③ 개량기는 개벌작업을 하는 산림에 적용되는 기간이며 정리기라고도 한다.
④ 윤벌기란 보속작업에 있어서 한 작업급 내의 모든 임분을 1순벌하는데 필요한 기간이다.

해설
회귀년이 짧은 경우 단위면적에서 벌채되는 양은 적다.

42 다음 조건에서 국내산 원목의 재적검량방법에 의해 계산한 벌채목의 재적(m^3)은?

- 말구직경 : 14cm
- 원구직경 : 10cm
- 중앙직경 : 12cm
- 재장 : 8.5m

① 0.099 ② 0.167
③ 0.198 ④ 0.218

해설
산림청 목재 측정법(6m 이상 경우)
$$V(m^3) = (d_n + \frac{L'-4}{2})^2 \times \frac{L}{10000}$$
$$= (14 + \frac{8-4}{2})^2 \times \frac{8.5}{10000} ≒ 0.218$$

V : 재적, d_n : cm 단위의 말구 지름,
L : m 단위의 목재 길이
L' : m 단위의 길이로 소수점 자리는 버린수(ex. 8.8m → 8 m 표현)

43 임업경영 성과 분석을 위한 각 요소에 대한 설명으로 옳지 않은 것은?

① 임가소득은 임업소득과 임업외소득으로 구성된다.
② 임업순수익은 가족임금추정액을 제외한 임업소득이다.
③ 임업소득은 임업경영비를 제외한 임업조수익이다.
④ 임업의존도는 임가소득을 임업소득으로 나눈값을 백분율로 표현한 것이다.

해설
임업의존도는 임업소득을 임가소득으로 나눈값을 백분율로 표현한 것이다.

정답 39. ④ 40. ② 41. ① 42. ④ 43. ④

44 표준목법에 의한 임분 재적 측정 방법으로, 전 임목을 몇 개의 계급으로 나누고 각 계급의 본수를 동일하게 하여 표준목을 선정하는 것은?

① 단급법   ② Urich 법
③ Hartig 법   ④ Draudt 법

해설
Urich 법은 전체의 임목을 몇 개의 계급으로 나누고, 각 계급의 본수를 동일하게 한 다음 각 계급에서 같은 수의 표준목을 선정하는 방법이다.

45 산림교육의 활성화에 관한 법률에 의한 산림교육전문가가 아닌 것은?

① 숲해설가
② 유아숲지도사
③ 자연환경해설사
④ 숲길체험지도사

해설
산림교육전문가는 숲해설가, 유아숲지도사, 숲길체험지도사가 있다.

46 매각한 임목의 실제 판매가격이 아니라 매각 임목의 육림비 누적액을 의미하는 것은?

① 매각액
② 성장액
③ 판매액
④ 성장액의 내부보유율

해설
매각액은 매각한 임목의 육림비용의 누적액을 의미한다.

47 산림을 하나의 생물적 유기체로 간주하여 지속적인 경영을 중시한 산림경영 사상을 무엇이라 하는가?

① 생산성 사상   ② 항속림 사상
③ 보속성 사상   ④ 법정림 사상

해설
항속림 사상은 주로 임목 이외에 지상식물, 산림토양 속의 미생물, 그 밖의 야생동물 등의 유기적 관계의 건전한 조화에 근거로 두고 유지된다는 사상으로써, 임지의 보호와 임목의 보육에 중점을 두면서 산림의 건전성을 유지하기 위한 택벌시업 등이 이루어지는 산림이다.

48 임목재적을 측정하기 위한 흉고형수에 대한 설명으로 옳지 않은 것은?

① 지위가 양호할수록 형수가 작다.
② 수고가 작을수록 형수는 작아진다.
③ 연령이 많아질수록 형수는 커진다.
④ 흉고직경이 작아질수록 형수는 커진다.

해설
수고가 작을수록 형수는 커진다.

49 다음 조건에서 작업시간비례법으로 계산한 기계톱의 총 감가상각비는?

· 취득원가 : 450,000원
· 잔존가치 : 50,000원
· 총 사용 가능시간 : 80,000시간
· 실제 작업시간 : 3,500시간

① 12,500원   ② 17,500원
③ 22,500원   ④ 35,000원

해설
감가상각비

$$(구입가격 - 폐물가격) \times \frac{실제작업시간수}{총\ 작업시간수}$$

$$= (45만원 - 5만원) \times \frac{3500}{80000} = 17500$$

정답 44. ② 45. ③ 46. ① 47. ② 48. ② 49. ②

50 벌기의 임분 재적 300m³, 윤벌기 50년, 산림 면적 150ha 인 경우의 법정축적은?

① 2,250m³ ② 4,500m³
③ 22,500m³ ④ 45,000m³

해설

법정축적
$= \dfrac{윤벌기}{2} \times 재적 \times \dfrac{면적}{윤벌기}$
$= \dfrac{50}{2} \times 300 \times \dfrac{150}{50} = 22500$

51 임업경영의 형태 중 개별경영을 해체하고 모든 자본과 노동을 통합하여 공동화하는 협업 경영체계에서 발생하기 쉬운 문제점으로 옳지 않은 것은?

① 불충분한 시장조사로 인한 실패
② 가장 낮은 수준으로 노동 평준화
③ 불필요한 신기술개발로 인한 자본 낭비
④ 필요 이상의 과잉 투자로 인한 수익성 저하

해설

산림협업경영은 영세사유림소유자들이 임지, 노동, 자본 등의 생산요소를 상호결합, 공동화하는 것으로 신기술개발과는 거리가 멀다.

52 산림문화·휴양에 관한 법률에 정의된 것으로 다음 내용에 해당하는 것은?

> 국민의 정서함양·보건휴양 및 산림교육 등을 위하여 조성한 산림

① 숲길 ② 산림욕장
③ 자연휴양림 ④ 치유의 숲

해설

산림법 31조에 의거 휴양림이라 함은 정상적인 산림경영을 하면서 휴양시설을 설치하여 국민의 보건휴양 및 정서함양을 위한 야외휴양공간을 제공함과 동시에 자연교육장으로서의 역할과 산림소유자의 소득향상에 이바지하기 위하여 산림청장이 지정, 고시한 산림을 말한다.

53 윤벌기가 50년이고 회귀년이 10년인 산림의 법정택벌률식에 의한 택벌률은?

① 10% ② 20%
③ 30% ④ 40%

해설

법정택벌률(%)
$= \dfrac{200}{윤벌기} \times 회귀년$
$= \dfrac{200}{50} \times 10 = 40(\%)$

54 산림휴양림의 경관 방법으로 경관 연출에 해당하지 않는 것은?

① 계절감 ② 다양성
③ 보도의 액센트 ④ 차단공간 조성

해설

산림경관 관리에 있어 계절감, 다양성, 차단공간 조성, 산림풍경 연출, 공간의 정비 등이 있다. 보도의 액센트는 보도연출에 속한다.

55 산림기본법에 의한 산림기본계획 및 지역 산림계획에 따라 국유림종합계획은 몇 년마다 수립·시행하여야 하는가?

① 5년 ② 10년
③ 15년 ④ 20년

해설

산림청장은 국유림경영계획을 10년마다 수립 및 시행한다.

정답 50. ③ 51. ③ 52. ③ 53. ④ 54. ③ 55. ②

56 산림평가 방법 중 비교법에 대한 설명으로 옳지 않은 것은?

① 간편하고 이해하기 쉽다.
② 감정인의 경험 의존도가 높다.
③ 시장에서 실제로 매매되는 가격을 평가기준으로 한다.
④ 시점수정, 사정보정, 개별요인 및 지역요인의 비교가 용이하다.

해설
시점수정, 사정보정, 개별요인 및 지역요인은 비교가 어렵기 때문에 실제 많은 사례 정보를 수집하여야 한다.

57 산림자원의 조성 및 관리에 관한 법률에 의한 사유림경영계획구의 유형이 아닌 것은?

① 특별경영계획구
② 일반경영계획구
③ 협업경영계획구
④ 기업경영림계획구

해설
사유림경영계획구의 유형으로 일반경영계획구, 협업경영계획구, 기업경영림계획구가 있다.

58 소반의 지종구분에서 제지에 대한 설명으로 옳은 것은?

① 관련 법률에 의거 지정된 법정임지
② 수관점유면적 비율이 30% 이하인 임분
③ 수관점유면적 비율이 30% 초과하는 임분
④ 암석 및 석력지로서 조림이 불가능한 임지

해설
제지는 암석이나 석력지 등 조림이 어려운 지역을 말한다. 주로 도로, 하천, 방화선, 암석지, 습지 등이 여기에 속한다.

59 임령에 따라 적용한 임목의 평가방법으로 가장 적합한 것은?

① 유령림의 임목 : 비용가
② 중령림의 임목 : 기망가
③ 벌기 이후의 임목 : Glaser 법
④ 벌기 미만 장령림의 입목 : 매매가

해설
임목평가

유령림	임목비용가법
벌기 미만 장령림	임목기망가법
중령림	임목비용가법, Glaser 법
벌기 이상 임목	시장가역산법

60 치유의 숲에 설치하는 시설이 아닌 것은?

① 체육시설   ② 편익시설
③ 위생시설   ④ 산림치유시설

해설
치유의 숲에는 산림치유시설, 위생시설, 편익시설, 전기시설, 통신시설, 안전시설 등이 있다. 체육시설의 경우 자연휴양림에 설치한다.

61 임도의 성토사면에 있어서 붕괴가 일어날 가능성이 적은 경우는?

① 함수량이 증가할 때
② 공극수압이 감소될 때
③ 동결 및 융해가 반복될 때
④ 토양의 점착력이 약해질 때

해설
공극수압이 감소되면 토양의 유동이 적어져 붕괴의 가능성이 적어진다.

정답 56. ④ 57. ① 58. ④ 59. ① 60. ① 61. ②

62 임도개설과 같은 폭이 좁고 길이가 상대적으로 긴 구간에서 발생되는 토량을 산출하기 위하여 사용되는 토적 계산식으로 가장 적합하지 않은 것은?

① 주상체공식
② 중앙단면적법
③ 양단면적평균법
④ 직사각형 기둥법

해설
직사각형기둥법은 각 사각형의 밑면적에 각 높이를 곱해 토적을 계산하는 방법으로 폭이 좁고 길이가 긴 구간의 경우 적용하기 곤란한 방법이다.

63 비탈면 기울기가 1 : 1.2 로 표시된 설계도의 경사도(%)는?

① 13
② 43
③ 83
④ 123

해설
경사도 = $\dfrac{수직거리}{수평거리} \times 100$
= $\dfrac{1}{1.2} \times 100 ≒ 83.3$

64 토목공사용 굴착기의 앞 부속장치로 옳지 않은 것은?

① crane
② pile driver
③ clam lines
④ drag shovel

해설
굴착기 앞부속장치에는 크레인, 파일드라이버, 드래그셔블, 크램셀, 백호우 등이 있다.

65 흙의 기본성질에 대한 설명으로 옳지 않은 것은?

① 공극비는 흙입자의 용적에 대한 공극의 용적비이다.
② 포화도는 흙입자의 중량에 대한 수분의 중량비를 백분율로 표시한 것이다.
③ 공극률은 흙덩이 전체의 용적에 대한 간극의 용적비를 백분율로 표시한 것이다.
④ 무기질의 흙덩이는 고체(흙입자), 액체(물), 기체(공기)의 세가지 성분으로 구성된다.

해설
포화도는 중량기준이 아닌 흙속의 간극 부분에 물이 차지하는 비율로 표시한다.

66 어떤 두 측정간의 측량 결과 방위각이 127°30′ 일 때 역방위각은?

① 307°30′
② 127°30′
③ 37°30′
④ 19°30′

해설
127°30′ + 180°(역방위각) = 307°30′

67 임도의 곡선을 결정할 때 외선길이가 10m이고 교각이 90°인 경우 곡선반지름은?

① 약 14m
② 약 24m
③ 약 34m
④ 약 44m

해설
외선길이와 교각이 주어진 경우 아래의 교각법 공식을 이용하여 구한다.

외선길이 = 곡선반지름 $\left[\sec\left(\dfrac{\theta}{2}\right) - 1\right]$

10 = 곡선반지름 × $\left[\sec\left(\dfrac{90}{2}\right) - 1\right]$

곡선반지름=10÷0.4142=24.14≒24

정답 62. ④ 63. ③ 64. ③ 65. ② 66. ① 67. ②

68 지모측량이란 토지의 기복 상태를 측정하여 도시화하는 것이다. 다음 중 지모측량에 있어서 지성선에 속하지 않는 것은?

① 철선　　② 합수선
③ 방향변환선　④ 경사변환선

해설
지성선에는 크게 요선, 철선, 경사변환선, 최대경사선 등이 있다. 세부적으로 요선에는 계곡선과 합수선이 있으며 철선에는 분수선과 능선이 있다.

69 임도에서 합성기울기와 관련이 있는 조합은?

① 횡단기울기와 편기울기
② 종단기울기와 역기울기
③ 편기울기와 곡선반지름
④ 종단기울기와 횡단기울기

해설
합성기울기는 외쪽기울기 혹은 횡단기울기의 제곱과 종단기울기의 제곱의 합의 제곱근을 이용하여 구하며 공식은 아래와 같다.
$$S = \sqrt{i^2 + j^2}$$
S : 합성기울기(%)
i : 외쪽 또는 횡단기울기(%)
j : 종단기울기(%)

70 임도측량 방법으로 영선측량과 중심선측량을 비교한 설명으로 옳지 않은 것은?

① 영선은 절토작업과 성토작업의 경계선이 되기도 한다.
② 산지경사가 완만할수록 중심선이 영선보다 안쪽에 위치하게 된다.
③ 산지경사가 45%~55% 정도일 때 중심선과 영선이 거의 일치한다.
④ 중심선 측량은 지형상태에 따라 파상지형의 소능선과 소계곡을 관통하며 진행된다.

해설
산지경사가 급할수록 중심선이 영선보다 안쪽에 위치하게 된다.

71 임도 내 교량에 적용되는 종단기울기는? (단, 특별한 장소 제외)

① 적용하지 아니한다.
② 2% 미만
③ 4% 미만
④ 6% 미만

해설
교량에 종단기울기는 특별한 장소를 제외하고 적용하지 않는다.

72 반출할 목재의 길이가 16m, 도로의 폭이 8m일 때 최소곡선반지름은?

① 8m　　② 14m
③ 16m　④ 32m

해설
최소곡선반지름
$$R = \frac{l^2}{4B} = \frac{16^2}{4 \times 8} = \frac{256}{32} = 8$$
R : 곡선반지름(m)
l : 통나무 길이(m)
B : 노폭(m)

73 장마기가 지난 후 배수로의 토사를 제거하기에 가장 적합한 작업 기계는?

① 소형 백호우
② 진동 로울러
③ 소형 불도저
④ 모터 그레이더

해설
배수로의 경우 지면보다 낮은 장소이기에 백호우가 적합하다.

정답 68. ③　69. ④　70. ②　71. ①　72. ①　73. ①

74 수로의 평균유속을 구하는 매닝(Manning) 공식에서 조도계수가 작은 것부터 큰 것의 순서로 올바르게 나열된 것은?

> ㉠ 흙수로
> ㉡ 메쌓기 돌수로
> ㉢ 콘크리트관수로(제품)

① ㉠-㉡-㉢ ② ㉠-㉢-㉡
③ ㉢-㉠-㉡ ④ ㉢-㉡-㉠

해설

조도계수는 평균유속공식을 구할 때 사용하는 계수로서 유로에 접촉하는 물과 유로표면과의 저항계수이다. 주로 굴곡이 심하고 접촉면이 거칠수록 그 값이 커진다. 보기 중에서 콘크리트관수로의 경우 표면에 매끄러운 편이라 상대적으로 조도계수가 가장 작은 값을 가진다.

75 임도망 배치 모델의 적정성을 분석하기 위한 평가지표로 평균집재거리가 있다. 아래의 조건에서 평균집재거리가 가장 짧아 노선 배치가 가장 양호하다고 평가할 수 있는 것은?

① 임도밀도 = 8m/ha, 우회계수 = 1.0
② 임도밀도 = 8m/ha, 우회계수 = 1.2
③ 임도밀도 = 10m/ha, 우회계수 = 1.0
④ 임도밀도 = 10m/ha, 우회계수 = 1.2

해설

평균집재거리 우회계수에 비례하고 임도밀도에 반비례한다. 즉 임도밀도가 클수록 우회계수가 작을수록 평균집재거리는 짧아지게 되어 노선 배치가 가장 양호하다고 판단한다.

76 절성토 사면에 있어서 소단에 대한 설명으로 옳지 않은 것은?

① 절·성토의 안정성을 높인다.
② 사면에서 흘러내리는 사면침식을 줄인다.
③ 필요에 따라 식생이나 배수구를 설치한다.
④ 붕괴 방지를 위해 유지보수 작업원의 발판으로 이용할 수 없다.

해설

절, 성토 경사면에 소단은 유지 보수 작업원의 발판으로 이용할 수 있다. 보통 사면길이 2~3m 마다 폭 50~100cm로 단의 폭을 끊어 소단을 설치한다.

77 트래버스 계산 결과 다음과 같을 때 배횡거법으로 구한 다각형의 면적(m^2)은?

측선	위거	경거
AB	+25.0	+16.3
BC	−19.6	+31.8
CD	−17.9	−25.8
DA	+12.5	−22.3

① 618 ② 718
③ 818 ④ 918

해설

측선	배횡거	면적 (위거×배횡거)
AB	그 측선의 경거 16.3	25×16.3 =407.5
BC	전측선의 배횡거 + 전측선의 경거 + 그측선의 경거 16.3+16.3+31.8=64.4	−19.6×64.4 =−1262.24
CD	전측선의 배횡거 + 전측선의 경거 + 그측선의 경거 64.4+31.8+(−25.8) = 70.4	−17.9×70.4 =−1260.16
DA	전측선의 배횡거 + 전측선의 경거 + 그측선의 경거 70.4−25.8−22.3=22.3	12.5×22.3 =278.75

· 배면적 합 = AB+BC+CD+DA
  = 407.5−1262.24−1260.16+278.75
  = −1836.15
→ 면적의 경우 +, − 값을 무시한 절대값의 개념을 적용
· 면적 = 배면적 합 ÷ 2 = 1836.15 ÷ 2 = 918.075
· 다각형의 면적 = 약 918

정답 74. ③ 75. ③ 76. ④ 77. ④

78 임도에서 최소 종단기울기를 유지해야 하는 이유로 가장 옳은 것은?

① 시공시 성토면의 토량을 확보하여 시공비를 절약하기 위해
② 시공비용이 높기 때문에 벌채점까지 신속히 접근시키기 위해
③ 임도 표면에 잡초들의 발생을 예방하여 유지비를 절약하기 위해
④ 임도 표면의 배수를 용이하게 하여 임도 파손을 막고 유지비를 절약하기 위해

해설
종단기울기는 길 중심선의 수평면에 대한 기울기로 종단기울기를 유지하여 배수를 원활하게 하고 토양침식과 차량에 의한 파손을 막는다.

79 노면 또는 땅깎기 비탈면에 설치하는 배수시설로써 길어깨와 비탈사이에 종단방향으로 설치하는 것은?

① 옆도랑   ② 겉도랑
③ 속도랑   ④ 빗물받이

해설
노면이나 흙깎기 비탈면의 물을 모아서 배수하기 위하여 임도의 길어깨를 따라 종단방향으로 설치하는 배수로이다.

80 다음 중 정지 및 전압전용기계가 아닌 것은?

① tamper
② trencher
③ motor grader
④ vibrating compactor

해설
Trencher(트랜쳐)는 굴착기기이다.

81 다음에 설명하는 공법은?

> 비탈다듬기 및 단끊기 시공과정에서 발생한 토사를 사용하여 산복의 비탈면 길이를 감소시키며 선떼붙이기의 급수를 낮추고 파종공 실시구역을 안정시키는 등 여러 가지 기능이 있다.

① 골막이   ② 누구막이
③ 기슭막이   ④ 땅속흙막이

해설
땅속흙막이는 비탈다듬기나 단끊기 등의 흙깎기 과정에서 부토가 많고 깊게 퇴적되는 곳에서는 강우 등에 의해 토괴가 미끄러져 내리기 쉬운데 이러한 토사의 유실을 방지하기 위해 땅속에 설치하며 지표면에는 드러나지 않는다.

82 임도계획선에 인접된 작은 계곡에서 구곡 침식이 심할 때 침식안정을 위해 가장 적합한 공작물은?

① 떼 누구막이   ② 편책 기슭막이
③ 돌망태 골막이 ④ 콘크리트 옹벽

해설
골막이
산비탈 붕괴지의 골이나 이에 접속된 계류의 최상류부에 축설하는 소규모의 사방용 댐을 말한다. 외견상으로는 사방댐이나 바닥막이 등과 비슷한 모양을 하고 있다.

83 평균유속 0.5m/s로 5초 동안에 $10m^3$ 의 물을 유송하는 수로의 횡단면적은?

① $2m^2$ ② $4m^2$
③ $10m^2$ ④ $20m^2$

해설
수로의 횡단면적인 유적의 경우 4m² 이다.
유량=유속×유적
10=0.5×x
x=20
20÷5=4

정답 78. ④ 79. ① 80. ② 81. ④ 82. ③ 83. ②

84 콘크리트의 방수성을 높일 목적으로 사용되는 혼화재료가 아닌 것은?

① 규산나트륨 ② 파라핀유제
③ 플라이애쉬 ④ 아스팔트유제

해설
플라이 애쉬는 콘크리트의 유동성 개선 및 수밀성을 향상시키는 혼화재료이다.

85 불투과형 중력식 사방댐의 형태인 흙댐의 시공요령으로 내심벽을 만들 때 사용하는 것은?

① 모래 ② 자갈
③ 점토 ④ 호박돌

해설
점토의 경우 건조시 강성을 띠게 되며 처리방법에 따라 강철처럼 견고해지기도 한다. 또한 일반적인 점토는 입자경이 작아 불투과형 중력식 사방댐의 심벽에 시공이 적합하다.

86 해안사방의 사구조성공법에 해당하지 않는 것은?

① 파도막이 ② 모래덮기
③ 퇴사울세우기 ④ 정사울세우기

해설
사구조성공법에는 퇴사울세우기, 모래덮기, 파도막이 등이 있으며 정사울세우기는 식재공법과 함께 사지 조림 공법에 속한다.

87 돌쌓기 배치 방법으로 잘못된 쌓기법이 아닌 것은?

① 포갠돌 ② 이마대기
③ 여섯에움 ④ 새입붙이기

해설
· 돌쌓기를 할 때는 돌의 배치에 주의하여 다섯에움 이상 일곱에움 이하가 되도록 한다.
· 금기돌은 배치 형태에 따라 뜬돌, 거울돌, 선돌, 이마대기, 포갠돌, 뾰족돌, 새입붙이기 등이 있다.

88 해안사방 공사의 주요 공종에 해당하지 않는 것은?

① 둑쌓기 ② 사초심기
③ 모래담쌓기 ④ 구정바자얽기

해설
둑은 계천 사방시설물이다.
※ 해안사방 공종 : 퇴사울세우기, 정사울세우기, 해안조림, 사초심기 등

89 강우에 의한 침식의 발달과정 순서로 옳은 것은?

① 구곡침식 → 면상침식 → 누구침식
② 구곡침식 → 누구침식 → 면상침식
③ 면상침식 → 구곡침식 → 누구침식
④ 면상침식 → 누구침식 → 구곡침식

해설
우격침식 → 면상침식 → 누구침식 → 구곡침식

90 집수구역이 넓고 경사가 급한 산비탈에 주로 적용하는 배수로 공법은?

① 떼 수로공
② 파식 수로공
③ 막논돌 수로공
④ 돌붙임 수로공

해설
돌붙임수로는 집수구역이 넓고 경사가 급하며 침식이 발생하는 산비탈 수로에 적합한 공법이다.

정답 84. ③ 85. ③ 86. ④ 87. ③ 88. ① 89. ④ 90. ④

91 중력침식유형 중 발생 속도가 가장 느린 것은?

① 토석류   ② 산사태
③ 땅밀림   ④ 급경사지 붕괴

해설
땅밀림은 땅속에 점착력이 약한 일부 토층이 서서히 낮은 곳을 향해 미끄러져 이동하는 현상으로 이동속도가 느려서 이동을 인식하기 어렵다.

92 물이 계류 바닥과 접촉하면서 흐르는 동안 발생하는 단위면적당 마찰력을 나타내며, 흐름방향의 물의 단위중량과 크기는 같고 방향이 반대인 것은?

① 활동력   ② 접촉력
③ 유출력   ④ 소류력

해설
소류력은 유로를 따라 흐르는 물이 바닥에 있는 물질을 움직이는 힘을 나타내는 것으로 유수에 의해 하상면의 단위면적에 가해지는 힘을 의미한다. 소류력이 증가하면 계류 바닥에 정지되어 있던 사력이 이동하기 시작하는데 이때를 한계소류력이라 한다.

93 비탈옹벽공법의 시공방법으로 옳지 않은 것은?

① 뒷채움 토양은 충분히 전압 되도록 한다.
② 옹벽 몸체는 한 번에 타설하지 않고 여러 층을 나누어 콘크리트를 타설한다.
③ 뒷채움 부분에는 물이 침입하지 않도록 하며, 물이 침입할 경우에는 신속히 배수한다.
④ 직접기초시공에는 옹벽 밑판과 지반사이에 기초 쇄석이나 모르타르를 삽입하여 미끄러짐을 방지한다.

해설
옹벽 몸체에 콘크리트 타설시 여러 층이 아닌 한 번에 타설하는 것이 좋다.

94 계류의 유속과 흐름방향을 조절할 수 있도록 둑이나 계안으로부터 돌출하여 설치하는 것은?

① 수제   ② 구곡막이
③ 바닥막이   ④ 기슭막이

해설
수제는 계류의 흐름방향을 바꾸어 세굴을 방지하는 목적으로 계안으로부터 돌출되게 설치한다.

95 계획홍수량이 200~500m³/sec 인 경우 둑 높이 여유고의 기준은?

① 0.8m 이상   ② 1.0m 이상
③ 1.2m 이상   ④ 1.4m 이상

해설
계획 홍수량에 따른 여유고 기준

계획홍수량(m³/s)	여유고(m)
200 미만	0.6 이상
200~500	0.8이상
500~2000	1.0이상
2000~5000	1.2이상
5000~10000	1.5이상
10000 이상	2.0이상

96 평탄지에 주로 사용되는 줄떼다지기 공법은?

① 줄떼심기   ② 평떼심기
③ 줄떼붙이기 ④ 평떼붙이기

해설
줄떼다지기는 줄떼다지기, 줄떼붙이기, 줄떼심기로 구분하는데 주로 평탄지의 경우 줄떼심기를 적용한다.

정답 91. ③ 92. ④ 93. ② 94. ① 95. ① 96. ①

97 산림의 물수지를 계산할 때 필요하지 않은 인자는?

① 유출량　　② 포화량
③ 강수량　　④ 증발량

해설
산림 물수지 계산시 유출량, 증발량, 증산량의 합산으로 이루어진다.
※ 물수지
　물순환 과정에서 어떤 유역, 호수, 저수지, 임관 등에 유입되는 물의 양과 유출되거나 저류된 물의 양 사이의 균형관계를 물수지라 하며 이러한 관계식을 물수지식이라 한다.

98 계단 연장이 3000m 인 산복면에 선떼붙이기를 7급으로 할 때에 필요한 떼의 총 소요매수는?(단, 떼의 크기 : 40cm × 20cm)

① 15,000매　　② 22,500매
③ 30,000매　　④ 37,500매

해설
7급의 경우 5매를 사용하기에
5매× 3000m = 15,000 매를 사용한다.

99 다음 중 산지사방 기초공사에 해당하는 것은?

① 사방댐　　② 누구막이
③ 기슭막이　　④ 바닥막이

해설
산지사방 기초공사
비탈다듬기, 누구막이, 흙막이, 골막이, 산비탈 배수로 등

100 사방댐 설치에 있어 홍수기울기와 평형기울기 사이의 퇴사량을 무엇이라 하는가?

① 토사퇴적량　　② 토사조절량
③ 토사안정량　　④ 토사침식량

해설
홍수기울기와 평형기울기 사이의 퇴사량을 토사조절량이라 정의하며 토사조절량을 개선하면 사방댐의 방재기능이 향상된다.

정답　97. ②　98. ①　99. ②　100. ②

2016년 제1회 산림기사

01 활엽수에 대한 설명으로 옳은 것은?
① 활엽수 모두 떡잎식물이다.
② 밑씨가 노출되고 씨방이 없다.
③ 잎맥이 그물 모양으로 되어 있다.
④ 목부는 주로 헛물관으로 되어 있다.

해설
활엽수는 쌍떡잎식물에 밑씨는 자방안에 있는 피자식물이며 주로 도관에 잎맥은 그물모양이다.

02 활엽수 가지치기 방법으로 옳지 않은 것은?
① 원칙적으로 직경 5cm 이상의 가지는 자르지 않는다.
② 참나무류와 사시나무류는 으뜸가지 이하의 가지만 잘라준다.
③ 단풍나무, 벚나무는 상처 유합이 잘 안되므로 자연낙지를 유도한다.
④ 절단면이 줄기와 평행하도록 가지를 제거하여 지융부가 상하지 않게 한다.

해설
절단면이 줄기와 평행하게 절단하는 것은 침엽수이며 활엽수는 줄기의 융기부에 평행하게 절단하는게 좋다.

03 순림과 비교하여 혼효림의 장점으로 옳지 않은 것은?
① 생물의 다양성이 높다.
② 환경적 기능이 우수하다.
③ 병해충에 대한 저항력이 크다.
④ 무육작업과 산림경영이 경제적이다.

해설
무육작업과 산림경영이 경제적인 것은 단일수종인 단순림에 대한 내용이다. 혼효림은 시장성, 경제성 측면에는 상대적으로 불리하다.

04 토양의 수분 부족으로 인한 잎의 생리현상으로 옳지 않은 것은?
① 팽압 상승 ② 기공 폐쇄
③ 광합성 중단 ④ 단백질 합성 감소

해설
수분을 많이 흡수할수록 팽압은 커지게 된다.

05 풀베기 시행 시 전면깎기를 실시하는 수종은?
① 전나무 ② 삼나무
③ 비자나무 ④ 가문비나무

해설
전면깎기는 모두베기이며 이에 적합한 수종은 소나무, 해송, 리기다소나무, 삼나무, 편백 등이 있다.

정답 01. ③ 02. ④ 03. ④ 04. ① 05. ②

06 참나무류 임분을 왜림작업으로 갱신하려 할 때 벌채시기로 가장 적절한 것은?

① 늦겨울 ~ 초봄
② 늦봄 ~ 초여름
③ 늦여름 ~ 초가을
④ 늦가을 ~ 초겨울

> **해설**
> 왜림작업의 벌채는 11월에서 초봄인 2월전까지 실시하는 것이 좋다.

07 솎아베기(간벌)에 대한 설명으로 옳은 것은?

① 도태간벌은 하층간벌에 속한다.
② Hawley가 제시한 택벌식 간벌에서는 주로 우세목을 간벌한다.
③ 일본잎갈나무의 최초 간벌 적기는 조림 후 25 ~ 30년이 경과한 이후이다.
④ 지위가 나쁜 곳에서는 지위가 좋은 지역에 비해 빨리 간벌을 하는 것이 좋다.

> **해설**
> Hawley 가 제시한 택벌식 간벌은 우세목을 벌채하여 그 아래의 나무의 생육을 촉진하는 간벌형식이다.

08 중림작업에 대한 설명으로 옳은 것은?

① 산벌작업에서 중간에 벌채하는 작업종이다.
② 모수작업에서 중간목을 벌채하는 작업을 말한다.
③ 나무 높이가 크지도 작지도 않은 중경목을 생산하는 작업종이다.
④ 상층임관은 교림, 하층임관은 왜림으로 구성하는 작업을 말한다.

> **해설**
> 중림작업은 상층임관은 교림으로 형질이 좋은 목재를, 하층임관은 왜림으로 용재 및 연료재로 동시에 실시하는 것이 특징이다.

09 임목생장과 식재밀도에 대한 설명으로 옳지 않은 것은?

① 밀도가 높을수록 완만재가 된다.
② 밀도는 수고생장에 큰 영향을 끼친다.
③ 밀도가 낮을수록 직경생장이 좋아진다.
④ 밀도가 높을수록 간재적의 비율이 높아진다.

> **해설**
> 임목의 밀도는 수고생장에는 큰 영향이 없으나 직경생장에 큰 영향을 미친다.

10 일본에서 도입하여 조림된 수종은?

① *Pinus rigida*
② *Zelkova serrata*
③ *Larix kaempferi*
④ *Quercus acutissima*

> **해설**
> ① 리기다소나무 → 북미
> ② 느티나무 → 한국
> ③ 일본잎갈나무 → 일본
> ④ 상수리나무 → 한국

11 목본 식물조직에 대한 기능의 설명으로 옳지 않은 것은?

① 사부조직 : 수분의 통로 및 지탱역할을 한다.
② 분비조직 : 점액, 고무질, 수지 등을 분비한다.
③ 후막조직 : 세포벽이 두껍고 원형질이 없으며 지탱역할을 한다.
④ 유조직 : 원형질을 가지고 살아 있으며 세포 분열이 일어난다.

> **해설**
> 사부조직은 형성층 바깥쪽의 방사조직으로서 양분의 이동통로이다. 기계적 지지역할을 하는 조직을 목부조직이라 한다.

정답 06. ① 07. ② 08. ④ 09. ② 10. ③ 11. ①

12 월평균기온이 다음과 같은 지역의 한랭지수는?

월	1	2	3	4	5	6
평균기온(°C)	-3	1	8	12	17	21
월	7	8	9	10	11	12
평균기온(°C)	24	25	20	14	7	2

① -15　　② -9
③ -3　　④ 0

해설
한랭지수는 매달 평균 기온이 5°C 보다 낮은 달의 온도와 5°C 와의 차이 값들을 합친 것이다.
· 1월 : -3-5=-8, 2월 : 1-5=-4, 12월 : 2-5=-3
⇒ 1월+2월+12월 ⇒ -8-4-3=-15

13 산림토양의 물리적 성질을 나타내는 인자가 아닌 것은?

① 토양입자　　② 토양공극
③ 토양산도　　④ 토양진비중

해설
입자, 공극, 비중 등은 크기나 무게에 관련된 물리적 성질이나 산도는 화학적 성질에 관련된다.

14 묘목을 산지에 이식할 때 단근을 실시하는 이유로 옳은 것은?

① 산지이식 후 묘목 활착률을 높일 수 있다.
② 묘목 출하시 운반 중량을 줄이기 위함이다.
③ 증산량과 광합성량을 높이기 위해 실시한다.
④ 직근 발달을 촉진하고 세근 발달은 억제시킨다.

해설
단근작업을 하게 되면 묘목의 뿌리 발달이 촉진되어 활착률을 높일 수 있다.

15 1000개의 종자의 실중이 500g이고 용적중이 600g일 때 2L의 종자립수는?

① 600립　　② 1000립
③ 1200립　　④ 2400립

해설
1000개의 실중이 500g 은 1L 부피에 1000개의 종자가 있고 그 무게가 500g 을 의미한다. g 단위당 2개의 종자가 있으므로 600g 당 1200개의 종자가 있음을 알 수 있다. 결과적으로 2L 안에는 2400 개의 종자가 있다.

16 묘포지 선정 조건으로 가장 적절한 것은?

① 평탄한 점토질 토양
② 5도 이하의 완경사지
③ 한랭한 지역에서는 북향
④ 남향에 방풍림이 있는 곳

해설
묘포지 선정시 침엽수는 1~2°, 기타 3~5° 정도의 완경사지가 적당하다.

17 환원법에 의한 종자활력검사 방법에 대한 설명으로 옳지 않은 것은?

① 단기간 내에 실시할 수 있다.
② 휴면 종자에는 적용이 어렵다.
③ 테트라졸륨 대신 테룰루산칼륨도 사용된다.
④ 침엽수의 종자는 배와 배유가 함께 염색되도록 한다.

해설
휴면종자도 조직의 환원력을 이용하여 종자활력검사를 실시할 수 있다.

정답　12. ①　13. ③　14. ①　15. ④　16. ②　17. ②

18 광색소인 파이토크롬(Phytochrome)에 대한 설명으로 옳은 것은?

① 분자량이 120 Dalton이다.
② 높은 광도에서만 반응한다.
③ 생장점 부근에 가장 적게 나타난다.
④ 암흑 속에서 기른 식물체에서 많이 검출된다.

해설
파이토크롬은 식물에 있는 색소 단백질의 일종으로 분자량 12만 Dalton 에 어두운 곳에서 생장한 식물체에서 많이 검출된다.

19 양성화를 갖는 수종으로 옳은 것은?

① 벚나무   ② 오리나무
③ 은행나무 ④ 상수리나무

해설
양성화는 한꽃에 암술과 수술이 함께 있는 것으로 벚나무, 무궁화 등이 대표적이다.

20 알칼리성 토양에서 잘 자라는 수종은?

① *Acer palmatum*
② *Thuja orientalis*
③ *Pinus koraiensis*
④ *Quercus variabilis*

해설
① 단풍나무 ② 측백나무 ③ 잣나무 ④ 굴참나무
알칼리성에서 토양에서 잘자라는 수종으로 측백나무, 물푸레나무, 오리나무, 호두나무 등이 있다
· 산성토양에 잘 생육하는 수종 : 소나무, 낙엽송, 리기다 등
· 중성토양에 잘 생육하는 수종 : 피나무, 단풍나무, 참나무류 등

21 잣송이를 가해하여 수확을 감소시키는 해충으로 구과 속 가해부위에 배설물을 채워놓고 외부로 배설물을 배출하여 구과표면에 붙여놓으며 신초에도 피해를 주는 해충은?

① 솔박각시   ② 솔알락명나방
③ 솔수염하늘소 ④ 잣나무넓적잎벌

해설
솔알락명나방은 잣나무나 소나무 등의 구과에 피해를 주며 배설물을 가해한 구과 속에 채우거나 외부로 배출하기도 한다.

22 느티나무벼룩바구미에 대한 설명으로 옳지 않은 것은?

① 1년에 1회 발생한다.
② 수피에서 성충으로 월동한다.
③ 유충은 주로 잎살을 가해한다.
④ 성충은 주로 수피를 가해한다.

해설
성충 월동후 4월 하순 잎에 산란하여 잎에 주둥이를 꽂아 잎살을 먹어 바늘로 뚫은 것 같은 구멍이 생긴다.

23 1년에 2~3회 발생하며, 2화기 성충은 7월 중순~8월 상순에 우화하여 주로 밤나무 종실에 1~2개씩 산란하는 해충은?

① 밤바구미   ② 밤나무혹벌
③ 복숭아명나방 ④ 참나무재주나방

해설
복숭아 명나방은 6월에 한번, 7~8월에 한번으로 1년에 2~3회 우화하며 과실을 식해한다.

정답 18. ④ 19. ① 20. ② 21. ② 22. ④ 23. ③

24 솔잎혹파리에 의한 피해를 줄이기 위한 방법으로 옳지 않은 것은?

① 시마진 수화제를 살포한다.
② 피압목을 제거하고 간벌을 실시한다.
③ 아세타미프리드 액제를 성충발생기 수간주사 한다.
④ 솔잎혹파리먹좀벌 등 기생성 천적을 이용한다.

해설
솔잎혹파리 방제로 피해목 벌목, 잎 태우기, 성충 우화기에 약제 살포, 기생벌 이용, 수간에 살충제 주입 방법을 사용한다.

25 소나무류의 푸사리움(*Fusarium*) 가지마름병에 대한 설명으로 옳지 않은 것은?

① 불완전균류에 의한 수병이다.
② 피해가지는 송진이 흐르며 고사한다.
③ 병원균은 잎의 기공을 통하여 침입한다.
④ 묘목으로부터 대경목까지 모든 크기의 나무가 피해를 받는다.

해설
포자 감염으로 바람에 의해 포자가 날려 가지에 난 상처로 침투한다.

26 중간기주와 기주교대를 하지 않는 병원균은?

① 소나무 혹병균
② 잣나무 털녹병균
③ 오리나무 잎녹병균
④ 느티나무 흰무늬병균

해설
소나무 혹병균은 졸참나무, 신갈나무와 기주교대를 하며 잣나무털녹병균은 송이풀, 까치밥나무와 기주교대를 하지만 느티나무 흰무늬병균은 별도의 기주교대를 하지 않는다.

27 대기오염물질 중 식물 체내에서 산화적 장해를 유발시키는 것이 아닌 것은?

① 오존
② 염소
③ 이산화질소
④ 아황산가스

해설
산화적 장해 유발 요인은 오존, 염소, 이산화질소, PAN 이다. 아황산가스의 경우 환원 작용 장해 요인에 속한다.

28 저온에 의한 수목의 피해에 대한 설명으로 옳지 않은 것은?

① 세포 내에 얼음결정이 형성되어 세포막이 파손된다.
② 빙점 이하의 온도에서 나타나는 식물의 피해를 말한다.
③ 추위로 인한 토양 중 산소가 부족하여 뿌리의 호흡장애가 일어난다.
④ 온도가 서서히 내려가서 얼음결정이 세포 밖에 생기더라도 원형질이 탈수상태에서 견디지 못할 경우 발생한다.

해설
추위로 인해 세포내 결빙이나 저온에 의한 대사량이 낮아지는 등의 피해가 나타날 수 있지만 토양 중 산소가 줄어들지는 않는다.

29 임지 내의 모닥불자리 또는 산불이 났던 곳에 주로 발생하는 수목병은?

① 뿌리혹선충병
② 근주심재부후병
③ 자주빛날개무늬병
④ 리지나뿌리썩음병

해설
리지나뿌리썩음병은 40도 이상의 조건에서 포자가 발아하기에 산불피해지에서 주로 발생한다.

정답 24. ① 25. ③ 26. ④ 27. ④ 28. ③ 29. ④

30 다배생식하는 해충은?

① 솔나방 ② 송충알좀벌
③ 밤나무혹벌 ④ 솔잎혹파리

해설
다배생식은 수정된 난핵이 분열하여 각각의 개채로 자라는 것을 말한다. 다배생식을 하는 것은 벼룩좀벌과나 송충알좀벌 등이 있다.

31 성충이 흡즙성 해충인 것은?

① 솔껍질깍지벌레
② 호두나무잎벌레
③ 도토리거위벌레
④ 오리나무잎벌레

해설
흡즙성 해충은 수목의 수액을 빨아먹는 해충으로 응애, 진딧물, 깍지벌레 등이 있다.

32 밤나무 흰가루병의 제 1차 전염원이 되는 것은?

① 자낭포자 ② 겨울포자
③ 여름포자 ④ 유주포자

해설
병든 잎에서 자낭각을 형성하여 월동하고 다음해 자낭포자를 분출하여 전염하는 것이 특징이다.

33 수목의 뿌리혹병 발생 원인이 아닌 것은?

① 알칼리성 토양
② 고온다습한 조건
③ 진딧물에 의한 감염
④ 상처에 의한 병균 침입

해설
뿌리혹병은 감염시 발육이 나빠지는데 고온다습한 알칼리성 토양의 조건에서 주로 발생하며 상처 발생 시 감염확률이 매우 높다.

34 성비(sex ratio)가 0.65인 곤충이 있다. 암·수 전체 개체수가 100마리 일 때 그 중 수컷은 몇 마리인가?

① 35마리 ② 50마리
③ 65마리 ④ 100마리

해설
성비의 비율은 기준은 암컷이다. 100마리중 65마리가 암컷, 35마리가 수컷을 의미한다.

35 해충의 약제 저항성에 관한 설명으로 옳지 않은 것은?

① 약제에 대한 도태 및 생존의 결과이다.
② 약제 저항성이 해충의 다음 세대로 유전되지는 않는다.
③ 해충의 개체군 내에서는 약제 저항성의 차이가 있는 개체가 존재한다.
④ 동일 살충제에서 해충을 누대 도태시킨 경우 다른 살충제에도 저항성이 발달하는 현상은 교차저항성이라 한다.

해설
곤충이 약제에 대한 저항성이 생길 경우 다음 세대로 유전되기도 한다.

36 표징으로 나타나는 병원체의 기관 중에 번식기관인 것은?

① 균핵 ② 발아관
③ 부착기 ④ 분생자병

해설
분생자병은 공중으로 뻗어가는 균사로서 분생포자를 형성하는 번식기관이다.

정답 30. ② 31. ① 32. ① 33. ③ 34. ① 35. ② 36. ④

37 밤나무 줄기마름병에 대한 설명으로 옳은 것은?

① 중간기주는 뱀고사리이다.
② 미국에서 유입된 병해이다.
③ 질소비료를 적게 주어 방제한다.
④ 병든 부위에 흰색의 포자각이 표피를 뚫고 나온다.

해설
밤나무 줄기마름병은 질소질 비료를 많이 주게 되면 오히려 확산된다.

38 식물에 기생하는 대부분의 세균 형태는?

① 구형(coccus)
② 간상(bacillus)
③ 나선상(spirillum)
④ 부정형(pleomorphic)

해설
세균의 대부분은 막대모양인 간상형(간균)을 가진다.

39 외국에서 유입된 해충이 아닌 것은?

① 흰개미   ② 매미나방
③ 솔잎혹파리   ④ 버즘나무방패벌레

해설
흰개미는 아열대, 솔잎혹파리는 일본, 버즘나무방패벌레는 북미에 유입되었으며 매미나방은 토종벌레이다.

40 모잘록병원균 중에서 불완전균류는?

① *Pythium irregulare*
② *Rhizoctonia solani*
③ *Pythium debaryanum*
④ *Phytophthora cactorum*

해설
불완전균류가 무성적인 번식기관만을 갖는 균류로 *Rhizoconia solani*, *Fusarium oxysporum*, *Cylindrocladim scoparium* 등이 대표적이다.

41 임지기망가의 최대치에 도달하는 속도를 빠르게 하기 위한 조건으로 옳지 않은 것은?

① 이율이 높을수록
② 조림비가 많을수록
③ 간벌수확이 많을수록
④ 주벌수확의 증대속도가 빠를수록

해설
조림비는 클수록 최대값 도달은 늦어진다.

42 산림문화휴양에 관한 법률에 의한 치유의 숲 시설 종류가 아닌 것은?

① 체육시설   ② 안전시설
③ 편익시설   ④ 위생시설

해설
치유의 숲 시설로 산림치유시설, 편익시설, 위생시설, 전기시설, 통신시설, 안전시설이 있다. 체육시설은 삼림욕장시설의 종류 중 하나이다.

43 임업기계의 감가상각비(D)를 구하는 공식으로 옳은 것은? (단, P : 기계구입가격, S : 기계 폐기시의 잔존가치, N : 기계의 수명)

① $D = (P-S) \times N$
② $D = \dfrac{N}{S-P}$
③ $D = \dfrac{P-S}{N}$
④ $D = \dfrac{N}{P-S}$

해설
감가상각비의 종류 중 정액법 공식이다.

정답 37. ③ 38. ② 39. ② 40. ② 41. ② 42. ① 43. ③

44 임업투자 사업에서 감응도 분석의 대상으로 고려하여야 할 주요 요인이 아닌 것은?
① 생산량
② 자본예산
③ 사업기간의 지연
④ 생산물의 가격 및 노임 등의 가격 요인

> **해설**
> 감응도분석 미래에 불확실한 투자 분석에 포함하여 어느 정도 민감하게 변화되는지를 예측 하는 것으로 생산량, 사업기간 지연, 생산물 가격, 노임, 자재비용(원료 및 원자재) 등이 있다.

45 컴퓨터의 발전과 더불어 산림경영계획 분야 및 산림의 다목적 이용계획에 적용하는 분석 기법으로 1차식인 수학모형을 이용하는 것은?
① 선형계획법
② 동적계획법
③ 비선형계획법
④ 그물망분석법

> **해설**
> 선형계획법은 목적 달성을 위해 한정된 자원을 가장 효율적으로 용도에 맞추어 배분할 수 있는가 하는 최적배치와 생산계획의 문제 등을 해결하기 위해 개발된 것으로 1차식인 수학모델을 이용한다.

46 금년에 간벌수입이 100만원의 순수입이 있어 이를 연이율 10%로 하여 2년 후의 후가를 계산하면 얼마인가?
① 110만원
② 121만원
③ 133만원
④ 146만원

> **해설**
> 후가계산공식인 $N = V(1+P)^n$에 대입하여 도출한다.
> $100(1+0.1)^2 = 121$

47 임지의 특성에 해당하지 않는 것은?
① 임업 이외의 다른 사업이 어려운 편이다.
② 임지는 넓고 험하여 집약적인 작업이 어렵다.
③ 교통의 편리성에 따라 임지의 경제적 가치는 결정된다.
④ 수직적으로 생육환경이 다르지만 비교적 수종분포가 균일하다.

> **해설**
> 임지는 지역이나 환경에 따라 수종이 다양하다.

48 입목 직경을 수고의 $\frac{1}{n}$ 되는 곳의 직경과 같게 하여 정한 형수는?
① 정형수
② 수고형수
③ 절대형수
④ 흉고형수

> **해설**
> 수고 1/n 부분의 직경을 기준으로 같게 하여 정한 형수를 정형수라 한다.

49 임목의 연년생장률에 대한 설명으로 옳은 것은?
① 총생장량을 면적으로 나눈 백분율
② 정기생장량을 그 기간의 년수로 나눈 백분율
③ 총생장량을 벌기까지의 총년수로 나눈 백분율
④ 1년간의 생장량을 당초의 재적으로 나눈 백분율

> **해설**
> 연년생장률은 1년간의 생장한 양을 기준 기간의 이전에 재적으로 나눈 백분율을 의미한다.

정답 44. ② 45. ① 46. ② 47. ④ 48. ① 49. ④

50 흉고직경 20cm, 수고 10m인 입목의 재적이 약 0.14m³로 계산되었다. 재적계산에 적용된 형수는 약 얼마인가?

① 0.30　　② 0.35
③ 0.40　　④ 0.45

해설
임목재적(V)
$V = g(단면적) \times h(높이) \times f(형수)$
$g = 0.1 \times 0.1 \times 3.14 = 0.314$
$0.14 = 0.314 \times 10 \times f$
$f ≒ 0.4458 ≒ 0.45$

51 국유림의 소반경영계획 수립 시 임목생산에 대한 설명으로 옳지 않은 것은?

① 수확조절은 축적 위주로 임목생산량을 선정 하는 것을 지양한다.
② 벌기령은 임분의 평균생산기간을 의미하고 보속성 여부를 판단한다.
③ 산림의 공간배치는 수확대상 임분을 선정하는데 중요한 의미를 갖는다.
④ 정해진 벌기령의 범위 안에서 매 임분급 단위로 대략 영급구성면적이 같아지도록 한다.

해설
수확조절시 축적 위주의 임목생산량을 선정하고 면적 위주의 임목생산량을 지양한다.

52 법정림에 있어서 윤벌기가 50년인 경우, 법정연벌율(법정수확율)은?

① 1%　　② 2%
③ 3%　　④ 4%

해설
법정년벌률 = 200/윤벌기 = 200/50 = 4(%)

53 임목의 평가방법을 짝지은 것으로 옳지 않은 것은?

① 원가방식 - 비용가법
② 수익방식 - 기망가법
③ 비교방식 - 수익환원법
④ 원가수익절충방식 - Glaser법

해설
비교방식의 방법은 시장가역산법과 매매가법이 있다.

54 산림문화휴양에 관한 법률에 정의된 사항으로 다음 설명에 해당하는 것은?

> 국민의 건강증진을 위하여 산림 안에서 맑은 공기를 호흡하고 접촉하며 산책 및 체력단련 등을 할 수 있도록 조성한 산림

① 숲길　　② 산림욕장
③ 치유의 숲　　④ 자연휴양림

해설
보기의 내용은 산림문화 휴양에 관한 법률 제 2조의 내용으로 산림욕장에 대한 정의이다.

55 평균생장량과 연년생장량간의 관계를 옳게 설명한 것은?

① 초기에는 평균생장량이 연년생장량보다 크다.
② 평균생장량이 연년생장량에 비해 최대점에 빨리 도달한다.
③ 평균생장량이 최대가 될 때 연년생장량과 평균생장량은 같게 된다.
④ 평균생장량이 최대점에 이르기까지는 연년생장량이 평균생장량보다 항상 작다.

해설
초기에는 평균생장량보다 연년생장량이 크며 연년생장량의 최대점이 더 빨리 온다. 그리고 평균생장량의 최대점이 되기까지 연년생장량이 평균생장량보다 항상 크다.

정답　50. ④　51. ①　52. ④　53. ③　54. ②　55. ③

56 산림평가에 쓰이는 용어 중 의미가 다른 것은?
① 환원율 ② 할인율
③ 전가계수 ④ 현재가계수

해설
전가계수는 현재가계수, 할인율, 전가계수, 현재가계수 등을 포함한다. 환원율은 미래에 대한 자본 환산에 필요한 이율로서 보기의 산림용어와는 관련이 없다.

57 임업조수익 중에서 임업소득이 차지하는 비율은?
① 임업의존율
② 임업소득율
③ 임업순수익율
④ 임업소득가계충족율

해설
임업소득률은 임업소득과 임업조수익의 백분율로 (임업소득/임업조수익)*100(%)이다.

58 산림면적이 300ha, 벌기평균재적이 150m³, 1ha당 벌기재적이 200m³일 경우 개위면적은?
① 200ha ② 300ha
③ 400ha ④ 500ha

해설
개위면적=해당임분면적× $\frac{ha당 벌기재적}{평균벌기재적}$
=300× $\frac{200}{150}$ =400

59 재적수확이 최대가 되는 벌기령은?
① 화폐수익이 최대인 때
② 토지순수익이 최대인 때
③ 벌기평균생장량이 최대인 때
④ 벌기평균생장률이 최대인 때

해설
재적수확이 최대가 되는 벌기령은 결국 벌기평균생장량이 최대가 되는 때이다.

60 산림교육의 활성에 관한 법률에 규정한 산림교육전문가의 배치기준 중 숲해설가를 배치하는 시설이 아닌 것은?
① 도시림 ② 국민의 숲
③ 자연휴양림 ④ 유아숲체험원

해설
산림교육전문가 배치 기준에 의거 숲해설가는 자연휴양림, 삼림욕장, 국민의숲, 수목원, 생태숲, 도시림 및 생활림, 자연공원에 배치되며 유아숲체험원은 유아숲 지도사가 배치된다.

61 임도 횡단 측량시 측량해야 할 지점이 아닌 것은?
① 중심선의 각 지점
② 구조물 설치 지점
③ 지형이 급변하는 지점
④ 노선 연장 100m 마다의 지점

해설
횡단측량시 중심선 지점, 지형 급변 지점, 구조물 설치 지점 등의 기준이 있다.

62 벌목 제근 작업에 가장 적합한 기계는?
① cable crane ② rake dozer
③ tractor shovel ④ ripper bulldozer

해설
제근작업은 잡초 및 뿌리를 제거하는 작업으로 레이크도저가 제근에 용이한 구조를 가진다.

63 지선임도 개설단가는 2000원/ha, 수확재적은 25m³/ha, 지선임도밀도가 30m/ha일 때 지선임도 가격은 얼마인가?
① 1667원/m³ ② 2100원/m³
③ 2400원/m³ ④ 3333원/m³

해설
지선임도가격 = (지선임도밀도 * 지선임도개설비단가) / 수확재적
30 * 2000 / 25 = 2400

정답 56. ① 57. ② 58. ③ 59. ③ 60. ④ 61. ④ 62. ② 63. ③

64 다음은 기고식에 의한 종단측량 야장이다. 괄호 안에 들어갈 수치로 옳은 것은?

측점	후시	기계고	전시 T.P	전시 I.P	지반고	REMARKS
B.M NO.8	2.30	32.30			30.0	B.M NO.8 의 H=30.0m 측정 6은 B.M NO.8에 비하여 1.95m 높다
1				3.2	(㉠)	
2				(㉡)	29.8	
3	4.25	35.45	1.1		31.2	
4				2.3	33.15	
5				2.1	33.35	
6			3.5		31.95	
SUM	6.55		4.6			

① ㉠ 29.1, ㉡ 0.7
② ㉠ 29.1, ㉡ 2.5
③ ㉠ 35.5, ㉡ 0.7
④ ㉠ 35.5, ㉡ 2.5

해설

지반고 = 기계고 - 전시
㉠ = 32.3 - 3.2 = 29.1
전시 = 기계고 - 지반고
㉡ = 32.3 - 29.8 = 2.5

65 다음 그림에서 측선 BC의 방위각은 몇 도인가?

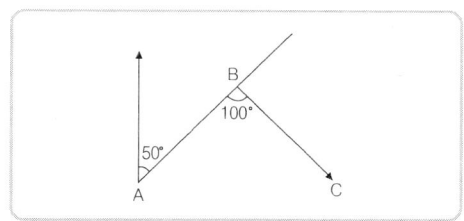

① 50°
② 100°
③ 130°
④ 150°

해설

트래버스 측량에서 방위각은 12시 방향을 기준으로 AB의 연장선의 각 50° 이다. ∠ABC의 각이 100° 이므로 AB의 직선인 180° 와의 차이를 통해 AB의 연장선과 C의 각이 80° 임을 알 수 있다. 12 방향을 기준으로 BC의 방위각은 80°+50°=130° 이다.

66 임도설계업무 요소를 순서에 맞게 나열한 것은?

㉠ 예비조사 ㉡ 실측
㉢ 설계도 작성 ㉣ 답사
㉤ 설계서 작성 ㉥ 예측
㉦ 공사수량의 산출

① ㉣→㉥→㉠→㉡→㉤→㉢→㉦
② ㉣→㉠→㉥→㉡→㉢→㉦→㉤
③ ㉠→㉣→㉥→㉡→㉢→㉤→㉦
④ ㉠→㉣→㉥→㉡→㉢→㉦→㉤

해설

조사를 하고 조사를 바탕으로 답사, 조사 및 답사를 통한 예측 및 실측을 해보고 그 데이터를 바탕으로 설계도 작성, 앞으로 들어갈 공사수량에 대한 데이터 산출 후 설계서 작성을 한다.

67 낮은 산지의 고저차가 1m 되는 두 점간 거리는 10m 일 때의 경사보정량(cm)은?

① -1
② -2
③ -5
④ -10

해설

경사보정량 공식
$$C_g = -\frac{h^2}{2L} = -\frac{1^2}{2 \times 10} = -0.05(m)$$
h : 표고차, L : 거리

정답 64. ② 65. ③ 66. ④ 67. ③

68 임도의 종단 기울기에 대한 설명으로 옳은 것은?

① 종단기울기를 급하게 하면 임도우회율을 낮출 수 있다.
② 종단기울기의 계획은 설계차량의 규격과 관계가 없다.
③ 종단기울기는 완만한 것이 좋기 때문에 0%를 유지하는 것이 좋다.
④ 종단기울기는 시공 후 임도의 개·보수를 통하여 손쉽게 변경할 수 있다.

해설
우회율은 산림에서 일정 지점간의 직선거리를 연결하기 위해 실제 시공되는 임도 총연장의 증가치로 종단 기울기가 급하게 되면 차량의 주행은 어렵지만 그만큼 임도 우회율은 감소하게 된다.

69 임도공사시 기초작업에서 지반의 허용지지력이 가장 큰 것은?

① 연암
② 잔모래
③ 연한 점토
④ 자갈과 거친 모래

해설
지반의 허용지지력이 강한 순서로 경암, 연암, 자갈, 모래, 점토 순이다.

70 토양을 덤프트럭으로 운반하고자 한다. 덤프트럭 적재 용량이 500m³이라면 산악지의 자연 상태의 토량(m³)이 얼마일 때 가득 적재할 수 있는가? (단, 토양의 변화율 L은 1.2, C는 0.9 이다.)

① 420
② 450
③ 560
④ 600

해설
토양의 변화율
· L : 흐트러진 상태 토량 / 자연상태 토량
· C : 다져진 상태 토량 / 자연상태 토량
덤프트럭 적재는 흐트러진 상태 토량기준으로 변화율 L 기준으로 풀도록 한다.
500 / 1.2 = 416.66 = 약 420

71 롤러의 표면에 돌기를 만들어 부착한 것으로 점질토의 다짐에 적당하고 제방, 도로, 비행장, 댐 등 대규모의 두꺼운 성토의 다짐에 주로 사용되는 것은?

① 진동 롤러
② 탬핑 롤러
③ 타이어 롤러
④ 머캐덤 롤러

해설
탬핑 롤러는 도로, 댐등의 대규모의 두꺼운 성토를 다지는데 유용하다. 진동롤러 및 타이어롤러 등은 노상, 노반의 흙다지기에 적당하다

72 대피소의 설치기준으로 다음 ( )안에 들어갈 내용이 옳은 것은?

구 분	기 준
간격	(가) 미터 이내
너비	(나) 미터 이상
유효길이	(다) 미터 이상

① 가 : 300, 나 : 5, 다 : 15
② 가 : 300, 나 : 15, 다 : 5
③ 가 : 500, 나 : 5, 다 : 15
④ 가 : 500, 나 : 15, 다 : 5

해설
대피소의 간격 300m 이내, 너비 5m 이상, 유효길이 15m 이상을 기준으로 한다.

정답 68. ① 69. ① 70. ① 71. ② 72. ①

73 측선 길이 100m, 위거 오차 0.1m, 경거 오차 0.5m, 전측선 총길이가 200m라 하면 경거와 위거의 조정량을 컴퍼스법칙에 의해 계산한 값은?

① 위거 조정량 : 0.01m, 경거 조정량 : 0.05m
② 위거 조정량 : 0.25m, 경거 조정량 : 0.05m
③ 위거 조정량 : 0.05m, 경거 조정량 : 0.25m
④ 위거 조정량 : 0.50m, 경거 조정량 : 0.25m

해설

위거(경거) 조정량

$$= \frac{\text{위거(경거)오차} \times \text{해당측선길이}}{\text{측선길이 합계}}$$

위거조정량 $= \dfrac{0.1 \times 100}{200} = 0.05$,

경거조정량 $= \dfrac{0.5 \times 100}{200} = 0.25$

74 임도의 구조물 시공시 기초공사의 종류가 아닌 것은?

① 전면기초   ② 말뚝기초
③ 고정기초   ④ 깊은기초

해설

얕은기초는 확대기초, 전면기초가 있으며 깊은기초에는 말뚝기초, 케이슨기초가 있다.

75 임도의 노체와 노면에 대한 설명으로 옳지 않은 것은?

① 사리도는 노면을 자갈로 깔아 놓은 임도이다.
② 토사도는 배수문제가 적어 가장 많이 사용된다.
③ 임도는 노상, 노면, 기층, 표층으로 구성되는 것이 일반적이다.
④ 노상은 다른 층에 비해 작은 응력을 받으므로 특별히 부적당한 재료가 아니면 현장 재료를 사용한다.

해설

토사도는 일명 흙길로 다른 길보다 물에 의한 유실 등의 배수문제가 많다.

76 사리도의 유지보수에 대한 설명으로 옳지 않은 것은?

① 방진처리를 위하여 물, 염화칼슘 등이 사용된다.
② 횡단기울기를 10~15% 정도로 하여 노면 배수가 양호하도록 한다.
③ 노면의 정지작업은 가급적 비가 온 후 습윤한 상태에서 실시하는 것이 좋다.
④ 길어깨가 높아져 배수가 불량할 경우 그레이더로 정형하고 롤러로 다진다.

해설

사리도의 횡단기울기는 3~5% 정도로 한다.

77 지성선 중 동일 방향으로 경사져 있으나 기울기가 다른 두 면의 교차선은?

① 경사변환선   ② 경사교차선
③ 방향교차선   ④ 방향변환선

해설

동일방향의 경사면에서 경사의 크기가 다른 두면의 접합부를 경사변환선이라 한다.

정답 73. ③ 74. ③ 75. ② 76. ② 77. ①

78 산림조사용 항공사진을 판독할 때 식재열이 뚜렷하며, 임분 전체의 색조가 균일하고 임분의 경계가 직선에 가까운 것은?

① 천연림　② 혼효림
③ 복층림　④ 인공림

해설
임분의 경계가 직선에 가깝게 되기 위해서는 일정간격을 맞추어 계획적으로 심은 인공림에 가깝다.

79 임도의 시공시 연한 점질토 및 연한 점토인 경우에 성토의 높이를 5m 미만으로 설치할 때, 흙쌓기 비탈면의 표준 기울기는? (단, 기초 지반의 지지력이 충분한 성토에 적용한다.)

① 1 : 1.0 ~ 1 : 1.2
② 1 : 1.2 ~ 1 : 1.5
③ 1 : 1.5 ~ 1 : 1.8
④ 1 : 1.8 ~ 1 : 2.0

해설
흙쌓기 비탈면의 표준기울기는 1 : 1.5 ~2.0 정도의 기울기를 가진다. 이때 연한 점질토 및 점토의 경우 1 : 1.8~2.0 정도가 적합하다.

80 토적계산법에서 실제의 토적보다 다소 적게 나오지만 양단면평균 계산법보다 오차가 적은 것은?

① 등고선법　② 각주공식
③ 주상체공식　④ 중앙단면적법

해설
중앙단면적법은 양단면평균법 보다 오차가 적다.

81 유출계수(C)가 0.9이고 유역 면적이 100ha인 험준한 산악지역에 시간당 100mm의 강도로 비가 내리고 있다면 합리식법으로 계산한 최대홍수량(m^3/s)은?

① 2.5　② 25
③ 250　④ 2500

해설
$$Q = \frac{1}{360} \times CIA$$
= 0.002778×유출계수×강우강도×면적
= 0.002778 × 0.9 × 100 × 100
= 25.002 ≒ 25

82 기슭막이의 시공목적에 대한 설명으로 옳지 않은 것은?

① 기슭의 유로 변경
② 계안 횡침식 방지
③ 산복공작물의 기초 보호
④ 산복붕괴의 직접적인 방지

해설
보호 및 안정이 목적으로 계류의 흐름방향에 따라 축설하기에 유로의 변경과는 관련이 없다.

83 야계사방공사에서 계상기울기 결정에 이용되는 임계유속이란 무엇인가?

① 계상 바닥에서 발생하는 유속
② 계상침식을 일으키는 최대유속
③ 수표면에서 발생하는 표면유속
④ 계상에 침식을 일으키지 않는 최대유속

해설
임계유속은 흐르는 물에 의해 계류 바닥에 침식이 일어나지 않는 범위의 최대유속을 말한다.

정답　78. ④　79. ④　80. ④　81. ②　82. ①　83. ④

84 사방댐의 단면에 대한 안정을 계산할 때 작용하는 외력으로 옳지 않은 것은?

① 양압력 ② 퇴사압력
③ 제체의 중량 ④ 기초지반의 지지력

해설
사방댐에 작용하는 외력의 종류로 제체 중량, 수압, 퇴사압, 양압력, 충격력, 지진력 등이 있다. 보기의 기초지반의 지지력은 중력댐의 안정조건 중 하나이다.

85 경사가 완만하고 상수가 없으며 유량이 적고 토사의 유송이 없는 곳에 가장 적합한 산복수로는?

① 떼붙임 수로 ② 메쌓기 돌수로
③ 찰쌓기 돌수로 ④ 콘크리트 수로

해설
떼붙임수로는 비탈 경사가 작고 유량 및 집수량이 적으며 미적경관이 요구되는 경우 설치한다.

86 앵커박기공법의 적용대상지로 가장 적합한 곳은?

① 비탈 보호나 완만한 경사로 성토를 할 곳
② 급경사의 대규모 암반비탈에 암석이 노출되어 녹화공사가 불가능한 곳
③ 비탈의 암질이 복잡하고 마사토로 구성되어 취급이 곤란하고 지하수가 용출하는 곳
④ 비탈 경사가 현저하게 급한 곳에서 토압이 큰 곳이나 비탈틀 공법 혹은 흙막이공사 등을 계획하는 곳

해설
앵커박기공법은 앵커를 넣고 콘크리트로 연결하는 방법으로 경사가 급한 곳의 땅밀림 및 암석붕괴를 방지한다.

87 다음 그림에 해당하는 돌쌓기 종류는?

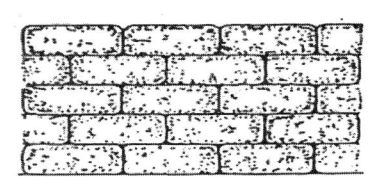

① 켜쌓기 ② 막쌓기
③ 골쌓기 ④ 육모쌓기

해설
켜쌓기는 궤쌓기라고도 하며 규칙적인 가로 줄눈이 일직선이 되도록 쌓는다.

88 비탈 옹벽공법을 구조에 따라 분류한 것이 아닌 것은?

① T형 옹벽 ② 부벽식 옹벽
③ 돌쌓기 옹벽 ④ 중력식 옹벽

해설
비탈 옹벽공법에 구조에 따라 중력식, 부벽식, T형, L형 등이 대표적이다. 그 중 중력식은 시공이 가장 용이하고 경제적이다.

89 토사퇴적구역에 대한 설명으로 옳지 않은 것은?

① 유수의 유송력이 대부분 상실되는 지점이다.
② 침적지대 또는 사력퇴적지역 등으로 불린다.
③ 황폐계류의 최하부로서 계상기울기가 급하고 계폭이 좁다.
④ 유송토사의 대부분이 퇴적되어 계상이 높아지게 된다.

해설
황폐계류의 최하부는 토사가 퇴적되기에 기울기는 완만하고 계폭이 넓은 것이 특징이다.

정답 84. ④ 85. ① 86. ④ 87. ① 88. ③ 89. ③

90 단끊기 작업에 대한 설명으로 옳지 않은 것은?

① 일반적으로 하부에서 상부 방향으로 진행한다.
② 비탈면에 너비가 일정한 소단을 만드는 공사이다.
③ 단상(段上)에는 될 수 있는 대로 원래의 표토를 존치하도록 한다.
④ 주로 경사가 급한 비탈면에서 식생을 조기에 도입하기 위한 곳에 실시한다.

해설
단끊기는 일반적으로 상부에서 하부로 작업한다.

91 빗물에 의한 침식에 대한 설명으로 옳지 않는 것은?

① 구곡침식은 도랑이 커지면서 심토까지 심하게 깎이는 현상이다.
② 우격침식은 자연계천이나 하천에 의해 발생되는 현상이다.
③ 누구침식은 토양표면에 잔 도랑이 불규칙하게 생기면서 깎이는 현상이다.
④ 면상침식은 침식의 초기 유형으로 토양의 얕은 층이 유실되는 현상이다.

해설
우격침식은 빗방울침식이라 하여 빗방울이 땅표면을 가격하는 침식의 종류이다.

92 임간나지에 대한 설명으로 옳은 것은?

① 산림이 회복되어 가는 임상이다.
② 비교적 키가 작은 울창한 숲이다.
③ 초기황폐나 황폐이행지로 될 위험성은 없다.
④ 지표면에 지피식물 상태가 불량하고 누구 또는 구곡침식이 형성되어 있다.

해설
임간나지는 지표면에 지피식물이 적거나 불량하여 잔도랑이나 큰도랑이 발생할 수 있어 이것이 누구침식, 구곡침식으로 발달하게 된다.

93 산림지대에서 증발산에 대한 설명으로 옳지 않은 것은?

① 증발산량 추정방법으로 존스웨이트식 등이 있다
② 물수지법, 열수지법으로 증발산량을 파악할 수 있다.
③ 증발되거나 방산으로 공중으로 되돌아가는 현상이다.
④ 일반적으로 증발산량은 정오에 최소이고 자정에 최대이다.

해설
증발산량은 정오에 최대이고 자정에 최소이다.

94 비탈 녹화공법에 적용하기 가장 부적합한 것은?

① 조공   ② 새심기
③ 사초심기   ④ 씨뿌리기

해설
사초심기는 주로 건조 및 더위에 강한모래땅에 잘 생육하는 사초를 식재하여 사면을 피복하는 해안사방공법이다. 녹화공법으로 조공, 선떼붙이기, 떼단쌓기, 새심기 등이 있다.

95 사방댐의 물빼기 구멍 설치 목적으로 옳지 않은 것은?

① 유출토사량 조절
② 댐의 시공 중 유수 저수
③ 사력기초의 잠류속도 감소
④ 댐의 시공 후 대수면에 가해지는 수압 감소

해설
물빼기 구멍은 물이 빠져나감으로서 가해지는 압력 감소 등의 효과가 있으나 물을 모으는 저수의 목적과는 거리가 있다.

정답   90. ① 91. ② 92. ④ 93. ④ 94. ③ 95. ②

96 비탈면 힘줄박기공법에 관한 설명으로 옳지 않은 것은?

① 사각형틀, 삼각형틀, 계단상 수평띠 모양 등이 있다.
② 현장에서 직접 거푸집을 설치하여 콘크리트를 친다.
③ 비탈기울기가 급하고 불안정한 사면에 시공한다.
④ 비탈 제일 아래에는 수직방향으로 콘크리트 옹벽형 기초공사를 한다.

[해설]
비탈면 힘줄박기공법은 거푸집을 설치하고 콘크리트를 쳐서 비탈면 안정을 위해 뼈대를 만들고 흙, 돌로 채워 녹화하는 방법이다.

97 앞 모래언덕 육지 쪽에 후방 모래를 고정하여 표면을 안정시키고 식재목이 잘 생육할 수 있는 환경 조성을 위해 실시하는 공법은?

① 구정바자얽기
② 모래덮기공법
③ 퇴사울타리공법
④ 정사울세우기공법

[해설]
모래가 있는 전사구에서 육지쪽의 후방모래를 고정하여 모래 안정을 도모해 식재목이 잘 자라도록 울타리를 세우는 공법을 정사울세우기 공법이라 한다.

98 Bazin 공식에 관한 설명으로 옳은 것은?

① 풍부한 경험에 의한 조도계수가 필요하다.
② 계수 산정이 복잡하고 물리적 의미도 명확하지 않다.
③ 기울기가 급하고 유속이 빠른 수로에서 평균유속을 구하는 식이다.
④ 물의 흐름이 등류상태에 있는 경우의 단면 평균유속을 구하는 식이다.

[해설]
Bazin, Kutter, Manning 공식은 평균유속공식이다.

99 유역면적 1ha, 최대 시우량 100mm/hr 일 때 시우량법에 의한 계획지점에서의 최대홍수 유량(m^3/s)은? (단, 유거계수(K)는 0.7로 한다.)

① 0.166 ② 0.194
③ 1.17   ④ 1.94

[해설]

$$Q = K\frac{a \times \dfrac{m}{1000}}{60 \times 60}$$

$$= 0.7 \times \frac{10000 \times \dfrac{100}{1000}}{60 \times 60} ≒ 0.194$$

a : 유역면적(m^2) 1ha=10,000m^2,
m : 최대시우량(mm/hr),
K : 유거계수

100 평떼붙이기공법의 설명으로 옳지 않은 것은?

① 평떼심기란 평탄지에 평떼를 심는 것이다.
② 주로 45도 이상의 급경사의 지형에 시공한다.
③ 붙인 떼는 떼 꽂이로 고정하여 활착이 잘 이뤄지게 한다.
④ 심은 후에는 잘 밟아 다져 떳밥을 주고 깨끗이 뒷정리를 한다.

[해설]
평떼 붙이기는 경사 45도 이하의 산지사면에 시공한다.

정답 96. ④ 97. ④ 98. ③ 99. ② 100. ②

2016년 제2회 산림기사

01 발아율이 85%이고 발아세가 80%인 종자의 경우 발아율에서 발아세를 뺀 값인 5%의 종자에 대한 설명으로 옳은 것은?
① 발아가 빠르게 되는 종자이다.
② 불량묘가 될 가능성이 높은 종자이다.
③ 묘포에 파종할 때 발아가 되지 않는 종자이다.
④ 종자를 채취할 때 섞여 들어간 다른 수종의 종자이다.

[해설] 발아율은 전체 종자수에서 발아한 수의 비율이고 발아세는 가장 많이 발아한 날까지의 종자수 기준이다. 이때 나머지 5%는 기간 내 발아하지 않은 것으로 생장이 약한 불량묘 가능성 높다.

02 산림 갱신 방법 중 예비벌, 하종벌, 후벌 단계를 거치는 작업종은?
① 개벌작업 ② 택벌작업
③ 모수작업 ④ 산벌작업

[해설] 산벌작업은 크게 예비벌, 하종벌, 후벌의 단계를 거쳐 갱신한다.

03 침엽수의 가지치기 작업방법으로 옳은 것은?
① 으뜸가지 이상의 가지를 친다.
② 줄기와 직각이 되도록 잘라낸다.
③ 생장 휴지기에 실시하는 것이 좋다.
④ 초두부까지 가지를 쳐내어 통직한 간재를 생산하도록 한다.

[해설] 침엽수 가지치기는 으뜸가지 이하로 가지를 치며 줄기와 평행하게 잘라낸다. 또한 생장기 작업시 피해가 우려되기에 생장휴지기인 11월~2월 사이 실시한다.

04 산림 생태적인 면에서 환경 친화적인 작업종과 가장 거리가 먼 것은?
① 개벌작업 ② 택벌작업
③ 모수작업 ④ 산벌작업

[해설] 개벌은 임분 전체를 일시에 베어내어 황폐화 및 지력 감소를 일으킨다.

05 회귀년을 고려하여야 할 작업종은?
① 개벌작업 ② 택벌작업
③ 모수작업 ④ 산벌작업

[해설] 회귀년은 택벌작업을 하는 산림에 설정된 기간으로 처음 작업한 곳으로 다시 돌아오는데 걸리는 기간을 말한다.

06 일반 공기 중에는 약 78%가 질소로 구성되어 있으나 식물이 이를 직접 이용하기는 어렵다. 식물이 질소를 이용 가능한 형태로 바꾸는 것을 무엇이라 하는가?
① 질소 이동 ② 질산 환원
③ 질소 순환 ④ 질소 고정

[해설] 대기권의 질소는 식물이 직접적으로 사용이 어렵다. 그래서 이러한 질소를 사용하도록 변화시키는 과정을 질소고정이라 하며 뿌리혹박테리아 등이 질소고정을 돕는 대표적인 예이다.

정답 01. ② 02. ④ 03. ③ 04. ① 05. ② 06. ④

07 극양수에 해당하는 수종은?
① 주목 ② 단풍나무
③ 서어나무 ④ 일본잎갈나무

해설
극양수의 대표 수종으로 소나무, 자작나무, 오리나무, 낙엽송 등이 있다.

08 인공림 침엽수의 수형목 지정기준으로 옳지 않은 것은?
① 상층 임관에 속할 것
② 수관이 넓고 가지가 굵을 것
③ 밑가지들이 말라서 떨어지기 쉽고 그 상처가 잘 아물 것
④ 주위 정상목 10본의 평균보다 수고 5%, 직경 20% 이상 클 것

해설
수관이 좁고 가지가 가늘며 수관이 한 쪽으로 치우치지 않아야 한다.

09 묘포 입지선정 조건으로 가장 부적합한 것은?
① 완경사지
② 점토질 토양
③ 관개, 배수가 유리한 곳
④ 교통과 노동력 공급이 유리한 것

해설
묘포 입지선정에 있어 토질은 사질양토가 적합하다.

10 식생조사에서 빈도에 대한 설명으로 옳지 않은 것은?
① 빈도는 방형구의 크기에 영향을 받지 않는다.
② 어느 종이 출현한 방형구 수와 총조사 방형구 수의 백분비로 표시된다.
③ 어느 종이 얼마나 넓은 지역에 걸쳐 출현하는가를 알기 위한 척도이다.
④ 군란 내에 있어서 종간의 양적관계를 알기 위한 척도로는 상대빈도를 이용한다.

해설
방형구는 식물군락 표본의 면적을 의미하며 그 크기는 빈도에 영향을 준다.

11 난대 수종으로 일반적으로 온대 중부 이북에서 조림하기 어려운 수종은?
① *Quercus acuta*
② *Abies holophylla*
③ *Pinus Koraiensis*
④ *Fraxinus rhynchophylla*

해설
① 붉가시나무 ② 전나무 ③ 잣나무 ④ 물푸레나무
붉가시나무는 난대림 수종으로 온대 중부 이북에 조림하기 어려운 수종이다.

12 숲가꾸기 품셈에는 수종별, 흉고직경별 간벌 후 입목본수기준이 제시되어 있다. 흉고직경이 20cm인 경우에 간벌 후 ha당 입목본수가 가장 적은 수종은?
① 편백 ② 삼나무
③ 참나무류 ④ 일본잎갈나무

해설
ha 당 임목본수

편백	1070	삼나무	1010
참나무류	540	일본잎갈나무	700

정답 07. ④ 08. ② 09. ② 10. ① 11. ① 12. ③

13 식토에 관한 설명으로 옳지 않은 것은?

① 식토는 사토에 비하여 보수력이 높다.
② 식토는 사토보다 식물의 뿌리 발달에 유리하다.
③ 식토는 사토에 비하여 양이온치환용량(C.E.C)이 크다.
④ 식토는 토양수분함량이 낮아질 때 거북 등처럼 갈라지나 사토는 그렇지 않다.

해설
식토는 점토함량 50%, 사토는 점토함량 12.5% 정도로 상대적으로 통기성이 좋은 사토가 뿌리 발달이 유리하다.

14 정상적인 생육을 위해 무기양분을 가장 많이 요구하는 수목은?

① 향나무   ② 소나무
③ 오리나무 ④ 느티나무

해설
수목의 양분 요구도
• 많이 요구 : 오동나무, 느티나무, 전나무, 참나무
• 중간 요구 : 낙엽송, 잣나무, 서어나무, 피나무
• 적게 요구 : 소나무, 해송, 향나무, 오리나무

15 개화 후 다음 해 10월 경 종자가 성숙하는 수종은?

① *Quercus dentata*
② *Quercus serrata*
③ *Quercus mongolica*
④ *Quercus acutissima*

해설
① 떡갈나무 ② 참나무 ③ 신갈나무 ④ 상수리나무
상수리나무는 개화한 다음해 가을에 성숙한다.

16 잣나무 성목을 대상으로 실시한 가지치기 작업이 임목에 미치는 영향으로 옳지 않은 것은?

① 무절재의 생산
② 수고생장 촉진
③ 직경생장 촉진
④ 수간의 완만도 향상

해설
가지치기는 옹이가 없고 통직한 완만재를 생산하며 수고생장을 촉진한다.

17 잣나무에 대한 설명으로 옳지 않은 것은?

① 침엽이 5개씩 모아 난다.
② 종자에 달린 날개는 퇴화되어 있다.
③ 어려서 음수이며 커감에 따라 햇빛 요구량이 줄어든다.
④ 한대수종으로 토심이 깊고 비옥하고 적윤한 곳에서 잘 자란다.

해설
잣나무는 성장하면서 양수로 변해 햇빛 요구량이 증가한다.

18 임목의 개화결실을 촉진시키는 방법으로 가장 효과가 적은 것은?

① 도태간벌
② 환상박피
③ 충분한 비료주기
④ 생장촉진 호르몬 처리

해설
도태간벌은 우량 대경재 생산을 목적으로 하는 간벌방법 중 하나이다.
임목 개화결실 촉진 방법으로 시비, 화학적 처리, 기계적처리, 수형조절, 접목, 환상박피 등이 있다.

정답 13. ② 14. ④ 15. ④ 16. ③ 17. ③ 18. ①

19 노지에서 1년생으로 상체하는 것이 적합한 수종은?

① 곰솔　　② 잣나무
③ 전나무　④ 가문비나무

해설
수목의 상체

1년생 상체 수종	소나무, 편백, 낙엽송, 삼나무, 참나무류
2년생 상체 수종	독일가문비, 잣나무
3년생 상체 수종	전나무

20 다음과 같은 조건에서 소나무 종자를 산파하려 할 때 파종량은?

- 파종상의 면적 : 10m²
- 가을이 되어 세워둘 묘목 수 : 500본/m²
- 종자립수 : 10,000개/L
- 순량률 : 80%
- 종자발아율 : 50%
- 묘목잔존율 : 50%

① 1L　　② 2L
③ 2.5L　④ 5L

해설
$$\frac{파종면적 \times m^2당\ 남길\ 본수}{g당\ 종자입수 \times 효율 \times 득묘율}$$
$$= \frac{10 \times 500}{10000 \times (0.8 \times 0.5) \times 0.5} = 2.5L$$

21 밤나무 줄기마름병 방제법으로 옳지 않은 것은?

① 질소비료를 적게 준다.
② 내병성 품종을 지배한다.
③ 상처 부위에 도포제를 바른다.
④ 중간기주인 현호색을 제거한다.

해설
현호색은 포플러 잎녹병의 중간기주이며 밤나무 줄기마름병은 중간기주가 없다.

22 거미의 외부 형태를 구분한 것으로 옳은 것은?

① 머리가슴, 배 2부분
② 머리, 가슴, 배 3부분
③ 머리가슴, 꼬리 2부분
④ 머리, 가슴, 꼬리 3부분

해설
거미는 머리가슴, 배로 2부분으로 나누어지며 다리는 8개이다. 곤충은 머리, 가슴, 배로 3부분으로 나누며 다리 수는 6개 이다.

23 피소(볕데기)현상이 가장 잘 발생하는 것은?

① 늦은 가을 기온이 내려갈 때
② 추운 겨울날 기온이 급감할 때
③ 봄에 수목의 생리작용이 시작될 때
④ 더운 여름날 강한 직사광선을 받았을 때

해설
수간이 직사광선에 의해 수피가 수분증발로 빨리 말라죽는 현상을 피소라 한다.

24 희석하여 살포하는 약제가 아닌 것은?

① 입제　　② 액제
③ 수화제　④ 캡슐현탁제

해설
입제는 입자가 0.5~2.5mm 작은입자로 된 농약으로 물에 희석할 필요 없이 뚜껑을 열어 뿌린다.

25 파이토플라스마를 매개하는 해충은?

① 광릉긴나무좀
② 담배장님노린재
③ 북방수염하늘소
④ 복숭아혹진딧물

해설
파이토플라스마를 매개하는 해충으로 마름무늬매미충, 담배장님노린재, 썩덩나무노린재 등이 있다.

정답　19. ①　20. ③　21. ④　22. ①　23. ④　24. ①　25. ②

26 담자균류에서 발생되지 않은 포자는?

① 녹포자기 안의 녹포자
② 녹병정자기 안의 정자
③ 분생포자각 안의 분생포자
④ 겨울포자퇴 안의 겨울포자

해설
분생포자는 무성생식의 일종으로 담자균류에서 발생되지 않는다.

27 흡즙성 해충에 속하는 것은?

① 솔나방
② 박쥐나방
③ 솔껍질깍지벌레
④ 오리나무잎벌레

해설
흡즙성 해충은 수목의 수액을 빨아먹는 해충으로 응애, 진딧물, 깍지벌레 등이 있다.

28 소나무와 참나무류에 군집하여 생활하는 조류가 산성을 띤 배설물에 의해 임목을 고사시키는 것은?

① 백로, 왜가리   ② 참새, 할미새
③ 박새, 산까치   ④ 어치, 산비둘기

해설
백로, 왜가리는 4~6월이 번식기로 산성인 배설물로 나무에 피해를 주며 군집생활을 하여 주변 주민들에게 냄새 및 소음 등으로 피해를 주기도 한다.

29 소나무좀에 대한 설명으로 옳지 않은 것은?

① 연 1회 발생한다.
② 수피 속에서 알로 월동한다.
③ 수피를 뚫고 들어가 산란한다.
④ 쇠약한 나무, 고사한 나무에 주로 기생하여 가해한다.

해설
소나무좀은 성충으로 월동한다.

30 암컷만으로 생식이 가능한 해충은?

① 솔나방   ② 소나무좀
③ 솔잎혹파리   ④ 밤나무혹벌

해설
암컷만으로 하는 생식을 단위생식, 처녀생식이라 하며 대표적으로 밤나무혹벌, 민다듬이벌레 등이 대표적이다.

31 곤충의 완전변태에 해당하는 것은?

① 알→유충→성충의 과정을 거치는 것
② 알→약충→성충의 과정을 거치는 것
③ 알→유충→번데기→성충의 과정을 거치는 것
④ 알→약충→번데기→성충의 과정을 거치는 것

해설
알 → 유충 → 번데기 → 성충의 과정을 완전변태, 알 → 유충 → 성충의 과정을 불완전변태라 한다.

32 약제를 식물체의 줄기, 잎 등에 살포하여 부착시켜 식엽성 해충이 먹이와 함께 약제를 섭취하여 독작용을 일으키는 살충제는?

① 기피제   ② 유인제
③ 소화중독제   ④ 침투성 살충제

해설
식엽성해충과 같이 직접 섭취를 하는 해충에게 소화중독제가 매우 효과적이다.

33 잣나무 털녹병균의 침입부위와 시기가 맞는 것은?

① 3월~4월에 잎으로
② 3월~4월에 줄기로
③ 9월~10월에 잎으로
④ 9월~10월에 줄기로

해설
잣나무 털녹병균은 9~10월 잎의 기공으로 침입한다.

정답 26. ③ 27. ③ 28. ① 29. ② 30. ④ 31. ③ 32. ③ 33. ③

34 수목병의 발생원인 중 주인에 해당하는 것은 무엇인가?
① 인간의 활동성   ② 기주의 감수성
③ 환경의 유도성   ④ 병원체의 전염성

해설
병의 발병조건은 병원균, 기주, 환경, 시간 등의 요소가 있는데 여기서 직접적으로 관여하는 요인인 주인은 병원균과 병원체의 전염성이 있다.

35 토양에 의해 전염을 하지 않는 것은?
① 그을음병   ② 뿌리혹병
③ 모잘록병   ④ 자주빛날개무늬병

해설
그을음병은 잎에 마치 그을음 현상같이 나타나며 진딧물 등의 흡즙성 해충들의 배설물을 양분으로 공기 중에 병원균이 증식한다.

36 북미가 원산지이며 연 2회 이상 발생하고 100여종의 활엽수를 가해하며 번데기로 월동하는 해충은?
① 매미나방   ② 미국흰불나방
③ 어스렝이나방 ④ 천막벌레나방

해설
수피, 지피물 밑에서 번데기로 월동하며 연 2회 이상 발생한다. 국내는 최초 1958년 발견되었으며 약 600개 정도의 알을 낳는다.

37 방화선 설치 위치로 가장 적절한 것은?
① 급경사지
② 고사목 집적 지역
③ 관목 및 임목밀생지
④ 능선 바로 뒤편 8~9부 능선

해설
방화선 설치
· 산불과 방화선 사이 연료량이 적은 나지
· 인공적 혹은 천연적 도로, 하천, 능선
· 산정 또는 능선 뒤편 8~9부 능선

38 다음 수목병 중에서 병원균의 유형이 다른 것은?
① 뽕나무 오갈병
② 벚나무 빗자루병
③ 오동나무 빗자루병
④ 대추나무 빗자루병

해설
뽕나무오갈병, 오동나무 빗자루병, 대추나무 빗자루병은 마이코플라스마에 의해 발생되며 벚나무 빗자루병은 자낭균류에 의해 발병한다.

39 유충이 소나무나 곰솔의 엽초에 쌓인 두 침엽접합 부위에 혹을 만들어 나무 생육에 피해를 주는 해충은?
① 솔나방
② 솔잎혹파리
③ 솔수염하늘소
④ 솔껍질깍지벌레

해설
솔잎혹파리는 유충시기 솔잎 부분에 벌레혹을 만들어 수액을 빨아먹어 수목에 피해를 주며 부화한 유충은 엽초에 둘러쌓인 솔잎 기부에 들어가 피해를 준다.

40 병에 의해 식물체 조직 변화로 외관의 이상을 나타내는 것은?
① 병징   ② 표징
③ 발병   ④ 감염

해설
병징은 외부의 변화, 마름, 점무늬, 시들음 등의 외관의 이상 현상을 말한다.

41 작업급의 영급 관계가 편중되어 노령림이 너무 많거나 유령림이 너무 많을 때 윤벌기로 구한 연벌량에서 오는 불이익을 적게 하여 수확량을 대략 균등하게 지속시키기 위해서 채택하는 생산기간은?

① 정리기　② 회귀년
③ 갱신기　④ 윤벌기

해설
정리기는 갱정기라고도하며 법정인 영급으로 정리하는 기간을 말한다.

42 임업경영은 목적에 따라 종속적, 부차적, 주업적 임업경영으로 나눌 수 있다. 이 중 종속적 임업경영에 대한 설명으로 옳지 않은 것은?

① 주요 생산적 임업의 용역을 제공하는 것이다.
② 주업경영의 생산을 내부적으로 지탱하기 위한 것이다.
③ 주요 생산적 임업의 생산에 필요한 자재를 공급하는 것이다.
④ 생산요소의 유휴화를 막고 이용율을 높여 경영전체의 수익을 높이기 위한 것이다.

해설
유휴화를 막아 수익을 높이는 것은 부차적 임업경영의 특징이다.

43 다음 [보기]의 조건을 활용한 관계식으로 가장 적합한 것은?

[보기]
NAC : 법정연간벌채량
In : 법정생장량
MAI : 벌기평균생장량
R : 윤벌기
Vr : 벌기임분의 재적

① $NAC = In = MAI \div R = Vr$
② $NAC = In = MAI \times R = Vr$
③ $NAC = 2 \times In = MAI \div R = 2 \times Vr$
④ $NAC = 2 \times In = MAI \times R = 2 \times Vr$

해설
법정연간벌채량 = 법정생장량 = 벌기평균생장량 × 윤벌기 = 벌기임분재적

44 산림의 생산력 발전 단계 중 노동생산성이 작업노동과 관리노동으로 분리 취급된 단계는?

① 자연력 통제의 단계
② 자연력 의존의 단계
③ 자연자원 보존의 단계
④ 자본장비 확충의 단계

해설
생산력 발전 단계
㉠ 자연력 의존 : 자연에서 나오는 그대로를 채취
㉡ 자연력 통제 : 관리노동, 작업노동 등 노동의 제어
㉢ 자본장비 확충 : 작업 체계의 고도화 및 작업효율의 향상
㉣ 자연자원의 보존과 환경위기 : 환경문제에 대한 인식 및 개선

정답 41. ① 42. ④ 43. ② 44. ①

45 자산, 부채, 자본의 관계를 잘 나타낸 것은?

① 자산 = 자본 - 부채
② 자산 = 자본 + 부채
③ 자산 = 부채 - 자본
④ 자산 = 자본 ÷ 부채

해설
산림 뿐만 아니라 재무, 회계적 개념에서 자산은 자신의 자본과 타인의 자본인 부채의 합을 자산이라 한다.

46 산림교육의 활성화에 관한 법률에서 제시된 산림교육전문가가 아닌 것은?

① 숲해설가
② 유아숲지도사
③ 산림치유지도사
④ 숲길체험지도사

해설
숲해설가, 유아숲지도사, 숲길체험지도사는 산림교육법 제 2 조 2 항에 의거하여 지정된 산림교육전문가이다.

47 법정상태 때의 임목본수와 현재 생육하고 있는 임목본수의 비로 표시하는 것은?

① 입목도
② 소밀도
③ 울폐도
④ 폐쇄도

해설
임목도는 적정상태 임목본수나 재적에 대한 현재 생육중인 임목본수 혹은 재적의 비를 말한다.

48 연이율이 6%이고 매년 240만원씩 영구히 순수익을 얻을 수 있는 산림을 3600만원에 구입하였을 때의 손익은?

① 이익 24만원
② 손해 24만원
③ 이익 400만원
④ 손해 400만원

해설
$K = \dfrac{r}{P} = \dfrac{240만원}{0.06} = 4000만원$,

4000만원 - 3600만원 = 이익 400만원 이후 4000만원의 가치가 있고 구입가격 3600만원이므로 그 차액만큼이 이익이 된다.

49 산림경영계획의 체계에 대한 설명으로 옳은 것은?

① 국가적 또는 지역적인 관점에서의 종합적인 계획에 근간을 두고 있다.
② 산림청장은 지역산림계획을 5년 단위로 공표하거나 상황에 따라 수정한다.
③ 국유림 경영·관리하는 기관은 산림청-국유림관리소-지방산림청 순서체계로 구성된다.
④ 산림기본계획은 지역산림계획에 따라 특별시장, 광역시장, 도지사 및 산림청장이 수립한다.

해설
주어진 산림에 대하여 산림자원의 지속적 배양으로 생산력의 증진을 도모하고 국토를 보전할 수 있도록 합리적으로 산림을 경영하고자 수립하는 계획이다.

50 임업투자계획의 경제성을 평가하는 방법이 아닌 것은?

① 순현재가치의 방법
② 편익비용비의 방법
③ 내부수익률의 방법
④ 수확표에 의한 방법

해설
수확표에 의한 방법은 법정축적 계산시 사용된다.
※ **경제성 분석을 위해 사용되는 방법**
순현재가치법, 내부수익률법, 회수기간법, 투자이익률법

51 산림문화 휴양에 관한 법률에서 정의된 "국민의 정서함양, 보건휴양 및 산림교육 등을 위하여 조성한 산림"에 해당하는 것은?

① 숲길
② 산림욕장
③ 치유의 숲
④ 자연휴양림

해설
국민의 정서함양, 보건휴양 및 산림교육 등을 위하여 조성한 산림을 자연휴양림이다.

정답 45. ② 46. ③ 47. ① 48. ③ 49. ① 50. ④ 51. ④

52 산림평가방법이 올바르게 짝지어진 것은?

① 유령림 – 비용가법
② 중령림 – 기망가법
③ 장령림 – 매매가법
④ 성숙림 – Glaser식

해설

산림평가방법

유령림 – 비용가법	중령림 – Glaser 법
장령림 – 임목기망가법	성숙림 – 시장가역산법

53 산림의 6가지 기능 중 생태·문화 및 학술적으로 보호할 가치가 있는 산림을 보호·보전하기 위한 기능은?

① 수원함양기능
② 자연환경보전기능
③ 생활환경보전기능
④ 산지재해방지기능

해설

생태, 문화, 역사, 경관, 학술적 가치의 보전에 필요한 산림을 자연환경보전림이라 한다.

54 감가상각비에 대한 설명으로 옳지 않은 것은?

① 고정자산의 감가원인은 물리적 원인과 기능적 원인으로 나눌 수 있다.
② 감가상각비는 시간의 경과에 따른 부패, 부식 등에 의한 가치의 감소를 포함한다.
③ 새로운 발명이나 기술진보에 따른 사용가치의 감가는 감가상각비로 처리하지 않는다.
④ 시장변화 및 제조방법 등의 변경으로 인하여 사용할 수 없게 된 경우에도 감가상각비로 처리한다.

해설

발명이나 진보 등에 따른 기능적 가치의 하락 역시 감가상각비로 처리하며 이를 진부화라 한다.

55 면적이 120ha, 윤벌기 40년, 1영급이 10영계인 산림의 법정영급면적과 법정영계면적은?

① 3ha, 10ha   ② 3ha, 30ha
③ 30ha, 3ha   ④ 30ha, 10ha

해설

법정영계면적 = 산림면적/윤벌기
 = 120 / 40 = 3
법정영급면적 = (면적/윤벌기)×영계수
 = 120/40 × 10 = 30

56 복합임업경영의 주목적으로 가장 적합한 것은?

① 임업 주수입의 증대
② 임업 조수입의 증대
③ 임업경영지의 대단지화
④ 임업수입의 조기화와 다양화

해설

복합산림경영은 산림생산 외에 다른 수입원을 통해 이익을 창출하는 것으로 임업수익의 조기화 및 다양화를 목적으로 한다.

57 매년 산림경영관리에 투입되는 비용이 20만원, 연이율이 5%인 경우에 자본가는?

① 4만원   ② 19만원
③ 1백만원   ④ 4백만원

해설

자본가 비용 / 연이율
= 20만원 / 0.05
= 400 만원

정답 52. ① 53. ② 54. ③ 55. ③ 56. ④ 57. ④

58 임목 및 임분을 측정하는 경우 불완전한 기계 또는 계산에 의한 오차는?

① 과오 ② 부주의
③ 누적오차 ④ 상쇄오차

해설
측정기기의 부정확과 측정자의 버릇에 의한 오차를 정오차 혹은 누적오차라 한다. 누적오차는 측량 후 오차 조정이 가능하다.

59 산림평가에서 임업이율을 고율로 평정할 수 없고 오히려 보통이율보다 약간 저율로 평정해야 하는 이유에 해당하지 않는 것은?

① 산림소유의 안정성
② 산림수입의 고소득성
③ 산림관리경영의 간편성
④ 문화발전에 따른 이율의 저하

해설
Endress는 임업이율은 보통이율보다 낮게 책정해야 한다고 주장하였으며 이유로는 소유의 안정, 경영의 간편, 발전에 의한 이율 저하, 생산기간의 장기성, 수입과 재산의 유동성이 있다.

60 측고기를 사용할 때 주의사항으로 옳지 않은 것은?

① 경사지에서 측정할 때에는 오차가 생기기 쉬우므로 여러 방향에서 측정하여 평균해야 하고 가급적 등고선 방향으로 이동하여 측정한다.
② 여러 방향에서 측정하면 오차값을 줄일 수 있다.
③ 측정하고자 하는 나무 끝과 근원부가 잘 보이는 지점을 선정해야 한다.
④ 측정위치가 멀면 오차가 생기므로 나무 높이의 절반 정도 떨어진 곳에서 측정하는 것이 좋다.

해설
나무 높이의 절반이 아니라 대략적으로 나무 높이만큼 떨어진 곳에서 측정해야 오차를 줄일 수 있다.

61 불도저의 작업 범위가 아닌 것은?

① 땅파기
② 노면 다짐
③ 벌도목 적재
④ 벌목 및 제근

해설
불도저는 벌목, 제근, 토목 작업등에 주로 이용되며 포워드가 벌도목의 적재운반능력을 보유하고 있다.

62 임도 시공 시 흙깎기 공사에 대한 설명으로 옳지 않은 것은?

① 임도에 사용된 흙은 함수비가 낮을수록 좋다.
② 현장에 적당한 간격으로 흙일겨냥틀을 설치한다.
③ 근주지름 30cm 이상의 입목은 체인톱으로 벌채한다.
④ 암석의 굴착시 경암은 불도저에 부착된 리퍼로 굴착하는 것이 유리하다.

해설
암석의 굴착시 연암이 불도저에 부착된 리퍼로 굴착하는 것이 효율적이다. 경암의 경우 폭약을 사용한다.

63 지선임도의 설계속도 기준은?

① 30~10km/시간 ② 30~20km/시간
③ 40~20km/시간 ④ 40~30km/시간

해설
· 지선임도 설계속도 기준 : 30~20km/시간
· 간선임도 설계속도 기준 : 40~20km/시간

정답 58. ③ 59. ② 60. ④ 61. ③ 62. ④ 63. ②

64 사면에 설치하는 소단의 효과가 아닌 것은?
① 사면의 안정성을 높인다.
② 임도의 시공비를 절약할 수 있다.
③ 유지보수작업시 작업원의 발판으로 이용할 수 있다.
④ 유수로 인하여 사면에서 발생하는 침식의 진행을 방지한다.

> **해설**
> 소단(단끊기 공사)은 붕괴 위험이 있는 지역에 사면길이 3~5m 마다 50~100cm 단의 폭을 끊어 소단을 설치한다. 안전을 위해 공사가 추가되는 개념으로 시공비가 절약되지는 않는다.

65 교각법에 의해 임도 곡선을 설치하고자 한다. 교각이 60°이고 곡선 반지름이 20m 일 때 접선장을 구하는 계산식은?
① 20m×tan30°   ② 40m×tan30°
③ 20m×tan60°   ④ 40m×tan60°

> **해설**
> 교각법 공식
> 곡선의 반지름 = 접선길이 × $\tan\left(\dfrac{교각}{2}\right)$

66 다음 ( )안에 해당하는 것은?

> 곡선부의 중심선 반지름은 산림관리기반 시설의 설계기준에 의한 규격 이상으로 설치하여야 한다. 다만 내각이 ( )도 이상 되는 장소에 대하여는 곡선을 설치하지 아니할 수 있다.

① 125   ② 135
③ 145   ④ 155

> **해설**
> 곡선부의 중심선 반지름은 통상 규격 이상으로 설치하는데 단, 내각이 155° 이상 되는 장소에 대해서는 곡선을 설치하지 않을 수 있다.

67 등고선에 대한 설명으로 옳지 않은 것은?
① 등고선은 도중에 소실되지 않으며 폐합된다.
② 낭떠러지 또는 굴인 경우 등고선이 교차한다.
③ 최대경사의 방향은 등고선에 평행한 방향이다.
④ 지표면의 경사가 일정하면 등고선 간격은 같고 평행하다.

> **해설**
> 최대경사의 방향은 등고선과 직교한다.

68 동일사면에 배향곡선을 2개 설치하려 한다. 다음 조건에 해당하는 배향곡선의 적정간격은?

> · 임도 간격 : 200m
> · 산지사면 기울기 : 30%
> · 종단 기울기 : 6%

① 20m   ② 40m
③ 500m ④ 1000m

> **해설**
> **배향곡선 적정간격 공식**
> 배향곡선적정간격
> $= \dfrac{0.5 \times 적정임도간격 \times 산지사면기울기}{종단물매}$
> $= \dfrac{0.5 \times 200m \times 30\%}{6\%} = 500m$

정답 64. ② 65. ① 66. ④ 67. ③ 68. ③

69 임의의 등고선과 교차되는 두 점을 지나는 임도의 노선 기울기가 10%이고, 등고선 간격이 5m일 때 두 점간의 수평거리는?

① 5m   ② 10m
③ 50m ④ 100m

해설

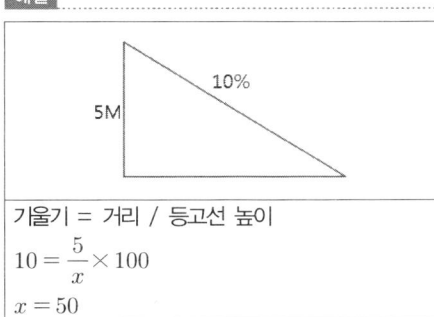

기울기 = 거리 / 등고선 높이
$10 = \frac{5}{x} \times 100$
$x = 50$

70 레벨을 이용한 고저측량 시 기고식야장법에 의한 지반고를 구하는 방법은?

① 기계고 - 전시
② 기계고 + 전시
③ 기계고 - 후시
④ 기계고 + 후시

해설

지반고 = 기계고 - 전시

71 스타디아측량을 실시한 결과 연직각 15°, 협장 1.64m일 때 수평거리는? (단, 스타디아 정수 K=100, C=0)

① 약 153m   ② 약 158m
③ 약 306m   ④ 약 317m

해설

$D = K \times \alpha \times \cos\theta^2$ ($\cos 15 = 0.966$)
$D = 100 \times 1.64 \times (\cos 15)^2 ≒ 153$

72 암석의 굴착 시 리퍼작업이 가장 어려운 것은?

① 사암   ② 혈암
③ 점판암   ④ 안산암

해설

안산암은 경암의 종류로 단단하여 굴착이 어렵다.

73 점착성이 큰 점질토의 두꺼운 성토층 다짐에 가장 효과적인 롤러는?

① 탬핑 롤러   ② 탠덤 롤러
③ 머캐덤 롤러 ④ 타이어 롤러

해설

탬핑롤러는 롤러 표면에 많은 돌기가 있어 점착성이 큰 점질토 다짐에 효과적이다.

74 산록부와 산복부에 설치하는 임도이며, 임도 하단부에 있는 임목을 가선집재 방법으로 상향 집재할 필요가 있다하더라도 임도의 노선 선정은 하단부로부터 점차적으로 선형을 계획하는 임도는?

① 사면임도   ② 계곡임도
③ 능선임도   ④ 산정부 임도

해설

사면임도는 계곡임도에서 시작하여 산록부와 산복부에 설치하는 임도로 하부에서 점차적으로 계획하여 진행한다.

75 자침편차 중 일차에 해당하는 변화량은?

① 0′ ~ 5′   ② 5′ ~ 10′
③ 15′ ~ 20′   ④ 20′ ~ 25′

해설

자침편차는 진북과 자북이 이루는 각으로 자전에 의해 편차가 발생하며 북쪽으로 갈수록 커지는 경향을 보인다. 일차는 하루 사이에 일어나는 변화로 5~10′ 정도이며 연차는 최대 2′ 정도이다.

정답 69. ③ 70. ① 71. ① 72. ④ 73. ① 74. ① 75. ②

76 임도의 종단기울기가 5%이고 곡선 반지름이 30m 일 때 물매곡율비는?

① 0.66 ② 1
③ 6   ④ 60

해설
물매곡률비 = 곡선반지름(m)/종단물매(%)
= 30 / 5 = 6

77 최소곡선반지름의 크기에 영향을 끼치는 인자가 아닌 것은?

① 도로의 나비
② 임도의 밀도
③ 반출할 목재의 길이
④ 차량의 구조 및 운행속도

해설
최소곡선반지름은 노선의 굴곡 정도를 나타내며 도로의 너비, 운행속도, 도로 및 차량의 구조, 반출 목재의 길이, 시거, 타이어와 노면의 마찰계수 등에 영향을 받는다.

78 보통골재에 해당하는 것은?

① 비중이 2.50 이하인 골재
② 비중이 2.50~2.65 정도의 골재
③ 비중이 2.65~2.80 정도의 골재
④ 비중이 2.80 이상인 골재

해설
중량에 의한 골재 분류
중량 골재 비중 2.7 이상
보통 골재 비중 2.5 ~ 2.65
경량 골재 비중 2.5 이하

79 AB측선의 방위가 S45°W이면 그 역방위는?

① S45°W ② S45°E
③ N45°W ④ N45°E

해설
S45°W + 180° = N45E

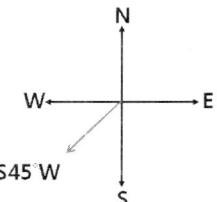

80 다음 조건에서 각주공식에 의한 체적(m^3)은?

- 양단면적 : $70m^2$, $30m^2$
- 중앙단면적 : $45m^2$
- 끝단면부에서 중앙단면부까지 높이 : 30m

① 1450 ② 1900
③ 2350 ④ 2800

해설
$$V = \frac{l}{6}(A_1 + 4A_m + A_2)$$
$$V = \frac{60}{6}(30 + 180 + 70) = 2800$$

81 유량이 $40m^3/s$이고 평균유속이 5m/s일 때 수로의 횡단면적(m^2)은?

① 0.5 ② 8
③ 45   ④ 200

해설
유량 = 유속 * 단면적
$40 = 5 \times x \rightarrow x = 8$

정답 76. ③ 77. ② 78. ② 79. ④ 80. ④ 81. ②

82 산지사방에서 비탈다듬기공사를 실시할 경우 단면 A와 B의 단면적이 20m²와 30m²이고, 단면 사이의 길이가 50m일 때 평균단면적법에 의해 계산된 토사량(m³)은?

① 500 ② 1250
③ 2500 ④ 7500

해설
양단면 평균법
$$V = \frac{1}{2}(A_1 + A_2) \times l$$
$$V = \frac{1}{2}(20 + 30) \times 50 = 1250$$

83 해풍에 의해 날리는 모래를 억류하고 퇴적시켜 인공사구를 조성하기 위해 사용하는 공법은?

① 모래덮기 ② 사초심기
③ 정사울세우기 ④ 퇴사울세우기

해설
퇴사울세우기는 해안사구에서 바람에 의해 이동되는 모래를 안정화시키기 위해 인공사구를 조성하는 공법이다.

84 Thiessen법에 의한 유역의 평균 강수량 산정법에 대한 설명으로 옳은 것은?

① 평야지역에서 강우분포가 비교적 균일한 경우에 사용하는 것이 좋다.
② 산악 효과는 고려되고 있지만 우량계의 분포 상태가 무시되어 부정확하다.
③ 우량계에 의한 인접한 두 지배 면적간의 평균 강우량을 이용하여 산정한다.
④ 산악 효과는 무시하지만 우량계의 분포 상태가 고려되어 산술평균법보다 정확하여 가장 널리 사용한다.

해설
유역 평균 강우량 산출법에는 산술평균법, thiessen법, 등우선법이 있으며 강우분포가 불균일할 경우 사용하며 통상 가장 널리 사용하고 있다.

85 사방녹화용 재래 초본식물은?

① 겨이삭 ② 오리새
③ 김의털 ④ 지팽이풀

해설
· 재래 초종 : 새, 개솔새, 참억새, 김의털, 비수리, 실새풀, 차풀 등
· 도입 초종 : 겨이삭, 호밀풀, 지팽이풀, 우산잔디, 참새피, 개미털, 오리새 등

86 토양침식의 형태 중 중력침식에 해당하지 않는 것은?

① 붕괴형 침식 ② 지활형 침식
③ 지중형 침식 ④ 유동형 침식

해설
중력침식의 종류로 붕괴형, 지활형, 유동형, 사태형 침식이 있다.

87 비탈면 안정을 위한 녹화공법으로만 나열된 것은?

① 새심기, 힘줄박기
② 비탈덮기, 줄떼다지기
③ 씨뿌리기, 산비탈수로내기
④ 비탈다듬기, 등고선구공법

해설
비탈면 안정을 위한 녹화공법으로 바자얽기, 줄떼다지기, 단쌓기, 비탈덮기 등이 있다.

정답 82. ② 83. ④ 84. ④ 85. ③ 86. ③ 87. ②

88 콘크리트블록과 같은 가벼운 블록으로 비탈면을 처리하기 곤란한 지역에서 거푸집을 설치하고 콘크리트치기를 하는 비탈안정공법은?

① 비탈힘줄박기 공법
② 비탈지오웨브 공법
③ 비탈블록붙이기 공법
④ 비탈격자틀붙이기 공법

해설
비탈면에 거푸집을 설치 후 콘크리트 치고 뼈대를 만들어 틀 안에 떼와 작은 돌로 채우는 방법을 비탈힘줄박기 공법이라 한다.

89 비탈 식재녹화공법 중에서 비탈면 기울기가 1 : 1 보다 완만한 비탈에 전면적으로 떼를 붙여서 비탈을 일시에 녹화하는 공법은?

① 떼단쌓기   ② 줄떼다지기
③ 선떼붙이기 ④ 평떼붙이기

해설
평떼붙이기 시공장소는 경사가 45° 이하 혹은 기울기 1 : 1 보다 완만한 비탈의 비옥한 산지 사면에 적합한 공법이다.

90 흐르는 물에 의한 침식이 아닌 것은?

① 면상침식   ② 누구침식
③ 우격침식   ④ 구곡침식

해설
우격침식은 빗방울이 표면을 타격하여 침식하는 것이다.

91 사방댐과 비교한 골막이의 특징으로 옳지 않은 것은?

① 규모가 작다.
② 토사퇴적 기능은 없다.
③ 계류의 상류에 설치한다.
④ 대수측만 축설하고 반수측은 채우기를 한다.

해설
골막이는 반수측만 축설하고 대수측은 채우기를 한다.

92 수류(flow)에 대한 설명으로 옳지 않은 것은?

① 홍수시의 하천은 정류에 속한다.
② 정류는 등류와 부등류로 구분할 수 있다.
③ 자연하천은 엄밀한 의미에서는 등류 구간이 없다.
④ 수류는 시간과 장소를 기준으로 하여 정류와 부정류로 구분할 수 있다.

해설
홍수시에는 유역에서 하천으로 유입량이 시간에 따라 변화하므로 하천의 흐름은 부정류이다.

93 산복사방공사에서 현지조사 시 실시해야 할 내용이 아닌 것은?

① 사방사업 면적 산출
② 사방사업 대상지 황폐화 원인
③ 공사에 필요한 자재의 현지 채취 가능성
④ 멸종위기식물, 희귀식물 등이 있는지 유무

해설
· 사방사업 면적 산출은 산복사방공사에서 현지조사 실시 후 지형 측량시 실시한다.
· 현지조사시 실시하는 항목은 지황, 임황, 기상, 황폐원인, 황폐임지의 현황(붕괴, 회복가능성 등), 공사용자재 및 노무관계가 있다.

정답 88. ① 89. ④ 90. ③ 91. ④ 92. ① 93. ①

94 투과형 버트리스 사방댐에 대한 설명으로 옳지 않은 것은?

① 측압에 강하다.
② 스크린댐이 가장 일반적인 형식이다.
③ 주로 철강제를 이용하여 공사기간을 단축할 수 있다.
④ 구조적으로 댐 자리의 폭이 넓고 댐 높이가 낮은 곳에 시공한다.

> **해설**
> 투과형 버트리스 사방댐은 측압이 약하여 주위 시공을 한다.

95 Bazin 구공식에서 자갈이 있는 불규칙한 자연수로의 조도계수는 어느 것인가?

① $\alpha = 0.0004$, $\beta = 0.0007$
② $\alpha = 0.00024$, $\beta = 0.00006$
③ $\alpha = 0.00028$, $\beta = 0.00035$
④ $\alpha = 0.00019$, $\beta = 0.0000133$

> **해설**
> 조도계수는 굴곡이 많고 수로가 거칠수록 값이 커진다.
> 2 석축수로
> 3 흙수로
> 4 벽돌 및 대패질을 하지 않은 판자수로

96 계류 곡선부에 설치하는 사방댐의 방향은 유심선과 어느 각도를 이루도록 계획하는 것이 가장 안정한가?

① 45도 ② 60도
③ 90도 ④ 180도

> **해설**
> 상류에서 하류방향으로 물이 흐르는 중심선(유심선)에 직각이 되도록 설치한다.

97 야계사방공사의 시공목적과 가장 거리가 먼 것은?

① 계류바닥의 종횡침식을 방지한다.
② 붕괴지의 산각을 고정하는 산지사방의 기초가 된다.
③ 산각을 고정하여 황폐계류와 계간을 안정상태로 유도한다.
④ 인위적으로 발생한 사면의 안정화와 경관 조성을 추구한다.

> **해설**
> 야계사방공사는 계류의 유속을 줄이고 침식을 방지하는 것이 목적이다. 경관조성을 추구하는 것은 산복사방공사이다.

98 누구막이에 대한 설명으로 옳지 않은 것은?

① 땅속흙막이보다 작은 규모의 대상지에 계획한다.
② 하류를 향하여 중심선에 직각방향으로 축설한다.
③ 수로개설 바닥파기 후 잉여토사의 적치가 필요한 곳에 계획한다.
④ 산복수로를 계획할 때에 횡공작물로써 수로의 기울기를 완화시키고자 하는 곳에 시공한다.

> **해설**
> 누구막이 설계요령은 상류를 향하여 중심선에 직각방향으로 축설한다.

정답 94. ① 95. ① 96. ③ 97. ④ 98. ②

99 떼의 규격은 40cm×25cm이고 흙두께가 5cm 정도일 때 6급 선떼붙이기의 1m 당 떼 사용 매수는?

① 3.75매　　② 6.25매
③ 7.50매　　④ 10.00매

> 해설

급수별 선떼 붙이기 매수표

구분	길이 40cm, 폭 20cm 규격	
떼크기	단면상 매수	연장 1m 당 매수
1급	5.0	12.50
2급	4.5	11.25
3급	4.0	10.00
4급	3.5	8.75
5급	3.0	7.50
6급	2.5	6.25
7급	2.0	5.00
8급	1.5	3.75
9급	1.0	2.5
단면당 매수 * 2.5매/m		

100 돌쌓기 공사에 사용될 수 있도록 특별한 규격으로 다듬은 석재는?

① 야면석　　② 막깬돌
③ 견치돌　　④ 호박돌

> 해설

견치돌은 특정 규격을 정해두고 깬 석재를 의미한다.

정답　99. ②　100. ③

2016년 제3회 산림기사

01 묘목의 굴취를 용이하게 하고 묘목의 생장을 조절하기 위해 실시하는 작업은?
① 단근 ② 심경
③ 관수 ④ 철선감기

해설
단근은 뿌리를 절단해 세근의 발생을 촉진하는 작업으로 묘목의 생장 조절과 굴취에 용이하게 한다.

02 토양 수분에 대한 설명으로 옳지 않은 것은?
① 중력수는 중력의 작용에 의하여 이동할 수 있어 토양공극으로부터 쉽게 제거된다.
② 토양 내 작은 교질 입자 주변에 존재하거나 화학적으로 결합한 결합수는 식물이 이용 가능하다.
③ 모세관수는 중력에 저항하여 토양입자와 물분자 간의 부착력에 의해 모세관 사이에 남아있다.
④ 포화습도의 공기 중에 시든 식물을 둔다 하더라도 시든 식물이 회복되지 않을 때의 수분량을 영구위조점이라 한다.

해설
결합수는 식물이 사용하기 불가능한 수분이며 식물이 사용가능한 수분의 종류는 모세관수이다.

03 종자 정선 시 입선법을 이용하기 가장 적당하지 않은 수종은?
① 목련 ② 밤나무
③ 자작나무 ④ 가래나무

해설
입선법은 굵은 종자나 열매를 손으로 구별하는 방법으로 밤나무, 호두나무 등의 대립종자에 적합하다.
※ 종자 선별 방법에 따른 수종
・수선법 : 잣나무, 향나무, 주목
・풍선법 : 소나무, 오리나무, 자작나무
・사선법 : 팽나무, 계수나무, 싸리나무
・입선법 : 밤나무, 상수리, 호두나무

04 제초의 효과가 있는 성분은?
① IAA ② NAA
③ TTC ④ 2, 4 - D

해설
2,4-D는 제초제이다. IAA, NAA는 발근촉진제, TTC는 종자 검사약품이다.

05 왜림작업으로 갱신하려 할 때 왕성한 맹아발아를 위해 가장 유리한 벌채 시기는?
① 겨울 ~ 봄 ② 봄 ~ 여름
③ 여름 ~ 가을 ④ 가을 ~ 겨울

해설
왜림작업은 작업시 벌채는 생장휴지기인 11월~2월 (겨울~봄) 쯤 실시하는 것이 좋다.

정답 01. ① 02. ② 03. ③ 04. ④ 05. ①

06 지존작업에 대한 설명으로 옳은 것은?
① 묘목을 심기 위하여 구덩이를 파는 작업이다.
② 개간한 곳에 조림 묘목을 식재하는 작업이다.
③ 조림지에서 덩굴치기, 제벌을 행하는 것을 뜻한다.
④ 조림예정지에서 잡초, 덩굴식물, 관목 등을 제거하는 작업이다.

해설
지존작업은 인공조림을 위한 준비단계의 작업으로 잡초, 덩굴식물 등을 제거한다.

07 종자를 파종하기 한 달쯤 전에 노천매장을 하여 발아를 촉진시키는 수종은?
① 삼나무   ② 벚나무
③ 단풍나무 ④ 들메나무

해설
노천매장

종자채취 즉시 매장	들메나무, 벚나무, 잣나무, 호두나무, 가래나무 등
11월 중 매장	벽오동, 팽나무, 물푸레나무, 신나무, 피나무 등
파종 1개월 전 매장	소나무, 해송, 리기다소나무, 삼나무, 편백나무 등

08 처음에는 피압된 가장 낮은 수관층의 수목을 벌채하고 그 후 점차 상층의 수목을 제거하는 HAWLEY의 간벌방법은?
① A종간벌 ② 수관간벌
③ 하층간벌 ④ 상층간벌

해설
하층간벌(보통간벌, 독일식 간벌)은 피압된 가장 낮은 수관층의 나무를 벌채하고 점차 높은 층의 나무를 벌채하는 방법이다. 강도 높은 하층간벌을 실시하면 우세목, 준우세목이 남게 된다.

09 조림지의 풀베기 작업에 대한 설명으로 옳은 것은?
① 풀베기 작업은 겨울철에 실시한다.
② 밀식조림의 경우에는 줄베기 작업을 한다.
③ 모두베기할 경우 조림목이 피압될 염려가 없다.
④ 둘레베기 작업은 노동력이 가장 많이 필요하다.

해설
모두베기는 조림지의 잡초목을 모두 베어내는 방법으로 피압될 염려가 없어진다.

10 삽목 방법에 대한 설명으로 옳지 않은 것은?
① 삽수의 끝눈은 남쪽을 향하게 한다.
② 삽수가 건조하거나 눈이 상하지 않도록 한다.
③ 포플러류 같은 속성수는 삽수를 수직으로 세운다.
④ 비가 온 직후 상면이 습할 때 실시하면 활착률이 높다.

해설
비로 인해 과습이 발생하게 되면 발근이 잘 안되거나 고사하기도 한다.

11 종자의 발아휴면성 원인과 관련 없는 것은?
① 배의 미성숙
② 가스교환 촉진
③ 종피의 기계적 작용
④ 종자 내의 생장억제 물질 존재

해설
종자의 발아휴면성 원인으로 가스교환의 촉진이 아닌 억제이다.

※ **종자 발아휴면성 원인**

· 종피 불투수성 · 종피의 물리적, 기계적 작용 · 가스교환 억제 · 미발달배	· 배휴면 · 억제물질(ABA) · 이중 휴면성

정답 06. ④ 07. ① 08. ③ 09. ③ 10. ④ 11. ②

12 중림작업을 통한 갱신에 대한 설명으로 옳은 것은?

① 내음성이 약한 수종을 하층목으로 식재한다.
② 하층목은 개벌에 의한 맹아 갱신을 반복한다.
③ 상층목으로 쓰이는 것은 지하고가 낮은 것이 좋다.
④ 상층목이 하층목 생장에 방해되지 않도록 ha당 1000본 정도로 식재한다.

해설

중림작업에서 하층목은 연료재 생산을 목적으로 왜림작업을 실시한다.

※ **중림작업의 특징**

장점	단점
· 조림비용이 교림작업보다 적게 든다. · 각종 피해에 대한 저항력이 강하다 · 심미적 가치가 높다 · 용재와 연료재를 동시에 생산할 수 있다.	· 높은 작업기술을 요구한다. · 지력이 양호한 곳에서 가능하다 · 상목 벌채시 다른 나무에 피해가 가기도 한다. · 상목의 피압으로 맹아의 발생이 억제된다.

13 산성 토양에 가장 잘 적응할 수 있는 수종은?

① *Catalpa ovata* ② *Acer negundo*
③ *Alnus japonica* ④ *Larix kaempferi*

해설

① 개오동나무 ② 네군도단풍 ③ 오리나무 ④ 일본잎갈나무
소나무, 곰솔, 가문비나무, 낙엽송(일본잎갈나무) 등은 산성 토양에 잘 적응한다.

※ **토양산도에 따른 수종**

산성 토양	소나무, 낙엽송, 리기다소나무
중성 토양	피나무, 단풍나무, 참나무류
알칼리성 토양	물푸레나무, 오리나무, 회양목, 서어나무, 측백나무

14 파종 후 발아 과정에서 해가림이 필요한 수종은?

① 느티나무   ② 가문비나무
③ 물푸레나무 ④ 아까시나무

해설

해가림은 내음성이 강한 전나무, 잣나무, 삼나무, 편백, 낙엽송, 가문비나무 등에 주로 실시한다.

15 목부 조직의 횡단면이 다음 그림과 같은 형태를 보이는 수종은?

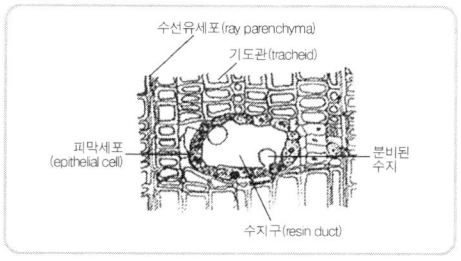

① *Abies koreana*
② *Cornus controversa*
③ *Quercus mongolica*
④ *Robinia pseudoacacia*

해설

① 구상나무 ② 신갈나무 ③ 층층나무 ④ 아까시나무
침엽수는 90% 이상이 가도관이 발달하며 활엽수는 주로 도관이 발달한다.

16 가지치기에 대한 설명으로 옳지 않은 것은?

① 줄기의 완만도를 조절한다.
② 활엽수는 지융부를 제거한다.
③ 옹이 없는 무절재를 생산한다.
④ 산불 발생 시 수관화 확산을 감소시킨다.

해설

활엽수의 경우 지융부를 제거하지 않고 지융부에 가깝게 제거하도록 한다.

※ **가지치기 특징**
· 옹이가 없고 통직한 완만재 생산할 수 있다.
· 작업시기는 11월~ 이듬해 2월 사이가 적합하다.
· 침엽수는 줄기와 평행 절단한다.

정답 12. ② 13. ④ 14. ② 15. ① 16. ②

17 토양입자의 구분 중에서 자갈의 입경 크기 기준은?

① 0.001mm 이상 ② 0.2mm 이상
③ 2.0mm 이상   ④ 10.0mm 이상

> **해설**
> 토양 입자의 크기
>
> | 점토 | 0.002 mm 이하 |
> |---|---|
> | 진흙 | 0.002 ~ 0.05 mm |
> | 모래 | 0.05 ~ 2 mm |
> | 자갈 | 2 mm 이상 |

18 목본식물 내 존재하는 지질(lipid)에 대한 설명으로 옳지 않은 것은?

① 보호층을 조성한다.
② 저항성을 증진한다.
③ 세포의 구성성분이다.
④ 세포액의 삼투압을 증가시킨다.

> **해설**
> 삼투압은 농도에 의해 발생되며 지질의 주요 기능은 다음과 같다.
> · 세포막 구성 성분
> · 에너지 기능
> · 열과 전기 절연기능

19 산림 토양에서 부식에 대한 설명으로 옳지 않은 것은?

① 토양 미생물의 생육을 자극한다.
② 토양의 입단구조를 형성하게 한다.
③ 칼슘, 마그네슘, 칼륨 등 염기를 흡착하는 능력인 염기 치환 용량이 작다.
④ 임상 내 H층에 해당되며 유기물이 많이 함유되어 있다.

> **해설**
> 칼슘, 마그네슘, 칼륨 등은 양이온 성질을 가지며 치환성염기이온에 대한 치환 용량이 크다.

20 암수딴그루인 수종으로만 짝지어진 것은?

① 소철, 은행나무
② 소나무, 삼나무
③ 버드나무, 자작나무
④ 단풍나무, 상수리나무

> **해설**
>
> | 자웅동주
(=암수한그루,
자웅일가) | 오리나무, 삼나무, 소나무, 너도밤나무, 자작나무 |
> |---|---|
> | 자웅이주
(=암수딴그루,
자웅이가) | 식나무, 은행나무, 초피나무, 소철 |

21 솔나방에 대한 설명으로 옳지 않은 것은?

① 알로 월동한다.
② 1년에 1회 발생한다.
③ 성충은 주로 밤에 활동한다.
④ 6월~7월경 번데기가 된다.

> **해설**
> 솔나방은 유충이 지피물이나 나무껍질 사이에 월동한다.

22 보르도액을 반복하여 사용하면 어떤 성분이 토양에 축적되어 수목에 독성을 나타낼 수 있는가?

① 철   ② 구리
③ 붕소   ④ 망간

> **해설**
> 보르도액은 황산구리와 수산화칼슘을 이용해 만들며 원료인 구리성분이 토양에 축적되어 독성을 나타낸다.

정답 17. ③ 18. ④ 19. ③ 20. ① 21. ① 22. ②

23 수목에 나타나는 현상 중 표징에 해당하는 것은?

① 부패
② 위조
③ 얼룩
④ 포자형성

해설
표징의 종류에는 포자, 포자낭, 자낭각 등이 있다.

24 아황산가스 등 대기오염의 피해를 받은 나무에 심하게 나타나는 병은?

① 소나무 잎녹병
② 소나무 줄기녹병
③ 낙엽송 가지끝마름병
④ 소나무 그을음잎마름병

해설
소나무 그을음잎마름병은 대기 중 아황산가스의 농도가 높을 때 피해가 심하게 나타난다.

25 기주를 교대하며 발생하는 병이 아닌 것은?

① 향나무 녹병
② 소나무 혹병
③ 포플러 잎녹병
④ 삼나무 붉은마름병

해설
삼나무 붉은마름병은 묘포에서 발생하여 기주교대를 하지 않는 병이다.

26 소나무재선충병에 대한 설명으로 옳은 것은?

① 기공을 통해 침입한다.
② 잣나무에서도 발생한다.
③ 중간기주는 참나무류이다.
④ 매개충은 담배장님노린재이다.

해설
기주로는 소나무, 잣나무, 낙엽송 등이 대표적이다. 주로 매개충인 솔수염하늘소가 구멍을 뚫어 침입한다.

27 잎을 가해하는 해충은?

① 박쥐나방
② 밤바구미
③ 어스렝이나방
④ 미끈이하늘소

해설
잎을 가해하는 식엽성 해충에는 솔나방, 어스렝이나방, 참나무재주나방, 미국흰불나방, 독나방 등이 있다.

28 솔수염하늘소에 대한 설명으로 옳지 않은 것은?

① 유충으로 월동한다.
② 남부지방에서는 1년에 2회 발생한다.
③ 성충의 우화시기는 5월~8월경이다.
④ 성충은 쇠약목이나 고사목에 산란한다.

해설
솔수염하늘소는 1년에 1회 발생한다.

29 가구, 건물 및 마른 나무 등에 구멍을 뚫고 들어가 표면만 남기고 내부를 불규칙하게 식해하는 해충은?

① 가루나무좀
② 밤나무혹벌
③ 천막벌레나방
④ 호두나무잎벌레

해설
가루나무좀류는 목가공품을 가해하는 해충으로 목재 내부를 불규칙하게 식해한다. 훈증이나 열처리로 예방한다.

정답 23. ④ 24. ④ 25. ④ 26. ② 27. ③ 28. ② 29. ①

30 솔잎혹파리의 천적으로 생물적 방제를 위해 방사하는 것은?

① 상수리좀벌
② 노란꼬리좀벌
③ 남색긴꼬리좀벌
④ 솔잎혹파리먹좀벌

해설
천적을 이용하는 것을 생물적 방제라 하며 솔잎혹파리의 경우 기생벌류를 이용한다. 기생벌류의 종류로 솔잎혹파리먹좀벌, 혹파리살이먹좀벌, 혹파리등뿔먹좀벌, 혹파리반뿔먹좀벌이 있다.

31 오동나무 빗자루병 예방을 위해 매개충인 담배장님노린재의 방제시기로 가장 적절한 것은?

① 1월~3월 ② 4월~6월
③ 7월~9월 ④ 10월~12월

해설
담배장님노린재는 7~9월 가장 많은 개체수를 보여주기에 이 기간에 살충제를 살포한다.

32 물에 녹지 않는 유효성분을 유기용매에 녹여 유화제를 첨가한 용액으로 제조한 약제는?

① 유제   ② 액제
③ 수용제 ④ 수화제

해설
녹이고자 하는 물질이 물에 녹지 않을 때 유기용매에 녹여 유화제를 첨가한 용액을 유제라 한다.

33 곤충의 수컷 생식기관이 아닌 것은?

① 수정낭 ② 수정관
③ 부속샘 ④ 저정낭

해설
수정낭은 암컷의 생식기관으로 수컷의 정자를 수정전까지 임시로 보관하는 장소이다.

34 토양에 의해 전반되는 병은?

① 향나무 녹병
② 소나무 모잘록병
③ 밤나무 줄기마름병
④ 오동나무 빗자루병

해설
토양에 의해 전반되는 수목병으로 근두암종병균, 묘목의 잘록병균 등이 있다.

35 기주식물 뿌리에 기생하여 피해를 주는 것은?

① 새삼   ② 환삼덩굴
③ 꼬리겨우살이 ④ 오리나무더부살이

해설
오리나무더부살이는 뿌리에 기생하는 한해살이다.

36 제초제로 인한 수목 피해에 대한 설명으로 옳지 않은 것은?

① 피해목 주변의 토양을 비닐로 피복하면 제초제 성분의 해독이 더 어렵다.
② 피해증상은 전신적으로 나타나는 경우보다 국부적으로 나타나는 경우가 많다.
③ 동일 장소의 서로 다른 수종이나 지표의 초본식물에도 비슷한 증상이 나타난다.
④ 병해충의 피해와 혼동되는 경우가 많으므로 정확한 진단에 따른 대책이 필요하다.

해설
보통의 제초제는 피해범위가 넓어 피해증상이 전신적으로 나타난다.

정답 30. ④ 31. ③ 32. ① 33. ① 34. ② 35. ④ 36. ②

37 수목의 뿌리를 통해서 감염되지 않는 것은?

① 흑병
② 모잘록병
③ 그을음병
④ 자주빛날개무늬병

해설
그을음병은 깍지벌레, 진딧물 등의 배설물에 의해 발생한다.

38 리기다소나무 조림지에 피해를 주는 푸사리움 가지마름병에 대한 설명으로 옳지 않은 것은?

① 병원균은 상처를 통해 침입한다.
② 감염된 잎은 빛바랜 갈색으로 말라 죽는다.
③ 바람이 약한 지역에 나무는 더 심하게 발생한다.
④ 봄부터 가을까지 특히 태풍이 지나간 다음 터부코나졸 유탁제를 살포한다.

해설
푸사리움 가지마름병은 포자가 강한 바람에 의해 전파되어 더 심하게 발생한다.

39 수목병 방제를 위한 예방법과 가장 거리가 먼 것은?

① 윤작
② 종묘 소독
③ 항생제 주입
④ 혼효림 조성

해설
항생제 주입은 생물학적 조치로서 예방이 아닌 사후적 조치인 방제방법이다.

40 세균이 수목에 침입하는 경로가 아닌 것은?

① 각피
② 수공
③ 기공
④ 상처

해설
세균은 주로 자연개구부 및 상처를 통해 침입한다. 각피를 통해 침입이 가능한 것은 진균류이다.

41 산림의 순수익이 최대가 되는 벌기령 결정과 가장 거리가 먼 인자는?

① 이율
② 조림비
③ 관리비
④ 주벌수입

해설
산림순수익 최대 벌기령에는 이자를 고려하지 않는다.

※ 산림순수익 최대 벌기령 공식

$$\frac{Au + \sum D - (C + uV)}{u}$$

Au : 주벌수확
C : 조림비
$\sum D$: 간벌수확합계
V : 관리비
u : 벌기령

42 Huber식을 이용하여 중앙직경이 10cm, 재장이 20m인 통나무의 재적(m³)은?

① 0.0785
② 0.1570
③ 0.7850
④ 1.5700

해설
후버식
= π × 반지름² × 재장
= 3.14 × 0.05² × 20
= 0.157

정답 37. ③ 38. ③ 39. ③ 40. ① 41. ① 42. ②

43 임업 순수익의 계산 방법으로 옳은 것은?

① 임업조수익 + 임업경영비
② 임업조수익 - 감가상각액
③ 임업조수익 + 가족임금추정액
④ 임업조수익 - 임업경영비 - 가족임금추정액

해설
- 임업 소득 = 임업조수익 - 임업경영비
- 임업 순수익 = 임업조수익 - 임업경영비 - 가족임금추정액

44 산림청장은 산림복지의 진흥을 위하여 산림복지진흥계획을 몇 년마다 수립 및 시행하여야 하는가?

① 5년 ② 10년
③ 15년 ④ 20년

해설
산림복지진흥에 관한 법률에 의거 산림복지진흥계획을 5년마다 수립 및 진행한다.

45 다음 설명에 해당하는 것은?

> 국민이 안전하고 쾌적하게 등산 또는 트레킹을 할 수 있도록 해설하거나 지도, 교육하는 사람

① 숲해설가
② 유아숲지도사
③ 숲길체험지도사
④ 산림치유지도사

해설
숲길체험지도사는 유아숲지도사, 숲해설가와 함께 산림교육전문가로서 국민이 안전하고 쾌적하게 등산 또는 트레킹을 할 수 있도록 해설 및 지도, 교육하는 사람을 말한다.

46 임지의 자연적 생산력을 가장 포괄적으로 표시하는 것은?

① 지리 ② 지위
③ 토양습도 ④ 임목비옥도

해설
지위는 임지가 가지는 생산력을 의미하는데 여러 환경인자에 의해 결정된다.

47 복합적 임업경영의 형태 중에서 농지의 주변이나 둑, 농지와 산지의 경계에 유실수, 특용수, 속성수 등을 식재하여 임업 수입의 조기화를 도모하는 방법은?

① 혼목임업 ② 혼농임업
③ 농지임업 ④ 부산물임업

해설
농지임업은 복합산림경영 형태의 종류 중 하나이며 농지의 주변에 유실수, 특용수, 속성수 등을 식재하여 임업 수입의 조기화를 도모하는 형태이다.

48 벌기에 있어서 손익을 계산하는 방법 중 완전 간단 작업에 해당하는 것은?

① 임목매상대 - 조림비원가누계 + 관리비원가누계
② 임목매상대 + 조림비원가누계 + 관리비원가누계
③ 임목매상대 + 조림비원가누계 - 관리비원가누계
④ 임목매상대 - 조림비원가누계 - 관리비원가누계

해설
완전간단작업은 임목매상대에서 조림비와 관리비 항목을 감하여 준다.

정답 43. ④ 44. ① 45. ③ 46. ② 47. ③ 48. ④

49 농업이나 축산 또는 기타 사업을 하면서 여력을 이용하여 임업을 경영하는 형태는?

① 농가임업
② 부업적 임업
③ 겸업적 임업
④ 주업적 임업

해설
주업적 경영을 하면서 임업을 부업으로 경영하는 형태를 부업적 임업이라 한다.

50 다음은 수확조절방법 중이 Kameral Taxe법 공식이다. 이 때 Ir의 의미는?

$$Ya = Ir + \frac{Va - Vn}{a}$$

① 연간 생장율
② 작업급의 생장량
③ 연간 가치 생장량
④ 연간 벌채량과 생장량과의 차이

해설
Kameral Taxe법에서 Ir 은 작업급의 생장량(현실연간 생장량)을 의미한다.
※ Kameraltaxe 법
법정연간생장량
=현실연간생장량 + [(현실축척-법정축척) / 갱정기]

51 산림평가에 대한 설명으로 옳지 않은 것은?

① 부동산 감정평가와 동일한 평가방법 적용이 용이하다.
② 공익적 기능을 포함한 다면적 이용에 대한 평가도 포함한다.
③ 산림을 구성하는 임지·임목·부산물 등의 경제적 가치를 평가한다.
④ 생산기간이 장기적이고 금리의 변동이 커서 정밀하게 평가하기 쉽지 않다.

해설
산림평가에 있어 부동산과 같은 토지뿐 아니라 임목 및 임산물 등 여러 요인들이 많아 동일 평가 방법 적용이 어렵다.

52 산림환경자원으로서 야생동물의 서식밀도는 어떻게 표시하는가?

① 10ha 당의 마리수(봄철)
② 10ha 당의 마리수(여름철)
③ 100ha 당의 마리수(봄철)
④ 100ha 당의 마리수(여름철)

해설
야생동물 서식밀도는 야생동물보호기본계획에 의거 여름철 기준 100ha 당 마리수로 나타낸다.

53 산림의 이용구분에 따른 보전산지 중 공익용 산지가 아닌 것은?

① 채종림의 산지
② 사찰림의 산지
③ 자연휴양림의 산지
④ 산림보호구역의 산지

해설
채종림의 산지는 보전산지에서 임업용산지에 속한다.
※ 보전산지
· 임업용 : 요존국유림, 채종림, 실험림 등
· 공익용 : 보호림, 휴양림, 그 외 보호구역 등

54 임업경영 성과분석 방법 중 임업의존도의 계산식으로 옳은 것은?

① $\dfrac{가계비}{임업소득} \times 100$

② $\dfrac{임업소득}{가계비} \times 100$

③ $\dfrac{임업소득}{임가소득} \times 100$

④ $\dfrac{임업소득}{임업조수익} \times 1000$

정답 49. ② 50. ② 51. ① 52. ④ 53. ① 54. ③

55 수간석해를 위한 원판 채취방법에 대한 설명으로 옳지 않은 것은?

① 원판의 두께는 10cm가 되도록 한다.
② 원판을 채취할 때는 수간과 직교하도록 한다.
③ 측정하지 않을 단면에는 원판의 번호와 위치를 표시하여 둔다.
④ Huber식에 의한 방법에서 흉고이상은 2m마다 원판을 채취하고 최후의 것은 1m가 되도록 한다.

해설
수간석해시 원판의 채취 두께는 3~5cm를 기준으로 한다.

56 기준벌기령 이상에 해당하는 임지에서 수확을 위한 벌채가 아닌 것은?

① 골라베기   ② 모두베기
③ 솎아베기   ④ 모수작업

해설
솎아베기는 수확이 목적이 아닌 밀도조절과 부적합 임목을 제거하는 작업이다.

57 전체 임목본수 200본 중에서 표준목을 10본 선정하고자 한다. 어떤 직경급의 본수가 35본이면 이 직경급에 몇 본의 표준목을 실제적으로 배정하는 것이 가장 좋은가?

① 1본   ② 2본
③ 3본   ④ 4본

해설
200본 기준 10본 선정의 비례에 맞추어 35본에서는 약 2본을 선정한다.
$35 \times \frac{10}{200} = 1.75 ≒ 2$

58 시장가역산법에 의한 임목가 결정에 필요한 인자로 가장 거리가 먼 것은?

① 원목시장가   ② 벌채운반비
③ 기업이익율   ④ 조림무육관리비

해설
시장가 역산법은 원목의 시장가를 조사하여 역산하는 방법, 간접적으로 입목가격을 측정하는 방법으로 주요 결정요인으로 시장가, 운반비, 기업이익, 이자율, 자본회수기간 등이 있다.

59 우리나라에서는 전국 산림을 대상으로 10년마다 계획을 수립하는데 임업경영의 조직별로 산림기본계획, 지역산림계획, 산림경영계획을 수립한다. 다음 중 산림경영계획에서 수립하는 사항이 아닌 것은?

① 소반별 벌채에 관한 사항
② 연차별 식재면적에 관한 사항
③ 풀베기, 간벌 및 기타 육림에 관한 사항
④ 산림의 합리적 이용과 산림자원의 배양에 관한 사항

해설
산림의 합리적 이용과 산림자원의 배양에 관한 사항은 산림기본계획에 대한 내용이다.
※ 산림기본계획
· 주요 임산물의 수요공급에 대한 장기전망
· 산림의 합리적 이용과 산림자원의 배양에 관한 사항
· 산림의 공익적 기능 증진과 국토보전에 관한 사항
· 조림, 사방, 육림, 보호, 벌채, 임도 등 산림사업별 목표량과 그 추진방향에 관한 사항

정답 55. ① 56. ③ 57. ② 58. ④ 59. ④

60 소나무 임분의 벌기평균생장량이 6m³/ha이고, 윤벌기가 50년이라고 할 때 이 임분의 법정연벌량과 법정수확률은 각각 얼마인가?

① 250m³/ha, 4% ② 250m³/ha, 5%
③ 300m³/ha, 4% ④ 300m³/ha, 5%

해설

※ 법정 연벌량 = 법정 생장량
　벌기평균생장량×윤벌기 = 6×50
　　　　　　　　　　　　= 300m³/ha
※ 법정수확률 = 법정연벌률
　200/윤벌기 = 200/50 = 4 %

61 지표면 및 비탈면의 상태에 따른 유출계수가 가장 작은 것은?

① 떼비탈면　② 흙비탈면
③ 아스팔트포장　④ 콘크리트포장

해설

산림지역	0.05~0.4
떼비탈면	0.3
흙비탈면	0.6
콘크리트 포장	0.6~0.85
아스팔트 포장	0.8~0.9

62 컴퍼스의 검사 및 조정에 대한 설명으로 옳지 않은 것은?

① 자침은 어떠한 곳에 설치하여도 운동이 활발하고 자력이 충분하여야 한다.
② 컴퍼스를 수평으로 세웠을 때 자침의 양단이 같은 도수를 가리키고 있어야 한다.
③ 수준기의 기포를 중앙에 오게 한 후 수평으로 180° 회전시켜도 기포가 중앙에 있어야 한다.
④ 컴퍼스를 세우고 정준한 다음 적당한 거리에 연직선을 만들어 시준할 때 시준종공 또는 시준사와 수평선이 일치하면 정상이다.

해설

컴퍼스를 세우고 정준한 다음 적당한 거리에 연직선을 만들어 시준할 때 지준종공 또는 시준사와 수직선이 일치하면 정상이다.

※ 검사 및 조정
㉠ 자침의 검사 및 조정
㉡ 수준기의 검사 및 조정
㉢ 자침의 중심과 분도원 중심의 일치를 위한 검사 및 조정
㉣ 시준면과 수준기면을 직각이 되도록 하기 위한 검사 및 조정
㉤ 시준면과 자침면이 동일평면에 있도록 하기 위한 검사 및 조정

63 임도 비탈면의 녹화공법 종류에 속하지 않는 것은?

① 떼단쌓기 공법
② 분사식 파종 공법
③ 비탈선떼붙이기 공법
④ 비탈격자틀붙이기 공법

해설

비탈격자틀붙이기 공법은 비탈면 안정공법의 종류 중 하나이다.

정답　60. ③　61. ①　62. ④　63. ④

64 중심선측량과 영선측량에 대한 설명으로 옳지 않은 것은?

① 영선은 절토작업과 성토작업의 경계선이 되지는 않는다.
② 영선측량은 시공기면의 시공선을 따라 측량하므로 굴곡부를 제외하고는 계획고 상태로 측량한다.
③ 균일한 사면일 경우에는 중심선과 영선은 일치되는 경우도 있지만 대개 완전히 일치 되지 않는다.
④ 중심선측량은 지반고 상태에서 측량하며 종단면도상에서 계획선을 설정하여 계획고를 산출한 후 종단과 횡단의 형상이 결정된다.

해설
영선은 절토작업과 성토작업의 경계선이 된다.

65 임도 노면의 시공에 대한 사항으로 다음 ( ) 안에 공통적으로 해당하는 것은?

> 노면의 종단기울기가 ( )%를 초과하는 사질토양 또는 점토질 토양인 구간과 종단 기울기가 ( )%이하인 구간으로써 지반이 약하고 습한 구간에는 자갈을 부설하거나 콘크리트 등으로 포장한다.

① 8 ② 13
③ 15 ④ 18

해설
산림법시행규칙에서 임도시설기준 노면의 종단기울기가 8% 초과시 사질토양 또는 점토질 토양인 구간과 종단기울기가 8% 이하인 구간으로 지반이 약하고 습한 구간에는 자갈을 부설하거나 콘크리트 등으로 포장한다.

66 임도의 노체와 노면의 구조에 관한 설명으로 옳은 것은?

① 쇄석을 노면으로 사용한 것은 사리도이다.
② 노체는 노상, 노반, 기층, 표층 순서대로 시공한다.
③ 토사도는 교통량이 많은 곳에 적용하는 것이 가장 경제적이다.
④ 노상은 임도의 최하층에 위치하여 다른 층에 비해 내구성이 큰 재료를 필요로 한다.

해설
① 쇄석을 노면으로 사용하는 것은 쇄석도이다.
③ 토사도는 교통량이 적은 곳에 적용하는 것이 경제적이다.
④ 노상은 임도의 최하층으로 직접적인 충격을 받지 않아 내구성이 크거나 양질의 재료를 사용할 필요가 없다.

67 평판측량에 있어서 어느 다각형을 전진법에 의하여 측량하였다. 이때 폐합오차가 20cm 발생하였다면 측점 C의 오차 배분량은? (단, AB=50m, BC=20m, CD=20m, DA=10m임)

① 0.1m ② 0.14m
③ 0.18m ④ 0.2m

해설
오차배분량=(폐합오차×그 측점까지의 거리)/전체 측선의 거리
=(0.2m×AB+BC)/AB+BC+CD+DA
=(0.2 × 70)/100
=0.14

정답 64. ① 65. ① 66. ② 67. ②

68 어떤 측점에서부터 차례로 측량을 하여 최후에 다시 출발한 측점으로 되돌아오는 측량방법으로 소규모의 단독적인 측량에 많이 이용되는 트래버스 방법은?

① 결합 트래버스
② 폐합 트래버스
③ 개방 트래버스
④ 다각형 트래버스

해설
폐합트래버스는 여러 개의 측선이 연속으로 이루어진 다면형의 모양을 트래버스라 한다. 즉 종점과 시발점이 일치하여 다각형이 만들어지는 트래버스이다. 다각형으로 구성되어 각에 대한 오차 보정이 가능하고 소규모의 단독 측량에 많이 이용된다.

69 다음과 같은 폐합다각측량의 성과표를 이용하여 측선CD의 배횡거를 구한 값으로 옳은 것은? (단, 위·경거의 오차는 없는 것으로 함)

측선	위거	경거
AB	+35.84	+41.73
BC	-28.73	?
CD	?	-39.28
DA	+26.67	-37.84

① 77.57
② 90.12
③ 114.96
④ 118.85

해설

AB 측선 배횡거	그측선의 경거 41.73
BC 측선 배횡거	전측선의 배횡거 + 전측선의 경거 + 그측선의 경거 41.73 + 41.73 + 35.39 = 118.85
CD 측선 배횡거	전측선의 배횡거 + 전측선의 경거 + 그측선의 경거 118.85 + 35.39 + (-39.28) = 114.96

70 흙의 동결로 인한 동상을 가장 받기 쉬운 토질은?

① 모래
② 실트
③ 자갈
④ 점토

해설
흙의 동결은 모래, 자갈 등 공극이 크거나 점토와 같이 공극이 적어 투수성이 낮은 토질은 발생되지 않고 모래보다 작고 점토보다 큰 실트에서 많이 발생된다.

71 산림토목 시공용 기계 중 정지작업에 가장 적합한 것은?

① 클램 쉘
② 드랙 라인
③ 파워 셔블
④ 모터 그레이더

해설
모터그레이더는 정지 작업인 노면 깎기, 노면 다지기 등의 작업에 적합한 장비이다.

72 지반조사에 이용되는 것이 아닌 것은?

① 오거 보링
② 관입 시험
③ 케이슨 공법
④ 파이프 때려박기

해설
케이슨공법은 기초공사 중 깊은 기초 공법 중 하나이다.

정답 68. ② 69. ③ 70. ② 71. ④ 72. ③

73 임도의 교각법에 의한 곡선 설치 시 각 기호에 대한 용어가 올바르게 나열된 것은?

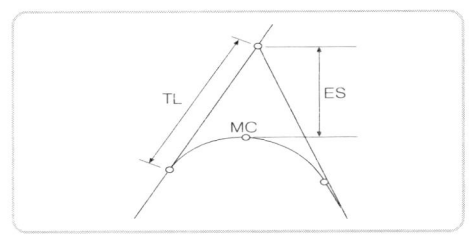

① TL : 접선길이, MC : 곡선중점, ES : 곡선길이
② TL : 곡선길이, MC : 곡선시점, ES : 접선길이
③ TL : 접선길이, MC : 곡선중점, ES : 외선길이
④ TL : 곡선길이, MC : 곡선시점, ES : 외선길이

해설
교각법은 1개의 굴곡점에 단곡선을 삽입하는 방법으로 가장 기본적인 방법이다.

74 일반지형에서 임도의 설계속도가 20km/시간일 때 적용하는 종단기울기는?

① 7%이하   ② 8%이하
③ 9%이하   ④ 10%이하

해설
설계속도

설계속도 (km/h)	종단기울기(순기울기)	
	일반지형	특수지형
40	7 % 이하	10 % 이하
30	8 % 이하	12 % 이하
20	9 % 이하	14 % 이하

75 임도교량에 미치는 활하중에 속하는 것은?

① 주보의 무게
② 교상의 시설물
③ 바닥 틀의 무게
④ 통행하는 트럭의 무게

해설
활하중은 구조물의 사용 의해 발생하는 하중으로 교량 위를 지나는 차량, 사람, 열차 등에 의한 하중을 말한다.

76 설계속도가 25km/시간, 가로 미끄럼에 대한 노면과 타이어의 마찰계수가 0.15, 노면의 횡단기울기가 5%일 경우 곡선반지름은? (단, 소수점 이하는 생략)

① 약 25m   ② 약 30m
③ 약 35m   ④ 약 40m

해설
최소곡선반지름 공식
$$\frac{설계속도^2}{127(타이어 마찰계수 + 노면횡단물매)}$$
$$= \frac{25^2}{127(0.15+0.05)} ≒ 25$$

77 수확한 임목을 임내에서 박피하는 이유로 가장 부적합한 것은?

① 신속한 건조
② 병충해 피해방지
③ 운재작업의 용이
④ 고성능 기계화로 생산원가의 절감

해설
기계화를 통한 원가절감은 산림기계화 작업의 장점으로 임내 박피 이유와는 무관하다.

정답   73. ③   74. ③   75. ④   76. ①   77. ④

78 임도설계 시 설계서에 포함되지 않는 것은?

① 시방서 ② 예산내역서
③ 측량성과서 ④ 공정별 수량계산서

해설

임도 설계서
목차, 공사설명서, 시방서, 예정공정표, 예산내역서, 일위대가표, 단가산출서, 원가계산서, 각종 중기경비 계산서, 소요자재총괄표, 공정별 수량계산서, 토적표, 산출기초

79 적정임도밀도가 5m/ha일 때 임도간격은 얼마인가?

① 1000m ② 2000m
③ 3000m ④ 4000m

해설

임도간격
RS = 10,000 / ORD(적정임도밀도)
   = 10,000 / 5 = 2000

80 배수 구조물의 크기를 결정하는데 영향을 가장 적게 미치는 요인은?

① 구조물의 재질
② 집수구역의 면적
③ 집수구역의 지형 및 식생구조
④ 확률강우에 의한 최대 시우량

해설

배수 구조물 크기 결정시 설치 지역 면적, 지형, 시우량 등이 가장 큰 결정요인이다. 재질의 경우 경제성을 고려하여 결정하는 부차적 요인이다.

81 초기황폐지 단계에서 복구되지 않으면 점점 더 급속히 악화되어 가까운 장래에 민둥산이나 붕괴지가 될 위험성이 있는 상태는?

① 척악임지 ② 임간나지
③ 황폐이행지 ④ 특수황폐지

해설

황폐진행시 민둥산이 될 가능성이 있는 단계를 황폐이행지라 한다.
※ 황폐산지 진행 구분
척악임지 → 임간나지 → 초기 황폐지 → 황폐이행지 → 민둥산

82 낙석방지망덮기 공법에 대한 설명으로 옳지 않은 것은?

① 철망눈의 크기는 5mm 정도이다.
② 합성섬유망은 100kg 이내의 돌을 대상으로 한다.
③ 와이어로프의 간격은 가로와 세로 모두 4~5m로 한다.
④ 철망, 합성섬유망 등을 사용하여 비탈면에서 낙석이 발생하지 않도록 한다.

해설

철망눈의 크기는 5~10cm 정도를 기준으로 한다.

83 산지사방사업에서 1m 높이의 돌쌓기를 할 때 찰쌓기의 표준 기울기는?

① 1 : 0.20~0.25
② 1 : 0.25~0.30
③ 1 : 0.30~0.35
④ 1 : 0.35~0.40

해설

산지사방사업 돌쌓기 표준 기울기
· 찰쌓기 1 : 0.2
· 메쌓기 1 : 0.3

정답 78. ③ 79. ② 80. ① 81. ③ 82. ① 83. ①

84 Q=C×I×A로 나타내는 최대홍수량 산정방법은? (단, Q는 유역출구에서의 최대홍수량, C는 유출계수, I는 강우강도, A는 유역면적)

① 시우량법 ② 유출량법
③ 합리식법 ④ 홍수위흔적법

해설
합리식은 유출계수, 강우량도, 유역면적을 이용하여 구한다.

85 지하수가 유출되는 절토사면에 설치하는 가장 적합한 공작물은?

① 집수정 ② 선떼붙이기
③ 산복 돌수로 ④ 돌망태 옹벽

해설
돌망태 옹벽은 배수성이 양호하고 수압을 고려할 필요가 없어서 지하수가 유출되는 절토사면에 설치하기 적합하다.

86 해안사방에서 사초심기공법에 관한 설명으로 옳지 않은 것은?

① 망구획 크기는 2m×2m 구획으로 내부에도 사이심기를 한다.
② 식재사초는 모래의 퇴적으로 잘 말라죽지 않는 수종으로 선택한다.
③ 다발심기는 사초 30~40포기를 한다발로 만들어 30~50cm 간격으로 심는다.
④ 줄심기는 1~2주를 1열로 하여 주간거리 4~5cm, 열간거리 30~40cm가 되도록 심는다.

해설
해안사방의 사초심기시 사초를 4~8포기를 한다발로 만든다.

87 침식에 대한 설명으로 옳지 않은 것은?

① 가속 침식은 자연 침식 또는 지질학적 침식이라고 한다.
② 침식은 그 원인에 따라 크게 정상 침식과 가속 침식으로 나뉜다.
③ 정상 침식은 자연적인 지표의 풍화 상태로써 토양의 형성과 분포에 기여한다.
④ 가속 침식은 주로 사람의 작용에 의한 지피식생의 파괴와 물이나 바람 등의 작용에 의하여 이루어진다.

해설
가속침식은 외부적 작용에 의한 침식이며 자연침식 또는 지질학적 침식은 정상침식이라 정의한다.

88 산지사방의 주요 목적과 거리가 먼 것은?

① 사방 조림 확대
② 붕괴 확대 방지
③ 표토 침식 방지
④ 산사태 위험 방지

해설
산지사방은 위험에 대한 대비를 목적으로 실행되는 작업으로 조림확대와는 거리가 멀다.

89 콘크리트의 압축강도와 가장 관계 깊은 것은?

① 물 - 잔골재 비
② 물 - 시멘트 비
③ 물 - 굵은골재 비
④ 물 - 염화칼슘 비

해설
콘크리트 강도에는 물의 비율이 많은 영향을 미친다.

정답 84. ③ 85. ④ 86. ③ 87. ① 88. ① 89. ②

90 통나무쌓기 흙막이의 높이는 보통 얼마로 하는가?

① 0.5m 이하 ② 1.5m 이하
③ 2.5m 이하 ④ 3.5m 이하

해설
통나무쌓기 흙막이의 높이는 1.5m 이하를 기준으로 한다.

91 본댐의 유효고가 H(m)이고 월류수심이 t(m)일 때, 본댐과 앞댐과의 간격 L(m)을 구하는 식은? (단, 낮은 댐의 경우)

① $L \geq 1.5 \times (H-t)$
② $L \geq 2.0 \times (H-t)$
③ $L \geq 1.5 \times (H+t)$
④ $L \geq 2.0 \times (H+t)$

해설
댐간격
· 높은 댐 : $L \geq 1.5(H+t)$
· 낮은 댐 : $L \geq 2.0(H+t)$

92 중력에 의한 침식에 해당하지 않는 것은?

① 지활형 침식 ② 유동형 침식
③ 지중형 침식 ④ 붕괴형 침식

해설
중력침식의 종류로 붕괴형, 지활형, 유동형, 사태형이 있다

93 우량계가 유역에 불균등하게 분포되었을 경우 평균 강우량 산정 방법은?

① 등우선법   ② 침투형법
③ 산술평균법 ④ Thiessen법

해설
유역 평균 강우량 산정방법에는 산술평균법, thiessen법, 등우선법이 있으며 thiessen 법은 유역 면적 기준 500~5000km² 정도에 적합하며 우량계가 유역내 불균등하게 분포되는 경우 적용한다.

94 흙댐에 관한 설명으로 옳지 않은 것은?

① 심벽 재료로는 사질토나 점질토를 사용한다.
② 일반적으로 흙댐마루의 나비는 2~5m 정도로 한다.
③ 유역면적이 비교적 좁고 유량과 유송토사가 적지만 계폭이 비교적 넓은 경우에 건설한다.
④ 포화수선은 댐 밑 외부에 있어야 댐이 안정되고, 심벽은 포화수선을 위로 올려주는 역할을 한다.

해설
포화수선은 댐 밑 내부에 있어야 댐이 안정되고 심벽은 포화수선 아래로 내려주는 역할을 한다.

95 수제에 대한 설명으로 옳지 않은 것은?

① 하향수제는 두부의 세굴작용이 가장 약하다.
② 상향수제는 길이가 가장 짧고 공사비가 저렴하다.
③ 유수의 월류 여부에 따라 월류수제와 불월류수제로 나눈다.
④ 계류의 유심 방향을 변경하여 계안 침식을 방지하기 위해 계획한다.

해설
길이가 가장 짧고 공사비가 저렴한 것은 직각수제에 대한 설명이다.

96 돌쌓기 공사에서 금기돌이 아닌 것은?

① 굄돌   ② 뜬돌
③ 거울돌   ④ 포갠돌

해설
금기돌은 돌쌓기 공법에 불안정한 돌로서 거울돌, 뜬돌, 포갠돌, 뾰족돌 등이 있다

정답 90. ② 91. ④ 92. ③ 93. ④ 94. ④ 95. ② 96. ①

97 황폐계류에 대한 설명으로 옳지 않은 것은?

① 유량이 강우에 의해 급격히 증감한다.
② 유로연장이 비교적 길고 하상 기울기가 완만하다.
③ 토사생산구역, 토사유과구역, 토사퇴적 구역으로 구분된다.
④ 호우가 끝나면 유량은 격감되고 모래와 자갈의 유송은 완전히 중지된다.

해설
황폐계류는 유로 연장이 비교적 짧고 기울기가 급하고 불규칙적인 것이 특징이다.

98 폭 10m, 높이 5m인 직사각형 단면 아계수로에 수심 2m, 평균유속 3m/sec로 유출이 일어날 때의 유량(m^3/sec)은?

① 15 ② 30
③ 60 ④ 150

해설
유량 = 유적 × 유속
     = 2 × 10 × 3 = 60m^3/sec

99 개수로에서 이용하는 평균유속공식이 아닌 것은?

① Chezy 공식 ② Basin 공식
③ Kutter 공식 ④ Thiery 공식

해설
평균 유속 공식 종류
· Chezzy 공식
· Manning 공식
· Basin 공식
· Kutter 공식

100 산지사방 녹화공사를 위한 묘목심기의 1ha당 식재본수로 가장 적합한 것은?

① 2000~4000본 ② 4000~6000본
③ 6000~8000본 ④ 8000~10000본

해설
일반적인 식재본수는 4000~6000 본/ha 이다.

정답 97. ② 98. ③ 99. ④ 100. ②

2017년 제1회 산림기사

01 묘포지 선정 조건으로 가장 적합한 것은?
① 평탄한 점질토양
② 10° 정도의 경사지
③ 남쪽지방에서 남향
④ 배수가 좋은 사양토

해설
점질토양의 경우 배수가 거의 되지 않으며 5° 이하의 경사지가 적합하다. 묘포지는 배수가 양호한 사양토가 적합하다.
※ 묘포지 선정 기준
· 교통이 편리하고 가급적 조림지에 가까울 것
· 토양이 비옥하고 물리적 성질이 양호할 것
· 관수 및 배수가 편리할 것
· 약간 경사지고 북동·북서·남서의 3면이 막힌 곳일 것

02 대면적의 임분을 한꺼번에 벌채하여 측방천연하종으로 갱신하는 방법은?
① 택벌작업   ② 개벌작업
③ 산벌작업   ④ 보잔목작업

해설
임분을 한번에 벌채하는 작업을 개벌작업이라 한다.

03 염기성 토양에 가장 잘 견디는 수종은?
① 곰솔   ② 오리나무
③ 떡갈나무 ④ 가문비나무

해설
염기성 토양에 적합한 수종으로 오리나무, 물푸레나무, 호두나무, 백합나무 등이 있다.

04 결실주기가 5년 이상인 수종은?
① *Salix koreensis*
② *Larix kaempferi*
③ *Betula platyphylla*
④ *Chamaecyparis obtusa*

해설
① 버드나무 ② 낙엽송 ③ 자작나무 ④ 편백
결실주기가 5년 이상인 수종으로 낙엽송, 너도밤나무 등이 있다.

05 식재 밀도에 따른 수목 생장에 대한 설명으로 옳은 것은?
① 식재 밀도가 높으면 초살형으로 자란다.
② 식재 밀도가 높을수록 단목재적이 빨리 증가된다.
③ 식재 밀도는 수고생장보다 직경생장에 더 큰 영향을 끼친다.
④ 식재 밀도가 낮으면 경쟁이 완화되어 단목의 생활력이 약해진다.

해설
임목의 밀도는 수고생장에는 큰 영향이 없으나 직경생장에 큰 영향을 미친다. 밀도가 높을수록 완만재가 형성되며 밀도가 낮을수록 초살형이 나타난다. 식재 밀도가 지나치게 높을 경우 단목의 생활력이 감소하기에 간벌이 필요하다.

정답 01. ④ 02. ② 03. ② 04. ② 05. ③

06 제벌 작업에 대한 설명으로 옳은 것은?

① 6~9월에 실시하는 것이 좋다
② 숲가꾸기 과정에서 한 번만 실시한다.
③ 간벌 이후에 불량목을 제거하기 위해 실시한다.
④ 산림경영 과정에서 중간 수입을 위해서 실시한다.

> **해설**
> 제벌작업은 밑깎기와 간벌작업의 중간에 실시되는 작업으로 제벌대상목이 왕성하게 성장하는 6~9월 사이 실시하는 것이 좋다.

07 난대 수종에 해당하지 않는 것은?

① *Abies nephrolepis*
② *Pittosporum tobira*
③ *Machilus thunbergii*
④ *Cinnamomum camphora*

> **해설**
> ① 분비나무 ② 돈나무 ③ 후박나무 ④ 녹나무
> 분비나무는 한대림 수종이다.

08 종자가 5월경에 성숙하는 수종은?

① 회화나무   ② 사시나무
③ 자작나무   ④ 구상나무

> **해설**
> 5월에 종자가 성숙하는 수종으로 버드나무, 미루나무, 사시나무, 황철나무가 있다.

09 수목에 나타나는 미량요소 결핍증에 대한 설명으로 옳지 않은 것은?

① 아연이 결핍되면 잎이 작아진다.
② 철 결핍은 주로 알칼리성 토양에서 일어난다.
③ 구리가 결핍되면 잎 끝부분부터 괴사현상이 일어난다.
④ 칼륨 결핍 증상은 잎에 검은 반점이 생기거나 주변에 황화현상이 나타나는 것이다.

> **해설**
> 구리는 광합성 및 대사과정에 필요한 요소로 결핍시 새잎의 선단부부터 황백화 현상이 일어난다.

10 수목 체내의 질소화합물에 해당하지 않는 것은?

① 핵산 관련 그룹
② 대사의 2차 산물 그룹
③ 아미노산과 단백질 그룹
④ 지방산과 지방산 유도체 그룹

> **해설**
> 지방산은 카복실기(-COOH)를 가지며 질소화합물의 종류가 아니다.

11 소나무의 구과 발달에 대한 설명으로 옳은 것은?

① 개화한 후 빨라 자라서 3~4개월 만에 성숙한다.
② 개화한 그 해 5~6월 경에 빨리 자라서 수정하고 가을에 성숙한다.
③ 개화한 해에 수정해서 크게 되고 다음 해에는 크게 자라지 않으며 2년째 가을에 성숙한다.
④ 개화한 해에는 거의 자라지 않고 다음 해 5~6월 경에 빨리 자라서 수정하며 2년째 가을에 성숙한다.

> **해설**
> 보기 ① 은 사시나무, 버드나무, ② 은 삼나무, ③ 은 향나무에 대한 설명이다.

정답 06. ① 07. ① 08. ② 09. ③ 10. ④ 11. ④

12 간벌방법 중 피압목부터 제거하는 방법은?

① 택벌간벌 ② 상층간벌
③ 하층간벌 ④ 기계적간벌

해설
하층간벌(보통간벌, 독일식 간벌)은 피압된 가장 낮은 수관층의 나무를 벌채하고 점차 높은 층의 나무를 벌채하는 방법이다.

13 광합성 색소인 카로테노이드(carotenoids)에 관한 설명으로 옳지 않은 것은?

① 식물에서 노란색, 오렌지색, 빨간색 등을 나타내는 색소이다.
② 광도가 높을 경우 광산화작용에 의한 엽록소의 파괴를 방지한다.
③ 식물체내에 있는 색소 중에서 광질에 반응을 나타내며 광주기 현상과 관련된다.
④ 엽록소를 보조하여 햇빛을 흡수함으로써 광합성시 보조색소 역할을 담당한다.

해설
광주기 현상과 관련있는 식물의 색소 단백질은 파이토크롬이다.

14 가지치기의 목적과 효과에 대한 설명으로 옳지 않은 것은?

① 무절재를 생산한다.
② 역지 이하의 가지를 제거한다.
③ 산불 발생시 수간화를 줄여준다.
④ 연륜폭을 조절하여 수간의 완만도를 높인다.

해설
가지치기 효과로 산불의 수관화를 줄여준다.

15 잣나무 묘목을 가로 2.5m, 세로 2.0m 간격으로 2ha 에 식재할 경우 필요한 묘목 본수는?

① 100 주 ② 400 주
③ 1000 주 ④ 4000 주

해설
가로 2.5m × 세로 2m = 5m²
20,000m²(2ha) ÷ 5m² = 4000

16 택벌 작업을 통한 갱신방법에 대한 설명으로 옳은 것은?

① 양수 수종 갱신이 어렵다.
② 병충해에 대한 저항력이 낮다.
③ 임목벌채가 용이하여 치수 보존에 적당하다.
④ 일시적인 벌채량이 많아 경제적으로 효율적이다.

해설
택벌 작업은 양수 수종에 적용이 어렵고 음수수종에 적합하다.

17 모수작업에 의한 갱신이 가장 유리한 수종은?

① 소나무 ② 잣나무
③ 호두나무 ④ 상수리나무

해설
모수작업은 소나무, 곰솔 등의 양수에 적용되는 것에 유리하며 바람에 날려 전파가 용이한 수종에 적당하다.

18 비교적 작은 입자(2~5mm) 구성되어 모서리가 둥글고 딱딱하고 치밀하며 주로 건조한 곳에서 발달하는 토양 구조는?

① 벽상 구조 ② 입상 구조
③ 단립상 구조 ④ 세립상 구조

해설
입상구조는 외관은 거의 구상이고 유기물이 많은 건조한 곳에서 생성된다. 모양은 둥글고 직경은 1cm 이하의 작은 입단으로 되어 있다.

정답 12. ③ 13. ③ 14. ④ 15. ④ 16. ① 17. ① 18. ②

19 음이온의 형태로 수목의 뿌리로부터 흡수되는 것은?

① K ② Ca
③ NH₄ ④ SO₄

> **해설**
> K^+, Ca^{2+}, NH_4^+ 등 양이온 무기염류이며 SO_4^{2-}는 음이온 형태로 흡수된다.

20 순림의 장점이 아닌 것은?

① 병충해에 강하다.
② 간벌 등 작업이 용이하다.
③ 조림이 경제적으로 될 수 있다.
④ 경관상으로 더 아름다울 수 있다.

> **해설**
> 순림은 병충해에 취약하다.

21 대추나무 빗자루병 방제 약제로 가장 적합한 것은?

① 베노밀 수화제
② 아진포스메틸 수화제
③ 스트렙토마이신 수화제
④ 옥시테트라사이클린 수화제

> **해설**
> 파이토플라스마에 의한 대추나무, 오동나무 빗자루병 등은 옥시테트라싸이클린 수화제를 수간주사 방법으로 방제한다.

22 완전변태과정을 거치지 않는 것은?

① 벌목 ② 나비목
③ 노린재목 ④ 딱정벌레목

> **해설**
> 잠자리, 매미류, 노린재목 등은 불완전변태과정을 거친다.

23 도토리거위벌레에 대한 설명으로 옳지 않은 것은?

① 유충으로 월동한다.
② 산란하는 곳은 어린 가지의 수피이다.
③ 우화한 성충은 도토리에 주둥이를 꽂고 흡즙 가해한다.
④ 도토리가 달린 가지를 주둥이로 잘라 땅에 떨어뜨린다.

> **해설**
> 주로 도토리에 구멍을 뚫어 산란한다.

24 나무주사 방법에 대한 설명으로 옳지 않은 것은?

① 소나무류에는 주로 중력식 주사를 사용한다.
② 형성층 안쪽의 목부까지 구멍을 뚫어야 한다.
③ 모젯(Mauget) 수간주사기는 압력식 주사이다.
④ 중력식 주사는 약액의 농도가 낮거나 부피가 클 때 사용한다.

> **해설**
> 소나무류는 주로 압력식 주사 방법을 이용한다.

25 세균에 의한 수목병은?

① 뽕나무 오갈병
② 소나무 줄기녹병
③ 포플러 모자이크병
④ 호두나무 뿌리혹병

> **해설**
> 세균에 의한 수목병은 불마름병, 뿌리혹병 등이 대표적이다.

정답 19. ④ 20. ① 21. ④ 22. ③ 23. ② 24. ① 25. ④

26 밤바구미에 대한 설명으로 옳지 않은 것은?

① 참나무류의 도토리에도 피해가 발생한다.
② 산란기간은 8월에서 10월까지이며 최성기는 9월이다.
③ 유충이 똥을 밖으로 배출하므로 피해식별이 용이하다
④ 9월 하순 이후부터 피해종실에서 탈출한 노숙유충이 흙집을 짓고 월동한다.

해설
밤바구미 유충은 똥을 외부로 배출하지 않기에 식별이 어렵다.

27 밤나무 종실을 가해하는 해충은?

① 솔알락명나방
② 복숭아명나방
③ 복숭아심식나방
④ 백송애기잎말이나방

해설
밤나무 종실 가해 해충으로 복숭아명나방, 밤바구미 등이 있다.

28 오리나무 갈색무늬병의 방제법으로 옳지 않은 것은?

① 윤작을 피한다.
② 종자소독을 한다.
③ 솎아주기를 한다.
④ 병든 낙엽은 모아 태운다.

해설
오리나무 갈색무늬병은 연작에 의한 피해가 심하기에 윤작을 통해 방제한다.

29 태풍 피해가 예상되는 지역에서의 적절한 육림방법은?

① 갱신 시에 임분밀도는 높이는 것이 유리하다.
② 이령림은 유리하나 혼효림 조성은 효과가 크지 않다.
③ 간벌을 충분히 하여 수간의 직경생장을 증가시킨다.
④ 개벌이 불가피한 지역에서는 가급적 대면적으로 실시한다.

해설
간벌을 통해 직경생장을 촉진하며 직경생장을 통해 태풍이나 바람에 대한 저항성이 증가한다.

30 모잘록병 방제방법으로 옳지 않은 것은?

① 질소질 비료를 많이 준다.
② 병든 묘목은 발견 즉시 뽑아 태운다.
③ 병이 심한 묘포지는 돌려짓기를 한다.
④ 묘상이 과습하지 않도록 배수와 통풍에 주의한다.

해설
모잘록병 발생시 질소질비료를 많이 사용하게 되면 재발 및 확산의 위험성이 높아진다.

31 식엽성 해충이 아닌 것은?

① 솔나방   ② 솔수염하늘소
③ 미국흰불나방 ④ 오리나무잎벌레

해설
솔수염하늘소는 줄기를 가해하는 천공성 해충이다.

정답 26. ③ 27. ② 28. ① 29. ③ 30. ① 31. ②

32 소나무 재선충병에 대한 설명으로 옳지 않은 것은?

① 토양관주는 방제 효과가 없어 실시하지 않는다.
② 아바멕틴 유제로 나무주사를 실시하여 방제한다.
③ 피해목 내 매개충을 구제하기 위해 벌목한 피해목을 훈증한다.
④ 나무주사는 수지 분비량이 적은 12월 ~ 2월 사이에 실시하는 것이 좋다

해설
토양관주는 주사기를 이용하여 토양에 약제를 주입하는 방법이다. 소나무 재선충병의 방제법으로 4~5월에 실시한다.

33 바다 바람에 대한 저항력이 큰 수종으로만 올바르게 짝지어진 것은?

① 화백, 편백
② 소나무, 삼나무
③ 벚나무, 전나무
④ 향나무, 후박나무

해설
염풍에 저항성이 높은 수종으로 해송, 향나무, 사철나무, 후박나무 등이 있다.

34 솔껍질깍지벌레가 바람에 의해 피해지역이 확대되는 것과 관련이 있는 충태는?

① 알   ② 약충
③ 성충   ④ 번데기

해설
솔껍질깍지벌레의 부화약충이 바람에 의해 이동 및 확산을 하며 주로 줄기를 가해하는 해충이다.

35 산림해충의 임업적 방제법에 속하지 않는 것은?

① 내충성 품종으로 조림하여 피해 최소화
② 혼효림을 조성하여 생태계의 안정성 증가
③ 천적을 이용하여 유용식물 피해 규모 경감
④ 임목밀도를 조절하여 건전한 임목으로 육성

해설
천적을 이용하는 방법은 생물적 방제법에 속한다.

36 볕데기(sun scorch)가 잘 일어나지 않는 경우는?

① 남서방향 임연부의 성목
② 울폐된 숲이 갑자기 개방된 경우
③ 수간 하부까지 지엽이 번성한 수종
④ 수피가 평활하고 코르크층이 발달되지 않은 수종

해설
볕데기는 태양의 직사광선에 의해 발생되는 피해로서 수간하부까지 지엽이 번성할 경우 볕데기의 피해가 거의 발생하지 않는다. 반대로 지엽을 제거하면 햇빛이 수간 하부까지 도달하여 볕데기를 발생할 수 있다.

37 곤충의 더듬이를 구성하는 요소가 아닌 것은?

① 자루마디   ② 채찍마디
③ 팔굽마디   ④ 도래마디

해설
도래마디는 곤충의 다리에 있는 둘째마디를 의미한다.

정답 32. ① 33. ④ 34. ② 35. ③ 36. ③ 37. ④

38 대추나무 빗자루병에 대한 설명으로 옳은 것은?

① 균류에 의해 전반된다.
② 토양에 의해 전반된다.
③ 공기에 의해 전반된다.
④ 분주에 의해 전반된다.

해설
대추나무 빗자루병은 병에 걸린 모수에서 접수나 혹은 포기나누기인 분주에 의해 감염된다.

39 잣나무 털녹병균의 중간기주는?

① 현호색   ② 송이풀
③ 뱀고사리 ④ 참나무류

해설
잣나무 털녹병균의 중간기주로 송이풀과 까치밥나무가 있다.

40 수목병에 대한 설명으로 옳지 않은 것은?

① 밤나무 줄기마름병은 1900년경 미국으로부터 침입한 병이다.
② 흰가루병균은 분생포자를 많이 만들어서 잎을 흰가루로 덮는다.
③ 그을음병은 진딧물이나 깍지벌레 등이 가해한 나무에 흔히 볼 수 있는 병이다.
④ 철쭉 떡병균은 잎눈과 꽃눈에서 옥신의 양을 증가시켜 흰색의 둥근 덩어리를 만든다.

해설
밤나무 줄기마름병은 1900년경 동양에서 미국으로 이송된 나무에 의해 피해를 주었으며 미국 동부의 밤나무림을 황폐화 시킨 사례가 있다.

41 재적 조사에 대한 설명으로 옳지 않은 것은?

① 유용 수종은 수종별로 나누어 실시한다.
② 원칙적으로 모든 소반을 답사하여 표준지가 될 수 있는 지역을 정한다.
③ 산림의 실태조사 중에서 제일 중요한 작업으로서 수확을 조절하는데 절대 필요한 작업이다.
④ 법정축적법·재적평분법·조사법 등과 같이 축적과 생장량에 중점을 두고 있는 방법에서는 정확하게 할 필요가 없이 약식으로 한다.

해설
법정축적법, 재적평분법, 조사법 등의 축적과 생장량에 중점을 둔 것은 수확조정법에 대한 내용이다.

42 원가계산을 위한 원가비교 방법으로 옳지 않은 것은?

① 기간 비교   ② 상호 비교
③ 수익비용비교 ④ 표준실제비교

해설
원가비교 방법은 기간비교, 상호비교, 표준실제비교가 있다.

43 현재 축적이 $1000m^3$ 이고 생장률이 연 3%일 때 단리법에 의한 9년 후 축적은?

① $1270\ m^3$ ② $1300\ m^3$
③ $1344\ m^3$ ④ $1453\ m^3$

해설
단리법
$N = V(1+nP)$
$\quad = 1000(1+9 \cdot 0.03) = 1270$
V : 원금, P : 이율, n : 기간,
N : 원리 합계

정답 38. ④ 39. ② 40. ① 41. ④ 42. ③ 43. ①

44 임업이율의 성격으로 옳은 것은?

① 명목이율 ② 실질이율
③ 대부이율 ④ 현실이율

해설

임업이율의 성격
- 임업이율은 대부이자가 아닌 자본이자이다.
- 임업이율은 현실이율이 아닌 평정이율이다.
- 임업이율은 실질이율이 아닌 명목이율이다.
- 임업이율은 장기이율이다.

45 임목의 연년생장량과 평균생장량간의 관계에 대한 설명으로 옳은 것은?

① 초기에는 연년생장량이 평균생장량보다 작다.
② 연년생장량이 평균생장량보다 최대점에 늦게 도달한다.
③ 평균생장량이 최대가 될 때 연년생장량과 평균생장량은 같게 된다.
④ 평균생장량이 최대점에 이르기까지는 연년생장량이 평균생장량 보다 항상 작다.

해설

초기에 연년생장량이 평균생장량보다 크며 평균생장량이 최대가 되는 지점은 연년생장량과 평균생장량이 같게 된다.

46 형수를 사용해서 입목의 재적을 구하는 방법을 형수법이라고 하는데, 비교 원주의 직경위치를 최하단부에 정해서 구한 형수는?

① 정형수   ② 단목형수
③ 절대형수 ④ 흉고형수

해설

절대형수는 원주의 직경위치를 최하부로 정한 것을 말한다.

47 투자비용의 현재가에 대하여 투자의 결과로 기대되는 현금 유입의 현재가 비율을 나타내는 것으로 투자효율을 결정하는 방법은?

① 회수기간법   ② 수익비용률법
③ 순현재가치법 ④ 투자이익률법

해설

현재가에 대한 기대 현금 유입을 이용하는 방법을 수익비용률법이라 한다.

48 수확표의 내용과 관련이 없는 것은?

① 재적   ② 평균수고
③ 지위등급 ④ 지리등급

해설

수확표에 기입하는 내용으로 단위면적당 주수, 지름, 수고, 재적, 생장량 을 임령별, 지위별 등을 표시하며 지리등급은 관련이 없다.

49 다음 조건에서 5년간 발생한 순수익은?

- 35년생 소나무림 임목축적 : 90m³
- 40년생 소나무림 임목축적 : 100m³
- 5년 동안의 이용재적량 : 30m³
- 소나무의 임목 1m³당 가격 : 10,000원

① 350,000원 ② 400,000원
③ 450,000원 ④ 500,000원

해설

5년동안 발생한 임목축적 10m³ 과 이용한 재적량 30m³의 합이 순수익의 임목축적이며 이때 보기의 조건과 같이 1m³ 당 가격을 10,000 으로 하였기에 40 * 10,000원 = 400,000 원 이 순수익으로 발생하였음을 알 수 있다.

정답 44. ① 45. ③ 46. ③ 47. ② 48. ④ 49. ②

50 자연휴양림시설의 종류에 따른 규모의 기준으로 옳지 않은 것은?

① 건축물의 층수는 3층 이하일 것
② 건축물이 차지하는 총 바닥면적은 1만제곱미터 이하일 것
③ 음식점을 제외한 개별 건축물의 연면적은 900 제곱미터 이하일 것
④ 시설 설치에 따른 산림의 형질변경 면적은 20만제곱미터 이하일 것

해설
형질변경은 면적 기준 10만 제곱미터 이하이다.

51 임업경영의 생산성 원칙을 달성하기 위하여 어떤 종류의 생장량이 최대인 시기를 벌기로 결정해야 하는가?

① 총생장량 ② 연년생장량
③ 평균생장량 ④ 한계생장량

해설
생산성의 원칙에서 단위 면적당 최대 목재 생산을 목표로 하기에 평균생장량이 가장 큰 시기에 벌채를 하는 것을 원칙으로 한다.

52 자본장비도와 자본효율의 개념을 임업에 도입할 때 자본장비도에 해당하는 것은?

① 노동 ② 소득
③ 생장률 ④ 임목축적

해설
자본장비도를 임업에 적용할 경우 임목축적, 자본효율은 생장률에 해당한다.

53 임분밀도를 나타내는 척도로 옳지 않은 것은?

① 재적 ② 입목도
③ 지위지수 ④ 상대공간지수

해설
지위지수는 임지의 생산능력에 대한 척도이다.

54 자연휴양림으로 지정된 산림에 휴양시설의 설치 및 숲가꾸기 등의 조성계획을 승인하는 자는?

① 산림청장
② 시·도지사
③ 농림축산식품부장관
④ 자연휴양림 관리소장

해설
자연휴양림 조성 계획승인은 시, 도지사가 검토 및 승인하고 산림청장에게 통보한다.

55 다음과 같은 조건에서 시장가역산식을 이용한 임목가는?

- 원목시장가격 : 100,000원
- 총비용 : 30,000원
- 정상이윤 : 20,000원

① 50,000원 ② 70,000원
③ 80,000원 ④ 150,000원

해설
시장가역산식은 벌기 이상의 원목이 시장에서 매매되는 가격을 기준으로 원목을 시장까지 벌채하여 운반하는 비용을 역으로 공제하는 방법이다.
100,000 원(원목시장가격) − 50,000원
(총비용+정상비용) = 50,000 원

56 벌구식 택벌작업에서 맨 처음 벌채된 벌구가 다시 택벌될 때까지의 소요기간을 무엇이라 하는가?

① 회귀년 ② 벌기령
③ 윤벌기 ④ 벌채령

해설
최초 벌채된 지역인 벌구에 다시 작업을 하는데까지의 소요기간을 회귀년을 말한다.

정답 50. ④ 51. ③ 52. ④ 53. ③ 54. ② 55. ① 56. ①

57 임목재적표는 임목의 재적을 구하기 위해 만들어진 재적표를 말하는데, 방안지에 곡선을 그리고 자유곡선법에 의해 평활한 곡선으로 수정하여 완성하게 된다. 이 곡선에서 수치를 읽어 재적표를 만드는 방법은?

① 형수법
② 직접법
③ 도표법
④ 곡선도법

> 해설
> 가로축에 평균직경을 세로축은 재적을 기준으로 만든 그래프에 평균직경에 상응하는 수치를 얻어 재적표를 만드는 방법을 곡선도법이라 한다.

58 임업경영자산 중 유동자산으로 볼 수 없는 것은?

① 임업 종자
② 임업용 기계
③ 미처분 임산물
④ 임업생산 자재

> 해설
> 임업용기계는 고정자산에 속한다.

59 임목 재적측정시 가장 먼저 할 일은?

① 조사목 선정
② 조사구역 설정
③ 조사목의 중량 측정
④ 임분의 현존량 추정

> 해설
> 임목 재적 측정시 가장 먼저 조사구역을 설정하도록 한다.

60 어떤 임지는 육림용으로 사용할 수도 있고 목축용으로 사용할 수도 있다. 이 때 임지를 육림용으로 사용할 경우 목축용으로 사용할 때 얻을 수 있는 수익을 포기하는 것을 의미하는 원가는?

① 기회원가
② 변동원가
③ 한계원가
④ 증분원가

> 해설
> 특정 선택을 통해 하나의 기회를 포기함으로서 발생되는 가치를 기회 원가라 한다.

61 임도 노체의 기본구조를 순서대로 나열한 것은?

① 노상 - 노반 - 기층 - 표층
② 노상 - 기층 - 노반 - 표층
③ 노상 - 기층 - 표층 - 노반
④ 노상 - 표층 - 기층 - 노반

> 해설
> 임도의 구조는 표면을 시작으로 표층, 기층, 노반, 노상으로 구성되며 이때 노상과 노반을 합쳐 노면이라 부르기도 한다.

62 실제 지상의 두 점간 거리가 100m 인 지점이 지도상에서 4mm 로 나타났다면 이 지도의 축척은?

① 1/1000
② 1/2500
③ 1/25000
④ 1/50000

> 해설
> 실제거리를 지도상의 길이와 동일한 단위로 환산하여 축척을 구한다.
> 100m = 10,000 cm = 100,000 mm
> 4 / 100,000 = 1 / 25,000

정답 57. ④ 58. ② 59. ② 60. ① 61. ① 62. ③

63 40ha 면적의 산림에 간선임도 500m, 지선임도 300m, 작업임도 200m가 시설되어 있다면 임도밀도는?

① 12.5 m/ha   ② 20 m/ha
③ 25 m/ha   ④ 40 m/ha

해설
임도밀도는 총연장거리를 총면적으로 나눈 값이다.
(500 + 300 + 200) / 40 = 25

64 임도 배수구 설계시 배수구의 통수단면은 최대홍수 유출량의 몇 배 이상으로 설계·설치하는가?

① 1.0 배   ② 1.2 배
③ 1.5 배   ④ 2.0 배

해설
배수고 통수단면 100년 빈도 기준 최대홍수유출량의 1.2배 이상으로 설계 한다.

65 임도의 적정 종단기울기를 결정하는 요인으로 거리가 먼 것은?

① 노면 배수를 고려한다.
② 적정한 임도우회율을 설정한다.
③ 주행 차량의 회전을 원활하게 한다.
④ 주행 차량의 등판력과 속도를 고려한다.

해설
주행 차량의 회전을 원활하게 하는 내용은 회전반경을 고려하는 횡단구조에 관한 내용이다.

66 임도 설계서 작성에 필요한 내용으로 옳지 않은 것은?

① 목차   ② 토적표
③ 특별시방서   ④ 타당성 평가표

해설
임도 설계서 작성시 목차, 공사설명서, 일반시방서, 특별시방서, 예정공정표, 단가산출서, 토적표, 산출기초 등이 있다

67 임도 선형설계를 제약하는 요소로 적합하지 않은 것은?

① 시공상에서의 제약
② 대상지 주요 수종에 의한 제약
③ 사업비·유지관리비 등에 의한 제약
④ 자연환경의 보존·국토보전 상에서의 제약

해설
임도 선형설계시 제약 요소
· 자연 환경의 보존 및 국도 보전
· 지형, 지물의 제약
· 시공상 제약
· 사업비, 유지 관리비 제약

68 시장 또는 국유림관리소장은 임도 노선별로 노면 및 시설물의 상태를 연간 몇 회 이상 점검하도록 되어 있는가?

① 1회 이상   ② 2회 이상
③ 3회 이상   ④ 4회 이상

해설
임도설치 및 관리 규정에 의거 시장 혹은 국유림관리소장은 임도 노선별로 노면 및 시설물의 상태를 연간 2회 이상 점검하는 것을 원칙으로 한다.

69 임도의 각 측점 단면마다 지반고, 계획고, 절·성토고 및 지장목 제거 등의 물량을 기입하는 도면은?

① 평면도   ② 표준도
③ 종단면도   ④ 횡단면도

해설
횡단면도는 각 측점의 단면의 지반고, 계획고, 절토고, 성토고, 단면적, 지장목의 제거, 사면보호공의 물량 등을 기입하여 토적계산 자료로 활용한다.
· 평면도는 임시기표, 사유토지의 경계, 구조물 등을 기입한다.
· 종단면도는 구간거리, 지반높이, 절토-성토 높이를 기입한다.

정답 63. ③ 64. ② 65. ③ 66. ④ 67. ② 68. ② 69. ④

70 다음 그림과 조건을 이용하여 계산한 측선 CA 의 방위각은?

- 내각 ∠A = 62°15′27″
- 내각 ∠B = 54°37′49″
- 내각 ∠C = 63°06′53″
- 측선 AB 의 방위각 = 27°35′12″

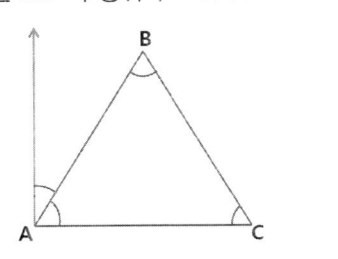

① 89°50′39″ ② 89°50′42″
③ 269°50′39″ ④ 269°50′42″

해설

CA 방위각 = 180°+AC의 방위각
- AC 방위각 = AB 방위각 + 내각 ∠A
  = 27°35′12″ + 62°15′27″
  = 89°50′39″
- CA 방위각 = 180°+ 89°50′39″
  = 269°50′39″

71 다음 설명에 해당하는 임도 노선 배치 방법은?

지형도 상에서 임도노선의 시점과 종점을 결정하여 경험을 바탕으로 노선을 작성한 다음 허용 기울기 이내인가를 검토하는 방법이다.

① 자유배치법   ② 자동배치법
③ 선택적배치법 ④ 양각기 분할법

해설

노망배치방법에는 양각기 분할법, 자동배치법, 자유배치법이 있으며 보기의 내용은 자유배치법에 대한 설명이다.

72 지형지수 산출 인자로 옳지 않은 것은?

① 식생   ② 곡밀도
③ 기복량   ④ 산복경사

해설

지형지수 산출인자는 임지의경사, 기복량, 곡밀도가 있다.

73 가장 일반적으로 이용되는 다각측량의 각 관측방법으로 임도곡선 설정시 현지에서 측점을 설치하는 곡선설정 방법은?

① 교각법   ② 편각법
③ 진출법   ④ 방위각법

해설

교각법은 교각을 쉽게 구할 수 있는 경우 사용되는 가장 기본적인 방법이다.

74 임도 개설에 따른 절·성토시 부족한 토사공급을 위한 장소는?

① 객토장   ② 사토장
③ 집재장   ④ 토취장

해설

토사가 부족한 경우 토취장에서 흙을 공급받으며 반대로 사토장은 흙을 버리는 장소이다.

정답 70. ③ 71. ① 72. ① 73. ① 74. ④

75 임도의 횡단배수구 설치장소로 적당하지 않은 곳은?

① 구조물 위치의 전·후
② 노면이 암석으로 되어있는 곳
③ 물 흐름 방향의 종단기울기 변이점
④ 외쪽기울기로 인한 옆도랑 물이 역류하는 곳

해설

횡단배수구 설치
- 유하방향의 종단기울기 변이점
- 구조물의 앞 혹은 뒤
- 외쪽물매로 옆도랑물이 역류하는 곳
- 흙이 부족하여 속도랑으로 부적당한 곳
- 체류수가 있는 곳

76 토사지역에 절토 경사면을 설치하려 할 때 기울기의 기준은?

① 1 : 0.3 ~ 0.8   ② 1 : 0.5 ~ 1.2
③ 1 : 0.8 ~ 1.5   ④ 1 : 1.2 ~ 1.5

해설

토사지역의 절토 사면 설치 기준은 기울기 1 : 0.8 ~ 1.5 이다. 암석지의 경우 경암은 1 : 0.3 ~ 0.8 정도이다.

77 와이어로프의 안전계수식을 올바르게 나타낸 것은?

① 와이어로프의 최소장력 ÷ 와이어로프에 걸리는 절단하중
② 와이어로프의 최대장력 ÷ 와이어로프에 걸리는 절단하중
③ 와이어로프의 절단하중 ÷ 와이어로프에 걸리는 최소장력
④ 와이어로프의 절단하중 ÷ 와이어로프에 걸리는 최대장력

해설

와이어로프 안전계수는 로프의 절단하중 나누기 로프에 걸리는 최대장력으로 구한다. 일반적으로 이러한 공식을 통해 구한 가공본줄의 안전계수는 2.7 의 값을 가진다.

78 임도의 합성기울기를 11%로 설정할 경우 외쪽기울기가 5%일 때 종단기울기로 가장 적당한 것은?

① 약 8 %   ② 약 10 %
③ 약 12 %   ④ 약 14 %

해설

합성기울기
$= \sqrt{종단기울기^2 + 횡단기울기^2}$
$11 = \sqrt{x^2 + 5^2}$
$x ≒ 9.8$ → 종단기울기는 약 10% 이다.

79 임도의 횡단선형을 구성하는 요소가 아닌 것은?

① 길어깨   ② 옆도랑
③ 차도나비   ④ 곡선반지름

해설

임도의 횡단선형 구성요소로 차도너비, 길어깨, 대피소, 옆도랑 등이 있다.

80 집재가선을 설치할 때 본줄을 설치하기 위한 집재기 쪽의 지주를 무엇이라 하는가?

① 머리기둥   ② 꼬리기둥
③ 안내기둥   ④ 받침기둥

해설

집재 가선을 설치하기 위해 집재기쪽 지주를 머리기둥 혹은 앞기둥이라 한다.

정답   75. ② 76. ③ 77. ④ 78. ② 79. ④ 80. ①

81 빗물에 의한 침식의 발생 순서로 옳은 것은?

① 우격침식 - 면상침식 - 구곡침식 - 누구침식
② 우격침식 - 구곡침식 - 면상침식 - 누구침식
③ 우격침식 - 누구침식 - 면상침식 - 구곡침식
④ 우격침식 - 면상침식 - 누구침식 - 구곡침식

해설
빗물에 의한 침식은 우격침식, 면상침식, 누구침식, 구곡침식 순서로 진행된다.

82 다음 시우량법 공식에서 K 가 의미하는 것은?

$$Q = K \times \frac{A \times \frac{m}{1000}}{60 \times 60}$$

① 유역면적 ② 총강우량
③ 총유출량 ④ 유거계수

해설
K : 유거계수, A : 유역면적, m : 최대시우량

83 산지사방 공사에 해당하지 않는 것은?

① 기슭막이 ② 비탈다듬기
③ 땅속흙막이 ④ 선떼붙이기

해설
기슭막이는 계천사방공법의 일종이다. 산지사방 공사는 비탈다듬기, 누구막이, 땅속흙막이, 골막이, 선떼붙이기, 비탈덮기 등이 있다.

84 선떼붙이기 공법에 대한 설명으로 옳지 않은 것은?

① 발디딤은 작업의 편의를 도모한다.
② 1~2급을 적용하는 것이 경제적이다.
③ 1급 선떼붙이기에 가까울수록 고급 공법이다.
④ 1m 당 떼의 사용 매수에 따라 1~9급으로 구분한다.

해설
선떼붙이기 저급(9급에 가까울수록)일수록 효과적이다.

85 사력의 교대는 일어나지만 하상 종단면의 형상에는 변화가 없는 하상의 기울기는?

① 임계기울기 ② 안정기울기
③ 홍수기울기 ④ 평형기울기

해설
안정기울기는 안정물매라고도 하며 유수 중의 사력과 계상면의 사력과의 교대가 있어도 종단형상에는 변화를 일으키지 않는다.

86 사방댐에서 안전시공을 위해 고려해야 할 외력이 아닌 것은?

① 수압 ② 풍력
③ 양압력 ④ 퇴사압

해설
사방댐에 작용하는 외력으로 제체의 자중, 정수압, 퇴사압, 양압력 등이 있다

87 산사태의 발생원인에서 지질적 요인이 아닌 것은?

① 절리의 존재 ② 단층대의 존재
③ 붕적토의 분포 ④ 지표수의 집중

해설
산사태의 발생원인으로 지질적 요인은 단층대의 존재, 절리의 존재, 층리면의 존재, 암석의 풍화, 변질대 및 붕적토의 분포, 지하수의 존재 등이 있다.

정답 81. ④ 82. ④ 83. ① 84. ② 85. ② 86. ② 87. ④

88 수로 경사가 30도, 경심이 1.0m, 유속계수가 0.36일 때 Chezy 평균유속공식에 의한 유속은?

① 약 0.10 m/s ② 약 0.21 m/s
③ 약 0.27 m/s ④ 약 0.38 m/s

해설
보기의 일반 경사 각도를 공식대입을 위해 %로 변화시키며 이때 tan 를 이용한다.
※ Chezy 공식
- tan 30 = 약 58%
- 평균유속
  = 유속계수$\sqrt{경심 \times 수로\ 기울기}$
  → $0.36\sqrt{1 \times 0.58} ≒ 0.27$

89 사방댐 중에서 가장 많이 시공된 댐은?

① 흙댐   ② 돌망태댐
③ 강철틀댐 ④ 콘크리트댐

해설
콘크리트는 크기나 모양 제한이 없는 재료로서 사방댐 시공시 중력식 콘크리트댐이 가장 많이 사용되고 있다.

90 사방댐의 설치 목적이 아닌 것은?

① 산각을 고정하여 사면 붕괴 방지
② 계상 기울기를 완화하고 종침식 방지
③ 유수의 흐름 방향을 변경하여 계안 보호
④ 계상에 퇴적된 불안정한 토사의 유동 방지

해설
사방댐은 침식방지를 주목적으로 하며 유수의 흐름을 변경하여 계안의 보호를 위해 설치하는 것은 수제이다.

91 비탈면에 직접 거푸집을 설치하고 콘크리트 치기를 하여 틀을 만드는 비탈안정공법은?

① 비탈힘줄박기공법
② 비탈블록붙이기공법
③ 비탈지오웨이브공법
④ 콘크리트뿜어붙이기공법

해설
비탈면에 거푸집을 설치하여 콘크리트를 치고 뼈대인 힘줄을 만드는 공법을 비탈힘줄박기공법이라 한다.

92 채광지 복구 과정에서 사용되는 공법으로 가장 부적합한 것은?

① 돌단쌓기   ② 모래덮기
③ 씨뿜어붙이기 ④ 기초옹벽식 돌쌓기

해설
모래덮기나 사초심기는 해안사방에서 실시하는 공법이다.

93 산지사방에서 비탈다듬기 공사를 하기 전에 시공하는 것이 효과적인 공사는?

① 단끊기   ② 떼단쌓기
③ 땅속흙막이 ④ 퇴사울세우기

해설
비탈다듬기나 단끊기 등의 흙깎기 과정에서 발생하는 토사 유실을 방지하기 위해 땅속흙막이를 설치하는데 비탈다듬기 공사 전 시공하는 것이 좋다.

94 배수로 단면의 윤변이 10m 이고 유적이 15m² 일 때 경심은?

① 0.7 m ② 1.0 m
③ 1.5 m ④ 2.0 m

해설
유적 / 윤변 = 경심 → 15 / 10 = 1.5

정답 88. ③ 89. ④ 90. ③ 91. ① 92. ② 93. ③ 94. ③

95 땅밀림과 비교한 산사태에 대한 설명으로 옳지 않은 것은?

① 점성토를 미끄럼면으로 하여 속도가 느리게 이동한다.
② 주로 호우에 의하여 산정에서 가까운 산복부에서 많이 발생한다.
③ 흙덩어리가 일시에 계곡, 계류를 향하여 연속적으로 길게 붕괴하는 것이다.
④ 비교적 산지 경사가 급하고 토층 바닥에 암반이 깔린 곳에서 많이 발생한다.

> **해설**
> 산사태는 땅밀림과 비교하여 속도가 빠르다

96 콘크리트 혼화제 중 응결경화촉진제에 해당하는 것은?

① AE 제
② 포졸란
③ 염화칼슘
④ 파라핀 유제

> **해설**
> 응결경화 촉진제는 수화반응을 통해 조기에 강도를 상승시키는 작용을 하며 염화칼슘, 염화알루미늄 등이 있다.

97 비탈면에 나무를 심을 때 고려할 사항으로 옳지 않은 것은?

① 비탈면에는 관목을 식재하지 않는 것이 좋다.
② 수목이 넘어져도 위험성이 없도록 해야 한다.
③ 흙쌓기 비탈면에서는 비탈면의 하단부에 식재하는 것이 좋다.
④ 인공재료에 의한 시공에 비해 비탈면 기울기를 완화시켜야 한다.

> **해설**
> 비탈면은 교목이나 대묘를 식재 하지 않으며 비탈면 기울기 기준 관목이 1:2, 교목은 1:3 정도 완만하게 시공하는 것이 좋다.

98 견치돌의 길이는 앞면의 크기의 몇 배 이상인가?

① 0.8
② 1.0
③ 1.2
④ 1.5

> **해설**
> 견치돌은 앞면의 길이 기준 1.5배 이상, 접촉부 너비는 1/5 이상, 뒷면을 1/3 정도 크기로 한다.

99 사방사업 대상지 분류에서 황폐지의 초기단계에 속하는 것은?

① 척악임지
② 땅밀림지
③ 임간나지
④ 민둥산지

> **해설**
> 황폐의 유형 정도에 따라 비옥도가 척박한 지역인 척악임지가 가장 초기 단계이다.

100 비탈면 끝을 흐르는 계천의 가로침식에 의하여 무너지는 침식현상은?

① 산붕
② 포락
③ 붕락
④ 산사태

> **해설**
> 계천에서 가로침식작용에 의해 토사가 무너지는 현상을 포락이라 한다.

정답 95. ① 96. ③ 97. ① 98. ④ 99. ① 100. ②

2017년 제2회 산림기사

01 관다발 형성층의 시원세포가 목부방향으로 분열하여 형성하는 조직은?
① 부정아 ② 체관부
③ 물관부 ④ 수피층

해설
시원세포에서 분열하여 목부방향으로 형성되는 조직을 물관부라 하며 나무의 기계적 지지 역할을 한다.

02 산림 내에서 나무가 죽어 공간이 생기면 주변의 나무들이 빈 공간 쪽으로 자라오고, 숲의 가장자리에 위치한 나무는 햇빛이 많이 있는 바깥쪽으로 빨리 자란다. 이는 어떤 현상과 가장 밀접한 관련이 있는가?
① 굴지성 ② 주광성
③ 휴면성 ④ 삼투성

해설
빛의 자극 방향으로 자라는 성질을 주광성이라 한다.

03 수목의 개화촉진 방법이 아닌 것은?
① 환상박피 실시
② 단근, 이식 실시
③ 봄철에 질소 시비
④ 간벌, 가지치기 실시

해설
수목의 개화결실 방법으로 시비가 있으나 질소보다 인산 및 칼륨을 더 많이 사용하는 것이 효과적이다.

04 파종량을 산정할 때 필요한 인자가 아닌 것은?
① 발아세 ② 종자수
③ 발아율 ④ 순량율

해설
파종량 산정시 발아세는 필요한 인자가 아니다
※ **파종량**
$$W = \frac{A \times S}{D \times P \times G \times L}$$
여기서, W : 파종할 종자 양(g)
A : 파종 면적(m²)
S : m² 당 남길 묘목수
D : g 당 종자입수
P : 순량률
G : 발아율
L : 득묘율(0.3~0.5)
P × G : 효율

05 식재 후 첫 번째 제벌작업이 실시되는 임종별 임령으로 옳은 것은?
① 소나무림 : 15년
② 삼나무림 : 20년
③ 상수리나무림 : 15년
④ 일본잎갈나무림 : 8년

해설
제벌 실시 임령
· 소나무, 낙엽송 3~8년
· 삼나무, 편백 10년
· 전나무, 가문비나무 13~15년

정답 01. ③ 02. ② 03. ③ 04. ① 05. ④

06 광합성 작용에 의해서 생성된 탄수화물이 이동, 운반되는 통로는?

① 체관   ② 물관
③ 헛물관   ④ 수지관

해설
잎에서 만들어진 양분이 뿌리나 줄기로 이동하는 통로를 체관이라 한다.

07 묘목의 자람이 늦어 묘상에 가장 오랫동안 거치하는 수종은?

① *Picea jezoensis*
② *Larix kaempferi*
③ *Pinus densiflora*
④ *Quercus acutissima*

해설
① 가문비나무 ② 일본잎갈나무 ③ 소나무
④ 상수리나무
전나무, 가문비나무 등은 생장이 느려 2년 혹은 그 이상 거치하였다가 이식한다.

08 침엽수의 적절한 가지치기 방법은?

① 역지 이상의 가지를 자른다.
② 역지 이하의 가지를 자른다.
③ 수고의 1/2 이상의 가지를 자른다.
④ 수고의 1/2 이하의 가지를 자른다.

해설
일반적으로 침엽수는 으뜸가지(역지) 이하의 가지를 자른다.

09 소나무류에서 주로 실시하는 접목 방법은?

① 절접   ② 박접
③ 아접   ④ 할접

해설
할접의 경우 소나무류 혹은 낙엽활엽수에 적용한다.

10 천연림 보육에 대한 설명으로 옳지 않은 것은?

① 하층임분은 특별한 이유가 없는 한 그대로 둔다.
② 미래목은 실생목보다 맹아목을 우선적으로 고려하여 선정하는 것이 좋다.
③ 세력이 너무 왕성한 보호목은 가지를 제거하여 미래목의 생장에 영향이 없도록 한다.
④ 상층목의 생육공간을 확보해주기 위하여 수관경쟁을 하고 있는 불량형질목과 가치가 낮은 임목은 제거한다.

해설
미래목은 우세목으로서 맹아목보다 실생묘로 고려하는 것이 좋다.

11 인공조림에 의하여 새로운 수종의 숲을 조성하는데 가장 효율적인 갱신방법은?

① 모수작업   ② 산벌작업
③ 택벌작업   ④ 개벌작업

해설
임분을 한번에 벌채하는 개벌작업은 인공조림을 위한 가장 효과적인 방법이다.

12 잎의 유관속이 1개인 수종은?

① *Pinus rigida*
② *Pinus densiflora*
③ *Pinus koraiensis*
④ *Pinus thunbergii*

해설
① 리기다소나무 ② 소나무 ③ 잣나무 ④ 곰솔
잣나무나 백송은 유관속이 1개, 소나무의 경우 2개이다.

정답 06. ① 07. ① 08. ② 09. ④ 10. ② 11. ④ 12. ③

13 단순림과 비교한 혼효림의 장점으로 옳은 것은?

① 산림병해충 등 각종 재해에 대한 저항력이 높다.
② 가장 유리한 수종으로만 임분을 형성할 수 있다.
③ 산림작업과 경영이 간편하고 경제적으로 수행할 수 있다.
④ 숲을 구성하는 임목의 나이차이가 거의 없어 관리하기 용이하다.

해설
혼효림은 2가지 이상의 수종으로 구성되면서 다양한 병해충 및 각종 재해에 대한 저항성이 높아진다.

14 산벌작업 방법에 속하는 것은?

① 단벌   ② 윤벌
③ 후벌   ④ 전벌

해설
산벌작업은 예비벌, 하종벌, 후벌로 이루어진다.

15 테트라졸륨의 사용 목적으로 옳은 것은?

① 바이러스 검출
② 종자활력 검사
③ 발아 촉진 유도
④ 대기오염의 영향 검사

해설
테트라졸륨은 종자의 활력 검사를 목적으로 하며 건전한 배의 경우 반응시 적색 혹은 분홍색을 띤다.

16 Moller의 항속림 사상의 강조 내용으로 옳은 것은?

① 인공갱신의 원칙으로 한다.
② 정해진 윤벌기에 군상목택벌을 원칙으로 한다.
③ 벌채목 선정은 산벌작업의 선정기준에 준해서 한다.
④ 개벌을 금하고 해마다 간벌 형식의 벌채를 반복한다.

해설
임지, 임목은 항속될 수 있도록 경영하는 사상이 뮬러(moller)의 항속림 사상이다. 그래서 단순 혹은 동령림으로 유도하는 개벌을 금한다.

17 토양 수분에서 수목이 이용 가능한 것은?

① 결합수   ② 흡습수
③ 팽윤수   ④ 모세관수

해설
결합수와 흡습수는 식물이 사용할 수 없는 수분이고 주로 모관수가 수목이 이용가능한 수분이다.

18 잎의 기공을 열게 하여 증산작용을 촉진시키는 방법은?

① 암흑 조건을 제공한다.
② 잎의 수분포텐셜을 높여 준다.
③ 휴면 유도 물질인 ABA를 주입한다.
④ 잎의 엽육조직 세포간극에 존재하는 탄산가스 농도를 높여 준다.

해설
잎의 수분포텐셜이 높아지면 잎의 기공이 열게 되어 증산작용이 촉진된다.

정답 13. ① 14. ③ 15. ② 16. ④ 17. ④ 18. ②

19 나자식물의 엽육조직에서 책상조직과 해면조직이 분화되지 않는 수종은?

① 주목 ② 전나무
③ 소나무 ④ 은행나무

> **해설**
> 해면조직과 함께 잎살을 구성하는 울타리 모양의 조직을 책상조직이라 하며 책상조직 아래 둥근 모양의 세포를 해면조직이라 한다. 이러한 조직이 분화하지 않는 수종에는 소나무가 있다.

20 소립종자 1000개의 무게로 나타내는 종자검사기준은?

① 실중 ② 효율
③ 용적중 ④ 발아력

> **해설**
> 실중 측정 기준
> • 대립종자 100개
> • 중립종자 500개
> • 소립종자 1000개

21 리지나뿌리썩음병에 대한 설명으로 옳은 것은?

① 침엽수와 활엽수 모두 잘 발생한다.
② 불이 발생한 지역에서 잘 발생한다.
③ 병원균의 포자는 저온에서도 잘 발아한다.
④ 산성토양보다는 중성토양에서 병원균의 활력이 높다.

> **해설**
> 리지나뿌리썩음병은 높은 온도에서 발생하기에 불이 발생한 지역에서 주로 발생한다.

22 솔잎혹파리 및 솔껍질깍지벌레 방제를 위하여 수간주사에 사용되는 약제는?

① 테부코나졸 유제
② 디플루벤주론 수화제
③ 페니트로티온 수화제
④ 이미다클로프리드 분산성액제

> **해설**
> 이미다클로프리드 분산성액제는 수간주사나 토양관주처리를 하며 주로 솔껍질깍지벌레, 솔잎혹파리, 벚나무깍지벌레, 버즘나무방패벌레 방제에 사용되는 약제이다.

23 종실을 가해하는 해충이 아닌 것은?

① 밤바구미 ② 버들바구미
③ 솔알락명나방 ④ 복숭아명나방

> **해설**
> 버들바구미는 줄기가해 해충이다.

24 수목병을 예방하기 위한 숲가꾸기 작업에 해당하지 않는 것은?

① 제벌 ② 개벌
③ 풀베기 ④ 가지치기

> **해설**
> 개벌작업은 수목병의 발생률이 높아진다.

25 벚나무 빗자루병원균에 해당하는 것은?

① 세균 ② 자낭균
③ 담자균 ④ 파이토플라즈마

> **해설**
> 벚나무 빗자루병원균은 자낭균에 해당한다. 그 외 자낭균에는 소나무 잎떨림병, 잣나무잎떨림병, 밤나무 줄기마름병 등이 있다.

정답 19. ③ 20. ① 21. ② 22. ④ 23. ② 24. ② 25. ②

26 볕데기(sun scorch)에 대한 설명으로 옳지 않은 것은?

① 수피가 평활하고 매끄러운 수종에서 주로 발생한다.
② 수피에 상처가 발생하지만 부후균 침투로 인한 2차 피해는 발생하지 않는다.
③ 피소현상이라고도 하며 고온으로 수피부분에 수분증발이 발생되어 수피조직이 고사한다.
④ 임연목이나 가로수, 정원수 등의 고립목의 수간이 태양의 직사광선을 받았을 때 나타난다.

해설
볕데기는 줄기에 강한 태양광선에 의해 발생하는 피해로 수피에 상처가 발생되는 물리적 피해에 대한 내용과는 거리가 멀다.

27 소나무 재선충병 방제방법으로 거리가 먼 것은?

① 매개충 구제 ② 예방 나무주사
③ 중간기주 제거 ④ 병든 나무 제거

해설
소나무재선충병은 중간기주 없이 병원인 선충이 매개충에 의해 주로 전반된다.

28 모잘록병 방제법으로 옳지 않은 것은?

① 밀식하여 관리한다.
② 토양 소독을 실시한다.
③ 배수와 통풍을 잘하여 준다.
④ 복토를 두껍게 하지 않는다.

해설
모잘록병의 경우 밀식하면 발병 위험률이 높아져 피하도록 한다.

29 약제 살포시 천적에 대한 피해가 가장 적은 살충제는?

① 훈증제 ② 접촉살충제
③ 소화중독제 ④ 침투성 살충제

해설
식물에 약제를 투입시키며 흡즙성 해충 처리에 유리하며 다른 곤충이나 천적등에 피해가 적다.

30 성충으로 월동하는 것으로만 올바르게 나열한 것은?

① 독나방, 솔나방
② 박쥐나방, 가루나무좀
③ 소나무좀, 루비깍지벌레
④ 밤바구미, 어스렝이나방

해설
성충으로 월동하는 것으로 소나무좀, 루비깍지벌레, 오리나무잎벌레, 버즘나무방패벌레, 진달래방패벌레 등이 있다.

31 식물병을 유발하는 바이러스의 구조적 특성은?

① 고등생물의 일종이다.
② 단백질로만 구성되어 있다
③ 동물 세포와 같은 구조를 지니고 있다
④ 핵단백질로 이루어져 있고 입자상 구조를 띤 비세포성 생물이다.

해설
바이러스는 핵산과 단백질로 구성된 핵단백질로 세포벽이 없고 살아있는 기주세포에서만 증식이 가능한 비세포성 생물이다.

정답 26. ② 27. ③ 28. ① 29. ④ 30. ③ 31. ④

32 산림해충 방제에 대한 설명으로 옳지 않은 것은?

① 방제약제 선정시 천적류에 대한 영향을 고려해야 한다.
② 약제 저항성 해충의 출현은 동일한 살충제를 연용한 탓이다.
③ 생물적 방제는 대체로 환경친화적 방법이므로 널리 권장할 수 있다
④ 불임법을 이용한 방제는 생물윤리법에 위배되므로 규제를 받는다.

해설
산림해충 불임법은 방사선을 이용하거나 불임제등을 이용하는 합법적인 방법이다.

33 솔나방에 대한 설명으로 옳지 않은 것은?

① 8령충 때 월동한다.
② 1년에 1~2회 발생한다.
③ 500여개의 알을 산란한다.
④ 부화유충은 번데기가 되기까지 7회 탈피한다.

해설
솔나방은 5령충일때 나무껍질 사이에서 월동한다.

34 가해하는 기주범위가 가장 넓은 해충은?

① 솔나방   ② 솔알락명나방
③ 미국흰불나방   ④ 참나무재주나방

해설
미국흰불나방은 기주 수종이 사과나무, 버즘나무, 느티나무 등 100 가지 이상으로 다른 해충에 비해 범위가 매우 넓다.

35 어린 유충은 초본의 줄기 속을 식해하지만 성장한 후 나무로 이동하여 수피와 목질부를 가해하는 해충은?

① 솔나방   ② 매미나방
③ 박쥐나방   ④ 미국흰불나방

해설
박쥐나방은 어린 유충일 때 줄기를 식해하며 성장 후 목질부를 가해한다.

36 겨울철 제설 작업에 사용된 해빙염으로 인한 수목 피해로 옳지 않은 것은?

① 잎에서 괴사성 반점이 나타난다.
② 장기적으로는 수목의 쇠락으로 이어진다.
③ 염화칼슘이나 염화나트륨 성분이 피해를 준다.
④ 일반적으로 상록수가 낙엽수보다 더 피해를 입는다.

해설
잎에 괴사성 반점이 나타나는 경우는 대기오염 물질인 오존으로 인해 발생되는 현상이다.

37 대추나무 빗자루병 방제에 가장 적합한 약제는?

① 보르도액
② 페니트로치온
③ 스트렙토마이신
④ 옥시테트라사이클린

해설
파이토 플라스마에 의해 발생되는 대추나무, 오동나무 빗자루병은 테트라사이클린 약제를 수간주사 방법으로 투입한다.

정답 32. ④ 33. ① 34. ③ 35. ③ 36. ① 37. ④

38 산불 발생시 직접 소화법이 아닌 것은?

① 맞불 놓기
② 토사 끼얹기
③ 불털이개 사용
④ 소화약제 항공살포

[해설]
맞불 놓기는 풍향, 지형을 고려하여 전방에 소화전을 설치하여 맞불을 지르는 것으로 간접 소화법에 속한다.

39 세균에 의한 수목병에 대한 설명으로 옳지 않은 것은?

① 주로 각피 침입으로 기주를 감염시킨다.
② 병징으로는 무름, 위조, 궤양, 부패 등이 있다.
③ 국내에서 그램음성세균이 수목에 피해를 준다.
④ 월동 장소는 토양, 병든 잎, 병든 가지 등 다양하다.

[해설]
세균은 상처나 자연개구부를 통해 침입한다.

40 주로 목재를 가해하는 해충은?

① 밤바구미 ② 솔노랑잎벌
③ 가루나무좀 ④ 솔알락명나방

[해설]
가루나무좀은 주로 활엽수 변재를 가해한다.

41 임목의 가격을 평가하기 위해 조사해야 할 항목으로 가장 거리가 먼 것은?(단, 주벌수확의 경우임)

① 재종별 시장가격
② 부산물 소득 정도
③ 조재율 또는 이용률
④ 총재적의 재종별 재적

[해설]
부산물은 임목의 가격 평가시 별개의 항목이다.

42 다음 그림에서 총수익선과 총비용선이 만나는 점(A)을 무엇이라 하는가?

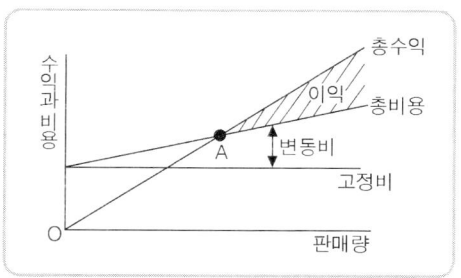

① 수익최대점 ② 비용최대점
③ 비용최소점 ④ 손익분기점

[해설]
총수익과 총비용이 같아지는 지점을 손익분기점이라 한다.

43 어떤 임목의 흉고단면적이 $0.1m^2$, 수고가 14m, 형수는 0.4 일 때 형수법에 의한 재적은 (m^3)?

① 0.14 ② 0.56
③ 1.4   ④ 5.6

[해설]
형수법
재적 = 단면적×높이×형수
0.1×14×0.4 = 0.56

44 배치 시설별 숲해설가 배치 기준으로 옳지 않은 것은?

① 수목원은 2명 이상
② 국립공원은 1명 이상
③ 삼림욕장은 1명 이상
④ 자연휴양림은 2명 이상

[해설]
산림교육 활성화 관련 법률 12조 의거, 국립공원은 예외적으로 배치기준이 제외된다.

정답 38. ① 39. ① 40. ③ 41. ② 42. ④ 43. ② 44. ②

45 임업이율은 성격으로 옳지 않은 것은?

① 현실이율이 아니고 평정이율이다.
② 단기이율이 아니고 장기이율이다.
③ 대부이자가 아니고 자본이자이다.
④ 명목적 이율이 아니고 실질적 이율이다.

> 해설

임업이율은 실질이율이 아닌 명목이율이다.

46 다음 조건에서 Huber 식에 의한 통나무 재적은?

> ◎ 재장 : 5m
> ◎ 원구직경 : 25cm
> ◎ 중앙직경 : 23cm
> ◎ 말구직경 : 18cm

① 약 0.127 m³ ② 약 0.157 m³
③ 약 0.208 m³ ④ 약 0.245 m³

> 해설

후버식은 중앙단면적과 재장을 이용하여 구한다.
※ 후버식 = 중앙단면적 × 재장
$\pi \times r^2 \times l$
$= 3.14 \times 0.115^2 \times 5$
$\fallingdotseq 0.208 m^3$

47 수간석해에 대한 설명으로 옳지 않은 것은?

① 표준목을 대상으로 실시한다.
② 수간과 직교하도록 원판을 채취한다.
③ 흉고를 1.2m로 했을 경우 지상 1.2m 를 벌채점으로 한다.
④ 수목의 성장과정을 정밀히 사정할 목적으로 측정하는 것이다.

> 해설

수간석해에서 흉고를 1.2m 했을 경우 지상 0.2m 지점을 벌채점으로 한다.

48 임업경영비를 올바르게 표현한 것은?

① 임업소득 - 가족임금추정액
② 임업소득 - (자본이자 + 가족노임추정액)
③ 임업현금수입 + 임산물가계소비액 + 임목성장액 + 미처분임산물증감액 + 임업생산 자재 재고 증감액
④ 임업현금지출 + 감가상각액 + 주임목감소액 + 미처분 임산물재고감소액 + 임업생산 자재 재고 감소액

> 해설

보기의 공식들은 아래와 같다
① 임업순수익 ② 임지 귀속 소득
③ 임업조수익 ④ 임업경영비

49 치유의 숲 안에 설치할 수 있는 시설에 해당하지 않는 것은?

① 편익시설   ② 위생시설
③ 안정시설   ④ 전기·통신시설

> 해설

치유의 숲에 설치 시설 종류로 안정시설은 없으며 시설의 종류로는 산림치유시설, 편익시설, 위생시설, 전기, 통신시설, 안전시설 등이 있다.

50 임목의 평균생장량이 최대가 될 때를 벌기령으로 정한 것은?

① 재적수확 최대의 벌기령
② 화폐수익 최대의 벌기령
③ 토지순수익 최대의 벌기령
④ 산림순수익 최대의 벌기령

> 해설

재적수확 최대 벌기령은 단위면적당 평균적인 목재 생산량이 최대가 되는 시점이다.

정답 45. ④ 46. ③ 47. ③ 48. ④ 49. ③ 50. ①

51 산림 관리회계에서 주로 다루는 내용으로 옳지 않은 것은?

① 원가평가
② 원가계산
③ 업적평가
④ 계획수립과 특수한 의사결정에 도움이 되는 정보제공

해설
산림 관리회계는 원가계산, 원가통제, 업적 평가와 기업의 성장을 위한 계획 수립 등의 내용을 다룬다.

52 임지의 가격 형성에 영향을 미치는 요인을 개별적 요인과 지역적 요인으로 구분할 경우 개별적 요인이 아닌 것은?

① 임지의 위치
② 임지의 면적
③ 임지의 지세
④ 임지의 토양상태

해설
임지의 토양상태는 지역적 요인이다.

53 흉고형수에 대한 설명으로 옳은 것은?

① 지위가 양호할수록 형수가 크다.
② 흉고직경이 작아질수록 형수가 작다.
③ 수고가 작은 나무일수록 형수가 크다.
④ 지하고가 낮고 수관의 양이 적은 나무가 형수가 크다.

해설
수고가 높을수록, 직경이 커질수록, 수관령이 클수록, 지하고가 낮을수록, 지위가 양호할수록 흉고형수가 작아진다.

54 산림수확조절을 위해 면적–재적검증방법 이용시 필요한 사항으로 옳지 않은 것은?

① 미래 임분을 위한 윤벌기
② 임분 수확 우선순위의 결정
③ 소반으로 구분된 모든 산림 면적
④ 수확시기까지 각 연령의 생장량을 계산할 수 있는 능력

해설
산림수확조절을 위한 면적–재적검증법법
· 미래 임분을 위한 윤벌기
· 임분 수확 우선순위의 결정
· 연령으로 구분된 모든 산림의 면적이 있다
· 수확시기까지 각 연령의 생장량을 계산할 수 있는 능력

55 임업투자결정방법에 있어 수익비용율법에 의해 투자효율을 분석하는 식은?

① 수익 ÷ 비용
② 비용 ÷ 수익
③ 수익 − 비용
④ 비용 − 수익

해설
수익비용율법은 투자 효율 분석시 수익과 비용의 비가 1보다 클 경우 투자가치가 있다고 판단한다.

56 지황조사 항목으로 토양의 점토 함유량이 30%인 경우 토양형은?

① 사토(사)
② 양토(양)
③ 사양토(사양)
④ 식양토(식양)

해설
점토 함유량이 30%인 것은 25~37.5% 범위인 양토이다.

정답 51. ① 52. ④ 53. ③ 54. ③ 55. ① 56. ②

57 다음 조건의 잣나무 임분에서 하이어(Heyer) 공식법에 의한 표준벌채량(m³/ha)은?

◎ 평균생장량 : 7m³/ha
◎ 현실축적 : 350 m³/ha
◎ 법정축적 : 400 m³/ha
◎ 갱정기 : 20년
◎ 조정계수 : 0.9

① 3.8　　② 4.8
③ 5.3　　④ 6.3

해설

표준벌채량법(Heyer법)

(평균생장량 × 조정계수) + $\dfrac{\text{현실축적 - 법정축적}}{\text{갱정기}}$

$(7 \times 0.9) + \dfrac{350-400}{20} = 6.3 - 2.5 = 3.8$

58 임목평가 방법에 대한 설명으로 옳지 않은 것은?

① 장령림의 임목평가는 임목기망가법을 적용한다.
② 벌기 이상의 임목평가는 시장가역산법을 적용한다.
③ 중령림의 임목평가에는 원가수익절충방법인 Glaser 법을 적용한다.
④ 유령림의 임목평가는 비용가법을 적용하며 이자를 포함하지 않는다.

해설

비용가법은 유령임목의 평가에 적용하며 이자도 포함된다.

59 임업의 경제적 특성으로 옳지 않은 것은?

① 임업생산은 조방적이다.
② 자연조건의 영향을 많이 받는다.
③ 육성임업과 채취임업이 병존한다.
④ 원목가격의 구성요소 대부분이 운반비이다.

해설

자연조건의 영향에 대한 내용은 임업의 기술적 특성에 해당한다.

60 임분 수확표에 필요한 인자로 옳지 않은 것은?

① 임지표고　　② 지위지수
③ 평균직경　　④ 흉고단면적

해설

임목수확표는 수확량의 예측을 위해 사용되며 이를 위해 임목에 관련된 직경 및 단면적, 지위지수 등이 필요하다.

61 지반고가 시점 10m, 종점 50m 이고 수평거리가 1000m 일 때 종단기울기는?

① 4%　　② 5%
③ 6%　　④ 7%

해설

$\dfrac{50-10}{1000} \times 100(\%) = 4(\%)$

정답 57. ①　58. ④　59. ②　60. ①　61. ④

62 다각형의 좌표가 다음과 같을 때 면적은?

측점	X	Y
A	3	2
B	6	3
C	9	7
D	4	10
E	1	7

① 33.5 m² ② 34.5 m²
③ 35.5 m² ④ 36.5 m²

해설
삼각형 3가지로 분류하여 구하도록 한다. △EAB 의 경우 하나의 정사각형을 가정하고 외부의 삼각형의 넓이를 빼주어 구하도록 한다.

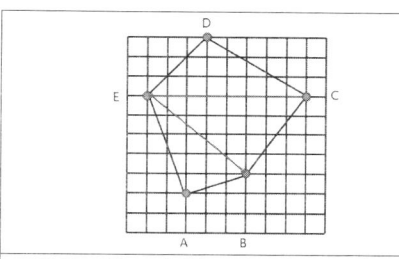

△EDC : EC × 높이 ÷ 2 = 8 × 3 / 2 = 12
△ECB : EC × 높이 ÷ 2 = 8 × 4 / 2 = 16
△EAB : 사각형 25−(5+1.5+10) = 8.5
→ 다각형 넓이 : 12+16+8.5 = 36.5

63 중심선측량과 영선측량에 대한 설명으로 옳지 않은 것은?

① 영선측량은 평탄지에서 주로 적용된다.
② 영선측량은 시공기면의 시공선을 따라 측량한다.
③ 중심선측량은 파상지형의 소능선과 소계곡을 관통하며 진행된다.
④ 균일한 사면일 경우에는 중심선과 영선은 일치되는 경우도 있지만 대개 완전히 일치되지 않는다.

해설
영선 측량은 주로 경사가 있는 산악지에서 많이 이용되는 방법이다.

64 산림토목 공사용 기계 중 토사 굴착에 가장 적합하지 않은 것은?

① 백호우(backhoe)
② 불도저(bulldozer)
③ 트리 도저(tree dozer)
④ 트랙터 셔블(tractor shovel)

해설
트리도저는 벌채에 특화된 기기이다.

65 종단 기울기가 0인 임도의 중앙점에서 양측 길섶(길어깨)으로 3%의 횡단경사를 주고자 한다. 임도폭이 4m 일 경우 양측 길섶은 임도 중앙점보다 얼마가 낮아져야 하는가?

① 1 cm ② 2 cm
③ 3 cm ④ 6 cm

해설
임도폭이 4m 이므로 중간지점까지는 2m인 기준으로 3% 적용시 200cm×0.03 = 6cm이다.

66 임도의 횡단면도를 설계할 때 사용하는 축척으로 옳은 것은?

① 1/100 ② 1/200
③ 1/1000 ④ 1/1200

해설
설계도 축척
· 평면도 1 : 1200
· 횡단면도 1 : 100
· 종단면도 1 : 1000(횡), 1 : 200(종)

정답 62. ④ 63. ① 64. ③ 65. ④ 66. ①

67 임도망 계획시 고려사항으로 옳지 않은 것은?

① 운재비가 적게 들도록 한다.
② 신속한 운반이 되도록 한다.
③ 운재 방법이 다양화되도록 한다.
④ 산림풍치의 보전과 등산, 관광 등의 편익도 고려한다.

해설
운재방법은 단일화할수록 효율적이다.

68 노면을 쇄석·자갈로 부설한 임도의 경우 횡단기울기의 설치 기준은?

① 1.5 ~ 2 % ② 3 ~ 5 %
③ 6 ~ 10 % ④ 11 ~ 14 %

해설
횡단기울기 설치 기준
• 쇄석, 자갈 임도 : 3 ~ 5 %
• 포장 임도 : 1.5 ~ 2 %

69 급경사지에서 노선거리를 연장하여 기울기를 완화할 목적으로 설치하는 평면선형에서의 곡선은?

① 완화곡선 ② 배향곡선
③ 복심곡선 ④ 반향곡선

해설
배향곡선은 경사가 급한 곳에서 노선거리를 연장하거나, 종단기울기를 완화하거나, 동일사면에서 우회할 목적으로 설치한다.

70 어떤 산림에 임도를 설계하고자 할 때 가장 먼저 해야 할 사항은?

① 실측 ② 답사
③ 예비조사 ④ 설계서 작성

해설
임도설계 순서
예비조사 → 답사 → 예측, 실측 → 설계도 작성 → 공사량 산출 → 설계서 작성

71 임도개설시 흙을 다지는 목적으로 옳지 않은 것은?

① 압축성의 감소
② 지지력의 증대
③ 흡수력의 감소
④ 투수성의 증대

해설
흙을 다지게 되면 투수성은 감소하게 된다.

72 평판을 한 측점에 고정하고 많은 측점을 시준하여 방향선을 그리고, 거리는 직접 측량하는 방법은?

① 전진법 ② 방사법
③ 도선법 ④ 전방교회법

해설
방사법은 사출법이라 하며 필요 지점을 시준하여 방향선을 그은 후 거리를 직접 측정한다. 그렇기에 장애물이 없고 비교적 평활한 지역에 널리 사용하는 방법이다.

73 임목수확작업에서 일반적으로 노동재해의 발생빈도가 가장 높은 신체부위는?

① 손 ② 머리
③ 몸통 ④ 다리

해설
노동재해로 발생빈도가 가장 높은 신체부위는 손이며 약 36% 정도이다.

74 임도시공시 불도저 리퍼에 의한 굴착작업이 어려운 곳은?

① 사암 ② 혈암
③ 점판암 ④ 화강암

해설
리퍼는 연암이나 약간 단단한 지반의 굴착 정도가 가능한데 화강암은 경암으로 단단하여 굴착이 어렵다.

정답 67. ③ 68. ② 69. ② 70. ③ 71. ④ 72. ② 73. ① 74. ④

75 산림관리 기반시설의 설계 및 시설기준에서 암거, 배수관 등 유수가 통과하는 배수 구조물 등의 통수단면은 최대 홍수유량 단면적에 비해 어느 정도 되어야 한다고 규정하고 있는가?

① 1.0 배 이상   ② 1.2 배 이상
③ 1.5 배 이상   ④ 1.7 배 이상

해설
통수단면 최대 홍수유량은 100년 빈도 확률강우량을 기준 최대홍수유량의 1.2 배를 기준으로 한다.

76 임도의 유지 및 보수에 대한 설명으로 옳지 않은 것은?

① 노체의 지지력이 약화되었을 경우 기층 및 표층의 재료를 교체하지 않는다.
② 노면 고르기는 노면이 건조한 상태보다 어느 정도 습윤한 상태에서 실시한다.
③ 결빙된 노면은 마찰저항이 증대되는 모래, 부순돌, 석탄재, 염화칼슘 등을 뿌린다.
④ 유토, 지조와 낙엽 등에 의하여 배수구의 유수단면적이 적어지므로 수시로 제거한다.

해설
지지력이 약화되면 안전사고의 위험성이 있어 기층이나 표층의 재료를 교체하여 보수해준다.

77 일반적으로 지주를 콘크리트 흙막이나 옹벽 위에 설치하는 비탈면 안정공법은?

① 바자얽기공법
② 낙석저지책공법
③ 돌망태흙막이공법
④ 낙석방지망덮기공법

해설
낙석저지책 공법은 지주를 고정시킬 수 있는 콘크리트 흙막이나 옹벽 위에 설치한다. 주로 작석이 발생하는 암석절개 사면에 시공하는 비탈면 안정공법이다.

78 임도노선의 곡선설정시 사용되는 식에서 곡선반지름과 tan(교각/2) 값을 곱하여 알 수 있는 것은?

① 곡선길이   ② 곡선반경
③ 외선길이   ④ 접선길이

해설
접선길이 공식
곡선반지름 × $\tan\dfrac{\theta}{2}$

79 개발지수에 대한 설명으로 옳지 않은 것은?

① 노망의 배치상태에 따라서 이용효율성은 크게 달라진다.
② 개발지수 산출식은 평균집재거리와 임도밀도를 곱한 값이다.
③ 임도가 이상적으로 배치되었을 때는 개발지수가 10에 근접한다.
④ 임도망이 어느 정도 이상적인 배치를 하고 있는가를 평가하는 지수이다.

해설
개발지수는 임도의 질적 기준지표로서 임도가 이상적으로 배치되었을 경우 개발지수 1에 가깝다.

80 임도에 설치하는 대피소의 유효길이 기준은?

① 5m 이상   ② 10m 이상
③ 15m 이상   ④ 20m 이상

해설
대피소의 설치 기준은 너비 5m, 유효길이 15m, 간격 300m 이다.

정답 75. ② 76. ① 77. ② 78. ④ 79. ③ 80. ③

81 땅밀림 침식에 대한 설명으로 옳지 않은 것은?

① 침식의 규모는 1~100 ha 이다.
② 5~20°의 경사지에서 발생한다.
③ 사질토로 된 곳에서 많이 발생한다.
④ 침식의 이동속도가 10mm/day 이하로 느리다.

해설
땅밀림은 주로 점성토 지역에서 발생한다.

82 사방사업 대상지로 가장 거리가 먼 것은?

① 황폐계류   ② 황폐산지
③ 벌채 대상지   ④ 생활권 훼손지

해설
사방사업 대상지는 황폐산지, 황폐계류, 해안사구, 생활권 훼손지이다.

83 조도계수가 가장 큰 수로는?

① 흙수로
② 야면석수로
③ 콘크리트수로
④ 큰 자갈과 수초가 많은 수로

해설
조도계수는 수로의 거칠고 미끄러운 정도를 표현한 것으로 큰 자갈과 수초가 많을수록 수로의 저항성이 커지므로 조도계수가 크다.

84 경사지에서 침식이 계속되어 비탈면을 따라 작은 물길에 의해 일어나는 빗물침식은?

① 구곡침식   ② 면상침식
③ 우적침식   ④ 누구침식

해설
· 우격침식 : 토양입자를 타격, 가장 초기과정
· 면상침식 : 표면 전면이 엷게 유실
· 누구침식 : 표면에 잔도랑이 발생
· 구곡침식 : 도랑이 커지면서 심토까지 깎음

85 사방댐에 설치하는 물받침에 대한 설명으로 옳지 않은 것은?

① 앞댐, 막돌놓기 등의 공사를 함께 한다.
② 사방댐 본체나 측벽과 분리되도록 설치한다.
③ 방수로를 월류하여 낙하하는 유수에 의해 대수면 하단이 세굴되는 것을 방지한다.
④ 토석류의 충돌로 인해 발생하는 충격이 사방댐 본체와 측벽에 바로 전달되지 않도록 한다.

해설
방수로를 월류하여 낙하하는 유수에 의해 반수면 하단이 세굴되는 것을 방지한다.

86 답압으로 인한 임지 피해에 대한 설명으로 옳지 않은 것은?

① 휴양활동이 많은 곳에서 많이 발생한다.
② 답압이 지속되면 지표면에 쌓인 낙엽층이 손실된다.
③ 답압에 의해 토양입자가 서로 완화되어 토양유실이 감소한다.
④ 답압된 토양 속으로 물이 침투되기 어려워 지표유출이 증가한다.

해설
답압에 의해 토양입자가 밀착되어 토양유실이 감소한다.

87 비탈면에서 분사식씨뿌리기에 사용되는 혼합재료가 아닌 것은?

① 비료   ② 종자
③ 전착제   ④ 천연섬유 네트

해설
분사식씨뿌리기는 종자, 비료, 목질섬유, 침식방지제, 전착제 등의 기타 첨가기재 등을 물에 섞어 압축공기로 분사하는 방법이다.

정답 81. ③ 82. ③ 83. ④ 84. ④ 85. ③ 86. ③ 87. ④

88 산지 붕괴현상에 대한 설명으로 옳지 않은 것은?

① 토양 속의 간극수압이 낮을수록 많이 발생한다.
② 풍화토층과 하부기반의 경계가 명확할수록 많이 발생한다.
③ 화강암계통에서 풍화된 사질토와 역질토에서 많이 발생한다.
④ 풍화토층에 점토가 결핍되면 응집력이 약화되어 많이 발생한다.

> **해설**
> 토양 속의 간극수압이 높을수록 비탈면 붕괴 발생률이 높아진다.

89 선떼붙이기 공법에서 급수별 떼 사용 매수로 옳은 것은?(단, 떼 크기는 40cm ×25cm)

① 1급 : 3.75매/m
② 3급 : 10매/m
③ 5급 : 6.25매/m
④ 8급 : 12.5매/m

> **해설**
> 선떼붙이기는 급수가 낮을수록 매수가 높아지며 한 급수당 1.25매 차이가 난다. 1급은 12.5매, 5급은 7.5매, 8급은 3.75매 이다.

90 새집공법 적용에 가장 적당한 곳은?

① 절개 암반지 ② 산불 피해지
③ 사질 성토사면 ④ 사질 절토사면

> **해설**
> 새집공법은 암반사면에 잡석을 쌓고 내부에 흙을 채우는 방법이다.

91 경사가 완만하고 수량이 적으며 토사의 유송이 적은 곳에 가장 적합한 산복수로는?

① 떼(붙임)수로 ② 콘크리트수로
③ 돌(찰붙임)수로 ④ 돌(메붙임)수로

> **해설**
> 경사가 완만하고 수량이 적고 토사 유송이 적은 곳에는 떼수로가 적합하다.

92 유역면적이 100ha이고 최대시우량이 150mm/hr 일 때 임상이 좋은 산림지역의 홍수유량은?(단, 유거계수는 0.35)

① 약 $0.14 m^3/sec$
② 약 $1.46 m^3/sec$
③ 약 $14.58 m^3/sec$
④ 약 $145.83 m^3/sec$

> **해설**
> 홍수유량
> $$유거계수 \times \frac{유역면적 \times \frac{최대시우량}{1000}}{60 \times 60}$$
> $$= 0.35 \times \frac{1,000,000 \times \frac{150}{1000}}{3600} ≒ 14.58$$

93 산지사방의 기초공사에 해당하는 것은?

① 바자얽기   ② 수평구공법
③ 선떼붙이기 ④ 땅속흙막이

> **해설**
> 산지사방 기초공사로 비탈다듬기, 흙막이, 누구막이, 골막이 등이 있다.

정답 88. ① 89. ② 90. ① 91. ① 92. ③ 93. ④

94 파종한 종자의 유실을 방지하기 위하여 급경사 비탈면에 시공하는 것으로 가장 적합한 공법은?

① 떼단쌓기　② 비탈덮기
③ 선떼붙이기　④ 줄떼다지기

> **해설**
> 파종종자의 유실방지를 위해 급경사 비탈면에 시공하는 방법으로 비탈덮기가 있으며 주로 짚, 거적, 망 등의 재료를 사용한다.

95 물에 의한 침식의 종류가 아닌 것은?

① 지중침식　② 사구침식
③ 하천침식　④ 우수침식

> **해설**
> 물에 의한 침식의 종류로 우수침식, 하천침식, 지중침식, 바다침식이 있다.

96 비탈면 안정녹화공법에 대한 설명으로 옳지 않은 것은?

① 사초심기, 사지식수공법 등이 있다.
② 수목 식재시에는 비탈면 기울기를 완화시킨다.
③ 규모가 큰 비탈의 경우에는 소단을 분할하여 설치한다.
④ 콘크리트 블록이나 옹벽에는 덩굴식물을 심어 은폐한다.

> **해설**
> 사초심기, 사지식수공법, 정사울세우기 등은 해안사구에 적용하는 공법이다.

97 사다리꼴 횡단면의 계간수로에서 가장 적합한 단면 산정식은?(단, 수로의 밑너비 b, 깊이 t, 측사각 $\varnothing$)

① $b = t \tan \dfrac{\varnothing}{2}$

② $b = 2t \tan \dfrac{\varnothing}{2}$

③ $b = t \tan \varnothing$

④ $b = 2t \tan \varnothing$

> **해설**
> 수로의 단면은 사다리꼴 형태가 가장 효과적이다.

98 사방댐에 대한 설명으로 옳지 않은 것은?

① 계상 기울기를 완화하여 계류의 침식을 방지한다.
② 가장 많이 이용되는 것은 중력식 콘크리트 사방댐이다.
③ 황폐한 계류에서 돌, 흙, 모래, 유목 등 각종 침식유송물을 저지한다.
④ 한 개의 높은 사방댐의 대용으로 낮은 사방댐을 연속적으로 만들 수 없다

> **해설**
> 높은 사방댐 대용으로 낮은 댐을 계단상으로 연속적으로 설치하기도 한다.

99 붕괴지 현황조사 항목에서 붕괴 3요소에 해당되지 않는 것은?

① 붕괴 형태
② 붕괴 면적
③ 붕괴 평균깊이
④ 붕괴 평균경사각

> **해설**
> 붕괴현황조사시 붕괴의 3요소인 붕괴평균경사각, 붕괴면적, 붕괴평균깊이가 있다.

정답　94. ②　95. ②　96. ①　97. ②　98. ④　99. ①

100 사방댐 설계를 위한 안정조건이 아닌 것은?

① 전도에 대한 안정
② 풍력에 대한 안정
③ 지반 지지력에 대한 안정
④ 제체의 파괴에 대한 안정

해설
사방댐의 안정조건으로 전도에 대한 안정, 활동에 대한 안정, 제체 파괴 및 기초 지반 지지력에 대한 안정이 있다.

정답 100. ②

2017년 제3회 산림기사

01 종자의 실중(A), 용적중(B), 1L 당 종자수(C)의 관계식으로 옳은 것은?

① C=B×(A×1000) ② C=B÷(A×1000)
③ C=B×(A÷1000) ④ C=B÷(A÷1000)

해설
용적중은 종자 1L 에 대한 무게를 그램단위로 나타낸 것으로 이것을 실중에 종자 기준 1000립을 나누어 주면 1L당 종자수를 구할 수 있다.

02 중림작업의 장점으로 옳지 않은 것은?

① 임지의 노출이 방지된다.
② 교림작업보다 조림비용이 낮다
③ 높은 작업기술을 필요로 하지 않는다.
④ 상목은 수광량이 많아서 좋은 성장을 하게 된다.

해설
중림작업의 경우 높은 작업기술을 요구한다.
※ 중림작업의 장점
· 조림비용이 교림작업보다 적게 든다.
· 각종 피해에 대한 저항력이 강하다.
· 심미적 가치가 높다.
· 용재와 연료재를 동시에 생산할 수 있다.

03 묘목의 T/R율에 대한 설명으로 옳지 않은 것은?

① 지상부와 지하부의 중량비이다.
② 수치가 클수록 묘목이 충실하다.
③ 묘목의 근계발달과 충실도를 설명하는 개념이다.
④ 수종과 묘목의 연령에 따라서 다르지만 일반적으로 3.0 정도가 좋다.

해설
T/R율은 지상부와 지하부의 비율로 우량묘목의 경우 T/R율 값이 적다.

04 잎의 수분포텐셜에 대한 설명으로 옳은 것은?

① 뿌리보다 높은 값을 가진다.
② 삼투포텐셜은 대부분 + 값이다.
③ 시든 잎의 압력포텐셜은 대부분 +값이다.
④ 일반적으로 한낮보다 한밤중에 높아진다.

해설
① 식물의 수분포텐셜은 뿌리, 줄기, 잎 순서로 높다.
② 삼투포텐셜은 항상 (−) 값을 가진다.
③ 시든 잎의 경우 물이 빠진 상태로 압력포텐셜은 (−) 값이다.

정답 01. ④ 02. ③ 03. ② 04. ④

05 삽목의 장점으로 옳지 않은 것은?

① 모수의 특성을 계승한다.
② 묘목의 양성 기간이 단축된다.
③ 천근성이 되어 수명이 길어진다.
④ 종자 번식이 어려운 수종의 묘목을 얻을 수 있다.

> **해설**
> 삽목을 한다고 하여 천근성 혹은 심근성으로 변하는 것은 아니며 고유한 특징을 그대로 가진다.
> ※ **삽목의 특징**
> · 모수의 특징을 이어받음
> · 묘목 양성기간이 단축
> · 개화결실이 빨라짐
> · 병충해 저항력이 커짐
> · 결실이 어려운 수목의 번식이 가능

06 가지치기 작업에 따른 효과가 아닌 것은?

① 무절재를 생산한다.
② 부정아 발생을 억제한다.
③ 수간의 완만도를 높인다.
④ 하층목의 생장을 촉진한다.

> **해설**
> 가지치기에 의해 부정아 줄기가 발생하기도 한다.
> ※ **가지치기 효과**
> · 가지를 연료로 사용할 수 있다.
> · 임목간의 부분적 경쟁을 완화시킨다.
> · 수간의 완만도를 높이며 초살도를 경감시킨다.
> · 하층목은 수광량의 증가로 성장이 촉진된다.
> · 수관화와 같은 산불 발생을 줄여준다.

07 개벌작업 이후 밀식을 하는 경우의 장점으로 옳지 않은 것은?

① 줄기는 가늘지만 근계발달이 좋아 풍해 및 설해 등을 입지 않는다.
② 개체 간의 경쟁으로 연륜폭이 균일하게 되어 고급재를 생산할 수 있다.
③ 제벌 및 간벌작업을 할 때 선목의 여유가 생겨 우량 임분으로 유도할 수 있다.
④ 수관의 울폐가 빨리 와서 표토의 침식과 건조를 방지하여 개벌에 의한 지력의 감퇴를 줄일 수 있다.

> **해설**
> 밀식한 경우 근계 발달이 약해져 풍해 및 설해를 입게 된다.

08 목본식물의 조직 중 사부의 기능으로 옳은 것은?

① 수분 이동   ② 탄소 동화작용
③ 탄수화물 이동 ④ 수분 증발 억제

> **해설**
> 사부조직은 형성층 바깥쪽의 방사조직으로서 탄수화물과 같은 양분의 이동통로 역할을 한다.

09 어린나무 가꾸기 작업에 대한 설명으로 옳은 것은?

① 여름철에 실시하는 것이 좋다.
② 제초제 또는 살목제를 사용하지 않는다.
③ 윤벌기 내에 1회로 작업을 끝내는 것이 원칙이다.
④ 일반적으로 벌채목을 이용한 중간 수입을 기대할 수 있다.

> **해설**
> 어린나무가꾸기는 주로 6~9월 실시하며 11월 말에는 완료하도록 한다.

정답 05. ③ 06. ② 07. ① 08. ③ 09. ①

10 정아우세현상을 억제시키는 호르몬은?

① 옥신   ② 지베렐린
③ 아브시스산   ④ 사이토키닌

> **해설**
> 시토키닌의 생리적 효과로 세포분열, 노쇠의 지연, 정아우세현상의 억제, 종자의 발아 촉진, 엽록소 합성의 촉진 등이 있다.

11 낙엽성 침엽수에 해당하는 수종은?

① *Pinus thubergii*
② *Juniperus chinensis*
③ *Taxodium distichum*
④ *Cryptomeria japonica*

> **해설**
> ① 곰솔 ② 향나무 ③ 낙우송 ④ 삼나무
> 낙엽침엽수는 겨울에 잎이 떨어지는 종류로 낙우송이 있다. 그 외 보기의 곰솔, 향나무, 삼나무 등은 사시사철 푸른 상록수에 속한다.

12 간벌의 효과로 거리가 먼 것은?

① 산불위험도 감소
② 직경의 생장 촉진
③ 임목 형질의 향상
④ 개체목간 생육공간 확보 경쟁 촉진

> **해설**
> 간벌은 생육공간을 충분히 줄 수 있도록 도와주기에 공간 확보의 경쟁이 촉진되지 않는다.
> ※ **간벌 효과**
> ・직경생장을 촉진한다.
> ・목재의 형질 향상
> ・임목의 저항력 증가
> ・우량임분을 남겨 유전적 형질 향상
> ・산불 위험 감소
> ・조기 간벌수확을 얻음
> ・입지 조건의 개량

13 혼효림과 비교한 단순림에 대한 장점으로 옳은 것은?

① 식재 후 관리가 용이하다.
② 양료 순환이 빠르게 진행된다.
③ 생물 다양성이 비교적 높은 편이다.
④ 토양양분이 효율적으로 이용될 수 있다.

> **해설**
> 단순림은 단일 수종만으로 구성되어 혼효림에 비해 관리가 용이하다.
> ※ **혼효림의 장점**
> ・바람에 대한 저항성이 강하다.
> ・양분의 순환이 양호하다.
> ・공간 이용이 효과적이다.
> ・각종 피해의 저항인자가 증가한다.

14 종자의 순량률을 구하는 산식에 필요한 사항으로만 올바르게 나열한 것은?

① 순정 종자의 수, 전체 종자의 수
② 순정 종자의 무게, 전체 종자의 무게
③ 발아 된 종자의 수, 발아되지 않은 종자의 수
④ 발아 된 종자의 무게, 발아되지 않은 종자의 무게

> **해설**
> 순량률은 작업을 하는 전체 종자의 무게와 순정종자의 무게의 백분율이다.
> ※ **순량률**
> $$순량률(\%) = \frac{순정종자량(g)}{작업량(g)} \times 100$$

15 점성이 있는 점토가 대부분인 토양은?

① 식토   ② 사토
③ 석력토   ④ 사양토

> **해설**
> 식토는 진흙정도가 50% 이상이다.

정답 10. ④   11. ③   12. ④   13. ①   14. ②   15. ①

16 개벌작업에 대한 설명으로 옳지 않은 것은?

① 음수 수종 갱신에 유리하다
② 벌목, 조재, 집재가 편리하고 비용이 적게 든다.
③ 작업의 실행이 빠르고 높은 수준의 기술이 필요하지 않다.
④ 현재의 수종을 다른 수종으로 바꾸고자 할 때 가장 쉬운 방법이다.

> 해설
> 개벌작업은 양수 수종 갱신에 유리하다.

17 산벌작업 중 결실량이 많은 해에 1회 벌채하여 종자가 땅에 떨어지도록 하는 것은?

① 종벌   ② 후벌
③ 예비벌   ④ 하종벌

> 해설
> 산벌작업의 종류인 예비벌, 하종벌, 후벌이 있는데 1회의 벌채를 목적으로 달성하는 것은 하종벌이다.

18 열매의 형태가 삭과에 해당하는 수종은?

① *Acer palmatum*
② *Ulmus davidiana*
③ *Camellia japonica*
④ *Quercus acutissima*

> 해설
> ① 단풍나무 ② 느릅나무 ③ 동백나무 ④ 상수리나무
> 삭과의 종류로 포플러, 오동나무, 버드나무, 동백나무 등이 있다.

19 일본잎갈나무, 소나무, 삼나무, 편백 등의 종자 저장 및 발아 촉진에 가장 효과가 있는 종자 처리 방법은?

① 고온 처리법   ② 냉수 처리법
③ 황산 처리법   ④ 기계적 처리법

> 해설
> 냉수침지법은 차가운 물에 하루정도를 담그는 방법으로 소나무, 낙엽송, 삼나무, 편백 등의 수종에 적합한 처리 방법이다.

20 온량지수 계산 시 기준이 되는 온도는?

① 0°C   ② 5°C
③ 10°C   ④ 15°C

> 해설
> 온량지수는 월평균기온 5°C 이상인 달을 기준으로 월평균기온에서 5°C의 차들을 1년 동안의 총합을 의미한다.

21 소나무좀의 연간 우화 횟수는?

① 1회   ② 2회
③ 3회   ④ 4회

> 해설
> 소나무좀은 1년에 1회 우화한다.

22 산불 예방 및 산불 피해 최소화를 위한 방법으로 효과적이지 않은 것은?

① 방화선 설치
② 일제 동령림 조성
③ 가연성 물질 사전 제거
④ 간벌 및 가지치기 실시

> 해설
> 산불예방에 있어 동령림보다는 이령림이 더 효과적이다.

정 답 16. ① 17. ④ 18. ③ 19. ② 20. ② 21. ① 22. ②

23 약해에 대한 설명으로 옳지 않은 것은?

① 농약에 저항성인 개체가 출현한다.
② 가뭄, 강풍 직후 또는 비가 온 후에 일어나기 쉽다
③ 줄기, 잎, 열매 등의 변색, 낙엽, 낙과 등이 유발되고 심하면 고사한다.
④ 넓은 의미로는 농약 사용 후에 수목이나 인축에 생기는 생리적 장해현상을 말한다.

해설
약해는 농약으로 인하여 발생되는 식물에 발생되는 해를 의미한다.

24 천공성 해충을 방제하는데 가장 적합한 방법은?

① 경운법   ② 소살법
③ 온도처리법   ④ 번식장소 유살법

해설
천공성 해충들은 통나무 등 번식장소를 제공하여 유인한 후 소각하는 방법이 효과적이다.

25 수목의 그을음병을 방제하는데 가장 적합한 것은?

① 중간기주를 제거한다.
② 방풍시설을 설치한다.
③ 해가림시설을 설치한다.
④ 흡즙성 곤충을 방제한다.

해설
그을음병은 흡즙성 해충이 기생하는 나무에서 주로 발생하기에 흡즙성 해충을 방제하는 것이 가장 효과적이다.

26 수목의 줄기를 주로 가해하는 해충은?

① 솔나방   ② 박쥐나방
③ 어스렝이나방   ④ 삼나무독나방

해설
박쥐나방은 주로 줄기를 가해하는 천공성 해충이다.

27 균류의 영양기관이 아닌 것은?

① 균사   ② 포자
③ 균핵   ④ 자좌

해설
포자는 번식기관에 속한다.

28 솔잎혹파리가 겨울을 나는 형태는?

① 알   ② 성충
③ 유충   ④ 번데기

해설
솔잎혹파리는 지피물 아래나 땅속에서 유충형태로 월동한다.

29 잣나무 털녹병 방제방법으로 옳지 않은 것은?

① 중간기주 제거
② 보르도액 살포
③ 병든 나무 소각
④ 주론 수화제 살포

해설
녹병의 경우 병든가지나 나무는 제거하거나 소각하도록 하며 8월쯤 보르도액을 살포하여 소생자의 침입을 막도록한다. 중간기주는 제거하면 녹병의 확산을 방지하는데 효과적이다

정답 23. ① 24. ④ 25. ④ 26. ② 27. ② 28. ③ 29. ④

30 가해하는 수목의 종류가 가장 많은 해충은?

① 솔나방 ② 솔잎혹파리
③ 천막벌레나방 ④ 미국흰불나방

해설
미국흰불나방은 100종 이상의 활엽수종을 가해한다.

31 주로 토양에 의하여 전반되는 수목병은?

① 묘목의 모잘록병
② 밤나무 줄기마름병
③ 오동나무 빗자루병
④ 오리나무 갈색무늬병

해설
근두암종병균, 묘목의 모잘록병은 토양에 의해 전반된다.
② 밤나무 줄기마름병 - 바람에 의해 전반
③ 오동나무 빗자루병 - 매개충에 의해 전반
④ 오리나무 갈색무늬병 - 종자에 의해 전반

32 밤나무 줄기마름병 방제방법으로 옳지 않은 것은?

① 내병성 품종을 식재한다.
② 동해 및 볕데기를 막고 상처가 나지 않게 한다.
③ 질소질 비료를 많이 주어 수목을 건강하게 한다.
④ 천공성 해충류의 피해가 없도록 살충제를 살포한다.

해설
밤나무 줄기마름병은 질소비료를 적게 주고 상처가 나지 않도록 한다.

33 솔수염하늘소에 대한 설명으로 옳지 않은 것은?

① 1년에 1회 발생한다.
② 성충의 우화시기는 5~8월이다.
③ 목질부 속에서 번데기 상태로 월동한다.
④ 유충이 소나무의 형성층과 목질부를 가해한다.

해설
솔수염하늘소는 목질부에서 유충 형태로 월동한다.

34 내동성이 가장 강한 수종은?

① 차나무 ② 밤나무
③ 전나무 ④ 버드나무

해설
추위에 잘 견디는 정도를 내동성이라 하며 보기 중 전나무가 내동성이 가장 강하다.
※ **수종별 내동성 온도**
① 차나무 : -12℃
② 밤나무 : -18℃
③ 전나무 : -30℃
④ 버드나무 : -18℃

35 아황산가스에 대한 저항성이 가장 큰 수종은?

① 전나무 ② 삼나무
③ 은행나무 ④ 느티나무

해설
은행나무, 무궁화는 아황산가스에 대한 저항성이 크다.

정답 30. ④ 31. ① 32. ③ 33. ③ 34. ③ 35. ③

36 밤나무혹벌 방제법으로 가장 효과가 적은 것은?

① 천적을 이용한다.
② 등화유살법을 사용한다.
③ 내충성 품종을 선택하여 식재한다.
④ 성충 탈출 전의 충영을 채취하여 소각한다.

해설
등화유살법은 주로 주광성이 있는 나방류와 풍뎅이류에 적용하고 밤나무혹벌에는 효과가 적다.

37 경제적 피해수준에 대한 설명으로 옳은 것은?

① 해충에 의한 피해액과 방제비가 같은 수준의 밀도
② 해충에 의한 피해액이 방제비보다 큰 수준의 밀도
③ 해충에 의한 피해액이 방제비보다 작은 수준의 밀도
④ 해충에 의해 경제적으로 큰 피해를 주는 수준의 밀도

해설
병해충에 의한 피해액과 방제비가 같은 수준의 밀도를 경제적 피해수준이라 한다.

38 오동나무 탄저병에 대한 설명으로 옳은 것은?

① 주로 열매에 많이 발생한다.
② 주로 묘목의 줄기와 잎에 발생한다.
③ 주로 뿌리에 발생하여 뿌리를 썩게 한다.
④ 담자균이 균사상태로 줄기에서 월동한다.

해설
오동나무 탄저병은 잎과 어린 줄기에 발생한다.

39 과수 및 수목의 뿌리혹병을 발생시키는 병원의 종류는?

① 세균   ② 균류
③ 바이러스   ④ 파이토플라스마

해설
수목병 중 세균에 의한 것으로 뿌리혹병이 대표적이다. 뿌리혹병 감염시 발육이 나빠지는데 고온다습한 알칼리성 토양의 조건에서 주로 발생하며 상처 발생시 감염확률이 매우 높다.

40 대추나무 빗자루병 방제에 가장 적합한 약제는?

① 페니실린
② 석회유황합제
③ 석회보르도액
④ 옥시테트라사이클린

해설
파이토플라스마는 옥시테트라사이클린을 수간주사하여 방제한다.

41 유동자산에 해당하지 않은 것은?

① 현금   ② 묘목
③ 산림축적   ④ 미처분 임산물

해설
산림축적은 임목자산에 속한다.
※ **유동자산** : 미처분임산물, 묘목, 비료, 종자 등

정답 36. ② 37. ① 38. ② 39. ① 40. ④ 41. ③

42 산림청장은 관계 중앙행정기관의 장과 협의하여 전국의 산림을 대상으로 산림문화·휴양 기본계획을 몇 년마다 수립·시행하는가?

① 1년 마다　② 5년 마다
③ 10년 마다　④ 20년 마다

[해설]
산림문화 및 휴양기본계획 수립은 5년마다 시행한다.
[2018년 법안 개정 해설 수정]

43 산림의 수자원 함양기능을 증진시키기 위한 바람직한 관리방법이 아닌 것은?

① 벌기령을 길게 한다.
② 2단림 작업을 실시한다.
③ 소면적 벌채를 실시한다.
④ 대면적 개벌을 실시한다.

[해설]
대면적 개벌로 인하여 산림이 황폐화되면 수자원 함양기능이 떨어진다.

44 Huber 식에 의한 수간석해 방법으로 옳지 않은 것은?

① 구분의 길이를 2m로 원판을 채취한다.
② 반경은 일반적으로 5년 간격으로 측정한다.
③ 단면의 반경은 4방향으로 측정하여 평균한다.
④ 벌채점의 위치는 흉고 높이인 지상 1.2m로 한다.

[해설]
수간석해를 위해 선정된 표준목은 지상 20cm 위치를 벌채한 후 근원경을 측정한다.

45 종합원가계산 방법에 대한 설명으로 옳지 않은 것은?

① 공정별 원가계산방법이라고도 한다.
② 제품의 원가를 개개의 제품단위별로 직접 계산하는 방법이다.
③ 같은 종류와 규격의 제품이 연속적으로 생산되는 경우에 사용한다.
④ 생산된 제품의 전체원가를 총생산량으로 나누어서 단위원가를 산출한다.

[해설]
제품의 원가를 개별이 아닌 전체원가를 통해 계산하는 방법이다.
※ 종합원가계산
· 제품을 연속적으로 생산하는 기업에 적용한다.
· 공정별 원가계산이라고도 한다.
· 일정기간 생산된 제품 전체원가를 같은 기간 생산된 제품 전체량으로 나누어 평균원가를 구한다.
· 하나의 제품의 공정별 원가를 집계하여 각 공정의 능률을 파악한다.

46 투자에 의해 장래에 예상되는 현금 유입과 유출의 현재가를 동일하게 하는 할인율로서 투자효율을 결정하는 방법은?

① 회수기간법
② 순현재가치법
③ 내부수익률법
④ 수익, 비용비법

[해설]
미래의 수익과 지출이 같게 되어 순현재가치가 0 이 되는 할인율을 내부수익률법이라 한다.

정답　42. ②　43. ④　44. ④　45. ②　46. ③

47 임지기망가 계산식에서 필요한 인자가 아닌 것은?
① 조림비   ② 산림면적
③ 주벌수익   ④ 간벌수익

해설
임지기망가 계산식에는 주벌수익, 조림비, 이율, 간벌수익, 관리비가 있다.

48 법정상태의 요건이 아닌 것은?
① 법정벌채량   ② 법정생장량
③ 법정영급분배   ④ 법정임분배치

해설
법정상태 요건으로 법정영급분배, 법정임분배치, 법정생장량, 법정축적이 있다.

49 법정림의 산림면적이 60ha, 윤벌기 60년, 1영급을 편성한 영계가 10개로 구성된 경우 법정영급면적은?(단, 갱신기는 고려하지 않음)
① 10ha   ② 20ha
③ 30ha   ④ 50ha

해설
법정영급면적 = (면적/윤벌기)×영계수
= 60/60 × 10 = 10

50 다음 그림과 같은 4가지 형태의 산림의 구조 중 속성수 도입 및 복합임업경영(혼농임업 등) 도입이 필요한 산림 구조는?

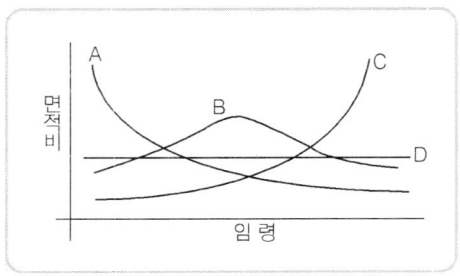

① A   ② B
③ C   ④ D

해설
국내의 산림은 A형 구조(유령림이 많은 산림)가 많아 속성수 및 복합임업경영을 통해 산림의 구조를 개선해야 한다.

51 노령림과 미숙림이 함께 존재하는 임분을 벌채할 때 어느 쪽이든지 경제적 불이익을 감소시키기 위하여 설정하는 기간은?
① 갱신기   ② 윤벌기
③ 회기년   ④ 정리기

해설
정리기(갱정기)는 법정인 영급으로 정리하는 기간을 말하며 경제적 불이익을 적게 하여 수확량을 균등하고 지속시키기 위한 생산기간이다.
· 회귀년 : 택벌림 임분이 처음 잘리고 다음 택벌까지의 기간
· 갱신기 : 예비벌, 하종벌, 후벌의 과정을 거치는 기간적 개념
· 윤벌기 : 보속작업을 하는데 작업급 내 모든 임분을 벌채하는데 기간

정답 47. ② 48. ① 49. ① 50. ① 51. ④

52 소생림 중심의 자연휴양림 관리방법으로 옳은 것은?

① 여름철 산책공간 조성을 위해 교목림으로 육성한다.
② 출입제한 등의 이용규제가 없어도 높은 자연성을 유지할 수 있다
③ 이용밀도가 가장 높은 공간이므로 답압에 의한 영향을 고려해야 한다.
④ 인위적 관리를 통해 수목은 적게 하고 잔디 및 초지가 잘 자라도록 관리한다.

해설
소생림형은 관리가 필요한 자연휴양림으로 수림피도가 40~60% 정도로서 여름철 교목림을 육성하여 산책공간을 확보한다.

유형	특징	수림피도(%)
산개림형	독립 혹은 소수 그룹의 식재로 산개된 자연휴양림	10~30
소생림형	인위적 관리가 필요한 자연휴양림	40~60
밀생림형	폐쇄되고 변화가 없는 자연휴양림	70~100

53 임목의 흉고직경은 20cm, 수고는 15m, 형수는 0.4를 적용하였을 경우 임목의 재적은?

① 0.018m³ ② 0.188m³
③ 1.884m³ ④ 18.840m³

해설
재적 $= \dfrac{3.14 \times 0.2^2}{4} \times 15 \times 0.4$
$= 0.1884 ≒ 0.188$

※ 형수법
재적 = 단면적×높이×형수

54 생장량을 구분할 때 수목의 생장에 따른 분류와 임목의 부분에 따른 분류가 있다. 다음 중 수목의 생장에 따른 분류에 해당되지 않는 것은?

① 등귀생장 ② 직경생장
③ 재적생장 ④ 형질생장

해설
수목의 생장에 따라 재적생장, 형질생장, 등귀생장으로 분류하며 이러한 재적생장, 형질생장, 등귀생장의 합을 총가생장이라 한다.

55 임도를 신설하기 위해 필요한 비용을 전액 대출받고 10년 간 상환하는 경우에 임도 시설 비용에 대하여 매년 마다 균등한 액수의 상환비용을 의미하는 것은?

① 유한연년이자 전가식
② 유한연년이자 후가식
③ 무한정기이자 전가식
④ 무한정기이자 후가식

해설
유한연년이자의 전가식은 매 연말 일정금액을 n 회에 걸쳐 수득할 수 있는 이자로서 임도 시설 비용에 대한 매년 균등한 액수의 상환비용을 의미한다.

56 임목의 흉고직경을 계산하는 방법으로 산술평균직경법(a)과 흉고단면적법(b)의 관계에 대한 설명으로 옳은 것은?

① a와 b는 같은 값이 된다.
② a가 b보다 큰 값이 된다.
③ b가 a보다 큰 값이 된다.
④ a와 b사이에는 일정한 관계가 없다.

해설
산술평균직경법은 흉고직경의 합계에 임목본수를 나누어 흉고직경을 잡는 방법이다. 흉고단면적법은 흉고직경을 가지고 임분의 ha당 흉고단면적을 계산한 다음, 그 평균 흉고단면적을 갖는 임목의 직경을 표준목의 직경으로 결정하는 방법으로 기준의 차이로 인해 흉고단면적법이 산술평균직경법보다 약간 큰 값이 나오게 된다.

정답 52. ① 53. ② 54. ② 55. ① 56. ③

57 다음 시장역산가식에서 b가 의미하는 것은?

$$임목단가 = 이용율\left(\frac{생산원목의 판매예정단가}{1+자본회수기간 \times 이율} - b\right)$$

① 조재율   ② 임목시가
③ 임목가격   ④ 단위생산비용

해설
b는 단위재적당 벌목, 운반비용인 단위생산비용이다.

58 조림 후 5년이 경과한 산지에 산불로 인하여 임목이 소실되었을 경우 피해액을 조사하기 위해 가장 적합한 임목가 계산방법은?

① Glaser 법   ② 임목매매가
③ 임목기망가   ④ 임목비용가

해설
실제 소실된 임목 가격을 평가해야하기에 임목을 조성하는데 실제로 쓴 비용을 합계한 임목비용가를 적용하는 것이 가장 적합하다.

59 임업소득의 계산방법으로 옳은 것은?

① 자본에 귀속하는 소득 = 임업순수익 − (지대 + 자본이자)
② 임지에 귀속하는 소득 = 임업소득 − (지대 + 가족노임추정액)
③ 가족노동에 귀속하는 소득 = 임업소득 − (지대 + 자본이자)
④ 경영관리에 귀속하는 소득 = 임업소득 − (지대 + 가족노임추정액)

해설
임업소득은 임산물의 생산과 판매를 통해 임가가 얻는 소득으로서 임업조수입에서 임업경영비를 빼면 구할 수 있다.
① 자본에 귀속하는 소득
   = 임업소득 − (지대 + 가족노임추정액)
② 임지에 귀속하는 소득
   = 임업소득 − (자본이자 + 가족노임추정액)
④ 경영관리에 귀속하는 소득
   = 임업순수익 − (지대 + 자본이자)

60 벌채목의 길이가 20m, 원구단면적이 0.6m² 이고, 중앙단면적이 0.55m², 말구단면적이 0.4m²일 경우에 스말리안(Smalian)식에 의한 재적은?

① 8.0m³   ② 10.0m³
③ 10.3m³   ④ 11.0m³

해설
스말리안식
$= \dfrac{원구단면적 + 말구단면적}{2} \times 길이$
$= \dfrac{0.6+0.4}{2} \times 20 = 10(m^3)$

61 점착성이 큰 점질토의 두꺼운 성토층 다짐에 가장 효과적인 로울러는?

① 탬핑 로울러   ② 텐덤 로울러
③ 머캐덤 로울러   ④ 타이어 로울러

해설
롤러 표면에 다량의 돌기가 있어 흙의 압축이 용이한 점착성이 큰 점질토 다짐에는 탬핑로울러가 효과적이다.

62 임도의 설계에서 종단면도를 작성할 때 횡, 종의 축척은 얼마로 해야 하는가?

① 횡 : 1/100, 종 : 1/1200
② 횡 : 1/200, 종 : 1/1000
③ 횡 : 1/1000, 종 : 1/200
④ 횡 : 1/1200, 종 : 1/100

해설
종단면도 축척은 1 : 1000(횡), 1 : 200(종) 으로 한다.

정답   57. ④   58. ④   59. ③   60. ②   61. ①   62. ③

63 임도 시공 시 벌개제근 작업에 대한 설명으로 옳지 않은 것은?

① 절취부에 벌개제근 작업을 할 경우에는 시공 효율을 높일 수 있다.
② 성토량이 부족할 경우 벌개제근된 임목을 묻어 부족한 토량을 보충하기도 한다.
③ 벌개제근 작업을 완전히 하지 않으면 나무사이의 공극에 토사가 잘 들어가지 않는다.
④ 벌개제근 작업을 제대로 하지 않으면 부식으로 인한 공극이 발생하여 성토부가 침하하는 원인이 되기도 한다.

해설
벌개제근한 임목을 다시 묻지는 않는다. 벌개제근의 경우 지표의 나무뿌리, 초목 등을 불도저로 제거하는 것을 목적으로 하며 이것을 다시 묻지는 않는다.

64 임도 노면 시공방법에 따른 분류로 머캐덤(Macadam)도 라고도 불리는 것은?

① 쇄석도 ② 사리도
③ 토사도 ④ 통나무길

해설
쇄석도는 쇄석(부순돌)끼리 서로 물려서 죄는 힘과 결합력에 의해 만들어진 단단한 도로이다. 쇄석도는 보통 습기가 많은 지대의 임도에서 사용되는데 이때 쇄석도의 시공시 머캐덤식은 쇄석재료로만 시공한 도로이다.

65 임도의 노체를 구성하는 기본적인 구조가 아닌 것은?

① 노상 ② 기층
③ 표층 ④ 노층

해설
노체의 기본구조는 가장 아래인 노상을 기준으로 노반, 기층, 표층의 순서로 구분된다.

66 영선측량과 중심선측량에 대한 설명으로 옳지 않은 것은?

① 영선은 절토작업과 성토작업의 경계점이 된다.
② 산지경사가 완만할수록 중심선이 영선보다 안쪽에 위치하게 된다.
③ 중심선측량은 지형상태에 따라 파형지형의 소능선과 소계곡을 관통하며 진행된다.
④ 산지 경사가 45%~55% 정도일 때 두 측량방법으로 각각 측량한 측점이 대략 일치한다.

해설
산지경사가 급할수록 중심선이 영선보다 안쪽에 위치하게 된다.

67 적정임도밀도에 대한 설명으로 옳지 않은 것은?

① 임도밀도가 증가하면 조재비, 집재비는 낮아진다.
② 임도간격이 크면 단위면적당 임도개설비용은 감소한다.
③ 집재비와 임도개설비의 합계비용을 최대화하여 산정한다.
④ 집재비와 임도개설비의 합계는 임도간격이 좁거나 넓어도 모두 증가한다.

해설
적정임도밀도는 임도개설비, 유지관리비, 집재비용의 합계가 최소가 되는 임도밀도를 의미한다.

68 임도 곡선 설정법에 해당하지 않는 것은?

① 우회법 ② 편각법
③ 교각법 ④ 진출법

해설
임도노선 곡선 설정 방법으로 교각법, 편각법, 진출법이 있다.

정답 63. ② 64. ① 65. ④ 66. ② 67. ③ 68. ①

69 콘크리트 포장 시공에서 보조기층의 기능으로 옳지 않은 것은?

① 동상의 영향을 최소화한다.
② 노상의 지지력을 증대시킨다.
③ 노상이나 차단층의 손상을 방지한다.
④ 줄눈, 균열, 슬래브 단부에서 펌핑현상을 증대시킨다.

해설
보조기층은 노상 위에 위치하는 층으로서 위쪽의 포장층에서 발생되는 하중을 분산시켜 노상으로 전달하는 역할을 한다. 펌핑현상의 경우 주로 표층에서 일어나는 현상이다.

70 비탈면의 위치나 기울기, 노체와 노상의 끝손질 높이 등을 표시하여 흙깎기와 흙쌓기 공사를 정확히 실시하기 위해 설치하는 것은?

① 수평틀
② 토공틀
③ 흙일겨냥틀
④ 비탈물매 지시판

해설
흙깎기공사를 시공할 때에는 현장에 적당한 간격으로 흙일겨냥틀을 설치한다. 흙일겨냥틀은 공사시 기본 단면형을 쉽게 설정하기 위해 만들어진 틀을 말한다.

71 흙의 입도분포의 좋고 나쁨을 나타내는 균등계수의 산출식으로 옳은 것은? (단, 통과중량 백분율 X에 대응하는 입경은 D_X)

① $D_{10} \div D_{60}$
② $D_{20} \div D_{60}$
③ $D_{60} \div D_{20}$
④ $D_{60} \div D_{10}$

해설
균등계수 : 균등계수는 체로 분류하여 60% 통과율을 나타내는 모래 입자의 크기 비율로 나타낸다.

균등계수 $= \dfrac{통과중량백분율\,60\%\,대응입경}{통과중량백분율\,10\%\,대응입경}$

$= \dfrac{D_{60}}{D_{10}}$

72 A지점의 지반고가 19.5m, B지점의 지반고가 23.5m 이고 두 지점 간의 수평거리가 40m 일 때 A로부터 몇 m 지점에서 지반고 20m 등고선이 지나가는가?

① 3m
② 5m
③ 7m
④ 10m

해설
㉠ A 지점의 지반고와 B 지점의 지반고를 이용하여 경사도를 구하도록 한다.
$\dfrac{23.5 - 19.5}{40} \times 100(\%) = 10(\%)$

㉡ 다음으로 지반고 20m 지점의 앞에서 구한 경사도와 지반고 차이를 이용하여 위치를 구하도록 한다.
$\dfrac{20 - 19.5}{x} \times 100(\%) = 10(\%)$
$\rightarrow x : 5m$

㉢ 지반고 20m 등고선은 A 지점으로부터 5m 떨어진 지점을 지나간다.

73 사리도(자갈길, gravel road)의 유지관리에 대한 설명으로 옳지 않은 것은?

① 방진처리에 염화칼슘은 사용하지 않는다.
② 노면의 제초나 예불은 1년에 한 번 이상 실시한다.
③ 비가 온 후 습윤한 상태에서 노면 정지작업을 실시한다.
④ 횡단배수구의 기울기는 5~6% 정도를 유지하도록 한다.

해설
방진처리를 위하여 물이나 염화칼슘 등을 사용한다.

정답 69. ④ 70. ③ 71. ④ 72. ② 73. ①

74 임도의 종단기울기에 대한 설명으로 옳지 않은 것은?

① 최소 기울기는 3% 이상으로 설치한다.
② 종단기울기를 높게 하면 임도우회율이 적어진다.
③ 보통 자동차가 설계속도의 90% 이상 정도로 오를 수 있도록 설정한다.
④ 임도 설계 시 종단기울기 변경은 전 노선을 조정하여 재시공하는 의미를 갖는다.

해설
임도의 종단기울기는 보통자동차에서는 설계속도의 약 50~80% 정도로 오를 수 있는 상태를 조건으로 설정한다.

75 임도 종단면도에 기록하는 사항이 아닌 것은?

① 측점   ② 단면적
③ 성토고   ④ 누가거리

해설
단면적의 경우 횡단면도에 기록하는 사항이다.

76 임도 측선의 거리가 99.16m 이고 방위가 S 39° 15′ 25″ W 일 때 위거와 경거의 값으로 옳은 것은?

① 위거 = +76.78m 경거 = +62.75m
② 위거 = +76.78m 경거 = −62.75m
③ 위거 = −76.78m 경거 = +62.75m
④ 위거 = −76.78m 경거 = −62.75m

해설
· 위거 = 측선거리×$\cos\theta$
  경거 = 측선거리×$\sin\theta$
· 위거 = 99.16m × $\cos(39°15′25″)$
       = 약 −76.78
· 경거 = 99.16m × $\sin(39°15′25″)$
       = 약 −62.75

77 법령상 임도 설치가 가능한 지역은?

① 산지관리법에서 정한 산지전용 제한 지역
② 임도 타당성 평가점수가 60점 이상인 지역
③ 임도거리의 10% 이상의 지역이 경사 35° 미만인 지역
④ 농어촌도로정비법에 따른 농로로 확정, 고시된 노선과 중복되는 지역

해설
임도거리 10% 이상인 경사 35° 이상의 급경사지를 지나게 되는 경우는 임도를 설치할 수 없다.

78 가선집재와 비교한 트랙터에 의한 집재작업의 장점으로 옳지 않은 것은?

① 기동성이 높다.
② 작업이 단순하다.
③ 작업생산성이 높다.
④ 잔존임분에 대한 피해가 적다.

해설
트랙터의 경우 지면위를 지나가기에 잔존임분에 대한 피해가 많다.
※ 트랙터 집재의 특징
· 기동성이 높음
· 작업생산성이 높음
· 작업이 단순함
· 작업비용이 적음

79 절토·성토사면에 붕괴의 우려가 있는 지역에 사면길이 2~3m마다 설치하는 소단의 폭 기준은?

① 0.1~0.5m   ② 0.5~1.0m
③ 1.5~2.5m   ④ 2.5~3.5m

해설
사면의 길이는 2~3m 마다 50~100cm (0.5~1.0m)정도의 소단을 폭을 설정한다.

정답 74. ③ 75. ② 76. ④ 77. ③ 78. ④ 79. ②

80 다음 조건에서 양단면적평균법으로 계산한 토량은?

- 단면적 A_1 : 4m²
- 단면적 A_2 : 6m²
- 양단면적간의 거리 : 5m

① 25m³　② 50m³
③ 75m³　④ 100m³

해설

토적
$= \left(\dfrac{\text{양단면적 합}}{2}\right) \times \text{양단면적 거리}$
$= \left(\dfrac{4+6}{2}\right) \times 5 = 25$

81 3ha 유역에 최대 시우량이 60mm/h 이면 시우량법에 의한 최대 홍수유량은?(단, 유거계수는 0.8)

① 0.04m³/s　② 0.4m³/s
③ 4.0m³/s　④ 40.0m³/s

해설

시우량법

$Q = K \times \dfrac{A \times \dfrac{m}{1000}}{60 \times 60}$

$= 0.8 \times \dfrac{30000 \times \dfrac{60}{1000}}{3600} = 0.4$

Q : 유량(m³/s)
A : 유역면적(m²)
m : 최대시우량(mm/h)
K : 유거계수

82 땅깎기 비탈면의 안정과 녹화를 위한 시공방법으로 옳지 않은 것은?

① 경암 비탈면은 풍화, 낙석 우려가 많으므로 새심기공법이 적절하다.
② 점질성 비탈면은 표면침식에 약하고 동상·붕락이 많으므로 떼붙이기 공법이 적절하다.
③ 모래층 비탈면은 절토공사 직후에는 단단한 편이나 건조해지면 붕락되기 쉬우므로 전면적 객토가 좋다.
④ 자갈이 많은 비탈면은 모래가 유실 후, 요철면이 생기기 쉬우므로 떼붙이기보다 분사파종공법이 좋다.

해설

경암 비탈면은 풍화, 낙석의 우려가 적고 비탈면이 급한편이라 객토가 어렵다. 그렇기에 낙석저지책을 시공하여 덩굴식물 등으로 녹화하는 것이 적합하다

83 벌도목, 간벌재를 이용하여 강우로 인한 토사 유출을 방지할 목적으로 시공하는 공법은?

① 식책공　② 식수공
③ 편책공　④ 돌망태공

해설

산지의 붕괴의 우려가 있는 비탈면을 안정화시키거나 비탈다듬기공사 등으로 발생하는 토사의 유실을 방지할 목적으로 편책공(바자얽기)를 한다.

84 시멘트 콘크리트의 응결경화 촉진제로 많이 사용하는 혼화제는?

① 석회　② 규조토
③ 규산백토　④ 염화칼슘

해설

응결경화 촉진제는 수화반응을 통해 조기에 강도를 상승시키는 작용을 하며 염화칼슘, 염화알루미늄 등이 있다.

정답　80. ①　81. ②　82. ①　83. ③　84. ④

85 산사태의 발생요인에서 내적요인에 해당하는 것은?

① 강우   ② 지진
③ 벌목   ④ 토질

> **해설**
> 산사태의 내적요인에는 토질, 임상, 지형 등이 있다.

86 전수직응력이 $100gf/cm^2$, $tanΦ$($Φ$는 내부마찰각) 값이 0.8, 점착력이 $20gf/cm^2$일 때, 토양의 전단강도는?(단, 간극수압은 무시함)

① $80gf/cm^2$ ② $100gf/cm^2$
③ $120gf/cm^2$ ④ $145gf/cm^2$

> **해설**
> 흙의 전단강도
> 전단강도 = 점착력 + (전수직응력×tanΦ)
> = 20 + (100×0.8) = $100gf/cm^2$

87 메쌓기 사방댐의 시공 높이 한계는?

① 1.0m   ② 2.0m
③ 3.0m   ④ 4.0m

> **해설**
> 메쌓기 사방댐의 높이는 4m를 최대로 하며 천단폭은 댐높이의 1/2, 기울기는 1:0.3 정도로 한다.

88 돌쌓기 기슭막이 공법의 표준 기울기는?

① 1 : 0.3~0.5   ② 1 : 0.3~1.5
③ 1 : 0.5~1.3   ④ 1 : 1.3~1.5

> **해설**
> 기슭막이의 표준 기울기는 1 : 0.3~0.5 정도이다.

89 비탈다듬기나 단끊기 공사로 생긴 토사를 계곡부에 넣어서 토사 활동을 방지하기 위해 설치하는 산지사방 공사는?

① 골막이   ② 누구막이
③ 기슭막이   ④ 땅속흙막이

> **해설**
> **땅속흙막이** : 땅속흙막이는 비탈다듬기나 단끊기 등의 흙깎기 과정에서 부토가 많고 깊게 퇴적되는 곳에서는 강우 등에 의해 토괴가 미끄러져 내리기 쉬운데 이러한 토사의 유실을 방지하기 위해 땅속에 설치하며 지표면에는 드러나지 않는다.

90 땅깎기 비탈면에 흙이 붙어있는 반떼를 수평방향으로 줄로 붙여 활착 녹화시키는 공법은?

① 줄떼심기공법
② 줄떼다지기공법
③ 줄떼붙이기공법
④ 평떼붙이기공법

> **해설**
> 줄떼붙이기는 땅깎이비탈의 흙이 떨어지지 않은 반떼를 수평방향으로 줄을 붙여 활찰 및 녹화하는 공법이다. 줄떼의 경우 상부에서 하부로 내려가면서 시공하고 떼꽂이로 고정한다.

91 계류의 유심을 변경하여 계안의 붕괴와 침식을 방지하는 사방공작물은?

① 수제   ② 둑막이
③ 바닥막이   ④ 기슭막이

> **해설**
> 하천에 유심의 방향을 변경시켜 계안으로부터 멀리 보내 유로 및 계안 침식을 방지, 기슭막이 공작물의 세굴을 방지하기 위해 사용된다.

정답   85. ④   86. ②   87. ④   88. ①   89. ④   90. ③   91. ①

92 비탈면 하단부에 흐르는 계천의 가로침식에 의해 일어나며, 침식 및 붕괴된 물질은 퇴적되지 않고 대부분 유수와 함께 유실되는 붕괴형 침식은?

① 산붕 ② 포락
③ 붕락 ④ 산사태

해설
계천에서 가로침식작용에 의해 토사가 무너지는 현상을 포락이라 한다.

93 2매의 선떼와 2매의 갓떼 또는 바닥떼를 사용하는 선떼붙이기는?

① 2급 ② 4급
③ 6급 ④ 8급

해설
선떼 2매와 갓떼 2매를 사용하는 것은 6급이다. 6급은 주로 사방지 식재 및 파종에 적용된다.

94 폐탄광지의 복구녹화에 대한 설명으로 옳지 않은 것은?

① 경제림을 단기적으로 조성한다.
② 차폐식재하여 좋은 경관을 만든다.
③ 폐석탄 등을 제거하고 복토하여 식재한다.
④ 사면붕괴 방지를 위해 사면 안정각을 유지한다.

해설
경제림의 단기적 조성보다는 피해 복구 및 경관 식생을 우선적으로 한다. 또한 척박한 토양임을 고려한 수종 선택이 요구된다. 폐탄광지 복구에는 편책공법, 파종공법, 바자얽기, 산비탈돌쌓기공법 등이 이용된다.

95 임내강우량의 구성요소가 아닌 것은?

① 수간유하우량
② 수관통과우량
③ 수관적하우량
④ 수관차단우량

해설
임내강우량 요소로 수관적하우량, 수간유하우량, 수관통과우량이 있다.
※ **임내강우량** : 임내강우량은 산림 내에 내린 강우 중에서 여러 경로를 통해 임지면에 도달하는 비의 양으로 산림에서 총강우량 가운데 식물의 잎과 가지에 차단되어 증발하여 임지면에 도달하지 못하는 강수의 일부인 수관차단우량을 제외한 양이다.

96 중력식 사방댐 설계에서 고려하는 안정조건이 아닌 것은?

① 전도 ② 퇴적
③ 제체 파괴 ④ 기초지반 지지력

해설
중력댐의 안정조건으로 전도, 활동, 제체의 파괴, 기초지반의 지지력이 있다.

97 사방사업 대상지 유형 중 황폐지에 속하는 것은?

① 밀린땅 ② 붕괴지
③ 민둥산 ④ 절토사면

해설
황폐지 유형 및 단계
척악임지 → 임간나지 → 초기황폐지 → 황폐이행지 → 민둥산

정답 92. ② 93. ③ 94. ① 95. ④ 96. ② 97. ③

98 사방댐의 설계요인에 대한 설명으로 옳지 않은 것은?

① 댐의 위치는 계상에 암반이 존재해야만 설치할 수 있다
② 계획 계상기울기는 현 계상기울기의 1/2~2/3 정도가 가장 실용적이다.
③ 종·횡침식이 일어나는 구간이 긴 구간에서는 원칙적으로 계단상 댐을 계획한다.
④ 단독의 높은 댐과 연속된 낮은 댐군의 선택은 그 지역의 토사생산의 특성과 시공 및 유지의 난이도를 충분히 검토하여 결정한다.

해설
댐의 위치는 계상에 암반이 존재하지 않아도 물받이나 앞댐을 이용하여 반수면의 끝 부분에 설치 가능하다.

99 침식의 원인이 다른 것은?

① 자연침식
② 가속침식
③ 정상침식
④ 지질학적 침식

해설
가속침식은 외부적 작용에 의한 침식이며 자연침식 또는 지질학적 침식은 정상침식이라 정의한다.

100 비탈면 돌쌓기에 대한 설명으로 옳지 않은 것은?

① 돌을 쌓는 방법에 따라 골쌓기와 켜쌓기가 있다
② 찰쌓기는 2~3m² 마다 물빼기 구멍을 설치한다.
③ 돌쌓기는 일곱에움 이상 아홉에움 이하가 되도록 한다.
④ 비탈 기울기가 1 : 1보다 완만한 경우는 돌붙이기 공사라고 한다.

해설
돌쌓기는 돌의 배치가 다섯에움 이상 일곱에움 이하가 되도록 한다.

정답 98. ① 99. ② 100. ③

2018년 제1회 산림기사

01 간벌에 대한 설명으로 옳은 것은?
① 임목의 형질을 퇴화시키는 단점이 있다.
② 정량간벌은 간벌목 선정이 수형급을 중심으로 이루어진다.
③ 간벌을 하지 않은 임분은 입지 조건이 열악해지는 단점이 있다.
④ 직경 생장을 촉진시켜 연륜폭을 고르게 하는데 도움을 줄 수 있다.

해설
간벌을 통해 직경 생장을 촉진하고 연륜폭을 고르게 하여 목재의 형질을 향상시킨다.

02 속씨식물에 대한 설명으로 옳지 않은 것은?
① 중복수정을 하지 않는다.
② 배유의 염색체는 3배체(3n)이다.
③ 완전화의 경우 배주가 심피에 싸여 있다.
④ 건조지에서 자라는 수목의 잎은 책상조직이 양쪽에 있어서 앞뒤의 구별이 불분명하다.

해설
속씨식물은 중복수정을 한다.

03 묘포의 경운작업에 대한 설명으로 옳지 않은 것은?
① 호기성 토양 미생물이 증식할 수 있는 환경을 제공한다.
② 토양의 풍화작용을 억제하여 영양분을 가용성으로 만든다.
③ 토양의 보수력 및 흡열력, 그리고 비료의 흡수력을 증가시킨다.
④ 토양을 부드럽게 하고 통기가 잘 되도록 하여 토양 산소량을 많게 한다.

해설
밭갈이 작업인 경운을 하는 경우 토양의 투수성, 통기성 등이 개선되는 장점이 있으나 풍화작용이나 토양 침식이 빨라지는 단점이 있다.

04 단벌기 작업에서 맹아에 의한 갱신 방법은?
① 왜림작업   ② 중림작업
③ 이단림작업   ④ 모수림작업

해설
왜림작업은 연료생산을 목적으로 맹아로 갱신하는 방법이다.

정답 01. ④ 02. ① 03. ② 04. ①

05 개화한 당년에 종자가 성숙하는 수종과 개화한 다음해에 종자가 성숙하는 수종이 바르게 짝지어진 것은?

① 졸참나무 – 떡갈나무
② 신갈나무 – 갈참나무
③ 신갈나무 – 상수리나무
④ 굴참나무 – 상수리나무

> **해설**
> · 개화한 당년 종자가 성숙하는 수종 : 삼나무, 떡갈나무, 신갈나무, 졸참나무 등
> · 개화한 다음해에 종자가 성숙하는 수종 : 상수리나무, 소나무, 굴참나무, 잣나무 등

06 포플러류 중 양버들에 해당하는 것은?

① *Populus alba*
② *Populus nigra*
③ *Populus davidiana*
④ *Populus tomentiglandulosa*

> **해설**
> ① 은백양 ② 양버들 ③ 사시나무 ④ 은사시나무

07 활엽수의 가지치기 절단 위치로 가장 적합한 곳은?

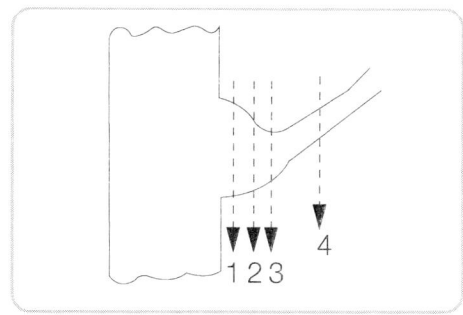

① 1
② 2
③ 3
④ 4

> **해설**
> 활엽수는 줄기의 융기부에 평행하게 절단하고 침엽수는 줄기와 평행하게 절단한다.

08 우량 묘목의 조건으로 가장 부적합한 것은?

① 우량한 유전성을 지닌 것
② 근계의 발달이 충실한 것
③ 가지가 사방으로 고루 뻗어 발달한 것
④ 정아보다 측아의 발달이 잘 되어 있는 것

> **해설**
> 측아 발달보다 정아가 우세한 것이 우량 묘목의 조건이다.

09 자연생태계의 물순환 과정에서 산림의 역할에 대한 설명으로 옳지 않은 것은?

① 산림토양의 특성은 지표의 우수유출경로를 결정하며 홍수에 큰 영향을 끼친다.
② 물은 광합성에 의해 물질생산에 기여하고 생산된 물질 순환 과정에서 산림토양이 형성된다.
③ 증산작용에 의한 지표면의 열환경 변화는 도시림에서는 거의 무시할 수 있을 정도로 미미하다.
④ 산림의 대규모 소실은 지표의 열환경 변화와 대량의 증산량 감소로 인해 광역의 물순환을 변화시킨다.

> **해설**
> 콘크리트가 대부분인 도시의 경우 도시림의 역할이 매우 중요하며 증산작용에 의해 지표면의 열환경 변화의 영향을 많이 받는다.

10 수목의 체내에서 양료의 이동성을 떨어지는 무기원소는?

① 인
② 질소
③ 칼슘
④ 마그네슘

> **해설**
> 무기영양소 이동성
>
> | 이동 용이한 원소 | N, P, K, Mg |
> |---|---|
> | 이동 어려운 원소 | Ca, Fe, B |
> | 이동 중간 원소 | S, Zn, Mn, Cu |

정답 05. ③ 06. ② 07. ③ 08. ④ 09. ③ 10. ③

11 수분의 주요 이동통로로 이용되는 조직은?

① 수　　② 사부
③ 목부　④ 형성층

해설
수목의 목부는 수분의 이동통로 역할을 하며 목부에서 도관, 세포막공, 가도관 등의 조직기관이 있다.

12 동령적 혼효림 조성 시 고려해야 할 사항으로 옳지 않은 것은?

① 가급적 양수와 음수를 모두 식재한다.
② 생장속도가 비슷한 수종으로 식재한다.
③ 각 수종이 비슷한 윤벌기 내에 성숙하도록 한다.
④ 내음성이 비슷한 수종의 경우 생장속도가 빠른 수종은 일찍 식재한다.

해설
내음성이 비슷한 경우 생장속도가 빠른 수종은 다소 늦게 식재해야 동령적 혼효림을 조성할 수 있다.

13 종자의 결실주기가 가장 짧은 수종은?

① *Alnus japonica*
② *Picea jezoensis*
③ *Larix kaempferi*
④ *Abies holophylla*

해설
① 오리나무　② 가문비나무
③ 일본잎갈나무　④ 전나무
※ 결실 주기

주기	수종
해마다	버드나무, 오리나무, 포플러
격년	소나무, 오동나무, 자작나무
2~3년	참나무, 들메나무, 삼나무
3~4년	전나무, 가문비나무, 녹나무
5년 이상	낙엽송, 너도밤나무

14 우리나라 온대 중부지방을 대표하는 특징 수종은?

① 신갈나무　② 분비나무
③ 후박나무　④ 너도밤나무

해설
국내의 온대 중부지방은 소나무순림이나 신갈나무, 때죽나무 등의 혼효림이 대표적이다.

15 열대우림에 대한 설명으로 옳지 않은 것은?

① 종다양성이 높다.
② 임목의 뿌리는 대부분 심근성이다.
③ 과도한 침식과 용탈로 토양이 척박해지기 쉽다.
④ 연평균 강우량이 2,000mm 이상의 적도 주변 지역에 분포한다.

해설
열대우림의 경우 다양한 수종이 존재하기에 천근성과 심근성이 혼재한다.

16 어린나무 가꾸기의 대상 임목은?

① 폭목　② 중용목
③ 경합목　④ 피해목

해설
어린나무 가꾸기에서 제거 대상목으로 고려하는 대상은 유해수종, 덩굴류, 피해목, 폭목, 경합목 등이 있다.

정답　11. ③　12. ④　13. ①　14. ①　15. ②　16. ②

17 삽목상의 조건으로 가장 적합한 것은?

① 건조를 막기 위해 해가림이 필요하다.
② 온도가 30°C 이상 높은 온도에서 발근이 유리하다.
③ 토양 내 미생물의 종류가 다양할수록 발근에 유리하다.
④ 발근에 시간이 오래 걸리는 수종의 경우 잎의 증산이 원활하도록 공중습도를 조절한다.

해설
② 삽목상 30°C 이상의 고온이 유지되거나 15°C 이하로 내려가면 발근율이 감소하거나 발근이 지연될 수 있다.
③ 삽목상은 미생물의 종류가 적은 것이 유리하다.
④ 발근에 시간이 오래 걸리는 수종은 발근 촉진제를 이용한다.

18 토양산성화로 인한 수목 생육 장애요인으로 옳지 않은 것은?

① 인산 이용의 결핍
② 염기성 양이온의 용탈
③ 뿌리의 양분 흡수력 저하
④ 토양 미생물과 소동물의 활성 증가

해설
토양의 산성화 발생시 토양내의 미생물 및 소동물의 활성이 감소한다.

19 종자의 휴면타파 방법이 아닌 것은?

① 후숙   ② 노천매장
③ 침수처리   ④ 밀봉저장

해설
밀봉저장법은 종자의 보관을 위해 사용하는 방법이다.

20 산벌작업에 적용이 가장 적합한 수종은?

① 곰솔, 소나무
② 전나무, 너도밤나무
③ 사시나무, 자작나무
④ 리기다소나무, 일본잎갈나무

해설
산벌작업에 적용하기 적합한 수종으로는 너도밤나무, 소나무, 가문비나무, 전나무 등이 있다.

21 호두나무잎벌레에 대한 설명으로 옳은 것은?

① 1년에 1회 발생되며, 알로 월동한다.
② 1년에 1회 발생되며, 성충으로 월동한다.
③ 1년에 2회 발생되며, 번데기로 월동한다.
④ 1년에 2회 발생되며, 유충으로 월동한다.

해설
호두나무잎벌레는 년 1회 발생하고 성충으로 월동한다.

22 미국흰불나방에 대한 설명으로 옳지 않은 것은?

① 1년에 2~3회 발생한다.
② 지피물 밑에서 번데기로 월동한다.
③ 1화기가 2화기보다 피해가 더 심하다.
④ 핵다각체병바이러스를 이용하여 방제한다.

해설
주로 5월~6월쯤인 1화기보다 7월~8월쯤 2화기에 피해가 더 심하게 나타난다.

23 밤나무 줄기마름병의 방제 효과가 가장 미비한 것은?

① 살균제를 살포한다.
② 박쥐나방을 방제한다.
③ 질소 비료를 적게 준다.
④ 토양배수가 잘되는 곳에 묘목을 심는다.

해설
밤나무줄기마름병은 매개충에 의해 전반되기에 살충제를 활용한다.

정답 17. ① 18. ④ 19. ④ 20. ② 21. ② 22. ③ 23. ①

24 코흐(Koch)의 원칙을 충족시키지 않는 조건은?

① 병원체의 순수 배양이 불가능해야 한다.
② 기주로부터 병원체를 분리할 수 있어야 한다.
③ 기주에서 병원체로 의심되는 특정 미생물이 존재해야 한다.
④ 동일 기주에 병원체를 접종하면 동일한 병이 발생되어야 한다.

해설
코흐의 4원칙으로 병원체의 순수 배양이 가능해야 한다.

※ **코흐의 4원칙**
- 병원체는 병든 기주에 존재한다.
- 병원체는 병든 기주에서 분리시 배지에서 자라야 한다.
- 배양한 병원체는 접종시 같은 병을 나타내야 한다.
- 실험적으로 접종하여 감염된 기주에서 같은 병원체를 획득할 수 있다.

25 오리나무 갈색무늬병의 방제법으로 옳지 않은 것은?

① 연작을 실시한다.
② 종자소독을 한다.
③ 병든 낙엽을 태운다.
④ 밀식 시에는 솎아주기를 한다.

해설
오리나무 갈색무늬병은 연작에 의한 피해가 심하기에 윤작을 통해 방제한다.

26 수목의 잎을 가해하는 해충이 아닌 것은?

① 대벌레   ② 솔나방
③ 솔알락명나방   ④ 참나무재주나방

해설
잣나무, 소나무 등의 구과에 피해를 준다.

27 수목병 발생과 환경조건과의 관계에서 수목이 가장 심한 피해를 입을 수 있는 경우는?

① 환경조건이 병원체나 기주에 모두 적합한 경우
② 환경조건이 병원체나 기주에 모두 부적합한 경우
③ 환경조건이 병원체에 적합하고 기주에 부적합한 경우
④ 환경조건이 병원체에 부적합하고 기주에 적합한 경우

해설
환경조건이 병원체에 적합할수록 활동이 용이하며 기주에 부적합 할수록 기주의 저항성이 낮아져 수목이 피해가 심해진다.

28 솔껍질깍지벌레에 대한 설명으로 옳지 않은 것은?

① 주로 인공식재된 잣나무림에서 큰 피해를 준다.
② 약충이 가지와 줄기의 수피에 주둥이를 꽂고 수액을 빨아먹는다.
③ 수피 틈이나 가지 사이에 알주머니를 분비하고 그 속에 알을 낳는다.
④ 암컷 성충은 후약충에서 번데기 시기를 거치지 않고 바로 성충이 된다.

해설
솔껍질깍지벌레는 소나무에 큰 피해를 준다.

※ **솔껍질깍지벌레**
- 성충과 약충이 가지에 기생해 수액을 빨아먹는 흡즙성 해충이다.
- 1년에 1회 발생한다.
- 매미목이며 후약충형태로 월동한다.
- 방제시 수간주사를 이용한다.
- 약 200~300개의 알을 낳는다.

정답 24. ① 25. ① 26. ③ 27. ③ 28. ①

29 모잘록병의 방제법으로 효과가 가장 미비한 것은?

① 토양소독
② 종자소독
③ 묘상의 환경개선
④ 옥시테트라사이클린 살포

> 해설
> 옥시테트라사이클린은 주로 파이토플라스마에 의한 대추나무 빗자루병 등의 방제에 이용되며 모잘록병의 방제에는 효과가 미미하다.

30 오리나무잎벌레의 월동 형태와 장소는?

① 알로 지피물 밑에서
② 성충으로 땅 속에서
③ 번데기로 수피 사이에서
④ 유충으로 나뭇잎 아래에서

> 해설
> 오리나무잎벌레는 1년에 1회 발생하며 성충형태로 지피물 혹은 흙속에 월동한다.

31 다음의 하늘소 유충 중 톱밥 또는 배설물을 나무 밖으로 배출하지 않아 발견하기 어려운 것은?

① 알락하늘소   ② 뽕나무하늘소
③ 향나무하늘소 ④ 솔수염하늘소

> 해설
> 향나무하늘소는 형성층이나 목질부에 피해를 주는데 배설물을 밖으로 배출하지 않고 침입한 구멍도 흔적이 없어 발견이 어렵다.

32 수목에 기생하는 식물로 낙엽성인 것은?

① 겨우살이
② 꼬리 겨우살이
③ 참나무 겨우살이
④ 동백나무 겨우살이

> 해설
> 꼬리겨우살이는 가을에 잎이 떨어져 겨울에는 완전히 떨어지는 낙엽성 식물이다.

33 수목병의 임업적 방제법으로 옳지 않은 것은?

① 임지에 생육하기 적합한 나무를 조림한다.
② 종자 산지에 가까운 곳에 임지를 조성한다.
③ 병해가 발생한 지역에서는 지존작업을 한다.
④ 방제 관리의 효율성을 고려하여 단순림을 조성한다.

> 해설
> 단순림이 조성되면 수목병의 감염이 빠르게 확산되기에 단순림 조성은 피해야 한다.

34 약제를 식물체의 뿌리, 줄기, 잎 등에서 흡수시켜 식물체 전체에 약제가 분포되게 하고 해충이 섭식하였을 경우에 약효가 발휘되는 살충제의 종류는?

① 침투성 살충제
② 접촉성 살충제
③ 유인성 살충제
④ 소화중독성 살충제

> 해설
> 침투성 살충제는 식물에 흡수시켜 차후 흡즙성해충과 같이 식물의 즙액을 빨아먹는 해충들만 선택적으로 제거할 수 있어 천적에 피해가 없는 것이 특징이다.

정답 29. ④ 30. ② 31. ③ 32. ② 33. ④ 34. ①

35 세균으로 인한 수목병은?

① 소나무 혹병
② 벚나무 불마름병
③ 밤나무 줄기마름병
④ 벚나무 갈색무늬구멍병

해설
세균에 의한 병해 종류로 불마름병, 뿌리혹병 등이 대표적이다.

36 토양 내에서 월동하는 병원체는?

① 잣나무 털녹병균
② 참나무 시들음병균
③ 자줏빛날개무늬병균
④ 밤나무 줄기마름병균

해설
토양 내에서 월동하는 병원체로 뿌리혹선충류, 오동나무빗자루병, 자줏빛날개무늬병균 등이 있다.

37 솔잎혹파리에 대한 설명으로 옳은 것은?

① 1년에 1회 발생하며 알로 충영 속에서 월동한다.
② 1년에 2회 발생하며 성충으로 충영 속에서 월동한다.
③ 1년에 2회 발생하며 지피물 속에서 성충으로 월동한다.
④ 1년에 1회 발생하며 유충으로 땅 속 또는 충영 속에서 월동한다.

해설
솔잎혹파리는 1년에 1회 발생하고 유충형태로 지피물 아래 혹은 땅속에서 월동한다.

38 불리한 환경에 따른 곤충의 활동정지와 휴면에 대한 설명으로 옳은 것은?

① 미국흰불나방은 의무적 휴면을 한다.
② 활동정지는 환경조건이 개선되면 곧 종료된다.
③ 1년에 한 세대만 발생하는 곤충은 기회적 휴면을 한다.
④ 일장(日長)은 휴면으로의 진입여부 결정에 중요한 요소는 아니다.

해설
정상적인 조건아래에서 곤충의 발육은 지속되나 환경조건이 불리해지면 발육 및 활동이 정지되지만 이러한 활동정지는 불리한 환경조건을 제거하면 생육이 곧 회복된다.

39 오염원으로부터 직접 배출되는 1차 대기오염 물질이 아닌 것은?

① 분진
② 오존
③ 황산화물
④ 질소산화물

해설
2차 대기오염 물질로 오존, PAN, 광화학 스모그 등이 대표적이다.

40 남서방향에서 고립되어 생육하고 있는 임목, 코르크층이 발달되지 않은 수종에서 많이 나타나는 기상 피해는?

① 한해
② 풍해
③ 설해
④ 피소

해설
피소는 볕데기라 하며 강한 태양광선에 나무의 줄기가 급격한 수분증발로 피해를 입게 되는데 코르크층 발달이 미흡한 오동나무, 호두나무 등에서 많이 발생한다.

정답 35. ② 36. ③ 37. ④ 38. ② 39. ② 40. ④

41 어느 임업 법인체의 임목벌채권 취득원가가 8000만원이고, 잔존가치는 3000만원이라고 한다. 총벌채 예정량은 10만m³ 이고 당기 벌채량은 4천m³ 이라고 하면 당기 총 감가상각비는?

① 1,000,000원   ② 2,000,000원
③ 3,000,000원   ④ 4,000,000원

해설
· m³ 감가상각비율
  $= \dfrac{취득원가 - 잔존가치}{총벌채예정량}$
  $= \dfrac{8000만원 - 3000만원}{10만 m^3} = 500만원/m^3$
· 감가상각비 = 당기 벌채량 × m³ 감가상각비율
  = 4000m³ × 500만원/m³
  = 2,000,000원

42 손익분기점에 대한 설명으로 옳지 않은 것은?

① 원가는 노동비와 재료비로 구분한다.
② 고정비는 생산량 증감에 관계없이 항상 일정하다.
③ 제품의 판매가격은 판매량과 관계없이 항상 일정하다.
④ 제품 한 단위당 변동비는 생산량에 관계없이 항상 일정하다.

해설
손익분기점의 가정에서 원가는 고정비와 변동비로 구분할 수 있다.

43 법정림의 법정상태 요건이 아닌 것은?

① 법정축적   ② 법정벌채량
③ 법정영급분배   ④ 법정임분배치

해설
법정림의 법정상태 요건으로 법정생장량, 법정축적, 법정임분배치, 법정영급분배이다.

44 임분이 성장하여 성숙기에 도달하는 산림경영 계획상의 연수는?

① 벌채령   ② 벌기령
③ 윤벌기   ④ 회귀령

해설
벌기령은 임목을 일정 성숙한 상태로 육성하는데 필요한 계획상의 연수 혹은 산림경영의 원칙하에 주벌 수확기에 이른 나무의 나이를 의미한다.

45 산림휴양림의 공간이용지역 관리에 관한 설명으로 옳지 않은 것은?

① 기계적 솎아베기 금지
② 덩굴제거는 필요한 경우 인력으로 제거
③ 작업시기는 방문객이 적은 시기에 실시
④ 가급적 목재생산림의 우량대경재에 준하여 관리

해설
보기 ①, ②, ③은 공간이용지역 관리에 대한 내용이며 보기 ④는 자유유지지역 관리에 대한 내용이다.

46 수확조정 방법 중 조사법에 대한 설명으로 옳지 않은 것은?

① 주로 개벌작업에 적용하고 있다.
② 직접 연년생장량을 측정하여 수확예정량을 결정한다.
③ 경영자의 경험에 의하기 때문에 고도의 기술적 숙련을 필요로 하는 문제점이 있다.
④ 자연법칙을 존중하면서 임업의 경제성을 높이고 다량의 목재생산을 지속하려는 방법이다.

해설
수확조정 방법에서 조사법은 주로 택벌림에서 실행된다.

정답 41. ② 42. ① 43. ② 44. ② 45. ④ 46. ①

47 임지기망가를 적용하는데 있어 이론과 현실이 달라 발생하는 문제점으로 옳지 않은 것은?

① 플러스(+) 값만 발생되어 현실과 맞지 않는다.
② 수익과 비용인자는 평가시점에 따라 수시로 변동한다.
③ 동일한 작업을 영구히 계속하는 것은 비현실적이다.
④ 임업이율을 정하는 객관적인 근거가 없어 평정이 자의적으로 되기 쉽다.

해설
임지기망가 적용상 마이너스 값이 발생할 수도 있어 실제와 맞지 않는다.

48 해마다 연말에 간벌수입으로 100만원씩 수입이 있는 임분을 가지고 있을 때 이 임분의 자본가는?(단, 이율은 4%)

① 9,615,385 원 ② 1,040,000 원
③ 2,500,000 원 ④ 25,000,000 원

해설
$K = \dfrac{r}{P} = \dfrac{1000000}{0.04} = 25,000,000$

49 임업소득에 대한 설명으로 옳지 않은 것은?

① 임업소득은 조림지 면적이 커짐에 따라 증대된다.
② 임업조수익 중에서 임업소득이 차지하는 비율은 임업의존도라 한다.
③ 임업소득 가계충족율은 임가의 소비경제가 임업에 의하여 지탱되는 정도를 나타낸다.
④ 임업순수익은 임업경영이 순수익의 최대를 목표로 하는 자본가적 경영이 이루어졌을 때 얻을 수 있는 수익이다.

해설
임업의존도는 임가소득 중에서 임업소득이 차지하는 비율을 말한다.

50 산림에서 간벌할 임목을 대묘로 굴취하여 도시의 환경 미화목으로 사용함으로써 중간수입을 얻는 임업경영의 형태는?

① 농지임업   ② 혼목임업
③ 수예적임업 ④ 비임지임업

해설
수예적 임업은 산림에서 간벌할 임목을 환경미화목으로 이용하거나 관광수를 생산하여 수입을 올리는 형태의 임업이다.

정답 47. ① 48. ④ 49. ② 50. ③

51 윤척 사용법에 대한 설명으로 옳지 않은 것은?

① 수간 축에 직각으로 측정한다.
② 흉고부(지상 1.2m)를 측정한다.
③ 경사진 곳에서는 임목보다 낮은 곳에서 측정한다.
④ 흉고부에 가지가 있으면 가지 위나 아래를 측정한다.

해설
경사진 곳에서는 임목보다 높은 곳에서 측정한다.
※ 윤척 사용시 주의사항
- 경사진 곳에서 근원부를 중심으로 경사 위쪽에서 측정한다.
- 흉고직경부분에 정상적인 측정이 어려울 경우 동일간격을 이격하여 위, 아래를 측정후 평균을 낸다.
- 수간과 윤척은 측정시 직각을 이루도록 한다.

52 경영계획구 내에서 수종, 작업종, 벌기령이 유사하여 공통적으로 시업을 조절할 수 있는 임분의 집단은?

① 임반   ② 작업급
③ 시업단 ④ 벌채열구

해설
작업급은 수종, 작업종, 벌기령이 유사한 임분의 집단을 말한다.

53 임지기망가의 기본 공식으로 옳은 것은? (단, R=수익에 대한 전가, C=비용에 대한 전가, n=벌기연수, p=이율)

① $\dfrac{R-C}{0.0p}$ ② $\dfrac{R-C}{1.0p^n}$
③ $\dfrac{R-C}{1.0p^n-1}$ ④ $\dfrac{R-C}{0.0p(1.0p^n-1)}$

해설
임지기망가는 임지에 일정한 시업을 영구적으로 실시한다는 가정으로 토지에 기대되는 순수익의 현재 합계액을 계산한 것이다.

54 잣나무 30년생의 ha 당 재적이 120m³ 였던 것이 35년생 때 160m³가 되었다. 이 때 (160-120)÷5=8m³의 계산식으로 구하는 성장량은?

① 연년성장량   ② 정기성장량
③ 총평균성장량 ④ 정기평균성장량

해설
보통 1년간 자란 생장량을 측정하기 곤란한 경우 일정기간동안의 생장량을 측정하여 그 기간을 나누어 1년간의 생장량으로 할 때를 정기평균생장량이라 한다.

55 임업이율 중 일반 물가등귀율을 내포하고 있는 것은?

① 자본 이자   ② 평정 이율
③ 장기적 이율 ④ 명목적 이율

해설
물가등귀율을 내포하는 있는 이율은 명목적 이율로 명목이율과 물가등귀율을 통해 실질이율을 도출할 수 있다.

56 임가소득에 대한 설명으로 옳지 않은 것은?

① 농업소득도 임가소득에 포함된다.
② 임업외 소득도 임가소득에 포함된다.
③ 겸업 또는 부업으로 인한 소득은 임가소득에서 제외된다.
④ 임가소득지표로 생산자원의 소유형태가 서로 다른 임가 사이의 임업경영성과를 직접 비교할 수 없다.

해설
임가소득은 산림의소득과 농업의 소득, 농업 이외의 소득의 합으로서 임가 전체 소득수준과 성과를 파악하는 지표 중 하나이다. 겸업 및 부업 등도 농업이외의 소득으로 임가소득에 포함된다.

정답 51. ③ 52. ② 53. ③ 54. ④ 55. ④ 56. ③

57 자연휴양림의 수림 공간 형성 특성 중 레크레이션 활동 공간으로써 자유도가 가장 높은 구역은?

① 산개림형 ② 열개림형
③ 소생림형 ④ 밀생림형

해설
- 밀생림형이 레크레이션의 활동 공간으로는 부적합하나 교육적 활동은 가능한 수림형이다.
- 레크레이션 이용 밀도로 산개림이 가장 높고 다음으로 소생림, 밀생림 순서이다.

58 잣나무의 흉고직경이 36cm, 수고가 25m 일 때 덴진(Denzin)식에 의한 재적(m^3)은?

① 0.025 ② 0.036
③ 1.296 ④ 2.592

해설
$$V = \frac{흉고직경^2}{1000} = \frac{36^2}{1000} = 1.296$$

59 형수(form factor)에 대한 설명으로 옳지 않은 것은?

① 정형수는 흉고직경을 기준으로 한다.
② 절대형수는 수간 최하부의 직경을 기준으로 한다.
③ 지하고가 높고 수관량이 적은 나무일수록 흉고형수가 크다.
④ 일반적으로 지위가 양호할수록 흉고형수는 작은 경향이 있다.

해설
정형수는 수고의 1/n 위치를 기준으로 한다.

60 전체 산림 면적을 윤벌기 연수와 같은 수의 벌구로 나누어 한 윤벌기를 거치는 동안 매년 한 벌구씩 벌채 수확할 수 있도록 조정하는 방법은?

① 평분법 ② 재적배분법
③ 법정축적법 ④ 구획윤벌법

해설
구획윤벌법은 전산림 면적을 윤벌기 연수와 같은 벌구로 나누어 매년 한 벌구씩 벌채하는 방법이다.

61 쇄석의 틈 사이에 석분을 물로 침투시켜 롤러로 다져진 도로는?

① 수체 머캐덤도
② 역청 머캐덤도
③ 교통체 머캐덤도
④ 시멘트 머캐덤도

해설
수체 머캐덤도는 쇄석의 틈 사이에 석분을 물로 투입하여 롤러로 다져진 도로이다.

62 산악지대의 임도노선 선정 형태로 옳지 않은 것은?

① 사면임도 ② 작업임도
③ 능선임도 ④ 계곡임도

해설
산악 임도망으로 계곡, 사면, 능선, 산정부, 계곡분지 등이 있다.

정답 57. ① 58. ③ 59. ① 60. ④ 61. ① 62. ②

63. 교각법에 의한 임도곡선 설치 시 교각은 60°, 곡선반지름이 20m 일 때 안전을 위한 적정 곡선길이는?

① 약 18m   ② 약 21m
③ 약 28m   ④ 약 31m

해설

$$\frac{2 \times 3.14 \times 20 \times 60}{360} ≒ 20.933 ≒ 20.93m$$

→ 약 21m

※ 곡선반지름

$$CL = \frac{2\pi \times R \times \theta}{360}$$

$$= \frac{2\pi \times 곡선반지름 \times 교각}{360}$$

64. 임도 설계 시 구분되는 암(岩)의 종류로 옳지 않은 것은?

① 경암   ② 연암
③ 준경암 ④ 최강암

해설

임도 설계 시 구분되는 암의 종류로 연암, 보통암, 경암 등이 있다.

65. 측점 A에서 다각측량을 시작하여 다시 측점 A에 폐합시켰다. 위거의 오차가 10cm, 경거의 오차가 15cm이었다. 이 때의 폐합비는 얼마인가?(단, 측선의 전체거리는 1800m)

① 약 $\frac{1}{10,000}$ ② 약 $\frac{1}{15,000}$
③ 약 $\frac{1}{20,000}$ ④ 약 $\frac{1}{25,000}$

해설

폐합비

$$= \frac{\sqrt{위거오차^2 + 경거오차^2}}{측선 전체 길이}$$

$$≒ \frac{18}{180000} = \frac{1}{10000}$$

66. 임도 설계 시 각 측점의 단면마다 절토고, 성토고 및 지장목 제거, 측구터파기 단면적 등의 물량을 기입하는 설계도는?

① 평면도   ② 종단면도
③ 횡단면도   ④ 구조물도

해설

횡단면도는 각 측점의 단면마다 지반고, 계획고, 절취고, 성토고, 절토단면적, 성토단면적, 지장목제거, 사면보호공 등의 물량을 기입한다.

67. 임도 노면의 땅고르기 작업을 위해 가장 적합한 기계는?

① 탬퍼   ② 트랙터
③ 하베스터   ④ 모터그레이더

해설

모터그레이더는 정지 작업인 노면 깎기, 노면 다지기 등의 땅고르기 작업에 적합한 장비이다.

68. 아스팔트 포장과 비교하였을 때 시멘트 콘크리트 포장의 장점으로 옳은 것은?

① 평탄성이 좋다.
② 내마모성이 크다.
③ 시공속도가 빠르다.
④ 간단 공법으로 유지수선이 가능하다.

해설

아스팔트 포장과 비교한 시멘트 콘크리트 포장은 골재와 시멘트를 섞어 시공하기에 강도나 내마모성이 좋고 포장이 오래 간다. 대신 공법이 상대적으로 복잡하고 유지 수선이 어렵다.

정답 63. ② 64. ④ 65. ① 66. ③ 67. ④ 68. ②

69 임도의 종단면도에 대한 설명으로 옳지 않은 것은?

① 축척은 횡 1/1000, 종 1/200로 작성한다.
② 종단면도는 전후도면이 접합되도록 한다.
③ 종단기울기의 변화점에는 종단곡선을 삽입한다.
④ 종단기입의 순서는 좌측하단에서 상단방향으로 한다.

해설
기입순서가 좌측하단에서 상단으로 하는 것은 횡단면도의 내용이다.

70 트래버스측량에서 측선 AB의 위거(L_{AB})를 계산하기 위한 식은? (단, NS는 자오선, EW는 위선, θ는 방위각)

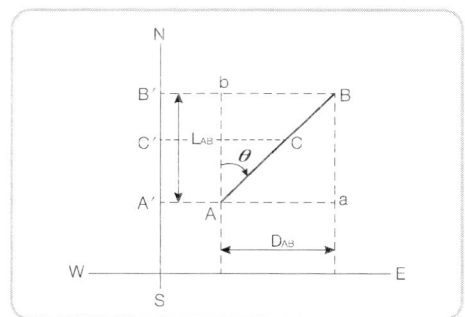

① $AB\sin\theta$
② $AB\sec\theta$
③ $AB\cos\theta$
④ $AB\cot\theta$

해설
위거 = 측선거리×cosθ = ABcosθ

71 임도의 중심선에 따라 20m 간격으로 종단측량을 행한 결과 다음과 같은 성과표를 얻었다. 측점 1의 계획고를 40.93m 로 하고 2% 상향 기울기로 설치하면 측점 4의 절토고는?

측점	1	2	3	4
지반고(m)	39.73	41.23	42.88	45.53

① 0.35m
② 0.75m
③ 3.00m
④ 3.40m

해설
• 상향기울기 2% 에 측점거리(측점 1~측점 4) 60m 이므로 60×0.02=1.2m
• 측점 1 계획고 : 40.93m
• 측점 4 계획고 : 40.93m + 1.2m = 42.13m
• 따라서 지반고가 계획고보다 클 경우 그 차를 절토고에 기재한다.
• 현재 측점 4의 지반고는 45.53m, 계획고는 42.13m 이므로 지반고가 더 높은 상황이다.
• 지반고 - 계획고 = 45.53m - 42.13m = 3.4m

72 임도망 계획 시 고려할 사항이 아닌 것은?

① 운반비가 적게 들도록 한다.
② 목재의 손실이 적도록 한다.
③ 신속한 운반이 되도록 한다.
④ 운재방법이 다양화되도록 한다.

해설
운재방법은 단일화할수록 효율적이다.

정답 69. ④ 70. ③ 71. ④ 72. ④

73 벌목 작업 전에 준비 사항으로 옳지 않은 것은?

① 벌도목 수간의 가슴높이까지 가지를 먼저 자른다.
② 벌도목 주위의 큰 돌들을 치우고 대피로의 방해물을 제거한다.
③ 벌도목 주위에 서 있는 고사목은 벌목 작업 후에 제거해야 한다.
④ 톱질할 부근에 융기부나 팽대부가 있는 나무는 이것을 절단 제거 한다.

해설
벌도목 주위에 서 있는 고사목은 벌목 작업 시 제거해야 한다.

74 임도 실시설계를 위한 현지측량에 대한 설명으로 옳지 않은 것은?

① 주로 산악지에서 중심선측량, 평탄지와 완경사지에는 영선측량법을 적용하고 있다.
② 중심선측량은 측점 간격을 20m로 하여 중심 말뚝을 설치하되, 필요한 각 점에는 보조말뚝을 설치한다.
③ 횡단측량은 중심선의 각 측점·지형이 급변하는 지점, 구조물설치 지점의 중심선에서 양방향으로 실시한다.
④ 종단측량은 노선의 중심선을 따라 측량하되, 주요 구조물 주변 및 연장 1km 마다 임시기표를 표시하고 평면도에 표시한다.

해설
영선측량은 주로 경사가 있는 산악지에서 주로 이용되며 중심선 측량은 평탄지와 완경사지에서 주로 이용된다.

75 임도에 설치하는 배수구의 통수단면 계산에 필요한 확률 강우량 빈도의 기준 년수는?

① 50년 ② 70년
③ 100년 ④ 120년

해설
통수단면은 100년 빈도 확률 강우량에 홍수도달시간을 이용하여 최대홍수유출량의 1.2배 이상으로 설계한다.

76 도면에서 기울기를 표현하는 방법으로 옳지 않은 것은?

① 1/n : 수평거리 1에 대하여 높이 n로 나눈 것
② n% : 수평거리 100에 대한 n의 고저차를 갖는 백분율
③ n‰ : 수평거리 1000에 대한 n의 고저차를 갖는 천분율
④ 각도 : 수평은 0°, 수직은 90°로 하여 그 사이를 90등분한 것

해설
도면의 기울기는 높이 1에 대하여 수평거리 n으로 나눈 것이다.

77 모르타르뿜어붙이기공법에서 건조·수축으로 인한 균열을 방지하는 방법이 아닌 것은?

① 응결완화제를 사용한다.
② 뿜는 두께를 증가시킨다.
③ 물과 시멘트의 비를 작게 한다.
④ 사용하는 시멘트의 양을 적게 한다.

해설
응결완화제 사용시 모르타르의 응결 지연되어 강도가 저하되고 건조 및 수축의 균열의 정도가 증가할 수 있다. 건조 및 수축을 방지하기 위해서는 응결 촉진제를 사용해야 한다.

정답 73. ③ 74. ① 75. ③ 76. ① 77. ①

78 임도에서 대피소 설치의 주요 목적은?

① 운전자가 쉬었다 가기 위함
② 차량이 서로 비켜가기 위함
③ 산사태 발생 시 대피하기 위함
④ 차량이 짐을 싣고 내리기 위함

> **해설**
> 임도는 기본적으로 단차선이라 교행시 차량이 통행에 지장이 없도록 일정 간격으로 노폭을 넓혀 설치하는 시설을 대피소라 한다.

79 임도의 횡단기울기에 대한 설명으로 옳지 않은 것은?

① 노면배수를 위해 적용한다.
② 차량의 원심력을 크게 하기 위해 적용한다.
③ 포장이 된 노면에서는 1.5% ~ 2%를 기준으로 한다.
④ 포장이 안 된 노면에서는 3 ~ 5%를 기준으로 한다.

> **해설**
> 횡단기울기는 주로 빗물 배수를 목적으로 필요한 기울기이다.

80 임도에 설치하는 교량 및 암거에 대한 설명으로 다음 ( )안에 알맞은 것은?

> 교량 및 암거의 활하중은 사하중에 실리는 차량·보행자 등에 따른 교통하중을 말하며, 그 무게산정은 사하중 위에서 실제로 움직여지고 있는 ( ) 하중 이상의 무게에 따른다.

① DB-10   ② DB-12
③ DB-18   ④ DB-20

> **해설**
> 표준트럭하중을 DB 라 하며 활하중의 무게 산정시 사하중 위에서 실제로 움직이는 DB-18(32.45톤) 이상의 무게를 기준으로 한다.

81 사방댐을 설치하는 주요 목적으로 옳지 않은 것은?

① 산각의 고정
② 종횡침식의 방지
③ 계상기울기의 완화
④ 지표수의 신속배제

> **해설**
> ※ 사방댐의 기능
> · 계상물매를 완화하고 종침식을 방지한다.
> · 산각을 고정하고 붕괴를 방지한다.
> · 계상에 퇴적한 불안정 토사의 유동을 막고 양안의 산각을 고정한다.
> · 산불 발생시 진화용수나 야생동물의 음용수로 이용된다.

82 조도계수는 0.05, 통수단면적이 $3m^2$, 윤변이 1.5m, 수로 기울기가 2%일 때 Manning의 평균유속공식에 의한 유량은?

① $0.45m^3/s$ ② $4.49m^3/s$
③ $13.47m^3/s$ ④ $17.58m^3/s$

> **해설**
> · 경심 = 통수단면적 ÷ 경심
>   = 3 / 1.5 = 2
> · 평균유속 $= \frac{1}{n} \times 경심^{\frac{2}{3}} \times 기울기^{\frac{1}{2}}$
> $= \frac{1}{0.05} \times (2)^{\frac{2}{3}} \times 0.02^{\frac{1}{2}}$
> $= 20 \times 1.58 \times 0.1414$
> $\fallingdotseq 4.46$
> · 유량 = 유속 × 유적
> $= 4.46 \times 3 = 13.4$
> ※ Manning 공식
> $$V = \frac{1}{n} \times R^{\frac{2}{3}} \times I^{\frac{1}{2}}$$
> V : 평균 유속, R : 경심,
> I : 수로 기울기, n : 조도계수

정답 78. ② 79. ② 80. ③ 81. ④ 82. ③

83 최대홍수량을 산정하는 합리식으로 옳은 것은?

① 유속 × 강우강도 × 유역면적
② 유출계수 × 유속 × 강우강도
③ 유출계수 × 유속 × 유역면적
④ 유출계수 × 강우강도 × 유역면적

[해설]
합리식은 유출계수, 강우량도, 유역면적을 이용하여 구한다.

84 빗물에 의한 침식의 발달과정에서 가장 초기 상태의 침식은?

① 구곡침식   ② 우격침식
③ 누구침식   ④ 면상침식

[해설]
빗물에 의한 침식은 우격침식, 면상침식, 누구침식, 구곡침식 순으로 단계적으로 발생된다.

85 녹화용 외래초본식물이 아닌 것은?

① 오리새   ② 까치수영
③ 우산잔디   ④ 능수귀염풀

[해설]
오리새, 우산잔디, 능수귀염풀은 외래초본식물이다.

86 해안사방 조림용 수종의 구비 조건으로 옳지 않은 것은?

① 바람에 대한 저항력이 클 것
② 울폐력이 작아 수관밀도가 낮을 것
③ 양분과 수분에 대한 요구가 적을 것
④ 온도의 급격한 변화에도 잘 견디어 낼 것

[해설]
해안사방 조림용은 울폐력이 커야 한다.
※ 해안사지 조림 수종 구비 조건
・양분과 수분 요구도가 적을 것
・온도의 급격한 변화에 잘 견딜 것
・비사, 한해, 조해 등의 피해에 잘 견딜 것
・울폐력이 좋고 낙엽, 낙지 등으로 지력을 증진시킬 수 있을 것

87 침식이 심하고 경사가 급하며 상수(常水)가 있는 산비탈에 적합한 수로는?

① 흙수로   ② 돌붙임수로
③ 메쌓기수로 ④ 떼붙임수로

[해설]
돌붙임 수로는 집수구역이 넓고 경사가 급하며 유량이 많은 산비탈지역에 시공한다.

88 선떼붙이기 6급으로 1m를 시공하는데 필요한 떼 사용 매수는?(단, 떼는 40cm × 25cm, 흙 두께는 5cm)

① 5.00매   ② 6.25매
③ 7.50매   ④ 8.75매

[해설]
1등급 차이는 1.25매이다.
※ 선떼붙이기

1급	12.5 매
2급	11.25 매
3급	10 매
4급	8.75 매
5급	7.5 매
6급	6.25매

89 돌쌓기벽 그림에서 A의 명칭은?

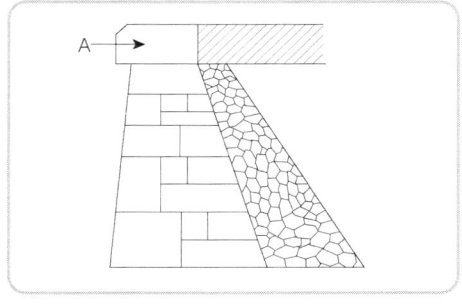

① 갓돌   ② 귀돌
③ 모서리돌   ④ 뒷채움돌

[해설]
갓돌은 돌쌓기 벽에서 가장 위에 있는 돌이다.

정답 83. ④ 84. ② 85. ② 86. ② 87. ② 88. ② 89. ①

90 산비탈기초 사방공사가 아닌 것은?
① 배수로   ② 흙막이
③ 떼단쌓기   ④ 비탈다듬기

해설
산비탈기초 사방공사에는 비탈다듬기, 골막이, 배수로, 흙막이 등이 포함되나 떼단쌓기는 녹화공사로 분류된다.

91 앵커박기공법에 대한 설명으로 옳지 않은 것은?
① 땅밀림의 기반암 속에 앵커체를 매입설치한다.
② 앵커 몸체를 지상에서 작성하여 기반에 매입하는 방식이 있다
③ 자연비탈의 안정을 위해 일반적으로 그라우트식 앵커는 잘 사용되지 않는다.
④ 기반 내에 보링을 하고 시멘트 모르타르를 주입하여 앵커 몸체를 형성하는 그라우트 방식이 있다.

해설
자연비탈의 안정을 위해 앵커박기공법에서 그라우트식 앵커를 많이 사용한다.

92 새집공법에 적용하는 수종으로 가장 부적합한 것은?
① 회양목   ② 개나리
③ 버드나무   ④ 눈향나무

해설
암석산지의 경우 관목류가 적합하며 개나리, 회양목, 노간주나무, 눈향나무 등이 이용된다. 버드나무의 경우 주로 습지나 물가에서 자생하며 암석산지에서는 식생이 어렵다.

93 산사태 및 산붕에 대한 설명으로 옳지 않은 것은?
① 강우강도에 영향을 받는다.
② 주로 사질토에서 많이 발생한다.
③ 징후의 발생이 많고 서서히 활동한다.
④ 20°이상의 급경사지에서 많이 발생한다.

해설
발생전 징후가 많고 천천히 활락하는 것은 땅밀림에 대한 특징이다. 산사태 및 산붕은 징후 발생이 적고 돌발적으로 활동한다.

94 황폐 계류 유역을 구분하는데 포함되지 않는 것은?
① 토사생산구역   ② 토사퇴적구역
③ 토사유과구역   ④ 토사준설구역

해설
황폐계류의 상류부를 토사생산구역, 생산된 토사가 이동하는 토사유과구역, 하류에 토사가 퇴적되는 토사퇴적구역으로 구분된다.

95 시멘트가 공기 중의 수분을 흡수하여 수화작용을 일으키고, 그 결과 생긴 수산화칼슘이 이산화탄소와 결합하여 탄산칼슘을 만드는 과정은?
① 풍화   ② 경화
③ 양생   ④ 소성

해설
일반적 풍화작용은 암석이 물리적, 화학적 작용에 의해 부서지는 현상을 의미한다. 시멘트의 경우 공기 중의 수분과 수화작용 등의 화학적 작용으로 그 결과 탄산칼슘을 만들게 되는데 이로 인해 강도가 약해지는 현상을 보이기도 한다.

정답   90. ③   91. ③   92. ③   93. ③   94. ④   95. ①

96 사방사업법에 의한 사방사업의 구분에 해당되지 않는 것은?

① 산지사방사업 ② 해안사방사업
③ 야계사방사업 ④ 생활권사방사업

해설
사방사업법에 의한 사방사업은 대상지역에 따라 구분되는데 산지의 경우 산지사방사업, 해안의 경우 해안사방사업, 산지와 접속하는 시내, 하천 등의 경우 야계사방사업으로 구분한다.

97 황폐지를 진행상태 및 정도에 따라 구분할 때 초기 황폐지 단계에 대한 설명으로 옳은 것은?

① 외관상으로 황폐지로 보이지 않지만 임지 내에서 이미 침식상태가 진행 중인 임지
② 지표면의 침식이 현저하여 방치하면 가까운 장래에 민둥산이 될 가능성이 높은 임지
③ 산지 비탈면이 여러 해 동안의 표면침식과 토양유실로 토양의 비옥도가 떨어진 임지
④ 산지의 임상이나 산지의 표면침식으로 외견상 분명히 황폐지라 인식할 수 있는 상태의 임지

해설
초기 황폐지는 황폐지임을 인지할 수 있는 지역을 의미한다.

98 다음 그림은 인공개수로의 단면도이다. P에 해당하는 용어는?

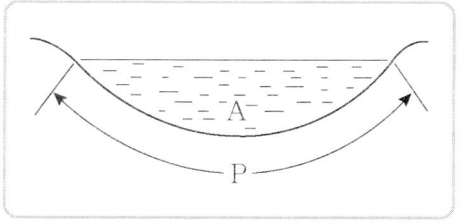

① 윤변   ② 경심
③ 유적   ④ 동수반지름

해설
물과 접촉하는 수로 주변의 길이는 윤변이라 한다.

99 중력식 사방댐의 안정에 대한 설명으로 옳지 않은 것은?

① 합력의 작용선이 제저 중앙의 1/3 범위 밖에 있어야 전도되지 않는다.
② 제체에 발생하는 인장응력이 허용인장강도를 초과하면 안 된다.
③ 제저에 발생하는 최대압축응력은 지반의 허용압축강도 보다 작아야 한다.
④ 수평분력의 총합과 수직분력의 총합의 비가 제저와 기초지반 사이의 마찰계수 보다 작으면 활동되지 않는다.

해설
사방댐의 안정조건으로 합력작용선이 댐의 밑바닥인 제저의 중앙 1/3 이내를 통과해야 한다.

정답 96. ④ 97. ④ 98. ① 99. ①

100 선떼붙이기에서 발디딤을 설치하는 주요 목적으로 옳지 않은 것은?

① 작업용 흙을 쌓아 둠
② 공작물의 파괴를 방지함
③ 바닥떼의 활착을 조장함
④ 밟고 서서 작업하도록 함

> **해설**
> 발디딤은 안쪽에 수평으로 배치하는 떼로 작업자의 발디딤과 바닥과의 활착을 조장하고 이를 통해 공작물의 파괴를 방지하는 역할을 한다.

정답 100. ①

2018년 제2회 산림기사

01 인공조림과 비교한 천연갱신에 대한 설명으로 옳은 것은?

① 순림의 조성이 쉽다.
② 동령림이 조성이 잘 된다.
③ 초기 노동인력이 많이 필요하다.
④ 생태적으로 보다 안정된 임분을 조성할 수 있다.

해설
천연갱신은 인공조림에 비해 환경에 대한 적응력이 강해 생태적으로 안정된 임분이 조성된다.

02 자엽 내에 저장물질을 가지고 있거나 배유가 전혀 없는 무배유종자에 해당하는 것은?

① 소나무   ② 전나무
③ 물푸레나무   ④ 아까시나무

해설
유배유종자로는 소나무, 잣나무, 전나무, 물푸레나무 등이 있으며 무배유종자로는 밤나무, 호두나무, 참나무, 자작나무, 칠엽수, 아까시나무 등이 있다.

03 종자의 저장 수명이 가장 긴 수종은?

① *Salix koreensis*
② *Quercus variabilis*
③ *Robinia pseudoacacia*
④ *Cryptomeria japonica*

해설
① 버드나무 ② 굴참나무 ③ 아까시나무 ④ 삼나무
종피에 지방질이 있는 종자의 수명이 긴 편이며 아까시나무가 이러한 특징을 보인다. 건조 보관하면 최대 10년 이상 종자의 활력을 유지할 수 있다.

04 삽목상의 환경조건에 대한 설명으로 옳지 않은 것은?

① 통기성이 좋아야 한다.
② 해가림을 하여 건조를 막는다.
③ 온도는 10~15℃가 가장 적합하다.
④ 삽수에 적절한 수분을 공급하여야 한다.

해설
삽목상 30℃ 이상의 고온이 유지되거나 15℃ 이하로 내려가면 발근율이 감소하거나 발근이 지연될 수 있다.

05 수목 체내에서 이동이 어렵고 결핍증상이 어린잎에서 먼저 나타나는 무기원소는?

① 칼슘   ② 질소
③ 인산   ④ 칼륨

해설
칼슘은 잎에 함유량이 많으며 이동이 잘 안되는 편이며 결핍시 분열조직의 생장이 감소하는 피해를 준다.

※ **무기영양소 이동성**

이동 용이한 원소	N, P, K, Mg
이동 어려운 원소	Ca, Fe, B
이동 중간 원소	S, Zn, Mn, Cu

정답 01. ④ 02. ④ 03. ③ 04. ③ 05. ①

06 간벌의 효과가 아닌 것은?

① 목재의 형질 향상
② 임목의 초살도 감소
③ 산불의 위험성 감소
④ 벌기수확이 양적 및 질적으로 증가

해설

간벌시 초살도는 증가한다.

※ **간벌 효과**
- 직경생장을 촉진한다.
- 목재의 형질 향상
- 임목의 저항력 증가
- 우량임분을 남겨 유전적 형질 향상
- 산불 위험성 감소
- 조기 간벌수확을 얻음
- 입지 조건의 개량

07 수목 내에서 물의 주요 기능이 아닌 것은?

① 원형질의 구성성분이다.
② 세포의 팽압을 유지한다.
③ 엽록소를 구성하고 동화작용을 한다.
④ 여러 대사물질을 다른 곳으로 운반시키는 운반체이다.

해설

※ **수목에서의 물의 주요 기능**
- 원형질의 구성성분은 세포 생중량의 80~90% 이다.
- 원형질의 온도를 유지한다.
- 광합성 작용인자이다.
- 기체와 무기염의 용매이다.
- 대사물질의 운반역할을 한다.
- 세포의 팽압을 유지 한다.

08 식재 조림을 위한 묘목의 선정과 관리에 대한 설명으로 옳지 않은 것은?

① 악취가 나는 묘목은 조림 대상에서 제외한다.
② 묘목은 약간 건조한 상태에서 저장하여야 한다.
③ 묘목의 뿌리나 줄기를 손톱이나 칼로 약간 벗겨보면 습기가 있고 백색으로 윤기가 돌아야 한다.
④ 묘목의 동아가 자라지 않고 단단하여야 하며 흰색의 세근이 4~5mm 이상 자라지 않는 상태여야 한다.

해설

묘목의 경우 햇빛이나 바람에 노출되어 건조되지 않도록 주의해야 한다.

09 풀베기 작업을 시행하기에 가장 적절한 시기는?

① 3월 상순 ~ 5월 하순
② 4월 하순 ~ 6월 하순
③ 6월 상순 ~ 8월 상순
④ 8월 하순 ~ 10월 상순

해설

풀베기 시기는 보통 6월 ~ 8월에 실시하며 9월 이후는 실시하지 않는다.

정답 06. ② 07. ③ 08. ② 09. ③

10 토양산도와 수목의 상호관계에 대한 설명으로 옳은 것은?

① 일본잎갈나무는 알칼리성 토양에서 가장 잘 자란다.
② 철은 산성 토양에서 결핍현상이 자주 발생한다.
③ 참나무류, 단풍나무류, 피나무류 등은 pH 5.5~6.5에서 양호한 생장을 보인다.
④ 묘포의 토양산도가 pH 4.5 이하의 강산성을 보일 경우에는 모잘록병이 자주 발생한다.

해설
※ 토양 pH에 따른 적정 수종
· PH 4.0~4.7 : 소나무, 리기다, 낙엽송
· PH 4.8~5.5 : 잣나무, 참나무, 가문비나무
· PH 5.6~6.5 : 참나무, 단풍나무, 피나무
· PH 6.6~7.3 : 호두나무, 양버즘나무, 측백나무
· PH 7.4~8.0 : 오리나무, 네군도단풍, 물푸레나무, 측백나무
· PH 8.0 이상 : 포플러

11 우리나라 난대림에 대한 설명으로 옳지 않은 것은?

① 제주도는 난대림만 존재한다.
② 특징 임상은 상록활엽수림이다.
③ 연평균 기온이 14℃ 이상의 지역이다.
④ 우리나라 산림대 중에 가장 적은 면적을 차지한다.

해설
제주도 지역의 경우 난대림에 속하나 고도에 따른 수직적 산림대가 형성되어 난대림, 온대림, 한대림이 존재한다. 대표적인 예로 한라산의 경우 해발고도에 따라 1500m 이상에서 한대림이 형성된다.

12 잎이 5개씩 모여서 나는 것은?

① *Pinus rigida*
② *Pinus parviflora*
③ *Pinus bungeana*
④ *Pinus thunbergii*

해설
① 리기다소나무 ② 섬잣나무 ③ 백송 ④ 곰솔
섬잣나무는 오엽송이라 하여 잎이 5개씩 모여서 난다.

13 동일 임분에서 대경목을 지속적으로 생산할 수 있는 작업종은?

① 택벌작업   ② 개벌작업
③ 산벌작업   ④ 제벌작업

해설
택벌작업은 회귀년을 통해 보속적 수확이 가능한 작업방법이다.

14 묘목의 가식에 대한 설명으로 옳지 않은 것은?

① 산지 가식은 조림지 근처에 한다.
② 가식지 주변에 배수로를 만들어 준다.
③ 일반적으로 45° 정도 경사지게 가식한다.
④ 비가 오거나 또는 비가 온 후에는 수분이 충분하므로 즉시 가식한다.

해설
비가 온 후에는 바로 가식하는 것은 피한다.
※ 가식
· 묘목의 끝 방향은 봄에는 북쪽, 가을에는 남쪽을 향하게 한다.
· 45도 경사지게, 지제부가 10cm 이상 묻히게 가식한다.
· 가식지 주변 배수로 설치한다.
· 단기간 가식시 다발째로 두고 장기간 가식시 다발을 풀어서 둔다.

정답 10. ③ 11. ① 12. ② 13. ① 14. ④

15 테트라졸륨 용액을 이용한 종자 활력검사에 대한 설명으로 옳지 않은 것은?

① 휴면종자에도 잘 나타난다.
② 테트라졸륨 용액은 어두운 곳에 보관한다.
③ 침엽수의 종자는 배와 배유가 함께 염색되도록 한다.
④ 활력이 없는 종자의 조직을 접촉시키면 붉은색으로 변한다.

해설
테트라졸륨은 종자의 활력 검사시 건전한 배의 경우 적색 혹은 분홍색을 띤다.

16 열대우림에 대한 설명으로 옳지 않은 것은?

① 동식물의 종다양성이 높다.
② 낙엽의 분해가 빨라서 1차 생산성이 낮다.
③ 연중 비가 내리는 열대우림에는 상록활엽수가 우점한다.
④ 토양은 화학적 풍화가 빠르고 수용성 물질의 용탈이 심하다.

해설
낙엽의 분해가 빠르면 물질 및 양분의 순환이 빨라 1차 생산성이 높다.

17 맹아갱신을 적용하는 작업종이 아닌 것은?

① 모수작업　② 왜림작업
③ 중림작업　④ 두목작업

해설
맹아갱신을 적용하는 작업종에는 왜림작업, 중림작업, 두목작업 및 활엽수의 개벌갱신에서 적용된다.

18 옥신의 효과로 옳지 않은 것은?

① 종자 휴면 유도
② 정아 우세 현상
③ 뿌리의 생장 촉진
④ 고농도에서 제초제의 역할

해설
옥신은 주로 발근 및 개화를 촉진한다.

19 겉씨식물의 특성으로 옳은 것은?

① 중복수정을 한다.
② 헛물관 세포가 있다.
③ 대부분 잎은 그물맥이다
④ 밑씨가 씨방 속에 들어 있다.

해설
겉씨식물은 나란히맥이며 헛물관이 있으며 밑씨는 노출되어 있고 단수정을 한다.

20 어린나무 가꾸기 작업에 대한 설명으로 옳지 않은 것은?

① 임분 전체의 형질 향상이 목적이다.
② 목적하는 수종의 완전한 생장과 건전한 자람을 도모한다.
③ 조림목이 임관을 형성한 후부터 간벌 시기이전에 시행한다.
④ 하목의 수광량을 감소시켜 불필요한 수목 및 잡초의 생장을 지연시킨다.

해설
보육 대상목의 생장에 지장을 주는 유해수종, 덩굴류, 형질이 불량한 나무 등은 제거하여 하목의 수광량을 증가시킨다.

정답 15. ④　16. ②　17. ①　18. ①　19. ②　20. ④

21 다음 중 대기오염에 가장 강한 수종은?
① 소나무   ② 전나무
③ 은행나무   ④ 느티나무

해설
대기오염에 강한 수종으로 편백, 향나무, 은행나무, 자귀나무 등이 있다. 반대로 약한 수종으로 가문비나무, 소나무, 반송, 느티나무, 일본잎갈나무 등이 있다.

22 솔잎혹파리가 월동하는 형태는?
① 알   ② 유충
③ 성충   ④ 번데기

해설
솔잎혹파리는 지피물이나 땅속에서 유충형태로 월동한다.

23 파이토플라스마로 인한 수목병 방제에 가장 효과적인 것은?
① 알콜
② 페니실린
③ 스트렙토마이신
④ 테트라사이클린

해설
파이토플라스마에 의해 발생되는 대추나무 빗자루병, 오동나무 빗자루병은 테트라사이클린 약제를 수간주사 한다.

24 식엽성 해충이 아닌 것은?
① 대벌레   ② 미국흰불나방
③ 소나무순나방   ④ 참나무재주나방

해설
소나무순나방은 천공성 해충이다.

25 나무좀, 하늘소, 바구미 등은 쇠약목에 모이는 습성을 이용한 것으로 벌목한 통나무 등을 이용하여 해충을 방제하는 방법은?
① 식이 유살법
② 등화 유살법
③ 잠복장소 유살법
④ 번식장소 유살법

해설
천공성 해충은 나무를 직접 가해하는 습성을 이용하여 통나무와 같은 번식처에 유인하여 방제하는 유살법이 효율적이다.

26 볕데기 피해를 입기 쉬운 수종으로 가장 거리가 먼 것은?
① 굴참나무   ② 소태나무
③ 버즘나무   ④ 오동나무

해설
굴참나무, 상수리나무는 코르크층이 잘 발달해서 볕데기의 피해를 거의 받지 않는다.

27 수목의 그을음병에 대한 방제 방법으로 가장 거리가 먼 것은?
① 통풍과 채광을 높인다.
② 흡즙성 곤충을 방제한다.
③ 잎 표면을 깨끗이 닦아낸다.
④ 질소질 비료를 표준사용량보다 더 사용한다.

해설
그을음병에 질소질 비료를 표준사용량보다 더 사용할 경우 발병 확률이 높아진다.

정답 21. ③ 22. ② 23. ④ 24. ③ 25. ④ 26. ① 27. ④

28 소나무 또는 잣나무에 발생하는 잎떨림병을 방제하는 방법으로 옳지 않은 것은?

① 병든 낙엽을 모아 태운다.
② 풀베기와 가지치기를 실시하지 않는다.
③ 여러 종류의 활엽수를 하목으로 심는다.
④ 포자가 비산하는 7~9월에 약제를 살포한다.

해설
소나무 또는 잣나무의 잎떨림병은 수관 하부에서 발생이 심해 풀베기, 제초 및 가지치기를 실시한다.

29 밤나무혹벌의 천적으로 옳은 것은?

① 알좀벌
② 먹좀벌
③ 남색긴꼬리좀벌
④ 수중다리무늬벌

해설
천적으로 노란꼬리혹좀벌, 남색긴꼬리좀벌, 상수리좀벌 등이 있다.

30 주로 목재를 가해하는 해충은?

① 밤바구미
② 거세미나방
③ 가루나무좀
④ 느티나무벼룩바구미

해설
가루나무좀류는 목가공품을 가해하는 해충으로 목재 내부를 불규칙하게 식해한다. 훈충이나 열처리로 예방한다.

31 흰가루병에 걸린 병환부 위에 가을철에 나타나는 흑색의 알갱이는?

① 자낭구   ② 포자각
③ 병자각   ④ 분생자병

해설
흰가루병의 표징으로 잎, 줄기에 흰가루 모양의 반점이 발생한다. 가을철에 나타나는 흑색의 알갱이는 자낭구이다.

32 수목병을 일으키는 바이러스의 특징으로 옳지 않은 것은?

① 병원체가 자력으로 기주에 침입하지 못한다.
② 기주세포의 내용물과 구분하는 2중막이 존재한다.
③ 병원체는 전자현미경을 통해서만 관찰이 가능하다.
④ 병원체는 살아있는 세포 내에서만 증식이 가능하다.

해설
식물바이러스의 경우 캡시드라는 단백질 껍질에 둘러쌓여 있다.

33 묘포지에서 2~3년간 윤작을 하여 피해를 크게 경감시킬 수 있는 수목병은?

① 흰비단병
② 오동나무 탄저병
③ 자줏빛날개무늬병
④ 침엽수의 모잘록병

해설
오동나무탄저병은 기주범위가 좁고 생존기간이 짧아 1~3년 정도의 짧은 윤작을 통해 방제가 가능하다.

정답 28. ② 29. ③ 30. ③ 31. ① 32. ② 33. ②

34 녹병균의 생활환에 해당하는 포자가 아닌 것은?

① 녹포자   ② 녹병정자
③ 여름포자 ④ 분생포자

해설
녹병균은 기주식물에서 녹병포자, 녹포자를 형성하고 중간기주로 이동하여 여름포자, 겨울포자, 담자포자를 형성한다.

35 생물학적 방제에 대한 설명으로 옳은 것은?

① 내충성 품종을 심어 해충의 발생을 억제시키는 방법이다.
② 병원미생물이나 호르몬 약제를 이용하여 해충을 방제하는 방법이다.
③ 포식충, 기생곤충, 병원미생물 등을 이용하여 해충의 발생을 억제시키는 방법이다.
④ 포식충, 기생곤충 등에 의해 해충의 발생을 억제시키는 방법이며 병원미생물은 제외된다.

해설
포식충, 기생곤충, 병원미생물을 이용하는 수단은 생물적 방제법에 속한다.

36 소나무 혹병의 중간기주는?

① 송이풀   ② 향나무
③ 뱀고사리 ④ 참나무류

해설
소나무 혹병의 중간기주는 졸참나무, 신갈나무 등 참나무류이다.

37 산불로 인한 피해에 대한 설명으로 옳지 않은 것은?

① 일반적으로 침엽수는 활엽수에 비하여 산불피해에 약한 편이다.
② 일반적으로 상록활엽수는 낙엽활엽수보다 산불 피해에 약한 편이다.
③ 활엽수 중에서 녹나무, 벚나무는 동백나무, 참나무류보다 산불 피해에 약한 편이다.
④ 침엽수 중에서 가문비나무, 은행나무는 소나무, 곰솔보다 산불 피해에 강한 편이다.

해설
산불에 경우 일반적으로 상록활엽수는 낙엽활엽수보다 산불 피해에 강한 편이다.

38 국외로부터 국내에 침입한 해충이 아닌 것은?

① 솔나방   ② 솔잎혹파리
③ 미국흰불나방 ④ 버즘나무방패벌레

해설
솔나방은 토종벌레이다.

39 배설물을 종실 밖으로 배출하지 않아 외견상으로 식별이 어려운 해충은?

① 밤바구미   ② 복숭아명나방
③ 솔알락명나방 ④ 도토리거위벌레

해설
밤바구미는 배설물을 외부로 내보내지 않기에 식별이 어렵다.

정답 34. ④ 35. ③ 36. ④ 37. ② 38. ① 39. ①

40 농약의 효력을 충분히 발휘하도록 첨가하는 물질은?

① 보조제   ② 훈증제
③ 유인제   ④ 기피제

해설
농약의 효력을 높이는데 도움을 주는 물질을 보조제라 하며 보조제의 종류로는 전착제, 증량제, 유화제 등이 있다.

41 어느 법정림의 춘계축적이 900m³, 추계축적이 1100m³라 할 때 법정축적은?

① 900m³   ② 1000m³
③ 1100m³ ④ 2000m³

해설
$$법정축적 = \frac{춘계축적 + 추계축적}{2}$$
$$= \frac{900 + 1100}{2} = 1000 m^3$$

42 지위지수에 대한 설명으로 옳지 않은 것은?

① 임지의 생산능력을 나타낸다.
② 우세목의 수고는 밀도의 영향을 많이 받는다.
③ 지위지수 분류표 및 곡선은 동형법 또는 이형법으로 제작할 수 있다.
④ 우리나라에서는 보통 임령 20년 또는 30년 일 때 우세목의 수고를 지위지수로 하고 있다.

해설
우세목의 수고는 밀도의 영향을 거의 받지 않는다.

43 자연휴양림 지정을 위한 타당성평가 기준이 아닌 것은?

① 경관   ② 면적
③ 위치   ④ 활용여건

해설
자연휴양림 지정을 위한 타당성평가 기준으로 경관, 위치, 면적, 수계, 휴양요소, 개발여건이 있다.

44 수간석해를 통해 총 재적을 구할 때 합산하지 않아도 되는 것은?

① 근주재적   ② 지조재적
③ 결정간재적 ④ 초단부재적

해설
수간재적은 계산시 초단부재적, 근주재적, 결정간재적을 나누어 계산 후 총재적으로 합산한다.

45 임업이율이 보통이율보다 낮게 평정되는 이유로 옳지 않은 것은?

① 생산기간의 장기성
② 산림소유의 안정성
③ 산림재산의 유동성
④ 산림 관리경영의 복잡성

해설
임업이율이 낮게 평정되는 이유
· 산림소유의 안정성
· 산림재산 및 임료수입의 유동성
· 산림경영관리의 간편화
· 생산기간의 장기성
· 문화의 발전에 따른 이율의 저하
· 재적 및 수확의 증가와 산림재산가치의 등귀
· 기호 및 간접이익의 관점에서의 산림소유에 대한 개인적 가치 평가

정답 40. ① 41. ② 42. ② 43. ④ 44. ② 45. ④

46 윤벌기에 대한 설명으로 옳지 않은 것은?

① 택벌작업에 따른 법정림의 개념이다.
② 임목의 생산기간과는 일치하지 않는다.
③ 작업급의 법정영급분배를 예측하는 기준이다.
④ 작업급의 모든 임목을 일순벌하는데 소요되는 기간이다.

해설
택벌작업은 회귀년과 관련이 있다. 윤벌기는 한 작업급에 속하는 숲을 벌채하고 순차적으로 계획벌채할 때 전체 숲의 벌채가 끝날 때 까지의 기간을 의미한다.

47 유형고정자산의 감가 중에서 기능적 요인에 의한 감가에 해당되지 않는 것은?

① 부적응에 의한 감가
② 진부화에 의한 감가
③ 경제적 요인에 의한 감가
④ 마찰 및 부식에 의한 감가

해설
마찰 및 부식에 의한 감가는 물질적 감가에 속한다.

48 임업소득에 작용하는 생산요소에 포함되지 않는 것은?

① 임지 ② 자본
③ 노동 ④ 보속성

해설
임업소득은 임지, 자본, 노동, 경영관리 등이 생산요소에 포함된다.

49 유동 자본재에 속하는 것은?

① 임도 ② 기계
③ 묘목 ④ 저목장

해설
유동자본의 종류로 종자, 묘목, 약제, 비료가 있다.

50 임지기망가가 최대치에 도달하는 시기에 대한 설명으로 옳은 것은?

① 이율이 낮을수록 빨리 나타난다.
② 채취비가 클수록 빨리 나타난다.
③ 조림비가 클수록 늦게 나타난다.
④ 간벌수확이 적을수록 빨리 나타난다.

해설
임지기망가 최대값 영향인자

주벌수익	증대속도가 낮아질수록 최대값에 빨리 도달한다.
간벌수익	클수록 그 시기가 이를수록 최대값에 빨리 도달한다.
이율	클수록 최대값에 빨리 도달한다.
조림비	작을수록 최대값에 빨리 도달한다.
채취비	작을수록 최대값에 빨리 도달한다.

51 법정림에서 법정벌채량과 의미가 다른 것은?

① 법정수확률
② 법정연벌량
③ 법정생장량
④ 벌기평균생장량 × 윤벌기

해설
법정벌채량은 법정수확량이라고도 하며 법정상태를 유지하면서 벌채할 수 있는 재적을 말한다. 법정연벌량과 법정생장량은 일치하며 벌기평균생장량에 윤벌기를 곱한 값과 같다.

※ **법정수확률**
법정수확률은 법정상태를 유지하면서 수확할 수 있는 벌채량의 법정축적에 대한 비율로 $\dfrac{법정연벌량}{법정축적} \times 100$으로 나타낸다.

정답 46. ① 47. ④ 48. ④ 49. ③ 50. ③ 51. ①

52 임업의 특성으로 옳지 않은 것은?

① 임업생산은 노동집약적이다.
② 육성임업과 채취임업이 병존한다.
③ 임업노동은 계절적 제약을 크게 받지 않는다.
④ 원목가격의 구성요소 중 운반비가 차지하는 비율이 가장 낮다.

해설
원목가격의 구성요소에서 운반비가 차지하는 비율이 가장 크다.

53 임업투자 결정과정의 순서로 옳은 것은?

① 투자사업 모색 → 현금흐름 추정 → 투자사업의 경제성 평가 → 투자사업 재평가 → 투자사업 수행
② 현금흐름 추정 → 투자사업의 경제성 평가 → 투자사업 모색 → 투자사업 수행 → 투자사업 재평가
③ 투자사업 모색 → 현금흐름 추정 → 투자사업 경제성 평가 → 투자사업 수행 → 투자사업 재평가
④ 현금흐름 추정 → 투자사업 모색 → 투자사업 경제성 평가 → 투자사업 수행 → 투자사업 재평가

해설
임업투자는 투자사업을 모색하고 현금의 흐름을 추정, 사업의 경제성을 평가하여 투자사업을 수행하고 마지막으로 이것을 재평가하여 결정하는 과정을 거친다.

54 표준목법에 의한 임분 재적 측정 방법으로 전임목을 몇 개의 계급으로 나누고 각 계급의 본수를 동일하게 하여 표준목을 선정하는 것은?

① 단급법
② Urich 법
③ Hartig 법
④ Draudt 법

해설
Urich 법은 전체의 임목을 몇 개의 계급으로 나누고, 각 계급의 본수를 동일하게 한 다음 각 계급에서 같은 수의 표준목을 선정하는 방법이다.

55 임목의 평가방법에 대한 분류방식으로 옳지 않은 것은?

① 비교방식 – Glaser 법
② 수익방식 – 기망가법
③ 원가방식 – 비용가법
④ 원가수익절충방식 – 임지기망가법응용법

해설
비교방식에는 시장가역산법, 매매가법이 있다.

※ **임목 평가 방법의 분류**

원가방식	원가법, 비용가법
수익방식	수익환원법, 기망가법
원가수익절충방식	Glaser 법, 임지기망가응용법
비교방식	매매가법, 시장가역산법

정답 52. ④ 53. ③ 54. ② 55. ①

56 우리나라에서 통나무의 재적을 구하는데 이용되는 재적검량방법에 의해 계산한 벌채목의 재적(m^3)은?

- ◎ 원구직경 : 16cm
- ◎ 말구직경 : 14cm
- ◎ 중앙직경 : 15cm
- ◎ 재장 : 8.5m

① 0.099 ② 0.167
③ 0.198 ④ 0.218

해설
산림청 목재 측정법(6m 이상 경우)
$$V(m^3) = \left(d_n + \frac{L'-4}{2}\right)^2 \times \frac{L}{10000}$$
$$= \left(14 + \frac{8-4}{2}\right)^2 \times \frac{8.5}{10000}$$
$$≒ 0.218$$

V : 재적
d_n : cm 단위의 말구 지름
L : m 단위의 목재 길이
L' : m 단위의 길이로 소수점 자리는 버린수
  (ex. 8.8m → 8m 표현)

57 임도 개설을 위하여 투자한 굴삭기의 비용이 3000만원, 수명은 5년, 폐기 이후의 잔존가치는 없다고 한다. 이 투자에 의하여 5년 동안 해마다 720만원의 순수익이 있다면 투자이익률은?(단, 감가상각비 계산은 정액법을 적용)

① 36% ② 48%
③ 64% ④ 7%

해설
- 투자이익률 = 연평균순수익 ÷ 연평균투자액
- 연평균순수익 = 720만원
- 연평균투자액 = 총투자액 ÷ 2 = 3000만원 ÷ 2
  = 1500만원
- → 연평균투자액 = (기초투자액+기말투자액) ÷ 2
  = 총투자액 ÷ 2
- → 투자이익률 = (720만원 ÷ 1500만원)×100(%)
  = 48(%)

58 산림보호법에서 규정한 산림보호구역의 종류가 아닌 것은?

① 생활환경보호구역
② 재해방지보호구역
③ 백두대간보호구역
④ 산림유전자원보호구역

해설
산림보호법에서 규정한 산림보호구역으로 생활환경보호구역, 경관보호구역, 수원함양보호구역, 재해방지보호구역, 산림유전자원보호구역이 있다.

59 자연휴양림의 공익적 효용을 직접효과와 간접효과로 구분할 때 간접효과에 해당되는 것은?

① 대기정화기능 ② 건강증진효과
③ 정서함양효과 ④ 레크레이션효과

해설
자연휴양림의 공익적 효용
- 직접효과 : 정서함양, 건강증진 등
- 간접효과 : 환경보존, 공해완화, 재해방지, 기상환경완화 등

60 단목의 연령측정 방법이 아닌 것은?

① 목측에 의한 방법
② 지절에 의한 방법
③ 방위에 의한 방법
④ 생장추에 의한 방법

해설
단목의 연령 측정 방법
- 목측법에 의한 방법 : 임령을 목측하는 것으로 대략적인 나이를 측정
- 지절에 의한 방법 : 가지가 윤상으로 자라는 경우 가지를 이용하여 임령을 측정
- 성장추에 의한 방법 : 성장추를 이용하여 목편을 빼 목편에 나타나는 연령수를 측정, 단 흉고부위 채취시 연륜수에 2년을 더하는 것이 일반적이다.

정답 56. ④ 57. ② 58. ③ 59. ① 60. ③

61 임도의 노면침하를 방지하기 위하여 저습지대에 시설하는 것은?

① 토사도 ② 사리도
③ 쇄석도 ④ 통나무길

해설
저습지대에서 노면의 침하를 방지하기 위해 통나무길이나 섶길을 이용한다.

62 임도 구조물 시공 시 기초공사의 종류가 아닌 것은?

① 전면기초 ② 말뚝기초
③ 고정기초 ④ 깊은기초

해설
얕은기초는 확대기초, 전면기초가 있으며 깊은기초에는 말뚝기초, 케이슨기초가 있다.

63 임도의 노체와 노면에 대한 설명으로 옳지 않은 것은?

① 사리도는 노면을 자갈로 깔아 놓은 임도이다.
② 토사도는 배수 문제가 적어 가장 많이 사용된다.
③ 노체는 노상, 노반, 기층, 표층으로 구성되는 것이 일반적이다.
④ 노상은 다른 층에 비해 작은 응력을 받으므로 특별히 부적당한 재료가 아니면 현장 재료를 사용한다.

해설
토사도는 일명 흙길로 다른길보다 물에 의한 유실 등의 배수문제가 많다.

64 횡단면 A1, A2, A3의 면적은 각각 5m², 7m², 9m² 이고, A1와 A2의 거리는 10m, A2와 A3의 거리는 15m이다. 양단면적평균법에 의한 3단면 사이의 총토적량(m³)은?

① 100 ② 150
③ 180 ④ 200

해설
※ 양단면적 평균법
$$V = \frac{1}{2}(A_1 + A_2) \times l$$

· $A_1 \sim A_2$: $\frac{5+7}{2} \times 10 = 60 m^3$

· $A_2 \sim A_3$: $\frac{7+9}{2} \times 15 = 120 m^3$

· 총토적량 : 60 + 120 = 180m³

65 사리도의 유지보수에 대한 설명으로 옳지 않은 것은?

① 방진처리를 위하여 물, 염화칼슘 등이 사용된다.
② 횡단기울기를 10~15% 정도로 하여 노면배수가 양호하도록 한다.
③ 노면의 정지작업은 가급적 비가 온 후 습윤한 상태에서 실시하는 것이 좋다.
④ 길어깨가 높아져 배수가 불량할 경우 그레이더로 정형하고 롤러로 다진다.

해설
사리도의 횡단기울기는 3~5% 정도로 한다.

정답 61. ④ 62. ③ 63. ② 64. ③ 65. ②

66 임도망 배치 시 산정림 개발에 가장 적합한 노선은?

① 비교 노선
② 순환식 노선
③ 대각선방식 노선
④ 지그재그방식 노선

해설
계곡임도 및 산정부 개발에는 순환식 노선이 적합하다. 이외 지그재그방식은 급경사의 사면임도형, 대각선방식은 완경사의 사면임도형이 적합하다.

67 임도의 대피소 간격 설치 기준은?

① 300m 이내 ② 400m 이내
③ 500m 이내 ④ 1000m 이내

해설
대피소의 간격 300m 이내, 너비 5m 이상, 유효길이 15m 이상을 기준으로 한다.

68 구릉지대에서 지선임도밀도가 20m/ha 이고, 임도효율이 5일 때 평균집재거리는?

① 4m   ② 100m
③ 250m   ④ 400m

해설
임도밀도(m/ha) = 임도효율계수/평균집재거리(km)
20 = 5 / x → x = 0.25km = 250m

69 임도 설계 업무의 순서로 옳은 것은?

① 예비조사 → 답사 → 예측 → 실측 → 설계서 작성
② 예비조사 → 예측 → 답사 → 실측 → 설계서 작성
③ 예측 → 예비조사 → 답사 → 실측 → 설계서 작성
④ 답사 → 예비조사 → 예측 → 실측 → 설계서 작성

해설
임도 설계 업무 순서
예비조사 → 답사 → 예측 및 실측 → 설계도 작성 → 공사량 산출 → 설계서 작성

70 임도의 횡단면도상 각 측점의 단면마다 표기하지 않아도 되는 것은?

① 사면보호공 물량
② 지장목 제거 물량
③ 지반고 및 계획고
④ 곡선제원 및 교각점

해설
곡선제원 및 교각점은 평면도의 기재 사항이다.

71 반출할 목재의 길이가 16m, 도로의 폭이 8m 일 때 최소곡선반지름은?

① 8m   ② 14m
③ 16m ④ 32m

해설
최소곡선반지름
$$R = \frac{l^2}{4B} = \frac{16^2}{4 \times 8} = \frac{256}{32} = 8$$
R : 곡선반지름(m)
l : 통나무 길이(m)
B : 노폭(m)

정답 66. ② 67. ① 68. ③ 69. ① 70. ④ 71. ①

72 임지와 잔존목의 훼손을 가장 최소화할 수 있는 가선집재 시스템은?

① 타일러식 시스템
② 단선순환식 시스템
③ 하이리드식 시스템
④ 호이스트캐리지식 시스템

해설
호이스트캐리지식은 임지와 잔존목의 훼손을 가장 최소화하는 가전집재 방법이다. 조작이 간편하고 짐 달림도르래가 필요없는 것이 특징이다.

73 평판측량에서 사용되지 않은 방법은?

① 전진법   ② 교회법
③ 방사법   ④ 방향각법

해설
평판측량에는 전진법, 교회법, 방사법이 있다.

74 다음 표는 임도의 횡단측량 야장이다. A, B, C, D에 대한 설명으로 옳지 않은 것은?

좌측	측점	우측
L3.0	A(No.0)	L3.0
$\frac{-1.8}{0.4}$ C(1.2)	MC₁	$\frac{L}{1.3}$ B(+1.5)/1.5
B(-0.3)/-0.3/2.0/2.0	D(MC₁ +3.70)	$\frac{+0.4}{2.0}\frac{+0.4}{2.0}$

① A : 측점이 No. 0 인 경우는 기설노면을 의미한다.
② B : 분자는 고저차로서 +는 성토량, -는 절토량을 의미한다.
③ C : 분모는 수평거리로서 측점을 기준으로 왼편 1.2m 지점을 의미한다.
④ D : MC₁ 지점으로부터 3.70m 전진한 지점을 뜻한다.

해설
B부분의 분자는 +는 절토량, -는 성토량을 의미한다.

75 가선집재와 비교하여 트랙터를 이용한 집재 작업의 특징으로 거리가 먼 것은?

① 기동성이 높다.
② 작업이 단순하다.
③ 임지 훼손이 적다.
④ 경사도가 높은 곳에서 작업이 불가능하다.

해설
트랙터의 경우 지면 위를 지나가기에 잔존임분에 대한 피해가 많다.

76 설계속도가 40km/시간인 특수지형에서의 임도에 대한 종단기울기 기준은?

① 3 % 이하   ② 6 % 이하
③ 8 % 이하   ④ 10 % 이하

해설

설계속도 (km/hr)	종단기울기(순기울기,%)	
	일반지형	특수지형
40	7	10
30	8	12
20	9	14

77 흙의 기본성질에 대한 설명으로 옳지 않은 것은?

① 공극비는 흙 입자의 용적에 대한 공극의 용적비이다.
② 포화도는 흙 입자의 중량에 대한 수분의 중량비를 백분율로 표시한 것이다.
③ 공극률은 흙덩이 전체의 용적에 대한 간극의 용적비를 백분율로 표시한 것이다.
④ 무기질의 흙덩이는 고체(흙 입자), 액체(물), 기체(공기)의 세 가지 성분으로 구성된다.

해설
포화도는 중량기준이 아닌 흙속의 간극 부분에 물이 차지하는 비율로 표시한다.

정답 72. ④ 73. ④ 74. ② 75. ③ 76. ④ 77. ②

78 방위각 135° 35′ 의 역방위각은?

① 44°25′ ② 135°35′
③ 224°25′ ④ 315°35′

해설
135°35′ + 180°(역방위각) = 315°35′

79 임도 설계 시 종단 기울기에 대한 설명으로 옳은 것은?

① 종단기울기를 급하게 하면 임도우회율을 낮출 수 있다.
② 종단기울기의 계획은 설계차량의 규격과 관계가 없다.
③ 종단기울기는 완만한 것이 좋기 때문에 0%를 유지하는 것이 좋다.
④ 종단기울기는 시공 후 임도의 개·보수를 통하여 손쉽게 변경할 수 있다.

해설
우회율은 산림에서 일정 지점간의 직선거리를 연결하기 위해 실제 시공되는 임도 총연장의 증가치로 종단 기울기가 급하게 되면 차량의 주행은 어렵지만 그만큼 임도 우회율은 감소하게 된다.

80 임도의 평면선형이 영향을 주는 요소로 가장 거리가 먼 것은?

① 주행속도
② 운재능력
③ 노면배수
④ 교통차량의 안전성

해설
평면선형은 평면적으로 본 도로 중심선의 형상으로 직선, 단곡선, 완화곡선 등으로 구성된다. 주행속도, 차량 안정, 운재 능력 등에 관련되며 노면배수의 경우 종단선형에 연관된다.

81 산지의 침식형태 중 중력에 의한 침식으로 옳지 않은 것은?

① 산붕 ② 포락
③ 산사태 ④ 사구침식

해설
중력에 의한 침식의 종류로 산붕, 붕락, 포락, 산사태 등이 있다.

82 비탈면에 시공하는 옹벽의 안정조건이 아닌 것은?

① 전도에 대한 안정
② 침수에 대한 안정
③ 활동에 대한 안정
④ 침하에 대한 안정

해설
옹벽의 안정조건으로 전도, 활동, 침하에 대한 안정 조건이 있다.

83 집수량이 많아 침식 위험이 많은 산비탈에 설치하는 수로로 가장 적당한 것은?

① 흙수로 ② 바자수로
③ 떼붙임수로 ④ 찰붙임수로

해설
콘크리트를 축설하는 찰붙임수로의 경우 유속이 빠르고 집수량이 많은 지역에 설치하며 단면은 일반적으로 사다리꼴을 이용한다. 측벽의 앞 기울기의 경우 1:0.3~0.5 정도로 한다.

84 비중이 2.50 이하인 골재는?

① 잔골재 ② 보통골재
③ 중량골재 ④ 경량골재

해설
비중에 따른 골재 분류
· 중량 골재 비중 2.7 이상
· 보통 골재 비중 2.5 ~ 2.65
· 경량 골재 비중 2.5 이하

정답 78. ④ 79. ① 80. ③ 81. ④ 82. ② 83. ④ 84. ④

85 콘크리트 배합에서 시멘트 사용량이 가장 많은 것은?

① 1 : 2 : 2 ② 1 : 2 : 4
③ 1 : 3 : 3 ④ 1 : 3 : 6

해설
표준배합은 시멘트 : 잔골재 : 굵은 골재 이다. 잔골재와 굵은 골재의 배합비가 작을수록 시멘트의 사용량은 상대적으로 증가하게 된다.

86 토질이 모래층인 절토사면에 대한 설명으로 옳지 않은 것은?

① 새집공법을 적용하는 것이 가장 적합하다.
② 토양유실을 방지할 목적으로 전면적 객토를 해주어야 한다.
③ 침식에 대단히 약하여 식생이 착근하기 전에 유실될 가능성이 높다.
④ 절토공사 직후에는 단단한 편이나 건조하면 푸석푸석 해지고 무너지기 쉽다.

해설
새집공법은 절개 암반지에 적용하기에 적합한 방법이다.

87 폭 15m, 높이 2m 인 직사각형 수로에서 수심 1m, 평균유속 2m/s 로 흐르고 있을 때 유량은?

① 15m³/s ② 30m³/s
③ 60m³/s ④ 80m³/s

해설
· 유적 : 15m×1m = 15m²
· 유량 = 유속 × 유적 = 2m/s × 15m²
       = 30m³/s

88 유역 평균강수량을 산정하는 방법이 아닌 것은?

① 물수지법 ② 등우선법
③ 산술평균법 ④ Thiessen법

해설
유역 평균 강우량 산출법에는 산술평균법, thiessen법, 등우선법이 있다.

89 유동형 침식의 하나인 토석류에 대한 설명으로 옳은 것은?

① 토괴의 흐트러짐이 적다.
② 주로 점성토의 미끄럼면에서 미끄러진다.
③ 일반적으로 움직이는 속도가 0.01~10 mm/day 이다.
④ 물을 윤활제로 하여 집합운반의 형태를 가진다.

해설
토석류의 경우 고형물의 자중에 의해 물을 윤활제로 하여 집합운반의 형태를 가진다.

90 야계사방의 주요 목적으로 거리가 먼 것은?

① 계안의 침식 방지
② 계류의 바닥 안정
③ 계류의 토사유출 억제
④ 붕괴지의 인공적인 복구

해설
야계사방공사는 계류의 유속을 줄이고 침식을 방지하는 것이 목적이다. 붕괴지의 복구의 경우 산복사방에 속한다.

정답 85. ① 86. ① 87. ② 88. ① 89. ④ 90. ④

91 계단 연장이 3km인 비탈면에 선떼붙이기를 7급으로 할 때에 필요한 떼의 총 소요 매수는?(단, 떼의 크기 : 40cm × 25cm)

① 11,250매   ② 15,000매
③ 16,500매   ④ 18,750매

해설
7급의 경우 5매를 사용하기에
5매 × 3000m = 15,000매를 사용한다.

92 붕괴형 산사태에 대한 설명으로 옳은 것은?

① 지하수로 인해 발생하는 경우가 많다.
② 파쇄대 또는 온천지대에서 많이 발생한다.
③ 이동면적이 1ha 이하가 많고, 깊이도 수 m 이하가 많다.
④ 속도는 완만해서 토괴는 교란되지 않고 원형을 유지한다.

해설
붕괴형 산사태의 경우 발생 면적 규모 및 깊이가 작다.

93 수평분력의 총합과 수직분력의 총합, 제저와 기초지반과의 마찰계수를 이용하여 계산하는 중력식 사방댐의 안정조건은?

① 전도에 대한 안정
② 활동에 대한 안정
③ 제체의 파괴에 대한 안정
④ 기초지반의 지지력에 대한 안정

해설
중력댐의 안정조건으로 전도, 활동, 제체의 파괴, 기초지반의 지지력이 있으며 그중에서 합력의 수평분력과 수직분력의 비가 제저와 기초지반 사이 마찰계수를 고려하는 것을 활동에 대한 안정이다.

94 사방댐과 골막이에 모두 축설하는 것은?

① 앞댐   ② 방수로
③ 반수면   ④ 대수면

해설
사방댐은 대수면과 반수면을 모두 축조하고 골막이는 반수면만 축조한다. 즉 사방댐과 골막이에 모두 축설 되는 것은 반수면이다.

95 콘크리트흙막이 공작물 시공방법으로 옳지 않은 것은?

① 물빼기 구멍은 지름 5~10cm 정도의 관을 2~3m^2 당 1개소를 설치한다.
② 견고하지 않은 지반에 시공하는 경우 반드시 말뚝기초 등으로 보강해야 한다.
③ 뒤채움돌은 시공의 난이도 및 배수효과 등을 고려하여 위아래 모두 20cm 내외로 한다.
④ 비탈면의 토층이 이동할 위험이 있고 토압이 커서 다른 흙막이 공작물로는 안정을 기대하기 어려운 경우 설치한다.

해설
뒷채움돌은 시공의 난이도 및 배수효과를 고려하여 아래쪽, 위쪽 모두 30cm 이상으로 한다.

96 최대홍수유량을 계산하려 할 때 필요한 인자가 아닌 것은?

① 유거계수
② 최대시우량
③ 안정기울기
④ 집수구역의 면적

해설
최대홍수유량을 계산시 유거계수, 최대시우량, 유역면적이 필요 인자이다.

정답   91. ②   92. ③   93. ②   94. ③   95. ③   96. ③

97 정사울타리에 대한 설명으로 옳지 않은 것은?

① 높이는 60~70cm를 표준으로 한다.
② 방향은 주풍방향에 직각이 되도록 한다.
③ 정사각형이나 직사각형 모양으로 구획한다.
④ 구획 내부에 ha당 10,000본의 곰솔 등의 묘목을 식재한다.

> **해설**
> 정사울타리의 높이는 1~1.2m 정도를 기준으로 한다.

98 사방사업 대상지로 가장 거리가 먼 것은?

① 임도가 미개설되어 접근이 어려운 지역
② 산불 등으로 산지의 피복이 훼손된 지역
③ 황폐가 예상되는 산지와 계천으로 복구 공사가 필요한 지역
④ 해일 및 풍랑 등 재해예방을 위해 해안림 조성이 필요한 지역

> **해설**
> 사방사업 대상지는 임도가 개설되어 접근이 용이한 지역이어야 한다.

99 황폐계류의 특성으로 옳지 않은 것은?

① 호우가 끝나면 유량이 급감한다.
② 호우에도 모래나 자갈의 이동은 거의 없다.
③ 유량은 강수에 의해 급격히 증가하거나 감소한다.
④ 유로의 연장이 비교적 짧으며 계상기울기가 급하다.

> **해설**
> 황폐계류의 경우 모래나 자갈의 이동, 침식 및 퇴적 등이 발생한다.

100 비탈다듬기나 단끊기로 생긴 뜬흙의 활동을 방지하기 위해 계곡부에 설치하는 공작물은?

① 조공
② 누구막이
③ 땅속흙막이
④ 산비탈흙막이

> **해설**
> **땅속흙막이**
> 땅속흙막이는 비탈다듬기나 단끊기 등의 흙깎기 과정에서 부토가 많고 깊게 퇴적되는 곳에서는 강우 등에 의해 토괴가 미끄러져 내리기 쉬운데 이러한 토사의 유실을 방지하기 위해 땅속에 설치하며 지표면에는 드러나지 않는다.

정답 97. ① 98. ① 99. ② 100. ③

2018년 제3회 산림기사

01 우리나라 난대림의 특징 수종으로 옳은 것은?
① 곰솔　　② 후박나무
③ 서어나무　④ 가문비나무

해설
난대림의 주요 수종으로 붉가시나무, 동백나무, 후박나무, 아왜나무, 가시나무, 사철나무, 해송, 삼나무, 편백 등이 있다.

02 광합성의 광반응에 대한 설명으로 옳지 않은 것은?
① ATP를 소모한다.
② NADPH를 생산한다.
③ 햇빛이 있을 때에 일어난다.
④ 엽록체의 grana에서 진행된다.

해설
광합성에서 ATP를 생성한다.

03 우리나라에서 넓은 분포면적을 가지고 있으며 지역품종(생태형)이 다양한 것은?
① Pinus rigida
② Pinus densiflora
③ Pinus koraiensis
④ Pinus thunbergii

해설
소나무는 생태형으로 분포지역을 6가지로 다양하게 분류되어 있다.
① 리기다소나무 ② 소나무
③ 잣나무 ④ 곰솔

04 밤나무 품종 중 조생종은?
① 미풍　　② 석추
③ 은기　　④ 단택

해설
조생종은 같은 종의 작물 중 개화기가 일반적으로 일찍 꽃이 피고 성숙하는 종을 말한다. 밤나무의 조생종으로 단택, 삼조생, 대화조생, 국견, 출운이 있다.

05 대립 종자를 파종하는데 가장 알맞은 방법은?
① 점파　　② 산파
③ 상파　　④ 조파

해설
대립 종자의 경우 일정 간격으로 종자를 1~3립 파종하는 방법인 점파가 적합하며 대표 수종 밤나무, 참나무류, 호두나무, 은행나무 등이 있다.

06 벌채지에 종자를 공급할 수 있는 나무를 산생 또는 군상으로 남기고 나머지 임목들은 모두 벌채하는 방법은?
① 개벌작업　② 산벌작업
③ 택벌작업　④ 모수작업

해설
모수작업은 성숙임분을 대상으로 실시하는 것이 유리하며 모수만을 남기고 그 외 나무를 일시에 베어내는 작업을 말한다.

정답 01. ② 02. ① 03. ② 04. ④ 05. ① 06. ④

07 다음 설명에 해당하는 것은?

> ◎ 땅속 50~100cm 깊이에 종자를 모래와 섞어서 저장하는 방법이다.
> ◎ 종자를 후숙하여 발아를 촉진하는 방법으로도 사용된다.

① 냉습적법 ② 저온저장법
③ 보호저장법 ④ 노천매장법

해설

노천매장법
- 종자의 후숙을 도와 발아를 촉진시킨다.
- 땅속 50~100cm 깊이에 모래와 섞어 묻어 둔다.
- 종자를 하루동안 맑은 물에 담궜다가 종자의 1~3배 가량의 젖은 모래와 혼합하여 땅속에 묻어두는 방법이다.
- 묻는 방법은 두께 2~3cm의 판자로 깊이 30~40cm의 상자를 만들고 상자의 상하는 철망을 붙여 설치류의 피해를 예방하도록 한다.
- 배수가 양호하기에 겨울에 눈이나 빗물이 스며든다.

08 가지치기의 장점으로 옳지 않은 것은?

① 무절재 생산
② 부정아 발생 감소
③ 연륜폭을 고르게 함
④ 산불로 인한 수관화 피해 경감

해설

가지치기에 의해 부정아 줄기가 발생하기에 증가한다.

09 열매가 핵과에 속하는 수종은?

① *Alnus japonica*
② *Cercis chinensis*
③ *Prunus serrulata*
④ *Albizia julibrissin*

해설

핵과는 육질이 단단한 열매로 주로 매실나무, 매화나무, 복숭아나무, 체리, 벚나무 등이 있다.
① 오리나무 ② 박태기나무 ③ 벚나무 ④ 자귀나무

10 모두베기 작업에 대한 설명으로 옳지 않은 것은?

① 양수성 수종 갱신에 유리하다.
② 숲 생태계 기능 복원에 가장 유리한 갱신 방법이다.
③ 성숙한 임분에 가장 간단하게 적용할 수 있는 방법이다.
④ 기존 임분을 다른 수종으로 갱신할 때 가장 빠른 방법이다.

해설

모두베기 작업에 의해 임지의 황폐와 지력저하, 토양유실이 발생되기에 숲 생태계의 기능 복원에는 불리한 방법이다.

11 삽목 작업에 사용하는 발근촉진제로 가장 부적합한 것은?

① 인돌초산 ② 인돌부티르산
③ 테트라졸륨산 ④ 나프탈렌초산

해설

테트라졸륨은 종자의 활력검사에 사용하는 약품이다

12 조림 후 육림실행 과정 순서로 옳은 것은?

① 풀베기→어린나무가꾸기→솎아베기→가지치기→덩굴제거
② 풀베기→덩굴제거→어린나무가꾸기→가지치기→솎아베기
③ 풀베기→솎아베기→가지치기→어린나무가꾸기→덩굴제거
④ 가지치기→어린나무가꾸기→덩굴제거→솎아베기→풀베기

해설

육림실행은 숲 조성을 위해 풀베기, 덩굴제거, 어린나무가꾸기, 가지치기 등의 순서로 진행되며 관리단계에서 솎아베기를 실시한다.

정답 07. ④ 08. ② 09. ③ 10. ② 11. ③ 12. ②

13 종자의 정선방법으로만 올바르게 나열한 것은?

① 사선법, 풍선법, 수선법
② 봉타법, 유궤법, 침수법
③ 구도법, 사선법, 풍선법
④ 수선법, 도정법, 부숙법

해설
종자의 정선방법으로 입선법, 풍선법, 사선법, 액체선법이 있다.

14 수목의 직경생장에 대한 설명으로 옳지 않은 것은?

① 성목의 경우 목부의 생장량이 사부보다 많다.
② 형성층의 활동은 식물호르몬인 옥신에 의해 좌우된다.
③ 목부와 사부 사이에 있는 형성층의 분열활동에 의해서 이루어진다.
④ 형성층의 분열조직은 안쪽으로 체관세포를 형성하고, 바깥쪽으로 물관세포를 형성한다.

해설
형성층을 기준으로 바깥쪽은 체관세포, 안쪽으로 물관세포가 형성된다.

15 숲아베기 작업의 목적이 아닌 것은?

① 산불의 위험 감소
② 임분 밀도의 조절
③ 임분의 수평구조 안정화
④ 조림목의 생육공간 조절

해설
숲아베기 작업 목적
· 임목의 직경생장을 촉진, 재적 증가
· 다양한 위해 감소
· 간벌재를 이용하여 중간소득이 가능
· 숲의 가장자리인 임연부를 보호 및 관리
· 생육 공간(밀도) 조절이 가능
· 산불의 위험성이 줄어듦

16 임업 묘포에 대한 설명으로 옳은 것은?

① 임간묘포는 대부분 고정묘포에 속한다.
② 포지의 토양은 부식질이 풍부한 점토질 토양이 좋다.
③ 해가림이 필요한 수종은 묘상의 구획을 동서방향으로 길게 하는 것이 좋다.
④ 우리나라 남부지방에서는 경사 5° 이상의 북향사면에 포지를 조성하는 것이 좋다.

해설
묘상은 동서방향으로 길게 하며 상의 너비는 1~2m, 통로인 보도의 너비는 30~50cm 정도로 한다.
※ 묘포의 입지조건
· 사질양토
· 배수가 잘되는 5도 이하, 완경사지
· 관수시설 설치
· 남향인 곳 선택, 동서로 길게 설치
· 노동력 공급 원활한 곳

17 인공조림과 천연갱신에 대한 설명으로 옳지 않은 것은?

① 천연갱신은 산림 작업 및 임분 관리가 용이하다.
② 천연갱신은 성림으로 조성하는 데 오랜 기간이 소요된다.
③ 인공조림은 임지생산력과 조림성과의 저하를 초래할 수 있다.
④ 인공조림은 묘목의 근계발육이 부자연스럽고 각종 재해에 취약할 수 있다.

해설
천연갱신보다 인공조림이 산림 작업 및 임분 관리가 용이하다.

정답 13. ① 14. ④ 15. ③ 16. ③ 17. ①

18 우리나라 산림대에서 난대림지대의 연평균 기온 기준은?

① 4°C 이상 ② 8°C 이상
③ 14°C 이상 ④ 18°C 이상

해설
난대림지역의 연평균기온의 기준은 14°C 이상이다. 온대림은 5~14°C, 한대림은 5°C 미만이다.

19 질소고정 미생물 중 생활형태가 독립적인 것은?

① *Frankia* ② *Anabaena*
③ *Rhizobium* ④ *Azotobacter*

해설
생활형태가 독립적인 질소고정 미생물로 아조토박터(Azotobacter), 베이어인키아(Beijerinckia) 등이 있다.

20 산림 생태계에서 생물종 간 상호작용에 대한 설명으로 옳지 않은 것은?

① 타감작용은 생물종 간에 기생이라고 할 수 있다.
② 간벌은 생물종 간의 경쟁을 완화하기 위한 작업에 해당된다.
③ 두 가지 생물종이 생태적 지위가 다를 경우 서로 중립이라고 한다.
④ 한 생물종은 이로움을 받지만 다른 생물종은 무관한 경우를 편리공생이라고 한다.

해설
타감작용은 서로간의 영향을 주는 것으로 기생은 한 생물이 다른 생물의 양분을 일방적으로 받아 생활하는 것이기에 타감작용이라 할 수 없다.

21 잣나무 털녹병 방제 방법으로 옳지 않은 것은?

① 중간기주인 송이풀을 제거한다.
② 저항성 품종을 육성하여 식재한다.
③ 풀베기와 간벌을 실시하여 숲에 통풍을 양호하게 해준다.
④ 담자포자 비산시기인 4월 하순부터 10일 간격으로 보르도액을 2~3회 살포한다.

해설
약제 예방의 경우 8월 하순부터 10일 간격으로 보르도액을 2~3회 살포하여 소생자의 침입을 막는다.

22 모잘록병 방제방법으로 옳지 않은 것은?

① 묘상이 과습하지 않도록 한다.
② 복토가 충분히 두텁도록 한다.
③ 병이 심한 묘포지는 돌려짓기를 한다.
④ 질소질 비료보다는 인산질 비료를 충분히 준다.

해설
모잘록병이 발생하면 복토를 두텁지 않게 하며 밀식을 피한다.

23 대추나무 빗자루병의 병원체는?

① 세균 ② 곰팡이
③ 바이러스 ④ 파이토플라스마

해설
파이토플라스마는 대추나무 빗자루병, 오동나무 빗자루병의 병원체이다.

정답 18. ③ 19. ④ 20. ① 21. ④ 22. ② 23. ④

24 솔잎혹파리의 방제 방법으로 옳지 않은 것은?
① 솔잎혹파리먹좀벌을 천적으로 이용한다.
② 박새, 진박새, 쇠박새 등 조류를 보호한다.
③ 티아메톡삼 분산성 액제를 수간에 주사한다.
④ 피해가 극심한 지역에 동수화제를 살포한다.

해설
솔잎혹파리의 방제시 포스파미돈과 티아메톡삼 등의 액제를 수간주사한다. 동수화제의 경우 흰가루병, 탄저병에 사용한다.

25 천공성 해충이 아닌 것은?
① 박쥐나방   ② 밤바구미
③ 버들바구미 ④ 알락하늘소

해설
밤바구미는 종실 가해 해충이다.

26 밤나무의 종실을 가해하여 피해를 주는 해충은?
① 버들바구미   ② 어스렝이나방
③ 복숭아명나방 ④ 참나무재주나방

해설
복숭아명나방은 종실을 가해한다.

27 늦여름이나 가을철에 내린 서리로 인하여 수목에 피해를 주는 것은?
① 상렬   ② 만상
③ 조상   ④ 연해

해설
① 상렬 : 겨울철 수목 내부의 수분이 동결로 인해 발생되는 팽창압으로 수목이 갈라지는 현상을 말한다.
② 만상 : 이른 봄에 서리가 내리는 경우를 늦서리 혹은 만상이라 한다.
④ 연해 : 대기오염에 의한 피해를 말한다.

28 곤충의 외분비 물질이며 개척자가 새로운 기주를 찾았다고 동족을 불러들이는 데에 사용되는 종내 통신물질로 주로 나무좀류에서 발달되어 있는 물질은?
① 성 페로몬   ② 경보 페로몬
③ 집합 페로몬 ④ 길잡이 페로몬

해설
집합 페로몬은 집단의 형성과 유지에 관여되는 페르몬의 일종이다. 나무좀류의 경우 암수 성충이 먼저 나무를 먹어 들어간 구멍에서 나무와 배변의 혼합물을 배출하여 다수의 성충을 유인한다.

29 향나무하늘소(측백하늘소)의 발생 횟수는?
① 1년에 1회   ② 1년에 2회
③ 2년에 1회   ④ 3년에 1회

해설
향나무 하늘소는 1년에 1회 발생한다.

30 참나무 시들음병 방제 방법으로 옳지 않은 것은?
① 끈끈이롤 트랩을 설치하여 매개충을 잡는다.
② 유인목을 설치하여 매개충을 잡아 훈증 및 파쇄한다.
③ 전기충격기를 활용하여 나무 속에 성충과 유충을 감전사시킨다.
④ 매개충의 우화최성기인 3월 중순을 전후하여 페니트로티온 유제를 살포한다.

해설
페니트로티온 유제의 경우 50~100배 희석하여 침입공에 주입한다.

정답 24. ④ 25. ② 26. ③ 27. ③ 28. ③ 29. ① 30. ④

31 소나무 잎떨림병 방제 방법으로 옳지 않은 것은?

① 종자 소독을 철저히 한다.
② 병든 낙엽은 태우거나 묻는다.
③ 베노밀 수화제나 만코제브 수화제를 사용한다.
④ 자낭포자가 비산하는 7~9월에 살균제를 살포한다.

해설
소나무 잎떨림병은 공기중으로 포자가 비산하여 기공으로 침입하기에 종자 소독은 효과가 없다.

32 소나무 혹병균은 무슨 병원체에 속하는가?

① 세균　　　② 녹병균
③ 바이러스　④ 흰가루병균

해설
녹병균의 종류로 소나무잎녹병, 잣나무잎녹병, 소나무혹병, 잣나무털녹병 등이 있다.

33 산불 중 지표화에 대한 설명으로 옳은 것은?

① 치수들이 피해를 받는다.
② 주로 부식층이 타는 화재이다.
③ 풍속과 산불화염의 길이와는 거의 상관없다.
④ 바람이 있을 때는 불어오는 방향으로 원형이 되어 퍼진다.

해설
지표화는 지표의 낙엽과 지피물 등에 화재가 발생하는 것으로 치수들이 많은 피해를 받는다.

34 솔노랑잎벌의 월동 형태로 옳은 것은?

① 알　　　② 성충
③ 유충　　④ 번데기

해설
솔노랑잎벌은 알 형태로 월동한다.

35 대기오염에 의한 수목의 피해 양상으로 옳지 않은 것은?

① 오존으로 인한 피해는 어린잎보다 성숙한 잎에서 발생하기 쉽다.
② 아황산가스로 인한 만성증상은 잎에 백색의 작은 반점이 생기는 것이다.
③ 질소산화물로 인한 피해 징후는 잎에 수침상 반점이 생기는 것이다.
④ 불화수소로 인한 피해 징후는 어린잎의 선단과 주변에 백화현상이 나타나는 것이다.

해설
아황산가스의 만성 증상은 엽록소가 서서히 붕괴하고 황화현상이 발생하는 것이다. 백색의 작은 반점이 발생하는 것은 오존에 의한 현상이다.

36 소나무재선충병 방제를 위한 나무 주사용으로 가장 적합한 것은?

① 메탐소듐 액제
② 티오파네이트메틸 수화제
③ 에마멕틴벤조에이트 유제
④ 옥시테트라사이클린 수화제

해설
소나무재선충병 예방을 위해 에마멕틴벤조에이트 유제를 년 2회 수간주사 한다.

정답 31. ① 32. ② 33. ① 34. ① 35. ② 36. ③

37 모잘록병과 비슷한 증상을 보이며 잎이 완전히 전개되지 않고 새 가지가 연약한 5~6월부터 발생하여 장마철에 급격히 심해지는 병원균은?

① 포플러 잎녹병균
② 잣나무 잎떨림병균
③ 오동나무 탄저병균
④ 오리나무 갈색무늬병균

해설
오동나무탄저병은 5~6월 잎과 어린 줄기에 발생하며 감염 시 잎이 기형으로 오그라들고 낙엽이 일찍 시작하는데 장마철이 되면 증상이 심해진다.

38 인공적으로 배양할 수 있는 수목 병원체는?

① 세균   ② 바이러스
③ 흰가루병균 ④ 파이토플라스마

해설
살아있는 조직 내에서만 생활하는 절대기생체의 경우 인공배양이 어려우며 대표적으로 인공배양이 어려운 것은 녹병균, 흰가루병균, 바이러스, 파이토플라스마 등이 있다.

39 산림해충에 대한 임업적 방제 방법으로 옳은 것은?

① 천적 이용
② 트랩 이용
③ 훈증제 사용
④ 내충성 수종 이용

해설
임업적 방제법
· 내충성 품종의 선택
· 간벌 및 밀도 조절
· 시비
· 혼효림의 조성

40 곤충의 외표피에서 발견할 수 없는 구조는?

① 왁스층   ② 기저막
③ 시멘트층   ④ 단백질성 외표피

해설
곤충의 외표피는 시멘트층, 왁스층, 단백성 외표피층이 있다. 기저막은 진피층 아래 구조가 없는 얇은 막으로 곤충의 근육이 부착되는 곳과 연결되어 있다.

41 연이율이 5%이고 매년 800,000원씩 조림비를 5년간 지불하며, 마지막 지불이 끝났을 때 이자의 후가합계는?

① 약 199,526 원
② 약 626,820 원
③ 약 1,021,025 원
④ 약 4,420,800 원

해설
$$K = \frac{r[(1+P)^n - 1]}{P}$$
$$= \frac{800000[(1+0.05)^5 - 1]}{0.05} = 4,420,800$$

※ 유한연년이자
매년 말 r 씩 n 회 얻을 수 있는 이자의 후가합계는 아래와 같다.
$$K = \frac{r[(1+P)^n - 1]}{P}$$

정답 37. ③ 38. ① 39. ④ 40. ② 41. ④

42 산림경영의 지도원칙으로 옳지 않은 것은?

① 수익을 비용으로 나누어 그 값이 최소가 되도록 경영한다.
② 최대의 순수익 또는 최고의 수익률을 올리도록 경영한다.
③ 생산물량을 생산요소의 양으로 나눈 값이 최대가 되도록 경영한다.
④ 가장 질 좋은 임목을 안정된 가격에 다량 생산하여 국민의 기대에 부응하도록 경영한다.

해설
산림의 지도원칙에는 수익성, 경제성, 생산성, 공공성, 보속성, 합자연성, 환경보전의 원칙이 있으며 ② 수익성의 원칙 ③ 생산성 원칙 ④ 보속성 원칙 데 대한 내용이다.

43 법정수확표를 이용한 임목 재정 추정에 가장 불필요한 것은?

① 지위지수
② 영급 분배표
③ 임분의 영급
④ 법정임분과 관련된 임목축적

해설
법정수확표는 일정 연한마다 단위면적당 본수, 재적 및 관련 기타 주요 사항을 표시한 표로서 지위지수, 임분 영급, 법정임분에 관련된 임목축적 등이 추정에 도움이 된다.

44 각 계급의 흉고단면적 합계를 동일하게 하여 표준목을 선정한 후 전체 재적을 추정하는 방법은?

① 단급법
② Urich 법
③ Hartig 법
④ Draudt 법

해설
Hartig 법은 임분재적을 추정하는 방법 중의 하나인 표준목법 중에서 가장 정확도가 높은 방법이다. 각 계급의 흉고단면적을 동일하게 하고 임목의 그루수가 같은 계급을 나누어 각 계급에서 같은 수의 표준목을 정하는 방법으로 구하는 공식은 우리히법과 동일하다.

45 임업경영의 분석을 위한 공식으로 옳지 않은 것은?

① 자본수익율 = 순수익 ÷ 자본
② 임업의존도 = 임업소독 ÷ 임가소득
③ 임업소득율 = 임업소득 ÷ 임업자본
④ 임업소득 가계충족율 = 임업소득 ÷ 가계비

해설
임업소득률은 임업소득과 임업조수익의 백분율이다.
임업소득율=(임업소득/임업조수익)×100

46 산림탄소상쇄 제도의 사업유형이 아닌 것은?

① 신규조림
② 산림개발
③ 산림경영
④ 산지전용 억제

해설
산림탄소상쇄 제도는 산림조성, 산림경영, 산림전용 방지, 목질 바이오매스 이용 등으로 온실가스 감축 의무 달성 제도이다.

정답 42. ① 43. ② 44. ③ 45. ③ 46. ②

47 임목의 평가방법에 대한 설명으로 옳은 것은?

① 원가방식에는 기망가법이 있다.
② 수익방식에는 비용가법이 있다.
③ 원가수익절충방식에는 매매가법이 있다.
④ 벌기 이상의 임목평가는 시장가역산법으로 실시한다.

해설
① 원가방식에는 원가법과 비용가법이 있다.
② 수익방식에는 수익환원법, 기망가법이 있다.
③ 원가수익절충방식에는 Glaser 법, 임지기망가응용법이 있다.

48 특정 용도에 적합한 용재를 생산하는 데 필요한 연령을 기준으로 결정되는 벌기령은?

① 공예적 벌기령
② 자연적 벌기령
③ 재적수확 최대의 벌기령
④ 산림순수익 최대의 벌기령

해설
공예적 벌기령
· 임목이 특정 용도에 적합한 크기로 성장하는데 필요한 연령을 고려하여 정한 벌채연령을 공예적 벌기령이라 한다.
· 공예적 벌기령은 수익성을 목적으로 한 것은 아니나 최대수익성을 달성할 가능성이 있는 벌기령이다.
· 주로 펄프 용재의 생산, 철도 침목 등에 적용된다.

49 수간석해를 할 때 반경은 보통 몇 년 단위로 측정하는가?

① 1년   ② 3년
③ 5년   ④ 10년

해설
수간석해는 5년 단위로 측정을 실시한다.

50 화폐의 시간적 가치를 고려하여 투자효율을 분석하는 방법으로 가장 거리가 먼 것은?

① 회수기간법   ② 순현재가치법
③ 내부수익율법 ④ 편익-비용 비율법

해설
투자효율의 분석 방법으로 순현재가치법, 내부투자수익률법, 수익-비용률법, 회수기간법, 투자이익률법이 있다. 여기서 시간적 가치를 고려한 방법은 순현재가치법, 내부투자수익률법, 수익-비용률법이며 시간적 가치를 고려하지 않은 방법은 회수기간법, 투자이익률법이다.

51 산림문화·휴양기본계획은 몇 년마다 수립 시행하는가?

① 1   ② 5
③ 10   ④ 20

해설
산림문화 및 휴양기본계획 수립은 5년마다 시행한다.
[2018년 법안 개정 해설 수정]

52 임지비용가법을 적용할 수 있는 경우가 아닌 것은?

① 임지의 가격을 평정하는데 다른 적당한 방법이 없을 때
② 임지소유자가 매각 시 최소한 그 토지에 투입된 비용을 회수하고자 할 때
③ 임지소유자가 그 토지에 투입한 자본의 경제적 효과를 분석 검토하고자 할 때
④ 임지에서 일정한 시업을 영구적으로 실시한다고 가정하여 그 토지에서 기대되는 순수익의 현재 합계액을 산출할 때

해설
④ 문구는 임지기망가에 대한 설명이다.

정답 47. ④ 48. ① 49. ③ 50. ① 51. ② 52. ④

53 자산, 부채, 자본의 관계를 잘 나타낸 것은?

① 자산 = 자본 + 부채
② 자산 = 자본 − 부채
③ 자산 = 부채 − 자본
④ 자산 = 자본 ÷ 부채

해설
자산은 자본과 부채가 합쳐진 개념으로 부채와 자본의 합계액이 일치하기에 총자본이라고도 한다.

54 손익분기점 분석을 위한 가정으로 옳지 않은 것은?

① 생산과 판매는 동시성이 있다.
② 제품의 생산능률은 변함이 없다.
③ 제품 한 단위당 변동비는 생산량에 따라 증가한다.
④ 제품의 판매가격은 판매량이 변동하여도 변화되지 않는다.

해설
손익분기점의 분석 가정으로 제품 한 단위당 변동비는 일정하다.

55 흉고높이에서 생장추를 이용하여 반경 1cm 내의 연륜수 5를 얻었다. 흉고직경이 32cm, 상수가 500 일 때 슈나이더(Schneider)식을 이용한 재적생장율은?

① 2.5%   ② 3.1%
③ 3.6%   ④ 4.0%

해설
$$생장률 = \frac{상수}{1cm\ 내의\ 연륜수 \times 흉고직경}$$
$$= \frac{500}{5 \times 32} = 3.1(\%)$$

56 등귀생장에 관한 설명으로 옳은 것은?

① 재적의 증가를 말한다.
② 매년 1년 동안 생장한 양을 말한다.
③ 단위량에 대한 가격의 증가를 말한다.
④ 목재의 수급관계 및 화폐가치의 변동 등에 의한 가격의 변화를 말한다.

해설
목재의 수급관계 및 일반물가수준의 상승에 의한 목재 가치의 증가를 등귀생장이라 한다.

57 어떤 산림의 현실 축적이 200,000m³이고, 윤벌기가 40년일 때 Mantel 법(Masson 법)에 의한 표준연벌량은?

① 5,000m³   ② 10,000m³
③ 15,000m³ ④ 20,000m³

해설
$$\frac{2 \times 200,000}{40} = 10,000$$

※ Mantel법
$$표준연벌채량 = \frac{2 \times 현실임분의축적}{윤벌기}$$

58 현재 5년생인 동령림에서 임목을 육성하는 데 소요된 순비용(육성원가)의 후가합계는?

① 임목비용가   ② 임목기망가
③ 임목매매가   ④ 임목원가계산

해설
5년생인 동령림은 유령림으로 소요된 순비용의 후가합계 방법으로 임목비용가법이 적합하다.

정답 53. ① 54. ③ 55. ② 56. ④ 57. ② 58. ①

59 임목의 생장량을 측정하는데 있어서 현실생장량의 분류에 속하지 않는 것은?

① 연년생장량　② 정기생장량
③ 벌기생장량　④ 벌기평균생장량

해설
벌기평균생장량은 평균생장량에 속한다.
※ **현실생장량 분류** : 연년생장량, 정기생장량, 벌기생장량, 총생장량

60 숲해설가의 배치기준으로 옳지 않은 것은?

① 수목원 – 2명 이상
② 산림욕장 – 1명 이상
③ 국립공원 – 2명 이상
④ 자연휴양림 – 2명 이상

해설
숲해설가 배치기준에서 자연공원법에 의거 자연공원은 1명이상 배치하며 이때 국립공원은 제외한다.

61 임도 설계 시 절토 경사면의 기울기 기준으로 옳은 것은?

① 토사지역 1 : 1.2~1.5
② 점토지역 1 : 0.5~1.2
③ 암석지(경암) 1 : 0.3~0.8
④ 암석지(연암) 1 : 0.5~0.8

해설
토사지역의 절토 사면 설치 기준은 기울기 1 : 0.8 ~ 1.5 이다. 암석지의 경우 경암은 1 : 0.3 ~ 0.8 이다.

62 임도 설계 시 예산내역서에 대한 설명으로 옳은 것은?

① 공정별로 집계표를 작성하고 누계하여 적용한다.
② 당해 공사의 목적, 기준, 시공 후 기여도 등을 상세히 기록한다.
③ 일반적인 과업지시 사항과 공사목적 및 현지의 입지조건 등을 수록한다.
④ 공정별 수량계산서에 의한 공정별 수량과 단가산출서에 의한 공종별 단가를 곱하여 작성한다.

해설
임도에 들어가는 비용을 각 수량에 맞춰 작성하는 것으로 공정별 수량계산서에 의해 공종별 수량을 구하고 단가산출서 및 일위대가표를 통해 공종별 단가를 곱하여 작성한다.

63 임도에 교량을 설치할 때 적합하지 않은 지점은?

① 계류의 방향이 바뀌는 굴곡진 곳
② 지질이 견고하고 복잡하지 않은 곳
③ 하상의 변동이 적고 하천의 폭이 협소한 곳
④ 하천 수면보다 교량면을 상당히 높게 할 수 있는 곳

해설
계류의 방향이 바뀌지 않는 직선인 곳에 교량을 설치한다.
※ **교량 설치 지점**
· 지반이 견고하고 복잡하지 않은 곳
· 하상의 변동이 적고 하천의 폭이 협소한 곳
· 하천이 가급적 직선인 곳, 굴곡부는 피하도록 함
· 교량을 하천 수면보다 상당히 높게 할 수 있는 곳

정답 59. ④　60. ③　61. ③　62. ④　63. ①

64 임도 관련 법령에 따른 산림기반시설에 해당되지 않는 것은?

① 간선임도 ② 지선임도
③ 산정임도 ④ 작업임도

해설
임도 관련 법령에 따른 산림기반시설로 간선임도, 지선임도, 작업임도가 있다.

65 임도의 성토사면에 있어서 붕괴가 일어날 가능성이 적은 경우는?

① 함수량이 증가할 때
② 공극수압이 감소될 때
③ 동결 및 융해가 반복될 때
④ 토양의 점착력이 약해질 때

해설
공극수압이 감소하면 균열의 발생확률이 낮아져 붕괴의 가능성이 적어진다.

※ **성토사면의 붕괴 요인**

내적요인	외적요인
· 유수에 의한 침식	· 수분증가에 따른 점토의 팽창
· 강우, 눈, 성토의 외적 하중의 증가	· 수축, 팽윤에 의한 미세 균열
· 함수량증가로 인한 흙의 단위중량 증가	· 간극수압의 증가
· 인장응력에 의한 균열 발생	· 동결 및 융해의 반복
· 발파, 지진 등의 충격	· 취약부 지반의 변형

66 임도 관련 법령에 의한 임도 실시 설계의 실측과정에서 이루어지는 업무가 아닌 것은?

① 횡단측량 ② 종단측량
③ 영선측량 ④ 중심선측량

해설
임도 설계 업무에서 실측과정에서 평면측량, 종단측량, 횡단측량, 구조물측량을 시행한다.

67 임도에서 합성기울기와 관련이 있는 조합은?

① 횡단기울기와 편기울기
② 종단기울기와 역기울기
③ 편기울기와 곡선반지름
④ 종단기울기와 횡단기울기

해설
합성기울기는 종단기울기와 횡단기울기를 이용하여 구한다.
※ 합성기울기
합성기울기 = $\sqrt{종단기울기^2 + 횡단기울기^2}$

68 임도의 곡선을 결정할 때 외선길이가 10m이고 교각이 90°인 경우 곡선반지름은?

① 약 14m ② 약 24m
③ 약 34m ④ 약 44m

해설
곡선반지름은 약 24m이다.
외선길이 = 곡선반지름$\left[\sec\left(\dfrac{\theta}{2}\right) - 1\right]$
$10 = 곡선반지름 \times \left[\sec\left(\dfrac{90}{2}\right) - 1\right]$
곡선반지름 = $10 \div 0.4142 ≒ 24.1$

69 토목 공사용 굴착기의 앞부속장치로 옳지 않은 것은?

① crane ② clam line
③ pile driver ④ drag shovel

해설
토목 공사용 굴착기의 앞 부속장치로 파일드라이브, 드레그라인, 크레인, 클램셀, 파워셔블, 드래그셔블이 있다.

정답 64. ③ 65. ② 66. ③ 67. ④ 68. ② 69. ②

70 평판측량에 대한 설명으로 옳지 않은 것은?

① 대부분의 작업이 현장에서 이뤄진다.
② 다른 측량방법에 비해 정확도가 낮다.
③ 비가 오는 날에는 측량이 매우 곤란하다.
④ 측량용 기구가 간단하여 운반이 편리하다.

> **해설**
> 평판측량의 측량용 기구의 부속품이 많아 운반은 불편하다.

71 임도의 비탈면 기울기를 나타내는 방법에 대한 설명으로 옳은 것은?

① 비탈어깨와 비탈밑 사이의 수직높이 1에 대하여 수평거리가 n 일 때 1 : n 으로 표기한다.
② 비탈어깨와 비탈밑 사이의 수평거리 1에 대하여 수직높이가 n 일 때 1 : n 으로 표기한다.
③ 비탈어깨와 비탈밑 사이의 수평거리 100에 대하여 수직높이가 n 일 때 1 : n 으로 표기한다.
④ 비탈어깨와 비탈밑 사이의 수직높이 100에 대하여 수평거리가 n 일 때 1 : n 으로 표기한다.

> **해설**
> 비탈면의 기울기는 수직높이 1에 대한 수평거리의 비로 나타낸다.

72 임도의 노체에 대한 설명으로 옳지 않은 것은?

① 측구는 공법에 따라 토사도, 사리도, 쇄석도 등으로 구분한다.
② 임도의 노체는 노상, 노면, 기층 및 표층의 각 층으로 구성된다.
③ 노면에 가까울수록 큰 응력에 견디기 쉬운 재료를 사용하여야 한다.
④ 통나무길 및 섶길은 저습지대에 있어서 노면의 침하를 방지하기 위하여 사용하는 것이다.

> **해설**
> 토사도, 사리도, 쇄석도, 통나무길, 섶길 등은 노면재료에 따른 구분이다.

73 노동재해의 정도를 나타내는 도수율에서 노동시간수가 10,000 시간이고 노동재해 발생 건수가 10건일 때의 도수율은 얼마인가?

① 10   ② 100
③ 1,000   ④ 10,000

> **해설**
> $\dfrac{10}{10,000} \times 1,000,000 = 1000$
> ※ 도수율
> 도수율 $= \dfrac{\text{재해건수}}{\text{연간근로총시간}} \times 10^6$

74 임도 설계 시 일반적인 곡선설정법이 아닌 것은?

① 교각법   ② 교회법
③ 편각법   ④ 진출법

> **해설**
> 임도 설계 시 일반적인 곡선설정으로 교각법, 편각법, 진출법을 이용한다. 교회법은 평판측량의 방법이다.

정답 70. ④ 71. ① 72. ① 73. ③ 74. ②

75 1 : 50000 지형도상에 종단기울기가 8% 인 임도 노선을 양각기 계획법으로 배치하고자 할 때 등고선 간의 도상거리는?

① 2.5mm ② 5.0mm
③ 7.5mm ④ 10.0mm

해설
1/50000 지형도는 등고선 간격의 기준이 20m 이다. 즉 종단물매가 8% 이므로 수평거리는 등고선간격 20m ÷ 물매 0.08% = 250m 임을 도출할 수 있다.
1 : 50000 = 도상거리 : 250
→ 도상거리 : 5mm

76 임도망 계획 시 고려해야 할 사항으로 옳지 않은 것은?

① 운재비가 적게 들도록 한다.
② 신속한 운반이 되도록 한다.
③ 운재 방법이 다양하도록 한다.
④ 계절에 따른 운반능력의 제한이 없도록 한다.

해설
운재방법은 단일화할수록 효율적이다.

77 자침 편차의 변화값이 아닌 것은?

① 일차 ② 년차
③ 주차 ④ 규칙변화

해설
자침편차는 진북과 자북의 각으로 그 종류는 일변화, 연변화, 주기변화, 불규칙변화로 분류한다.

78 다음 그림에서 ∠XAB = 16°25′38″, AB = 45.58m, ∠XAC = 63°17′19″, AC = 51.73m 일 때 두 나무 사이의 거리는?

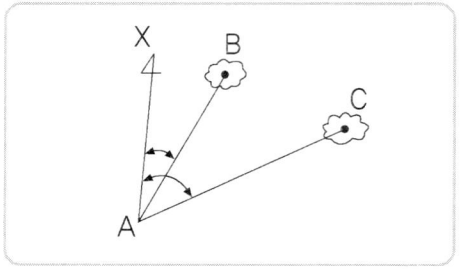

① 약 40m ② 약 45m
③ 약 50m ④ 약 55m

해설

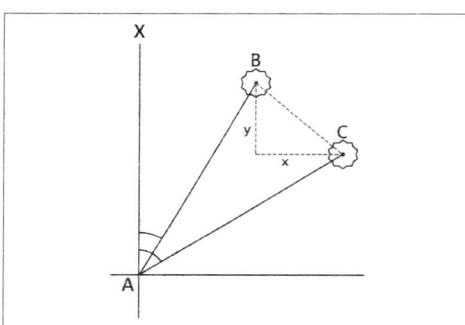

$\overline{BC} = \sqrt{x^2 + y^2}$

$y = y_B - y_C$, $x = x_C - x_B$

$y_B = \overline{AB} \times \cos 16°25′38″ = 45.58 \times 0.9592 ≒ 43.72$

$y_C = \overline{AC} \times \cos 63°17′19″ = 51.73 \times 0.4495 ≒ 23.25$

$y = 43.72 - 23.25 = 20.47$

$x_C = \overline{AC} \times \sin 63°17′19″ = 51.73 \times 0.8933 ≒ 46.21$

$x_B = \overline{AB} \times \sin 16°25′38″ = 45.58 \times 0.2828 ≒ 12.89$

$x = 46.21 - 12.89 = 33.32$

$\overline{BC} = \sqrt{33.32^2 + 20.47^2} = \sqrt{1529.24} ≒ 39.105 ≒ 40$

정답 75. ② 76. ③ 77. ④ 78. ①

79 임도의 최소 종단기울기를 유지해야 하는 주요 목적은?

① 성토면의 토량을 확보하여 시공비를 절약하기 위해
② 시공비용이 높기 때문에 벌채점까지 신속히 접근시키기 위해
③ 임도 표면에 잡초들의 발생을 예방하여 유지비를 절약하기 위해
④ 임도 표면의 배수를 용이하게 하여 임도 파손을 막고 유지비를 절약하기 위해

해설
종단기울기는 임도 중심선의 수평면에 대한 기울기로 종단기울기를 유지하여 배수를 원활하게 하고 토양침식과 차량에 의한 파손을 막는다.

80 토질시험 시 입경누적곡선에서 유효경은 중량백분율의 몇 % 인가?

① 10% ② 20%
③ 30% ④ 40%

해설
유효입경은 중량 백분율의 10%에 해당하는 입경이다. 입도분포곡선에서 누적 중량의 10%가 통과하는 입자의 지름으로 전체 10%를 통과시킨 체눈의 크기에 해당하는 입자의 지름과 같은 의미이다.

81 비탈다듬기 공사의 시공 요령으로 옳은 것은?

① 산 아래부터 시작하여 산꼭대기로 진행한다.
② 속도랑 공사는 비탈다듬기를 완료한 후에 시공한다.
③ 붕괴면 주변의 가장자리 부분은 최소한으로 끊어 내도록 한다.
④ 비탈다듬기공사 후 뜬 흙이 안정될 때까지 상당 기간 동안 비바람에 노출시킨다.

해설
① 비탈다듬기는 산정상에서 아랫방향으로 진행한다.
② 속도랑 공사 이후 비탈다듬기를 한다.
③ 붕괴면 주변의 상부는 최소한이 아닌 충분히 끊어 내도록 설계한다.

82 임간나지에 대한 설명으로 옳은 것은?

① 산림이 회복되어 가는 임상이다
② 비교적 키가 작은 울창한 숲이다
③ 초기황폐지나 황폐이행지로 될 위험성은 없다
④ 지표면에 지피식물 상태가 불량하고 누구 또는 구곡침식이 형성되어 있다.

해설
나지는 지피식물 상태가 불량하여 잔도랑이나 큰도랑이 발생하여 누구, 구곡 침식이 발생하기 쉽다.

83 3급 선떼붙이기에서 1m를 시공하는데 사용되는 적정 떼 사용 매수는?(단, 떼 크기는 길이 40cm, 너비 25cm)

① 1매   ② 5매
③ 10매 ④ 20매

해설

※ 급수별 선떼 붙이기 매수표

구분	길이 40cm, 폭 20cm 규격	
떼크기	단면상 매수	연장 1m 당 매수
1급	5.0	12.50
2급	4.5	11.25
3급	4.0	10.00
4급	3.5	8.75
5급	3.0	7.50
6급	2.5	6.25
7급	2.0	5.00
8급	1.5	3.75
9급	1.0	2.5
단면당 매수 * 2.5매/m		

정답 79. ④ 80. ① 81. ④ 82. ④ 83. ③

84 다음 그림과 같은 사다리꼴 수로에서 윤변을 구하는 계산식으로 옳은 것은?

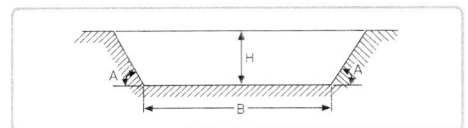

① $B+\dfrac{H}{\sin A}$ ② $B+\dfrac{H}{\cos A}$
③ $B+\dfrac{2H}{\sin A}$ ④ $B+\dfrac{2H}{\cos A}$

해설
물과 접촉하는 수로 주변의 길이는 윤변이라 한다.

85 비탈면 안정을 위한 계획을 수립할 때 설계를 위한 주요 조사항목으로 거리가 먼 것은?

① 지위조사 ② 기상조사
③ 지형조사 ④ 지질조사

해설
비탈면 안정을 위한 계획 수립시 주요 조사 항목으로 기상, 지질 및 토양특성, 지형 및 경사 등을 사전 조사한다.

86 사방댐을 설치한 계류의 기울기에 대한 설명으로 옳지 않은 것은?

① 사방댐을 축설하고 나서 홍수가 발생하면 하상기울기는 홍수기울기로 고정된다.
② 홍수기울기와 평형기울기 사이의 퇴사량을 댐의 토사조절량이라고 한다.
③ 유수가 사력을 포함하지 않을 경우의 계상기울기는 가장 완만한데 이를 평형기울기라 한다.
④ 홍수로 다량의 사력을 함유하면 계상기울기가 가장 급하게 되는데 이를 홍수기울기라 한다.

해설
사방댐을 축설하게 될 경우 홍수가 발생시 댐에 토사조절량으로 인하여 급한 계상기울기가 발생이 어느 정도 완화되기에 하상기울기가 홍수기울기로 고정되지는 않는다.

87 유기물이 많은 겉흙을 넓게 제거하여 토양 비옥도와 생산성을 저하시키는 침식 형태는?

① 면상침식 ② 우격침식
③ 구곡침식 ④ 누구침식

해설
빗방울의 튀김이나 표면의 유거수로 인해 표면의 겉흙이 넓게 유실되는 것을 면상침식이라 한다.

88 중력식 사방댐이 전도에 대하여 안정하기 위해서는 합력작용선이 제저 중앙의 얼마 이내를 통과해야 하는가?

① 1/2 ② 1/3
③ 1/4 ④ 1/5

해설
사방댐의 안정조건으로 합력작용선이 댐의 밑바닥인 제저의 중앙 1/3 이내를 통과해야 한다.

89 골막이에 대한 설명으로 옳지 않은 것은?

① 물이 흐르는 중심선 방향에 직각이 되도록 설치한다.
② 본류와 지류가 합류하는 경우 합류부 위쪽에 설치한다.
③ 계상기울기를 수정하여 유속을 완화시키는 공작물이다
④ 구곡막이라고도 하며 주로 상류부에 설치하여 유송토사를 억제하는 데 목적이 있다.

해설
본류와 지류가 합류하는 경우 합류부의 아래쪽에 설치한다.

정답 84. ③ 85. ① 86. ① 87. ① 88. ② 89. ②

90 가속침식에 해당되지 않는 것은?

① 물침식 ② 중력침식
③ 자연침식 ④ 바람침식

> **해설**
> 가속침식은 이상침식이라고 하며 물, 바람, 파도, 중력 등의 외부적 작용에 의한 침식이다. 자연침식은 지질학적 침식 혹은 정상침식이라 하여 가속침식에는 해당되지 않는다.

91 지하수의 용출 및 누수에 의한 침식이 심한 비탈면에서 직접 거푸집을 설치하여 콘크리트를 치는 공법은?

① 새집공법
② 비탈힘줄박기
③ 콘크리트블록쌓기
④ 콘크리트뿜어붙이기

> **해설**
> 힘줄박기공법은 사면이 붕괴를 일으킬 위험이 있을 경우 식생공법 외에 실시하는 비탈면보호공법의 일종이다. 비탈면의 안정을 목적으로 대개 비탈물매가 급하고 석력이 많은 불안정한 사면이나 지하수 혹은 누수에 의한 침식이 심한 사면에 실시하며 직접 거푸집을 설치하여 콘크리트 치기를 하고 이후 뼈대인 힘줄을 만들어 돌이나 흙으로 채우는 방식이다.

92 황폐된 산림의 면적이 50ha 이고 최대시우량이 45mm/hr, 유거계수가 0.8 이면 최대시우량법에 의한 최대홍수유량은?

① 1.8m³/sec ② 5m³/sec
③ 18m³/sec ④ 50m³/sec

> **해설**
> 0.002778×0.8×45×50=5.0004
> → 약 5m³/sec
> ※ 합리식법
> $Q = 0.002778\ CIA$
> Q : 유출량(m³/sec)
> C : 유거계수
> I : 최대시우량(mm/hr)
> A : 유역면적(ha)

93 황폐계류유역을 상류로부터 하류까지 구분하는 순서는?

① 토사생산구역→토사퇴적구역→토사유과구역
② 토사유과구역→토사생산구역→토사퇴적구역
③ 토사유과구역→토사퇴적구역→토사생산구역
④ 토사생산구역→토사유과구역→토사퇴적구역

> **해설**
> 황폐계류의 상류부를 토사생산구역, 생산된 토사가 이동하는 토사유과구역, 하류에 토사가 퇴적되는 토사퇴적구역으로 구분된다.

94 산지사방에 대한 설명으로 옳지 않은 것은?

① 눈사태 방재림 조성은 제외된다.
② 시공 대상지는 붕괴지, 밀린땅 등이 있다.
③ 산사태 발생의 위험이 있는 산지에 대해서도 실시할 수 있다.
④ 황폐되거나 황폐될 위험성이 있는 산지의 토양침식 방지를 위해 실시한다.

> **해설**
> 산지사방에서 눈사태 방지를 위한 방재림 조성도 포함된다.

95 훼손지 및 비탈면의 녹화공법에 사용되는 수종으로 적합하지 않는 것은?

① 은행나무 ② 오리나무
③ 싸리나무 ④ 아까시나무

> **해설**
> 사방수종은 적응력이 강하고 성장이 빠른 소나무, 해송, 오리나무, 아카시나무, 싸리 등이 적합하다.

정답 90. ③ 91. ② 92. ② 93. ④ 94. ① 95. ①

96 콘크리트의 방수성을 높일 목적으로 사용되는 혼화재료가 아닌 것은?

① 아스팔트 ② 규산나트륨
③ 플라이 애시 ④ 파라핀 유제

해설
플라이 애쉬는 콘크리트의 유동성 개선 및 수밀성을 향상시키는 혼화재료이다.

97 사방사업이 필요한 지역의 유형분류에서 황폐지에 해당되지 않는 것은?

① 민둥산 ② 밀린땅
③ 임간나지 ④ 척악임지

해설
황폐지는 척악임지, 임간나지, 민둥산 등이 있으며 밀린땅은 지활지로 분류된다.

98 수제의 간격을 결정할 때 고려되어야 할 사항으로 가장 거리가 먼 것은?

① 유수의 강도
② 수제의 길이
③ 계상의 기울기
④ 대수면의 면적

해설
수제의 간격은 유수의 강도, 유수의 방향, 계상의 기울기, 수제의 길이, 사행현상 등을 고려한다.

99 빗물에 의한 토양의 침식 순서로 옳은 것은?

① 누구침식 → 구곡침식 → 면상침식 → 우격침식
② 누구침식 → 우격침식 → 면상침식 → 구곡침식
③ 우격침식 → 면상침식 → 누구침식 → 구곡침식
④ 우격침식 → 누구침식 → 구곡침식 → 면상침식

해설
빗물의 침식
㉠ 우격침식 : 토양입자를 타격, 가장 초기과정
㉡ 면상침식 : 표면 전면이 엷게 유실
㉢ 누구침식 : 표면에 잔도랑이 발생
㉣ 구곡침식 : 도랑이 커지면서 심토까지 깎임

100 앞모래언덕 육지쪽에 후방 모래를 고정하여 표면을 안정시키고 식재목이 잘 생육할 수 있는 환경 조성을 위해 실시하는 공법은?

① 모래덮기
② 퇴사울세우기
③ 구정바자얽기
④ 정사울세우기

해설
정사울 세우기는 전사구에 후방 모래를 고정하여 표면을 안정화하고 식재목이 생육할 수 있는 환경 조성을 위해 실시하며 주로 모래덮기공법과 사초심기공법을 함께 시행한다.

정답 96. ③ 97. ② 98. ④ 99. ③ 100. ④

2019년 제1회 산림기사

01 수목의 내음성에 대한 설명으로 옳지 않은 것은?

① 주목은 음수 수종이다.
② 소나무는 양수 수종이다.
③ 수목이 햇빛을 좋아하는 정도이다.
④ 수목이 그늘에서 견딜 수 있는 정도이다.

해설
내음성은 식물이 낮은 광도 조건에서 생육하는 능력을 말하며 내음성이 강할수록 낮은 광도에서도 생장이 용이하다.

02 택벌작업에 대한 설명으로 옳지 않은 것은?

① 보속수확이 가능하다.
② 음수 수종 갱신에 적합하다.
③ 작업 과정에서 하층목의 손상 위험이 매우 작다.
④ 임분 내에는 다양한 연령의 수목이 존재한다.

해설
택벌 작업 과정은 임목의 벌채가 어렵고 하층목의 손상 위험이 높다.

03 천연림 보육과정에서 간벌작업 시 미래목 관리 방법으로 옳은 것은?

① 미래목간의 거리는 2m 정도로 한다.
② 활엽수는 100~150본/ha 정도로 선정한다.
③ 침엽수는 200~300본/ha 정도로 선정한다.
④ 가슴높이에서 10cm 의 폭으로 적색 수성페인트를 둘러서 표시한다.

해설
미래목간의 거리는 5m 정도로 하고 활엽수는 200본/ha 내외로 선정한다. 미래목은 가슴높이에서 10cm 의 폭으로 황색 수성페인트로 둘러서 표시한다.

04 천연하종갱신에 대한 설명으로 옳은 것은?

① 노동력과 비용이 많이 필요하다.
② 동령단순림으로 숲이 빠르게 성립된다.
③ 조림지의 교란으로 토양 환경이 악화된다.
④ 오랜 시간 동안 환경에 적응되어 숲 조성에 실패가 적다.

해설
천연하종갱신은 성숙한 나무에서 종자가 떨어져 어린나무가 발생하여 갱신하는 방법으로 오랜 시간 동안 환경에 적응되어 있기에 숲의 조성에 실패가 적은 편이다.

05 파종상에 짚덮기를 하는 이유로 옳지 않은 것은?

① 잡초의 발생을 억제한다.
② 약제 살포의 효과를 증대시킨다.
③ 빗물로 인한 흙과 종자의 유실을 막는다.
④ 파종상의 습도를 높여 발아를 촉진시킨다.

해설
파종상 짚덮기는 토양의 건조와 토사유실, 종자의 유실 등을 막는 것을 목적으로 한다.

정답 01. ③ 02. ③ 03. ③ 04. ④ 05. ②

06 종자의 검사 방법에 대한 설명으로 옳은 것은?

① 효율은 발아율과 순량율의 곱으로 계산한다.
② 실중은 종자 1L 에 대한 무게를 kg 단위로 나타낸 것이다.
③ 순량율은 전체시료무게를 순정종자무게에 대한 백분율로 나타낸 것이다.
④ 발아세는 발아시험기간 동안 발아입수를 시료수에 대한 백분율로 나타낸 것이다.

해설
효율은 발아율과 순량율을 곱하여 구한다.

07 조림용 묘목의 규격을 측정하는 기준이 아닌 것은?

① 간장   ② 근원경
③ 수관폭   ④ H/D 율

해설
묘목 규격의 측정기준으로 간장, H/D 율, 근원경, 묘령이 있다.

08 생가지치기를 피해야 하는 수종이 아닌 것은?

① *Acer palmatum*
② *Zelkova serrata*
③ *Prunus serrulata*
④ *Populus davidiana*

해설
① 단풍나무 ② 느티나무 ③ 벚나무 ④ 사시나무
느릅나무, 단풍나무, 물푸레나무, 벚나무는 상처의 유합이 안되어 썩기 쉬운 수종으로 생가지치기를 피해야 한다.

09 임지가 비옥하거나 식재목이 광선을 많이 요구할 때 실시하며, 소나무나 일본잎갈나무 등의 조림지에 가장 적합한 풀베기 방법은?

① 줄깎기   ② 둘레깎기
③ 전면깎기   ④ 솎아깎기

해설
전면깎기는 모두베기라하며 조림목을 제외한 잡초목을 제거하는 작업이다. 임지가 비옥하고 식재목이 광선을 많이 요구할 때 주로 실시하며 양수수종에 적합하다.

10 버드나무류나 사시나무류의 종자를 채취한 후 바로 파종하는 이유로 옳은 것은?

① 종자의 수명이 짧기 때문에
② 종자의 크기가 작기 때문에
③ 종자의 발아력이 높기 때문에
④ 종자가 바람에 잘 흩어지기 때문에

해설
버드나무, 사시나무 등은 종자의 수명이 짧기 때문에 바로 파종하여야 한다.

11 편백에 대한 설명으로 옳지 않은 것은?

① 암수한그루이다.
② 편백나무과에 속한다.
③ 성숙한 구과는 적갈색이다.
④ 잎에 Y자형의 흰 기공선이 나타난다.

해설
편백은 측백나무과에 속한다.

12 잎의 끝이 두 갈래로 갈라지는 수종은?

① 비자나무   ② 구상나무
③ 가문비나무   ④ 일본잎갈나무

해설
구상나무는 가지, 줄기가 돌려나기로 돋아나며 잎 끝이 2갈래로 살짝 갈라져 있다.

정답 06. ① 07. ③ 08. ④ 09. ③ 10. ① 11. ② 12. ②

13 수분 부족 스트레스를 받은 수목의 일반적인 현상이 아닌 것은?

① 춘재 비율이 추재 비율보다 더 많아진다.
② 체내의 수분이 부족하여 팽압이 감소한다.
③ ABA를 생산하기 시작해서 기공의 크기에 영향을 준다.
④ 생화학적인 반응을 감소시켜 효소의 활동을 둔화시킨다.

해설
강우량이 많은 해는 춘재의 양이 증가하고 수분이 부족한 해는 추재의 양이 증가한다.

14 옥신의 생리적 효과에 대한 설명으로 옳지 않은 것은?

① 뿌리 생장   ② 정아 우세
③ 제초제 효과   ④ 탈리현상 촉진

해설
옥신은 줄기 및 뿌리 선단부분에 세포 신장에 영향을 주며 신장촉진에 관여를 한다. 또한 발근 촉진 및 개화 촉진을 한다. 옥신 중 제초제의 효과를 가진 성분도 있으며 식물의 굴지성에도 영향을 준다.

15 묘포에서 시비에 대한 설명으로 옳은 것은?

① 기비는 무기질 비료, 추비는 속효성 비료를 사용하는 것이 좋다.
② 기비는 유기질 비료, 추비는 완효성 비료를 사용하는 것이 좋다.
③ 기비는 완효성 비료, 추비는 유기질 비료를 사용하는 것이 좋다.
④ 기비는 속효성 비료, 추비는 무기질 비료를 사용하는 것이 좋다.

해설
기비는 무기질 비료, 추비는 속효성 비료를 사용하는 것이 좋다.

16 여름 기온이 높고 강수량이 풍부한 낙엽활엽수림에 주로 분포하는 우리나라의 산림토양은?

① 갈색산림토양
② 암적색산림토양
③ 적황색산림토양
④ 회갈색산림토양

해설
갈색산림토는 낙엽활엽수림이나 낙엽활엽수 및 상록 침엽수의 혼효림에 생성되는 띠모양의 토양으로 활엽수에서 떨어지는 낙엽에 의해 양분이 풍부한 것이 특징이다.

17 산림대에 대한 설명으로 옳은 것은?

① 우리나라의 남한 지역에는 한대림이 존재하지 않는다.
② 우리나라 난대림의 주요 특징 수종으로 가시나무가 있다.
③ 열대림은 넓은 지역에 걸쳐 단일 수종으로 단순림을 구성할 때가 많다.
④ 지중해 연안 지역의 산림은 우리나라 온대 북부의 산림 구성과 유사하다.

해설
우리나라 남한지역의 한라산에는 한 대림이 존재하며 열대림의 경우 다양한 수종으로 구성되어 있으며 지중해 연안지역은 아열대 기후이다.

18 산벌작업에 대한 설명으로 옳은 것은?

① 인공적으로 조림하여 갱신한다.
② 왜림을 조성하기 위한 작업이다.
③ 음수 수종은 갱신이 어려운 작업이다.
④ 예비벌, 하종벌, 후벌 순서로 작업을 진행한다.

해설
산벌작업은 윤벌기가 완료되기 이전 갱신이 완료되는 전갱작업으로 예비벌, 하종벌, 후벌 순서로 작업이 진행된다.

정답 13. ① 14. ④ 15. ① 16. ① 17. ② 18. ④

19 수목의 광보상점에 대한 설명으로 옳은 것은?

① 호흡에 의한 이산화탄소 방출량이 최대인 경우의 광도이다.
② 광합성에 의한 이산화탄소 흡수량이 최대인 경우의 광도이다.
③ 광합성에 의한 이산화탄소 흡수량이 최소인 경우의 광도이다.
④ 호흡에 의한 이산화탄소 방출량과 광합성에 의한 이산화탄소 흡수량이 동일한 경우의 광도이다.

해설
식물이 광합성과정에서 호흡에 의한 이산화탄소 방출량과 광합성에 의한 이산화탄소 흡수량이 같아져 광합성량이 0 가 되는 것을 말한다.

20 종자 결실 주기가 가장 긴 수종은?

① *Alnus japonica*
② *Abies holophylla*
③ *Betula platyphylla*
④ *Robinia pseudoacacia*

해설
①오리나무 ②전나무 ③자작나무 ④아까시나무전나무는 3~4년 정도의 결실 주기를 가지며 오리나무는 해마다, 자작나무, 아까시나무는 격년의 결실 주기를 갖는다.

21 생물학적 방제에 이용하는 미생물과 해당 수목병의 연결이 옳지 않은 것은?

① *Trichoderma harzianum* - 모잘록병
② *Tuberculina maxima* - 잣나무 털녹병
③ *Agrobacterium radiobactor* - 세균성 뿌리혹병
④ *Phleviopsis gigantea* - 침엽수의 뿌리썩음병

해설
Trichoderma harzianum 는 잿빛곰팡이병의 생물학적 방제에 이용된다.

22 방제 대상이 아닌 곤충류에도 피해를 주기 가장 쉬운 농약은?

① 전착제　　② 화학불임제
③ 접촉살충제　④ 침투성 살충제

해설
접촉살충제는 곤충의 표면에 접촉되어 해충을 방제하기에 방제 대상이 아닌 곤충 표면에 묻어 피해를 주기도 한다.

23 해충과 천적 연결이 옳지 않은 것은?

① 솔잎혹파리 - 솔노랑잎벌
② 천막벌레나방 - 독나방살이고치벌
③ 미국흰불나방 - 나방살이납작맵시벌
④ 버들재주나방 - 산누에살이납작맵시벌

해설
솔잎혹파리의 천적으로 솔잎혹파리먹좀벌, 혹파리살이먹좀벌, 혹파리등뿔먹좀벌, 혹파리반뿔먹좀벌이 있다.

24 수목의 외과적 치료 방법에 대한 설명으로 옳은 것은?

① 나무주사를 이용하는 방법이다.
② 부후병, 뿌리썩음병에는 효과가 없다.
③ 뽕나무 오갈병, 오동나무 빗자루병에는 효과가 없다.
④ 살균제 성분을 이용하여 수목 피해를 예방하는 것이다.

해설
뽕나무 오갈병, 오동나무 빗자루병은 파이토플라스마에 의해 발생하며 약제를 수간주입하여 치료하기에 외과적 치료방법에는 효과가 없다.

정답 19. ④　20. ②　21. ①　22. ③　23. ①　24. ③

25 오리나무잎벌레 방제 방법으로 옳지 않은 것은?

① 알덩어리가 붙어 있는 잎을 소각한다.
② 5~6월에 모여 사는 유충을 포살한다.
③ 유충 발생기에 트리플루뮤론 수화제를 살포한다.
④ 수은등이나 유아등을 설치하여 성충을 유인한다.

> **해설**
> 오리나무잎벌레 방제를 위해 5월쯤 잎 뒷면에 붙어 있는 난괴(알덩어리)는 소각하고 발생한 유충은 포살한다. 유충발생기에는 디플루벤주론, 트리플루뮤론 수화제 등으로 방제한다.

26 곤충의 피부 구조 중에서 한 개의 세포층으로 되어 있는 부분은?

① 외표피   ② 원표피
③ 기저막   ④ 진피층

> **해설**
> 진피층은 단층의 세포조직으로 표면에는 미세한 융모가 있다.

27 밤나무 줄기마름병 방제 방법으로 옳지 않은 것은?

① 질소 비료를 적게 준다.
② 내병성 품종을 재배한다.
③ 상처 부위에 도포제를 바른다.
④ 중간기주인 현호색을 제거한다.

> **해설**
> 밤나무 줄기마름병은 가지나 줄기에 주로 발생하며 바람에 의해 전반되어 상처를 통해 침입한다. 이를 방제하기 위해 질소 비료의 과용을 피하고 상처 부위에 도포제를 바르며 저항성이 있는 내병성 품종으로 재배한다. 현호색은 포플러 잎녹병의 중간기주이다.

28 바이러스로 인한 수목병 방제 방법에 대한 설명으로 옳지 않은 것은?

① 생장점 배양을 한다.
② 묘포장에서는 윤작을 피한다.
③ 잡초를 활용하여 간섭 효과를 유발한다.
④ 약독 바이러스를 발병 전에 미리 접종한다.

> **해설**
> 잡초의 경우 바이러스의 중간기주가 되기도 하기에 간섭효과를 유발하지는 않는다.

29 솔나방 방제 방법으로 옳지 않은 것은?

① 월동 후 유충 활동시기에 아바멕틴 유제를 나무주사한다.
② 성충 활동기에 수은등이나 유아등을 설치하여 성충을 유살한다.
③ 7~8월 중순에 산란된 알 덩어리가 붙어 있는 가지를 잘라서 소각한다.
④ 유충이 가해하는 시기에 디플루벤주론 수화제나 뷰프로페진 수화제를 살포한다.

> **해설**
> 방제를 위해 월동 후 유충의 활동시기인 아바멕틴 유제를 나무주사하거나 미생물 농약 BT제를 사용하기도 한다.

30 수목병을 진단하는 방법으로 옳지 않은 것은?

① 지표식물 이용
② 항원-항체 반응
③ 테트라졸륨 검사
④ Koch 의 원칙 적용

> **해설**
> 테트라졸륨 검사는 종자의 활력검사 방법이다

정답 25. ④ 26. ④ 27. ④ 28. ③ 29. ④ 30. ③

31 솔잎혹파리의 월동 형태는?

① 알　　② 유충
③ 성충　　④ 번데기

해설
솔잎혹파리는 지피물 아래나 땅속에서 유충형태로 월동한다.

32 세균이 식물에 침입할 수 있는 자연 개구부에 해당하지 않는 것은?

① 각피　　② 기공
③ 피목　　④ 밀선

해설
각피는 식물의 물리적 보호기능 및 수분증발의 억제기능을 가지고 있어 세균의 침입이 어렵다. 식물체 내에 침입이 가능한 통로로 기공, 피목, 밀선, 수공 등이 있다.

33 수목에 피해를 주는 대기오염 물질이 아닌 것은?

① PAN　　② 염화칼슘
③ 질소산화물　　④ 아황산가스

해설
수목에 피해를 주는 대기오염 물질로 오존, PAN, 아황산가스, 질소산화물 등이 있다.

34 그을음병에 대한 설명으로 옳지 않은 것은?

① 주로 잎의 앞면에 발생한다.
② 병균이 주로 잎의 양분을 탈취한다.
③ 잎 표면을 깨끗이 닦아 피해를 줄일 수 있다.
④ 진딧물류 및 깍지벌레류가 번성할수록 잘 발생한다.

해설
그을음병은 식물의 동화작용을 방해하여 수세가 약해지게 한다.

35 *Septoria* 류 병원균에 의한 수목병에 대한 설명으로 옳지 않은 것은?

① 주로 잎에 작은 점무늬를 형성한다.
② 병든 잎에서 월동하여 1차 전염원이 된다.
③ 자작나무 갈색점무늬병(갈반병)을 예로 들 수 있다.
④ 병원균의 분생포자는 주로 곤충에 의해 전반된다.

해설
Septoria 류는 식물의 잎, 줄기 등에 반점을 발생시키는 불완전균으로 발생하는 분생포자는 빗물, 관개수, 동물 등에 의해 전파된다.

36 바다에서 부는 바람에 함유된 염분에 약한 수종으로만 올바르게 나열한 것은?

① 곰솔, 돈나무
② 삼나무, 벚나무
③ 팽나무, 후박나무
④ 자귀나무, 사철나무

해설
염분에 약한 수종으로 소나무, 전나무, 벚나무, 삼나무, 편백 등이 있다.

37 다음 설명에 해당하는 해충은?

◎ 성충은 열매에 구멍을 내고 열매 속에 산란한다.
◎ 부화유충은 과실 내부를 가해하고 똥을 외부로 배출하지 않아 피해 과실을 구별하기 어렵다.

① 밤바구미　　② 버들바구미
③ 밤나무혹벌　　④ 복숭아명나방

해설
밤바구미는 참나무류의 열매에 피해를 주며 산란기간은 8~10월쯤이다. 유충은 배설물을 외부로 배출하지 않아 식별이 어려운 편이다.

정답　31. ②　32. ①　33. ②　34. ②　35. ④　36. ②　37. ①

38 잎을 주로 가해하는 해충이 아닌 것은?

① 솔나방   ② 박쥐나방
③ 미국흰불나방   ④ 오리나무잎벌레

해설
박쥐나방은 줄기를 가해하는 해충이다.

39 상주로 인한 묘목의 피해를 예방하는 방법으로 옳지 않은 것은?

① 토양에 모래를 섞는다.
② 배수가 잘 되도록 한다.
③ 낙엽 및 볏짚 등을 제거한다.
④ 이른 봄에 뿌리 부위를 밟아준다.

해설
상주로 인한 묘목의 피해를 예방하는 방법으로 낙엽 및 볏짚 등의 지피물을 보존해 준다.

40 매미나방 방제 방법으로 옳지 않은 것은?

① 나무주사를 실시한다.
② 알덩어리는 4월 이전에 제거한다.
③ 어린 유충시기에 살충제를 살포한다.
④ Bt균, 핵다각체바이러스 등의 천적미생물을 이용한다.

해설
방제를 위해 유충 시기에 살충제를 살포하거나 천적미생물을 이용한다. 알로 나무줄기에 월동하기에 4월 이전에 알덩어리를 제거한다.

41 임업 이율의 종류 중 용도에 따른 이율에 해당하는 것은?

① 경영이율, 환원이율
② 단기이율, 장기이율
③ 현실이율, 평정이율
④ 공정이율, 시중이율

해설
임업의 이율은 기준에 따라 분류가 되는데 기간에 따라 장기이율, 단기이율이 있으며 용도에 따라 경영이율, 환원이율이 있다. 또한 현실성에 따라 현실이율과 평정이율로 분류된다.

42 산림 생산기간에 대한 설명으로 옳지 않은 것은?

① 회귀년은 택벌작업에 적용되는 용어이다.
② 회귀년의 길이와 연벌구역면적은 정비례한다.
③ 벌채 후 갱신이 지연되는 경우 늦어지는 기간을 갱신기라고 한다.
④ 어떤 임분에서 벌채와 동시에 갱신이 시작되는 경우 윤벌기와 윤벌령은 동일하다.

해설
연벌구역면적은 회귀년의 길이에 반비례한다.

43 측고기를 사용할 때 주의사항을 옳지 않은 것은?

① 여러 방향에서 측정하면 오차를 줄일 수 있다.
② 경사지에서는 가급적 등고 위치에서 측정한다.
③ 측정하고자 하는 나무 끝과 근원부가 잘 보이는 지점을 선정해야 한다.
④ 측정위치가 멀면 오차도 생기므로 나무 높이의 절반 정도 떨어진 곳에서 측정하는 것이 좋다.

해설
측고기 사용시 나무 높이와 유사한 거리에서 측정하는 것이 좋다.

44 흉고직경 20cm, 수고 10m 인 입목의 재적이 약 $0.14m^3$ 인 경우 형수의 수치는?

① 약 0.11   ② 약 0.14
③ 약 0.45   ④ 약 0.55

해설
V = 단면적 × 형수 × 높이
$(\frac{3.14}{4} \times 0.2^2) \times$ 형수 $\times 10 = 0.14$
형수 = 약 0.45

정답 38. ② 39. ③ 40. ① 41. ① 42. ② 43. ④ 44. ③

45 산림휴양림의 조성 및 관리에 대한 설명으로 옳지 않은 것은?

① 방풍 및 방음형으로 관리할 수 있다.
② 공간이용지역과 자연유지지역으로 구분한다.
③ 관리목표는 다양한 휴양기능을 발휘할 수 있는 특색 있는 산림조성이다.
④ 법령에 의한 자연휴양림 및 휴양기능 증진을 위해 관리가 필요한 산림을 대상으로 한다.

해설
산림휴양림은 국민의 정서함양, 보건휴양, 산림교육 등을 목적으로 조성한 산림으로 방풍 및 방음형으로 관리하는 것은 목적에 부합하지 않는다.

46 임업경영 성과분석 방법으로 임업의존도 계산식에 해당하는 것은?

① $\dfrac{가계비}{임업소득} \times 100$

② $\dfrac{임업소득}{임가소득} \times 100$

③ $\dfrac{임업소득}{가계비} \times 100$

④ $\dfrac{임업소득}{임업조수익} \times 100$

해설
임업의존도는 임업소득을 임가소득으로 나눈값을 백분율로 나타낸다.

47 수확조정법에 대한 설명으로 옳지 않은 것은?

① Hufnagl 법은 재적배분법의 일종이다.
② 전 산림면적을 윤벌기 연수와 동일하게 벌구로 나누고 매년 한 벌구씩 수확하는 방법을 구획윤벌법이라 한다.
③ 토지의 생산력에 따라 개위면적을 산출하여 벌구면적을 조절, 연수확량을 균등하게 하는 방법을 비례구획윤벌법이라 한다.
④ 전 임분을 윤벌기 연수의 1/2 이상 되는 연령의 것과 그 이하의 것으로 나누어 전자는 윤벌기의 전반에, 후자는 윤벌기 후반에 수확하는 방법을 Beckmann 법이라 한다.

해설
Beckmann법은 수확조정기법에서 재적을 기준으로 하는 재적배분법에 속한다. 보기의 4번에 내용은 Hufnagle 법에 대한 내용이다.

48 임목의 평균생장량과 연년생장량에 대한 설명으로 옳지 않은 것은?

① 초기에는 연년생장량이 크다.
② 연년생장량의 극대점이 평균생장량의 극대점보다 빨리 온다.
③ 연년생장량의 극대점에서 연년생장량과 평균생장량은 일치한다.
④ 평균생장량의 극대점에서 평균생장량과 연년생장량은 일치한다.

해설
연년생장량의 극대점에서는 연년생장량이 평균생장량보다 크다.

정답 45. ① 46. ② 47. ④ 48. ③

49 동령림의 직경급별 임분구조는 전형적으로 어떤 형태로 나타나는가?(단, x축은 흉고직경, y축은 본수를 나타냄)

① J 자 형태
② W 자 형태
③ 역 J 자 형태
④ 정규분포 형태

해설
일반적으로 가운데가 볼록한 정규분포 형태의 그래프는 동령림의 직경분포를 나타낸다.

50 임분 재적 측정을 위하여 전 임목을 몇 개의 계급으로 나누고 각 계급의 본수를 동일하게 한 다음 각 계급에서 같은 수의 표준목을 선정하는 방법은?

① 단급법
② 우리히(Urich)법
③ 하르티히(Hartig)법
④ 드라우트(Draudt)법

해설
우리히법은 전체의 임목을 몇 개의 계급으로 나누고, 각 계급의 본수를 동일하게 한 다음 각 계급에서 같은 수의 표준목을 선정하는 방법이다.

51 임업 투자계획의 경제성을 평가하는 방법이 아닌 것은?

① 순현재가치
② 편익비용비
③ 내부수익률
④ 수확표 분석

해설
수확표분석은 법정축적 계산으로 임업투자계획의 경제성을 평가하는 방법이 아니다.

52 임지를 취득한 후 조림 등 임목 육성에 알맞은 상태로 개량하는 데 소요되는 모든 비용의 후가에서 그 동안 수입의 후가를 공제한 가격을 무엇이라 하는가?

① 임지비용가
② 임지기망가
③ 임지공제가
④ 임지매매가

해설
임지비용가는 임지에서 취득하고 이를 조림 및 임목 육성에 적합하게 개량하는데 소요된 순 비용의 현자가의 합계를 의미한다. 즉 후가합계로 평가하는 방법이다.

53 다음 설명에 해당하는 용어는?

> 재적이 0.5m³인 통나무 2개 가격의 합보다 재적 1m³인 통나무 1개의 가격이 훨씬 높다.

① 형질 생장
② 가치 생장
③ 등귀 생장
④ 재적 생장

해설
형질생장은 목재의 질이 좋아짐이 곧 가격의 증가를 의미하며 절반의 재적의 통나무 2개보다 하나의 통나무가 높은 이유이다.

54 소나무 임분의 벌기평균생장량이 6m³/ha 이고 윤벌기가 50년이라고 할 때 이 임분의 법정연벌량과 법정수확률은 각각 얼마인가?

① 300m³/ha, 3%
② 300m³/ha, 4%
③ 600m³/ha, 3%
④ 600m³/ha, 4%

해설
※ 법정 연벌량 = 법정 생장량
벌기평균생장량 × 윤벌기 = 6 × 50 = 300 m³/ha
※ 법정수확률 = 법정연벌률
200/윤벌기 = 200/50 = 4 %

정답 49. ④ 50. ② 51. ④ 52. ① 53. ① 54. ②

55 시장가역산법으로 임목가를 평정할 때 필요하지 않은 인자는?

① 집재비
② 운반비
③ 조림 및 육림비
④ 벌목 및 조재비

해설
시장가역산법은 유통되는 가격을 조사하여 벌채 및 운반에 필요한 비용을 공제한 임목의 가격을 역으로 구하는 방법으로 벌목비, 조재비, 하산비, 운반비, 이자, 잡비 등이 필요하다.

56 임업기계의 감가상각비(D)를 정액법으로 구하는 공식으로 옳은 것은?(단, P : 기계구입가격, S : 기계 폐기시의 잔존가치, N : 기계의 수명)

① $D = \dfrac{S-P}{N}$ ② $D = \dfrac{P-S}{N}$

③ $D = \dfrac{N}{S-P}$ ④ $D = \dfrac{N}{P-S}$

해설
감가상각비 정액법
$$\dfrac{구입가격 - 폐물가격}{내용연수}$$

57 연간 임산물 생산과 관련된 고정비가 2백만원, 변동비가 5천원, 판매단가가 6천원일 경우 손익분기점에 해당하는 임산물 생산량은?

① 181개 ② 334개
③ 2,000개 ④ 20,000개

해설
임산물 생산량(판매량) = $\dfrac{고정비용}{판매단가 - 가변비용}$

$\dfrac{2,000,000}{6,000-5,000} = 2,000$개

58 임반에 대한 설명으로 옳지 않은 것은?

① 산림구획의 골격을 형성한다.
② 고정적 시설을 따라 확정한다.
③ 보조임반을 편성할 때는 연접한 임반의 번호에 보조번호를 부여한다.
④ 임반의 표기는 경영계획구 상류에서 시계방향으로 표기를 시작한다.

해설
임반의 표기는 경영계획구 유역 하류에서 시계방향으로 아라비아 숫자로 표기한다.

59 임목 평가에 적용하는 Glaser 식에 대한 설명으로 옳은 것은?

① 임목 비용가법과 임목기망가법을 절충한 식이다.
② 임목 매매가법과 임목비용가법을 절충한 식이다.
③ 임목 매매가법과 임목기망가법을 절충한 식이다.
④ 예상이익을 현재가치로 환산하여 임목의 가치를 구하는 방법이다.

해설
Glaser 법은 원가수익절충방식으로 임목 비용가법과 임목 기망가법을 절충한 방식이다.

60 자연휴양림을 조성 및 신청하려는 자가 제출하여야 하는 예정지의 위치도 축척 크기는?

① 1/5,000 ② 1/15,000
③ 1/25,000 ④ 1/50,000

해설
자연휴양림 예정지의 위치도는 축척 1/25,000 기준으로 하며 구역도는 축척 1/5,000 혹은 1/6,000 으로 한다.

정답 55. ③ 56. ② 57. ③ 58. ④ 59. ① 60. ③

61 등고선에 대한 설명으로 옳지 않은 것은?

① 절벽 또는 굴인 경우 등고선이 교차한다.
② 최대경사의 방향은 등고선에 평행한 방향이다.
③ 지표면의 경사가 일정하면 등고선 간격은 같고 평행하다.
④ 일반적으로 등고선은 도중에 소실되지 않으며 폐합된다.

> **해설**
> 최대경사의 방향은 등고선에 직각인 방향이다.

62 배수관은 유속을 구하는 마닝(Manning)공식에서 R이 나타내는 것은?

$$V = \frac{1}{n} R^{\frac{2}{3}} I^{\frac{1}{2}}$$

① 경심
② 조도계수
③ 수면 기울기
④ 배수관 반지름

> **해설**
> Manning 공식
> $V = \frac{1}{n} \times R^{\frac{2}{3}} \times I^{\frac{1}{2}}$
> V : 평균 유속, R : 경심
> I : 수로 기울기, n : 조도계수

63 임도의 곡선부에 외쪽기울기를 설치하는 주요 목적은?

① 배수 원활
② 노면 보호
③ 시거 확보
④ 안전 운행

> **해설**
> 임도의 곡선부에서는 차량에 원심력이 작용하여 바깥쪽으로 나가려는 힘에 의해 사고의 위험성이 있어 바깥쪽을 안쪽보다 높게 하여 사고를 방지하며 이러한 기울기를 외쪽기울기라 한다.

64 임도 설계 도면 제도에 대한 설명으로 옳은 것은?

① 평면도는 축적 1/1000 으로 한다.
② 횡단면도는 축적 1/200으로 한다.
③ 종단면도 상부에 곡선제원 등을 기입한다.
④ 종단면도 축적은 횡 1/1000, 종 1/200 으로 한다.

> **해설**
> 종단면도의 축척은 횡 1 : 1000 , 종 1 : 200 축척으로 작성한다. 평면도는 1 : 1200, 횡단면도는 1 : 100 으로 작성한다.

65 임도의 기능에 따른 종류가 아닌 것은?

① 임시임도
② 간선임도
③ 작업임도
④ 지선임도

> **해설**
> 산림 법령에서 규정하는 임도의 종류로 간선임도, 지선임도, 작업임도가 있다.

66 점착성이 큰 점질토의 두꺼운 성토층 다짐에 가장 효과적인 롤러는?

① 탠덤 롤러
② 탬핑 롤러
③ 머캐덤 롤러
④ 타이어 롤러

> **해설**
> 탬핑롤러는 롤러 표면에 많은 돌기가 있어 점착성이 큰 점질토 다짐에 효과적이다.

정답 61. ② 62. ① 63. ④ 64. ④ 65. ① 66. ②

67 임도설치 대상지 우선선정 기준으로 옳지 않은 것은?

① 도시개발이 예정된 임지
② 산림보호 및 관리를 위해 필요한 임지
③ 임도와 도로 연결을 위해 필요한 임지
④ 산림휴양자원의 이용 또는 산촌진흥을 위해 필요한 임지

> **해설**
> 임도설치 대상지 우선선정 기준에는 도시개발이 예정된 임지는 포함되지 않는다. 산림사업대상지, 경영계획 수립지, 관리 및 보호가 필요한 임지, 산림휴양자원 이용 임지 등이 있다.

68 산악지대의 임도 노선 선정 방식 중에서 지그재그 방식 또는 대각선 방식이 적당한 임도는?

① 사면임도   ② 계곡임도
③ 능선임도   ④ 평지임도

> **해설**
> 사면임도는 계곡임도에서 시작하여 산록부와 산복부에 설치하는 임도로 하부에서 점차적으로 계획하여 진행하며 지그재그방식 혹은 대각선 방식이 적당하다.

69 임도의 평면 선형에서 곡선의 종류가 아닌 것은?

① 단곡선   ② 배향곡선
③ 이중곡선 ④ 반향곡선

> **해설**
> 임도의 평면 선형에서 곡선의 종류로 단곡선, 복합곡선, 반대곡선, 배향곡선 등이 있다.

70 임도 노선 설치 시 단곡선에서 교각이 30°31′00″이고 곡선반지름이 150m 일 때 접선길이는?

① 약 4.1m   ② 약 8.8m
③ 약 41m   ④ 약 88m

> **해설**
> $150m \times \tan\dfrac{30°31′00″}{2} ≒ 40.918 ≒ 약 41m$

71 곡선지가 아닌 임도의 유효너비 기준은?

① 2.5m   ② 3m
③ 5m   ④ 6m

> **해설**
> 길어깨, 옆도랑 너비를 제외한 임도의 유효너비는 3m를 기준으로 한다.

72 임도에서 성토한 경사면의 기울기 기준은?

① 1 : 0.3 ~ 0.8
② 1 : 0.5 ~ 1.2
③ 1 : 0.8 ~ 1.5
④ 1 : 1.2 ~ 2.0

> **해설**
> 성토한 경사면의 기울기는 1 : 1.2 ~ 2.0 의 범위 안에서 기울기를 설정한다.

73 컴퍼스 측량을 할 때 관측하지 않아도 되는 것은?

① 거리   ② 표고
③ 방위   ④ 방위각

> **해설**
> 컴퍼스를 사용하여 방위 또는 방위각을 측정하고, 테이프로 거리를 재서 각 측점상의 평면상 위치를 결정하는 측량법이다.

정답   67. ①   68. ①   69. ③   70. ③   71. ②   72. ④   73. ②

74 임도 설계 업무의 순서로 옳은 것은?

① 예비조사 → 답사 → 예측 → 실측 → 설계도 작성
② 예비조사 → 답사 → 실측 → 예측 → 설계도 작성
③ 답사 → 예비조사 → 실측 → 예측 → 설계도 작성
④ 답사 → 예비조사 → 예측 → 실측 → 설계도 작성

해설
임도설계 순서
예비조사 → 답사 → 예측, 실측 → 설계도 작성 → 공사량 산출 → 설계서 작성

75 하베스터와 포워더를 이용한 작업시스템의 목재생산방법은?

① 전목생산방법
② 전간생산방법
③ 단목생산방법
④ 전간목생산방법

해설
단목생산방법은 벌도 및 조재작업후 운반까지의 작업으로 하베스터는 다공정 처리기기로 벌도 및 조재작업을 수행하고 포워더를 이용해 작업된 목재를 운반한다.

76 임도의 노체 구성 순서로 옳은 것은?

① 노반 → 기층 → 노상 → 표층
② 노상 → 기층 → 노반 → 표층
③ 노반 → 노상 → 기층 → 표층
④ 노상 → 노반 → 기층 → 표층

해설
임도의 구조는 표면을 시작으로 표층, 기층, 노반, 노상으로 구분한다.

77 아래 표는 수준측량에 의한 야장이다. 측점 6의 지반고(m)는?

측점	후시(m)	전시(m) TP	전시(m) IP	지반고(m)
BM	2191			10000
1			2507	
2			2325	
3	3019	1496		
4			2513	
5	1846	2811		
6		3817		

① 8838
② 8932
③ 9684
④ 9933

해설
지반고 = 지반고+후시합계-전시합계
지반고 = 10000+(2191+3019+1846)
       -(1496+2811+3817)=8932

78 시점의 표고가 100m, 종점의 표고가 500m, 종단경사가 6%인 임도의 최단길이는?(단, 임도 우회율은 적용하지 않음)

① 약 0.7 km
② 약 2.4 km
③ 약 6.7 km
④ 약 24 km

해설
경사 = $\frac{표고차}{실제거리} \times 100 \rightarrow \frac{400}{거리} \times 100 = 6(\%)$

실제거리 = 6666.7m
표고차 : 0.4km, 실제거리 : 6.66km
임도 최단거리 = $\sqrt{실제거리^2 + 표고차^2}$
= $\sqrt{6.66^2 + 0.4^2}$
= $\sqrt{45.51} ≒ 6.7$

정답 74. ① 75. ③ 76. ④ 77. ② 78. ③

79 임도망 계획에서 고려해야 할 사항으로 옳지 않은 것은?

① 운재비가 적게 들도록 한다.
② 운반량에 제한이 없도록 한다.
③ 운재방법이 다원화되도록 한다.
④ 계절에 따른 운재능력에 제한이 없도록 한다.

해설
운재방법은 단일화 할수록 효율적이다.

80 임도의 최소곡선반지름 크기에 영향을 미치지 않는 인자는?

① 임도의 유효폭
② 반출목재의 길이
③ 임도의 설계속도
④ 임도의 종단기울기

해설
최소곡선반지름은 도로의 너비, 설계속도, 도로 및 차량의 구조, 반출 목재의 길이, 시거, 타이어와 노면의 마찰계수 등에 영향을 받는다.

81 암석 산지나 암벽 녹화용으로 가장 부적합한 수종은?

① 병꽃나무   ② 눈향나무
③ 노간주나무   ④ 상수리나무

해설
상수리나무는 높이 20~25m 까지 자라는 교목이며 보통 암석산지와 같은 지역에는 관목류가 적합하다.

82 비탈다듬기공사에서 상단의 단면적이 10m², 하단의 단면적이 20m² 이고 상하단의 거리가 10m 일 때 평균 단면적법으로 토사량을 구하면?

① 150m³   ② 300m³
③ 1500m³   ④ 3000m³

해설
$$토적 = (\frac{양단면적 합}{2}) \times 양단면적 거리$$
$$= (\frac{10+20}{2}) \times 10 = 150$$

83 산지사방 중 씨뿌리기에 사용되는 식생에 대한 설명으로 옳지 않은 것은?

① 초본류는 생장이 빠르고 엽량이 많은 것이 좋다.
② 초본류는 일년생으로 번식력이 왕성한 것이 좋다.
③ 목본류는 근계가 잘 발달하고 토양의 긴박효과가 있어야 한다.
④ 목본류는 척악지나 환경조건에 대한 적응성이나 저항성이 커야 한다.

해설
산지사방 중 씨뿌리기에 사용되는 초본류는 다년생이 좋다.

84 기울기가 완만하고 유량과 토사유송이 적은 곳에 설치하는 수로로 가장 적합한 것은?

① 떼붙임수로   ② 찰붙임수로
③ 메붙임수로   ④ 콘크리트수로

해설
떼붙임수로는 비탈면의 경사가 비교적 작고 유량이 적으며 떼를 이용한 경관이 필요한 지역에 시공하는 것이 적합하다.

정답 79. ③ 80. ④ 81. ④ 82. ① 83. ② 84. ①

85 산지사방에서 녹화공사에 해당하지 않는 것은?
① 단쌓기 ② 사초심기
③ 등고선구공법 ④ 산비탈바자얽기

해설
사초심기는 해안사방 공종에 속한다.

86 초기황폐지 단계에서 복구되지 않으면 점점 더 급속히 악화되어 가까운 장래에 민둥산이나 붕괴지가 될 위험성이 있는 상태는?
① 척악임지 ② 임간나지
③ 황폐 이행지 ④ 특수 황폐지

해설
황폐진행시 민둥산이 될 가능성이 있는 단계를 황폐이행지라 한다.

87 다음 설명에 해당하는 중력침식의 유형은?

주로 집중호우, 융설수에 의하여 토층이 포화되어 비탈면의 지괴가 균형을 잃고 아래쪽으로 무너져 떨어지는 중력침식의 형태이다. 보통 무너진 지괴는 그 비탈면 하단부나 산각부에 쌓여 있는 경우가 많고, 주름모양의 형태를 띠게 된다.

① 산붕 ② 포락
③ 이류 ④ 붕락

해설
중력침식의 형태로 비탈면의 불안정한 토괴가 무너져 토층이 주름이 잡혀있는 현상을 붕락이라 한다.

88 바닥막이 시공 장소로 적합하지 않은 것은?
① 합류 지점의 하류
② 계상 굴곡부의 상류
③ 계상이 낮아질 위험이 있는 곳
④ 종침식과 횡침식이 발생하는 지역의 하류부

해설
바닥막이의 시공장소로는 계상 굴곡부의 하부가 있다.

89 견고한 돌쌓기 공사에서 사용될 수 있도록 특별한 규격으로 다듬은 것으로 단단하고 치밀한 석재는?
① 견치돌 ② 막깬돌
③ 호박돌 ④ 야면석

해설
견치돌은 특정 규격을 정해두고 깬 석재로 앞면, 길이, 뒷면, 접촉부 및 허리치기의 치수를 특별히 맞도록 지정하여 제작한다.

90 돌쌓기 방법으로 비교적 규격이 일정한 막깬돌이나 견치돌을 이용하며, 층을 형성하지 않기 때문에 막쌓기라고도 하는 것은?
① 골쌓기 ② 켜쌓기
③ 찰쌓기 ④ 메쌓기

해설
골쌓기는 견치돌이나 막깬돌을 사용하기에 주로 마름모꼴 대각선으로 쌓는다.

91 황폐계천에서 유수로 의한 계안의 횡침식을 방지하고 산각의 안정을 도모하기 위하여 계류 흐름방향을 따라서 축설하는 사방 공작물은?
① 수제 ② 골막이
③ 기슭막이 ④ 바닥막이

해설
기슭막이는 야계의 횡침식을 방지하고 산각을 고정하기 위한 공작물이다.

정답 85. ② 86. ③ 87. ④ 88. ② 89. ① 90. ① 91. ③

92 사방댐의 위치로 적합하지 않은 곳은?

① 상류부가 넓고 댐자리가 좁은 곳
② 계상 및 양안이 견고한 암반인 곳
③ 본류와 지류가 합류하는 지점의 하류
④ 횡침식으로 인한 계상 저하가 예상되는 곳

해설
사방댐의 위치
- 상류부가 넓고 댐자리는 좁은 곳
- 계상 및 양안에 암반이 존재하는 곳
- 지류의 합류점 부근 혹은 합류점의 하류부
- 붕지의 하부 혹은 다량의 계상 퇴적물이 존재하는 지역의 직하류부

93 빗물에 의한 침식의 발달단계로 옳은 것은?

① 우격침식 → 면상침식 → 누구침식 → 구곡침식
② 면상침식 → 우격침식 → 누구침식 → 구곡침식
③ 우격침식 → 면상침식 → 구곡침식 → 누구침식
④ 면상침식 → 우격침식 → 구곡침식 → 누구침식

해설
빗물의 침식
㉠ 우격침식 : 토양입자를 타격, 가장 초기과정
㉡ 면상침식 : 표면 전면이 엷게 유실
㉢ 누구침식 : 표면에 잔도랑이 발생
㉣ 구곡침식 : 도랑이 커지면서 심토까지 깎임

94 유량이 40m³/s 이고, 평균유속이 5m/s 일 때 수로의 횡단면적(m²)은?

① 0.5   ② 8
③ 45   ④ 200

해설
유량 = 유속 × 유적
40 = 5 × A
A = 8m²

95 산지 침식의 종류로 가속침식에 해당하는 것은?

① 자연침식   ② 정상침식
③ 붕괴형 침식   ④ 지질학적 침식

해설
가속침식은 외부작용에 의한 침식으로 물에 의한 수식, 중력에 의한 중력침식, 바람에 의한 풍식으로 분류할 수 있으며 붕괴형침식은 중력침식에 속하기에 가속침식에 해당한다.

96 사방댐의 안정 계산에 필요한 하중 및 수치 중에서 댐 높이가 15m 미만일 때 고려하지 않는 것은?

① 자중   ② 정수압
③ 퇴사압   ④ 양압력

해설
사방댐에 작용하는 외력으로 자중, 정수압, 퇴사압, 지진력, 양압력 등이 있으나 이 중에서 지진력과 양압력은 특별한 경우를 제외하고 적용하지 않는다.

97 비탈파종녹화를 위한 파종량 산출식으로 옳은 것은? (단, W는 파종량(g/m²), S는 평균 입수(입/g), B는 발아율(%), P는 순량율(%), C는 발생기대본수(본/m²))

① $W = \dfrac{B}{S \times P \times C}$

② $W = \dfrac{P}{S \times B \times C}$

③ $W = \dfrac{S}{P \times B \times C}$

④ $W = \dfrac{C}{P \times B \times S}$

해설
파종량 = $\dfrac{\text{발생기대본수}}{\text{순량률} \times \text{발아율} \times \text{평균입수}}$

정답   92. ④   93. ①   94. ②   95. ③   96. ④   97. ④

98 해안사방공사의 주요 공종에 해당하지 않는 것은?

① 파도막이   ② 모래덮기
③ 새집공법   ④ 퇴사울세우기

해설
새집공법은 암석산지의 녹화용 공법이다.

99 다음 설명에 가장 적합한 불투과형 중력식 사방댐은?

◎ 땅밀림지, 산사태지 등의 응급복구 사방공사에 적합하다.
◎ 터파기는 깊이 1m 정도로 하고 말뚝으로 체제를 유지해야 하며, 높이는 3m 이하로 한다.

① 흙댐   ② 돌망태댐
③ 콘크리트댐   ④ 콘크리트틀댐

해설
돌망태댐은 지반이 불안정한 경우 적용하는 것이 유리한 응급적 가설공작물로 지반이 안정되면 이후 콘크리트로 피복하는 것이 좋다.

100 토사퇴적구역에 대한 설명으로 옳지 않은 것은?

① 유수의 유송력이 대부분 상실되는 지점이다.
② 침적지대 또는 사력퇴적지역 등으로 불린다.
③ 황폐계류의 최하부로서 계상물매가 급하고 계폭이 좁다.
④ 유송토사의 대부분이 퇴적되어 계상이 높아지게 된다.

해설
토사퇴적구역은 토사가 퇴적되는 황폐계류의 최하류부로 기울기는 완만하고 계폭이 넓다.

2019년 제2회 산림기사

01 종자의 결실 주기가 가장 긴 수종은?

① Alnus japonica
② Larix leptolepis
③ Pinus densiflora
④ Betula platyphylla

> **해설**
> 낙엽송, 너도밤나무는 결실주기가 5년 이상이다
> ① 오리나무 ② 낙엽송 ③ 소나무 ④ 자작나무

02 개벌왜림작업법에 대한 설명으로 옳은 것은?

① 지력의 소모가 낮다.
② 대경재 생산이 가능하다.
③ 비용이 많이 들지만 자본회수가 빠르다.
④ 작업이 간단하여 단벌기 경영에 적합하다.

> **해설**
> 개벌왜림작업은 왜림작업의 종류 중 하나로 일시에 벌채수확을 하고 왜림을 조성하는 갱신법으로 일시에 벌채를 하기에 작업이 간단하고 단벌기 경영에 적합하다.

03 가지치기에 대한 설명으로 옳지 않은 것은?

① 부정아가 감소한다.
② 무절 완만재를 생산한다.
③ 수관화로 인한 산불 피해를 줄일 수 있다.
④ 자연낙지가 잘 되는 수종은 가지치기를 생략할 수 있다.

> **해설**
> 가지치기에 의해 부정아 발생확률이 증가한다.

04 우수우상복엽이며 소엽은 긴 타원형이고 가장자리에 파상톱니가 있고 가끔 가시가 줄기에 발달하는 콩과의 교목성 수종은?

① 다릅나무   ② 회화나무
③ 주엽나무   ④ 아까시나무

> **해설**
> 주엽나무는 쌍떡잎식물 장미목 콩과 낙엽교목으로 소엽은 타원형 혹은 긴 타원형이며 양 끝이 둥글고 가장자리에 물결 톱니가 있으며 작은 가지에 가시가 있다.

05 수목에 반드시 필요한 필수원소가 아닌 것은?

① 철   ② 질소
③ 망간   ④ 알루미늄

> **해설**
> 필수원소에는 탄소, 수소, 산소, 질소, 칼륨, 칼슘, 철, 망간, 구리 등이 있다.

정답 01. ② 02. ④ 03. ① 04. ③ 05. ④

06 실생묘의 묘령 표시 방법으로 2-2-1에 대하여 옳은 것은?

① 파종상에서 2년, 그 뒤 두 번 상체된 일이 있고, 첫 상체상에서 2년과 이후 1년을 경과한 5년생 묘목이다.
② 파종상에서 2년, 그 뒤 두 번 상체된 일이 있고, 각 상체상에서 1년을 경과한 5년생 묘목이다.
③ 파종상에서 2년, 그 뒤 세 번 상체된 일이 있고, 각 상체상에서 1년을 경과한 5년생 묘목이다.
④ 파종상에서 2년, 그 뒤 한 번 상체된 일이 있고, 상체상에서 2년을 경과한 후 산지에 식재된지 1년된 5년생 묘목이다.

해설
2-2-1 묘는 5년생 실생묘로 파종상에서 2년, 옮겨심고 2년, 다시 옮겨서 1년을 지낸 것을 의미한다.

07 인공 조림지의 무육작업 순서로 옳은 것은?

① 어린나무 가꾸기 → 풀베기 → 솎아베기 → 가지치기
② 가지치기 → 풀베기 → 어린나무 가꾸기 → 솎아베기
③ 풀베기 → 어린나무 가꾸기 → 가지치기 → 솎아베기
④ 가지치기 → 어린나무 가꾸기 → 솎아베기 → 풀베기

해설
인공 조림지의 무육작업은 풀베기, 덩굴치기, 어린나무가꾸기, 가지치기, 간벌의 순서로 진행된다.

08 모수작업법에 대한 설명으로 옳은 것은?

① 풍치적 가치를 보면 개별 작업보다 월등히 낮다.
② 모수는 되도록 한 지역에 집중적으로 남긴다.
③ 임지에 잡초와 관목이 발생하여 갱신에 지장을 주기도 한다.
④ 전체 재적의 절반 정도만 벌채하여 이용하고 모수를 절반 정도 남긴다.

해설
모수작업법은 임지의 노출로 토양침식 및 유실의 우려가 있으며 잡초와 관목이 발생하여 갱신에 지장을 주기도 한다.

09 자웅이주에 해당하는 수종은?

① *Ilex crenata*
② *Alnus japonica*
③ *Pinus densiflora*
④ *Cryptomeria japonica*

해설
자웅이주에는 식나무, 은행나무, 꽝꽝나무, 초피나무, 소철 등이 있다.
① 꽝꽝나무 ② 오리나무 ③ 소나무 ④ 삼나무

10 주로 종자에 의해 양성된 묘목으로 높은 수고를 가지며 성숙해서 열매를 맺게 되는 숲은?

① 왜림 ② 교림
③ 중림 ④ 죽림

해설
교림은 10m 이상의 나무들로 종자에 의해 숲이 형성되며 주로 용재 생산을 목적으로 한다.

정답 06. ① 07. ③ 08. ③ 09. ① 10. ②

11 수목 체내에서 일어나는 변화에 대한 설명으로 옳은 것은?

① 낙엽수는 가을에 탄수화물 농도가 최저로 떨어진다.
② 낙엽수는 겨울철에 전분 함량이 증가하고 환원당의 함량이 감소된다.
③ 상록수의 탄수화물 함량의 계절적인 변화는 낙엽수에 비하여 적은 편이다.
④ 재발성 개엽 수종은 줄기 생장이 이루어질 때마다 탄수화물 증가한 다음 다시 감소한다.

> **해설**
> 낙엽수는 가을이 되면 잎이 떨어지면서 광합성량의 변화가 많아 상대적으로 상록수에 비해 탄수화물 함량의 변화가 많다.

12 다음 조건에서 파종량은?

◎ 파종상 면적 : 500m²
◎ 묘목 잔존본수 : 600본/m²
◎ 1g 당 평균입수 : 99립
◎ 순량률 : 95%
◎ 발아율 : 90%
◎ 묘목 잔존률 : 30%

① 약 11.8kg   ② 약 12.3kg
③ 약 31.6kg   ④ 약 37.3kg

> **해설**
> 파종량
> $= \dfrac{파종면적 \times m^2당 잔존본수}{g당 종자수 \times 순량률 \times 발아율 \times 득묘율}$
> $= \dfrac{500 \times 600}{99 \times 0.95 \times 0.9 \times 0.3} ≒ 11814g = 약 11.8kg$

13 산림 생태계의 천이에 대한 설명으로 옳은 것은?

① 우리나라 소나무림은 극성상에 있다.
② 식물의 이동은 천이의 원인이 될 수 없다.
③ 식생이 입지에 주는 영향을 식생의 반작용이라 한다.
④ 아극성상은 어떤 원인에 의해 극성상의 뒤에 올 수 있다.

> **해설**
> 생태계의 천이는 식생이 새로운 환경 조건에 따라 변화하는 것이다. 반대로 식생이 입지에 주는 영향의 경우 식생의 반작용이라 한다.
> ① 우리나라 소나무림은 기후적 극상이다.
> ② 천이의 원인은 식물이동, 식생의 반작용, 원격작용 등이 있다.
> ④ 아극성상은 극성상이 되기 전의 상태로 극성상 뒤에 올수 없다.

14 개화 결실 촉진을 위한 처리 방법으로 옳지 않은 것은?

① 단근작업을 한다.
② 질소 비료의 과용을 피한다.
③ 수광량이 많아질 수 있도록 한다.
④ 환상박피와 같은 스트레스를 주는 작업은 하지 않는다.

> **해설**
> 환상박피는 개화결실을 촉진하는 방법 중 하나이다.

15 택벌작업의 장점에 대한 설명으로 옳지 않은 것은?

① 심미적 가치가 가장 높다.
② 양수 수종의 갱신에 적합하다.
③ 병충해에 대한 저항력이 높다.
④ 임지와 치수가 보호를 받을 수 있다.

> **해설**
> 택벌작업은 일부분 국소적으로 벌채하는 작업으로 양수수종에 적용이 어렵다.

정답   11. ③   12. ①   13. ③   14. ④   15. ②

16 산림토양 단면에서 층위의 순서로 옳은 것은?

① 모재층 → 용탈층 → 집적층 → 유기물층
② 모재층 → 집적층 → 용탈층 → 유기물층
③ 모재층 → 용탈층 → 유기물층 → 집적층
④ 모재층 → 유기물층 → 용탈층 → 집적층

해설
토양의 단면은 가장 아래층은 모재층 다음으로 집적층, 용탈층, 유기물층 순서로 구분된다.

17 자귀나무와 박태기나무의 열매 유형에 해당하는 것은?

① 견과 ② 협과
③ 장과 ④ 영과

해설
아까시나무, 자귀나무, 박태기나무는 협과에 해당한다.

18 식재밀도의 특징으로 옳은 것은?

① 식재밀도가 높을수록 단목 재적이 빨리 증가한다.
② 식재밀도가 낮으면 수목의 지름은 가늘지만 완만재가 된다.
③ 식재밀도가 낮을수록 총생산량 중 가지의 비율이 낮아진다.
④ 식재밀도가 높으면 수관이 조기에 울폐되어 임지의 침식을 줄일 수 있다.

해설
식재밀도가 높으면 수간 울폐가 빨라져 표토의 침식 및 건조가 방지되어 지력의 감퇴를 줄일수 있다.

19 간벌에 대한 설명으로 옳지 않은 것은?

① 주로 6~8월에 실시한다.
② 정성적 간벌과 정량적 간벌이 있다.
③ 조림목 간의 경쟁을 최소화하기 위한 것이다.
④ 잔존목의 생장촉진과 형질향상을 위하여 실시한다.

해설
산 가지치기를 수반하지 않을 경우에는 간벌은 연중 실행이 가능하다.

20 수분과 수목생장의 관계에 대한 설명으로 옳지 않은 것은?

① 수분의 증산은 기공에서 공변세포의 칼륨펌프와 관련이 있다.
② 토양의 수분 가운데 수목이 이용 가능한 수분을 모세관수라고 한다.
③ 수목이 영구위조점을 넘어서면 수분을 공급해 주어도 회복되지 않는다.
④ 토양의 수분포텐셜이 뿌리의 수분포텐셜보다 낮아야 식물 뿌리가 토양으로부터 수분을 흡수할 수 있다.

해설
수분은 수분포텐셜이 높은 곳에서 낮은 곳으로 이동하기에 토양의 수분 포텐셜이 뿌리의 수분포텐셜보다 높아야 식물 뿌리가 수분을 흡수할 수 있다.

정답 16. ② 17. ② 18. ④ 19. ① 20. ④

21 잣나무넓적잎벌 방제 방법으로 옳은 것은?

① 알에 기생하는 벼룩좀벌류 등 기생성 천적을 보호한다.
② 땅 속 유충 시기에 클로르플루아주론 유제를 살포한다.
③ 땅속의 유충을 9월에서 다음해 4월 사이에 호미나 괭이로 굴취하여 소각한다.
④ 성충이 우화하는 것을 방지하기 위해 7월에 폴리에틸렌필름으로 임내지표를 피복한다.

해설
잣나무넓적잎벌의 방제를 위해 나무 위의 유충기인 7월~8월에 약제를 살포하거나 땅속의 유충은 9월~다음해 4월에 굴취하여 소각한다.

22 염분을 함유한 바다 바람에 강한 수종이 아닌 것은?

① 삼나무   ② 향나무
③ 팽나무   ④ 자귀나무

해설
삼나무, 벚나무, 전나무 등은 염분에 약한 수종이다.

23 참나무 시들음병 방제 방법으로 가장 효과가 약한 것은?

① 유인목 설치
② 끈끈이롤트랩
③ 예방 나무주사
④ 피해목 벌채 훈증

해설
참나무 시들음병은 매개충에 의해 전반 및 발생하며 이를 방제하기 위해 피해목은 벌채 훈증하거나 매개충의 이동을 막기 위해 유인목 설치, 끈끈이롤트랩 설치 방법이 있다. 예방 나무 주사는 효과는 있으나 확산 방향 및 속도를 예측하기 어려워 비효율적이다.

24 병원균 형태 중 여름포자가 없는 녹병은?

① 향나무 녹병   ② 잣나무 털녹병
③ 전나무 잎녹병 ④ 포플러 잎녹병

해설
향나무녹병균은 여름포자는 형성하지 않고 겨울포자를 형성한다.

25 성충으로 월동하는 해충으로만 나열한 것은?

① 솔나방, 복숭아명나방
② 솔나방, 미국흰불나방
③ 소나무좀, 버즘나무방패벌레
④ 버즘나무방패벌레, 복숭아명나방

해설
소나무좀, 버즘나무방패벌레, 오리나무잎벌레, 진달래방패벌레 등은 성충으로 월동한다.

26 산림 해충에 대한 설명으로 옳은 것은?

① 솔잎혹파리는 충영을 형성하나 밤나무 혹벌은 충영을 만들지 않는다.
② 미국흰불나방은 버즘나무, 벚나무, 포플러 등 많은 활엽수의 잎을 가해한다.
③ 소나무재선충을 매개하는 곤충은 솔수염하늘소, 소나무좀 등으로 알려져 있다.
④ 솔나방은 소나무를 주로 가해하지만 활엽수도 가해하는 잡식성 해충에 속한다.

해설
미국흰불나방의 경우 100종류 이상의 활엽수종을 가해한다.

정답 21. ③ 22. ① 23. ③ 24. ① 25. ③ 26. ②

27 모잘록병 병원균 중 불완전균류가 아닌 것은?

① *Rhizoctonia solani*
② *Sclerotium bataticola*
③ *Pythium debaryanum*
④ *Fusarium acuminatum*

해설
Pythium debaryanum 은 조균류에 속한다.

28 호두나무잎벌레의 천적으로 가장 적합한 것은?

① 외발톱면충
② 남생이무당벌레
③ 노랑배허리노린재
④ 주둥무늬차색풍뎅이

해설
호두나무잎벌레의 포식성 천적으로 남생이무당벌레와 풀잠자리류 등이 있다.

29 겨우살이에 대한 설명으로 옳지 않은 것은?

① 주로 종자를 먹은 새의 배설물에 의해 전파된다.
② 겨울철에도 잎이 떨어지지 않으므로 쉽게 발견할 수 있다.
③ 주로 참나무류에 피해가 심하고 그 밖의 활엽수에도 기생한다.
④ 겨우살이의 뿌리로 인해 수목의 뿌리가 양분을 제대로 흡수하지 못하는 피해를 입는다.

해설
겨우살이는 주로 줄기에 기생한다.

30 미국흰불나방 방제에 사용되는 약제로 가장 효과가 약한 것은?

① 메탐소듐 액제
② 트리플루뮤론 수화제
③ 디플루벤주론 액상수화제
④ 람다사이할로트린 수화제

해설
메탐소듐 액제는 소나무 재선충에 효과적이며 미국흰불나방 방제에는 디플루벤주론 액상수화제가 가장 효과적이다.

31 기피제에 해당하는 살충제는?

① Bt제   ② 벤젠
③ 알킬화제   ④ 나프탈렌

해설
기피제의 종류로 나프탈렌, 프탈산디메틸등이 있다.

32 벚나무 빗자루병 방제 방법으로 옳은 것은?

① 매개충을 구제한다.
② 병든 가지를 제거한다.
③ 저항성 품종을 식재한다.
④ 옥시테트라사이클린계통의 약제를 나무주사한다.

해설
벚나무 빗자루병은 줄기 부분이 감염되면 빗자루 형태처럼 비대해지는데 병든 가지 부분을 제거하여 소각한다.

33 수목병의 중간기주 연결이 옳지 않은 것은?

① 소나무 줄기녹병 : 참취
② 잣나무 털녹병 : 송이풀
③ 소나무 혹병 : 졸참나무
④ 소나무 잎녹병 : 황벽나무

해설
소나무 줄기녹병의 중간기주는 작약, 목단이다. 참취는 소나무 잎녹병의 중간기주이다.

정답 27. ③ 28. ② 29. ④ 30. ① 31. ④ 32. ② 33. ①

34 리지나뿌리썩음병 방제 방법으로 옳지 않은 것은?

① 임지 내에서 불을 피우는 행위를 막는다.
② 피해 임지에 1ha 당 2.5톤 정도의 석회를 뿌린다.
③ 매개충 구제를 위하여 살충제를 봄에 살포한다.
④ 피해지 주변에 깊이 80cm 정도의 도랑을 파서 피해 확산을 막는다.

> **해설**
> 리지나뿌리썩음병은 산불이 발생하면 높은 온도에 의해 포자가 퍼지면서 발생하기에 매개충을 구제할 필요는 없다.

35 한상에 대한 설명으로 옳은 것은?

① 서리에 의하여 발생하는 임목 피해이다.
② 기온이 영하로 내려가야 발생하다 임목 피해이다.
③ 차가운 바람에 의하여 나무 조직이 어는 피해이다.
④ 0℃ 이상이지만 낮은 기온에서 발생하는 임목피해이다.

> **해설**
> 한상은 0℃ 이상이지만 낮은 기온에서 발생하는 임목 피해로 한랭한 기후로 식물의 생육기능에 장해를 받는 경우이다.

36 측백나무 검은돌기잎마름병에 대한 설명으로 옳지 않은 것은?

① 통풍이 나쁠 때 많이 발생한다.
② 가을에 발생하는 낙엽성 병해이다.
③ 잎의 기공조선상에 병원체의 자실체가 나타난다.
④ 주로 수관하부의 잎이 떨어져서 엉성한 모습으로 된다.

> **해설**
> 검은돌기잎마름병은 6~8월경쯤 여름에 발생하는 병해이다.

37 배의 마디가 뚜렷하지 않고 머리도 명확하지 않은 유충의 형태이며, 벌목의 일부 기생벌 유충에서 볼 수 있는 형태는?

① 원각형 유충   ② 다각형 유충
③ 소각형 유충   ④ 무각형 유충

> **해설**
> 원각형 유충은 내시류 곤충으로 기생봉류의 유충에서 볼 수 있는 형태이다. 배의 마디가 뚜렷하지 않고 머리와 가슴이 명확하지 않은 형태를 보인다.

38 종실해충 방제를 위한 약제 살포시기에 대한 설명으로 옳지 않은 것은?

① 밤바구미는 8~9월에 살포한다.
② 복숭아명나방은 7~8월에 살포한다.
③ 도토리거위벌레는 8월경에 살포한다.
④ 솔알락명나방은 우화기, 산란기인 8월경에 살포한다.

> **해설**
> 솔알락명나방은 우화기나 산란기인 6월에 약제를 살포하는 것이 효과적이다.

39 청각기관인 존스톤기관은 곤충의 어느 부위에 존재하는가?

① 더듬이의 기부
② 더듬이의 자루마디
③ 더듬이의 채찍마디
④ 더듬이의 팔굽마디

> **해설**
> 팔굽마디(흔들마디)는 존스턴씨기관이 있어 공기의 진동을 통해 소리를 인지하거나 바람의 방향을 느낀다.

정답 34. ③ 35. ④ 36. ② 37. ① 38. ④ 39. ④

40 소나무 재선충병 방제 방법에 대한 설명으로 옳지 않은 것은?

① 예방 나무주사를 한다.
② 저항성 품종을 식재한다.
③ 피해고사목은 훈증하거나 소각한다.
④ 솔수염하늘소 성충 발생시기에 지상 약제살포를 한다.

해설
소나무 재선충병은 매개충에 의해 전반되기에 저항성 품종을 식재하는 것은 효과가 없다.

41 임업경영의 지도원칙 중 경제성의 원칙에 대한 설명으로 옳지 않은 것은?

① 최소의 비용으로 최대의 효과를 발휘하는 것이다.
② 일정한 비용으로 최대의 수익을 올릴 수 있도록 하는 것이다.
③ 일정한 수익을 올리기 위하여 비용을 최소한으로 줄이는 것이다.
④ 최대의 비용으로 매년 같은 양의 수익을 올릴 수 있도록 하는 것이다.

해설
경제성의 원칙은 최소의 비용으로 최대의 효과를 발휘하는 원칙이다. 매년 같은 양의 수익 혹은 수확 등의 개념은 보속성의 원칙에 해당된다.

42 산림청장 또는 시·도지사가 산림문화 휴양 기본계획 및 지역계획을 수립하거나 이를 변경하고자 할 때에 실시해야하는 기초조사 내용은?

① 산림문화·휴양정보망의 구축·운영 실태
② 산림문화·휴양자원의 보전·이용·관리 및 확충 방안
③ 산림문화·휴양을 위한 시설 및 안전관리에 관한 사항
④ 산림문화·휴양자원의 현황과 주변지역의 토지이용 실태

해설
산림문화·휴양에 관한 법률 제 5 조에 의거 산림청장 또는 시·도지사는 기본계획 및 지역계획을 수립하거나 이를 변경하고자 하는 때에는 산림문화·휴양자원의 현황과 주변지역의 토지이용실태 등에 관한 기초조사를 실시하여야 한다.

43 임업 순수익 계산 방법으로 옳은 것은?

① 임업조수익+임업경영비
② 임업조수익-감가상각액
③ 임업조수익+가족임금추정액
④ 임업조수익-임업경영비-가족임금추정액

해설
임업순수익은 임업경영이 순수익의 최대를 목표로 하는 자본가적 경영이 이루어졌을 때 얻을 수 있는 수익으로 <임업조수익 - 임업경영비 - 가족임금추정액> 공식으로 구한다.

44 산림경영을 위하여 설정하는 산림구획이 아닌 것은?

① 임반 ② 소반
③ 표준지 ④ 경영계획구

해설
산림경영을 위한 산림구획은 경영계획구, 임반, 소반으로 구획한다.

정답 40. ② 41. ④ 42. ④ 43. ④ 44. ③

45 수익·비용율법을 투자의 의사결정방법으로 사용할 때 투자 가치가 있는 사업으로 평가되는 것은?(단, B는 수익이고 C는 비용)

① B/C율 > 1
② B/C율 < 1
③ B/C율 > 0
④ B/C율 < 0

해설
수익, 비용률에서 1을 기준으로 크면 투자가치가 있는 것으로, 작을 경우 투자가치가 없는 것으로 간주한다.

46 육림비에 대한 설명으로 옳지 않은 것은?

① 고정비는 종자, 묘목, 거름, 농약 등이 포함된다.
② 노동비에는 고용노동비와 가족노동비가 포함된다.
③ 자본이자는 차입자본과 자기자본이자가 포함된다.
④ 임지지대는 차입지와 자가임지의 지대 또는 토지자본이자를 의미한다.

해설
종자, 묘목, 거름, 농약 등은 유동비에 포함된다.

47 손익분기점 분석에 필요한 가정으로 옳지 않은 것은?

① 원가는 고정비와 유동비로 구분할 수 있다.
② 제품의 생산능률은 판매량에 관계없이 일정하다.
③ 제품 한 단위당 변동비는 판매량에 따라 달라진다.
④ 제품의 판매가격은 판매량이 변동하여도 변화되지 않는다.

해설
판매 단위당 변동비가 일정하다.

48 산림평가에 대한 설명으로 옳지 않은 것은?

① 부동산 감정평가와 동일한 평가방법 적용이 용이하다.
② 공익적 기능을 포함한 다면적 이용에 대한 평가도 포함한다.
③ 산림을 구성하는 임지·임목·부산물 등의 경제적 가치를 평가한다.
④ 생산기간이 장기적이고 금리의 변동이 커서 정밀하게 평가하기 쉽지 않다.

해설
산림평가에 있어 부동산과 같은 토지뿐 아니라 임목 및 임산물등 여러 요인들이 많아 부동산 감정평가와 동일한 평가 방법 적용이 어렵다.

49 산림수확 조절을 위한 선형계획모형의 전제조건이 아닌 것은?

① 비례성
② 활동성
③ 부가성
④ 제한성

해설
선형계획모형 전제조건은 비례성, 비부성, 부가성, 제한성, 선형성, 확정성이 있다.

50 측고기 사용 방법으로 옳지 않은 것은?

① 수목의 높이만큼 떨어진 곳에서 측정한다.
② 측정 위치가 수목과 가까울수록 오차가 생긴다.
③ 측정하고자 하는 수목의 정단과 밑이 잘 보이는 지점을 선정한다.
④ 경사진 곳에서 측정할 때는 오차를 줄이기 위해 수목의 정단이 잘 보이는 높은 곳에서 측정한다.

해설
경사진 곳에서 측정할 때는 오차를 줄이기 위해 등고 방향에서 측정한다.

정답 45. ① 46. ① 47. ③ 48. ① 49. ② 50. ④

51 농지의 주변이나 둑, 농지와 산지의 경계에 유실수, 특용수, 속성수 등을 식재하여 임업 수입의 조기화를 도모하는 것은?

① 혼목임업　② 혼농임업
③ 농지임업　④ 부산물임업

> **해설**
> 농지임업은 농지의 주변 및 산지에 유실수, 속성수 등을 심어 빠른 수입을 얻는 형태를 말한다.

52 임업이율의 분류로 옳지 않은 것은?

① 업종에 의한 분류 - 명목이율
② 용도에 의한 분류 - 경영이율
③ 현실성에 의한 분류 - 평정이율
④ 기간의 장단에 의한 분류 - 장기이율

> **해설**
> 업종에 의한 분류에는 보통이율, 상업이율, 공업이율, 농업이율, 임업이율이 있다.

53 시장가역산법에 의한 임목가 결정에 필요한 인자로 가장 거리가 먼 것은?

① 원목시장가　② 벌채운반비
③ 기업이익율　④ 조림 및 관리비

> **해설**
> 시장가역산법은 유통되는 가격을 조사하여 벌채 및 운반에 필요한 비용을 공제한 임목의 가격을 역으로 구하는 방법으로 원목시장가, 벌채운반비, 기업이익률, 조재율, 월이율 등이 필요하다.

54 임분의 연령을 측정하는 방법에 해당되지 않는 것은?

① 재적령　② 면적령
③ 생장추법　④ 표본목령

> **해설**
> 임분의 연령을 측정하는 방법으로 본수령, 재적령, 면적령, 표본목령이 있다.

55 5년 전의 임분재적이 80m³/ha 이고, 현재의 임분재적이 100m³/ha 인 경우 Pressler 식에 의한 임분재적 생장률은?

① 약 3.3%　② 약 4.4%
③ 약 5.5%　④ 약 6.6%

> **해설**
> $$\frac{100m^3 - 80m^3}{100m^3 + 80m^3} \times \frac{200}{5} ≒ 4.4(\%)$$

56 다음 설명에 해당하는 것은?

> 국민의 건강증진을 위하여 산림 안에서 맑은 공기를 호흡하고 접촉하며 산책 및 체력 단련 등을 할 수 있도록 조성한 산림(시설과 그 토지를 포함)이다.

① 숲길　② 산림욕장
③ 치유의 숲　④ 자연휴양림

> **해설**
> 삼림욕장은 삼림욕을 할 수 있는 곳으로 국민의 건강증진을 위하여 산림 속에서 맑은 공기를 호흡하고 적당한 운동 및 산책을 통해 심신의 휴식을 취하는 곳이다.

57 똑같은 산림경영패턴이 영구히 반복된다는 것을 가정한 임지의 평가 방법은?

① 임지비용가법　② 임지기망가법
③ 임지예상가법　④ 임지매매가법

> **해설**
> 임지기망가법은 동일한 작업법을 영구히 계속함을 전제로 한 것이다

정답　51. ③　52. ①　53. ④　54. ③　55. ②　56. ②　57. ②

58 임분의 재적을 측정하기 위해 임분의 임목을 모두 조사하는 방법이 아닌 것은?

① 표본조사법 ② 매목조사법
③ 재적표 이용법 ④ 수확표 이용법

[해설]
표본조사법은 표본을 추출하여 조사하는 방법으로 전체임분에서 작은 구역을 정해 특정 그루수를 정해 조사한다.

59 법정림에서 산림면적이 400ha, 윤벌기가 50년이면 1영계의 면적은?

① 0.8ha ② 8ha
③ 80ha ④ 800ha

[해설]
법정영급면적 = 산림면적/윤벌기
= 400/50 = 8 ha

60 지위가 서로 다른 3개 임분의 면적과 벌기재적이 다음 표와 같을 때 I등지 임분의 개위면적은?

임분	면적(ha)	1ha 당 벌기재적(m^3)	비고
I등지	300	200	윤벌기 100년 1영급 = 10영계
II등지	400	150	
III등지	500	100	

① 200ha ② 300ha
③ 400ha ④ 500ha

[해설]
- $\dfrac{1ha \text{ 당 벌기재적}}{\text{평균벌기재적}} \times \text{산림면적}$
  $= \dfrac{200}{142} \times 300 ≒ 422$
- 평균벌기재적
  $= \dfrac{(300 \times 200) + (400 \times 150) + (500 \times 100)}{300 + 400 + 500}$
  $= \dfrac{170{,}000}{1{,}200} ≒ 142$

61 임도의 노체를 구성하고 있는 순서로 옳은 것은?

① 노상 → 기층 → 노반 → 표층
② 기층 → 노반 → 노상 → 표층
③ 노상 → 노반 → 기층 → 표층
④ 기층 → 노상 → 노반 → 표층

[해설]
임도의 구조는 표면을 시작으로 표층, 기층, 노반, 노상으로 구성되며 이때 노상과 노반을 합쳐 노면이 부르기도 한다.

62 다음 ( ) 안에 적절한 것은?

> 포장도로가 아닌 곳에서 종단기울기의 대수차가 ( )% 이하인 경우에 임도의 종단곡선 규정을 적용하지 않는다.

① 3 ② 5
③ 7 ④ 9

[해설]
포장도로가 아닌 곳으로서 종단기울기의 대수차가 5% 이하인 경우 이를 적용하지 않는다.

63 임도의 종단기울기가 4%, 횡단기울기가 3%일 때의 합성기울기는?

① 1% ② 5%
③ 7% ④ 25%

[해설]
합성기울기 $= \sqrt{\text{종단기울기}^2 + \text{횡단기울기}^2}$
$= \sqrt{4^2 + 3^2} = 5$

정답 58. ① 59. ② 60. ③ 61. ③ 62. ② 63. ②

64 토량곡선에 대한 설명으로 옳지 않은 것은?

① 곡선이 상향인 구간은 절토구간이고 하향은 성토구간이다.
② 곡선과 평형선이 교차하는 점은 절토량과 성토량이 평형상태를 나타낸다.
③ 평형성에서 곡선의 곡점과 정점까지의 높이는 절토에서 성토로 운반되는 전체의 토량이다.
④ 곡선이 평형선보다 위에 있는 경우에는 성토에서 절토로 운반되며 작업방향은 우에서 좌로 이루어진다.

해설
토량곡선의 곡선이 평형선보다 위에 있는 경우 절토에서 성토로 운반되며 작업방향은 좌에서 우로 이루어진다.

65 급경사의 긴 비탈면인 산지에서는 지그재그방식, 완경사지에서 대각선방식이 적당한 임도의 종류는?

① 계곡임도 ② 사면임도
③ 능선임도 ④ 산정임도

해설
사면임도는 계곡임도에서 시작하여 산록부와 산복부에 설치하는 임도로 하부에서 점차적으로 계획하여 진행하며 지그재그방식 혹은 대각선 방식이 적당하다.

66 일반 도저와 비교한 틸트 도저(tilt-dozer)의 특징으로 옳은 것은?

① 속도가 빠르다.
② 삽날의 좌우 높이를 조절한다.
③ 점질토면에서 수월하게 주행한다.
④ 사용 가능한 부속품 종류가 다양하다.

해설
틸트도저는 삽날의 좌우 높이를 조절하여 강도가 높은 흙이나 도랑파기에 많이 이용한다.

67 아래 그림에서 경사도의 표기와 기울기 값으로 옳은 것은?

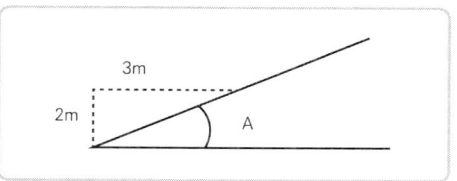

① 1:0.5와 약 67%
② 1:0.5와 약 150%
③ 1:1.5와 약 67%
④ 1:1.5와 약 150%

해설
• 경사도 = 높이 : 밑변 = 2 : 3 = 1 : 1.5
• 기울기 = 높이/밑변 × 100(%)
    = 2/3 × 100 = 약 67(%)

68 임도 측량 방법으로 영선에 대한 설명으로 옳지 않은 것은?

① 노폭의 1/2 되는 점을 연결한 선이다.
② 절토작업과 성토작업의 경계선이 되기도 한다.
③ 산지 경사면과 임도 노면의 시공면과 만나는 점을 연결한 노선의 종축이다.
④ 영선측량의 경우 종단측량을 먼저 실시하여 영선을 정한 후에 평면 및 횡단측량을 한다.

해설
경사지에서 노면의 시공면과 산지의 경사면이 만나는 지점을 영점이라 하며 이점을 연결선 선을 영선이라 한다. 영선의 경우 주로 노반에 나타나며 절토작업과 성토작업의 경계선이 된다.

정답 64. ④ 65. ② 66. ② 67. ③ 68. ①

69 어떤 측점에서부터 차례로 측량을 하여 최후에 다시 출발한 측점으로 되돌아오는 측량방법으로 소규모의 단독적인 측량에 많이 이용되는 트래버스 방법은?

① 폐합 트래버스
② 결합 트래버스
③ 개방 트래버스
④ 다각형 트래버스

해설
측선이 한 기지점에서 시작, 다시 시작측점으로 돌아와 종결되는 것을 폐합 트래버스라 한다.

70 적정지선 임도간격이 500m 일 때 적정지선 임도밀도(m/ha)는?

① 20
② 25
③ 50
④ 200

해설
RS(임도간격) = 10,000 ÷ ORD(적정임도밀도)
500 = 10,000 ÷ 적정임도밀도
적정임도밀도 = 20m/ha

71 임도의 설계 업무 순서로 옳은 것은?

① 예비조사 → 예측 → 실측 → 답사 → 설계도 작성
② 예비조사 → 예측 → 답사 → 실측 → 설계도 작성
③ 예비조사 → 답사 → 예측 → 실측 → 설계도 작성
④ 예비조사 → 답사 → 실측 → 예측 → 설계도 작성

해설
임도설계 순서
예비조사 → 답사 → 예측, 실측 → 설계도 작성 → 공사량 산출 → 설계서 작성

72 지표면 및 비탈면의 상태에 따른 유출계수가 가장 작은 것은?

① 떼비탈면
② 흙비탈면
③ 아스팔트포장
④ 콘크리트포장

해설
떼비탈면의 유출계수는 0.3으로 가장 작고 콘크리트 포장은 0.8~0.9 정도로 보기 중 가장 크다.

73 임도망 계획 시 고려하지 않아도 되는 사항은?

① 신속한 운반이 되도록 한다.
② 운재비가 적게 들도록 한다.
③ 운재방법이 단일화되도록 한다.
④ 운반량의 상한선을 두어야 한다.

해설
임도망 계획시 운반량의 제한이 없도록 한다.

74 배향곡선지에서 임도의 유효너비 기준은?

① 3m 이상
② 5m 이상
③ 6m 이상
④ 8m 이상

해설
길어깨, 옆도랑 너비를 제외한 임도의 유효너비는 3m로 하며 배향곡선지의 경우 6m 이상을 기준으로 한다.

75 암석을 굴착하기에 가장 적합한 기계는?

① 로우더
② 머캐덤 롤러
③ 리퍼 불도저
④ 진동 콤팩터

해설
리퍼불도저는 리퍼가 도저 뒤에 설치되어 연암이나 단단한 지반의 굴착에 적당한 기기이다.

정답 69. ① 70. ① 71. ③ 72. ① 73. ④ 74. ③ 75. ③

76 임도의 평면선형에서 사용하지 않는 곡선은?

① 단곡선 ② 배향곡선
③ 반향곡선 ④ 포물선곡선

> **해설**
> 임도 곡선으로 단곡선, 반향곡선(반대곡선), 복합곡선, 배향곡선(헤어핀곡선)이 있다.

77 컴퍼스측량에서 전시로 시준한 방위가 N37°E 일 때 후시로 시준한 역방위는?

① S37°W ② S37°E
③ N53°S ④ N53°W

> **해설**
> NS방향을 0°기준으로 시작하며 시준한 방위가 N37°E 의 역방위는 반대 방향으로 S37°W 가 된다.

78 임도의 설계속도가 30km/h, 외쪽기울기는 5%, 타이어의 마찰계수가 0.15일 때 최소곡선 반지름은?

① 약 27m ② 약 32m
③ 약 33m ④ 약 35m

> **해설**
> 최소곡선반지름 공식
> $= \dfrac{설계속도^2}{127(타이어 마찰계수 + 노면횡단물매)}$
> $= \dfrac{30^2}{127(0.15+0.05)} ≒ 35$

79 임도 교량에 영향을 주는 활하중에 해당하는 것은?

① 주보의 무게
② 바닥 틀의 무게
③ 교량 시설물의 무게
④ 통행하는 트럭의 무게

> **해설**
> 활하중은 움직임을 가지는 것으로 보행자 및 차량에 의한 하중이다.

80 임도의 종단면도에 기입하지 않는 사항은?

① 성토고, 측점, 축척
② 설계자, 기계고, 후시
③ 도명, 누가거리, 거리
④ 절취고, 계획고, 지반고

> **해설**
> 종단면도 작성 사항으로 선측점, 구간거리, 누가거리, 지반높이, 계획높이, 절토.성토 높이, 기울기 등이 있다.

81 해안의 모래언덕이 발달하는 순서로 옳은 것은?

① 치올린 모래언덕 → 반월사구 → 설상사구
② 반월사구 → 설상사구 → 치올린 모래언덕
③ 치올린 모래언덕 → 설상사구 → 반월사구
④ 반월사구 → 치올린 모래언덕 → 설상사구

> **해설**
> 해안사구는 <치올린 모래언덕 → 설상사구 → 반월사구> 의 순서로 발달한다.

82 산지사방에서 기초공사에 해당되지 않는 것은?

① 비탈덮기 ② 비탈다듬기
③ 땅속흙막이 ④ 산복수로공

> **해설**
> 비탈덮기는 산지사방 녹화공사에 속한다.

정답 76. ④ 77. ① 78. ④ 79. ④ 80. ② 81. ③ 82. ①

83 잔골재에 대한 설명으로 옳은 것은?

① 10mm 체를 85% 이상 통과한다.
② 5mm 체를 전부 통과하고 0.08mm 체에는 전부 남는다.
③ 5mm 체를 전부 통과하고 0.5mm 체에는 85% 이상 통과한다.
④ 5mm 체를 50% 이상 통과하며 0.08mm 체에는 거의 다 남는다.

해설
5mm 체를 중량의 85% 이상 통과하는 것 혹은 5mm 체를 거의 통과하며 0.08mm 체에 거의 남는 골재를 말한다.

84 중력식 사방댐의 안정조건이 아닌 것은?

① 자중에 대한 안정
② 전도에 대한 안정
③ 활동에 대한 안정
④ 기초지반의 지지력에 대한 안정

해설
중력식 사방댐의 안정조건으로 전도에 대한 안정, 활동에 대한 안정, 기초지반 지지력에 대한 안정, 제체의 파괴에 대한 안정이 있다.

85 땅깎기비탈면의 토질별 안정공법으로 가장 적정하게 연결된 것은?

① 사질토 - 새집공법
② 경암 - 낙석방지망덮기
③ 점질토 - 분사식씨뿌리기
④ 모래층 - 종비토뿜어붙이기

해설
경암 비탈면은 낙석의 위험이 적으므로 낙석저지책 혹은 낙석방지망덮기에 적합하다.

86 사방 녹화용 식물재료로 재래 초본류가 아닌 것은?

① 쑥
② 겨이삭
③ 김의털
④ 까치수영

해설
겨이삭은 도입 초종이다.

87 황폐지의 진행순서로 옳은 것은?

① 임간나지 → 초기황폐지 → 황폐이행지 → 민둥산 → 척악임지
② 초기황폐지 → 황폐이행지 → 척악임지 → 임간나지 → 민둥산
③ 임간나지 → 척악임지 → 황폐이행지 → 초기황폐지 → 민둥산
④ 척악임지 → 임간나지 → 초기황폐지 → 황폐이행지 → 민둥산

해설
황폐지 유형 및 단계는 <척악임지→임간나지→초기황폐지→황폐이행지→민둥산> 순서로 진행된다.

88 대상지 1ha 에 15° 경사로 1.0m 높이의 단끊기공을 시공할 때 평면적법에 의한 계단 길이는?

① 약 1,786m
② 약 2,061m
③ 약 2,679m
④ 약 3,640m

해설
$$계단연장길이 = \frac{면적 \times \tan\theta}{높이}$$
$$= \frac{10000 \times 0.2679}{1} ≒ 2679m$$

정답 83. ② 84. ① 85. ② 86. ② 87. ④ 88. ③

89 산지사방의 목적으로 가장 거리가 먼 것은?

① 붕괴 확대 방지
② 표토 침식 방지
③ 유송 토사 조절
④ 산사태 위험 대책

해설
산지사방은 침식 및 토사의 유출을 방지하는 것을 목적으로 하며 유송 토사의 조절과는 관련이 없다.

90 수제에 대한 설명으로 옳지 않은 것은?

① 계안으로부터 유심을 향해 돌출한 공작물을 말한다.
② 계상 폭이 좁고 계상 기울기가 급한 황폐계류에 적용한다.
③ 돌출 방향은 유심선 또는 접선에 대해 상향 70~90°를 기준으로 한다.
④ 상향수제는 수제 사이의 사력 퇴적이 하향수제보다 많고 두부의 세굴이 강하다.

해설
수제는 하천에 유심의 방향을 변경시켜 계안으로부터 멀리 보내 유로 및 계안 침식을 방지, 기슭막이 공작물의 세굴을 방지하기 위해 사용된다. 주로 계상폭이 넓고 계상물매가 완만한 황폐계류에 시공한다.

91 계류의 바닥 폭이 3.8m, 양안의 경사각이 모두 45°이고, 높이가 1.2m일 때의 계류 횡단면적(m²)은?

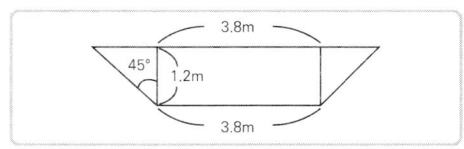

① 6.0
② 6.8
③ 7.4
④ 8.0

해설
양안의 경사각이 45°로 같은 모형을 하고 있기에 경사각의 한 변의 길이는 1.2m 로 유추할수 있다. 하나의 직사각형 형태로 보고 횡단면적을 구하면
< (1.2+3.8)×1.2=6m² > 으로 산출된다.

92 토사유과구역에 대한 설명으로 옳지 않은 것은?

① 상류에서 생산된 토사가 통과한다.
② 토사유하구역 또는 중립지대라고도 한다.
③ 붕괴 및 침식작용이 가장 활발히 진행되는 구역이다.
④ 계상의 형태는 협착부에서 모래와 자갈을 하류로 운반하는 수로에 해당된다.

해설
붕괴 및 침식작용이 가장 활발히 진행되는 구역은 토사생산구역이다.

93 임지에 도달한 강우의 침투강도에 영향을 주는 인자로 가장 거리가 먼 것은?

① 유역 면적
② 지표면의 상태
③ 토양 공극의 차이
④ 당초의 토양 수분

해설
침투에 영향을 주는 인자는 지표면의 상태, 계절적 인자, 지형 및 강우 특성, 토양의 투수성, 토양의 구조 및 표면의 상태, 토양 내 공기량 등이 있다.

94 일반적인 모래막이 공작물의 평면형상이 아닌 것은?

① 위형
② 주걱형
③ 자루형
④ 침상형

해설
모래막이 공작물는 형태에 따라 반주걱형, 주걱형, 자루형, 위형 등이 있다.

정답 89. ③ 90. ② 91. ① 92. ③ 93. ① 94. ④

95 증발산 중에서 식생으로 피복된 지면으로부터의 증발량과 증산량만을 무엇이라 하는가?

① 증산률　　② 증발산률
③ 증발기회　④ 소비수량

해설
증산량과 증발량 등의 손실량을 소비수량 혹은 소실수량이라 한다.

96 사방댐의 방수면에 설치하는 물받이 길이는 일반적으로 댐높이와 월류수심 합의 몇 배로 하는 것이 좋은가?

① 0.5 ~ 1.0 배　② 1.0 ~ 1.5 배
③ 1.5 ~ 2.0 배　④ 2.0 ~ 2.5 배

해설
물받이의 길이는 6m 미만 기준 댐높이와 월류수심 합의 2배, 6m 이상의 경우 1.5배 정도로 한다.

97 빗물의 의한 침식으로 가장 거리가 먼 것은?

① 지중침식　② 구곡침식
③ 누구침식　④ 면상침식

해설
빗물에 의한 침식은 우격침식, 면상침식, 누구침식, 구곡침식이 있다.

98 선떼붙이기 공법에서 가장 윗부분에 사용되는 떼의 명칭은?

① 선떼　　② 평떼
③ 받침떼　④ 머리떼

해설
선떼붙이기에서 가장 윗부분에 붙이는 떼는 머리떼 혹은 갓떼라 한다.

99 돌골막이를 시공할 때 돌쌓기의 기울기 기준은?

① 1 : 0.1　② 1 : 0.3
③ 1 : 0.5　④ 1 : 0.7

해설
돌골막이의 기울기 기준은 1 : 0.3으로 하며 길이는 4~5m, 높이 2m 이내로 축설한다.

100 비탈면 안정 평가를 위해 안전율을 계산하는 방법으로 옳은 것은?

① 비탈의 활동면에 대한 흙의 압축응력을 전단강도로 나눈 값
② 비탈의 활동면에 대한 흙의 전단응력을 전단강도로 나눈 값
③ 비탈의 활동면에 대해 흙의 압축강도를 압축응력으로 나눈 값
④ 비탈의 활동면에 대한 흙의 전단강도를 전단응력으로 나눈 값

해설
안전율 = 흙의 전단강도 ÷ 전단응력(실제하중)

정답　95. ④　96. ③　97. ①　98. ④　99. ②　100. ④

2019년 제3회 산림기사

01 솎아베기 작업에 대한 설명으로 옳은 것은?
① 잔존목의 수고생장을 크게 촉진한다.
② 최종 생산될 목재의 형질을 개선한다.
③ 자연낙지를 유도하여 지하고를 높인다.
④ 줄기에 발생하는 부정아를 감소시킨다.

해설
솎아베기를 통해 밀도 조절이 가능하고 생산될 목재의 형질을 향상시킬 수 있다.

02 우리나라 산림대에 대한 설명으로 옳지 않은 것은?
① 연평균 기온에 따라 구분된다.
② 온대림이 차지하는 면적이 가장 넓다.
③ 멀구슬나무, 녹나무, 모새나무는 난대림의 특징 수종이다.
④ 한라산보다는 설악산에서 난대, 온대, 한대의 수직적 분포가 잘 나타난다.

해설
우리나라 한라산은 난대, 온대, 한대의 수직적 분포가 잘 나타나며 설악산은 온대와 한대의 수직적 분포가 나타난다.

03 윤벌기가 완료되기 전에 짧은 갱신기간 동안 몇 차례 벌채를 실시하여 임목을 완전히 제거하는 작업은?
① 모수작업
② 산벌작업
③ 개벌작업
④ 택벌작업

해설
산벌은 짧은 갱신기간동안 몇 차례 걸쳐 전임목을 제거하는 작업이다.

04 온대 남부지역에서 수하식재가 가장 용이한 수종은?
① 편백
② 소나무
③ 오동나무
④ 일본잎갈나무

해설
수하식재는 내음력이 강한 수종이 적합하며 편백, 전나무, 삼나무, 낙엽송 등이 있다.

05 인공림 침엽수의 수형목 지정기준으로 옳지 않은 것은?
① 상층 임관에 속할 것
② 수관이 넓고 가지가 굵을 것
③ 밑가지들이 말라서 떨어지기 쉽고 그 상처가 잘 아물 것
④ 주위 정상목 10본의 평균보다 수고 5%, 직경 20% 이상 클 것

해설
인공림 침엽수 수형목 지정기준
· 상층임관에 속할 것, 가지가 가는 것, 병충해가 없는 것
· 주위 정상목 10본 평균보다 수고 5%, 직경 20% 이상 클 것
· 수간이 완만하고 굽거나 비틀리지 않을 것
· 지하고가 높은 것, 자연 낙지성 큰 것

06 가지치기를 시행하는 시기로 가장 적합한 것은?
① 11월~2월
② 3월~6월
③ 7월~8월
④ 9월~10월

해설
가지치기는 작업시기 11월~이듬해 2월 사이에 실시한다.

정답 01. ② 02. ④ 03. ② 04. ① 05. ② 06. ①

07 지베렐린에 대한 설명으로 옳지 않은 것은?
① 줄기의 신장 생장을 촉진한다.
② 개화 및 결실을 돕는 역할을 한다.
③ 대부분의 지베렐린은 알칼리성이다.
④ 벼의 키다리병을 일으키는 것과 관련이 있다.

> **해설**
> 지베렐린은 극성이동이 없어 확산에 의해 이동하며 산성을 띤다.

08 꽃의 구조와 종자 및 열매의 구조가 올바르게 연결된 것은?
① 주심 - 배   ② 주피 - 종피
③ 배주 - 열매 ④ 씨방 - 종자

> **해설**
> 종자의 구조발달 관계상 주피는 종피(씨껍질)와 연결된다.

09 일본에서 도입하여 조림된 수종은?
① *Pinus rigida*
② *Larix kaempferi*
③ *Zelkova serrata*
④ *Quercus acutissima*

> **해설**
> *Larix kaempferi*는 일본잎갈나무로 일본에서 도입되었다.

10 종자의 크기가 가장 작은 수종은?
① *Alnus japonica*
② *Pinus Koraiensis*
③ *Camellia japonica*
④ *Aesculus turbinata*

> **해설**
> *Alnus japonica*(오리나무)의 종자는 세립종자로 분류되어 작은 편이다.

11 수목에서 질소 결핍 증상으로 나타나는 주요 현상은?
① T/R률 증가
② 겨울눈 조기 형성
③ 성숙한 잎의 황화 현상
④ 모잘록병 발생률 증가

> **해설**
> 질소 결핍시 잎의 생장이 불량하고 잎이 짧아진다. 또한 잎 전체가 황화 현상이 일어나고 심할 경우 고사한다.

12 조림지의 풀베기 작업에 대한 설명으로 옳은 것은?
① 모두베기는 음수를 조림한 지역에서 적합하다.
② 풀베기 작업의 시기는 가을철인 9월에 실시한다.
③ 한풍해가 우려되는 조림지에서는 둘레베기가 바람직하다.
④ 전나무 조림지에 대한 풀베기 작업은 조림 후 2년 이내에 종료한다.

> **해설**
> 한해나 풍해가 우려되는 조림지는 둘레베기를 통해 한풍해를 경감시킬 수 있다.

13 흙 속에서 공기와 물이 차지하고 있는 부분은?
① 균근   ② 비중
③ 공극   ④ 교질

> **해설**
> 공극은 토양입자 사이의 틈으로 물이나 공기가 차지한다.

정답 07. ③ 08. ② 09. ② 10. ① 11. ③ 12. ③ 13. ③

14 지존작업에 대한 설명으로 옳은 것은?

① 묘목을 심기 위하여 구덩이를 파는 작업이다.
② 개간한 곳에 조림용 묘목을 식재하는 작업이다.
③ 조림지에서 덩굴치기 및 제벌작업을 행하는 것을 뜻한다.
④ 조림 예정지에서 잡초, 덩굴식물, 관목 등을 제거하는 작업이다.

> 해설
> 조림지 준비를 위해 묘목을 심을 땅에 미리 잡초, 관목, 덩굴, 벌채 잔해물 등을 정리하며 이를 지존작업이라 한다.

15 파종상을 만들고 실시하는 경운작업에 대한 설명으로 옳지 않은 것은?

① 시비의 효과를 고르게 한다.
② 토양이 팽윤해지고 공기와 수분의 유통이 좋아진다.
③ 토양의 보수력, 흡열력 및 비료의 흡수력이 증가한다.
④ 잡초의 뿌리는 땅속 깊이 묻어주고 잡초의 종자는 땅 위로 노출되게 한다.

> 해설
> 경운작업은 토양의 투수성, 통기성 등이 개선되는 장점이 있으나 풍화작용이나 토양침식이 빨라지는 단점이 있다. 토양의 이화학적 성질의 변화 외에도 잡초발생을 억제시킨다.

16 수목의 호흡 작용이 일어나는 세포 내 기관은?

① 핵
② 액포
③ 엽록체
④ 미토콘드리아

> 해설
> 수목의 호흡은 살아있는 원형질을 가진 세포 중에서 미토콘드리아라는 작은 소기관에서 이루어진다.

17 묘간 거리가 가로 1m, 세로 4m의 장방형 식재 시 1ha에 식재되는 묘목 본수는?

① 2500본
② 3000본
③ 3333본
④ 5000본

> 해설
> $\dfrac{10,000m^2}{1m \times 4m} = 2500$본

18 임목의 직경분포가 다음과 같이 나타나는 임형은?

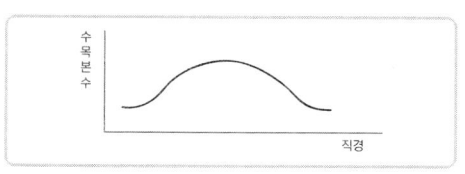

① 동령림
② 택벌림
③ 이령림
④ 보잔목림

> 해설
> 동령림은 나무의 나이가 같은 경우로 유사한 직경의 나무들이 특정 직경에 분포하는 모습을 보인다.

19 모수작업에서 모수에 대한 설명으로 옳은 것은?

① 열세목을 대상으로 선발한다.
② 유전적 형질과는 관련이 없다.
③ 바람에 대한 저항력이 높아야 한다.
④ 종자를 적게 생산하는 개체 중에서 택한다.

> 해설
> 모수작업은 양수 수종에 적합하며 바람에 대한 저항력이 강해야 한다.

정답 14. ④ 15. ④ 16. ④ 17. ① 18. ① 19. ③

20 택벌작업의 장점이 아닌 것은?

① 임분의 지력유지에 유리하다.
② 상층목은 채광이 좋아 결실이 잘 된다.
③ 면적이 좁은 산림에서 보속 수확이 가능하다.
④ 작업 내용이 간단하여 고도의 기술이 필요하지 않다.

해설
택벌작업은 고도의 기술을 요구한다.

21 씹는 입틀을 가진 해충 방제에 주로 사용되는 살충제 종류는?

① 기피제   ② 제충제
③ 훈증제   ④ 소화중독제

해설
해충의 입으로 들어가면 소화관 내에서 중독작용을 일으키는 소화중독제는 씹는 입틀을 가진 해충에 적합하다.

22 저온으로 인한 수목 피해에 대한 설명으로 옳은 것은?

① 겨울철 생육 휴면기에 내린 서리로 인한 피해를 만상이라 한다.
② 분지 등 저습지에 한기가 밑으로 내려와 머물게 되어 피해를 입는 것은 상렬이라 한다.
③ 이른 봄에 수목이 발육을 시작한 후 급격한 온도 저하가 일어나 어린 잎이 손상되는 것을 조상이라 한다.
④ 휴면기 동안에는 피해가 적지만 가을 늦게까지 웃자란 도장지나 연약한 맹아지가 주로 피해를 받는다.

해설
수목이 저온으로 인해 웃자란 도장지나 연약한 맹아지가 피해를 입기도 하며 0도 이하의 낮은 온도에서는 동결 피해가 발생하기도 한다.

23 곤충의 날개가 퇴화된 기관으로 주로 파리류에서 볼 수 있는 것은?

① 평균곤   ② 딱지날개
③ 날개가시   ④ 날개걸이

해설
파리의 경우 날개가 퇴화하면서 몸의 균형 유지를 위해 평균곤으로 발달하였다.

24 나무주사를 이용한 대추나무 빗자루병 방제 방법으로 옳은 것은?

① 주입 약량은 흉고직경 10cm 기준으로 3L를 사용한다.
② 병 발생이 심한 가지 방향과 반대 방향에도 주사기를 삽입한다.
③ 약제 희석 후 변질이 되지 않도록 즉시 약통에 넣고 나무주사한다.
④ 물 1L에 옥시테트라사이클린 수화제 10g을 잘 저어서 녹여 사용한다.

해설
나무주사의 경우 구멍을 뚫을 때 병 발생이 심한 가지 방향의 반대 방향에 지면기준 20~30° 각도로 구멍을 뚫어준다.

25 소나무좀 방제 방법에 대한 설명으로 옳은 것은?

① 11~3월에 아바멕틴 유제를 나무주사한다.
② 수은등이나 유아등을 설치하여 성충을 유인하여 포살한다.
③ 먹이나무를 설치하고 산란하도록 한 후 박피하여 소각한다.
④ 소나무좀의 먹이가 되는 좀벌류, 맵시벌류, 기생파리류를 구제한다.

해설
소나무좀의 방제를 위해서 쇠약목 및 고사목을 벌채하거나 2월경쯤 먹이나무를 설치하여 유인한 후 소각한다.

정답 20. ④ 21. ④ 22. ④ 23. ① 24. ② 25. ③

26 복숭아명나방 방제 방법에 대한 설명으로 옳지 않은 것은?

① 수확한 밤을 훈증한 후 저온에 저장한다.
② 곤충병원성미생물인 Bt균이나 다각체 바이러스를 살포한다.
③ 밤나무의 경우 7~8월에 페니트로티온 유제 등의 약제를 살포한다.
④ 성페로몬 트랩을 지상 1.5~2m 되는 가지에 매달아 놓아 성충을 유인 살포한다.

해설
복숭아명나방의 피해가 예상되는 밤나무의 방제를 위해 7월쯤 디프유제, 페니트로티온 등의 약제를 살포하도록 한다.

27 산불이 발생한 지역에서 많이 발생할 것으로 예측되는 병은?

① 모잘록병
② 리지나뿌리썩음병
③ 자줏빛날개무늬병
④ 아밀라리아뿌리썩음병

해설
리지나뿌리썩음병은 높은 온도에 의해 포자가 퍼지므로 산불이 발생한 지역에 나타난다.

28 곤충류 중 가장 많은 종수를 가진 것은?

① 나비목
② 노린재목
③ 딱정벌레목
④ 총채벌레목

해설
딱정벌레목은 곤충의 종 가운데 40% 정도인 35만여 종을 차지하는 목으로 가장 많은 종수를 가지고 있다.

29 밤나무 줄기마름병 방제 방법으로 옳지 않은 것은?

① 병에 걸리기 쉬운 단택 및 대보 품종은 식재하지 않는다.
② 천공성 해충류에 의한 피해가 없도록 살충제를 살포한다.
③ 동해나 피소로 인한 상처가 나지 않도록 백색 수성페인트를 발라준다.
④ 배수가 불량한 곳과 수세가 약한 경우 피해가 심하므로 비배관리를 철저히 해준다.

해설
밤나무줄기마름병은 상처부위로 감염되기 쉽기에 상처에 주의하고 병든 부위는 도려내어 도포제로 처리한다. 상처가 발생되지 않게 미리 백색페인트를 칠하기도 하며 바람이나 매개충에 의해 전반되기에 매개충 관리 및 저항성수종을 주위에 심어준다.

30 아까시잎혹파리가 월동하는 형태는?

① 알
② 유충
③ 성충
④ 번데기

해설
아까시잎혹파리는 번데기 형태로 월동한다.

31 뽕나무 오갈병의 병원균을 매개하는 곤충은?

① 말매미충
② 끝동매미충
③ 번개매미충
④ 마름무늬매미충

해설
마름무늬매미충은 파이토플라스마를 매개하여 뽕나무 오갈병을 발생시킨다.

정답 26. ① 27. ② 28. ③ 29. ① 30. ④ 31. ④

32 솔잎혹파리 방제 방법에 대한 설명으로 옳지 않은 것은?

① 저항성 품종을 식재한다.
② 천적으로 혹파리살이먹좀벌을 방사한다.
③ 5~6월에 아세타미프리드 액제를 나무주사한다.
④ 유충이 낙하하는 시기에 카보퓨란 입제를 지면에 살포한다.

해설
솔잎혹파리는 방제를 위해 임지를 건조, 성충 우화기에 약제 살포, 생물적 방제법으로 기생벌 등을 이용한다. 기생벌의 종류로 솔잎혹파리먹좀벌, 혹파리살이먹좀벌, 혹파리등뿔먹좀벌 등이 있다

33 세균에 의해 발생하는 수목병은?

① 소나무 혹병
② 잣나무 털녹병
③ 밤나무 뿌리혹병
④ 낙엽송 끝마름병

해설
세균에 의한 수목병에는 수목병으로 밤나무뿌리혹병, 포플러뿌리혹병, 밤나무눈마름병, 불마름병 등이 있다.

34 뿌리혹병 방제 방법으로 옳은 것은?

① 개화기에 석회 보르도액을 살포한다.
② 진딧물류, 매미충류 등 매개충을 구제한다.
③ 건전한 묘목을 식재하고 석회 시용량을 늘린다.
④ 묘목은 스트렙토마이신 용액에 침지하여 재식한다.

해설
뿌리혹병 방제를 위해 묘목을 심기 전 병든 묘목을 제거하고 스트렙토마이신 항생제 액에 침지 후 심어준다.

35 기생성 식물이 아닌 것은?

① 칡
② 새삼
③ 겨우살이
④ 오리나무더부살이

해설
기생성 식물에는 겨우살이, 새삼, 열당, 쑥더부살이 등이 있으며 칡은 콩과의 덩굴식물이다.

36 잣나무 털녹병 방제 방법에 대한 설명으로 옳지 않은 것은?

① 수고의 1/3까지의 가지치기는 발병률을 낮추는 효과가 있다.
② 감염된 나무는 녹포자가 비산하기 전에 지속적으로 제거한다.
③ 묘포에 담자포자 비산시기인 3월 하순부터 보르도액을 살포한다.
④ 중간기주를 5월경부터 제거하기 시작하여 겨울포자가 형성되기 전에 완료한다.

해설
잣나무 털녹병 방제를 위해 묘포에 8월쯤부터 보르도액을 살포한다.

37 박쥐나방 방제 방법에 대한 설명으로 옳지 않은 것은?

① 풀깎기를 철저히 시행한다.
② 월동하는 번데기가 붙어 있는 가지를 제거한다.
③ 일반 살충제를 혼합한 톱밥을 줄기에 멀칭한다.
④ 지저분하게 먹어 들어간 식흔이 발견되면 벌레집을 제거하고 페니트로티온 유제를 주입한다.

해설
박쥐나방은 알 형태로 월동하며 방제를 위해 천공이 발생한 곳에 약제를 주입하거나 유충이 발생되는 초본류를 제거해준다.

정답 32. ① 33. ③ 34. ④ 35. ① 36. ③ 37. ②

38 다음 설명에 해당하는 것은?

> 묘포장 및 조림지의 직사광선이 강한 남사면에 생육하고 있는 어린 묘목의 경우 여름철에 강한 태양광의 복사열로 지표면 온도가 급격히 상승하여 근원부 줄기 및 뿌리에 존재하는 형성층이 손상되어 말라 죽는 현상이다.

① 상주   ② 한해
③ 열사   ④ 볕데기

해설
열사는 햇빛의 직사광선에 의해 단시간 내에 작물이 고사하는 것으로 소나무, 해송 등 열에 강한 수종일수록 피해가 적게 나타난다.

39 파이토플라스마에 의한 수목병이 아닌 것은?

① 붉나무 빗자루병
② 벚나무 빗자루병
③ 대추나무 빗자루병
④ 오동나무 빗자루병

해설
파이토플라스마에 의해 발생되는 것으로 붉나무 빗자루병, 대추나무 빗자루병, 오동나무 빗자루병이며 벚나무빗자루병의 경우 진균에 의해 발생한다.

40 송이풀과 까치밥나무류를 중간기주로 하는 수목병은?

① 향나무 녹병
② 잣나무 털녹병
③ 소나무 잎녹병
④ 배나무 붉은별무늬병

해설
잣나무 털녹병의 중간기주로 송이풀, 까치밥나무가 있다.

41 자연휴양림 지정을 위한 대상지의 타당성 평가 기준으로 옳지 않은 것은?

① 개발여건 : 개발비용, 토지이용 제한요인 및 재해빈도 등이 적정할 것
② 생태여건 : 표고차, 임목, 수령, 식물 다양성 및 생육 상태 등이 적정할 것
③ 면적 : 국가 또는 지방자치단체가 조성하는 경우 30만제곱미터 이상일 것
④ 위치 : 접근도로 현황 및 인접도시와의 거리 등에 비추어 그 접근성이 용이할 것

해설
자연휴양림 지정을 위한 타당성 평가의 기준에서 표고차, 임목 수령, 식물 다양성 및 생육 상태 등이 적정할 것은 경관에 해당된다.

42 항속림 사상과 가장 밀접한 관계가 있는 임업경영의 지도원칙은?

① 수익성 원칙   ② 공공성 원칙
③ 생산성 원칙   ④ 합자연성 원칙

해설
임지, 임목은 항속될 수 있도록 경영하는 사상이 뮬러(moller)의 항속림 사상은 자연법칙을 존중하는 합자연성 원칙과 관련이 있다.

43 복합임업경영의 주목적으로 가장 적합한 것은?

① 임업 주수입의 증대
② 임업 조수입의 증대
③ 임업 경영지의 대단지화
④ 임업 수입의 조기화와 다양화

해설
복합임업경영의 주목적은 조기화와 다양화이다.

정답 38. ③ 39. ② 40. ② 41. ② 42. ④ 43. ④

44 산림투자에 있어서 미래상황의 불확실성을 투자분석에 포함시킨 것은?

① 회수기간법 ② 감응도분석
③ 내부수익률법 ④ 순현재가치법

해설
감응도분석 미래에 불확실한 투자 분석에 포함하여 어느정도 민감하게 변화되는지를 예측 하는 것으로 생산량, 사업기간 지연, 생산물 가격, 노임, 자재비용 (원료 및 원자재) 등이 있다.

45 생장량에 대한 설명으로 옳지 않은 것은?

① 연년생장량은 총생장량을 수령 또는 임령으로 나눈 양이다.
② 총생장량은 처음에는 점증하다가 증가세가 변곡점에서 최대에 달한다.
③ 평균생장량이 최고점에 달한 이후 벌채하지 않고 두는 것은 비효율적이다.
④ 정기평균생장량은 일정한 기간의 생장량을 그 기간의 연수로 나눈 값이다.

해설
연년생장량은 수목이 1년동안 생장한 양이다.

46 기준벌기령 이상에 해당하는 임지에서 수확을 위한 벌채가 아닌 것은?

① 골라베기 ② 모두베기
③ 솎아베기 ④ 모수작업

해설
솎아베기는 기준벌기령 이전에 실시하여 관리와 중간수입을 얻는데 중점을 둔다.

47 임지평가 방법에 대한 설명으로 옳지 않은 것은?

① 환원가법은 연년수입의 전가합계로 평가한다.
② 비용가법은 취득원가의 복리합계액으로 평가한다.
③ 원가방법은 재조달원가의 전가합계액으로 평가한다.
④ 기망가법은 장래에 기대되는 수입의 전가합계로 평가한다.

해설
원가방법은 재조달원가의 전가합계액이 아닌 감가수정을 거쳐 현재 가치를 산정한다.

48 $\dfrac{Au + \sum D - (C + uV)}{u}$ 의 식이 나타내는 벌기령은?(단, Au : 주벌수확, C : 조림비, u : 벌기령, $\sum D$: 간벌수확합계, V : 관리비)

① 재적수확 최대의 벌기령
② 화폐수익 최대의 벌기령
③ 토지순수익 최대의 벌기령
④ 산림순수익 최대의 벌기령

해설
산림순수익 최대 벌기령 공식
$$\dfrac{Au + \sum D - (C + uV)}{u}$$

Au → 주벌수확
C → 조림비
$\sum D$ → 간벌수확합계
V → 관리비
u → 벌기령

정답 44. ② 45. ① 46. ③ 47. ③ 48. ④

49 현재 기준연도에서 벌채 예정연도까지의 임목기망가 산출 공식으로 옳은 것은?

① (주벌 및 간벌수확 후가합계)−(지대 및 관리비 후가합계)
② (주벌 및 간벌수확 후가합계)−(지대 및 관리비 전가합계)
③ (주벌 및 간벌수확 전가합계)−(지대 및 관리비 및 후가합계)
④ (주벌 및 간벌수확 전가합계)−(지대 및 관리비 및 전가합계)

해설
임지기망가법은 수익의 전가합계에서 비용에 대한 전가 합계의 차로서 수익은 주벌 및 간벌, 비용은 지대 및 관리비로 정의할 수 있다.

50 현재 축적이 1,000m³이고 생장률이 연 3%일 때 단리법에 의한 9년 후 축적은?

① 1,030m³   ② 1,127m³
③ 1,270m³   ④ 1,304m³

해설
단리법
$N = V(1+nP) = 1000(1+9 \times 0.03) = 1270$
N : 원리합계 , V : 원금 , n : 기간 , P : 이율

51 감가상각비의 계산방법 중 정액법에 의한 것은?

① $\dfrac{취득원가 - 잔존가치}{추정내용연수}$

② (취득원가−잔존가치)×감가율

③ 실제작업시간 × $\dfrac{취득원가 - 잔존가치}{추정총작업시간}$

④ (취득원가−감가상각비누계액)×(감가율)

해설
정액법은 가장 간단하고 보편적인 계산법으로 매년 일정액이 감소한다는 가정한 방법이다.

52 보속작업에 있어서 하나의 작업급에 속하는 모든 임분을 일순 벌하는데 소요되는 기간은?

① 윤벌령   ② 윤벌기
③ 벌기령   ④ 벌채령

해설
윤벌기는 한 작업급에 속하는 숲을 벌채하고 순차적으로 계획벌채할 때 전체 숲의 벌채가 끝날 때 까지의 기간이다.

53 임업경영자산 중 유동자산으로 볼 수 없는 것은?

① 임업 종자   ② 임업용 기계
③ 미처분 임산물 ④ 임업생산 자재

해설
임업용기계는 고정자산에 속한다.

54 수고 측정에 적합하지 않은 기구는?

① 섹타포크(sector fork)
② 덴드로미터(dendrometer)
③ 스피겔릴라스코프(spigel relascope)
④ 아브네이핸드레블(Abney hand level)

해설
섹타포크는 직경 측정 기기이다.

55 수간석해에 대한 설명으로 옳지 않은 것은?

① 표준목을 대상으로 실시한다.
② 수간과 직교하도록 원판을 채취한다.
③ 흉고를 1.2m로 했을 경우 지상 1.2m를 벌채점으로 한다.
④ 수목의 성장과정을 정밀히 사정할 목적으로 측정하는 것이다.

해설
수간석해에서 흉고를 1.2m 했을 경우 지상 0.2m 지점을 벌채점으로 한다.

정답 49. ④ 50. ③ 51. ① 52. ② 53. ② 54. ① 55. ③

56 산림교육활성화를 위하여 산림교육종합계획을 수립·시행하는 자는?

① 산림청장
② 시·도지사
③ 국유림관리소장
④ 농림축산식품부 장관

> **해설**
> 산림청장은 산림교육을 활성화하기 위하여 산림교육종합계획을 5년마다 수립 및 시행해야 한다.

57 정적임분생장모델에 해당하는 것은?

① 수확표   ② 산림조사부
③ 확률밀도함수 ④ 누적밀도함수

> **해설**
> 임분생장모델의 관리방법 중 정적임분생장모델은 고정된 상태에서 임분의 생장 및 수확을 예측하는 모델로 가장 간단한 형태로 수확표가 있다.

58 임업조수익 중에서 임업소득이 차지하는 비율은?

① 임업의존율
② 임업소득률
③ 임업순수익률
④ 임업소득가계충족률

> **해설**
> 임업소득률 = (임업소득/임업조수익)×100

59 산림경영에서 매년 발생하는 수익이 20만원, 연이율이 5%인 경우에 자본가는?

① 1만원   ② 4만원
③ 1백만원   ④ 4백만원

> **해설**
> 자본가 비용 / 연이율 = 20만원 / 0.05 = 400 만원

60 어떤 밤나무의 말구직경이 14cm이고 재장이 8.5m일 때 국내산 원목의 재적검량방법에 의한 재적은?

① $0.1308m^3$ ② $0.1667m^3$
③ $0.2176m^3$ ④ $0.4352m^3$

> **해설**
> 산림청 목재 측정법(6m 이상 경우)
> $$V(m^3) = (d_n + \frac{L'-4}{2})^2 \times \frac{L}{10000}$$
> $$= (14 + \frac{8-4}{2})^2 \times \frac{8.5}{10000} ≒ 0.2176$$
> V : 재적, d_n : cm 단위의 말구 지름,
> L : m 단위의 목재 길이
> L' : m 단위의 길이로 소수점 자리는 버린수(ex. 8.8m → 8 m 표현)

61 임도 노체의 기본구조를 순서대로 나열한 것은?

① 노상→기층→노반→표층
② 노상→노반→기층→표층
③ 노상→기층→표층→노반
④ 노상→표층→기층→노반

> **해설**
> 임도의 구조는 표면을 시작으로 표층, 기층, 노반, 노상으로 구성되며 이때 노상과 노반을 합쳐 노면이라 부르기도 한다.

62 평판을 한 측점에 고정하고 많은 측점을 시준하여 방향선을 그리고, 거리는 직접 측량하는 방법은?

① 전진법   ② 방사법
③ 도선법   ④ 전방교회법

> **해설**
> 방사법은 사출법이라 하며 필요 지점을 시준하여 방향선을 그은 후 거리를 직접 측정한다. 그렇기에 장애물이 없고 비교적 평활한 지역에 널리 사용하는 방법이다.

정답 56. ① 57. ① 58. ② 59. ④ 60. ③ 61. ② 62. ②

63 임도의 횡단면도 작성 방법에 대한 설명으로 옳지 않은 것은?

① 축척은 1/1000로 작성한다.
② 구조물은 별도로 표시한다.
③ 횡단기입의 순서는 좌측하단에서 상단방향으로 한다.
④ 절토부분은 토사·암반으로 구분하되, 암반부분은 추정선으로 기입한다.

해설
횡단면도는 1:100 축척을 기준으로 한다.

64 지반 조사에 사용하는 방법이 아닌 것은?

① 오거 보링
② 베인 시험
③ 케이슨 공법
④ 파이프 때려박기

해설
케이슨 공법은 지반 기초 공법이다.

65 임도의 평면선형에서 두 측선의 내각이 몇 도 이상되는 장소에 대해서는 곡선을 설치할 필요가 없는가?

① 125°
② 135°
③ 145°
④ 155°

해설
곡선부의 중심선 반지름은 규격 이상으로 설치하여야 한다. 다만 내각이 155° 이상 되는 장소에 대해서는 곡선을 설치하지 않아도 된다.

66 임도에서 횡단기울기에 대한 설명으로 옳은 것은?

① 배수의 목적으로 만든다.
② 운전자의 안전한 시야 범위가 확보되도록 만든다.
③ 곡선부에서 차량의 주행이 안전하고 쾌적하기 위해 만든다.
④ 곡선부에서 차량의 전륜과 후륜사이에 내륜차를 고려하여 만든다.

해설
횡단기울기는 도로의 중앙선 기준 직각방향의 노면의 기울기로 배수를 목적으로 만든다.

67 수로의 평균유속을 구하는 매닝(Manning) 공식에서 수로벽면 재료에 따라 조도계수가 작은 것부터 큰 것의 순서로 올바르게 나열된 것은?

> ㉠ : 시멘트블록   ㉡ : 콘크리트
> ㉢ : 목재   ㉣ : 흙

① ㉡ - ㉢ - ㉠ - ㉣
② ㉡ - ㉢ - ㉣ - ㉠
③ ㉢ - ㉡ - ㉠ - ㉣
④ ㉢ - ㉡ - ㉣ - ㉠

해설
조도계수는 평균유속공식을 구할 때 사용하는 계수로서 유로에 접촉하는 물과 유로표면과의 저항계수이다. 주로 굴곡이 심하고 접촉면이 거칠수록 그 값이 커진다.

정답 63. ① 64. ③ 65. ④ 66. ① 67. ③

68 반출 목재의 길이가 12m이고 임도 유효폭이 3m일 때 최소 곡선 반지름은?

① 6m   ② 12m
③ 18m   ④ 24m

해설
최소곡선반지름
$$R = \frac{l^2}{4B} = \frac{12^2}{4 \times 3} = \frac{144}{12} = 12$$
R : 곡선반지름(m)
l : 통나무 길이(m)
B : 노폭(m)

69 머캐덤도에 대한 설명으로 옳지 않은 것은?

① 시멘트 머캐덤도 : 쇄석을 시멘트로 결합시킨 도로
② 역청 머캐덤도 : 쇄석을 타르나 아스팔트로 결합시킨 도로
③ 교통체 머캐덤도 : 쇄석이 교통과 강우로 인하여 다져진 도로
④ 수체 머캐덤도 : 쇄석의 틈 사이에 모래 및 마사를 침투시켜 롤러로 다져진 도로

해설
수체 머캐덤도는 쇄석의 틈사이에 석분을 물로 투입하여 롤러로 다져진 도로이다.

70 흙의 동결로 인한 동상을 가장 받기 쉬운 토질은?

① 실트   ② 모래
③ 자갈   ④ 점토

해설
흙의 동결은 모래, 자갈 등 공극이 크거나 점토와 같이 공극이 적어 투수성이 낮은 토질은 발생되지 않고 모래보다 작고 점토보다 큰 실트에서 많이 발생된다.

71 산림면적이 1000ha인 임지에 간선임도 1000m, 지선임도 15km가 개설되어 있을 때 임도밀도는?

① 1m/ha   ② 10m/ha
③ 15m/ha   ④ 16m/ha

해설
임도밀도는 총연장거리를 총면적으로 나눈 값이다.
(1000 + 15000) / 1000 = 16

72 지형의 표시방법 중 자연적 도법에 해당하는 것은?

① 영선법   ② 채색법
③ 점고선법   ④ 등고선법

해설
선의 굵기에 의해 지형을 표시하는 영선법은 자연적 도법에 속한다.

73 임도의 유효너비 기준은?

① 배향곡선지의 경우는 3.0m 이상
② 간선임도의 경우에는 6.0m 이상
③ 길어깨 및 옆도랑을 제외한 3.0m
④ 길어깨 및 옆도랑을 포함한 3.0m

해설
길어깨, 옆도랑 너비를 제외한 임도의 유효너비는 3m를 기준으로 한다. 다만 배향곡선지의 경우 6m 이상을 기준으로 한다.

74 임도 사공장비의 기계경비 산출 시 기계손료에 포함되지 않는 항목은?

① 정비비   ② 유류비
③ 관리비   ④ 감가상각비

해설
기계손료는 상각비, 정비비, 수리비 및 기계 관리비 등이 있다. 유류비는 재료비에 포함되는 항목으로 기계손료와는 관련이 없다.

정답 68. ② 69. ④ 70. ① 71. ④ 72. ① 73. ③ 74. ②

75 임도 설계 과정에서 예측 단계에서 수행하는 것은?

① 임도설계에 필요한 각종 요인을 조사한다.
② 평면측량을 실행하고 종단, 횡단측량을 실행한다.
③ 예정노선을 간단한 기구로 측량하여 도면을 작성한다.
④ 임시노선에 대하여 현지에 나가서 적정 여부를 조사한다.

해설
예측은 답사에 의해 확정한 예정선을 측정기기를 이용하여 실측한 예측도를 작성하는 것이다.

76 임도의 적정 종단기울기를 결정하는 요인으로 거리가 먼 것은?

① 노면 배수를 고려한다.
② 적정한 임도우회율을 설정한다.
③ 주행 차량의 회전을 원활하게 한다.
④ 주행 차량의 등판력과 속도를 고려한다.

해설
주행 차량의 회전을 원활하게 하는 내용은 회전반경을 고려하는 횡단구조에 관한 내용이다.

77 다각형의 좌표가 다음과 같을 때 면적은?(단, 측점간 거리 단위는 m)

좌표축 측점	X	Y
A	3	2
B	6	3
C	9	7
D	4	10
E	1	7

① 33.5m²
② 34.5m²
③ 35.5m²
④ 36.5m²

해설
삼각형 3가지로 분류하여 구하도록 한다. △EAB 의 경우 하나의 정사각형을 가정하고 외부의 삼각형의 넓이를 빼주어 구하도록 한다.

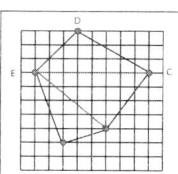

△EDC : EC×높이÷2=8×3/2=12
△ECB : EC×높이÷2=8×4/2=16
△EAB : 사각형 25-(5+1.5+10)=8.5
→ 다각형 넓이 : 12+16+8.5=36.5

78 다음 중 정지 및 전압 전용기계가 아닌 것은?

① 탬퍼(tamper)
② 트렌쳐(trencher)
③ 모터 그레이더(motor grader)
④ 진동 콤팩터(vibrating compactor)

해설
트렌쳐는 굴착작업용 기기이다.

79 임도 시공 시 절토면의 침식이나 붕괴를 방지하기 위해서 시설하는 배수구는?

① 암거
② 세월교
③ 옆도랑
④ 돌림수로

해설
돌림수로는 비탈면의 보호를 위해 비탈면의 최상부에 설치하는 배수구의 일종이다.

80 다음 설명에 해당하는 임도 노선 배치방법은?

> 지형도 상에서 임도노선의 시점과 종점을 결정하여 경험을 바탕으로 노선을 작성한 다음 허용 기울기 이내인가를 검토하는 방법이다.

① 자유배치법
② 자동배치법
③ 선택적배치법
④ 양각기 분할법

해설
노망배치방법에는 양각기 분할법, 자동배치법, 자유배치법이 있으며 보기의 내용은 자유배치법에 대한 설명이다.

정답 75. ③ 76. ③ 77. ④ 78. ② 79. ④ 80. ①

81 계안으로부터 유심을 향해 돌출한 공작물로 유심의 방향을 변경시켜 계안의 침식이나 붕괴를 방지하기 위해 설치하는 것은?

① 수제　　② 밑막이
③ 바닥막이　④ 기슭막이

해설
수제는 하천에 유심의 방향을 변경시켜 계안으로부터 멀리 보내 유로 및 계안 침식을 방지, 기슭막이 공작물의 세굴을 방지하기 위해 사용된다.

82 배수로 단면의 윤변이 10m이고 유적이 20m²일 때 경심은?

① 0.2m　　② 1m
③ 2m　　　④ 10m

해설
경심 = $\dfrac{유적}{윤변} = \dfrac{20}{10} = 2$

83 우량계가 유역에 불균등하게 분포되었을 경우에 가장 적정한 평균 강우량 산정 방법은?

① 등우선법　② 침투형법
③ 산술평균법　④ Thiessen법

해설
유역 평균 강우량 산정방법에는 산술평균법, thiessen법, 등우선법이 있으며 thiessen 법은 유역 면적 기준 500~5000km² 정도에 적합하며 우량계가 유역내 불균등하게 분포되는 경우 적용한다.

84 투과형 버트리스 사방댐에 대한 설명으로 옳지 않은 것은?

① 측압에 강하다.
② 스크린댐이 가장 일반적인 형식이다.
③ 주로 철강제를 이용하여 공사기간을 단축할 수 있다.
④ 구조적으로 댐 자리의 폭이 넓고 댐 높이가 낮은 곳에 시공한다.

해설
투과형 버트리스 사방댐은 측압이 약하여 주위 시공을 한다.

85 선떼붙이기공법에 대한 설명으로 옳은 것은?

① 소단폭은 50~70cm로 한다.
② 발 디딤 공간은 50~100cm이다.
③ 선떼붙이기의 기울기는 1:0.5로 한다.
④ 단끊기는 직고 2~3m의 간격으로 실시한다.

해설
선떼붙이기공법은 비탈다듬기를 시행한 비탈에 높이 1~2m 단위로 수평 단끊기를 실시하고 소단폭은 50~70cm 정도로 한다.

86 붕괴형 산사태가 아닌 것은?

① 산붕　　② 붕락
③ 포락　　④ 땅밀림

해설
땅밀림의 경우 지활형 침식에 속한다.

87 중력에 의한 침식이 아닌 것은?

① 붕괴형 침식　② 지활형 침식
③ 지중형 침식　④ 유동형 침식

해설
중력침식의 종류로 붕괴형, 지활형, 유동형, 사태형 침식이 있다.

정답　81. ①　82. ③　83. ④　84. ①　85. ①　86. ④　87. ③

88 돌쌓기 방법에서 금기돌이 아닌 것은?

① 선돌   ② 굄돌
③ 거울돌   ④ 포갬돌

해설
금기돌은 돌쌓기 공법에 불안정한 돌로서 거울돌, 뜬돌, 포갬돌, 뾰족돌 등이 있다.

89 조공 시공 시 소단의 수직높이와 너비 기준을 순서대로 올바르게 나열한 것은?

① 1.0~1.5m, 50~60cm
② 1.0~1.5m, 40~50cm
③ 2.0~2.5m, 50~60cm
④ 2.0~2.5m, 40~50cm

해설
조공은 황폐사면의 유실을 막기위해 수평으로 계단간 수직높이 1~1.5m, 너비 50~60cm 기준으로 소단을 설치한다.

90 경암지역 땅깎기비탈면 안정을 위한 공법으로 가장 적합한 것은?

① 떼붙이기   ② 새집붙이기
③ 격자틀붙이기   ④ 종비토뿜어붙이기

해설
새집붙이기 공법은 암반사면에 적용하는 공법으로 잡석을 쌓고 내부에 흙을 채우는 방법이다.

91 해안사방의 모래언덕 조성 공종에 해당하지 않는 것은?

① 파도막이   ② 모래덮기
③ 퇴사울세우기 ④ 정사울세우기

해설
사구조성공법에는 퇴사울세우기, 모래덮기, 파도막이 등이 있으며 정사울세우기는 식재공법과 함께 사지조림 공법에 속한다.

92 돌을 쌓아 올릴 때 뒷채움에 콘크리트를 사용하고 줄눈에 모르타르에 사용하는 돌쌓기는?

① 메쌓기   ② 막쌓기
③ 찰쌓기   ④ 잡석쌓기

해설
찰쌓기는 돌쌓기 또는 벽돌을 쌓을 때 뒷채움에 콘크리트를 사용하고, 줄눈에 모르타르를 사용하는 공법이다.

93 비탈다듬기나 단끊기 공사로 생긴 토사의 활동을 방지하기 위하여 설치하는 공작물은?

① 단쌓기   ② 누구막이
③ 땅속흙막이   ④ 산비탈흙막이

해설
땅속흙막이는 비탈다듬기로 인하여 발생되는 토사의 유실을 방지한다.

94 우리나라 지질계통별 분포 면적과 구성비가 가장 높은 것은?

① 현무암   ② 석회암
③ 결정편암   ④ 화강편마암

해설
우리나라에 분포된 주요 모암은 화강암과 화강암에서 변성된 화강편마암이며 국토면적 대비 약 60% 정도를 차지하고 있다.

95 골막이에 대한 설명으로 옳지 않은 것은?

① 사방댐과 외견상 모양이 유사하다.
② 대수면과 반수면이 모두 존재한다.
③ 계상이 저하될 위험이 있는 곳에 계획한다.
④ 돌골막이의 경우 돌쌓기의 기울기는 1:0.3을 표준으로 한다.

해설
사방댐은 대수면과 반수면을 모두 축조하나 골막이는 반수면만 축조한다.

정답 88. ② 89. ① 90. ② 91. ④ 92. ③ 93. ③ 94. ④ 95. ②

96 중력식 사방댐의 안정조건으로 거리가 먼 것은?

① 전도에 대한 안정
② 고정에 대한 안정
③ 제체파괴에 대한 안정
④ 기초지반의 지지력에 대한 안정

해설
중력댐의 안정조건으로 전도, 활동, 제체의 파괴, 기초지반의 지지력이 있다.

97 불투과형 중력식 사방댐의 구축재료에 의한 구분 중 내구성이 낮지만 산사태지 등 응급복구에 가장 적합한 것은?

① 흙댐   ② 큰돌댐
③ 메쌓기댐   ④ 돌망태댐

해설
돌망태댐은 지반이 불안정한 경우 적용하는 것이 유리하며 응급적 가설공작물로 지반이 안정되면 이후 콘크리트로 피복하는 것이 좋다.

98 수로 경사가 30°, 경심이 0.6m, 유속계수가 0.36일 때 Chezy 평균유속공식에 의한 유속은?

① 약 0.10m/s   ② 약 0.21m/s
③ 약 0.27m/s   ④ 약 0.38m/s

해설
보기의 일반 경사 각도를 공식대입을 위해 %로 변화시키며 이때 tan를 이용한다.
※ Chezy 공식
- tan 30 = 약 58%
- 평균유속 = 유속계수$\sqrt{경심 \times 수로기울기}$
  → $0.36 \times \sqrt{0.6 \times 0.58}$

99 사방사업 대상지 분류에서 황폐지의 초기 단계에 속하는 것은?

① 땅밀림지   ② 임간나지
③ 척악임지   ④ 민둥산지

해설
황폐의 유형 정도에 따라 비옥도가 척박한 지역인 척악임지가 가장 초기 단계이다.

100 산지사방 식재용 수목에 요구되는 조건으로 가장 거리가 먼 것은?

① 양수 수종일 것
② 갱신이 용이할 것
③ 생장력이 왕성할 것
④ 건조 및 한해에 강한 수종일 것

해설
사방수종은 적응력이 강하고 성장이 빠른 소나무, 해송, 오리나무, 아카시나무, 싸리 등이 적합하다.

정답 96. ② 97. ④ 98. ② 99. ③ 100. ①

2020년 제1·2회 산림기사

01 종자 발아 시험에서 일정 기간 내의 발아 종자수를 시험에 사용한 전체 종자수에 대한 백분율로 나타낸 것은?

① 효율 ② 순량률
③ 발아율 ④ 발아세

해설
발아율은 준비한 전체 시료 종자수에서 일정기간 동안 발아된 종자입수의 백분율로 표시한다.

02 생가지치기를 하는 경우 절단면이 썩을 위험성이 가장 큰 수종은?

① *Acer palmatum*
② *Pinus densiflora*
③ *Cryptomeria japonica*
④ *Chamaecyparis obtuse*

해설
① 단풍나무 ② 소나무 ③ 삼나무 ④ 편백나무
단풍나무, 벚나무, 가문비나무, 느릅나무 등은 생가지치기를 하는 경우 절단면이 썩을 위험이 있다.

03 택벌작업을 통한 갱신방법에 대한 설명으로 옳은 것은?

① 양수 수종 갱신이 어렵다.
② 병충해에 대한 저항력이 낮다.
③ 임목벌채가 용이하여 치수 보존에 적당하다.
④ 일시적인 벌채량이 많아 경제적으로 효율적이다.

해설
택벌작업은 음수 수종에 유리하고 양수 수종에는 적용이 어렵다.

04 옻나무, 피나무, 콩과 수목 종자의 발아를 촉진시키는 방법으로 가장 적합한 것은?

① 환원법 ② 황산처리법
③ 침수처리법 ④ 고저온처리법

해설
황산처리법은 옻나무, 피나무, 콩과수목 등 종자가 단단하거나 밀랍 성분이 많은 경우 효과적이다.

05 종자가 발아하기에 적합한 환경에서 발아하지 못하는 휴면에 해당하지 않는 것은?

① 배휴면 ② 종피휴면
③ 이차휴면 ④ 생리적 휴면

해설
이차휴면(2차휴면)은 광, 산소, 온도 등의 여러 조건이 발아하기 불리한 조건에서 유발되는 휴면이다.

06 수목의 측아 발달을 억제하여 정아우세를 유지시켜주는 호르몬은?

① 옥신 ② 지베렐린
③ 사이토키닌 ④ 아브시스산

해설
옥신은 수목의 측아 발달을 억제하고 정아우세 현상을 유지시킨다.

정답 01. ③ 02. ① 03. ① 04. ② 05. ③ 06. ①

07 산림에 해당되지 않는 것은?
① 휴양 및 경관 자원
② 집단적으로 자라고 있는 대나무와 그 토지
③ 산림의 경영 및 관리를 위하여 설치한 도로
④ 집단적으로 자라고 있던 입목이 일시적으로 없어지게 된 토지

해설
산림 휴양 및 경관 자원은 산림자원에 속한다.

08 간벌에 대한 설명으로 옳지 않은 것은?
① 가지치기 작업 이전에 실시한다.
② 생산될 목재의 형질을 좋게 한다.
③ 수목의 직경 생장을 촉진하고 연륜폭이 넓어진다.
④ 수목의 수액이동 정지기인 겨울철에 실시하는 것이 좋다.

해설
가지치기는 간벌 작업 이전 혹은 이후 필요에 따라서 실시한다.

09 실생묘 생산을 위한 임목 종자의 파종량 계산에 필요한 인자가 아닌 것은?
① 순량율   ② 종자 발아율
③ 잔존 묘목수   ④ 발아묘생장율

해설
파종량을 구하기 위해 필요한 인자로 파종면적, m^2당 잔존 묘목수, g당 종자입수, 순량율, 발아율, 득묘율 등이 있다.

10 산림토양 내에 존재하는 질소에 대한 설명으로 옳은 것은?
① 호기성 세균은 질산태 질소를 암모늄태 질소로 변화시키는 과정에서 중심 역할을 한다.
② 산성이 강한 산림토양에서는 질산화작용에 의해 질소 성분이 주로 질산태 질소 형태로 존재한다.
③ 동식물의 사체가 분해되면 처음에 질산태 질소가 생성되며, 그 후에 세균에 의해 암모늄태 질소로 변화된다.
④ 산성이 강한 산림토양에서는 세균보다 진균이 동식물의 사체를 암모늄 형태의 질소로 분해하는데 더 크게 기여한다.

해설
산성토양의 경우 곰팡이(진균)가 우세하고 박테리아(세균)의 활동은 억제된다. 이러한 경우 곰팡이(진균)가 암모늄 형태의 질소를 분해하는데 도움을 준다.

11 삽목 작업에 대한 설명으로 옳지 않은 것은?
① 삽수의 끝눈은 남향으로 향하게 한다.
② 비가 온 후 상면이 습하면 작업을 하지 않는다.
③ 작업 중 삽수가 건조하거나 눈이 상하지 않도록 주의한다.
④ 삽목 토양으로는 배수성이 좋은 토양보다는 양료가 충분히 있는 양토 계통의 토양을 이용하는 것이 좋다.

해설
삽목상 사용되는 상토는 보수성과 통기성이 양호한 배양토를 사용한다.

정답 07. ① 08. ① 09. ④ 10. ④ 11. ④

12 양엽과 비교한 음엽에 대한 설명으로 옳지 않은 것은?

① 두께가 얇다.
② 광포화점이 높다.
③ 책상조직이 엉성하다.
④ 엽록소의 함량이 많다.

해설
양엽은 음엽보다 광포화점이 높다.

13 이중정방형으로 묘간거리 5m 로 1 ha 에 식재되는 묘목의 본수는?

① 200본   ② 800본
③ 2000본 ④ 8000본

해설
정방형 $\dfrac{10{,}000 m^2}{5m \times 5m} = 400$본, 여기서 이중정방형 식재로 2배의 본수인 800본이 요구된다.

14 산림이나 묘포장의 토양 산도에 대한 설명으로 옳은 것은?

① 묘포 토양은 ph 6.5 이상이 되어야 좋다.
② ph7.4 ~ 8.0 토양에서는 침엽수종의 생육에 유리하다.
③ ph4.0 ~ 4.7 토양에서는 망간, 알루미늄이 다량 용해되어 수목의 생육에 적합하다.
④ ph6.6 ~ 7.3 토양에서는 미생물의 활동이 왕성하고 양료의 이용이 높으며 부식의 형성이 쉽게 진전된다.

해설
토양의 산도가 중성에서 미생물의 활동이 왕성하고 양료의 이용률이 높다.

15 토양의 무기양료에 대한 요구도가 가장 낮은 수종은?

① *Zelkova serrata*
② *Abies Holophylla*
③ *Juniperus chinensis*
④ *Quercus acutissima*

해설
① 느티나무 ② 전나무 ③ 향나무 ④ 상수리나무
토양의 무기양료 요구도가 낮은 수종으로 소나무, 향나무, 아까시나무, 자작나무, 오리나무 등이 있다

16 조림목이 심어진 줄에 따라 잡초목을 제거하는 풀베기 작업방법은?

① 점베기   ② 줄베기
③ 모두베기 ④ 둘레베기

해설
줄베기는 식재열을 따라 잡초목을 제거한다.

17 모수작업에 대한 설명으로 옳은 것은?

① 소경재 생산을 목적으로 벌기를 짧게 하는 갱신 방법이다.
② 모수를 제외하고 성숙한 임목만을 벌채하여 갱신을 유도하는 방법이다.
③ 비교적 짧은 갱신기간 중에 몇 차례에 걸친 벌채로 작업 구역에 있는 임목이 완전히 제거된다.
④ 새로 형성된 임분은 모수가 상층을 구성하는 것을 제외하고는 동령림으로 되지만, 모수가 많으면 이단림으로 볼 수 있다.

해설
성숙 임분을 대상으로 실시하는 것이 유리하며 종자를 공급할 수 있는 모수만을 남기고 다른 나무를 일시에 베어내는 작업을 말한다. 원칙적으로는 동령림으로 조성되나 모수가 많을 경우 2단림 등이 형성될 수도 있다.

정답   12. ② 13. ② 14. ④ 15. ③ 16. ② 17. ④

18 수목의 뿌리를 통하여 흡수된 질소, 인, 칼륨 등의 무기양료가 잎까지 이동되는 주요 통로가 되는 조직은?

① 수 ② 사부
③ 목부 ④ 수지관

해설
목부는 수분의 이동통로이기도 하지만 뿌리를 통해 흡수한 무기양료의 이동 통로가 된다.

19 외떡잎식물의 특징이 아닌 것은?

① 떡잎이 한 장이다.
② 엽맥은 그물맥이다.
③ 관다발 조직이 줄기 내에 흩어져 있다.
④ 보통 원뿌리가 없는 수염뿌리를 가지고 있다.

해설
외떡잎 식물의 엽맥은 나란히맥이다.

20 대면적 개벌 천연하종갱신에 대한 설명으로 옳은 것은?

① 작업 소요기간이 길다.
② 이령림 형성에 유리하다.
③ 양수의 갱신에 적합하다.
④ 토양의 이화학적 성질이 좋아진다.

해설
대면적 개벌 천연하종 갱신은 임분을 한번에 개벌하기에 양수 수종에 적합하다.

21 산불 발생 시 수행하는 직접 소화법이 아닌 것은?

① 맞불 놓기
② 토사 끼얹기
③ 불털이개 사용
④ 소화약제 항공살포

해설
맞불 놓기는 풍향, 지형을 고려하여 전방에 소화전을 설치하여 맞불을 지르는 것으로 간접 소화법에 속한다.

22 병원균이 종자의 표면에 부착해서 전반되지 수목병은?

① 잣나무 털녹병
② 왕벚나무 혹병
③ 밤나무 줄기마름병
④ 오리나무 갈색무늬병

해설
오리나무갈색무늬병균은 종자의 표면을 부착하여 전반한다.

23 수목에 가장 많은 병을 발생시키는 병원체는?

① 선충 ② 균류
③ 바이러스 ④ 파이토플라스마

해설
수목병에서 균류가 가장 많은 병을 발생시키며 그중에서도 자낭균류가 많은 병을 발생시킨다.

정답 18. ③ 19. ② 20. ③ 21. ① 22. ④ 23. ②

24 향나무 녹병 방제 방법에 대한 설명으로 옳지 않은 것은?

① 중간기주에는 8~9월에 적정 농약을 살포한다.
② 향나무에는 3~4월과 7월에 적정 농약을 살포한다.
③ 향나무와 중간기주는 서로 2km 이상 떨어지도록 한다.
④ 향나무 부근에 산사나무, 모과나무 등의 장미과 수목을 심지 않는다.

해설
향나무 녹병의 중간기주에는 4~6월에 마이탄수화제, 티디폰수화제를 살포한다.

25 저온에 의한 수목 피해에 대한 설명으로 옳지 않은 것은?

① 조상은 늦가을에 수목이 완전히 휴면하기 전에 내린 서리로 인한 피해이다.
② 동상은 겨울철 수목의 생육휴면기에 발생하여 연약한 묘목에 피해를 준다.
③ 상주는 봄에 식물의 발육이 시작된 후 급격한 기온 저하가 일어나 줄기가 손상되는 것이다.
④ 상렬은 추운지방에서 밤에 수액이 얼어서 부피가 증대되어 수간의 외층이 냉각 수축하여 갈라지는 현상이다.

해설
상주의 피해는 서릿발이라고도 하며 주로 겨울철에 땅속의 물이 토양의 모세관 현상에 의해 지표면으로 올라오면서 결빙과 해동이 반복되면서 식물의 뿌리에 피해를 주게 된다.

26 수목을 가해하는 해충 방제 방법으로 옳지 않는 것은?

① 성 페로몬을 이용한 방법은 친환경적 방제 방법이다.
② 방사선을 이용한 해충의 불임 방법은 국제적으로 금지되어 있다.
③ 생물적 방제는 다른 생물을 이용하여 해충군의 밀도를 억제하는 방법이다.
④ 공항, 항만 등에서 식물 검역을 실시하여 국내로 해충이 유입되는 않도록 한다.

해설
방사선을 이용하는 방법은 물리적 방제법의 하나로 별도의 국제적 금지하는 항목은 없다.

27 번데기로 월동하는 해충은?

① 대벌레   ② 솔나방
③ 미국흰불나방   ④ 잣나무넓적잎벌

해설
미국흰불나방은 1년에 2회 발생하며 나무 껍질 혹은 지피물 밑에서 번데기 형태로 월동한다.

28 장미 모자이크병 방제 방법에 대한 설명으로 옳지 않은 것은?

① 매개충을 구제한다.
② 많은 잎에 모자이크병 병징이 나타난 수목은 제거한다.
③ 바이러스에 감염된 어린 대목을 38°C 에서 약 4주간 열처리한다.
④ 바이러스에 감염되지 않은 대목과 접수를 사용하여 건전한 묘목을 육성한다.

해설
장미모자이크병의 방제에는 병든 수목을 제거하거나 열처리방법, 약제처리, 접목 등의 방법이 있다.

정답 24. ① 25. ③ 26. ② 27. ③ 28. ①

29 모잘록병 방제 방법으로 옳지 않은 것은?

① 질소질 비료를 많이 준다.
② 병든 묘목은 발견 즉시 뽑아 태운다.
③ 병이 심한 묘포지는 돌려짓기를 한다.
④ 묘상이 과습하지 않도록 배수와 통풍에 주의한다.

해설
모잘록병 방제를 위해 질소질 비료의 과용을 피한다.

30 오동나무 빗자루병을 매개하는 곤충은?

① 진딧물   ② 끝동매미충
③ 마름무늬매미충 ④ 담배장님노린재

해설
대추나무 빗자루병, 뽕나무 오갈병, 붉나무 빗자루병은 마름무늬매미충, 오동나무 빗자루병은 담배장님노린재에 의해 매개된다.

31 농약을 살포하여 수목의 줄기, 잎 등에 약제가 부착되어 식엽성 해충이 먹이와 함께 약제를 섭취하여 독작용을 일으키는 살충제는?

① 기피제   ② 유인제
③ 소화중독제   ④ 침투성 살충제

해설
해충의 입으로 들어가면 소화관 내에서 중독작용을 일으키는 소화중독제는 씹는 입틀을 가진 해충에 적합하다.

32 다음 설명에 해당하는 해충은?

- 정착한 1령 애벌레는 여름에 긴 휴면을 가진 후 10월경에 생장하기 시작하고, 11월경에 탈피하여 2령 애벌레가 된다.
- 2령 애벌레는 11월 ~ 이듬해 3월 동안 수목에 피해를 가장 많이 주고 수컷은 3월 상순 전후에 탈피하여 3령 애벌레가 된다.

① 호두나무잎벌레
② 참나무재주나방
③ 도토리거위벌레
④ 솔껍질깍지벌레

해설
솔껍질깍지벌레는 후약충으로 11월에서 이듬해 3월까지 수목에 피해를 주며 2령 약충일 때 가장 많은 피해를 준다. 부화약충이 바람에 의해 이동 및 확산을 하며 주로 줄기를 가해하는 해충이다. 방제를 위해 포스파미돈 액제를 수간주사 한다.

33 대기오염 물질인 오존으로 인하여 제일 먼저 피해를 입는 수목의 세포는?

① 엽육세포   ② 표피세포
③ 상피세포   ④ 책상조직세포

해설
대기오염 물질인 오존에 의해 식물의 엽록소 감소 및 광합성의 저하 현상이 발생한다. 이는 잎의 표피 바로 아래의 울타리 모양의 책상조직이 피해를 받으면서 시작되는데 책상조직에는 엽록체가 많이 들어있어 광합성 효율이 많이 떨어진다.

정답 29. ① 30. ④ 31. ③ 32. ④ 33. ④

34 북방수염하늘소에 대한 설명으로 옳지 않은 것은?

① 성충의 우화 최성기는 5월경이다.
② 성충은 수세가 쇠약한 수목이나 고사목에 산란한다.
③ 솔수염하늘소와 마찬가지로 소나무재선충을 매개한다.
④ 연 2회 발생하고, 유충으로 월동하며, 1년에 3회 발생하는 경우도 있다.

해설
북방수염하늘소는 연 1회 발생하고 유충으로 월동하며 추운지방의 경우 2년에 1회 발생하기도 한다.

35 대추나무 빗자루병에 대한 설명으로 옳지 않은 것은?

① 매개충은 마름무늬매미충이다.
② 병든 수목을 분주하면 병이 퍼져나간다.
③ 광범위 살균제로 수간주사하여 방제한다.
④ 꽃봉오리가 잎으로 변하는 엽화현상으로 인해 열매가 열리지 않는다.

해설
파이토 플라스마에 의해 발생되는 대추나무, 오동나무 빗자루병은 테트라사이클린 약제를 수간주사하여 방제한다.

36 다음 각 해충이 주로 가해하는 수종으로 옳지 않은 것은?

① 광릉긴나무좀- 참나무류
② 미국흰불나방- 소나무류
③ 복숭아심식나방- 사과나무
④ 버즘나무방패벌레- 물푸레나무

해설
미국흰불나방은 주로 포플러, 벚나무 등에 피해를 주는데 활엽수 100 여종 정도로 피해 범위가 넓은 것이 특징이다.

37 자낭균에 의해 발생하는 수목병은?

① 뽕나무 오갈병
② 잣나무 털녹병
③ 벚나무 빗자루병
④ 삼나무 붉은마름병

해설
자낭균으로 인하여 대표적인 수목병으로 낙엽송가지끝마름병, 소나무잎떨림병, 벚나무 빗자루병 등이 있다.

38 수목에 충영을 형성하는 해충은?

① 텐트나방
② 아까시잎혹파리
③ 복숭아유리나방
④ 느티나무벼룩바구미

해설
충영을 형성하는 해충으로 솔잎혹파리, 밤나무혹벌, 아까시잎혹파리 등이 있다.

39 소나무 재선충병의 매개충 방제를 위한 나무주사에 대한 설명으로 옳지 않은 것은?

① 나무주사 시기는 5~7월이다.
② 약효 지속 기간은 약 5개월이다.
③ 약제는 티아메톡삼 분산성액제를 사용한다.
④ 약제 주입량 기준은 흉고직경(cm)당 0.5mL이다.

해설
소나무재선충의 매개충 방제를 위해 나무주사는 3월 전까 날이 추울때 실시한다.

정답 34. ④ 35. ③ 36. ② 37. ③ 38. ② 39. ①

40 해충을 생물적으로 방제하는 방법에 대한 설명으로 옳은 것은?

① 식재할 때 내충성 품종을 선정한다.
② BT 수화제를 이용하여 솔나방 등을 방제한다.
③ 생리활성 물질인 키틴합성 억제제를 이용한다.
④ 임목밀도를 조절하여 건전한 임분을 육성한다.

해설
생물적 방제 방법으로 천적을 이용하거나 미생물 농약 BT 수화제를 이용한다.

41 임목수관의 지상투영면적 백분율로 나타내는 임분밀도의 척도는?

① 상대밀도　② 임분밀도지수
③ 상대공간지수　④ 수관경쟁인자

해설 수관경쟁인자는 임목 수관의 지상투영면적의 비율이다.

42 손익분기점 분석을 위한 가정으로 옳지 않은 것은?

① 제품의 생산능률은 변화한다.
② 제품 한 단위당 변동비는 항상 일정하다.
③ 고정비는 생산량의 증감에 관계없이 항상 일정하다.
④ 제품의 판매가격은 판매량이 변동하여도 변화되지 않는다.

해설
손익분기점 분석을 위한 가정에서 제품의 생산능률은 변함이 없다.

43 다음 조건에서 프레슬러(Pressler)공식을 이용한 임목의 수고생장률은?

- 2010년 임목의 수고는 15m
- 2015년 임목의 수고는 18m

① 약 0.4%　② 약 3.6%
③ 약 36.4%　④ 약 44.4%

해설
$$\frac{18m - 15m}{18m + 15m} \times \frac{200}{5} = 3.64\,(\%)$$

44 벌기가 20년인 활엽수 맹아림의 임목가는 40만원이다. 마르티나이트(Martineit)식으로 계산한 15년생의 임목가는?

① 112,500원　② 150,000원
③ 225,000원　④ 350,000원

해설
마르티나이트식

표준벌기의 임목가격 × $\frac{\text{평가대상 임목의 현재연령}^2}{\text{표준벌기}^2}$

$= 40만원 \times \dfrac{15^2}{20^2} = 225,000원$

45 임목의 가격을 산정하기 위한 방법으로 시장역산가 공식에 사용하지 않는 인자는?

① 조재율　② 간벌수익
③ 자본회수기간　④ 원목의 시장단가

해설
시장가 역산법은 조재율, 월이율, 자본 회수 기간, 기업이익률, 단위재적당 벌목 및 운반 비용을 이용하여 단위 재적당 임목 단가를 구한다.

정답　40. ②　41. ④　42. ①　43. ②　44. ③　45. ②

46 다음 조건에서 글라저(Glaser)의 보정식에 따른 15년생 현재의 평가대상 임목가는?

- 현재 15년생인 소나무림 1ha의 조림비와 10년생까지 지출한 경비의 후가합계가 60만원이다.
- 30년생의 벌기수확이 380만원으로 예상된다.

① 800,000원 ② 812,500원
③ 850,000원 ④ 887,500원

해설

$(3,800,000 - 600,000) \times \dfrac{(15-10)^2}{(30-10)^2}$
$+ 600,000 = 800,000$

47 임목재적 측정 시 가장 먼저 할 일은?

① 조사목 선정
② 조사목 측정
③ 조사구역 설정
④ 임분의 현존량 추정

해설

임목 재적 측정시 가장 먼저 조사구역을 설정하도록 한다.

48 종합원가계산 방법에 대한 설명으로 옳지 않은 것은?

① 공정별 원가계산방법이라고도 한다.
② 제품의 원가를 개개의 제품단위별로 직접 계산하는 방법이다.
③ 같은 종류와 규격의 제품이 연속적으로 생산되는 경우에 사용한다.
④ 생산된 제품의 전체원가를 총생산량으로 나누어 단위 원가를 산출한다.

해설

제품의 원가를 개개별이 아닌 전체원가를 통해 계산하는 방법이다.

49 벌구식 택벌작업에서 맨 처음 벌채된 벌구가 다시 택벌될 때까지의 소요기간을 무엇이라고 하는가?

① 벌기령   ② 윤벌기
③ 벌채령   ④ 회귀년

해설

최초 벌채된 지역인 벌구에 다시 작업을 하는데까지의 소요기간을 회귀년을 말한다.

50 숲길의 조성·관리 연차별계획에 포함되어야 할 사항은?

① 1년 단위 연차별 투자실적 및 계획
② 5년 단위 연차별 투자실적 및 계획
③ 10년 단위 연차별 투자실적 및 계획
④ 20년 단위 연차별 투자실적 및 계획

해설

산림문화, 휴양에 관한 법률 시행규칙에 의거 숲길 관련 사업의 5년 단위 연차별 투자실적 및 계획을 포함해야 한다.

51 자본장비도에 대한 설명으로 옳지 않은 것은?

① 종사자 1인당 자본액이다.
② 종사자 수를 총자본으로 나눈 것이다.
③ 일반적으로 고정자본에서 토지를 제외한다.
④ 경영의 총자본은 고정자본과 유동자본의 합이다.

해설

자본장비도는 임업경영의 총자본을 종사하는 사람의 수로 나눈 값으로 종사자 1인당 자본액을 의미한다.

정답 46. ① 47. ③ 48. ② 49. ④ 50. ② 51. ②

52 임업이율의 성격으로 옳지 않은 것은?

① 현실이율이 아니고 평정이율이다.
② 단기이율이 아니고 장기이율이다.
③ 대부이자가 아니고 자본이자이다.
④ 명목적 이율이 아니고 실질적 이율이다.

해설
임업이율은 실질이율이 아닌 명목이율이다.

53 산림경영의 지도원칙 중 경제원칙이 아닌 것은?

① 공공성   ② 수익성
③ 보속성   ④ 생산성

해설
산림 경영 지도원칙 중 경제원칙에 해당하지 않는 것으로 보속성, 합자연성 등이 있다.

54 생태·문화·역사·경관·학술적 가치의 보전에 필요한 산림은?

① 수원함양림
② 생활환경보전림
③ 산지재해방지림
④ 자연환경보전림

해설
생태, 문화, 역사, 경관, 학술적 가치의 보전에 필요한 산림을 자연환경보전림이라 한다.

55 산림의 경제성 분석방법 중 현금흐름할인법에 해당하지 않는 것은?

① 회수기간법   ② 순현재가치법
③ 내부수익률법 ④ 편익비용비율법

해설
투자효율은 현금 흐름의 할인 여부에 따라 화폐의 시간가치를 고려하지 않는 비할인모형으로 회수기간법, 투자이익률법이 있다.

56 산림수확 조절방법 중 수리계획법이 아닌 것은?

① 장기계획법   ② 선형계획법
③ 목표계획법   ④ 정수계획법

해설
산림수확조절방법으로 가장 널리 사용되는 선형계획법과 선형계획법의 확장된 형태인 목표계획법, 그리고 정수계획법이 있다.

57 산림문화 휴양에 관한 법률에서 정의된 국민의 정서함양, 보건휴양 및 산림교육 등을 위하여 조성한 산림에 해당하는 것은?

① 산림욕장   ② 치유의 숲
③ 숲속야영장 ④ 자연휴양림

해설
산림법 31조에 의거 휴양림이라 함은 정상적인 산림 경영을 하면서 휴양시설을 설치하여 국민의 보건휴양 및 정서함양을 위한 야외휴양공간으로 제공함과 동시에 자연교육장으로서의 역할과 산림소유자의 소득향상에 이바지하기 위하여 산림청장이 지정, 고시한 산림을 말한다.

58 임분재적 측정방법으로 전수조사에 해당되는 것은?

① 목측   ② 표본조사
③ 매목조사   ④ 계통적 추출

해설
매목조사법은 모든 임목을 조사하는 전림법의 조사방법이다.

정답 52. ④ 53. ③ 54. ④ 55. ① 56. ① 57. ④ 58. ③

59 Huber 식에 의한 수간석해 방법으로 옳지 않은 것은?

① 구분의 길이를 2m 로 원판을 채취한다.
② 반경은 일반적으로 5년 간격으로 측정한다.
③ 벌채점의 위치는 가슴높이인 지상 1.2m 로 한다.
④ 단면의 반경은 4방향으로 측정한 값의 평균값이다.

해설
수간석해를 위해 선정된 표준목은 지상 20cm 위치를 벌채한 후 근원경을 측정한다.

60 감가상각비에 대한 설명으로 옳지 않은 것은?

① 시간의 경과에 따른 부패, 부식 등에 의한 가치의 감소를 포함한다.
② 고정자산의 감가원인은 물리적 원인과 기능적 원인으로 나눌 수 있다.
③ 새로운 발명이나 기술진보에 따른 사용 가치의 감가는 감가상각비로 처리하지 않는다.
④ 시장변화 및 제조방법 등의 변경으로 인하여 사용할 수 없게 된 경우에도 감가상각비로 처리한다.

해설
발명이나 진보 등에 따른 기능적 가치의 하락 역시 감가상각비로 처리하며 이를 진부화라 한다.

61 임도 설계속도가 20km/시간 일 때 일반지형에서 최소곡선반지름 기준은?

① 12m ② 15m
③ 20m ④ 30m

해설
임도설계속도 20km/h에서 일반지형의 최소곡선반지름은 15m 이다.

62 임도 시공 시 토사지역에서 절토 경사면의 기울기 기준은?

① 1 : 0.3~0.5 ② 1 : 0.3~0.8
③ 1 : 0.8~1.2 ④ 1 : 0.8~1.5

해설
임도시공시 경암, 연암, 토사지역에 대한 기울기 기준이 있으며 토사지역은 1 : 0.8 ~ 1.5 이다.

63 임도 밀도를 산출하기 위한 해석적 방법으로 옳은 것은?

① 몇 개의 예정노선을 계획하고 이익과 비용에 의해 비교 판단한다.
② 예정 개설 노선의 노선도를 작성하고 계산과 이론으로 최적 임도를 산출한다.
③ 몇 개의 예정노선을 계획 작성하고 임지마다 최적의 노선배치에 의한 최적임도를 선정한다.
④ 예정노선의 노선도를 작성하지 않고 순수하게 계산만으로 이론적 최적임도 밀도를 산출한다.

해설
임도밀도 산정 방법은 크게 해석적방법(이론적방법)과 경험적방법(대안비교법)이 있다. 여기서 해석적 방법은 시설예정노선의 노선도를 작성하지 않고 순수하게 계산만으로 이론적 임도밀도 및 임도간격을 산출하는 방법이다. 경험적 방법은 몇 개의 대안노선을 계획하고 이익과 비용에 의하여 비교 판단하는 방법이다.

정답 59. ③ 60. ③ 61. ② 62. ④ 63. ④

64 임도의 선형 설계에서 제약 요소가 아닌 것은?

① 시공 상에서의 제약
② 대상지 주요 수종에 의한 제약
③ 사업비·유지관리비 등에 의한 제약
④ 자연환경의 보존·국토보전 상에서의 제약

> **해설**
> 임도 선형설계시 제약 요소
> • 자연 환경의 보존 및 국토 보전
> • 지형, 지물의 제약
> • 시공상 제약
> • 사업비, 유지 관리비 제약

65 임도 시공 방법에 대한 설명으로 옳은 것은?

① 성토 대상지에 있는 모든 임목은 사면다짐 등 노체 형성에 유리하므로 그대로 존치시킨다.
② 암석지역 중 급경사지 또는 가시권 지역에서의 암석 절취는 발파 위주로 시공한다.
③ 토공작업 시 부족한 토사공급 또는 남은 토사의 처리가 필요한 경우에는 임지 밖에 사토장 또는 토취장을 지정한다.
④ 노면 및 절토대상지에 있는 임목과 그 뿌리, 표토는 전량 제거하여 반출한다. 다만, 부식토는 사면복구에 활용할 수 있다.

> **해설**
> 임도의 설계 및 시설기준에 의거 노면 및 절토 대상지에 있는 입목(관목을 포함)과 그 뿌리, 표토는 전량 제거 및 반출한다. 이 경우 표토를 제거할 때 나오는 부식토 중 현지에서 활용가능한 부식토는 사면복구에 활용할 수 있다.

66 임도의 횡단 선형에 대한 설명으로 옳지 않은 것은?

① 길어깨의 너비는 50cm ~ 1m로 한다.
② 배향곡선의 중심선 반지름은 10m 이상으로 설치한다.
③ 임도의 유효너비 기준은 길어깨 및 옆도랑의 너비를 합친 3m 이다.
④ 곡선부의 중심선 반지름은 내각이 155°이상인 경우 곡선을 설치하지 않을 수 있다.

> **해설**
> 길어깨, 옆도랑의 너비를 제외한 임도의 유효너비는 통상 3m 정도로 규정한다. 단, 배향곡선지인 경우 6m 이상이다.

67 개설 비용이 저렴하고 토사발생량도 적으며 상향집재작업에 가장 적합한 임도는?

① 사면임도   ② 계곡임도
③ 능선임도   ④ 복합임도

> **해설**
> 능선임도형의 경우 축조비용이 저가이고 토사유출이 적다. 그리고 가선집재 같은 상향집재방식으로만 산림 개발이 가능하다.

68 임도 시공에서 다짐작업에 사용되는 토공기계로 가장 거리가 먼 것은?

① 불도저   ② 탬핑롤러
③ 진동 콤팩터 ④ 모터그레이더

> **해설**
> 모터그레이더는 도로시공의 정지작업에 사용된다.

정답 64. ② 65. ④ 66. ③ 67. ③ 68. ④

69 임도 설계 과정에서 가장 먼저 실시하는 업무는?

① 예측 ② 답사
③ 예비조사 ④ 공사 수량 산출

해설
임도설계 순서
예비조사 → 답사 → 예측, 실측 → 설계도 작성 → 공사량 산출 → 설계서 작성

70 컴퍼스측량에서 발생하는 자침편차 중 일차에 해당하는 변화는?

① 0' ~ 5' ② 5' ~ 10'
③ 15' ~ 20' ④ 20' ~ 25'

해설
일차는 자침편차의 하루 사이 발생되는 변화로 5~10' 정도의 변화량을 보인다.

71 최소곡선반지름의 크기에 영향을 주는 인자가 아닌 것은?

① 임도 밀도
② 도로의 너비
③ 반출할 목재의 길이
④ 차량의 구조 및 운행속도

해설
최소곡선반지름은 노선의 굴곡 정도를 나타내며 도로의 너비, 운행속도, 도로 및 차량의 구조, 반출 목재의 길이, 시거, 타이어와 노면의 마찰계수 등에 영향을 받는다.

72 평판측량에 있어서 어느 다각형을 전진법에 의하여 측량하였다. 이때 폐합오차가 20cm 발생하였다면 측점 C의 오차 배분량은? (단, AB = 50m, BC = 40m, CD = 5m, DA = 5m)

① 0.10m ② 0.14m
③ 0.18m ④ 0.20m

해설
오차배분량=(폐합오차×그 측점까지의 거리)/전체 측성의 거리
=(0.2m×AB+BC)/AB+BC+CD+DA
=(0.2 × 90)/100
=0.18

73 수준 측량에서 시점의 지반고가 100m 이고, 전시의 합은 120.5m 후시의 합은 110.5m 일 때 종점의 지반고는?

① 90m ② 100m
③ 110m ④ 120m

해설
시점의 지반고 100m + 후시 110.5m - 전시 120.5m = 종점의 지반고 90m

74 임도망의 특성을 나타내는 지표가 아닌 것은?

① 임도 밀도 ② 임도 간격
③ 평균집재거리 ④ 임도 곡선반지름

해설
임도망의 확장 및 특성의 지표로 임도밀도, 임도간격, 집재거리, 개발률 등이 있다.

75 임도에서 대피소의 설치 간격 기준은?

① 100m 이내 ② 300m 이내
③ 500m 이내 ④ 1,000m 이내

해설
대피소의 간격 300m 이내, 너비 5m 이상, 유효길이 15m 이상을 기준으로 한다.

정답 69. ③ 70. ② 71. ① 72. ③ 73. ① 74. ④ 75. ②

76 집재가선을 설치할 때 본줄을 설치하기 위한 집재기 쪽의 지주를 무엇이라 하는가?

① 머리기둥　② 꼬리기둥
③ 안내기둥　④ 받침기둥

해설
집재 가선을 설치하기 위해 집재기쪽 지주를 머리기둥 혹은 앞기둥이라 한다.

77 다음과 같은 지형에서 직사각형 기둥법에 의한 토적량은? (단, 사각형의 면적은 $200m^2$로 모두 동일함)

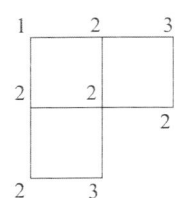

① 1,200 m^3　② 1,250 m^3
③ 1,300 m^3　④ 1,350 m^3

해설
◎ 방법 1

토적량 $= \dfrac{A(\sum H_1 + 2\sum H_2 + 3\sum H_3)}{4}$
$= \dfrac{200 \times (11 + 8 + 6)}{4} = 1250m^3$

- $\sum H_1$: 1회 사용한 지반고 합 : (1+3+2+3+2) = 11
- $\sum H_2$: 2회 사용한 지반고 합 : 2×(2+2) = 8
- $\sum H_1$: 1회 사용한 지반고 합 : 3×2 = 6

◎ 방법 2

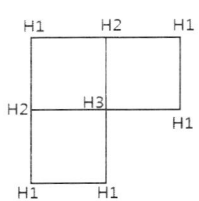

토적량 = 사각형면적 $\times (A+B+C)$
$= 200 \times (1.75 + 2.25 + 2.25) = 1250m^3$
- A : (1+2+2+2) ÷ 4 = 1.75
- B : (2+2+2+3) ÷ 4 = 2.25
- C : (2+2+2+3) ÷ 4 = 2.25

78 임도의 횡단선형에서 길어깨의 기능이 아닌 것은?

① 시거의 여유 공간
② 폭설 시 제설 공간
③ 보행자의 통행 공간
④ 차량의 주행상 여유 공간

해설
길어깨의 기능은 노체구조의 안정, 차량 안전 통행, 보행자 대피 공간, 차도의 구조부 보호 등이 있다.

79 곡선설치법에서 교각법에 의해 곡선을 설치할 때 교각이 32°5', 곡선반지름이 200m 일 경우 접선길이는?

① 약 58m　② 약 65m
③ 약 75m　④ 약 83m

해설
$200m \times \tan\left(\dfrac{32°5'}{2}\right) \fallingdotseq 57.51$

※ 접선길이 공식
곡선반지름 $\times \tan\dfrac{\theta}{2}$

80 임도의 설계기준으로 중심선 측량에서 측점 간격은?

① 5m　② 10m
③ 20m　④ 50m

해설
중심선측량에서 중심말뚝의 측점은 20m 간격으로 설치한다.

정답　76. ①　77. ②　78. ①　79. ①　80. ③

81 사방공사용 재래 초본류에 해당하는 것은?

① 억새   ② 오리새
③ 겨이삭   ④ 우산잔디

해설
사방공사용 재래 초본류로 김의털, 까치수영, 억새 등이 있다.

82 양단면적이 각각 10m², 20m² 이고, 양단면의 거리가 20m 일 때 양단면평균법에 의한 토사량은?

① 300m³   ② 400m³
③ 500m³   ④ 600m³

해설
$(\frac{10+20}{2}) \times 20 = 300m^2$

※ 양단면적 평균법
$V = \frac{1}{2}(A_1 + A_2) \times l$

83 계류의 상류에 쌓는 소규모 공작물로 사방댐과 모습이 비슷하나 규모가 작고 토사퇴적 기능이 없으며 반수면만 존재하는 것은?

① 수제   ② 골막이
③ 누구막이   ④ 기슭막이

해설
골막이는 산비탈 붕괴지의 골이나 이에 접속된 계류의 최상류부에 축설하는 소규모의 사방용 댐으로 사방댐과 비슷하나 반수면만 축조하고 중앙부를 낮게 하여 물이 빠지게 한다.

84 산사태의 발생요인에서 내적요인에 해당하는 것은?

① 강우   ② 지진
③ 벌목   ④ 토질

해설
산사태의 내적요인에는 토질, 임상, 지형등이 있다.

85 척박하고 건조한 지역에서 비교적 잘 자라며, 맹아갱신이 잘 이루어지는 사방녹화용 주요 목본식물은?

① 단풍나무   ② 가시나무
③ 아까시나무   ④ 테다소나무

해설
아까시나무는 맹아력이 강한 수종으로 척박하고 건조한 지역에서 비교적 잘자란다.

86 다음 설명에 해당하는 것은?

> 비탈면이나 누구에서 모여드는 물이 점점 많아지면 구곡의 바닥과 양쪽 기슭의 침식력이 커지는데, 이 때의 침식력을 의미한다.

① 유송력   ② 운반력
③ 소류력   ④ 수직응력

해설
소류력은 유로를 따라 흐르는 물이 바닥에 있는 물질을 움직이는 힘을 나타내는 것으로 유수에 의해 하상면의 단위면적에 가해지는 힘을 의미한다. 소류력이 증가하면 계류 바닥에 정지되어 있던 사력이 이동하기 시작하는데 이때를 한계소류력이라 한다.

87 콘크리트 측구에 흐르는 유적이 0.35m² 이고, 평균 유속이 4m/s 일 때 유량은?

① 0.14 m³/s   ② 1.14 m³/s
③ 1.40 m³/s   ④ 11.43 m³/s

해설
유량 = 유적 × 유속
     = 0.35 × 4 = 1.4m³/sec

정답   81. ①   82. ①   83. ②   84. ④   85. ③   86. ③   87. ③

88 다음 설명에 해당하는 것은?

> 산림지대에서 지하수 유출과 깊은 유출을 합한 것이며, 평상 시의 유량은 대부분 이것에 해당한다.

① 직접유출 ② 간접유출
③ 기저유출 ④ 표면유출

해설
기저유출은 하천 수로에 총 유출을 구성하는 요소에서 시간적으로 유출이 지연된 중간유출과 지하수유출을 더한 값을 의미한다.

89 황폐계류유역에 해당하지 않는 것은?

① 토사생산구역 ② 토사유과구역
③ 토사퇴적구역 ④ 토사억제구역

해설
황폐계류의 상류부를 토사생산구역, 생산된 토사가 이동하는 토사유과구역, 하류에 토사가 퇴적되는 토사퇴적구역으로 구분된다.

90 사방댐 안정조건의 검토 항목으로 옳지 않은 것은?

① 유출에 대한 안정
② 전도에 대한 안정
③ 제체파괴에 대한 안정
④ 기초지반 지지력에 대한 안정

해설
중력댐의 안정조건으로 전도에 대한 안정, 활동에 대한 안정, 제체의 파괴에 대한 안정, 기초지반의 지지력에 대한 안정이 있다.

91 흙골막이에서 제체를 축설하는 흙쌓기 비탈면의 기울기 기준은?

① 대수면과 반수면이 다같이 1:1 보다 완만하게 하여야 한다.
② 대수면과 반수면이 다같이 1:1.5 보다 완만하게 하여야 한다.
③ 대수면은 1:1.5, 반수면은 1:1 보다 완만하게 하여야 한다.
④ 대수면은 1:1, 반수면은 1:1.5 보다 완만하게 하여야 한다.

해설
흙골막이는 흙으로 축설하고 댐마루의 반수면에 떼를 입혀 제체를 보호한다. 흙쌓기 비탈면의 표준기울기는 대수면과 반수면이 다같이 1 : 1.5 보다 완만하게 한다.

92 막깬돌의 길이는 앞면의 몇 배 이상으로 하는가?

① 0.5배 ② 1.0배
③ 1.5배 ④ 2.0배

해설
막깬돌은 견치돌과 유사하나 견치돌과는 달리 일정한 규격에 의하여 만드는 돌이 아니라 대체로 옆면을 직사각형과 유사하게 막 깬 석재로서 앞면의 1.5배 이상으로 한다.

93 야계사방에 해당하는 공종이 아닌 것은?

① 사방댐 ② 흙막이
③ 바닥막이 ④ 기슭막이

해설
야계사방공사는 골막이, 바닥막이, 기슭막이, 수제, 계간수로, 사방댐 등이 있다.

정답 88. ③ 89. ④ 90. ① 91. ② 92. ③ 93. ②

94 땅밀림과 비교한 산사태에 대한 설명으로 옳지 않은 것은?

① 점성토를 미끄럼면으로 하여 속도가 느리게 이동한다.
② 주로 호우에 의하여 산정에서 가까운 산복부에서 많이 발생한다.
③ 흙덩어리가 일시에 계곡, 계류를 향하여 연속적으로 길게 붕괴하는 것이다.
④ 비교적 산지 경사가 급하고 토층 바닥에 암반이 깔린 곳에서 많이 발생한다.

해설
산사태는 땅밀림과 비교하여 이동속도가 빠르고 사질토에서 발생한다.

95 석재를 이용하여 공작물을 시공할 때 식생도입이 곤란한 기울기가 1:1 보다 완만한 비탈면이나 수변지역의 기슭막이에 사용되는 방법은?

① 찰쌓기   ② 골쌓기
③ 메쌓기   ④ 돌붙이기

해설
돌붙이기는 식생조성이 곤란한 기울기 1 : 1이하의 비탈면에 돌, 콘크리트블록, 콘크리트 붙이기 등의 공정으로 시공한다.

96 산사태 예방공사 중 지하수 배제공사에 속하는 것은?

① 주입공사   ② 집수정공사
③ 돌림수로내기   ④ 침투수방지공사

해설
지하수배재공사의 공종에는 속도랑내기, 보링속도랑내기, 집수정공사, 지하수차단공사 등이 있다.

97 중력침식에 대한 설명으로 옳지 않은 것은?

① 붕괴형 침식, 동상 침식, 지활형 침식, 유동형 침식 등이 있다.
② 유수나 바람과 같은 독립된 외력의 작용에 의하여 발생하는 침식이다.
③ 토층이 수분으로 포화되어 중력작용으로 토층이 집단적으로 밀리는 현상이다.
④ 중력의 영향으로 비탈면에서 토사와 석력의 지괴가 이동하는 침식의 특수형태이다.

해설
유수나 바람과 같은 독립된 외력의 작용에 의한 침식은 중력침식이 아닌 물, 바람, 파도 등에 의해 깎이는 현상이다.

98 해안사방의 정사울세우기에 대한 설명으로 옳지 않은 것은?

① 울타리의 유효높이는 보통 1.0~1.2m 로 한다.
② 울타리의 방향은 주풍방향에 직각이 되게 한다.
③ 구획의 크기는 한 변의 길이가 7~15m 정도인 정사각형이나 직사각형으로 한다.
④ 해안으로부터 이동하는 모래를 배후에 퇴적시켜 인공모래언덕을 조성하기 위해 설치한다.

해설
해안으로부터 이동하는 모래를 배후에 퇴적시켜 인공모래언덕을 조성하기 위해 설치하는 것은 퇴사울세우기이다.

정답   94. ①   95. ④   96. ②   97. ②   98. ④

99 계속되는 강우로 인하여 토층이 포화상태가 되면서 산지 전면에 걸쳐 얇은 층으로 발생하는 침식은?

① 면상침식　② 우격침식
③ 누구침식　④ 구곡침식

> **해설**
> 우수침식 중에서 토양 표면이 전면에 걸쳐 얇게 유실되는 단계를 면상침식이라 한다.

100 사방시설의 공작물도를 작성하는데 기준이 되며 설계홍수량 산정에 쓰이는 강우확률빈도는?

① 30년　② 50년
③ 80년　④ 100년

> **해설**
> 통수단면은 100년 빈도 확률 강우량에 홍수도달시간을 이용하여 최대홍수유출량의 1.2배 이상으로 설계한다.

정답 99. ① 100. ④

2020년 제3회 산림기사

01 이태리포플러와 유연관계가 가장 가까운 수종은?

① 왕버들   ② 황철나무
③ 미루나무   ④ 은수원사시나무

해설
미루나무는 양버들과 잡종으로 만든 것이 이태리 포플러이다.

02 순림에 대한 설명으로 옳은 것은?

① 입지 자원을 골고루 이용할 수 있다.
② 경제적으로 가치 있는 나무를 대량으로 생산할 수 있다.
③ 숲의 구성이 단조로우며 병충해, 풍해에 대한 저항력이 강하다.
④ 침엽수로만 형성된 순림에서는 임지의 악화가 초래되는 일이 없다.

해설
순림은 한 수종만으로 구성된 숲으로 경제적으로 유리한 수종만으로 구성이 가능하다.

03 소나무를 양묘하려고 채종을 하였다. 열매를 탈각하여 5kg 을 얻었으며, 정선하여 얻은 순정종자는 4.5kg 이었다. 이 종자의 발아율을 조사하니 80% 였다면 이 종자의 효율은?

① 64%   ② 72%
③ 80%   ④ 90%

해설
- 순량율 = $\frac{4.5kg}{5kg} \times 100 = 90(\%)$
- 효율(%) = $\frac{순량률 \times 발아율}{100} = \frac{90 \times 80}{100} = 72(\%)$

04 간벌에 대한 설명으로 옳지 않은 것은?

① 정성간벌은 임목본수와 현존량으로 결정한다.
② 수액 이동 정지기인 겨울과 봄에 실시하는 것이 좋다.
③ 수목의 생장량이 증가함에 따라 생육 공간 조절을 위해 실시한다.
④ 지위가 '상'이면 활엽수종의 간벌 개시 시기는 임령이 20~30년일 때부터이다.

해설
정성간벌은 줄기의 형태와 수관의 특성으로 구분되는 수형급을 기준으로 간벌목을 선정한다.

05 묘목의 연령표시에 대한 설명으로 옳지 않은 것은?

① 1/2묘 : 뿌리는 1년, 줄기는 2년된 삽목묘
② 1-0묘 : 판갈이는 하지 않고 1년이 경과한 실생묘목
③ 1-1묘 : 파종상에서 1년, 판갈이하여 1년이 경과된 2년생 묘목
④ 2-1-1묘 : 파종상에서 2년, 판갈이하여 1년 다시 판갈이하여 1년을 지낸 4년생 묘목

해설
1/2 묘는 줄기는 1년, 뿌리는 2년된 삽목묘이다.

정답 01. ③ 02. ② 03. ② 04. ① 05. ①

06 일반적으로 파종 1년 후에 판갈이 작업을 실시하는 것이 좋은 수종으로만 올바르게 나열한 것은?

① 삼나무, 전나무
② 소나무, 잣나무
③ 소나무, 일본잎갈나무
④ 전나무, 독일가문비나무

> **해설**
> 소나무류, 낙엽송, 삼나무, 편백 등의 수종은 파종 1년 후 판갈이 작업을 실시하는 것이 좋다.

07 종자의 후숙이 필요하지 않은 것은?

① *Salix koreensis*
② *Tilia amurensis*
③ *Corunus officinalis*
④ *Robinia pseudoacacia*

> **해설**
> ① 버드나무 ② 피나무 ③ 산수유 ④ 아까시나무, 포플러류, 버드나무류, 사시나무 등은 종자의 수명이 대단히 짧아 성숙한 종자는 바로 파종하는 것이 좋다.

08 양료간에 흡수를 상호 촉진하는 비료성분으로 올바르게 짝지어진 것은?

① 철 - 망간
② 칼륨 - 칼슘
③ 인산 - 마그네슘
④ 칼륨 - 마그네슘

> **해설**
> 마그네슘은 엽록소를 구성하고 효소의 활동에 관여하는데 인산과 흡수를 상호 촉진한다. 마그네슘이 결핍되면 인산의 이용도 감소하게 된다.

09 택벌작업에 대한 설명으로 옳지 않은 것은?

① 심미적 가치가 가장 높다.
② 음수 수종의 갱신에 적합하다.
③ 일시의 벌채량이 많으므로 경제상 효율적이다.
④ 소면적 임지에 보속생산을 하는데 가장 적합한 방법이다.

> **해설**
> 일시에 벌채량이 많아 경제상 효율적인 방법은 개벌작업이다.

10 일반적으로 연료재와 소경재, 일반용재를 동일임지에서 생산하는 산림작업종은?

① 군상개벌　② 모수작업
③ 왜림작업　④ 중림작업

> **해설**
> 용재 생산이 목적인 교림작업, 연료재 생산이 목적인 왜림작업을 동시에 실시하는 것을 중림작업이라 한다.

11 빛과 관련된 수목 생리에 대한 설명으로 옳은 것은?

① 우리나라에서 자라는 대부분의 활엽수는 C4 식물군에 속한다.
② 엽록체 내에서 광에너지를 이용한 광반응이 일어나는 곳은 스트로마(stroma)이다.
③ 내음성은 동일 수종이라도 수목의 연령이나 생육조건 등에 따라서 변할 수 있다.
④ 수목 한 개체 내에서는 양엽이나 음엽에 상관없이 광보상점이나 광포화점이 동일하다.

> **해설**
> 내음성은 동일 수종이라도 수목의 연령, 수분, 온도 등의 생육조건에 따라 영향을 받는다.

정답　06. ③　07. ①　08. ③　09. ③　10. ④　11. ③

12 인공조림의 특징으로 옳은 것은?

① 동령단순림 형성이 많다.
② 주로 택벌작업지에 실시한다.
③ 다양한 규격의 목재 생산이 용이하다.
④ 천연갱신에 비해 성숙림이 늦게 이루어진다.

> 해설
> 인공조림은 같은 시기에 동일 수종으로 조림하는 경우가 많아 동령단순림 형성이 많은 편이다.

13 환원법에 의한 종자활력검사 방법에 대한 설명으로 옳지 않은 것은?

① 단기간 내에 실시할 수 있다.
② 휴면 종자에는 적용이 어렵다.
③ 테트라졸륨 대신에 테룰루산칼륨도 사용한다.
④ 침엽수의 종자는 배와 배유가 함께 염색되도록 한다.

> 해설
> 환원법은 종자의 활력을 검사하는 방법 중 하나로 휴면 종자에도 적용이 가능하며 테룰로산소다나 테트라졸륨 수용액을 이용한다.

14 토양 수분에 대한 설명으로 옳지 않은 것은?

① 토양의 모세관수는 수목이 이용할 수 있다.
② 토양 수분이 포화 상태일 때의 pF는 3.8이다.
③ 토양의 수분포텐셜은 포화 상태로부터 건조해짐에 따라 낮아진다.
④ 위조점은 토양 수분의 부족으로 수목이 시들기 시작하는 수분상태를 말한다.

> 해설
> 토양 수분이 포화 상태일 때를 최대용수량이라 하며 pF 0 이다.

15 생가지치기를 하여도 부후의 위험성이 거의 없는 수종으로만 올바르게 나열한 것은?

① 편백, 포플러
② 벚나무, 느릅나무
③ 삼나무, 물푸레나무
④ 자작나무, 단풍나무

> 해설
> 생가지치기 위험이 거의 없는 수종으로 편백, 포플러류, 소나무, 낙엽송 등이 있다.

16 근삽에 의한 무성번식 방법을 적용하는데 가장 적합한 수종은?

① 소나무 ② 벚나무
③ 밤나무 ④ 오동나무

> 해설
> 근삽은 지하경이나 굵은 뿌리를 잘라 삽목하는 방법으로 오동나무, 등나무 등의 수종에 적합하다.

17 복층림 조성에 대한 설명으로 옳지 않은 것은?

① 경관 유지 및 관리에 적절하다.
② 벌채 시 설비비와 반출경비가 많이 절약된다.
③ 임목의 수확 기간이 길어져서 대경목 생산이 가능하다.
④ 생장이 균일하여 연륜폭이 균등하고 치밀한 목재를 생산할 수 있다.

> 해설
> 복층림은 2층 이상의 임관을 가진 산림으로 다른 작업에 비해 벌채경비가 많이 들어가는 편이다.

정답 12. ① 13. ② 14. ② 15. ① 16. ④ 17. ②

18 우리나라에서 한대림의 특징 수종이 아닌 것은?

① *Larix olgensis*
② *Picea jezoensis*
③ *Taxus cuspidata*
④ *Quercus myrsinaefolia*

> **해설**
> ① 잎갈나무 ② 가문비나무 ③ 주목 ④ 가시나무, 한 대림의 특정수종으로 가문비나무, 분비나무, 잎갈나무, 주목, 잣나무, 전나무 등이 있다. 가시나무는 난대림에서 볼 수 있는 대표 수종이다.

19 수목 잎의 기공에 대한 설명으로 옳지 않은 것은?

① 잎의 수분포텐셜이 낮아지면 기공이 닫힌다.
② 온도가 30℃ 이상으로 상승하면 기공이 닫힌다.
③ 기공이 열리는데 필요한 광도는 순광합성이 가능한 광도이면 된다.
④ 엽육 세포 내부의 이산화탄소 농도가 높아지면 기공이 열린다.

> **해설**
> 엽육 세포 내부의 이산화탄소 농도가 높아지면 기공이 닫힌다.

20 쌍떡잎식물에 대한 설명으로 옳지 않은 것은?

① 잎은 그물맥이다.
② 떡잎이 두 장이다.
③ 원뿌리에 곁뿌리가 붙어있다.
④ 관다발이 줄기에 산재되어 있다.

> **해설**
> 관다발이 줄기에 산재되어 있는 것은 외떡잎식물의 특징이다. 쌍떡잎식물은 관다발이 고리모양으로 규칙적으로 배열되어 있다.

21 점박이응애에 대한 설명으로 옳지 않은 것은?

① 습한 기후 조건에서 대발생하기도 한다.
② 1년에 8~10회 발생하고, 주로 암컷 성충이 수피 밑에서 월동한다.
③ 농약을 지속적으로 사용한 수목에서 대발생하는 경우가 있다.
④ 잎 뒷면에서 즙액을 빨아먹으므로 피해를 입은 잎에 작은 반점이 생긴다.

> **해설**
> 점박이응애의 경우 따뜻하고 건조한 조건에서 대발생하기도 한다.

22 모잘록병 방제방법으로 옳지 않은 것은?

① 밀식되지 않도록 파종량을 적게 한다.
② 파종 전에 종자와 파종상의 토양을 소독한다.
③ 피해가 발생하면 디노테퓨란 액제를 살포한다.
④ 질소질 비료를 과용하지 않고 완숙퇴비를 사용한다.

> **해설**
> 모잘록병 방제를 위해 클로로피크린, 사이론훈증제로 토양을 소독한다.

23 유충시기에 천공성을 가진 해충은?

① 혹벌류   ② 하늘소류
③ 노린재류 ④ 무당벌레류

> **해설**
> 유충시기에 천공성을 가진 해충으로 하늘소류, 소나무좀, 바구미 등은 있다.

정답 18. ④ 19. ④ 20. ④ 21. ① 22. ③ 23. ②

24 버즘나무방패벌레에 대한 설명으로 옳지 않은 것은?

① 1995년경 국내에 첫 발생이 확인되었다.
② 피해 잎의 뒷면에는 검정색 배설물과 탈피각이 붙어 있다.
③ 성충으로 월동하고 월동한 성충은 봄에 무더기로 산란한다.
④ 주로 버즘나무와 철쭉류의 잎을 가해하여 피해를 주는 흡즙성 해충이다.

해설
버즘나무방패벌레는 버즘나무류와 물푸레나무류 등을 가해하며 약충이 잎 뒷면에 모여 흡즙 및 가해한다.

25 우리나라에서 수목에 피해를 주는 주요 겨우살이가 아닌 것은?

① 붉은겨우살이
② 소나무겨우살이
③ 참나무겨우살이
④ 동백나무겨우살이

해설
소나무겨우살이는 지의류에 속하며 수목에 피해를 주는 기생성식물은 아니다.

26 오동나무 빗자루병의 병원체는?

① 균류   ② 세균
③ 바이러스   ④ 파이토플라스마

해설
오동나무 빗자루병의 병원체는 파이토플라스마이다.

27 포플러류 모자이크병 방제방법으로 가장 효과적인 것은?

① 새삼을 제거하여 감염경로를 차단한다.
② 접목 및 꺾꽂이에 사용한 도구는 소독하여 사용한다.
③ 양묘 단계에서 토양을 소독하여 매개선충을 구제한다.
④ 감염된 삽수는 60°C에서 5주간 처리하여 바이러스를 비활성화하고 사용한다.

해설
포플러모자이크병은 바이러스에 의해 발생하며 감염된 나무를 소각하거나 접목 기구의 소독을 통해 방제한다.

28 밤나무혹벌 방제방법으로 옳지 않은 것은?

① 봄에 벌레혹을 채취하여 소각한다.
② 중국긴꼬리좀벌을 4~5월에 방사한다.
③ 성충 발생 최성기인 6~7월에 적용약제를 살포한다.
④ 밤나무혹벌 피해에 약한 품종인 산목율, 순역 등을 저항성 품종인 유마, 이취 등으로 갱신한다.

해설
밤나무혹벌의 방제를 위해 내충성 품종을 이용한다. 내충성 품종에는 산목율, 순역, 옥광율 등의 토착종을 이용하거나 유마, 이취, 삼조생, 이평 등의 도입종이 있다.

29 호두나무잎벌레에 대한 설명으로 옳은 것은?

① 1년에 1회 발생하며, 알로 월동한다.
② 1년에 2회 발생하며, 알로 월동한다.
③ 1년에 1회 발생하며, 성충으로 월동한다.
④ 1년에 2회 발생하며, 성충으로 월동한다.

해설
호두나무잎벌레는 년 1회 발생하고 성충으로 월동한다.

정답 24. ④ 25. ② 26. ④ 27. ② 28. ④ 29. ③

30 식물체의 표피를 뚫어 직접 기주 내부로 침입이 가능한 병원체는?

① 균류 ② 세균
③ 바이러스 ④ 파이토플라스마

해설
균류는 기주의 표피를 직접 통과하여 침입한다.

31 수목에 발생하는 녹병에 대한 설명으로 옳지 않은 것은?

① 순활물기생성이다.
② 담자포자는 2n 의 핵상을 갖는다.
③ 여름포자는 대체로 표면에 돌기가 있다.
④ 소나무 혹병의 중간기주로 졸참나무가 있다.

해설
녹병균은 담자균류(담자포자)이며 담자포자는 n의 핵상을 갖는다.

32 수목병의 전염원에 해당되지 않는 것은?

① 선충의 알
② 곰팡이의 균핵
③ 곰팡이의 부착기
④ 기생식물의 종자

해설
곰팡이의 부착기는 곰팡이가 기주식물에 부착하거나 침입하기 위해 곰팡이 균사나 발아관의 끝부분이 부풀어 오른 것으로 전염원은 아니다.

33 석회보르도액이 해당되는 종류는?

① 보호살균제 ② 토양살균제
③ 직접살균제 ④ 침투성살균제

해설
석회보르도액은 보호살균제에 속한다.

34 수목에게 피해를 주는 산성비의 원인 물질이 아닌 것은?

① 오존 ② 황산화물
③ 질소산화물 ④ 이산화질소

해설
산성비의 원인물질로 황산화물, 질소산화물, 이산화질소, 염소가스 등이 있다.

35 알로 월동하는 해충은?

① 외줄면충 ② 가루나무좀
③ 소나무순나방 ④ 향나무하늘소

해설
알로 월동하는 해충으로 텐트나방, 어스렝이나방, 박쥐나방, 외줄면충 등이 있다.

36 기상으로 인한 수목 피해에 대한 설명으로 옳지 않은 것은?

① 일반적으로 저온에 의한 피해를 한해라고 한다.
② 만상과 조상은 수목 조직의 세포내 동결에 의한 피해이다.
③ 만상으로 인하여 발생하는 위연륜을 상륜이라고 한다.
④ 결빙 현상이 없는 0°C 이상의 저온 피해를 한상이라고 한다.

해설
만상이나 조상은 서리로 인해 나타나는 피해로 기온이 급하강하여 갈변현상이 나타난다.

정답 30. ① 31. ② 32. ③ 33. ① 34. ① 35. ① 36. ②

37 향나무 녹병 방제방법으로 옳지 않은 것은?

① 향나무 부근에 산사나무와 팥배나무를 심지 않는다.
② 향나무에는 3~4월과 7월에 적용 약제를 살포한다.
③ 중간기주에는 4월 중순부터 6월까지 적용 약제를 살포한다.
④ 수고의 1/3 까지 조기에 가지치기를 하여 녹포자의 감염을 방지한다.

해설
수고의 1/3까지 조기에 가지치기를 하여 녹포자의 감염을 방지하는 것은 잣나무 털녹병의 방제방법이다.

38 흰가루병 방제방법으로 옳지 않은 것은?

① 병든 낙엽을 모아서 태운다.
② 묘포에서는 예방 위주로 약제를 살포한다.
③ 늦가을이나 이른 봄에 자낭반이 붙어 있는 어린 가지를 제거한다.
④ 통기불량, 일조부족, 질소과다 등은 발병 원인이 되므로 사전에 조치한다.

해설
흰가루병 방제법
· 과다한 질소 시비는 피하도록 한다.
· 통풍 및 채광에 신경쓰며 관수는 되도록 이른 아침에 하는 것이 좋다.
· 가을에는 병든 잎과 가지는 제거하여 소각하거나 묻도록 한다.
· 트리아디메폰 수화제, 티오파네이트메틸 수화제를 발병 초기 살포한다.

39 미국흰불나방의 생태에 대한 설명으로 옳지 않은 것은?

① 번데기로 월동한다.
② 거의 모든 수종의 활엽수에 피해를 준다.
③ 유충이 잎을 식해하고 성충은 주로 밤에 활동하며 주광성이 강하다.
④ 3령기까지의 유충은 군서생활을 하며 4령기와 5령기 유충은 흩어져 가해한다.

해설
미국흰불나방은 4령기까지 군서생활을 하고 5령기에 유충으로 흩어져 가해한다.

40 느티나무벼룩바구미에 가장 효과가 있는 나무주사 약제는?

① 페니트로티온 유제
② 에토펜프록스 유제
③ 테부코나졸 유탁제
④ 이미다클로프리드 분산성액제

해설
이미다클로프리드 분산성액제는 수간주사나 토양관주처리를 하며 주로 솔껍질깍지벌레, 솔잎혹파리, 벚나무깍지벌레, 버즘나무방패벌레, 느티나무벼룩바구미 등을 방제에 사용되는 약제이다.

정답 37. ④ 38. ③ 39. ④ 40. ④

41 다음 조건에서 임분의 초기 재적에 대한 순생장량 계산 공식은?

> · V1 : 측정초기의 생존 임목의 재적
> · V2 : 측정말기의 생존 임목의 재적
> · M : 측정기간 동안의 고사량
> · C : 측정기간 동안의 벌채량
> · A : 측정기간 동안의 진계 생장량

① V2-V1
② V2+C-V1
③ V2+C-A-V1
④ V2+M+C-A-V1

해설
생장주기별 생장량 공식
· 초기 재적에 대한 총생장량 = V2+M+C-A-V1
· 초기 재적에 대한 순생장량 = V2+C-A-V1
· 진계생장량을 포함한 총생장량 = V2+M+C-V1
· 진계생장량을 포함한 순생장량 = V2+C-V1
· 임목축적에 대한 순변화량 = V2-V1

42 다음과 같은 그림으로 분석이 가능한 임분구조가 아닌 것은?

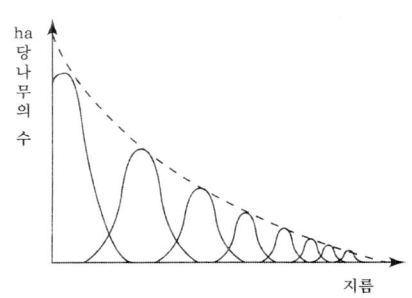

① 동령림
② 택벌림
③ 이령림
④ 영급이 다양한 임분

해설
동령림은 유사한 임령의 나무들이 분포되어 있기에 그림과 같이 다양한 지름을 가진 나무들의 임분 구조가 나타나지 않는다.

43 산림문화·휴양에 관한 법률에 의한 산림문화 자산에 대한 설명으로 다음 ( ) 안에 들어갈 내용으로 옳지 않은 것은?

> 산림문화자산이란 산림 또는 산림과 관련되어 형성된 것으로서 ( )으로 보존할 가치가 큰 유형 · 무형의 자산을 말한다.

① 사회적
② 생태적
③ 경관적
④ 정서적

해설
산림문화자산이란 산림 또는 산림과 관련되어 형성된 것으로 생태적, 경관적, 정서적으로 보존할 가치가 큰 유형, 무형의 자산을 말한다.

44 회귀년에 대한 설명으로 옳은 것은?

① 임목이 실제로 벌채되는 연령이다.
② 택벌을 실시한 일정 구역에 또 다시 택벌하기까지의 기간이다.
③ 보속작업에서 작업급에 속하는 모든 임분을 벌채하는데 소요되는 기간이다.
④ 임분이 처음 성립되어 생장하는 과정에 있어 성숙기에 도달하는 계획상의 연수이다.

해설
회귀년은 택벌작업을 하는 산림에 설정된 기간으로 처음 작업한 곳으로 다시 돌아오는데 걸리는 기간을 말한다.

45 임업소득이 5백만원이고 임가소득이 1천만원일 때 임업의존도는?

① 0.5%
② 5%
③ 50%
④ 200%

해설
$$\text{임업의존도} = \frac{\text{임업소득}}{\text{임가소득}} \times 100$$
$$= \frac{500\,\text{만원}}{1000\,\text{만원}} \times 100 = 50\%$$

정답 41. ③ 42. ① 43. ① 44. ② 45. ③

46 수간석해에서 원판측정 방법에 해당하는 것은?

① 표준목법　② 수고곡선법
③ 직선연장법　④ 원주등분법

해설
원판은 벌채점에 나타난 나이테 수에 벌채점이 자라는데 걸리는 연수를 합산하여 수령을 측정한다.

47 임지의 평가방법이 아닌 것은?

① 수익가법　② 비용가법
③ 환원가법　④ 기망가법

해설
임지의 평가방법으로 비용가법, 기망가법, 환원가법, 비교법 등이 있다.

48 순토측고기를 사용하여 임목의 수고를 측정할 때 올바른 계산식은?

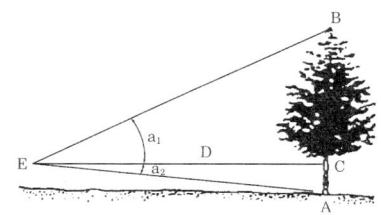

① (tan a1 + tan a2)×D
② (tan a1 - tan a2)×D
③ (cos a1 + cos a2)×D
④ (cos a1 - cos a2)×D

해설
순토측고기의 경사를 이용할 경우 tan 법과 거리를 이용하여 수고를 구할 수 있다.

49 임업경영의 비용을 조림비, 관리비, 지대, 채취비로 구분할 때 관리비에 속하는 것은?

① 벌목비　② 감가상각비
③ 목재 운반비　④ 묘목 구입비

해설
관리비는 산림 경영에 소요되는 비용으로 인건비, 물품비, 고정시설의 감가상각비, 산림보호비 등의 일체의 경비를 말한다.

50 다음 조건에서 시장가역산식을 이용한 임목가는?

- 임목의 시장가격 : 100,000 원
- 자금회수기간 : 10개월
- 월이율 : 10%
- 총비용 : 30,000원

① 20,000원　② 50,000원
③ 70,000원　④ 80,000원

해설

조재율 × ($\frac{원목시장가}{1+자본회수기간 \times 월이율 + 기업이율}$ − 기타비용)

($\frac{100,000}{1+10 \times 0.1}$ − 30,000) = 20,000

51 투자효율의 결정방법 중 화폐의 시간적 가치를 고려하지 않는 것은?

① 순현재가치법
② 투자이익율법
③ 수익비용율법
④ 내부투자수익율법

해설
화폐의 시간적 가치를 고려하지 않는 투자효율 분석 방법으로 회수기간법, 투자이익율법이 있다.

정답　46. ④　47. ①　48. ①　49. ②　50. ①　51. ②

52 자본장비도에 대한 설명으로 옳지 않은 것은?

① 자본장비율이라고도 한다.
② 1인당 소득은 자본장비도와 자본효율에 의해서 정해진다.
③ 다른 요소에 변화가 없을 때 자본이 많아지면 자본효율이 커진다.
④ 자본장비도는 경영의 총자본을 경영에 종사하는 사람의 수로 나눈 값을 말한다.

해설
자본효율은 산림소득을 자본으로 나눈 것으로 자본이 많아지면 자본효율은 낮아진다.

53 임업이율의 성격이 아닌 것은?

① 평정이율 ② 장기이율
③ 자본이자 ④ 실질적 이율

해설
임업이율의 성격
· 임업이율은 대부이율이 아닌 자본이율이다.
· 임업이율은 현실이율이 아닌 평정이율이다.
· 임업이율은 실질이율이 아닌 명목이율이다.
· 임업이율은 장기이율이다.

54 산림경영계획을 위한 지황조사에서 유효토심의 구분 기준으로 옳은 것은?

① 천 : 유효토심 20cm 미만
② 중 : 유효토심 20~30cm
③ 경 : 유효토심 30~60cm
④ 심 : 유효토심 60cm 이상

해설
유효토심의 기준으로 천(토심 30cm 미만), 중(토심 30~60cm미만), 심(토심 60cm 이상) 으로 구분한다.

55 다음 조건에서 정액법에 의한 감가상각비는?

· 기계톱 구입비 : 35만원
· 폐기 시 잔존가액 : 5만원
· 사용연수 : 5년

① 5만원/년 ② 6만원/년
③ 7만원/년 ④ 8만원/년

해설
$$\frac{구입가격 - 폐물가격}{내용연수} = \frac{35만원 - 5만원}{5년}$$
$$= 6만원/년$$

56 평균생장량이 최대가 되는 때를 벌기령으로 결정하는 것은?

① 수익률 최대의 벌기령
② 재적수확 최대의 벌기령
③ 화폐수익 최대의 벌기령
④ 토지순수익 최대의 벌기령

해설
재적수확 최대 벌기령은 단위면적당 평균적인 목재 생산량이 최대가 되는 시점이다.

57 우리나라 원목의 말구직경을 측정하는 방법으로 옳은 것은?

① 수피를 포함한 길이 검척 내의 최대 직경으로 한다.
② 수피를 포함한 길이 검척 내의 최소직경으로 한다.
③ 수피를 제외한 길이 검척 내의 최대 직경으로 한다.
④ 수피를 제외한 길이 검척 내의 최소직경으로 한다.

해설
말구에서 수피를 제외한 최소직경을 측정하는 것을 말구직경자승법의 검척법이다.

정답 52. ③ 53. ④ 54. ④ 55. ② 56. ② 57. ④

58 다음 그림에서 이익에 해당하는 것은?

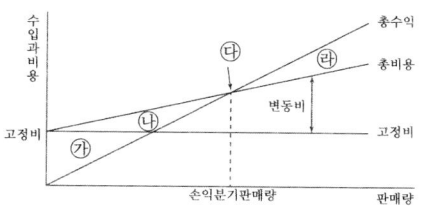

① 삼각형 면적 ㉮
② 삼각형 면적 ㉯
③ 삼각형 면적 ㉰
④ 점 ㉱ 에서의 수입

해설
손익분기점 그래프에서 ㉮ 부분은 손실부분, ㉰ 부분은 이익부분을 의미한다.

59 총생장량, 평균생장량, 연년생장량간의 관계에 대한 설명으로 옳지 않은 것은?

① 평균생장량과 연년생장량 두 곡선이 만나기 전에는 연년생장량이 더 크다.
② 연년생장량곡선은 총생장량곡선이 변곡점에 이르는 시점에서 최고점에 도달한다.
③ 평균생장량곡선은 원점을 지나는 직선이 총생장량곡선과 접하는 시점에서 최고점에 도달한다.
④ 평균생장량과 연년생장량 두 곡선은 총생장량 곡선이 최고에 도달하는 시점에서 서로 만난다.

해설
평균생장량과 연년생장량 두 곡선은 평균생장량이 최고에 도달하는 시점에서 서로 만난다.

60 자연휴양림 안에 설치할 수 있는 시설의 종류가 아닌 것은?

① 위생시설　② 체육시설
③ 안정시설　④ 편익시설

해설
치유의 숲에 설치 시설 종류로 안정시설은 없으며 시설의 종류로는 산림치유시설, 편익시설, 위생시설, 전기, 통신시설, 안전시설 등이 있다.

61 임도시공 시 굴착 및 운반작업 수행이 가장 어려운 장비는?

① 불도저　② 파워셔블
③ 스크레이퍼　④ 모터그레이더

해설
모터그레이더는 정지 작업인 노면 깎기, 노면 다지기 등의 작업에 적합한 장비이다.

62 임도의 유지관리를 위한 시설에 대한 설명으로 옳은 것은?

① 빗물받이는 주로 절토 비탈면 위에 설치한다.
② 옆도랑에 쌓인 토사는 답압하여 길어깨로 사용한다.
③ 평시에 유량이 많은 지역에는 세월시설을 설치하여 관리한다.
④ 종단기울기와 절취면의 토질에 따라 적절한 간격으로 횡단배구수를 설치하여 표면 유출수가 신속히 배수되도록 한다.

해설
종단기울기와 절취면의 토질에 따라 적절한 간격(50~200m)으로 횡단배수구를 설치하여 유출수가 배수되도록 한다.

정답 58. ③　59. ④　60. ③　61. ④　62. ④

63 산악지대의 임도망 구축에 있어 지형에 대응한 노선선정 방식에 대한 설명으로 옳지 않은 것은?

① 산정부에 배치되는 임도는 순환식 노선이 좋다.
② 능선임도는 임도노선 배치방식 중 건설비가 가장 적게 든다.
③ 계곡임도는 계곡보다 약간 위의 사면에 설치하는 것이 좋다.
④ 급경사의 긴 비탈면에 설치하는 사면임도는 대각선 방식이 적당하다.

해설
급경사의 긴 비탈면에 설치하는 사면임도의 경우 지그재그 방식이 적당하다.

64 임도의 대피소 설치 기준으로 옳은 것은?

① 너비 : 5m 이상
② 간격 : 100m 이내
③ 유효길이 : 10m 이상
④ 종단기울기 : 5% 이하

해설
대피소의 간격 300m 이내, 너비 5m 이상, 유효길이 15m 이상을 기준으로 한다.

65 임도공사 시 기초작업에서 지반의 허용지지력이 가장 큰 것은?

① 연암
② 잔모래
③ 연한 점토
④ 자갈과 거친 모래

해설
지반의 허용지지력이 강한 순서로 크게 보면 경암, 연암, 자갈, 모래, 점토 순이다.

66 임도의 평면선형에서 곡선을 설치하지 않아도 되는 기준은?

① 내각 25° 이상 ② 내각 55° 이상
③ 내각 90° 이상 ④ 내각 155° 이상

해설
곡선부의 중심선 반지름은 통상 규격 이상으로 설치하는데 단, 내각이 155° 이상 되는 장소에 대해서는 곡선을 설치하지 않을 수 있다.

67 1,000ha의 산림경영지에 적정임도밀도가 20m/ha 라 한다면 평균집재거리는?

① 62.5m ② 125m
③ 250m   ④ 500m

해설
평균집재거리
$$집재거리 = \frac{10000}{적정임도밀도 \times 4} = \frac{10000}{20 \times 4} = 125m$$

68 임도의 종류별 설계속도 기준으로 옳은 것은?

① 간선임도 : 40 ~ 30km/시간
② 간선임도 : 40 ~ 20km/시간
③ 지선임도 : 30 ~ 10km/시간
④ 지선임도 : 20 ~ 10km/시간

해설
간선임도의 설계속도 기준은 20~40km/hr, 지선임도는 20~30km/hr 이다.

69 임도의 노체를 구성하는 기본적인 구조가 아닌 것은?

① 노상 ② 기층
③ 표층 ④ 노층

해설
임도의 기본 구조는 표층, 기층, 노반, 노상으로 구성되어 있다.

정답 63. ④ 64. ① 65. ① 66. ④ 67. ② 68. ② 69. ④

70 토사지역에서 절토 경사면의 설계 기준은?

① 1 : 0.3 ~ 0.8   ② 1 : 0.5 ~ 0.8
③ 1 : 0.5 ~ 1.2   ④ 1 : 0.8 ~ 1.5

해설
토사지역의 절토 사면 설치 기준은 기울기 1 : 0.8 ~ 1.5 이다. 암석지의 경우 경암은 1 : 0.3 ~ 0.8 정도이다.

71 레벨을 이용한 고저측량 시 기고식야장법에 의한 지반고를 구하는 방법은?

① 기계고 + 전시   ② 기계고 - 전시
③ 기계고 + 후시   ④ 후시 - 기계고

해설
· 지반고 = 기계고 - 전시
· 기계고 = 지반고 + 후시

72 임도 설계 시 횡단면도를 작성하는 기준 축척은?

① 1/100   ② 1/200
③ 1/500   ④ 1/1,000

해설
횡단면도의 축척은 1/100 을 기준으로 한다.

73 산림의 경계선을 명백히 하고 그 면적을 확정하기 위해 실시하는 측량은?

① 시설측량   ② 세부측량
③ 주위측량   ④ 산림구획측량

해설
산림의 경계선을 명백히 하고 면적을 정하기 위해 경계를 따라 주위측량을 실시한다.

74 임도의 곡선반지름이 30m, 설계속도가 30km/h 일 때 자동차의 원활한 통행을 위한 완화구간의 길이는?

① 약 30m   ② 약 32m
③ 약 36m   ④ 약 40m

해설
$$완화구간 길이 = 0.036 \times \frac{설계속도^3}{곡선반지름}$$
$$= 0.036 \times \frac{30^3}{30} = 32.4 ≒ 32m$$

75 옹벽에 대한 설명으로 옳지 않은 것은?

① 부벽식 옹벽은 토압을 받는 쪽에 부벽을 만드는 옹벽이다.
② 반중력식 옹벽은 철근을 보강하며, 기초가 견고하지 못한 곳에 시공한다.
③ L형 옹벽은 철근콘크리트 형식으로 자중과 뒷채움한 토사의 무게를 이용한다.
④ 중력식 옹벽은 무철콘크리트로서 자중으로 토압을 견디며 기초가 견고한 곳에 시공한다.

해설
토압을 받는 벽쪽에 설치하는 것을 뒷부벽식 옹벽이라 한다.

76 가선집재와 비교하여 트랙터를 이용한 집재작업의 특징으로 거리가 먼 것은?

① 기동성이 높다.
② 작업이 단순하다.
③ 임지 훼손이 적다.
④ 경사가 큰 곳에서 작업이 불가능하다.

해설
트랙터의 경우 지면위를 지나가기에 잔존임분에 대한 피해가 많다.

정답 70. ④ 71. ② 72. ① 73. ③ 74. ② 75. ① 76. ③

77 모르타르뿜어붙이기공법에서 건조·수축으로 인한 균열을 방지하는 방법이 아닌 것은?

① 응결완화제를 사용한다.
② 뿜는 두께를 증가시킨다.
③ 물과 시멘트의 비를 작게 한다.
④ 사용하는 시멘트의 양을 적게 한다.

해설
응결완화제 사용시 모르타르의 응결 지연되어 강도가 저하되고 건조 및 수축의 균열의 정도가 증가할 수 있다. 건조 및 수축을 방지하기 위해서는 응결 촉진제를 사용해야 한다.

78 산지 경사면과 임도 시공기면과의 교차선으로 임도시공 시 절토와 성토작업을 구분하는 경계선은?

① 영선 ② 시공선
③ 중심선 ④ 경사선

해설
경사지에서 노면의 시공면과 산지의 경사면이 만나는 지점을 영점이라 하며 이점을 연결선 선을 영선이라 한다. 영선의 경우 주로 노반에 나타나며 절토작업과 성토작업의 경계선이 된다.

79 임도의 횡단선형을 구성하는 요소가 아닌 것은?

① 길어깨 ② 옆도랑
③ 차도나비 ④ 곡선반지름

해설
임도의 구조상 선형은 도로의 중심선을 입체적으로 그리는 형상으로서 횡단선형, 평면선형, 종단선형, 노면 등으로 분류한다. 그중에서 횡단선형 구성 요소로 비탈면, 옆도랑, 길어깨, 차도너비 등이 있다.

80 측선 AB 의 방위각이 45°, 측선 BC 의 방위각이 130° 일 때 교각은?

① 45° ② 75°
③ 85° ④ 175°

해설
두 곡선이 한점에서 만나 두 곡선이 이루는 각을 교각이라 하며 방위각을 이용하여 구할 경우 < 130도 - 45도 = 85도 > 방위각의 차이를 이용하여 교각을 구한다.

81 황폐계류에 대한 설명으로 옳지 않은 것은?

① 유량이 강우에 의해 급격히 증감한다.
② 유로연장이 비교적 길고 하상 기울기가 완만하다.
③ 토사생산구역, 토사유과구역, 토사퇴적 구역으로 구분된다.
④ 호우가 끝나면 유량은 급격히 감소되고 모래와 자갈의 유송은 완전히 중지된다.

해설
황폐계류는 유로 연장이 비교적 짧고 기울기가 급하고 불규칙한 것이 특징이다.

82 유역면적이 $5km^2$ 이고, 비유량이 $12m^3/sec/km^2$ 일 때 최대홍수유량은?

① $30m^3/sec$ ② $60m^3/sec$
③ $90m^3/sec$ ④ $120m^3/sec$

해설
유역면적의 단위가 km^2 일 경우 합리식은 < $Q = 0.2778CIA$ > 공식에 의거하며 비유량은 < $0.2778CI$ > 를 의미한다. 비유량 및 유역면적을 이용하여 최대홍수유량을 산출하도록 한다.
최대홍수유량 = $12m^3/s/km^2 \times 5km^2 = 60m^3/s$

정답 77. ① 78. ① 79. ④ 80. ③ 81. ② 82. ②

83 찰쌓기에서 지름 약 3cm의 PVC 파이프로 물빼기 구멍을 설치하는 기준은?

① 0.5~1m² 마다 1개씩 설치한다.
② 2~3m² 마다 1개씩 설치한다.
③ 3~5m² 마다 1개씩 설치한다.
④ 5~5.5m² 마다 1개씩 설치한다.

해설
찰쌓기 시공시 시공면적 2~3m² 마다 직경 3cm 정도의 물빼기 관을 설치한다.

84 계상에서 유수의 소류력이 최소로 되고 안정기울기가 최대로 되는 기울기는?

① 편류기울기 ② 평형기울기
③ 보정기울기 ④ 홍수기울기

해설
소류력이 최소가 되고 안정물매가 최대가 되는 기울기를 편류기울기라 하며 편류기울기 보완을 통해 평형기울기를 유지한다.

85 황폐지 및 훼손지의 복구용 수종으로 가장 적합한 것은?

① 싸리류, 은행나무
② 아까시나무, 구상나무
③ 상수리나무, 종비나무
④ 오리나무류, 리기다소나무

해설
훼손지 및 비탈면의 녹화를 위해 적응력이 강하고 성장이 빠른 오리나무류, 아까시나무, 소나무, 해송, 리기다소나무 등이 있다.

86 계류의 유속과 흐름방향을 조절할 수 있도록 둑이나 계안으로부터 돌출하여 설치하는 것은?

① 수제   ② 구곡막이
③ 바닥막이 ④ 기슭막이

해설
수제는 하천에 유심의 방향을 변경시켜 계안으로부터 멀리 보내 유로 및 계안 침식을 방지, 기슭막이 공작물의 세굴을 방지하기 위해 사용된다.

87 비탈면에서 분사식씨뿌리기에 사용되는 혼합재료가 아닌 것은?

① 비료   ② 종자
③ 전착제   ④ 천연섬유 네트

해설
분사식씨뿌리기는 종자, 비료, 목질섬유, 침식방지제, 전착제 등의 기타 첨가기재 등을 물에 섞어 압축공기로 분사하는 방법이다.

88 산사태의 발생 원인에서 지질적 요인이 아닌 것은?

① 절리의 존재 ② 단층대의 존재
③ 붕적토의 분포 ④ 지표수의 집중

해설
산사태의 발생원인으로 지질적 요인은 단층대의 존재, 절리의 존재, 층리면의 존재, 암석의 풍화, 변질대 및 붕적토의 분포, 지하수의 존재 등이 있다.

89 평균유속 0.5m/s 로 5초 동안에 10m³ 의 물을 유송하는 수로의 횡단면적은?

① 2m²   ② 4m²
③ 10m² ④ 20m²

해설
10m³의 물이 5초 동안 유송된 양으로
<10m³÷5초 = 2m³/s> 의 유량이 산출된다.
여기서 <유량 = 유속 × 유적> 공식에 의거하여 횡단면적인 유적을 산출하면 <2m³/s ÷ 0.5m/s = 4m²> 의 횡단면적을 도출할 수 있다.

정답 83. ② 84. ① 85. ④ 86. ① 87. ④ 88. ④ 89. ②

90 땅깎기 비탈면의 안정과 녹화를 위한 시공 방법으로 옳지 않은 것은?

① 경암 비탈면은 풍화·낙석 우려가 많으므로 새심기공법이 적절하다.
② 점질성 비탈면은 표면침식에 약하고 동상·붕락이 많으므로 떼붙이기 공법이 적절하다.
③ 모래층 비탈면은 절토공사 직후에는 단단한 편이나 건조해지면 붕락되기 쉬우므로 전면적 객토가 좋다.
④ 자갈이 많은 비탈면은 모래가 유실 후, 요철면이 생기기 쉬우므로 떼붙이기보다 분사파종공법이 좋다.

해설
경암 비탈면은 풍화, 낙석의 우려가 적고 비탈면이 급한편이라 객토가 어렵다. 그렇기에 낙석저지책을 시공하여 덩굴식물등으로 녹화하는 것이 적합하다.

91 사방사업 대상지 유형 중 황폐지에 속하는 것은?

① 밀린땅　② 붕괴지
③ 민둥산　④ 절토사면

해설
황폐지 종류에는 단계별로 척악임지, 임간나지, 초기황폐지, 황폐이행지, 민둥산이 있다.

92 다음 설명에 해당하는 산지사방 공법은?

> 비탈다듬기 공사를 실시한 사면에 선떼붙이기공사와 같은 계단식 공사를 시공하기 위해 수평으로 소단을 설치하는 기초공사이다.

① 흙막이　② 단쌓기
③ 단끊기　④ 바자얽기

해설
단끊기는 산비탈이나 땅깎기 및 흙쌓기비탈면에 선떼붙이기와 같은 각종 계단공사를 시공하기 위하여 수평방향으로 단을 끊는 비탈의 안정 및 녹화공사를 위한 기초공정의 하나이다.

93 화성암은 화학적으로 어떤 성분함량에 따라 산성암, 중성암, 염기성암으로 구분하는가?

① K_2O　② SiO_2
③ Al_2O_3　④ Fe_2O_3

해설
규산(SiO_2)의 함량에 따라 암석의 색이나 특성이 달라지며 규산함량이 많을수록 색이 상대적으로 밝고 규산함량이 적고 염기가 많을 경우 어두운 색을 가진다.

94 사방댐에서 대수면에 해당하는 것은?

① 방수로 부분
② 댐의 천단부분
③ 댐의 하류측 사면
④ 댐의 상류측 사면

해설
사방댐의 대수면은 댐의 상류측 사면이며 반수면은 댐의 하류측 사면을 의미한다.

정답 90. ① 91. ③ 92. ③ 93. ② 94. ④

95 사방댐에 설치하는 물받침에 대한 설명으로 옳지 않은 것은?

① 앞댐, 막돌놓기 등의 공사를 함께 한다.
② 사방댐 본체나 측벽과 분리되도록 설치한다.
③ 방수로를 월류하여 낙하하는 유수에 의해 대수면 하단이 세굴되는 것을 방지한다.
④ 토석류의 충돌로 인해 발생하는 충격이 사방댐 본체와 측벽에 바로 전달되지 않도록 한다.

해설
방수로를 월류하여 낙하하는 유수에 의해 반수면 하단이 세굴되는 것을 방지한다.

96 해안사방에서 사초심기공법에 관한 설명으로 옳지 않은 것은?

① 망구획 크기는 2m×2m 구획으로 내부에도 사이심기를 한다.
② 식재하는 사초는 모래의 퇴적으로 잘 말라죽지 않는 초종으로 선택한다.
③ 다발심기는 사초 30~40 포기를 한다발로 만들어 30~50cm 간격으로 심는다.
④ 줄심기는 1~2주를 1열로 하여 주간거리 4~5cm, 열간거리 30~40cm가 되도록 심는다.

해설
다발심기는 사초 4~8 포기를 한다발로 만들어 30~50cm 간격으로 심는다.

97 비탈다듬기공사를 설계할 때 유의사항으로 옳지 않은 것은?

① 비탈면의 수정 기울기는 최대 35° 전후로 한다.
② 기울기가 급한 곳에서는 산비탈돌쌓기로 조정한다.
③ 토양퇴적층의 두께가 3m 이상일 때는 비탈흙막이를 설계한다.
④ 전체 대상지를 조사하고, 절취량은 다듬기의 면적에 평균 높이를 곱하여 산출한다.

해설
토양퇴적층의 두께가 3m 이상일 때는 땅속흙막이를 설계한다.

98 선떼붙이기공법을 1급부터 9급까지 구분하는 기준은?

① 수평단길이 1m 당 떼의 사용매수
② 수직단길이 1m 당 떼의 사용매수
③ 수직단면적 1m² 당 떼의 사용매수
④ 수평단면적 1m² 당 떼의 사용매수

해설
선떼붙이기는 비탈다듬기를 시행한 곳에 비탈에 높이 1~2m 정도로 수평으로 단끊기를 하는 것으로 수평단길이 m 당 사용매수에 따라 1급에서 9급 선떼붙이기 공법으로 구분한다.

99 강우에 의해 토층이 포화상태가 되어 경사지 전면에 걸쳐 얇은 층으로 흙 입자가 이동하는 침식은?

① 우격침식 ② 누구침식
③ 구곡침식 ④ 면상침식

해설
면상침식은 토양표면의 전면이 얇게 유실되는 과정으로 흙입자나 유기물등이 강우에 의해 침식되는 것을 말한다.

정답 95. ③ 96. ③ 97. ③ 98. ① 99. ④

100 파종녹화공법에서 파종량(W)을 구하는 식으로 옳은 것은?(단, S : 평균입수, P : 순량율, B : 발아율, C : 발생기대본수)

① $W = C \times S \times P \times B$
② $W = \dfrac{C}{S \times P \times B}$
③ $W = \dfrac{C}{S \times P} \times B$
④ $W = \dfrac{C}{S \times B} \times P$

해설

파종량 $= \dfrac{\text{발생대기본수}}{\text{평균입수} \times \text{순도} \times \text{발아율}} \times 100$

정답 100. ②

2020년 제4회 산림기사

01 가지치기에 대한 설명으로 옳은 것은?
① 벚나무는 절단면이 잘 유합된다.
② 지름 5cm 이상의 가지를 잘라낸다.
③ 형질이 좋은 수목을 대상으로 우선 실시한다.
④ 살아있는 가지를 치는 시기는 봄부터 여름까지가 좋다.

해설
우량 목재 생산을 위해 가지를 끊어주는 작업을 가지치기라 정의하며 형질이 좋은 나무를 우선적으로 실시한다.

02 종자가 휴면하는 원인으로 옳지 않은 것은?
① 미성숙한 배
② 가스교환 촉진
③ 종피의 기계적 작용
④ 종자 내의 생장 억제 물질 존재

해설
가스교환이 촉진될 경우 종자는 휴면타파를 한다.

03 순림과 비교한 혼효림에 대한 설명으로 옳은 것은?
① 병충해나 기상재해에 대한 저항력이 높다.
② 산림작업과 경영을 경제적으로 수행할 수 있다.
③ 원하는 수종으로 임분을 용이하게 조성할 수 있다.
④ 임목의 벌채비용 절감 등 시장성이 유리하다.

해설
혼효림의 경우 다양한 수종이 존재하면서 병충해 및 각종 위해에 대한 저항력이 높다.

04 무성 번식에 의한 묘목이 아닌 것은?
① 용기묘   ② 삽목묘
③ 접목묘   ④ 취목묘

해설
용기묘는 온실 조건에서 종자를 이용하여 키운 후 산지에 식재하는 방법으로 유성 번식에 해당한다.

05 택벌작업에 대한 설명으로 옳은 것은?
① 양수 수종의 갱신에 적당하다.
② 일시 벌채량이 많아 경제적이다.
③ 소면적 임지에서 보속생산이 가능하다.
④ 임목 벌채가 쉽고 치수에 손상을 주지 않는다.

해설
택벌작업은 성숙한 임목을 선택하여 벌채하는 작업으로 소면적 임지에서 보속생산이 가능하다.

06 수목의 개화생리에 대한 설명으로 옳지 않은 것은?
① 지베렐린은 개화에 영향을 미친다.
② 개화 능력은 유전적 요인과 관련이 있다.
③ 생리적 스트레스를 주면 개화가 억제된다.
④ 수목의 영양 상태를 좋게 하면 개화가 촉진된다.

해설
생리적 스트레스를 통해 C/N 율 조절이 되고 탄수화물 함량이 많게 하여 개화결실이 촉진된다.

정답 01. ③ 02. ② 03. ① 04. ① 05. ③ 06. ③

07 양묘과정 중 해가림 시설을 해야 하는 수종으로만 올바르게 나열한 것은?

① 편백, 삼나무, 아까시나무
② 곰솔, 소나무, 가문비나무
③ 잣나무, 소나무, 사시나무
④ 잣나무, 전나무, 가문비나무

해설
해가림은 보통 음수 수종에 필요한 작업 방법으로 잣나무, 주목, 전나무, 가문비나무 등이 해당된다.

08 개화 및 결실 과정에서 화기의 구조와 종자 또는 열매의 상호 관계를 올바르게 연결한 것은?

① 자방 - 종자   ② 배주 - 열매
③ 난핵 - 배유   ④ 주피 - 종피

해설
개화 및 결실 과정에서 주피는 씨껍질(종피)로 발달한다.

09 왜림작업에 대한 설명으로 옳지 않은 것은?

① 단벌기 작업에 적합하다.
② 연료재와 소경재 생산을 목적으로 한다.
③ 벌채 계절은 늦겨울부터 초봄 사이가 좋다.
④ 참나무류, 아까시나무, 소나무가 주요 대상 수종이다.

해설
왜림작업은 주로 활엽수종이 적합하며 맹아 갱신이 가능한 참나무류, 포플러, 밤나무, 아까시나무 등이 있다.

10 수목의 내음성에 대한 설명으로 옳지 않은 것은?

① 버드나무와 자작나무는 양수이다.
② 양수는 음수보다 광포화점이 높다.
③ 음수는 어릴 때 그늘에서 잘 견딘다.
④ 양수와 음수를 구분하는 기준은 햇빛을 좋아하는 정도이다.

해설
내음성은 광조건이 낮은 곳에서 생장이 가능한 성질로 음지에서 견디는 정도를 말한다.

11 묘포 작업 중 밭갈이, 쇄토, 작상 작업의 효과가 아닌 것은?

① 잡초의 발생을 억제한다.
② 유용 토양미생물이 증가한다.
③ 토양의 통기성을 증가시켜 준다.
④ 토양의 풍화작용을 지연시켜 준다.

해설
밭갈이, 쇄토, 작상 등의 작업을 통해 토양의 투수성 및 통기성이 개선되나 토양의 풍화작용이 촉진되고 토양침식이 빨라지기도 한다.

12 풀베기 작업을 실시하기에 가장 적합한 시기는?

① 3월~5월   ② 6월~8월
③ 9월~11월   ④ 12월~1월

해설
풀베기 작업은 보통 6~8월에 실시하고 9월 이후는 실시하지 않는다.

정답 07. ④ 08. ④ 09. ④ 10. ④ 11. ④ 12. ②

13 측아의 발달을 억제하는 정아우세 현상에 관여하는 호르몬은?

① 옥신
② 지베렐린
③ 사이토키닌
④ 아브시스산

해설
옥신은 줄기 및 뿌리의 선단부분에서 세포 신장에 영향을 주는 호르몬으로 정아우세 현상에 관여한다.

14 수목 생육에 있어 필요한 다량 원소에 해당하는 것은?

① 황
② 철
③ 붕소
④ 아연

해설
탄소, 산소, 수소, 질소, 칼륨, 칼슘, 마그네슘, 인, 황은 수목 생육에 필요한 다량원소에 해당한다.

15 토양 입자에 매우 큰 분자인력에 의하여 얇은 층으로 흡착되어 있는 토양 수분은?

① 결합수
② 흡습수
③ 모관수
④ 중력수

해설
흡습수는 토양 입자에 표면에 피막으로 흡착된 얇은 층으로 식물이 사용할 수 없는 수분이다.

16 산벌작업에서 결실량이 많은 해에 일부 임목을 벌채하여 종자 산포를 돕는 것으로 1회의 벌채로 목적을 달성하는 것은?

① 후벌
② 간벌
③ 하종벌
④ 예비벌

해설
하종벌은 산벌작업의 작업 순서 중 하나로서 예비벌 이후에 종자의 결실이 풍부하고 완전 성숙한 후 다량 낙하시켜 발아시키는 작업종으로 1회 벌채를 목적으로 하며 상황에 따라 한번 더 실시하기도 한다.

17 잎의 유관속이 1개인 수종은?

① *Pinus rigida*
② *Pinus densiflora*
③ *Pinus koraiensis*
④ *Pinus thunbergii*

해설
① 리기다 소나무 ② 소나무 ③ 잣나무 ④ 곰솔, 잣나무나 백송은 유관속이 1개, 소나무의 경우 2개이다.

18 장미과에 속하는 수종은?

① *Taxus cuspidata*
② *Prunus serrulata*
③ *Albizia julibrissin*
④ *Populus davidiana*

해설
① 주목 ② 벚나무 ③ 자귀나무 ④ 사시나무벚나무는 장미과 식물이다.

19 활엽수림의 어린나무가꾸기 작업에 가장 효과적인 시기는?

① 3~5월
② 6~8월
③ 9~11월
④ 12~2월

해설
어린나무가꾸기는 주로 6~9월 실시하며 11월 말에는 완료하도록 한다.

20 임목 종자의 품질기준 중 효율에 대한 설명으로 옳은 것은?

① 발아율과 순량율을 곱한 값이다.
② 종자가 일제히 싹트는 힘을 의미한다.
③ 씨앗의 충실도를 무게로 파악하여 나타낸다.
④ 전체 종자수에 대한 발아 종자수의 백분율이다.

해설
효율은 실제 종자의 사용 가치를 표현하는 것으로 순량율과 발아율을 곱한 값이다.

정답 13. ① 14. ① 15. ② 16. ③ 17. ③ 18. ② 19. ② 20. ①

21 다음 곤충의 피부 조직 중에서 가장 안쪽에 위치하는 것은?

① 기저막   ② 내원표피
③ 외원표피 ④ 진피세포

해설
기저막은 곤충의 순환계에서 혈액과의 물질 교환을 돕는 역할을 하며 곤충의 피부 조직 중에서 가장 안쪽에 위치한다.

22 미국흰불나방의 포식성 천적이 아닌 것은?

① 꽃노린재
② 무늬수중다리좀벌
③ 검정명주딱정벌레
④ 흑선두리먼지벌레

해설
미국흰불나방의 천적에서 무늬수중다리좀벌은 기생성 천적에 해당한다.

23 뽕나무 오갈병 방제 방법으로 옳은 것은?

① 새삼을 제거한다.
② 저항성 품종을 보식한다.
③ 스트렙토마이신을 주입한다.
④ 매개충인 담배장님노린재를 구제하기 위하여 7~10월까지 살충제를 살포한다.

해설
뽕나무 오갈병의 경우 저항성 품종인 상일뽕을 심어 방제한다.

24 미끈이하늘소 방제 방법으로 옳지 않은 것은?

① 유아등을 이용하여 성충을 유인한다.
② 딱따구리와 같은 포식성 천적을 보호한다.
③ 유충의 침입공에 접촉성 살충제를 주입한다.
④ 지표에 비닐을 피복하여 땅속에서 우화하여 올라오는 것을 방지한다.

해설
지표에 비닐을 피복하여 땅속에서 우화하여 올라오는 것을 방지하는 것은 잣나무넓적잎벌의 물리적 방제법이다.

25 유충 시기에 모여 사는 해충이 아닌 것은?

① 매미나방   ② 천막벌레나방
③ 미국흰불나방 ④ 어스렝이나방

26 대기오염에 의한 수목의 피해 정도가 심해지는 경우가 아닌 것은?

① 높은 온도   ② 높은 광도
③ 영양원 과다 ④ 높은 상대 습도

해설
대기오염물질은 대기조건의 변화에 의해 피해가 심해지기도 하며 온도, 광도, 습도 등에 큰 영향을 받는다.

27 기생성 종자식물을 방제하는 방법으로 옳지 않은 것은?

① 매년 겨울에 겨우살이를 바짝 잘라낸다.
② 새삼을 방제하기 위하여 묘목을 침지하여 소독한다.
③ 새삼이 무성하고 기주가 큰 가치가 없으면 제초제를 사용한다.
④ 겨우살이가 자라는 부위로부터 아래쪽으로 50cm 이상 잘라낸다.

해설
새삼과 겨우살이 등은 뿌리가 없는 기생식물로 묘목을 침지 및 소독을 하여도 기생식물의 피해를 막을수는 없다.

정답 21. ① 22. ② 23. ② 24. ④ 25.전항정답 26. ③ 27. ②

28 세균성 뿌리혹병 방제 방법으로 옳은 것은?
① 유기물과 석회질 비료를 충분히 준다.
② 스트렙토마이신으로 나무주사를 실시한다.
③ 혹을 제거한 부위에 석회황합제를 도포한다.
④ 심하게 발병한 지역에서는 2년 후 묘목을 생산한다.

해설
뿌리혹병은 혹을 제거하고 살균제 농약인 석회황합제를 도포한다.

29 소나무 재선충병을 일으키는 매개충은?
① 알락하늘소 ② 미끈이하늘소
③ 북방수염하늘소 ④ 털두꺼비하늘소

해설
소나무재선충병의 매개충으로 솔수염하늘소, 북방수염하늘소 등이 있다.

30 온도에 따른 수목 피해에 대한 설명으로 옳지 않은 것은?
① 봄철에 내린 늦서리의 피해를 만상의 피해라고 한다.
② 서릿발의 피해는 점토질 토양의 묘포에서 흔히 발생한다.
③ 냉해는 세포 내에 결빙이 생겨 수목의 생리 현상이 교란된다.
④ 강한 복사광선으로 인해 수목 줄기에 볕데기 현상이 나타날 수 있다.

해설
냉해는 낮은 온도에 의해 세포막의 투과성 저하로 용질의 유출 및 기능의 저하 등의 피해가 나타난다.

31 밤바구미 방제 방법으로 옳지 않은 것은?
① 유아등을 이용하여 성충을 유인한다.
② 훈증 시에는 메탐소듐 액제를 25°C에서 12시간 처리한다.
③ 알과 유충이 열매 속에 서식하므로 천적을 이용한 방제는 어렵다.
④ 성충기인 8월 하순부터 클로티아니딘 액상수화제를 수관에 살포한다.

해설
밤바구미 방제시 인화늄정제를 20°C 이상에서 24시간 훈증하며 이류화탄소로 훈증시 25°C에서 18~24시간 훈증한다. 메틸브로마이드로 훈증할 때는 20°C 이상에서 2시간 훈증한다.

32 소나무 재선충병 방제 방법으로 옳지 않은 것은?
① 아바멕틴 유제를 수간에 주입하여 예방한다.
② 밀생 임분은 간벌하여 쇠약목이 없도록 한다.
③ 매개충의 우화시기에 살충제를 항공살포한다.
④ 벌채한 원목은 페니트로티온 유제로 훈증한다.

해설
소나무 재선충 방제시 페니트로티온 유제는 성충우화 최성기에 경엽처리 한다.

정답 28. ③ 29. ③ 30. ③ 31. ② 32. ④

33 잣나무 잎떨림병 방제 방법으로 옳지 않은 것은?

① 병든 부위를 제거하고 도포제를 처리한다.
② 자낭포자가 비산하는 시기에 살균제를 살포한다.
③ 늦봄부터 초여름 사이에 병든 잎을 모아 태우거나 땅에 묻는다.
④ 수관 하부에 주로 발생하므로 풀베기와 가지치기를 하여 통풍을 좋게 한다.

해설
잎떨림병의 방제를 위해 병든 낙엽은 소각하거나 매장하며 피해가 심한 경우 보르도액과 캡탄제를 살포하거나 포자 비산시기에 맞추어 살균제를 살포한다. 조림지의 경우 활엽수를 하목으로 심거나 수관 하부에 발생이 심할 경우 풀베기, 가지치기 등을 실시하도록 한다.

34 다음 설명에 해당하는 살충제는?

◎ 식물의 뿌리나 잎, 줄기 등으로 약제를 흡수시켜 식물체 내에 각 부분에 도달하게 하고, 해충이 식물체를 섭식하면 살충 성분이 작용하게 한다.
◎ 식물체 내에 약제가 흡수되어버리므로 천적이 직접적으로 피해를 받지 않고 식물의 줄기나 잎 내부에 서식하는 해충에도 효과가 있다.

① 접촉제
② 유인제
③ 소화중독제
④ 침투성 살충제

해설
침투성 살충제는 식물에 약제를 투입하여 흡즙성 해충 처리에 유리하고 다른 곤충이나 해충의 천적에 피해가 거의 없다.

35 다음 설명에 해당하는 것은?

◎ 수목의 흰가루병은 가을이 되면 병환부에 미세한 흑색의 알맹이가 형성된다.

① 균사
② 자낭구
③ 분생자병
④ 분생포자

해설
흰가루병의 표징으로 잎, 줄기에 흰가루 모양의 반점이 발생하며 가을철에 나타나는 흑색의 알갱이는 자낭구이다.

36 수목이 병에 걸리기 쉬운 성질을 나타내는 것은?

① 감수성
② 저항성
③ 병원성
④ 내병성

해설
감수성은 민감한 정도로 감수성이 높으면 저항성이 낮아 병에 걸리기 쉽다.

37 다음에 해당되지 않는 수목병은?

◎ 병원체는 인공배양이 불가능하고 살아있는 기주 내에서만 증식이 가능하다.

① 포플러 잎녹병
② 벚나무 빗자루병
③ 붉나무 빗자루병
④ 사철나무 흰가루병

해설
병원체의 인공배양이 어렵고 살아있는 기주 내에서만 증식하는 것을 절대기생체라 하며 흰가루병균, 붉은별무늬병균, 녹병균 및 바이러스, 파이토플라스마 등이 해당된다. 벚나무 빗자루병은 진균에 해당되기에 문제의 내용에 해당되지 않는다.

정답 33. ① 34. ④ 35. ② 36. ① 37. ②

38 녹병균이 형성하는 포자는?
① 난포자 ② 유주자
③ 겨울포자 ④ 자낭포자

해설
녹병균은 겨울포자를 생성한다.

39 의무적 휴면을 하는 해충은?
① 솔나방 ② 솔잎혹파리
③ 솔노랑잎벌 ④ 솔껍질깍지벌레

해설
의무적휴면(절대휴면)은 솔껍질깍지벌레와 같은 해충이 매세대마다 소나무 가지 밑으로 들어가 휴면을 실시하는데 이를 의무적휴면(절대휴면)이라 한다.

40 솔껍질깍지벌레 방제 방법으로 옳은 것은?
① 항공 방제는 살충 효과가 높다.
② 나무주사는 정착약충 시기인 12~1월에 실시한다.
③ 테부코나졸 유탁제를 사용하여 나무주사를 실시한다.
④ 3월경에 뷰프로페진 액상수화제를 줄기나 가지에 살포한다.

해설
솔껍질깍지벌레 방제법
- 항공방제는 2~3월에 뷰프로페진 수화제를 이용하나 살충효과는 높지 않고 확산을 둔화시키는 효과가 있다.
- 뷰프로페진 액상수화제를 3월에 분무기를 이용하여 줄기와 가지의 수피에 골고루 살포한다.
- 침투성 약제 나무주사의 경우 잎이 변색되기 이전 초기임지에 적용하며 후약충 가해시기인 12월에 이미다클로프리드 액제나 포스파이돈 액제를 주입한다.
- 포식성 천적인 무당벌레류, 풀잠자리류 등을 보호한다.
- 4월쯤에는 식별이 가능한 피해목을 제거한다.

41 산림 경영의 지도원칙 중 경제원칙에 해당하는 것은?
① 합자연성 원칙 ② 공공성의 원칙
③ 보속성의 원칙 ④ 환경보전의 원칙

해설
산림 경영의 지도원칙에서 경제원칙에 해당하는 것으로 공공성의 원칙, 수익성의 원칙, 생산성의 원칙이 있다.

42 자연휴양림 시설의 종류에 해당되지 않는 것은?
① 수익시설 ② 위생시설
③ 체육시설 ④ 체험, 교육시설

해설
자연휴양림의 시설 종류로는 산림치유시설, 편익시설, 위생시설, 전기시설, 통신시설, 안전시설 등이 있다.

43 국유림에서 임목생산을 위한 기준벌기령으로 옳은 것은?
① 잣나무 : 60년
② 참나무류 : 50년
③ 일본잎갈나무 : 30년
④ 리기다소나무 : 20년

해설
공, 사유림 경영계획 기준 기준벌기령은 잣나무 60년, 참나무 60년, 일본잎갈나무 50년, 리기다소나무 30년이다.

44 25년생 잣나무 임분의 입목재적이 $45m^3$/ha 이고, 수확표의 입목재적은 $50m^3$/ha 이라면 입목도는?
① 0.5 ② 0.7
③ 0.9 ④ 1.1

해설
입목도는 수확표의 임목재적과 임분의 임목재적을 이용하며 아래와 같이 구한다.
45 ÷ 50 = 0.9

정답 38. ③ 39. ④ 40. ④ 41. ② 42. ① 43. ① 44. ③

45 임업 원가에 대한 설명으로 옳지 않은 것은?

① 제품의 생산 수준에 따라 비례하는 원가를 변동 원가라 한다.
② 특정 제품의 생산만을 위해서 발생한 원가를 직접 원가라 한다.
③ 과거에 이미 현금을 지불하였거나 부채가 발생한 원가를 매몰 원가라 한다.
④ 어떤 생산 수준에서 제품의 여러 단위를 더 생산할 때 추가로 발생하는 원가를 한계 원가라 한다.

해설
어떤 생산 수준에서 제품의 1단위를 더 생산할 경우를 한계원가라 한다. 여러 단위를 더 생산할 경우 증분원가라 한다.

46 이율의 크기를 결정하는 주요 요인이 아닌 것은?

① 대출 기간
② 자본의 크기
③ 자본 투하의 위험성
④ 투하 자본의 유동성

해설
이율의 크기 및 고저를 결정하는 요인으로 대출기간, 자본투하의 위험성, 투하자본의 유동성 등이 있다.

47 산림문화·휴양 기본계획은 몇 년마다 수립·시행하는가?

① 5년   ② 15년
③ 10년 ④ 20년

해설
산림문화·휴양 기본계획 5년마다 수립·시행할 수 있다.

48 수간석해를 통하여 계산할 수 없는 것은?

① 근주재적   ② 지조재적
③ 소단부재적 ④ 결정간재적

해설
수간재적은 계산 시 초단부재적, 근주재적, 결정간재적을 나누어 계산 후 총재적으로 합산한다.

49 투자 비용의 현재가에 대하여 투자의 결과로 기대되는 현금유입의 현재가 비율을 나타내어 투자효율을 결정하는 방법은?

① 순현재가치법
② 투자이익률법
③ 수익비용률법
④ 내부투자수익률법

해설
현재가에 대한 기대 현금 유입을 이용하는 방법을 수익비용률법이라 한다.

50 기계톱의 구입가가 100만원, 내용 연수는 10년, 폐기 시 가격이 20만원일 때 정액법에 의한 감가상각비는?

① 2만원/년   ② 8만원/년
③ 10만원/년 ④ 20만원/년

해설
$$\frac{구입가격-폐물가격}{내용연수} = \frac{100만원-20만원}{10년} = 8만원/년$$

51 임상 개량의 목적이 달성될 때까지 임시적으로 설정하는 예상적 기간은?

① 회귀년   ② 갱신기
③ 윤벌기   ④ 정리기

해설
정리기(갱정기)는 법정인 영급으로 정리하는 기간을 말한다.

정답 45. ④ 46. ② 47. ① 48. ② 49. ③ 50. ② 51. ④

52 흉고직경과 중앙직경의 비율로 표시하여 임목의 완만도를 의미하는 것은?
① 형율   ② 직경율
③ 절대형율   ④ 상대형율

> **해설**
> 직경율은 수간의 완만도를 측정하기 위한 방법으로 흉고직경과 수고의 1/2 되는 곳의 직경과의 비율을 말한다.

53 이율이 4% 이고 매년 말에 수익이 200만원일 때 자본가는?(단, 무한연년수입의 전가합계식으로 산정)
① 50만원   ② 192만원
③ 208만원   ④ 5,000만원

> **해설**
> 자본가 비용 / 연이율 = 200만원 / 0.04 = 5,000 만원

54 윤척을 사용하는 방법으로 옳지 않은 것은?
① 수간 축에 직각으로 측정한다.
② 흉고부(지상 1.2m)를 측정한다.
③ 경사진 곳에서는 임목보다 낮은 곳에서 측정한다.
④ 흉고부에 가지가 있으면 가지 위나 아래를 측정한다.

> **해설**
> 경사진 곳에서는 임목보다 높은 곳에서 측정한다.

55 임지기망가가 최대값에 도달하는 시기에 대한 설명으로 옳지 않은 것은?
① 조림비가 클수록 늦어진다.
② 이율의 값이 클수록 빨라진다.
③ 관리비가 많아질수록 늦어진다.
④ 간벌 수익이 많을수록 빨라진다.

> **해설**
> 관리비는 임지기망가 최대값의 도달 시기와는 관련이 없다.

56 산림의 가치 평가방법으로 재화의 판매 가격의 최저한도 결정에 활용에 가장 적합한 것은?
① 비용가   ② 매매가
③ 기망가   ④ 자본가

> **해설**
> 임목 평가방법에서 비용가법은 일반적으로 임목가의 최저 한도액을 나타내며 임목을 현재까지 육성하는데 소요된 순비용의 후가합계로 나타낸다.

57 산림 수확 조절 방법으로 다수의 목표를 가지는 의사 결정 문제의 해결에 가장 적합한 것은?
① 목표계획법   ② 정수계획법
③ 선형계획법   ④ 비선형계획법

> **해설**
> 목표계획법은 선형계획법의 확장된 형태로 다수의 목표를 가지는 의사결정문제 해결에 유용한 기법이다.

58 연년생장량에 대한 설명으로 옳은 것은?
① 벌기에 도달했을 때의 생장량
② 총생장량을 임령으로 나눈 양
③ 일정한 기간 내에 평균적으로 생장한 양
④ 임령이 1년 증가함에 따라 추가적으로 증가하는 수확량

> **해설**
> 연년생장량은 수목이 1년동안 생장한 양이다.

정답 52. ② 53. ④ 54. ③ 55. ③ 56. ① 57. ① 58. ④

59 임목축적, 생장률, 생장량의 관계에 대한 설명으로 옳은 것은?
① 생장률이 일정할 경우 임목축적이 작으면 생장량은 커진다.
② 임목축적이 일정한 산림의 경우 생장률과 생장량은 반비례한다.
③ 임목축적이 매우 많은 경우 생장률도 상승하여 생장량이 커진다.
④ 생장률이 높아도 임목축적이 매우 작으면 생장량은 상대적으로 작아진다.

해설
적절한 임목축적과 생장률을 갖추어야 생장량이 증가한다. 즉 생장률이 높아도 임목축적이 매우 작으면 상대적으로 생장량도 작아지게 된다.

60 산림 조사에서 험준지에 해당하는 경사는?
① 15~20° ② 20~25°
③ 25~30° ④ 30° 이상

해설
험준지는 경사 25°~30°미만 이다.

61 임도의 시공면과 산지의 경사면이 만나는 점을 연결한 노선의 종축은?
① 영선 ② 중심선
③ 지반선 ④ 지형선

해설
경사지에서 노면의 시공면과 산지의 경사면이 만나는 지점을 영점이라 정의하고 이점을 연결한 선을 영선이라 한다.

62 식생이 사면 안정에 미치는 효과가 아닌 것은?
① 표토층 침식 방지
② 심층부 붕괴 방지
③ 강우 및 바람에 의한 토양 유실 방지
④ 급경사지에서 수목 자체 무게로 인한 토양

해설
경사지에서의 식생은 표토층의 침식방지 및 외부의 물리적 작용에 의한 토양 유실 방지와 뿌리 및 수목 자체로 인한 심층부의 붕괴를 방지해 준다.

63 급경사지에서 노선거리를 연장하여 기울기를 완화할 목적으로 설치하는 평면선형에서의 곡선은?
① 완화곡선 ② 복심곡선
③ 반향곡선 ④ 배향곡선

해설
배향곡선은 단곡선, 복심곡선, 반향곡선이 혼합된 곡선으로 경사가 급한 곳에서 기울기를 완화하거나 동일사면에서 우회할 목적으로 설치한다.

64 임도계획의 순서로 옳은 것은?
① 임도노선 선정 → 임도노선배치 계획 → 임도밀도 계획
② 임도밀도 계획 → 임도노선배치 계획 → 임도노선 선정
③ 임도노선배치 계획 → 임도노선 선정 → 임도밀도 계획
④ 임도밀도 계획 → 임도노선 선정 → 임도노선 배치계획

해설
임도계획의 경우 임도밀도계획을 시작으로 임도노선배치, 임도노선선정의 순서로 진행하는 것이 효율적이다.

정답 59. ④ 60. ③ 61. ① 62. ④ 63. ④ 64. ②

65 임도의 합성기울기 설치 기준으로 옳은 것은?(단, 지형여건이 불가피한 경우는 제외)

① 간선임도인 경우 15% 이하로 한다.
② 지선임도인 경우 14% 이하로 한다.
③ 포장 노면인 경우 13% 이하로 한다.
④ 비포장 노면인 경우 12% 이하로 한다.

해설
합성기울기는 보통 12% 이하로 하며 포장 노면의 경우 18% 이하로 한다.

66 임도에서 대피소 설치 기준으로 옳은 것은?

① 대피소의 간격은 300m 이내, 너비는 5m 이상, 유효길이는 10m 이상이다.
② 대피소의 간격은 300m 이내, 너비는 5m 이상, 유효길이는 15m 이상이다.
③ 대피소의 간격은 500m 이내, 너비는 5m 이상, 유효길이는 10m 이상이다.
④ 대피소의 간격은 500m 이내, 너비는 5m 이상, 유효길이는 15m 이상이다.

해설
대피소 설치 기준은 간격 300m 이내, 너비 5m 이상, 유효길이 15m 이상이다.

67 임도 개설 시 흙을 다지는 목적으로 옳지 않은 것은?

① 투수성의 증대 ② 지지력의 증대
③ 압축성의 감소 ④ 흡수력의 감소

해설
흙을 다지게 되면 투수성은 감소하게 된다.

68 1/25,000 지형도 상에서 A점과 B점 간의 표고 차이가 400m 이고 거리가 20cm 인 경우 종단경사는?

① 2%   ② 4%
③ 8%   ④ 12%

해설
- 실제거리 : 20cm×25,000=5000m
- 경사 = $\dfrac{표고차}{실제거리} \times 100$

  → $\dfrac{400}{5000} \times 100 = 8(\%)$

69 가선집재 시 머리기둥과 꼬리기둥에 장착하여 본줄의 지지를 하는 도르래는?

① 죔도르래   ② 안내도르래
③ 삼각도르래   ④ 짐달림도르래

해설
삼각도르래는 머리기둥과 고리기둥에 장치되어 가공본줄의 하중을 지지하는 것으로 삼각형 모양의 측판이 부착되어 있어 삼각도르래라 한다.

70 고저 측량에 있어서 후시에 대한 설명으로 옳은 것은?

① 기지점에 세운 수준척 눈금의 값이다.
② 미지점에 세운 수준척 눈금의 값이다.
③ 중간점에 세운 수준척 눈금의 값이다.
④ 측량 진행 방향에 세운 수준척 눈금의 값이다.

해설
후시는 고저측량에서 기계가 이미 표고를 알고 있는 기지점이나 기준점에서 세운 수준척의 눈금의 값이다. 측량의 진행방향에 대하여 뒤쪽을 시준하는 것을 의미한다.

정답 65. ④ 66. ② 67. ① 68. ③ 69. ③ 70. ①

71 롤러의 표면에 돌기를 부착한 것으로 점착성이 큰 점성토나 풍화연암 다짐에 적합하며 다짐 유효깊이가 큰 장점을 가진 기계는?

① 탠덤롤러　② 탬핑롤러
③ 타이어롤러　④ 머캐덤롤러

해설
탬핑롤러는 롤러 표면에 많은 돌기가 있어 점착성이 큰 점질토 다짐에 효과적이다.

72 임도의 총길이가 2km 이고 산림 면적이 100ha 이면 임도 간격은?

① 100m　② 250m
③ 500m　④ 1,000m

해설
- 적정임도밀도 : 2000m÷100ha=20m/ha
- 임도간격 = 10,000 / ORD(적정임도밀도)
  = 10,000 / 20 = 500

73 임도에서 길어깨의 주요 기능으로 옳지 않은 것은?

① 보행자의 통행을 위한 곳이다.
② 임목의 집재 작업을 위한 공간이다.
③ 노상시설, 지하매설물, 유지보수 등의 작업시 여유를 준다.
④ 차량 주행의 여유를 주어 차량이 밖으로 이탈하지 않도록 한다.

해설
길어깨는 노체의 구조적 안정, 차도의 구조부 보호, 차량의 안정 통행, 보호자의 대피 공간 등의 목적을 가진다.

74 컴퍼스 측량에서 전시와 후시의 방위각 차는?

① 0°　② 90°
③ 180°　④ 270°

해설
후시는 전시의 반대방향으로 방위각 차는 180°이다

75 임도의 노체와 노면에 관한 설명으로 옳은 것은?

① 쇄석을 노면으로 사용한 것은 사리도이다.
② 노체는 노상, 노반, 기층, 표층 순서대로 시공한다.
③ 토사도는 교통량이 많은 곳에 적용하는 것이 가장 경제적이다.
④ 노상은 임도의 최하층에 위치하여 다른 층에 비해 내구성이 큰 재료를 필요로 한다.

해설
노체는 노상, 노반, 기층, 표층의 순서로 시공한다.

76 산림자원 조성을 위한 산림관리기반시설에 해당하지 않는 것은?

① 작업로　② 작업임도
③ 간선임도　④ 지선임도

해설
산림관리기반시설의 범위에 해당하는 임도시설은 간선임도, 지선임도, 작업임도가 있다.

77 지형지수 산출 인자에 해당하지 않는 것은?

① 식생　② 곡밀도
③ 기복량　④ 산복경사

해설
지형지수 산출인자는 임지의 경사, 기복량, 곡밀도가 있다.

정답 71. ②　72. ③　73. ②　74. ③　75. ②　76. ①　77. ①

78 교각법을 이용하여 임도 곡선을 설치할 때, 교각이 90°, 곡선반경이 400m 인 단곡선에서의 접선길이는?

① 50m ② 100m
③ 200m ④ 400m

해설

곡선반지름 = 접선길이 $\times \tan(\dfrac{\theta}{2})$
= $400 \times \tan 45 (=1) = 400$

79 옹벽의 안정도를 계산 검토해야 하는 조건이 아닌 것은?

① 전도에 대한 안정
② 활동에 대한 안정
③ 침하에 대한 안정
④ 외부응력에 대한 안정

해설

옹벽의 안정도 검토에서는 옹벽의 안정성 확보를 위해 전도, 활동, 침하, 내부응력에 대한 안정을 고려해야 한다.

80 다음의 ( ) 안에 들어갈 내용을 순서대로 나열한 것은?

◎ 배수구는 수리계산과 현지여건을 감안하되 기본적으로 ( )m 내외의 간격으로 설치하며 그 지름은 ( )mm 이상으로 한다. 다만, 부득이한 경우에는 배수구의 지름을 ( )mm 이상으로 한다.

① 100, 800, 400
② 200, 800, 600
③ 100, 1000, 800
④ 200, 1000, 600

해설

배수구는 100m 내외 간격으로 지름 1000mm 이상으로 설치한다. 단, 필요에 따라 지름 800mm 이상으로 설치가 가능하다.

81 산복수로에서 쌓기공작물의 높이가 3m 이고 수로의 깊이가 1m 일 때 수로받이의 적절한 길이는?

① 2.0 ~ 4.0 m ② 4.0 ~ 6.0 m
③ 6.0 ~ 8.0 m ④ 8.0 ~ 10.0 m

해설

수로받이 길이는 쌓기 공작물 높이, 수로깊이를 더한 값의 1.5~2 배 정도를 기준으로 한다.
※ 수로받이 근사적 길이
 (쌓기공작물높이 + 수로깊이)×[1.5~2.0]
 =(3+1)×(1.5~2)=6~8

82 해안방재림 조성 공법에 해당되지 않는 것은?

① 사초심기 ② 나무심기
③ 퇴사울세우기 ④ 정사울세우기

해설

해안방재림 조성 공법으로 사초심기, 해안조림, 정사울세우기 등이 있다.

83 다음 설명에서 주어진 장소에 가장 적합한 산복수로는?

◎ 반원형 형상으로 지반이 견고하고 집수량이 적은 곳
◎ 상수가 없고 경사가 급한 곳

① 떼수로 ② FRP 관수로
③ 콘크리트수로 ④ 돌(메붙임)수로

해설

지반이 견고하고 집수량이 적으며 상수가 없고 경사가 급한 곳은 메쌓기 수로가 적합하다.

정답 78. ④ 79. ④ 80. ③ 81. ③ 82. ③ 83. ④

84 하천 바닥에 자갈과 모래가 움직임이 발생하지만 침식이 일어나지 않아 하상종단면의 형상에는 변화가 없는 것은?

① 임계기울기 ② 안정기울기
③ 홍수기울기 ④ 평형기울기

해설
안정기울기는 안정물매라고도 하며 유수 중의 사력과 계상면의 사력과의 교대가 있어도 종단형상에는 변화를 일으키지 않는다.

85 사방공작물 중 횡공작물이 아닌 것은?

① 사방댐   ② 둑쌓기
③ 골막이   ④ 바닥막이

해설
사방댐, 구곡막이, 골막이, 바닥막이 등은 횡공작물이다.

86 낙석방지망덮기 공법에 대한 설명으로 옳지 않은 것은?

① 철망 눈의 크기는 5mm 정도이다.
② 합성섬유망은 100kg 이내의 돌을 대상으로 한다.
③ 와이어로프의 간격은 가로와 세로 모두 4~5m 정도로 한다.
④ 철망, 합성섬유망 등을 사용하여 비탈면에서 낙석이 발생하지 않도록 한다.

해설
철망눈의 크기는 5~10cm 정도를 기준으로 한다.

87 산지 붕괴현상에 대한 설명으로 옳지 않은 것은?

① 토양 속의 간극수압이 낮을수록 많이 발생한다.
② 풍화토층과 하부기반의 경계가 명확할수록 많이 발생한다.
③ 화강암 계통에서 풍화된 사질토와 역질토에서 많이 발생한다.
④ 풍화토층에 점토가 결핍되면 응집력이 약화되어 많이 발생한다.

해설
토양 속의 간극수압이 높을수록 비탈면 붕괴 발생률이 높아진다.

88 돌골막이 시공 높이로 가장 적절한 것은?

① 2m 이내   ② 3m 이내
③ 4m 이내   ④ 5m 이내

해설
돌골막이의 시공 길이 5m, 시공 높이 2m 정도로 한다.

89 발생기대본수가 3,000본/m², 평균입도 1,000립/g 인 종자가 순량율이 50%, 발아율이 80% 라면 1ha 의 비탈면에 필요한 종자량은?

① 55 kg   ② 75 kg
③ 550 kg   ④ 750 kg

해설
- 파종량 = $\dfrac{\text{발생기대본수}}{\text{평균입수} \times \text{순량률} \times \text{발아율}}$
  = $\dfrac{3000}{1000 \times 0.8 \times 0.5} = 7.5$
- $7.5 \times 10,000 m^2 (1ha) = 75000g = 75kg$

정답 84. ② 85. ② 86. ① 87. ① 88. ① 89. ②

90 코코넛 섬유를 원료로 한 비탈덮기용 재료는?

① 튤 파이버   ② 쥬트 네트
③ 그린 파이버   ④ 코이어 네트

해설
코이어네트는 코이어식생네트라고 하며 코코넛 섬유를 원료로 한 비탈면 녹화용 피복자재이다.

91 비탈 옹벽공법을 구조에 따라 분류한 것이 아닌 것은?

① T형 옹벽   ② 돌쌓기 옹벽
③ 부벽식 옹벽   ④ 중력식 옹벽

해설
비탈 옹벽공법에 구조에 따라 중력식, 부벽식, T형, L형 등이 있다.

92 콘크리트를 쳐서 수화작용이 충분히 계속되도록 보존하는 것은?

① 풍화   ② 배합
③ 경화   ④ 양생

해설
양생은 콘크리트의 응결 및 경화를 촉진하여 균열방지나 강도를 개선하기 위해서 실시한다.

93 사방사업 대상지와 가장 거리가 먼 것은?

① 황폐계류   ② 황폐산지
③ 벌채 대상지   ④ 생활권 훼손지

해설
사방사업 대상지는 황폐산지, 황폐계류, 해안사구, 생활권 훼손지이다.

94 선떼붙이기 시공요령에 대한 설명으로 옳지 않은 것은?

① 완만한 비탈지에서는 떼붙이기 할 때 표토를 절취할 필요가 없다.
② 선떼의 활착을 좋게 하고 견고도를 높이기 위해서 다지기를 충분히 한다.
③ 바닥떼는 발디딤을 보호하는 효과가 있으므로 저급 선떼붙이기에는 필수적이다.
④ 머리떼는 천단에 놓인 토사의 유출을 방지하여 선떼의 견고도를 높이는 효과가 있다.

해설
급경사지에서 선떼의 밑부분과 밑떼의 활착을 조장하기 위해 바닥떼 앞면 부분에 발디딤을 설치한다.

95 사방댐의 방수로 단면결정을 위한 계획홍수량 산정에 시우량법을 이용할 경우 계산인자가 아닌 것은?

① 조도계수   ② 유역면적
③ 유출계수   ④ 최대시우량

해설
시우량법에서 홍수량을 구하기 위한 인자로 유역면적, 최대시우량, 유출계수가 있다.

96 콘크리트 기슭막이에 대한 설명으로 옳은 것은?

① 앞면 기울기는 1:0.5를 기준으로 한다.
② 유수의 충격력이 적고 비교적 계안침식이 적은 곳에 설치한다.
③ 신축에 의한 균열을 방지하기 위해 1m마다 신축줄눈을 설치한다.
④ 뒷면 기울기는 토압에 따라 결정하지만 대개 수직으로 계획한다.

해설
콘크리트 기슭막이의 뒷면 기울기는 토압에 따라 결정하지만 대개 수직으로 한다.

정답 90. ④ 91. ② 92. ④ 93. ③ 94. ③ 95. ① 96. ④

97 비탈면 끝에 흐르는 계천의 가로침식에 의하여 무너지는 침식현상은?

① 산붕　　② 붕락
③ 포락　　④ 산사태

해설
포락은 계천에 침식된 토사가 무너지는 현상으로 계천의 유수에 영향을 받는다.

98 퇴적암에 속하지 않는 암석은?

① 혈암　　② 사암
③ 응회암　④ 섬록암

해설
퇴적암에는 사암, 응회암, 석회암, 혈암 등이 있다. 섬록암은 화성암에 속한다.

99 사방댐의 형식을 외력에 의한 저항력에 따라 분류한 것으로 옳지 않은 것은?

① 중력댐　　② 아치댐
③ 강제댐　　④ 3차원댐

해설
사방댐의 형식은 외력에 대한 저항력 분류에 따라 중력댐, 아치댐, 3차원댐, 부벽댐 등으로 구분된다.

100 직선유로에서 유수의 차단 효과가 가장 큰 사방댐의 설정 방향으로 적합한 것은?

① 유심선에 직각으로 설정
② 유심선과 관계없이 설정
③ 유심선에 평행 방향으로 설정
④ 유심선에 45°의 방향으로 설정

해설
사방댐은 주로 직각방향으로 설치하여 침식 방지 및 토사의 유실을 방지한다.

정답　97. ③　98. ④　99. ③　100. ①

2021년 제1회 산림기사

01 100~110°C로 가열해도 분리되지 않는 토양 수분은?
① 결합수 ② 중력수
③ 흡습수 ④ 모세관수

해설
결합수는 토양 중에 화합물의 성분으로 100~110°C로 가열해도 분리되지 않는 결정수로 식물이 사용하기 불가능한 수분이다.

02 다음 조건에 따른 파종량은?

- 파종상 실면적 : 500m²
- 묘목 잔존본수 : 60본/m²
- 1g 당 종자평균입수 : 66.5립
- 순량율 : 0.95
- 실험실 발아율 : 0.9
- 묘목 잔존율 : 0.3

① 약 1.8 kg ② 약 3.5 kg
③ 약 17.6 kg ④ 약 35.2 kg

해설
파종량
$= \dfrac{파종면적 \times m^2당 잔존본수}{g당 종자수 \times 순량률 \times 발아율 \times 득묘율}$
$= \dfrac{500 \times 60}{66.5 \times 0.95 \times 0.9 \times 0.3} ≒ 1758.8g ≒ 약 1.8kg$

03 다음 설명에 해당하는 목본 식물의 조직은?

- 대사 기능이 없고, 지탱 역할을 한다.
- 세포벽이 두껍고, 원형질이 없다.

① 유조직 ② 후막조직
③ 후각조직 ④ 분비조직

해설
목본 식물조직에서 후막조직은 세포벽이 두껍고 원형질이 없으며 지탱역할을 한다.

04 지질의 종류 가운데 수목의 2차 대사 물질인 이소프레노이드(isoprenoid) 화합물이 아닌 것은?
① 고무 ② 수지
③ 테르펜 ④ 리그닌

해설
리그닌은 페놀(phenol)화합물 이다.

05 소나무 종자가 수분된 후 성숙되는 시기는?
① 개화 당년
② 개화 3년째 가을
③ 개화 이듬해 여름
④ 개화 이듬해 가을

해설
소나무는 개화 이듬해 가을에 종자가 성숙한다.

정답 01. ① 02. ① 03. ② 04. ④ 05. ④

06 원생림이 파괴된 뒤에 회복된 산림은?

① 1차림 ② 2차림
③ 원시림 ④ 극상림

> 해설
> 산림 파괴 이후 회복에 의해 생성되는 산림을 2차림이라 한다.

07 난대림 자생 수종이 아닌 것은?

① 동백나무 ② 가시나무
③ 후박나무 ④ 박달나무

> 해설
> 박달나무는 온대 북부에서 주로 자생하는 수종이다. 난대림에 자생하는 대표 수종으로는 동백나무, 후박나무, 가시나무, 사철나무, 삼나무, 편백 등이 있다.

08 덩굴제거 시 사용되는 디캄바 액제에 대한 설명으로 옳지 않은 것은?

① 페녹시계 계통이다.
② 호르몬형 이행성 제초제이다.
③ 약효가 높아지는 30℃ 이상 고온 조건에서 사용한다.
④ 주로 콩과 식물에 해당하는 광엽 잡초에 효과적이다.

> 해설
> 디캄바 액제는 30℃ 이상 고온의 조건에서 증발할 경우 식물에 피해를 줄 수 있어 작업을 중지해야 한다.

09 다음 중 삽목 발근이 가장 용이한 수종은?

① Salix koreensis ② Acer palmatum
③ Zelkova serrata ④ Pinus koraiensis

> 해설
> ① 버드나무 ② 단풍나무 ③ 느티나무 ④ 잣나무, 삽목 발근이 용이한 수종으로 버드나무, 은행나무, 측백나무 등이 있으며 단풍나무, 잣나무, 느티나무는 삽목 발근이 어려운 수종이다.

10 산림작업종을 분류하는 기준으로 가장 거리가 먼 것은?

① 벌채종
② 임분의 기원
③ 갱신 임분의 수종
④ 벌구의 크기와 형태

> 해설
> 산림작업종의 분류 기준은 임분의 기원, 벌구의 크기와 형태, 벌채종이다.

11 강원도 지역에서 수하식재 방법을 이용하여 조림을 실시하고자 할 때 가장 적합한 수종은?

① Larix kaempferi
② Pinus densiflora
③ Abies holophylla
④ Betula platyphylla

> 해설
> ①낙엽송 ②소나무 ③전나무 ④자작나무
> 수하식재는 내음력이 강한 수종일수록 적합하며 보기 중에서 전나무가 음수로서 가장 적합하다.

12 가지치기 작업에 대한 설명으로 옳은 것은?

① 대체로 5월 경이 작업 적기이다.
② 원칙적으로 역지 이하를 잘라주어야 한다.
③ 가지 기부에 존재하는 지융부도 잘라주어야 한다.
④ 가지치기 작업한 나무 아래쪽의 상구는 위쪽 상구보다 유합이 빠르다.

> 해설
> 수관에서 가장 굵은 가지인 역지(으뜸가지) 이하의 것만 자르는 것을 원칙으로 한다.

정답 06. ② 07. ④ 08. ③ 09. ① 10. ③ 11. ③ 12. ②

13 밤나무, 상수리나무, 굴참나무 종자를 저장하는 방법으로 가장 적합한 것은?

① 기간저장법 ② 보호저장법
③ 밀봉냉장법 ④ 노천매장법

해설
보호저장법은 모래와 종자를 섞어서 용기 안에 저장하는 방법으로 은행나무, 밤나무, 굴참나무 등의 수종에 적합한 방법이다.

14 산벌작업에서 결실량이 많은 해에 일부 임목을 벌채하여 하종을 돕는 과정은?

① 택벌 ② 후벌
③ 예비벌 ④ 하종벌

해설
하종벌은 예비벌 후 3~5년 후에 종자의 결실이 풍부하고 완전 성숙 후 다량 낙하시켜 발아시키기 위한 작업으로 종자의 결실량이 많을 때 실시하는것이 좋다.

15 묘목을 식재할 때 밀도가 높은 경우에 대한 설명으로 옳은 것은?

① 임목의 초살도가 증가한다.
② 솎아베기 작업을 생략할 수 있다.
③ 수고 생장보다는 직경 생장을 촉진한다.
④ 임관이 빨리 울폐되어 표토의 침식과 건조를 방지한다.

해설
밀식을 하게 되면 조기에 임관이 울폐되어 표토의 침식과 건조가 방지되기에 임지보호 효과가 높아진다.

16 종자의 활력 시험 중 종자 내 산화 효소가 살아있는지의 여부를 시약의 발색반응으로 검사하는 방법은?

① 절단법 ② 환원법
③ X선분석법 ④ 배추출시험법

해설
환원법은 테루루산소다, 테트라졸륨 등의 수용액을 이용하여 발색반응을 통해 종자의 활력 검사를 한다.

17 다음 설명에 해당하는 무기양료로만 나열된 것은?

◎ 수목의 체내 이동이 어려워 생장점이나 어린 잎 등 세포분열이 일어나는 곳에서 결핍증상이 잘 나타난다.

① 칼슘, 철, 붕소
② 질소, 칼슘, 칼륨
③ 철, 망간, 마그네슘
④ 구리, 마그네슘, 질소

해설
칼슘, 철, 붕소 등은 수목 체내에서 이동이 어려운 무기염료이다. 칼슘은 이동성이 낮아 신엽이나 경엽에서 결핍증상이 나타난다. 철은 결핍시 엽록소의 생성이 방해되면서 잎의 황백화가 발생한다. 붕소는 결핍시 생장점의 발육이 중지되고 심할 경우 뿌리 생장점에도 결핍 증상이 나타난다.

18 모수작업에 대한 설명으로 옳은 것은?

① 모수는 ha 당 100본 이상이어야 한다.
② 전 임목 본수에서 10% 정도로 모수를 남긴다.
③ 모수는 소나무, 곰솔 등 양수 수종이 적합하다.
④ 작업 대상 임지의 토양 침식과 유실이 발생하지 않는다.

해설
모수작업은 소나무, 곰솔 등의 양수에 적용되는 것에 유리하다.

정답 13. ② 14. ④ 15. ④ 16. ② 17. ① 18. ③

19 수관의 모양의 줄기의 결점을 고려하여 우세목을 1급목과 2급목, 열세목을 3,4,5 급목으로 구분하는 수형급은?

① 덴마크 ② KRAFT
③ 데라사키 ④ HAWLEY

해설
데라사키(데라사끼, Terazaki) 수형급은 수관의 모양과 줄기의 결점을 보고 우세목은 1, 2급목으로 구분하고 열세목은 3,4,5 급목으로 분류한다.

20 다음 중 측백나무과 및 낙우송과 수목의 개화·결실 촉진에 가장 효과적인 식물호르몬은?

① GA_3 ② IAA
③ NAA ④ 2,4-D

해설
지베렐린은 줄기의 신장 생장을 촉진하며 개화 및 결실을 돕는 역할을 한다.

21 광릉긴나무좀을 방제하는 방법으로 가장 효과가 미비한 것은?

① 내충성 품종을 식재한다.
② 딱따구리 등 천적이 되는 조류를 보호한다.
③ 우화 최성기에 수간에 페니트로티온 유제를 살포한다.
④ 피해목을 잘라 집재하고 타포린으로 밀봉하여 메탐소듐 액제로 훈증한다.

해설
광릉긴나무좀 방제법
· 광릉긴나무좀에 기생하는 천적류를 보호한다.
· 딱따구리 및 해충을 잡아먹는 각종 조류를 보호한다.
· 피해지의 고사목, 피압목 등의 광릉긴나무좀의 서식처를 제거한다.
· 침입한 구멍에 페니트로티온 약제를 주입하거나 수간에 살포한다.
· 피해목을 잘라 피복제(타포린, 방수포 등)로 밀봉하여 메탐소듐 액제로 훈증처리한다.

22 산성비가 토양 및 수목에 미치는 영향으로 옳지 않은 것은?

① 염기의 양 감소
② 질소의 이용량 감소
③ 낙엽층의 축적량 감소
④ 알루미늄, 망간 활성화

해설
산성비의 피해
· 식물의 엽록체를 파괴하여 광합성의 작용 억제
· 뿌리털의 세포가 파괴되어 수분 흡수 억제
· 식물이 사용하는 토양의 무기염류인 알루미늄, 망간 등의 활성화
· 낙엽층의 축적량이 감소하고 이로 인해 생태계에 필요한 미생물의 감소
· 병, 해충에 대한 내성 감소
· 질소의 이용량 감소 및 식물의 생육 저해

23 균사에 격벽이 없는 병원균은?

① *Fusarium* spp.
② *Rhizoctonia solani*
③ *Phytophthora cactorum*
④ *Cylinrocladium scoparium*

해설
격벽이 없는 균류에는 접합균류와 난균류가 있다. 보기에서 *Phytophthora cactorum* 는 크로미스타계의 난균문으로 격벽이 없다.

정답 19. ③ 20. ① 21. ① 22. 전항정답 23. ③

24 흰가루병을 방제하는 방법으로 옳지 않은 것은?

① 짚으로 토양을 피복하여 빗물에 흙이 튀지 않게 한다.
② 자낭과가 붙어서 월동한 어린 가지를 이른 봄에 제거한다.
③ 묘포에서는 밀식을 피하고 예방 위주의 약제를 처리한다.
④ 그늘에 식재한 나무에서 피해가 심하므로 식재 위치를 잘 선정한다.

해설
흰가루병은 병원균은 바람에 의해 전반되기에 토양을 피복하는 것으로 방제효과가 없다.

25 매미나방을 방제하는 방법으로 옳지 않은 것은?

① Bt 균이나 핵다각체바이러스를 살포한다.
② 알덩어리는 부화 전인 4월 이전에 땅에 묻거나 소각한다.
③ 유충기인 4월 하순부터 5월 상순에 적용 약제를 수관에 살포한다.
④ 4월 중에 지표에 비닐을 피복하여 땅속에서 우화하여 올라오는 것을 방지한다.

해설
매미나방의 경우 주로 알덩어리를 소각하여 땅에 묻는 방법이 효과적이다. Bt. 균 및 핵다각체바이러스와 같은 생물적 방제법을 활용하거나 기생성 천적을 이용하기도 한다. 어린 유충기에는 페니트로티온 유제를 수관 살포하는 화학적 방제법을 활용한다.

26 박쥐나방을 방제하는 방법으로 옳은 것은?

① 땅속을 서식하는 유충을 굴취하여 소각한다.
② 풀깎기를 하여 유충이 가해하는 초본류를 제거한다.
③ 잎에 산란한 알덩어리를 수거하여 땅에 묻거나 소각한다.
④ 나뭇잎을 길게 말고 형성한 고치를 채취하여 소각한다.

해설
어린 유충기에 초목류를 가해하므로 풀깎기를 철저히 하여 발생을 억제 한다.

27 솔잎혹파리에 대한 설명으로 옳지 않은 것은?

① 침엽기부에 혹을 만들고 피해를 준다.
② 성충은 5월 하순과 8월 중순 2회 발생한다.
③ 유충 형태로 토양, 지피물 밑, 벌레혹에서 월동한다.
④ 교미 후에 수컷은 수 시간 내로 죽고, 암컷은 산란을 위해 1~2일 더 생존한다.

해설
솔잎혹파리는 1년에 1회 발생한다.

28 상렬에 대한 설명으로 옳지 않은 것은?

① 서리로 인해 발생하는 수목 피해이다.
② 고립목이나 임연부에서 발견되기 쉽다.
③ 상렬을 예방하기 위해서 배수를 원활하게 한다.
④ 추운 지방에서 치수가 아닌 주로 교목의 수간에 발생한다.

해설
상렬은 겨울철 수목 내부의 수분이 저온에 따른 수축 및 팽창으로 팽창압이 발생하여 수목이 갈라지는 현상을 말한다.

정답 24. ① 25. ④ 26. ② 27. ② 28. ①

29 소나무류 피목가지마름병을 방제하는 방법으로 가장 효과적인 것은?

① 병든 잎을 태우거나 묻어서 1차 전염원을 줄인다.
② 침투 이행성 살균제를 피해목 수간에 주입한다.
③ 상습발생지에서는 6월부터 살균제를 토양 관주한다.
④ 남향으로 뿌리가 노출된 수목의 임지에서는 관목을 무육하여 토양 건조를 방지한다.

> **해설**
> 소나무류 피목가지마름병은 일반적으로 햇볕이 약하고 수세가 쇠약하거나, 뿌리발육이 부진한 장소에서 피해가 발생하기에 뿌리가 노출된 수목은 임목의 생장촉진과 수세의 향상을 위해 무육을 하여 토양의 건조를 방지하는 것이 좋다.

30 참나무 시들음병을 방제하는 방법으로 옳지 않은 것은?

① 신갈나무숲에 매개충 유인목을 설치한다.
② 병든 부분을 제거하고 소독 후 도포제를 처리한다.
③ 수간 하부부터 지상 2m 까지 끈끈이롤트랩을 감아준다.
④ 피해목을 벌채하고 타포린으로 덮은 후에 훈증제를 처리한다.

> **해설**
> 참나무시들음병은 곰팡이가 도관을 막아 수분과 양분의 이동을 방해하여 시들어 죽게 되기에 병든 부분을 제거만 하는 것으로는 방제가 어렵다.

31 아밀라리아뿌리썩음병을 방제하는 방법으로 옳지 않은 것은?

① 묘목은 식재 전에 메타락실 수화제에 침지처리한다.
② 잣나무 조림지에 석회를 처리하여 산성토양을 개량한다.
③ 감염목의 주위에 도랑을 파서 균사가 퍼지지 않도록 한다.
④ 과수원에서는 감염목을 자른 다음 그루터기를 제거한다.

> **해설**
> 아밀라리아뿌리썩음병 발생지역의 경우 방제를 위해 수년간 임목의 식재를 피하도록 한다.
> ※ **아밀라리아뿌리썩음병 방제법**
> · 자실체 및 감염된 뿌리를 제거한다.
> · 주위에 도랑을 파서 생석회 등을 묻어주고 전염을 막는다.
> · 베노밀 등의 살균제를 임지에 묻거나 살포한다.
> · 감염지역의 식재는 피하도록 한다.

32 다음 중 생엽의 발화온도가 가장 높은 수종은?

① 피나무   ② 뽕나무
③ 밤나무   ④ 아까시나무

> **해설**
> 보기의 수종별 생엽 발화 온도로 밤나무(460℃)가 가장 높으며 다음으로 아까시나무(380℃), 뽕나무(370℃), 피나무(360℃) 순서이다.

33 산림곤충 표본조사법 중 곤충의 음성 주지성을 이용한 방법은?

① 미끼트랩   ② 수반트랩
③ 페로몬트랩   ④ 말레이즈트랩

> **해설**
> 말레이즈트랩은 곤충의 표본조사법에서 음성주지성, 즉 높은 곳으로 기어가는 곤충의 습성을 이용한 곤충 포획방법이다.

정답 29. ④ 30. ② 31. ① 32. ③ 33. ④

34 1년에 1회 발생하며 단성생식을 하는 해충은?

① 밤나무혹벌 ② 넓적다리잎벌
③ 노랑애나무좀 ④ 오리나무잎벌레

해설
밤나무혹벌은 1년에 1회 발생하고 암컷만으로 단성생식을 한다.

35 해충의 약제 저항성에 대한 설명으로 옳지 않은 것은?

① 약제에 대한 도태 및 생존의 결과이다.
② 약제 저항성이 해충의 다음 세대로 유전되지는 않는다.
③ 해충의 개체군 내에서는 약제 저항성의 차이가 있는 개체가 존재한다.
④ 2종 이상의 살충제에 대하여 저항성이 나타날 때 저항성 유전자가 그 중 1종의 살충제에서 기인하면 교차저항성이라고 한다.

해설
저항성은 유전이 가능하며 이로 인하여 세대를 거듭할수록 약제의 효과가 떨어지게 된다.

36 분류학적으로 유리나방과, 명나방과, 솔나방과를 포함하는 목(目)은?

① Blattaria ② Hemiptera
③ Plecoptera ④ Lepidoptera

해설
인시목(Lepidoptera)은 나비, 나방류 등을 포함하는 곤충강의 한 목으로 유리나방과, 명나방과, 솔나방과를 포함하는 목이다.

37 다음 중 중간기주가 없는 수목병은?

① 소나무 혹병 ② 향나무 녹병
③ 회화나무 녹병 ④ 잣나무 털녹병

해설
회화나무 녹병은 중간기주로 이동하지 않고 회화나무에만 기생하는 수목병이다.

38 낙엽송 가지끝마름병균이 월동하는 형태는?

① 균핵 ② 자낭각
③ 분생포자각 ④ 겨울포자퇴

해설
낙엽송 가지끝마름병은 9월쯤부터 병든 가지의 아래쪽에서 흑색의 작은돌기인 자낭각의 형태로 월동하게 된다.

39 유충과 성충이 수목의 동일한 부분을 가해하는 해충은?

① 솔나방
② 어스렝이나방
③ 오리나무잎벌레
④ 잣나무넓적잎벌

해설
오리나무잎벌레는 성충과 유충이 동시에 잎을 가해한다.

40 다음 ( ) 안에 가장 적합한 것은?

◎ 밤나무 줄기마름병균은 주로 ( )에 의해 전반된다.

① 토양 ② 종자
③ 선충 ④ 바람

해설
주로 바람에 의해 전반되는 수목병에는 밤나무줄기마름병균, 잣나무털녹병균, 흰가루병 등이 있다.

정답 34. ① 35. ② 36. ④ 37. ③ 38. ② 39. ③ 40. ④

41 임목재적을 측정하기 위한 흉고형수에 대한 설명으로 옳지 않은 것은?

① 지위가 양호할수록 형수가 작다.
② 수고가 작을수록 형수는 작아진다.
③ 연령이 많아질수록 형수는 커진다.
④ 흉고직경이 작아질수록 형수는 커진다.

해설
수고가 작을수록 형수는 커진다.

42 산림경영의 대상이 되는 경영계획구에 대해서 산림소유자나 지방자치단체장이 수립하는 계획은?

① 지역산림계획
② 산림기본계획
③ 산림경영계획
④ 국유림경영계획

해설
산림경영계획의 수립주체는 지방자치단체장, 산림소유자이다.

※ 산림계획 수립에 따른 주체 및 대상

구분	수립주체	대상
산림기본계획	산림청장	전국
지역산림계획 (국유림)	지방산림청장	관할구역
지역산림계획 (공·사유림)	시·도지사	관할구역
국유림종합계획	국유림관리소장	관할구역
국유림경영계획	지방산림청장	경영계획구
산림경영계획 (공·사유림)	지방자치단체장, 산림소유자	경영계획구

43 산림생장 및 예측모델을 구축하는데 있어서 제일 먼저 수행해야 할 과정은?

① 자료수집
② 모델구성
③ 모델선정 및 설계
④ 자료분석 및 생장 함수식 유도

해설
산림생장 및 예측 모델의 구축은 <모델선정 및 설계 - 자료수집 - 자료 분석 및 생장함수식 유도 - 모델구성 - 검증>의 과정을 거친다.

44 다음 조건에 따라 정액법으로 구한 임업기계의 감가상각비는?

◎ 취득원가 : 5,000,000 원
◎ 잔존가치 : 500,000 원
◎ 내용연수 : 50년

① 90,000 원/년
② 100,000 원/년
③ 500,000 원/년
④ 1,100,000 원/년

해설
$$\frac{5,000,000 - 500,000}{50} = 90,000 \text{ 원/년}$$

※ 감가상각비(정액법)
$$\frac{구입가격 - 폐물가격}{내용연수}$$

45 이자를 계산인자로 포함하는 벌기령은?

① 공예적 벌기령
② 재적수확 최대 벌기령
③ 화폐수익 최대 벌기령
④ 토지순수익 최대 벌기령

해설
토지순수익 최대 벌기령의 계산인자에는 주벌수익, 윤벌기, 이율, 간벌수익, 조림비, 자본이 있다.

정답 41. ② 42. ③ 43. ③ 44. ① 45. ④

46 임업투자 결정 중 현금유입을 통하여 투자금액을 회수하는데 소요되는 기간을 가지고 투자 결정을 하는 방법은?

① 회수기간법
② 내부수익률법
③ 순현재가치법
④ 수익·비용비법

해설
회수기간은 투자에 소요된 모든 비용을 회수하는데 걸리는 기간을 말하며, 보통 연수로 표시한다. 회수기간법은 빨리 회수되는 투자안일수록 투자가치가 높다고 판단한다.

47 벌채실행을 모두베기로 할 때 벌채면적은 최대 30ha 이내로 하되, 벌채면적이 5ha 이상일 경우에는 하나의 벌채 구역을 몇 ha 이내로 하는가?

① 3ha
② 5ha
③ 6ha
④ 10ha

해설
대상지의 면적이 5ha 이상일 경우 하나의 벌채구역은 5ha 이내로 한다.

48 수간석해를 위한 원판 채취방법에 대한 설명으로 옳지 않은 것은?

① 원판의 두께는 10cm 가 되도록 한다.
② 원판을 채취할 때는 수간과 직교하도록 한다.
③ 측정하지 않을 단면에는 원판의 번호와 위치를 표시하여 둔다.
④ Huber 식에 의한 방법에는 흉고이상은 2m 마다 원판을 채취하고 최후의 것은 1m 가 되도록 한다.

해설
수간석해시 원판의 채취 두께는 3~5cm 를 기준으로 한다.

49 30년생 임목이 7본, 25년생 임목이 12본, 20년생 임목이 7본인 경우 본수령으로 계산한 평균임령은?

① 15년
② 20년
③ 25년
④ 30년

해설
$$\frac{(30년 \times 7) + (25년 \times 12) + (20년 \times 7)}{7 + 12 + 7}$$
$$= \frac{650}{26} = 25$$

50 자연휴양림을 조성 신청하려는 자가 제출하여야 하는 자연휴양림 구역도의 축적은?

① 1/5,000
② 1/10,000
③ 1/15,000
④ 1/25,000

해설
자연휴양림 예정지의 구역도는 축척 1/5,000 혹은 1/6,000 으로 한다.

51 임령에 따른 연년생장량과 평균생장량의 관계에 대한 설명으로 옳지 않은 것은?

① 처음에는 연년생장량이 평균생장량보다 크다.
② 평균생장량의 극대점에서 두 생장량의 크기는 다르다.
③ 연년생장량은 평균생장량보다 빨리 극대점을 가진다.
④ 평균생장량이 극대점에 이르기까지는 연년생장량이 항상 평균생장량보다 크다.

해설
평균생장량의 극대점에서 연년생장량과 평균생장량의 크기가 같다.

정답 46. ① 47. ② 48. ① 49. ③ 50. ① 51. ②

52 산림평가 시 임업이율은 보통이율보다 낮아야 하는 이유로 옳지 않은 것은?

① 생산기간의 장기성 때문
② 산림소유의 불안정성 때문
③ 산림의 관리경영이 간편하기 때문
④ 재적 및 금원 수확의 증가와 산림재산가치의 등귀 때문

해설
임업이율이 낮게 평정되는 이유
· 산림소유의 안정성
· 산림재산 및 임료수입의 유동성
· 산림경영관리의 간편화
· 생산기간의 장기성
· 문화의 발전에 따른 이율의 저하
· 재적 및 수확의 증가와 산림재산가치의 등귀
· 기호 및 간접이익의 관점에서의 산림소유에 대한 개인적 가치 평가

53 임업자산의 유형과 구성요소의 연결로 옳지 않은 것은?

① 유동자산 - 비료
② 유동자산 - 현금
③ 고정자산 - 묘목
④ 임목자산 - 산림축적

해설
묘목은 유동자산에 해당한다.

54 임목평가의 방법 중에서 유령림의 평가에 가장 적합한 것은?

① Glaser 법   ② 시장가역산법
③ 임목기망가법 ④ 임목비용가법

해설
유령림에서 임목평가는 식재 및 보육을 위한 투자액을 기준으로 하는 임목비용가법이 적합하다.

55 이율은 5%이고 앞으로 10년 후에 300,000원의 간벌수익을 얻으리라고 예상하면 간벌수입의 전가합계는?

① 약 69,000 원
② 약 184,000 원
③ 약 489,000 원
④ 약 1,296,000 원

해설
10년 후의 30만원에 해당하는 현재가를 구하는 문제로 풀이는 다음과 같다.
$300,000 \times \dfrac{1}{1.05^{10}} ≒ 300,000 \times 0.61 ≒ 184173$

56 손익분기점의 분석을 위한 가정에 대한 설명으로 옳지 않은 것은?

① 제품 한 단위당 변동비는 항상 일정하다.
② 총비용은 고정비와 변동비로 구분할 수 있다.
③ 제품의 판매가격은 판매량이 변동하여도 변화되지 않는다.
④ 생산량과 판매량은 항상 다르며 생산과 판매에 보완성이 있다.

해설
생산량과 판매량은 항상 같으며 생산과 판매에 동시성이 있다.

57 트레킹길 중 산줄기나 산자락을 따라 길게 조성하여 시점과 종점이 연결되지 않는 길은?

① 둘레길   ② 탐방로
③ 트레일   ④ 산림레포츠길

해설
트레일은 산줄기나 산자락을 따라 길게 조성하여 시점과 종점이 연결되지 않는 길이다.

정답   52. ② 53. ③ 54. ④ 55. ② 56. ④ 57. ③

58 법정림(개벌작업)에서 작업급의 윤벌기가 50년인 경우의 법정수확률은?

① 2% ② 3%
③ 4% ④ 5%

해설

법정수확률 = $\dfrac{200}{윤벌기} = \dfrac{200}{50} = 4(\%)$

59 임지기망가의 최대값에 영향을 주는 인자에 대한 설명으로 옳지 않은 것은?

① 이율이 낮을수록 최대값이 빨리 온다.
② 간벌 수익이 클수록 최대값이 빨리 온다.
③ 주벌 수익의 증대속도가 빨리 감퇴할수록 최대값이 빨리 온다.
④ 관리비는 임지기망가가 최대로 되는 시기와는 관계가 없다.

해설

임지기망가 최대값 영향인자에서 이율은 클수록 최대값이 빨리 온다.

60 산림경영의 지도원칙 중 보속성의 원칙에 해당되지 않는 것은?

① 합자연성 ② 목재수확 균등
③ 생산자본 유지 ④ 화폐수확 균등

해설

산림경영 지도원칙에서 보속성의 원칙에는 목재 수확 균등의 보속, 목재생산의 보속, 화폐수확 균등의 보속, 생산자본 유지의 보속이 있다. 합자연성은 환경보전의 원칙과 함께 복지의 원칙에 해당한다.

61 적정임도밀도가 10m/ha 이고 양방향으로 집재할 때 평균집재거리는?

① 250 m ② 500 m
③ 750 m ④ 1000 m

해설

평균집재거리(양방향집재)

집재거리 = $\dfrac{10000}{적정임도밀도 \times 4} = \dfrac{10000}{10 \times 4} = 250m$

62 반출할 목재의 길이가 20m 인 전간재를 너비가 4m 인 임도에서 트럭으로 운반할 때 최소곡선 반지름은?

① 4m ② 20m
③ 25m ④ 50m

해설

최소곡선반지름

$R = \dfrac{l^2}{4B} = \dfrac{20^2}{4 \times 4} = \dfrac{400}{16} = 25(m)$

여기서, R : 곡선반지름(m)
　　　　l : 통나무길이(m)
　　　　B : 노폭(m)

63 1/5000 지형도에 종단경사 10%의 임도노선을 도상배치하고자 한다. 이론적인 수치보다 10% 의 할증을 더 두어 계산해야 한다면 양각기 폭은? (단, 한 등고선의 간격은 5m)

① 1.0 mm ② 1.1 mm
③ 10 mm ④ 11 mm

해설

· 10 : 100 = 5 : 수평거리 → 수평거리 : 50m
· 양각기 폭 : 50m × 1/5000 = 10mm
· 이때 10mm 에 대하여 10% 할증을 더 두어 계산하기에 11mm 가 된다.

정답 58. ③ 59. ① 60. ① 61. ① 62. ③ 63. ④

64 콘크리트 포장 시공에서 보조기층의 기능으로 옳지 않은 것은?

① 동상의 영향을 최소화한다.
② 노상의 지지력을 증대시킨다.
③ 노상이나 차단층의 손상을 방지한다.
④ 줄눈, 균열, 슬래브 단부에서 펌핑현상을 증대시킨다.

해설
보조기층은 노상 위에 위치하는 층으로서 위쪽의 포장층에서 발생되는 하중을 분산시켜 노상으로 전달하는 역할을 한다. 펌핑현상의 경우 주로 표층에서 일어나는 현상이다.

65 일반지형의 경우 임도 설계속도가 20km/시간일 때 설치할 수 있는 최소곡선반지름 기준은?

① 12m ② 15m
③ 20m ④ 30m

해설
설계속도가 20km/hr 일 경우 일반지형의 최소곡선반지름은 15m 이다.

66 임도망 배치의 효율성 정도를 나타내는 개발지수에 대한 설명으로 옳지 않은 것은?

① 평균집재거리와 임도밀도를 곱하여 계산한다.
② 균일하게 임도가 배치되었을 때의 값은 1.0 이다.
③ 노선이 중첩되면 될수록 임도배치 효율성은 높아진다.
④ 임도간격과 밀도가 동일하더라도 노망의 배치상태에 따라 이용효율성은 크게 달라진다.

해설
노선이 중첩되면 될수록 임도배치 효율성은 낮아진다.

67 임도 노면 시공방법에 따른 분류로 머캐덤(Macadam)에 해당하는 것은?

① 사리도 ② 쇄석도
③ 토사도 ④ 통나무길

해설
쇄석도는 쇄석(부순돌)끼리 서로 물려서 죄는 힘과 결합력에 의해 만들어진 단단한 도로이다. 쇄석도는 보통 습기가 많은 지대의 임도에서 사용되는데 이때 쇄석도의 시공시 머캐덤식은 쇄석재료로만 시공한 도로이다.

68 다음 표는 임도의 횡단측량 야장이다. A, B, C, D에 대한 설명으로 옳지 않은 것은?

좌측	측점	우측
L3.0	A No.0	L3.0
$\frac{-1.8}{0.4}$ $\frac{C}{1.2}$	MC$_1$	$\frac{L}{1.3}$ $\frac{B+1.5}{1.5}$
$\frac{B-0.3}{2.0}$ $\frac{-0.3}{2.0}$	MC$_1$ D +3.70	$\frac{+0.4}{2.0}$ $\frac{+0.4}{2.0}$

① A : 측점이 No. 0 인 경우는 기설 노면을 의미한다.
② B : 분자는 고저차로서 +는 성토량, −는 절토량을 의미한다.
③ C : 분모는 수평거리로서 측점을 기준으로 왼편 1.2m 지점을 의미한다.
④ D : MC$_1$ 지점으로부터 3.70m 전진한 지점을 뜻한다.

해설
B 부분의 분자는 +는 절토량, −는 성토량을 의미한다.

69 임도 설계를 위한 중심선측량 시 측점 간격 기준은?

① 10m ② 15m
③ 20m ④ 25m

해설
중심선 측량의 경우 노선의 시점을 기준으로 20m 마다 측점말뚝을 박아 측정하며 주로 평탄지와 완경사지에 적용한다.

정답 64. ④ 65. ② 66. ③ 67. ② 68. ② 69. ③

70 임도 설계업무의 진행 순서로 옳은 것은?

① 예비조사 → 예측 → 답사 → 실측 → 설계도작성
② 예비조사 → 답사 → 예측 → 실측 → 설계도작성
③ 실측 → 예측 → 지형도분석 → 답사 → 설계도작성
④ 실측 → 지형도분석 → 예측 → 구조물조사 → 설계도작성

해설
임도설계 순서
예비조사 → 답사 → 예측, 실측 → 설계도 작성 → 공사량 산출 → 설계서 작성

71 임도시공 시 토질조사 작업에서 예비조사의 주요항목이 아닌 것은?

① 토양　② 지질
③ 기상　④ 지적

해설
임도시공에 대한 토질조사에서 예비조사 항목에는 토양도, 지질도, 기상이 있다.

72 산림 토목공사용 기계로 옳지 않은 것은?

① 전압기　② 착암기
③ 식혈기　④ 정지기

해설
식혈기는 묘목식재를 위해 땅에 구멍을 뚫는 조림용 기계이다.

73 사리도(자갈길, gravel road)의 유지관리에 대한 설명으로 옳지 않은 것은?

① 방진처리에 염화칼슘은 사용하지 않는다.
② 노면의 제초나 예불은 1년에 한 번 이상 실시한다.
③ 비가 온 후 습윤한 상태에서 노면 정지작업을 실시한다.
④ 횡단배수구의 기울기는 5~6% 정도를 유지하도록 한다.

해설
방진처리를 위하여 물이나 염화칼슘 등을 사용한다.

74 가선집재와 비교한 트랙터에 의한 집재작업의 장점으로 옳지 않은 것은?

① 기동성이 높다.
② 작업이 단순하다.
③ 작업생산성이 높다.
④ 잔존임분에 대한 피해가 적다.

해설
트랙터의 경우 지면위를 지나가기에 잔존임분에 대한 피해가 많다.

75 흙의 입도분포의 좋고 나쁨을 나타내는 균등계수의 산출식으로 옳은 것은?(단, 통과중량 백분율 x 에 대응하는 입경은 D_X)

① $D_{10} \div D_{60}$　② $D_{20} \div D_{60}$
③ $D_{60} \div D_{20}$　④ $D_{60} \div D_{10}$

해설
균등계수
균등계수는 체로 분류하여 60% 통과율을 나타내는 모래 입자의 크기 비율로 나타낸다.

$$균등계수 = \frac{통과중량백분율 60\% 대응입경}{통과중량백분율 10\% 대응입경} = \frac{D_{60}}{D_{10}}$$

정답 70. ②　71. ④　72. ③　73. ①　74. ④　75. ④

76 다음 종단측량 결과표를 이용하여 측점 1~4를 연결하는 도로계획선의 종단기울기는? (단, 중심말뚝 간격은 30m)

측점	1	2	3	4
지반고(m)	65.45	66.03	63.67	68.83

① 약 -3.8 %　② 약 +3.8 %
③ 약 -5.6 %　④ 약 +5.6 %

해설
중심말뚝의 간격은 30m 이므로 측점 1에서 측점 4까지의 거리는 90m 이다. 그리고 측점 1에서 측점 4까지의 지반고 차이는 <68.83 - 65.45 = 3.38> 이므로 기울기는 다음과 같이 구할수 있다.

- $\frac{3.38}{90} \times 100 \fallingdotseq 3.8(\%)$

77 임도 시설기준에 대한 설명으로 옳은 것은?

① 배향곡선은 중심선 반지름이 10m 이상으로 한다.
② 종단곡선은 포물선곡선방식을 적용하지 않는다.
③ 특수지형에서 최소곡선반지름은 설계속도와 관계없이 14m 이상으로 한다.
④ 특수지형에서 노면포장을 하는 경우 종단기울기는 20% 범위에서 조정할 수 있다.

해설
배향곡선은 중심선 반지름이 10m 이상으로 설치한다.

78 합성기울기가 10% 이고, 외쪽기울기가 6%인 임도의 종단기울기는?

① 4%　② 6%
③ 8%　④ 10%

해설
$10 = \sqrt{6^2 + 종단기울기^2}$
$100 = 36 + 종단기울기^2$
종단기울기 = 8(%)

79 컴퍼스측량에 대한 설명으로 옳지 않은 것은?

① 국지인력의 영향 때문에 철제구조물과 전류가 많은 시가지 측량에 적합하다.
② 캠퍼스의 눈금판은 일반적으로 N과 S점에서 양측으로 0°~90°까지 나누어져 있다.
③ 시준선이 어떤 방향으로 향할 때 자침이 가리키는 값은 남북방향을 기준으로 한 각이 된다.
④ 농지, 임야지 등과 같은 국지인력의 영향이 없는 곳이나 높은 정도를 필요로 하지 않는 곳에서 작업이 신속하고 간편하기에 많이 이용된다.

해설
국지인력은 근처에 철제구조물, 철광석, 직류전류 등이 있으면 자력선의 방향이 자북을 가르키지 않게 되기에 컴퍼스측량의 경우 이러한 조건에서의 측량에는 적합하지 않다.

80 배향곡선지가 아닌 경우 임도의 유효너비 기준은?

① 3m　② 4m
③ 5m　④ 6m

해설
임도의 유효너비는 3m 를 기준으로 하며 배향곡선지의 경우 6m 이상을 기준으로 한다.

81 비탈면 붕괴를 방지하기 위한 돌망태쌓기 공법에 대한 설명으로 옳지 않은 것은?

① 보강성 및 유연성이 좋다.
② 투수성 및 방음성이 불량하다.
③ 일체성과 연속성을 지닌 구조물이다.
④ 주로 철선으로 짠 망태에 호박돌 또는 잡석을 채워 사용한다.

해설
돌망태쌓기 공법에서 돌망태는 신축 및 변형되어 보강성, 유연성이 좋고 투수성 및 방음성도 뛰어나다.

정답　76. ②　77. ①　78. ③　79. ①　80. ①　81. ②

82 비중에 따라 골재를 구분할 경우 중량골재의 비중 기준은?

① 2.50 이하 ② 2.60 이상
③ 2.70 이상 ④ 2.80 이하

해설
중량골재의 비중은 2.7 이상이다.

83 계류의 임계유속에 대한 설명으로 옳은 것은?

① 유수가 흐르지 않는 상태이다.
② 계상에 침식이 일어나지 않는다.
③ 계상에 침식이 가장 많이 일어난다.
④ 유수의 속도가 가장 빠른 상태이다

해설
임계유속은 계상에서 침식을 일으키지 않는 경우의 최대유속을 말한다.

84 비탈면 녹화공법에 해당하지 않는 것은?

① 조공 ② 사초심기
③ 비탈덮기 ④ 선떼붙이기

해설
사초심기는 해안사방 공종에 속한다.

85 붕괴형 산사태에 대한 설명으로 옳은 것은?

① 지하수로 인해 발생하는 경우가 많다.
② 파쇄 또는 온천 지대에서 많이 발생한다.
③ 속도는 완만해서 흙덩이는 흩어지지 않고 원형을 유지한다.
④ 이동 면적이 1ha 이하로 작고, 깊이도 수 m 이하로 얕은 경우가 많다.

해설
붕괴형 산사태의 경우 발생 면적 규모 및 깊이가 작다.

86 비탈다듬기 공법에 대한 설명으로 옳지 않은 것은?

① 붕괴면의 주변 상부는 충분히 끊어낸다.
② 기울기가 급한 장소에서는 선떼붙이기와 산비탈돌쌓기 등으로 조정한다.
③ 퇴적층 두께가 3m 이상일 때에는 땅속흙막이를 시공한 후 실시한다.
④ 수정기울기는 지질·면적·공법 등에 따라 차이를 두되 대체로 45° 전후로 한다.

해설
비탈다듬기공사에 있어 수정기울기는 최대 35°전후로 한다.

87 콘크리트흙막이를 산복기초로 시공할 경우 가장 적합한 높이는?

① 2.5m 이하 ② 3.0m 이하
③ 3.5m 이하 ④ 4.0m 이하

해설
콘크리트흙막이는 안정성을 기대할 수 없는 경우 산복기초로의 높이는 4m 이하를 원칙으로 한다.

88 유역면적 200ha, 최대시우량 180mm/h, 유거계수 0.6일 때 최대홍수유량(m^3/s)은?

① 60 ② 90
③ 120 ④ 180

해설
$0.002778 \times 0.6 \times 180 \times 200 ≒ 60$
※ 합리식법
$Q = 0.002778 CIA$
여기서, Q : 유출량(m^3/sec)
C : 유거계수
I : 최대시우량(mm/hr)
A : 유역면적(ha)

정답 82. ③ 83. ② 84. ② 85. ④ 86. ④ 87. ④ 88. ①

89 황폐 계류 유역을 구분하는데 포함되지 않는 것은?

① 토사준설구역 ② 토사생산구역
③ 토사퇴적구역 ④ 토사유과구역

해설
황폐계류의 상류부를 토사생산구역, 생산된 토사가 이동하는 토사유과구역, 하류에 토사가 퇴적되는 토사퇴적구역으로 구분된다.

90 시우량법을 이용하여 최대홍수유량을 산정할 때 침투 정도가 보통인 평지 토양에서 유거계수가 가장 큰 경우는?

① 산림 ② 초지
③ 암석지 ④ 농경지

해설
유거계수는 임상이 좋지 않거나 황폐가 심할 경우 유출량이 많아 유거계수값이 높아지기에 침투 정도가 보통인 평지에서 산림, 초지, 농경지보다는 암석지의 유출량이 상대적으로 높아 유거계수가 크게 된다.

91 설상사구에 대한 설명으로 옳은 것은?

① 주로 파도막이 뒤에 형성되는 모래 언덕이다.
② 모래가 정선부에 퇴적하여 얕은 모래 둑을 형성한다.
③ 혀 모양의 형태로 모래가 쌓인 후 반달 모양으로 형태가 바뀐 것이다.
④ 치올린 언덕의 모래가 비산하여 내륙으로 이동하면서 수목이나 사초가 있을 때 형성된다.

해설
치올린 언덕의 모래가 비산하여 내륙으로 이동되면서 형성되는데 수목이나 사초가 있을 경우 얕은 모래둑을 형성하게 된다.

92 토양침식 형태에서 중력침식에 해당되지 않는 것은?

① 붕괴형 ② 지중형
③ 지활형 ④ 유동형

해설
중력침식의 종류로 붕괴형, 지활형, 유동형, 사태형 침식이 있다.

93 흙사방댐의 높이가 2.5m 일 때에 가장 적합한 댐마루 나비는?(단, Merrimar 식 이용)

① 2.0m ② 2.25m
③ 2.5m ④ 2.75m

해설
댐마루나비

너비 = $\dfrac{댐높이}{5} + 1.5 = \dfrac{2.5}{5} + 1.5 = 2.0$

94 강우 시 침투능에 대한 설명으로 옳지 않은 것은?

① 나지보다 경작지의 침투능이 더 크다.
② 초지보다 산림지의 침투능이 더 크다.
③ 침엽수림이 활엽수림보다 침투능이 더 크다.
④ 시간이 지속되면 점점 작아지다가 일정한 값이 된다.

해설
활엽수림이 침엽수림보다 침투능이 더 크다.

95 사방댐을 직선유로에 계획할 때 올바른 방향은?

① 유심선에 직각
② 유심선에 평행
③ 유심선의 접선에 직각
④ 유심선의 접선에 평행

해설
사방댐은 주로 직각방향으로 설치하여 침식 방지 및 토사의 유실을 방지한다.

정답 89. ① 90. ③ 91. ④ 92. ② 93. ① 94. ③ 95. ①

96 기슭막이에 대한 설명으로 옳지 않은 것은?

① 기슭막이의 둑마루 두께는 0.3~0.5m 를 표준으로 한다.
② 기슭막이의 높이는 계획고 수위보다 0.5~0.7m 높게 한다.
③ 유로의 만곡에 의해 물의 충격을 받는 수충부 하류에 계획한다.
④ 기초의 밑넣기 깊이는 계상의 상황 등을 고려하여 세굴되지 않도록 한다.

해설
기슭막이는 유로의 만곡에 의하여 물의 충격을 받는 수충부나 산복의 위험성이 있는 전방에 시공한다.

97 돌골막이 시공 시 돌쌓기의 표준 기울기로 옳은 것은?

① 1 : 0.1   ② 1 : 0.2
③ 1 : 0.3   ④ 1 : 0.4

해설
돌골막이의 돌쌓기 표준기울기는 1 : 0.3 이다.

98 다음 설명에 해당하는 것은?

◎ 막깬돌, 잡석 및 호박돌 등을 가공하지 않은 상태로 축설한다.
◎ 유량이 비교적 적고 기울기가 비교적 급한 산복에 이용되는 수로이다.

① 떼붙임 수로
② 메붙임 돌수로
③ 찰붙임 돌수로
④ 콘크리트 수로

해설
메붙임 돌수로
· 지반이 견고하고 집수량이 적으며 상수가 없고 경사가 급한 곳에 적합하다.
· 막깬돌, 잡석, 호박돌 등을 붙여 축설한다.
· 석재는 돌의 길이면을 유수의 직각으로 놓고 뒷채움은 자갈을 이용한다.

99 임간나지에 대한 설명으로 옳은 것은?

① 산림이 회복되어 가는 임상이다.
② 비교적 키가 작은 울창한 숲이다.
③ 초기황폐지나 황폐이행지로 될 위험성은 없다.
④ 지표면에 지피식물 상태가 불량하고 누구 또는 구곡침식이 형성되어 있다.

해설
나지는 지피식물 상태가 불량하여 잔도랑이나 큰도랑이 발생하여 누구, 구곡 침식이 발생하기 쉽다.

100 콘크리트 치기 작업의 주의사항으로 옳지 않은 것은?

① 가급적 신속하게 콘크리트 치기를 실시하여 작업을 완료해야 한다.
② 일반적으로 1.5m 이상의 높이에서 콘크리트를 떨어뜨려서는 안된다.
③ 거푸집 내면의 막음널에 이탈제로 광유를 바르거나 비눗물을 바르기도 한다.
④ 기둥, 교각, 벽 등에는 콘크리트를 쳐 올라감에 따라 뜬 물이 생기므로 묽은 반죽으로 하는 것이 좋다.

해설
기둥, 교각 벽 등에는 콘크리트를 쳐 올라감에 따라 뜬 물이 발생하면 묽은 반죽이 아닌 시멘트량이 많은 반죽질기를 가진 콘크리트 사용 하는 것이 좋다.

정답 96. ③ 97. ③ 98. ② 99. ④ 100. ④

2021년 제2회 산림기사

01 다음 조건에서 종자의 효율은?

- 종자시료 전체 무게 : 100g
- 순정종자 무게 : 50g
- 종자시료 전체 개수 : 160개
- 발아한 종자 개수 : 80개

① 25% ② 50%
③ 75% ④ 100%

해설
종자의 효율은 순량율과 발아율을 이용하여 다음과 같이 구하도록 한다.

- 순량률(%) = $\dfrac{순정종자량(g)}{작업시료량(g)} \times 100$

   $= \dfrac{50}{100} \times 100 = 50(\%)$

- 발아율 = $\dfrac{발아종자수}{발아시험수} \times 100$

   $= \dfrac{50}{100} \times 100 = 50(\%)$

- 효율 = $\dfrac{50 \times 50}{100} = 25(\%)$

02 어린나무가꾸기에 대한 설명으로 옳은 것은?

① 조림목은 제거하지 않는다.
② 간벌 작업 이전에 실시한다.
③ 생육 휴면기인 겨울철이 적정시기이다.
④ 일반적으로 수관경쟁이 시작되고 조림목의 생육이 저해되는 시점이 적정 시기이다.

해설
작업은 조림후 5~10년이 경과한 임분에 실시하며 수관경쟁이 시작될 무렵 실시한다.

03 가지치기에 대한 설명으로 옳은 것은?

① 활엽수종의 지융부를 제거하면 안된다.
② 생장휴지기에는 가급적 실시하지 않는다.
③ 수간 상부보다 하부의 비대생장을 촉진시킨다.
④ 가지치기 작업으로 인해 부정아는 생성되지 않는다.

해설
활엽수종의 지융부를 제거하지 않고 지융부에 가깝게 가지치기를 한다.

04 다음 ( ) 안에 들어갈 용어로 올바르게 나열한 것은?

중림작업은 ( ) 작업과 ( ) 작업의 혼합림 작업이다.

① 교림, 죽림 ② 교림, 왜림
③ 죽림, 순림 ④ 죽림, 왜림

해설
중림작업은 교림작업과 왜림작업을 혼합한 갱신작업이다.

정답 01. ① 02. ②,④ 03. ① 04. ②

05 소나무와 곰솔을 비교한 설명으로 옳지 않은 것은?

① 곰솔의 침엽은 굵고 길다.
② 소나무의 겨울눈은 굵고 회백색이다.
③ 소나무의 수피는 적갈색이고 곰솔은 암흑색이다.
④ 침엽 수지도가 곰솔은 중위이고 소나무는 외위이다.

해설
곰솔과 비교하여 소나무의 겨울눈은 가늘고 붉은색을 띤다.

06 수목의 증산작용에 대한 설명으로 옳지 않은 것은?

① 잎의 온도를 낮추어 준다.
② 무기염의 흡수와 이동을 촉진시키는 역할을 한다.
③ 식물의 표면으로부터 물이 수증기의 형태로 방출되는 것을 의미한다.
④ 증산작용을 할 수 없는 100%의 상대습도에서는 식물이 자라지 못한다.

해설
상대습도 100%에서도 식물은 생장가능하다.

07 풀베기 작업을 두 번 하고자 할 때 첫 번째 작업시기로 가장 적당한 것은?

① 1~3월   ② 3~5월
③ 5~7월   ④ 7~9월

해설
풀베기 작업은 일반적으로 5~7월에 작업을 실시한다.

08 체내에서 이동이 용이하여 성숙 잎에서 먼저 결핍증이 나타나는데, 잎에 검은 반점과 황화현상이 나타나고, 결핍 시 뿌리썩음병에 잘 걸리게 되는 무기영양소는?

① 철   ② 칼슘
③ 질소   ④ 칼륨

해설
칼륨은 뿌리의 개화 및 결실에 도움을 주는 양분이나 결핍되면 성숙한 잎에서 먼저 황화현상 및 갈변현상이 발생하고 어린잎은 암록색이 되고 신장이 나쁘게 된다. 뿌리의 생장은 제한되고 뿌리썩음병이 발생하기 쉽다.

09 지베렐린에 대한 설명으로 옳지 않은 것은?

① 알칼리성이다.
② 신장 생장을 촉진한다.
③ 일반적으로 지베렐린이 처리된 수목은 개화량과 개화기간이 길어진다.
④ gibbane의 구조를 가진 화합물이며 일반적으로 GA_3라고 표기한다.

해설
지베렐린은 산성을 띤다.

10 비료목에 해당하는 수종으로만 올바르게 나열한 것은?

① 자귀나무, 가시나무, 백합나무
② 자귀나무, 오리나무, 족제비싸리
③ 오리나무, 졸참나무, 물푸레나무
④ 아까시나무, 나도밤나무, 물푸레나무

해설
비료목의 종류에는 아까시나무, 자귀나무, 싸리나무, 박태기나무, 등나무, 칡, 오리나무 등이 있다.

정답 05. ② 06. ④ 07. ③ 08. ④ 09. ① 10. ②

11 종자 결실을 촉진하기 위해 일반적으로 사용하는 방법이 아닌 것은?

① 충분한 관수
② 단근 작업 실시
③ 인산 및 칼륨 시비
④ 임분의 입목밀도 조절

> 해설
> 종자의 결실 촉진을 위해서는 건조, 접목, 상처주기 등의 스트레스를 주거나 간벌을 통해 입목밀도를 조절해주는 것이 효과적이다. 또한 수피의 일부를 제거하여 C/N 율을 조절하는 것도 결실량 촉진에 도움을 준다.

12 삽목 발근이 용이한 수종만으로 올바르게 나열한 것은?

① 감나무, 자작나무
② 백합나무, 사시나무
③ 꽝꽝나무, 동백나무
④ 두릅나무, 산초나무

> 해설
> 포플러, 은행나무, 주목, 개나리, 꽝꽝나무, 동백나무 등은 삽목발근이 용이한 수종이다.

13 난대 수종으로 일반적으로 온대 중부 이북에서 조림하기 어려운 수종은?

① *Quercus acuta*
② *Picea jezoensis*
③ *Abies holophylla*
④ *Pinus koraiensis*

> 해설
> ① 붉가시나무 ② 가문비나무 ③ 전나무 ④ 잣나무
> 붉가시나무는 난대림 수종으로 온대 중부 이북에 조림하기 어려운 수종이다.

14 모수작업에 의한 갱신이 가장 유리한 수종은?

① *Juglans regia*
② *Pinus densiflora*
③ *Pinus koraiensis*
④ *Quercus acutissima*

> 해설
> ① 호두나무 ② 소나무 ③ 잣나무 ④ 상수리나무
> 모수작업에는 곰솔, 소나무 등의 양수 수종이 갱신에 유리한 수종이다.

15 순림과 비교한 혼효림의 장점으로 옳지 않은 것은?

① 생물의 다양성이 높다.
② 환경적 기능이 우수하다.
③ 병해충에 대한 저항력이 크다.
④ 무육작업과 산림경영이 경제적이다.

> 해설
> 무육작업과 산림경영이 경제적인 것은 단일수종인 단순림에 대한 내용으로 혼효림의 경우 시장성, 경제성 측면에는 상대적으로 불리하다.

16 음엽과 비교한 양엽의 특성으로 옳은 것은?

① 잎이 넓다.
② 광포화점이 낮다.
③ 책상 조직의 배열이 빽빽하다.
④ 큐티클층과 잎의 두께가 얇다.

> 해설
> 양엽은 음엽에 비하여 책상조직이 빽빽하게 잘 발달되어 있는데 양엽의 책상조직이 2~3층으로 구성되어 있고 음엽은 1개층 밖에 없다.

정답 11. ① 12. ③ 13. ① 14. ② 15. ④ 16. ③

17 묘목을 식재할 때 뿌리돌림 시기로 가장 적합한 것은?

① 상록활엽수종 : 한겨울
② 상록침엽수종 : 7~8월 상순
③ 낙엽수종 : 11~2월 상순, 혹은 2~3월 상순
④ 수종마다 큰 차이가 없고 연중 어느 때든지 적합하다

해설
묘목의 뿌리돌림 시기로 낙엽수종은 2~3월, 11~12월이 적합하다.

18 택벌에 대한 설명으로 옳지 않은 것은?

① 양수 수종의 갱신에 유리하다.
② 기상 피해에 대한 저항력이 높다.
③ 임관이 항상 울폐된 상태를 유지한다.
④ 경관적 가치가 다른 작업종에 비해 높다.

해설
택벌작업은 벌기, 벌채량, 방법 등 제한이 없고 성숙한 임목을 골라 벌채하는 방법으로 음수 수종에 유리하고 양수 수종에는 적용이 어렵다.

19 파종상에서 1년, 이식상에서 2년, 그 뒤 1번 더 이식한 실생묘의 표시는?

① 1/2 - 1   ② 1 - 1/2
③ 1 - 2 - 1   ④ 2 - 1 - 1

해설
실생묘의 처음 숫자는 파종상에서 지낸 연수, 뒤의 수는 판갈이상에서 지낸 연수를 의미한다.

20 종자를 건조한 상태를 저장하여도 발아력이 크게 손상되지 않는 수종으로만 올바르게 나열한 것은?

① 목련, 칠엽수
② 편백, 삼나무
③ 밤나무, 가시나무
④ 신갈나무, 가래나무

해설
종자를 건조한 상태로 저장해도 발아력에 큰 이상이 없는 수종으로 소나무, 편백, 삼나무, 향나무, 단풍나무 등이 있다.

21 알락하늘소를 방제하는 방법으로 옳지 않은 것은?

① Bt 균이나 핵다각체바이러스를 살포한다.
② 성충이 우화하는 시기에 적용 약제를 수관에 살포한다.
③ 유충을 구제하기 위하여 침입공에 적용 약제를 주입한다.
④ 철사를 침입공에 넣어 목질부에 서식하고 있는 유충을 찔러 죽인다.

해설
Bt 균이나 핵다각체바이러스를 살포하여 방제하는 것은 매미나방에 효율적이며 알락하늘소에는 큰 효과가 없는 방제법이다.

정답 17. ③ 18. ① 19. ③ 20. ② 21. ①

22 오동나무 탄저병을 방제하는 방법으로 옳지 않은 것은?

① 거름주기와 가지치기를 철저히 한다.
② 실생묘의 양묘에서는 토양소독을 실시한다.
③ 병든 부분을 제거하고 소독 후 도포제를 처리한다.
④ 짚으로 토양을 피복하여 빗물에 흙이 튀지 않게 한다.

해설
오동나무 탄저병 방제법
· 병든 가지와 잎은 즉시 잘라 소각한다.
· 분주묘에는 만토지수화제를 살포한다.
· 실생묘를 양성할 때는 토양소독을 먼저 실시하고 빗물에 흙이 튀지 않도록 짚으로 피복한다.

23 미국흰불나방은 1년에 몇 회 우화하는가?

① 1회 ② 2~3회
③ 4~5회 ④ 6회

해설
미국흰불나방은 1년에 2회 발생하고 번데기 형태로 나무껍질 사이에 월동한다.

24 산성비의 산도에 해당하는 것은?

① pH 5.0 ~ 7.0 ② pH 5.6 ~ 7.5
③ pH 5.6 이하 ④ pH 7.0 이상

해설
pH 5.6 이하의 비를 산성비라 한다.

25 박쥐나방에 대한 설명으로 옳지 않은 것은?

① 어린 유충은 초본을 가해한다.
② 성충은 박쥐처럼 저녁에 활발히 활동한다.
③ 성충은 나무에 구멍을 뚫어 알을 산란한다.
④ 1년 또는 2년에 1회 발생하며 알로 월동한다.

해설
박쥐나방 성충은 땅에 알을 산란한다.

26 수목의 외과적 치료 방법에 대한 설명으로 옳은 것은?

① 나무주사를 이용하는 방법이다.
② 부후병, 뿌리썩음병에는 효과가 없다.
③ 뽕나무 오갈병, 오동나무 빗자루병에는 효과가 없다.
④ 살균제 성분을 이용하여 수목 피해를 예방하는 것이다.

해설
뽕나무 오갈병, 오동나무 빗자루병은 파이토플라스마에 의해 발생하며 약제를 수간주입하여 치료하는 것이 효과적이며 외과적 치료방법에는 효과가 없다.

27 밤바구미에 대한 설명으로 옳지 않은 것은?

① 경제적 피해 수종은 주로 밤나무이다.
② 밤껍질 밖으로 배설물을 방출하므로 쉽게 알 수 있다.
③ 유충이 밤이나 도토리의 과육을 식해하여 피해를 준다.
④ 땅 속에서 유충의 형태로 월동한 후에 번데기가 된다.

해설
밤바구미의 부화유충은 과실의 내부를 가해하는데 배설물을 외부로 배출하지 않아 피해 과실의 구별이 어렵다.

28 상륜에 대한 설명으로 옳은 것은?

① 상해의 피해 중 만상의 피해로 나타나는 일종의 위연륜을 말한다.
② 지형적으로 습기가 낮고, 높은 지대, 소택지 등에 상륜의 피해가 많다.
③ 조상의 피해로 나타나는 현상으로 일시 생장이 중지되었을 때 나타난다.
④ 고립목이나 산림의 임연부에서 한겨울 밤 수액이 저온으로 얼면서 나타나는 피해현상이다.

해설
상륜은 만상으로 인하여 발생하는 위연륜을 말한다.

정답 22. ①,③ 23. ② 24. ③ 25. ③ 26. ③ 27. ② 28. ①

29 오리나무 갈색무늬병을 방제하는 방법으로 옳지 않은 것은?

① 윤작을 피한다.
② 종자를 소독한다.
③ 솎아주기를 한다.
④ 병든 낙엽은 모아 태운다.

해설
오리나무 갈색무늬병을 방제하기 위한 방법으로 묘포를 돌려짓는 윤작을 하도록 한다.

30 세균에 의한 수목병에 해당하는 것은?

① 녹병
② 탄저병
③ 뿌리혹병
④ 소나무재선충병

해설
세균에 의한 병해 종류로 불마름병, 뿌리혹병 등이 있다.

31 아밀라리아뿌리썩음병에 대한 설명으로 옳은 것은?

① 주로 천공성 곤충으로 전반된다.
② 침엽수와 활엽수에 모두 발생한다.
③ 표징으로 갈색의 파상땅해파리버섯이 있다.
④ 병원균은 균핵으로 월동하여 이듬해에 1차 전염원이 된다.

해설
아밀라리아뿌리썩음병은 침엽수(잣나무, 소나무, 가문비나무 등)와 활엽수(벚나무, 오리나무류, 느티나무 등)에 모두 발생한다.

32 봄에 진딧물의 월동란에서 부화한 애벌레를 무엇이라 하는가?

① 간모
② 유성생식충
③ 산란성 암컷
④ 산자성 암컷

해설
간모란 진딧물이 봄에 부화하여 발육한 것으로 날개가 없는 단위 생식형의 암컷을 의미한다.

33 소나무류 잎녹병균 중간기주가 아닌 것은?

① 잔대
② 황벽나무
③ 쑥부쟁이
④ 졸참나무

해설
소나무 잎녹병의 중간기주로 황벽나무, 잔대, 참취, 쑥부쟁이 등이 있다.

34 밤나무혹벌이 주로 산란하는 곳은?

① 밤나무의 눈
② 밤나무의 뿌리
③ 밤나무의 잎 뒷면
④ 밤나무 주변 지피물

해설
밤나무혹벌은 밤나무 잎눈에 산란한다.

35 주로 단위생식으로 번식하는 해충은?

① 솔나방
② 밤나무혹벌
③ 솔잎혹파리
④ 북방수염하늘소

해설
암컷만으로 하는 생식을 단위생식, 처녀생식이라 하며 대표적으로 밤나무혹벌, 민달팽이벌레 등이 있다.

36 솔잎혹파리를 방제하는 방법으로 옳지 않은 것은?

① 포식성 조류인 박새, 곤줄박이를 보호한다.
② 간벌하여 임내를 건조시킴으로써 번식을 억제한다.
③ 번데기가 낙하하는 11월 하순 ~ 12월 상순에 카보퓨란입제를 지면에 살포한다.
④ 피해가 심한 임지에서는 산란 및 부화 최성기에 디노테퓨란 액제를 수간 주입한다.

해설
솔잎혹파리의 방제를 위한 방법으로 지면살포가 있으며 11월~12월 쯤 토양에서 월동하는 애벌레 구제를 목적으로 아타라입제를 지면에 살포한다.

정답 29. ① 30. ③ 31. ② 32. ① 33. ④ 34. ① 35. ② 36. ③

37 파이토플라스마에 대한 설명으로 옳지 않은 것은?

① 인공 배양이 불가능하다.
② 원핵생물과 진핵생물의 중간적 존재이다.
③ 세포벽이 없으므로 구형 또는 불규칙한 모양이다.
④ 파이토플라스마에 의한 수목병은 대부분 곤충에 의해 전염된다.

해설
파이토플라스마는 바이러스와 세균의 중간적 존재로 생물계에서는 원핵생물의 일종으로 분류된다.

38 희석하여 살포하는 약제가 아닌 것은?

① 액제
② 입제
③ 수화제
④ 캡슐현탁제

해설
입제는 입자가 0.5~2.5mm 작은입자로 된 농약으로 물에 희석할 필요 없이 바로 살포한다.

39 밤나무 줄기마름병을 방제하는 방법으로 옳은 것은?

① 침투 이행성 살균제를 피해목 수간에 주입한다.
② 외가닥 RNA가 존재하는 저병원성 균주를 살포한다.
③ 박쥐나방에 의한 피해를 줄이기 위하여 살충제를 살포한다.
④ 상습 발생지에서는 장마 후부터 10일 간격으로 살균제를 3~4회 살포한다.

해설
밤나무 줄기마름병은 박쥐나방과 같이 나무에 구멍을 내는 해충의 피해를 줄이기 위해 살충제를 살포한다.

40 다음 설명에 해당하는 바람의 종류는?

◎ 10~15m/s 정도로 불며, 풍속은 느리지만 규칙적으로 분다.
◎ 수목 피해 : 만성적으로 눈에 잘 띄지 않으나 임목의 생장을 감소시키고 수형을 불량하게 한다.

① 폭풍
② 염풍
③ 육풍
④ 주풍

해설
주풍은 10~15m/s 속도로 한방향으로 불어오는 바람으로 생장량 감소, 수형 불량, 생리적 장애 등의 피해가 발생하는데 주로 편심생장이 나타난다.

41 우리나라 임업 경영의 특성이 아닌 것은?

① 생산기간이 대단히 길다.
② 임업은 공익성이 크므로 제한성이 많다.
③ 임업노동은 계절적 제약을 크게 받지 않는다.
④ 육성임업과 채취임업은 함께 실시하기 어렵다.

해설
임업경영 특성상 육성임업과 채취임업은 병존한다.

정답 37. ② 38. ② 39. ③ 40. ④ 41. ④

42 다음 조건에 따른 자본에 귀속하는 소득은?

- 임업소득 : 10,000,000원
- 가족노임추정액 : 5,000,000원
- 지대 : 1,000,000원
- 자본이자 : 500,000원

① 3,500,000원　② 4,000,000원
③ 4,500,000원　④ 10,500,000원

해설

- 자본에 귀속하는 소득
  = 임업소득 - (지대 + 가족노임추정액)
- 자본에 귀속하는 소득
  = 10,000,000원 - (1,000,000원+5,000,000원)
  = 4,000,000원

43 입목의 직경을 측정하는데 사용하는 도구가 아닌 것은?

① 윤척(caliper)
② 직경 테이프(diameter tape)
③ 빌티모아 스티크(biltimore stick)
④ 아브네이 핸드 레블(abney hand level)

해설

아브네이 핸드 레블은 나무의 수고측정 장비이다.

44 다음 손익분기점 분석 공식에서 q가 의미하는 것은? (단, TC는 총비용, FC는 총고정비, v는 단위당 변동비)

$$TC = FC + v \times q$$

① 손실비
② 총수익
③ 판매가격
④ 손익분기점의 생산량

해설

총비용은 고정비와 변동비의 합계로 표시하며 이때 변동비는 <단위당 변동비×생산량>으로 표시한다.

45 산림의 생산기간에 대한 설명으로 옳지 않은 것은?

① 회귀년이 짧은 경우 단위면적에서 벌채될 재적이 많다.
② 벌기령과 벌채령이 일치할 때 벌기령을 법정벌기령이라 한다.
③ 개량기는 개벌작업을 하는 산림에 적용되는 기간이며 정리기라고도 한다.
④ 윤벌기란 보속작업에 있어서 한 작업급 내의 모든 임분을 1순벌하는데 필요한 기간이다.

해설

회귀년이 짧은 경우 단위면적에서 벌채되는 양은 적다.

46 산림투자의 경제성 분석 방법이 아닌 것은?

① 회수기간법　② 순현재가치법
③ 외부수익률법　④ 편익비용비율법

해설

산림투자의 경제성 분석 혹은 투자효율의 분석방법으로 순현재가치법, 내부투자수익률법, 수익-비용률법, 회수기간법, 투자이익률법 등이 있다.

47 임지기망가에 대한 설명으로 옳지 않은 것은?

① 조림비가 클수록 임지기망가가 최대로 되는 시기가 늦어진다.
② 이율이 클수록 임지기망가가 최대로 되는 시기가 빨리 온다.
③ 간벌수익이 클수록 임지기망가가 최대로 되는 시기가 빨리 온다.
④ 지위가 양호한 임지일수록 임지기망가가 최대로 되는 시기가 늦어진다.

해설

지위가 양호할수록 기대되는 임지기망가의 최대 시기는 빨리온다.

정답　42. ②　43. ④　44. ④　45. ①　46. ③　47. ④

48 산림경영의 지도원칙 중 보속성의 원칙이 아닌 것은?

① 목재 생산의 보속
② 임업기술 유지의 보속
③ 생산자본 유지의 보속
④ 목재수확 균등의 보속

해설
산림경영의 지도원칙 중 보속성의 원칙에는 목재 수확 균등의 보속, 목재생산의 보속, 화폐수확 균등의 보속, 생산자본 유지의 보속이 있다.

49 임업경영의 지표분석 중 수익성 분석 항목이 아닌 것은?

① 자본순수익
② 자본이익률
③ 토지회전율
④ 자본회전율

해설
임업경영의 지표분석에 수익성분석 항목에는 수익성, 자본순수익, 자본이익률, 자본회전율, 토지순수익이 있다.

50 다음 조건을 활용하여 Austrian 공식으로 구한 표준연벌량은?

- 대상 임분 : 소나무림
- 윤벌기 : 60년
- 갱정기 : 20년
- 연년생장량 : 10,500m³
- 현실임분 축적 : 249,000m³
- 법정축적 : 245,000m³

① 10,500m³
② 10,700m³
③ 11,100m³
④ 14,500m³

해설
표준연벌량 $= 10,500 + (\dfrac{249,000 - 245,000}{20})$
$= 10,700 \, (m^3)$

※ Austrian 공식
$Y = I + (\dfrac{G_a - G_r}{a})$

- a : 갱정기
- I : 연년생장량
- G_r : 법정축적
- G_a : 현실임분의 축적

51 법정림을 구성하기 위한 법정상태의 요건에 해당되지 않는 것은?

① 법정축적
② 법정생장량
③ 법정노동력
④ 법정임분배치

해설
법정림의 법정상태 요건으로 법정생장량, 법정축적, 법정임분배치, 법정영급분배이다.

52 임분 재적 측정 방법으로 표본조사법 중 선표본점법에 해당하는 것은?

① 임의 추출법
② 층화 추출법
③ 부차 추출법
④ 계통적 추출법

해설
선표본점은 계통적 추출법에 해당하는데 임분을 몇 개의 대상으로 분할하여 그 중심선 상이나 분할한 선에서 일정 거리를 두고 평행하는 선 상에서 일정한 간격을 두면서 표본점을 추출하는 방법이다.

53 자연휴양림의 지정권자는?

① 산림청장
② 시·도지사
③ 시장·군수
④ 국립자연휴양림관리소장

해설
산림문화 및 휴양에 관한 법률에 의거하여 산림청장은 자연휴양림을 지정할 수 있다.

정답 48. ② 49. ③ 50. ② 51. ③ 52. ④ 53. ①

54 자연휴양림 안에 설치할 수 있는 시설의 규모에 대한 설명으로 옳은 것은?

① 3층 이상의 건축물을 건축하면 안된다.
② 일반음식점영업소 또는 휴게음식점영업소의 연면적은 900m² 이하로 한다.
③ 자연휴양림시설 중 건축물이 차지하는 총 바닥면적은 10,000m² 이하가 되도록 한다.
④ 자연휴양림시설의 설치에 따른 산림의 형질변경 면적은 10,000m² 이하가 되도록 한다.

> 해설
> 자연휴양림 안에 설치할 수 있는 시설의 규모
> ① 자연휴양림시설의 설치에 따른 산림의 형질변경 면적(자연휴양림 조성 전에 설치된 임도·순환로·산책로·숲체험코스 및 등산로의 면적은 산림의 형질변경 면적에서 제외한다)은 10만제곱미터 이하가 되도록 할 것
> ② 자연휴양림시설 중 건축물이 차지하는 총 바닥면적은 1만제곱미터 이하가 되도록 할 것
> ③ 개별 건축물의 연면적은 900제곱미터 이하로 할 것. 다만, 「식품위생법 시행령」에 따른 휴게음식점영업소 또는 일반음식점영업소의 연면적(국가 또는 지방자치단체 외의 자가 소유한 자연휴양림의 경우에는 각 층의 바닥면적 중 가장 넓은 바닥면적을 말한다)은 200제곱미터 이하로 하여야 한다.
> ④ 건축물의 층수는 3층 이하가 되도록 할 것

55 유령림의 임목을 평가하는 방법으로 가장 적합한 것은?

① Glaser 법   ② 비용가법
③ 기망가법   ④ 매매가법

> 해설
> 유령림의 임목 평가에는 소요된 순비용의 후가합계의 방법이 적합하기에 비용가법을 적용한다.

56 공·사유림 산림경영계획을 작성하기 위한 임황조사 항목이 아닌 것은?

① 지위   ② 경급
③ 임령   ④ 총축적

> 해설
> 지위는 지황조사항목에 해당한다.

57 어떤 잣나무의 흉고형수가 0.4702, 흉고직경이 20cm, 수고가 10m 인 경우 형수법에 의한 입목재적은?

① 0.1476m³   ② 0.5906m³
③ 1.4764m³   ④ 2.9529m³

> 해설
> 재적 = (3.14×0.1×0.1)×10×0.4702
> = 약 0.1476m³
> ※ 형수법
> 재적 = 단면적×높이×형수

58 다음 조건에서 시장가역산법을 적용한 소나무 원목의 임목가는?

- 시장가격 : 300,000원
- 생산비용 : 100,000원
- 조재율 : 70%
- 투입 자본의 회수기간 : 5년
- 자본의 연이율 : 4%
- 기업 이익률 : 30%

① 55,000원   ② 70,000원
③ 95,000원   ④ 125,400원

> 해설
> $X = 0.7 \times \left(\dfrac{300,000}{1+5 \times 0.04+0.3} - 100,000 \right)$
> = 70,000 (원)

정답 54. ③ 55. ② 56. ① 57. ① 58. ②

59 산림 평가와 관련된 산림의 특수성에 대한 설명으로 옳지 않은 것은?

① 관광 산업으로 산지 전용 등 산림에 대한 가치관이 다양화되고 있다.
② 산림은 자연적으로 장기간에 걸쳐 생산된 것이므로 완전히 동형·동질인 것은 없다.
③ 산림 평가에 있어서 과거와 장래에 걸친 여러 문제는 중요한 평가 인자로 고려하지 않는다.
④ 임업의 대상지로서 산림은 수익을 예측하기가 어렵고 적합한 예측 방법도 확립되어 있지 않다.

> **해설**
> 산림평가에 있어 목재의 생산량, 가격의 변동 등의 예측이 어렵기에 과거, 현재, 미래에 걸친 여러 문제에 대한 주요 평가 인자가 된다.

60 이령림의 연령을 측정하는 방법이 아닌 것은?

① 벌기령 ② 본수령
③ 재적령 ④ 표본목령

> **해설**
> 임분의 연령을 측정하는 방법으로 본수령, 재적령, 면적령, 표본목령이 있다.

61 등고선에 대한 설명으로 옳지 않은 것은?

① 절벽 또는 굴인 경우 등고선이 교차한다.
② 최대경사의 방향은 등고선에 평행한 방향이다.
③ 지표면의 경사가 일정하면 등고선 간격은 같고 평행하다.
④ 일반적으로 등고선은 도중에 소실되지 않으며 폐합된다.

> **해설**
> 최대경사의 방향은 등고선과 직교한다.

62 배향곡선지의 경우 길어깨와 옆도랑의 너비를 제외한 임도의 유효너비의 기준은?

① 3m ② 5m
③ 6m ④ 10m

> **해설**
> 길어깨, 옆도랑 너비를 제외한 임도의 유효너비는 3m를 기준으로 하고 배향곡선지의 경우 6m를 기준으로 한다.

63 사면붕괴 및 사면침식 등 임도 비탈면의 유지관리를 위한 표면유수 유입방지용 배수시설은?

① 맹거 ② 종배수구
③ 횡배수구 ④ 산마루 측구

> **해설**
> 산마루 측구는 임야를 절토할 때 절토사면과 산림과의 경계지점에 설치하는 빗물받이로 우수가 절토사면으로 흘러내려 절토사면이 유실되지 않도록 설치하는 일종의 배수로이다.

64 임도 양쪽으로부터 임목이 집재될 때 평균집재거리는 임도간격의 몇 배인가?

① 1/5 ② 1/4
③ 1/3 ④ 1/2

> **해설**
> 양방향집재인 평균집재거리의 경우 집재거리는 임도간격의 1/4 이다.

정답 59. ③ 60. ① 61. ② 62. ③ 63. ④ 64. ②

65 임도의 비탈면 기울기를 나타내는 방법에 대한 설명으로 옳은 것은?

① 비탈어깨와 비탈밑 사이의 수직높이 1에 대하여 수평거리가 n 일 때 1:n 으로 표기한다.
② 비탈어깨와 비탈밑 사이의 수평거리 1에 대하여 수직높이가 n 일 때 1:n 으로 표기한다.
③ 비탈어깨와 비탈밑 사이의 수평거리 100에 대하여 수직높이가 n 일 때 1:n 으로 표기한다.
④ 비탈어깨와 비탈밑 사이의 수직높이 100에 대하여 수평거리가 n 일 때 1:n 으로 표기한다.

해설
비탈면의 기울기는 수직높이 1에 대한 수평거리의 비로 나타낸다.

66 교각법에 의한 임도 설계 시 평면도의 곡선제원표에 포함되지 않는 것은?

① 교각점 ② 접선길이
③ 중앙종거 ④ 곡선반지름

해설
교각법의 곡선제원에는 교각점, 접선길이, 곡선길이, 곡선반지름 등이 있다.

67 다음 ( ) 안에 해당되는 것을 순서대로 올바르게 나열한 것은?

> 산림관리 기반시설의 설계 및 시설기준에 따르면 배수구의 통수단면은 ( )년 빈도 확률 강우량과 홍수도달시간을 이용한 합리식으로 계산된 최대홍수유출량의 ( ) 배 이상으로 설계 및 설치한다.

① 50, 1.2   ② 50, 1.5
③ 100, 1.2 ④ 100, 1.5

해설
배수고 통수단면 100년 빈도 기준 최대홍수유출량의 1.2배 이상으로 설계 한다.

68 임도의 유지 및 보수에 대한 설명으로 옳지 않은 것은?

① 노체의 지지력이 약화되었을 경우 기층 및 표층의 재료를 교체하지 않는다.
② 노면 고르기는 노면이 건조한 상태보다 어느 정도 습윤한 상태에서 실시한다.
③ 결빙된 노면은 마찰저항이 증대되는 모래, 부순돌, 석탄재, 염화칼슘 등을 뿌린다.
④ 유토, 지조와 낙엽 등에 의하여 배수구의 유수단면적이 적어지므로 수시로 제거한다.

해설
지지력이 약화되면 안전사고의 위험성이 있어 기층이나 표층의 재료를 교체하여 보수해준다.

정답 65. ① 66. ③ 67. ③ 68. ①

69 임도 측량 시 측선 AB 의 방위각이 80° 이고 길이가 30m 라면 AB 사이의 위거 및 경거는?

① 위거 5.2m, 경거 29.5m
② 위거 29.5m, 경거 5.2m
③ 위거 10.4m, 경거 59.1m
④ 위거 59.1m, 경거 10.4m

해설
- 위거 : 30m×cos80 ≒ 5.209m
- 경거 : 30m×sin80 ≒ 29.544m
※ 위거 및 경거
- 위거 : 측선거리 × cosθ
- 경거 : 측선거리 × sinθ

70 일반지형에서 임도의 설계속도가 30km/시간 일 때 최소곡선반지름의 설치 기준은 몇 m 이상인가?

① 20 ② 30
③ 40 ④ 60

해설
설계속도 30km/h 기준 최소곡선반지름의 설치기준은 일반지형 30m, 특수지형 20m 이다.

71 임도의 종단기울기에 대한 설명으로 옳지 않은 것은?

① 최소 기울기는 3% 이상으로 설치한다.
② 종단 기울기는 낮게 하면 시설비는 증가 될 수 있다.
③ 종단 기울기를 높게 하면 임도우회율이 적어진다.
④ 보통 자동차가 설계속도의 90% 이상 정도로 오를 수 있도록 설정한다.

해설
보통자동차에서는 설계속도의 약 50~80% 정도로 오를 수 있는 상태를 조건으로 설정한다.

72 다음과 같은 조건에서 매튜스식(Matthews method)에 의한 적정임도밀도는?

- 집재단가 : 40원/m·m³
- 생산예정재적 : 60m³/ha
- 임도시설단가 : 60,000원/m
- 우회계수는 무시(모두 0)하여 계산

① 10m/ha ② 15m/ha
③ 20m/ha ④ 50m/ha

해설
적정임도밀도 $= 50 \times \sqrt{\dfrac{60 \times 40}{60,000}}$
$= 50 \times 0.2 = 10\,(m/ha)$

※ 매튜스식 적정임도밀도
$= 50 \times \sqrt{\dfrac{집재단가 \times 생산예정재적 \times 우회계수}{임도시설단가}}$

73 산악지대의 임도노선 선정 형태로 옳지 않은 것은?

① 사면임도 ② 능선임도
③ 계곡임도 ④ 작업임도

해설
산악 임도망으로 계곡, 사면, 능선, 산정부, 계곡분지 등이 있다.

74 임도의 곡선반지름이 15m, 차량의 앞면과 뒷차축과의 거리가 6m 인 경우 곡선부에서의 나비넓힘(확폭량)은?

① 0.4m ② 1.0m
③ 1.2m ④ 2.5m

해설
확폭 $= \dfrac{6^2}{2 \times 15} = 1.2\,m$

※ 곡선부의 확폭
확폭 $= \dfrac{(차량 앞바퀴 \sim 뒷바퀴까지 길이)^2}{2 \times 곡선반지름}$

정답 69. ① 70. ② 71. ④ 72. ① 73. ④ 74. ③

75 아스팔트 포장과 비교하였을 때 시멘트 콘크리트 포장의 장점으로 옳은 것은?

① 평탄성이 좋다.
② 내마모성이 크다.
③ 시공속도가 빠르다.
④ 간단 공법으로 유지수선이 가능하다.

해설
아스팔트 포장 대비 시멘트 콘크리트 포장은 골재와 시멘트를 섞어 시공하기에 강도나 내마모성이 좋고 포장이 오래 간다.

76 대피소를 설치할 때 유효길이 기준으로 옳은 것은?

① 5m 이상 ② 10m 이상
③ 15m 이상 ④ 300m 이내

해설
대피소의 간격 300m 이내, 너비 5m 이상, 유효길이 15m 이상을 기준으로 한다.

77 다음 그림에서 각 꼭지점이 높이(m)를 나타낼 때 점고법을 이용한 전체 토량과, 절토량과 성토량이 균형을 이루는 시공면고(높이)는?(단, 각 구역의 면적은 32m² 로 동일)

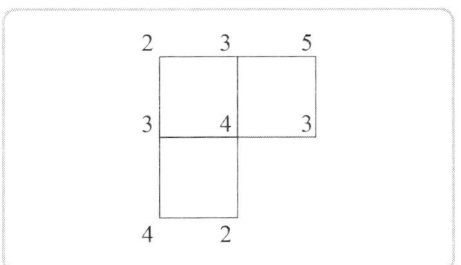

① 전체 토량 208m³, 시공면고 2.2m
② 전체 토량 320m³, 시공면고 2.2m
③ 전체 토량 208m³, 시공면고 3.3m
④ 전체 토량 320m³, 시공면고 3.3m

해설
3군데의 지점의 토심의 평균값을 이용하여 전체 토량과 시공면고(높이)를 구하도록 한다. 시공면고(높이)의 경우 각 지점에 대한 평균이 약 3.3m 정도이며 총토적량은 320m³ 이다.

A : (2+3+3+4) ÷ 4 = 3
B : (3+4+5+3) ÷ 4 = 3.75
C : (3+4+4+2) ÷ 4 = 3.25
총토적량 = (A+B+C)×면적
       = (3+3.75+3.25) × 32 = 320m³

78 다음 종단측량 야장에서 측점간 거리가 20m이고 계획고를 +4% 경사(상향)로 할 때 측점 2에서의 절·성토고는?

(단위 : m)

측점	BS	IH	TP	IP	GH	계획고
0	3.255				104.505	104.650
1				2.525		
2	2.635		0.555			

① 절토고 0.955m ② 성토고 0.955m
③ 절토고 1.022m ④ 성토고 1.022m

해설
· 측점 2 의 표고를 구하기 위해 다음과 같은 과정을 가진다.
측점 1 표고
: 104.505m + 3.255m - 2.525m = 105.235m
측점 2 표고
: 105.235m + 2.525 - 0.555m = 107.205m
· 다음으로 계획고를 4% 상향하기에 측점2 에 대한 계획고를 구하도록 한다.
측점 0 ~ 측점 2 거리 40m 기준 경사 4 % 상향
: 40m × 0.04 = 1.6m
· 계획고 : 104.65m +1.6m = 106.25m
· 지반고 - 계획고 = 107.205m - 106.25m = 0.995m
· 절·성토고를 구할 때 <지반고-계획고>의 값이 마이너스(-)값이 나오면 성토고로, 플러스(+)값이 나오면 절토고로 본다.

정답 75. ② 76. ③ 77. ④ 78. ①

79 롤러 표면에 돌기가 부착한 것으로 점착성이 큰 점성토 다짐에 적합하며 다짐 유효깊이가 큰 장비는?

① 탠덤롤러 ② 탬핑롤러
③ 타이어롤러 ④ 머캐덤롤러

> **해설**
> 탬핑롤러는 롤러 표면에 많은 돌기가 있어 점착성이 큰 점질토 다짐에 효과적이다.

80 수확한 임목을 임내에서 박피하는 이유로 가장 거리가 먼 것은?

① 운재작업 용이
② 병충해 피해방지
③ 신속한 원목 건조
④ 공장에서 작업하는 경우보다 생산원가 절감

> **해설**
> 수확임목을 임내에서 박피할 경우 공장에서 작업하는 경우보다 생산원가가 더 높아진다.

81 물에 의한 토양의 침식정도에 영향을 주는 인자로 가장 거리가 먼 것은?

① 강우량과 강우 강도
② 토양의 화학적 구조
③ 사면의 길이와 경사도
④ 지표 식생의 피복 상태

> **해설**
> 물에 의한 토양침식에 영향을 주는 인자에는 강우량, 경사도, 토양의 성질, 지표면의 피복상태, 사면의 길이 등이 있다. 토양의 성질의 경우 투수성이 크고 구조가 잘 발달되어 내수성 입단이 많을 경우 물의 침식이 적은데 이러한 구조적 구조에 영향을 많이 받으며 화학적 구조의 영향정도는 적은 편이다.

82 황폐 계천에 설치하는 사방 공작물로 토사퇴적구역에 가장 적합한 것은?

① 사방댐 ② 말뚝박기
③ 모래막이 ④ 바자얽기

> **해설**
> 모래막이는 토사유출이 심한 곳에 설치하여 토사의 침적을 유도하는 구조물이다.

83 사방댐의 위치 선정에 대한 설명으로 옳은 것은?

① 댐은 계상 및 양안에 암반이 존재해야 하며, 사력층 위에는 사방댐을 계획하면 안된다.
② 지계의 합류점 부근에서 댐을 계획할 때는 일반적으로 합류점의 상류부에 위치를 선정한다.
③ 유출토사 억지 목적의 댐은 퇴적지 하류에서 댐 상류부의 계상 기울기가 완만하고 계폭이 좁은 지점에 계획한다.
④ 계단상으로 댐을 계획할 때는 첫 번째 댐의 추정 퇴사선이 기존의 계상 기울기를 자르는 점에 상류댐을 설치하도록 한다.

> **해설**
> ① 사력층 위에도 사방댐 계획은 가능하다.
> ② 지계의 합류점에서는 합류점의 하류부에 위치를 선정한다.
> ③ 유출토사 억지 목적의 경우 계상물매가 완만하고 계폭이 넓은 지점에 계획한다.

정답 79. ② 80. ④ 81. ② 82. ③ 83. ④

84 해안방재림 조성용 묘목의 식재본수 기준은?

① 5,000본/ha   ② 8,000본/ha
③ 10,000본/ha   ④ 15,000본/ha

해설
해안방재림 조성지침에 의거하여 조성용 식재본수는 주수종과 비료목을 포함하여 10,000본/ha 내외로 식재하도록 한다. 만조해안선에서 내륙방향으로 가면 식재본수를 5,000~8,000본/ha 내외로 조정하고 주수종은 70~80%, 비료목은 20~30% 정도로 혼합하여 식재한다.

85 빗물에 의한 토양이 침식되는 과정의 순서로 옳은 것은?

① 면상 → 우적 → 구곡 → 누구
② 우적 → 면상 → 구곡 → 누구
③ 면상 → 우적 → 누구 → 구곡
④ 우적 → 면상 → 누구 → 구곡

해설
강우침식은 처음 우격침식(우적침식)을 시작으로 면상침식, 누구침식, 구곡침식 순서로 진행된다.

86 사방댐의 표면처리나 돌쌓기 공사에 주로 사용되는 다듬돌의 규격은?

① 15cm × 15cm × 25cm
② 30cm × 30cm × 50cm
③ 45cm × 45cm × 60cm
④ 60cm × 60cm × 60cm

해설
사방댐의 표면처리나 돌쌓기 공사에 주로 사용되는 다듬돌은 대체로 30cm × 30cm × 50~60cm 가 사용된다.

87 다음 설명에 해당하는 것은?

- 비탈면의 물리적 안정을 기대하기 곤란한 곳에 직접 거푸집을 설치하고 콘크리트치기를 하여 뼈대를 만든다.
- 뼈대 내부에 작은 돌이나 흙을 충전하여 녹화한다.

① 비탈힘줄박기
② 격자틀붙이기
③ 콘크리트블록쌓기
④ 콘크리트뿜어붙이기

해설
비탈면에 거푸집을 설치하고 콘크리트를 치고 뼈대를 만드는 공법을 비탈힘줄박기 공법이라 한다.

88 사방댐의 높이가 4.5m 일 때 총 수압의 합력작용선의 최대 높이는 밑면에서 몇 m지점인가?

① 0.50   ② 0.75
③ 1.00   ④ 1.50

해설
합력작용선이 댐의 밑바닥인 제저의 중앙 1/3 이내를 통과해야 하므로 <4.5m × 0.333 = 약 1.5 m> 지점이 도출된다.

89 땅속흙막이를 설치하는 주요 목적에 해당하는 것은?

① 누구침식의 발달을 방지한다.
② 빗물에 의한 침식을 방지한다.
③ 산지 사면의 계단공사를 하기 위해 설치한다.
④ 비탈다듬기와 단끊기 등에 의해 생산된 퇴적토사의 활동을 방지한다.

해설
땅속흙막이는 비탈다듬기 및 단끊기 시공과정에서 발생한 토사를 사용하여 산복의 비탈면의 길이를 감소시키고 선떼붙이기의 급수를 낮추는 등의 구역 안정 및 여러 가지 기능을 담당한다.

정답 84. ③ 85. ④ 86. ② 87. ① 88. ④ 89. ④

90 산지사방 녹화공사에 해당하지 않는 것은?

① 조공   ② 단끊기
③ 단쌓기   ④ 등고선구공법

해설
단끊기는 비탈의 안정을 위한 기초공사에 해당한다.

91 사면에 등고선 계단을 계획할 때 사면의 기울기가 45°, 면적이 1ha 일 때 계단 간격을 1m로 한다면 평면적법에 의한 계단 연장은?

① 5,000m   ② 8,000m
③ 10,000m   ④ 15,000m

해설
$$\text{연장길이} = \frac{\text{면적} \times \tan\theta}{\text{높이}}$$
$$= \frac{10000m^2 \times 1}{1m} = 10,000\,m$$

92 수제에 대한 설명으로 옳지 않은 것은?

① 상향수제는 길이가 가장 짧고 공사비가 적게 든다.
② 하향수제는 수제 앞부분의 세굴 작용이 가장 약하다.
③ 유수의 월류 여부에 따라 월류수제와 불월류수제로 나눈다.
④ 계류의 유심 방향을 변경하여 계안 침식을 방지하기 위해 계획한다.

해설
길이가 가장 짧고 공사비가 저렴한 것은 직각수제에 대한 설명이다.

93 황폐계류에 대한 설명으로 옳지 않은 것은?

① 유량의 변화가 적다.
② 계류의 기울기가 급하다.
③ 유로의 길이가 비교적 짧다.
④ 호우 시에 사력의 유송이 심하다.

해설
황폐계류는 유로의 연장이 비교적 짧고 계상물매가 급하며 유량의 변화가 많다.

94 임계 유속에 대한 설명으로 옳은 것은?

① 계상에 침식을 최대로 일으키는 최소 유속이다.
② 계상에 침식을 일으키지 않는 경우의 최대 유속이다.
③ 어느 집수 유역에서도 존재할 수 있는 최소 유속이다.
④ 어느 집수 유역에서도 존재할 수 있는 최대 유속이다.

해설
임계유속은 흐르는 물에 의해 계류 바닥에 침식이 일어나지 않는 범위의 최대유속을 말한다.

95 메쌓기 높이가 1.5m 일 때 기울기의 기준으로 옳은 것은?

① 흙쌓기의 경우 1 : 0.20
② 땅깎기의 경우 1 : 0.20
③ 흙쌓기의 경우 1 : 0.30
④ 땅깎기의 경우 1 : 0.30

해설
메쌓기의 높이가 2m 이하의 흙쌓기의 경우 기울기 기준은 1 : 0.3 이다.

96 황폐계천에서 유수에 의한 계안의 횡침식을 방지하고 산각의 안정을 도모하기 위하여 계류 흐름방향에 따라 축설하는 것은?

① 밑막이   ② 골막이
③ 바닥막이   ④ 기슭막이

해설
기슭막이는 하천이나 계류에서 유수의 침식에서 둑비탈을 보호, 계안의 횡침식을 방지, 산각을 고정하기 위한 공작물이다.

정답   90. ②   91. ③   92. ①   93. ①   94. ②   95. ③   96. ④

97 물의 순환과 산림유역의 물수지에 대한 설명으로 옳지 않은 것은?

① 증발량과 증산량은 비슷하다.
② 물의 수문학적 순환은 강수량의 한계범위 내에서 이루어진다.
③ 강수가 없는 동안에도 유역 내 저류되어 있는 물은 유출, 증발 및 증산에 의하여 감소한다.
④ 유역 내에서 강수량은 저류량의 변화와 지하 유출을 무시하면 유출량, 증발량, 증산량의 합과 같다.

해설
산림유역에서는 증발량과 증산량을 구분하여 측정하기 어려워 일반적으로 합산한다.

98 땅밀림과 비교한 산사태 및 산붕에 대한 설명으로 옳지 않은 것은?

① 강우 강도에 영향을 받는다.
② 주로 사질토에서 많이 발생한다.
③ 징후의 발생이 많고 서서히 활동한다.
④ 20° 이상의 급경사지에서 많이 발생한다.

해설
발생 전 징후가 많고 천천히 활락하는 것은 땅밀림에 대한 특징이다. 산사태 및 산붕은 징후 발생이 적고 돌발적으로 발생한다.

99 사방용 수종에 요구되는 특성으로 옳지 않은 것은?

① 뿌리가 잘 자랄 것
② 가급적 양수 수종일 것
③ 척악지의 조건에 적응성이 강할 것
④ 생장력이 왕성하며 쉽게 번무할 것

해설
사방용 수종은 적응력이 좋고 생장력이 좋은 경제수종으로 선택한다.

100 경사가 완만하고 상수가 없으며 유량이 적고 토사의 유송이 없는 곳에 가장 적합한 산복수로는?

① 떼붙임 수로 ② 메쌓기 돌수로
③ 찰쌓기 돌수로 ④ 콘크리트 수로

해설
떼붙임 수로는 비탈면의 경사가 비교적 작고 유량이 적은 곳에 적합하다.

정답 97. ① 98. ③ 99. ② 100. ①

2021년 제3회 산림기사

01 종자를 습한 상태로 낮은 온도에서 보관하여 휴면을 타파하는 방법은?

① 추파법 ② 노천매장
③ 2차 휴면 ④ 상처 유도

해설
노천매장은 종자의 저장과 발아의 효과를 동시에 얻을 수 있는 방법으로 종자를 하루 정도 맑은 물에 넣었다가 젖은 모래와 혼합하여 땅속에 묻어두기에 습한 상태의 낮은 온도 조건에서 땅속에 보관하면서 휴면을 타파한다.

02 관다발 형성층의 시원세포가 수피 방향으로 분열하여 형성되며, 체내 물질의 이동 통로가 되는 것은?

① 물관부 ② 체관부
③ 수지구 ④ 수피층

해설
체관부는 광합성에 의해 만들어진 유기물 양분의 이동통로로서 관다발 형성층의 세포 분열을 통해 부피 생장을 한다.

03 묘목 양성에 대한 설명으로 옳은 것은?

① 밤나무에 흔히 적용하는 접목법은 복접이다.
② 용기묘 양성은 양묘 비용이 많이 들지 않고 특별한 기술이 필요 없다.
③ 발육이 완전하고 조직이 충실하며 측아의 발달이 잘 되어 있는 것이 우량묘의 조건이다.
④ 모식물의 가지를 휘어지게 하여 땅속에 묻어 고정하고 발근하게 하는 방법은 압조법이라 한다.

해설
취목법(휘묻이)은 압조법이나 복조법이라 하는데 모식물의 가지를 휘게 하여 땅속에 묻어 고정하고 발근시키는 방법이다.

04 산림 종자의 생리적 휴면을 유지시키는 호르몬은?

① 옥신 ② 지베렐린
③ 사이토키닌 ④ 아브시식산

해설
아브시식산(Abscisic acid, ABA)는 생장억제물질이고 종자의 생리적 휴면을 유도 및 유지시키는 호르몬이다.

05 산림 토양에서 질산화 작용에 대한 설명으로 옳지 않은 것은?

① 질산화 작용이 거의 일어나지 않아 질소가 NH_4^+ 형태로 존재한다.
② 질산화 작용을 담당하는 박테리아는 중성 토양에서 활동이 왕성하다.
③ 질산화 작용이 억제되더라도 뿌리는 균근의 도움으로 암모늄태 질소를 직접 흡수할 수 있다.
④ 질산태 질소는 토양 내 산소 공급이 잘될 때 환원되어 N_2 가스나 NO_X 화합물 형태로 대기권으로 돌아간다.

해설
질산태 질소가 토양층에서 환원되어 가스의 형태로 공중으로 대기권으로 돌아가는 작용을 탈질작용이라 한다.

정답 01. ② 02. ② 03. ④ 04. ④ 05. ④

06 왜림작업에 가장 적합한 수종은?

① *Alnus japonica*
② *Larix kaempferi*
③ *Abies holophylla*
④ *Pinus koraiensis*

해설
① 오리나무 ② 일본잎갈나무(낙엽송) ③ 전나무 ④ 잣나무
왜림작업은 연료재 생산을 목적으로 개벌 후 근주에서 나오는 맹아를 갱신하는 방법으로 상수리나무, 오리나무, 포플러, 피나무, 아까시나무 등이 적합하다

07 덩굴식물 가운데 조림목에 피해를 가장 많이 주고 제거가 가장 어려운 것은?

① 칡
② 머루
③ 사위질빵
④ 으름덩굴

해설
칡은 국내에서 조림목에 가장 많은 피해를 주는 것으로 피해를 줄이기 위해 어릴 때 제거하는 것이 효과적이다.

08 수목의 기공 개폐에 대한 설명으로 옳지 않은 것은?

① 30~35℃ 이상 온도가 올라가면 기공이 닫힌다.
② 기공은 아침에 해가 뜰 때 열리며 저녁에는 서서히 닫힌다.
③ 엽육 조직의 세포 간극에 있는 이산화탄소 농도가 높으면 기공이 열린다.
④ 잎의 수분 포텐셜이 낮아지면 수분 스트레스가 커지며 기공이 닫힌다.

해설
엽육 조직의 세포 간극에 있는 이산화탄소 농도가 낮으면 기공이 열리고 이산화탄소 농도가 높으면 기공이 닫힌다.

09 봄철에 종자가 성숙하는 수종은?

① *Abies koreana*
② *Pinus densiflora*
③ *Populus davidiana*
④ *Quercus mongolica*

해설
①구상나무 ②소나무 ③사시나무 ④신갈나무
사시나무의 경우 꽃은 4월쯤 피고 종자는 5월쯤 성숙한다.

10 잣나무에 대한 설명으로 옳지 않은 것은?

① 심근성 수종이다.
② 잎 뒷면에 흰 기공선을 가지고 있다.
③ 한대성 수종으로 잎이 5개씩 모여난다.
④ 어려서는 음수이고 자라면서 햇빛 요구량이 줄어든다.

해설
잣나무는 어려서는 음수이지만 성장하면서 햇빛 요구량이 늘어난다.

11 다음 조건에 따른 파종량은?

- 파종상 실면적 : 500m²
- 묘목 잔존본수 : 1,000 본/m²
- 1g 당 종자평균입수 : 60립
- 순량율 : 0.90
- 발아율 : 0.90
- 묘목 잔존율 : 0.4

① 25.7 kg
② 27.2 kg
③ 28.7 kg
④ 29.2 kg

해설
$$\frac{파종면적 \times m^2당 남길 본수}{g당 종자입수 \times 효율 \times 득묘율}$$
$$= \frac{500 \times 1,000}{60 \times (0.9 \times 0.9) \times 0.4} ≒ 25720.2g ≒ 25.7kg$$

정답 06. ① 07. ① 08. ③ 09. ③ 10. ④ 11. ①

12 우리나라 천연림 보육에서 적용하고 있는 수형급이 아닌 것은?

① 미래목 ② 중용목
③ 중립목 ④ 방해목

해설
국내 천연림 보육에 적용하는 수형급의 종류에는 미래목, 중용목, 보호목, 방해목, 무관목이 있다.

13 임분 갱신 방법 및 용어에 대한 설명으로 옳은 것은?

① 소벌구의 모양은 일반적으로 원형이다.
② 산벌은 입목을 한꺼번에 벌채하는 것이다.
③ 소벌구는 측방 성숙 임분의 영향을 받는다.
④ 모수는 갱신될 임지에 식재목을 공급하기 위한 묘목이다.

해설
대벌구는 측방임분으로부터 영향을 받기 어려우나 소벌구는 측방성숙임분에 영향을 받는다.

14 택벌 작업 시 고려 사항으로 옳지 않은 것은?

① 하종벌과 후벌 시기
② 주요 임분의 물리적 안정성
③ 상층으로 자랄 임목의 건전성
④ 자체 조절 능력이 가능한 단계적 갱신

해설
택벌 작업시 우선적 고려 사항
· 주요 임분의 물리적 안정성
· 자체 조절 능력이 가능한 단계적 갱신
· 이상적인 택벌림 구조
· 택벌림 유도 작업시, 상층으로 자랄 임목의 건전성과 수령

15 토양의 공극에 대한 설명으로 옳은 것은?

① 토양의 단위 체적 중량이다.
② 토양 내 물의 용적 비율이다.
③ 토양 측정 시 건조된 토립자의 무게이다.
④ 토양 내 공기 및 물에 의해서 채워진 부분이다.

해설
토양의 공극은 토양 속에서 공기와 물이 차지하고 있는 부분이다.

16 엽록소의 주요 구성 성분에 해당하는 무기 영양소는?

① 칼슘 ② 칼륨
③ 마그네슘 ④ 몰리브덴

해설
마그네슘은 식물의 광합성에 필수적인 엽록소의 구성 성분이다.

17 숲의 종류를 구분하는데 있어 작업종 또는 생성 기원에 따르지 않는 것은?

① 교림 ② 순림
③ 왜림 ④ 중림

해설
순림은 한 수종만으로 구성된 것으로 작업종에 관련이 없다.
※ 작업종의 분류에는 임분의 기원, 벌채종, 벌구의 모양과 크기에 따라 여러 종류가 있고 작업종을 분류하기 위해 갱신에서부터 교림, 중림, 왜림의 구조형태가 나타난다.

정답 12. ③ 13. ③ 14. ① 15. ④ 16. ③ 17. ②

18 소나무과 수종의 개화생리에 대한 설명으로 옳지 않은 것은?

① 암꽃은 주로 수관의 상단에 핀다.
② 같은 가지에서 암꽃이 수꽃보다 위쪽에 핀다.
③ 수꽃은 생장이 저조한 끝가지의 기부에 많이 핀다.
④ 수꽃은 화분 비산이 끝나도 계속 가지에 붙어 있다가 가을에 떨어진다.

해설
소나무는 5월 중순 아래쪽에 있는 수꽃은 대부분 떨어진다.

19 판갈이 작업에 대한 설명으로 옳지 않은 것은?

① 작업 시기로는 봄이 알맞다.
② 땅이 비옥할수록 판갈이 밀도는 밀식하는 것이 좋다.
③ 지하부와 지상부의 균형이 잘 잡힌 묘목을 양성할 수 있다.
④ 참나무류는 만 2년생이 되어 측근이 발달한 후에 판갈이 작업하는 것이 좋다.

해설
땅이 비옥할수록 판갈이 밀도는 소식하는 것이 좋다.

20 가지치기에 대한 설명으로 옳지 않은 것은?

① 수령이 높을수록 효과가 높다.
② 수목의 직경생장을 증대시킨다.
③ 산불이 발생했을 때 수관화를 경감시킨다.
④ 임지 표면에 햇빛을 받는 양이 많아져 하층목 발생에 도움을 준다.

해설
가지치기는 수령이 높을수록 가지치기 효과가 감소한다.

21 참나무 시들음병 방제 방법으로 가장 효과가 약한 것은?

① 유인목 설치 ② 끈끈이롤트랩
③ 예방 나무주사 ④ 피해목 벌채 훈증

해설
참나무 시들음병은 매개충을 사전에 예방하는 것이 효과적이기에 피해목 훈증처리, 유인목 설치, 천적류 및 조류의 보호 등이 효과적이다.

22 곤충의 일반적인 형태에 대한 설명으로 옳지 않은 것은?

① 소화관은 전장, 중장, 후장으로 나뉜다.
② 앞날개는 앞가슴에, 뒷날개는 뒷가슴에 부착되어 있다.
③ 가슴은 앞가슴, 가운뎃가슴, 뒷가슴으로 구성되어 있다.
④ 다리는 밑마디, 도래마디, 넓적마디, 종아리마디, 발마디로 구성되어 있다.

해설
곤충의 앞날개는 앞가슴이 아닌 가운데 가슴에 있다.

23 파이토플라스마를 매개하는 해충과 수목병의 연결이 옳지 않은 것은?

① 뽕나무 오갈병 - 마름무늬매미충
② 붉나무 빗자루병 - 담배장님노린재
③ 오동나무 빗자루병 - 담배장님노린재
④ 쥐똥나무 빗자루병 - 마름무늬매미충

해설
붉나무 빗자루병의 매개충의 마름무늬매미충이다.

24 낙엽층과 조부식층의 상부가 타는 산불의 종류는?

① 수간화 ② 지표화
③ 수관화 ④ 지중화

해설
지표화는 지표의 낙엽과 지피물등에 화재가 발생하는 것으로 치수들이 많은 피해를 받는다.

정답 18. ④ 19. ② 20. ① 21. ③ 22. ② 23. ② 24. ②

25 벚나무 빗자루병을 방제하는 방법으로 옳은 것은?

① 매개충을 구제한다.
② 병든 가지를 제거한다.
③ 저항성 품종을 식재한다.
④ 항생제 계통의 약제를 나무주사한다.

> **해설**
> 벚나무 빗자루병은 병든 가지를 신속하게 제거할 경우 박멸이 가능하다.

26 오리나무잎벌레를 방제하는 방법으로 옳지 않은 것은?

① 알덩어리가 붙어 있는 잎을 소각한다.
② 5~6월에 모여 사는 유충을 포살한다.
③ 유충 발생기에 적정 살충제를 살포한다.
④ 수은등이나 유아등을 설치하여 성충을 유인한다.

> **해설**
> 오리나무잎벌레 방제를 위해 5월쯤 잎 뒷면에 붙어있는 난괴(알덩어리)는 소각하고 발생한 유충은 포살한다. 유충발생기에는 디플루벤주론, 트리플루뮤론 수화제 등으로 방제한다.

27 늦여름이나 가을철에 내린 서리로 인하여 수목에 피해를 주는 것은?

① 상렬 ② 만상
③ 조상 ④ 연해

> **해설**
> ① 상렬 : 겨울철 수목 내부의 수분이 동결로 인해 발생되는 팽창압으로 수목이 갈라지는 현상을 말한다.
> ② 만상 : 이른 봄에 서리가 내리는 경우를 늦서리 혹은 만상이라 한다.
> ④ 연해 : 대기오염에 의한 피해를 말한다.

28 가루깍지벌레를 방제하는 방법으로 옳지 않은 것은?

① 수피 사이의 번데기를 채취하여 소각한다.
② 밀도가 낮으면 면장갑을 낀 손으로 잡는다.
③ 성충이 되기 전에 적정한 살충제를 살포한다.
④ 포식성 천적인 무당벌레류, 풀잠자리류를 보호 및 활용한다.

> **해설**
> 가루깍지벌레 방제법
> • 겨울을 보낸 알이 부화하는 제1세대 약충기에 약제를 살포하는 것이 효과적이다.
> • 포식성 천적인 무당벌레류, 풀잠자리류, 거미류 등을 보호한다.
> • 피해를 받은 가지를 제거하거나 밀도가 높지 않을 경우 면장갑을 낀손으로 잡는다.

29 다음 설명에 해당하는 해충은?

> • 성충은 열매에 구멍을 내고 열매 속에 산란한다.
> • 부화유충은 열매 속에서 가해하고 똥을 외부로 배출하지 않아 피해를 찾아내기 어렵다.

① 밤바구미   ② 버들바구미
③ 밤나무혹벌 ④ 복숭아명나방

> **해설**
> 밤바구미는 밤나무, 참나무류 등의 종실 가해하며 성충은 열매에 구멍을 내고 열매 속에서 산란을 한다. 유충이 배설물을 외부로 보내지 않아 식별이 어려우며 1년에 1회 발생한다. 땅속에서 월동하며 월동한 후에 번데기가 된다.

정답 25. ② 26. ④ 27. ③ 28. ① 29. ①

30 밤나무혹벌에 대한 설명으로 옳지 않은 것은?

① 천적으로는 노란꼬리좀벌, 남색긴꼬리좀벌이 있다.
② 1년에 1회 발생하며 눈의 조직 내에서 유충의 형태로 월동한다.
③ 유충기를 벌레 혹에서 보낸 후에 탈출하여 번데기는 수피 틈새에 형성한다.
④ 피해목은 개화 및 결실이 잘 되지 않고, 피해가 누적되면 고사하는 경우가 많다.

> **해설**
> 유충기를 벌레 혹에서 보내고 노숙한 유충은 6~7월쯤 충영내 충방에서 번데기로 되어 약 1주일간의 번데기 기간을 거쳐 우화한다.

31 가뭄으로 인한 수목 피해인 한해(drought injury)에 대한 설명으로 옳은 것은?

① 천근성 수종은 한해에 강하다.
② 소나무, 자작나무가 한해에 강하다.
③ 묘포지의 육묘 작업을 평년보다 늦게 하여 예방한다.
④ 낙엽 채취를 하여 지피물을 제거해 주면 한해를 방지할 수 있다.

> **해설**
> 한해(drought injury)에 대한 저항성이 강한 수종에는 소나무, 해송, 리기다소나무, 서어나무, 자작나무 등이 있다.

32 수목병과 병징(또는 표징) 연결로 옳지 않은 것은?

① 리지나뿌리썩음병 : 침엽수의 뿌리가 침해받아 말라 죽는다.
② 균핵병 : 죽은 조직 속 또는 표면에 씨앗 같은 검은 덩어리가 생긴다.
③ 철쭉류 떡병 : 잎, 꽃의 일부분이 떡모양으로 하얗게 부풀어 오른다.
④ 흰가루병 : 침엽수의 잎, 어린가지의 표면에 흰가루를 뿌린 듯한 모습이다.

> **해설**
> 흰가루병은 주로 참나무류, 밤나무, 오리나무 등의 활엽수에서 발생하며 잎의 표면에 흰가루를 뿌려 놓은 듯한 증상이 나타난다.

33 오리나무 갈색무늬병을 방제하는 방법으로 옳지 않은 것은?

① 연작을 실시한다.
② 종자를 소독한다.
③ 병든 낙엽을 태운다.
④ 밀식 시에는 솎아주기를 한다.

> **해설**
> 오리나무 갈색무늬병은 연작에 의한 피해가 심하기에 윤작을 통해 방제한다.

34 7월 하순 이후 참나무류의 종실이 달린 가지가 땅에 많이 떨어져 있다면 이것은 어떤 해충의 피해인가?

① 밤바구미   ② 복숭아명나방
③ 밤나무재주나방 ④ 도토리거위벌레

> **해설**
> 도토리거위벌레는 주로 도토리에 구멍을 뚫어 산란하고 열매를 연결부를 잘라 땅으로 떨어뜨린다.

정답 30. ③ 31. ② 32. ④ 33. ① 34. ④

35 균사에 격벽이 없고, 무성포자인 유주포자를 생성하는 것은?

① 난균류　　② 자낭균류
③ 담자균류　④ 불완전균류

해설
난균류는 균사에 격벽이 없고 무성포자인 유주포자를 생성한다.

36 솔수염하늘소에 대한 설명으로 옳지 않은 것은?

① 1년에 1회 발생한다.
② 성충의 우화시기는 5~8월이다.
③ 목질부 속에서 번데기 상태로 월동한다.
④ 유충이 소나무의 형성층과 목질부를 가해한다.

해설
솔수염하늘소는 목질부에서 유충 형태로 월동한다.

37 방제 대상이 아닌 곤충류에도 피해를 주기 가장 쉬운 농약은?

① 전착제　　　② 생물농약
③ 접촉성 살충제　④ 침투성 살충제

해설
접촉살충제는 곤충의 표면에 접촉되어 해충을 방제하기에 방제 대상이 아닌 곤충 표면에 묻어 피해를 주기도 한다.

38 가해하는 수목의 종류가 가장 많은 해충은?

① 솔나방　　　② 솔잎혹파리
③ 천막벌레나방　④ 미국흰불나방

해설
미국흰불나방의 경우 100종류 이상의 활엽수종을 가해한다.

39 잣나무 털녹병균이 중간기주에 형성하는 포자의 형태가 아닌 것은?

① 녹포자　　② 담자포자
③ 겨울포자　④ 여름포자

해설
잣나무 털녹병균의 중간기주에서는 여름포자, 겨울포자를 형성하고 겨울포자가 발아하여 담자포자가 되어 바람에 의해 전반된다.

40 소나무 또는 잣나무에 발생하는 잎떨림병을 방제하는 방법으로 옳지 않은 것은?

① 병든 낙엽을 모아 태운다.
② 묘포에서 비배관리를 철저히 한다.
③ 포자가 비산하는 6~9월에 약제를 살포한다.
④ 수관 하부보다 상부에 가지치기를 주로 실시한다.

해설
수관 하부에서 발생이 심해 풀베기, 제초 및 가지치기를 실시한다.

41 산림경영계획 작성 시 임황조사 항목이 아닌 것은?

① 지위　　② 임상
③ 임종　　④ 소밀도

해설
지위는 지황조사 항목에 해당한다.

정답 35. ① 36. ③ 37. ③ 38. ④ 39. ① 40. ④ 41. ①

42 다음 중 유동자본으로만 올바르게 나열한 것은?

가. 묘목
나. 임도
다. 벌목기구
라. 제재소 설치비

① 가　　　　② 가, 나
③ 나, 다　　　④ 가, 다, 라

해설
유동자본에는 묘목, 비료, 종자, 미처분 임산물 등이 있다. 보기의 임도, 벌목기구, 제재소 설치비 및 건물, 임지 등은 고정자산에 해당한다.

43 임업의 특성에 대한 설명으로 옳지 않은 것은?

① 임업생산은 노동집약적이다.
② 육성임업과 채취임업이 병존한다.
③ 원목 가격의 구성요소 중 운반비가 차지하는 비율이 가장 낮다.
④ 토지나 기후 조건에 대한 요구도가 타산업에 비해 상대적으로 낮다.

해설
원목가격의 결정에는 운반비가 큰 요소로 작용한다.

44 임가소득에 대한 설명으로 옳지 않은 것은?

① 농업소득도 임가소득에 포함된다.
② 임업외소득도 임가소득에 포함된다.
③ 겸업 또는 부업으로 인한 소득은 임가소득에서 제외된다.
④ 임가소득지표로 생산자원의 소유형태가 서로 다른 임가 사이의 임업경영성과를 직접 비교할 수 없다.

해설
임가소득은 산림의소득과 농업의 소득, 농업 이외의 소득의 합으로서 임가 전체 소득수준과 성과를 파악하는 지표 중 하나이다. 겸업 및 부업 등도 농업이외의 소득으로 임가소득에 포함된다.

45 임목의 생장량을 측정하는데 있어서 현실생장량의 분류에 속하지 않는 것은?

① 연년생장량　　② 정기생장량
③ 벌기생장량　　④ 벌기평균생장량

해설
벌기평균생장량은 평균생장량에 속한다.

46 육림비 절감방법으로 옳지 않은 것은?

① 낮은 이자율의 자본을 이용한다.
② 투입한 자본의 회수기간을 짧게 한다.
③ 노임을 절약할 수 있는 방법을 찾는다.
④ 중간 부수입(간벌수입 등)은 최소화한다.

해설
육림비를 절감하는 방법으로 중간부수입을 증대시킬 방법을 모색하도록 한다.

47 산림조사 기간 동안 측정할 수 있는 크기로 생장한 새로운 임목들의 재적을 의미하는 것은?

① 순변화량　　② 순생장량
③ 총생장량　　④ 진계생장량

해설
산림조사기간 동안 측정할 수 있는 크기로 생장한 새로운 임목들의 재적을 진계생장량이라 한다.

48 산림 생산기간에 대한 설명으로 옳지 않은 것은?

① 회귀년은 택벌작업에 적용되는 용어이다.
② 회귀년은 길이와 연벌구역면적은 정비례한다.
③ 벌채 후 갱신이 지연되는 경우 늦어지는 기간을 갱신기라고 한다.
④ 어떤 임분에서 벌채와 동시에 갱신이 시작되는 경우 윤벌기와 윤벌령은 동일하다.

해설
연벌구역면적은 회귀년의 길이에 반비례한다.

정답 42. ① 43. ③ 44. ③ 45. ④ 46. ④ 47. ④ 48. ②

49 산림평가에서 임업이율을 높게 평정할 수 없고 오히려 보통이율보다 약간 낮게 평정해야 하는 이유에 해당하지 않는 것은?

① 산림 소유의 안전성
② 산림 수입의 고소득성
③ 산림관리경영의 간편성
④ 문화 발전에 따른 이율의 저하

해설
Endress는 임업이율은 보통이율보다 낮게 책정해야 한다고 주장하였으며 이유로는 소유의 안정, 경영의 간편, 발전에 의한 이율 저하, 생산기간의 장기성, 수입과 재산의 유동성이 있다.

50 임목의 가격을 평가하기 위해 조사해야 할 항목으로 가장 거리가 먼 것은?(단, 주벌수확의 경우임)

① 재종별 시장가격
② 부산물 소득 정도
③ 조재율 또는 이용률
④ 총재적의 재종별 재적

해설
부산물은 임목의 가격 평가시 별개의 항목이다.

51 산림 면적이 1,200ha, 윤벌기 40년, 1영급이 10영계일 때 법정영급면적과 법정영계면적을 순서대로 올바르게 나열한 것은?

① 30ha, 100ha
② 30ha, 300ha
③ 300ha, 30ha
④ 300ha, 100ha

해설
· 법정영급면적
 = (산림면적 / 윤벌기) × 영계수
 = (1200 / 40)×10=300ha
· 법정영계면적
 = 산림면적/윤벌기
 = 1200 / 40 = 30ha

52 자본장비도 개념을 임업에 도입할 때 자본효율에 해당하는 것은?

① 축적
② 생장량
③ 벌채량
④ 생장률

해설
자본장비도를 임업에 적용할 경우 임목축적, 자본효율은 생장률에 해당한다.

53 다음 조건에 따라 연수합계법으로 계산된 제3년도 감가상각비는?

· 취득원가 : 5,000만원
· 폐기할 때 잔존가격 : 500만원
· 추정내용연수 : 10년

① 약 360만원
② 약 655만원
③ 약 900만원
④ 약 1,350만원

해설
· 내용연수의 총합계 : 1+2+...+10 = 55
· 3년차 잔존내용연수 : 총내용연수 - 경과내용연수
 = 10 - 2 = 8
· (5000만원 − 500만원) × $\frac{8}{55}$ ≒ 655만원

※ 연수합계
(취득원가 − 잔존가격) × $\frac{잔존내용연수}{내용연수총합계}$

54 임지생산능력을 판단 및 결정하는 방법으로 가장 거리가 먼 것은?

① 직경에 의한 방법
② 지표식물에 의한 방법
③ 환경인자에 의한 방법
④ 지위지수에 의한 방법

해설
지위 평가 방법으로 환경인자에 의한 방법, 지위지수에 의한 방법, 지표식물에 의한 방법등이 있으며 그 중에서도 지위지수에 의한 방법이 가장 정확한 방법이다.

정답 49. ② 50. ② 51. ③ 52. ④ 53. ② 54. ①

55 다음 조건에 따른 원목의 재적은?

- 재장 : 4.2m
- 말구직경 : 30cm
- 계산 방법 : 말구직경자승법

① 0.126m³ ② 0.378m³
③ 1.260m³ ④ 3.780m³

해설

$0.3^2 \times 4.2 = 0.378(m^3)$

※ 말구직경자승법

$V(m^3) = d_n^2 \times L$

V : 재적, d_n : 말구 지름, L : 목재 길이

56 연이율이 6%이고 매년 240만원씩 영구히 순수익을 얻을 수 있는 산림을 3,600만원에 구입하였을 때의 이익은?

① 225만원 ② 400만원
③ 3,374만원 ④ 4,000만원

해설

$K = \dfrac{r}{P} = \dfrac{240만원}{0.06} = 4000만원$,

4000만원 - 3600만원 = 이익 400만원
이후 4000만원의 가치가 있고 구입가격 3600만원이므로 그 차액만큼이 이익이 된다.

57 임령에 따라 적용한 임목의 평가방법으로 가장 적합한 것은?

① 유령림의 임목 : 비용가법
② 중령림의 임목 : 기망가법
③ 벌기 이후의 임목 : Glaser 법
④ 벌기 미만 장령림의 임목 : 매매가법

해설

임목평가

유령림	임목비용가법
벌기 미만 장령림	임목기망가법
중령림	임목비용가법, Glaser 법
벌기 이상 임목	시장가역산법

58 입목의 연년생장량과 평균생장량간의 관계에 대한 설명으로 옳은 것은?

① 초기에는 연년생장량이 평균생장량보다 작다.
② 연년생장량이 평균생장량보다 최대점에 늦게 도달한다.
③ 평균생장량이 최대가 될 때 연년생장량과 평균생장량은 같게 된다.
④ 평균생장량이 최대점에 도달한 후에는 연년생장량이 평균생장량보다 크다.

해설

초기에 연년생장량이 평균생장량보다 크며 평균생장량이 최대가 되는 지점은 연년생장량과 평균생장량이 같게 된다.

59 임분의 재적을 측정하기 위해 임분의 임목을 모두 조사하는 방법이 아닌 것은?

① 표본조사법 ② 매목조사법
③ 재적표 이용법 ④ 수확표 이용법

해설

표본조사법은 표본을 추출하여 조사하는 방법으로 전체임분에서 작은 구역을 정해 특정 그루수를 정해 조사한다.

60 산림구획 시 현지 여건상 불가피한 경우를 제외하고 임반을 구획하는 면적 기준은?

① 1ha ② 10ha
③ 100ha ④ 500ha

해설

임반의 면적은 불가피한 경우를 제외하고는 100ha 내외로 구획한다.

정답 55. ② 56. ② 57. ① 58. ③ 59. ① 60. ③

61 간벌을 위한 임도 개설 시 적용하는 지수로 가장 적합한 것은?

① 수익성지수 ② 임업효과지수
③ 교통효과지수 ④ 경영기여율지수

해설
임도개설에 있어 간벌임도의 경우 수익성지수를 적용한다.

62 임도의 각 측점 단면마다 지반고, 계획고, 절·성토고 및 지장목 제거 등의 물량을 기입하는 도면은?

① 평면도 ② 표준도
③ 종단면도 ④ 횡단면도

해설
횡단면도는 임도의 각 측점 단면마다 지반고, 계획고, 절·성토고 및 지장목 제거 등의 물량을 기입하는 도면이다.

63 타워야더와 비교한 트랙터를 이용한 집재방법에 대한 설명으로 옳지 않은 것은?

① 임도밀도가 높은 경우에 적합하다.
② 주변 환경 및 목재의 피해가 적다.
③ 급경사지보다 완경사지가 적합하다.
④ 장거리 운반에는 바람직하지 못하다.

해설
트랙터의 경우 주변 환경 및 목재에 대한 피해가 상대적으로 많다.

64 연암 또는 단단한 지반 굴착에 가장 적합한 기계는?

① 로더 ② 리퍼불도저
③ 머캐덤롤러 ④ 모터그레이더

해설
리퍼불도저는 리퍼가 도저 뒤에 설치되어 연암이나 단단한 지반의 굴착에 적당한 기기이다.

65 트래버스 측량 결과가 아래의 표와 같은 경우 ( )에 값으로 옳지 않은 것은?(단, 위·경거 오차는 없음)

측점	방위각(°)	거리(m)	위거(m) N(+)	위거(m) S(-)	경거(m) E(+)	경거(m) W(-)
AB	50	10	6.4		7.6	
BC	150	5		4.3	2.5	
CD	(가)	(나)		(다)		(라)
DA	300	7	3.5			6.0

① 가 : 36.2 ② 나 : 7
③ 다 : 5.6 ④ 라 : 4.1

해설
위거의 합이나 경거의 합은 0이 되며 이를 토대로 아래와 같이 (다), (라)의 값을 구한다.
- (다) = (6.4+3.5) − 4.3 = 5.6
- (라) = (7.6+2.5) − 6.0 = 4.1

방위의 경우 삼각법을 이용하며 tan를 활용하도록 한다.

- $\tan\theta = \dfrac{경거}{위거}$
- (가) : $\theta = \tan^{-1}\left(\dfrac{경거}{위거}\right)$
  $= \tan^{-1}\left(\dfrac{4.1}{5.6}\right)$
  $\fallingdotseq \tan^{-1} 0.73214 \fallingdotseq 36.21 \rightarrow 36°21'$
- (나) : $\sqrt{위거^2 + 경거^2} = \sqrt{5.6^2 + 4.1^2}$
  $= \sqrt{48.17} \fallingdotseq 6.94(m)$

66 옹벽의 안정성 검토 사항으로 옳지 않은 것은?

① 전도 ② 활동
③ 다짐 ④ 침하

해설
옹벽의 안정성 검토에서는 옹벽의 안정성 확보를 위해 전도, 활동, 침하, 내부응력에 대한 안정을 고려해야 한다.

정답 61. ① 62. ④ 63. ② 64. ② 65. ① 66. ③

67 임도의 평면 선형에서 곡선의 종류가 아닌 것은?

① 단곡선 ② 배향곡선
③ 복선곡선 ④ 반향곡선

해설
임도의 평면 선형에서 곡선의 종류로 단곡선, 복합곡선, 반대곡선, 배향곡선 등이 있다.

68 임도 설계 시 종단 기울기에 대한 설명으로 옳은 것은?

① 종단기울기의 계획은 설계차량은 규격과 관계가 없다.
② 종단기울기를 급하게 하면 임도우회율을 낮출 수 있다.
③ 종단기울기는 완만한 것이 좋기 때문에 0%를 유지하는 것이 좋다.
④ 종단기울기는 시공 후 임도의 개·보수를 통하여 손쉽게 변경할 수 있다.

해설
우회율은 산림에서 일정 지점간의 직선거리를 연결하기 위해 실제 시공되는 임도 총연장의 증가치로 종단기울기가 급하게 되면 차량의 주행은 어렵지만 그만큼 임도 우회율은 감소하게 된다.

69 노면 또는 땅깎기 비탈면에 설치하는 배수시설로 길어깨와 비탈 사이에 종단 방향으로 설치하는 것은?

① 곁도랑 ② 속도랑
③ 옆도랑 ④ 빗물받이

해설
옆도랑은 노면이나 흙깎기 비탈면의 물을 배수하기 위해 임도 길어깨에 종단방향으로 설치하는 배수로이다. 임도에서 옆도랑의 위치는 대부분 흙깎기비탈면과 길어깨 사이에 설치한다.

70 실제거리 150m 를 지형도에 나타낸 길이가 15cm 일 때 지형도의 축척은?

① 1:10 ② 1:100
③ 1:1,000 ④ 1:10,000

해설
도상거리와 실제거리를 이용하여 지형도의 축척을 구하며 실제거리의 경우 지형도에 나타낸 길이인 도상거리와 단위를 통일하여 구하도록 한다.
· 150m = 15,000cm
· 도상거리 : 실제거리 = 15:15,000=1:1,000

71 임도 구조물 시공 시 기초공사의 종류가 아닌 것은?

① 전면기초 ② 말뚝기초
③ 고정기초 ④ 확대기초

해설
얕은기초는 확대기초, 전면기초가 있으며 깊은기초에는 말뚝기초, 케이슨기초가 있다.

72 임도 설계 시 작성하는 도면의 축척 기준으로 옳지 않은 것은?

① 평면도 : 1/1,200
② 횡단면도 : 1/500
③ 종단면도 : 종 1/200
④ 종단면도 : 횡 1/1,000

해설
횡단면도의 축척 기준은 1 : 100 이다.

73 임도 설계 과정에서 곡선반경이 400m, 교각이 90°인 단곡선에서 접선의 길이는?

① 200m ② 400m
③ 600m ④ 800m

해설
곡선반지름 = 접선길이 $\times \tan\left(\dfrac{\theta}{2}\right)$

접선길이×tan45=400
접선길이 = 400(m)

정답 67. ③ 68. ② 69. ③ 70. ③ 71. ③ 72. ② 73. ②

74 다음 조건에 따라 양단면적 평균법에 의하여 계산한 토량은?

- 시작 구간 단면적 : 30m²
- 종료 구간 단면적 : 70m²
- 구간 거리 : 40m

① 600m³   ② 1,000m³
③ 1,400m³ ④ 2,000m³

해설

토량 = ($\frac{양단면적 합}{2}$) × 양단면적 거리

= ($\frac{30+70}{2}$) × 40 = 2,000(m^3)

75 임도 실시설계를 위한 현지측량에 대한 설명으로 옳지 않은 것은?

① 주로 산악지에는 중심선측량, 평탄지와 완경사지에는 영선측량법을 적용하고 있다.
② 중심선측량은 측점 간격을 20m로 하여 중심말뚝을 설치하되, 필요한 각 지점에는 보조말뚝을 설치한다.
③ 횡단측량은 중심선의 각 측점·지형이 급변하는 지점, 구조물설치 지점의 중심선에서 양방향으로 실시한다.
④ 종단측량은 노선의 중심선을 따라 측량하되, 주요 구조물 주변 및 연장 1km 마다 임시기표를 표시하고 평면도에 표시한다.

해설

영선측량은 주로 경사가 있는 산악지에서 주로 이용되며 중심선 측량은 평탄지와 완경사지에서 주로 이용된다.

76 도면에서 기울기를 표현하는 방법으로 옳지 않은 것은?

① 1/n : 수평거리 1 에 대하여 높이 n 로 나눈 것
② n% : 수평거리 100에 대한 n의 고저차를 갖는 백분율
③ n‰ : 수평거리 1000에 대한 n 의 고저차를 갖는 천분율
④ 각도 : 수평은 0°, 수직은 90° 로 하여 그 사이를 90 등분한 것

해설

도면의 기울기는 높이 1에 대하여 수평거리 n으로 나눈 것이다.

77 임도망 계획에서 설치 위치별 구분이 아닌 것은?

① 사면임도   ② 능선임도
③ 계곡임도   ④ 연결임도

해설

임도망 계획에서 설치 위치에 따른 분류로 계곡임도(주계곡임도, 부계곡임도), 능선임도, 산정임도, 사면임도, 분지임도가 있다.

78 임도의 유효너비 설치기준으로 다음 (   ) 안에 적합한 수치를 순서대로 나열한 것은?

유효너비는 ( )m 를 기준으로 하며, 배향곡선지인 경우 ( )m 이상으로 한다.

① 2.5, 5   ② 2.5, 6
③ 3, 5   ④ 3, 6

해설

길어깨, 옆도랑 너비를 제외한 임도의 유효너비는 3m로 하며 배향곡선지의 경우 6m 이상을 기준으로 한다.

정답 74. ④ 75. ① 76. ① 77. ④ 78. ④

79 다음 ( ) 안에 적합한 단어로 옳은 것은?

> 임도노선 배치계획은 (가)에서 결정된 임도연장을 목표로 하여 (나)을 포함한 신설노선의 배치를 결정하는 과정이고, 이 경우도 (다)와 같이 임업의 시업인자 및 (라) 등이 감안되어야 한다.

① 가 : 임도밀도계획
② 나 : 교통도로
③ 다 : 임도보수계획
④ 라 : 준공검사

해설
임도노선 배치계획은 임도밀도계획에서 결정되어진 임도연장을 목표로 하여 기설임도를 포함한 신설노선의 배치를 결정하는 과정이고, 이 경우도 임도밀도계획과 같이 임업의 사업인자 및 지형인자 등이 감안되어야 한다.

80 종단기울기가 0% 인 임도의 중앙점에서 양측 길어깨로 3%의 횡단경사를 주고자 한다. 임도폭이 4m일 경우 양측 길어깨는 임도 중앙점보다 얼마나 낮아져야 하는가?

① 1cm ② 2cm
③ 3cm ④ 6cm

해설
임도폭이 4m 이기에 중앙점에서 길어깨까지 2m 로 볼 수 있다. 경사 3%는 길이 100cm 에 대한 높이 3cm 정도를 기준으로 하기에 200cm 기준 6cm 의 높이차를 주게 되면 3% 의 경사가 나오게 된다.

81 누구침식이 점점 더 진행되어 규모가 커져 깊고 넓은 골을 형성하는 왕성한 침식형태는?

① 구곡침식 ② 하천침식
③ 우격침식 ④ 면상침식

해설
강우에 의해 침식이 진행되는 경우 우격침식, 면상침식, 누구침식, 구곡침식의 순서로 진행되며 누구침식 이후에 도랑의 골이 점점 커지는 침식을 구곡침식이라 한다.

82 우리나라에서 녹화용으로 식재되는 사방조림 수종과 가장 거리가 먼 것은?

① 잣나무 ② 아까시나무
③ 산오리나무 ④ 리기다소나무

해설
사방조림수종은 척박하고 건조한 산지에 적응력이 좋은 수종으로 선택해야 하며 주로 리기다소나무, 해송, 사방오리나무, 자작나무 등이 사용된다. 잣나무의 경우 양분 요구도가 높은 편이라 사방조림용으로는 적합하지 않다.

83 유역면적 1ha, 최대시우량 100mm/hr, 유거계수 0.7일 때 시우량법에 의한 최대홍수유량(m^3/s)은?

① 0.166 ② 0.194
③ 1.167 ④ 1.944

해설
$0.002778 \times 0.7 \times 100 \times 1 = 0.19446$
→ 약 0.194
※ 합리식법
$Q = 0.002778 CIA$
여기서, Q : 유출량(m^3/sec)
　　　　C : 유거계수
　　　　I : 최대시우량(mm/hr)
　　　　A : 유역면적(ha)

정답 79. ① 80. ④ 81. ① 82. ① 83. ②

84 산비탈흙막이 공법에 대한 설명으로 옳지 않은 것은?

① 표면 유하수를 분산시키기 위한 공작물이다.
② 산지사방의 부토고정을 위해 설치하는 종공작물이다.
③ 비탈면 기울기를 완화하여 비탈면의 안정성을 유지시킨다.
④ 사용하는 재료로는 콘크리트, 돌, 통나무, 콘크리트블록 등이 있다.

> **해설**
> 산비탈흙막이는 산비탈의 경사를 완화하여 산비탈의 붕괴를 방지하는 역할을 하는데 콘크리트, 돌, 콘크리트 블록, 돌망태, 통나무, 바자얽기 등을 이용한다. 표면의 유하수를 분산시키며 비탈면의 기울기 완화를 통해 안정성을 유지한다. 산지사방에서 부토(뜬흙)을 고정하는데는 선떼붙이기, 산비탈돌쌓기, 골막이, 땅속흙막이 등을 이용한다.

85 격자틀붙이기공법에서 용수가 있는 격자틀 내부를 처리하는 방법으로 가장 적절한 것은?

① 흙 채움
② 작은 돌 채움
③ 떼붙이기 채움
④ 콘크리트 채움

> **해설**
> 격자틀붙이기공법은 경사가 급한 비탈면에서 침식을 방지하고 비탈면을 녹화하기 위해 시공하는데 용수가 있는 격자틀내부의 경우 물빠짐 등을 위하여 작은 돌 채움으로 처리를 한다.

86 황폐지를 진행상태 및 정도에 따라 구분할 때 초기 황폐지 단계에 대한 설명으로 옳은 것은?

① 지표면의 침식이 현저하여 방치하면 가까운 장래에 민둥산이 될 가능성이 높다.
② 외관상으로 황폐지로 보이지 않지만 임지내에서 이미 침식상태가 진행 중이다.
③ 산지 비탈면이 여러 해 동안의 표면침식과 토양유실로 토양의 비옥도가 떨어진다.
④ 산지의 임상이나 산지의 표면침식으로 외견상 명확하게 황폐지라 인식할 수 있다.

> **해설**
> 초기황폐지는 황폐지임을 인지할 수 있는 지역을 의미한다.

87 중력식 사방댐의 전도에 대한 안정을 위한 수압 작용점의 높이는?

① 사방댐 밑에서 높이의 1/3 지점
② 사방댐 밑에서 높이의 1/2 지점
③ 사방댐 위에서 밑을 향하여 1/3 지점
④ 사방댐 위에서 밑을 향하여 1/4 지점

> **해설**
> 사방댐의 안정조건으로 합력작용선이 댐의 밑바닥인 제저의 중앙 1/3 이내를 통과해야 한다.

88 중력침식 유형 중에서 발생 속도가 가장 느린 것은?

① 산붕
② 포락
③ 산사태
④ 땅밀림

> **해설**
> 땅밀림은 땅속에 점착력이 약한 일부 토층이 서서히 낮은 곳을 향해 미끄러져 이동하는 현상으로 이동속도가 느려서 이동을 인식하기 어렵다.

정답 84. ② 85. ② 86. ④ 87. ① 88. ④

89 유동형 침식의 하나인 토석류에 대한 설명으로 옳은 것은?

① 규모가 큰 돌은 이동시키지 못한다.
② 주로 점성토의 미끄럼면에서 미끄러진다.
③ 물을 활제로 하여 집합운반의 형태를 가진다.
④ 일반적으로 하루에 0.01~10mm 정도 이동한다.

해설
토석류의 경우 고형물의 자중에 의해 물을 윤활제로 하여 집합운반의 형태를 가진다.

90 수제의 간격은 일반적으로 수제 길이의 몇 배 정도인가?

① 0.25 ~ 0.50   ② 0.50 ~ 1.25
③ 1.25 ~ 4.50   ④ 4.50 ~ 8.25

해설
수제의 간격은 수제 길이의 1.25~4.5배 정도로 한다.

91 수제의 간격을 결정할 때 고려되어야 할 사항으로 가장 거리가 먼 것은?

① 유수의 강도   ② 수제의 길이
③ 계상의 기울기 ④ 대수면의 면적

해설
수제의 간격은 유수의 강도, 유수의 방향, 계상의 기울기, 수제의 길이, 사행현상 등을 고려한다.

92 산지사방에서 기초공사에 해당하지 않는 것은?

① 단끊기   ② 단쌓기
③ 땅속흙막이 ④ 속도랑 배수구

해설
단쌓기는 산지사방에서 녹화공사에 해당한다.

93 산지사방의 공종별 설명으로 옳지 않은 것은?

① 평떼붙이기 : 땅깎기 비탈면에 평떼를 붙여 비탈면 전체 면적을 일시에 녹화한다.
② 새심기 : 산불발생지, 민둥산지, 석력지 등 대규모로 녹화가 필요한 곳에 새류의 풀포기를 식재한다.
③ 조공 : 완만한 경사의 비탈면에 수평으로 소단을 만들고, 앞면에는 떼, 새포기, 잡석 등으로 소단을 보호한다.
④ 선떼붙이기 : 비탈다듬기에서 생산된 뜬흙을 고정하고, 식생을 조성하기 위한 파식상을 설치하는데 필요한 공작물이다.

해설
새심기는 암반 사면에 잡석을 쌓고 내부에 흙을 채워 식생을 조성하는 공법이다.

94 해풍에 의한 비사를 억류하여 퇴적시켜서 모래언덕을 조성할 목적으로 시공하는 것은?

① 파도막이   ② 모래막이
③ 정사울세우기 ④ 퇴사울세우기

해설
퇴사울세우기 공법은 해안 사구에 바람으로 인하여 이동하는 모래를 안정시키는 공법이다.

95 다음 설명에 해당하는 것은?

> · 주목적은 토사생산구역에서 구곡침식을 방지하는 것이다.
> · 사방댐보다 규모가 작고 반수면만 존재한다.

① 골막이   ② 바닥막이
③ 기슭막이 ④ 누구막이

해설
골막이는 산비탈 붕괴지의 골이나 이에 접속된 계류의 최상류부에 축설하는 소규모의 사방용 댐을 말한다. 외견상으로는 사방댐이나 바닥막이 등과 비슷한 모양을 하고 있으며 반수면만 설치한다.

정답 89. ③ 90. ③ 91. ④ 92. ② 93. ② 94. ④ 95. ①

96 조도계수는 0.05, 통수단면적이 3m², 윤변이 1.5m 수로 기울기가 2%일 때 Manning 의 평균유속공식에 의한 유량은?

① 0.45m³/s ② 4.49m³/s
③ 13.47m³/s ④ 17.58m³/s

해설

경심 = 통수단면적 ÷ 경심 = 3 / 1.5 = 2

- 평균 유속 $= \frac{1}{n} \times 경심^{\frac{2}{3}} \times 기울기^{\frac{1}{2}}$

  $= \frac{1}{0.05} \times (2)^{\frac{2}{3}} \times 0.02^{\frac{1}{2}}$

  $= 20 \times 1.58 \times 0.1414 ≒ 4.46$

- 유량 = 유속 × 유적 = 4.46 × 3 = 13.4

※ Manning 공식

$V = \frac{1}{n} \times R^{\frac{2}{3}} \times I^{\frac{1}{2}}$

여기서, V : 평균 유속
R : 경심
I : 수로 기울기
n : 조도계수

97 사방댐의 주요 기능이 아닌 것은?

① 산각을 고정하여 붕괴를 방지한다.
② 계상 기울기를 완화하고 종침식을 방지한다.
③ 유심의 방향을 변경시켜 계안의 침식을 방지한다.
④ 계상에 퇴적한 불안정한 토사의 유동을 방지한다.

해설

사방댐의 기능
- 계상물매를 완화하고 종침식을 방지한다.
- 산각을 고정하고 붕괴를 방지한다.
- 계상에 퇴적한 불안정 토사의 유동을 막고 양안의 산각을 고정한다.
- 산불 발생시 진화용수나 야생동물의 음용수로 이용된다.

98 바닥막이에 대한 설명으로 옳지 않은 것은?

① 높이는 사방댐보다 낮게, 골막이보다 높게 설치한다.
② 방수로의 폭은 계천 폭과 같게 하거나 다소 좁게 한다.
③ 연속적인 바닥막이 공사로 계상 기울기를 완화시킨다.
④ 계상의 종침식을 방지하는 경우에는 낮은 바닥막이를 계획한다.

해설

바닥막이는 사방댐과 골막이보다 낮게 설치한다.

99 비탈면 안정 및 녹화공법에 해당하지 않는 것은?

① 새집공법 ② 생울타리
③ 사초심기 ④ 차폐수벽공

해설

사초심기는 해안사방 공종에 해당한다.

100 산림환경보전공사용 토목재료의 특성으로 옳지 않은 것은?

① 내구성이 커야 한다.
② 변형이 적어야 한다.
③ 내마모성이 커야 한다.
④ 내수성이 낮아야 한다.

해설

산림환경보전공사용 토목재료는 안정을 위해 내수성이 커야 한다.

정답 96. ③ 97. ③ 98. ① 99. ③ 100. ④

2022년 제1회 산림기사

01 묘목 양성 시 해가림을 해 주어야 할 수종으로만 올바르게 나열한 것은?

① 주목, 소나무
② 전나무, 삼나무
③ 밤나무, 은행나무
④ 벚나무, 아까시나무

> **해설**
> 묘목 양성 시 해가림이 필요한 수종에는 전나무, 가문비나무, 주목, 삼나무, 너도밤나무 등이 필요하다.

02 산림에서 식물군락의 일정한 계열적 변화를 의미하는 것은?

① 식생교란   ② 식생변이
③ 식생순화   ④ 식생천이

> **해설**
> 산림에서의 식생천이는 오랜시간 일어나는 자연적 변화로 안정적인 모습을 갖추어 가는 현상을 말하는데 식물군락의 계열적 변화를 의미한다. 이러한 천이의 원인에는 식물의 이동, 식생의 반작용, 원격작용 등이 있다

03 침엽수의 가지치기 작업방법으로 옳은 것은?

① 줄기와 직각이 되도록 잘라낸다.
② 으뜸가지 이상의 가지를 잘라낸다.
③ 생장 휴지기에 실시하는 것이 좋다.
④ 초두부까지 가지를 잘라내어 통직한 간재를 생산하도록 한다.

> **해설**
> 침엽수 가지치기는 으뜸가지 이하로 가지를 치며 줄기와 평행하게 잘라낸다. 또한 생장기 작업시 피해가 우려되기에 생장휴지기인 11월~2월 사이 실시한다.

04 대면적 산벌작업의 장점으로 옳지 않은 것은?

① 개벌작업 및 모수작업에 비해 갱신이 더 확실하다.
② 어린나무가 상하지 않고 적은 비용으로 작업할 수 있다.
③ 우량한 임목들을 남겨 갱신되는 임분의 유전적 형질을 개량할 수 있다.
④ 수령이 거의 비슷하고 줄기가 곧은 동령 일제림으로 조성할 수 있다.

> **해설**
> 대면적 산벌작업의 경우 벌채하려는 나무가 분산되어 있으면 비용이 많이 들고 개벌작업에 비해 기술요구도가 높다. 또한 후벌작업시 벌채될 나무는 풍해를 맞을수 있고 어린나무에 피해가 가기도 한다.

05 간벌작업을 병행하여 실시하는 갱신 작업종은?

① 개벌작업   ② 왜림작업
③ 택벌작업   ④ 모수림작업

> **해설**
> 택벌작업은 벌기, 벌채량, 방법 등 제한이 없고 성숙한 임목을 골라 벌채하는 방법으로 간벌작업과 병행하여 실시할 수 있다.

정답 01. ② 02. ④ 03. ③ 04. ② 05. ③

06 임목의 생육에 필요한 양분에 대한 설명으로 옳지 않은 것은?

① 황, 철, 붕소는 미량원소에 속한다.
② 침엽수는 활엽수보다 양분 요구도가 낮다.
③ 토양 산도에 따라 무기영양소의 유용성이 달라진다.
④ 성숙잎이 먼저 황화현상을 나타내는 것은 마그네슘 및 질소의 주요 결핍증상이다.

> 해설
> 철, 붕소는 미량원소에 속하지만 황은 다량원소에 속한다.

07 종자를 정선한 후 곧바로 노천매장하는 것이 가장 적합한 수종은?

① *Alnus japonica*
② *Pinus koraiensis*
③ *Quercus acutissima*
④ *Robinia pseudoacacia*

> 해설
> ① 오리나무 ② 잣나무 ③ 상수리나무 ④ 아까시나무
> 종자 정선 후 곧바로 노천매장하기 적합한 수종에는 잣나무, 단풍나무, 은행나무, 호두나무, 느티나무 등이 있다

08 산림토양에서 집적층에 해당되는 층은?

① A 층   ② B 층
③ C 층   ④ O층

> 해설
> 토양의 단면은 가장 아래층은 모재층 다음으로 집적층, 용탈층, 유기물층 순서로 구분된다. 여기서 O 층은 유기물층, A층 용탈층, B층 집적층, C층 모재층 이라 한다.

09 무성번식에 대한 설명으로 옳지 않은 것은?

① 초기생장 및 개화, 결실이 빠르다.
② 실생번식에 비해 기술이 필요하다.
③ 번식 방법으로는 삽목, 접목, 취목 등이 있다.
④ 모수와는 다른 다양한 후계 양성이 가능하다.

> 해설
> 무성번식은 모체와 유전적으로 동일한 개체를 얻는 방법이다.

10 종자의 활력을 검정하는 방법으로 옳지 않은 것은?

① 절단법   ② 환원법
③ 양건법   ④ X선 분석법

> 해설
> 양건법은 종자의 건조방법이다.

11 다음 조건에 따른 파종량은?

◎ 파종상 면적 : $500m^2$
◎ 묘목 잔존본수 : 600 본/m^2
◎ 1g 당 평균입수 : 99 입
◎ 순량률 : 95%
◎ 발아율 : 90%
◎ 묘목 잔존율 : 30%

① 약 11.8 kg   ② 약 12.3 kg
③ 약 31.6 kg   ④ 약 37.3 kg

> 해설
> 파종량 $= \dfrac{500 \times 600}{99 \times 0.95 \times 0.9 \times 0.3}$
> $= \dfrac{300000}{25.3935} ≒ 11814.04\,(g) ≒ 약\,11.8\,kg$

정답 06. ① 07. ② 08. ② 09. ④ 10. ③ 11. ①

12 우리나라의 소나무 중에서 수고가 높고, 줄기가 곧으며, 수관이 가늘고 좁고, 지하고가 높은 특성을 보이는 지역형은?

① 금강형　　② 안강형
③ 위봉형　　④ 중남부평지형

해설
금강형은 금강산, 태백산 일대에 나타나며 수형은 줄기가 곧고 수관이 가늘고 좁으며 지하고가 높은 것이 특징이다.

13 침엽수에 해당하는 수종은?

① *Abies koreana*
② *Betula platyphylla*
③ *Quercus mongolica*
④ *Cornus controversa*

해설
① 구상나무 ② 자작나무 ③ 신갈나무 ④ 층층나무
소나무, 잣나무, 낙엽송, 구상나무, 분비나무, 전나무, 가문비나무 등은 침엽수 수종에 해당한다.

14 주로 종자에 의해 양성된 묘목으로 높은 수고를 가지며 성숙해서 열매를 맺게 되는 숲은?

① 왜림　　② 중림
③ 죽림　　④ 교림

해설
형질이 우량하며 수고가 높은 나무들로 구성된 숲을 교림이라 한다.

15 다음 설명에 해당하는 개벌 방법은?

◎ 대상 임지가 기복이 심하고 임상이 불규칙하거나 소면적 내에서도 입지 차이가 심한 곳에 적합하다.
◎ 풍설해 및 병충해 등으로 임관이 소개되어 있는 곳이나 치수가 이미 발생하여 생육을 하고 있는 곳을 우선하여 실시하면 좋다.

① 군상개벌　　② 대면적개벌
③ 연속대상개벌　　④ 교호대상개벌

해설
군상개벌은 대상임지의 기복이 심하고 임상이 불규칙한 경우 수개의 군상개벌면을 정하고 주위의 모수림으로부터 하종을 통해 갱신하는 방법이다. 보통 군상지의 크기는 3~10a(0.03~0.1ha)가 적당하며 모양은 상관없다.

16 너도밤나무가 자연적으로 분포하고 있는 곳은?

① 홍도　　② 제주도
③ 강화도　　④ 울릉도

해설
울릉도는 해발고도 약 600m 이상에서는 너도밤나무, 섬단풍나무, 섬피나무, 신갈나무 등의 수종이 주로 분포한다.

17 일반적으로 수목의 광합성에 유효한 광파장 영역은?

① 0~200nm　　② 200~400nm
③ 400~700nm　　④ 700~1000nm

해설
광합성은 650~700nm 적색부분과 400~500nm의 청색 부분에서 가장 효과적이기에 유효한 광파장 영역을 400~700nm로 본다.

정답　12. ①　13. ①　14. ④　15. ①　16. ④　17. ③

18 풀베기 작업에 대한 설명으로 옳은 것은?
① 여름철보다 겨울철에 실시한다.
② 모두베기할 경우 조림목이 피압될 염려가 없다.
③ 모두베기보다 둘레베기는 노동력이 더 많이 필요하다.
④ 조림목이 양수 수종인 경우 모두베기보다 줄베기 작업을 실시한다.

해설
모두베기는 조림지의 전면의 잡초목을 모두 베어내는 방법으로 토양침식 등의 악영향을 주기도 하지만 조림목이 피압될 가능성이 없다.

19 어린나무가꾸기 작업에 대한 설명으로 옳은 것은?
① 병해충의 피해를 받은 임목만 벌채하는 것이다.
② 임분의 수직 구조를 개선하기 위해 실시한다.
③ 목적 이외의 수종이나 형질이 불량한 임목을 제거하는 것이다.
④ 생육공간 확보를 위한 경쟁 과정에서 생육공간 조절을 위하여 벌채하는 것이다.

해설
어린나무가꾸기(제벌)는 보통 풀베기작업이 끝나고 조림목과 경쟁하는 목적 이외의 수종과 조림목에서 형질불량목, 폭목 등을 제거하고 전반적인 임분 형질의 향상에 도움을 주는 작업이다.

20 포플러류 등 건조에 약한 종자를 통풍이 잘 되는 옥내에 펴서 건조시키는 방법은?
① 인공건조법   ② 양광건조법
③ 자연건조법   ④ 반음건조법

해설
반음건조법은 햇볕에 약한 종자를 통풍이 잘되는 옥내에 얇게 펴서 건조하는 방법으로 오리나무류, 포플러류, 편백, 화백, 미루나무, 참나무류 등에 적합하다.

21 소나무 재선충병을 방제하는 방법으로 옳지 않은 것은?
① 토양관주는 방제 효과가 없어 실시하지 않는다.
② 아바멕틴 유제로 나무주사를 실시하여 방제한다.
③ 피해목 내 매개충을 구제하기 위해 벌목한 피해목을 훈증한다.
④ 나무주사는 수지 분비량이 적은 12~2월 사이에 실시하는 것이 좋다.

해설
소나무재선충병 예방을 위해 에마멕틴벤조에이트 유제를 년 2 회 수간주사하거나 4~5월 쯤 토양관주 처리를 한다.

22 병원체에 대한 설명으로 옳지 않은 것은?
① 흰가루병균과 녹병균은 절대기생체이다.
② 바이러스나 파이토플라스마는 부생체이다.
③ 죽은 식물의 유기물을 영양원으로 하여 살아가는 것을 부생체라 한다.
④ 인공배양이 불가능하며 살아있는 기주조직 내에서만 증식하는 것을 절대기생체라 한다.

해설
바이러스나 파이토플라스마는 기생체라 하며 죽은 조직이나 유기물에서 양분을 섭취하는 것을 부생체라 한다.

23 수목병을 예방하기 위한 숲가꾸기 작업에 해당하지 않는 것은?
① 제벌   ② 개벌
③ 풀베기   ④ 가지치기

해설
숲가꾸기 작업에는 제벌, 풀베기, 가지치기 등이 있다.

정답 18. ② 19. ③ 20. ④ 21. ① 22. ② 23. ②

24 솔껍질깍지벌레를 방제하는 방법으로 옳은 것은?

① 12월에 이미다클로프리드 분산성액제를 수간에 주사한다.
② 피해목을 잘라 집재하고 비닐로 밀봉하여 메탐소듐 액제로 훈증한다.
③ 성충 우화기인 5~6월에 뷰프로페진 액상수화제를 항공 살포한다.
④ 7월 이후 알을 구제하기 위하여 페니트로티온 유제를 수관에 살포한다.

해설
솔껍질깍지벌레를 방제하기 위해 침투성 약제 나무주사의 경우 잎이 변색되기 이전 초기임지에 적용하며 후약충 가해시기인 12월에 이미다클로프리드 액제나 포스파이돈 액제를 주입한다.

25 후식으로 인한 수목 피해를 주는 해충에 속하는 것은?

① 소나무좀   ② 밤나무혹벌
③ 미국흰불나방   ④ 오리나무잎벌레

해설
소나무좀은 6월에 신성충의 후식 피해가 발생한다.

26 수목병의 표징에 해당하는 것은?

① 잣나무 줄기에 황색의 녹포자기가 생겼다.
② 소나무 잎이 5~6월에 누렇게 되면서 낙엽이 되었다.
③ 벚나무 잎에 갈색의 반점이 형성되더니 구멍이 뚫렸다.
④ 오동나무 잎이 작고 연한 녹색으로 되고 잔가지가 많이 발생하였다.

해설
표징은 포자, 균사체, 균핵, 자낭구 등의 병원체 자체가 나타나 식별되는 현상으로 보기에서 황색의 녹포자기가 표징에 해당된다.

27 대추나무 빗자루병이 발병하는 원인이 되는 병원체는?

① 선충   ② 진균
③ 바이러스   ④ 파이토플라스마

해설
대추나무 빗자루병, 오동나무 빗자루병 등은 파이토플라스마에 의해 발생한다.

28 리지나뿌리썩음병을 방제하는 방법으로 옳지 않은 것은?

① 피해 임지에 적정량의 석회를 뿌린다.
② 임지 내에서 불을 피우는 행위를 막는다.
③ 매개충 구제를 위하여 살충제를 봄에 살포한다.
④ 피해지 주변에 깊이 80cm 정도의 도랑을 파서 피해 확산을 막는다.

해설
리지나뿌리썩음병은 진균(자낭균)에 의해 발생하며 포자 발아를 위해 온도 40℃ 이상의 고온에서 발생하기에 주로 산불피해지에 발생된다. 포자로 인해 발생하기에 매개충 구제는 방제효과가 없다.

29 수목의 줄기를 주로 가해하는 해충은?

① 솔나방
② 박쥐나방
③ 밤바구미
④ 밤나무산누에나방

해설
수목의 줄기를 주로 가해하는 해충에는 깍지벌레, 나무좀, 박쥐나방, 소나무좀 등이 있다.

정답 24. ① 25. ① 26. ① 27. ④ 28. ③ 29. ②

30 미국흰불나방을 방제하는 방법으로 옳은 것은?

① 11~12월에 카보퓨란 입제를 지면에 살포한다.
② 5~9월에 유아등을 설치하여 유충을 유인 후 살포한다.
③ 피해가 심한 임지에서는 디노테퓨란 액제를 수간에 주입한다.
④ 수피 사이에 고치를 짓고 월동한 번데기를 수시로 채집하여 소각한다.

해설
미국흰불나방은 나무껍질 혹은 지피물 밑에서 번데기 형태로 월동하기에 이를 채집하는 방법을 통해 방제효과가 나타난다.

31 소나무좀에 대한 설명으로 옳지 않은 것은?

① 1년에 1회 발생하고 주로 봄과 여름에 가해한다.
② 암컷 성충은 수피를 뚫고 갱도를 만들면서 가해한다.
③ 먹이나무를 설치하여 월동 성충이 산란하게 한 후 소각하여 방제한다.
④ 주로 쇠약목, 이식목, 병해충 피해목에 기생하지만, 벌채목에는 가해하지 않는다.

해설
소나무좀은 벌채목도 가해한다.

32 산성비에 해당하는 pH 농도의 기준값은?

① pH 3.5 이하   ② pH 4.6 이하
③ pH 5.6 이하   ④ pH 6.5 이하

해설
산성비의 원인물질로 황산화물, 질소산화물, 이산화질소, 염소가스 등이 있으며 pH 5.6 이하의 비를 산성비라 한다.

33 모잘록병에 대한 설명으로 옳은 것은?

① 질소질 비료를 충분히 준 묘목은 발병률이 낮다.
② 토양의 물리적 성질과 발병과는 상관관계가 전혀 없다.
③ 소나무류 묘목의 모잘록병은 겨울철에 발생이 심하다.
④ 토양이 과습하지 않게 배수 관리를 잘하여 발병률을 낮출 수 있다.

해설
모잘록병의 방제를 위해 배수를 양호하게 하고 질소질비료의 과용을 피하며 클로로피크린 등의 약제를 이용하여 토양을 소독한다.

34 고온에 의한 볕데기의 피해가 일어나기 쉬운 수종은?

① 소나무   ② 굴참나무
③ 오동나무   ④ 일본잎갈나무

해설
볕데기 피해는 코르크층의 발달 정도가 상대적으로 미흡한 오동나무, 호두나무, 가문비나무 등에서 일어나기 쉽다.

35 나무주사 방법에 대한 설명으로 옳지 않은 것은?

① 형성층 안쪽의 목부까지 구멍을 뚫어야 한다.
② 모젯(Mauget) 수간주사기는 압력식 주사이다.
③ 중력식 주사는 약액의 농도가 낮거나 부피가 클 때 사용한다.
④ 소나무류에는 압력식 주사보다는 주로 중력식 주사를 사용한다.

해설
소나무류는 주로 압력식 주사 방법을 이용한다.

정답 30. ④ 31. ④ 32. ③ 33. ④ 34. ③ 35. ④

36 다음 설명에 해당하는 해충은?

> ◎ 유충은 땅 속에서 수목 뿌리나 부식물을 먹고 자란다.
> ◎ 성충이 되어 지상에 나와 수목 잎이나 농작물의 새싹을 가해한다.

① 매미류　　② 풍뎅이류
③ 잎벌레류　　④ 하늘소류

해설
풍뎅이류는 유충기에 땅속에서 수목의 뿌리, 잡초의 뿌리 등을 가해하고 성충이 되면 꽃잎, 어린잎, 상처난 과실 등을 식해한다.

37 다음 중 내화력이 가장 약한 수종은?

① 삼나무　　② 은행나무
③ 졸참나무　　④ 사철나무

해설
소나무, 해송, 녹나무, 아까시나무 등은 내화성이 낮은 수종이다.

38 잣나무 털녹병을 방제하는 방법으로 옳지 않은 것은?

① 중간기주인 송이풀을 제거한다.
② 저항성 품종을 육성하여 식재한다.
③ 풀베기와 간벌을 실시하여 숲에 통풍을 양호하게 해준다.
④ 담자포자 비산시기인 4월 하순부터 10일 간격으로 적용약제를 2~3회 살포한다.

해설
잣나무 털녹병은 8월쯤 보르도액을 살포하여 소생자의 침입을 방지한다.

39 경제적 가해수준에 대한 설명으로 옳은 것은?

① 해충에 의한 피해액과 방제비가 같은 수준의 밀도
② 해충의 의한 피해액이 방제비보다 큰 수준의 밀도
③ 해충에 의한 피해액이 방제비보다 작은 수준의 밀도
④ 해충에 의해 경제적으로 큰 피해를 주는 수준의 밀도

해설
경제적 가해수준은 경제적으로 피해가 나타나는 해충의 최저밀도로 해충에 의한 피해액과 방제비가 같은 때의 해충밀도를 말한다.

40 오동나무 빗자루병 예방을 위해 매개충인 담배장님노린재를 방제하는 시기로 가장 적절한 것은?

① 1~3월　　② 4~6월
③ 7~9월　　④ 10~12월

해설
담배장님노린재는 7~9월 가장 많은 개체수를 보여주기에 이 기간에 살충제를 살포한다.

41 묘목을 심어 성림하기까지 지출되는 비용에 해당하는 항목은?

① 지대　　② 조림비
③ 채취비　　④ 관리비

해설
조림비는 조림을 시작하여 성림이 되기 까지 지출되는 육림적 비용을 말한다.

42 입목 직경을 수고의 1/n 되는 곳의 직경과 같게하여 정한 형수는?

① 정형수　　② 수고형수
③ 절대형수　　④ 흉고형수

해설
정형수는 수고의 1/n 위치를 기준으로 한다.

정답　36. ②　37. ①　38. ④　39. ①　40. ③　41. ②　42. ①

43 임업의 경제적 특성으로 옳지 않은 것은?

① 임업생산은 조방적이다.
② 자연조건의 영향을 많이 받는다.
③ 육성임업과 채취임업이 병존한다.
④ 원목가격의 구성요소 대부분이 운반비이다.

해설
자연조건의 영향에 대한 내용은 임업의 기술적 특성에 해당한다.

44 원가계산을 위한 원가비교 방법으로 옳지 않은 것은?

① 기간비교　② 상호비교
③ 표준실제비교　④ 수익비용비교

해설
원가비교 방법은 기간비교, 상호비교, 표준실제비교가 있다.

45 임업기계의 감가상각비(D)를 정액법으로 구하는 공식으로 옳은 것은?(단, P : 기계 구입가격, S : 기계 폐기 시의 잔존가치, N : 기계의 수명)

① $D = \dfrac{P-S}{N}$　② $D = \dfrac{S-P}{N}$
③ $D = \dfrac{N}{S-P}$　④ $D = \dfrac{N}{P-S}$

해설
감가상각비 정액법
$\dfrac{구입가격 - 폐물가격}{내용연수}$

46 임목 축적이 2010년 150m³, 2020년 220m³일 때 단리에 의한 생장률은?

① -4.7%　② -3.2%
③ +3.2%　④ +4.7%

해설
생장률 $= \dfrac{현재재적 - n년 전 재적}{n \times n년전재적} \times 100$
$= \dfrac{220-150}{10 \times 150} \times 100 ≒ 4.7(\%)$

47 산림평가에서 전가계산식에 사용되는 요소가 아닌 것은?

① 환원율　② 할인율
③ 전가계수　④ 현재가계수

해설
전가계산식에는 현재가계수, 할인율, 전가계수, 현재가계수 등을 활용한다.

48 유형고정자산의 감가 중에서 기능적 요인에 의한 감가에 해당되지 않는 것은?

① 부적응에 의한 감가
② 진부화에 의한 감가
③ 경제적 요인에 의한 감가
④ 마찰 및 부식에 의한 감가

해설
마찰 및 부식에 의한 감가는 물질적 감가에 속한다.

49 임목을 평가하는 방법에 대한 설명으로 옳은 것은?

① 유령림은 임목기망가로 평가한다.
② 장령림은 임목비용가로 평가한다.
③ 벌기 이상의 성숙림은 시장가역산법으로 평가한다.
④ 식재 직후의 임분은 원가수익절충법으로 평가한다.

해설
시장가역산법은 원목이 시장에 유통되는 가격을 먼저 조사하고 시장가격에서 벌채 등 운반에 필요한 비용을 공제하여 임목의 가격을 역으로 구하는 간접적 임목매매가 방법으로 벌기 이상의 임목평가에 적합하다.

정답 43. ② 44. ④ 45. ① 46. ④ 47. ① 48. ④ 49. ③

50 자연휴양림조성계획에 포함되는 사항이 아닌 것은?

① 산림경영계획
② 조성기간 및 연도별 투자계획
③ 시설물의 종류 및 규모 등이 표시된 시설계획
④ 축척 1:1000 임야도가 포함된 시설물 종합배치도

[해설]
자연휴양조성계획에 포함되는 사항으로 시설물종합배치도(축척6천분의 1 내지 1천200분의1 임야도)가 있다.

51 각 계급의 흉고단면적 합계를 동일하게 하여 표준목을 선정한 후 전체 재적을 추정하는 방법은?

① 단급법
② Urich 법
③ Hartig 법
④ Draudt 법

[해설]
Hartig 법은 임분재적을 추정하는 방법 중의 하나인 표준목법 중에서 가장 정확도가 높은 방법이다. 각 계급의 흉고단면적을 동일하게 하고 임목의 그루수가 같은 계급을 나누어 각 계급에서 같은 수의 표준목을 정하는 방법으로 구하는 공식은 우리히법과 동일하다.

52 다음 조건에 따라 Hundeshagen 이용율법으로 계산한 연간 벌채량은?

◎ 현실 축적 : 280m³
◎ 임분 수확표 축적 : 250m³
◎ 연간 생장량 : 10m³

① 8.2m³
② 8.9m³
③ 11.2m³
④ 11.5m³

[해설]
현실축적 × $\frac{법정벌채량}{법정축적}$ = $280 \times \frac{10}{250} = 11.2 m^3$

53 산림에서 임목을 벌채하여 제재목을 생산할 때 부수적으로 톱밥이 생산되는데, 이러한 두 가지 생산물의 관계를 무엇이라고 하는가?

① 결합생산
② 경합생산
③ 보완생산
④ 보합생산

[해설]
결합생산은 하나의 생산과정에서 두가지 이상의 생산물이 발생하는 것을 의미한다. 보기의 경우도 제재목을 생산할 경우 톱의 활동에 의해 발생되는 톱밥까지 두가지의 생산물이 발생하므로 이를 결합생산이라 한다.

54 법정림의 춘계축적이 900m³, 추계축적이 1100m³ 라 할 때 법정축적(m³)은?

① 200
② 1000
③ 1100
④ 2000

[해설]
$$법정축적 = \frac{춘계축적 + 추계축적}{2}$$
$$= \frac{900 + 1100}{2} = 1000 m^3$$

55 임업소득을 계산하는 방법으로 옳은 것은?

① 자본에 귀속하는 소득 = 임업순수익 - (지대+자본이자)
② 가족노동에 귀속하는 소득 = 임업소득 - (지대+자본이자)
③ 임지에 귀속하는 소득 = 임업소득 - (지대+가족노임추정액)
④ 경영관리에 귀속하는 소득 = 임업소득 - (지대+가족노임추정액)

[해설]
가족노동에 귀속하는 소득은
<임업소득-(자본이자+지대)> 이다.

정답 50. ④ 51. ③ 52. ③ 53. ① 54. ② 55. ②

56 다음 조건에 따라 후버(Huber)식에 의해 구한 원목 재적은?

◎ 원구 단면적 : 0.030m²
◎ 중앙 단면적 : 0.025m²
◎ 말구 단면적 : 0.018m²
◎ 재장 : 15m

① 0.225m³ ② 0.360m³
③ 0.375m³ ④ 0.450m³

해설 중앙단면적×재장 = 0.025×15 = 0.375(m³)

57 임분 밀도의 척도에 해당하지 않는 것은?

① 입목도 ② 지위지수
③ 흉고단면적 ④ 상대공간지수

해설 지위지수는 임지의 생산능력에 대한 척도이다.

58 산림경영패턴이 영구히 반복된다는 것을 가정한 임지의 평가 방법은?

① 비용가법 ② 환원가법
③ 매매가법 ④ 기망가법

해설 임지기망가법은 동일한 작업법을 영구히 계속함을 전제로 한 것이다.

59 수간석해를 할 때 반경은 보통 몇 년 단위로 측정하는가?

① 1년 ② 3년
③ 5년 ④ 10년

해설 수간석해는 5년 단위로 측정을 실시한다.

60 임목축적에서 생장에 따른 분류가 아닌 것은?

① 정기생장 ② 재적생장
③ 형질생장 ④ 등귀생장

해설 수목의 생장에 따라 재적생장, 형질생장, 등귀생장으로 분류한다.

61 종단측량 야장을 이용한 No. 0 측점부터 No. 4 측점까지의 기울기는?

(단위 : m, 측점간 거리 : 20m)

측점	후시	기계고	중간점	이점	지반고
0	6.4	23.7	-	-	-
1	-	-	4.0	-	19.7
2	-	-	4.6	-	19.1
3	5.4	21.1	-	7.9	15.7
4	-	-	6.6	-	-

① -3.5% ② +3.5%
③ +5.0% ④ -5.0%

해설
· 측점 0 지반고 : 기계고 − 후시
 = 23.7-6.4=17.3
· 측점 4 지반고 : 기계고 − 중간점
 = 21.1-6.6=14.5
· 측점 0~4 까지의 거리는 80m 이므로
 $< \dfrac{14.5-17.3}{80} \times 100 = -3.5(\%) >$

62 토적 계산 방법으로 실제의 토적보다 다소 적게 나오지만 양단면평균법보다 오차가 작은 것은?

① 등고선법 ② 각주공식
③ 주상체공식 ④ 중앙단면적법

해설 중앙단면적법은 양단면평균법 보다 오차가 적다.

정답 56. ③ 57. ② 58. ④ 59. ③ 60. ① 61. ① 62. ④

63 중심선측량 및 영선측량에 대한 설명으로 옳지 않은 것은?

① 영선은 절토작업과 성토작업의 경계선이 되기도 한다.
② 영선측량은 지반고 상태에서 측량하며 종단면도 상에서 계획선을 결정한다.
③ 지반의 기울기가 급할수록 영선보다 중심선이 경사지의 안쪽에 위치한다.
④ 중심선측량은 평면측량에서 중심선을 설정한 후 종단, 횡단 측량을 한다.

해설
영선측량은 시공기면의 시공선을 따라 측량하므로 굴곡부를 제외하고는 계획고 상태로 측량한다.

64 집재 및 운재 작업에서 가공본선으로 사용되는 와이어로프의 안전계수 기준은?

① 2.7 이상   ② 4.0 이상
③ 4.7 이상   ④ 6.0 이상

해설
와이어로프 안전계수
- 가공본줄 : 2.7
- 짐당김줄, 되돌림줄, 버팀줄, 고정줄 : 4.0
- 짐올림줄, 짐매달음줄 : 6.0

65 임도의 평면곡선에 대한 설명으로 옳지 않은 것은?

① 복심곡선은 반지름이 다른 곡선이 같은 방향으로 연속되는 곡선이다.
② 단곡선은 직선에 원호가 접속된 원곡선으로 설치가 용이하여 일반적으로 많이 사용된다.
③ 배향곡선은 상반되는 방향의 곡선을 연속시킨 곡선으로 양호 사이에 직선부를 설치한다.
④ 완화곡선은 임도의 직선으로부터 곡선부로 옮겨지는 곳에는 곡선부의 외쪽기울기와 나비넓힘이 원활하게 이어지도록 한다.

해설
배향곡선은 단곡선, 복심곡선, 반향곡선이 혼합되어 머리핀모양(Hair-pin)으로 된 곡선으로 경사가 급한 곳에서 연장이나 종단기울기를 완화하거나 동일사면에서 우회할 목적으로 설치한다.

66 임도의 노체에 대한 설명으로 옳지 않은 것은?

① 측구는 공법에 따라 토사도, 사리도, 쇄석도 등으로 구분한다.
② 임도의 노체는 일반적으로 노상, 노반, 기층 및 표층으로 구성된다.
③ 노면에 가까울수록 큰 응력에 견디기 쉬운 재료를 사용하여야 한다.
④ 통나무길 및 섶길은 저습지대에 있어서 노면의 침하를 방지하기 위하여 사용하는 것이다.

해설
토사도, 사리도, 쇄석도, 통나무길, 섶길 등은 노면재료에 따른 구분이다.

67 임도 설계 시 횡단면도 작성에 사용하는 축척은?

① 1/100   ② 1/200
③ 1/1000 ④ 1/1200

해설
횡단면도는 1 : 100 으로 작성한다.

68 임도 시공 시 부족한 토사의 공급을 위한 장소는?

① 객토장   ② 토취장
③ 사토장   ④ 집재장

해설
토사가 부족한 경우 토취장에서 흙을 공급받으며 반대로 사토장은 흙을 버리는 장소이다.

정답 63. ② 64. ① 65. ③ 66. ① 67. ① 68. ②

69 1:25000 지형도에서 도상거리에 8cm 일 때 실제 지상거리는 몇 km 인가?

① 0.2　　② 2
③ 8　　　④ 20

해설
<1 : 25000 = 8cm : 지상거리> 이므로 지상거리는 2km 가 도출된다.

70 임도 교량에 영향을 주는 활하중에 해당하는 것은?

① 주보의 무게
② 바닥 틀의 무게
③ 교량 시설물의 무게
④ 통행하는 트럭의 무게

해설
활하중은 움직임을 가지는 것으로 보행자 및 차량에 의한 하중이다.

71 임도설계 시 각 측점의 단면마다 절토고, 성토고 및 지장목 제거, 측구터파기 단면적 등의 물량을 기입하는 설계도는?

① 평면도　　② 종단면도
③ 횡단면도　　④ 구조물도

해설
횡단면도는 각 측점의 단면의 지반고, 계획고, 절토고, 성토고, 단면적, 지장목의 제거, 사면보호공의 물량등을 기입하여 토적계산 자료로 활용한다.

72 일반적인 지형 조건에서 임도의 길어깨 및 옆도랑 너비 기준은?

① 각각 20~30cm
② 각각 30~50cm
③ 각각 50~100cm
④ 각각 100~150cm

해설
임도의 길어깨, 옆도랑 너비는 각 50cm ~ 1m 범위를 가진다.

73 급경사의 긴 비탈면인 산지에서는 지그재그방식, 완경사지에서는 대각선방식이 가장 적합한 임도의 종류는?

① 계곡임도　　② 사면임도
③ 능선임도　　④ 산정임도

해설
사면임도는 계곡임도에서 시작하여 산록부와 산복부에 설치하는 임도로 하부에서 점차적으로 계획하여 진행하며 지그재그방식 혹은 대각선 방식이 적당하다.

74 적정지선 임도간격이 500m 일 때 적정지선 임도밀도(m/ha)는?

① 20　　② 25
③ 50　　④ 200

해설
RS(임도간격) = 10,000 ÷ ORD(적정임도밀도)
500 = 10,000 ÷ 적정임도밀도
적정임도밀도 = 20m/ha

75 우수한 목재 재질 및 노동 사정을 고려할 때 가장 적합한 벌목 시기는?

① 봄　　② 여름
③ 가을　　④ 겨울

해설
겨울은 나무의 휴지기로 수분이 적고 단단하여 우수한 목재의 재질을 얻을 수 있으며 겨울에 노동인력의 수급이 용이하다.

76 임도망 계획 시 고려 사항으로 옳지 않은 것은?

① 신속한 운반이 되도록 한다.
② 운재비가 적게 들도록 한다.
③ 운재방법이 단일화되도록 한다.
④ 운반량의 상한선을 두어야 한다.

해설
임도망 계획시 운반량의 제한이 없도록 한다.

정답　69. ②　70. ④　71. ③　72. ③　73. ②　74. ①　75. ④　76. ④

77 측선거리가 100m, 방위각이 120° 일 때, 위거 및 경거의 값은?
(단, cos60°=0.5, sin60°=0.86)

① 위거 +50m, 경거 +86m
② 위거 -50m, 경거 +86m
③ 위거 +50m, 경거 -86m
④ 위거 -50m, 경거 -86m

해설
위거는 측선이 NS 축에서 수평축을 기준으로 위쪽(N)은 양의 값을 아래쪽(S)는 음의 값을 갖는다. 경거는 동일한 기준을 가지는데 EW 축에서 좌측(W)는 음의 값, 우측(E)는 양의 값을 갖는다. 방위각 120°는 E30°S 이므로 위거는 음의 값을, 경거는 양의 값을 가진다.
- 위거
  100m×cos(180-120)=100m×cos60°=50m
- 경거
  100m×sin(180-120)=100m×sin60°=86m
- 위거는 -50m, 경거는 +86m 이다.

78 임도의 적정 종단기울기를 결정하는 요인으로 가장 거리가 먼 것은?

① 노면 배수를 고려한다.
② 적정한 임도우회율을 설정한다.
③ 주행 차량의 회전을 원활하게 한다.
④ 주행 차량의 등판력과 속도를 고려한다.

해설
주행 차량의 회전을 원활하게 하는 내용은 회전반경을 고려하는 횡단구조에 관한 내용이다.

79 임도 시공 시 충분히 다진 후 5m 미만으로 흙쌓기 비탈면을 설치할 때 기울기 기준은?

① 1 : 0.3 ~ 0.8   ② 1 : 0.5 ~ 1.2
③ 1 : 0.8 ~ 1.5   ④ 1 : 1.2 ~ 2.0

해설
임도 시공시 성토의 높이를 5m 미만으로 설치할 때 흙쌓기 비탈면의 표준 기울기는 1 : 1.2 ~ 2.0 을 기준으로 한다.

80 임도에서 노면과 차량의 마찰계수가 0.15, 노면의 횡단물매는 5%, 설계속도가 20km/h 일 때의 곡선반지름은?

① 약 4m   ② 약 8m
③ 약 16m ④ 약 20m

해설
$$\frac{설계속도^2}{127(타이어 마찰계수 + 노면횡단물매)}$$

$$= \frac{20^2}{127(0.15 + 0.05)} ≒ 약 16(m)$$

81 불투과형 중력식 사방댐의 시공요령으로 옳지 않은 것은?

① 방수로 양옆의 기준 기울기는 1:1 이다
② 방수로는 보통 정사각형 모양으로 한다.
③ 계상의 양안에 암반이 있는 지역이 시공적지이다.
④ 찰쌓기댐을 시공할 때 3m² 당 1개의 배수구를 설치한다.

해설
방수로의 형상은 일반적으로 역사다리꼴을 많이 이용한다.

82 돌흙막이공을 계획할 때 높이 기준은?

① 찰쌓기 2.5m 이하, 메쌓기 1.5m 이하
② 찰쌓기 3.0m 이하, 메쌓기 2.0m 이하
③ 찰쌓기 3.5m 이하, 메쌓기 2.5m 이하
④ 찰쌓기 4.0m 이하, 메쌓기 3.0m 이하

해설
돌흙막이공을 계획시 찰쌓기는 3.0m 이하, 메쌓기는 2.0m 이하를 기준으로 한다.

정답   77. ②   78. ③   79. ④   80. ③   81. ②   82. ②

83 불투과형 중력식 사방댐의 형태인 흙댐의 시공요령으로 내심벽을 만들 때 사용하는 것은?

① 모래
② 자갈
③ 점토
④ 호박돌

해설
점토의 경우 건조시 강성을 띠게 되며 처리방법에 따라 강철처럼 견고해지기도 한다. 또한 일반적인 점토는 입자경이 작아 불투과형 중력식 사방댐의 심벽에 시공이 적합하다.

84 다음 조건에 따른 비탈다듬기공사에서 발생한 토사량(m^3)은?

◎ A 의 단면적 : $20m^2$
◎ B 의 단면적 : $30m^2$
◎ 단면 사이의 길이 : 50m
◎ 계산방법 : 평균단면적법

① 125
② 500
③ 1250
④ 2500

해설
토사량
$= \dfrac{단면적A + 단면적B}{2} \times 단면적 사이 거리$
$= (\dfrac{20+30}{2}) \times 50 = 1250 m^3$

85 해안사방에서 식재목의 생육환경 조성을 위하여 후방에 풍속을 약화시키고 모래의 이동을 막는 목적으로 시공하는 것은?

① 모래덮기
② 퇴사울세우기
③ 사지식수공법
④ 정사울세우기

해설
정사울 세우기는 전사구에 후방 모래를 고정하여 표면을 안정화하고 식재목이 생육할수 있는 환경 조성을 위해 실시한다.

86 다음 설명에 해당하는 것은?

◎ 사용자가 지정한 배합 콘크리트를 공장으로부터 현장까지 배달 및 공급하는 특수콘크리트이다.
◎ 운반 즉시 타설하고, 충분히 다져야 한다.

① AE 콘크리트
② 프리팩트콘크리트
③ 레디믹스콘크리트
④ 뿜어붙이기콘크리트

해설
레디믹스콘크리트(Ready-mixed concrete)는 시멘트, 모래, 자갈, 물, 혼화제 등을 원료로 제조하는데 제조한 후 레미콘 운반 트럭을 이용하여 굳지 않은 상태로 뒤섞으며 현장으로 배달하는 콘크리트이다.

87 강우 및 토양침식능인자, 경사장 및 경사도인자, 작물경작인자, 침식조절관행인자를 이용하여 연간 토사유출량을 추정하는 방법은?

① 부유사량 측정에 의한 방법
② 하천퇴적량 측정에 의한 방법
③ 만능토양유실량식에 의한 방법
④ 총유실량과 유사운반비 계산에 의한 방법

해설
만능토양유실량식에 의한 방식을 통해 토양유실량을 구하게 되면 강우의 침식성지수, 토양의 침식요인, 비탈면의 길이요인, 경사도요인, 작물재배요인, 토양보전공법요인을 곱하여 구하게 된다.

88 계단 연장이 3km인 비탈면에 선떼붙이기를 7급으로 할 때에 필요한 떼의 총 소요매수는? (단, 떼의 크기 : 40cm×25cm)

① 11250 매
② 15000 매
③ 16500 매
④ 18750 매

해설
7급의 경우 5매를 사용하기에 5매 × 3000m = 15,000매 를 사용한다.

정답 83. ③ 84. ③ 85. ④ 86. ③ 87. ③ 88. ②

89 돌쌓기벽 그림에서 A 의 명칭은?

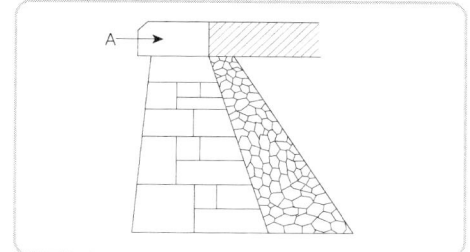

① 갓돌 ② 귀돌
③ 모서리돌 ④ 뒷채움돌

해설
갓돌은 돌쌓기 벽에서 가장 위에 있는 돌이다.

90 사방사업 대상지로 가장 거리가 먼 것은?
① 임도가 미개설되어 접근이 어려운 지역
② 산불 등으로 산지의 피복이 훼손된 지역
③ 황폐가 예상되는 산지와 계천으로 복구 공사가 필요한 지역
④ 해일 및 풍랑 등 재해예방을 위해 해안림 조성이 필요한 지역

해설
사방사업 대상지는 임도가 개설되어 접근이 용이한 지역이어야 한다.

91 빗물에 의한 침식의 발달과정에서 가장 초기상태의 침식은?
① 우격침식 ② 구곡침식
③ 누구침식 ④ 면상침식

해설
강우침식은 처음 우격침식을 시작으로 면상침식, 누구침식, 구곡침식 순서로 진행된다.

92 산지의 침식형태 중 중력에 의한 침식에 해당되지 않는 것은?
① 산붕 ② 포락
③ 산사태 ④ 사구침식

해설
중력에 의한 침식의 종류로 산붕, 붕락, 포락, 산사태 등이 있다.

93 다음 조건에 따른 비탈파종녹화를 위한 파종량 산출식으로 옳은 것은?

◎ W : 파종량(g/m^2)
◎ S : 평균입수(입/g)
◎ B : 발아율(%)
◎ P : 순량율(%)
◎ C : 발생기대본수(본/m^2)

① $W = \dfrac{B}{S \times P \times C}$

② $W = \dfrac{P}{S \times B \times C}$

③ $W = \dfrac{S}{P \times B \times C}$

④ $W = \dfrac{C}{P \times B \times S}$

해설
파종량 = $\dfrac{\text{발생기대본수}}{\text{순량률} \times \text{발아율} \times \text{평균입수}}$

정답 89. ① 90. ① 91. ① 92. ④ 93. ④

94 야계사방 둑쌓기에서 계획홍수량이 200~500m³/s 인 경우 둑높이 여유고의 기준은?

① 0.6m 이상   ② 0.8m 이상
③ 1.0m 이상   ④ 1.5m 이상

해설
계획홍수량이 200~500m³/s 인 경우 둑높이 여유고는 0.8m 이상이다.
※ 계획홍수량의 여유고

계획홍수량 (m³/s)	여유고(m)	계획홍수량 (m³/s)	여유고(m)
200미만	0.6 이상	2000~5000 미만	1.2 이상
200 ~ 500미만	0.8 이상	5000~10000미만	1.5 이상
500 ~ 2000미만	1.0 이상	10000이상	2.0 이상

95 돌쌓기의 시공요령으로 옳지 않은 것은?

① 메쌓기의 기울기는 1 : 0.3 을 기준으로 한다.
② 돌쌓기에서 세로줄눈을 일직선으로 하는 통줄눈으로 한다.
③ 찰쌓기를 할 때는 물빼기 구멍을 반드시 설치하여야 한다.
④ 돌의 배치는 다섯에움 이상, 일곱에움 이하가 되도록 한다.

해설
돌쌓기는 통줄눈은 피하고 파선줄눈이 좋다.

96 폭 10m, 높이 5m인 직사각형 단면 야계수로에 수심 2m, 평균유속 3m/s 로 유출이 일어날 때의 유량(m³/s)은?

① 15   ② 30
③ 60   ④ 150

해설
유량 = 유적 × 유속
    = 2 × 10 × 3 = 60m³/sec

97 다음 설명에 해당하는 것은?

◎ 비탈다듬기 및 단끊기의 시공과정에서 발생하는 잉여토사를 산복의 깊은 곳에 넣어서 이것을 유치 고정하는 공사이다.

① 골막이   ② 누구막이
③ 땅속흙막이   ④ 산비탈흙막이

해설
땅속흙막이는 비탈다듬기나 단끊기 공사로 생긴 토사를 계곡부에 넣어서 토사 활동을 방지하기 위해 설치한다.

98 다음 설명에 해당하는 것은?

◎ 산지 계곡을 벗어나 농경지 등과 접한 지역에서 유량 증가에 의한 침식되어 사방사업이 필요한 지역이다.

① 야계   ② 밀린땅
③ 붕괴지   ④ 황폐지

해설
야계는 유로의 길이가 짧고 기울기가 급하여 평상시 물의 흐름이 적으나 강우가 시작되면 유량이 증가하고 토사석력의 유속이 급격해지는 지역으로 사방사업이 필요하다.

99 야계사방의 공법으로만 올바르게 짝지어진 것은?

① 흙막이, 바닥막이
② 흙막이, 누구막이
③ 기슭막이, 누구막이
④ 기슭막이, 바닥막이

해설
야계사방공사는 골막이, 바닥막이, 기슭막이, 수제, 계간수로, 사방댐 등이 있다.

정답 94. ② 95. ② 96. ③ 97. ③ 98. ① 99. ④

100 평떼붙이기공법에 대한 설명으로 옳지 않은 것은?

① 주로 45° 이상의 급경사에 지형에 시공한다.
② 떼를 붙이기 전에 흙다지기를 잘 해야 한다.
③ 붙인 떼는 떼 꽂이 등으로 고정하여 활착이 잘 이뤄지게 한다.
④ 심은 후에는 잘 밟아 다져 뗏밥을 주고 깨끗이 뒷정리를 한다.

해설
평떼붙이기는 주로 경사 45° 이하의 완만한 산지에 시공한다.

정답 100. ①

2022년 제2회 산림기사

01 순림과 혼효림에 대한 설명으로 옳지 않은 것은?

① 순림은 산림작업과 경영이 간편하고 경제적으로 수행될 수 있다.
② 순림은 혼효림보다 유기물의 분해가 더 빨라져 무기양료의 순환이 더 잘 된다.
③ 혼효림은 인공적으로 조성하기에는 기술적으로 복잡하고 보호관리에 많은 경비가 소요된다.
④ 혼효림은 심근성과 천근성 수종이 혼생할 때 바람 저항성이 증가하고 토양단면 공간 이용이 효과적이다.

해설
혼효림의 유기물의 분해가 순림보다 빨라 무기양료의 순환이 더 잘 이루어진다.

02 곰솔에 대한 설명으로 옳지 않은 것은?

① 수피는 흑갈색이다.
② 소나무과 수종이다.
③ 겨울눈은 붉은 색이다.
④ 해안 지역에 주로 분포한다.

해설
곰솔의 겨울눈은 회백색이다.

03 덩굴제거 방법으로 옳지 않은 것은?

① 덩굴의 줄기를 제거하거나 뿌리를 굴취한다.
② 디캄바 액제는 비선택성 제초제로 일반적인 덩굴에 적용한다.
③ 주로 칡, 다래, 머루 같은 덩굴류가 무성한 지역을 대상으로 한다.
④ 글라신 액제를 이용한 덩굴 제거에서는 도포보다는 주로 주입 방법을 이용한다.

해설
디캄바액제는 이행성의 선택성 제초제이다.

04 밤, 도토리 등 함수량이 많은 전분 종자를 추운 겨울 동안 동결하지 않고 부패하지 않도록 저장하는 방법으로 가장 적합한 것은?

① 노천매장법　② 보호저장법
③ 상온저장법　④ 저온저장법

해설
보호저장법은 모래와 종자를 섞어서 용기 안에 저장하는 방법으로 함수량이 많은 전분 종자를 부패하지 않도록 저장할수 있다. 주로 은행나무, 밤나무, 굴참나무 등의 수종에 적합하다.

05 작업종을 분류하는 기준으로 가장 거리가 먼 것은?(단, 대나무는 제외)

① 벌채 종류　② 벌구 크기
③ 벌채 위치　④ 벌구 모양

해설
작업종을 분류하는데 있어 벌채종, 벌구의 크기, 벌구의 모양을 기준으로 한다.

정답 01. ②　02. ③　03. ②　04. ②　05. ③

06 산림 토양에서 부식에 대한 설명으로 옳지 않은 것은?

① 토양의 입단구조를 형성하게 한다.
② 임상 내 H 층에 해당되며 유기물이 많이 함유되어 있다.
③ 토양 미생물의 생육에 필요한 영양분으로 사용 가능하다.
④ 칼슘, 마그네슘, 칼륨 등 염기를 흡착하는 능력인 염기치환용량이 작다.

> **해설**
> 산림의 토양 중에서 부식층은 H(humus layer)층이라 하며 유기물이 완전히 분해되어 있는 상태로서 염기치환용량이 큰 편이다.

07 묘목의 굴취를 용이하게 하고 묘목의 생장을 조절하기 위해 실시하는 작업은?

① 심경   ② 관수
③ 단근   ④ 철선감기

> **해설**
> 단근은 뿌리의 일부를 자르는 작업으로 묘목의 뿌리발달이 촉진되어 활착률을 높일 수 있다.

08 음수 갱신에 가장 불리한 작업 방법은?

① 산벌작업   ② 택벌작업
③ 이단림작업 ④ 모수림작업

> **해설**
> 모수림작업은 모수의 종자에 의해 후계를 조성하고 일부 남겨지는 모수로 하층의 어린나무는 피음되지 못하는 문제가 발생한다. 그래서 모수림작업은 수종이 내음성과 관련되어 양수가 적합하고 음수는 불리하다.

09 비료의 농도가 너무 높아 묘목이 말라죽는 경우에 토양과 묘목의 수분포텐셜(Ψ)의 관계로 옳은 것은?

① $\Psi_{토양} > \Psi_{묘목}$ ② $\Psi_{토양} = \Psi_{묘목}$
③ $\Psi_{토양} < \Psi_{묘목}$ ④ $\Psi_{토양} \propto \Psi_{묘목}$

> **해설**
> 묘목의 수분포텐셜이 토양보다 높아 수분흡수가 이루어지지 않아 말라죽게 된다.

10 우량한 침엽수 묘목에 대한 설명으로 옳지 않은 것은?

① 측아가 정아보다 우세하다.
② 왕성한 수세를 지니며 조직이 단단하다.
③ 균근이나 공생미생물이 충분히 부착되어 있다.
④ 근계가 충실하며 뿌리가 사방으로 균형 있게 발달한다.

> **해설**
> 측아 발달보다 정아가 우세한 것이 우량 묘목의 조건이다.

11 임목 종자에 대한 설명으로 옳지 않은 것은?

① 리기다소나무 종자의 산지는 미국의 동부 지역이다.
② 상수리나무 종자는 보습 저장하여 활력을 유지시킨다.
③ 발아율이 80% 이고, 순량율이 70% 인 종자의 효율은 56% 이다.
④ 박태기나무, 아까시나무 종자 탈종에 가장 적합한 방법은 부숙마찰법이다.

> **해설**
> 박태기나무, 아까시나무 종자 탈종에는 건조봉타법이 적합하다.

정답 06. ④ 07. ③ 08. ④ 09. ③ 10. ① 11. ④

12 수목에 필요한 무기영양원으로 필수 원소가 아닌 것은?

① 철
② 질소
③ 망간
④ 알루미늄

해설
수목의 필수 원소는 다량원소와 미량원소로 분류되며 철, 망간은 미량원소, 질소는 다량원소에 해당한다.

13 파종 후 발아 과정에서 해가림이 필요한 수종은?

① *Zelkova serrata*
② *Picea Jezoensis*
③ *Robinia Pseudoacacia*
④ *Fraxinus rhynchophylla*

해설
①느티나무 ②가문비나무 ③아까시나무 ④물푸레나무
해가림은 파종상에서 내음성이 강한 수종에 주로 실시하며 전나무, 잣나무, 삼나무, 편백, 낙엽송, 가문비나무 등에 주로 실시한다.

14 식재 밀도에 따른 임목의 형질과 생산량에 대한 설명으로 옳은 것은? (단, 수종과 연령 및 입지는 동일함)

① 고밀도일수록 연륜폭은 좁아진다.
② 고밀도일수록 지하고는 낮아진다.
③ 고밀도일수록 단목의 평균 간재적은 커진다.
④ 임목밀도에 따라 상층목의 평균수고가 달라진다.

해설
식재 밀도가 높으면 연륜폭은 좁아지고 자연낙지가 많아져 지하고는 높아진다.

15 광합성 색소인 카로테노이드에 대한 설명으로 옳지 않은 것은?

① 노란색, 오렌지색, 빨간색 등을 나타내는 색소이다.
② 광도가 높을 경우 광산화작용에 의한 엽록소의 파괴를 방지한다.
③ 수목 내에 있는 색소 중에서 광질에 반응을 나타내며 광주기 현상과 관련된다.
④ 엽록소를 보조하여 햇빛을 흡수함으로써 광합성 시 보조색소 역할을 담당한다.

해설
광주기 현성과 관련 있는 식물의 색소 단백질은 파이토크롬이다.

16 왜림작업으로 갱신하기 가장 부적합한 수종은?

① 잣나무
② 오리나무
③ 신갈나무
④ 물푸레나무

해설
왜림작업은 맹아로 갱신하는 방법으로 맹아 갱신이 가능한 수종인 상수리나무, 신갈나무, 굴참나무, 서어나무, 물푸레나무, 오리나무, 포플러, 피나무, 밤나무, 아까시나무 등이 적합하다.

17 참나무류 줄기에서 수액상승 속도가 다른 수종에 비해 빠른 이유는?

① 뿌리가 심근성이기 때문이다.
② 도관의 지름이 크기 때문이다.
③ 심재가 잘 형성되기 때문이다.
④ 잎의 앞면과 뒷면에 모두 기공이 있기 때문이다.

해설
도관은 물이 지나가는 배관으로서 이 배관의 크기가 참나무류가 상대적으로 크다.

정답   12. ④   13. ②   14. ①   15. ③   16. ①   17. ②

18 어린나무가꾸기 작업에 대한 설명으로 옳은 것은?

① 주로 6~9월에 실시하는 것이 좋다.
② 숲가꾸기 과정에서 한 번만 실시한다.
③ 간벌 이후에 불량목을 제거하기 위해 실시한다.
④ 산림경영 과정에서 중간 수입을 위해서 실시한다.

> **해설**
> 어린나무가꾸기는 밑깎기와 간벌작업의 중간에 실시되는 작업으로 대상목이 왕성하게 성장하는 6~9월 사이 실시하는 것이 좋다.

19 종자가 성숙하고 산포하는 시기가 개화 당년 봄철인 수종은?

① *Populus nigra*
② *Taxus cuspidata*
③ *Torreya nucifera*
④ *Machilus thunbergii*

> **해설**
> ①양버들 ②주목 ③비자나무 ④후박나무
> · 포플러류인 양버들은 종자가 성숙하고 산포하는 시기가 개화한 당년 봄철이다.
> · 포플러류인 양버들은 개화한 당년 봄철에 종자가 성숙한다.

20 수목이 외부 환경으로부터 받은 스트레스를 감지하는 역할을 수행하는 호르몬은?

① 옥신   ② 지베렐린
③ 사이토키닌   ④ 에브시스산

> **해설**
> 아브시스산(Abscisic acid, ABA)은 외부 스트레스를 감지하며 종자의 생리적 휴면을 유도하는 식물호르몬이다.

21 액상의 농약을 제조할 때 주제를 녹이기 위하여 사용하는 물질은?

① 유제   ② 용제
③ 유화제   ④ 증량제

> **해설**
> 용제는 농약을 제조할 때 주제를 녹이기 위한 물질이다.

22 흡즙성 해충에 해당하는 것은?

① 소나무좀
② 알락하늘소
③ 버즘나무방패벌레
④ 꼬마버들재주나방

> **해설**
> 버즘나무방패벌레, 깍지벌레류 등은 흡즙성 해충에 해당한다.

23 지표를 배회하는 성질의 해충을 채집하는 방법으로 가장 효과적인 도구는?

① 유아등(light trap)
② 함정트랩(pitfall trap)
③ 수반트랩(water trap)
④ 말레이즈트랩(malaise trap)

> **해설**
> 땅속곤충이나 지표를 배회하는 곤충 및 해충을 채집하는데 함정트랩이 효과적이다.

24 여름포자가 없는 녹병은?

① 향나무 녹병   ② 잣나무 털녹병
③ 소나무 잎녹병 ④ 전나무 잎녹병

> **해설**
> 향나무녹병균은 여름포자는 형성하지 않고 겨울포자를 형성한다.

정답 18. ① 19. ① 20. ④ 21. ② 22. ③ 23. ② 24. ①

25 다음 설명에 해당하는 해충은?

◎ 유충은 잎을 갉아 먹는다.
◎ 1년에 2~3회 발생한다.
◎ 성충은 주광성이 강하다.

① 대벌레 ② 박쥐나방
③ 미국흰불나방 ④ 조록나무혹진딧물

해설
미국흰불나방은 1년에 2~3회 발생하며 주광성이 강하다. 번데기 형태로 나무껍질이나 지피물 아래에서 월동하며 유충은 잎을 갉아 먹으며 피해 수종의 범위가 매우 넓다.

26 다음 중 2차 대기오염 물질에 해당되는 것은?

① HF ② SO_2
③ 분진 ④ PAN

해설
2차 대기오염 물질로 오존, PAN, 광화학 스모그 등이 있다.

27 밤나무 줄기마름병을 방제하는 방법으로 옳지 않은 것은?

① 내병성 품종을 식재한다.
② 동해 및 볕데기를 막고 상처가 나지 않게 한다.
③ 질소질 비료를 많이 주어 수목을 건강하게 한다.
④ 천공성 해충류의 피해가 없도록 살충제를 살포한다.

해설
밤나무 줄기마름병은 질소질 비료를 과용할 경우 병이 더 확산된다.

28 밤나무혹벌에 대한 설명으로 옳은 것은?

① 연 1회 발생하며 유충으로 월동한다.
② 피해를 받은 나무가 고사하는 경우는 없다.
③ 충영은 성충 탈출 후에도 녹색을 유지한다.
④ 밤나무 잎에 기생하여 직경 1mm 내외의 충영을 만든다.

해설
밤나무혹벌은 1년에 1회 발생하고 유충으로 월동하며 암컷만으로 단위생식을 한다.

29 수목의 그을음병을 방제하는데 가장 적합한 방법은?

① 중간기주를 제거한다.
② 방풍 시설을 설치한다.
③ 해가림 시설을 설치한다.
④ 흡즙성 곤충을 방제한다.

해설
그을음병은 흡즙성 해충에 의해 발병되기에 흡즙성 곤충의 방제를 통해 예방이 가능하다.

30 주로 토양에서 월동하는 병원균은?

① 모잘록병균
② 잣나무 털녹병균
③ 낙엽송 잎떨림병균
④ 배나무 불마름병균

해설
모잘록병균은 토양 혹은 병든 식물체에 월동한다.

31 버즘나무방패벌레가 월동하는 형태는?

① 알 ② 성충
③ 유충 ④ 번데기

해설
버즘나무방패벌레는 성충 형태로 월동한다.

정답 25. ③ 26. ④ 27. ③ 28. ① 29. ④ 30. ① 31. ②

32 상륜에 대한 설명으로 옳은 것은?

① 조상으로 인하여 나타난다.
② 만상으로 수목의 생장이 저해되어 나타난다.
③ 한겨울 수목의 휴면 기간 중 저온으로 인하여 치수에 발생하는 피해 현상이다.
④ 주로 추운 지방에서 고립목이나 임연부의 교목에서 주로 발생하는 상렬의 일종이다.

해설
상륜은 상패의 피해 중 만상의 피해로 수목의 생장이 저해되어 나타난다.

33 산성비로 인한 피해 현상으로 옳지 않은 것은?

① 토양 중 알루미늄 및 망간 등의 중금속을 불용화시킨다.
② 토양이 산성화되어 수목에 대한 양료 공급이 부족해진다.
③ 수목 잎의 조직 내 책상 조직에 피해를 주어 세포질을 손상시킨다.
④ 수목 잎의 기공과 큐티클을 통하여 침투한 산성 물질이 내부 세포의 생리 작용에 장해를 준다.

해설
산성비로 인하여 토양이 산성화되면 칼슘과 마그네슘의 무기성분의 용탈이 증가한다.

34 털두꺼비하늘소에 대한 설명으로 옳지 않은 것은?

① 피해목에서는 톱밥이 배출되지 않기 때문에 식별이 어렵다.
② 버섯재배용 원목을 가해하여 버섯재배에 피해를 주기도 한다.
③ 벌채목에 방충망을 씌워 성충의 산란을 막아 방제할 수 있다.
④ 주로 1년에 1회 발생하나 2년에 1회 발생하는 경우도 있다.

해설
털두꺼비하늘소의 애벌레는 나무껍질 밑과 목질부를 불규칙적으로 식해한다.

35 곤충의 소화기관 중 입에서 가까운 것부터 올바르게 나열한 것은?

① 전위 → 인두 → 전소장 → 위맹낭
② 인두 → 전위 → 위맹낭 → 전소장
③ 전위 → 인두 → 위맹낭 → 전소장
④ 인두 → 전위 → 전소장 → 위맹낭

해설
곤충의 소화기관은 전장, 중장, 후장으로 크게 분류되며 인두와 전위는 전장, 위맹낭은 중장, 전소장은 후장에 속한다.

36 아까시잎혹파리에 대한 설명으로 옳지 않은 것은?

① 아까시나무만 가해한다.
② 원산지는 북아메리카이다.
③ 땅속에서 성충으로 월동한다.
④ 흰가루병 및 그을음병을 동반한다.

해설
아까시잎혹파리는 번데기 형태로 땅속에 월동한다.

정답 32. ② 33. ① 34. ① 35. ② 36. ③

37 모잘록병을 방제하는 방법으로 옳지 않은 것은?

① 밀식하여 관리한다.
② 토양 소독을 실시한다.
③ 배수와 통풍을 잘하여 준다.
④ 복토를 두껍게 하지 않는다.

해설
모잘록병의 경우 밀식하면 발병 위험률이 높아진다.

38 소나무 재선충병이 발생하는 주요 경로는?

① 종자   ② 토양
③ 매개충   ④ 중간기주

해설
소나무재선충병은 솔수염하늘소와 같은 매개충에 의해 전반된다.

39 대추나무 빗자루병 방제 약제로 가장 적합한 것은?

① 베노밀 수화제
② 아진포스메틸 수화제
③ 스트렙토마이신 수화제
④ 옥시테트라사이클린 수화제

해설
대추나무 빗자루병, 오동나무 빗자루병은 옥시테트라사이클린을 수간주사하여 방제한다.

40 침엽수, 활엽수, 초본식물을 모두 기주로 하는 수목병은?

① 흰가루병
② 갈색고약병
③ 리지나뿌리썩음병
④ 아밀라리아뿌리썩음병

해설
아밀라리아뿌리썩음병은 침엽수(잣나무, 소나무, 가문비나무 등)와 활엽수(벚나무, 오리나무류, 느티나무 등), 초본식물에 모두 발생한다.

41 산림경영계획에서 임종 구분으로 옳은 것은?

① 임반, 소반
② 천연림, 인공림
③ 임목지, 무립목지
④ 침엽수림, 활엽수림, 혼효림

해설
임종은 천연림, 인공림으로 구분된다.

42 다음 조건에서 정액법에 의한 임업기계의 연간 감가상각비는?

◎ 내용연수 : 50년
◎ 취득 비용 : 5,000만원
◎ 폐기할 때 잔존가치 : 1,000만원

① 50만원   ② 80만원
③ 100만원   ④ 160만원

해설
$$\frac{5{,}000만원 - 1{,}000만원}{50} = 80만\ 원$$

※ 감가상각비(정액법)
$$\frac{구입가격 - 폐물가격}{내용연수}$$

43 현재의 가치가 10,000원인 임목을 이자율 4%로 4년 동안 임지에 존치하였다면 4년 동안의 임목가치 증가액은?

① 약 1,700원   ② 약 2,700원
③ 약 10,000원   ④ 약 11,700원

해설
· 4년 이후 임목 가격 : $10{,}000 \times (1.04)^4 = 11698.5856$
· 임목가치 증가액
  = 11698.5856 − 10000
  = 1698.5856 ≒ 약 1700 원

정답 37. ① 38. ③ 39. ④ 40. ④ 41. ② 42. ② 43. ①

44 국유림 경영의 목표에서 다섯 가지 주목표에 해당되지 않는 것은?

① 보호기능 ② 고용기능
③ 경영수지 개선 ④ 국제협력 강화

해설
국유림 경영의 주목표는 산림보호의 기능, 임산물 생산의 기능, 휴양과 문화의 기능, 인력고용의 기능, 경영의 개선이 있다.

45 평균생장량과 연년생장량간의 관계에 대한 설명으로 옳은 것은?

① 초기에는 평균생장량이 연년생장량보다 크다.
② 평균생장량이 연년생장량에 비해 최대점에 빨리 도달한다.
③ 평균생장량이 최대일 때 연년생장량과 평균생장량은 같게 된다.
④ 평균생장량이 최대점에 이르기까지는 연년생장량이 평균생장량보다 항상 작다.

해설
① 초기에는 연년생장량이 평균생장량보다 크다.
② 연년생장량이 평균생장량에 비해 최대점이 빨리 도달한다.
④ 평균생장량이 최대점에 이르기까지는 연년생장량이 평균생장량보다 항상 크다.

46 자본장비도에 대한 설명으로 옳은 것은?

① 노동생산성은 자본장비도와 자본효율에 의해 결정된다.
② 다른 요소에 변화가 없다고 할 때 자본이 많아지면 자본효율은 커진다.
③ 자본액 중에서 유동자본을 포함한 고정자본을 종사자로 나눈 것이다.
④ 다른 요소에 변화가 없다고 할 때 자본이 많아지면 자본장비도는 작아진다.

해설
자본장비도는 경영총자본인 고정자본과 유동자본의 합을 경영 종사자의 수로 나눈 값으로 하며 노동생산성은 자본장비도와 자본효율에 영향을 받아 결정된다.

47 유동자본으로만 올바르게 짝지은 것은?

① 임도, 임업기계
② 묘목, 임업기계
③ 임도, 미처분 임산물
④ 묘목, 미처분 임산물

해설
유동자본의 종류로 미처분임산물, 묘목, 비료, 종자 등이 있다.

48 임업조수익의 구성요소에 해당하는 것은?

① 감가상각액
② 임업현금지출
③ 미처분 임산물 증감액
④ 농업생산자재 재고 증감액

해설
임업조수익을 구하기 위한 구성요소로 산림현금수입, 미처분임산물증감액, 산림생산자재재고증가액, 임목생장액, 산림생산물가계소비액이 있으며 이들을 모두 더한 값이 임업조수익이다.

정답 44. ④ 45. ③ 46. ① 47. ④ 48. ③

49 다음 조건에 따른 시장가역산법에 의한 소나무 원목의 임목가는?

◎ 시장 도매가격 : 100,000원/m³
◎ 벌채운반 비용 : 60,000원/m³
◎ 벌목작업 기간 : 3개월
◎ 월이율 : 2%
◎ 기업이익률 : 10%
◎ 조재율 : 80%

① 약 210 원/m³
② 약 2,100 원/m³
③ 약 20,970 원/m³
④ 약 209,660 원/m³

해설
시장가역산법
$=조재율 \times \left(\dfrac{원목시장가}{1+자본회수시간 \times 월이율 + 기업이율} -기타비용\right)$

시장가역산법
$=0.8 \times \left(\dfrac{100,000}{1+3\times 0.02+0.1} - 60,000 \right)$
$=20,965.52(원)$
=약 20,970원

50 임지기망가의 크기에 영향을 주는 인자에 대한 설명으로 옳지 않은 것은?

① 이율이 높으면 높을수록 임지기망가는 커진다.
② 조림비와 관리비의 값은 (−)이므로 이 값이 클수록 임지기망가는 작아진다.
③ 주벌수익과 간벌수익의 값은 (+)이므로 이 값이 클수록 임지기망가는 커진다.
④ 벌기령이 높아지면 임지기망가는 처음에는 증가하다가 어느 시기에 최대에 도달하고, 그 후부터는 점차 감소한다.

해설
이율이 낮을수록 임지기망가는 커진다.

51 산림수확 조절방법 중 면적평분법을 적용할 수 없는 작업종은?

① 복벌 ② 재벌
③ 개벌 ④ 택벌

해설
면적평분법은 제 2윤벌기에 법정상태가 되면 분기의 면적을 균등하게 하므로 개벌작업 응용이 가능하다. 반대로 택벌작업에 응용할 수가 없다.

52 다음 설명에 해당하는 평가 방법은?

투자효율을 측정할 때 현재가가 0 보다 크면 투자할 가치가 있다

① 회수기간법   ② 순현재가치법
③ 수익비용률법 ④ 투자이익률법

해설
순현재가치법은 순현재가치가 0 보다 크면 경제적 타당성이 있다고 판단하고 0 보다 작으면 경제적 타당성이 없다고 판단한다.

53 산림경영의 지도원칙 중에서 수익성의 원칙에 대한 설명으로 옳은 것은?

① 토지의 생산력을 최대로 추구하는 원칙
② 최대의 경제성을 올리도록 경영하는 원칙
③ 최소의 비용으로 최대의 효과를 발휘하는 원칙
④ 최대의 이익 또는 이윤을 얻을 수 있도록 경영하는 원칙

해설
수익성의 원칙은 최대의 이익을 얻을수 있게 경영하는 원칙을 말한다.

정답 49. ③ 50. ① 51. ④ 52. ② 53. ④

54 산림경영계획에서 1-2-3-4 로 표시된 산림구획이 의미하는 것은?

① 임반-보조임반-소반-보조소반
② 임반-소반-보조소반-보조임반
③ 경영계획구-임반-소반-보조소반
④ 경영계획구-임반-보조임반-소반

해설
산림구획에서 임반-보조임반-소반-보조소반으로 표기하며 보조소반은 없을 경우 생략 가능하다.

55 형수를 사용해서 임목의 재적을 구하는 방법을 형수법이라 하는데, 비교 원주의 직경 위치를 최하단부에 정해서 구한 형수는?

① 정형수 ② 단목형수
③ 흉고형수 ④ 절대형수

해설
절대형수는 수간 최하부의 직경을 기준으로 한다.

56 수간석해를 이용하여 전체 재적을 구할 때 합산하지 않아도 되는 것은?

① 근주재적 ② 지조재적
③ 결정간재적 ④ 초단부재적

해설
수간재적 계산시 초단부재적, 근주재적, 결정간재적을 나누어 계산 후 총재적으로 합산한다.

57 다음에 주어진 법정림 수확표를 이용하여 계산한 법정생장량은?(단, 산림면적은 300ha, 윤벌기는 60년)

임령(년)	20	30	40	50	60
재적(m^3/ha)	40	100	180	260	340

① $184m^3$ ② $920m^3$
③ $1,700m^3$ ④ $17,000m^3$

해설
법정생장량은 법정벌채량과 같다. 법정벌채량을 구하기 위해 법정축적과 법정연벌률을 구하도록 한다.
· 윤벌기 60년 일 때 법정축적

$$법정축적 = \frac{산림면적}{윤벌기} \times 60년 ha 재적 \times \frac{윤벌기}{2}$$
$$= \frac{300}{60} \times 340 \times \frac{60}{2} = 51000$$

· 법정 연벌률 $= \frac{200}{U} = \frac{200}{60} ≒ 3.333$

· 법정생장량(법정벌채량)
$$= \frac{법정연벌률 \times 법정축적}{100}$$
$$= \frac{3.333 \times 51000}{100} ≒ 1700$$

58 임지의 지위지수를 결정하는 방법에 대한 설명으로 옳은 것은?

① 기준 임령에서 임분의 전체 축적으로 결정한다.
② 기준 임령에서 임분의 우세목 수고로 결정한다.
③ 기준 임령에서 임분의 우세목 재적으로 결정한다.
④ 기준 임령에서 임분을 구성하는 우세목과 열세목의 평균직경으로 결정한다.

해설
지위지수는 산림의 생산력 혹은 생산력의 판단지표로서 기준 임령의 우세목의 평균수고를 이용한다.

정답 54. ① 55. ④ 56. ② 57. ③ 58. ②

59 유령림의 임목을 평가하는 방법으로 가장 적합한 것은?

① 비용가법 ② 매매가법
③ 기망가법 ④ Glaser 법

해설
유령림의 임목을 평가하는 방법에는 비용가법이 적합하다.

60 임목의 흉고직경을 계산하는 방법으로 산술평균직경법(a)과 흉고단면적법(b)의 관계에 대한 설명으로 옳은 것은?

① a와 b는 같은 값이 된다.
② a가 b보다 큰 값이 된다.
③ b가 a보다 큰 값이 된다.
④ a와 b사이에는 일정한 관계가 없다.

해설
산술평균직경법은 흉고직경의 합계에 임목본수를 나누어 흉고직경을 잡는 방법이다. 흉고단면적법은 흉고직경을 가지고 임분의 ha당 흉고단면적을 계산한 다음, 그 평균 흉고단면적을 갖는 임목의 직경을 표준목의 직경으로 결정하는 방법으로 기준의 차이로 인해 흉고단면적법이 산술평균직경법보다 약간 큰 값이 나오게 된다.

61 절토 경사면이 경암인 경우의 기울기 기준으로 옳은 것은?

① 1 : 0.3~0.8 ② 1 : 0.5~0.8
③ 1 : 0.5~1.5 ④ 1 : 0.8~1.5

해설
절토 경사면의 경암 기울기 기준은 1 : 0.3 ~ 0.8, 연암은 1 : 0.5 ~ 1.2 이다.

62 개발지수에 대한 설명으로 옳지 않은 것은?

① 노망의 배치상태에 따라서 이용효율성은 크게 달라진다.
② 개발지수 산출식은 평균집재거리와 임도 밀도를 곱한 값이다.
③ 임도가 이상적으로 배치되었을 때는 개발지수가 10에 근접한다.
④ 임도망이 어느 정도 이상적인 배치를 하고 있는가를 평가하는 지수이다.

해설
개발지수는 임도의 질적 기준지표로서 임도가 이상적으로 배치되었을 경우 개발지수 1에 근접한다.

63 지반고가 시점 10m, 종점 50m 이고 수평거리가 1km 일 때 종단기울기는?

① 4% ② 5%
③ 6% ④ 7%

해설
지반고의 종점과 시점의 높이는 <50m-10m=40m> 이며 수평거리 1,000m 를 이용하여 종단기울기를 구하게 되면
$\frac{40}{1000} \times 100 = 4(\%)$ 가 된다

64 다음 조건에서 곡선반지름(m)은?

◎ 설계속도 : 25 km/시간
◎ 가로 미끄럼에 대한 노면과 타이어의 마찰계수 : 0.15
◎ 노면의 횡단기울기 : 5%

① 약 15 ② 약 25
③ 약 30 ④ 약 50

해설
$$\frac{설계속도^2}{127(타이어 마찰계수 + 노면횡단물매)}$$
$$= \frac{25^2}{127(0.15+0.05)} = \frac{625}{25.4} ≒ 24.6 ≒ 약 25$$

정답 59. ① 60. ③ 61. ① 62. ③ 63. ① 64. ②

65 굴삭기의 시간당 작업량 산출 계산을 위한 인자로 거리가 먼 것은?

① 작업효율　② 버킷계수
③ 체적계수　④ 버킷면적

해설
굴삭기의 시간당 작업량은 버킷의 용량, 버킷 계수, 체적환산계수, 작업효율, 사이클 시간을 이용하여 산출한다.

66 수준측량 결과가 다음과 같을 때 종점의 지반고는?

◎ 시점의 지반고 : 100m
◎ 전시의 합 : 150.8m
◎ 후시의 합 : 205.4m

① 45.4m　② 54.6m
③ 154.6m　④ 456.2m

해설
지반고는 <기계고-전시> 인데 이때 기계고의 경우 지반고와 후시의 합으로 구할 수 있다.
· 기계고 = 100 + 205.4 = 305.4
· 종점의 지반고 = 기계고 - 전시
　　　　　　　　= 305.4 - 150.8 = 154.6

67 임도의 종단면도에 대한 설명으로 옳지 않은 것은?

① 축척은 횡 1/1000, 종 1/200 으로 작성한다.
② 종단면도는 전후도면이 접합되도록 한다.
③ 종단기울기의 변화점에는 종단곡선을 삽입한다.
④ 종단기입의 순서는 좌측 하단에서 상단 방향으로 한다.

해설
기입의 순서가 좌측하단에서 상단방향으로 하는 것은 횡단면도에 관한 내용이다.

68 임도 측선의 거리가 99.16m 이고 방위가 S39°15'25"W 일 때 위거와 경거의 값으로 옳은 것은?

① 위거 +76.78m, 경거 +62.75m
② 위거 +76.78m, 경거 -62.75m
③ 위거 -76.78m, 경거 +62.75m
④ 위거 -76.78m, 경거 -62.75m

해설
위거는 측선이 NS 축에서 수평축을 기준으로 위쪽(N)은 양의 값을 아래쪽(S)는 음의 값을 갖는다. 경거는 동일한 기준을 가지는데 EW 축에서 좌측(W)는 음의 값, 우측(E)는 양의 값을 갖는다. 현재 문제에 주어진 방위가 남서 방향이므로 위거는 (-)값을, 경거는 (-)값을 가지게 된다.
· 위거 = 측선거리×cosθ ,
　경거 = 측선거리×sinθ
· 위거 = 99.16m×cos(39°15'25") = 약 -76.78
· 경거 = 99.16m×sin(39°15'25") = 약 -62.75

69 머캐덤도에 대한 설명으로 옳지 않은 것은?

① 시멘트 머캐덤도 : 쇄석을 시멘트로 결합시킨 도로
② 역청 머캐덤도 : 쇄석을 타르나 아스팔트로 결합시킨 도로
③ 교통체 머캐덤도 : 쇄석이 교통과 강우로 인하여 다져진 도로
④ 수체 머캐덤도 : 쇄석의 틈 사이에 모래 및 마사를 침투시켜 롤러로 다져진 도로

해설
수체 머캐덤도는 쇄석의 틈 사이에 석분을 물로 투입하여 롤러로 다져진 도로이다.

정답　65. ④　66. ③　67. ④　68. ④　69. ④

70 임도의 횡단기울기에 대한 설명으로 옳지 않은 것은?

① 노면 배수를 위해 적용한다.
② 차량의 원심력을 크게 하기 위해 적용한다.
③ 포장이 된 노면에서는 1.5~2%를 기준으로 한다.
④ 포장이 안 된 노면에서는 3~5%를 기준으로 한다.

> **해설**
> 차량의 곡선부 통과시 원심력에 의해 차량이 탈선을 방지하고자 횡단기울기를 준다. 즉 차량의 원심력을 작게 하기 위해 적용한다.

71 적정임도밀도가 10m/ha 이고 집재방향이 양방향일 때 평균집재거리는?(단, 우회계수는 고려하지 않음)

① 10m   ② 100m
③ 250m   ④ 500m

> **해설**
> 집재거리 $= \dfrac{10000}{적정임도밀도 \times 4}$
> $= \dfrac{10000}{10 \times 4} = 250m$

72 임도측량 방법으로 영선에 대한 설명으로 옳지 않은 것은?

① 노폭의 1/2 되는 점을 연결한 선이다.
② 절토작업과 성토작업의 경계선이 되기도 한다.
③ 산지 경사면과 임도 노면의 시공면과 만나는 점을 연결한 노선의 종축이다.
④ 영선측량의 경우 종단측량을 먼저 실시하여 영선을 정한 후에 평면 및 횡단측량을 한다.

> **해설**
> 경사지에서 노면의 시공면과 산지의 경사면이 만나는 지점을 영점이라 하며 이점을 연결선 선을 영선이라 한다. 영선의 경우 주로 노반에 나타나며 절토작업과 성토작업의 경계선이 된다.

73 원목 집재 및 운재용 장비로 가장 적합한 것은?

① 포워더   ② 트리펠러
③ 프로세서   ④ 하베스터

> **해설**
> 벌목후 집재한 원목을 차량에 적재하여 운반하는 기기를 포워더라 한다.

74 간선임도의 구조에 대한 설명으로 옳지 않은 것은?

① 차돌림 곳은 너비를 10m 이상으로 한다.
② 임도의 유효너비는 3m를 기준으로 한다.
③ 대피소의 유효길이는 15m 이상으로 한다.
④ 설계속도 20km/시간 일 때 최소곡선반지름은 일반지형의 경우 12m 이상으로 한다.

> **해설**
> 설계속도 20km/시간 일 때 최소곡선반지름은 일반지형의 경우 15m 로 한다.

정답 70. ② 71. ③ 72. ① 73. ① 74. ④

75 지형도의 등고선에 대한 설명으로 옳지 않은 것은?

① 조곡선은 간곡선의 1/2 의 거리로 불규칙한 지형을 나타낼 때 사용한다.
② 간곡선은 산지의 형태를 표시하며 주곡선 5개마다 1개의 굵게 표시한다.
③ 주곡선은 가는 실선으로 그리며 지형을 나타내는 기본이 되는 곡선이다.
④ 등고선의 간격은 서로 옆에 있는 등고선 사이의 수직거리를 말하며 평면도의 축척과 같은 의미를 가진다.

해설
간곡선은 지형도에서 주곡선만으로 지형의 기복과 고저를 표현하기 어려울 때 보조역할을 하기 위해 삽입되는 등고선을 말한다. 간격은 주곡선의 1/2이며 보통 점선으로 표시된다. 주곡선 5개마다 굵은 실선으로 나타내는 선은 계곡선을 말한다.

76 와이어로프의 안전계수가 4 이고 절단하중이 360kg 이라면 이 와이어로프의 최대장력은?

① 60kg   ② 90kg
③ 120kg ④ 180kg

해설
- 와이어로프 안전계수 = 와이어로프의 절단하중 ÷ 와이어로프에 걸리는 최대장력
- 4 = 360 ÷ 와이어로프의 최대장력
- 와이어로프 최대장력 = 90 (kg)

77 임도를 설계하고자 할 때 다음 중 가장 먼저 해야 할 업무는?

① 예측   ② 답사
③ 예비조사 ④ 설계도서 작성

해설
임도설계 순서
예비조사 → 답사 → 예측, 실측 → 설계도 작성 → 공사량 산출 → 설계서 작성

78 임도의 노체 구성 순서로 옳은 것은?(단, 아래에서 위로의 순서에 해당됨)

① 노반 → 기층 → 노상 → 표층
② 노상 → 노반 → 기층 → 표층
③ 노반 → 노상 → 기층 → 표층
④ 노상 → 기층 → 노반 → 표층

해설
임도의 구조는 표면을 시작으로 표층, 기층, 노반, 노상으로 구분한다.

79 임도망 계획 시 고려할 사항으로 옳은 것을 모두 고른 것은?

가. 운반비를 적게 한다.
나. 목재의 손실이 적게 한다.
다. 신속한 운반이 되도록 한다.
라. 운반량을 제한하여 계획한다.

① 가, 나, 다   ② 가, 나, 라
③ 가, 다, 라   ④ 가, 나, 다, 라

해설
운반량에 제한이 없고 운재방법은 단일화할수록 효율적이다.

80 작업임도에서 차량규격으로 2.5톤 트럭의 최소회전반경(m) 기준은?

① 5.0   ② 6.0
③ 7.0   ④ 12.0

해설
작업임도의 차량규격이 2.5톤 트럭의 경우 최소회전반경은 7m 이다.

※ 2.5톤 트럭 차량 규격(단위 : m)

길이	폭	높이	앞뒤바퀴거리	앞내민길이	뒷내민길이	최소회전반경
6.1	2	2.3	3.4	1.1	1.6	7.0

정답 75. ② 76. ② 77. ③ 78. ② 79. ① 80. ③

81 수제에 대한 설명으로 옳지 않은 것은?

① 계안으로부터 유심을 향해 돌출한 공작물을 말한다.
② 계상 폭이 좁고 계상 기울기가 급한 황폐계류에 적용한다.
③ 수제의 높이는 최고수위로 하고 끝부분을 다소 낮게 설치한다.
④ 상향수제는 수제 사이의 토사 퇴적이 하향수제보다 많고, 수제 앞부분에서의 세굴이 강하다.

해설
수제는 하천에 유심의 방향을 변경시켜 계안으로부터 멀리 보내어 유로 및 계안의 침식을 방지하게 된다. 그런데 계상 폭이 좁고 계상의 기울기가 급한 황폐계류에는 부적합하며 이러한 곳은 사방사업을 하는 것이 적합하다.

82 야계사방의 주요 목적으로 옳지 않은 것은?

① 유송토사 억제 및 조정
② 산각의 고정과 산복의 붕괴방지
③ 계상 기울기를 완화하여 계류의 침식 방지
④ 계류의 수질 정화와 산림 황폐지로 인한 재해 방지

해설
야계사방공사는 계류의 유속을 줄이고 침식을 방지하는 것이 목적으로 한다.

83 정사울타리를 설치할 때 기준 높이로 옳은 것은?

① 0.5~0.7m   ② 1.0~1.2m
③ 2.0~2.2m   ④ 2.5~2.7m

해설
정사울타리의 높이는 1~1.2m 정도를 기준으로 한다.

84 기슭막이의 시공목적에 대한 설명으로 옳지 않은 것은?

① 기슭의 유로 변경
② 계안의 횡침식 방지
③ 산각의 안정을 도모
④ 산지 사방공작물의 기초 보호

해설
기슭막이는 보호 및 안정이 목적으로 계류의 흐름방향에 따라 축설하기에 유로의 변경과는 관련이 없다.

85 다음 설명에 해당하는 것은?

◎ 토양에 대한 적응성이 좋다
◎ 내음성 및 내한성이 커서 한랭지에서는 혼파하는 것이 적당하다

① 큰조아재비   ② 오리새
③ 우산잔디   ④ 능수귀염풀

해설
오리새는 추위에 강한 내한성을 지니고 있으며 토양에 대한 적응성이 좋아 사면녹화용 초본으로 활용된다.

86 선떼붙이기 공법에서 1등급 증가할 때마다 연장 1m 당 떼의 사용매수는 얼마씩 차이가 나는가?(단, 떼의 크기는 길이 40cm, 나비 25cm)

① 1.25 매씩 감소 ② 1.25 매씩 증가
③ 2.50 매씩 감소 ④ 2.50 매씩 증가

해설
선떼붙이기 공법에서 1급 12.5매, 2급 11.25매, 3급 10매 등으로 1등급 증가할 때 마다 1.25매씩 감소한다.

정답 81. ② 82. ④ 83. ② 84. ① 85. ② 86. ①

87 비탈면에 설치하는 소단의 효과가 아닌 것은?

① 시공비를 절약할 수 있다.
② 비탈면의 안정성을 높인다.
③ 유지보수작업 시 작업원의 발판으로 이용할 수 있다.
④ 유수로 인하여 비탈면에서 발생하는 침식의 진행을 방지한다.

해설
소단(단끊기) 공사는 붕괴 위험이 있는 지역에 사면길이 3~5m 마다 50~100cm 단의 폭을 끊어 소단을 설치한다. 안전을 위해 공사가 추가되는 개념으로 시공비가 절약되지는 않는다.

88 돌쌓기 배치 방법으로 잘못된 쌓기가 아닌 것은?

① 포갠돌　② 이마대기
③ 여섯에움　④ 새입붙이기

해설
돌쌓기를 할 때는 돌의 배치에 주의하여 다섯에움 이상 일곱에움 이하가 되도록 한다.

89 다음 ( ) 안에 가장 적합한 수치는?

◎ 사방댐의 계획 기울기는 현 계상기울기의 ( )을 기준으로 설계한다.

① 1/2~2/3　② 1/2~1
③ 2/3~1　④ 2/3~3/2

해설
사방댐의 설계에서 계획 기울기는 현 계상기울기의 1/2~2/3 기준으로 한다.

90 계류의 바닥 폭이 3.8m, 양안의 경사각이 모두 45°이고, 높이가 1.2m 일 때의 계류 횡단면적(m²)은?

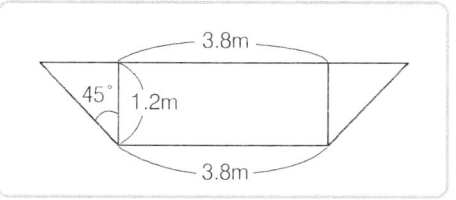

① 0.5　② 0.6
③ 5.3　④ 6.0

해설
양안의 경사각이 45°로 같은 모형을 하고 있기에 경사각의 한 변의 길이는 1.2m 로 유추할수 있다. 하나의 직사각형 형태로 보고 횡단면적을 구하면
< (1.2+3.8)×1.2=6m² > 으로 산출된다.

91 유역면적이 10ha 이고 최대시우량이 150mm/hr 일 때 임상이 좋은 산림지역의 최대홍수유량은?(단, 유거계수는 0.35)

① 약 0.14m³/sec　② 약 1.46m³/sec
③ 약 14.58m³/sec　④ 약 145.83m³/sec

해설
0.002778×0.35×150×10=1.45854
→ 약 1.46m³/sec
※ 합리식법
Q=0.002778CIA
여기서, Q : 유출량(m³/sec)
　　　　C : 유거계수
　　　　I : 최대시우량(mm/hr)
　　　　A : 유역면적(ha)

92 중력식 콘크리트 사방댐의 구조에 포함되지 않는 것은?

① 물받이　② 방수로
③ 밑막이　④ 댐둑어깨

해설
중력식 콘크리트 사방댐의 구조에는 댐둑어깨, 방수로, 물빼기구멍, 물받이, 물방석 등이 있다.

정답 87. ① 88. ③ 89. ① 90. ④ 91. ② 92. ③

93 산지사방에서 비탈다듬기 공사를 하기 전에 시공하는 것이 효과적인 공사는?

① 단끊기
② 떼단쌓기
③ 땅속흙막이
④ 퇴사울세우기

해설
비탈다듬기는 산꼭대기부터 시작하여 산 아래로 진행하는데 땅속흙막이 공사 시공후 비탈다듬기를 하는 것이 효율적이다.

94 골막이에 대한 설명으로 옳지 않은 것은?

① 토사퇴적 기능은 없다.
② 사방댐보다 규모가 작다.
③ 계류의 상류부에 설치한다.
④ 반수면 토사를 채우고 대수면은 떼를 입힌다.

해설
골막이는 반수측만 축설하고 중앙부를 낮게 하여 물이 빠지게 한다.

95 다음 설명에 해당하는 것은?

◎ 비탈면 하단부에 흐르는 계천의 가로 침식에 의해 일어난다.
◎ 침식 및 붕괴된 물질은 퇴적되지 않고 대부분 유수와 함께 유실되는 붕괴형 침식이다.

① 산붕
② 붕락
③ 포락
④ 산사태

해설
포락은 비탈면 끝에 흐르는 계천의 가로침식에 의하여 무너지는 침식현상으로 붕괴형침식에 해당한다.

96 산사태와 비교한 땅밀림에 대한 설명으로 옳지 않은 것은?

① 이동 속도가 빠르다.
② 지하수의 영향이 크다.
③ 완경사면에서 주로 발생한다.
④ 주로 점성토가 미끄럼면으로 활동한다.

해설
땅밀림의 경우 산사태보다 이동 속도가 느리다.

97 사방댐 설치에 있어 홍수기울기와 평형기울기 사이의 퇴사량을 무엇이라 하는가?

① 토사퇴적량
② 토사안정량
③ 토사침식량
④ 토사조절량

해설
홍수기울기와 평형기울기 사이의 퇴사량을 토사조절량이라 정의하며 토사조절량을 개선하면 사방댐의 방재기능이 향상된다.

98 시멘트에 대한 설명으로 옳지 않은 것은?

① 조기에 강도를 내기 위하여 염화칼슘을 쓰기도 한다.
② 시멘트를 제조할 때 석고를 넣으면 급결성이 된다.
③ 시멘트는 분말도가 너무 높으면 내구성이 약해지기 쉬우므로 주의해야 한다.
④ 일반적으로 포틀랜드시멘트는 수경성이고 강도가 크며 비중은 대체로 3.05~3.15 정도이다.

해설
시멘트를 제조할 경우 석고를 넣으면 완결성이 된다.

정답 93. ③ 94. ④ 95. ③ 96. ① 97. ④ 98. ②

99 돌골막이 공법에서 돌쌓기의 표준 기울기로 옳은 것은?

① 1 : 0.1
② 1 : 0.2
③ 1 : 0.3
④ 1 : 0.4

> **해설**
> 돌골막이의 기울기 기준은 1:0.3으로 하며 길이는 4~5m, 높이 2m 이내로 축설한다.

100 강우에 의한 산지침식의 발달과정 순서로 옳은 것은?

① 구곡침식 → 면상침식 → 누구침식
② 구곡침식 → 누구침식 → 면상침식
③ 면상침식 → 구곡침식 → 누구침식
④ 면상침식 → 누구침식 → 구곡침식

> **해설**
> 강우에 의한 산지침식의 발달과정은 우격침식, 면상침식, 누구침식, 구곡침식이다.

정 답   99. ③   100. ④

산림기사

기사 CBT 제1회

** 본문제는 수험생들의 기억을 바탕으로 작성 된 것으로 실제 문제와 차이가 있을 수 있습니다.

01 곰솔에 대한 설명으로 옳지 않은 것은?
① 수피는 흑갈색이다.
② 소나무과 수종이다.
③ 겨울눈은 붉은 색이다.
④ 해안 지역에 주로 분포한다.

해설
곰솔의 겨울눈은 회백색이다.

02 밤, 도토리 등 함수량이 많은 전분 종자를 추운 겨울 동안 동결하지 않고 부패하지 않도록 저장하는 방법으로 가장 적합한 것은?
① 노천매장법   ② 보호저장법
③ 상온저장법   ④ 저온저장법

해설
보호저장법은 모래와 종자를 섞어서 용기 안에 저장하는 방법으로 함수량이 많은 전분 종자를 부패하지 않도록 저장할 수 있다. 주로 은행나무, 밤나무, 굴참나무 등의 수종에 적합하다.

03 산림 토양에서 부식에 대한 설명으로 옳지 않은 것은?
① 토양의 입단구조를 형성하게 한다.
② 임상 내 H 층에 해당되며 유기물이 많이 함유되어 있다.
③ 토양 미생물의 생육에 필요한 영양분으로 사용 가능하다.
④ 칼슘, 마그네슘, 칼륨 등 염기를 흡착하는 능력인 염기치환용량이 작다.

해설
산림의 토양 중에서 부식층은 H(humus layer)층이라 하며 유기물이 완전히 분해되어 있는 상태로서 염기치환용량이 큰 편이다.

04 수목에 필요한 무기영양원으로 필수 원소가 아닌 것은?
① 철   ② 질소
③ 망간   ④ 알루미늄

해설
수목의 필수 원소는 다량원소와 미량원소로 분류되며 철, 망간은 미량원소, 질소는 다량원소에 해당한다.

05 산림 천이에 대한 설명으로 옳지 않은 것은?
① 산림 천이 초기에는 종다양성이 증가한다.
② 1차 천이는 2차 천이보다 생산력이 높은 단계에서 시작된다.
③ 산림 벌채 후 산불, 기상재해 등은 산림의 2차 천이를 유발하는 주요 요인 이다.
④ 1차 천이는 기존 식물상 자체에 의하여 유도되는 자발천이의 과정으로 볼 수 있다.

해설
1차 천이는 식물이 전혀 없는 곳에서 시작하기에 2차 천이보다 생산력은 낮은 단계이다.

정답 01. ③ 02. ② 03. ④ 04. ④ 05. ②

06 일본잎갈나무의 꽃눈이 분화하는 시기는?

① 3월경 ② 5월경
③ 7월경 ④ 9월경

> **해설**
> 일본잎갈나무(낙엽송)은 7월쯤 암수의 꽃눈이 분화한다.

07 활엽수림의 어린나무가꾸기 작업에 가장 효과적인 시기는?

① 3~5월 ② 6~8월
③ 9~11월 ④ 12~2월

> **해설**
> 어린나무가꾸기는 주로 6~9월 실시하며 11월 말에는 완료하도록 한다.

08 잎의 유관속이 1개인 수종은?

① Pinus rigida
② Pinus densiflora
③ Pinus koraiensis
④ Pinus thunbergii

> **해설**
> ① 리기다 소나무 ② 소나무 ③ 잣나무 ④ 곰솔
> 잣나무나 백송은 유관속이 1개, 소나무의 경우 2개이다.

09 측아의 발달을 억제하는 정아우세 현상에 관여하는 호르몬은?

① 옥신 ② 지베렐린
③ 사이토키닌 ④ 아브시스산

> **해설**
> 옥신은 줄기 및 뿌리의 선단부분에서 세포 신장에 영향을 주는 호르몬으로 정아우세 현상에 관여한다.

10 산벌작업에서 충분한 결실연도가 되어 실시하여 1회의 벌채로 그 목적을 달성하는 작업 방법은?

① 후벌 ② 하종벌
③ 결실벌 ④ 예비벌

> **해설**
> 산벌작업의 종류인 예비벌, 하종벌, 후벌이 있는데 1회의 벌채를 목적으로 달성하는 것은 하종벌이다.

11 묘목 곤포 작업의 정의로 옳은 것은?

① 굴취한 묘목을 규격에 따라 나누는 일
② 포지에서 양성된 묘목을 식재될 산지까지 수송하는 일
③ 묘목을 식재지까지 운반하기 위해 알맞은 크기로 다발 묶음하여 포장하는 일
④ 묘목을 심기 전 일시적으로 도랑을 파서 그 안에 뿌리를 묻어 건조를 방지하고 생기를 회복시키는 일

> **해설**
> 묘목을 조림 예정지까지 수송하기 위해 묘목을 포장하는 작업을 곤포라 하고 한 곤포는 약 500~2000본 단위로 다발 묶음으로 한다.

12 생가지치기를 하면 상처 부위가 부패될 수 있는 가능성이 가장 높은 수종은?

① Larix kaempferi : 일본잎갈나무
② Pinus densiflora : 소나무
③ Prunus serrulata : 벚나무
④ Populus davidiana : 사시나무

> **해설**
> ① 낙엽송 ② 소나무 ③ 벚나무 ④ 사시나무
> 벚나무는 상처유합이 잘 되지 않아 부후의 위험성이 생가지치기는 피하도록 한다.

정답 06. ③ 07. ② 08. ③ 09. ① 10. ② 11. ③ 12. ③

13 내음성이 약한 양수를 갱신하는데 적용하기 힘든 작업종은?

① 택벌작업　② 개벌작업
③ 모수작업　④ 왜림작업

해설
택벌작업은 양수 수종 적용에는 곤란한 작업이다. 또한 임목의 벌채가 어렵고 치수의 손상을 야기하기 쉽다.

14 종자의 품질 평가 기준으로 발아율과 순량율을 곱하여 알 수 있는 것은?

① 효율　② 순도
③ 발아력　④ 발아세

해설
효율은 실제 종자의 가치로 발아율과 순량율의 곱으로 나타낸다.

15 우리나라 산림대에 대한 설명으로 옳지 않은 것은?

① 연평균 기온에 따라 구분된다.
② 온대림이 차지하는 면적이 가장 넓다.
③ 멀구슬나무, 녹나무, 모새나무는 난대림의 특징 수종이다.
④ 한라산보다는 설악산에서 난대, 온대, 한대의 수직적 분포가 잘 나타난다.

해설
우리나라 한라산은 난대, 온대, 한대의 수직적 분포가 잘 나타나며 설악산은 온대와 한대의 수직적 분포가 나타난다.

16 꽃의 구조와 종자 및 열매의 구조가 올바르게 연결된 것은?

① 주심 – 배　② 주피 – 종피
③ 배주 – 열매　④ 씨방 – 종자

해설
종자의 구조발달 관계상 주피는 종피(씨껍질)과 연결된다.

17 수목에서 질소 결핍 증상으로 나타나는 주요 현상은?

① T/R률 증가
② 겨울눈 조기 형성
③ 성숙한 잎의 황화 현상
④ 모잘록병 발생률 증가

해설
질소 결핍시 잎의 생장이 불량하고 잎이 짧아진다. 또한 잎 전체가 황화 현상이 일어나고 심할 경우 고사한다.

18 조림지의 풀베기 작업에 대한 설명으로 옳은 것은?

① 모두베기는 음수를 조림한 지역에서 적합하다.
② 풀베기 작업의 시기는 가을철인 9월에 실시한다.
③ 한풍해가 우려되는 조림지에서는 둘레베기가 바람직하다.
④ 전나무 조림지에 대한 풀베기 작업은 조림 후 2년 이내에 종료한다.

해설
한해나 풍해가 우려되는 조림지는 둘레베기를 통해 한풍해를 경감시킬 수 있다.

19 흙 속에서 공기와 물이 차지하고 있는 부분은?

① 균근　② 비중
③ 공극　④ 교질

해설
공극은 토양입자 사이의 틈으로 물이나 공기가 차지한다.

정답 13. ①　14. ①　15. ④　16. ②　17. ③　18. ③　19. ③

20 Moller는 항속림 사상을 주장하였다. 다음에서 해당 하지 않는 것은?

① 항속림은 동령순림이다.
② 지표 유기물을 잘 보존한다.
③ 천연갱신을 원칙으로 한다.
④ 단목택벌을 원칙으로 한다.

해설
임지, 임목은 항속될 수 있도록 경영하는 사상이 뮐러(moller)의 항속림 사상이다. 그렇기에 단순 혹은 동령림으로 유도하는 개벌을 금한다.

21 묘포장에서 뿌리혹선충 방제 방법으로 옳지 않은 것은?

① 침엽수는 돌려짓기를 한다.
② 활엽수는 이어짓기를 한다.
③ 살선충제로 토양을 소독한다.
④ 농작물을 재배했던 포지는 이용하지 않는다.

해설
뿌리혹선충은 이어짓기의 피해가 심한 수병으로 서로 다른 종류의 수종을 순차적으로 재배하는 윤작을 실시한다.

22 번데기로 월동하는 해충은?

① 매미나방   ② 밤나무혹벌
③ 어스렝이나방   ④ 미국흰불나방

해설
미국흰불나방은 1년에 2회 발생하고 번데기 형태로 월동한다.

23 오리나무잎벌레의 생활사에 대한 설명으로 옳은 것은?

① 알로 월동하고 줄기에 산란한다.
② 유충으로 월동하고 잎에 산란한다.
③ 성충으로 월동하고 잎에 산란한다.
④ 번데기로 월동하고 줄기에 산란한다.

해설
오리나무잎벌레는 1년에 1회 발생하며 성충형태로 지피물이나 흙속에 월동하고 잎에 산란하며 성충과 유충이 동시에 잎을 식해한다.

24 천공성 해충이 아닌 것은?

① 소나무좀   ② 박쥐나방
③ 매미나방   ④ 알락하늘소

해설
매미나방은 식엽성 해충이다.

25 잣나무 털녹병 방제 방법으로 옳지 않은 것은?

① 중간기주인 송이풀을 제거한다.
② 저항성 품종을 육성하여 식재한다.
③ 풀베기와 간벌을 실시하여 숲에 통풍을 양호하게 해준다.
④ 담자포자 비산시기인 4월 하순부터 10일 간격으로 보르도액을 2~3회 살포한다.

해설
약제 예방의 경우 8월 하순부터 10일간격으로 보르도액을 2~3회 살포하여 소생자의 침입을 막는다.

26 대추나무 빗자루병의 병원체는?

① 세균   ② 곰팡이
③ 바이러스   ④ 파이토플라스마

해설
파이토플라스마는 대추나무 빗자루병, 오동나무 빗자루병의 병원체이다.

정답 20. ① 21. ② 22. ④ 23. ③ 24. ③ 25. ④ 26. ④

27 솔잎혹파리의 방제 방법으로 옳지 않은 것은?

① 솔잎혹파리먹좀벌을 천적으로 이용한다.
② 박새, 진박새, 쇠박새 등 조류를 보호한다.
③ 티아메톡삼 분산성 액제를 수간에 주사한다.
④ 피해가 극심한 지역에 동수화제를 살포한다.

해설
솔잎혹파리의 방제시 포스파미돈과 티아메톡삼 등의 액제를 수간주사한다. 동수화제의 경우 흰가루병, 탄저병에 사용한다.

28 밤나무의 종실을 가해하여 피해를 주는 해충은?

① 버들바구미   ② 어스렝이나방
③ 복숭아명나방 ④ 참나무재주나방

해설
복숭아명나방은 종실을 가해한다.

29 향나무하늘소(측백하늘소)의 발생 횟수는?

① 1년에 1회   ② 1년에 2회
③ 2년에 1회   ④ 3년에 1회

해설
향나무 하늘소는 1년에 1회 발생한다.

30 다음 설명에 해당하는 것은?

> 기주식물에 능동적으로 감염할 수 있는 구조나 효소를 갖고 있지 않기 때문에 매개 생물이나 상처부위를 통해서만 감염이 가능하다.

① 세균   ② 선충
③ 곰팡이 ④ 바이러스

해설
바이러스는 살아있는 기주세포에만 증식이 가능하며 인공배양이 불가능하다.

31 다음 중 산림해충의 생물학적 방제방법은?

① 식재할 때 내충성품종을 선정한다.
② BT수화제를 이용하여 솔나방등을 방제한다.
③ 입목밀도를 조절하여 건전한 임분을 육성한다.
④ 생리활성물질인 키틴합성 억제제를 이용하여 산림해충을 방제한다.

해설
BT 수화제는 미생물농약으로 생물학적 방제방법에 속한다.

32 성충과 유충이 동시에 잎을 가해하는 것은?

① 박쥐나방   ② 솔잎혹파리
③ 복숭아명나방 ④ 오리나무잎벌레

해설
오리나무잎벌레는 성충과 유충이 동시에 잎을 가해한다.

33 바이러스 감염에 의한 수목병의 대표적인 병징으로 옳지 않은 것은?

① 위축   ② 그을음
③ 잎말림 ④ 얼룩무늬

해설
바이러스의 병징으로 왜화, 잎말림, 기형, 얼룩, 위축 등이 있다.

34 벚나무 빗자루병의 병징으로 옳은 것은?

① 잎의 변색 ② 잎과 괴사
③ 잎의 총생 ④ 잎의 시들음

해설
벚나무 빗자루병은 자낭균에 의해 발생하며 병징으로 잔가지가 빗자루모양으로 총생한다.

정답 27. ④ 28. ③ 29. ① 30. ④ 31. ② 32. ④ 33. ② 34. ③

35 베노밀 수화제를 1000배로 희석하여 ha당 1000L를 살포하려 할 때 필요한 원액의 양은?

① 1000cc ② 100cc
③ 10cc ④ 1cc

해설
살포량이 1000L 이고 이것을 1000배 희석하므로 < 1000L / 1000배 = 1L > 이므로 1000cc 가 필요하다.

36 수병과 중간 기주의 연결이 옳지 않은 것은?

① 포플러 잎녹병 - 낙엽송
② 소나무 혹병 - 황벽나무
③ 잣나무 털녹병 - 까치밥나무
④ 배나무 붉은별무늬병 - 향나무

해설
소나무 혹병의 기주는 소나무, 졸참나무, 신갈나무 등이며 중간기주는 참나무이다.

37 농약의 보조제에 대한 설명으로 옳지 않은 것은?

① 협력제는 주제의 살충 효력을 증진시킨다.
② 증량제는 주약제의 농도를 높이기 위해 사용한다.
③ 유화제는 유제의 유화성을 높이기 위해 사용한다.
④ 전착제는 식물이나 해충 표면에 살포액이 잘 부착시키기 위해 사용한다.

해설
증량제의 경우 주약제의 농도를 낮추기 위해 사용하는 보조제이다.

38 아황산가스에 대한 감수성이 가장 큰 것은?

① 편백 ② 소나무
③ 삼나무 ④ 은행나무

해설
아황산가스에 감수성이 큰 것은 저항성이 약한 것을 의미하며 보기 중 소나무가 가장 저항성이 약하다.

39 솔잎혹파리의 방제 방법으로 옳지 않은 것은?

① 등화유살법 ② 천적이용법
③ 수간주사법 ④ 약제살포법

해설
등화유살법은 빛에 반응하는 해충의 성질의 이용하는 방법으로 솔잎혹파리에는 효과가 없다.

40 완전변태를 하는 해충은?

① 대벌레 ② 노린재
③ 가루깍지벌레 ④ 도토리거위벌레

해설
도토리거위벌레는 알, 유충, 번데기, 성충의 완전변태 과정을 거친다.

41 산림 경리의 업무 내용이 아닌 것은?

① 산림 조사 ② 조림 계획
③ 수확 규정 ④ 임업소득률 결정

해설
산림 경리의 업무로 산림측량, 구획, 조사 및 수확의 규정과 조림계획, 시설계획 등이 있다.

정답 35. ① 36. ② 37. ② 38. ② 39. ① 40. ④ 41. ④

42 수확조정 방법에 대한 설명으로 옳지 않은 것은?

① 면적조정법은 주로 택벌작업에 응용된다.
② 임분경제법과 등면적법은 영급법에 속한다.
③ 재적배분법, 재적평분법 등은 재적수확의 보속을 추구한다.
④ 면적 평분법, 순수영급법 등은 법정상태의 실현을 추구한다.

해설
면적조정법은 수확조정의 기준을 면적에 두는 것으로 개벌작업이나 왜림작업에 적합하다.

43 중령림, 평가방법으로 원가수익절충 방식을 적용하는 대표적인 평가방법은?

① Glaser 법   ② 매매가법
③ 수익환원법   ④ 임목기망가법

해설
원가수익절충 방식의 대표적인 방법으로 Glaser 법, 임지기망가응용법이 있다.

44 흉고직경이 50cm, 수고가 18m, 수간재적이 $1.59m^3$ 인 임목의 흉고 형수는?
(단, π=3.14)

① 약 0.40   ② 약 0.45
③ 약 0.50   ④ 약 0.55

해설
㉠ V=g×h×f=단면적×높이×형수
㉡ $g = \frac{r^2}{4}\pi = \frac{0.5^2}{4} \times 3.14 = 0.19625$
㉢ $1.59 = 0.19625 \times 18 \times f$
㉣ $f ≒ 0.45$

45 임목수관의 지상투영면적의 백분율로 나타내는 임분밀도의 척도는?

① 상대밀도   ② 임분밀도지수
③ 상대공간지수   ④ 수관경쟁인자

해설
수관경쟁인자는 임목 수관의 지상투영면적의 비율이다.

46 마케팅의 구성 요소 중 야외휴양에 있어서 이용객에게 제공될 휴양 기회에 해당하는 요소는?

① 가격   ② 판촉
③ 분배   ④ 상품

해설
이용객에게 제공되는 휴양의 기회는 상품에 해당한다.

47 국유림경영계획에서는 산림을 6가지 기능으로 구분 하여 관리하고 있다. 다음 중 생태·문화 및 학술 적으로 보호할 가치가 있는 자연 및 산림을 보호·보전하기 위한 산림의 기능을 무엇이라 하는가?

① 자연환경보전기능
② 생활환경보전기능
③ 수원함양기능
④ 산지재해방지기능

해설
생태, 문화, 역사, 경관, 학술적 가치의 보전에 필요한 산림을 자연환경보전림이라 한다.

48 산림생장 및 수확예측모델의 구성인자가 아닌 것은?

① 기상예측   ② 생장예측
③ 고사예측   ④ 진계성장예측

해설
산림생장 및 수확예측모델의 구성인자로 생장예측, 고사예측, 진계생장예측, 수확예측이 있다.

정답 42. ① 43. ① 44. ② 45. ④ 46. ④ 47. ① 48. ①

49 자연휴양림 조성의 목적이 아닌 것은?

① 임산물의 생산
② 훼손된 산림의 복구
③ 자연생태계를 유지·보전
④ 레크리에이션적 가치의 창출 및 활용

해설
자연휴양림은 국민의 정서, 보건, 교육을 목적으로 한다. 훼손된 산림 복구는 산림복구사업인 사방사업 등에 속한다.

50 산림교육의 활성화에 관한 법률에 의한 산림교육전문가가 아닌 것은?

① 숲해설가
② 유아숲지도사
③ 자연환경해설사
④ 숲길체험지도사

해설
산림교육전문가에는 숲해설가, 유아숲지도사, 숲길체험지도사가 있다.

51 임지기망가의 최대치에 도달하는 속도를 빠르게 하기 위한 조건으로 옳지 않은 것은?

① 이율이 높을수록
② 조림비가 많을수록
③ 간벌수확이 많을수록
④ 주벌수확의 증대속도가 빠를수록

해설
조림비는 클수록 최대값 도달은 늦어진다.

52 임업기계의 감가상각비(D)를 구하는 공식으로 옳은 것은? (단, p : 기계구입가격, s : 기계 폐기시의 잔존가치, N : 기계의 수명)

① $D = (P-S) \times N$
② $D = \dfrac{N}{S-P}$
③ $D = \dfrac{P-S}{N}$
④ $D = \dfrac{N}{P-S}$

해설
감가상각비의 종류 중 정액법 공식이다.

53 금년에 간벌수입이 100만원의 순수입이 있어 이를 연이율 10%로 하여 2년 후의 후가를 계산하면 얼마인가?

① 110만원 ② 121만원
③ 133만원 ④ 146만원

해설
후가계산공식인 $N = V(1+P)^n$ 에 대입하여 도출한다.
$100(1+0.1)^2 = 121$

54 임목의 연년생장률에 대한 설명으로 옳은 것은?

① 총생장량을 면적으로 나눈 백분율
② 정기생장량을 그 기간의 년수로 나눈 백분율
③ 총생장량을 벌기까지의 총년수로 나눈 백분율
④ 1년간의 생장량을 당초의 재적으로 나눈 백분율

해설
연년생장률은 1년간의 생장한 양을 기준 기간의 이전에 재적으로 나눈 백분율을 의미한다.

정답 49. ② 50. ③ 51. ② 52. ③ 53. ② 54. ④

55 평균생장량과 연년생장량간의 관계를 옳게 설명한 것은?

① 초기에는 평균생장량이 연년생장량보다 크다.
② 평균생장량이 연년생장량에 비해 최대점에 빨리 도달한다.
③ 평균생장량이 최대가 될 때 연년생장량과 평균생장량은 같게 된다.
④ 평균생장량이 최대점에 이르기까지는 연년생장량이 평균생장량보다 항상 작다.

해설
초기에는 평균생장량보다 연년생장량이 크며 연년생장량의 최대점이 더 빨리 온다. 그리고 평균생장량의 최대점이 되기까지 연년생장량이 평균생장량보다 항상 크다.

56 재적수확이 최대가 되는 벌기령은?

① 화폐수익이 최대인 때
② 토지순수익이 최대인 때
③ 벌기평균생장량이 최대인 때
④ 벌기평균생장률이 최대인 때

해설
재적수확이 최대가 되는 벌기령은 결국 벌기평균생장량이 최대가 되는때이다.

57 이율은 5% 이고 앞으로 10년 후에 300,000원의 간벌수익을 얻으리라고 예상하면 간벌수입의 전가합계는?

① 약 69,000 원
② 약 184,000 원
③ 약 489,000 원
④ 약 1,296,000 원

해설
10년 후의 30만원에 해당하는 현재가를 구하는 문제로 풀이는 다음과 같다.
$$300,000 \times \frac{1}{1.05^{10}} ≒ 300,000 \times 0.61$$
$$≒ 184173$$

58 산림경영의 지도원칙 중 보속성의 원칙에 해당되지 않는 것은?

① 합자연성 ② 목재수확 균등
③ 생산자본 유지 ④ 화폐수확 균등

해설
산림경영 지도원칙에서 보속성의 원칙에는 목재 수확 균등의 보속, 목재생산의 보속, 화폐수확 균등의 보속, 생산자본 유지의 보속이 있다. 합자연성은 환경보전의 원칙과 함께 복지의 원칙에 해당한다.

59 자연휴양림을 조성 신청하려는 자가 제출하여야 하는 자연휴양림 구역도의 축적은?

① 1/5,000 ② 1/10,000
③ 1/15,000 ④ 1/25,000

해설
자연휴양림 예정지의 구역도는 축척 1/5,000 혹은 1/6,000 으로 한다.

60 수간석해를 위한 원판 채취방법에 대한 설명으로 옳지 않은 것은?

① 원판의 두께는 10cm 가 되도록 한다.
② 원판을 채취할 때는 수간과 직교하도록 한다.
③ 측정하지 않을 단면에는 원판의 번호와 위치를 표시하여 둔다.
④ Huber 식에 의한 방법에는 흉고이상은 2m 마다 원판을 채취하고 최후의 것은 1m 가 되도록 한다.

해설
수간석해시 원판의 채취 두께는 3~5cm 를 기준으로 한다.

정답 55. ③ 56. ③ 57. ② 58. ① 59. ① 60. ①

61 다음 ( ) 안에 적절한 것은?

> 포장도로가 아닌 곳에서 종단기울기의 대수차가 ( )% 이하인 경우에 임도의 종단곡선 규정을 적용하지 않는다.

① 3 ② 5
③ 7 ④ 9

해설
포장도로가 아닌 곳으로서 종단기울기의 대수차가 5% 이하인 경우 이를 적용하지 않는다.

62 급경사의 긴 비탈면인 산지에서는 지그재그방식, 완경사지에서 대각선방식이 적당한 임도의 종류는?

① 계곡임도 ② 사면임도
③ 능선임도 ④ 산정임도

해설
사면임도는 계곡임도에서 시작하여 산록부와 산복부에 설치하는 임도로 하부에서 점차적으로 계획하여 진행하며 지그재그방식 혹은 대각선 방식이 적당하다.

63 어떤 측점에서부터 차례로 측량을 하여 최후에 다시 출발한 측점으로 되돌아오는 측량방법으로 소규모의 단독적인 측량에 많이 이용되는 트래버스 방법은?

① 폐합 트래버스
② 결합 트래버스
③ 개방 트래버스
④ 다각형 트래버스

해설
측선이 한 기지점에서 시작, 다시 시작측점으로 돌아와 종결되는 것을 폐합 트래버스라 한다.

64 적정지선 임도간격이 500m 일 때 적정지선 임도밀도(m/ha)는?

① 20 ② 25
③ 50 ④ 200

해설
RS(임도간격) = 10,000 ÷ ORD(적정임도밀도)
500 = 10,000 ÷ 적정임도밀도
적정임도밀도 = 20m/ha

65 토목공사용 굴착기의 앞 부속장치로 옳지 않은 것은?

① crane ② pile driver
③ clam lines ④ drag shovel

해설
크램셸(clam shell)은 크레인의 붐 끝에 움켜쥐는 형식으로 비교적 좁은 장소에서 깊게 굴착하는데 유효하다.

66 임도개설과 같은 폭이 좁고 길이가 상대적으로 긴 구간에서 발생되는 토량을 산출하기 위하여 사용되는 토적 계산식으로 가장 적합하지 않은 것은?

① 주상체공식 ② 중앙단면적법
③ 양단면적평균법 ④ 직사각형기둥법

해설
직사각형기둥법은 각 사각형의 밑면적에 각 높이를 곱해 토적을 계산하는 방법으로 폭이 좁고 길이가 긴 구간의 경우 적용하기 곤란한 방법이다.

정답 61. ② 62. ② 63. ① 64. ① 65. ③ 66. ④

67 임도의 성토사면에 있어서 붕괴가 일어날 가능성이 적은 경우는?

① 함수량이 증가할 때
② 공극수압이 감소될 때
③ 동결 및 융해가 반복될 때
④ 토양의 점착력이 약해질 때

해설
공극수압이 감소되면 토양의 유동이 적어져 붕괴의 가능성이 적어진다.

68 임도에서 합성기울기와 관련이 있는 조합은?

① 횡단기울기와 편기울기
② 종단기울기와 역기울기
③ 편기울기와 곡선반지름
④ 종단기울기와 횡단기울기

해설
합성기울기는 외쪽기울기 혹은 횡단기울기의 제곱과 종단기울기의 제곱의 합의 제곱근을 이용하여 구하며 공식은 아래와 같다.

69 임도 내 교량에 적용되는 종단기울기는? (단, 특별한 장소 제외)

① 적용하지 아니한다.
② 2% 미만
③ 4% 미만
④ 6% 미만

해설
교량에 종단기울기는 특별한 장소를 제외하고 적용하지 않는다.

70 절, 성토 사면에 있어서 소단에 대한 설명으로 옳지 않은 것은?

① 절, 성토의 안정성을 높인다.
② 사면에서 흘러내리는 사면침식을 줄인다.
③ 필요에 따라 식생이나 배수구를 설치한다.
④ 붕괴 방지를 위해 유지보수 작업원의 발판으로 이용할 수 없다.

해설
절, 성토 경사면에 소단은 유지 보수 작업원의 발판으로 이용할 수 있다. 보통 사면길이 2~3m 마다 폭 50~100cm 로 단의 폭을 끊어 소단을 설치한다.

71 노면 또는 땅깎기 비탈면에 설치하는 배수시설로서 길어깨와 비탈사이에 종단방향으로 설치하는 것은?

① 옆도랑   ② 겉도랑
③ 속도랑   ④ 빗물받이

해설
노면이나 흙깎기 비탈면의 물을 모아서 배수하기 위하여 임도의 길어깨를 따라 종단방향으로 설치하는 배수로이다.

72 다음 중 가선집재의 장점이 아닌 것은?

① 임지와 입목의 피해가 적다.
② 지형조건의 영향을 덜 받는다.
③ 낮은 임도밀도에서도 작업이 가능하다.
④ 장비의 가격이 저렴하고, 숙련된 기술을 요하지 않는다.

해설
가선집재는 장비가 고가이고 숙련된 기술이 필요하다.

정답 67. ② 68. ④ 69. ① 70. ④ 71. ① 72. ④

73 축척 1/500 도면 1매의 면적이 10,000m²이다. 만약 그 도면의 축척을 1/1000로 했다면 이 도면 1매의 면적은?

① 20000m² ② 40000m²
③ 80000m² ④ 10000m²

> **해설**
> 축척이 2배가 되었을 경우 면적은 제곱으로 4배가 되어 40,000m² 이다.

74 임도작업 시 토목기계 사용의 장점으로 옳지 않은 것은?

① 기계 구입비, 유지비가 저렴하다.
② 규모가 큰 공사라도 공사기간을 단축할 수 있다.
③ 인력으로 곤란한 공사라도 무난히 완공할 수 있다.
④ 공사비를 절감할 수 있고 시공효율을 높일 수 있다.

> **해설**
> 임도작업의 토목기계의 경우 기계구입비 및 유지비가 많이 든다.

75 가공본줄을 이용한 가선집재방식으로 옳지 않은 것은?

① 스너빙식
② 플링블록식
③ 호이스티캐리지식
④ 러닝스카이라인식

> **해설**
> 러닝스카이라인식, 하이리드식, 슬랙라인식 등은 가공본줄을 이용하지 않는 방법이다.

76 예산내역서에 대한 설명으로 옳은 것은?

① 공정별로 집계표를 작성하고 누계하여 적용 한다.
② 당해 공사의 목적, 기준, 시공후 기여도 등을 상세히 기록한다.
③ 일반적인 과업지시사항과 공사목적 및 현지의 입지조건 등을 수록한다.
④ 공정별 수량계산서에 의한 공종별 수량과 단가산출서에 의한 공종별 단가를 곱하여 작성한다.

> **해설**
> 임도에 들어가는 비용을 각 수량에 맞춰 작성하는 것으로 공정별 수량계산서에 의해 공종별 수량을 구하고 단가산출서 및 일위대가표를 통해 공종별 단가를 곱하여 작성한다.

77 대피소를 설치할 때 유효길이 기준으로 옳은 것은?

① 5m 이상 ② 10m 이상
③ 15m 이상 ④ 300m 이내

> **해설**
> 대피소의 간격 300m 이내, 너비 5m 이상, 유효길이 15m 이상을 기준으로 한다.

78 아스팔트 포장과 비교하였을 때 시멘트 콘크리트 포장의 장점으로 옳은 것은?

① 평탄성이 좋다
② 내마모성이 크다
③ 시공속도가 빠르다
④ 간단 공법으로 유지수선이 가능하다

> **해설**
> 아스팔트 포장 대비 시멘트 콘크리트 포장은 골재와 시멘트를 섞어 시공하기에 강도나 내마모성이 좋고 포장이 오래 간다.

정답 73. ② 74. ① 75. ④ 76. ④ 77. ③ 78. ②

79 임도의 곡선반지름이 15m, 차량의 앞면과 뒷차축과의 거리가 6m 인 경우 곡선부에서의 나비넓힘(확폭량)은?

① 0.4m　　② 1.0m
③ 1.2m　　④ 2.5m

> **해설**
> 확폭 = $\dfrac{6^2}{2 \times 15} = 1.2\,m$
> ※ 곡선부의 확폭
> 확폭 = $\dfrac{(\text{차량 앞바퀴} \sim \text{뒷바퀴까지 길이})^2}{2 \times \text{곡선반지름}}$

80 일반지형에서 임도의 설계속도가 30km/시간 일 때 최소곡선반지름의 설치 기준은 몇 m 이상인가?

① 20　　② 30
③ 40　　④ 60

> **해설**
> 설계속도 30km/h 기준 최소곡선반지름의 설치기준은 일반지형 30m, 특수지형 20m 이다.

81 사방댐 설치에 있어 홍수기울기와 평형기울기 사이의 퇴사량을 무엇이라 하는가?

① 토사퇴적량　　② 토사조절량
③ 토사안정량　　④ 토사침식량

> **해설**
> 홍수기울기와 평형기울기 사이의 퇴사량을 토사조절량이라 정의하며 토사조절량을 개선하면 사방댐의 방재기능이 향상된다.

82 계단 연장이 3000m 인 산복면에 선떼붙이기를 7급으로 할 때에 필요한 떼의 총 소요매수는?(단, 떼의 크기 : 40cm×20cm)

① 15,000매　　② 22,500매
③ 30,000매　　④ 37,500매

> **해설**
> 7급의 경우 5매를 사용하기에 5매 × 3000m = 15,000매 를 사용한다.

83 평탄지에 주로 사용되는 줄떼다지기 공법은?

① 줄떼심기　　② 평떼심기
③ 줄떼붙이기　　④ 평떼붙이기

> **해설**
> 줄떼심기는 주로 평탄지에 이용되며 줄 간격 20~30cm 정도를 기준으로 시공한다.

84 비탈옹벽공법의 시공방법으로 옳지 않은 것은?

① 뒷채움 토양은 충분히 전압 되도록 한다.
② 옹벽 몸체는 한번에 타설하지 않고 여러 층을 나누어 콘크리트를 타설한다.
③ 뒷채움 부분에는 물이 침입하지 않도록 하며, 물이 침입할 경우에는 신속히 배수한다.
④ 직접기초시공에는 옹벽 밑판과 지반사이에 기초 쇄석이나 모르타르를 삽입하여 미끄러짐을 방지한다.

> **해설**
> 옹벽 몸체에 콘크리트 타설시 여러층이 아닌 한번에 타설하는 것이 좋다.

정답　79. ③　80. ②　81. ②　82. ①　83. ①　84. ②

85 중력침식유형 중 발생 속도가 가장 느린 것은?

① 토석류 ② 산사태
③ 땅밀림 ④ 급경사지 붕괴

해설
땅밀림은 땅속에 점착력이 약한 일부 토층이 서서히 낮은 곳을 향해 미끄러져 이동하는 현상으로 이동속도가 느려서 이동을 인식하기 어렵다.

86 강우에 의한 침식의 발달과정 순서로 옳은 것은?

① 구곡침식 → 면상침식 → 누구침식
② 구곡침식 → 누구침식 → 면상침식
③ 면상침식 → 구곡침식 → 누구침식
④ 면상침식 → 누구침식 → 구곡침식

해설
우격침식 → 면상침식 → 누구침식 → 구곡침식

87 해안사방의 사구조성공법에 해당하지 않는 것은?

① 파도막이 ② 모래덮기
③ 퇴사울세우기 ④ 정사울세우기

해설
사구조성공법에는 퇴사울세우기, 모래덮기, 파도막이 등이 있으며 정사울세우기는 식재공법과 함께 사지 조림 공법에 속한다.

88 평균유속 0.5m/s로 5초 동안에 $10m^3$의 물을 유송하는 수로의 횡단면적은?

① $2m^2$ ② $4m^2$
③ $10m^2$ ④ $20m^2$

해설
수로의 횡단면적인 유적의 경우 $4m^2$이다.

89 계간사방공사의 시공목적으로 옳지 않은 것은?

① 유송토사억제 및 조정
② 계류의 수질 정화와 산사태 대비
③ 산각의 고정과 산복의 붕괴방지
④ 계상물매를 완화하여 계류의 침식 방지

해설
계간사방공사는 계천의 침식방지와 산각의 고정을 주목적으로 한다.

90 수제의 간격은 일반적으로 수제 길이의 몇 배로 하는가?

① 0.25~0.5 ② 0.5~1.25
③ 1.25~4.5 ④ 4.5~8.25

해설
수제의 간격은 수제 길이의 1.25~4.5배 정도로 한다.

91 정사울타리를 설치할 때 표준높이로 옳은 것은?

① 0.5~0.7m ② 1.0~1.2m
③ 2.0~2.2m ④ 2.5~2.7m

해설
정사울타리 높이는 1~1.2m 정도를 기준으로 한다.

92 침식이 심하고 경사가 급하며 상수가 있는 산비탈의 수로에 적합한 공법은?

① 바자수로 ② 돌붙임수로
③ 메쌓기수로 ④ 떼붙임수로

해설
돌붙임 수로는 집수구역이 넓고 경사가 급하며 유량이 많은 산비탈지역에 시공하며 종류로는 찰쌓기, 메쌓기가 대표적이다.

정답 85. ③ 86. ④ 87. ④ 88. ② 89. ② 90. ③ 91. ② 92. ②

93 사방댐의 주요 기능 및 설치 목적이 아닌 것은?

① 계상기울기를 완화한다.
② 토사의 이동을 방지한다.
③ 산각을 고정하여 붕괴를 방지한다.
④ 황폐계류의 유심 방향을 변경한다.

해설
사방댐의 기능
· 계상물매를 완화하고 종침식을 방지한다.
· 산각을 고정하고 붕괴를 방지한다.
· 계상에 퇴적한 불안정 토사의 유동을 막고 양안의 산각을 고정한다.
· 산불 발생시 진화용수나 야생동물의 음용수로 이용된다.

94 산사태와 땅밀림을 비교하여 설명한 것으로 옳지 않은 것은?

① 산사태는 지하수에 의한 영향이 크다.
② 산사태는 땅밀림에 비해 규모가 작다.
③ 땅밀림은 계속적으로 재발 가능성이 크다.
④ 산사태는 사질토로 된 지점에서 많이 발생한다.

해설
산사태보다는 땅밀림의 경우 지하수의 영향이 더 크다.

95 많은 토사와 오물을 포함한 유수로 인해 배수관이나 속도랑이 막히는 것을 방지하기 위한 임도의 구조물은?

① 곁도랑   ② 빗물받이
③ 돌림수로   ④ 횡단배수구

해설
빗물받이는 도로 옆에 물이 고이기 쉬운 장소나 L형 측구의 유하방향 하단부에 설치하여 유수로 인해 막히는 현상을 방지한다.

96 비탈다듬기 및 단끊기 시공과정에서 생기는 토사를 유치·고정하는 공사는?

① 조공   ② 비탈덮기
③ 누구막이   ④ 땅속흙막이

해설
땅속흙막이는 비탈다듬기로 인하여 발생되는 토사의 유실을 방지한다.

97 야계사방에 있어서 합리식에 의한 유량을 산정하는 주요 인자가 아닌 것은?

① 유역면적
② 조도계수
③ 유출계수
④ 일정기간 동안의 강우 강도

해설
합리식을 산정하는 주요 인자로 유출계수, 최대시우량, 유역면적이 있다.

98 해안사방에 주로 사용되는 공사는?

① 조공   ② 기슭막이
③ 속도랑내기 ④ 정사울세우기

해설
해안사방에 공종으로 정사울세우기, 퇴사울세우기, 사초심기 등이 있다.

정답 93. ④ 94. ① 95. ② 96. ④ 97. ② 98. ④

99 돌쌓기에 대한 설명으로 옳지 않은 것은?

① 돌을 쌓을 때 통줄눈을 피하고 파선줄눈이 되도록 쌓는다.
② 찰쌓기를 할 때에는 석축뒷면의 물빼기에 유의해야 한다.
③ 돌을 쌓을 때 뒷채움의 사용여부에 따라 찰쌓기와 메쌓기로 구분한다.
④ 돌쌓기 높이가 3m 이상이면 전부 또는 하부를 찰쌓기로 시공한다.

해설
찰쌓기는 돌을 쌓아 올릴 때 뒤채움을 하고 줄눈에 모르타르를 사용하며 메쌓기의 경우 돌을 쌓아 올릴 때 뒤채움이나 줄눈에 모르타르를 사용하지 않고 쌓는 것이다.

100 계류의 유속완화와 유송토사의 퇴적 촉진을 위해 구곡에 시공하는 사방공작물로 주로 반수면만 축설하는 것은?

① 사방댐
② 골막이
③ 둑쌓기
④ 누구막이

해설
골막이는 반수면만을 축조하고 중앙부를 낮게 하여 물이 흐르도록 하는 구조를 가진다.

정답 99. ③ 100. ②

산림기사 CBT 제2회

** 본문제는 수험생들의 기억을 바탕으로 작성 된 것으로 실제 문제와 차이가 있을 수 있습니다.

01 가지치기에 대한 설명으로 옳은 것은?
① 활엽수종의 지융부를 제거하면 안된다.
② 생장휴지기에는 가급적 실시하지 않는다.
③ 수간 상부보다 하부의 비대생장을 촉진시킨다.
④ 가지치기 작업으로 인해 부정아는 생성되지 않는다.

해설
활엽수종의 지융부를 제거하지 않고 지융부에 가깝게 가지치기를 한다.

02 풀베기 작업을 두 번 하고자 할 때 첫 번째 작업시기로 가장 적당한 것은?
① 1~3월
② 3~5월
③ 5~7월
④ 7~9월

해설
풀베기 작업은 일반적으로 5~7월에 작업을 실시한다.

03 체내에서 이동이 용이하여 성숙 잎에서 먼저 결핍증이 나타나는데, 잎에 검은 반점과 황화현상이 나타나고, 결핍 시 뿌리썩음병에 잘 걸리게 되는 무기영양소는?
① 철
② 칼슘
③ 질소
④ 칼륨

해설
칼륨은 뿌리의 개화 및 결실에 도움을 주는 양분이나 결핍되면 성숙한 잎에서 먼저 황화현상 및 갈변현상이 발생하고 어린잎은 암록색이 되고 신장이 나쁘게 된다. 뿌리의 생장은 제한되고 뿌리썩음병이 발생하기 쉽다.

04 파종상에서 1년, 이식상에서 2년, 그 뒤 1번 더 이식한 실생묘의 표시는?
① 1/2 - 1
② 1 - 1/2
③ 1 - 2 - 1
④ 2 - 1 - 1

해설
실생묘의 처음 숫자는 파종상에서 지낸 연수, 뒤의 수는 판갈이상에서 지낸 연수를 의미한다.

05 종자를 건조한 상태로 저장하여도 발아력이 크게 손상되지 않는 수종으로만 올바르게 나열한 것은?
① 목련, 칠엽수
② 편백, 삼나무
③ 밤나무, 가시나무
④ 신갈나무, 가래나무

해설
종자를 건조한 상태로 저장해도 발아력에 큰 이상이 없는 수종으로 소나무, 편백, 삼나무, 향나무, 단풍나무 등이 있다.

06 솎아베기 작업에 대한 설명으로 옳은 것은?
① 잔존목의 수고생장을 크게 촉진한다.
② 최종 생산될 목재의 형질을 개선한다.
③ 자연낙지를 유도하여 지하고를 높인다.
④ 줄기에 발생하는 부정아를 감소시킨다.

해설
솎아베기를 통해 밀도 조절이 가능하고 생산될 목재의 형질을 향상시킬 수 있다.

정답 01. ① 02. ③ 03. ④ 04. ③ 05. ② 06. ②

07 종자의 크기가 가장 작은 수종은?

① Alnus japonica
② Pinus Koraiensis
③ Camellia japonica
④ Aesculus turbinata

> 해설
> Alnus japonica(오리나무)의 종자는 세립종자로 분류되어 작은 편이다.

08 수목에서 질소 결핍 증상으로 나타나는 주요 현상은?

① T/R률 증가
② 겨울눈 조기 형성
③ 성숙한 잎의 황화 현상
④ 모잘록병 발생률 증가

> 해설
> 질소 결핍시 잎의 생장이 불량하고 잎이 짧아진다. 또한 잎 전체가 황화 현상이 일어나고 심할 경우 고사한다.

09 수목의 호흡 작용이 일어나는 세포 내 기관은?

① 핵
② 액포
③ 엽록체
④ 미토콘드리아

> 해설
> 수목의 미토콘드리아의 호흡과정을 통해 에너지를 생성한다.

10 묘간 거리가 가로 1m, 세로 4m의 장방형 식재 시 1ha에 식재되는 묘목 본수는?

① 2,500본
② 3,000본
③ 3,333본
④ 5,000본

> 해설
> $\dfrac{10,000m^2}{1m \times 4m} = 2,500$본

11 열매가 핵과에 속하는 수종은?

① Alnus japonica
② Cercis chinensis
③ Prunus serrulata
④ Albizia julibrissin

> 해설
> 핵과는 육질이 단단한 열매로 주로 매실나무, 매화나무, 복숭아나무, 체리, 벚나무 등이 있다. ① 오리나무 ② 박태기나무 ③ 벚나무 ④ 자귀나무

12 모두베기 작업에 대한 설명으로 옳지 않은 것은?

① 양수성 수종 갱신에 유리하다.
② 숲 생태계 기능 복원에 가장 유리한 갱신 방법이다.
③ 성숙한 임분에 가장 간단하게 적용할 수 있는 방법이다.
④ 기존 임분을 다른 수종으로 갱신할 때 가장 빠른 방법이다.

> 해설
> 모두베기 작업에 의해 임지의 황폐와 지력저하, 토양 유실이 발생되기에 숲 생태계의 기능 복원에는 불리한 방법이다.

13 조림 후 육림실행 과정 순서로 옳은 것은?

① 풀베기→어린나무가꾸기→솎아베기→가지치기→덩굴제거
② 풀베기→덩굴제거→어린나무가꾸기→가지치기→솎아베기
③ 풀베기→솎아베기→가지치기→어린나무가꾸기→덩굴제거
④ 가지치기→어린나무가꾸기→덩굴제거→솎아베기→풀베기

> 해설
> 육림실행은 숲 조성을 위해 풀베기, 덩굴제거, 어린나무가꾸기, 가지치기 등의 순서로 진행되며 관리단계에서 솎아베기를 실시한다.

정답 07. ① 08. ③ 09. ④ 10. ① 11. ③ 12. ② 13. ②

14 수목의 직경생장에 대한 설명으로 옳지 않은 것은?

① 성목의 경우 목부의 생장량이 사부보다 많다.
② 형성층의 활동은 식물호르몬인 옥신에 의해 좌우된다.
③ 목부와 사부 사이에 있는 형성층의 분열 활동에 의해서 이루어진다.
④ 형성층의 분열조직은 안쪽으로 체관세포를 형성하고, 바깥쪽으로 물관세포를 형성한다.

해설
형성층의 분열조직을 기준으로 바깥쪽으로 체관세포가 있고 안쪽으로 물관세포가 형성한다.

15 임업 묘포에 대한 설명으로 옳은 것은?

① 임간묘포는 대부분 고정묘포에 속한다.
② 포지의 토양은 부식질이 풍부한 점토질 토양이 좋다.
③ 해가림이 필요한 수종은 묘상의 구획을 동서방향으로 길게 하는 것이 좋다
④ 우리나라 남부지방에서는 경사 5° 이상의 북향사면에 포지를 조성하는 것이 좋다.

해설
묘상은 동서방향으로 길게 하며 상의 너비는 1~2m, 통로인 보도의 너비는 30~50cm 정도로 한다.

16 중림작업의 장점으로 옳지 않은 것은?

① 임지의 노출이 방지된다.
② 교림작업보다 조림비용이 낮다.
③ 높은 작업기술을 필요로 하지 않는다.
④ 상목은 수광량이 많아서 좋은 성장을 하게 된다.

해설
중림작업의 경우 높은 작업기술을 요구한다.

17 묘목의 T/R율에 대한 설명으로 옳지 않은 것은?

① 지상부와 지하부의 중량비이다.
② 수치가 클수록 묘목이 충실하다.
③ 묘목의 근계발달과 충실도를 설명하는 개념이다.
④ 수종과 묘목의 연령에 따라서 다르지만 일반적으로 3.0 정도가 좋다.

해설
T/R율은 지상부와 지하부의 비율로 우량묘목의 경우 T/R 율 값이 적다.

18 개벌작업 이후 밀식을 하는 경우의 장점으로 옳지 않은 것은?

① 줄기는 가늘지만 근계발달이 좋아 풍해 및 설해 등을 입지 않는다.
② 개체 간의 경쟁으로 연륜폭이 균일하게 되어 고급재를 생산할 수 있다.
③ 제벌 및 간벌 작업을 할 때 선목의 여유가 생겨 우량 임분으로 유도할 수 있다.
④ 수관의 울폐가 빨리 와서 표토의 침식과 건조를 방지하여 개벌에 의한 지력의 감퇴를 줄 일 수 있다.

해설
밀식한 경우 근계 발달이 약해져 풍해 및 설해를 입게 된다.

19 점성이 있는 점토가 대부분인 토양은?

① 식토
② 사토
③ 석력토
④ 사양토

해설
식토는 진흙정도가 50% 이상이다.

정답 14. ④ 15. ③ 16. ③ 17. ② 18. ① 19. ①

20 산벌작업 중 결실량이 많은 해에 1회 벌채하여 종자가 땅에 떨어지도록 하는 것은?

① 종벌   ② 후벌
③ 예비벌   ④ 하종벌

해설
산벌작업의 종류인 예비벌, 하종벌, 후벌이 있는데 1회의 벌채를 목적으로 달성하는 것은 하종벌이다.

21 알락하늘소를 방제하는 방법으로 옳지 않은 것은?

① Bt 균이나 핵다각체바이러스를 살포한다.
② 성충이 우화하는 시기에 적용 약제를 수관에 살포한다.
③ 유충을 구제하기 위하여 침입공에 적용 약제를 주입한다.
④ 철사를 침입공에 넣어 목질부에 서식하고 있는 유충을 찔러 죽인다.

해설
Bt 균이나 핵다각체바이러스를 살포하여 방제하는 것은 매미나방에 효율적이며 알락하늘소에는 큰 효과가 없는 방제법이다.

22 밤바구미에 대한 설명으로 옳지 않은 것은?

① 경제적 피해 수종은 주로 밤나무이다.
② 밤껍질 밖으로 배설물을 방출하므로 쉽게 알 수 있다.
③ 유충이 밤이나 도토리의 과육을 식해하여 피해를 준다.
④ 땅 속에서 유충의 형태로 월동한 후에 번데기가 된다.

해설
밤바구미의 부화유충은 과실의 내부를 가해하는데 배설물을 외부로 배출하지 않아 피해 과실의 구별이 어렵다.

23 세균에 의한 수목병에 해당하는 것은?

① 녹병   ② 탄저병
③ 뿌리혹병   ④ 소나무재선충병

해설
세균에 의한 병해 종류로 불마름병, 뿌리혹병 등이 있다.

24 소나무류 잎녹병균 중간기주가 아닌 것은?

① 잔대   ② 황벽나무
③ 쑥부쟁이   ④ 졸참나무

해설
소나무 잎녹병의 중간기주로 황벽나무, 잔대, 참취, 쑥부쟁이 등이 있다.

25 약해에 대한 설명으로 옳지 않은 것은?

① 농약에 저항성인 개체가 출현한다.
② 가뭄, 강풍 직후 또는 비가 온 후에 일어나기 쉽다.
③ 줄기, 잎, 열매 등의 변색, 낙엽, 낙과 등이 유발되고 심하면 고사한다.
④ 넓은 의미로는 농약 사용 후에 수목이나 인축에 생기는 생리적 장해현상을 말한다.

해설
약해는 농약으로 인하여 발생되는 식물에 발생되는 해를 의미한다.

26 수목의 줄기를 주로 가해하는 해충은?

① 솔나방   ② 박쥐나방
③ 어스렝이나방   ④ 삼나무독나방

해설
박쥐나방은 주로 줄기를 가해하는 천공성 해충이다.

정답   20. ④   21. ①   22. ②   23. ③   24. ④   25. ①   26. ②

27 솔잎혹파리가 겨울을 나는 형태는?
① 알　　② 성충
③ 유충　④ 번데기

[해설] 솔잎혹파리는 지피물 아래나 땅속에서 유충형태로 월동한다.

28 균류의 영양기관이 아닌 것은?
① 균사　② 포자
③ 균핵　④ 자좌

[해설] 포자는 번식기관에 속한다.

29 아황산가스에 대한 저항성이 가장 큰 수종은?
① 전나무　② 삼나무
③ 은행나무　④ 느티나무

[해설] 은행나무, 무궁화는 아황산가스에 대한 저항성이 크다.

30 밤나무혹벌 방제법으로 가장 효과가 적은 것은?
① 천적을 이용한다.
② 등화유살법을 사용한다.
③ 내충성 품종을 선택하여 식재한다.
④ 성충 탈출 전의 충영을 채취하여 소각한다.

[해설] 등화유살법은 주로 주광성이 있는 나방류와 풍뎅이류에 적용한다.

31 완전변태과정을 거치지 않는 것은?
① 벌목　② 나비목
③ 노린재목　④ 딱정벌레목

[해설] 잠자리, 매미류, 노린재목 등은 불완전변태과정을 거친다.

32 세균에 의한 수목병은?
① 뽕나무 오갈병
② 소나무 줄기녹병
③ 포플러 모자이크병
④ 호두나무 뿌리혹병

[해설] 세균에 의한 수목병은 불마름병, 뿌리혹병 등이 대표적이다.

33 오리나무 갈색무늬병의 방제법으로 옳지 않은 것은?
① 윤작을 피한다.
② 종자소독을 한다.
③ 솎아주기를 한다.
④ 병든 낙엽은 모아 태운다.

[해설] 오리나무 갈색무늬병은 연작에 의한 피해가 심하기에 윤작을 통해 방제한다.

34 모잘록병 방제방법으로 옳지 않은 것은?
① 질소질 비료를 많이 준다.
② 병든 묘목은 발견 즉시 뽑아 태운다.
③ 병이 심한 묘포지는 돌려짓기를 한다.
④ 묘상이 과습하지 않도록 배수와 통풍에 주의한다.

[해설] 모잘록병 발생시 질소질비료를 많이 사용하게 되면 재발 및 확산의 위험성이 높아진다.

정답 27. ③　28. ②　29. ③　30. ②　31. ③　32. ④　33. ①　34. ①

35 태풍 피해가 예상되는 지역에서의 적절한 육림방법은?

① 갱신 시에 임분밀도는 높이는 것이 유리하다.
② 이령림은 유리하나 혼효림 조성은 효과가 크지 않다.
③ 간벌을 충분히 하여 수간의 직경생장을 증가시킨다.
④ 개벌이 불가피한 지역에서는 가급적 대면적으로 실시한다.

> **해설**
> 간벌을 통해 직경생장을 촉진하며 직경생장을 통해 태풍이나 바람에 대한 저항성이 증가한다.

36 산림해충의 임업적 방제법에 속하지 않는 것은?

① 내충성 품종으로 조림하여 피해 최소화
② 혼효림을 조성하여 생태계의 안정성 증가
③ 천적을 이용하여 유용식물 피해 규모 경감
④ 임목밀도를 조절하여 건전한 임목으로 육성

> **해설**
> 천적을 이용하는 방법은 생물적 방제법에 속한다.

37 곤충의 더듬이를 구성하는 요소가 아닌 것은?

① 자루마디 ② 채찍마디
③ 팔굽마디 ④ 도래마디

> **해설**
> 도래마디는 곤충의 다리에 있는 둘째마디를 의미한다.

38 수목병을 예방하기 위한 숲가꾸기 작업에 해당하지 않는 것은?

① 제벌   ② 개벌
③ 풀베기   ④ 가지치기

> **해설**
> 개벌작업은 수목병의 발생률이 높아진다.

39 약제 살포시 천적에 대한 피해가 가장 적은 살충제는?

① 훈증제   ② 접촉살충제
③ 소화중독제 ④ 침투성 살충제

> **해설**
> 식물에 약제를 투입시키며 흡즙성 해충 처리에 유리하며 다른 곤충이나 천적등에 피해가 적다.

40 식물병을 유발하는 바이러스의 구조적 특성은?

① 고등생물의 일종이다.
② 단백질로만 구성되어 있다.
③ 동물 세포와 같은 구조를 지니고 있다.
④ 핵단백질로 이루어져 있고 입자상 구조를 띤 비세포성 생물이다.

> **해설**
> 바이러스는 핵산과 단백질로 구성된 핵단백질로 세포벽이 없고 살아있는 기주세포에서만 증식이 가능한 비세포성 생물이다.

41 임지기망가의 최대치에 도달하는 속도를 빠르게 하기 위한 조건으로 옳지 않은 것은?

① 이율이 높을수록
② 조림비가 많을수록
③ 간벌수확이 많을수록
④ 주벌수확의 증대속도가 빠를수록

> **해설**
> 조림비는 클수록 최대값 도달은 늦어진다.

정답 35. ③ 36. ③ 37. ④ 38. ② 39. ④ 40. ④ 41. ②

42 금년에 간벌수입이 100만원의 순수입이 있어 이를 연이율 10%로 하여 2년 후의 후가를 계산하면 얼마인가?

① 110만원 ② 121만원
③ 133만원 ④ 146만원

해설
후가계산공식인 $N = V(1+P)^n$에 대입하여 도출한다.
$100(1+0.1)^2 = 121$

43 임목의 연년생장률에 대한 설명으로 옳은 것은?

① 총생장량을 면적으로 나눈 백분율
② 정기생장량을 그 기간의 년수로 나눈 백분율
③ 총생장량을 벌기까지의 총년수로 나눈 백분율
④ 1년간의 생장량을 당초의 재적으로 나눈 백분율

해설
연년생장률은 1년간의 생장한 양을 기준 기간의 이전에 재적으로 나눈 백분율을 의미한다.

44 평균생장량과 연년생장량간의 관계를 옳게 설명한 것은?

① 초기에는 평균생장량이 연년생장량보다 크다.
② 평균생장량이 연년생장량에 비해 최대점에 빨리 도달한다.
③ 평균생장량이 최대가 될 때 연년생장량과 평균생장량은 같게 된다.
④ 평균생장량이 최대점에 이르기까지는 연년생장량이 평균생장량보다 항상 작다.

해설
초기에는 평균생장량보다 연년생장량이 크며 연년생장량의 최대점이 더 빨리 온다. 그리고 평균생장량의 최대점이 되기까지 연년생장량이 평균생장량보다 항상 크다.

45 임업조수익 중에서 임업소득이 차지하는 비율은?

① 임업의존율
② 임업소득율
③ 임업순수익율
④ 임업소득가계충족율

해설
임업소득률은 임업소득과 임업조수익의 백분율로 (임업소득/임업조수익)*100(%)이다.

46 산림경영의 지도원칙으로 옳지 않은 것은?

① 수익성의 원칙
② 공공성의 원칙
③ 기회비용의 원칙
④ 합자연성의 원칙

해설
기회비용의 원칙은 부동산 관련 원칙이며 산림경영 지도원칙으로는 수익성, 경제성, 생산성, 공공성, 보속성, 합자연성의 원칙이 있다.

47 손익분기점 분석을 위한 가정에 대한 설명으로 옳지 않은 것은?

① 제품의 생산능률은 변화한다.
② 제품 한 단위당 변동비는 항상 일정하다.
③ 고정비는 생산량의 증감에 관계없이 항상 일정하다.
④ 제품의 판매가격은 판매량이 변동하여도 변화되지 않는다.

해설
손익분기점 분석시 제품의 생산능률은 변화가 없음을 가정한다.

정답 42. ② 43. ④ 44. ③ 45. ② 46. ③ 47. ①

48 국가산림자원조사에서 적용되는 산림의 정의로 옳지 않은 것은?

① 취소 폭이 30m 이상
② 최소 면적 0.5ha 이상
③ 산림으로 회복될 가능성이 있는 미립목지 또는 죽림도 포함
④ 수고가 최소한 10m까지 자랄 수 있는 임목의 수관 밀도 30%이상

해설
국가산림자원조사에서 산림의 정의시 수고는 최소 5m 까지 자랄 수 있는 임목의 수관밀도 10%이상을 조건으로 한다.

49 임목의 흉고직경(DBH)을 측정하기 위해 사용되는 여러 가지 기구가 있다. 다음 중 나무의 둘레를 측정하여 직접 직경을 구할 수 있도록 고안된 기구는?

① 윤척(Caliper)
② 직경테이프(Diameter Tape)
③ 빌티모아 스티크(Biltmore Stick)
④ 슈피겔 렐라스코프(Spiegel Relascope)

해설
직경테이프는 임목의 둘레를 측정하는 장비이다. 휴대가 간편하고 크기의 제한을 받지 않는다.

50 임업소득의 계산방법 중 옳은 것은?

① 가족노동에 귀속하는 소득 = 임업소득-(지대+자본이자)
② 경영관리에 귀속하는 소득 = 임업소득-(지대+자본이자)
③ 임지에 귀속하는 소득 = 임업소득-(지대+가족노임추정액)
④ 자본에 귀속하는 소득 = 임업순수익-(지대+자본이자)

해설
임업소득은 임산물의 생산과 판매를 통해 임가가 얻는 소득으로서 임업조수입에서 임업경영비를 빼면 구할 수 있다.

51 임업소득이 5백만원이고 임가소득이 1천만원일 때 임업의존도는?

① 0.5%   ② 5%
③ 50%   ④ 200%

해설

$$임업의존도 = \frac{임업소득}{임가소득} \times 100$$
$$= \frac{500만원}{1000만원} \times 100 = 50\%$$

52 투자효율의 결정방법 중 화폐의 시간적 가치를 고려하지 않는 것은?

① 순현재가치법
② 투자이익율법
③ 수익비용율법
④ 내부투자수익율법

해설
화폐의 시간적 가치를 고려하지 않는 투자효율 분석 방법으로 회수기간법, 투자이익율법이 있다.

53 산림경영계획을 위한 지황조사에서 유효토심의 구분 기준으로 옳은 것은?

① 천 : 유효토심 20cm 미만
② 중 : 유효토심 20~30cm
③ 경 : 유효토심 30~60cm
④ 심 : 유효토심 60cm 이상

해설
유효토심의 기준으로 천(토심 30cm 미만), 중(토심 30~60cm미만), 심(토심 60cm 이상) 으로 구분한다.

정답 48. ④ 49. ② 50. ① 51. ③ 52. ② 53. ④

54 다음 조건에서 정액법에 의한 감가상각비는?

> ◎ 기계톱 구입비 : 35만원
> ◎ 폐기 시 잔존가액 : 5만원
> ◎ 사용연수 : 5년

① 5만원/년   ② 6만원/년
③ 7만원/년   ④ 8만원/년

해설

$$\frac{구입가격 - 폐물가격}{내용연수} = \frac{35만원 - 5만원}{5년} = 6만원/년$$

55 수간석해를 통하여 계산할 수 없는 것은?

① 근주재적   ② 지조재적
③ 소단부재적 ④ 결정간재적

해설

수간재적은 계산시 초단부재적, 근주재적, 결정간재적을 나누어 계산후 총재적으로 합산한다.

56 산림투자에 있어서 미래상황의 불확실성을 투자분석에 포함시킨 것은?

① 회수기간법   ② 감응도분석
③ 내부수익률법 ④ 순현재가치법

해설

감응도분석 미래에 불확실한 투자 분석에 포함하여 어느정도 민감하게 변화되는지를 예측 하는 것으로 생산량, 사업기간 지연, 생산물 가격, 노임, 자재비용 (원료 및 원자재) 등이 있다.

57 기준벌기령 이상에 해당하는 임지에서 수확을 위한 벌채가 아닌 것은?

① 골라베기   ② 모두베기
③ 솎아베기   ④ 모수작업

해설

솎아베기는 기준벌기령 이전에 실시하여 관리와 중간수입을 얻는데 중점을 둔다.

58 정적임분생장모델에 해당하는 것은?

① 수확표   ② 산림조사부
③ 확률밀도함수 ④ 누적밀도함수

해설

임분생장모델의 관리방법 중 정적임분생장모델은 고정된 상태에서 임분의 생장 및 수확을 예측하는 모델로 가장 간단한 형태로 수확표가 있다.

59 경영계획구 내에서 수종, 작업종, 벌기령이 유사하여 공통적으로 시업을 조절할 수 있는 임분의 집단은?

① 임반   ② 작업급
③ 시업단   ④ 벌채열구

해설

작업급은 수종, 작업종, 벌기령이 유사한 임분의 집단을 말한다.

60 자연휴양림의 수림 공간 형성 특성 중 레크레이션 활동 공간으로써 자유도가 가장 높은 구역은?

① 산개림형   ② 열개림형
③ 소생림형   ④ 밀생림형

해설

밀생림형이 레크레이션의 활동 공간으로는 부적합하나 교육적 활동은 가능한 수림형이다. 레크레이션 이용 밀도로 산개림이 가장 높고 다음으로 소생림, 밀생림 순서이다.

61 임도설계시 각 측점의 단면적마다 절토고, 성토고 및 단면적의 물량을 기입하는 설계도는?

① 평면도   ② 종단면도
③ 횡단면도 ④ 구조물도

해설

횡단면도는 각 측점의 단면의 지반고, 계획고, 절토고, 성토고, 단면적, 지장목의 제거, 사면보호공의 물량등을 기입하여 토적계산 자료로 활용한다.

정답 54. ② 55. ② 56. ② 57. ③ 58. ① 59. ② 60. ① 61. ③

62 반출할 목재의 길이가 15m, 임도의 노폭이 3m 일 때 이 목재를 운반할 수 있는 최소 곡선반지름은 약 얼마인가?(단, 차량의 운반속도는 매우 느리다고 가정한다.)

① 12.3m ② 14.1m
③ 18.8m ④ 20.1m

해설
최소곡선반지름
$$R = \frac{l^2}{4B} = \frac{15^2}{4 \times 3} = \frac{225}{12} ≒ 18.8$$
여기서, R : 곡선반지름(m)
  l : 통나무길이(m)
  B : 노폭(m)

63 흙의 입도분포의 좋고 나쁨을 나타내는 균등계수의 산출식으로 옳은 것은? (단, 통과중량백분율 X에 대응하는 입경은 D_x라 한다.)

① $D_{50} \div D_{20}$ ② $D_{10} \div D_{60}$
③ $D_{20} \div D_{50}$ ④ $D_{60} \div D_{10}$

해설
균등계수
균등계수는 체로 분류하여 60% 통과율을 나타내는 모래 입자의 크기 비율로 나타낸다.
$$균등계수 = \frac{통과중량백분율 60\% 대응입경}{통과중량백분율 10\% 대응입경}$$
$$= \frac{D_{60}}{D_{10}}$$

64 임도의 노체를 구성하는 기본적인 구조가 아닌것은?

① 노상 ② 기층
③ 표층 ④ 노층

해설
임도의 구조는 표면을 시작으로 표층, 기층, 노반, 노상으로 구성되며 이때 노상과 노반을 합쳐 노면이라 부르기도 한다.

65 임도시공 현장에서의 안전사고 대책으로 옳지 않은 것은?

① 작업장의 정리정돈은 작업의 편의를 위하여 작업상태 그대로 둘 것
② 노무자에게 작업목적과 시공상의 문제점에 대하여 충분히 숙지시킬 것
③ 시공기계 기종이 선정되면 사용 전후에 여러 가지 안전대책을 강구할 것
④ 기계화 시공에는 여러 가지 재해가 발생할 위험이 있으므로 안전대책을 마련할 것

해설
작업장은 안전 및 작업의 효율을 위해 항상 정리정돈 한다.

66 1/25,000 지형도에서 임도의 종단물매 10%의 노선을 긋고자 한다. 등고선간의 도상 거리를 얼마로 해야 하는가?

① 4mm ② 5mm
③ 6mm ④ 7mm

해설
1/25000 지형도는 등고선 간격의 기준이 10m 이다. 즉 종단물매가 10% 이므로 수평거리는 등고선간격 10m ÷ 물매 0.1% = 100m 임을 도출할 수 있다. 1 : 25000 = 도상거리 : 100 → 도상거리 : 4mm

67 옹벽의 종류 중 형식에 의한 분류가 아닌 것은?

① L자형 옹벽 ② 중력식 옹벽
③ 부벽식 옹벽 ④ 콘크리트 옹벽

해설
콘크리트 옹벽의 경우 재료에 의한 분류이다

정답 62. ③ 63. ④ 64. ④ 65. ① 66. ① 67. ④

68 임도의 곡선을 결정할 때 외선길이가 10m이고 교각이 90°인 경우 곡선반지름은?

① 약 14m   ② 약 24m
③ 약 34m   ④ 약 44m

해설
외선길이와 교각이 주어진 경우 아래의 교각법 공식을 이용하여 구한다.

외선길이 = 곡선반지름$[\sec(\frac{\theta}{2}) - 1]$

$10 = $ 곡선반지름 $\times [\sec(\frac{90}{2}) - 1]$

곡선반지름 $= 10 \div 0.4142 = 24.14 ≒ 24$

69 임도측량 방법으로 영선측량과 중심선측량을 비교한 설명으로 옳지 않은 것은?

① 영선은 절토작업과 성토작업의 경계선이 되기도 한다.
② 산지경사가 완만할수록 중심선이 영선보다 안쪽에 위치하게 된다.
③ 산지경사가 45%~55% 정도일 때 중심선과 영선이 거의 일치한다.
④ 중심선 측량은 지형상태에 따라 파상지형의 소능선과 소계곡을 관통하며 진행된다.

해설
산지경사가 급할수록 중심선이 영선보다 안쪽에 위치하게 된다.

70 임도 내 교량에 적용되는 종단기울기는? (단, 특별한 장소 제외)

① 적용하지 아니한다.
② 2% 미만
③ 4% 미만
④ 6% 미만

해설
교량에 종단기울기는 특별한 장소를 제외하고 적용하지 않는다.

71 임도에서 최소 종단기울기를 유지해야 하는 이유로 가장 옳은 것은?

① 시공시 성토면의 토량을 확보하여 시공비를 절약하기 위해
② 시공비용이 높기 때문에 벌채점까지 신속히 접근시키기 위해
③ 임도 표면에 잡초들의 발생을 예방하여 유지비를 절약하기 위해
④ 임도 표면의 배수를 용이하게 하여 임도 파손을 막고 유지비를 절약하기 위해

해설
종단기울기는 길 중심선의 수평면에 대한 기울기로 종단기울기를 유지하여 배수를 원활하게 하고 토양침식과 차량에 의한 파손을 막는다.

72 임도 관련 법령에 따른 산림기반시설에 해당되지 않는 것은?

① 간선임도   ② 지선임도
③ 산정임도   ④ 작업임도

해설
임도 관련 법령에 따른 산림기반시설로 간선임도, 지선임도, 작업임도가 있다.

73 임도 설계 시 일반적인 곡선설정법이 아닌 것은?

① 교각법   ② 교회법
③ 편각법   ④ 진출법

해설
임도 설계 시 일반적인 곡선설정으로 교각법, 편각법, 진출법을 이용한다. 교회법은 평판측량의 방법이다.

정답 68. ② 69. ② 70. ① 71. ④ 72. ③ 73. ②

74 임도망 계획 시 고려해야 할 사항으로 옳지 않은 것은?

① 운재비가 적게 들도록 한다.
② 신속한 운반이 되도록 한다.
③ 운재 방법이 다양하도록 한다.
④ 계절에 따른 운반능력의 제한이 없도록 한다.

해설
운재방법은 단일화 할수록 효율적이다.

75 임도 노면 시공방법으로 머캐덤이라고도 불리는 것은?

① 사리도　② 토사도
③ 쇄석도　④ 통나무길

해설
쇄석도는 쇄석(부순돌)끼리 서로 물려서 죄는 힘과 결합력에 의해 만들어진 단단한 도로이다. 쇄석도는 보통 습기가 많은 지대의 임도에서 사용되는데 이때 쇄석도의 시공시 머캐덤식은 쇄석재료로만 시공한 도로이다.

76 다음 중 가선집재의 장점이 아닌 것은?

① 임지와 입목의 피해가 적다.
② 지형조건의 영향을 덜 받는다.
③ 낮은 임도밀도에서도 작업이 가능하다.
④ 장비의 가격이 저렴하고, 숙련된 기술을 요하지 않는다.

해설
가선집재는 장비가 고가이고 숙련된 기술이 필요하다.

77 길어깨 및 옆도랑의 최소너비 기준으로 옳은 것은?

① 20cm　② 30cm
③ 40cm　④ 50cm

해설
길어깨 및 옆도랑의 최소너비의 범위는 50cm~100cm 이다.

78 모터그레이더를 사용 목적에 의하여 분류한 것으로 가장 옳은 것은?

① 전압기계　② 굴착기계
③ 운반기계　④ 정지기계

해설
모터그레이더는 정지 작업인 노면 깎기, 노면 다지기 등의 작업에 적합한 장비이다.

79 산악지대의 임도망 구축에 있어 지형에 대응한 노선선정 방식에 대한 설명으로 옳지 않은 것은?

① 산정부에 배치되는 임도는 순환식 노선이 좋다.
② 능선임도는 임도노선 배치방식 중 건설비가 가장 적게 든다.
③ 계곡 임도는 계곡보다 약간 위의 사면에 설치하는 것이 좋다.
④ 급경사의 긴 비탈면에 설치하는 사면임도는 대각선 방식이 적당하다.

해설
급경사의 긴 비탈면에 설치하는 사면임도의 경우 지그재그 방식이 적당하다.

80 토사지역에서 절토 경사면의 설계 기준은?

① 1 : 0.3 ~ 0.8
② 1 : 0.5 ~ 0.8
③ 1 : 0.5 ~ 1.2
④ 1 : 0.8 ~ 1.5

해설
토사지역의 절토 사면 설치 기준은 기울기 1 : 0.8 ~ 1.5 이다. 암석지의 경우 경암은 1 : 0.3 ~ 0.8 정도이다.

정답　74. ③　75. ③　76. ④　77. ④　78. ④　79. ④　80. ④

81 경사가 완만하고 상수가 없으며 유량이 적고 토사의 유송이 없는 곳에 가장 적합한 산복수로는?

① 떼붙임 수로 ② 메쌓기 돌수로
③ 찰쌓기 돌수로 ④ 콘크리트 수로

> **해설**
> 떼붙임 수로는 비탈면의 경사가 비교적 작고 유량이 적은 곳에 적합하다.

82 메쌓기 높이가 1.5m 일 때 기울기의 기준으로 옳은 것은?

① 흙쌓기의 경우 1 : 0.20
② 땅깎기의 경우 1 : 0.20
③ 흙쌓기의 경우 1 : 0.30
④ 땅깎기의 경우 1 : 0.30

> **해설**
> 메쌓기의 높이가 2m 이하의 흙쌓기의 경우 기울기 기준은 1 : 0.3 이다.

83 빗물에 의한 토양이 침식되는 과정의 순서로 옳은 것은?

① 면상 → 우적 → 구곡 → 누구
② 우적 → 면상 → 구곡 → 누구
③ 면상 → 우적 → 누구 → 구곡
④ 우적 → 면상 → 누구 → 구곡

> **해설**
> 강우침식은 처음 우격침식을 시작으로 면상침식, 누구침식, 구곡침식 순서로 진행된다.

84 황폐 계천에 설치하는 사방 공작물로 토사퇴적구역에 가장 적합한 것은?

① 사방댐 ② 말뚝박기
③ 모래막이 ④ 바자얽기

> **해설**
> 모래막이는 토사유출이 심한 곳에 설치하여 토사의 침적을 유도하는 구조물이다.

85 돌골막이 공법에서 돌쌓기의 표준 기울기로 옳은 것은?

① 1 : 0.1 ② 1 : 0.2
③ 1 : 0.3 ④ 1 : 0.4

> **해설**
> 돌골막이의 기울기 기준은 1:0.3으로 하며 길이는 4~5m, 높이 2m 이내로 축설한다.

86 중력식 콘크리트 사방댐의 구조에 포함되지 않는 것은?

① 물받이 ② 방수로
③ 밑막이 ④ 댐둑어깨

> **해설**
> 중력식 콘크리트 사방댐의 구조에는 댐둑어깨, 방수로, 물빼기구멍, 물받이, 물방석 등이 있다.

87 유역면적이 10ha 이고 최대시우량이 150mm/hr 일 때 임상이 좋은 산림지역의 최대홍수유량은?(단, 유거계수는 0.35)

① 약 0.14 m^3/sec
② 약 1.46 m^3/sec
③ 약 14.58 m^3/sec
④ 약 145.83 m^3/sec

> **해설**
> 0.002778×0.35×150×10=1.45854 → 약 1.46 m^3/sec
> ※ 합리식법
> Q = 0.002778CIA
> Q : 유출량(m^3/sec)
> C : 유거계수
> I : 최대시우량(mm/hr)
> A : 유역면적(ha)

정답 81. ① 82. ③ 83. ④ 84. ③ 85. ③ 86. ③ 87. ②

88 비탈면에 설치하는 소단의 효과가 아닌 것은?

① 시공비를 절약할 수 있다.
② 비탈면의 안정성을 높인다.
③ 유지보수작업 시 작업원의 발판으로 이용할 수 있다.
④ 유수로 인하여 비탈면에서 발생하는 침식의 진행을 방지한다.

해설
소단(단끊기 공사)은 붕괴 위험이 있는 지역에 사면길이 3~5m 마다 50~100cm 단의 폭을 끊어 소단을 설치한다. 안전을 위해 공사가 추가되는 개념으로 시공비가 절약되지는 않는다.

89 야계사방의 주요 목적으로 옳지 않은 것은?

① 유송토사 억제 및 조정
② 산각의 고정과 산복의 붕괴방지
③ 계상 기울기를 완화하여 계류의 침식 방지
④ 계류의 수질 정화와 산림 황폐지로 인한 재해 방지

해설
야계사방공사는 계류의 유속을 줄이고 침식을 방지하는 것이 목적으로 한다.

90 야계사방 둑쌓기에서 계획홍수량이 200~250m³/s 인 경우 둑높이 여유고의 기준은?

① 0.6m 이상   ② 0.8m 이상
③ 1.0m 이상   ④ 1.5m 이상

해설
계획홍수량이 200~250m³/s 인 경우 둑높이 여유고는 0.8m 이상이다.

91 불투과형 중력식 사방댐의 형태인 흙댐의 시공요령으로 내심벽을 만들 때 사용하는 것은?

① 모래   ② 자갈
③ 점토   ④ 호박돌

해설
점토의 경우 건조시 강성을 띠게 되며 처리방법에 따라 강철처럼 견고해지기도 한다. 또한 일반적인 점토는 입자경이 작아 불투과형 중력식 사방댐의 심벽에 시공이 적합하다.

92 야계사방에 해당하는 공종이 아닌 것은?

① 사방댐   ② 흙막이
③ 바닥막이   ④ 기슭막이

해설
야계사방공사는 골막이, 바닥막이, 기슭막이, 수제, 계간수로, 사방댐 등이 있다.

93 막깬돌의 길이는 앞면의 몇 배 이상으로 하는가?

① 0.5배   ② 1.0배
③ 1.5배   ④ 2.0배

해설
막깬돌은 견치돌과 유사하나 견치돌과는 달리 일정한 규격에 의하여 만드는 돌이 아니라 대체로 옆면을 직사각형과 유사하게 막 깬 석재로서 앞면의 1.5배 이상으로 한다.

94 사방댐 안정조건의 검토 항목으로 옳지 않은 것은?

① 유출에 대한 안정
② 전도에 대한 안정
③ 제체파괴에 대한 안정
④ 기초지반 지지력에 대한 안정

해설
중력댐의 안정조건으로 전도에 대한 안정, 활동에 대한 안정, 제체의 파괴에 대한 안정, 기초지반의 지지력에 대한 안정이 있다.

정답 88. ① 89. ④ 90. ② 91. ③ 92. ② 93. ③ 94. ①

95 사방공사용 재래 초본류에 해당하는 것은?

① 억새
② 오리새
③ 겨이삭
④ 우산잔디

[해설]
사방공사용 재래 초본류로 김의털, 까치수영, 억새 등이 있다.

96 콘크리트블록과 같은 가벼운 블록으로 비탈면을 처리하기 곤란한 지역에서 거푸집을 설치하고 콘크리트치기를 하여 비탈안정을 위한 틀을 만드는 비탈 안정공법은?

① 비탈 힘줄박기 공법
② 비탈 블록 붙이기 공법
③ 비탈 격자틀 붙이기 공법
④ 비탈 지오웨브 공법

[해설]
비탈 힘줄박기는 직접 거푸집을 설치하고 콘크리트를 이용해 비탈면의 안정을 도모하는데 이때 뼈대인 힘줄을 박고 흙이나 돌로 채우는 공법이다.

97 사방댐의 방수로 크기를 결정할 때 직접적으로 관계가 없는 것은?

① 암반상태
② 집수면적
③ 황폐상황
④ 강수량

[해설]
방수로의 크기 결정요인으로 집수면적, 산림상태(황폐정도), 강수량, 경사가 있다.

98 다음 중 수제의 높이를 결정할 때 고려되어야 할 사항으로 가장 거리가 먼 것은?

① 유수의 저항
② 유수의 전석
③ 하상의 변화
④ 하상의 크기

[해설]
수제의 높이는 유수의 저항, 유수의 전석, 하상의 변화, 근부의 높이를 고려한다.

99 해안과 일반적인 주풍방향의 설명 중 틀린 것은?

① 모래언덕은 주풍과 밀접한 관계가 있다.
② 해안지방에서의 주풍은 대부분 바다에서 육지를 향해 분다.
③ 주풍방향과 해안선의 각도가 직각일 경우에 주풍이 파도와 모래에 미치는 영향은 가장 적다.
④ 바람은 파도와 연안류를 일으키며, 파도로 육지에 밀려온 모래를 이동시키는 원동력이 된다.

[해설]
주풍방향과 해안선의 각이 직각일 경우 주풍이 파도와 모래에 미치는 영향이 크다.

100 해풍에 의해 날리는 모래를 억류하고 퇴적시켜 인공사구를 조성하기 위해 사용하는 사방공법은?

① 비탈덮기
② 떼붙이기
③ 퇴사울세우기
④ 목책세우기

[해설]
퇴사울세우기 공법은 해안 사구에 바람으로 인하여 이동하는 모래를 안정시키는 공법이다.

정답 95. ① 96. ① 97. ① 98. ④ 99. ③ 100. ③

산림기사

기사 CBT 제3회

** 본문제는 수험생들의 기억을 바탕으로 작성 된 것으로 실제 문제와 차이가 있을 수 있습니다.

01 어린나무가꾸기에 대한 설명으로 옳은 것은?

① 조림목은 제거하지 않는다.
② 간벌 작업 이전에 실시한다.
③ 생육 휴면기인 겨울철이 적정시기이다
④ 일반적으로 수관경쟁이 시작되고 조림목의 생육이 저해되는 시점이 적정 시기이다

해설
작업은 조림후 5~10년이 경과한 임분에 실시하며 수관경쟁이 시작될 무렵 실시한다.

02 다음 ( ) 안에 들어갈 용어로 올바르게 나열한 것은?

· 중림작업은 ( ) 작업과 ( ) 작업의 혼합림 작업이다.

① 교림, 죽림 ② 교림, 왜림
③ 죽림, 순림 ④ 죽림, 왜림

해설
중림작업은 교림작업과 왜림작업은 혼합한 갱신작업이다.

03 수목의 증산작용에 대한 설명으로 옳지 않은 것은?

① 잎의 온도를 낮추어 준다.
② 무기염의 흡수와 이동을 촉진시키는 역할을 한다.
③ 식물의 표면으로부터 물이 수증기의 형태로 방출되는 것을 의미한다.
④ 증산작용을 할 수 없는 100% 의 상대습도에서는 식물이 자라지 못한다.

해설
상대습도 100% 에서도 식물은 생장가능하다.

04 비료목에 해당하는 수종으로만 올바르게 나열한 것은?

① 자귀나무, 가시나무, 백합나무
② 자귀나무, 오리나무, 족제비싸리
③ 오리나무, 졸참나무, 물푸레나무
④ 아까시나무, 나도밤나무, 물푸레나무

해설
비료목의 종류에는 아까시나무, 자귀나무, 싸리나무, 박태기나무, 등나무, 칡, 오리나무 등이 있다.

정답 01. ④ 02. ② 03. ④ 04. ②

05 삽목 발근이 용이한 수종만으로 올바르게 나열한 것은?

① 감나무, 자작나무
② 백합나무, 사시나무
③ 꽝꽝나무, 동백나무
④ 두릅나무, 산초나무

해설
포플러, 은행나무, 주목, 개나리, 꽝꽝나무, 동백나무 등은 삽목발근이 용이한 수종이다.

06 순림과 비교한 혼효림의 장점으로 옳지 않은 것은?

① 생물의 다양성이 높다.
② 환경적 기능이 우수하다.
③ 병해충에 대한 저항력이 크다.
④ 무육작업과 산림경영이 경제적이다.

해설
무육작업과 산림경영이 경제적인 것은 단일수종인 단순림에 대한 내용으로 혼효림의 경우 시장성, 경제성 측면에는 상대적으로 불리하다.

07 택벌에 대한 설명으로 옳지 않은 것은?

① 양수 수종의 갱신에 유리하다.
② 기상 피해에 대한 저항력이 높다.
③ 임관이 항상 울폐된 상태를 유지한다.
④ 경관적 가치가 다른 작업종에 비해 높다.

해설
택벌작업은 벌기, 벌채량, 방법 등 제한이 없고 성숙한 임목을 골라 벌채하는 방법으로 음수 수종에 유리하고 양수 수종에는 적용이 어렵다.

08 우리나라 산림대에 대한 설명으로 옳지 않은 것은?

① 연평균 기온에 따라 구분된다.
② 온대림이 차지하는 면적이 가장 넓다.
③ 멀구슬나무, 녹나무, 모새나무는 난대림의 특징 수종이다.
④ 한라산보다는 설악산에서 난대, 온대, 한대의 수직적 분포가 잘 나타난다.

해설
우리나라 한라산은 난대, 온대, 한대의 수직적 분포가 잘 나타나며 설악산은 온대와 한대의 수직적 분포가 나타난다.

09 꽃의 구조와 종자 및 열매의 구조가 올바르게 연결된 것은?

① 주심 – 배
② 주피 – 종피
③ 배주 – 열매
④ 씨방 – 종자

해설
종자의 구조발달 관계상 주피는 종피(씨껍질)와 연결된다.

10 조림지의 풀베기 작업에 대한 설명으로 옳은 것은?

① 모두베기는 음수를 조림한 지역에서 적합하다.
② 풀베기 작업의 시기는 가을철인 9월에 실시한다.
③ 한풍해가 우려되는 조림지에서는 둘레베기가 바람직하다.
④ 전나무 조림지에 대한 풀베기 작업은 조림 후 2년 이내에 종료한다.

해설
한해나 풍해가 우려되는 조림지는 둘레베기를 통해 한풍해를 경감시킬 수 있다.

정답 05. ③ 06. ④ 07. ① 08. ④ 09. ② 10. ③

11 파종상을 만들고 실시하는 경운작업에 대한 설명으로 옳지 않은 것은?

① 시비의 효과를 고르게 한다.
② 토양이 팽윤해지고 공기와 수분의 유통이 좋아진다.
③ 토양의 보수력, 흡열력 및 비료의 흡수력이 증가한다.
④ 잡초의 뿌리는 땅속 깊이 묻어주고 잡초의 종자는 땅 위로 노출되게 한다.

해설
경운작업은 토양의 투수성, 통기성 등이 개선되는 장점이 있으나 풍화작용이나 토양침식이 빨라지는 단점이 있다. 토양의 이화학적 성질의 변화 외에도 잡초발생을 억제시킨다.

12 모수작업에서 모수에 대한 설명으로 옳은 것은?

① 열세목을 대상으로 선발한다.
② 유전적 형질과는 관련이 없다.
③ 바람에 대한 저항력이 높아야 한다.
④ 종자를 적게 생산하는 개체 중에서 택한다.

해설
모수작업은 양수 수종에 적합하며 바람에 대한 저항력이 강해야 한다.

13 대립 종자를 파종하는데 가장 알맞은 방법은?

① 점파   ② 산파
③ 상파   ④ 조파

해설
대립 종자의 경우 일정 간격으로 종자를 1~3립 파종하는 방법인 점파가 적합하며 대표 수종 밤나무, 참나무류, 호두나무, 은행나무 등이 있다.

14 가지치기의 장점으로 옳지 않은 것은?

① 무절재 생산
② 부정아 발생 감소
③ 연륜폭을 고르게 함
④ 산불로 인한 수관화 피해 경감

해설
가지치기에 의해 부정아 줄기가 발생하기에 증가한다.

15 종자의 정선방법으로만 올바르게 나열한 것은?

① 사선법, 풍선법, 수선법
② 봉타법, 유궤법, 침수법
③ 구도법, 사선법, 풍선법
④ 수선법, 도정법, 부숙법

해설
종자의 정선방법으로 입선법, 풍선법, 사선법, 액체선법이 있다.

16 인공조림과 천연갱신에 대한 설명으로 옳지 않은 것은?

① 천연갱신은 산림 작업 및 임분 관리가 용이하다.
② 천연갱신은 성림으로 조성하는 데 오랜 기간이 소요된다.
③ 인공조림은 임지생산력과 조림성과의 저하를 초래할 수 있다.
④ 인공조림은 묘목의 근계발육이 부자연스럽고 각종 재해에 취약할 수 있다.

해설
천연갱신보다 인공조림이 산림 작업 및 임분 관리가 용이하다.

정답 11. ④ 12. ③ 13. ① 14. ② 15. ① 16. ①

17 어린나무 가꾸기 작업에 대한 설명으로 옳은 것은?

① 여름철에 실시하는 것이 좋다.
② 제초제 또는 살목제를 사용하지 않는다.
③ 윤벌기 내에 1회로 작업을 끝내는 것이 원칙이다.
④ 일반적으로 벌채목을 이용한 중간 수입을 기대할 수 있다.

해설
어린나무가꾸기는 주로 6~9월 실시하며 11월 말에는 완료하도록 한다.

18 정아우세현상을 억제시키는 호르몬은?

① 옥신　　　② 지베렐린
③ 아브시스산　④ 사이토키닌

해설
사이토키닌의 생리적 효과로는 세포분열, 기관형성, 노쇠지연, 정아우세 소멸, 종자발아 촉진, 엽록체 발달 및 엽록소 합성 촉진 등의 효과가 있다.

19 종자의 순량률을 구하는 산식에 필요한 사항으로만 올바르게 나열한 것은?

① 순정 종자의수, 전체 종자의 수
② 순정 종자의 무게, 전체 종자의 무게
③ 발아 된 종자의 수, 발아되지 않은 종자의 수
④ 발아 된 종자의 무게, 발아되지 않은 종자의 무게

해설
순량률은 작업을 하는 전체 종자의 무게와 순정종자의 무게의 백분율이다

20 일본잎갈나무, 소나무, 삼나무, 편백 등의 종자 저장 및 발아 촉진에 가장 효과가 있는 종자 처리 방법은?

① 고온 처리법　② 냉수 처리법
③ 황산 처리법　④ 기계적 처리법

해설
냉수처리법은 물을 수시로 교환해 주면서 물을 충분히 흡수시켜 파종하는 방법으로 낙엽송, 삼나무, 편백, 소나무 등에 적합한 방법이다.

21 미국흰불나방은 1년에 몇 회 우화하는가?

① 1회　　　② 2~3회
③ 4~5회　　④ 6회

해설
미국흰불나방은 1년에 2회 발생하고 번데기 형태로 나무껍질 사이에 월동한다.

22 박쥐나방에 대한 설명으로 옳지 않은 것은?

① 어린 유충은 초본을 가해한다.
② 성충은 박쥐처럼 저녁에 활발히 활동한다.
③ 성충은 나무에 구멍을 뚫어 알을 산란한다.
④ 1년 또는 2년에 1회 발생하며 알로 월동한다.

해설
박쥐나방 성충은 땅에 알을 산란한다.

정답　17. ①　18. ④　19. ②　20. ②　21. ②　22. ③

23 수목의 외과적 치료 방법에 대한 설명으로 옳은 것은?

① 나무주사를 이용하는 방법이다.
② 부후병, 뿌리썩음병에는 효과가 없다.
③ 뽕나무 오갈병, 오동나무 빗자루병에는 효과가 없다.
④ 살균제 성분을 이용하여 수목 피해를 예방하는 것이다.

> 해설
> 뽕나무 오갈병, 오동나무 빗자루병은 파이토플라스마에 의해 발생하며 약제를 수간주입하여 치료하는 것이 효과적이며 외과적 치료방법에는 효과가 없다.

24 아밀라리아뿌리썩음병에 대한 설명으로 옳은 것은?

① 주로 천공성 곤충으로 전반된다.
② 침엽수와 활엽수에 모두 발생한다.
③ 표징으로 갈색의 파상땅해파리버섯이 있다.
④ 병원균은 균핵으로 월동하여 이듬해에 1차 전염원이 된다.

> 해설
> 아밀라리아뿌리썩음병은 침엽수(잣나무, 소나무, 가문비나무 등)와 활엽수(벚나무, 오리나무류, 느티나무 등)에 모두 발생한다.

25 주로 단위생식으로 번식하는 해충은?

① 솔나방   ② 밤나무혹벌
③ 솔잎혹파리 ④ 북방수염하늘소

> 해설
> 암컷만으로 하는 생식을 단위생식, 처녀생식이라 하며 대표적으로 밤나무혹벌, 민다듬이벌레 등이 있다.

26 파이토플라스마에 대한 설명으로 옳지 않은 것은?

① 인공 배양이 불가능하다.
② 원핵생물과 진핵생물의 중간적 존재이다.
③ 세포벽이 없으므로 구형 또는 불규칙한 모양이다.
④ 파이토플라스마에 의한 수목병은 대부분 곤충에 의해 전염된다.

> 해설
> 파이토플라스마는 바이러스와 세균의 중간적 존재로 생물계에서는 원핵생물의 일종으로 분류된다.

27 밤나무 줄기마름병을 방제하는 방법으로 옳은 것은?

① 침투 이행성 살균제를 피해목 수간에 주입한다.
② 외가닥 RNA가 존재하는 저병원성 균주를 살포한다.
③ 박쥐나방에 의한 피해를 줄이기 위하여 살충제를 살포한다.
④ 상습 발생지에서는 장마 후부터 10일 간격으로 살균제를 3~4회 살포한다.

> 해설
> 밤나무 줄기마름병은 박쥐나방과 같이 나무에 구멍을 내는 해충의 피해를 줄이기 위해 살충제를 살포한다.

28 산불 예방 및 산불 피해 최소화를 위한 방법으로 효과적이지 않은 것은?

① 방화선 설치
② 일제 동령림 조성
③ 가연성 물질 사전 제거
④ 간벌 및 가지치기 실시

> 해설
> 산불예방에 있어 동령림보다는 이령림이 더 효과적이다.

정답 23. ③ 24. ② 25. ② 26. ② 27. ③ 28. ②

29 천공성 해충을 방제하는데 가장 적합한 방법은?

① 경운법
② 소살법
③ 온도처리법
④ 번식장소 유살법

> **해설**
> 천공성 해충들은 통나무 등 번식장소를 제공하여 유인한 후 소각하는 방법이 효과적이다. 번식장소 유살법은 해충의 방제방법 중 기계적 방제법에 속한다.

30 가해하는 수목의 종류가 가장 많은 해충은?

① 솔나방
② 솔잎혹파리
③ 천막벌레나방
④ 미국흰불나방

> **해설**
> 미국흰불나방의 경우 100종류 이상의 활엽수종을 가해한다.

31 솔수염하늘소에 대한 설명으로 옳지 않은 것은?

① 1년에 1회 발생한다.
② 성충의 우화시기는 5~8월이다.
③ 목질부 속에서 번데기 상태로 월동한다.
④ 유충이 소나무의 형성층과 목질부를 가해한다.

> **해설**
> 솔수염하늘소는 목질부에서 유충 형태로 월동한다.

32 오동나무 탄저병에 대한 설명으로 옳은 것은?

① 주로 열매에 많이 발생한다.
② 주로 묘목의 줄기와 잎에 발생한다.
③ 주로 뿌리에 발생하여 뿌리를 썩게 한다.
④ 담자균이 균사상태로 줄기에서 월동한다.

> **해설**
> 오동나무 탄저병은 잎과 어린 줄기에 발생한다.

33 대추나무 빗자루병 방제에 가장 적합한 약제는?

① 페니실린
② 석회유황합제
③ 석회보르도액
④ 옥시테트라사이클린

> **해설**
> 파이토플라스마는 옥시테트라사이클린을 수간주사하여 방제한다.

34 도토리거위벌레에 대한 설명으로 옳지 않은 것은?

① 유충으로 월동한다.
② 산란하는 곳은 어린 가지의 수피이다.
③ 우화한 성충은 도토리에 주둥이를 꽂고 흡즙 가해한다.
④ 도토리가 달린 가지를 주둥이로 잘라 땅에 떨어뜨린다.

> **해설**
> 주로 도토리에 구멍을 뚫어 산란한다.

35 밤바구미에 대한 설명으로 옳지 않은 것은?

① 참나무류의 도토리에도 피해가 발생한다.
② 산란기간은 8월에서 10월까지이며 최성기는 9월이다.
③ 유충이 똥을 밖으로 배출하므로 피해식별이 용이하다.
④ 9월 하순 이후부터 피해종실에서 탈출한 노숙유충이 흙집을 짓고 월동한다.

> **해설**
> 밤바구미 유충은 똥을 외부로 배출하지 않기에 식별이 어렵다.

정답 29. ④ 30. ④ 31. ③ 32. ② 33. ④ 34. ② 35. ③

36 소나무 재선충병에 대한 설명으로 옳지 않은 것은?

① 토양관주는 방제 효과가 없어 실시하지 않는다.
② 아바멕틴 유제로 나무주사를 실시하여 방제한다.
③ 피해목 내 매개충을 구제하기 위해 벌목한 피해목을 훈증한다.
④ 나무주사는 수지 분비량이 적은 12월~2월 사이에 실시하는 것이 좋다.

해설
토양관주는 주사기를 이용하여 토양에 약제를 주입하는 방법이다. 소나무 재선충병의 방제법으로 4~5월에 실시한다.

37 솔껍질깍지벌레가 바람에 의해 피해지역이 확대되는 것과 관련이 있는 충태는?

① 알 ② 약충
③ 성충 ④ 번데기

해설
솔껍질깍지벌레의 부화약충이 바람에 의해 이동 및 확산을 하며 주로 줄기를 가해하는 해충이다.

38 바다 바람에 대한 저항력이 큰 수종으로만 올바르게 짝지어진 것은?

① 화백, 편백
② 소나무, 삼나무
③ 벚나무, 전나무
④ 향나무, 후박나무

해설
염풍에 저항성이 높은 수종으로 해송, 향나무, 사철나무, 후박나무 등이 있다.

39 잣나무 털녹병균의 중간기주는?

① 현호색 ② 송이풀
③ 뱀고사리 ④ 참나무류

해설
잣나무 털녹병균의 중간기주로 송이풀과 까치밥나무가 있다.

40 벚나무 빗자루병원균에 해당하는 것은?

① 세균 ② 자낭균
③ 담자균 ④ 파이토플라즈마

해설
벚나무 빗자루병원균은 자낭균에 해당한다. 그 외 자낭균에는 소나무 잎떨림병, 잣나무잎떨림병, 밤나무 줄기마름병 등이 있다.

41 임업기계의 감가상각비(D)를 구하는 공식으로 옳은 것은? (단, p : 기계구입가격, s : 기계 폐기시의 잔존가치, N : 기계의 수명)

① $D = (P-S) \times N$
② $D = \dfrac{N}{S-P}$
③ $D = \dfrac{P-S}{N}$
④ $D = \dfrac{N}{P-S}$

해설
감가상각비의 종류 중 정액법 공식이다.

42 입목 직경을 수고의 $\dfrac{1}{n}$ 되는 곳의 직경과 같게 하여 정한 형수는?

① 정형수 ② 수고형수
③ 절대형수 ④ 흉고형수

해설
수고 1/n 부분의 직경을 기준으로 같게 하여 정한 형수를 정형수라 한다.

정답 36. ① 37. ② 38. ④ 39. ② 40. ② 41. ③ 42. ①

43 흉고직경 20cm, 수고 10m인 입목의 재적이 약 0.14m³로 계산되었다. 재적계산에 적용된 형수는 약 얼마인가?

① 0.30　　② 0.35
③ 0.40　　④ 0.45

해설
임목재적(V)=g(단면적)×h(높이)×f(형수)
g = 0.1×0.1×3.14 = 0.314
0.14 = 0.314×10×f
f ≒ 0.4458 ≒ 0.45

44 임목의 평가방법을 짝지은 것으로 옳지 않은 것은?

① 원가방식 - 비용가법
② 수익방식 - 기망가법
③ 비교방식 - 수익환원법
④ 원가수익절충방식 - Glaser법

해설
비교방식의 방법은 시장가역산법과 매매가법이 있다.

45 산림교육의 활성에 관한 법률에 규정한 산림교육전문가의 배치기준 중 숲해설가를 배치하는 시설이 아닌 것은?

① 도시림　　② 국민의 숲
③ 자연휴양림　　④ 유아숲체험원

해설
산림교육전문가 배치 기준에 의거 숲해설가는 자연휴양림, 삼림욕장, 국민의숲, 수목원, 생태숲, 도시림 및 생활림, 자연공원에 배치되며 유아숲체험원은 유아숲지도사가 배치된다.

46 임령에 대한 연년생장량의 설명으로 옳은 것은?

① 벌기에 도달했을 때의 생장량
② 총생장량을 임령으로 나눈 양
③ 일정한 기간 내에 평균적으로 생장한 양
④ 임령이 1년 증가함에 따라 추가적으로 증가 하는 수확량

해설
연년생장량은 수목이 1년동안 생장한 양이다.

47 보속작업에 있어서 하나의 작업급에 속하는 모든 임분을 일순벌 하는데 소요되는 기간은?

① 윤벌령　　② 윤벌기
③ 벌기령　　④ 벌채령

해설
윤벌기는 벌채한 구역을 다시 벌채하는데 걸리는 기간으로 모든 임분을 일순벌 하는 기간과 동일한 의미이다.

48 어떤 산림의 기말재적이 2,000,000m³이고 10년생의 생장 초기 재적이 500,000m³일 때 프레슬러(pressler)식에 의한 연년생장률은?

① 12%　　② 15%
③ 24%　　④ 30%

해설
프레슬러 공식
$$\frac{현재 재적 - n년 전 재적}{현재 재적 + n년 전 재적} \times \frac{200}{n}$$
$$\rightarrow \frac{200만 m^3 - 50만 m^3}{200만 m^3 + 50만 m^3} \times \frac{200}{10} = 12(\%)$$

정답 43. ④　44. ③　45. ④　46. ④　47. ②　48. ①

49 임업원가 관리에 있어서 원가의 유형은 사용 목적에 따라 여러 가지로 분류할 수 있다. 다음 중 기회원가에 대한 설명으로 옳은 것은?

① 특정 부문의 제품 또는 공정별로 쉽게 알아낼 수 있는 원가를 말한다.
② 제품의 생산수준에 따라 비례적으로 변동하는 원가를 말한다.
③ 제품의 생산수준이 변하여도 총액이 고정되어 있는 원가를 말한다.
④ 여러 가지 생산 활동 방안 중에서 어느 한 가지를 선택함으로써 다른 방안을 선택할 수 없게 되어 포기한 수익을 말한다.

해설
특정 이익을 위해 다른 이익을 포기하는 경우 이때 포기하는 수익을 기회원가라 한다.

50 다음 임업자본 중 유동자본에 해당하지 않는 것은?

① 관리비 ② 조림비
③ 임금   ④ 차량

해설
차량의 경우 고정자산에 속한다.

51 산림문화·휴양에 관한 법률에 의한 산림문화 자산에 대한 설명으로 다음 ( ) 안에 들어갈 내용으로 옳지 않은 것은?

◎ 산림문화자산이란 산림 또는 산림과 관련되어 형성된 것으로서 ( )으로 보존할 가치가 큰 유형·무형의 자산을 말한다.

① 사회적   ② 생태적
③ 경관적   ④ 정서적

해설
산림문화자산이란 산림 또는 산림과 관련되어 형성된 것으로 생태적, 경관적, 정서적으로 보존할 가치가 큰 유형, 무형의 자산을 말한다.

52 다음 조건에서 시장가역산식을 이용한 임목가는?

◎ 임목의 시장가격 : 100,000 원
◎ 자금회수기간 : 10개월
◎ 월이율 : 10%
◎ 총비용 : 30,000원

① 20,000원   ② 50,000원
③ 70,000원   ④ 80,000원

해설

조재율 × ($\frac{원목시장가}{1+자본회수기간 \times 월이율+기업이율}$ − 기타비용)

($\frac{100,000}{1+10 \times 0.1}$ − 30,000) = 20,000

53 임목재적을 측정하기 위한 흉고형수에 대한 설명으로 옳지 않은 것은?

① 지위가 양호할수록 형수가 작다.
② 수고가 작을수록 형수는 작아진다.
③ 연령이 많아질수록 형수는 커진다.
④ 흉고직경이 작아질수록 형수는 커진다.

해설
수고가 작을수록 형수는 커진다.

54 자연휴양림을 조성 신청하려는 자가 제출하여야 하는 자연휴양림 구역도의 축적은?

① 1/5,000   ② 1/10,000
③ 1/15,000   ④ 1/25,000

해설
자연휴양림 예정지의 구역도는 축척 1/5,000 혹은 1/6,000 으로 한다.

정답 49. ④ 50. ④ 51. ① 52. ① 53. ② 54. ①

55 임업자산의 유형과 구성요소의 연결로 옳지 않은 것은?

① 유동자산 - 비료
② 유동자산 - 현금
③ 고정자산 - 묘목
④ 임목자산 - 산림축적

[해설]
묘목은 유동자산에 해당한다.

56 손익분기점의 분석을 위한 가정에 대한 설명으로 옳지 않은 것은?

① 제품 한 단위당 변동비는 항상 일정하다
② 총비용은 고정비와 변동비로 구분할 수 있다.
③ 제품의 판매가격은 판매량이 변동하여도 변화되지 않는다.
④ 생산량과 판매량은 항상 다르며 생산과 판매에 보완성이 있다.

[해설]
생산량과 판매량은 항상 같으며 생산과 판매에 동시성이 있다.

57 이율의 크기를 결정하는 주요 요인이 아닌 것은?

① 대출 기간
② 자본의 크기
③ 자본 투하의 위험성
④ 투하 자본의 유동성

[해설]
이율의 크기 및 고저를 결정하는 요인으로 대출기간, 자본투하의 위험성, 투하자본의 유동성 등이 있다.

58 복합임업경영의 주목적으로 가장 적합한 것은?

① 임업 주수입의 증대
② 임업 조수입의 증대
③ 임업 경영지의 대단지화
④ 임업 수입의 조기화와 다양화

[해설]
복합임업경영의 주목적은 조기화와 다양화이다.

59 임업조수익 중에서 임업소득이 차지하는 비율은?

① 임업의존율
② 임업소득률
③ 임업순수익률
④ 임업소득가계충족률

[해설]
임업소득률 = (임업소득/임업조수익)×100

60 윤척 사용법에 대한 설명으로 옳지 않은 것은?

① 수간 축에 직각으로 측정한다.
② 흉고부(지상 1.2m)를 측정한다.
③ 경사진 곳에서는 임목보다 낮은 곳에서 측정한다.
④ 흉고부에 가지가 있으면 가지 위나 아래를 측정 한다.

[해설]
경사진 곳에서는 임목보다 높은 곳에서 측정한다.

61 롤러의 표면에 돌기를 부착한 것으로 점착성이 큰 점성토나 풍화연암 다짐에 적합하며 다짐 유효깊이가 큰 장점을 가진 임업기계는?

① 탠덤롤러　② 탬핑롤러
③ 타이어　　④ 머캐덤롤러

[해설]
롤러 표면에 다량의 돌기가 있어 흙의 압축이 용이한 장비를 탬핑롤러라 한다.

정답　55. ③　56. ④　57. ②　58. ④　59. ②　60. ③　61. ②

62 산림관리 기반시설의 설계 및 시설기준에서 암거, 배수관 등 유수가 통과하는 배수 구조물 등의 통수단면은 최대 홍수유량 단면적에 비해 어느 정도 되어야 한다고 규정하고 있는가?

① 1.0배 이상　② 1.2배 이상
③ 1.5배 이상　④ 1.7배 이상

해설
배수구 통수단면은 100년 빈도 확률강우량과 홍수도달시간을 이용하여 최대홍수유출량의 1.2 배 이상으로 설치한다.

63 일반적으로 돌쌓기의 표준물매는 찰쌓기 구조물의 경우에 얼마로 하는가?

① 1 : 0.2　② 1 : 0.3
③ 1 : 0.5　④ 1 : 1

해설
찰쌓기의 경우 1 : 0.2 를 표준으로 한다.

64 컴퍼스 측량으로 AB측선의 방위각을 측정하니 50°였다. 역방위각을 구하면 얼마인가?

① 25°　② 140°
③ 230°　④ 320°

해설
역방위각은 방위각의 반대이므로
50°+180°=230° 이다.

65 임도의 설계순서로 맞는 것은?

① 예비조사 - 예측 - 답사 - 실측 - 설계서 작성
② 예측 - 예비조사 - 답사 - 실측 - 설계서 작성
③ 예측 - 답사 - 예비조사 - 실측 - 설계서 작성
④ 예비조사 - 답사 - 예측 - 실측 - 설계서 작성

해설
임도설계 순서
예비조사 → 답사 → 예측, 실측 → 설계도 작성 → 공사량 산출 → 설계서 작성

66 식생이 사면 안정에 미치는 효과가 아닌 것은?

① 표토층 침식방지
② 심층부붕괴방지
③ 강우 및 바람에 의한 토양유실 방지
④ 급경사지에서 수목 자체 무게로 인한 토양 안정

해설
수목 자체 무게가 아닌 키가 작은 관목류를 식재하여 뿌리를 내리게하여 안정을 도모한다.

67 다음 중 집재용 도구가 아닌 것은?

① 쐐기　② 사피
③ 피비　④ 켄트훅

해설
쐐기는 벌목의 방향을 결정하거나 작업중 톱이 벌채점 사이에 끼지 않도록 도와주는 벌목용 장비이다.

68 아스팔트 포장과 비교하였을 때 시멘트 콘크리트 포장의 장점으로 옳은 것은?

① 평탄성이 좋다.
② 내마모성이 크다.
③ 시공속도가 빠르다.
④ 간단 공법으로 유지수선이 가능하다.

해설
아스팔트 포장 대비 시멘트 콘크리트 포장은 골재와 시멘트를 섞어 시공하기에 강도나 내마모성이 좋고 포장이 오래 간다.

69 반출할 목재의 길이가 16m, 도로의 폭이 8m일 때 최소곡선반지름은?

① 8m　② 14m
③ 16m　④ 32m

해설
최소곡선반지름
$$R = \frac{l^2}{4B} = \frac{16^2}{4 \times 8} = \frac{256}{32} = 8$$
R : 곡선반지름(m), l : 통나무길이(m)
B : 노폭(m)

정답　62. ②　63. ①　64. ③　65. ④　66. ④　67. ①　68. ②　69. ①

70 장마기가 지난 후 배수로의 토사를 제거하기에 가장 적합한 작업기계는?

① 소형 백호우 ② 진동 로울러
③ 소형 불도저 ④ 모터 그레이더

해설
배수로의 경우 지면보다 낮은 장소이기에 백호우가 적합하다.

71 임도에서 최소 종단기울기를 유지해야 하는 이유로 가장 옳은 것은?

① 시공시 성토면의 토량을 확보하여 시공비를 절약하기 위해
② 시공비용이 높기 때문에 벌채점까지 신속히 접근시키기 위해
③ 임도 표면에 잡초들의 발생을 예방하여 유지비를 절약하기 위해
④ 임도 표면의 배수를 용이하게 하여 임도 파손을 막고 유지비를 절약하기 위해

해설
종단기울기는 길 중심선의 수평면에 대한 기울기로 종단기울기를 유지하여 배수를 원활하게 하고 토양침식과 차량에 의한 파손을 막는다.

72 임도 설계 시 절토 경사면의 기울기 기준으로 옳은 것은?

① 토사지역 1 : 1.2~1.5
② 점토지역 1 : 0.5~1.2
③ 암석지(경암) 1 : 0.3~0.8
④ 암석지(연암) 1 : 0.5~0.8

해설
토사지역의 절토 사면 설치 기준은 기울기 1 : 0.8 ~ 1.5 이다. 암석지의 경우 경암은 1 : 0.3 ~ 0.8 이다.

73 임도의 성토사면에 있어서 붕괴가 일어날 가능성이 적은 경우는?

① 함수량이 증가할 때
② 공극수압이 감소될 때
③ 동결 및 융해가 반복될 때
④ 토양의 점착력이 약해질 때

해설
공극수압이 감소하면 균열의 발생확률이 낮아져 붕괴의 가능성이 적어진다.

74 임도에서 합성기울기와 관련이 있는 조합은?

① 횡단기울기와 편기울기
② 종단기울기와 역기울기
③ 편기울기와 곡선반지름
④ 종단기울기와 횡단기울기

해설
합성기울기는 종단기울기와 횡단기울기를 이용하여 구한다.

75 자침 편차의 변화값이 아닌 것은?

① 일차   ② 년차
③ 주차   ④ 규칙변화

해설
자침편차는 진북과 자북의 각으로 그 종류는 일변화, 연변화, 주기변화, 불규칙변화로 분류한다.

76 임도작업 시 토목기계 사용의 장점으로 옳지 않은 것은?

① 기계 구입비, 유지비가 저렴하다.
② 규모가 큰 공사라도 공사기간을 단축할 수 있다.
③ 인력으로 곤란한 공사라도 무난히 완공할 수 있다.
④ 공사비를 절감할 수 있고 시공효율을 높일 수 있다.

해설
임도작업의 토목기계의 경우 기계구입비 및 유지비가 많이 든다.

정답 70. ① 71. ④ 72. ③ 73. ② 74. ④ 75. ④ 76. ①

77 임도상에 설치하는 대피소 유효길이의 규정 값으로 옳은 것은?

① 5m 이상 ② 10m 이상
③ 15m 이상 ④ 20m 이상

> **해설**
> 대피소의 설치 기준은 너비 5m, 유효길이 15m, 간격 300m 이다.

78 노체의 기본구조를 같은 순서대로 나열한 것으로 옳은 것은?

① 노상 → 노반 → 기층 → 표층
② 노상 → 기층 → 노반 → 표층
③ 노상 → 기층 → 표층 → 노반
④ 노상 → 표층 → 기층 → 노반

> **해설**
> 노체의 기본구조는 가장 아래인 노상을 기준으로 위쪽으로 노반, 기층, 표층순이다.

79 임도의 시공사면에 석축옹벽을 설치할 때 석재의 종류와 시공방법에 대한 설명으로 옳지 않은 것은?

① 견치돌은 메쌓기와 찰쌓기에 모두 이용 가능하다.
② 막깬돌은 반드시 메쌓기용으로 시공해야 튼튼하다.
③ 야면석은 자연석으로 무게 약 100kg 정도로 찰쌓기와 메쌓기에 사용된다.
④ 마름돌은 고급석재이므로 미관을 요하는 경우의 메쌓기나 찰쌓기로 이용된다.

> **해설**
> 막깬돌은 주로 골쌓기에 이용된다.

80 임도의 유지관리를 위한 시설에 대한 설명으로 옳은 것은?

① 빗물받이는 주로 절토 비탈면 위에 설치한다.
② 옆도랑에 쌓인 토사는 답압하여 길어깨로 사용한다.
③ 평시에 유량이 많은 지역에는 세월시설을 설치하여 관리한다.
④ 종단기울기와 절취면의 토질에 따라 적절한 간격으로 횡단배구수를 설치하여 표면 유출수가 신속히 배수되도록 한다.

> **해설**
> 종단기울기와 절취면의 토질에 따라 적절한 가격(50~200m 간격)으로 횡단배수구를 설치하여 유출수가 배수되도록 한다.

81 땅밀림과 비교한 산사태 및 산붕에 대한 설명으로 옳지 않은 것은?

① 강우 강도에 영향을 받는다.
② 주로 사질토에서 많이 발생한다.
③ 징후의 발생이 많고 서서히 활동한다.
④ 20° 이상의 급경사지에서 많이 발생한다.

> **해설**
> 발생 전 징후가 많고 천천히 활락하는 것은 땅밀림에 대한 특징이다. 산사태 및 산붕은 징후 발생이 적고 돌발적으로 발생한다.

82 황폐계천에서 유수에 의한 계안의 횡침식을 방지하고 산각의 안정을 도모하기 위하여 계류 흐름방향에 따라 축설하는 것은?

① 밑막이 ② 골막이
③ 바닥막이 ④ 기슭막이

> **해설**
> 기슭막이는 하천이나 계류에서 유수의 침식에서 둑비탈을 보호, 계안의 횡침식을 방지, 산각을 고정하기 위한 공작물이다.

정답 77. ③ 78. ① 79. ② 80. ④ 81. ③ 82. ④

83 황폐계류에 대한 설명으로 옳지 않은 것은?

① 유량의 변화가 적다
② 계류의 기울기가 급하다
③ 유로의 길이가 비교적 짧다
④ 호우 시에 사력의 유송이 심하다

해설
황폐계류는 유로의 연장이 비교적 짧고 계상물매가 급하며 유량의 변화가 많다.

84 다음 설명에 해당하는 것은?

- 비탈면의 물리적 안정을 기대하기 곤란한 곳에 직접 거푸집을 설치하고 콘크리트치기를 하여 뼈대를 만든다.
- 뼈대 내부에 작은 돌이나 흙을 충전하여 녹화한다.

① 비탈힘줄박기
② 격자틀붙이기
③ 콘크리트블록쌓기
④ 콘크리트뿜어붙이기

해설
비탈면에 거푸집을 설치하고 콘크리트를 치고 뼈대를 만드는 공법을 비탈힘줄박기 공법이라 한다.

85 시멘트에 대한 설명으로 옳지 않은 것은?

① 조기에 강도를 내기 위하여 염화칼슘을 쓰기도 한다.
② 시멘트를 제조할 때 석고를 넣으면 급결성이 된다.
③ 시멘트는 분말도가 너무 높으면 내구성이 약해지기 쉬우므로 주의해야 한다.
④ 일반적으로 포틀랜드시멘트는 수경성이고 강도가 크며 비중은 대체로 3.05~3.15 정도이다.

해설
시멘트를 제조할 경우 석고를 넣으면 완결성이 된다.

86 산지사방에서 비탈다듬기 공사를 하기 전에 시공하는 것이 효과적인 공사는?

① 단끊기   ② 떼단쌓기
③ 땅속흙막이   ④ 퇴사울세우기

해설
비탈다듬기는 산꼭대기부터 시작하여 산 아래로 진행하는데 땅속흙막이 공사 시공후 비탈다듬기를 하는 것이 효율적이다.

87 다음 (   ) 안에 가장 적합한 수치는?

◎ 사방댐의 계획 기울기는 현 계상기울기의 (   )을 기준으로 설계한다.

① 1/2~2/3   ② 1/2~1
③ 2/3~1   ④ 2/3~3/2

해설
사방댐의 설계에서 계획 기울기는 현 계상기울기의 1/2~2/3 기준으로 한다.

88 정사울타리를 설치할 때 기준 높이로 옳은 것은?

① 0.5~0.7m   ② 1.0~1.2m
③ 2.0~2.2m   ④ 2.5~2.7m

해설
정사울타리의 높이는 1~1.2m 정도를 기준으로 한다.

89 폭 10m, 높이 5m인 직사각형 단면 야계수로에 수심 2m, 평균유속 3m/s로 유출이 일어날 때의 유량(m^3/s)은?

① 15   ② 30
③ 60   ④ 150

해설
유량 = 유적 × 유속
= 2 × 10 × 3 = 60m^3/sec

정 답 83. ① 84. ① 85. ② 86. ③ 87. ① 88. ② 89. ③

90 산지의 침식형태 중 중력에 의한 침식에 해당되지 않는 것은?

① 산붕　　② 포락
③ 산사태　④ 사구침식

해설
중력에 의한 침식의 종류로 산붕, 붕락, 포락, 산사태 등이 있다.

91 다음 조건에 따른 비탈다듬기공사에서 발생한 토사량(m³)은?

◎ A 의 단면적 : 20m²
◎ B 의 단면적 : 30m²
◎ 단면 사이의 길이 : 50m
◎ 계산방법 : 평균단면적법

① 125　　② 500
③ 1250　④ 2500

해설
토사량
$= \dfrac{단면적A + 단면적B}{2} \times 단면적 사이 거리$
$= \left(\dfrac{20+30}{2}\right) \times 50 = 1250 m^3$

92 불투과형 중력식 사방댐의 시공요령으로 옳지 않은 것은?

① 방수로 양옆의 기준 기울기는 1:1 이다.
② 방수로는 보통 정사각형 모양으로 한다.
③ 계상의 양안에 암반이 있는 지역이 시공적지이다.
④ 찰쌓기댐을 시공할 때 3m² 당 1개의 배수구를 설치한다.

해설
방수로의 형상은 일반적으로 역사다리꼴을 많이 이용한다.

93 중력침식에 대한 설명으로 옳지 않은 것은?

① 붕괴형침식, 동상 침식, 지활형 침식, 유동형 침식 등이 있다.
② 유수나 바람과 같은 독립된 외력의 작용에 의하여 발생하는 침식이다.
③ 토층이 수분으로 포화되어 중력작용으로 토층이 집단적으로 밀리는 현상이다.
④ 중력의 영향으로 비탈면에서 토사와 석력의 지괴가 이동하는 침식의 특수형태이다.

해설
유수나 바람과 같은 독립된 외력의 작용에 의한 침식은 중력침식이 아닌 물, 바람, 파도 등에 의해 깎이는 현상이다.

94 석재를 이용하여 공작물을 시공할 때 식생도입이 곤란한 기울기가 1:1 보다 완만한 비탈면이나 수변지역의 기슭막이에 사용되는 방법은?

① 찰쌓기　② 골쌓기
③ 메쌓기　④ 돌붙이기

해설
돌붙이기는 식생조성이 곤란한 기울기 1 : 1이하의 비탈면에 돌, 콘크리트블록, 콘크리트 붙이기 등의 공정으로 시공한다.

95 산사태의 발생요인에서 내적요인에 해당하는 것은?

① 강우　② 지진
③ 벌목　④ 토질

해설
산사태의 내적요인에는 토질, 임상, 지형등이 있다.

정답 90. ④　91. ③　92. ②　93. ②　94. ④　95. ④

96 양단면적이 각각 10m², 20m² 이고, 양단면의 거리가 20m 일 때 양단면평균법에 의한 토사량은?

① 300m³ ② 400m³
③ 500m³ ④ 600m³

해설

$(\frac{10+20}{2}) \times 20 = 300 m^2$

※ 양단면적 평균법

$V = \frac{1}{2}(A_1 + A_2) \times l$

97 물에 의한 침식의 종류에 해당하지 않는 것은?

① 침강침식 ② 지중침식
③ 하천침식 ④ 우수침식

해설
물에 의한 침식으로 우수침식, 하천침식, 지중침식, 바다침식이 있다.

98 다음 설명에 해당하는 것은?

> 시멘트는 저장 중에 공기 중의 수분을 흡수하여 경미한 수화작용을 일으키고, 그 결과 생긴 수산화칼슘이 공기 중의 이산화탄소와 결합하여 탄산칼슘을 만든다.

① 풍화(aeration) ② 경화(hardening)
③ 양생(curing) ④ 소성(plasticity)

해설
암석이 물리적, 화학적 작용에 의해 부서지는 현상을 풍화라고 하며 시멘트 역시 공기중 수분과 반응하여 화학적 작용으로 인해 강도가 약해지는 현상을 보인다.

99 화성암은 화학적으로 어떤 성분함량에 따라 산성암, 중성암, 염기성암으로 구분되는가?

① Al_2O_3 ② SiO_2
③ Fe_2O_3 ④ K_2O

해설
규산(SiO_2)의 함량에 따라 암석의 색이나 특성이 달라지며 규산함량이 많을수록 색이 상대적으로 밝고 규산함량이 적고 염기가 많을 경우 어두운 색을 가진다.

100 토사유과구역에 대한 설명으로 맞지 않는 것은?

① 토사생산구역에 접속된 구역이다.
② 침식이나 퇴적이 비교적 적다.
③ 보통 선상지를 형성한다.
④ 중립지대 또는 무작용지대 등으로 불린다.

해설
황폐계류의 상류부를 토사생산구역, 생산된 토사가 이동하는 토사유과구역, 하류에 토사가 퇴적되는 토사퇴적구역으로 구분된다. 그중에서 토사 유과 구역은 토사생산구역에서 생산된 토사를 이동시키는 구역으로 침식 및 퇴적이 적으며 협곡을 이룬다.

정답 96. ① 97. ① 98. ① 99. ② 100. ③

기사 CBT 제4회 — 산림기사

** 본문제는 수험생들의 기억을 바탕으로 작성 된 것으로 실제 문제와 차이가 있을 수 있습니다.

01 다음 조건에서 종자의 효율은?

- 종자시료 전체 무게 : 100g
- 순정종자 무게 : 50g
- 종자시료 전체 개수 : 160개
- 발아한 종자 개수 : 80개

① 25% ② 50%
③ 75% ④ 100%

해설

종자의 효율은 순량율과 발아율을 이용하여 다음과 같이 구하도록 한다.

- 순량률(%) = $\dfrac{\text{순정종자량}(g)}{\text{작업시료량}(g)} \times 100$
  = $\dfrac{50}{100} \times 100 = 50(\%)$

- 발아율 = $\dfrac{\text{발아종자수}}{\text{발아시험수}} \times 100$
  = $\dfrac{50}{100} \times 100 = 50(\%)$

- 효율 = $\dfrac{50 \times 50}{100} = 25(\%)$

02 소나무와 곰솔을 비교한 설명으로 옳지 않은 것은?

① 곰솔의 침엽은 굵고 길다.
② 소나무의 겨울눈은 굵고 회백색이다.
③ 소나무의 수피는 적갈색이고 곰솔은 암흑색이다.
④ 침엽 수지도가 곰솔은 중위이고 소나무는 외위이다.

해설

곰솔과 비교하여 소나무의 겨울눈은 가늘고 붉은색을 띤다.

03 음엽과 비교한 양엽의 특성으로 옳은 것은?

① 잎이 넓다.
② 광포화점이 낮다.
③ 책상 조직의 배열이 빽빽하다.
④ 큐티클층과 잎의 두께가 얇다.

해설

양엽은 음엽에 비하여 책상조직이 빽빽하게 잘 발달되어 있는데 양엽의 책상조직이 2~3층으로 구성되어 있고 음엽은 1개층 밖에 없다.

정답 01. ① 02. ② 03. ③

04 묘목을 식재할 때 뿌리돌림 시기로 가장 적합한 것은?

① 상록활엽수종 : 한겨울
② 상록침엽수종 : 7~8월 상순
③ 낙엽수종 : 11~2월 상순, 혹은 2~3월 상순
④ 수종마다 큰 차이가 없고 연중 어느 때든지 적합하다.

해설
묘목의 뿌리돌림 시기로 낙엽수종은 2~3월, 11~12월이 적합하다.

05 윤벌기가 완료되기 전에 짧은 갱신기간 동안 몇 차례 벌채를 실시하여 임목을 완전히 제거하는 작업은?

① 모수작업 ② 산벌작업
③ 개벌작업 ④ 택벌작업

해설
산벌은 짧은 갱신기간동안 몇 차례 걸쳐 전임목을 제거하는 작업이다.

06 인공림 침엽수의 수형목 지정기준으로 옳지 않은 것은?

① 상층 임관에 속할 것
② 수관이 넓고 가지가 굵을 것
③ 밑가지들이 말라서 떨어지기 쉽고 그 상처가 잘 아물 것
④ 주위 정상목 10본의 평균보다 수고 5%, 직경 20% 이상 클 것

해설
인공림 침엽수 수형목 지정기준
· 상층임관에 속할 것, 가지가 가는 것, 병충해가 없는 것
· 주위 정상목 10본 평균보다 수고 5%, 직경 20% 이상 클 것
· 수간이 완만하고 굽거나 비틀리지 않을 것
· 지하고가 높은 것, 자연 낙지성 큰 것

07 가지치기를 시행하는 시기로 가장 적합한 것은?

① 11월~2월 ② 3월~6월
③ 7월~8월   ④ 9월~10월

해설
가지치기는 작업시기 11월~이듬해 2월 사이에 실시한다.

08 흙 속에서 공기와 물이 차지하고 있는 부분은?

① 균근 ② 비중
③ 공극 ④ 교질

해설
공극은 토양입자 사이의 틈으로 물이나 공기가 차지한다.

09 지존작업에 대한 설명으로 옳은 것은?

① 묘목을 심기 위하여 구덩이를 파는 작업이다.
② 개간한 곳에 조림용 묘목을 식재하는 작업이다.
③ 조림지에서 덩굴치기 및 제벌작업을 행하는 것을 뜻한다.
④ 조림 예정지에서 잡초, 덩굴식물, 관목 등을 제거하는 작업이다.

해설
지존작업은 인공조림을 위한 준비단계의 작업으로 잡초, 덩굴식물 등을 제거한다.

10 택벌작업의 장점이 아닌 것은?

① 임분의 지력유지에 유리하다.
② 상층목은 채광이 좋아 결실이 잘 된다.
③ 면적이 좁은 산림에서 보속 수확이 가능하다.
④ 작업 내용이 간단하여 고도의 기술이 필요하지 않다.

해설
택벌작업은 고도의 기술을 요구한다.

정답 04. ③ 05. ② 06. ② 07. ① 08. ③ 09. ④ 10. ④

11 밤나무 품종 중 조생종은?

① 미풍 ② 석추
③ 은기 ④ 단택

> **해설**
> 조생종은 같은 종의 작물 중 개화기가 일반적으로 일찍 꽃이 피고 성숙하는 종을 말한다. 밤나무의 조생종으로 단택, 삼조생, 대화조생, 국견, 출운이 있다.

12 벌채지에 종자를 공급할 수 있는 나무를 산생 또는 군상으로 남기고 나머지 임목들은 모두 벌채하는 방법은?

① 개벌작업 ② 산벌작업
③ 택벌작업 ④ 모수작업

> **해설**
> 모수작업은 성숙임분을 대상으로 실시하는 것이 유리하며 모수만을 남기고 그 외 나무를 일시에 베어내는 작업을 말한다.

13 삽목 작업에 사용하는 발근촉진제로 가장 부적합한 것은?

① 인돌초산 ② 인돌부티르산
③ 테트라졸륨산 ④ 나프탈렌초산

> **해설**
> 테트라졸륨은 종자의 활력검사에 사용하는 약품이다

14 질소고정 미생물 중 생활형태가 독립적인 것은?

① Frankia ② Anabaena
③ Rhizobium ④ Azotobacter

> **해설**
> 생활형태가 독립적인 질소고정 미생물로 아조토박터(Azotobacter), 베이어인키아(Beijerinckia), 등이 있다

15 산림 생태계에서 생물종 간 상호작용에 대한 설명으로 옳지 않은 것은?

① 타감작용은 생물종 간에 기생이라고 할 수 있다.
② 간벌은 생물종 간의 경쟁을 완화하기 위한 작업에 해당된다.
③ 두가지 생물종이 생태적 지위가 다를 경우 서로 중립이라고 한다.
④ 한 생물종은 이로움을 받지만 다른 생물종은 무관한 경우를 편리공생이라고 한다.

> **해설**
> 타감작용은 서로간의 영향을 주는 것으로 기생은 한 생물이 다른 생물의 양분을 일방적으로 받아 생활하는 것이기에 타감작용이라 할 수 없다.

16 종자의 실중(A), 용적중 (B), 1L 당 종자수 (C)의 관계식으로 옳은 것은?

① $C=B\times(A\times1000)$ ② $C=B\div(A\times1000)$
③ $C=B\times(A\div1000)$ ④ $C=B\div(A\div1000)$

> **해설**
> 용적중은 종자 1L 에 대한 무게를 그램단위로 나타낸 것으로 이것을 실중에 종자 기준 1000립을 나누어 주면 1L당 종자수를 구할 수 있다.

17 삽목의 장점으로 옳지 않은 것은?

① 모수의 특성을 계승한다.
② 묘목의 양성 기간이 단축된다.
③ 천근성이 되어 수명이 길어진다.
④ 종자 번식이 어려운 수종의 묘목을 얻을 수 있다.

> **해설**
> 삽목을 한다고 하여 천근성 혹은 심근성으로 변하는 것은 아니며 고유한 특징을 그대로 가진다.

정답 11. ④ 12. ④ 13. ③ 14. ④ 15. ① 16. ④ 17. ③

18 목본식물의 조직 중 사부의 기능으로 옳은 것은?

① 수분 이동 ② 탄소 동화작용
③ 탄수화물 이동 ④ 수분 증발 억제

해설
사부조직은 형성층 바깥쪽의 방사조직으로서 양분(탄수화물 등)의 이동통로이다.

19 혼효림과 비교한 단순림에 대한 장점으로 옳은 것은?

① 식재 후 관리가 용이하다.
② 양료 순환이 빠르게 진행된다.
③ 생물 다양성이 비교적 높은 편이다.
④ 토양양분이 효율적으로 이용될 수 있다.

해설
단순림은 단일 수종만으로 구성되어 혼효림에 비해 관리가 용이하다.

20 염기성 토양에 가장 잘 견디는 수종은?

① 곰솔 ② 오리나무
③ 떡갈나무 ④ 가문비나무

해설
염기성 토양에 적합한 수종으로 오리나무, 물푸레나무, 호두나무, 백합나무 등이 있다.

21 산성비의 산도에 해당하는 것은?

① pH 5.0 ~ 7.0 ② pH 5.6 ~ 7.5
③ pH 5.6 이하 ④ pH 7.0 이상

해설
pH 5.6 이하의 비를 산성비라 한다.

22 상륜에 대한 설명으로 옳은 것은?

① 상해의 피해 중 만상의 피해로 나타나는 일종의 위연륜을 말한다.
② 지형적으로 습기가 낮고, 높은 지대, 소택지 등에 상륜의 피해가 많다.
③ 조상의 피해로 나타나는 현상으로 일시 생장이 중지되었을 때 나타난다.
④ 고립목이나 산림의 임연부에서 한겨울 밤 수액이 저온으로 얼면서 나타나는 피해현상이다.

해설
상륜은 만상으로 인하여 발생하는 위연륜을 말한다.

23 오리나무 갈색무늬병을 방제하는 방법으로 옳지 않은 것은?

① 윤작을 피한다.
② 종자를 소독한다.
③ 솎아주기를 한다.
④ 병든 낙엽은 모아 태운다.

해설
오리나무 갈색무늬병을 방제하기 위한 방법으로 묘포를 돌려짓는 윤작을 하도록 한다.

24 봄에 진딧물의 월동란에서 부화한 애벌레를 무엇이라 하는가?

① 간모 ② 유성생식충
③ 산란성 암컷 ④ 산자성 암컷

해설
간모란 진딧물이 봄에 부화하여 발육한 것으로 날개가 없는 단위 생식형의 암컷을 의미한다.

정답 18. ③ 19. ① 20. ② 21. ③ 22. ① 23. ① 24. ①

25 밤나무혹벌이 주로 산란하는 곳은?

① 밤나무의 눈
② 밤나무의 뿌리
③ 밤나무의 잎 뒷면
④ 밤나무 주변 지피물

> 해설
> 밤나무혹벌은 밤나무 잎눈에 산란한다.

26 희석하여 살포하는 약제가 아닌 것은?

① 액제   ② 입제
③ 수화제   ④ 캡슐현탁제

> 해설
> 입제는 입자가 0.5~2.5mm 작은입자로 된 농약으로 물에 희석할 필요 없이 바로 살포한다.

27 다음 설명에 해당하는 바람의 종류는?

- 10~15m/s 정도로 불며, 풍속은 느리지만 규칙적으로 분다.
- 수목 피해 : 만성적으로 눈에 잘 띄지 않으나 임목의 생장을 감소시키고 수형을 불량하게 한다.

① 폭풍   ② 염풍
③ 육풍   ④ 주풍

> 해설
> 주풍은 10~15m/s 속도로 한방향으로 불어오는 바람으로 생장량 감소, 수형 불량, 생리적 장애 등의 피해가 발생하는데 주로 편심생장이 나타난다.

28 소나무좀의 연간 우화 횟수는?

① 1회   ② 2회
③ 3회   ④ 4회

> 해설
> 소나무좀은 1년에 1회 우화한다.

29 주로 토양에 의하여 전반되는 수목병은?

① 묘목의 모잘록병
② 밤나무 줄기마름병
③ 오동나무 빗자루병
④ 오리나무 갈색무늬병

> 해설
> 근두암종병균, 묘목의 모잘록병은 토양에 의해 전반된다.

30 밤나무 줄기마름병 방제방법으로 옳지 않은 것은?

① 내병성 품종을 식재한다.
② 동해 및 볕데기를 막고 상처가 나지 않게 한다.
③ 질소질 비료를 많이 주어 수목을 건강하게 한다.
④ 천공성 해충류의 피해가 없도록 살충제를 살포한다.

> 해설
> 밤나무 줄기마름병은 질소비료를 적게 주고 상처가 나지 않도록 한다.

31 내동성이 가장 강한 수종은?

① 차나무   ② 밤나무
③ 전나무   ④ 버드나무

> 해설
> 추위에 잘 견디는 정도를 내동성이라하며 보기 중 전나무가 내동성이 가장 강하다.

정답 25. ① 26. ② 27. ④ 28. ① 29. ① 30. ③ 31. ③

32 경제적 피해수준에 대한 설명으로 옳은 것은?

① 해충에 의한 피해액과 방제비가 같은 수준의 밀도
② 해충에 의한 피해액이 방제비보다 큰 수준의 밀도
③ 해충에 의한 피해액이 방제비보다 작은 수준의 밀도
④ 해충에 의해 경제적으로 큰 피해를 주는 수준의 밀도

해설
병해충에 의한 피해액과 방제비가 같은 수준의 밀도를 경제적 피해수준이라 한다.

33 나무주사 방법에 대한 설명으로 옳지 않은 것은?

① 소나무류에는 주로 중력식 주사를 사용한다.
② 형성층 안쪽의 목부까지 구멍을 뚫어야 한다.
③ 모젯(Mauget) 수간주사기는 압력식 주사이다.
④ 중력식 주사는 약액의 농도가 낮거나 부피가 클 때 사용한다.

해설
소나무류는 주로 압력식 주사 방법을 이용한다.

34 밤나무 종실을 가해하는 해충은?

① 솔알락명나방
② 복숭아명나방
③ 복숭아심식나방
④ 백송애기잎말이나방

해설
밤나무 종실 가해 해충으로 복숭아명나방, 밤바구미 등이 있다.

35 식엽성 해충이 아닌 것은?

① 솔나방
② 솔수염하늘소
③ 미국흰불나방
④ 오리나무잎벌레

해설
솔수염하늘소는 주로 줄기를 가해한다.

36 볕데기(sun scorch)가 잘 일어나지 않는 경우는?

① 남서방향 임연부의 성목
② 울폐된 숲이 갑자기 개방된 경우
③ 수간 하부까지 지엽이 번성한 수종
④ 수피가 평활하고 코르크층이 발달되지 않는 수종

해설
볕데기는 태양의 직사광선에 의해 발생되는 피해로서 수간하부까지 지엽이 번성할 경우 볕데기의 피해가 거의 발생하지 않는다.

37 리지나뿌리썩음병에 대한 설명으로 옳은 것은?

① 침엽수와 활엽수 모두 잘 발생한다.
② 불이 발생한 지역에서 잘 발생한다.
③ 병원균의 포자는 저온에서도 잘 발아한다.
④ 산성토양보다는 중성토양에서 병원균의 활력이 높다.

해설
리지나뿌리썩음병은 높은 온도에서 발생하기에 불이 발생한 지역에서 주로 발생한다.

38 종실을 가해하는 해충이 아닌 것은?

① 밤바구미   ② 버들바구미
③ 솔알락명나방 ④ 복숭아명나방

해설
버들바구미는 줄기가해 해충이다.

정답 32. ① 33. ① 34. ② 35. ② 36. ③ 37. ② 38. ②

39 성충으로 월동하는 것으로만 올바르게 나열한 것은?

① 독나방, 솔나방
② 박쥐나방, 가루나무좀
③ 소나무좀, 루비깍지벌레
④ 밤바구미, 어스렝이나방

해설
성충으로 월동하는 것으로 소나무좀, 루비깍지벌레, 오리나무잎벌레, 버즘나무방패벌레, 진달래방패벌레 등이 있다.

40 산림해충 방제에 대한 설명으로 옳지 않은 것은?

① 방제약제 선정시 천적류에 대한 영향을 고려해야 한다.
② 약제 저항성 해충의 출현은 동일한 살충제를 연용한 탓이다.
③ 생물적 방제는 대체로 환경친화적 방법이므로 널리 권장할 수 있다.
④ 불임법을 이용한 방제는 생물윤리법에 위배되므로 규제를 받는다.

해설
산림해충 불임법은 방사선을 이용하거나 불임제등을 이용하는 합법적인 방법이다.

41 임업투자 사업에서 감응도 분석의 대상으로 고려하여야 할 주요 요인이 아닌 것은?

① 생산량
② 자본예산
③ 사업기간의 지연
④ 생산물의 가격 및 노임 등의 가격 요인

해설
감응도분석 미래에 불확실한 투자 분석에 포함하여 어느정도 민감하게 변화되는지를 예측 하는 것으로 생산량, 사업기간 지연, 생산물 가격, 노임, 자재비용(원료 및 원자재) 등이 있다.

42 임지의 특성에 해당하지 않는 것은?

① 임업 이외의 다른 사업이 어려운 편이다.
② 임지는 넓고 험하여 집약적인 작업이 어렵다.
③ 교통의 편리성에 따라 임지의 경제적 가치는 결정된다.
④ 수직적으로 생육환경이 다르지만 비교적 수종분포가 균일하다.

해설
임지는 지역이나 환경에 따라 수종이 다양하다

43 법정림에 있어서 윤벌기가 50년인 경우, 법정연벌율(법정수확율)은?

① 1%
② 2%
③ 3%
④ 4%

해설
법정년벌률 = 200/윤벌기 = 200/50 = 4(%)

44 벌기령과 벌채령에 대한 설명으로 옳지 않은 것은?

① 벌채령은 임목이 실제로 벌채되는 임령을 의미한다.
② 벌기령과 벌채령이 일치할 때를 법정벌채령이라 한다.
③ 대부분의 임분은 영림계획상의 벌기령과 벌채령이 일치한다.
④ 벌기령은 임목이 성숙기에 도달하는 계획상의 연수를 의미한다.

해설
벌기령과 벌채령이 같을 때를 법정벌기령이라 정의한다.

정답 39. ③ 40. ④ 41. ② 42. ④ 43. ④ 44. ②

45 Glaser식에 대한 설명으로 옳은 것은?

① 복리계산을 하기 때문에 복잡하다.
② 이율을 사용하므로 주관성이 개입된다.
③ 비용가법과 기망가법의 중간적 방법이다.
④ 벌기가 지난 임목의 가치 측정에 적당한 방법이다.

> **해설**
> Glaser 식은 중령림에 적용하기 적합한 방법으로 비용가법과 기망가법의 중간적 방법으로 만들어 졌다.

46 재장이 4.2m이고 말구직경이 30cm인 국산재 원목의 재적을 말구직경자승법으로 계산하면?(단, 소수 셋째자리에서 반올림 할 것)

① 0.09m³ ② 0.38m³
③ 0.50m³ ④ 0.67m³

> **해설**
> 재장 6m 미만 기준
> 말구직경² × 재장 × $\frac{1}{10000}$
> = $30^2 × 4.2 × \frac{1}{10000} ≒ 0.38$

47 산림을 비축적 자산의 하나로 보유하는 산림의 경영형태는?

① 종속적 임업경영
② 부차적 임업경영
③ 주업적 임업경영
④ 가업적 임업경영

> **해설**
> 부차적 산림경영은 주업적 산림경영에 따르는 공백을 막고 이용률을 극대화하여 전체적인 수익을 올리기 위한 겸업적임업의 형태이다.

48 통나무의 중앙단면적이 0.25m²이고 길이가 15m라고할 때 이 통나무의 재적을 후버(Huber)식에 의해 구하면 얼마인가?

① 2.25m³ ② 2.75m³
③ 3.25m³ ④ 3.75m³

> **해설**
> 중앙단면적 × 목재 길이 = 0.25 × 15 = 3.75
> ※ 후버식
> $V(m^3) = r × L = \frac{\pi}{4} × d^2 × L$
> 여기서, V : 재적 , r : 중앙 단면적,
> L : 목재 길이 , d : 지름

49 임지의 평가에서 똑같은 산림경영패턴이 영구히 반복된다는 것을 가정한 평가법은?

① 임지비용가법 ② 임지기망가법
③ 임지예상가법 ④ 임지매매가법

> **해설**
> 장차 발생될 것으로 기대되는 수익의 합계를 기망가라 하며 임지기망가는 임지의 사업을 영구적으로 실시한다는 가정으로 토지에서 기대되는 순수익의 현재합계를 말한다.

50 회귀년에 대한 설명으로 옳은 것은?

① 임목이 실제로 벌채되는 연령이다.
② 택벌을 실시한 일정 구역에 또 다시 택벌하기까지의 기간이다.
③ 보속작업에서 작업급에 속하는 모든 임분을 벌채하는데 소요되는 기간이다.
④ 임분이 처음 성립되어 생장하는 과정에 있어 성숙기에 도달하는 계획상의 연수이다.

> **해설**
> 회귀년은 택벌작업을 하는 산림에 설정된 기간으로 처음 작업한 곳으로 다시 돌아오는데 걸리는 기간을 말한다.

정답 45. ③ 46. ② 47. ② 48. ④ 49. ② 50. ②

51 수간석해에서 원판측정 방법에 해당하는 것은?

① 표준목법 ② 수고곡선법
③ 직선연장법 ④ 원주등분법

> **해설**
> 원판은 벌채점에 나타난 나이테 수에 벌채점이 자라는데 걸리는 연수를 합산하여 수령을 측정한다.

52 임업이율의 성격이 아닌 것은?

① 평정이율 ② 장기이율
③ 자본이자 ④ 실질적 이율

> **해설**
> 임업이율의 성격
> · 임업이율은 대부이율이 아닌 자본이율이다.
> · 임업이율은 현실이율이 아닌 평정이율이다.
> · 임업이율은 실질이율이 아닌 명목이율이다.
> · 임업이율은 장기이율이다.

53 산림경영의 대상이 되는 경영계획구에 대해서 산림소유자나 지방자치단체장이 수립하는 계획은?

① 지역산림계획 ② 산림기본계획
③ 산림경영계획 ④ 국유림경영계획

> **해설**
> 산림경영계획의 수립주체는 지방자치단체장, 산림소유자이다.

54 30년생 임목이 7본, 25년생 임목이 12본, 20년생 임목이 7본인 경우 본수령으로 계산한 평균임령은?

① 15년 ② 20년
③ 25년 ④ 30년

> **해설**
> $$\frac{(30년 \times 7)+(25년 \times 12)+(20년 \times 7)}{7+12+7}$$
> $$= \frac{650}{26} = 25$$

55 임목평가의 방법 중에서 유령림의 평가에 가장 적합한 것은?

① Glaser 법
② 시장가역산법
③ 임목기망가법
④ 임목비용가법

> **해설**
> 유령림에서 임목평가는 식재 및 보육을 위한 투자액을 기준으로 하는 임목비용가법이 적합하다.

56 윤척을 사용하는 방법으로 옳지 않은 것은?

① 수간 축에 직각으로 측정한다.
② 흉고부(지상 1.2m)를 측정한다.
③ 경사진 곳에서는 임목보다 낮은 곳에서 측정한다.
④ 흉고부에 가지가 있으면 가지 위나 아래를 측정한다.

> **해설**
> 경사진 곳에서는 임목보다 높은 곳에서 측정한다.

57 산림 조사에서 험준지에 해당하는 경사는?

① 15~20° ② 20~25°
③ 25~30° ④ 30° 이상

> **해설**
> 험준지는 경사 25°~30° 미만 이다.

58 산림경영에서 매년 발생하는 수익이 20만원, 연이율이 5%인 경우에 자본가는?

① 1만원 ② 4만원
③ 1백만원 ④ 4백만원

> **해설**
> 자본가 비용 / 연이율 = 20만원 / 0.05 = 400 만원

정답 51. ④ 52. ④ 53. ③ 54. ③ 55. ④ 56. ③ 57. ③ 58. ④

59 법정림의 법정상태 요건이 아닌 것은?

① 법정축적 ② 법정벌채량
③ 법정영급분배 ④ 법정임분배치

해설
법정림의 법정상태 요건으로 법정생장량, 법정축적, 법정임분배치, 법정영급분배이다.

60 산림에서 간벌할 임목을 대묘로 굴취하여 도시의 환경 미화목으로 사용함으로써 중간수입을 얻는 임업경영의 형태는?

① 농지임업 ② 혼목임업
③ 수예적임업 ④ 비임지임업

해설
수예적 임업은 산림에서 간벌할 임목을 환경미화목으로 이용하거나 관광수를 생산하여 수입을 올리는 형태의 임업이다.

61 사리도(자갈길)의 유지관리에 대한 설명으로 옳지 않은 것은?

① 방진처리에 염화칼슘은 사용하지 않는다.
② 노변의 제초나 예불은 1년에 한번 이상 한다.
③ 횡단배수구의 물매는 5~6%를 유지하도록 한다.
④ 가능한 한 비가 온 후 습윤한 상태에서 노면 정지작업을 실시한다.

해설
사리도는 염화칼슘을 이용하여 방진처리를 한다.

62 임도의 종단물매에 대한 설명으로 옳지 않은 것은?

① 최소 물매는 3% 이상으로 설치하는 것이 좋다.
② 종단물매를 높게 하면 임도우회율이 적어진다.
③ 임도 설계시 종단물매 변경은 전 노선을 조정하여 재시공하는 의미를 갖는다.
④ 보통자동차에서는 설계속도의 90% 이상 정도로 오를 수 있도록 설정한다.

해설
임도의 종단물매는 보통자동차의 설계속도의 50~80% 정도로 설정해준다.

63 임도망 배치의 효율성 정도를 나타내는 개발지수에 대한 설명으로 틀린 것은?

① 균일하게 임도가 배치되었을 때 개발지수는 1.0 이다.
② 노선이 중첩되면 될수록 임도배치 효율성은 높아진다.
③ 개발지수의 산출식은 (평균집재거리 × 임도 밀도) / 2500 이다.
④ 개발지수가 1 보다 크거나 작을수록 임도 배치 효율은 불균일상태가 된다.

해설
노선이 중첩될수록 이용효율성은 떨어진다.

64 다음 중 트래버스의 종류가 아닌 것은?

① 결합트래버스 ② 개방트래버스
③ 방위트래버스 ④ 폐합트래버스

해설
트래버스의 종류로 개방트래버스, 폐합트래버스, 결합트래버스, 트래버스 망이 있다.

정답 59. ② 60. ③ 61. ① 62. ④ 63. ② 64. ③

65 흙일에 있어 자연상태의 토양을 깎으면 토량이 늘어나게 되는데 다음 중 토량의 변화가 가장 큰것은?

① 모래 ② 경암
③ 역질토 ④ 점성토

해설
자연상태 토양을 깎을 경우 토량의 변화는 경암이 가장 크며 다음으로 점성토, 역질토, 모래 순이다.

66 고저측량 기고식 야장기입에서 기준으로 되는 기계고는?

① 그 점의 지반고(G.H) + 그 점의 전시 (F.S)
② 그 점의 기계고(I. H) + 그 점의 전시 (F.S)
③ 그 점의 지반고(G.H) + 그 점의 후시 (B.S)
④ 그 점의 기계고(I. H) + 그 점의 후시 (B.S)

해설
기계고는 평균해수면에서 측량기계의 시준선에 이르는 수직거리를 말하는데, 때로는 지표면에서 측량기계의 시준선까지 수직거리를 말하기도 한다.

67 임도에서 너비에 대한 설명으로 옳지 않은 것은?

① 곡선부에서 곡선 반경에 따라 너비를 확대 하여야한다.
② 길어깨 및 옆도랑의 너비는 각각 1m~2m 의 범위로 한다.
③ 유효너비는 길어깨 및 옆도랑의 너비를 제외하여 3m를 기준으로 한다.
④ 임도의 축조한계는 유효너비에서 길어깨를 포함한 규격에 따라 설치한다.

해설
길어깨 및 옆도랑의 너비는 각각 0.5m~1m 범위로 한다.

68 임도의 성토사면에 있어서 붕괴가 일어날 가능성이 적은 경우는?

① 함수량이 증가할 때
② 공극수압이 감소될 때
③ 동결 및 융해가 반복될 때
④ 토양의 점착력이 약해질 때

해설
공극수압이 감소되면 토양의 유동이 적어져 붕괴의 가능성이 적어진다.

69 산림토목 시공용 기계 중 정지작업에 가장 적합한 것은?

① 클램 셸 ② 드랙 라인
③ 파워 셔블 ④ 모터 그레이더

해설
모터그레이더는 정지 작업인 노면 깎기, 노면 다지기 등의 작업에 적합한 장비이다.

70 임도에서 합성기울기와 관련이 있는 조합은?

① 횡단기울기와 편기울기
② 종단기울기와 역기울기
③ 편기울기와 곡선반지름
④ 종단기울기와 횡단기울기

해설
합성기울기는 외쪽기울기 혹은 횡단기울기의 제곱과 종단기울기의 제곱의 합의 제곱근을 이용하여 구하며 공식은 아래와 같다
$S = \sqrt{i^2 + j^2}$
여기서, S : 합성기울기(%)
i : 횡단기울기(%)
j : 종단기울기(%)

정답 65. ② 66. ③ 67. ② 68. ② 69. ④ 70. ④

71 절·성토 사면에 있어서 소단에 대한 설명으로 옳지 않은 것은?

① 절, 성토의 안정성을 높인다.
② 사면에서 흘러내리는 사면침식을 줄인다.
③ 필요에 따라 식생이나 배수구를 설치한다.
④ 붕괴 방지를 위해 유지보수 작업원의 발판으로 이용할 수 없다.

해설
절, 성토 경사면에 소단은 유지 보수 작업원의 발판으로 이용할 수 있다. 보통 사면길이 2~3m 마다 폭 50~100cm 로 단의 폭을 끊어 소단을 설치한다.

72 임도에 교량을 설치할 때 적합하지 않은 지점은?

① 계류의 방향이 바뀌는 굴곡진 곳
② 지질이 견고하고 복잡하지 않은 곳
③ 하상의 변동이 적고 하천의 폭이 협소한 곳
④ 하천 수면보다 교량면을 상당히 높게 할 수 있는 곳

해설
계류의 방향이 바뀌지 않는 직선인 곳에 교량을 설치한다.

73 평판측량의 장점으로 옳지 않은 것은?

① 오측을 쉽게 발견할 수 있다.
② 내업이 다른 측량보다 적은 편이다.
③ 기상에 따른 영향을 거의 받지 않는다.
④ 현장에서 제도하므로 정확하게 표시할 수 있다.

해설
날씨의 영향으로 종이의 신축으로 종이의 오차가 발생하고 작업능률이 저하된다.

74 임도의 노체에 대한 설명으로 옳지 않은 것은?

① 측구는 공법에 따라 토사도, 사리도, 쇄석도 등으로 구분한다.
② 임도의 노체는 노상, 노면, 기층 및 표층의 각 층으로 구성된다.
③ 노면에 가까울수록 큰 응력에 견디기 쉬운 재료를 사용하여야 한다.
④ 통나무길 및 섶길은 저습지대에 있어서 노면의 침하를 방지하기 위하여 사용하는 것이다.

해설
토사도, 사리도, 쇄석도, 통나무길, 섶길 등은 노면재료에 따른 구분이다.

75 다음의 산림토목 시공용 기계 중 주로 굴착작업에 사용되는 기계는?

① 래머　　② 탬핑롤러
③ 파워셔블　④ 모터그레이더

해설
파워셔블은 굴착기계로서 지면보다 높은 곳을 굴착하기 적합하다. 보기의 래머, 탬핑롤러, 모터그레이더는 임도의 진압과 정지작업에 이용된다.

76 임도의 설계 시 구분되는 암의 종류로 옳지 않은 것은?

① 경암　　② 연암
③ 준경암　④ 최강암

해설
보기의 암의 종류는 임도설계시 기준으로 연암, 보통암, 경암으로 분류된다.

정답 71. ④　72. ①　73. ③　74. ①　75. ③　76. ④

77 가공본줄을 이용한 가선집재방식으로 옳지 않은 것은?

① 스너빙식
② 폴링블록식
③ 호이스티캐리지식
④ 런닝스카이라인식

해설
러닝스카이라인식, 하이리드식, 슬랙라인식 등은 가공본줄을 이용하지 않는 방법이다.

78 임도설계에서 실시하는 측량방법으로 옳지 않은 것은?

① 예측은 선정된 노선을 현지에 설정하여 정밀 측량을 실시하는 것이다.
② 종단측량은 레벨과 표척을 사용하여 중심선의 고저기복을 측량하는 작업이다.
③ 횡단측량은 중심말뚝마다 중심선과 직각방향으로 지형의 고저기복 상태를 측정한다.
④ 평면측량은 교각점에서는 교각을 따라 곡선을 설정하고 곡선시종점 등의 곡선 말뚝을 현지에 설정한다.

해설
예측은 설계도면상에 임의 선정에 의한 것으로 정밀 측량을 실시하지 않는다. 예측에 의한 노선을 현지에서 정밀 측량을 실시하는 경우는 실측이라 한다.

79 임도의 평면선형에서 곡선을 설치하지 않아도 되는 기준은?

① 내각 25° 이상
② 내각 55° 이상
③ 내각 90° 이상
④ 내각 155° 이상

해설
곡선부의 중심선 반지름은 통상 규격 이상으로 설치하는데 단, 내각이 155° 이상 되는 장소에 대해서는 곡선을 설치하지 않을 수 있다.

80 임도의 종류별 설계속도 기준으로 옳은 것은?

① 간선임도 : 40 ~ 30km/시간
② 간선임도 : 40 ~ 20km/시간
③ 지선임도 : 30 ~ 10km/시간
④ 지선임도 : 20 ~ 10km/시간

해설
간선임도의 설계속도 기준은 20~40km/hr, 지선임도는 20~30km/hr 이다.

81 사방용 수종에 요구되는 특성으로 옳지 않은 것은?

① 뿌리가 잘 자랄 것
② 가급적 양수 수종일 것
③ 척악지의 조건에 적응성이 강할 것
④ 생장력이 왕성하며 쉽게 번무할 것

해설
사방용 수종은 적응력이 좋고 생장력이 좋은 경제수종으로 선택한다.

82 수제에 대한 설명으로 옳지 않은 것은?

① 상향수제는 길이가 가장 짧고 공사비가 적게 든다.
② 하향수제는 수제 앞부분의 세굴 작용이 가장 약하다.
③ 유수의 월류 여부에 따라 월류수제와 불월류수제로 나눈다.
④ 계류의 유심 방향을 변경하여 계안 침식을 방지하기 위해 계획한다.

해설
길이가 가장 짧고 공사비가 저렴한 것은 직각수제에 대한 설명이다.

정답 77. ④ 78. ① 79. ④ 80. ② 81. ② 82. ①

83 산지사방 녹화공사에 해당하지 않는 것은?
① 조공
② 단끊기
③ 단쌓기
④ 등고선구공법

해설
단끊기는 비탈의 안정을 위한 기초공사에 해당한다.

84 산사태와 비교한 땅밀림에 대한 설명으로 옳지 않은 것은?
① 이동 속도가 빠르다.
② 지하수의 영향이 크다.
③ 완경사면에서 주로 발생한다.
④ 주로 점성토가 미끄럼면으로 활동한다.

해설
땅밀림의 경우 산사태보다 이동 속도가 느리다.

85 다음 설명에 해당하는 것은?

◎ 비탈면 하단부에 흐르는 계천의 가로 침식에 의해 일어난다.
◎ 침식 및 붕괴된 물질은 퇴적되지 않고 대부분 유수와 함께 유실되는 붕괴형 침식이다.

① 산붕
② 붕락
③ 포락
④ 산사태

해설
포락은 비탈면 끝에 흐르는 계천의 가로침식에 의하여 무너지는 침식현상으로 붕괴형침식에 해당한다.

86 돌쌓기 배치 방법으로 잘못된 쌓기가 아닌 것은?
① 포갠돌
② 이마대기
③ 여섯에움
④ 새입붙이기

해설
돌쌓기를 할 때는 돌의 배치에 주의하여 다섯에움 이상 일곱에움 이하가 되도록 한다.

87 기슭막이의 시공목적에 대한 설명으로 옳지 않은 것은?
① 기슭의 유로 변경
② 계안의 횡침식 방지
③ 산각의 안정을 도모
④ 산지 사방공작물의 기초 보호

해설
기슭막이는 보호 및 안정이 목적으로 계류의 흐름방향에 따라 축설하기에 유로의 변경과는 관련이 없다.

88 평떼붙이기공법에 대한 설명으로 옳지 않은 것은?
① 주로 45° 이상의 급경사에 지형에 시공한다.
② 떼를 붙이기 전에 흙다지기를 잘 해야 한다.
③ 붙인 떼는 떼 꽂이 등으로 고정하여 활착이 잘 이뤄지게 한다.
④ 심은 후에는 잘 밟아 다져 뗏밥을 주고 깨끗이 뒷정리를 한다.

해설
평떼붙이기는 주로 경사 45° 이하의 완만한 산지에 시공한다.

89 다음 설명에 해당하는 것은?

◎ 비탈다듬기 및 단끊기의 시공과정에서 발생하는 잉여토사를 산복의 깊은 곳에 넣어서 이것을 유치 고정하는 공사이다.

① 골막이
② 누구막이
③ 땅속흙막이
④ 산비탈흙막이

해설
땅속흙막이는 비탈다듬기나 단끊기 공사로 생긴 토사를 계곡부에 넣어서 토사 활동을 방지하기 위해 설치한다.

정답 83. ② 84. ① 85. ③ 86. ③ 87. ① 88. ① 89. ③

90 빗물에 의한 침식의 발달과정에서 가장 초기 상태의 침식은?

① 우격침식 ② 구곡침식
③ 누구침식 ④ 면상침식

해설
강우침식은 처음 우격침식을 시작으로 면상침식, 누구침식, 구곡침식 순서로 진행된다.

91 해안사방에서 식재목의 생육환경 조성을 위하여 후방에 풍속을 약화시키고 모래의 이동을 막는 목적으로 시공하는 것은?

① 모래덮기 ② 퇴사울세우기
③ 사지식수공법 ④ 정사울세우기

해설
정사울 세우기는 전사구에 후방 모래를 고정하여 표면을 안정화하고 식재목이 생육할수 있는 환경 조성을 위해 실시한다.

92 사방시설의 공작물도를 작성하는데 기준이 되며 설계홍수량 산정에 쓰이는 강우확률 빈도는?

① 30년 ② 50년
③ 80년 ④ 100년

해설
통수단면은 100년 빈도 확률 강우량에 홍수도달시간을 이용하여 최대홍수유출량의 1.2배 이상으로 설계한다.

93 황폐계류유역에 해당하지 않는 것은?

① 토사생산구역 ② 토사유과구역
③ 토사퇴적구역 ④ 토사억제구역

해설
황폐계류의 상류부를 토사생산구역, 생산된 토사가 이동하는 토사유과구역, 하류에 토사가 퇴적되는 토사퇴적구역으로 구분된다.

94 다음 설명에 해당하는 것은?

> 산림지대에서 지하수 유출과 깊은 유출을 합한 것이며, 평상 시의 유량은 대부분 이것에 해당한다.

① 직접유출 ② 간접유출
③ 기저유출 ④ 표면유출

해설
저유출은 하천 수로에 총 유출을 구성하는 요소에서 시간적으로 유출이 지연된 중간유출과 지하수유출을 더한 값을 의미한다.

95 척박하고 건조한 지역에서 비교적 잘 자라며, 맹아갱신이 잘 이루어지는 사방녹화용 주요 목본식물은?

① 단풍나무 ② 가시나무
③ 아까시나무 ④ 테다소나무

해설
아까시나무는 맹아력이 강한 수종으로 척박하고 건조한 지역에서 비교적 잘자란다.

96 비탈면에 나무를 심을 때, 고려할 사항으로 틀린 것은?

① 식재한 수목이 만일 넘어진다 하여도 위험성이 없도록 해야 한다.
② 흙쌓기 비탈면에서는 비탈면의 하단부에 식재하는 것이 좋다.
③ 비탈면에는 대묘이식을 하지 않는 것이 좋다.
④ 일반적으로 비탈면에 관목을 심기 위해서는 비탈면을 1:3 보다 완만하게 해야 한다.

해설
비탈면에서 관목을 심기 위해서는 비탈면을 1:2 보다 완만하게 해야 한다. 1:3은 교목에 해당한다.

정답 90. ① 91. ④ 92. ④ 93. ④ 94. ③ 95. ③ 96. ④

97 경심에 대한 설명으로 틀린 것은?

① 물과 접촉하는 수로 주변의 길이를 말한다.
② 유적을 윤변으로 나눈 것을 말한다.
③ 동수반지름이라고 한다.
④ 특히 개수로에서는 수리평균심이라 한다.

> 해설
> 물과 접촉하는 수로 주변의 길이는 윤변에 대한 내용이다.

98 비탈면 녹화공종에서 초식공법으로만 나열된 것은?

① 힘줄박기공법, 새심기공법
② 줄떼심기공법, 평떼공법
③ 격자틀붙이기공법, 선떼붙이기공법
④ 돌망태쌓기공법, 바자얽기공법

> 해설
> 비탈면 식재녹화 공법에서 초식공법은 줄떼다지기, 평떼다지기, 선떼붙이기, 새심기 공법이 있다.

99 절토사면 중 토질이 모래층인 사면에 대한 설명으로 옳지 않은 것은?

① 절토공사 직후에는 단단한 편이나 건조하면 푸석 푸석해지고 붕락되기 쉽다.
② 침식에 대단히 약하여 식생이 착근하기 전에 유실될 가능성이 높다.
③ 토양유실을 방지할 목적으로, 보통 흙으로 전면적 객토를 해주어야 한다.
④ 적용 공법은 새집붙이기 공법이 가장 적절하다.

> 해설
> 절토사면의 토질이 모래층인 경우 토양유실의 가능성이 있어 피복망덮기 공법이 적합하다.

100 돌 골막이 시공 시 돌쌓기의 표준 기울기로 맞는 것은?

① 1 : 0.1 ② 1 : 0.2
③ 1 : 0.3 ④ 1 : 0.4

> 해설
> 돌쌓기 기울기는 1 : 0.3 을 기준으로 한다.

정답 97. ① 98. ② 99. ④ 100. ③

산림기사

기사 CBT 제5회

** 본문제는 수험생들의 기억을 바탕으로 작성 된 것으로 실제 문제와 차이가 있을 수 있습니다.

01 우량한 침엽수 묘목에 대한 설명으로 옳지 않은 것은?

① 측아가 정아보다 우세하다.
② 왕성한 수세를 지니며 조직이 단단하다.
③ 균근이나 공생미생물이 충분히 부착되어 있다.
④ 근계가 충실하며 뿌리가 사방으로 균형 있게 발달한다.

해설
측아 발달보다 정아가 우세한 것이 우량 묘목의 조건이다.

02 어린나무가꾸기 작업에 대한 설명으로 옳은 것은?

① 주로 6~9월에 실시하는 것이 좋다.
② 숲가꾸기 과정에서 한 번만 실시한다.
③ 간벌 이후에 불량목을 제거하기 위해 실시한다.
④ 산림경영 과정에서 중간 수입을 위해서 실시한다.

해설
어린나무가꾸기는 밑깎기와 간벌작업의 중간에 실시되는 작업으로 대상목이 왕성하게 성장하는 6~9월 사이 실시하는 것이 좋다.

03 소나무 종자가 수분된 후 성숙되는 시기는?

① 개화 당년
② 개화 3년째 가을
③ 개화 이듬해 여름
④ 개화 이듬해 가을

해설
소나무는 개화 이듬해 가을에 종자가 성숙한다. 동일한 시기에 성숙하는 수종에는 상수리나무, 굴참나무, 잣나무 등이 있다.

04 다음 공식은 종자 m^2 당 파종량을 산정하기 위한 공식이다. A×S를 옳게 설명한 것은?

$$W = \frac{A \times S}{D \times P \times G \times L}$$

① 순량률과 발아세를 곱한 값이다.
② 발아율과 파종 변적을 곱한 값이다.
③ 종자입수에 파종 면적을 곱한 값이다.
④ 파종 면적에 m^2당 묘목의 잔존본수를 곱한 값이다.

해설
A × S 는 파종면적(A)에 m^2당 묘목의 잔존본수(S)를 곱한 값이다.

05 다음 중 내음력이 가장 강한 수종은?

① 주목
② 향나무
③ 사시나무
④ 물푸레나무

해설
내음력이 강한 수종은 주로 음수수종으로 그중에서도 주목은 극음수에 속한다.

정답 01. ① 02. ① 03. ④ 04. ④ 05. ①

06 묘목의 뿌리가 천근성이기 때문에 단근작업을 생략해도 되는 수종은?
① 곰솔　　② 소나무
③ 굴참나무　④ 느티나무

해설
주로 측근이 발달하는 1년생 산출묘는 단근하지 않는다. 대표적으로 낙엽송, 느티나무, 편백, 전나무 등은 단근작업을 하지 않는다.

07 밤, 도토리 등 함수량이 많은 전분 종자를 추운 겨울 동안 동결하지 않고 부패하지 않도록 저장하는 방법으로 가장 적합한 것은?
① 노천매장법　② 보호저장법
③ 상온저장법　④ 저온저장법

해설
보호저장법은 모래와 종자를 섞어서 용기 안에 저장하는 방법으로 함수량이 많은 전분 종자를 부패하지 않도록 저장할 수 있다. 주로 은행나무, 밤나무, 굴참나무 등의 수종에 적합하다.

08 산림 토양에서 부식에 대한 설명으로 옳지 않은 것은?
① 토양의 입단구조를 형성하게 한다.
② 임상 내 H 층에 해당되며 유기물이 많이 함유되어 있다.
③ 토양 미생물의 생육에 필요한 영양분으로 사용 가능하다.
④ 칼슘, 마그네슘, 칼륨 등 염기를 흡착하는 능력인 염기치환용량이 작다.

해설
산림의 토양 중에서 부식층은 H(humus layer)층이라 하며 유기물이 완전히 분해되어 있는 상태로서 염기치환용량이 큰 편이다.

09 원생림이 파괴된 뒤에 회복된 산림은?
① 1차림　　② 2차림
③ 원시림　　④ 극상림

해설
산림 파괴 이후 회복에 의해 생성되는 산림을 2차림이라 한다.

10 덩굴제거 시 사용되는 디캄바 액제에 대한 설명으로 옳지 않은 것은?
① 페녹시계 계통이다
② 호르몬형 이행성 제초제이다
③ 약효가 높아지는 30℃ 이상 고온 조건에서 사용한다.
④ 주로 콩과 식물에 해당하는 광엽 잡초에 효과적이다.

해설
디캄바 액제는 30℃ 이상 고온의 조건에서 증발할 경우 식물에 피해를 줄 수 있어 작업을 중지해야 한다.

11 밤나무, 상수리나무, 굴참나무 종자를 저장하는 방법으로 가장 적합한 것은?
① 기간저장법　② 보호저장법
③ 밀봉냉장법　④ 노천매장법

해설
보호저장법은 모래와 종자를 섞어서 용기 안에 저장하는 방법으로 은행나무, 밤나무, 굴참나무 등의 수종에 적합한 방법이다.

정답 06. ④　07. ②　08. ④　09. ②　10. ③　11. ②

12 모수작업에 대한 설명으로 옳은 것은?

① 모수는 ha 당 100본 이상이어야 한다.
② 전 임목 본수에서 10% 정도로 모수를 남긴다.
③ 모수는 소나무, 곰솔 등 양수 수종이 적합하다.
④ 작업 대상 임지의 토양 침식과 유실이 발생하지 않는다.

해설
모수작업은 개벌과 유사한 작업조건으로 소나무나 곰솔과 같은 양수 수종에 적합하다.

13 생가지치기를 하는 경우 절단면이 썩을 위험성이 가장 큰 수종은?

① 사시나무   ② 단풍나무
③ 소나무   ④ 삼나무

해설
생가지치기 위험이 있는 수종으로 단풍나무, 느릅나무, 물푸레나무, 벚나무 등이 있다.

14 풀베기 작업에 대한 설명으로 옳지 않은 것은?

① 일반적으로 5~7월에 실시한다.
② 연 2회 실시할 경우 8월에 추가로 실시할 수 있다.
③ 군상식재지 등 조림목의 특별한 보호가 필요한 경우 줄베기를 실시한다.
④ 한해 및 풍해의 위험성이 있는 지역에서는 9월 이후에 실시하는 것이 좋다.

해설
한해 및 풍해의 위험성이 있는 지역은 9월 이후 실시하지 않는 것이 좋다.

15 장미과에 속하는 수종이 아닌 것은?

① 조팝나무   ② 자귀나무
③ 벚나무   ④ 마가목

해설
자귀나무는 콩과에 속한다.

16 종자의 활력 시험 중 종자 내 산화 효소가 살아있는지의 여부를 시약의 발색반응으로 검사하는 방법은?

① 절단법   ② 환원법
③ X선분석법 ④ 배추출시험법

해설
환원법은 테트루산소다, 테트라졸륨 등의 수용액을 이용하여 발색반응을 통해 종자의 활력 검사를 한다.

17 산벌작업에서 결실량이 많은 해에 일부 임목을 벌채하여 하종을 돕는 과정은?

① 택벌   ② 후벌
③ 예비벌   ④ 하종벌

해설
하종벌은 예비벌 후 3~5년 후에 종자의 결실이 풍부하고 완전 성숙 후 다량 낙하시켜 발아시키기 위한 작업으로 종자의 결실량이 많을 때 실시하는것이 좋다.

18 비료의 농도가 너무 높아 묘목이 말라죽는 경우에 토양과 묘목의 수분포텐셜(Ψ)의 관계로 옳은 것은?

① $\Psi_{토양} > \Psi_{묘목}$
② $\Psi_{토양} = \Psi_{묘목}$
③ $\Psi_{토양} < \Psi_{묘목}$
④ $\Psi_{토양} \propto \Psi_{묘목}$

해설
묘목의 수분포텐셜이 토양보다 높아 수분흡수가 이루어지지 않아 말라죽게 된다.

정답 12. ③ 13. ② 14. ④ 15. ② 16. ② 17. ④ 18. ③

19 음수 갱신에 가장 불리한 작업 방법은?

① 산벌작업　② 택벌작업
③ 이단림작업　④ 모수림작업

> **해설**
> 모수림작업은 모수의 종자에 의해 후계를 조성하고 일부 남겨지는 모수로 하층의 어린나무는 피음되지 못하는 문제가 발생한다. 그래서 모수림작업은 수종이 내음성과 관련되어 양수가 적합하다.

20 순림과 혼효림에 대한 설명으로 옳지 않은 것은?

① 순림은 산림작업과 경영이 간편하고 경제적으로 수행될 수 있다.
② 순림은 혼효림보다 유기물의 분해가 더 빨라져 무기양료의 순환이 더 잘 된다.
③ 혼효림은 인공적으로 조성하기에는 기술적으로 복잡하고 보호관리에 많은 경비가 소요된다.
④ 혼효림은 심근성과 천근성 수종이 혼생할 때 바람 저항성이 증가하고 토양단면 공간 이용이 효과적이다.

> **해설**
> 혼효림의 유기물의 분해가 순림보다 빨라 무기양료의 순환이 더 잘 이루어진다.

21 다음 설명에 해당하는 해충은?

> ◎ 유충은 잎을 갉아 먹는다.
> ◎ 1년에 2~3회 발생한다.
> ◎ 성충은 주광성이 강하다.

① 대벌레　② 박쥐나방
③ 미국흰불나방　④ 조록나무혹진딧물

> **해설**
> 미국흰불나방은 1년에 2~3회 발생하며 주광성이 강하다. 번데기 형태로 나무껍질이나 지피물 아래에서 월동하며 유충은 잎을 갉아 먹으며 피해 수종의 범위가 매우 넓다.

22 지표를 배회하는 성질의 해충을 채집하는 방법으로 가장 효과적인 도구는?

① 유아등　② 함정트랩
③ 수반트랩　④ 말레이즈트랩

> **해설**
> 땅속곤충이나 지표를 배회하는 곤충 및 해충을 채집하는데 함정트랩이 효과적이다.

23 소나무 재선충병이 발생하는 주요 경로는?

① 종자　② 토양
③ 매개충　④ 중간기주

> **해설**
> 소나무재선충병은 솔수염하늘소와 같은 매개충에 의해 전반된다.

24 박쥐나방을 방제하는 방법으로 옳은 것은?

① 땅속을 서식하는 유충을 굴취하여 소각한다.
② 풀깎기를 하여 유충이 가해하는 초본류를 제거한다.
③ 잎에 산란한 알덩어리를 수거하여 땅에 묻거나 소각한다.
④ 나뭇잎을 길게 말고 형성한 고치를 채취하여 소각한다.

> **해설**
> 어린 유충기에 초목류를 가해하므로 풀깎기를 철저히 하여 발생을 억제 한다.

정답　19. ④　20. ②　21. ③　22. ②　23. ③　24. ②

25 상렬에 대한 설명으로 옳지 않은 것은?

① 서리로 인해 발생하는 수목 피해이다
② 고립목이나 임연부에서 발견되기 쉽다
③ 상렬을 예방하기 위해서 배수를 원활하게 한다.
④ 추운 지방에서 치수가 아닌 주로 교목의 수간에 발생한다.

해설
상렬은 겨울철 수목 내부의 수분이 저온에 따른 수축 및 팽창으로 팽창압이 발생하여 수목이 갈라지는 현상을 말한다.

26 참나무 시들음병을 방제하는 방법으로 옳지 않은 것은?

① 신갈나무숲에 매개충 유인목을 설치한다.
② 병든 부분을 제거하고 소독 후 도포제를 처리한다.
③ 수간 하부부터 지상 2m 까지 끈끈이롤 트랩을 감아준다.
④ 피해목을 벌채하고 타포린으로 덮은 후에 훈증제를 처리한다.

해설
참나무시들음병은 곰팡이가 도관을 막아 수분과 양분의 이동을 방해하여 시들어 죽게 되기에 병든 부분을 제거만 하는 것으로는 방제가 어렵다.

27 1년에 1회 발생하며 단성생식을 하는 해충은?

① 밤나무혹벌 ② 넓적다리잎벌
③ 노랑애나무좀 ④ 오리나무잎벌레

해설
밤나무혹벌은 1년에 1회 발생하고 암컷만으로 단성생식을 한다.

28 다음 중 중간기주가 없는 수목병은?

① 소나무 혹병 ② 향나무 녹병
③ 회화나무 녹병 ④ 잣나무 털녹병

해설
회화나무 녹병은 중간기주로 이동하지 않고 회화나무에만 기생하는 수목병이다.

29 유충과 성충이 수목의 동일한 부분을 가해하는 해충은?

① 솔나방
② 어스렝이나방
③ 오리나무잎벌레
④ 잣나무넓적잎벌

해설
오리나무잎벌레는 성충과 유충이 동시에 잎을 가해한다.

30 서로 다른 환경유형이 인접한 공간으로, 인접한 양쪽 환경유형을 다른 목적으로 이용하는 동물들에게 중요한 미세서식지로 제공되는 공간은?

① 피난처 ② 임연부
③ 세력권 ④ 행동권

해설
임연부는 숲의 가장자리로 서로 다른 환경유형이 인접하는 곳을 말한다.

31 수목의 자연개구부를 통해 감염되는 병원균은?

① 낙엽송끝마름병균
② 소나무잎떨림병균
③ 오동나무빗자루병균
④ 밤나무줄기마름병균

해설
수목의 자연개구부를 통해 침입하는 병원균은 삼나무 붉은마름병균, 소나무 잎떨림병, 소나무 그을음잎마름병 등이 대표적이다.

정답 25. ① 26. ② 27. ① 28. ③ 29. ③ 30. ② 31. ②

32 어린 유충은 초본의 줄기 속을 식해 하지만 성장한 후 나무로 이동하여 수피와 목질부를 가해하는 해충은?

① 솔나방 ② 매미나방
③ 박쥐나방 ④ 미국흰불나방

> **해설**
> 박쥐나방은 어린 유충일때 줄기를 식해하며 성장후 목질부를 가해한다. 솔나방, 매미나방, 미국흰불나방의 경우 잎을 가해하는 식엽성 해충이다.

33 산림곤충 표본조사법 중 곤충의 음성 주지성을 이용한 방법은?

① 미끼트랩 ② 수반트랩
③ 페로몬트랩 ④ 말레이즈트랩

> **해설**
> 말레이즈트랩은 곤충의 표본조사법에서 음성주지성, 즉 높은 곳으로 기어가는 곤충의 습성을 이용한 곤충 포획방법이다.

34 아밀라리아뿌리썩음병을 방제하는 방법으로 옳지 않은 것은?

① 묘목은 식재 전에 메타락실 수화제에 침지처리한다.
② 잣나무 조림지에 석회를 처리하여 산성 토양을 개량한다.
③ 감염목의 주위에 도랑을 파서 균사가 퍼지지 않도록 한다.
④ 과수원에서는 감염목을 자른 다음 그루터기를 제거한다.

> **해설**
> 아밀라리아뿌리썩음병 발생지역의 경우 방제를 위해 수년간 임목의 식재를 피하도록 한다.

35 흰가루병을 방제하는 방법으로 옳지 않은 것은?

① 짚으로 토양을 피복하여 빗물에 흙이 튀지 않게 한다.
② 자낭과가 붙어서 월동한 어린 가지를 이른 봄에 제거한다.
③ 묘포에서는 밀식을 피하고 예방 위주의 약제를 처리한다.
④ 그늘에 식재한 나무에서 피해가 심하므로 식재 위치를 잘 선정한다.

> **해설**
> 흰가루병은 병원균은 바람에 의해 전반되기에 토양을 피복하는 것으로 방제효과가 없다.

36 대추나무 빗자루병 방제 약제로 가장 적합한 것은?

① 베노밀 수화제
② 아진포스메틸 수화제
③ 스트렙토마이신 수화제
④ 옥시테트라사이클린 수화제

> **해설**
> 대추나무 빗자루병, 오동나무 빗자루병은 옥시테트라사이클린을 수간주사하여 방제한다.

37 아까시잎혹파리에 대한 설명으로 옳지 않은 것은?

① 아까시나무만 가해한다.
② 원산지는 북아메리카이다.
③ 땅속에서 성충으로 월동한다.
④ 흰가루병 및 그을음병을 동반한다.

> **해설**
> 아까시잎혹파리는 번데기 형태로 땅속에 월동한다.

정답 32. ③ 33. ④ 34. ① 35. ① 36. ④ 37. ③

38 주로 토양에서 월동하는 병원균은?

① 모잘록병균
② 잣나무 털녹병균
③ 낙엽송 잎떨림병균
④ 배나무 불마름병균

> **해설**
> 모잘록병균은 토양 혹은 병든 식물체에 월동한다.

39 밤나무혹벌에 대한 설명으로 옳은 것은?

① 연 1회 발생하며 유충으로 월동한다.
② 피해를 받은 나무가 고사하는 경우는 없다.
③ 충영은 성충 탈출 후에도 녹색을 유지한다.
④ 밤나무 잎에 기생하여 직경 1mm 내외의 충영을 만든다.

> **해설**
> 밤나무혹벌은 1년에 1회 발생하고 암컷만으로 단성생식을 한다.

40 흡즙성 해충에 해당하는 것은?

① 소나무좀
② 알락하늘소
③ 버즘나무방패벌레
④ 꼬마버들재주나방

> **해설**
> 버즘나무방패벌레, 깍지벌레류 등은 흡즙성 해충에 해당한다.

41 평균생장량과 연년생장량간의 관계에 대한 설명으로 옳은 것은?

① 초기에는 평균생장량이 연년생장량보다 크다.
② 평균생장량이 연년생장량에 비해 최대점에 빨리 도달한다.
③ 평균생장량이 최대일 때 연년생장량과 평균생장량은 같게 된다.
④ 평균생장량이 최대점에 이르기까지는 연년생장량이 평균생장량보다 항상 작다.

> **해설**
> ① 초기에는 연년생장량이 평균생장량보다 크다.
> ② 연년생장량이 평균생장량에 비해 최대점이 빨리 도달한다.
> ④ 평균생장량이 최대점에 이르기까지는 연년생장량이 평균생장량보다 항상 크다.

42 유동자본으로만 올바르게 짝지은 것은?

① 임도, 임업기계
② 묘목, 임업기계
③ 임도, 미처분 임산물
④ 묘목, 미처분 임산물

> **해설**
> 유동자본의 종류로 미처분임산물, 묘목, 비료, 종자 등이 있다.

정답 38. ① 39. ① 40. ③ 41. ③ 42. ④

43 임지기망가의 크기에 영향을 주는 인자에 대한 설명으로 옳지 않은 것은?

① 이율이 높으면 높을수록 임지기망가는 커진다.
② 조림비와 관리비의 값은 (−)이므로 이 값이 클수록 임지기망가는 작아진다.
③ 주벌수익과 간벌수익의 값은 (+)이므로 이 값이 클수록 임지기망가는 커진다.
④ 벌기령이 높아지면 임지기망가는 처음에는 증가하다가 어느 시기에 최대에 도달하고, 그 후부터는 점차 감소한다.

> 해설
> 이율이 낮을수록 임지기망가는 커진다.

44 산림경영의 지도원칙 중에서 수익성의 원칙에 대한 설명으로 옳은 것은?

① 토지의 생산력을 최대로 추구하는 원칙
② 최대의 경제성을 올리도록 경영하는 원칙
③ 최소의 비용으로 최대의 효과를 발휘하는 원칙
④ 최대의 이익 또는 이윤을 얻을 수 있도록 경영하는 원칙

> 해설
> 수익성의 원칙은 최대의 이익을 얻을수 있게 경영하는 원칙을 말한다.

45 임업투자 결정 중 현금유입을 통하여 투자금액을 회수하는데 소요되는 기간을 가지고 투자 결정을 하는 방법은?

① 회수기간법   ② 내부수익률법
③ 순현재가치법 ④ 수익·비용비법

> 해설
> 회수기간은 투자에 소요된 모든 비용을 회수하는데 걸리는 기간을 말하며, 보통 연수로 표시한다. 회수기간법은 빨리 회수되는 투자안일수록 투자가치가 높다고 판단한다.

46 30년생 임목이 7본, 25년생 임목이 12본, 20년생 임목이 7본인 경우 본수령으로 계산한 평균임령은?

① 15년   ② 20년
③ 25년   ④ 30년

> 해설
> $$\frac{(30년 \times 7)+(25년 \times 12)+(20년 \times 7)}{7+12+7}$$
> $$=\frac{650}{26}=25$$

47 손익분기점의 분석을 위한 가정에 대한 설명으로 옳지 않은 것은?

① 제품 한 단위당 변동비는 항상 일정하다.
② 총비용은 고정비와 변동비로 구분할 수 있다.
③ 제품의 판매가격은 판매량이 변동하여도 변화되지 않는다.
④ 생산량과 판매량은 항상 다르며 생산과 판매에 보완성이 있다.

> 해설
> 생산량과 판매량은 항상 같으며 생산과 판매에 동시성이 있다.

48 자연휴양림을 조성 신청하려는 자가 제출하여야 하는 자연휴양림 구역도의 축적은?

① 1/5,000   ② 1/10,000
③ 1/15,000   ④ 1/25,000

> 해설
> 자연휴양림 예정지의 구역도는 축척 1/5,000 혹은 1/6,000 으로 한다.

정답 43. ① 44. ④ 45. ① 46. ③ 47. ④ 48. ①

49 산림경영계획에서 임종 구분으로 옳은 것은?

① 임반, 소반
② 천연림, 인공림
③ 임목지, 무립목지
④ 침엽수림, 활엽수림, 혼효림

> **해설**
> 임종은 천연림, 인공림으로 구분된다.

50 임지의 지위지수를 결정하는 방법에 대한 설명으로 옳은 것은?

① 기준 임령에서 임분의 전체 축적으로 결정한다.
② 기준 임령에서 임분의 우세목 수고로 결정한다.
③ 기준 임령에서 임분의 우세목 재적으로 결정한다.
④ 기준 임령에서 임분을 구성하는 우세목과 열세목의 평균직경으로 결정한다.

> **해설**
> 지위지수는 산림의 생산력 혹은 생산력의 판단지표로서 기준 임령의 우세목의 평균수고를 이용한다.

51 임목평가의 방법 중에서 유령림의 평가에 가장 적합한 것은?

① Glaser 법
② 시장가역산법
③ 임목기망가법
④ 임목비용가법

> **해설**
> 유령림에서 임목평가는 식재 및 보육을 위한 투자액을 기준으로 하는 임목비용가법이 적합하다.

52 산림경영의 지도원칙 중 보속성의 원칙에 해당되지 않는 것은?

① 합자연성
② 목재수확 균등
③ 생산자본 유지
④ 화폐수확 균등

> **해설**
> 산림경영 지도원칙에서 보속성의 원칙에는 목재 수확 균등의 보속, 목재생산의 보속, 화폐수확 균등의 보속, 생산자본 유지의 보속이 있다. 합자연성은 환경보전의 원칙과 함께 복지의 원칙에 해당한다.

53 임지기망가의 최대치에 영향을 미치는 주요 인자가 아닌 것은?

① 이율
② 운반비
③ 주벌 및 간벌 수확
④ 조림비 및 관리비

> **해설**
> 임지기망가에 크게 영향을 주는 계산인자로 주벌 및 간벌수확, 조림비 및 관리비, 이율, 벌기 등이 있다.

54 임목의 평균생장량이 최대가 될 때를 벌기령으로 정한 것은?

① 재적수확 최대의 벌기령
② 화폐 수익 최대의 벌기령
③ 토지순수익 최대의 벌기령
④ 산림순수익 최대의 벌기령

> **해설**
> 재적수확최대의 벌기령은 단위면적당 목재 생산량이 최대가 되는 때를 벌기령으로 이는 평균생장량이 최대가 되는 시기와 같다.

55 우리나라의 경우 흉고직경은 입목의 지상 몇 미터 높이에서 측정하는가?

① 0.5m
② 1.0m
③ 1.2m
④ 1.5m

> **해설**
> 국내의 경우 근원부에서 높이 1.2m 높이의 직경을 흉고직경이라 한다.

정답 49. ② 50. ② 51. ④ 52. ① 53. ② 54. ① 55. ③

56 산림경영계획수립을 위한 지황조사 표기 내용으로 틀린 것은?

① 지리 6급지 - 601~700m
② 토심 중 - 유효토심 30~60cm
③ 급경사지(급) - 경사도 20~25° 미만
④ 소밀도 중 - 수관밀도가 41~70%인 임분

해설
지리 6급지는 501~600m 범위를 가진다.

57 산림경영계획 수립을 위한 임상조사에서 입목지를 활엽수림으로 구분하는 기준은?

① 활엽수가 60% 이상인 임분
② 활엽수가 65% 이상인 임분
③ 활엽수가 70% 이상인 임분
④ 활엽수가 75% 이상인 임분

해설
활엽수가 75% 이상인 산림을 활엽수림이라 한다.

58 수간석해를 이용하여 전체 재적을 구할 때 합산하지 않아도 되는 것은?

① 근주재적   ② 지조재적
③ 결정간재적 ④ 초단부재적

해설
수간재적 계산시 초단부재적, 근주재적, 결정간재적을 나누어 계산 후 총재적으로 합산한다.

59 산림경영계획에서 1-2-3-4 로 표시된 산림구획이 의미하는 것은?

① 임반-보조임반-소반-보조소반
② 임반-소반-보조소반-보조임반
③ 경영계획구-임반-소반-보조소반
④ 경영계획구-임반-보조임반-소반

해설
산림구획에서 임반-보조임반-소반-보조소반으로 표기하며 보조소반은 없을 경우 생략 가능하다.

60 다음 조건에서 정액법에 의한 임업기계의 연간 감가상각비는?

◎ 내용연수 : 50년
◎ 취득 비용 : 5,000만원
◎ 폐기할 때 잔존가치 : 1,000만원

① 50만원   ② 80만원
③ 100만원   ④ 160만원

해설
$$\frac{5{,}000만원 - 1{,}000만원}{50} = 80만 원$$

61 지반고가 시점 10m, 종점 50m 이고 수평거리가 1km 일 때 종단기울기는?

① 4%   ② 5%
③ 6%   ④ 7%

해설
지반고의 종점과 시점의 높이는 <50m-10m=40m> 이며 수평거리 1,000m 를 이용하여 종단기울기를 구하게 되면 $\frac{40}{1000} \times 100 = 4(\%)$ 가 된다

62 수준측량 결과가 다음과 같을 때 종점의 지반고는?

◎ 시점의 지반고 : 100m
◎ 전시의 합 : 150.8m
◎ 후시의 합 : 205.4m

① 45.4m   ② 54.6m
③ 154.6m   ④ 456.2m

해설
지반고는 <기계고-전시> 인데 이때 기계고의 경우 지반고와 후시의 합으로 구할 수 있다.
· 기계고 = 100 + 205.4 = 305.4
· 종점의 지반고 = 기계고 - 전시
            = 305.4 - 150.8 = 154.6

정답   56. ① 57. ④ 58. ② 59. ① 60. ② 61. ① 62. ③

63 머캐덤도에 대한 설명으로 옳지 않은 것은?

① 시멘트 머캐덤도 : 쇄석을 시멘트로 결합시킨 도로
② 역청 머캐덤도 : 쇄석을 타르나 아스팔트로 결합시킨 도로
③ 교통체 머캐덤도 : 쇄석이 교통과 강우로 인하여 다져진 도로
④ 수체 머캐덤도 : 쇄석의 틈 사이에 모래 및 마사를 침투시켜 롤러로 다져진 도로

해설
수체 머캐덤도는 쇄석의 틈 사이에 석분을 물로 투입하여 롤러로 다져진 도로이다.

64 콘크리트 포장 시공에서 보조기층의 기능으로 옳지 않은 것은?

① 동상의 영향을 최소화한다.
② 노상의 지지력을 증대시킨다.
③ 노상이나 차단층의 손상을 방지한다.
④ 줄눈, 균열, 슬래브 단부에서 펌핑현상을 증대시킨다.

해설
보조기층은 노상 위에 위치하는 층으로서 위쪽의 포장층에서 발생되는 하중을 분산시켜 노상으로 전달하는 역할을 한다. 펌핑현상의 경우 주로 표층에서 일어나는 현상이다.

65 다음 조건에서 곡선반지름(m)는?

◎ 설계속도 : 25 km/시간
◎ 가로 미끄럼에 대한 노면과 타이어의 마찰계수 : 0.15
◎ 노면의 횡단기울기 : 5%

① 약 15   ② 약 25
③ 약 30   ④ 약 50

해설
$$\frac{\text{설계속도}^2}{127(\text{타이어 마찰계수}+\text{노면횡단물매})}$$
$$=\frac{25^2}{127(0.15+0.05)}=\frac{625}{25.4}≒24.6≒약 25$$

66 일반지형의 경우 임도 설계속도가 20km/시간일 때 설치할 수 있는 최소곡선반지름 기준은?

① 12m   ② 15m
③ 20m   ④ 30m

해설
설계속도가 20km/hr 일 경우 일반지형의 최소곡선반지름은 15m 이다.

67 임도 설계를 위한 중심선측량 시 측점 간격 기준은?

① 10m   ② 15m
③ 20m   ④ 25m

해설
중심선 측량의 경우 노선의 시점을 기준으로 20m 마다 측점말뚝을 박아 측정하며 주로 평탄지와 완경사지에 적용한다.

정답 63. ④ 64. ④ 65. ② 66. ② 67. ③

68 합성기울기가 10% 이고, 외쪽기울기가 6% 인 임도의 종단기울기는?

① 4% ② 6%
③ 8% ④ 10%

해설

$10 = \sqrt{6^2 + 종단기울기^2}$
$100 = 36 + 종단기울기^2$
종단기울기 = 8(%)

69 임도 구조물 시공 시 기초공사의 종류가 아닌 것은?

① 전면기초 ② 말뚝기초
③ 고정기초 ④ 깊은기초

해설

얕은기초는 확대기초, 전면기초가 있으며 깊은기초에는 말뚝기초, 케이슨기초가 있다.

70 횡단면 A_1, A_2, A_3의 면적은 각각 $5m^2$, $7m^2$, $9m^2$ 이고, A_1와 A_2의 거리는 10m, A_2와 A_3의 거리는 15m 이다. 양단면적평균법에 의한 3단면 사이의 총토적량(m^3)은?

① 100 ② 150
③ 180 ④ 200

해설

양단면적 평균법
$V = \dfrac{1}{2}(A_1 + A_2) \times l$

· $A_1 \sim A_2 : \dfrac{5+7}{2} \times 10 = 60m^3$
· $A_2 \sim A_3 : \dfrac{7+9}{2} \times 15 = 120m^3$
· 총토적량 : $60 + 120 = 180m^3$

71 임도망 배치 시 산정림 개발에 가장 적합한 노선은?

① 비교 노선
② 순환식 노선
③ 대각선방식 노선
④ 지그재그방식 노선

해설

계곡임도 및 산정부 개발에는 순환식 노선이 적합하다. 이외 지그재그방식은 급경사의 사면임도형, 대각선방식은 완경사의 사면임도형이 적합하다.

72 임도의 대피소 간격 설치 기준은?

① 300m 이내 ② 400m 이내
③ 500m 이내 ④ 1000m 이내

해설

대피소의 간격 300m 이내, 너비 5m 이상, 유효길이 15m 이상을 기준으로 한다.

73 임도 시설기준에 대한 설명으로 옳은 것은?

① 배향곡선은 중심선 반지름이 10m 이상으로 한다.
② 종단곡선은 포물선곡선방식을 적용하지 않는다.
③ 특수지형에서 최소곡선반지름은 설계속도와 관계없이 14m 이상으로 한다.
④ 특수지형에서 노면포장을 하는 경우 종단기울기는 20% 범위에서 조정할 수 있다.

해설

배향곡선은 중심선 반지름이 10m 이상으로 설치하고 임도의 유효너비는 배향곡선지의 경우 6m 이상을 기준으로 한다.

정답 68. ③ 69. ③ 70. ③ 71. ② 72. ① 73. ①

74 사리도(자갈길, gravel road)의 유지관리에 대한 설명으로 옳지 않은 것은?

① 방진처리에 염화칼슘은 사용하지 않는다.
② 노면의 제초나 예불은 1년에 한 번 이상 실시한다.
③ 비가 온 후 습윤한 상태에서 노면 정지작업을 실시한다.
④ 횡단배수구의 기울기는 5~6% 정도를 유지하도록 한다.

> **해설**
> 방진처리를 위하여 물이나 염화칼슘 등을 사용한다.

75 임도의 노체 구성 순서로 옳은 것은?(단, 아래에서 위로의 순서에 해당됨)

① 노반 → 기층 → 노상 → 표층
② 노상 → 노반 → 기층 → 표층
③ 노반 → 노상 → 기층 → 표층
④ 노상 → 기층 → 노반 → 표층

> **해설**
> 임도의 구조는 표면을 시작으로 표층, 기층, 노반, 노상으로 구분한다.

76 산림 토목공사용 기계로 옳지 않은 것은?

① 전압기   ② 착암기
③ 식혈기   ④ 정지기

> **해설**
> 식혈기는 묘목식재를 위해 땅에 구멍을 뚫는 조림용 기계이다.

77 와이어로프의 안전계수가 4 이고 절단하중이 360kg 이라면 이 와이어로프의 최대장력은?

① 60kg   ② 90kg
③ 120kg   ④ 180kg

> **해설**
> · 와이어로프 안전계수 = 와이어로프의 절단하중 ÷ 와이어로프에 걸리는 최대장력
> · 4 = 360 ÷ 와이어로프의 최대장력
> · 와이어로프 최대장력 = 90 (kg)

78 임도의 횡단기울기에 대한 설명으로 옳지 않은 것은?

① 노면 배수를 위해 적용한다.
② 차량의 원심력을 크게 하기 위해 적용한다.
③ 포장이 된 노면에서는 1.5~2%를 기준으로 한다.
④ 포장이 안 된 노면에서는 3~5%를 기준으로 한다.

> **해설**
> 차량의 곡선부 통과시 원심력에 의해 차량이 탈선을 방지하고자 횡단기울기를 준다. 즉 차량의 원심력을 작게 하기 위해 적용한다.

79 절토 경사면이 경암인 경우의 기울기 기준으로 옳은 것은?

① 1 : 0.3~0.8   ② 1 : 0.5~0.8
③ 1 : 0.5~1.5   ④ 1 : 0.8~1.5

> **해설**
> 절토 경사면의 경암 기울기 기준은 1 : 0.3 ~ 0.8, 연암은 1 : 0.5 ~ 1.2 이다.

정답 74. ① 75. ② 76. ③ 77. ② 78. ② 79. ①

80 작업임도에서 차량규격으로 2.5톤 트럭의 최소회전반경(m) 기준은?

① 5.0   ② 6.0
③ 7.0   ④ 12.0

해설
작업임도의 차량규격이 2.5톤 트럭의 경우 최소회전반경은 7m 이다.

81 유역면적이 10ha 이고 최대시우량이 150mm/hr 일 때 임상이 좋은 산림지역의 최대홍수유량은?(단, 유거계수는 0.35)

① 약 0.14m^3/sec
② 약 1.46m^3/sec
③ 약 14.58m^3/sec
④ 약 145.83m^3/sec

해설
0.002778×0.35×150×10=1.45854 → 약 1.46m^3/sec

82 골막이에 대한 설명으로 옳지 않은 것은?

① 토사퇴적 기능은 없다.
② 사방댐보다 규모가 작다.
③ 계류의 상류부에 설치한다.
④ 반수면 토사를 채우고 대수면은 떼를 입힌다.

해설
골막이는 반수측만 축설하고 중앙부를 낮게 하여 물이 빠지게 한다.

83 야계사방의 주요 목적으로 옳지 않은 것은?

① 유송토사 억제 및 조정
② 산각의 고정과 산복의 붕괴방지
③ 계상 기울기를 완화하여 계류의 침식 방지
④ 계류의 수질 정화와 산림 황폐지로 인한 재해 방지

해설
야계사방공사는 계류의 유속을 줄이고 침식을 방지하는 것이 목적으로 한다.

84 산사태와 비교한 땅밀림에 대한 설명으로 옳지 않은 것은?

① 이동 속도가 빠르다.
② 지하수의 영향이 크다.
③ 완경사면에서 주로 발생한다.
④ 주로 점성토가 미끄럼면으로 활동한다.

해설
땅밀림의 경우 산사태보다 이동 속도가 느리다.

85 강우에 의한 산지침식의 발달과정 순서로 옳은 것은?

① 구곡침식 → 면상침식 → 누구침식
② 구곡침식 → 누구침식 → 면상침식
③ 면상침식 → 구곡침식 → 누구침식
④ 면상침식 → 누구침식 → 구곡침식

해설
강우에 의한 산지침식의 발달과정은 우격침식, 면상침식, 누구침식, 구곡침식이다.

86 비중에 따라 골재를 구분할 경우 중량골재의 비중 기준은?

① 2.50 이하   ② 2.60 이상
③ 2.70 이상   ④ 2.80 이하

해설
중량골재의 비중은 2.7 이상이다.

정답 80. ③ 81. ② 82. ④ 83. ④ 84. ① 85. ④ 86. ③

87 다음 (　　) 안에 가장 적합한 수치는?

> ◎ 사방댐의 계획 기울기는 현 계상기 울기의 (　　)을 기준으로 설계한다.

① 1/2~2/3
② 1/2~1
③ 2/3~1
④ 2/3~3/2

해설
사방댐의 설계에서 계획 기울기는 현 계상기울기의 1/2~2/3 기준으로 한다.

88 돌쌓기 배치 방법으로 잘못된 쌓기가 아닌 것은?

① 포갠돌
② 이마대기
③ 여섯에움
④ 새입붙이기

해설
돌쌓기를 할 때는 돌의 배치에 주의하여 다섯에움 이상 일곱에움 이하가 되도록 한다.

89 설상사구에 대한 설명으로 옳은 것은?

① 주로 파도막이 뒤에 형성되는 모래 언덕이다.
② 모래가 정선부에 퇴적하여 얕은 모래 둑을 형성한다.
③ 혀 모양의 형태로 모래가 쌓인 후 반달 모양으로 형태가 바뀐 것이다.
④ 치올린 언덕의 모래가 비산하여 내륙으로 이동하면서 수목이나 사초가 있을 때 형성된다.

해설
치올린 언덕의 모래가 비산하여 내륙으로 이동되면서 형성되는데 수목이나 사초가 있을 경우 얕은 모래둑을 형성하게 된다.

90 산지의 침식형태 중 중력에 의한 침식으로 옳지 않은 것은?

① 산붕
② 포락
③ 산사태
④ 사구침식

해설
중력에 의한 침식의 종류로 산붕, 붕락, 포락, 산사태 등이 있다.

91 비탈면에 시공하는 옹벽의 안정조건이 아닌 것은?

① 전도에 대한 안정
② 침수에 대한 안정
③ 활동에 대한 안정
④ 침하에 대한 안정

해설
옹벽의 안정조건으로 전도, 활동, 침하에 대한 안정 조건이 있다.

92 토질이 모래층인 절토사면에 대한 설명으로 옳지 않은 것은?

① 새집공법을 적용하는 것이 가장 적합하다.
② 토양유실을 방지할 목적으로 전면적 객토를 해주어야 한다.
③ 침식에 대단히 약하여 식생이 착근하기 전에 유실될 가능성이 높다.
④ 절토공사 직후에는 단단한 편이나 건조하면 푸석푸석 해지고 무너지기 쉽다.

해설
새집공법은 절개 암반지에 적용하기에 적합한 방법이다.

93 폭 15m, 높이 2m 인 직사각형 수로에서 수심 1m, 평균유속 2m/s 로 흐르고 있을 때 유량은?

① $15m^3/s$
② $30m^3/s$
③ $60m^3/s$
④ $80m^3/s$

해설
· 유적 : 15m×1m = $15m^2$
· 유량 = 유속 × 유적 = 2m/s × $15m^2$ = $30m^3/s$

정답 87. ① 88. ③ 89. ④ 90. ④ 91. ② 92. ① 93. ②

94 사방댐과 골막이에 모두 축설하는 것은?

① 앞댐
② 방수로
③ 반수면
④ 대수면

해설
사방댐은 대수면과 반수면을 모두 축조하고 골막이는 반수면만 축조한다. 즉 사방댐과 골막이에 모두 축설되는 것은 반수면이다.

95 황폐 계류 유역을 구분하는데 포함되지 않는 것은?

① 토사준설구역
② 토사생산구역
③ 토사퇴적구역
④ 토사유과구역

해설
황폐계류의 상류부를 토사생산구역, 생산된 토사가 이동하는 토사유과구역, 하류에 토사가 퇴적되는 토사퇴적구역으로 구분된다.

96 유역면적 200ha, 최대시우량 180mm/h, 유거계수 0.6 일 때 최대홍수유량(m^3/s)은?

① 60
② 90
③ 120
④ 180

해설
$0.002778 \times 0.6 \times 180 \times 200 ≒ 60$
※ 합리식법
$Q = 0.002778\ CIA$
Q : 유출량(m^3/sec)
C : 유거계수
I : 최대시우량(mm/hr)
A : 유역면적(ha)

97 비탈다듬기 공법에 대한 설명으로 옳지 않은 것은?

① 붕괴면의 주변 상부는 충분히 끊어낸다.
② 기울기가 급한 장소에서는 선떼붙이기와 산비탈돌쌓기 등으로 조정한다.
③ 퇴적층 두께가 3m 이상일 때에는 땅속흙막이를 시공한 후 실시한다.
④ 수정기울기는 지질·면적·공법 등에 따라 차이를 두되 대체로 45° 전후로 한다.

해설
비탈다듬기공사에 있어 수정기울기는 최대 35° 전후로 한다.

98 붕괴형 산사태에 대한 설명으로 옳은 것은?

① 지하수로 인해 발생하는 경우가 많다.
② 파쇄 또는 온천 지대에서 많이 발생한다.
③ 속도는 완만해서 흙덩이는 흩어지지 않고 원형을 유지한다.
④ 이동 면적이 1ha 이하로 작고, 깊이도 수 m 이하로 얕은 경우가 많다.

해설
붕괴형 산사태의 경우 발생 면적 규모 및 깊이가 작다.

99 비탈면에 설치하는 소단의 효과가 아닌 것은?

① 시공비를 절약할 수 있다.
② 비탈면의 안정성을 높인다.
③ 유지보수작업 시 작업원의 발판으로 이용할 수 있다.
④ 유수로 인하여 비탈면에서 발생하는 침식의 진행을 방지한다.

해설
소단(단끊기 공사)은 붕괴 위험이 있는 지역에 사면길이 3~5m 마다 50~100cm 단의 폭을 끊어 소단을 설치한다. 안전을 위해 공사가 추가되는 개념으로 시공비가 절약되지는 않는다.

정답 94. ③ 95. ① 96. ① 97. ④ 98. ④ 99. ①

100 정사울타리를 설치할 때 기준 높이로 옳은 것은?

① 0.5~0.7m ② 1.0~1.2m
③ 2.0~2.2m ④ 2.5~2.7m

> **해설**
> 정사울타리의 높이는 1~1.2m 정도를 기준으로 한다.

정답 100. ②

PART 2

산림산업기사
과년도 기출문제

2013년 시행
2014년 시행
2015년 시행
2016년 시행
2017년 시행
2018년 시행
2019년 시행
2020년 시행
CBT 모의고사

2013년 제1회 산림산업기사

01 묘목의 식재요령에 대한 설명으로 맞는 것은?
① 교통이 불편한 곳일수록 묘목을 소식한다.
② 땅이 비옥하고 성장 속도가 빠르면 밀식한다.
③ 일반적으로 양수는 밀식한다.
④ 소나무처럼 피해를 많이 받는 수종은 소식한다.

해설
교통이 불편할 경우 운반에 어려움이 있어 묘목을 소식하도록 한다.

02 산벌작업의 3단계를 바르게 묶어 놓은 것은?
① 산벌, 개벌, 택벌
② 예비벌, 하종벌, 후벌
③ 초벌, 중벌, 종벌
④ 정지벌, 무육벌, 성숙벌

해설
산벌작업은 갱신을 위해 크게 예비벌, 하종벌, 후벌의 과정으로 진행된다.

03 다음 목본식물내 지질(脂質)의 종류 가운데 수목의 2차대사물질인 isoprenoid 화합물이 아닌 것은?
① 고무   ② 수지
③ terpenes   ④ lignin

해설
이소프레노이드(isoprenoid)는 이소프렌이 중합한 화합물을 의미하며 리그닌(lignin)은 페닐프로판을 골격으로 중합한 화합물이다.

04 가지치기(枝打)의 설명으로 옳은 것은?
① 역지 이상부의 가지는 끊어도 된다.
② 활엽수 가지치기에서 가지의 직경이 5cm 이상이 되어도 반드시 가지치기를 한다.
③ 가지가 나무 줄기와 직각으로 붙어 있는 것의 가지치기는 절단면을 줄기에 평행하도록 하고, 이 때 줄기의 껍질을 벗기는 일이 없도록 한다.
④ 가지의 기부가 굵은 활엽수의 가지치기를 실시할 경우 지융부는 남겨두지 않는다.

해설
① 역지 이상부의 가지는 남겨둔다.
② 활엽수는 직경 5cm 이상이 되면 가지치기 하지 않는다.
④ 활엽수 가지치기의 경우 지융부에 가깝게 제거하여 지융부를 남겨둔다.

정답 01. ① 02. ② 03. ④ 04. ③

05 테트라졸륨 테스트(TTC Test)는 다음 중에서 어디에 사용되는 방법인가?

① 종자의 발아 촉진 처리방법
② 화아분화 촉진 처리방법
③ 종자의 발아력 검정방법
④ 삽수의 발근 촉진 처리방법

해설
테트라졸륨은 종자의 활력 검사를 목적으로 하며 건전한 배의 경우 반응시 적색 혹은 분홍색을 띤다.

06 종자의 활력 검정방법(Viability test method)이 아닌 것은?

① 절단법 ② X-선법
③ 효소검출법 ④ 양건법

해설
양건법은 종자 건조 방법 중 하나이다.

07 Moller는 항속림 사상을 주장하였다. 다음에서 해당하지 않는 것은?

① 항속림은 동령순림이다.
② 지표 유기물을 잘 보존한다.
③ 천연갱신을 원칙으로 한다.
④ 단목택벌을 원칙으로 한다.

해설
임지, 임목은 항속될수 있도록 경영하는 사상이 뮐러(moller)의 항속림 사상이다. 그렇기에 단순 혹은 동령림으로 유도하는 개벌을 금한다.

08 1.8m × 1.8m의 정방형 식재를 할 때 ha당 소요되는 묘목의 본수는?

① 3086본 ② 3776본
③ 5132본 ④ 2887본

해설
1ha : 10,000m²,
1.8m × 1.8m = 3.24m²
10,000 ÷ 3.24 = 약 3086 본

09 노천매장법과 관련된 내용 설명으로 틀린 것은?

① 봄에 파종하면 이듬해 봄에 발아하는 들메나무, 목련류의 종자에 적용한다.
② 땅속 50~100cm 깊이에 모래와 섞어 묻어 둔다.
③ 겨울에는 눈이나 빗물이 스며들지 않도록 한다.
④ 종자의 후숙(後熟)을 도와 발아를 촉진시키도록 한다.

해설
노천매장법은 배수가 양호하기에 겨울에 눈이나 빗물이 스며든다.

10 중림작업법에 대한 설명으로 틀린 것은?

① 교림과 왜림을 동일 임지에 함께 세워서 경영하는 작업법이다.
② 하목으로서의 왜림은 맹아로 갱신되며 일반적으로 연료재와 소경재를 생산한다.
③ 상목으로서의 교림은 일반용재로 생산할 수 없다.
④ 일반적으로 하층목은 개벌되고 맹아갱신을 반복한다.

해설
중림작업은 상층임관은 교림으로 형질이 좋은 목재를, 하층임관은 왜림으로 용재 및 연료재로 동시에 실시하는 것이 특징이다.

정답 05. ③ 06. ④ 07. ① 08. ① 09. ③ 10. ③

11 풀베기작업에서 모두베기 방법을 적용하는 것이 가장 바람직한 조림지는?

① 1ha에 200본이 식재된 호두나무 조림지
② 한풍해가 심한 조림지
③ 소나무 밀식 조림지
④ 전나무 소식 조림지

해설
풀베기의 모두베기는 소나무, 낙엽송 등의 양수에 적용하기 적합한 방법이다.

12 임목의 잎에 있는 엽록체가 주로 흡수하여 광합성에 이용하는 광선은?

① 적외선 ② 근적외선
③ 자외선 ④ 가시광선

해설
임목은 주로 가시광선을 광합성에 이용한다.

13 소나무 종자 1kg에 대한 협잡물이 0.1kg이고, 발아율이 88%인 경우 그 효율은?

① 79.2% ② 84.7%
③ 76.7% ④ 81.8%

해설

$$순량률(\%) = \frac{순정종자량(g)}{작업시료량(g)} \times 100$$

$$= \frac{900}{1000} \times 100 = 90(\%)$$

$$효율 = \frac{순량률 \times 발아율}{100}$$

$$\rightarrow \frac{90 \times 88}{100} = 79.2(\%)$$

14 느티나무, 아까시나무에 알맞은 파종법은?

① 점파 ② 조파
③ 산파 ④ 상파

해설
느티나무, 아까시나무, 옻나무, 물푸레나무 등은 발아력이 좋고 성장이 빨라 주로 줄을 지어 뿌리는 조파 방법을 이용한다.

15 묘포에서 늦어도 7월 이전에 비료를 주어야 하는 가장 주된 이유는?

① 생장기가 짧기 때문이다.
② 비료를 흡수할 시간적 여유가 없기 때문이다.
③ 늦게까지 자라게 되어 월동기에 동해를 받기 때문이다.
④ 장마철에 비료분의 유실이 심하기 때문이다.

해설
늦어도 7월 이전에 주는 비료는 주로 추비로서 종자의 발아나 묘목 이식 후 주는 일종의 추가 거름이다. 만약 7월 이후에 주게 되는 경우 자람이 지속되어 식물이 월동기 준비를 하지 못해 동해의 피해를 받을 수 있다.

16 다음 중 줄기를 해부했을 때 환공재(環孔材)로 특징되는 수종은?

① 참나무 ② 단풍나무
③ 포플러 ④ 호도나무

해설
환공재는 지름이 큰 관공이 연륜을 따라 고리모양의 환상으로 수열 배열되는 것으로 참나무속, 느티나무속, 느릅나무속, 아까시나무속, 음나무속, 오동나무속 등이 있다.

정답 11. ③ 12. ④ 13. ① 14. ② 15. ③ 16. ①

17 우리나라 산림에서 적용하는 지위지수(site index) 를 올바르게 설명한 것은?

① 일정한 수령을 기준으로 하여 그때의 흉고직경의 평균치로 결정한다.
② 일정한 수령을 기준으로 하여 그때의 흉고직경으로 결정한다.
③ 일정한 수령을 기준으로 하여 그때의 재적으로 결정한다.
④ 일정한 수령을 기준으로 하여 그때의 수고로 결정한다.

해설
특정 나무에 있어 임령의 수고를 이용해 임지의 생산 능력을 수치화한 것을 지위지수라 한다.

18 다음은 Hawley의 4가지 간벌법이다. 이 중 기계적 간벌을 뜻하는 그림은? (단, 모두 동령림이며, 빗금 친 부분은 간벌예정이다.)

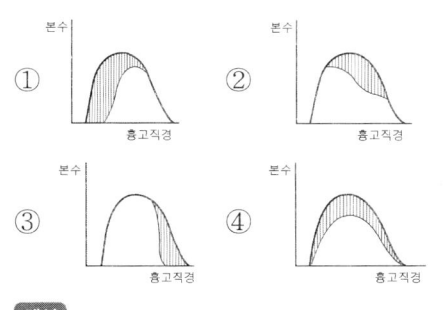

해설
간벌 양식

19 죽림(竹林)을 조성 하는데 사용되는 번식재료로 가장 적당한 것은?

① 죽간   ② 종자
③ 지하경 ④ 지엽부

해설
죽림의 땅속 줄기인 지하경을 굴취하여 번식하는데 이용한다.

20 다음 수종 가운데 풍매화가 아닌 것은?

① 호도나무 ② 자작나무
③ 포플러류 ④ 피나무

해설
버드나무, 피나무 등은 충매화에 속한다.

21 소나무좀의 방제법으로 적합하지 않는 것은?

① 이목(餌木)의 박피
② 등화 유살법
③ 기생성 천적 보호
④ 각종 피해목 제거

해설
소나무좀 방제법
• 쇠약목, 고사목 등은 벌채한다.
• 2~3월에 먹이나무를 설치하고 유인 후 소각한다.
• 4월경 수피를 제거하여 번식처를 없앤다.

22 아밀라리아 뿌리썩음병균이 수목의 뿌리를 침해하는 형태는?

① 소생자   ② 담자포자
③ 녹파자   ④ 근상균사속

해설
아밀라리아 뿌리썩음병균이 침입할 경우 목질부나 뿌리에 흑갈색 실모양의 근사균사다발이 관찰된다.

정답 17. ④ 18. ④ 19. ③ 20. ④ 21. ② 22. ④

23 병든 가지나 줄기에서 잎이 나오기 전에 잘라 소각하여 방제 효과를 얻을 수 있는 병은?
① 포플러 잎녹병
② 오리나무 갈색무늬병
③ 벚나무 빗자루병
④ 오동나무 탄저병

해설
벚나무 빗자루병은 줄기 부분이 감염되면 빗자루 형태처럼 비대해지는데 병든 가지 부분을 제거하여 소각한다.

24 번데기로 월동하는 해충은?
① 미국흰불나방 ② 집시나방
③ 어스렝이나방 ④ 박쥐나방

해설
미국흰불나방은 번데기 형태로 나무껍질 사이에 월동한다.

25 임지에 쌓여있는 낙엽과 지피물, 갱신치수 및 지상 관목 등이 타는 삼림화재의 종류는?
① 지중화 ② 지표화
③ 수관화 ④ 수간화

해설
지표화는 지표의 낙엽과 지피물 등에 화재가 발생하며 등산객의 부주의에 의해 흔하게 발생된다.

26 병원체가 기주의 생체(生體)내에서만 잠재해서 월동하는 것은?
① 잣나무 털녹병균
② 밤나무 줄기마름병균
③ 오리나무 갈색무늬병균
④ 뿌리혹병균(근두암종병균, crown gall)

해설
잣나무 털녹병균은 잣나무 수피내에서 월동하고 녹포자를 형성한다.

27 다음 중 해충의 기계적 구제방법이 아닌 것은?
① 차단법 ② 포살법
③ 등화유살법 ④ 천적이용법

해설
천적을 이용하는 것을 생물적 방제방법이다.

28 다음 중 볕데기(sun-scorch)에 비교적 저항성인 수종은?
① 오동나무 ② 버즘나무
③ 굴참나무 ④ 호두나무

해설
굴참나무, 상수리나무는 코르크층이 잘 발달해서 볕데기의 피해를 거의 받지 않는다.

29 파이토플라스마에 의한 수병이 아닌 것은?
① 대추나무 빗자루병
② 뽕나무 오갈병
③ 오동나무 빗자루병
④ 밤나무 잉크병

해설
파이토플라스마에 의해 발생되는 것으로 붉나무 빗자루병, 대추나무 빗자루병, 오동나무 빗자루병이 있다.

30 토양 중에서 월동하는 병원균은?
① 잣나무 털녹병균
② 밤나무 줄기마름병균
③ 파이토플라스마 빗자루병균
④ 묘목의 잘록병균(모잘록병균)

해설
모잘록병균은 토양 혹은 병든 식물체에 월동한다.

정답 23. ③ 24. ① 25. ② 26. ① 27. ④ 28. ③ 29. ④ 30. ④

31 나무줄기를 1~2m로 잘라 임내에 놓아두고 이에 산란을 유도한 다음, 후에 이를 제거해 소각하는 통나무유살법은 다음의 어느 곤충을 구제하기 위한 것인가?

① 솔잎혹파리 ② 소나무좀
③ 미류재주나방 ④ 밤바구미

해설
소나무좀은 벌채목과 쇠약목 혹은 죽은나무 등 모두 가해하는 해충으로 2~3월에 먹이나무를 설치하고 유인 후 소각한다.

32 우리나라에 서식하고 있는 포유류 중 천연기념물이 아닌 것은?

① 하늘다람쥐 ② 표범
③ 물범 ④ 산양

해설
국내 서식하는 천연기념물 포유류 종류로 진돗개, 산양, 수달, 물범, 삽살개 등이 있다. 표범의 경우 한국에서는 멸종위기야생동물 1급으로 지정되어 있다.

33 병원균의 잠복기에 대한 설명으로 옳은 것은?

① 포자가 잎 위에 떨어져 병징이 나타날 때까지의 소요되는 기간
② 포자가 바람에 날릴 때부터 감염이 이루어질 때까지의 소요되는 기간
③ 병원체의 침입에서부터 초기병징이 나타나는 발병까지 소요되는 기간
④ 병징이 나타난 직후부터 고사할 때까지의 소요되는 기간

해설
잠복기는 병원체가 기주에 침입하는 시점부터 기주에 병징이 최초로 나타나는 시점까지의 시간이다.

34 침투성 살충제의 설명으로 맞는 것은?

① 입을 통하여 약제가 소화관내에 들어가 중독을 일으켜 곤충을 죽이는 약제
② 식물체의 뿌리, 줄기, 잎 등에 흡수시켜 이를 흡즙하는 곤충을 죽이는 약제
③ 기체성의 약제가 기문을 통하여 체내에 들어가 곤충을 질식사시키는 약제
④ 곤충이 작물에 접근하는 것을 방해하는 약제

해설
식물의 뿌리, 줄기 등을 통해 약제를 식물 전체에 퍼지게 하여 즙액을 흡수하는 진딧물 등을 죽게 하는데 유용하다. 약제가 식물체내 침투하여 즙액을 빨아먹는 해충에게만 흡수되어 천적에 대한 영향이 적고 약효가 오래 지속되는 장점이 있다.

35 연해(煙害)의 지표식물(指標植物)로 적합하지 않은 것은?

① 은행나무 ② 소나무
③ 밤나무 ④ 이끼류

해설
기상, 토양 등의 환경조건을 나타내는 지표가 되는 식물로 소나무, 밤나무, 느티나무, 메밀, 참깨, 담배, 튤립, 이끼류 등이 있다.

36 해충의 개체군 동태를 알기 위해서는 충태별 사망수, 사망요인, 사망률 등의 항목으로 구성된 표를 많이 이용하고 있다. 이 표의 이름은?

① 생명표 ② 수확표
③ 생식표 ④ 수명표

해설
생명표는 연령별 생명표와 시간별 생명표로 분류하며 곤충의 경우 시간별 생명표를 주로 이용한다. 해충의 개체군 현황을 알아보고자 해충별 사망수, 사망의 요인, 사망률 등을 조사한다.

정답 31. ② 32. ② 33. ③ 34. ② 35. ① 36. ①

37 솔잎혹파리의 방제법으로 가장 적합한 것은?

① 주로 잎을 가해하는 유충일 때 잎에 살충제를 살포하여 구제하는 것이 효과적이다.
② 피해목은 11월 이후에 벌채하여 제거한다.
③ 천적인 마름무늬매미충을 이용한다.
④ 유충낙하기에 이들을 포식하는 박새, 쑥새 등의 포식조류를 보호한다.

해설
솔잎혹파리 낙하 유충을 잡아먹는 새로 박새, 진박새, 쑥새, 쇠박새 등이 있으며 하루 약 40~100 마리의 솔잎혹파리 유충을 잡아먹는다. 이러한 포식조류의 보호를 통해 솔잎혹파리를 방제하기도 한다.

38 소나무좀의 신성충이 가해하는 곳은?

① 수간   ② 잎
③ 새가지   ④ 솔방울

해설
소나무좀의 신성충은 주로 소나무의 새가지에 신초를 가해한다.

39 모잘록병을 일으키는 주요 병원균이 아닌 것은?

① *Rhizoctonia solani*
② *Pythium debaryanum*
③ *Fusarium acuminatum*
④ *Taphrina wiesneri*

해설
*Taphrina wiesneri*는 벚나무 빗자루병의 병원균이다.

40 솔껍질깍지벌레를 방제하기 위하여 포스팜 액제를 수간주사하는 시기는?

① 3월   ② 6월
③ 9월   ④ 12월

해설
솔껍질깍지벌레의 경우 포스파미돈(포스팜)과 아세타미프라드액제를 12월쯤 수간주사 한다.

41 임목 원가라고도 하며, 간벌 이전의 유령 임목에 대한 가격산정에 한하여 적용할 수 있는 것은?

① 임지 기망가   ② 임목 기망가
③ 임목 비용가   ④ 임지 비용가

해설
유령림 임목평가의 경우 식재 및 육림의 투자액을 기준으로 평가하는 임목비용가법이 적합하다.

42 측고기를 이용하여 수고를 측정할 때, 주의하여야할 사항으로 틀린 것은?

① 측정위치는 측정하고자 하는 나무의 정단과 밑이 잘 보이는 지점을 선택하여야 한다.
② 측정위치는 가능하면 나무의 높이보다 가까운 거리에 정하는 것이 오차를 줄일 수 있는 방법이다.
③ 경사진 곳에서는 오차가 생기기 쉬우므로 가능하면 동일한 높이의 위치에서 측정한다.
④ 측고기의 종류에 따라 사용 방법이 다르기 때문에 측고기 사용법을 숙지하는 것이 하나의 오차를 줄일 수 있는 방법이다.

해설
측고기는 삼각법에 의해 만들어진 장비로서 가능하면 나무의 높이와 유사한 거리를 이격하여 측정하는 것이 오차를 줄일 수 있다.

43 감가상각액의 계산법 중 직선법이라고도 하며, 가장 간단하고 보편적인 감가계산법은?

① 연수합계법   ② 정액법
③ 정률법   ④ 생산량비례법

해설
정액법은 가장 간단하고 보편적인 계산법으로 매년 일정액이 감소한다고 가정한 방법이다.
※ **감가상각비(정액법)**
$$\frac{구입가격 - 폐물가격}{내용연수}$$

정답   37. ④   38. ③   39. ④   40. ④   41. ③   42. ②   43. ②

44 명목적 임업이율(r)이 15%이고, 과거의 물가등귀율을 참고할 때 앞으로의 일반물가등귀율(s)을 약 10%로 예측한다면, 실질적 임업이율(P)은?

① 약 3% ② 약 4%
③ 약 5% ④ 약 6%

해설
실질적임업이율은 명목적임업이율에서 일반물가등귀율을 제외한 비율이다.
15 - 10 = 5(%)

45 산림평가에 사용되는 임업이율의 성격과 거리가 먼 것은?

① 대부이자가 아니고 자본이자이다.
② 현실이율이 아니고 평정이율이다.
③ 단기이율이 아니고 장기이율이다.
④ 명목적 이율이 아니고 실질적 이율이다.

해설
임업이율의 성격
· 임업이율은 대부이자가 아닌 자본이자이다.
· 임업이율은 현실이율이 아닌 평정이율이다.
· 임업이율은 실질이율이 아닌 명목이율이다.
· 임업이율은 장기이율이다.

46 산림경영이 효율적이고 합리적으로 운영될 수 있도록 경영계획에서의 삼림구획 순서로 맞는 것은?

① 경영계획구 → 소반 → 임반
② 임반 → 경영계획구 → 소반
③ 소반 → 임반 → 경영계획구
④ 경영계획구 → 임반 → 소반

해설
산림 경영의 효율을 위해서 계획구 설정을 먼저하며 다음으로 임반, 소반 단위로 나누어 설정하도록 한다.

47 국유림경영계획을 위한 지황조사에 대한 설명으로 틀린 것은?

① 방위는 8방위로 구분한다.
② 경사도에서 험준지는 25~30°미만을 말한다.
③ 지위지수는 상, 중, 하로 구분한다.
④ 임도에서 도로까지 450m인 경우 4급지로 표시한다.

해설
임도에서 도로까지 450m의 경우 5급지(401~500m)로 표시한다.

48 임반을 구획하고 임반번호를 부여하는 방법으로 맞는 것은?(단, 보조 임반을 편성할 경우는 제외)

① 경영계획구 유역 하류에서 시계방향으로 연속되게 아라비아숫자로 표기한다.
② 경영계획구 유역 하류에서 시계 반대방향으로 연속되게 아라비아숫자로 표기한다.
③ 경영계획구 산봉부터 산록으로 연속되게 아라비아 숫자를 부여한다.
④ 임반번호의 표시방법이나 부여방향 등은 전적으로 평성자의 의사에 달렸다.

해설
임반은 산림경영계획구 유역 하류에서 시계방향으로 아라비아 숫자로 표기한다. 예를 들어 1-0의 경우 1임반을 의미하며 1-2는 1임반 2보조임반을 의미한다.

정답 44. ③ 45. ④ 46. ④ 47. ④ 48. ①

49 소나무 임분에서 윤벌기 이상의 경제성 있는 임목의 재적이 500m³/ha이고 이 임분의 총 산림생장량이 5m³/ha, 미래 임분에 적용할 윤벌기 연수가 50년이라고 할 때 이 임분의 연간 벌채량을 핸즈릭(Hanzlik) 공식법에 의해 구하면 얼마인가?

① 10m³/ha ② 15m³/ha
③ 20m³/ha ④ 25m³/ha

해설
핸즈릭(Hanzlik) 공식
표준연벌채량
$= \dfrac{\text{윤벌기 이상 경제적 임목의 재적}}{\text{윤벌기}} + \text{산림생장량}$
$= \dfrac{500}{50} + 5 = 15$

50 임분의 초기 재적에 대한 순생장량 계산 공식은? (단, V1는 초기의 임목재적, V2는 말기의 임목재적, M는 고사량, C는 벌채량, I는 진계생장량이다.)

① V2 + M + C − I − V1
② V2 + C − V1
③ V2 + C − I − V1
④ V2 − V1

해설
생장주기별 생장량 공식
· 초기 재적에 대한 총생장량
  = V2+M+C-I-V1
· 초기 재적에 대한 순생장량
  = V2+C-I-V1
· 진계생장량을 포함한 총생장량
  = V2+M+C-V1
· 진계생장량을 포함한 순생장량
  = V2+C-V1
· 임목축적에 대한 순변화량 = V2-V1

51 하가측고기로 기계를 적절히 조정한 후 입목의 최상층부를 측정한 결과 18m, 최하단부를 측정한 결과 2m로 측정되었다. 이 입목의 수고는 얼마인가? (단, 최하단부가 측정자의 눈높이보다 아래에 있는 경우)

① 22m ② 20m
③ 18m ④ 14m

해설
최하단부가 측정자보다 아래에 있으므로 측정자 눈높이 0 을 기준 아래는 (-) 값으로 간주한다.
최상층부-(최하단부) =18-(-2)=20

52 자료가 많은 경우나 정확도를 요구할 때 사용되는 수고곡선 유도방법은?

① 이동평균법 ② 자유곡선법
③ 드라우트법 ④ 최소자승법

해설
회귀식에서 오차항의 제곱의 합을 최소화하는 모회귀계수를 추정하는 방법을 최소자승법이라고 한다. 최소자승법은 정확도가 높으나 상대적으로 복합한 통계분석을 요구한다.

53 금년도 간벌 수입으로 10,000원의 순이익을 얻었다고 하고 연이율 5%로 하여 20년 후의 후가는 얼마 인가? (단, 1.05^{20}=2.6533)

① 25,000원 ② 26,533원
③ 27,033원 ④ 3,769원

해설
후가합계$= 10000 \times 1.05^{20} = 26533$

54 임업자본 중에서 유동자본에 해당하는 것은?

① 벌목기구 ② 조림비
③ 임도 ④ 제재소 설비자본

해설
유동자본의 종류로 종자, 묘목, 약제, 비료가 있다.
※ 고정자본 : 임지, 건물, 기계 등

정답 49. ② 50. ③ 51. ② 52. ④ 53. ② 54. ②

55 임목의 평가방법에 대한 분류 중 비교방식에 해당하며, 간접적 평가방법인 것은?

① 비용가법 ② 시장가역산법
③ 기망가법 ④ 순수익법

해설
시장가 역산법은 원목의 시장가를 조사하여 역산하는 방법, 간접적으로 입목가격을 측정하는 방법이다.

※ **임목 평가 방법의 분류**

원가방식	원가법, 비용가법
수익방식	수익환원법, 기망가법
원가수익절충방식	Glaser 법, 임지기망가응용법
비교방식	매매가법, 시장가역산법

56 감가상각비의 계산 방법 중 자산의 감가가 단순히 시간의 경과에 따라 나타나는 것이 아니라 사용정도에 비례하여 나타난다는 것을 전제로 하여 계산하는 방법은?

① 작업시간 비례법
② 생산량 비례법
③ 연수 합계법
④ 정액법

해설
작업시간비례법은 사용한 작업시간에 비례하여 자산의 가치가 소멸하는 유형자산에 적용하는 감가상각법의 일종이다.

※ **작업시간비례법**
$$\frac{실제작업시간 \times (취득원가 - 잔존가치)}{총추정작업시간}$$

57 기계톱을 50만원에 구입하였다. 이 톱의 내용연수는 3년, 폐기시의 잔존가치를 5만원이라 하면 감가상각비는 얼마인가?

① 5만원 ② 10만원
③ 15만원 ④ 20만원

해설
감가상각비
$$= \frac{구입가 - 폐물가}{내용연수}$$
$$= \frac{50만원 - 5만원}{3년} = 15만원$$

58 투자의 상대적 유이성을 판단하는 기준을 투자효율이라고 하는데, 투자효율의 결정 방법이 아닌 것은?

① 회수기간법 ② 투자이익율법
③ 임의가치법 ④ 수익·비용율법

해설
투자효율의 분석 및 결정 방법으로 순현재가치법, 내부투자수익률법, 수익-비용률법, 회수기간법, 투자이익률법이 있다.

59 임업경영에서 조림수종 선택 시 유의사항으로 틀린 것은?

① 조림수종 선정시 향토수종 중에서 주수종을 선택할 것
② 일시에 새로운 수종을 대량으로 변경하지 말 것
③ 조림기술에 맞는 수종을 선택할 것
④ 각 임지에 적합한 단일 수종만을 선택할 것

해설
단일 수종은 병해충 및 실패의 가능성이 높기에 각 임지에 적합한 여러 수종을 선택한다.

정답 55. ② 56. ① 57. ③ 58. ③ 59. ④

60 임지기망가(Bu)에 영향을 주는 인자에 대한 설명으로 틀린 것은?

① 주벌수익과 간벌수익의 값은 항상 플러스이므로 이 값이 클수록 Bu가 커진다.
② 조림비와 관리비의 값은 마이너스이므로 이 값이 클수록 Bu가 작아진다.
③ 이율이 높으면 높을수록 Bu가 커진다.
④ 벌기는 보통 높아지면 Bu는 처음에는 그 값이 증대하다가 어느 시기에 가서 최대에 도달하고, 그 후부터는 점차 감소한다.

해설
이율이 높으면 높을수록 임지기망가(Bu)는 작아진다.
※ **임지기망가 영향인자**

주벌, 간벌 수익	수익이 클수록 임지기망가도 커진다.
조림비, 관리비	조림비, 관리비가 클수록 임지기망가는 작아진다.
이율	이율은 낮을수록 임지기망가는 커진다.
벌기	벌기가 커지면 임지기망가는 증가한다. 단, 최대시기 도달 이후는 점차 감소한다.

61 강선(鋼線)에 의한 집재작업의 특징으로 부적합한 것은?

① 재료구득과 설치가 용이하다.
② 사용수명이 길다.
③ 지형의 제약을 적게 받는다.
④ 대경 장재(長材)의 집재에 적합하다.

해설
강선 집재 작업은 소경 단재의 집재에 적합하다.

62 비탈면의 안정해석방법에 이용하는 안전율은 흙의 무엇을 현재의 전단응력으로 나눈 값인가?

① 함수율   ② 함수비
③ 전단강도   ④ 인장응력

해설
안전율 = 흙의 전단강도 ÷ 전단응력(실제하중)

63 소실수량(消失水量)에 대한 설명으로 맞는 것은?

① 소비수량이라고도 하며 강수량에서 증발산량을 뺀 수량과 같다.
② 소비수량이라고도 하며 증발산량과 유출량을 합한 것과 같다.
③ 증발산량과 같으며 강수량에서 유출량을 뺀 값과 같다.
④ 강수량과 유출량을 합한 값을 말한다.

해설
소실수량은 강수량에서 유출량을 제외한 값이다.

64 사방댐의 시공목적이 잘못 설명된 것은?

① 계상물매의 완화
② 유출토사의 억제 및 조절
③ 물을 저장하여 수자원 증가
④ 산각 고정

해설
물의 양이 야생동물의 음용수 수준으로는 이용 가능하지만 수자원으로 이용하기는 어렵다.
※ **사방댐의 기능**
· 계상물매를 완화하고 종침식을 방지한다.
· 산각을 고정하고 붕괴를 방지한다.
· 계상에 퇴적한 불안정 토사의 유동을 막고 양안의 산각을 고정한다.
· 산불 발생시 진화용수나 야생동물의 음용수로 이용된다.

정답 60. ③ 61. ④ 62. ③ 63. ③ 64. ③

65 다음 중 특수비탈안정공법(보강공법)이 아닌 것은?

① 앵커박기공법
② 약액주입공법
③ 콘크리트뿜어붙이기공법
④ 말뚝공법

해설
비탈면 보강공법으로 비탈다듬기, 철근삽입, 록볼트, 록앵커, 옹벽공법 등이 있다.

66 임도 기계화 시공에서 수중굴착 및 구조물의 기초바닥 등과 같은 상당히 깊은 범위의 굴착과 호퍼(hopper)작업에 적당한 셔블(shovel)계 기계는?

① 드랙라인 ② 크레인
③ 클램셸 ④ 파워셔블

해설
클램셸은 호퍼작업과 비교적 좁은 장소에서 깊게 굴착하는데 유용하다.

67 일반적인 임업에 사용되는 트랙터에서 차체가 굴절되는 트랙터를 사용하는 이유는?

① 기계의 안전성을 도모하기 위하여
② 회전반경을 줄이기 위하여
③ 제작비를 절감하기 위하여
④ 기계의 구조를 간단하게 하기 위하여

해설
자체가 굴절되는 트랙터를 이용하여 회전반경을 줄이기 위해서이며 이러한 트랙터에 궤도형이 있다.

68 집재하고자 하는 위치를 원격으로 조종하는 것은?

① URUS I 집재기
② Koller 300 집재기
③ 라디캐리 집재기
④ 모노케이블 집재기

해설
라디캐리 집재기는 리모콘 콘트롤식 자주식반기라 하여 원경 조종이 가능하다.

69 막쌓기라고도 하며 견치돌이나 큰 들돌을 사용할 수 있으므로 산림토목공사에서 흔히 사용하는 돌쌓기 공법은?

① 찰쌓기 ② 메쌓기
③ 골쌓기 ④ 켜쌓기

해설
골쌓기는 견치돌이나 막깬돌을 사용하기에 주로 마름모꼴 대각선으로 쌓는다.

70 수로의 횡단면적이 $18m^2$이고, 매 초당 수로 횡단면을 통과하는 유량이 $72m^3/s$일 때 평균 유속은?

① 0.25m/s ② 0.5m/s
③ 2.0m/s ④ 4.0m/s

해설
유속 = 유량 ÷ 유적 = 72 ÷ 18 = 4

71 임도밀도의 의미를 나타낸 것은?

① ha 당 임도의 전체 넓이
② ha 당 임도의 길이
③ ha 당 임도의 개소수
④ ha 당 입목 축적에 따른 임도길이

해설
임도밀도는 총연장거리를 총면적으로 나눈 값으로 단위는 m/ha 이다.

정답 65. ③ 66. ③ 67. ② 68. ③ 69. ③ 70. ④ 71. ②

72 작업공정표 작성시 작업시간에 계산되지 않는 사항은?

① 준비시간, 휴식시간
② 실 작업시간
③ 출근 시간
④ 감독관의 지시를 받는 시간

[해설]
작업공정표에 출근시간은 포함되지 않는다.

73 임지가 결빙되었을 경우 임목수확작업 시 장점으로 틀린 것은?

① 토양의 견밀도 증가로 습한 지역에서의 작업이 용이하다.
② 토양의 표면마찰이 작아 집·운재작업이 용이하다.
③ 작업은 용이하지만 임지의 훼손은 크다.
④ 마찰저항의 저하로 작업의 부하가 경감된다.

[해설]
임지의 결빙시 작업이 어렵고 결빙된 지대의 수확을 위해 임지의 훼손이 커진다.

74 임도를 개설함으로서 발생되어지는 문제점이라고 할 수 없는 것은?

① 임지붕괴 및 토사유출의 원인이 유발되어질 가능성이 높다.
② 절개지와 성토지의 노출 등으로 인한 자연경관의 파괴가 우려된다.
③ 임도개설로 인한 지역의 산림 및 인접 산림의 무분별한 개발이 초래될 수 있다.
④ 임도로 인한 임업생산과 임지면적의 감소를 초래한다.

[해설]
임도의 개설로 인하여 임업의 생산 감소를 초래하기보다 운반 및 관리에 있어 더 효율적인 결과를 보여준다.

75 임도의 시공에 있어서 사면의 안정을 위해서는 토사의 안식각이 매우 중요하다. 다음 중 안식각에 대한 설명으로 가장 적합한 것은?

① 경사면에서 물매(경사)가 점차 완만해져 어느 각도에 이르면 영구히 안정을 이루는데 이때 수평면과 비탈면이 이루는 각을 말한다.
② 경사면상의 임목에 의해 슬라이딩(미끄러짐)이 발생하여 그 물매(경사)가 어느 정도의 세월이 흐르고 나면 일정한 각도에 이르게 되는데 이때의 각을 말한다.
③ 임도의 시공에서 인력에 의한 절·성토사면이 이루는 안식각은 임도의 시공 후 10년이 경과 되었을 때 이루는 각을 말한다.
④ 경사면에서 내부의 힘에 의해 발생되어지는 슬라이딩(미끄러짐)이 계속 진행되고 난후에 어느 일정기간이 지나고 난후 측정한 각을 말한다.

[해설]
안식각은 경사의 흙이 흘러내리다가 점차 흙의 완만해지면서 어느 각도에 이르면 안정을 이루게 되는데 이때의 각도를 안식각이라 한다.

76 쇄석도(부순돌길)의 노체 표준 두께로 가장 적당한 것은?

① 20cm ② 40cm
③ 60cm ④ 80cm

[해설]
쇄석도의 노체 두께는 20cm를 표준으로 한다.

77 임목의 벌목 및 조재용 장비가 아닌 것은?

① 하베스터 ② 펠러번처
③ 트리펠러 ④ 굴착기

[해설]
굴착기는 토사와 암석을 굴착하는 기기로서 굴삭기, 포크레인이라고도 한다.

정답 72. ③ 73. ③ 74. ④ 75. ① 76. ① 77. ④

78 산각이나 계류의 양안을 유수의 침식으로부터 보호하기 위해 설치하는 공작물은?

① 구곡막이 ② 바닥막이
③ 기슭막이 ④ 수제

> **해설**
> 기슭막이는 황폐계류에 의한 계안 및 야계의 횡침식을 방지하고 산각 안정을 위해 설치한다.

79 벌목과 운재작업에서 작업조직을 편성하는 경우에 유의하여야 할 사항과 거리가 먼 것은?

① 노동의 안전화
② 노동강도의 경감화
③ 노동생산의 극대화
④ 작업기간의 단축화

> **해설**
> **벌목의 운재 작업, 작업조직 편성 유의 사항**
> · 노동 안전화   · 노동강도 경감화
> · 작업기간 단축 · 계정성 완화
> · 작업인원의 적정 배치

80 물이 지표면에서 토층 중으로 스며드는 현상은?

① 침투 ② 투수
③ 저류 ④ 차단

> **해설**
> 물이 지표에서 토층으로 스며드는 것을 침투라고 한다.

정답 78. ③ 79. ③ 80. ①

2013년 제2회 산림산업기사

01 산벌작업의 작업순서로 맞는 것은?

① 하종벌 → 후벌 → 예비벌 → 갱신완료
② 후벌 → 예비벌 → 하종벌 → 갱신완료
③ 하종벌 → 예비벌 → 후벌 → 갱신완료
④ 예비벌 → 하종벌 → 후벌 → 갱신완료

해설
산벌작업은 갱신을 위해 크게 예비벌, 하종벌, 후벌의 과정으로 진행된다.

02 다음 그림은 무슨 간벌법인가?

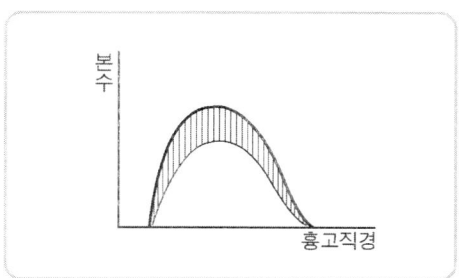

① 하층간벌 ② 수관간벌
③ 택벌식 간벌 ④ 기계적 간벌

해설
간벌 양식

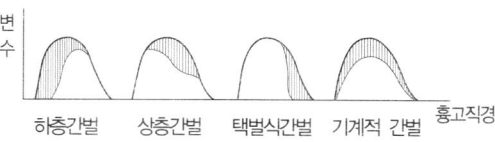

03 다음 중 하층간벌에 대한 설명으로 가장 거리가 먼 것은?

① 가장 오랜 역사를 지닌 간벌방법으로 보통간벌이라고 한다.
② 우세목 중 결점이 있는 2급목만 벌채하는 방법이다.
③ 일반적으로 양수성의 수종으로 구성된 임분에 적용된다.
④ 처음에는 피압된 가장 낮은 수관층의 나무를 벌채 하고 그 후 점차 높은 층의 나무를 벌채하는 방법 이다.

해설
하층간벌은 피압된 가장 낮은 수관층의 나무를 벌채하고 점차 높은 층의 나무를 벌채하는 방법이다. 강도 높은 하층간벌을 실시하면 우세목, 준우세목이 남게 된다.

04 최근 목재로써 인기가 높은 편백의 조림 적지를 가장 잘 나타낸 것은?

① 한대지방
② 온대중부지방
③ 온대북부지방
④ 온대남부, 난대지방

해설
편백은 1900년대 조림된 나무로 난대나 온대 남부지방 혹은 해발고도 400m 이하인 지역에서 생육하기 적합하다.

정답 01. ④ 02. ④ 03. ② 04. ④

05 하목 식재 수종의 구비요건에 대한 설명으로 거리가 먼 것은?

① 내음성이 클 것
② 가지가 적은 수종일 것
③ 소목이라도 약간의 이용가치가 있을 것
④ 낙엽의 비효가 클 것

해설
하목 식재의 경우 임지의 수분보존과 토양의 유실 방지를 위해 가지가 많은 수종이어야 한다.

06 뿌리의 근류를 가지는 것만으로 나열된 것은?

① 아까시나무, 리기다소나무, 향나무
② 갈매나무, 싸리나무, 소나무
③ 오리나무, 보리수나무, 소귀나무
④ 물푸레나무, 오동나무, 자귀나무

해설
근균을 가지는 수종은 주로 콩과식물로 아까시나무, 싸리나무, 칡, 자귀나무 등이 있으며 비콩과식물 중에서도 오리나무, 소귀나무, 보리수나무 등이 있다.

07 노천매장법으로 파종하기 한 달쯤 전에 매장하는 것이 발아촉진에 도움을 주는 수종이 아닌 것은?

① 소나무   ② 낙엽송
③ 삼나무   ④ 가래나무

해설
파종 한달 전에 매장하는 대표 수종으로 소나무, 낙엽송, 가문비나무, 삼나무, 편백 등이 있으며 가래나무의 경우 가을에 4-5일 침수하였다가 매장하여 이듬해 봄에 파종한다.

08 파종하기 전에 종자의 정착 및 발아, 그리고 어린묘목의 발육이 잘 되도록 하기 위하여 정지작업을 한다. 이 작업의 진행 순서는?

① 쇄토 → 밭갈이 → 작상
② 밭갈이 → 쇄토 → 작상
③ 작상 → 쇄토 → 밭갈이
④ 쇄토 → 작상 → 밭갈이

해설
파종 한달 전에 매장하는 수종으로 소나무, 해송, 낙엽송, 가문비나무, 삼나무, 편백 등이 있다

09 삽목의 발근이 용이한 수종은?

① 소나무   ② 잣나무
③ 참나무류   ④ 은행나무

해설
삽목발근이 용이한 수종으로 포플러류, 개나리, 무궁화, 배롱나무, 동백나무, 회양목, 꽝꽝나무, 은행나무, 삼나무, 향나무 등이 있다

10 조림 수종을 선택하는 요건으로 틀린 것은?

① 성장속도가 빠르고 재적성장량이 높은 것
② 지하고가 낮고 조림의 실패율이 적은 것
③ 가지가 가늘고 짧으며, 줄기가 곧은 것
④ 입지에 대하여 적응력이 큰 것

해설
조림수종 선택시 지하고가 높고 조림 실패율이 낮은 것으로 선택한다.
※ 조림 수종의 선택
· 성장속도가 빠르고 재적성장량이 높은 것
· 가지가 가늘고 짧으며 줄기가 곧은 것
· 위해에 대하여 저항력이 강한 것
· 입지에 대하여 적응력이 큰 것
· 산물의 이용가치가 높고 수요량이 많은 것
· 임분조성이 용이하고 조림의 실패율이 적은 것

정답   05. ② 06. ③ 07. ④ 08. ② 09. ④ 10. ②

11 다음 수종 중 생가지치기를 할 경우 부후의 위험성이 가장 높은 수종은?

① 단풍나무 ② 소나무
③ 일본잎갈나무 ④ 삼나무

> **해설**
> 생가지치기 위험이 있는 수종으로 단풍나무, 느릅나무, 물푸레나무, 벚나무 등이 있다.

12 자작나무, 오리나무의 발아시험기간은 얼마나 되는가?

① 14일간 ② 21일간
③ 28일간 ④ 42일간

> **해설**
> 자작나무, 오리나무는 28일 간의 발아시험기간을 갖는다.
> ※ 수종에 따른 발아 시험 기간
>
> | 기간 | 대표 수종 |
> |---|---|
> | 14 일간 | 사시나무, 느릅나무 |
> | 21 일간 | 가문비나무, 편백, 화백, 아까시나무 |
> | 28 일간 | 소나무, 해송, 낙엽송, 삼나무, 자작나무 |
> | 42 일간 | 전나무, 느티나무, 옻나무, 목련 |

13 1년생 묘가 상당한 크기에 이르고 공간을 차지하는 수종의 파종방법은 줄로 뿌려주는 조파로 한다. 다음 중 조파로 하지 않는 수종은?

① 밤나무 ② 느티나무
③ 아까시나무 ④ 옻나무

> **해설**
> 밤나무의 경우 대립종자로서 주로 점파를 한다.

14 밤나무를 조림 할 때 수분수를 혼식해야 한다. 수분수는 주품종의 몇%정도 식재하는 것이 가장 적합한가?

① 10~20% ② 20~30%
③ 30~40% ④ 40~50%

> **해설**
> 수분수는 주품종의 20% 내외(20~30%) 비율로 혼식한다.

15 수정이 되어서 종자가 성숙되어 가는 과정 가운데 배유안에서 분화되서 자엽, 유아, 배축, 유근 등을 형성한다. 이 때 다음 침엽수종 가운데 자엽의 수가 가장 많은 것은?

① 소나무 ② 측백나무
③ 향나무 ④ 주목

> **해설**
> 소나무는 다자엽 수종으로 보기 중 가장 많은 자엽을 보유한다.
> ① 소나무 - 6~12개 ② 측백나무 : 2개
> ③ 향나무 : 2개 ④ 주목 : 2개

16 한 임분을 구성하고 있는 임목 중 성숙한 임목만을 국소적으로 추출·벌채하고 그곳의 갱신이 이루어지게 하는 갱신법으로 어떤 설정된 갱신기간이 없고 임분을 항상 각 영급의 나무가 서로 혼생하도록 하는 작업방법은?

① 택벌작업 ② 산벌작업
③ 모수작업 ④ 중림작업

> **해설**
> 택벌작업은 일부분 국소적으로 벌채하는 작업으로 양수수종에 적용이 어렵다.

정답 11. ① 12. ③ 13. ① 14. ② 15. ① 16. ①

17 묘포장을 설계할 때 침엽수종의 경우 토양 산도(pH)는 어느 정도가 알맞은가?

① pH 3.0~4.0 ② pH 5.0~6.5
③ pH 7.0~8.5 ④ pH 9.0~10

해설
묘포장의 토양산도는 침엽수는 pH 5~5.5 정도가 적합하며 보기 중 가장 근접된 답안은 pH 5~6.5 이다.

18 다음 그림은 잣나무의 가지치기를 나타낸 것이다. a, b, c, d 중 잣나무의 가지치기 방법으로써 가장 좋은 방법은?

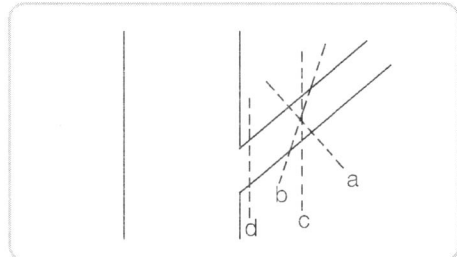

① a ② b
③ c ④ d

해설
잣나무는 침엽수로 가지치기는 절단면이 줄기와 평행하게 절단하며 활엽수의 경우 줄기의 융기부에 평행하게 절단하는 것이 좋다. 잣나무는 침엽수로 절단면이 줄기와 평행하게 절단해야 하기에 d 가 적합하다

19 칼슘이온의 양이온치환용량 1 M.E.(milliequivalenet : Meq)의 양은? (단, 칼슘의 원자량은 40이고 원자가는 2이다.)

① 2g   ② 4g
③ 0.02g ④ 0.2g

해설
양이온치환용량은 토양에 양이온 흡착할 수 있는 정도로서 원자량을 원자가로 나누어 구한다.
40 ÷ 2 = 20mg = 0.02g

20 산림이 발휘하는 공익적 기능이 아닌 것은?

① 홍수나 산사태를 방지한다.
② 이산화탄소를 흡수하고 산소를 방출한다.
③ 파티클 보드의 원료로 이용된다.
④ 휴양의 기회를 제공한다.

해설
파티클 보드와 같이 가공을 통한 생산물은 경제적 기능이다.
※ 산림의 공익적 기능 : 수원함양기능, 대기정화기능, 산림정수기능, 토사유출 및 붕괴 방지기능, 야생동물 보호기능 등

21 새집을 인공적으로 조성하려고 한다. 박새류 집의 입구구멍의 크기(지름)로 가장 적당한 것은?

① 2.8cm ② 5.8cm
③ 8.8cm ④ 11.8cm

해설
박새의 집 입구구멍 크기는 3~4cm 정도이며 너무 클 경우 천적의 위험성이 있다.

22 파이토플라스마에 의한 수병은?

① 대추나무 빗자루병
② 소나무 잎떨림병
③ 밤나무 눈마름병
④ 포플러 잎녹병

해설
파이토플라스마는 대추나무 빗자루병, 오동나무 빗자루병의 병원균이다.

정답 17. ② 18. ④ 19. ③ 20. ③ 21. ① 22. ①

23 살충제의 주제를 용제에 녹여 계면활성제를 유화제로 첨가하여 제재한 살충제 제형은?

① 유제
② 수화제
③ 분제(dust)
④ 액제(liquid)

해설
녹이고자 하는 물질이 물에 녹지 않을 때 유기용매에 녹여 유화제를 첨가한 용액을 유제라 한다.

24 천적을 선택할 때 구비조건으로 적당치 않은 것은?

① 증식력이 큰 것
② 해충 출현과 그 생활사가 일치되는 것
③ 성비가 작은 것
④ 2차 기생봉이 없는 것

해설
천적의 구비조건으로 성비가 커야 한다.
※ 천적의 구비조건
· 성의비가 커야 한다.
· 증식력이 좋아야 한다.
· 다루기 용이하고 대량 생산이 가능해야 한다.
· 준비하는 천적에 피해를 주는 생물이 없어야 한다.

25 다음 중 유충으로 월동하는 것은?

① 소나무좀
② 버즘나무방패벌레
③ 오리나무잎벌레
④ 솔수염하늘소

해설
솔수염하늘소는 유충으로 월동한다.

26 다음 중 볕데기를 입기 쉬운 수종이 아닌 것은?

① 오동나무
② 호두나무
③ 굴참나무
④ 가문비나무

해설
굴참나무, 상수리나무는 코르크층이 잘 발달해서 볕데기의 피해를 거의 받지 않는다.

27 아황산가스 피해에 영향을 끼치는 요인이 아닌 것은?

① 광도
② 온도
③ 상대습도
④ 식물의 내한성

해설
아황산가스의 경우 온도, 습도, 광도 등의 주위 환경적 요인에 의해 피해가 더 커지거나 감소하기도 한다.

28 난균에 의하여 발생하는 수목병이 아닌 것은?

① 모잘록병
② 뿌리썩음병
③ 탄저병
④ 역병

해설
탄저병은 자낭균류에 의해 발생한다.

29 모잘록병균의 전반에 중요한 역할을 하는 것은?

① 곤충
② 토양
③ 바람
④ 새

해설
모잘록병균은 토양에 의해 전반된다.

정답 23. ① 24. ③ 25. ④ 26. ③ 27. ④ 28. ③ 29. ②

30 해충 가운데 침엽수와 활엽수를 모두 가해하는 것은?

① 솔나방
② 집시나방
③ 텐트나방
④ 미국흰불나방

해설
집시나방은 매미나방이라 하며 식엽성 해충으로 침엽수와 활엽수 모두 가해한다.

31 정주성 내부기생선충 종으로 정착한 주변 세포를 비정상적으로 비대하게 만들어 하나의 영양 저장고로 이용하는 기작을 가지고 있으며 밤나무, 오동나무 등의 묘목을 재배한 묘포에서 많이 발생하는 것은?

① 소나무재선충
② 뿌리썩이선충
③ 뿌리혹선충
④ 스턴트선충(Stunt-nematode)

해설
뿌리혹선충은 뿌리에 기생하여 뿌리조직이 혹모양으로 비대하는데 이는 세포분열에 이상이 생겨 발생하는 현상이다. 방제를 위해 연작을 피하고 토양 소독을 실시한다.

32 미국흰불나방의 월동 형태는?

① 유충
② 번데기
③ 성충
④ 알

해설
미국흰불나방은 번데기 형태로 월동한다.

33 다음 중 소나무재선충의 중간 매개충은?

① 왕바구미
② 노린재
③ 하늘소류
④ 소나무 좀

해설
소나무재선충은 솔수염하늘소가 구멍을 뚫고 침입하여 발생한다.

34 다음 중 한해(drought injury)에 가장 피해를 받기 쉬운 수종은?

① 서어나무
② 자작나무
③ 소나무
④ 오리나무

해설
한해의 피해가 발생하기 쉬운 수종으로 버드나무, 오리나무, 들메나무, 포플러 등이 있다.

35 다음 중 밤을 가해하는 종실해충은?

① 미국흰불나방
② 버들재주나방
③ 매미나방
④ 복숭아명나방

해설
복숭아명나방은 밤나무, 사과나무 등의 종실을 가해하는 해충이다.

36 다음 중 내화력이 강한 수종은?

① 은행나무
② 소나무
③ 아까시나무
④ 삼나무

해설
내화성이 높은 수종으로 은행나무, 잎갈나무, 낙엽송, 굴참나무, 고로쇠나무 등이 있다. 반대로 소나무, 해송, 녹나무, 아까시나무 등은 내화성이 낮은 수종이다.

37 미국흰불나방은 1년에 몇 회 발생하는가?

① 1회
② 2회
③ 3회
④ 6회

해설
미국흰불나방은 1년에 2회 발생한다.

38 밤바구미와 같은 종실가해 해충 방제에 효과적인 약제의 사용 방법은?

① 액제 시용
② 입제 살포
③ 분제 시용
④ 훈증 처리

해설
내부로 침입하여 식별이 어려운 밤바구미의 경우 훈증처리를 통해 처리하는 것이 효과적이다.

정답 30. ② 31. ③ 32. ② 33. ③ 34. ④ 35. ④ 36. ① 37. ② 38. ④

39 메타 20%, 유제 100cc를 원액의 농도가 0.1%로 희석하려고 할 때 필요한 물의 양은 몇 cc인가?(단, 원액의 비중은 1 이다.)

① 1000
② 10000
③ 19900
④ 29900

해설

유제 100cc 의 농도가 20% 이므로 메타는 20g 이 존재한다. 이를 0.1% 농도로 만들기 위해서는 아래와 같이 도출할 수 있다.

$\frac{20}{x+100} \times 100 = 0.1 \rightarrow x + 100 = 20000$
$\rightarrow x = 19900$

40 병원균이 수목의 기공을 통하여 침입하는 병은?

① 소나무류 잎떨림병
② 목재 썩음(부후)병
③ 밤나무줄기마름병
④ 모잘록병

해설

소나무잎떨림병균은 자연개구부 중 잎의 기공으로 침입한다.

41 Schneider 공식에 의한 재적 성장률 공식에서 흉고직경이 28cm 인 나무는 상수 K를 얼마로 하는 것이 오차를 적게 하는 방법인가?

① 400
② 450
③ 500
④ 550

해설

Schneider 공식에서 상수 K 의 값은 직경 30cm 이하의 경우 550, 직경 30cm 초과의 경우 500을 적용한다.

42 t 년도에 발생하는 예상수익(X_t)을 할인율(i)로 현재가치[$PV(X_t)$]화하는 계산식은?

① $PV(X_t) = \frac{X_t}{(1+i)^t}$
② $PV(X_t) = \frac{X_t}{(1+i)}$
③ $PV(X_t) = X_t \times (1+i)^t$
④ $PV(X_t) = X_t \times (1+i)$

해설

현재가치는 예상수익(X_t)을 $\frac{1}{(1+i)^t}$ 를 이용하여 구하는데 이때 $\frac{1}{(1+i)^t}$ 를 전가계수라고 한다.

43 임업자산 중 가치가 가장 큰 것은?

① 묘목
② 임지
③ 임목축적
④ 비료

해설

임업자산에 있어 임목을 가장 큰 가치로 여기며 이를 임목축적이라 한다.

44 우리나라 산림의 수종별 분포에서 면적이 가장 큰 산림은?

① 침엽수림
② 활엽수림
③ 혼효림
④ 죽림

해설

국내의 경우 침엽수림의 분포가 약 50% 정도로 가장 많은 비중을 차지하며 세계 산림면적의 1/3 정도를 차지한다.

정답 39. ③ 40. ① 41. ④ 42. ① 43. ③ 44. ①

45 공·사유림 경영계획에서 실시하는 산림조사 시 표준지면적은 최소 몇 ha인가?

① 0.02ha ② 0.04ha
③ 0.06ha ④ 0.08ha

해설
산림조사시 표준지 면적은 최소 0.04ha 를 기준으로 한다.

46 임분의 구성인자를 다음과 같이 정의할 때 초기 재적에 대한 총생장량을 계산하는 식으로 적합한 것은?

> V_1 : 측정 초기의 생존 입목재적
> V_2 : 측정 말기의 생존 입목재적
> M : 측정기간 동안의 고사량
> C : 측정기간 동안의 벌채량
> I : 측정기간 동안의 진계생장량

① $V_2 + M + C - I - V_1$
② $V_2 + M + C - V_1$
③ $V_2 + C - I\ V_1$
④ $V_2 + C - V_1$

해설
생장주기별 생장량 공식
· 초기 재적에 대한 총생장량
  = $V_2+M+C-I-V_1$
· 초기 재적에 대한 순생장량
  = $V_2+C-I-V_1$
· 진계생장량을 포함한 총생장량
  = $V_2+M+C-V_1$
· 진계생장량을 포함한 순생장량
  = V_2+C-V_1
· 임목축적에 대한 순변화량 = V_2-V_1

47 산림조사의 지황조사에 포함되지 않는 것은?

① 지리 ② 경사도
③ 지위 ④ 풍속

해설
지황조사 항목으로 지종, 방위, 경사, 토성, 토심, 습도, 지리, 하층식생 등이 있다.

48 금년에 1,000만원의 간벌수입이 있었다. 연 이율이 6%라 할 때, 10년 후의 후가는 약 얼마인가?(단, $(1+0.06)^{10}$은 1.7908이다.)

① 17,908,000 원 ② 10,600,000 원
③ 10,000,000 원 ④ 7,908,000 원

해설
$D(후가) = 1000만원 \times (1+0.06)^{10}$
$= 1000만원 \times 1.7908 = 1790.8만원$

49 손익분기점 분석 시 필요한 가정으로 틀린 것은?

① 제품의 판매가는 생산량에 따라 변한다.
② 제품 단위당 비용은 일정하다.
③ 재고는 없다.
④ 제품의 생산능률은 변함이 없다.

해설
제품의 판매가는 생산량에 따라 변하지 않는다.
※ 손익분기점 분석 가정
· 원가는 고정비와 변동비로 구분한다.
· 제품 한 단위당 변동비는 일정하다.
· 제품의 생산능률은 변동이 없다
· 생산량과 판매량은 같으며 생산과 판매에 동시성이 있다.
· 제품의 판매가격은 판매량이 변동해도 변화하지 않는다.

50 단위면적에서 수확되는 목재생산량이 최대가 되는 연령을 벌기령으로 하는 방법은?

① 토지 순수익 최대의 벌기령
② 수익률 최대의 벌기령
③ 재적수확 최대의 벌기령
④ 화폐수익 최대의 벌기령

해설
재적수확 최대 벌기령은 단위면적당 평균적인 목재생산량이 최대가 되는 시점이다.

정답 45. ② 46. ① 47. ④ 48. ① 49. ① 50. ③

51 수고 측정에서 삼각법을 응용한 수고 측고기는?

① 와이제 측고기
② 아소스 측고기
③ 크리스튼 측고기
④ 블루메라이스 측고기

해설
삼각법을 이용한 대표 수고 측고기로 하가측고기, 블루메라이스 측고기, 덴트로메타 등이 있다.

52 임지생산력(지위)의 평가방법이 아닌 것은?

① 토양인자를 종합하여 판단하는 방법
② 연령에 의한 방법
③ 지표식물에 의한 방법
④ 우세목 또는 준우세목 수고에 의한 방법

해설
지위 평가 방법으로 환경인자에 의한 방법, 지위지수에 의한 방법, 지표식물에 의한 방법등이 있으며 그 중에서도 지위지수에 의한 방법이 가장 정확한 방법이다.

53 표준지의 면적을 정하는 방법에서 중경목은 전체의 면적의 몇 %를 차지하는가?

① 5%   ② 10%
③ 15% ④ 20%

해설
표준지의 면적을 정하는데 있어 중경목은 전체 면적의 10% 이상을 기준으로 한다.

54 일반적으로 매목조사에서는 주로 무엇을 측정하는가?

① 부피   ② 수고
③ 흉고직경 ④ 입목도

해설
매목조사법은 매목직경조사법이라하여 흉고직경을 측정한다.

55 공·사유림 경영계획에 있어서 임목생산을 위한 기준벌기령으로 맞는 것은?(단, 산업 비림은 제외한다.)

① 잣나무 50년
② 참나무류 60년
③ 낙엽송 40년
④ 리기다소나무 30년

해설
공, 사유림 경영계획 기준 기준벌기령은 참나무 25년, 낙엽송 30년, 리기다소나무 25년이다.

※ 기준벌기령

분류	국유림	공·사유림
소나무	60	40
잣나무	60	50
편백	60	40
참나무	60	25
낙엽송	50	30
삼나무	50	30

56 투자 비용의 현재가에 대하여 투자의 결과로 기대 되는 현금유입의 현재가 비율을 나타내어 투자효율을 결정하는 방법은?

① 순현재가치법
② 투자이익률법
③ 내부투자수익률법
④ 수익·비용률법

해설
현재가에 대한 기대되는 현금유입을 이용하는 방법을 수익비용률법이라 하며 수익비용률에서 1을 기준으로 1보다 크면 투자가치가 있는 것으로, 1보다 작을 경우 투자가치가 없는 것으로 간주한다.

정답 51. ④ 52. ② 53. ② 54. ③ 55. ① 56. ④

57 임업경영의 성과를 분석하는 데 있어서 틀린 설명은?

① 나무의 생육기간은 오랜 시일이 걸리기 때문에 다른 일반적인 경영에서와 같이 짧은 기간 동안의 성과를 명확하게 계산할 수 없는 경우가 많다.
② 임업경영의 성과를 해마다 분석하는 것은 특별한 일이 없는 한 피하는 것이 좋다.
③ 임업경영의 성과는 임가소득, 임업소득 또는 임업 순수익으로 파악할 수 있다.
④ 경영성과를 분석하는 것은 앞으로의 경영개선을 위하여 매우 중요한 것이다.

> **해설**
> 임업경영의 성과를 해마다 분석하여 변화에 대처하고 미래의 경영을 위한 기준으로 삼는다.

58 수종을 조사하여 임목의 배열상태를 명백히 하고 침엽수림·활엽수림 또는 침활혼효림으로 나누는 것은?

① 임상   ② 임종
③ 임지   ④ 임령

> **해설**
> 임상은 조사시 본수, 임목도, 수관점유정도를 조사하여 침엽수림, 활엽수림, 혼효림으로 구분한다.
> ※ 임상
>
> | 구분 | 기준 |
> |---|---|
> | 침엽수림(침) | 침엽수 점유율이 75% 이상인 임분 |
> | 활엽수림(활) | 활엽수 점유율이 75% 이상인 임분 |
> | 혼효림(혼) | 침엽수 혹은 활엽수가 26~75% 미만 점유하는 임분 |

59 주업적 임업경영 형태 중 벌채노동에 대한 특수훈련과 벌채·하산에 쓰이는 기계·기구의 장비가 필요한 유형의 경영형태는?

① 식재 → 육림 → 임목매각
② 식재 → 육림 → 벌채 → 원목매각
③ 식재 → 육림 → 벌채 → 표고생산·제탄·제재
④ 식재 → 육림 → 벌채 → 원료원목공급(제지)

> **해설**
> 주업적 임업경영의 형태는 4가지가 있으며 벌채 노동에 대한 특수훈련과 벌채 장비를 필요로 하는 형태는 <식재 → 육림 → 벌채 → 원목매각>이다.
> ① 식재 → 육림 → 임목매각 : 가장 일반적이나 부가가치가 높지 않은 형태
> ③ 식재 → 육림 → 벌채 → 표고생산·제탄·제재 : 부가가치를 높여 수입이 증가하나 기술 및 자본이 요구됨
> ④ 식재 → 육림 → 벌채 → 원료원목공급(제지) : 기업림으로 볼 수 있는 경영형태로 기계화된 임업경영

60 육림비에서 육림기간 중 얻은 수입의 원리합계를 공제한 것은?

① 임업소득   ② 임가소득
③ 임목원가   ④ 임업조수익

> **해설**
> 육림비는 육림을 하는 기간 중에서 얻을 수 있는 수입의 원리합계를 공제한 것을 임목원가라 한다.

정답 57. ② 58. ① 59. ② 60. ③

61 기계화 발전수준을 비교할 수 있는 기계화지수를 구하는 방법에 해당하지 않는 것은?

① Skogarbeten 법
② 단위생산당 기계비용법
③ 단위면적당 에너지 투입량에 의한 방법
④ 단위면적당 장비유지비용법

> **해설**
> 임업기계화발전수준을 비교 가능한 기계화지수는 아래와 같다
> · Skogarbeten 법
> · Bright 기계화지수법
> · 단위면적당 에너지 투입량에 의한 방법
> · 단위생산당 기계비용법
> · 노동생산성에 의한 비교법

62 다음 중 횡단배수구를 설치하는 장소로 부적합한 것은?

① 흙이 부족하여 속도랑으로서는 부적당한 곳
② 구조물의 앞이나 뒤
③ 외쪽물매 때문에 옆도랑물이 역류하는 곳
④ 체류수가 없는 곳

> **해설**
> 횡단배수구 설치 장소로 대류수가 있는 곳에 설치하도록 한다.

63 평면도상에 있어서 임도곡선의 종류가 아닌 것은?

① 단곡선   ② 복심곡선
③ 배향곡선 ④ 종단곡선

> **해설**
> 평면구조에서의 곡선은 단곡선, 복심곡선(복합곡선), 배향곡선(헤어핀곡선), 반대곡선(반향곡선) 등이 있다.

64 다음 중 임도의 설계순서로 맞는 것은?

① 예비조사→답사→예측→실측→설계
② 예측→예비조사→답사→실측→설계
③ 답사→예비조사→예측→실측→설계
④ 답사→예측→예비조사→실측→설계

> **해설**
> 임도 설계는 크게 아래와 같은 순서로 진행된다.
> 예비조사 → 답사 → 예측 및 실측 → 설계도 작성 → 공사량 산출 → 설계서 작성

65 임도의 비탈면보호공법 중 주로 흙쌓기 비탈면의 보호 및 녹화에 이용되는 것은?

① 선떼붙이기공법
② 떼단쌓기공법
③ 줄떼다지기공법
④ 띠떼심기공법

> **해설**
> 줄떼다지기는 비탈면 기울기를 유지하고 보호 및 녹화 목적으로 수직높이의 20~30cm 간격으로 반떼를 수평으로 붙인다.

66 다음 콘크리트의 강도에 대한 설명으로 맞는 것은?

① 콘크리트의 양생기간이 짧을수록 좋은 콘크리트를 얻을 수 있다.
② 콘크리트의 압축강도는 재령 28일의 강도를 표준으로 한다.
③ 가급적 물-시멘트비를 65% 이상으로 하는 것이 강도에 좋다.
④ 콘크리트가 굳을 때까지 형태를 유지시켜 주는 구조물을 동바리라 한다.

> **해설**
> ① 콘크리트의 양생은 7~28일 정도면 좋은 콘크리트를 얻을 수 있으므로 무조건 짧은 것이 좋은 것은 아니다
> ③ 물-시멘트비는 너무 높으면 강도가 약해지며 작업성을 위해 40~60% 정도로 한다.
> ④ 콘크리트의 형태를 유지시켜 주는 구조물은 거푸집이라 한다.

정답 61. ④ 62. ④ 63. ④ 64. ① 65. ③ 66. ②

67 계간사방 계획 중 재해가 발생되었을 때 하류의 가옥과 경지 등을 복구하기 위한 계획은?

① 경상계획　② 예방계획
③ 응급계획　④ 민생계획

해설
재해 발생시 하류의 가옥과 경지 복구를 위한 계획을 응급계획이라 한다.

68 사방댐의 방수로에 대한 설명으로 틀린 것은?

① 방수로의 높이는 댐어깨보다 낮아야 한다.
② 방수로의 높이는 댐마루보다 낮아야 한다.
③ 방수로 양옆의 물매는 1:2를 표준으로 한다.
④ 방수로의 위치는 계류의 중심부에 설치하는 것이 원칙이다.

해설
방수로 양옆의 물매는 1 : 1 을 표준으로 한다.

69 강선에 의한 집재방법에 대한 설명 중 틀린 것은?

① 시설비용이 적다.
② 사용수명이 길다.
③ 무겁거나 큰 나무의 집재가 곤란하다.
④ 길이 10m 정도 이상의 장재의 집재가 가능하다.

해설
강선에 의한 집재는 너무 무거운 목재의 집재가 어려우며 길이 약 5m 이하의 작업을 기준으로 한다.

70 원목을 집재하기 위하여 차대틀 위에 원목을 얹어 싣고 가는 집재기를 무엇이라 하는가?

① 스키더　② 펠러번처
③ 포워더　④ 야더집재기

해설
벌목 후 집재한 원목을 차량에 적재하여 운반하는 기기를 포워더라 한다.

71 최대 홍수 유량 산정 시 합리식을 이용한 유량값은 몇 m³/sec 인가? (단, 유출계수 0.80, 강우 강도 90mm/hr, 유역면적 10ha 이다.)

① 4.25　② 0.425
③ 2.0　④ 0.20

해설
유량 = 0.002778×0.8×90×10 = 약 2.0
※ 합리식법
$Q = 0.002778\ CIA$
Q : 유출량(m³/sec)
C : 유거계수
I : 최대시우량(mm/hr)
A : 유역면적(ha)

72 다음의 와이어의 꼬임 중 보통 Z 꼬임은?

① 　②
③ 　④

해설
① 보통Z꼬임　② 보통S꼬임
③ 랑Z꼬임　④ 랑S꼬임

정답 67. ③　68. ③　69. ④　70. ③　71. ③　72. ①

73 다음 중 산림작업경비에 해당하지 않는 것은?

① 인건비　② 관리비
③ 재료비　④ 기계비

해설
산림작업경비는 인건비, 재료비, 기계비가 해당된다. 관리비는 간접비용에 해당한다.

74 1m 깊이의 하천 내의 유속이 수면으로부터 20cm 깊이에서는 1.10m/sec, 60cm 깊이에서는 0.92/sec, 바닥에서의 유속은 0.64m/sec 이었다면, 종유속곡선이 포물선에 가까울 때 이 수로의 평균 유속은 몇 m/sec인가?

① 0.87　② 0.89
③ 0.92　④ 1.10

해설
종유속곡선은 유체의 깊이에 따른 속도의 변화를 나타낸 그래프로 이 곡선이 포물선에 가까울 경우 수면 깊이의 60cm 지점의 유속을 평균유속으로 잡는다.

75 돌망태에 대한 설명으로 틀린 것은?

① 돌망태는 굴요성이 좋다.
② 돌망태는 작업실행이 쉽다.
③ 돌망태는 표면의 조도가 작다.
④ 돌망태는 내구성이 부족한 단점이 있다.

해설
돌망태는 표면의 거칠음 정도인 조도가 크다.

76 기계톱의 안전장치라고 할 수 없는 것은?

① 스프라켓
② 핸드가드
③ 안전드로틀
④ 자동체인브레이크

해설
스프라켓은 기계톱에서 톱날을 운전하는 톱니바퀴를 말한다.
※ 기계톱 안전장치
· 체인브레이크 : 기계톱 충격시 급정지
· 체인잡이 : 체인이 끊어져 뒤로 날아감 방지
· 후방보호가드 : 가지치기시 손을 보호
· 안전 스로틀레버 : 우발적 톱체인의 위험 방지
· 체인보호집 : 톱 운반시 부상방지

77 임도공사 시 발생하는 토적을 양단면평균법에 의하여 구하면 몇 m^3 인가? (단, 양단의 단면적 A_1= 25m^2, A_2= 35m^2, 양단면 사이의 거리는 18m 이다.)

① 540　② 440
③ 340　④ 240

해설
$$토적 = \left(\frac{양단면적합}{2}\right) \times 양단면적 거리$$
$$= \left(\frac{25+35}{2}\right) \times 18 = 540$$

78 물 침식을 우수침식, 하천침식, 지중침식, 바다침식으로 구분했을 때 우수침식에 속하지 않는 것은?

① 면상침식　② 누구침식
③ 구곡침식　④ 용출침식

해설
용출침식은 지중침식에 속한다.

정답　73. ②　74. ③　75. ③　76. ①　77. ①　78. ④

79 임도의 기능에 대한 설명으로 틀린 것은?

① 산림과 시장, 마을 등을 연결하며 임산물과 인적 자원을 수송하는 기능
② 산림시업을 효율적으로 실행하기 위한 기능
③ 공도에서 산림을 연결하는 노선이 지니고 있는 기능
④ 임내 작업로의 기능을 갖는 일시적 시설로의 기능

해설

임도는 목재수송으로서의 기능뿐 아니라 임내 혹은 주변 토지에서 생산된 임산물을 신속하게 유통하고 임지이용의 활성화를 촉진시키는 기능을 한다.

80 황폐지에 설치하는 사방댐의 축조 목적이 아닌 것은?

① 산각고정
② 종횡침식의 방지
③ 계상물매의 완화
④ 계곡물의 저장 및 저류

해설

사방댐은 계곡물을 저장하거나 저류를 목적으로 설치하지 않는다.

※ **사방댐의 기능**
- 계상물매를 완화하고 종침식을 방지한다.
- 산각을 고정하고 붕괴를 방지한다.
- 계상에 퇴적한 불안정 토사의 유동을 막고 양안의 산각을 고정한다.
- 산불 발생시 진화용수나 야생동물의 음용수로 이용된다.

정답 79. ④ 80. ④

2013년 제3회 산림산업기사

01 묘포의 입지 조건으로 적합하지 못한 것은?
① 토양은 유기물의 함량이 많고 질소 함량이 많은 식양토일 것
② 관수와 배수가 편리할 것
③ 가능한 조림지의 환경과 같은 곳일 것
④ 노동작업 공급 등이 편리할 것

해설
유기물 함량이 많고 질소 함량이 높은 식양토는 도장의 우려가 있다.

02 군상 산벌작업은 다음 중 어떤 수종에 가장 알맞은 갱신법인가?
① 양수 ② 음수
③ 극양수 ④ 중용수

해설
산벌작업은 양수에도 가능은 하지만 음수에 적용하는 것이 적합하다.

03 제벌작업에 대하여 가장 올바르게 설명하고 있는 것은?
① 산림보육 순서로 보면 간벌작업 후에 실시하는 작업이다.
② 중간 일체 수입을 목적으로 하지 않는다.
③ 농한기인 겨울철에 실시하는 것이 좋다.
④ 제벌 모수는 어느 수종이나 1회 실시하는 것으로 충분하다.

해설
중간 수입을 기대하는 것은 간벌에 대한 설명이다.

04 우량한 묘목을 능률적으로 양성하기 위하여 묘포 입지를 선정할 때 유의해야 할 조건이 아닌 것은?
① 단단한 점토질토양이 알맞다.
② 관개와 배수가 동시에 편리한 곳이 좋다.
③ 포지의 경사는 5°이하의 환경사지가 바람직하다.
④ 포지의 방위는 위도가 높고 한랭한 지역에서는 동남향이 좋다.

해설
토양은 사질양토로서 토심이 30cm 이상인 곳이 적합하다.

05 산림토양 내의 수분에서 개벌 전과 비교하여 개벌 후의 지하수위 높이는 어떻게 변하게 되는가?
① 높아진다.
② 낮아진다.
③ 낮아졌다가 높아진다.
④ 변화가 없다.

해설
개벌을 실시하면 임지가 노출되어 표면의 유실이 발생, 지하수위의 높이가 높아지게 된다.

정답 01. ① 02. ② 03. ② 04. ① 05. ①

06 나무의 수체에서 수분이 올라갈 때 최저의 저항을 받는 경로의 조직은?

① 피층 ② 사부
③ 부름켜 ④ 목부

해설
나무에서 수분의 이동통로는 목부부분이 담당하며 수분이 올라갈 때 최저 저항을 받는다.

07 환경 변화에 따른 수목의 기공개폐를 설명한 것으로 틀린 것은?

① 온도가 높아지면(30~35℃) 기공이 닫힌다.
② 잎의 수분포텐셜이 낮으면 기공이 열린다.
③ 엽육조직의 세포간극에 있는 CO_2의 농도가 높으면 기공이 닫힌다.
④ 인공합성이 가능한 정도의 광도이면 기공은 충분히 열린다.

해설
잎의 수분포텐셜이 낮은것은 수분이 부족함을 의미하며 이러한 경우 수분을 지키기 위해 기공이 닫힌다.

08 하종벌은 다음 중 어느 때 적용하는 것이 옳은가?

① 갱신 주기 때
② 하층식생이 많을 때
③ 유령기 때
④ 결실량이 많을 때

해설
하종벌은 종자가 성숙한 이후 벌채하면서 종자의 낙하를 유도해 발아시키는 방법으로 결실량이 많을 때 하는 것이 유리하다.

09 일반적으로 식재 후 13~15년에 이른 임령에서 첫번째 제벌작업을 실시하는 수종은?

① 소나무 ② 삼나무
③ 낙엽송 ④ 전나무

해설
전나무나 가문비의 경우 13~15년 정도에 제벌을 실시한다.
※ 제벌 실시 임령
• 소나무, 낙엽송 3~8년
• 삼나무, 편백 10년
• 전나무, 가문비나무 13~15년

10 종자발아촉진법 중에서 종자의 발아를 돕는 화학 자극제가 아닌 것은?

① 지베렐린 ② 에틸렌
③ 메틸렌 ④ 질산칼륨

해설
종자발아촉진을 위한 대표 약품으로 지베렐린, 시토키닌, 에틸렌, 질산칼륨 등이 있다.

11 다음 중 우량묘목이라 할 수 있는 것은?

① 줄기가 곧으며 도장된 것
② 묘목의 가지가 균형 있게 뻗고 정아가 완전한 것
③ 근계 중에 주근이 같고 곧고 세근이 적은 것
④ T/R률의 값이 큰 것

해설
우량묘목은 도장되지 않아야하고, 뿌리가 발달하며 T/R률이 작아야 한다.

정답 06. ④ 07. ② 08. ④ 09. ④ 10. ③ 11. ②

12 간벌의 실행에 관한 설명 중 바른 것은?

① 지위가 나쁠수록 자주 실행한다.
② 일반적으로 겨울 또는 봄에 실시한다.
③ 낙엽송의 간벌개시 임령은 30~40년경이다.
④ 활엽수의 경우 지위가 좋을수록, 개시시기가 느려진다.

해설
간벌은 산가지치기를 수반하는 경우 11월~이듬해 5월 사이 실시한다.

13 삽목 번식이 가장 잘되는 나무의 조합은?

① 밤나무, 소나무
② 낙우송, 느티나무
③ 개나리, 회양목
④ 아까시나무, 두릅나무

해설
삽목발근이 용이한 수종으로 포플러류, 개나리, 무궁화, 배롱나무, 동백나무, 회양목, 꽝꽝나무, 은행나무, 삼나무, 향나무 등이 있다.

14 다음 중 발아 시험기간이 가장 긴 수종으로 짝지어진 것은?

① 사시나무, 느릅나무
② 아까시나무, 편백
③ 전나무, 느티나무
④ 소나무, 자작나무

해설
전나무, 느티나무는 42일 정도의 발아 시험 기간을 가지며 보기의 수종 중에서 가장 길다.
※ 수종에 따른 발아 시험 기간

기간	대표 수종
14 일간	사시나무, 느릅나무
21 일간	가문비나무, 편백, 화백, 아까시나무
28 일간	소나무, 해송, 낙엽송, 삼나무, 자작나무
42 일간	전나무, 느티나무, 옻나무, 목련

15 다음 풀베기 방법 가운데 모두베기에 대한 설명으로 맞는 것은?

① 한풍해가 예상되는 곳에서 실시한다.
② 조림목이 음수 수종에 적응하면 좋다.
③ 조림목에 광선을 제대로 주지 못하는 단점이 있다.
④ 조림목을 남겨두고 그 지역의 모든 잡초목을 제거하는 방법이다.

해설
풀베기의 경우 모두베기는 지정한 지역의 모든 잡초목을 제거하는 것으로 주로 양수수종의 경우 적합한 방법이다.

16 묘령의 표시 중 1-1묘와 1/1묘의 설명이 옳은 것은?

① 1-1묘는 파종상에서 1년, 그 뒤 한 번 상체되어 1년을 지낸 2년생 묘목이고 1/1묘는 뿌리의 나이가 1년, 줄기의 나이가 1년인 삽목묘이다.
② 1-1묘는 뿌리의 나이가 1년, 줄기의 나이가 1년인 삽목묘이고 1/1묘는 파종상에서 1년, 상체해서 2년된 묘목이다.
③ 1-1묘, 1/1묘 모두 뿌리의 나이가 1년, 줄기의 나이가 1년된 삽목묘이다.
④ 1-1묘와 1/1묘 모두 파종상에서 1년, 그 뒤 한 번 상체해서 2년된 묘목을 가르킨다.

해설
묘령 표시 예시
· 1-0묘 : 1년생 실생묘
· 2-1-1묘 : 4년생 실생묘(파종상2년, 옮겨심고1년, 다시 옮겨 1년 지난 묘)
· 1/1 묘 는 줄기/뿌리를 의미하며 뿌리와 줄기가 1년생

정답 12. ② 13. ③ 14. ③ 15. ④ 16. ①

17 종자의 품질을 나타내는 순량률은 종자의 무엇을 기준으로 한 것인가?

① 무게 ② 수량
③ 부피 ④ 크기

해설
종자시료에서 순정종자가 차지하는 무게의 백분율로 표시한다.

18 파종조림의 성과가 비교적 용이한 수종이 아닌 것은?

① 소나무 ② 전나무
③ 해송   ④ 상수리나무

해설
파종조림은 발아가 용이하고 결실량이 많은 수종이 유리하며 대표적으로 소나무, 해송, 상수리나무, 굴참나무, 졸참나무 등이 있다.

19 식재된 묘목의 고사목을 보충해서 묘목을 심는 것을 보식이라고 한다. 고사율은 수종에 따라 다르나 일반적인 조건에 있어서 몇 % 인가?

① 1~10%   ② 10~20%
③ 20~30% ④ 30~50%

해설
보식의 경우 고사율 20% 이상 기준 혹은 활착률 80% 미만일 경우 실시한다.

20 인공조림에 비해 천연갱신의 특징으로 틀린 것은?

① 실행하기 용이하다.
② 조림비용을 절감할 수 있다.
③ 임지의 퇴화를 막을 수 있다.
④ 임목의 생육환경을 그대로 잘 유지할 수 있다.

해설
천연갱신은 다양한 변수 때문에 갱신시기 및 기간이 불확실하여 실행하기 용이하지 않다.

21 다음의 산림 해충 중에서 가장 잡식성인 해충은?

① 솔나방
② 텐트나방
③ 미국흰불나방
④ 오리나무잎벌레

해설
미국흰불나방은 다양한 활엽수종 및 초본류를 가해한다.

22 산불이 매우 발생하기 쉽고, 또한 소방이 가장 곤란한 대기의 관계습도는?

① 50% 이상   ② 30% 이하
③ 60% 이상   ④ 50~60%

해설
대기습도 40% 이하의 경우 산불이 발생하기 쉽고 진화가 어렵다.

23 곤충의 내외부 형태에 관한 설명으로 틀린 것은?

① 입몸은 윗입술, 큰턱, 작은턱, 아랫입술로 구성된다.
② 가슴은 3개의 고리마디 구성되고 각 고리마다 3쌍의 다리, 앞가슴과 가운데가슴에는 보통 1쌍식의 날개가 있다.
③ 심장은 마디마다 다소 불룩하게 되어있어 이것 하나하나를 심실이라고 한다.
④ 기체의 통로는 기본으로 하며 가슴에 2쌍, 배에3쌍, 모두10쌍이 원칙이지만, 종류에 따라 차이가 있다.

해설
날개는 2쌍으로 가운데가슴과 뒷가슴에 달려있다.

정답 17. ① 18. ② 19. ② 20. ① 21. ③ 22. ② 23. ②

24 공장, 자동차 등의 연료연소과정에서 나오는 질소산화물에 의해 수목이 피해를 받으면 특징적으로 나타나는 주 피해 증후는?

① 황화현상
② 엽소현상
③ 괴사현상
④ 잎의 표면에 수침상의 반점 현상

> **해설**
> 질소산화물은 초기 잎의 표면에 수침상의 반점이 발생하고 잎의 가장자리가 괴사하기 시작한다.

25 잣나무 털녹병 방제에 적합하지 않은 것은?

① 중간기주를 제거한다.
② 병든 나무를 제거한다.
③ 내병성 품종을 심는다.
④ 토양소독을 철저히 한다.

> **해설**
> 잣나무 털녹병은 주로 포자가 바람에 의해 전반되기에 토양소독은 비효율적이며 주로 중간기주, 병든나무를 제거한다.

26 다음 중 내화력이 약한 수종은?

① 벚나무   ② 회양목
③ 은행나무   ④ 가시나무

> **해설**
> 내화력이 높은 수종으로 은행나무, 잎갈나무, 낙엽송, 굴참나무, 고로쇠나무 등이 있다. 반대로 소나무, 해송, 녹나무, 아까시나무, 벚나무 등은 내화력이 약한 수종이다.

27 수목 뿌리혹병(근두암종병 : crown gall)의 병원체는?

① 바이러스
② 진균
③ 파이토플라즈마
④ 세균

> **해설**
> 뿌리혹병은 세균에 의해 발생한다.

28 대추나무 빗자루병은 어떻게 전반되는가?

① 종자에 의한 전반
② 토양에 의한 전반
③ 공기에 의한 전반
④ 분주에 의한 전반

> **해설**
> 대추나무 빗자루병은 병에 걸린 모수에서 접수나 혹은 포기나누기인 분주에 의해 감염된다.

29 밤바구미 구제에 쓰이는 약제로 틀린 것은?

① 트랄로메트린유제
② 펜토에이트분제
③ 카바릴수화제
④ 트리클로폰수화제

> **해설**
> 트랄로메트린유제는 잔디 해충 방제에 주로 이용하며 땅강아지에 효과적이다.

30 아까시잎혹파리의 활동생태와 활동장소의 연결이 옳은 것은?

① 번데기 – 수피층
② 번데기 – 땅속
③ 알 – 수피층
④ 알 – 땅속

> **해설**
> 아까시잎혹파리는 번데기 형태로 땅속에 월동한다.

정답 24. ④ 25. ④ 26. ① 27. ④ 28. ④ 29. ① 30. ②

31 야생동물군집 형성을 위한 임분 관리방법에 해당되지 않는 것은?

① 택벌
② 임간 숲 등 조성
③ 혼효림 복층림화
④ 순림위주의 산림 관리

해설
순림위주로 관리시 생물의 다양성이 낮아 군집 형성에 불리하다.

32 나무의 수피와 목질부 표면을 환상으로 식재하여, 거미줄을 토하여 식해부위에 철해 놓는 해충은?

① 광릉긴나무좀
② 알락하늘소
③ 잣나무넓적잎벌
④ 박쥐나방

해설
박쥐나방은 어린 유충일 때 줄기를 식해하며 성장 후 목질부를 가해한다. 이때 주로 목질부 표면을 환상으로 식재한다.

33 상주에 대한 설명으로 틀린 것은?

① 서릿발 또는 동상이라고 부른다.
② 눈이 적게 오고 더운 지역의 산지에 묘목을 가을에 식재하면 그 직후에 상주피해를 입는 일이 많다.
③ 상주가 심한 곳에서 천근성 묘목이 들어 올려져 뿌리가 절단되는 현상이 발생한다.
④ 삽주의 피해를 방지하기 위해서는 모래 등을 섞어 토질을 개량한다.

해설
서릿발의 피해인 상주는 지표면이 빙점 이하의 저온으로 냉각될 경우 모관수가 얼고 녹는 것을 반복하면서 얼음기둥이 올라오는 현상을 말한다.

34 화학적 방제 중 약제의 유효성분을 가스 상태로 하여 해충의 기공을 통하여 호흡기에 침입시켜 사망시키는 것은?

① 소화중독제 ② 제충제
③ 침투성 살충제 ④ 훈증제

해설
훈증제는 약제를 가스화하여 해충을 방제한다.

35 염풍에 강한 수종은?

① 배나무 ② 벚나무
③ 금송   ④ 소나무

해설
염풍에 강한 수종으로 금송, 향나무, 후박나무, 사철나무 등이 있다.

36 병환부나 죽은 기주체상에서 월동하는 병균이 아닌 것은?

① 밤나무 줄기마름병균
② 오동나무 탄저병균
③ 낙엽송 잎떨림병균
④ 잣나무 털녹병균

해설
잣나무 털녹병균은 잣나무의 수피조직 내에 월동한다.

37 곤충의 소화계에서 기계적 소화가 일어나는 것은?

① 전장 ② 중상
③ 후장 ④ 후소장

해설
곤충의 소화기관은 전장, 중장, 후장으로 크게 분류되며 여기서 전장에서 기계적 소화가 일어난다.

정답 31. ④ 32. ④ 33. ② 34. ④ 35. ③ 36. ④ 37. ①

38 잣나무털녹병의 중간 기주는?

① 송이풀　② 참취
③ 잔대　　④ 고사리

해설
잣나무 털녹병균의 중간기주로 송이풀, 까치밥나무가 있다.

39 벚나무 빗자루병의 설명으로 틀린 것은?

① 병원균은 가지 내 세포간극에서 수년간 살면서 가지를 굵게 하고 매년 빗자루병을 만든다.
② 포플러나 복숭아의 잎에서는 잎의 뒷면에 나출자낭을 형성하고 오갈병을 일으킨다.
③ 봄에 꽃이 피지 않는다.
④ 병든 가지를 계속 신속하게 제거해도 박멸을 할 수 없다.

해설
병든 가지를 신속하게 제거할 경우 박멸이 가능하다.
※ **벚나무 빗자루병**
· 병원균은 가지의 세포간극에서 수년간 생존한다.
· 포플러 혹은 복숭아의 잎 뒷면에 오갈병을 일으킨다.
· 봄에 꽃이 피지 않는다.
· 병든 가지는 아래쪽의 부분을 잘라 소각하고 도포제를 발라주어 방제한다.

40 대추나무 빗자루병 방제에 가장 효과적인 약제는?

① 페니실린
② 보르도액
③ 석회황합제
④ 옥시테트라사이클린

해설
대추나무 빗자루병, 오동나무 빗자루병은 옥시테트라사이클린을 수간주사하여 방제한다.

41 임업경영의 목적에 따라 결정하여야 할 벌기령 중 벌기평균생장량이 최대가 되는 때를 벌기령으로 결정하는 것은?

① 토지순수익 최대의 벌기령
② 수익률 최대의 벌기령
③ 화폐수익 최대의 벌기령
④ 재적수확 최대의 벌기령

해설
재적수확 최대 벌기령은 단위면적당 평균적인 목재 생산량이 최대가 되는 시점이다.

42 흉고형수에 영향을 미치는 인자가 아닌 것은?

① 수고　　② 지위
③ 벌기령　④ 수종과 품종

해설
흉고형수 영향인자

수종	수종에 따라 형수 차이가 있다.
지위	지위가 양호할수록 형수가 작아진다.
지하고 및 수관	지하고가 높을수록 수관의 양이 적을수록 형수가 크다.
수고	수고가 높을수록 형수는 작아진다.
흉고직경	흉고직경이 커질수록 형수는 작아진다.
연령	연령이 많을 수록 형수는 크다.

43 임업소득의 계산 요소인 임업조수익때 포함되는 것은?

① 감가삼각액
② 주림목 감소액
③ 미처분 임산물 증감액
④ 임업현금지출

해설
임업조수익을 구하기 위한 구성요소로 산림현금수입, 미처분임산물증감액, 산림생산자재재고증가액, 임목생장액, 산림생산물가계소비액이 있으며 이들을 모두 더한 값이 임업조수익이다.

정답 38. ① 39. ④ 40. ④ 41. ④ 42. ③ 43. ③

44 매목조사는 측정 대상지 각 임목의 어떤 인자를 측정하는가?

① 흉고직경 ② 수고
③ 흉고단면적 ④ 흉고형수

해설
매목조사법은 매목직경조사법이라 하여 흉고직경을 측정한다.

45 임지기망가 산출 공식에서 다른 인자가 변하지 않는다는 가정 하에서 이율이 높을수록 임지기망가는 어떻게 변화하는가?

① 작아진다. ② 커진다.
③ 관련없다. ④ 일정하다.

해설
이율이 낮을수록 임지기망가는 커진다.
※ 임지 기망가 영향인자
- 주벌, 간벌 수익 : 수익이 클수록 임지기망가도 커진다.
- 조림비, 관리비 : 조림비, 관리비가 클수록 임지기망가는 작아진다.
- 이율 : 이율은 낮을수록 임지기망가는 커진다.
- 벌기 : 벌기가 커지면 임지기망가는 증가한다. 단, 최대시기 도달 이후는 점차 감소한다.

46 직경을 측정할 때 수피를 포함하는 경우와 수피를 뺀 목질부만을 직경으로 나누어 생각할 수 있다. 다음에서 수피를 측정하는 기구는?

① 윤척 ② 수피후측정구
③ 빌티모아 스틱 ④ 섹터 포크

해설
수피를 측정하는 기구를 수피후측정구(수피측정기)라 한다.

47 법정림에서 법정상태 요건으로 틀린 것은?

① 법정영급분배
② 법정수확
③ 법정축적
④ 법정생장량

해설
법정림의 법정상태 요건으로 법정생장량, 법정축적, 법정임분배치, 법정영급분배이다.
※ 법정상태 용어
- 법정생장량 : 법정림의 연간 생장량
- 법정축적 : 영급분배와 생장상태가 법정일 때 보유할 작업급으로서 전체 축적
- 법정영급분배 : 해마다 균등한 수확을 할 수 있도록 각 영급의 면적을 동일하게 하는 것
- 법정임분배치 : 임목 이용, 보호 및 갱신을 위하여 각 임분이 적절한 배치상태를 유지

48 임령이 24년인 임목을 수간석해 하였을 때 단면 번호 1번의 연륜수가 19개이다. 이 임목이 1.2m 자라는데 소요된 기간은?

① 1년 ② 5년
③ 6년 ④ 7년

해설
단면 번호 1번의 단판이 1.2m 의 지점이므로 임령 24년에서 1번의 연륜수인 19년을 빼주면 1.2m 자라는데 소요되는 기간 5년이 추론된다.
※ 수간석해 방법
- 수간석해를 위해 선정된 표준목은 지상 20cm 위치를 벌채한 후 근원경을 측정한다.
- 벌채부위와 그로부터 1m 올라간 흉고부위에서 단판을 채취하고, 그 다음부터는 일반적으로 2m 간격으로 채취한다.
- 단판의 두께는 2~3 cm 로 한다.
- 각 단판을 4방향으로 측정하여 직경표를 작성한다.
- 5년 간격의 재적을 구분구적법에 의해 계산한다.

정답 44. ① 45. ① 46. ② 47. ② 48. ②

49 임업경영의 성과를 나타내는 가장 정확한 지표는?
① 임업조수익 ② 임업소득
③ 임업 현금수입 ④ 임업총수입

해설
임업소득은 임업조수익에서 임업경영비를 뺀 값으로 산림경영 자체의 성과를 판단하는 지표가 된다.

50 한 윤벌기에 대한 벌채안을 만들고 각 분기마다 벌채량을 균등하게 하여 재적수확의 보속을 도모하는 방법은?
① 생장량법 ② 재적평분법
③ 임분경제법 ④ 구획윤벌법

해설
재적평분법은 각 분기의 수확재적이 비슷해지도록 조절하는 방법이다.

51 유령림의 임목평가 방법은?
① 비용가법 ② 기망가법
③ 매매가법 ④ 환원가법

해설
유령림 임목평가의 경우 식재 및 육림의 투자액을 기준으로 평가하는 임목비용가법이 적합하다.

※ 임목평가

유령림	임목비용가법
벌기 미만 장령림	임목기망가법
중령림	임목비용가법, Glaser법
벌기 이상 임목	시장가역산법

52 pressler의 지조율 계산에 사용되는 임목 인자는?
① 직경, 수관
② 수고, 지하고
③ 흉고단면적, 직경
④ 지하고, 직경

해설
지조는 가지를 의미하며 Pressler 지조율은 가지의 비율로 수고와 지하고를 이용한다.

53 산림의 규모가 작은 사유림의 경영에서 볼 수 있는 경영형태로서 자기자본만을 가지고 경영하며 모든 기업의 위험을 전부 부담하는 임업경영의 형태는?
① 단독사기업 ② 집단사기업
③ 공기업 ④ 공사협동기업

해설
사유림에서 자신의 자본만으로 운영하는 기업의 형태를 단독사기업이라 한다.

54 육림비의 구성 중에서 가장 큰 비중을 차지하는 것은?
① 지대 ② 운재비
③ 이자 ④ 노동비

해설
육림비의 경우 대부분이 이자가 차지한다.

55 산림경영의 지도원칙 중 경제원칙에 해당하는 것은?
① 합자연성 원칙
② 공공성의 원칙
③ 환경보전의 원칙
④ 보속성의 원칙

해설
사회적 의의를 가지고 인류 생활의 복리를 증진시키는 산림경영지도원칙을 공공성의 원칙 혹은 공공경제적 원칙이라 한다.

정답 49. ② 50. ② 51. ① 52. ② 53. ① 54. ③ 55. ②

56 임업경영의 형태 중 주업적 임업경영의 유형이 잘못된 것은?

① 식재 → 육림 → 벌채 → 원료원목공급(제지)
② 식재 → 육림 → 표고생산·제탄·제재
③ 식재 → 육림 → 임목매각
④ 식재 → 육림 → 벌채 → 원목매각

해설
표고생산, 제탄, 제재와 같은 최종산물의 공급은 종속적 임업에 속한다.

57 다음 중 임업노동의 능률을 향상시킬 수 있는 방법으로 거리가 먼 것은?

① 작업 방법을 개선·개발한다.
② 작업단을 조작하고 운영한다.
③ 농촌 노동력의 유출을 막는다.
④ 기계·가구률 개발, 개량하여 보급한다.

해설
임업노동의 능률 향상 방법
· 작업의 공동화
· 노동 배분의 합리화
· 효율적인 작업로의 배치
· 노동자 합숙소 설치
· 전문 작업단의 조직
· 작업 기구의 개발 및 개량

58 임분밀도를 나타내는 적도 중 우세목의 수고에 대한 입목간 평균거리의 백분율을 의미하는 것은?

① 입목도   ② 상대밀도
③ 임분밀도지수   ④ 상대공간지수

해설
상대공간지수는 우세목 수고를 기준으로 임목간 평균거리의 백분율을 의미한다.

59 임업투자 결정 중 현금유입을 통하여 투자금액을 회수하는데 소요되는 기간을 가지고 투자 결정을 하는 방법은?

① 내부수익률법   ② 수익·비용비법
③ 순현재가치법   ④ 회수기간법

해설
회수기간법은 투자금액의 회수가 빨리 되는 투자안의 경우 투자가치가 높다고 판단한다.

60 임지기망가에 대한 설명으로 맞는 것은?

① 임지에서 장래 기대되는 순이익의 현재가 합계로써 정한 가격이다.
② 임지에서 장래 기대되는 순이익의 후가 합계로써 정한 가격이다.
③ 임지에서 기대되는 원가합계로써 정한 가격이다.
④ 임지에서 기대되는 후가합계로써 정한 가격이다.

해설
장차 발생될 것으로 기대되는 수익의 합계를 기망가라 하며 임지기망가는 임지의 사업을 영구적으로 실시한다는 가정으로 토지에서 기대되는 순수익의 현재 합계를 말한다.

61 물매가 1 : 1보다 완만한 비탈면이나 평탄한 나지에 안정녹화를 목적으로 뜬떼를 전면적으로 떼붙이기하는 공법은?

① 평떼붙이기공법
② 선떼붙이기공법
③ 줄떼붙이기공법
④ 세심기공법

해설
비탈면 기울기가 1:1 보다 완만한 비탈면에 전면적으로 평떼를 붙여 비탈을 일시에 녹화하는 공법이다.

정답 56. ② 57. ③ 58. ④ 59. ④ 60. ① 61. ①

62 일반적으로 산사태와 땅밀림의 차이에 대하여 잘못 설명되어 있는 것은?

① 산사태는 지질과의 관계가 작다.
② 땅밀림은 주로 사질토를 미끄럼면으로 활동한다.
③ 산사태는 10mm/day 이상으로 속도가 대체로 빠르다.
④ 땅밀림은 토괴의 흐트러짐이 적고, 원형을 보존하면서 이동하는 경우가 많다.

해설
사질토에서 주로 발생하는 것은 산사태이다. 땅밀림의 경우 점성토를 미끄럼면으로 활동한다.

63 가장 간단한 방법으로서 산허리의 경사면에 따라 약간의 인공을 가한 도랑을 이용하는 중력에 의한 집재방법은?

① 토수라   ② 도수라
③ 목수라   ④ 플라스틱수라

해설
토수라는 흙미끄럼길이라 하는데 활로집재 방법 중 하나로 경사를 따라 도랑을 만들어 통나무를 중력에 의해 집재하는 방법이다. 방법은 간단하지만 원목에 손상이 발생하는 단점이 있다.

64 기계력에 의한 집재방법 중 야더집재기와 비교 하여 트랙터 집재기의 특징으로 틀린 것은?

① 기동성이 크므로 어느 정도의 도로가 있으면 실행된다.
② 면으로부터 선으로 확대하여 집재작업이 된다.
③ 견인력이 크므로 한번에 다량의 목재를 반출할 수 있다.
④ 저속이므로 장거리운반에는 바람직하지 못하다.

해설
트랙터 집재기는 선에서 면으로 확대하여 집재작업이 된다.

65 집재가선에 있어서 와이어로프에 작용하는 하중에 대해 충분한 안전을 확보하기 위해서는 각 용도별로 안전계수를 결정하여 사용해야 한다. 스카이라인(가공본줄)의 안전계수는 얼마인가?

① 1.0 이상   ② 1.5 이상
③ 2.0 이상   ④ 2.7 이상

해설
와이어로프 안전계수
· 가공본줄 : 2.7
· 짐당김줄, 되돌림줄, 버팀줄, 고정줄 : 4.0
· 짐올림줄, 짐매달음줄 : 6.0

66 지표면유출현상이 계속적으로 일어날 때 소규모에 의한 흐름 때문에 생기는 것은?

① 빗방울침식   ② 면상침식
③ 구곡침식   ④ 누구침식

해설
강우나 혹은 지표면에 유출현상이 지속되면 표면에 잔 도랑이 발생하는데 이를 누구 침식이라 하며 누구 침식이 심하게 될 경우 도랑이 커지는데 이때를 구곡 침식이라 한다.

67 산림관리기반시설의 설계 및 시설기준에 따라 임도시공을 할 때 경암지역(암석지)의 점토 경사면 기울기는 얼마로 설정하는가?

① 1 : 0.2~0.3   ② 1 : 0.3~0.8
③ 1 : 0.8~1   ④ 1 : 0.8~1.2

해설
토사지역의 절토 사면 설치 기준은 기울기 1 : 0.8 ~ 1.5 이다. 암석지의 경우 경암은 1 : 0.3 ~ 0.8 정도이다.

정답 62. ② 63. ① 64. ② 65. ④ 66. ④ 67. ②

68 깎아 낸 보통 흙의 경우 일반적인 팽창율은 얼마인가?

① 5~10%   ② 10~20%
③ 20~30% ④ 30~40%

[해설]
흙의 경우 일반적인 팽창율은 5~10% 정도이다. 그래서 흙쌓기 작업의 경우도 깎아 낸 흙의 팽창, 침하 등을 고려하여 5~10% 정도의 더쌓기를 해준다.

69 다음 그림과 같이 밑판, 종자 및 표면덮개의 3 부분으로 구성된 일반적으로 인공떼제품을 무엇이라고 하는가?

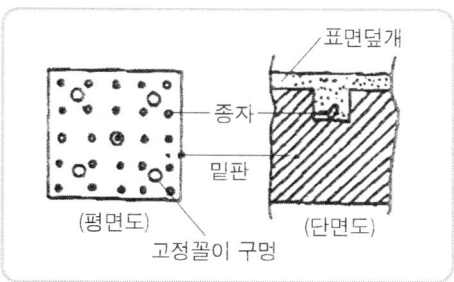

① 식생자루   ② 식생매토
③ 식생대   ④ 식생반

[해설]
식생반은 뜬 떼의 대용품으로 밑판, 종자, 표면덮개로 구성되어 있다. 대량의 유기물과 비료양분을 함유하기에 근계발달에 좋다.

70 트랙터 집재작업 능률에 미치는 인자가 아닌 것은?

① 경사   ② 단재적
③ 임도밀도   ④ 입목의 소밀도

[해설]
트랙터 집재 작업의 능률에 영향을 주는 인자로 경사, 소밀도, 토질, 집재거리, 단재적이 있다.

71 다음 중 쇄석도의 종류가 아닌 것은?

① 역청머캐덤도
② 자갈머캐덤도
③ 시멘트머캐덤도
④ 수제머캐덤도

[해설]
쇄석도의 종류로 수체머캐덤도, 역청머캐덤도, 교통체머캐덤도, 시멘트머캐덤도가 있다.

72 사리도에 대한 설명으로 틀린 것은?

① 자갈을 노면에 깔고 교통에 의한 자연전압으로 노면을 만든 것이다.
② 노반의 시공방법은 크게 상치식과 상굴식으로 구분할 수 있다.
③ 하층일수록 잔자갈을, 표층에 가까울수록 굵은 자갈을 부설하는 것이 좋다.
④ 결합재료는 점토나 세점토사 등이 이용되며, 결합재는 적절량은 자갈 무게의 10~15%가 알맞다.

[해설]
사리도는 자갈길로서 자갈을 노면에 깔아 자연전압으로 노면을 만든 것으로 하층에는 굵은 자갈을, 상층에는 잔자갈을 부설하는 것이 좋다.

73 산사태 발생의 내적요인(소인)이 아닌 것은?

① 지질구조   ② 지형
③ 강우   ④ 임상

[해설]
산사태의 내적요인에는 토질, 임상, 지형 등이 있다. 강우의 경우 외적 요인에 속한다.

정답 68. ① 69. ④ 70. ③ 71. ② 72. ③ 73. ③

74 일반적으로 예불기는 정면으로부터 톱날의 회전 방향으로 약 몇 도의 부분이 절단효율이 가장 좋은가?

① 30~40도　② 40~50도
③ 50~60도　④ 60~70도

해설
예불기는 작업방향은 우측에서 좌측으로 실시하며 정면으로부터 톱날의 회전방향 60~70° 부분이 절단효율이 가장 좋다
※ 예불기 주요 특징
· 그리스유 교체 주기 : 20시간
· 톱날 회전 방향 : 반시계방향
· 작업자 최소 안전거리 : 10m이상
· 연료는 시간당 보통 0.5 L 소모

75 해안사지 조림용 수종이 구비해야 할 일반적인 조건이 아닌 것은?

① 바람에 대한 저항력이 클 것
② 양분과 수분에 대한 요구가 클 것
③ 온도의 급격한 변화에도 잘 견디어 낼 것
④ 울폐력이 좋고 낙엽 낙지 등에 의하여 지력을 증진시킬 수 있을 것

해설
해안사지 조림 수종 구비 조건
· 양분과 수분 요구도가 적을 것
· 온도의 급격한 변화에 잘 견딜 것
· 비사, 한해, 조해 등의 피해에 잘 견딜 것
· 울폐력이 좋고 낙엽, 낙지 등으로 지력을 증진시킬 수 있을 것

76 벌도한 목재를 통째로 집재하는 것은?

① 전목집재　② 전간집재
③ 보통집재　④ 인력집재

해설
벌도한 목재를 통째로 집재하는 것을 전목집재라 한다.
② 전간집재 : 줄기만 집재하는 것
③ 보통집재 : 벌도한 목재를 일정 크기로 잘라 집재하는 것
④ 인력집재 : 사람이 집재하는 것을 의미

77 곡선부를 차량이 통과하기 위해 곡선부에 취해야 할 사항은?

① 곡선부의 노면 안쪽을 바깥쪽보다 높게 한다.
② 곡선부의 노면 안쪽을 바깥쪽보다 낮게 한다.
③ 양쪽으로 내림물매를 준다.
④ 물매를 주지 않는다.

해설
차량이 곡선부에서 원심력에 의해 쏠림현상으로 바깥쪽으로 나갈 수 있어 노면의 바깥쪽을 안쪽보다 높게 해주어야 한다.

78 평면도상의 임도곡선의 종류가 아닌 것은?

① 단곡선　② 복심곡선
③ 배향곡선　④ 종단곡선

해설
평면구조에서의 곡선은 단곡선, 복심곡선(복합곡선), 배향곡선(헤어핀곡선), 반대곡선(반향곡선) 등이 있다.

정답　74. ④　75. ②　76. ①　77. ②　78. ④

79 중력댐의 안정조건이 아닌 것은?

① 기초지반의 지지력에 대한 안정
② 전도에 대한 안정
③ 활동에 대한 안정
④ 물매에 대한 안정

해설
중력댐의 안정조건으로 전도에 대한 안정, 활동에 대한 안정, 제체의 파괴에 대한 안정, 기초지반의 지지력에 대한 안정이 있다.

80 임목수확작업에서 필요한 안전수칙과 거리가 먼 것은?

① 과중한 작업은 기계력을 이용한다.
② 인력에 의한 작업시 중력을 최대한 이용한다.
③ 안전을 위한 보호 장비는 반드시 작용한다.
④ 소규모 간단한 작업도 다공정 기계를 이용한다.

해설
다공정 기기는 벌도부터 집재까지의 일련의 과정을 수행하는 기기로 대규모 작업에 적합하다.

정답 79. ④ 80. ④

2014년 제1회 산림산업기사

01 산림 입지를 결정하는 환경 조건으로 옳지 않은 것은?

① 기상환경 ② 작업환경
③ 생물환경 ④ 토양환경

해설
작업환경은 산림 입지 결정에는 영향을 미치지 않는다.

02 종자의 결실량을 증가시키기 위한 방법으로 옳지 않은 것은?

① 간벌을 실시하여 생육공간을 확장한다.
② 수피의 일부를 제거하여 C/N율을 높인다.
③ 단근을 실시하여 질소의 흡수를 조장한다.
④ 줄기에 환상박피, 철선묶기 등의 자극을 준다.

해설
단근은 나무의 활착에 도움을 주며 질소의 흡수에 영향을 주는 것은 아니다.

03 양수(陽樹) 또는 음수(陰樹)에 관한 설명으로 옳지 않은 것은?

① 소나무는 양수이고, 주목은 음수이다.
② 양수는 음수보다 광포화점이 높다.
③ 양수는 음수보다 낮은 광도에서 광합성 효율이 낮다.
④ 양수와 음수는 햇빛을 좋아하는 정도가 아니라 그늘에 견딜 수 있는 내음성의 정도에 따라 구분 한다.

해설
음수는 양수보다 낮은 광도에서 광합성 효율이 높다.

04 제벌에 대한 설명으로 옳지 않은 것은?

① 소나무와 낙엽송의 첫 번째 제벌은 식재 후 7~8년이 적정하다.
② 간벌이 시작될 때까지 2~3회 제벌하는 것을 원칙으로 한다.
③ 제벌은 비용만 투입되고 벌채되는 불량목은 거의 이용대상이 되지 못한다.
④ 제벌시기는 나무의 고사 상태를 알고 맹아력을 감소시키기 위해서는 겨울철에 실행하는 것이 좋다.

해설
제벌은 6~9월쯤인 여름철에 실시한다.

05 어린나무 가꾸기에 가장 적절한 시기는?

① 12 ~ 2월 ② 3 ~ 5월
③ 6 ~ 8월   ④ 10 ~ 12월

해설
어린나무가꾸기는 밑깎기와 간벌작업의 중간에 실시되는 작업으로 대상목이 왕성하게 성장하는 6~9월 사이 실시하는 것이 원칙이며 늦어도 11월에 실시한다.

06 산림작업종의 주요 인자로 옳지 않은 것은?

① 벌채의 종류
② 임도의 위치
③ 새로운 임분의 기원
④ 벌채 및 갱신의 작업면적 크기

해설
산림작업종의 분류시 임분의 기원은 교림, 왜림, 중림으로 분류되며 그 외 기준으로 벌채종, 벌채구의 크기 및 형태가 있다.

정답 01. ② 02. ③ 03. ③ 04. ④ 05. ③ 06. ②

07 적지적수는 종자의 산지와 조림지와의 밀접한 관계가 있다. 어떤 점에 가장 중점을 두어야 하는가?

① 채종원에서 채취한 종자에 의한 묘목을 식재한다.
② 결실되는 지조(枝條)가 적은 나무에서 채취한 종자에 의한 묘목을 식재한다.
③ 병충해에 대한 저항력이 강한 나무에서 채취한 종자에 의한 묘목을 식재한다.
④ 조림지 부근에서 또는 기후풍토가 비슷한 곳에서 채취한 종자에 의한 묘목을 식재한다.

해설
적지적수는 입지에 가장 잘 적응할 수 있는 수종의 나무를 선택하는 것이다.

08 발아시험에 있어서 단기간 내 일시에 발아된 종자의 수를 전체 시료 종자의 수로 나누어 백분율로 나타낸 것은?

① 효율   ② 발아세
③ 발아력 ④ 발아율

해설
발아세는 발아시험을 위한 일정 기간동안 발아하는 종자수의 비율을 의미한다.

$$발아세(\%) = \frac{기간\ 중\ 가장\ 많이\ 발아한\ 날까지\ 종자수}{발아시험용\ 총\ 종자수} \times 100$$

09 일본잎갈나무의 꽃눈이 분화하는 시기는?

① 3월경   ② 5월경
③ 7월경   ④ 9월경

해설
일본잎갈나무(낙엽송)은 7월쯤 암수의 꽃눈이 분화한다.

10 광색소에서 파이토크롬(phytochrome)의 설명으로 옳지 않은 것은?

① 암흑 속에서 기른 식물체 내에서 적게 검출된다.
② 햇빛을 받으면 합성이 일부 금지되거나 파괴된다.
③ pyrrole 4개가 모여서 이루어진 발색단을 가진다.
④ 분자량이 120000 Dalton 가량 되는 두 개의 동일한 polypeptide로 구성되어 있다.

해설
파이토크롬은 낮은 광조건에서 기른 식물체에서 많이 검출된다.

11 파종량 산출 공식(산파)에서 득묘율(또는 잔존률)은?

① 0.7 ~ 0.9   ② 0.5 ~ 0.7
③ 0.3 ~ 0.5   ④ 0.1 ~ 0.3

해설
산파에 대한 파종량 산출공식의 득묘율은 0.3~0.5 정도를 기준으로 한다.

12 산벌작업법에 관한 설명으로 옳지 않은 것은?

① 갱신기간은 보통 10 ~ 20년 정도이다.
② 예비벌, 하종벌 및 후벌로 나누어진다.
③ 윤벌기에 비하여 짧은 갱신기간 중에 실시하는 벌채이다.
④ 성숙목이 많은 불규칙한 산림과 이령림 갱신에 알맞은 작업법이다.

해설
산벌작업은 동령림 갱신에 적합한 방법이다.

정답   07. ④   08. ②   09. ③   10. ①   11. ③   12. ④

13 종자를 산파할 때 필요한 파종량을 산출하려고 한다. $1m^2$에 잔존본수 400그루, 득묘율 30%, 종자효율 70%, 1g당 종자알수 150개일 때 m^2당 파종량은?

① 3.8g ② 8.8g
③ 10.5g ④ 12.7g

해설

파종량 $= \dfrac{1 \times 400}{150 \times 0.7 \times 0.3} = \dfrac{400}{31.5} ≒ 12.7\,(g)$

※ 파종량

$$W = \dfrac{A \times S}{D \times P \times G \times L}$$

W : 파종할 종자 양(g)	P : 순량률
A : 파종 면적(m^2)	G : 발아율
S : m^2 당 남길 묘목수	L : 득묘율(0.3~0.5)
D : g 당 종자입수	P × G : 효율

14 간벌의 효과로 옳지 않은 것은?

① 산림관리 비용을 크게 줄인다.
② 임분의 수직구조 및 안정화를 도모한다.
③ 직경생장을 촉진하여 연륜폭이 넓어진다.
④ 우량한 개체를 남겨서 임분의 유전적 형질을 향상 시킨다.

해설

간벌을 위한 비용이 필요하기에 산림관리 비용이 크게 줄어들지는 않는다.

15 신엽 또는 정엽부터 결핍증상이 나타나는 영양소는?

① 인 ② 칼슘
③ 칼륨 ④ 질소

해설

칼슘은 식물체내에서 이동성이 낮아 신엽 등에서 결핍증상이 나타난다.

16 종자에 수분침투와 가스교환이 잘 되지 않을 때 실시하는 발아촉진방법으로 옳은 것은?

① 탈납법 ② 재워묻기
③ 온탕 침적법 ④ 냉수 침적법

해설

종자를 황산에 넣어 표면을 부식시킨 후 세척하여 파종하는 방법을 황산처리법(탈납법)이라 하며 주로 옻나무, 피나무, 콩과수목의 종자 처리에 효과적이다.

17 다음 중 낙엽활엽수의 접수 채취 시기로 옳은 것은?

① 12월 초순 ② 10월 하순
③ 4월 중순 ④ 2월 중순

해설

접수는 봄철(2~3월)에 수액이 유동하기 전에 채취하여 저장 후 사용하는 것이 좋다.

18 다음 중 성격이 다른 숲은?

① 맹아림 ② 천연림
③ 원시림 ④ 불완전 천연림

해설

산림의 분류시 천연림에 원시림과 불완전 천연림이 속하여 같은 성격을 가지며 맹아림은 왜림이라 하여 다른 분류에 속한다.

19 파종상에서 2년, 이식상에서 1년 키운 실생묘를 바르게 표기한 것은?

① 1–2 ② 2 – 1
③ 1 – 1 – 1 ④ 2 – 1 – 1

해설

2-1 은 3년생 실생묘로 파종상에서 2년, 옮겨 심은 이식상에서 1년을 키운 실생묘이다.

※ 묘령 표시 예시

· 1-0묘 : 1년생 실생묘
· 2-1-1묘 : 4년생 실생묘(파종상 2년, 옮겨심고 1년, 다시 옮겨 1년 지난 묘)

정답 13. ④ 14. ① 15. ② 16. ① 17. ④ 18. ① 19. ②

20 다음 중 산성토양에서 가장 강한 수종은?

① 소나무   ② 호두나무
③ 오리나무   ④ 측백나무

> **해설**
> 소나무, 곰솔, 가문비나무, 낙엽송(일본잎갈나무) 등은 산성 토양에 잘 적응한다.

21 다음 수병 중 바이러스 발생 원인으로 옳은 것은?

① 불마름병   ② 뿌리혹병
③ 흰가루병   ④ 모자이크병

> **해설**
> 모자이크병은 바이러스에 의한 병이다.

22 임목에 군집하여 고사시키는 조류로 옳지 않은 것은?

① 백로   ② 왜가리
③ 딱다구리   ④ 가마우지

> **해설**
> 딱따구리는 줄기를 가해하는 조류로 군집생활을 하지 않는다. 백로, 왜가리는 4~6월이 번식기로 산성인 배설물로 나무에 피해를 주며 군집생활을 하여 주변 주민들에게 냄새 및 소음 등으로 피해를 주기도 한다.

23 다음 중 충영형성 해충으로 옳은 것은?

① 솔나방   ② 밤나무혹벌
③ 솔알락명나방   ④ 미끈이하늘소

> **해설**
> 충영해충은 기주식물에 혹을 만드는 해충으로 밤나무순혹벌, 솔잎혹파리, 진딧물류 등이 있다.

24 대추나무 빗자루병 방제에 일반적으로 쓰이는 약제는?

① 보르도액
② 페니실린
③ 석회 황합제
④ 옥시테트라사이클린

> **해설**
> 대추나무 빗자루병, 오동나무 빗자루병, 뽕나무 오갈병은 파이토플라스마에 의해 발생되며 파이토플라스마는 테트라사이클린계 약제로 방제한다.

25 솔나방이 산란하는 일반적인 알의 수량으로 옳은 것은?

① 50개   ② 100개
③ 500개   ④ 1000개

> **해설**
> 솔나방은 500개 내외 정도의 알을 솔잎 위에 놓는다.

26 솔잎혹파리의 방제 방법으로 옳지 않은 것은?

① 등화유살법   ② 천적이용법
③ 수간주사법   ④ 약제살포법

> **해설**
> 등화유살법은 빛에 반응하는 해충의 성질을 이용하는 방법으로 솔잎혹파리에는 효과가 없다
> ※ 솔잎혹파리 방제 방법
> • 임지를 건조 시킨다
> • 유충이 성숙하기 전 벌목하여 소각 한다.
> • 성충 우화기에 약제 살포
> • 생물적 방제법으로 기생벌을 이용
> • 살충제를 수간에 주입

정답 20. ① 21. ④ 22. ③ 23. ② 24. ④ 25. ③ 26. ①

27 전균사체(promycelium)에 관한 설명으로 옳은 것은?

① 일종의 담자기이다.
② 일종의 자낭구이다.
③ 일종의 균사체이다.
④ 일종의 분생포자이다.

해설
전균사체는 담자기이다. 최근에는 전균사체라는 용어를 거의 사용하지 않는다.

28 향나무 녹병의 병원균이 중간기주 배나무 속에서 잎 앞면에 오렌지색의 별무늬가 나타나고, 그 위에 흑색의 미립점으로 밀생하는 것으로 옳은 것은?

① 녹포자기   ② 여름포자퇴
③ 겨울포자퇴   ④ 녹병정자기

해설
식물의 잎과 열매에 노란색 혹은 오렌지색의 작은 반점이 나타나고 중앙에 검은색의 미립점인 녹병정자기가 형성되며 잎 뒷면에는 갈색의 털 모양의 녹포자퇴가 형성된다.

29 밤나무혹벌의 월동 장소와 월동 충태(蟲態)로 옳은 것은?

① 눈(芽) 속에서 알로 월동
② 지피물 속에서 알로 월동
③ 눈(芽) 속에서 유충으로 월동
④ 지피물 속에서 번데기로 월동

해설
밤나무 혹벌은 눈속에서 유충형태로 월동한다.

30 낙엽송 잎떨림병의 방제를 위하여 낙엽을 모아서 태우는 이유로 옳은 것은?

① 병원균이 생체에서 월동하므로
② 병원균이 토양 중에서 월동하므로
③ 병원균이 종자에 붙어서 월동하므로
④ 병원균이 병환부 또는 죽은 기주체에서 월동하므로

해설
낙엽송잎떨림병은 병든낙엽이 1차 전염원이기에 방제방법으로 태우는 것이 효과적이다.
※ 낙엽송 잎떨림병
· 기주는 낙엽송류이다.
· 초기 잎의 표면에 작은 반점이 형성되고 9월이 되면 대부분 잎이 떨어진다.
· 방제법으로 병원균이 월동하는 낙엽을 소각한다.
· 낙엽송은 단순림 보다 혼효식재가 좋다.

31 대기 중 공중습도가 30% 이하일 때 산불발생 위험도와의 관계는?

① 잘 발생하지 않는다.
② 발생하지만 진행이 더디다.
③ 발생하기 어렵지만 진화는 쉽다.
④ 대단히 발생하기 쉽고, 진화가 어렵다.

해설
상대습도 60% 이상에서는 거의 발생하지 않으며 40% 이하에서는 발생률이 높고 진화가 어렵다.

정답 27. ① 28. ④ 29. ③ 30. ④ 31. ④

32 아황산가스에 대한 감수성이 가장 큰 것은?

① 편백 ② 소나무
③ 삼나무 ④ 은행나무

해설

아황산가스에 감수성이 큰 것은 저항성이 약한 것을 의미하며 보기 중 소나무가 가장 저항성이 약하다.

※ 대기오염물질 – 아황산가스
- 아황산가스로 인하여 광합성 속도가 감소되고 경엽이 퇴색한다.
- 은행나무, 무궁화는 아황산가스에 강하다.
- 리기다소나무, 낙엽송은 아황산가스에 약하다.

33 벚나무 빗자루병의 병징으로 옳은 것은?

① 잎의 변색 ② 잎과 괴사
③ 잎의 총생 ④ 잎의 시들음

해설

벚나무 빗자루병은 자낭균에 의해 발생하며 병징으로 잔가지가 빗자루모양으로 총생한다.

34 베노밀 수화제를 1000배로 희석하여 ha당 1000L를 살포하려 할 때 필요한 원액의 양은?

① 1000cc ② 100cc
③ 10cc ④ 1cc

해설

살포량이 1000L 이고 이것을 1000배 희석하므로 < 1000L / 1000배 = 1L > 이므로 1000cc 가 필요하다.

35 수병과 중간 기주의 연결이 옳지 않은 것은?

① 포플러 잎녹병 – 낙엽송
② 소나무 혹병 – 황벽나무
③ 잣나무 털녹병 – 까치밥나무
④ 배나무 붉은별무늬병 – 향나무

해설

소나무 혹병의 기주는 소나무, 졸참나무, 신갈나무 등이며 중간기주는 참나무이다.

36 다음 중 수병의 방제 방법 성격이 다른 것은?

① 약제 살포
② 임지 정리 작업
③ 건전 묘목 육성
④ 적절한 수확 및 벌채

해설

보기 중 약제살포는 화학적 방제방법에 속하며 그 외는 임업적 방제방법이다.

37 농약의 보조제에 대한 설명으로 옳지 않은 것은?

① 협력제는 주제의 살충 효력을 증진시킨다.
② 증량제는 주약제의 농도를 높이기 위해 사용한다.
③ 유화제는 유제의 유화성을 높이기 위해 사용한다.
④ 전착제는 식물이나 해충 표면에 살포액이 잘 부착시키기 위해 사용한다.

해설

증량제의 경우 주약제의 농도를 낮추기 위해 사용하는 보조제이다.

38 성비(性比)가 0.55인 곤충이 있다고 가정할 때 전체 개체수가 300 마리이면 곤충 수컷의 개체수는?

① 115마리 ② 135마리
③ 165마리 ④ 185마리

해설

성비는 암컷의 비율을 기준으로 하기에 수컷의 성비는 0.45 이다.
<300×0.45=135>

정답 32. ② 33. ③ 34. ① 35. ② 36. ① 37. ② 38. ②

39 솔껍질깍지벌레는 어느 부류에 속하는가?

① 흡즙성 해충   ② 천공성 해충
③ 식엽성 해충   ④ 충영형성 해충

해설
흡즙성 해충은 수목의 수액을 빨아먹는 해충으로 응애, 진딧물, 깍지벌레 등이 있다.

40 야생동물 분포조사 방법에 해당하지 않는 것은?

① 포획조사   ② 육안조사
③ 지형조사   ④ 설문조사

해설
야생동물 분포도 작성을 위한 조사 방법으로 육안조사, 포획조사, 설문조사, 전수조사 등이 있다.

41 순현재가치를 영(0)이 되게 하는 이자율의 크기로 투자효율을 평가하는 것은?

① 회수기간법   ② 순현재가치법
③ 수익비용비법 ④ 내부수익율법

해설
미래의 수익과 지출이 같게 되어 순현재가치가 0이 되는 할인율을 내부수익률법이라 한다.

42 산림경영계획상의 경사 유형에 따른 절험지를 판단하는 기준으로 옳은 것은?

① 15°미만   ② 15° ~ 25°
③ 20°~25°   ④ 30°이상

해설
절험지의 경우 경사 30° 이상을 말한다.
※ **경사도**

구분	기준
완경사지(완)	경사 15° 미만
경사지(경)	경사 15~20° 미만
급경사지(급)	경사 20~25° 미만
험준지(험)	경사 25~30° 미만
절험지(절)	경사 30° 이상

43 어느 지역의 25년생 잣나무 임분을 조사하였더니 입목축적이 $45m^3/ha$이었으며, 재적표상의 입목재적은 $50m^3/ha$ 이었다면 이 임분의 입목도는?

① 0.5   ② 0.7
③ 0.9   ④ 1.1

해설
임목도는 수확표의 임목재적과 임분의 임목재적을 이용하며 아래와 같이 구한다.
45 ÷ 50 = 0.9
※ **임목도**
임목도는 이상적 임분의 밀도에 대한 실제 임분의 밀도의 비 또는 수확표상에 단면적에 대한 실제 단면적의 비를 말하며, 재적, 본수, 단면적 등을 기준으로 해서 나타낸다.

44 산림면적이 800ha이고, 윤벌기가 40년이며 1영급이 10개의 영계로 구성된 산림의 법정영급면적은?

① 100ha   ② 200ha
③ 300ha   ④ 400ha

해설
법정영급면적 = (면적/윤벌기)×영계수
            = 800/40 × 10 = 200

45 산림평가에 영향을 주는 요인이 아닌 것은?

① 임목   ② 부산물
③ 노동력   ④ 공익적 기능

해설
산림평가는 산림을 구성하는 임지, 임목, 부산물 등의 경제적 가치를 평가한다.

정답 39. ① 40. ③ 41. ④ 42. ④ 43. ③ 44. ② 45. ③

46 단일수입의 복리산식에서 전가계산식으로 옳은 것은?(단, V_n : n년 후의 후가, V_0 : 전가, p : 이율, n : 년수, r : 연년수입 또는 연년지출)

① $V_0 = \dfrac{V_n}{(1+p)^{n-1}}$

② $V_0 = \dfrac{V_n}{(1+p)^n}$

③ $V_n = \dfrac{V_0(1+p)^{n-1}}{p}$

④ $V_n = \dfrac{V_0(1+p)^n}{p}$

[해설]
임업의 대부분은 복리산공식을 채택하며 후가식, 전가식, 무한이자식, 유한이자식이 있다.

47 국유림경영계획 작성을 위한 임황조사의 설명으로 옳지 않은 것은?

① 임종(林種)은 인공림과 천연림으로 구분한다.
② 수종은 혼효림의 경우 5종까지 조사할 수 있다.
③ 영급은 10년을 1영급으로 하며, 기호는 아라비아 숫자로 표기한다.
④ 혼효율은 주요수종의 수관면적비율이나 입목본수비율(재적비율)에 의해 100분율로 산정한다.

[해설]
영급은 10년을 아라비아 숫자가 아닌 로마자 I로 표기한다.
※ **영급 표기**

구분	기준	구분	기준
I	1~10 년	VI	51~60 년
II	11~20 년	VII	61~70 년
III	21~30 년	VIII	71~80 년
IV	31~40 년	IX	81~90 년
V	41~50 년	X	91~100 년

48 다음 중 임업원가의 설명으로 옳지 않은 것은?

① 직접원가(direct costs) : 특정 제품이나 공정에만 발생했다는 것을 쉽게 식별할 수 있는 원가
② 변동원가(variable costs) : 제품의 생산수준에 따라 비례적으로 변동하는 원가
③ 현금지출원가(out-of-pocket costs) : 과거에 이미 현금을 지불하였거나 부채가 발생한 원가
④ 한계원가(marginal costs) : 어떤 생산수준에서 제품을 한 단위 더 생산할 때 추가로 발생하는 원가

[해설]
현금지출원가는 경영자의 결정에 의해 현금의 지출이 발생하는 원가를 의미한다.

49 불완전한 기계 또는 계산에 의해 발생하는 오차는?

① 누적오차
② 상쇄오차
③ 표본오차
④ 과오

[해설]
임목 측정에서 불완전한 기계나 계산에 의해 발생되는 오차를 누적오차라 하며 이렇게 발생된 오차는 크기가 0에 가까워지지 않는 것이 특징이다.

정답 46. ② 47. ③ 48. ③ 49. ①

50 장래에 기대되는 순수입의 현재가 합계로써 임지를 평가하는 방법은?

① 임목비용가법 ② 임지기망가법
③ 임목기망가법 ④ 임지환원가법

해설
임지기망가는 장차 발생될 것으로 기대되는 수익의 합계를 기망가라 하며 임지기망가는 임지의 사업을 영구적으로 실시한다는 가정으로 토지에서 기대되는 순수익의 현재 합계를 말한다.

51 항공 사진을 병용한 표본 조사에서 사용되는 방법은?

① 이중추출법 ② 부차추출법
③ 층화추출법 ④ 계통적추출법

해설
이중추출법은 임업분야에서 다양하게 이용되며 특히 항공사진을 함께 병용한 표본조사에서 많이 이용되고 있다. 항공사진 재적표가 만들어져 있을 때 이것을 다른 구역에 적용하여 사진상의 측정치와 지상조사의 결과를 사용하여 회귀계수를 구하여 전체를 추정하는 방법이 적용된다.

52 임업경영이 유지 발전하려면 임업이 계속 성장해야 한다. 따라서 경영규모나 자산을 전년도와 비교하여 그 변화를 분석할 필요성이 있다. 이와 같은 분석을 무엇이라 하는가?

① 성장성 분석 ② 감가상각비 분석
③ 손익 분석 ④ 부채 분석

해설
임업경영을 위해 경영규모와 자산을 이전의 데이터와 비교, 분석하는 것을 성장성 분석이라 하며 이러한 임목자산 성장성 분석지표 고려시 임목의 성장액, 임목자산의 증감률, 임목성장액의 내부 보유율을 지표로 활용한다.

53 생장주기에 따른 생장량 측정방법의 수식으로 옳지 않은 것은?

V_1 : 측정 초기의 생존입목재적
V_2 : 측정 말기의 생존입목재적
M : 측정기간 동안의 고사량
C : 측정기간 동안의 벌채량
I : 측정기간 동안의 진계생장량

① 초기재적에 대한 순생장량
  $= V_2 + C - I - V_1$
② 초기재적에 대한 총생장량
  $= V_2 + M + C + I - V_1$
③ 진계생장량을 포함하는 순생장량
  $= V_2 + C - V_1$
④ 진계생장량을 포함하는 총생장량
  $= V_2 + M + C - V_1$

해설
생장주기별 생장량 공식
· 초기 재적에 대한 총생장량
  $= V_2+M+C-I-V_1$
· 초기 재적에 대한 순생장량
  $= V_2+C-I-V_1$
· 진계생장량을 포함한 총생장량
  $= V_2+M+C-V_1$
· 진계생장량을 포함한 순생장량
  $= V_2+C-V_1$
· 임목축적에 대한 순변화량 $= V_2-V_1$

54 이론적으로 동일한 지위의 임지에서 벌기에 이르기까지 각 영계의 임분이 동일한 면적씩 존재하도록 구성하는 것은?

① 법정 벌채량 ② 법정 생장량
③ 법정 임분배치 ④ 법정 영급 분배

해설
법정영급분배는 해마다 균등한 수확을 할 수 있도록 각 영급의 면적을 동일하게 하는 것이다.

정답 50. ② 51. ① 52. ① 53. ② 54. ④

55 산림의 가격 평가방법이 아닌 것은?

① 지대가법 ② 기망가법
③ 비용가법 ④ 매매가법

해설

임목 평가 방법

원가방식	원가법, 비용가법
수익방식	수익환원법, 기망가법
원가수익절충방식	Glaser 법, 임지기망가응용법
비교방식	매매가법, 시장가역산법

56 토지 및 기후요소 등을 포함한 입지의 좋고 나쁜 정도에 대한 생산능력의 등급과 재적 생산력을 표시하는 용어는?

① 지세 ② 지위
③ 위치 ④ 지리

해설

지위는 임지가 가지는 생산력을 의미하는데 여러 환경인자에 의해 결정된다.

57 총비용과 총수익이 같아져서 이익이 0(Zero)이 되는 판매액의 수준을 무엇이라 하는가?

① 고정비 ② 변동비
③ 손실영역 ④ 손익분기점

해설

총수익과 총비용이 같아져 이익이 0이 되는 지점을 손익분기점이라 한다.

58 다음 중 공유림 경영 목적으로 옳지 않은 것은?

① 공공복지 증진
② 재정수입 확보
③ 사유림 경영 시범
④ 조림기업이나 개인에게 대부

해설

공유림은 모범적 산림경영을 통해 사유림의 경영에 시범, 공공복지의 증진, 지방재정 확보의 목적을 가진다.

59 잣나무 임분의 현실재적이 300m³/ha 이고, 수확표에서 구한 법정축적이 400m³/ha, 그리고 수확표에서 구한 법정벌채량이 20m³/ha 라고 할 때 훈데스하겐(Hundeshagen) 공식법에 의한 표준연벌채량은?

① 15m³/ha ② 25m³/ha
③ 35m³/ha ④ 45m³/ha

해설

$300 \times \dfrac{20}{400} = 15 \text{m}^3/\text{ha}$

※ 표준벌채량(훈데스하겐법)

현실축적 $\times \dfrac{\text{법정벌채량}}{\text{법정축적}}$

60 임목재적측정을 위하여 임목수간재적표가 이용되고 있다. 우리나라에서 주로 사용되는 일반적 재적표의 측정인자로 옳은 것은?

① 형수와 수고
② 형수와 수령
③ 흉고직경과 수고
④ 흉고직경과 형수

해설

조사한 흉고직경과 수고를 기준으로 수간재적표에서 재적값을 찾는다.

정답 55. ① 56. ② 57. ④ 58. ④ 59. ① 60. ③

61 목재의 충해와 균해를 방지(예방)하고, 장기간 보존하기 위하여 주로 사용되는 저목방법은?

① 수중저목 ② 최종저목
③ 중계저목 ④ 산지저목

해설
목재의 충해와 균해를 방지하기 위한 효율적인 장기보관방법으로 물속에 저장하는 수중저목방법이 있다.

62 노동자 1000인에 대하여 연간 발생하는 사상자 수가 의미하는 것은 옳은 것은?

① 강도율 ② 도수율
③ 연천인률 ④ 종합재해지수

해설
안전성 평가시 근로자 1000명당 1년간에 발생하는 사상자 수를 연천인률이라 한다.
※ 연천인률

$$연천인률 = \frac{1년간 사상자수}{1년간 평균 근로자수} \times 1000$$

63 와이어로프 폐기 기준으로 옳지 않은 것은?

① 킹크된 것
② 현저하게 변형된 것
③ 와이어로프 1피치 사이에 와이어의 단선수가 5% 이상인 것
④ 마모에 의한 와이어로프 지름의 감소가 공칭지름의 7%를 초과하는 것

해설
와이어로프 폐기 기준으로 1피치 사이 와이어의 단선수가 10% 이상인 것으로 한다.
※ 와이어 로프 사용 금지(폐기) 항목
· 이음매가 있는것
· 한 꼬임에 끊어진 소선수 10%이상인 것
· 지름의 감소가 공칭지름 7% 초과
· 심하게 변형되거나 부식
· 열과 전기 충격에 의한 손상

64 체인톱을 소형, 중형, 대형으로 구분하는 기준으로 옳은 것은?

① 가격과 무게
② 출력과 무게
③ 부피와 출고년도
④ 제작회사 및 국가

해설
체인톱은 출력과 무게로 소형, 중형, 대형으로 구분한다.
※ 체인톱의 분류

구분	엔진출력(kW)	무게(kg)	배기량(cc)
소형	2.2	6	25~50
중형	3.3	9	50~70
대형	4.0	12	70~110

65 다음 설명의 (   ) 안에 들어갈 기간은?

> 산림작업에 있어 표준공정은 "표준적인 작업자가 합리적인 작업방법에 의해 보통의 노력으로 얻은 (   )의 작업량" 이라고 규정된다.

① 1시간 ② 1일
③ 1개월 ④ 1년

해설
산림작업에 있어 표준공정은 표준작업자가 합리적인 작업방법으로 작업하였을 경우 표준시간인 하루의 작업량을 의미하며 보통 하루의 8시간을 기준으로 한다.

정답 61. ① 62. ③ 63. ③ 64. ② 65. ②

66 경사지에서 트랙터 평균집재거리가 500m일 때 지선임도밀도(m/ha)는 약 얼마인가? (단, 임도효율계수는 중간 값으로 계산한다.)

구 분	임도효율계수
기복이 약간 있는 평지	4~5
구릉지	5~7
경사지	7~9
급경사지	10~12

① 4
② 6.25
③ 16
④ 62.5

해설
임도효율계수는 주어진 표를 참고하여 중간값인 8 (계수 범위 4~12)을 적용하여 계산한다.
8 ÷ 0.5 = 16
※ 임도밀도(m/ha)
= 임도효율계수/평균집재거리(km)

67 해안사방의 공종으로 옳지 않은 것은?
① 파도막이
② 목책세우기
③ 퇴사울세우기
④ 정사울세우기

해설
해안사방 공종에는 정사울세우기, 퇴사울세우기, 모래덮기, 파도막이 등이 있다.

68 돌망태에 관한 설명으로 옳지 않은 것은?
① 작업실행이 쉽다.
② 표면 조도(粗度)가 크다.
③ 가설공사에 주로 사용된다.
④ 내구성이 길어 영구적이다.

해설
돌망태는 내구성이 약하여 영구적이지 않다
※ **돌망태**
돌망태는 주로 철선이나 섶 등의 선형재료를 이용하여 엮은 원형 혹은 이불형, 정육면체형 등의 망태로 호박돌, 굵은 자갈, 잡석 등을 채운 것을 의미한다. 돌망태의 표면은 조도가 크고 굴요성이 좋으며 작업성이 좋은 장점이 있으나 다소 내구성이 부족한 단점을 가진다.

69 산악지 임도에서 종단물매 8% 구간에 곡선부의 외쪽물매를 6%로 설치하려할 때 합성물매는 무엇인가?
① 5.7%
② 6.8%
③ 8.2%
④ 10.6%

해설
보기 중 가장 근접한 합성기울기는 10.6% 이다.
합성기울기 $= \sqrt{종단기울기^2 + 횡단기울기^2}$
$= \sqrt{8^2 + 6^2} = 10$

70 산림관리기반시설의 설계 및 시설기준에서 직선부의 간선 및 지선임도 유효너비로 옳은 것은? (단, 길어깨, 옆도랑을 제외하고 배향곡선지가 아닌 경우임)
① 3m
② 4m
③ 5m
④ 6m

해설
길어깨, 옆도랑 너비를 제외한 임도의 유효너비는 3m 로 하며 배향곡선지의 경우 6m 이상을 기준으로 한다.

71 체인톱에 의한 벌목 및 조재작업을 효율적으로 실행하기 위한 조건으로 옳지 않은 것은?
① 무선(리모콘)으로 조작이 가능할 것
② 소음과 진동이 적고, 내구성이 높을 것
③ 무게가 가볍고, 소형이며 취급이 간편할 것
④ 연료의 소비, 수리비, 유지비 등 경비가 적게 소요될 것

해설
체인톱의 안전한 사용을 위해서 무선 조작 방법은 사용하지 않는다.

정답 66. ③ 67. ② 68. ④ 69. ④ 70. ① 71. ①

72 일반적인 도수라(道修羅)의 활로 너비는?

① 1 ~ 2m   ② 2 ~ 3m
③ 3 ~ 4m   ④ 4 ~ 5m

해설
도수라의 활로 너비는 1~2m 정도를 기준으로 한다.

73 외래초본류를 도입하여 사용하는 녹화파종 공법에 관한 설명으로 옳지 않은 것은?

① 생육이 왕성하여 뿌리의 자람이 좋은 편이다.
② 일반적으로 발아가 빠르고 조기에 식피(植被)를 형성한다.
③ 지표의 유기물질을 집적하여 토양의 성질을 개선해 준다.
④ 안전식생상을 형성하기 위해서는 재래 초본은 심지 않는다.

해설
외래 초본류는 일반적으로 발아가 빠르고 지표의 피복효과가 기대되며 토양의 긴박력이 크기 때문에 재래초본류와 함께 혼합하여 사용한다.

74 다음 삭도방식 중 운재거리가 가장 긴 것은?

① 반가선식 삭도
② 복선순환식 삭도
③ 단선순환식 삭도
④ 반송줄부착교주식 삭도

해설
반송줄부착 교주식 삭도에서는 빈 반송기를 작업장소로 회송하는 반송전용의 가공삭 로프를 설치하는데 이것을 반송줄이라 하며 삭도방식 중에서 운재거리가 가장 긴 것이 특징이다.

75 다음 중 비탈면 녹화에 적당한 사방용 초류의 구비 조건으로 옳지 않은 것은?

① 재생력이 강해야 한다.
② 척박지와 건조에 잘 견디어야 한다.
③ 일년생으로 초장이 높고 널리 퍼져야 한다.
④ 뿌리, 줄기 및 지상경의 번식력이 커야 한다.

해설
비탈면 녹화의 경우 교목 혹은 키가 작은 초류를 식재하는 것이 일반적이다.

76 토공작업에 적합한 장비로 옳지 않은 것은?

① 굴착 – 파워쇼벨, 백호우
② 운반 – 불도저, 덤프트럭
③ 다지기 – 로드롤러, 탬퍼
④ 정지 – 모터그레이더, 트렌쳐

해설
트렌쳐의 경우 굴착작업용 기기이다.

77 임도에 관한 설명으로 옳지 않은 것은?

① 농-산촌간 지역교통 개선 기능이 있다.
② 삼림의 경영 및 관리를 위하여 설치한 도로이다.
③ 일반적으로 임도의 설계속도는 60km/h로 설정하여 계획한다.
④ 산림과 시장을 연결하여 임산물과 인원을 수송하는 등 중요한 역할을 가지고 있다.

해설
임도의 설계속도는 일반적으로 20~40 km/h 범위에서 설정하여 계획한다.

※ **임도 설계속도**

구분	설계속도(km/hr)
간선임도	20~40
지선임도	20~30

정답 72. ① 73. ④ 74. ④ 75. ③ 76. ④ 77. ③

78 다음 중 계간사방의 목적으로 옳지 않은 것은?

① 유량의 증대
② 유송토사의 조절
③ 토석류의 발생억제
④ 계상의 종횡침식방지

해설
계간사방은 이동토사를 조절해 침식을 방지하고 토석류 발생을 억제한다.

79 일반적으로 무근콘크리트를 사용하는 옹벽공법은?

① T자형옹벽
② L자형옹벽
③ 부벽식옹벽
④ 중력식옹벽

해설
중력식 옹벽은 무근콘크리트로 만들어지며 자중에 의해 안정이 유지가 된다.

80 평상시에는 유량이 적지만 강우시에 유량이 급격히 증가하는 지역 등과 같은 곳에 설치하는 배수장치는?

① 도랑
② 세월시설
③ 빗물받이
④ 횡단배수관

해설
세월교(세월시설)는 갑작스럽게 많은 비가 올 때 유량이 급증하는 지역에 적합한 시설이다.

정답 78. ① 79. ④ 80. ②

2014년 제2회 산림산업기사

01 다음 중 암수한그루로 나열된 것으로 옳은 것은?

① 왕버들, 소철
② 굴참나무, 오리나무
③ 은행나무, 버드나무
④ 물푸레나무, 단풍나무

해설
암수한그루(자웅동주)에는 오리나무, 삼나무, 소나무, 굴참나무, 가래나무, 호두나무, 밤나무 등이 있다.

02 1.8m 간격으로 정방형 식재를 할 때 1ha의 면적에 필요한 묘목 소요량은?(단, 평지일 경우이다.)

① 2506주 ② 3086주
③ 4186주 ④ 5016주

해설
10000 ÷ (1.8×1.8) = 약 3086 주
※ 정방형 식재
$N = \dfrac{A}{a^2}$
N : 식재 묘목수
A : 조림지 면적
a : 묘목, 줄 사이 거리

03 동일한 수목의 양엽(陽葉, sun leaf)과 음엽(陰葉, shade leaf)을 비교한 설명으로 옳지 않은 것은?

① 양엽은 음엽보다 광포화점이 높다.
② 음엽은 양엽보다 잎의 두께가 두껍다.
③ 음엽은 양엽보다 엽록소 함량이 더 많다.
④ 양엽은 음엽보다 책상조직이 빽빽하게 배열되어 있다.

해설
양엽이 음엽보다 색이 진하고 잎이 두껍다.

04 종자 크기가 대립(大粒)인 수종으로만 구성된 것은?

① 소나무, 단풍나무
② 잣나무, 자작나무
③ 전나무, 은행나무
④ 밤나무, 호두나무

해설
대립종자에는 밤나무, 가래나무, 호두나무, 상수리나무 등이 있다.

05 종자 발아능력 검사방법 중 생리적인 면을 다룰 수 없는 것은?

① 발아시험   ② 배추출시험
③ X선사진법 ④ 테트라졸리움시험

해설
X선 사진법은 내부의 촬영을 통해 상처나 해충의 피해 식별이 가능하나 생리적인 측면은 확인이 어렵다.

정답 01. ② 02. ② 03. ② 04. ④ 05. ③

06 수관급에 기초해서 행하여지는 간벌방법으로 옳지 않은 것은?

① 정량간벌 ② 하층간벌
③ 상층간벌 ④ 택벌식간벌

> **해설**
> 정성적 간벌의 경우 수관급을 기준으로 하며 종류로 상층간벌, 하층간벌, 택벌식간벌, 기계적 간벌 등이 대표적이다. 정량간벌의 경우 양을 기준으로 하며 정성적 간벌과는 기준이 다르다.

07 풀베기(밑깎기) 작업에 대한 설명으로 옳지 않은 것은?

① 둘러베기는 조림목의 주변에 나는 잡초목만을 제거한다.
② 줄베기는 조림목이 심어진 줄에 따라 잡초목을 제거한다.
③ 풀베기란 조림목의 생육에 지장을 주는 잡초 또는 쓸데없는 관목을 제거한다.
④ 모두베기는 지상식생의 피압으로 수형이 나빠지기 쉬운 음수에 적용한다.

> **해설**
> 모두베기는 주로 양수에 적용한다.

08 개벌작업의 장점으로 옳지 않은 것은?

① 비용이 절약된다.
② 음수성 수종에 적당하다.
③ 작업의 실행이 쉽고 빠르다.
④ 비슷한 크기의 목재를 생산할 수 있다.

> **해설**
> 개벌작업은 주로 양수 수종에 적합하다.

09 다음 중 많이 쓰면 토양이 산성으로 되는 것은?

① 요소 ② 용성인비
③ 석회질소 ④ 황산암모니아

> **해설**
> 황산암모니아에는 황이 함유되어 있어 산성화로 인하여 산성토양이 될 수 있다.

10 채종원의 입지조건으로 옳지 않은 것은?

① 통풍이 잘 되고 냉해가 없는 곳
② 500m 이내에 동종 임분이 있는 곳
③ 기후조건이 개화·결실에 알맞은 곳
④ 노동력 공급이 잘 되고 교통이 편리한 곳

> **해설**
> 채종원은 외부 화분에 의한 수정을 막기 위하여 동종 임분에서 500m 이상 떨어진 곳으로 선택한다.

11 교호대상개벌법을 적용할 때의 대폭(帶幅) 결정요인으로 옳지 않은 것은?

① 지형 ② 내음력
③ 모수와 수형 ④ 종자의 비산 능력

> **해설**
> 교호대상개벌법은 임지를 띠모양의 작업단위로 나누어 벌채하는 방법으로 대폭의 결정을 위해 지형, 내음력, 수종에 따른 종자의 비산능력, 풍도 등을 고려하여 일반적으로 대폭은 모수 수고의 1/2~4배 정도로 하는 것이 좋다.

정답 06. ① 07. ④ 08. ② 09. ④ 10. ② 11. ③

12 묘포의 구획으로 가장 적합한 것은?

① 묘상은 동서방향, 상 너비 1~2m, 보도 너비 1m
② 묘상은 동남방향, 상 너비 1.5~2.5m, 보도 너비 1m
③ 묘상은 동서방향, 상 너비 1~2m, 보도 너비 30~50cm
④ 묘상은 남북방향, 상 너비 1.5~2.5m, 보도 너비 30~50cm

해설
묘상은 동서로 길게 하며 상의 너비는 1~2m, 통로인 보도의 너비는 30~50cm 정도로 한다.

13 산[生] 가지치기의 실행시기로 적합한 것은?

① 여름철 장마 직후
② 수목의 생장이 활발할 때
③ 봄부터 가을까지 비가 온 직후
④ 수목생장 휴지기 중 수액 유동 직전

해설
가지치기는 수액 유동이 줄어드는 생장휴지기 기간인 11월에서 이듬해 3월이 적합하다.

14 다음 중 내음력이 가장 약한 수종은?

① 녹나무   ② 전나무
③ 자작나무 ④ 가문비나무

해설
내음력이 약한 수종은 양수 수종을 의미하며 보기 중 자작나무는 극양수로서 내음력이 가장 약한 수종이다.

15 삽목 발근이 잘 되는 수종으로 옳지 않은 것은?

① 소나무   ② 회양목
③ 향나무   ④ 삼나무

해설
소나무, 오리나무 등은 삽목 발근이 어려운 수종이다.

16 비료목에 대한 설명으로 옳지 않은 것은?

① 비료목을 식재한 지역에는 시비하지 않는다.
② 임지 비배효과 증대를 위해 비료목을 혼효식재한다.
③ 임목의 건전한 생산성을 위하여 심는 보조적 임목을 말한다.
④ 척박한 임지에 주임목의 생장촉진을 위해 비료목을 혼효식재한다.

해설
비료목은 임지의 지력을 향상시키는데 도움은 주지만 그 지역에 시비를 중단하는 것은 아니다.

17 중림작업법에 대한 설명으로 다음 빈 칸에 알맞은 것은?

중림작업법이란 (①) 구역 안에서 용재 생산을 목적으로 하는 (②)과 땔감 생산을 목적으로 하는 (③)을 함께 세워 경영하는 작업법을 말한다.

① ① : 같은 ② : 교림 ③ : 왜림
② ① : 다른 ② : 교림 ③ : 왜림
③ ① : 같은 ② : 왜림 ③ : 교림
④ ① : 다른 ② : 왜림 ③ : 교림

해설
중림작업은 같은 구역에 용재 생산을 목적으로 하는 교림과 연료재 생산을 목적으로 하는 왜림을 함께 실시한다.

18 다음 중 겉씨식물에 속하는 것은?

① 구상나무   ② 오동나무
③ 신갈나무   ④ 오리나무

해설
소나무과에 속하는 구상나무는 겉씨식물이다.

정답 12. ③ 13. ④ 14. ③ 15. ① 16. ① 17. ① 18. ①

19 균사가 뿌리피층의 세포간극에 균사망을 형성하는 균근은?

① 의균근　　② 내생균근
③ 외생균근　④ 내외생균근

> **해설**
> 외생균근은 균사가 식물의 뿌리 표면에 번식하면서 뿌리 피층 세포간극에 균사망을 형성하게 된다.

20 숲의 기능에 대한 설명으로 옳지 않은 것은?

① 소음 방지기능
② 토사유출 방지기능
③ 야생동물 보호기능
④ 목재 생산성 향상기능

> **해설**
> 산림의 기능으로 수원함양기능, 대기정화기능, 산림 정수기능, 토사유출 및 붕괴 방지기능, 야생동물 보호기능 등이 있다.

21 다음 중 표징(標徵)에 해당되는 것은?

① 위축　　② 균사체
③ 시들음　④ 줄기마름

> **해설**
> 균사체는 표징에 해당한다.

22 수목치료를 위한 수간주입방법 중 주입기 용량이 가장 작은 것은?

① 중력식　　② 삽입식
③ 흡수식　　④ 미세압력식

> **해설**
> 삽입식 방법은 약액을 나무에 천천히 주입하기 위한 것으로 주입 직경이 1cm 정도로 작다.

23 해충의 생물적 방제법으로 천적을 이용할 때 효과가 가장 높은 포충동물로 옳은 것은?

① 충류　　② 어류
③ 조류　　④ 포유류

> **해설**
> 생물적 방제에는 포충동물, 기생곤충, 병원생물등 다양한 방법이 있다. 그중에서 포충동물은 조류, 양서류, 파충류가 있는데 활동범위가 넓은 조류가 가장 효과가 좋은 것으로 나타난다.

24 일반적으로 1년에 2회 발생하고 월동은 번데기로 하며 주로 잎을 가해하는 해충은?

① 대벌레　　② 매미나방
③ 미국흰불나방　④ 잣나무넓적잎벌

> **해설**
> 미국흰불나방은 1년에 2회 발생하며 나무 껍질 혹은 지피물 밑에서 번데기 형태로 월동한다.

25 산불을 인위적으로 조절하여 산림경영상 얻는 효용으로 옳지 않은 것은?

① 적당한 불로 병해충을 방제할 수 있다.
② 우량목의 경제적 가치 향상이 기대된다.
③ 낙엽, 죽은 가지, 고사목 등을 제거할 수 있다.
④ 관목류가 밀집된 지역의 야생목초의 양과 질이 개량된다.

> **해설**
> 산불은 나무에 직접적인 피해를 주는 원인으로 우량목의 경제적 가치 향상과는 관련이 없다.

정답 19. ③　20. ④　21. ②　22. ②　23. ③　24. ③　25. ②

26 다음 포유류 가운데 천연기념물로 지정된 것이 아닌 것은?

① 삵　　② 산양
③ 수달　　④ 물범

해설
천연기념물의 종류로 삽살개, 물범, 하늘다람쥐, 산양, 진돗개, 수달 등이 있다. 삵은 멸종위기 야생동물로 지정되어 있다.

27 단성생식으로 다음 세대를 이어가는 해충으로 옳은 것은?

① 솔노랑잎벌
② 밤나무혹벌
③ 천막벌레나방
④ 소나무노랑점바구미

해설
밤나무혹벌은 암컷만으로 단성생식을 한다.

28 가뭄 피해에 관한 설명으로 옳지 않은 것은?

① 주로 장령림에게 피해가 집중된다.
② 임지에 비해 묘포지는 피해가 적다.
③ 남쪽 또는 서쪽 사면의 토양의 깊이가 얕은 곳에 발생이 쉽다.
④ 토양의 수분 부족으로 나무의 끝이 말라 죽거나 생장이 감소하는 현상이다.

해설
장령림의 경우 가뭄에 대한 저항성이 있어 피해가 적은 편이다.

29 뽕나무 오갈병의 원인이 되는 병원체는?

① 세균　　② 곰팡이
③ 바이러스　　④ 파이토플라스마

해설
파이토플라스마에 의한 수병으로 오동나무 빗자루병, 대추나무빗자루병, 뽕나무 오갈병이 있다.

30 아황산가스에 의한 수목 피해가 증가하는 환경조건은?

① 낮은 온도
② 낮은 일조량
③ 낮은 대기습도
④ 낮은 토양영양

해설
아황산가스의 경우 온도, 습도, 광도 등의 주위 환경적 요인에 의해 피해가 더 커지거나 감소하기도 한다. 토양의 영양정도가 낮을 경우 저항성이 약해져 피해가 증가한다.

31 소나무에게 소나무재선충을 전파하는 매개충으로 옳은 것은?

① 딱정벌레
② 솔수염하늘소
③ 솔껍질깍지벌레
④ 소나무왕진딧물

해설
소나무재선충의 매개충은 솔수염하늘소이다.

32 농약의 부작용으로서 가장 좁은 의미의 약해(phytotoxicity)의 설명으로 옳은 것은?

① 야생동물, 가축이 입는 피해
② 잔류농약에 의한 생태계의 피해
③ 방제대상이 아닌 식물이 입는 피해
④ 꿀벌, 누에 등 유용곤충이 입는 피해

해설
농약의 부작용 범위를 물었으며 이때 농약의 사용대상인 방제대상 외의 식물이 입을 경우가 가장 좁은 약해의 범위이며 그 외의 동물이나 곤충 등이 입는 부작용의 범위, 다음으로 큰 의미로 생태계의 부작용으로 정의할 수 있다.

정답 26. ① 27. ② 28. ① 29. ④ 30. ④ 31. ② 32. ③

33 무기영양원의 부족 및 과다로 인해 발생하는 수목 피해에 관한 설명으로 옳지 않은 것은?

① 망간은 철과 마찬가지로 엽록소의 구성 성분이며 결핍되면 잎이 누렇게 된다.
② 토양산도를 낮추려고 석회를 과다하게 처리하면 염기성이 높아져 철 결핍 증상이 나타난다.
③ 구리독성은 잎맥사이의 엽육조직에 나타나는 황화와 식물체의 전반적인 위축 현상의 원인이다.
④ 망간 및 철 결핍증상을 치료하기 위해서는 킬레이트화합물의 형태로 잎이 전개되기 전에 분무한다.

해설
결핍증상 치료를 위해서는 킬레이트화합물 형태의 경우 불용성이 되기에 망간과 철을 킬레이트화하여 토양에 처리하여 뿌리에서 흡수하도록 유도한다.

34 늦가을 줄기에 짚을 감아 두었다가 봄에 이것을 모아 태워 해충과 익충도 함께 유살되는 방법은?

① 식이유살법　② 등화유살법
③ 번식처유살법　④ 잠복장소유살법

해설
먹이나무를 설치하거나 월동을 위한 장소를 제공하여 유인한 후 이것을 소각하는 방법으로 잠복장소유살법이라 한다.

35 잣나무 털녹병에서 잎의 기공을 통하여 침입하는 것은?

① 녹포자　② 여름포자
③ 담자포자　④ 겨울포자

해설
잣나무 털녹병균은 담자포자가 바람에 의해 전반되며 잎의 기공으로 침입, 줄기로 전파된다.

36 다음 병원균 중 기주교대를 하는 것은?

① 녹병균　② 흰가루병균
③ 모잘록병균　④ 빗자루병균

해설
녹병균은 기주식물에서 녹병포자, 녹포자를 형성하고 중간기주로 이동하여 여름포자, 겨울포자, 담자포자를 형성한다.

37 대추나무 빗자루병에 관한 설명으로 옳지 않은 것은?

① 병원체는 바이러스이다.
② 주로 체관부(phloem)에 기생한다.
③ 마름무늬매미충에 의해 매개 전염된다.
④ 옥시테트라싸이클린 수간주사로 치료가 가능하다.

해설
대추나무 빗자루병의 병원체는 파이토플라스마이다.

38 수목의 세균성 병균에 관한 설명으로 옳지 않은 것은?

① 세균성 병균은 종합적 방제가 필요하다.
② 유관속병은 물관이 침해되어 식물이 말라 죽는다.
③ 유조직병은 조직의 부패, 반점, 잎마름 등의 병징이 나타난다.
④ 감염된 식물체에서는 표징이 나타나지 않고 병징만 관찰이 가능하여 지표식물로 많이 이용된다.

해설
세균성 병원균은 종류에 따라 표징만 나타나거나 병징만 나타나는 경우가 있다.

정답　33. ④　34. ④　35. ③　36. ①　37. ①　38. ④

39 오리나무잎벌레의 생활사에 대한 설명으로 옳은 것은?

① 알로 월동하고 줄기에 산란한다.
② 유충으로 월동하고 잎에 산란한다.
③ 성충으로 월동하고 잎에 산란한다.
④ 번데기로 월동하고 줄기에 산란한다.

> **해설**
> 오리나무 잎벌레는 성충으로 지피물 혹은 흙속에 월동한다.

40 삼나무 붉은마름병균의 발병원인으로 옳은 것은?

① 기공을 통한 균류 침입
② 수공을 통한 세균 침입
③ 상처를 통한 바이러스 침입
④ 표피를 뚫은 파이토플라스마 침입

> **해설**
> 삼나무 붉은마름병균은 자연개구부 중 기공을 통해 침입한다.

41 임업소득의 계산방법 중 가족노동에 귀속하는 소득은?

① 임업소득 - 가족임금추정액
② 임업소득 - (자본이자 + 지대)
③ 임업소득 - (가족노임추정액 + 지대)
④ 임업소득 - (가족노임추정액 + 자본이자)

> **해설**
> 가족노동에 귀속하는 소득은
> <임업소득-(자본이자+지대)> 이다.
> ※ 임업소득
> ・경영관리에 귀속하는 소득
>   =임업순수익-(지대+자본이자)
> ・임지에 귀속하는 소득
>   =임업소득-(자본이자+가족노임추정액)
> ・자본에 귀속하는 소득
>   =임업소득-(지대+가족노임추정액)

42 다음 임업자산 중 고정자산으로 옳지 않은 것은?

① 묘목　② 차량
③ 임도　④ 집재기

> **해설**
> 묘목은 유동자산에 속한다.
>
> | 고정자산 | 임지, 건물, 기계 등 |
> |---|---|
> | 유동자산 | 미처분임산물, 묘목, 비료, 종자 등 |

43 유사한 재화의 거래가격과 비교하여 간접적으로 산림을 평가하기 위하여 주로 성숙림의 가치평가에 이용하는 것은?

① 비용가　② 기망가
③ 자본가　④ 매매가

> **해설**
> 임목매매가는 실제 시장에서 거래되는 가격을 조사하여 임목의 가격을 결정하는 방법이다.

44 산림경영의 목적을 달성하기 위한 지도원칙으로 옳지 않은 것은?

① 수익성의 원칙
② 공공성의 원칙
③ 합자연성의 원칙
④ 비교우위의 원칙

> **해설**
> 산림경영 지도원칙으로는 수익성, 경제성, 생산성, 공공성, 보속성, 합자연성의 원칙이 있다.

정답 39. ③　40. ①　41. ②　42. ①　43. ④　44. ④

45 산림경영계획 수립 시 산림개황 조사에 해당되지 않는 것은?

① 기상관계 조사
② 삼림의 실태
③ 산간 주민의 실정
④ 산주 및 정부의 의지

> **해설**
> 산림경영계획 일반현황(산림개황부분)
> ・사회, 경제적 여건
> ・임업노동력의 수급 가능성
> ・기후 현황
> ・산림에 대한 주민의 인식
> ・지역 주민의 산림에 대한 욕구
> ・산림휴양 관련 시설 유무 및 개발 가능성

46 산림경영계획의 사업실행 순서로 옳은 것은?

① 연차계획 → 사업예정 → 사업실행 → 조사업무
② 조사업무 → 연차계획 → 사업예정 → 사업실행
③ 조사업무 → 사업예정 → 연차계획 → 사업실행
④ 연차계획 → 조사업무 → 사업예정 → 사업실행

> **해설**
> 산림경영계획은 연차계획이후 사업을 예정하고 실행 후 실행에 대한 조사 순서로 이루어진다.

47 수확조정기법 중 평분법에 대한 설명으로 옳지 않은 것은?

① 재적평분법은 일반적으로 경제변동에 대한 탄력성이 없는 것으로 평가된다.
② 절충평분법은 재적평분법과 면적평분법의 장점을 채택하여 절충한 것이다.
③ 면적평분법은 제2윤벌기에 산림이 법정상태가 되어 개벌작업에는 응용할 수 없다.
④ 평분법의 특징은 윤벌기를 일정한 분기로 나누어 분기마다 수확량을 균등하게 하는 것이다.

> **해설**
> 면적평분법은 제 2 윤벌기에 법정상태가 되면 분기의 면적을 균등하게 하므로 개벌작업 응용이 가능하다. 반대로 택벌작업에 응용할 수가 없다

48 측고기 사용상의 주의사항으로 가장 옳은 것은?

① 수고 정도의 거리에서 측정한다.
② 수고보다 가까운 거리에서 측정한다.
③ 나무가 서 있는 등고선보다 높은 위치에 서만 측정한다.
④ 나무가 서 있는 등고선보다 낮은 위치에 서만 측정한다.

> **해설**
> 측고기를 사용시 가장 정확한 수고 측정을 위해서는 수고 정도의 거리를 이격하여 측정한다.

49 감가상각비를 산출하는 방법으로 취득원가에서 감가상각비 누계액을 뺀 다음 감가율을 곱하여 산출하는 방법은?

① 정액법   ② 정률법
③ 연수합계법   ④ 작업시간비례법

> **해설**
> 정률법은 연도 초 가액의 일정 비율을 매년 감가상각액으로 감하는 방법이다.

정답 45. ④ 46. ① 47. ③ 48. ① 49. ②

50 임업을 경영하는 임가에서 2020년 한 해 동안 임가 소득은 3억원, 임업소득은 1억2천만원이라면 이 임가의 2020년 임업의존도는 몇 %인가?

① 30% ② 40%
③ 45% ④ 50%

해설

임업의존도
$= \dfrac{\text{산림소득}}{\text{임가소득}} \times 100(\%) = \dfrac{1.2억}{3억} \times 100 = 40(\%)$

51 임지기망가의 크기에 대한 설명으로 옳지 못한 것은?

① 벌기가 커질수록 임지기망가는 커진다.
② 이율이 높을수록 임지기망가는 작아진다.
③ 조림비와 관리비가 클수록 임지기망가는 작아진다.
④ 주벌수익과 간벌수익이 클수록 임지기망가는 커진다.

해설

벌기가 커지면 임지기망가는 증가한다. 단, 최대시기 도달 이후는 점차 감소한다.

※ 임지기망가 영향인자

주벌, 간벌 수익	수익이 클수록 임지기망가도 커진다.
조림비, 관리비	조림비, 관리비가 클수록 임지기망가는 작아진다.
이율	이율은 낮을수록 임지기망가는 커진다.

52 법정축적이 400m³/ha 이고 윤벌기가 80년으로 경영 되고 있는 법정림의 법정연벌량은?

① 2.5m³ ② 5.0m³
③ 10.0m³ ④ 15.0m³

해설

법정연벌률 $= \dfrac{200}{\text{윤벌기}} = \dfrac{200}{80} = 2.5$

법정연벌량 $= \dfrac{\text{법정연벌률} \times \text{법정축적}}{100}$

$= \dfrac{2.5 \times 400}{100} = 10$

53 다음은 시장가역산법으로 임목을 평가하는 수식이다. 이 식에서 f 는?

$$X = f\left(\dfrac{a}{1+lr} - b\right)$$

① 생산비 ② 이용률
③ 임목시가 ④ 원목시가

해설

시장가역산법 공식

$X = f\left(\dfrac{A}{1+mP+r} - B\right)$

X : 단위 재적당 임목가격,
f : 조재율(이용률), P : 월이율,
m : 자본 회수 기간 r : 기업이익률,
B : 단위재적당 벌목, 운반 비용

54 다음 중 수고 측정 기구가 아닌 것은?

① 트랜짓(transit)
② 덴드로미터(dendrometer)
③ 빌티모아스틱(biltimore stick)
④ 아보네이레벨(Abney hand level)

해설

빌트모아스틱은 직경 측정 장비이다.

정답 50. ② 51. ① 52. ③ 53. ② 54. ③

55 자본장비도와 자본효율의 개념을 임업경영에 적용한 것으로 옳은 것은?

① 자본장비도 : 소득, 자본효율 : 노동
② 자본장비도 : 노동, 자본효율 : 생장률
③ 자본장비도 : 임목축적, 자본효율 : 노동
④ 자본장비도 : 임목축적, 자본효율 : 생장률

해설
자본장비도를 임업에 적용할 경우 임목축적, 자본효율은 생장률에 해당한다.

56 산림경영계획을 위한 산림구획에 대한 설명 중 옳지 않은 것은?

① 공유림경영계획구는 일반적으로 행정구역(시, 군, 구등)으로 나눈다.
② 소반은 필요에 의해 구획을 변경할 수 있으며 소반번호는 가, 나, 다 등의 일련번호를 붙인다.
③ 임반의 면적은 불가피한 경우를 제외하고는 100ha 내외로 구획한다.
④ 동일한 임반 내에서 임종, 임상 및 작업종이 상이할 경우에는 소반으로 구획한다.

해설
소반의 번호는 아라비아 숫자로 기입한다.

57 우리나라 산림조사에서 주로 사용하는 임목직경 측정의 괄약은?

① 2cm 괄약   ② 3cm 괄약
③ 4cm 괄약   ④ 5cm 괄약

해설
우리나라의 경우 임목직경의 측정은 2cm 괄약으로 한다.

58 임분 재적이 180m³, 임분 형수가 0.4, 임분 평균 수고가 15m일 경우, 이때의 흉고단면적은?

① 4.8m²   ② 12m²
③ 30m²   ④ 72m²

해설
180 = 흉고단면적 × 15 × 0.4
흉고단면적(m²) = 30
※ 형수법
재적=단면적×높이×형수

59 임목자산 경영용어로서 매각액의 설명으로 옳은 것은?

① 매각한 임목의 순이익
② 매각한 임목의 실제판매 가격
③ 매각한 임목의 육림비용 누적액
④ 매각한 임목의 가격과 비용의 차이

해설
임목자산에서 매각액은 매각한 임목의 육림비용의 누적액을 의미한다.

60 연료 획득 또는 조상의 묘를 모시기 위하여 5ha 미만의 사유림을 보유하고 경영하는 임업의 형태로 옳은 것은?

① 겸업임업   ② 주업임업
③ 부업임업   ④ 농가임업

해설
조상의 묘를 모시기 위한 개인용도로서 5ha 미만의 사유림의 경우 농가임업이라 할 수 있다.
※ 사유림의 경영주체

구분	면적	특징
농가임업	5ha 미만	목재생산 목적보다 농용재 및 개인 용도 등으로 사용
부업적임업	5~30ha	농업과 부업적 경영을 목적
겸업적임업	30~100ha	농업, 축산업등의 다른 사업과 함께 임업을 경영
주업적임업	100ha 이상	임업경영을 주목적으로 별도의 경영진을 보유

정답 55. ④ 56. ② 57. ① 58. ③ 59. ③ 60. ④

61 임도개설시 m³당 임목수집비를 고려할 때 효율성과 경제성이 가장 큰 위치는?

① 능선부 ② 산복부
① 계곡부 ④ 복합지역

해설
산록부와 산복부에 설치하는 산복임도는 집재작업 효율이 높아 임목수집비가 적게 들어 경제적이다.

62 양각기계획법으로 1 : 25000 지형도상에 종단물매 10%인 노선을 배치할 때 양각기 조정 폭은?

① 0.2cm ② 0.4cm
③ 0.6cm ④ 0.8cm

해설
10 : 100 = 10 : 수평거리
→ 수평거리 : 100m
양각기 조정폭 : 100m × 1/25000
= 4mm
※ 양각기계획법
양각기를 이용하여 지형도상에 적정한 종단물매의 임도예정노선을 그리는 것을 양각기계획법이라 한다. 즉 양각기의 1폭을 영선의 수평거리로 하며, 지형도의 간격을 높이로 하여 종단물매를 산출하며 임도예정노선을 나타내는 방법이다.

63 산복사방에서 비탈다듬기공사의 토사량 계산법으로 옳지 않은 것은?

① 평면적법 ② 삼각주체법
③ 구형주체법 ④ 평균단면적법

해설
평면적법은 계단연장에 적용되는 방법이다.
※ **비탈다듬기 토사량** : 구형주체법, 삼각주체법, 평균단면적법

64 다음 중 작업로망 배치형태의 이용성이 가장 높은 형태는?

① 방사형 ② 단선형
③ 간선어골형 ④ 방사복합형

해설
작업로 배치 형태의 이용효율
수지형 > 어골형 > 단선형 > 방사형

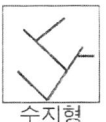 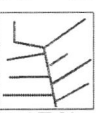  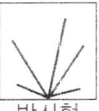
수지형   어골형   단선형   방사형

65 종단면도에서 지반고가 계획고보다 상부에 위치한 구간은 어떤 구간인가?

① 사토구간 ② 다짐구간
③ 땅깎기구간 ④ 흙쌓기구간

해설
종단면도에서 지반고가 계획고보다 상부에 위치하는 구간은 땅깎기 구간이다.

66 임도에 있어서 단곡선을 설치할 때 교각이 90°, 외선장이 15m인 경우 곡선반지름은 얼마인가?

① 16.2m ② 24.1m
③ 36.2m ④ 44.1m

해설
외선길이 = 곡선반지름$[\sec(\frac{\theta}{2}) - 1]$

$15 = $ 곡선반지름$\times [\sec(\frac{90}{2}) - 1]$

곡선반지름 $= 15 \div 0.4142 ≒ 36.2$

정답 61. ② 62. ② 63. ① 64. ③ 65. ③ 66. ③

67 사방댐에 있어 계류바닥의 계획물매는 일반적으로 현물매의 어느 정도를 표준으로 하는가?

① 1/5 ~ 1/4 ② 1/4 ~ 1/3
③ 1/3 ~ 1/2 ④ 1/2 ~ 2/3

해설
계획물매는 현 물매의 1/2~2/3 정도를 표준으로 한다.

68 해안사지조림용 수종이 구비해야 할 일반적인 조건으로 옳지 않은 것은?

① 바람에 대한 저항력이 클 것
② 온도의 급격한 변화에도 잘 견딜 것
③ 양분과 수분에 대한 요구가 적을 것
④ 낙엽·낙지가 적고 증산량이 많을 것

해설
해안사지조림용은 수분의 요구도가 적어야 생존에 유리하므로 증산량도 적어야 한다.
※ **해안사지 조림 수종 구비 조건**
· 양분과 수분 요구도가 적을 것
· 온도의 급격한 변화에 잘 견딜 것
· 비사, 한해, 조해 등의 피해에 잘 견딜 것
· 울폐력이 좋고 낙엽, 낙지 등으로 지력을 증진시킬 수 있을 것

69 임도 식생사면의 유지보수에 대한 설명으로 옳지 않은 것은?

① 사면으로 직접 물이 흐르도록 배수시설을 설치한다.
② 강수량이 일시 집중적인 곳에는 붕괴에 대비 하여야 한다.
③ 떼붙임을 한 사면은 1년에 1 ~ 2회 정도 풀베기를 실시하여 다른 식물의 생장을 막아주어야 한다.
④ 나무가 너무 크면 풍우에 넘어져서 비탈면 붕괴의 원인이 되기도 하기 때문에 적당한 시기에 가지치기를 한다.

해설
사면의 토사 유실 방지를 위해 직접 물이 흐르지 않도록 배수시설을 설치하여 준다.
※ **사면 배수시설 종류** : 사면끝 배수시설, 소단배수시설, 도수로 배수시설

70 황폐계천 사방공작물 중 종공작물(縱工作物)로 옳지 않은 것은?

① 수제   ② 둑쌓기
③ 바닥막이 ④ 기슭막이

해설
바닥막이는 횡공작물에 속한다.
※ **횡공작물 종류** : 사방댐, 구곡막이, 골막이, 바닥막이 등

71 배향곡선지에서 길어깨·옆도랑의 너비를 제외한 임도의 유효너비 시설 기준은?

① 3m   ② 4m
③ 5m   ④ 6m

해설
임도의 유효너비는 길어깨, 옆도랑의 너비를 제외한 3m 정도를 기준으로 한다.

72 삭도 운재 방법에 대한 설명으로 옳지 않은 것은?

① 대량 운반이 용이하다.
② 임지를 훼손하지 않는다.
③ 험준한 지형에서도 설치가 가능하다.
④ 지정된 장소에서만 적재 및 하역이 가능하다.

해설
삭도 운재는 운반의 안전을 위해 적재량을 제한하기에 대량 운반이 어렵다.

정 답 67. ④ 68. ④ 69. ① 70. ③ 71. ④ 72. ①

73 산지사방 식재용 수종의 요구 조건으로 가장 부적절한 것은?

① 토양개량 효과가 기대 될 것
② 뿌리 발육이 천천히 진행될 것
③ 생장력이 왕성하여 잘 번식할 것
④ 묘목의 생산비가 적게 들고, 가급적 경제 가치가 높을 것

  해설
  산지 사방 식재용 수종은 토사의 유실 및 붕괴를 방지하기 위해 가능하면 뿌리 발육이 빠른 수종으로 선택한다.

74 다수의 목재를 뗏목으로 엮어서 띄워 보내는 수상운재방법은?

① 관류   ② 벌류
③ 위류   ④ 활류

  해설
  수상운재방법으로 벌류는 다수의 목재를 뗏목에 엮어 수송하는 방법이다.

75 흙속에서 공기와 물이 차지하고 있는 부분을 무엇이라고 하는가?

① 비중   ② 공극
③ 밀도   ④ 포화도

  해설
  토양에 공기와 물이 차지하는 공간을 공극이라 정의한다.

76 예불기 작업방법으로 올바른 것은?

① 작업방향은 좌측에서 우측으로 실시한다.
② 잡초색과 유사한 작업복과 작업화를 착용한다.
③ 둥근날로 관목제거시 날의 1/3의 위치를 사용한다.
④ 작업시에는 둥근톱날의 1시~3시 시계방향을 사용 한다.

  해설
  예불기는 작업방향은 우측에서 좌측으로 실시하며 작업복은 형광색등이 들어가 눈에 띄도록 한다. 작업 시 둥근톱날은 반시계방향으로 사용하며 예불기의 종류로 회전날식, 왕복요동식, 나일론코드식 등이 있다.

77 벌목과 운재계획을 위한 조사 항목으로 옳지 않은 것은?

① 반출노선 예측 및 검토
② 단목재적 및 작업물량 조사
③ 적정투입장비 조사 및 선정
④ 지형 및 시장과의 거리 파악

  해설
  벌목, 운재계획을 위해 벌목의 구역을 조사, 반출방법조사, 반출노선 측량, 집재지점 선정 등을 조사하나 시장과의 거리 파악의 경우 벌목, 운재의 이후 과정으로 조사 항목에 포함되지 않는다.

78 일반적으로 많이 사용하는 정지기계는?

① 백호우   ② 하베스터
③ 드랙라인   ④ 모터그레이더

  해설
  모터그레이더는 정지 작업인 노면 깎기, 노면 다지기 등의 작업에 적합한 장비이다.

정답 73. ② 74. ② 75. ② 76. ③ 77. ④ 78. ④

79 사방댐의 설계요인에서 위치 선정의 원칙으로 옳지 않은 것은?

① 댐의 위치는 상류부가 좁고 댐자리가 넓은 곳이 적당하다.
② 댐의 위치는 계상 및 양안에 암반이 존재하는 것을 원칙으로 한다.
③ 굴곡부의 하류나 계폭이 넓은 장소는 난류가 발생하여 산각이 침식될 위험이 있다.
④ 본류와 지류의 합류점 부근에 댐을 계획할 때에는 통상 합류점의 하류부가 위치 선정의 기준이 된다.

> **해설**
> 사방댐은 상류부는 넓고 댐자리는 좁은 곳이 적당하다.
> ※ **사방댐 설치 장소**
> · 댐부분은 좁고 상류부분은 넓어 퇴사하기 용이한 곳
> · 상류 계류 바닥 기울기가 완만하고 지류가 합류하는 곳
> · 구역이 긴 구간의 경우 계단상으로 설치한다.
> · 계상 및 양안에 암반이 존재하는 곳

80 집재가선시 지주설치와 관련된 공사 내용으로 옳지 않은 것은?

① 현지에 삭도를 가설한다.
② 필요한 도르래류를 부설한다.
③ 지주에 안전한 사다리를 부설한다.
④ 설계도에 따라 지주를 보강하기 위한 버팀줄을 설치한다.

> **해설**
> 지주는 삭도를 지지하기 위해 설치하는 기둥으로 지주설치를 완료하고 삭도를 설치한다.

정답 79. ① 80. ①

2014년 제3회 산림산업기사

01 간벌 방법 중에서 임분의 밀도조절을 목적으로 하는 정량간벌의 개념이 가장 강한 것은?

① 도태간벌 ② 하층간벌
③ 자유간벌 ④ 기계적간벌

해설
정량간벌은 간벌의 실행기준을 간벌량에 두고 있으며 기계적 간벌은 남겨둘 나무간의 거리를 정해두고 하는 방법으로 정량간벌의 개념이 보기 중 가장 강하다.

02 다음 수종 중 개화 이듬 해에 종자가 성숙하는 것은?

① 떡갈나무 ② 갈참나무
③ 굴참나무 ④ 졸참나무

해설
굴참나무는 개화 이듬해 가을에 종자가 성숙한다.

03 파종 후 새(조류)에 의한 종자의 피해를 막는데 사용 되는 것은?

① 명반 ② 황산
③ 광명단 ④ 이황화탄소

해설
조류의 피해를 받지 않도록 하기 위해 종자에 광명단을 칠하는 방법이 있다.

04 묘포에서 단근작업을 하는 주목적은?

① 근계정리를 위해
② 생장을 억제하기 위해
③ 묘목 식재작업을 용이하게 하기 위해
④ 측근의 세근을 발달시켜 활착률을 높이기 위해

해설
단근을 하면 측근이나 세근 발달이 촉진되고 뿌리의 활착률을 높일 수 있다.

05 장령림에 대한 시비효과로 옳지 않은 것은?

① 엽장과 엽량이 증가한다.
② 엽색이 더 진한 녹색으로 된다.
③ 임내는 더 어두워지는 외과적 변화가 나타난다.
④ 비배 후 3~4년이 경과한 임분에서는 흉고직경의 성장차이를 볼 수 없다.

해설
장령림 비배 후 3~4년이 경과한 임분에서 흉고직경의 성장차이를 볼 수 있다.

06 알칼리성 토양에서 결핍현상이 가장 많이 나타나는 원소는?

① 철 ② 황
③ 칼슘 ④ 마그네슘

해설
철이나 망간은 알칼리성 토양에서 결핍현상이 많이 나타난다.

정답 01. ④ 02. ③ 03. ③ 04. ④ 05. ④ 06. ①

07 혼효림의 정의로 옳은 것은?
① 두 가지 또는 그 이상의 수종으로 이루어진 숲
② 현저한 수령차이가 있는 수목들로 이루어진 숲
③ 영양번식에 의한 맹아가 기원이 되어 이루어진 숲
④ 종자에서 발생한 치수가 기원이 되어 이루어진 숲

> 해설
> 혼효림은 두 가지 이상의 수종으로 조성된 산림을 의미한다.

08 숲을 구성하고 있는 나무 중 성숙목을 일부 벌채하고, 동시에 어린나무도 제거해서 갱신이 이루어지도록 하는 작업방법은?
① 개벌작업   ② 택벌작업
③ 산벌작업   ④ 왜림작업

> 해설
> 택벌작업은 벌기, 벌채량, 방법 등 제한이 없고 성숙한 임목을 골라 벌채하는 방법으로 일종의 이령림 작업에 속하는 갱신 작업종이다.

09 접목 활착의 성패를 좌우하는 요인으로 옳지 않은 것은?
① 수종의 특성
② 대목의 생활력
③ 접목묘의 생산량
④ 대목과 접수의 친화성

> 해설
> 접목의 활착에 영향을 주는 요인으로 수종, 대목의 활력, 대목과 접수의 친화성, 온도와 습도, 접목기술 등이 있다.

10 다음 중 핵과를 결실하는 수종은?
① 벚나무   ② 자귀나무
③ 상수리나무 ④ 이태리포플러

> 해설
> 핵과는 육질이 단단한 열매로 주로 매실나무, 매화나무, 복숭아나무, 체리, 벚나무 등이 있다.

11 제벌의 시기로 가장 적절한 것은?
① 식재 후 바로 실시한다.
② 주로 겨울철에 실시한다.
③ 간벌(솎아베기) 후 1년 이내에 실시한다.
④ 조림목의 수관이 거의 접촉하는 시기에 한다.

> 해설
> 제벌작업은 밑깎기와 간벌작업의 중간에 실시되는 작업으로 제벌대상목이 왕성하게 성장하는 시기가 좋아 수관이 접촉하는 시기에 한다.

12 일반적으로 극핵이 발달하여 다음 어떤 부분의 형성에 이바지하게 되는가?
① 배   ② 배유
③ 배강 ④ 배주

> 해설
> 극핵은 정핵과 합쳐 발달을 하여 배유를 형성한다.

정답 07. ① 08. ② 09. ③ 10. ① 11. ④ 12. ②

13 다음은 토양공극에 대한 설명이다. 빈칸 ㉮와 ㉯에 해당하는 용어로 올바른 것은?

> 토양의 전체 용적에서 (㉮) 부분의 용적을 빼낸 값으로 (㉯)이/가 차지하는 부분이다.

① ㉮ : 고체 ㉯ : 물과 공기
② ㉮ : 액체 ㉯ : 토양과 물
③ ㉮ : 액체 ㉯ : 토양과 공기
④ ㉮ : 고체와 기체 ㉯ : 영하 온도에서 얼음

해설
토양의 공극은 토양 사이에 공기와 수분으로 채울 수 있는 빈 공간을 의미한다.

14 처녀림과 가장 가까운 의미를 갖는 산림은?

① 보안림   ② 원시림
③ 열대림   ④ 동령림

해설
원시림은 재해를 받은적이 없는 산림을 말하며 처녀림이라고도 한다.

15 단순동령림에서 밀도만을 다르게 할 때 나타나는 임목의 생장현상 중 옳지 않은 것은?

① 고밀도일수록 지하고는 낮아진다.
② 고밀도일수록 단목의 평균간재적은 작아진다.
③ 줄기의 평균흉고직경은 밀도가 높을수록 작게 된다.
④ 상층목의 평균수고는 임목의 밀도에 관계없이 거의 비슷하게 나타난다.

해설
고밀도일수록 자연낙지의 발생이 많아져 지하고는 높아지게 된다.

16 토양 수분함수 중에 영구위조점(permanent wilting point)의 pF 값으로 가장 적당한 것은?

① 약 2.7   ② 약 4.2
③ 약 5.7   ④ 약 7.2

해설
식물이 수분을 흡수하지 못하고 영구히 시들어버리는 시점을 위조점이라 하며 pF 4.2 이다.

17 수목의 부위별 질소 함량을 바르게 나타낸 것은?

① 잎 > 수간 > 주지 > 측지
② 잎 > 주지 > 측지 > 수간
③ 잎 > 측지 > 주지 > 수간
④ 잎 > 주지 > 수간 > 측지

해설
식물 내의 질소의 함량이 가장 많은 부위는 잎이며 다음으로 측지, 주지, 수간의 순서로 분포를 한다.

18 가을에 종자가 성숙되는 수종은?

① 미루나무   ② 사시나무
③ 느릅나무   ④ 비자나무

해설
비자나무는 가을에 종자가 성숙되며 주로 노천매장의 방법을 통해 이듬해 봄에 파종한다.
① 미루나무-5월 ② 사시나무-5월
③ 느릅나무-6월

19 지하자엽발아형에 속하는 수종은?

① 단풍나무   ② 버드나무
③ 아까시나무 ④ 물푸레나무

해설
지하자엽발아형(지하자엽형)에는 종자가 비교적 큰 수종인 참나무, 밤나무, 호두나무, 버드나무 등이 있다.

정답 13. ① 14. ② 15. ① 16. ② 17. ③ 18. ④ 19. ②

20 일반적인 개화생리 순서를 옳게 표시한 것은?

> 가 : 화기형성
> 나 : 화아분화
> 다 : 꽃의 성숙
> 라 : 개화

① 가 - 나 - 다 - 라
② 가 - 나 - 라 - 다
③ 나 - 가 - 다 - 라
④ 나 - 라 - 가 - 다

해설
개화생리 순서로 화아분화, 화기형성, 꽃의 성숙, 개화의 순서로 진행된다.

21 유충이 주로 토양 속에 서식하면서 어린 묘목의 줄기와 잎을 식해하고 특히 1년생 실생묘에 심한 피해를 주는 해충은?

① 소나무좀 ② 거세미나방
③ 미끈이하늘소 ④ 잣나무넓적잎벌

해설
거세미나방은 어린 묘목의 줄기와 잎을 가해하고 유충이 토양속에서 서식한다. 피해를 줄이기 위해 피해를 받은 묘목의 주위를 파서 유충을 제거한다.

22 대기오염에 의한 산림의 피해를 최소화시킬 수 있는 실제적인 방안이 아닌 것은?

① 방음벽 시설 설치
② 공해배출의 법적 규제
③ 공해저항성 수종의 식재
④ 임지비배를 통한 산림관리

해설
방음벽 설치는 소음의 피해를 최소화하는 방법이다.

23 다음 설명에 부합되는 해충은?

> · 부화유충은 번데기가 되기까지 7회 탈피한다.
> · 5령충으로 월동한다.
> · 유충이 잎을 식해한다.

① 솔나방
② 박쥐나방
③ 소나무좀
④ 오리나무잎벌레

해설
솔나방은 식엽성 해충으로 잎을 가해한다.
※ 솔나방
· 소나무, 해송 등에 피해를 준다.
· 1년에 1회 발생
· 5령충이 지피물 혹은 나무껍질 사이에 월동
· 8령충이 번데기가 되고 이후 나방이 된다.

24 솔껍질깍지벌레의 생활사로 옳은 것은?

① 양성 모두 완전변태
② 양성 모두 불완전변태
③ 암컷은 완전변태, 수컷은 불완전변태
④ 암컷은 불완전변태, 수컷은 완전변태

해설
솔껍질깍지벌레는 암컷은 불완전변태, 수컷은 완전변태를 한다.

25 1년에 1회 발생하는 해충으로 옳지 않은 것은?

① 독나방 ② 알락하늘소
③ 미국흰불나방 ④ 솔껍질깍지벌레

해설
미국흰불나방은 1년에 2회 발생한다.

정답 20. ③ 21. ② 22. ① 23. ① 24. ④ 25. ③

26 솔잎혹파리의 월동 형태로 옳은 것은?

① 알 ② 성충
③ 유충 ④ 번데기

> **해설**
> 솔잎혹파리는 지피물이나 땅속에서 유충형태로 월동한다.

27 일정한 시간에 동일한 공간 내에서 생활하는 생물집단을 뜻하는 용어는?

① 기생 ② 군집
③ 군총 ④ 개체군

> **해설**
> 일정한 지역과 시간에 동종 개체의 모임을 개체군이라 한다.

28 포스파미돈 액제(50%)의 수간주입으로 방제효과를 얻을 수 있는 해충은?

① 매미나방 ② 솔노랑잎벌
③ 솔잎혹파리 ④ 버들재주나방

> **해설**
> 솔잎혹파리는 나무주사를 통해 방제하며 포스팜액제(포스파미돈), 아세타미프리드 액제, 이미다클로프리드 등을 활용한다.

29 다음 중 수병의 잠복기간이 가장 짧은 것은?

① 잣나무 털녹병
② 포플러 잎녹병
③ 소나무 재선충병
④ 낙엽송 잎떨림병

> **해설**
> 포플러 잎녹병은 잠복기간이 1주일 이내로 가장 짧으며 잣나무 털녹병은 3~4년 정도로 매우 길다.

30 산불을 인위적으로 적당히 조절하여 이용하는 방법은?

① 화입 ② 수간화
③ 지표화 ④ 지중화

> **해설**
> 인위적으로 불을 놓는 작업을 화입이라 한다.

31 다음 약제 중 훈증제가 아닌 것은?

① 시안화수소
② 크레오소트
③ 클로로피크린
④ 메틸브로마이드

> **해설**
> 크레오소트는 목재 방부제의 종류이다.

32 수목병의 1차 감염원이 되는 병원체의 월동 방법으로 거리가 가장 먼 것은?

① 토양 내에서 월동하는 경우
② 동물 체내에서 월동하는 경우
③ 낙엽이나 낙지에서 월동하는 경우
④ 기주식물의 조직 내에서 월동하는 경우

> **해설**
> 수목병의 병원체 월동장소로는 토양, 기주체 표면, 낙엽 등이 있으나 동물 체내의 월동은 아직 보고된 바가 없다

33 다음 중 수병의 중간기주 연결이 틀린 것은?

① 소나무 혹병 – 황벽나무
② 잣나무 털녹병 – 송이풀
③ 포플러 잎녹병 – 일본잎갈나무
④ 배나무 붉은별무늬병 – 향나무

> **해설**
> 소나무 혹병의 중간기주는 참나무이다.

34 종묘소독용으로 주로 사용되지 않는 약제는?

① 캡탄제 ② 티람제
③ 유기수은제 ④ 클로로피크린제

> **해설**
> 클로로피크린제는 토양훈증제이다.

35 푸사리움 가지마름병균이 기주식물에 침입하는 방법으로 가장 옳은 것은?

① 각피 침입
② 뿌리를 통한 침입
③ 상처를 통한 침입
④ 기공, 피목 등 자연개구를 통한 침입

> **해설**
> 푸사리움 가지마름병균은 바람에 의해 포자가 가지의 상처를 통해 침입한다.

36 수목의 흰가루병에 대한 설명으로 옳지 않은 것은?

① 2차 감염원은 잎 표면에 형성되는 자낭포자이다.
② 포플러류 및 참나무류 등 다양한 수종에 발병한다.
③ 가을에 병든 낙엽과 가지를 모아 소각하여 방제 한다.
④ 순의 생장이 위축되고 꽃과 열매가 달리지 못하는 피해가 나타난다.

> **해설**
> 1차 감염원이 자낭포자이다.

37 야생동물 서식지 구성요소에 해당되지 않는 것은?

① 물 ② 먹이
③ 수목 ④ 피난처

> **해설**
> 주요 야생동물 서식지 구성요소는 먹이, 은신처, 공간, 물이다.

38 다음 중 농도가 높은 고농도의 농약은?

① 100배액 ② 1000배액
③ 1500배액 ④ 2000배액

> **해설**
> 보기 중 농도를 가장 적게 희석한 것이 고농도로서 100배액이 해당된다.

39 밤나무 줄기마름병에 대한 설명으로 옳지 않은 것은?

① 바이러스에 의해 발병하는 수목병이다.
② 질소비료를 적게 주고 상처가 나지 않도록 한다.
③ 발생 초기에는 감염 수목의 수피가 갈색으로 변한다.
④ 동해 및 열해를 받아 형성층이 손상된 경우 쉽게 감염된다.

> **해설**
> 밤나무 줄기마름병은 진균에 의한 수목병이다.

정답 34. ④ 35. ③ 36. ① 37. ③ 38. ① 39. ①

40 볕데기에 대한 설명으로 옳지 않은 것은?

① 강한 직사광선이 직접 투입되는 것을 막아 예방할 수 있다.
② 코르크층이 발달된 수종에서 특히 취약하다.
③ 피해부위는 움푹하게 들어가고 갈라져 터지므로 부후균의 침입을 받기 쉽다.
④ 고립목의 줄기는 짚으로 둘러주거나 석회유 등을 발라 피해를 입지 않게 한다.

> **해설**
> 볕데기는 코르크층이 발달이 좋지 않은 경우 취약하며 코르크층이 잘 발달되지 않은 대표 수종으로 오동나무, 호두나무, 가문비나무 등이 있다.

41 임지기망가에 관한 설명으로 옳지 않은 것은?

① 이율이 높을수록 임지기망가는 커진다.
② 무육비가 많을수록 임지기망가는 작아진다.
③ 조림비가 많을수록 임지기망가는 작아진다.
④ 주벌수확이 많을수록 임지기망가는 커진다.

> **해설**
> 이율이 낮을수록 임지기망가는 커진다.
> ※ 임지 기망가 영향인자
> • 주벌, 간벌 수익 : 수익이 클수록 임지기망가도 커진다.
> • 조림비, 관리비 : 조림비, 관리비가 클수록 임지기망가는 작아진다.
> • 이율 : 이율은 낮을수록 임지기망가는 커진다.
> • 벌기 : 벌기가 커지면 임지기망가는 증가한다. 단, 최대시기 도달 이후는 점차 감소한다.

42 수간석해의 방법으로 총재적을 얻을 때 고려하지 않아도 되는 것은?

① 근주재적 ② 지조간재적
③ 결정간재적 ④ 초단부재적

> **해설**
> 수간재적은 계산시 초단부재적, 근주재적, 결정간재적을 나누어 계산후 총재적으로 합산한다.

43 소반의 구획요건으로 옳지 않은 것은?

① 지종이 상이할 때
② 방위가 상이할 때
③ 임종, 임상 및 작업종이 상이할 때
④ 임령, 지위, 지리 및 운반계통이 현저히 상이할 때

> **해설**
> **소반의 구획**
> • 기능이 상이할 때
> • 지종이 상이할 때
> • 임종, 임상, 작업종이 상이할 때
> • 임령, 지위, 지리 또는 운반계통이 상이할 때

44 임업노동의 특성에 대한 설명으로 옳지 않은 것은?

① 단위면적당 노동량이 많고 노동강도가 강하다.
② 작업장소인 산림까지의 이동시간이 길어서 실제작업시간이 짧다.
③ 농업노동력을 벌채, 운반노동에 이용하려면 별도의 훈련이 필요하다.
④ 산림경영규모가 작아서 기계의 연속 가동 일수가 짧다.

> **해설**
> 임업노동은 단위면적당 노동이 농업의 노동강도에 비해 적은편이다.

45 자산을 획득하기 위하여 제공한 경제적 가치의 측정치는?

① 원가 ② 손익
③ 수익 ④ 비용

> **해설**
> 특정 목적이나 자산의 획득을 위해 발생할 가능성이 있는 가치를 화폐액으로, 즉 경제적 가치로 측정한 것을 원가라 한다.

정답 40. ② 41. ① 42. ② 43. ② 44. ① 45. ①

46 산림평가의 대상이 아닌 것은?
① 임지   ② 임목
③ 부산물 ④ 임업기계

해설
산림평가는 산림을 구성하는 임지, 임목, 부산물 등의 경제적 가치를 평가한다.

47 임업경영 지도원칙 중에서 보속성 원칙에 관한 설명으로 옳은 것은?
① 수익률을 가장 크게 하는 원칙
② 해마다 목재수확을 균등하게 할 수 있는 원칙
③ 최소의 비용으로 최대의 효과를 발휘하는 원칙
④ 생산량을 생산요소의 수량으로 나눈 값이 최고가 되도록 하는 원칙

해설
보속성의 원칙은 해마다 목재의 수확이 일정하도록 하는 원칙이다.
※ **임업경영의 지도원칙 종류** : 수익성 원칙, 경제성 원칙, 생산성 원칙, 공공성 원칙, 보속성 원칙, 합자연성 원칙, 환경보전 원칙

48 벌기 40년의 잣나무림에서 벌기마다 1천만원의 수입을 연이율 5%로 영구히 얻기 위한 전가합계는?
① 약 142만원   ② 약 149만원
③ 약 166만원   ④ 약 175만원

해설
$$\frac{1천만원}{(1+0.05)^{40}-1} = \frac{1천만원}{7.04-1} ≒ 165만원$$

49 임가소득 중에서 임업소득이 차지하는 비율을 무엇이라 하는가?
① 임업의존도
② 임업소득률
③ 임업조수익
④ 임업소득가계충족률

해설
임업의존도는 임업소득을 임가소득으로 나눈값을 백분율로 표현한 것이다.

50 어떤 산림의 벌채권 취득원가가 5천만원이고 잔존가치는 없으며 벌채추정량이 1백만m³이고 당기벌채량이 1천m³이라면 총 감가상각비는?(단, 생산량 비례법 이용)
① 500원   ② 5,000원
③ 50,000원   ④ 500,000원

해설
생산량 비례법 : 시간 혹은 작업량을 기준으로 총 감가상각비를 구하도록 한다.

$(구입가-폐물가) \times \dfrac{당기벌채량}{총작업령}$

$= (50,000,000 - 0) \times \dfrac{1000m^3}{1,000,000m^3} = 50,000$

51 임업투자 효율을 측정하는 방법 중에서 투자에 의하여 장래에 예상되는 현금유입의 현재가와 현금유출의 현재가를 같게 하는 할인율을 의미하는 것은?
① 투자이익률법   ② 순현재가치법
③ 수익비용률법   ④ 내부투자수익률법

해설
사업에 모든 비용과 편익을 기준년도의 현재가치로 할인하여 편익에서 총 비용을 제한 값을 의미한다. 순현재가치가 0 보다 크면 경제적 타당성이 있다고 판단하고 0 보다 작으면 경제적 타당성이 없다고 결정한다.

정답 46 ④ 47. ② 48. ③ 49. ① 50. ③ 51. ④

52 임업경영의 성과분석에서 계산되는 다음의 항목 중에서 가장 큰 값은?

① 임가소득 ② 임업소득
③ 기타소득 ④ 임업순수익

해설
임가소득은 임업소득, 농업소득, 기타 관련 소득을 모두 합한 값으로 가장 큰 값을 가진다.

53 마이너스 값이 나올 수 있는 투자효율 분석법은?

① 회수기간법 ② 순현재가치법
③ 투자이익률법 ④ 수익비용률법

해설
순현재가치법은 사업에 모든 비용과 편익을 기준년도의 현재가치로 할인하여 편익에서 총 비용을 제한 값을 의미한다. 순현재가치가 0 보다 크면 경제적 타당성이 있다고 판단하고 0 보다 작으면 경제적 타당성이 없다고 결정한다.

54 국유림경영계획 실행상황을 평가하는데 해당되지 않는 것은?

① 연간평가 ② 중간평가
③ 사전평가 ④ 최종평가

해설
국유림경영계획 실행상황 평가 항목으로 연간, 중간, 최종 평가로 구분하여 실행한다.

55 산림경영계획을 위한 지황조사의 설명으로 옳은 것은?

① 방위는 임지의 주 사면을 보고 4방위로 구분한다.
② 지위는 생산능력에 따라 m 단위로 표시한다.
③ 토양의 건습도는 일반적으로 습, 중, 건 3단계로 분류한다.
④ 경사도는 5단계로 구분하는데 가장 완만한 경사지는 15° 미만을 말한다.

해설
① 산림에서 방위는 주로 8방위로 구분한다.
② 지위는 상, 중, 하로 분류한다.
③ 토양의 건습도는 건조, 약건, 적윤, 약습, 습으로 5단계로 구분한다.
※ 경사도

구분	기준
완경사지(완)	경사 15° 미만
경사지(경)	경사 15~20° 미만
급경사지(급)	경사 20~25° 미만
험준지(험)	경사 25~30° 미만
절험지(절)	경사 30° 이상

56 우리나라의 산림경영에 관한 설명으로 옳지 않은 것은?

① 공유림의 경영목적은 공공복지 증진 및 재정수입의 확보 등에 있다.
② 부재산주는 산림경영보다는 재산유지, 묘지확보, 투기적 동기에 목적이 있다.
③ 국유림 경영의 총체적 목표는 산림생태계의 보호 및 다양한 산림기능의 최적발휘이다.
④ 부업적 임업은 영세소유주를 포함한 것으로 연료, 퇴비원료 등으로 산림을 경영한다.

해설
영세소유주를 포함한 것으로 연료, 퇴비원료 등으로 산림을 경영하는 것은 농가임업에 대한 설명이다.

정답 52. ① 53. ② 54. ③ 55. ④ 56. ④

57 산림조사시 토양의 깊이(심도)는 천, 중, 심으로 구분하는데 심에 해당하는 것은?

① 30cm 이상　② 40cm 이상
③ 50cm 이상　④ 60cm 이상

해설

토심
- 천 : 토양 깊이 30cm 미만
- 중 : 토양 깊이 30~60cm미만
- 심 : 토양 깊이 60cm 이상

58 2010년의 ha당 재적이 137m³, 10년 후인 2020년의 재적이 213m³일 때 복리산 공식에 의하여 성장률을 구하면 얼마인가?

① 약 3.5%　② 약 3.9%
③ 약 4.5%　④ 약 4.9%

해설

$$\left[\left(\frac{n년후 재적}{기준 재적}\right)^{\frac{1}{n}} - 1\right] \times 100(\%)$$
$$= \left[\left(\frac{213}{137}\right)^{\frac{1}{10}} - 1\right] \times 100 ≒ 4.5(\%)$$

59 임목 수고를 측정하는데 측고기를 이용한다. 수고를 측정할 때 일정한 길이의 폴과 함께 사용 하는 측고기는 무엇인가?

① 순토(sunnto) 측고기
② 와이제(Weise) 측고기
③ 메리트(Merrit) 측고기
④ 크리스톤(Christon) 측고기

해설

크리스톤 측고기는 불규칙한 수가 적힌 20cm, 30cm의 금속이나 목재를 재질로 한 자와 일정한 길이의 폴을 함께 사용하는 장비이다.

60 면적이 150ha 이고 윤벌기가 30년이며 1개의 영급이 10개의 영계로 구성되어 있는 산림의 법정 영급면적은?

① 3ha　② 30ha
③ 50ha　④ 300ha

해설

법정영급면적 = (면적/윤벌기)×영계수
　　　　　　= 150/30 × 10 = 50

61 최대강우량이 50mm/hr, 집수면적이 50ha, 유출계수가 0.5일 때의 유량(m³/sec)은?

① 3.21　② 3.47
③ 4.86　④ 5.12

해설

유량 공식
- 시우량법

$$Q = K \times \frac{A \times \frac{m}{1000}}{60 \times 60}$$

$$= 0.5 \times \frac{500000 \times \frac{50}{1000}}{3600} ≒ 3.47$$

- 합리식법

$$Q = 0.002778\,CIA$$
$$= 0.002778 \times 0.5 \times 50 \times 50 ≒ 3.47$$

정답 57. ④　58. ③　59. ④　60. ③　61. ②

62 석축 시공시 찰쌓기 공법의 설명으로 가장 옳은 것은?

① 뒷채움 없이 시공한다.
② 돌과 시멘트를 섞어서 쌓는다.
③ 돌을 쌓고 돌 이음 부분의 외부에만 시멘트를 바른다.
④ 돌을 쌓는 뒷부분에 콘크리트로 뒷채움을 하고 줄눈에 모르타르를 사용한다.

> **해설**
> **찰쌓기**
> · 돌쌓기 또는 벽돌을 쌓을 때 뒷채움에 콘크리트를 사용하고, 줄눈에 모르타르를 사용하는 공법이다.
> · 찰쌓기공법에서는 메쌓기공법과는 달리 뒷면에서의 배수를 주의해야 하고 전면의 2~3m2당 지름 3cm 정도의 물빼기 구멍을 설치한다.

63 1/25,000 지형도에서 도면상의 거리가 6mm일 때 실제거리는 얼마인가?

① 100m ② 150m
③ 200m ④ 250m

> **해설**
> 6mm × 25000 = 150000mm = 150m

64 암반 비탈면 녹화에 주로 사용하는 공법이 아닌 것은?

① 새집공법
② 피복녹화 공법
③ 선떼붙이기 공법
④ 덩굴받침망 공법

> **해설**
> 선떼붙이기는 산복비탈면의 녹화공법이다.

65 임도를 기능에 따라 분류할 때 성격이 다른 것은?

① 주임도 ② 부임도
③ 사리도 ④ 작업도

> **해설**
> 사리도는 자갈길이라 하여 재료에 따른 분류에 속한다.

66 수평거리 100에 대하여 n이 수직거리를 나타낼 때 임도의 종단물매를 표시한 것으로 옳은 것은?

① n% ② n/10%
③ n/100% ④ n/1000%

> **해설**
> 수평거리 100 에 다른 n 의 수직거리는 기울기를 의미하며 n% 로 표기한다.

67 기초공사 공법에 대한 설명으로 옳지 않은 것은?

① 전면기초(mat foundation)는 상부구조의 전면적을 받치는 단일 슬랩의 지지층에 실려 있는 형태이다.
② 확대기초(footing foundation)는 직접기초의 일종으로 상부구조의 하중을 확대하여 직접 지반에 전달하는 것이다.
③ 직접기초(direct foundation)는 견고한 지반 위에 기초 콘크리트를 직접 시공하고 이 기초콘크리트에 하중이 작용하도록 한다.
④ 공기케이슨기초(pneumatic caisson foundation)는 큰관과 같은 모양의 통 내부를 수중굴착하여 침하 시킨 다음 수중콘크리트를 쳐서 만든 기초이다.

> **해설**
> 공기케이슨기초는 작업시 굴착된 흙보다 밀려들어오는 흙이 더 많아 작업이 곤란한 곳에 사용하는 공법으로 압축공기의 압력을 이용하여 흙이나 물의 유입을 막는 방법이다.

정답 62. ④ 63. ② 64. ③ 65. ③ 66. ① 67. ④

68 가선집재 방식과 비교할 때 트랙터 집재의 특징으로 옳지 않은 것은?

① 기동성이 높다.
② 작업이 단순하다.
③ 작업 비용이 낮다.
④ 급경사지에서 작업이 가능하다.

> **해설**
> 트랙터 집재는 평탄지나 완경사지에서 작업이 적합하다.
> ※ 트랙터 집재의 특징
> • 기동성이 높음
> • 작업생산성이 높음
> • 작업이 단순함
> • 작업비용이 적음

69 톱체인(saw chain)의 날세우기와 점검시 주의사항으로 옳지 않은 것은?

① 드라이브링크의 끝을 뾰족하게 한다.
② 깊이제한부의 어깨부위를 뾰족하게 한다.
③ 창날각, 가슴각, 지붕각을 일정하게 한다.
④ 날의 길이와 커터의 높이를 일정하게 한다.

> **해설**
> 깊이제한부는 어깨부위 연마를 통해 둥근형태로 부드럽게 해주어야 한다.

70 벌목 운재 계획을 위한 예비조사가 아닌 것은?

① 임황 및 지황 조사
② 반출방법에 대한 조사
③ 벌목구역의 개황 조사
④ 기존 실행결과에 의한 조사

> **해설**
> 임황 및 지황조사의 경우 산림 생산력에 대한 조사 내용이다.

71 비탈면 붕괴에 관여하는 주요 요인이 아닌 것은?

① 임상   ② 토질
③ 임령   ④ 지형

> **해설**
> 비탈면 붕괴는 침식, 임상, 지형, 작업 등의 요인들이 있으며 임령은 나무의 나이를 의미한다.

72 다목적 공정기계인 프로세서(processor)의 기능으로 옳지 않은 것은?

① 송재   ② 절단
③ 벌목   ④ 조재목 마름질

> **해설**
> 프로세서의 경우 벌목의 작업이 불가능한 장비이다.

73 설계속도가 40km/h일 때 일반지형에서 임도의 최소 곡선 반지름은?

① 40m   ② 50m
③ 60m   ④ 70m

> **해설**
> 곡선반지름
>
> | 설계속도 | 최소곡선반지름(m) | |
> |---|---|---|
> | (km/hr) | 일반지형 | 특수지형 |
> | 40 | 60 | 40 |
> | 30 | 30 | 20 |
> | 20 | 15 | 12 |

정답 68. ④ 69. ② 70. ① 71. ③ 72. ③ 73. ③

74 육상 저목장에 관한 설명으로 옳지 않은 것은?

① 수중 저목장보다 저목량이 더 적다.
② 일반적인 저목은 되도록 단기간으로 한다.
③ 목재쌓기 방법으로는 직각쌓기와 평행쌓기가 있다.
④ 산지저목장, 중계저목장, 최종저목장으로 설치할 수 있다.

해설
수중 저목장은 물속이라는 특수성으로 공간의 한계가 있다. 상대적으로 면적의 제한이 적은 육상 저목장의 저목량이 더 많다

75 수로의 횡단면에 있어서 물과 접촉하는 수로 주변의 길이는?

① 유적　　② 윤변
③ 경심　　④ 동수반지름

해설
윤변은 유로의 횡단면에 있어서 물과 접촉하는 유로 주변의 길이를 의미한다.
・유속 : 물의 속도
・유적 : 물의 횡단면적
・경심(동수반지름) : 유적 ÷ 윤변

76 사면붕괴의 전조현상으로 옳지 않은 것은?

① 용수가 맑아짐
② 용출현상이 생김
③ 사면에 균열이 생김
④ 작은 돌이 사면에서 떨어짐

해설
용수가 맑을 경우 사면붕괴전에 나타나는 흙의 이동이나 변화가 없는 것을 의미한다. 반대로 용수가 흙이 섞여 탁해지는 등의 현상을 보일 경우 붕괴의 가능성이 있는 것이다.

77 임도의 노선 결정시 주요 통과지에 대한 유의사항으로 옳지 않은 것은?

① 지형에 순응한 선형으로 한다.
② 붕괴지, 암석지, 습지는 가급적 피한다.
③ 너무 많은 흙깎기, 흙쌓기가 필요한 곳은 피한다.
④ 가급적 교량, 옹벽 등 구조물 시설이 많은 곳으로 한다.

해설
임도의 노선 설정시 구조물 시설이 많은 곳은 오히려 공사비가 추가로 들어 피하도록 한다.

78 비탈면의 녹화를 위한 사방공사에 속하지 않는 것은?

① 조공　　② 비탈덮기
③ 바자얽기　　④ 비탈다듬기

해설
비탈다듬기는 산지사방 기초공사에 속한다.
※ **기초공사** : 비탈다듬기, 누구막이, 흙막이, 골막이, 산비탈 배수로 등
※ **녹화공사** : 바자얽기, 줄떼다지기, 비탈덮기, 조공, 선떼붙이기 등

79 유수에 의한 계상면의 침식을 방지하고 현 계상면을 유지하기 위하여 시설하는 횡구조물은?

① 구곡막이　　② 바닥막이
③ 기슭막이　　④ 누구막이

해설
바닥막이는 통상 1~1.5m 정도로 주로 황폐한 계천 바닥의 종침식을 방지하고 바닥에 퇴적한 불안정한 토사석력의 유실을 방지함으로써 황폐계천의 안정을 도모하기 위하여 계류를 횡단하여 구축하는 사방 공작물이다.

정답　74. ①　75. ②　76. ①　77. ④　78. ④　79. ②

80 와이어로프에 대한 설명으로 옳은 것은?
① 작업줄은 보통꼬임을 주로 사용한다.
② 보통꼬임은 킹크가 일어나기 쉽지만 마모되지 않는다.
③ 임업용 와이어로프는 스트랜드의 수가 4개인 것을 많이 사용한다.
④ 와이어의 꼬임과 스트랜드의 꼬임이 동일방향으로 된 것을 보통꼬임이라 한다.

해설
스트랜드에 있어 올의 꼬인 방향과 로프에 스트랜드가 꼬인 방향이 반대인 경우로 작업줄은 보통꼬임을 주로 사용한다.
② 보통꼬임은 킹크가 잘 일어나지 않는다. 단, 마모 정도는 높은 편이다.
③ 임업용 와이어로프 스트랜드는 6개가 대부분이다.
④ 보통꼬임은 와이어 꼬임과 스트랜드 꼬임이 반대방향의 경우를 말한다.

정답 80. ①

2015년 제1회 산림산업기사

01 상수리나무 1년생 합격묘를 50,000본 생산하고자 한다. 생산묘의 20%는 불합격묘로서 버리고, 파종상 1m²에 50본을 세우기로 한다. 상면적은 전 시업면적의 60%로 하면 이에 소요되는 전 묘포면적은 얼마인가?

① 1,333m² ② 2,000m²
③ 2,083m² ④ 2,683m²

해설
- 먼저 생산묘의 20%는 불합격묘이므로 합격묘의 비율 80%를 고려한다.
  50본/m² × 80% = 40본/m²
- 다음으로 소요 묘포 면적을 구하기 위해 50,000본에 대한 면적을 계산해준다
  1m² : 40본 = 소요 묘포면적 : 50,000본 → 소요묘포면적 = 1250m²
- 마지막으로 소요묘포면적에서 60%를 요구하므로 그 비율을 적용한다.
  1250 ÷ 0.6 = 약 2083m²

02 호두나무 및 측백나무 등의 생육에 적절한 토양산도의 범위는?

① pH 4.0 ~ 4.7 ② pH 4.8 ~ 5.5
③ pH 5.6 ~ 6.5 ④ pH 6.6 ~ 7.3

해설
호두나무와 측백나무는 pH 6.6~7.3 에 생육하기 적합하다.
※ 토양 pH에 따른 적정 수종
* PH 4.0~4.7 : 소나무, 리기다, 낙엽송
* PH 4.8~5.5 : 잣나무, 참나무, 가문비나무
* PH 5.6~6.5 : 참나무, 단풍나무, 피나무
* PH 6.6~7.3 : 호두나무, 양버즘나무, 측백나무
* PH 7.4~8.0 : 오리나무, 네군도단풍, 물푸레나무, 측백나무
* PH 8.0 이상 : 포플러

03 제벌(잡목 솎아베기)에 관한 설명으로 옳은 것은?

① 1회 작업으로 종료되는 것이 원칙이다.
② 제초제나 살목제는 제벌작업에 이용될 수 없다.
③ 벌채목을 이용한 중간 수입을 기대하기 어렵다.
④ 조림지에 분포하는 자연발생 수목도 제거 대상목이 된다.

해설
제벌은 작업지역의 나무의 생장에 지장을 주는 유해수종이나 형질이 불량한 나무를 제거하기에 중간 수입을 기대하기 어렵다.

04 주로 입선법으로 종자를 정선하는 수종은?

① 소나무   ② 가래나무
③ 가문비나무 ④ 일본잎갈나무

해설
입선법은 직접 손으로 종자를 선별하는 방법으로 굵은 종자에 적합한 방법이다. 주로 밤나무, 호두나무, 가래나무 등에 적합한 방법이다.

정답 01. ③ 02. ④ 03. ③ 04. ②

05 다음 중 종자의 결실주기가 가장 긴 수종은?

① 전나무 ② 소나무
③ 오리나무 ④ 버드나무

해설
전나무의 경우 3~4년 정도의 결실주기를 가지며 소나무, 버드나무, 오리나무는 해마다 혹은 격년의 결실 주기를 가진다.

06 모수림작업으로 천연갱신이 어려운 수종은?

① 곰솔 ② 소나무
③ 자작나무 ④ 일본잎갈나무

해설
결실주기 및 수종 특성상 일본잎갈나무의 경우 인공갱신에 적합한 수종이다.

07 참나무류나 밤나무 같은 대립종자에 주로 사용하며 어린새싹 대목에 접목하는 방법은?

① 유대접 ② 분열법
③ 취목법 ④ 분근법

해설
유대접은 참나무류나 밤나무의 대립종자를 발아시켜 유경(어린줄기)을 절단하고 자엽병 사이에 접수를 꽂는 방법이다.

08 다음 중 그늘에서 가장 잘 견디는 수종은?

① 층층나무 ② 사철나무
③ 자작나무 ④ 버드나무

해설
그늘에 잘 견디는 것은 음수의 특징이며 사철나무의 경우 극음수이다.

09 가지치기에 대한 설명으로 옳은 것은?

① 11월부터 이듬해 2월 사이에 실시하는 것이 좋다.
② 1차 가지치기는 수고의 20~30% 높이까지 실시한다.
③ 지융부에 유해 호르몬이 있기 때문에 지융부 전체를 제거해준다.
④ 1차 간벌 실시 전에 1차 가지치기 작업으로 모든 수목에 대하여 실시한다.

해설
가지치기의 작업시기는 나무의 활동이 적은 11월~이듬해 2월이 적합하다.

10 일제 동령림의 간벌작업에서 밀도만을 다르게 할 때 나타나는 현상이 아닌 것은?

① 지하고는 고밀도일수록 낮다.
② 고밀도일수록 연륜폭은 좁아진다.
③ 단목의 평균 간재적은 고밀도일수록 작아진다.
④ 상층목의 평균 수고는 임목의 밀도와 상관없이 거의 비슷하다.

해설
지하고는 고밀도일수록 높다

11 다음 주 삽목을 할 경우 발근이 어려운 수종은?

① 비자나무, 주목
② 버드나무, 삼나무
③ 은행나무, 향나무
④ 오리나무, 소나무

해설
삽목 발근이 어려운 수종으로 오리나무, 소나무, 밤나무, 벚나무 등이 있다.

정답 05. ① 06. ④ 07. ① 08. ② 09. ① 10. ① 11. ④

12 100개의 종자를 가지고 발아시험 결과 경과일에 따른 발아종자수가 다음과 같을 때 발아세는?

경과일수	1	2	3	4	5	6	7	8	9	10
발아종자수	0	0	3	7	10	35	9	8	3	4

① 35%   ② 45%
③ 55%   ④ 65%

해설

$\frac{3+7+10+35}{100} = \frac{55}{100} = 55(\%)$

※ 발아세
발아세는 발아시험을 위한 일정 기간동안 발아하는 종자수의 비율을 의미한다.

발아세(%) = $\frac{\text{기간 중 가장 많이 발아한 날까지 종자수}}{\text{발아시험용 총 종자수}} \times 100$

13 옻나무, 피나무, 주엽나무 등의 종자발아촉진 방법으로 가장 적합한 것은?

① 침수처리   ② 노천매장
③ 황산처리법 ④ 파종시기의 변경

해설

종자를 황산에 넣어 표면을 부식시킨 후 세척하여 파종하는 방법을 황산처리법(탈납법)이라 하며 주로 옻나무, 피나무, 콩과수목의 종자 처리에 효과적이다.

14 토양 입단구조의 설명으로 옳지 않은 것은?

① 토양공극과 관련이 있다.
② 토양을 단단히 밟아주면 형성이 어렵다.
③ 유기질비료 사용이 많을수록 형성이 어렵다.
④ 입단구조가 발달하면 보수성과 통기성이 좋아진다.

해설

토양의 입단구조의 경우 유기질 비료를 많이 사용할수록 발달한다.

15 종자가 성숙한 후 가장 오랫동안 모수에 붙어 있는 수종은?

① 단풍나무   ② 느티나무
③ 양버즘나무 ④ 방크스소나무

해설

방크스소나무의 종자는 보기 중 가장 오랫동안 모수에 붙어 있으며 그 기간은 10년 정도이다.

16 뿌리의 내피에 발달한 카스페리안대(Casparian strip)의 역할에 관한 설명으로 옳은 것은?

① 뿌리털을 통해 흡수한 물의 이동을 효율적으로 차단하는 역할을 한다.
② 뿌리털을 통해 흡수한 물이 지나치게 다량 흡수되는 것을 방지하는 역할을 한다.
③ 뿌리털을 통해 흡수한 물에 녹아있는 무기양료를 모아서 보관하는 역할을 한다.
④ 뿌리털을 통해 흡수한 물에 녹아있는 무기양료만 통과 시키는 거름종이 역할을 한다.

해설

식물 뿌리 내피에 발달한 카스페리안대는 내피세포를 둘러싸고 있는 일종의 띠 형태를 보이고 있으며 이것은 뿌리털을 통해 흡수한 물이 뿌리 피층으로 빠져나가는 것을 막아주는 역할을 한다.

정답 12. ③ 13. ③ 14. ③ 15. ④ 16. ①

17 육묘시 해가림을 해 주어야 하는 수종만으로 짝지어진 것은?

① Quercus acutissima, Ulmus pumila
② Picea jezoensis, Abies holophylla
③ Pinus densiflora, Juglans sinensis
④ Pinus thunbergii, Ailanthus altissima

해설

해가림이 필요한 수종은 음수수종으로 잣나무, 주목, 가문비나무, 전나무 등이 있다.

※ 학명
① Quercus acutissima : 상수리나무, Ulmus pumila : 비술나무
② Picea jezoensis : 가문비나무, Abies holophylla : 전나무
③ Pinus densiflora : 소나무, Juglans sinensis : 호두나무
④ Pinus thunbergii : 곰솔, Ailanthus altissima : 가죽나무

18 개벌작업의 장점으로 옳지 않은 것은?

① 작업방법이 간단하다.
② 음수조림에 적합하다.
③ 수종을 다른 수종으로 바꾸고자 할 때 가장 쉬운 방법이다.
④ 택벌작업에 비해서 높은 수준의 기술을 필요로 하지 않는다.

해설

개벌작업은 임분을 한번에 벌채하는 방법으로 양수수종에 적합한 방법이다.

19 순림에 관한 설명으로 옳은 것은?

① 수령이 동일한 산림을 뜻한다.
② 한 가지 수종으로 구성된 산림을 뜻한다.
③ 순림은 병충해, 풍수해 등에 대하여 저항성이 비교적 강하다.
④ 음수인 수종은 양수인 수종보다, 천연림은 인공림 보다 순림이 쉽게 형성된다.

해설

순림은 단일수종으로 구성된 산림을 말한다.

20 식물이 흡수 이용할 수 있는 토양수분은?

① 팽윤수   ② 흡습수
③ 화합수   ④ 모관수

해설

모관수는 유효수분이라 하며 식물이 흡수 가능한 수분이다.

21 수목의 흰가루병에 걸린 환부에 나타난 흰가루와 관련없는 병원체의 기관은?

① 균사   ② 담자포자
③ 분생포자 ④ 분생자경

해설

흰가루병의 병원은 자낭균류로 백색의 반점인 분생포자가 발생하고 분생자경 위로 연속적으로 생성되면서 잎을 덮게 된다.

22 밤나무 줄기마름병에 대한 설명으로 옳지 않은 것은?

① 질소 과다 시비를 지양한다.
② 천공성 해충의 피해를 받은 경우 잘 발생한다.
③ 병원균의 중간기주인 포플러를 같이 심지 않는다.
④ 동해나 열해를 받아 수피와 형성층이 손상 입은 경우 잘 발생한다.

해설

밤나무 줄기마름병은 중간기주가 없다.

정답 17. ② 18. ② 19. ② 20. ④ 21. ② 22. ③

23 식물선충에 관한 설명 중 옳지 않은 것은?

① 절대활물기생체이다.
② 대부분은 유충에서 성충이 되기까지 4회 탈피한다.
③ 기생하는 부위에 따라 내부, 외부, 반내부기생선충으로 나눌 수 있다.
④ 소나무재선충은 매개충의 몸속에서 나온 제2기 유충이 침입기에 해당한다.

해설
소나무 재선충은 매개충의 몸속에서 나온 제4기 유충이 침입기에 해당한다.

24 솔잎혹파리 및 솔껍질깍지벌레를 방제하기 위하여 사용되는 수간 주사용 약제는?

① 헥사지논 입제
② 다이아지논 유제
③ 펜토에이트 유제
④ 포스파미돈 액제

해설
포스파미돈 액제는 솔잎혹파리, 솔껍질깍지벌레 등에 감염된 나무에 수간주사하며 진딧물은 경엽처리한다. 솔잎혹파리 수간주사시 포스파미돈은 50% 액제로 처리한다.

25 소나무좀에 대한 설명으로 옳지 않은 것은?

① 번데기로 월동한다.
② 부화유충은 모갱과 직각으로 유충갱을 만든다.
③ 노숙유충은 목질섬유로 둘러싸고 그 속에서 번데기가 된다.
④ 15℃ 이상에서 활동하며 구멍을 뚫고 갱도를 만들어 알을 낳는다.

해설
소나무좀은 성충 형태로 월동한다.

26 곤충의 입틀 구조가 찔러서 빨아 먹기에 알맞은 구조로 된 곤충으로 짝지어진 것은?

① 메뚜기, 풍뎅이
② 집파리, 나비류
③ 진딧물, 매미류
④ 등애류의 성충, 나비류

해설
찔러서 빨아먹는 형태의 해충을 흡즙성 해충이라 하며 주로 깍지벌레, 진딧물 등이 있다.

27 우리나라에 서식하는 조류들을 먹이습성에 따라 분류할 경우 가장 적은 비율을 차지하는 조류는?

① 동물질 먹이만을 섭식하는 종류
② 식물질 먹이만을 섭식하는 종류
③ 식물질이나 동물질 먹이 모두 섭식하는 종류
④ 동물질 먹이가 우선이나 식물질 먹이도 섭식하는 종류

해설
조류의 경우 종자 및 열매 등을 식해하는 식물질 먹이만을 섭식하는 종류가 있으나 이 비율은 동물질 혹은 벌레 등을 섭식하는 종류나 둘 다 섭식하는 종류에 비해 적은 편이다.

정답 23. ④ 24. ④ 25. ① 26. ③ 27. ②

28 산불에 관한 설명으로 옳지 않은 것은?

① 산불의 피해정도는 여름이 가장 크다.
② 은행나무가 소나무보다 내화력이 강하다.
③ 수령이 낮은 임분일수록 산불의 피해를 많이 받는다.
④ 일반적으로 활엽수보다 침엽수가 산불에 의한 피해를 심하게 받는다.

해설
국내의 산불은 계절상 봄에 가장 피해가 크다.

29 농약의 살포액 조제에 대한 설명으로 옳지 않은 것은?

① 전착제를 넣을 때는 고체 상태로 바로 살포액에 넣는다.
② 석회액과 황산구리액을 만들 때 같은 온도의 물을 사용하도록 한다.
③ 살포액을 만드는 물은 알칼리성인 물 또는 부패한 물을 쓰지 않도록 한다.
④ 유제의 경우 유제를 작은 용기에 넣고 잘 저어 유백색의 액으로 만든 다음 유액을 소요량의 물에 넣고 잘 저어 살포액을 만든다.

해설
전착제는 살충제가 식물의 잎에 잘 착상하고 골고루 퍼지도록 도와주는 보조제로서 고체 상태에 바로 넣으면 효과가 제대로 발현되지 않기에 일정량을 물을 넣어 분산 후 살포액에 넣는다.

30 수목병해충 예방과 구제를 위하여 살충제를 사용 하여야 할 것은?

① 잎녹병   ② 그을음병
③ 잎떨림병 ④ 흰가루병

해설
그을음병은 진균에 의해 발생하여 주로 흡즙성 해충이 기생하였던 곳에 발생하므로 살충제를 사용하여 예방과 구제를 한다.

31 파이토플라스마에 의해 발생하는 병이 아닌 것은?

① 뽕나무 오갈병
② 벚나무 빗자루병
③ 대추나무 빗자루병
④ 오동나무 빗자루병

해설
벚나무 빗자루병은 자낭균류에 의해 발병한다.

32 아까시나무 모자이크병의 병원체 판별기주로 가장 적당한 것은?

① 명아주   ② 참나무류
③ 황벽나무 ④ 까치밥나무

해설
먼저 판별기주는 바이러스의 판별에 이용되는 식물을 의미한다. 이때 바이러스 병의 판별을 위해 명아주, 독말풀, 잠두, 천일홍, 동부 등이 있으며 아까시나무 모자이크병의 경우 명아주를 이용하며 단기간에 검출이 가능한 것이 특징이다.

33 포플러 잎녹병의 중간기주는?

① 참취   ② 향나무
③ 오리나무 ④ 일본잎갈나무

해설
포플러 잎녹병의 중간기주로 일본잎갈나무, 줄꽃주머니, 현호색이 있다.

정답 28. ① 29. ① 30. ② 31. ② 32. ① 33. ④

34 볕데기에 의한 수목피해를 예방하는 방법은?

① 해가림, 볏짚깔기 또는 흙깔기 등을 하여 지표의 고온화를 완화시킨다.
② 모래 등을 섞어 토질을 개량하거나 배수 처리를 하여 토양수분을 감소시킨다.
③ 토양의 온도를 낮추기 위한 관수나 해가림, 또는 토양 피복처리를 하는 것이 좋다.
④ 고립목의 줄기를 짚으로 둘러주거나 석회유 등을 발라 직사광선을 막아주는 것이 효과적이다.

해설
볕데기는 태양 직사광선에 의해 급격한 수분증발로 말라죽는 현상으로 수피가 발달된 수종에는 잘 발생되지 않는다. 이를 예방하기 위해서는 해가림작업이나 석회유, 점토 등을 칠하여 직사광선을 막아주는 작업을 실행한다.

35 청변병의 전반에 관여하는 매개충은?

① 진딧물류 ② 매미충류
③ 나무좀류 ④ 깍지벌레류

해설
청변병은 균류에 의해 발생하는데 나무좀류에 의해 전반된다.

36 만코지제(다이센 엠-45) 50%(비중은 1) 원액 100ml를 0.05%로 희석하려고 할 때 필요한 물의 소요량은?

① 50.9L   ② 55.5L
③ 99.9L   ④ 100.5L

해설
만코지제 원액 100ml 기준 50% 이므로 만코지제 50ml가 존재한다. 이때 0.05% 가 되기 위해 아래와 같이 구할 수 있다.

$\frac{50}{x+100} \times 100 = 0.05 \rightarrow x + 100 = 100000$
$\rightarrow x = 99900$ ml $\rightarrow 99.9$L

37 다음 중 훈증제로 사용되지 않는 것은?

① 포스핀
② 아세페이트
③ 메틸브로마이드
④ 알루미늄포스파이드

해설
아세페이트 약제는 유기인계 침투성 살충제이다.
· **훈증제** : 클로로피크린, 브로민화메틸, 이황화탄소, 알루미늄포스파이드, 포스핀 훈증제 등

38 향나무 녹병균의 생활사 중에 형성하지 않는 포자형은?

① 녹포자   ② 담자포자
③ 겨울포자 ④ 여름포자

해설
향나무 녹병균은 여름포자의 생성 과정이 없다.

39 향나무하늘소의 주요 피해 수종이 아닌 것은?

① 편백   ② 측백
③ 잣나무 ④ 삼나무

해설
향나무하늘소의 피해 수종으로 향나무, 측백나무, 삼나무, 편백 등이 있다.

40 해충과 가해형태가 옳지 않은 것은?

① 박쥐나방 – 천공성
② 밤바구미 – 식엽성
③ 솔잎혹파리 – 충영형성
④ 미국흰불나방 – 식엽성

해설
밤바구미는 종실을 가해한다.

정답 34. ④ 35. ③ 36. ③ 37. ② 38. ④ 39. ③ 40. ②

41 수고 측정 기구가 아닌 것은?

① 트랜짓(transit)
② 덴드로미터(dendrometer)
③ 빌티모아스틱(biltimore stick)
④ 아브네이레블(Abney hand level)

해설
빌티모어 스틱은 직경 측정 장비이다.

42 진계생장량에 대한 설명으로 옳은 것은?

① 고사량과 벌채량을 포함한 총 생장량
② 측정 초기의 생존 임목 재적이 측정 말기에 변화한 변화량
③ 측정 초기의 생존 임목 재적과 측정 말기의 생존 임목 재적의 차이
④ 산림조사기간 동안 측정할 수 있는 크기로 생장한 새로운 임목들의 재적

해설
진계생장이란 산림 조사 기간 동안에 이전에 측정 대상이 되지 못한 작은 임목들이 일정 기간 생장을 하여 측정 대상에 포함되도록 자란 양을 의미한다. 예를 들어 지난번에 흉고직경 6cm 미만이 나무들이 측정에 포함하지 않았지만 이후 생장하여 측정대상이 되었을 경우 이때의 진계된 것을 진계생장 그리고 그 양을 진계생장량이라 한다.

43 감가상각비를 계산하기 위한 기본적 요소가 아닌 것은?

① 취득원가　② 자본이율
③ 잔존가치　④ 사용년수

해설
감가상각비는 취득원가, 잔존가치, 추정내용연수(사용년수)를 이용하여 구하도록 한다.

※ 감가상각비 = $\dfrac{\text{취득원가} - \text{잔존가치}}{\text{추정사용기간}}$

44 법정림의 법정상태 요건으로 해당하지 않는 것은?

① 법정축적　② 법정벌채량
③ 법정임분배치　④ 법정영급분배

해설
법정림의 법정상태 요건으로 법정생장량, 법정축적, 법정임분배치, 법정영급분배이다.

※ **법정상태 용어**
· 법정생장량 : 법정림의 연간 생장량
· 법정축적 : 영급분배와 생장상태가 법정일 때 보유할 작업급으로서 전체 축적
· 법정영급분배 : 해마다 균등한 수확을 할 수 있도록 각 영급의 면적을 동일하게 하는 것
· 법정임분배치 : 임목 이용, 보호 및 갱신을 위하여 각 임분이 적절한 배치상태를 유지

45 임업경영의 성과분석에 대한 계산식으로 옳지 않은 것은?

① 임업소득 = 임업조수익 – 임업경영비
② 임가소득 = 임업소득 + 농업소득 + 기타소득
③ 임업경영비 = 임업현금지출 + 미처분임산물재고 감소액 + 임업생산자재재고 감소액 + 주임목감소액–감가상각비
④ 임업조수익 = 임업현금수입 + 임산물가계소비액 + 미처분임산물증감액 + 임업생산 자재재고증감액 + 임목성장액

해설
임업경영비 = 임업현금지출 + 감가상각액 + 주임목감소액 + 미처분 임산물재고감소액 + 임업생산 자재재고 감소액

정답 41. ③　42. ④　43. ②　44. ②　45. ③

46 임업의 경제적 특성으로 원목가격 구성요소에서 가장 큰 항목은?

① 지대 ② 육림비
③ 운반비 ④ 감가상각비

해설
임산물 가격의 대부분은 운반비이다.

47 임업이율의 특징으로 옳은 것은?

① 대부이율 ② 명목이율
③ 현실이율 ④ 단기이율

해설
임업이율의 성격
· 임업이율은 대부이율이 아닌 자본이율이다.
· 임업이율은 현실이율이 아닌 평정이율이다.
· 임업이율은 실질이율이 아닌 명목이율이다.
· 임업이율은 장기이율이다.

48 유동자본재가 아닌 것은?

① 임도 ② 묘목
③ 종자 ④ 비료

해설
유동자본재는 미처분임산물, 묘목, 비료, 종자 등이 있다.
※ 자본재 분류

고정자산	임지, 건물, 기계 등
유동자산	미처분임산물, 묘목, 비료, 종자 등
임목자산	임목축적

49 어떤 산림에서 간벌수입 1천만원을 연이율 5%로 20년 후의 벌기까지 거치하면 후가는?

① 약 2,650만원 ② 약 2,950만원
③ 약 3,660만원 ④ 약 3,960만원

해설
$1000만원 \times (1+0.05)^{20} = 약 2650만원$

50 임업소득률 계산식으로 옳은 것은?

① 임업소득÷임가소득
② 임업소득÷임업조수익
③ 임업소득÷농림업 외 소득
④ (임업소득+농업소득)÷농림업 외 소득

해설
임업소득률 = (임업소득/임업조수익)×100

51 토지 순수익 최대의 벌기령 시기가 빨라지는 경우로 옳은 것은?

① 이율이 낮을수록
② 조림비가 많을수록
③ 관리비가 많을수록
④ 간벌수확의 시기가 빠를수록

해설
토지 순수익의 최대 벌기령이 빨라지는 경우
· 조림비가 적게 들수록
· 간벌량이 많을 수록
· 간벌시기가 빠를 수록
· 이율이 높을수록

52 지황조사에서 제지에 해당하는 것은?

① 관련 법률에 의거 지정된 임지
② 입목본수 비율이 30% 이상인 임지
③ 입목본수 비율이 30% 이하인 임지
④ 암석 및 석력지로서 조림이 불가능한 임지

해설
제지는 암석이나 석력지 등 조림이 어려운 지역을 말한다. 주로 도로, 하천, 방화선, 암석지, 습지 등이 여기에 속한다.

정답 46. ③ 47. ② 48. ① 49. ① 50. ② 51. ④ 52. ④

53 임지평가기법 중 마이너스(-) 값이 나올 수 있는 것은?

① 대용법 ② 입지법
③ 임지기망가법 ④ 임지매매가법

> **해설**
> 장차 발생될 것으로 기대되는 수익의 합계를 기망가라 하며 이때 고려되는 조림비와 관리비가 커질 경우 마이너스 값이 발생할 수 있다.

54 장래에 기대되는 수익을 일정한 이율로 할인하여 현재가를 구하는 산림평가 방법은?

① 기망가법 ② 비용가법
③ 매매가법 ④ 입목가법

> **해설**
> 기망가는 장차 발생할 것으로 기대되는 수익의 합계이다.

55 경영계획을 수립할 때 가장 먼저 구획하는 것은?

① 소반 ② 임반
③ 작업급 ④ 경영계획구

> **해설**
> 산림 경영의 효율을 위해서 계획구 설정을 먼저하며 다음으로 임반, 소반 단위로 나누어 설정하도록 한다.

56 산림 조사시 기재 요령의 설명으로 옳지 않은 것은?

① 수고는 입목수고의 최저를 측정하여 기재한다.
② 임종은 인공림과 천연림으로 구분하여 각각 인과 천으로 줄여 기재한다.
③ 임령은 이령림의 경우 그 수령의 범위를 분모로 하고 평균수령(대표분포수령)을 분자로 한다.
④ 임상은 침엽수림, 활엽수림, 침활혼효림, 미입목지로 구분하여 각각 침, 활, 혼, 미로 기재한다.

> **해설**
> 수고는 임목수고의 < 평균수고/최소수고~최대수고 >로 표기한다.

57 통나무의 길이가 7m, 원구의 단면적이 $1.4m^2$, 말구의 단면적이 $0.6m^2$일 때 스말리안(Smalian)식에 의한 이 통나무의 재적은 얼마인가?

① $0.3m^3$ ② $1.2m^3$
③ $7.0m^3$ ④ $30m^3$

> **해설**
> 스말리안식
> $= \frac{원구단면적 + 말구단면적}{2} \times 길이$
> $= \frac{1.4 + 0.6}{2} \times 7 = 7(m^3)$

58 25년생 소나무의 재적이 $0.25m^3$일 때 평균생장량은?

① $0.010m^3$ ② $0.025m^3$
③ $0.100m^3$ ④ $0.250m^3$

> **해설**
> 평균생장량은 일정한 기간 내에 생장한 정기생장량을 그 기간의 년수로 나눈 값이다.
> 평균생장량 $= \frac{현재 재적}{년수} = \frac{0.25}{25} = 0.01(m^3)$

정답 53. ③ 54. ① 55. ④ 56. ① 57. ③ 58. ①

59 임업경영에서 보속작업의 장점으로 옳지 않은 것은?

① 목재 관련 산업의 발전에 기여 한다.
② 지역주민에게 안정된 고용기회를 제공한다.
③ 사업량의 변동이 작아 경영관리가 간편하다.
④ 평균생장량이 증가하여 경제적 경영이 가능하다.

해설
보속작업은 매년 일정한 수확량을 얻음으로서 목재산업에 안정적인 원료 공급과 발전, 이를 수확하기 위한 지역주민에 대한 고용기회의 안정, 사업량의 변동이 적어 안정적인 운영이 가능한 장점을 가진다.

60 주업적 임업의 설명으로 옳지 않은 것은?

① 기업과 독립가의 임업이 해당된다.
② 주로 연료 및 농용재 생산을 위한 임업형태이다.
③ 임업을 주업으로 하는 100ha 이상의 임업형태이다.
④ 임업을 독립된 경영조직으로 운영하는 임업형태 이다.

해설
연료 및 농용재 생산을 위한 임업은 종속적 임업이다.

※ 산림경영의 형태

주업적 산림경영	주업적 산림경영은 전업적 산림경영이라고도 하며 생산이 경영의 중심이 되는 것을 말한다.
부차적 산림경영	부차적 산림경영은 주업적 산림경영에 따르는 공백을 막고 이용률을 극대화하여 전체적인 수익을 올리기 위한 겸업적임업의 형태이다.
종속적 산림경영	규모가 작고 자체 노동력만으로 운영하는 농업종속적 산림경영과 제지 및 펄프 원료 공급을 목적으로 하는 공업종속적 산림경영으로 분류된다.

61 임도의 평면곡선에 대한 설명으로 옳은 것은?

① 배향곡선은 방향이 서로 다른 곡선을 연속시킨 것
② 복심곡선은 반지름이 다른 곡선이 같은 방향으로 연속되는 것
③ 완화곡선은 반지름이 작은 원호의 앞뒤에 반대방향 곡선을 넣는 것
④ 반향곡선은 직선부에서 곡선부로 연결될 때 외쪽물 매와 나비 넓힘이 원활하게 이어지는 것

해설
곡선은 단곡선, 복심곡선(복합곡선), 배향곡선(헤어핀곡선), 반대곡선(반향곡선) 등이 있다. 그중에서 복심곡선의 경우 반지름이 다른 곡선이 같은 방향으로 연속하는 것을 의미한다.

※ 곡선
• 단곡선 : 일정한 곡선으로 가장 많이 이용
• 복합곡선 : 같은 방향 연속곡선, 운전시 주의
• 반대곡선 : 맞물린 곳 10m 이상의 직선부 설치
• 배향곡선 : 급경사지 노선거리 연장, 종단기울기 완화시 이용

62 비탈 돌쌓기 시공요령으로 옳지 않은 것은?

① 귀돌이나 갓돌은 규격에 맞는 것으로 한다.
② 돌쌓기의 세로줄눈은 파선줄눈을 피하여 쌓는다.
③ 높은 돌쌓기는 밑으로 내려옴에 따라 돌쌓기 뒷길이를 증대시킨다.
④ 기초를 깊이 파고 단단히 다져야 하며 큰 돌부터 먼저 놓아가면서 차례로 쌓아올린다.

해설
돌쌓기의 줄눈은 통줄눈을 피하고 파선줄눈으로 쌓는다.

63 임목의 조재율에 대한 설명으로 옳지 않은 것은?

① 활엽수는 80 ~ 90% 정도이다.
② 침엽수는 60 ~ 90% 정도이다.
③ 입목재적과 원목재적과의 비율이다.
④ 수종, 경급, 수형 등에 따라 달라진다.

해설
조재율은 벌채한 나무의 부피와 마름재목의 부피의 비율로 통상 침엽수종은 0.6 ~0.9 정도, 활엽수종의 경우 0.4~0.7 정도의 조재율을 가진다.

64 임도의 노면이나 노측비탈면의 물을 모아서 배수하기 위하여 설치하는 배수로는?

① 개거   ② 암거
③ 집수정   ④ 옆도랑

해설
옆도랑은 노면이나 흙깎기 비탈면의 물을 배수하기 위해 임도 길어깨에 종단방향으로 설치하는 배수로이다. 임도에서 옆도랑의 위치는 대부분 흙깎기비탈면과 길어깨 사이에 설치한다.

65 산림지대 강수 유출에 관한 설명으로 옳은 것은?

① 기저유출 = 깊은 중간유출 + 표면유출
② 직접유출 = 얕은 중간유출 + 표면유출
③ 기저유출 = 얕은 중간유출 + 지하수유출
④ 직접유출 = 깊은 중간유출 + 지하수유출

해설
• 직접유출 = 얕은 중간유출 + 표면 유출
- 직접유출 : 중간류에서 얕은 것과 표면유출을 합친 값을 의미한다.
• 기저유출 = 깊은 중간유출 + 지하수유출
- 기저유출 : 하천 수로에 총 유출을 구성하는 요소에서 시간적으로 유출이 지연된 중간유출과 지하수유출을 더한 값을 의미한다.

66 대경재 벌목 방법으로 옳지 않은 것은?

① 쐐기나 지렛대를 이용한다.
② 기계톱에 무리한 힘을 가하지 않는다.
③ 바버체어(baber chair)가 발생하도록 작업한다.
④ 목재 손실을 방지하기 위해 옆면노치자르기를 한다.

해설
바버체어는 벌목시 수간의 수직방향으로 갈라진 임목을 의미하여 불충분한 수구 작업으로 인해 발생하는데 바버체어가 발생하지 않고 깨끗하게 절단하는 것이 좋다

※ 바버체어

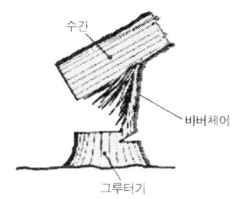

67 임분 내에서 벌도, 가지치기, 통나무자르기 작업을 실시하여 일정 규격의 원목을 생산하는 방법은?

① 전목생산방법   ② 전간생산방법
③ 단간생산방법   ④ 단목생산방법

해설
단목생산방법은 임분내에서 벌도, 가지치기, 통나무자르기 작업 등의 조재작업을 통해 일정 규격의 원목을 생산하는 방법으로 대부분이 인력으로 이루어진다.

정답 63. ① 64. ④ 65. ② 66. ③ 67. ④

68 줄떼다지기 공법에 대한 설명으로 옳지 않은 것은?

① 주로 흙깎기 비탈 전체에 이용한다.
② 다른 파종녹화공법에 비해 시공비가 많이 소요된다.
③ 비탈을 보호 녹화하기 위해 수직높이 20 ~ 30cm 간격으로 실시한다.
④ 비탈면 녹화공법으로 자연경관 회복, 침식과 붕괴 방지 효과가 있다.

> 해설
> 줄떼다지기는 비탈면 기울기를 유지하고 보호 및 녹화 목적으로 수직높이의 20~ 30cm 간격으로 반떼를 수평으로 붙인다. 수평골을 파고 흙이 떨어지지 않는 반떼는 한줄 수평으로 놓고 복토를 하는 작업으로 특별히 많은 시공비가 들지는 않는다.

69 유역의 평균 강수량을 산정하기 위해 각 관측점마다 가중인자를 사용하여 계산하는 방법은?

① 등우선법
② Thiessen법
③ 자기우량계법
④ 보통우량계법

> 해설
> 유역 평균 강우량 산정방법에는 산술평균법, thiessen 법, 등우선법이 있으며 thiessen 법은 유역 면적 기준 500~ 5000km² 정도에 적합하며 우량계가 유역내 불균등하게 분포되는 경우 적용하며 넓은 면적에 관측점마다 가중인자를 사용하여 계산한다.

70 임목수확작업의 구성요소가 아닌 것은?

① 적재
② 운재
③ 집재
④ 조재

> 해설
> 임목수확작업은 나무를 자르는 조재, 가지등을 정리하는 조재, 다음으로 집재와 운재작업이 수행된다.

71 최소곡선반지름을 구하는 식 $R = L^2/4B$ 에서 L은?

① 종단기울기
② 도로의 나비
③ 차량의 운행속도
④ 반출할 목재의 길이

> 해설
> 최소곡선반지름의 공식에서 L 은 반출할 목재의 길이를 의미한다.
> $$R = \frac{l^2}{4B}$$
> R : 곡선반지름(m)
> l : 통나무 길이(m)
> B : 노폭(m)

72 노체의 구성으로 하층부터 상층으로 바르게 나열한 것은?

① 노상 – 노반 – 기층 – 표층
② 노반 – 노상 – 기층 – 표층
③ 노상 – 노반 – 표층 – 기층
④ 노반 – 노상 – 표층 – 기층

> 해설
> 임도의 구조는 표면을 시작으로 표층, 기층, 노반, 노상으로 구성되며 이때 노상과 노반을 합쳐 노면이라 부르기도 한다.

73 임도의 평면도에 표시하지 않는 것은?

① 구조물
② 곡선제원
③ 임시기표
④ 사면보호공

> 해설
> 설계도 작성시 평면도 기입 사항으로 임시기표, 교각점, 경계, 구조물, 지형지물, 곡선제원 등이 있다. 사면보호공은 횡단면도 표시 사항이다.

정답 68. ② 69. ② 70. ① 71. ④ 72. ① 73. ④

74 가선집재와 비교하여 트랙터집재의 특징이 아닌 것은?

① 기동성이 높다.
② 작업생산성이 높다.
③ 급경사지 작업이 가능하다.
④ 산림환경에 대한 피해가 크다

해설
가선집재의 경우 급경사지에서 용이하지만 트랙터 집재는 급경사지에서 작업의 능률이 낮고 사고의 위험성이 있다.

75 사방사업법에 의한 사방사업을 구분할 때 성격이 다른 것은?

① 계류보전사업
② 계류복원사업
③ 산지복원사업
④ 사방댐 설치사업

해설
사방사업법에 의한 사방사업은 대상지역에 따라 구분되는데 산지의 경우 산지사방사업, 해안의 경우 해안사방사업, 산지와 접속하는 시내, 하천 등의 경우 야계사방사업으로 구분한다. 보기의 산지복원사업은 산지사방사업으로, 나머지는 야계사방사업으로 구분된다.
※ **사방사업법** : 국토의 황폐화를 방지하고 이를 보전하기 위하여 효율적인 사방사업을 시행함으로써 공공이익의 증진과 산업발전에 이바지함을 목적으로 한다.

76 아스팔트 포장작업 마무리 및 성토전압에 주로 사용 하는 것은?

① 타이이롤러(tire roller)
② 탬핑롤러(tamping roller)
③ 진동롤러(vibrating roller)
④ 진동 콤팩터(vibrating compactor)

해설
타이어롤러는 여러 타이어를 이용하여 흙이나 아스팔트 포장을 다지는 기기로 마무리 작업에 많이 이용된다.

77 해안사방 공법 중 사구조성으로 옳지 않은 것은?

① 식수공법
② 파도막이
③ 사초심기
④ 퇴사울세우기

해설
사구조성공법에는 퇴사울세우기, 모래덮기, 파도막이 등이 있으며 식수공법은 비탈면 안정녹화공법에 속한다.

78 도저의 블레이드면의 방향이 진행방향의 중심선에 대하여 20~30°의 경사가 진 것은?

① 불도저
② 틸트도저
③ 앵글도저
④ 스트레이트도저

해설
앵글도저는 블레이드면의 진행 방향을 좌우로 각도 변환이 가능하며 이때 중심선에 대해 20~30° 경사가 있다.

79 땅속흙막이 시공요령으로 옳지 않은 것은?

① 돌쌓기의 기울기는 1 : 0.3으로 한다.
② 구조물은 상류를 향하여 직각으로 축설한다.
③ 바닥파기를 충분히 하고 구조물 높이의 1/3 이상이 묻히도록 한다.
④ 현지에 산재된 석재를 충분히 활용하고 큰돌은 밑으로 놓아 축설한다.

해설
바닥파기를 충분히 하고 높이의 2/3 이상이 묻히도록 한다.

정답 74. ③ 75. ③ 76. ① 77. ① 78. ③ 79. ③

80 비가 내리기 않을 때 계류를 흐르는 물의 대부분이 차지하는 유출은 무엇인가?

① 직접유출　② 중간유출
③ 지표면유출　④ 지하수유출

해설

지하수유출은 지하로 물이 스며들어 하천으로 유입되는 것으로 계류의 대부분을 차지하는 유출이다.

정답　80. ④

2015년 제2회 산림산업기사

01 다음 수종 중 완전화에 속하는 것은?
① 자귀나무 ② 자작나무
③ 버드나무 ④ 가래나무

해설
완전화는 꽃잎, 꽃받침, 암술, 수술 4가지 요소를 모두 갖춘 것으로 벚나무, 자귀나무 등이 있다. 불완전화는 4가지 요소 중에서 한가지 이상 없는 것으로 포플러류, 가래나무, 버드나무, 자작나무 등이 있다.

02 다음 중 종자 발아촉진제가 아닌 것은?
① 에틸렌 ② 지베렐린
③ 시토키닌 ④ 황화칼륨

해설
황화칼륨은 실리카겔과 같은 건조제로 사용한다.

03 임목의 기원이 맹아이고 주로 연료생산을 위해 비교적 단벌기로 이용하는 것은?
① 교림 ② 왜림
③ 중림 ④ 죽림

해설
왜림은 연료생산을 목적으로 맹아로 갱신하는 방법이다.

04 임지 보호 효과가 가장 큰 작업종은?
① 개벌작업 ② 택벌작업
③ 모수작업 ④ 왜림작업

해설
택벌작업은 보속적 수확이 가능하고 미적가치가 높으며 임지에 다수의 나무가 유지되고 있어 임지의 보호효과가 크다.

05 임목 종자 크기를 대립 또는 소립으로 나눌 때, 소립에 해당하는 것은?
① *Ginkgo biloba*
② *Pinus densiflora*
③ *Torreya nucifera*
④ *Camellia japonica*

해설
소나무, 전나무, 벚나무 등은 소립종자에 속한다. 은행나무(Ginkgo biloba), 비자나무(Torreya nucifera), 동백나무(Camellia japonica)의 종자는 대립종자이다.

06 질소 결핍시 나타나는 증상으로 가장 두드러진 것은?
① 잎에 검은 반점이 나타난다.
② 성숙잎에 황화현상이 나타난다.
③ 절간생장이 억제되고 잎이 작아진다.
④ 새로 생장한 부분의 발육이 매우 불량하고 백화현상이 나타난다.

해설
질소 결핍시 잎의 생장이 불량하고 잎이 짧아진다. 또한 잎 전체가 황화 현상이 일어나고 심할 경우 괴사한다.

정답 01. ① 02. ④ 03. ② 04. ② 05. ② 06. ②

07 연중 종자 생산 시기가 가장 빠른 수종은?

① 주목　　② 팽나무
③ 회화나무　④ 사시나무

해설
사시나무는 5월에 성숙하기에 생산시기가 가장 빠르다.

08 일반적으로 대부분의 침엽수 및 단풍나무류, 참나무류 등의 활엽수 생육에 가장 적합한 토양산도의 범위는?

① pH 4.0~4.7　② pH 4.8~5.4
③ pH 5.5~6.5　④ pH 6.6~7.3

해설
대부분의 침엽수 및 활엽수 등은 중성인 pH 5.5~6.5에서 생육이 적합하다.

09 묘간거리가 2m인 정삼각형 식재 때의 1ha당 묘목본수는?

① 약 1,848본　② 약 2,283본
③ 약 2,887본　④ 약 5,132본

해설
$1.155 \times \dfrac{10000}{2 \times 2} ≒ 2887본$

※ 정삼각형 식재
$N = \dfrac{A}{a^2 \times \sqrt{(1^2 - 0.5^2)}} = \dfrac{A}{a^2 \times 0.866} = 1.155 \times \dfrac{A}{a^2}$

N : 식재 묘목수
A : 조림지 면적
a : 묘목, 줄 사이 거리
0.866 값 : 삼각형 높이 비율

10 묘목 가식에 대한 설명으로 옳지 않은 것은?

① 가식지 주변에는 배수로를 설치한다.
② 묘목의 끝이 남쪽을 향하게 하여 45도 경사지게 한다.
③ 가급적 비가 오거나 또는 비가 온 후 바로 가식을 실시한다.
④ 조림예정지가 원거리에 있거나 해빙이 늦은 지역은 조림예정지 부근에 가식 월동을 한다.

해설
비가 오거나 비가 온 후에는 가식을 피한다.

11 천연갱신의 장점으로 옳지 않은 것은?

① 임지관리에 전문적인 육림기술이 불필요하다.
② 수종 선정의 잘못으로 조림에 실패할 염려가 없다.
③ 임지가 나출되는 일이 드물고 지력유지에 적합하다.
④ 인공 단순림에 비하여 각종 위해에 대하여 저항력이 크다.

해설
천연갱신의 임지관리는 전문적인 육림기술이 필요하다.

12 가지치기에 대한 설명으로 옳지 않은 것은?

① 일반적으로 가지치기 굵기의 한계는 6cm 정도이다.
② 소나무는 가지치기 상면이 유합하는데 3~4년 정도 걸린다.
③ 가지치기 시기는 성장휴지기로서 수액 유동 시작의 직전이 좋다.
④ 수목의 수고생장에 따라 마디 없는 우량재 생산을 위해서 실시한다.

해설
가지치기를 실시하면 직경 생장을 촉진하며 수고 생장에는 큰 영향을 주지 않는다

정답　07. ④　08. ③　09. ③　10. ③　11. ①　12. ④

13 1-1 묘목에 대한 설명으로 옳은 것은?

① 1년생의 침엽수 묘목
② 한번 이식된 2년생 묘목
③ 파종상에서 2년 지낸 묘목
④ 대목이 1년생이고 접수가 1년생인 묘목

해설
1-1 묘목은 파종상에서 1년을 보내고 한번 이식하여 다시 1년을 보낸 총 2년생 묘목을 의미한다.

14 소립종자의 실중에 대한 설명으로 옳은 것은?

① 종자 1립의 평균무게
② 종자 100립의 무게
③ 종자 500립의 무게
④ 종자 1,000립의 무게

해설
실중의 기준으로 소립종자는 종자 1000립 무게, 중립종자는 500립 무게, 대립종자는 100립의 무게를 기준으로 한다.

15 우량 묘목 조건으로 옳지 않은 것은?

① 측근과 세근의 발달량이 많을 것
② 가지가 사방으로 고루 뻗어 발달한 것
③ 온도 저하에 따른 고유의 변색과 광택을 가질 것
④ 침엽수종의 경우 정아보다는 측아 발달이 우세한 것

해설
침엽수종의 경우 측아 발달보다 정아가 우세한 것이 우량 묘목의 조건이다.

16 수목에 비료를 주는 작업에 대한 설명으로 옳지 않은 것은?

① 일반적으로 봄에 비료를 주는 것이 가장 좋다.
② 수확량점감의 법칙에 따라 일정량의 비료를 주어야 한다.
③ 유기물이 적은 경사지는 비료를 준 뒤 큰 비가 와도 유실 우려가 없다.
④ 늦여름에서 초가을 사이에 비료를 주면 웃자라 겨울에 피해를 입는다.

해설
유기물의 적을 경우 토양의 입단구조 형성이 약해 큰 비가 올 경우 토양의 유실 가능성이 높다.

17 도태간벌의 특성에 대한 설명으로 옳지 않은 것은?

① 장벌기 고급 대경재 생산에 유리하고 간벌목 선정이 유리하다.
② 우세목을 선발하는 무육벌채적 수단을 갖고 있는 간벌양식이다.
③ 미래목의 수관맹아 형성의 억제와 임분의 복층구조 유도가 용이하다.
④ 미래목 사이의 거리는 최소 2m 이상으로 임지 내에 고르게 분포하도록 한다.

해설
미래목 사이의 거리는 최소 5m 이상으로 임지 내에 고르게 분포하도록 한다.

정답 13. ② 14. ④ 15. ④ 16. ③ 17. ④

18 흙을 비벼보거나 육안으로 보아 모래가 1/3 이하를 차지하고 있다고 느껴지는 토양은?

① 양토　　　② 식양토
③ 사질양토　④ 미사질양토

> **해설**
> 모래가 1/2~1/3 정도의 기준 토양은 양토이다.

19 어떤 수목이 1000cc(1kg)의 물을 증산시켜 2g의 건물질을 생산하였다. 이에 대한 설명으로 옳지 않은 것은?

① 증산능은 1이다.
② 증산계수는 500이다.
③ 증산비는 1 : 500이고, 1g의 건물질을 만드는 증산량은 500cc이다.
④ 건물질의 단위량당 소비되는 물의 양을 요수량이라고 하며, 증산비 또는 증산계수로 나타낸다.

> **해설**
> 1kg 물 기준 2g 의 경우 증산능은 2 이다.

20 토양 단면 중 A_0층에서 볼 수 있는 H층(부식층)에 대한 설명으로 옳은 것은?

① 낙엽으로 된 층이며 원형 그대로 쌓여 있다.
② 풍화가 불완전한 층으로 집적층의 아래에 있는 층이다.
③ 흑갈색의 유기물로 육안으로는 조직을 알 수 없고 대체적으로 산성이 강하다.
④ 낙엽 등의 유기물이 다소 분해되었지만 육안으로 조직을 알 수 있는 상태이다.

> **해설**
> 부식층은 이미 유기물이 분해 되어있는 층으로 육안으로 관찰시 흑갈색이 강하며 조직이 무너져 일정한 형태가 없다. 미생물 분해로 인하여 산성을 띠고 있다.

21 천연기념물에 속하지 않는 조류는?

① 고니　　　② 크낙새
③ 두루미　　④ 쇠딱따구리

> **해설**
> 쇠딱따구리는 국내 서식하는 딱따구리 중 가장 작은 종으로 흔하게 볼 수 있다.

22 산림병해충 방제규정에 따른 나무주사에 의한 솔잎혹파리 방제효과 조사시기는?

① 방제 다음년도 5~6월
② 나무주사 후 5일 이내
③ 방제 당해년도 10월 중
④ 방제 다음년도 10월 중

> **해설**
> 솔잎혹파리 방제는 5월쯤 실시하며 방제 효과의 조사는 10월쯤 실시한다.

23 솔잎혹파리먹좀벌의 형태 및 생태특성에 대한 설명으로 옳지 않은 것은?

① 다포식 기생자이다.
② 1령 유충으로 월동한다.
③ 2령 유충에서 번데기가 된다.
④ 부화한 유충은 기주의 뇌 또는 중장에 기생하며 생활한다.

> **해설**
> 솔잎혹파리먹좀벌은 솔잎혹파리의 유충과 알에 자기의 알을 낳아 기생하여 죽게 하는 것으로 여러 종류에 기생하는 다포식 기생자는 아니다.

정답　18. ①　19. ①　20. ③　21. ④　22. ③　23. ①

24 수병의 방제를 위한 예방법과 가장 거리가 먼 것은?

① 숲가꾸기
② 임지 정리
③ 환상박피 작업
④ 건전한 묘목 육성

해설
환상박피는 주로 개화결실을 촉진하는 방법이다.

25 균류에 의한 수병이 아닌 것은?

① 소나무 혹병
② 뽕나무 오갈병
③ 잣나무 털녹병
④ 밤나무 줄기마름병

해설
뽕나무 오갈병은 파이토플라스마에 의해 발생한다.

26 야생생물 보호 및 관리에 관한 법률에 지정되어 있는 멸종위기야생생물 I급에 해당되지 않는 포유류는?

① 여우   ② 수달
③ 호랑이   ④ 하늘다람쥐

해설
하늘다람쥐는 천연기념물로 지정되어 있다.

27 소나무 혹병을 발병하게 하는 것으로 중간기주에서 월동하고, 이듬해 봄에 형성되어 소나무로 날아가 혹을 만드는 것은?

① 자좌   ② 녹포자
③ 담자포자   ④ 녹병포자

해설
소나무 혹병의 병원균은 녹병포자, 녹포자를 만들어 담자포자(소생자) 형태로 비산한다.

28 흡즙성 해충으로 옳지 않은 것은?

① 도토리거위벌레
② 솔껍질깍지벌레
③ 버즘나무방패벌레
④ 느티나무벼룩바구미

해설
도토리거위벌레는 종실을 가해하는 해충이다.

29 내화력이 약한 수종으로만 나열된 것은?

① 소나무, 삼나무
② 분비나무, 회양목
③ 사시나무, 음나무
④ 은행나무, 잎갈나무

해설
내화력이 약한 수종으로 소나무, 삼나무, 편백, 해송 등이 있다.

30 모자이크병을 일으키는 병원체는?

① 세균   ② 곰팡이
③ 바이러스   ④ 원생동물

해설
모자이크병은 바이러스에 의한 병이다.

31 윤작의 연한이 짧아도 방제의 효과를 올릴 수 있는 병균은?

① 낙엽송 모잘록병균
② 자주빛날개무늬병균
③ 오동나무 뿌리혹병균
④ 오리나무 갈색무늬병균

해설
오리나무 갈색무늬병은 연작에 의한 피해가 심하기에 윤작을 통해 방제하는데 윤작의 연한이 짧아도 방제의 효과가 좋다.

정답 24. ③ 25. ② 26. ④ 27. ③ 28. ① 29. ① 30. ③ 31. ④

32 어린 유충이 초본의 줄기 속을 식해하고 성장한 후 줄기 중심부에 갱도를 뚫으며 가해하는 해충은?

① 솔박각시
② 박쥐나방
③ 오리나무잎벌레
④ 소나무가루깍지벌레

해설
박쥐나방은 어린 유충일 때 줄기를 식해하며 성장후 목질부를 가해한다.

33 천막벌레나방의 유령기와 같이 나뭇가지 위에 모여 있는 동안에 이용하는 해충방제법으로 가장 적합한 것은?

① 등화 유살한다.
② 먹이로 유살한다.
③ 벌레집을 제거하거나 소살한다.
④ 땅에 비닐 천을 깔고 나무를 턴다.

해설
천막벌레나방은 텐트나방이라 하며 유령기에 군서생활을 할 때 벌레집을 제거하거나 불을 이용하는 소살을 통해 방제한다.

34 솔수염하늘소에 대한 설명으로 옳지 않은 것은?

① 유충으로 월동한다.
② 소나무재선충병 매개체이다.
③ 주로 봄과 여름 사이에 산란한다.
④ 주로 쇠약한 소나무의 가지를 후식 가해한다.

해설
솔수염하늘소는 소나무의 줄기를 가해하거나 구멍을 뚫는 등의 상처를 주어 병을 퍼트리기에 소나무의 쇠약 정도는 관련이 없다.

35 산불을 인위적으로 적당히 활용하는 처방화입의 효용으로 옳지 않은 것은?

① 병충해를 방제할 수 있다.
② 임지의 조부식층을 보존할 수 있다.
③ 야생 목초의 질과 양을 개량시킨다.
④ 일부 수종의 천연하종을 가능하게 한다.

해설
조부식층은 낙엽이나 가지가 쌓여 퇴적층을 이룬 것을 말하며 유기물함량이 높은 층이다. 이러한 조부식층은 처방화입에 의해 소실될 수 있다.

36 솔잎혹파리의 통상적인 우화시기는?

① 2월~4월
② 5월~7월
③ 8월~10월
④ 11월~1월

해설
솔잎혹파리는 5~7월경 우화한다.

37 낙엽송 잎떨림병에 대한 설명으로 옳지 않은 것은?

① 감염된 수목은 급격하게 말라죽는다.
② 숲 내부가 그늘지고 습한 경우 발생하기 쉽다.
③ 만코제브 수화제 또는 4-4식 보르도액을 살포하여 방제한다.
④ 가을에 수목 아랫가지에서부터 잎이 갈색으로 변하여 낙엽이 된다.

해설
병징은 잎이 떨어지는 것으로 9월경 가장 뚜렷하게 나타나며 이러한 낙엽이 반복될 경우 천천히 가지가 마르게 된다.

※ **낙엽송 잎떨림병**
· 기주는 낙엽송류이다.
· 초기 잎의 표면에 작은 반점이 형성되고 9월이 되면 대부분 잎이 떨어진다.
· 방제법으로 병원균이 월동하는 낙엽을 소각한다.
· 낙엽송은 단순림 보다 혼효식재 좋다.

정답 32. ② 33. ③ 34. ④ 35. ② 36. ② 37. ①

38 병원체가 종자에 붙어서 월동하는 것은?

① 잣나무 털녹병균
② 소나무 모잘록병균
③ 밤나무 줄기마름병균
④ 오동나무 빗자루병균

[해설]
모잘록병균은 토양 혹은 병든 식물체, 종자에 월동한다.

39 미국흰불나방에 대한 설명으로 옳지 않은 것은?

① 번데기로 월동한다.
② 어린 유충은 군서생활을 한다.
③ 디플루벤주론 수화제로 방제한다.
④ 2화기보다 1화기가 수목의 피해가 심하다.

[해설]
미국흰불나방은 2화기때 수목의 피해가 더 심하다.

40 훈증제에 대한 설명으로 옳지 않은 것은?

① 해충이 접근하지 못하는 기능이 있다.
② 가스 상태로 해충의 기문을 통해 침투한다.
③ 메틸브로마이드, 시안화수소가스 등이 있다.
④ 토양훈증할 경우 지표면에 구멍을 뚫고 약물을 주입한다.

[해설]
훈증제는 해충을 박멸하는 기능을 한다.

41 법정림의 수확량이 다음 표와 같고 산림면적은 360ha, 윤벌기는 60년 일 때 법정생장량(m^3)은?

구분	임령				
	20	30	40	50	60
1ha 당 재적(m^3)	40	100	180	260	340

① 1930
② 2040
③ 2150
④ 2260

[해설]
법정생장량은 법정벌채량과 같다. 법정벌채량을 구하기 위해 법정축적과 법정연벌률을 구하도록 한다.

· 윤벌기 60년 일 때 법정축적
$= \frac{산림면적}{윤벌기} \times 60년 ha\,재적 \times \frac{윤벌기}{2}$
$= \frac{360}{60} \times 340 \times \frac{60}{2} = 61200$

· 법정연벌률 $= \frac{200}{U} = \frac{200}{60} ≒ 3.333$

· 법정생장량(법정벌채량)
$= \frac{법정연벌률 \times 법정축적}{100} = \frac{3.333 \times 61200}{100} ≒ 2040$

42 임지기망가의 크기에 영향을 주는 인자에 대한 설명으로 옳지 않은 것은?

① 벌기가 클수록 임지기망가는 커진다.
② 이율이 높으면 임지기망가는 작아진다.
③ 주벌 및 간벌 수확은 플러스(+)이며, 그 값이 클수록 임지기망가는 커진다.
④ 조림관리비는 마이너스(−)이며, 그 값이 클수록 임지기망가는 작아진다.

[해설]
벌기가 커지면 임지기망가는 증가한다. 단, 최대시기 도달 이후는 점차 감소한다.

주벌, 간벌 수익	수익이 클수록 임지기망가도 커진다.
조림비, 관리비	조림비, 관리비가 클수록 임지기망가는 작아진다.
이율	이율은 낮을수록 임지기망가는 커진다.

정답 38. ② 39. ④ 40. ① 41. ② 42. ①

43 일반적으로 사용하는 원가 비교 방법이 아닌 것은?

① 기간비교　② 상호비교
③ 표준실제비교　④ 부가가치비교

> **해설**
> 원가비교 방법은 기간비교, 상호비교, 표준실제비교가 있다.

44 단목의 연령을 측정하는 방법에 관한 설명으로 옳은 것은?

① 목측으로도 나무의 크기에 관계없이 정확한 나무의 나이를 측정할 수 있다.
② 기록에 의한 방법은 과거의 조림 기록에 의해 나무의 연령을 측정하는 방법이다.
③ 지절에 의한 방법은 가지의 모양에 관계없이 가지의 수를 세어 연령을 파악할 수 있는 방법이다.
④ 성장추를 이용하여 흉고부위에서 목편을 채취하여 연륜수를 파악하면 그것이 곧 그 나무의 연령이 된다.

> **해설**
> 기록에 의한 방법은 초기 조림을 했던 시기를 기록하여 그때를 기준으로 나무의 연령을 측정하는 방법이다.
>
> ※ 단목의 연령 측정 방법
> · 목측법에 의한 방법 : 임령을 목측하는 것으로 대략적인 나이를 측정
> · 지절에 의한 방법 : 가지가 윤상으로 자라는 경우 가지를 이용하여 임령을 측정
> · 성장추에 의한 방법 : 성장추를 이용하여 목편을 빼 목편에 나타나는 연령수를 측정, 단 흉고부위 채취시 연륜수에 2년을 더 하는 것이 일반적이다.

45 우리나라의 경우 대경목으로 분류하는 흉고직경의 크기는?

① 18cm 이상　② 28cm 이상
③ 30cm 이상　④ 45cm 이상

> **해설**
> 대경목은 흉고직경 30cm 이상을 기준으로 한다.

46 다음 중 산림측량의 종류로 옳지 않은 것은?

① 주위측량　② 시설측량
③ 구획측량　④ 하해측량

> **해설**
> 산림측량의 종류로 주위측량, 구획측량, 시설측량이 있다. 하해측량은 호수, 해안지역 등에 시공을 위한 측량을 의미한다.
>
> ※ 산림측량
>
> | | |
> |---|---|
> | 주위측량 | 산림의 경계선을 명백히 하고 면적을 정하기 위해 경계를 따라 주위측량을 실시 |
> | 산림구획측량 | 주위측량 이후 산림구획계획이 정해지면 임반, 소반의 구획선 및 면적을 산출하기 위해 산림구획측량을 실시 |
> | 시설측량 | 교통로 및 운반로 개설과 산림경영에 필요한 건물 예정지에 대한 측량을 실시 |

47 말구직경이 40cm, 재장이 5m인 국산재 통나무의 말구직경자승법에 의한 재적(m^3)은?

① 0.628　② 0.800
③ 0.840　④ 1.000

> **해설**
> $0.4^2 \times 2 = 0.8$
>
> ※ 말구직경자승법
> $V(m^3) = d_n^2 \times L$
> V : 재적, d_n : 말구 지름, L : 목재 길이

정답 43. ④　44. ②　45. ③　46. ④　47. ②

48 국유림경영계획을 위한 산림조사 항목에 대한 설명으로 옳지 않은 것은?

① 영급은 10년을 한 단위로 한다.
② 임령은 분모에 평균을 표시한다.
③ 임종은 인공림·천연림의 구분이다.
④ 소밀도는 조사면적에 대한 입목의 수관면적이 차지하는 비율을 백분율로 표시한다.

해설
임령은 분자에 평균을 표시한다.

49 다음 중 민유림의 의미로 옳은 것은?

① 사유림
② 국유림과 사유림
③ 국유림과 공유림
④ 공유림과 사유림

해설
민유림은 국가 이외의 것이 소유하는 산림을 의미하며 공유림이나 개인, 단체 등의 사유림이 포함된다.

50 산림경영임지의 확보, 임업기술개발 및 학술연구를 위하여 보존할 필요가 있는 국유림은?

① 학술국유림   ② 필요국유림
③ 보존국유림   ④ 요존국유림

해설
요존국유림은 국토보존, 산림경영, 학술연구, 임업기술개발, 문화재의 보호 등의 국가가 보존할 필요가 있는 산림을 의미한다.

51 곰솔의 벌기가 35년이고 ha당 40000원씩의 순수입을 영구히 얻을 수 있는 임지의 자본가는? (단, 이율은 5%이며 $(1.05)^{35}$=5.516 임)

① 약 2000원   ② 약 7300원
③ 약 8900원   ④ 약 14000원

해설
수입을 영구히 얻는 개념으로 무한정기이자의 전가계산을 이용한다.

$$K = \frac{R}{(1+P)^n - 1} = \frac{40000}{(1+0.05)^{35} - 1}$$
$$= \frac{40000}{4.516} ≒ 8857$$

→ 약 8900 원

52 개별원가계산방법에 대한 설명으로 옳지 않은 것은?

① 공정별 원가계산방법이라고도 한다.
② 주로 주문에 의하여 제품을 생산하는 경우에 많이 사용한다.
③ 제품의 원가를 개개의 제품단위별로 직접 계산하는 방법이다.
④ 소비자에게 제품의 원가와 일정한 이익을 합계한 제품가격을 청구하는데 도움이 된다.

해설
개별원가계산방법은 제품별 원가계산이라고 한다.

정답 48. ② 49. ④ 50. ④ 51. ③ 52. ①

53. 다음 설명에 해당하는 임업경영의 지도원칙은?

> 국민복지 증진을 목표로 하는 원칙으로 18세기까지 임업경영의 지도원칙 중에서 지배적 위치를 차지하였으나, 자본주의 경제발전과 더불어 수익성 원칙에 밀리게 되었다.

① 공공성의 원칙   ② 생산성의 원칙
③ 복지성의 법칙   ④ 합자연성의 원칙

해설
국민복지 증진을 목표로 하는 원칙은 공공성의 원칙이다.

※ 산림경영 지도원칙 key word
- 수익성 원칙 : 최대의 이익
- 경제성 원칙 : 최소의 비용, 최대의 효과
- 생산성 원칙 : 최대 목재 생산
- 공공성 원칙 : 복지의 증진
- 보속성 원칙 : 균등한 수확
- 합자연성 원칙 : 자연법칙을 존중
- 환경보전 원칙 : 자연보호 및 국토보안

54. 임목기망가의 설명으로 옳은 것은?

① 임목 생산 경비의 후가합계이다.
② 임목 생산 경비의 전가합계이다.
③ 장차 기대되는 순수입의 후가합계에서 그동안 투입될 비용의 후가합계를 공제한 것이다.
④ 장차 기대되는 순수입의 전가합계에서 그동안 투입될 비용의 전가합계를 공제한 것이다.

해설
장차 발생될 것으로 기대되는 수익의 합계를 기망가라 하며 임지기망가는 임지의 사업을 영구적으로 실시한다는 가정으로 토지에서 기대되는 순수익의 현재 합계를 말한다.

55. 임목 생장률 계산식이 아닌 것은?

① 단리산식   ② Pressler식
③ Brereton식   ④ Schneider식

해설
임목의 생장률 계산으로 단리산식, 복리산식, Pressler 식, Schneider 식이 있다. 보기의 Brereton 식은 임목재적 계산식이다.

56. 손익분기점 분석에 필요한 가정에 대한 설명으로 옳은 것은?

① 제품의 생산능률은 변함이 없다.
② 고정비는 생산량의 증감에 따라 변한다.
③ 생산량과 판매량은 항상 같은 것은 아니다.
④ 제품 한 단위당 변동비는 제품 생산이 늘어남에 따라 함께 증가한다.

해설
손익분기점 분석을 위한 가정
- 제품 판매량은 일정하다.
- 비용이 고정비와 변동비로 구분된다.
- 판매 단위당 변동비가 일정하다.
- 고정비는 생산량 수준에 관계없이 생산능력은 일정하다.
- 생산량과 판매량은 항상 같다.
- 생산의 효율성은 항상 일정하다.

57. 20m × 20m의 정방형 표준지에서 매목조사를 통하여 측정된 임목 본수는 60본인 경우, 해당 임분의 ha당 본수는 얼마로 추정되는가?

① 900   ② 1200
③ 1500   ④ 1800

해설
20m×20m 면적당 60본이 존재하므로 비례식을 통해 1ha 당의 본수를 구하도록 한다.
$400m^2 : 60본 = 10000m^2 : x$
→ x = 1500 본

정답 53. ① 54. ④ 55. ③ 56. ① 57. ③

58 산림의 관리경영에 소요되는 관리비에 포함되지 않는 것은?

① 채취비 ② 보험료
③ 감가상각비 ④ 산림보호비

> 해설
> 관리비는 조림비와 채취비를 제외한 비용을 말한다.

59 다음 중 임목 직경 측정에 적합하지 않은 기구는?

① 포물선윤척 ② 빌티모아스틱
③ 아브네이레블 ④ 스피겔릴라스코프

> 해설
> 아브네이레블은 수고 측정 장비이다.

60 우리나라 수확표의 기준임령에서 지위지수의 결정 방법은 무엇인가?

① 토양의 환경인자에 의하여
② 임분의 우세목 평균수고에 의하여
③ 임분의 우세목, 피압목의 평균수고에 의하여
④ 임분의 우세목, 준우세목, 피압목의 평균수고에 의하여

> 해설
> 지위지수는 산림의 잠재생산력 혹은 생산력의 판단지표로서 특정 임령의 우세목의 평균수고를 이용한다.

61 유심을 향하여 적당한 길이와 방향으로 돌출한 공작물로, 주로 유심의 방향을 변경시키기 위한 것은?

① 수제 ② 돌댐
③ 구곡막이 ④ 계간수로

> 해설
> 하천에 유심의 방향을 변경시켜 계안으로부터 멀리 보내 유로 및 계안 침식을 방지, 기슭막이 공작물의 세굴을 방지하기 위해 사용된다.

62 임도 비탈사면 돌쌓기에 대한 설명으로 옳지 않은 것은?

① 뒤채움 방법으로 허리채움, 꼬리채움, 옆채움 등이 있다.
② 찰쌓기를 할 때 석축 뒷면의 물빼기에 유의해야 한다.
③ 돌의 배치는 여섯에움 이하로 하고 금기돌이 생기지 않도록 한다.
④ 돌쌓기 기울기는 1 : 0.2 ~ 0.3 정도로 하되 토압 및 석재 품질에 따라 조정한다.

> 해설
> 비탈 돌쌓기 공법에서 다섯에움 이상 일곱에움 이하가 되도록 한다.

63 유역 내의 평균강수량 산정법이 아닌 것은?

① 증발산법 ② 등우선법
③ 산술평균법 ④ Thiessen법

> 해설
> 유역 평균 강우량 산출법에는 산술평균법, thiessen법, 등우선법이 있다.

64 벌목작업 시 벌도목이 인근 나무에 걸렸을 때 해결방법으로 가장 옳은 것은?

① 걸려있는 인근 나무를 베도록 한다.
② 걸치고 있는 나무를 벌도하여 함께 넘긴다.
③ 걸린 나무에 올라가 흔들어 떨어뜨리도록 한다.
④ 지렛대를 사용하여 걸린 나무를 돌려 낙하되도록 한다.

> 해설
> 벌목작업 도중에 옆의 나무에 걸렸을 경우 지렛대를 이용하여 작업자의 반대 방향으로 나무를 돌려 낙하시킨다.

정답 58. ① 59. ③ 60. ② 61. ① 62. ③ 63. ① 64. ④

65 양단의 단면적이 각각 50m², 100m² 이고 양단면 사이의 거리는 10m 일 때 양단면적 평균법에 의한 토적량으로 옳은 것은?

① 250m³ ② 500m³
③ 750m³ ④ 1000m³

해설
양쪽지점을 기준으로 토적량을 산출하기에 양단면적평균법을 이용하여 구하도록 한다.
$$\frac{50+100}{2} \times 10 = 750$$

66 산림작업 노동재해의 원인으로 옳지 않은 것은?

① 인적 요인 ② 물적 요인
③ 경제적 요인 ④ 작업환경 요인

해설
노동재해의 원인은 사람에 의한 인적 요인, 기기 및 나무 등에 의한 물적 요인이 있으며 이러한 인적요인과 물적요인을 직접적 원인이라 정의한다. 관리적 요인에는 숙련도와 관련된 기술적 요인, 작업전 안전교육 등의 교육적 요인, 작업 관리상의 요인 등이 있다.

67 계류보전사업에서 고려되어야 할 사항이 아닌 것은?

① 계류의 분류점과 합류점은 예각이 되도록 한다.
② 상류부에는 산지사방의 계간사방공사와 연계한다.
③ 계안이나 제방을 보호할 곳은 기슭막이 시공을 해야한다.
④ 하류부에는 골막이 또는 사방댐을 설치하여 산각을 고정한다.

해설
사방댐의 경우 유실되는 토사 및 자갈 등을 차단하기 위한 적정 장소에 설치하는 것이지 하류부에만 하는 것은 아니다. 골막이 역시 하천의 침식 방지를 위해 우려 지역에 설치하는 것이다.

68 수상운재 방법으로 목재를 묶지 않고 단목으로 띄워보내는 것은?

① 벌류(筏流) ② 관류(管流)
③ 위류(圍流) ④ 수수라(水修羅)

해설
수상운재시 목재를 묶지 않고 단목으로만 수송하는 것을 관류라고 한다. 반대로 다수의 목재를 수송할 경우 벌류라고 정의한다.

69 임도 설계시 평면도에 나타나지 않는 것은?

① 곡선표 ② 종단 기울기
③ 구조물 위치 ④ 횡단점유면적

해설
종단 기울기의 경우 종단면도에 나타난다. 설계도 작성시 평면도 기입 사항으로 임시기표, 교각점, 경계, 구조물, 지형지물, 곡선제원 등이 있다.

70 산사태와 땅밀림의 차이점으로 옳지 않은 것은?

① 땅밀림은 강우 강도의 영향을 받는다.
② 땅밀림은 특정한 지질에서 많이 발생한다.
③ 산사태는 땅밀림보다 규모가 작은 편이다.
④ 산사태는 10mm/day 이상으로 속도가 대체로 빠르다.

해설
땅밀림의 경우 지하수의 영향이 더 크다.

정답 65. ③ 66. ③ 67. ④ 68. ② 69. ② 70. ①

71 벌목의 계절을 선정할 때 고려 사항으로 가장 거리가 먼 것은?

① 임분의 재적
② 시장 및 자금사정
③ 생산재의 용도 및 품질
④ 반출방법 및 기후조건

해설
벌목의 계절 선정시 당시의 시장 및 자금 사정, 용도 및 품질, 방법 및 기후, 노동인력의 수급등의 외부적인 조건을 고려하여야 한다. 임분의 재적의 경우 벌목시 벌채량으로 고려대상이 되지 않는다.

72 산림 내 시험유역을 이용하여 유출 및 유역 물수지의 관계를 시험하는 것을 무엇이라고 하는가?

① 산림관리시험
② 산림이수시험
③ 산림유출시험
④ 유역 물수지시험

해설
산림이수시험은 산림내 유역에 대한 시험뿐 아니라 침투능, 수관차단 등의 수문현상에 관한 시험까지 모두 포함한다.

73 설계속도 30km/h인 노면과 타이어의 마찰계수 0.16, 노면의 횡단기울기가 4%인 경우의 최소 곡선반지름을 계산하면?(단, 법령상의 시설기준은 무시한다.)

① 약 15m   ② 약 25m
③ 약 35m   ④ 약 45m

해설
최소곡선반지름 공식

$$\frac{설계속도^2}{127(타이어 마찰계수 + 노면횡단물매)}$$

$$= \frac{30^2}{127(0.16+0.04)} ≒ 35$$

74 아스팔트 콘크리트 포장과 비교할 때 시멘트 콘크리트 포장의 장점으로 옳지 않은 것은?

① 내용년수가 길다.
② 신뢰성이 큰 설계가 가능하다.
③ 간단한 공법으로 유지수선이 가능하다.
④ 미끄럼 저항의 변동이 적고 일반적으로 미끄럼이 적다.

해설
아스팔트 포장 대비 시멘트 콘크리트 포장은 골재와 시멘트를 섞어 시공하기에 강도나 내마모성이 좋고 포장이 오래 간다. 대신 공법이 상대적으로 복잡하고 유지 수선이 어렵다.

75 예불기에 장착된 안전장치 혹은 예불기 사용시 착용 하는 안전장비로 옳지 않은 것은?

① 안전복
② 안전 커버
③ 안면 보호망
④ 자동 체인브레이크

해설
자동 체인브레이크는 기계톱의 안전장치의 일종이다.

76 산지사방에서 분사식 씨뿌리기공법으로 시공시에 초본의 발아생립본수 기준은 m²당 몇 본인가?

① 1000본   ② 2000본
③ 3000본   ④ 4000본

해설
분사식 씨뿌리기 공법을 사용할 초본의 발아생립본수 기준은 초본이 2000 본/m², 목본이 100 본/m² 이다.

정답 71. ① 72. ② 73. ③ 74. ③ 75. ④ 76. ②

77 육상 저목 방법으로 목재를 동일한 방향으로 목구를 가지런히 쌓아 올리는 방법은?

① 수평쌓기 ② 가로쌓기
③ 직각쌓기 ④ 평행쌓기

> **해설**
> 저목방법으로 목재를 동일 방향으로 가지런히 쌓아 올리는 방법을 평행쌓기라고 한다.

78 우리나라 산지의 토양침식 형태로 옳지 않은 것은?

① 열침식 ② 물침식
③ 중력침식 ④ 바람침식

> **해설**
> 토양의 침식은 외력에 의해 발생하며 물에 의한 침식과 중력에 의한 침식, 바람에 의한 침식 등이 있다.

79 임도 시설 중에서 대피소의 정의는?

① 벌도목 등을 쌓아두는 곳
② 산림 재해 발생시 대피하는 곳
③ 임도시설에 필요한 기구를 보관하는 곳
④ 임도에서 자동차가 서로 비켜가기 위한 장소

> **해설**
> 임도는 기본적으로 단차선이라 교행시 차량이 통행에 지장이 없도록 일정 간격으로 노폭을 넓혀 설치하는 시설을 대피소라 한다.

80 임도의 옆도랑(측구)에 대한 설명으로 옳은 것은?

① 물이 임도를 횡단하여야 할 개소에 시설한 수로
② 노면의 물을 집수정으로 유도하기 위하여 시설한 수로
③ 차량을 돌릴 수 있도록 시설한 장소의 횡단상의 수로
④ 일정한 간격으로 차량통행에 지장이 없도록 횡단상의 수로

> **해설**
> 옆도랑은 노면이나 흙깎기 비탈면의 물을 배수하기 위해 임도 길어깨에 종단방향으로 설치하는 배수로이다. 임도에서 옆도랑의 위치는 대부분 흙깎기비탈면과 길어깨 사이에 설치한다.

정답 77. ④ 78. ① 79. ④ 80. ②

2015년 제3회 산림산업기사

01 다음 중 길항 작용을 하는 토양양분이 아닌 것은?

① 철과 망간
② 질소와 인산·규산
③ 칼륨과 칼슘·마그네슘
④ 암모니아태질소와 칼륨

해설
길항작용은 서로의 효과를 상쇄시키는 것으로 산림의 경우 서로의 흡수를 방해하거나 효과발현이 되지 않도록 한다. 질소와 인산, 규산의 경우 양분으로 사용되며 서로 길항작용을 하지 않는다.

02 우량목이 갖추어야 할 조건 중에서 옳지 않은 것은?

① 가지가 많아야 한다.
② 상당량의 종자가 달려야 한다.
③ 활엽수는 지하고가 높아야 한다.
④ 침엽수는 수간이 좁고 가지가 가늘며 한쪽으로 치우치지 않아야 한다.

해설
우량목의 경우 가지수가 많은 것보다는 적정량을 유지하는 것이 좋다.

03 묘목을 가식하는 방법으로 옳지 않은 것은?

① 동해에 약한 유묘는 움가식을 한다.
② 묘목의 끝이 남쪽으로 향하게 하여 45° 경사지게 한다.
③ 가식할 때에는 반드시 뿌리 부분을 부채살모양으로 열가식 한다.
④ 결속된 다발은 풀지 않고 뿌리사이에 흙이 충분히 들어가도록 하고 밟아 준다.

해설
묘목 가식은 장기간 가식할 경우 다발을 풀어 뿌리 사이에 흙이 충분히 들어가도록 하고 밟아 준다.

04 수목에 필요한 무기영양 중에서 질소와 인 다음으로 결핍되기 쉬우며, 결핍증상으로 황화현상이 나타나는 원소는?

① 질소   ② 붕소
③ 칼륨   ④ 알루미늄

해설
칼륨 결핍 증상
· 늙은 잎의 선단에서 황화하고 결국 갈색변한다. 고사한다.
· 어린잎은 암록색이 되고 신장이 나쁘게 된다.
· 뿌리의 생장이 제한되고 뿌리썩음병이 일어나기 쉽다.

정답 01. ② 02. ① 03. ④ 04. ③

05 파종하기 1개월 전 쯤에 노천매장을 함으로 발아가 촉진되는 수종은?

① *Acer palmatum*
② *Picea jezoensis*
③ *Zelkova serrata*
④ *Juglans sisensis*

> **해설**
> 파종 1개월 전 노천매장하여 발아가 촉진되는 수종으로 소나무, 해송, 가문비나무, 편백 등이 대표적이다.
> ① Acer palmatum - 내장단풍
> ② Picea jezoensis - 가문비나무
> ③ Zelkova serrata - 느티나무
> ④ Juglans sinensis – 호두나무

06 풀베기 작업에 대한 설명으로 옳지 않은 것은?

① 풀들이 왕성히 생장하는 시기에 실시한다.
② 음수의 조림지는 모두베기보다 줄베기가 효과적이다.
③ 풀베기 작업은 수종 생장 속도에 따라 5~6년 까지도 실행한다.
④ 동해에 약한 수종에 대해서는 모두베기를 하여 햇볕을 많이 받도록 한다.

> **해설**
> 동해에 약한 수종의 풀베기에서 모두베기를 하면 추위에 피해를 더 많이 받게 된다.

07 양묘과정에서 해가림이 필요한 수종은?

① 곰솔   ② 소나무
③ 잣나무   ④ 아까시나무

> **해설**
> 해가림이 필요한 수종은 음수 수종으로 잣나무, 가문비나무, 전나무 등이 있다.

08 수목의 가지치기 방법으로 옳지 않은 것은?

① 늦은 겨울이나 이른 봄에 실시하는 것이 좋다.
② 가지의 지피융기선을 다치지 않게 주의해야 한다.
③ 죽은 가지도 잘라주어 유합조직의 형성을 도와준다.
④ 절단면이 마르면 줄기 쪽으로 다시 한 번 잘라준다.

> **해설**
> 절단면이 마르는 것을 방지하기 위해 도포제를 발라주어야 한다.

09 토양의 공극률을 나타내는 공식으로 옳은 것은?

① $100 \times (1 - \frac{용적비중}{진비중})$
② $100 \times (1 - \frac{진비중}{용적비중})$
③ $100 \times (1 - \frac{건조토양의 용적}{토양의 중량})$
④ $100 \times (1 - \frac{건조토양의 중량}{토양의 용적})$

> **해설**
> 공극은 토양의 부피에서 토양으로 채워지지 않은 부분으로 공기와 물로 채워져 있다.
> 공극률 $= (1 - \frac{가비중}{진비중}) \times 100(\%)$

10 수목 뿌리에서 외생균근이 생기는 수종은?

① 오리나무   ② 느티나무
③ 굴피나무   ④ 호두나무

> **해설**
> 외생균근과 공존하는 대표수종으로 자작나무, 참나무, 소나무, 가문비나무, 오리나무, 포플러 등이 있다.

정답 05. ② 06. ④ 07. ③ 08. ④ 09. ① 10. ①

11 종자의 결실량을 증가시키는 방법이 아닌 것은?

① 간벌작업을 실시한다.
② 화아분화기 전에 시비를 한다.
③ 건조, 접목, 상처주기 등의 스트레스를 준다.
④ 수피의 일부분을 제거하여 C/N 율을 조절한다.

해설
종자의 결실량 증가를 위해서는 화아분화기에 시비를 하는 것이 좋다

12 다음 수종 중 자유생장을 하는 것은?

① 잣나무   ② 은행나무
③ 신갈나무   ④ 가문비나무

해설
자유생장을 하는 대표수종으로 은행나무, 낙엽송, 아까시나무, 포플러, 주목 등이 있다.

13 파종 조림이 용이한 수종은?

① 전나무, 단풍나무
② 소나무, 분비나무
③ 잣나무, 단풍나무
④ 소나무, 졸참나무

해설
파종조림이 용이한 수종으로 소나무, 해송, 가래나무, 밤나무, 졸참나무, 갈참나무 등이 있다.

14 임목의 수정에 대한 설명으로 옳은 것은?

① 활엽수종은 3배체의 세포로 배유조직을 형성한다.
② 침엽수종은 2종류의 수정형태를 가진 중복수정이 이루어진다.
③ 침엽수종은 2개의 정핵이 각각 난세포의 핵 및 극핵과 합쳐 수정한다.
④ 활엽수종은 1개의 정핵이 난세포의 핵과 합쳐서 수정이 이루어진다.

해설
활엽수종은 2개의 정핵에서 1개는 난세포의 핵과, 다른 하나는 2개의 극핵과 합쳐서 1개의 배낭 안에서 중복수정이 이루어지며 결과적으로 3배체의 배유조직이 형성된다.

15 개벌작업의 단점이 아닌 것은?

① 갱신된 숲이 단조로워진다.
② 잡초, 관목 등이 무성하게 된다.
③ 작업 후에는 임지가 황폐해지기 쉽다.
④ 대면식으로 벌채되어 양수의 갱신이 불리하다.

해설
개벌작업은 양수에 적합하다.

16 산벌작업에 대한 설명으로 옳은 것은?

① 양수 수종 갱신에 유리하다.
② 동령림 갱신에 알맞는 방법이다.
③ 예비벌과 후벌의 2단계 작업으로 이루어진다.
④ 천연갱신으로만 진행될 때에는 갱신기간이 짧아진다.

해설
산벌작업은 천연하종갱신을 통해 가장 안전한 작업으로 취급되며 동령림 갱신에 유리하다.

정답 11. ② 12. ② 13. ④ 14. ① 15. ④ 16. ②

17 종자발아율 조사를 위해서 TTC 용액에 종자를 넣었을 때 생활력이 있는 경우는?

① 청색으로 변한다.
② 흑색으로 변한다.
③ 적색으로 변한다.
④ 아무런 빛깔의 변화가 없다

> **해설**
> TTC 용액은 테트라졸륨으로 종자의 활력 검사를 목적으로 하며 건전한 배의 경우 반응시 적색 혹은 분홍색을 띤다.

18 다음 중 참나무과에 속하지 않는 수종은?

① 밤나무 ② 가시나무
③ 신갈나무 ④ 굴피나무

> **해설**
> 굴피나무는 가래나무과에 속한다.

19 경운작업의 효과로 옳지 않은 것은?

① 토양 중의 유용세균이 증진한다.
② 공기와 수분의 유통이 좋아진다.
③ 토양의 풍화작용을 완화시켜준다.
④ 토양의 보수력, 비료의 흡수력이 증가한다.

> **해설**
> 밭갈이 작업인 경운을 하는 경우 토양의 투수성, 통기성 등이 개선되는 장점이 있으나 풍화작용이나 토양침식이 빨라지는 단점이 있다.

20 주로 높은 수고의 수목으로 이루어진 숲은?

① 교림 ② 왜림
③ 중림 ④ 죽림

> **해설**
> 중림작업에서 수고가 높은 상층임관을 교림이라 하며 형질이 좋은 목재를 얻는 것을 목적으로 한다.

21 윤작은 어떤 병원균의 방제에 효과가 좋은가?

① 기주범위가 좁고, 기주가 없이도 오래 생존하는 것
② 기주범위가 넓고, 기주가 없이도 오래 생존하는 것
③ 기주범위가 넓고, 기주가 없으면 오래 생존하지 못하는 것
④ 기주범위가 좁고, 기주가 없으면 오래 생존하지 못하는 것

> **해설**
> 윤작은 돌려짓는 것으로 기주범위가 좁고 기주가 없으며 생존기간이 짧은 경우 효과적이며 대표적으로 윤작을 방제법으로 하는 것으로 오리나무 갈색무늬병이 있다.

22 온도 변화에 따른 수목 조직의 수축, 팽창 차이로 줄기가 갈라지는 현상은?

① 만상 ② 상렬
③ 상주 ④ 한상

> **해설**
> 상렬은 겨울철 수목 내부의 수분이 동결로 인해 발생되는 팽창압으로 수목이 갈라지는 현상을 말한다. 주로 수간이 서남향으로 노출된 큰 나무에서 많이 발생된다.

23 파이토플라즈마에 의한 수목병이 아닌 것은?

① 뽕나무 오갈병
② 벚나무 빗자루병
③ 대추나무 빗자루병
④ 오동나무 빗자루병

> **해설**
> 벚나무 빗자루병은 자낭균류에 의해 발생한다.

정답 17. ③ 18. ④ 19. ③ 20. ① 21. ④ 22. ② 23. ②

24 다음 중 병징이 아닌 것은?
① 총생   ② 비대
③ 분비   ④ 흰가루

해설
흰가루는 흰가루병에 의해 발생되며 표징에 속한다.

25 해충의 몸 표면에 직접 또는 간접적으로 닿아 체내에 들어가 독작용을 일으키는 것으로 메프제나 DDVP에 속하는 살충제는?
① 접촉제   ② 유인제
③ 훈증제   ④ 소화중독제

해설
해충의 몸 표면에 직접 혹은 간접적으로 닿아 효과가 나타나는 살충제는 접촉제이다.

26 프로클로라즈 50% 유제 100cc를 0.05%로 희석할 때 소요되는 물의 양은?(단, 유제의 비중은 1로 가정함)
① 약 10L   ② 약 50L
③ 약 100L ④ 약 500L

해설
프로클로라즈 100cc 기준 50% 이므로 프로클로라즈 원액은 50cc가 존재한다. 이때 0.05%가 되기 위해 아래와 같이 구할 수 있다.

$\frac{50}{x+100} \times 100 = 0.05 \rightarrow x + 100 = 100000$
$\rightarrow x = 99900 \text{ mL} \rightarrow$ 약 100L

※ 기타 희석용량 공식

희석용량 = 원액용량 $\times \left(\frac{원액 농도}{희석농도} - 1\right) \times$ 원액 비중

27 잣나무 털녹병균의 여름포자가 형성되는 기주식물은?
① 억새   ② 송이풀
③ 노루귀   ④ 주름잎조개풀

해설
잣나무 털녹병의 중간기주에서 여름포자를 형성하는데 이때 중간기주로 송이풀, 까치밥나무가 대표적이다.

28 다음 중 천연기념물이 아닌 것은?
① 표범   ② 산양
③ 하늘다람쥐   ④ 점박이 물범

해설
표범은 멸종위기동물에 속하며 천연기념물의 종류로 삽살개, 물범, 하늘다람쥐, 산양, 진돗개, 수달 등이 있다.

29 수목병의 임업적 방제법에 대한 설명으로 옳지 않은 것은?
① 묘목은 건강하게 키워야 하며 취급에도 주의해야 한다.
② 특정한 병의 발생이 예상 될 경우에는 다른 수종을 심는다.
③ 부후병 방지를 위해서 봄에서 초여름에 걸쳐 벌채하는 것이 좋다.
④ 조림지와 유사한 환경조건을 가진 임지의 우량한 모수에서 채취한 종자를 심는다.

해설
부후병 방지를 위해서는 봄에서 초여름 기간의 벌채는 오히려 발생을 야기한다.

정답 24. ④ 25. ① 26. ③ 27. ② 28. ① 29. ③

30 솔잎혹파리가 월동하는 충태와 장소로 옳은 것은?

① 알 - 가지   ② 성충 - 수피
③ 유충 - 땅속 ④ 번데기 - 낙엽

해설
솔잎혹파리는 유충형태로 지피물이나 땅속에서 월동한다.

31 다음 중 미국흰불나방이 주로 가해하지 않는 수종은?

① 소나무   ② 벚나무
③ 버즘나무 ④ 단풍나무

해설
미국흰불나방은 주로 활엽수종을 가해한다. 소나무의 경우 침엽수종에 속한다.

32 바이러스에 대한 설명으로 틀린 것은?

① 광학 현미경으로 볼 수 있다.
② 살아 있는 세포 내에서만 증식한다.
③ 인공 배지에서는 배양이 되지 않는다.
④ 주로 즙액, 곤충, 씨앗 등에 의해서 전염된다.

해설
주로 전자 현미경으로 관찰이 가능하다.

33 성충과 유충이 잎을 가해하는 해충은?

① 땅강아지   ② 밤바구미
③ 솔잎혹파리 ④ 오리나무 잎벌레

해설
오리나무잎벌레는 유충과 성충이 동시에 잎을 가해하는 해충이다.

34 눈에 의해 발생되는 산림 피해에 대한 설명으로 옳지 않은 것은?

① 평지보다 경사지 계곡에서 피해가 크다.
② 피해 유형으로 관설해와 설압해 등이 있다.
③ 습한 눈보다 건조한 눈에 의한 피해가 더 크다.
④ 심근성 수종보다 천근성 수종의 피해가 더 크다.

해설
눈에 의해 발생되는 피해를 설해라고 하며 건조한 눈보다는 습한 눈의 중량 및 응집성질로 인하여 피해가 더 크다.

35 1년에 2회 이상 발생하며 수피 사이나 지피물 밑에 고치를 짓고 번데기로 월동하는 것은?

① 매미나방   ② 미국흰불나방
③ 솔알락명나방 ④ 어스렝이나방

해설
미국흰불나방은 1년에 2회 발생하며 나무 껍질 혹은 지피물 밑에서 번데기 형태로 월동한다.

36 소나무재선충병에 대한 설명으로 옳지 않은 것은?

① 잣나무도 피해를 입을 수 있다.
② 현재는 솔수염하늘소에 의해서만 전반된다.
③ 피해목은 벌채하여 메탐소듐 액제로 훈증한다.
④ 우리나라는 1988년경 부산에서 최초로 감염목이 발견되었다

해설
소나무재선충병은 솔수염하늘소, 북방수염하늘소에 의해 전반된다.

정답 30. ③ 31. ① 32. ① 33. ④ 34. ③ 35. ② 36. ②

37 병원체 중 가장 많은 수목병을 발생시키는 것은?

① 진균
② 세균
③ 바이러스
④ 마이코플라스마

해설
발생빈도는 진균에 의한 병이 가장 많으며 다음으로 세균과 바이러스 순서이다.

38 매미나방에 대한 설명으로 옳지 않은 것은?

① 집시나방이라고도 한다.
② 유충은 군서생활을 한다.
③ 수컷은 몸이 비대하여 잘 날지 못한다.
④ 여러 가지 수종을 가해하는 잡식성이다.

해설
매미나방의 경우 암컷은 몸이 비대하여 잘 날지 못하며 수컷은 상대적으로 몸이 작아 잘 날아다닌다.

39 담배장님노린재에 의해 전염되는 수목병은?

① 잣나무 털녹병
② 소나무 잎마름병
③ 오동나무 빗자루병
④ 포플러 줄기마름병

해설
오동나무 빗자루병의 매개충은 담배장님노린재로 파이토플라스마를 이동시킨다. 주로 7~9월에 가장 많은 개체수를 보여주어 이 기간에 살충제를 살포한다.

40 다음 중 종자 소독용 약제는?

① 결정석회황 합제
② 이프로벤포스 유제
③ 가스가마이신 액제
④ 베노람・티람 수화제

해설
대표적인 종자소독제로 베노람 수화제, 지오람수화제 등이 있다.

41 다음 중 수고를 측정할 수 있는 기구는?

① 윤척
② 섹타포크
③ 덴드로미터
④ 빌티모아스틱

해설
윤척, 섹타포크, 빌티모아스틱은 직경 측정 장비이다.

42 감가상각비 계산법에 해당하지 않는 것은?

① 정액법
② 정률법
③ 연수합계법
④ 작업시간급수법

해설
감가상각비 계산방법으로 정액법, 정률법, 비례법, 연수합계법이 있다.

43 임분의 재적 측정법이 아닌 것은?

① 전림법
② 목측법
③ 형수법
④ 표본조사법

해설
형수법은 임목의 재적을 구하는 방법이다.

44 임업경영의 지도원칙 중 보속성 원칙으로 옳은 것은?

① 국민의 복리 증진을 목표로 하는 원칙
② 최소의 비용으로 최대의 효과를 발휘하게 하는 원칙
③ 해마다의 목재수확을 양적 및 질적으로 계속적으로 균등하게 하는 원칙
④ 생산량을 투입한 생산요소의 수량으로 나눈 값이 최고가 되도록 하는 원칙

해설
임업경영의 지도원칙은 수익성 원칙, 경제성 원칙, 생산성 원칙, 공공성 원칙, 보속성 원칙, 합자연성 원칙, 환경보전 원칙이 있으며 그 중에서 보속성의 원칙은 매년 수확을 균등하게 영구적으로 할 수 있도록 하는 것을 의미한다.

정답 37. ① 38. ③ 39. ③ 40. ④ 41. ③ 42. ④ 43. ③ 44. ③

45 임지와 임목의 가치 평가 방법에 대한 설명으로 옳지 않은 것은?

① 유령림 임목은 비용가를 주로 사용한다.
② 장령림 임목은 시장가역산법을 적용한다.
③ 매년 일정하게 영구적으로 얻는 연수익을 이율로 나눈 것은 자본가이다.
④ 평가 대상 임목과 비슷한 매매사례가격으로 평가하는 것을 매매가라고 한다.

해설
장령림의 임목은 임목기망법을 적용한다. 시장가역산법의 경우 벌기 이상의 임목에 주로 적용한다.
※ 산림 평가 방법
· 유령림 – 임목비용가법
· 벌기 미만 장령림 – 임목기망가법
· 중령림 – 임목비용가법, Glaser 법
· 벌기 이상 임목 – 시장가역산법

46 다음 조건에서 Heyer 식을 이용하여 계산한 표준벌채량(m^3)는?

- 산림면적 : 100 ha
- 평균생장량 : 2.0m^3/ha
- 현실축적 : 30m^3/ha
- 법정 축정 : 60m^3/ha
- 갱정기 : 20년
- 조정 계수 : 1.0

① 45   ② 50
③ 145 ④ 175

해설
$0.5 \times 100ha = 50m^3$
※ Heyer(표준벌채량)
(평균생장량 × 조정계수) + $\frac{현실축적 - 법정축적}{갱정기}$
$= (2 \times 1.0) + \frac{30-60}{20} = 0.5$

47 1995 년 재적이 150m^3/ha , 2015년 재적이 300m^3/ha 일 때 Pressler식에 의한 성장률은?

① 약 3.3 %   ② 약 3.7 %
③ 약 4.3 %   ④ 약 5.0 %

해설
프레슬러 공식
$\frac{현재 재적 - n년전 재적}{현재 재적 + n년전 재적} \times \frac{200}{n}$
$\rightarrow \frac{300m^3 - 150만m^3}{300m^3 + 150만m^3} \times \frac{200}{20} ≒ 3.3(\%)$

48 앞으로 20년 후에 200 만원의 수입이 예상되는 산림의 현재가치는?(단, 연이율은 5%)

① 약 753,800 원
② 약 791,500 원
③ 약 3,306,600 원
④ 약 5,306,600 원

해설
$\frac{2,000,000}{(1+0.05)^{10}} = \frac{2,000,000}{2.6532} ≒ 753,807$
→ 약 753,800 원

49 산림경영 관리회계에서 주로 다루는 내용이 아닌 것은?

① 원가계산   ② 원가통제
③ 업적평가   ④ 재무제표

해설
산림 관리회계는 원가계산, 원가통제, 업적 평가, 기업의 성장을 위한 계획 수립 등의 내용을 다룬다.

정답 45. ② 46. ② 47. ① 48. ① 49. ④

50 산림조사 항목으로 임지에서 임도나 도로까지의 거리를 나타내는 것은?

① 지세　② 지위
③ 지력　④ 지리

해설
임지에서 임도나 도로까지의 거리를 지리라 하며 10단계로 구분하고 있다.

※ 지리

급지	기준	급지	기준
1	100m 이하	6	501~600m이하
2	101~200m이하	7	601~700m이하
3	201~300m이하	8	701~800m이하
4	301~400m이하	9	801~900m이하
5	401~500m이하	10	901m 이상

51 다음 중 소반으로 구획하는 요인이 아닌 것은?

① 지종이 상이할 때
② 면적이 상이할 때
③ 지위가 상이할 때
④ 작업종이 상이할 때

해설
소반의 구획
- 기능이 상이할 때
- 지종이 상이할 때
- 임종, 임상, 작업종이 상이할 때
- 임령, 지위, 지리 또는 운반계통이 상이할 때

52 작업급의 면적을 100ha, 윤벌기를 25년으로 할 때 법정영계면적은?

① 0.4 ha　② 4 ha
③ 250 ha　④ 2,500 ha

해설
법정영계면적 = 산림면적/윤벌기
= 100 / 25 = 4

53 국유림의 경영 및 관리에 관한 법률에 의하여 산림청장이 국유림 경영관리 권한을 위임한 자로 옳지 않은 것은?

① 산림조합장
② 국립수목원장
③ 산림항공본부장
④ 제주특별자치도지사

해설
산림청장은 국유림 경영관리 권한을 위임한 자로 제주특별자치도지사, 국립수목원장, 산림항공본부장, 국립산림품종관리센터장, 지방산림청장, 국립산림과학원장이 있다.

54 다음 중 지종구분 항목이 아닌 것은?

① 제지　② 임목지
③ 계획지　④ 미립목지

해설
지종은 임목지, 미립목지, 제지로 구분한다.

55 임황조사 항목으로 임령의 표기방법으로 옳은 것은?

① $\dfrac{최소임령 \sim 최대임령}{평균임령}$

② $\dfrac{최대임령 \sim 최소임령}{평균임령}$

③ $\dfrac{평균임령}{최대임령 \sim 최소임령}$

④ $\dfrac{평균임령}{최소임령 \sim 최대임령}$

해설
임황조사에서 수고, 직경, 임령 부분은 조사 내용의 < 평균/최소~최대 >로 표기한다.

정답　50. ④　51. ②　52. ②　53. ①　54. ③　55. ④

56 법정상태의 요건에 해당하지 않는 것은?

① 법정생장량　② 법정영급분배
③ 법정임목확보　④ 법정임분배치

[해설]
법정림의 법정상태 요건으로 법정생장량, 법정축적, 법정임분배치, 법정영급분배이다.

※ **법정상태 용어**
- 법정생장량 : 법정림의 연간 생장량
- 법정축적 : 영급분배와 생장상태가 법정일 때 보유할 작업급으로서 전체 축적
- 법정영급분배 : 해마다 균등한 수확을 할 수 있도록 각 영급의 면적을 동일하게 하는 것
- 법정임분배치 : 임목 이용, 보호 및 갱신을 위하여 각 임분이 적절한 배치상태를 유지

57 새로운 목재가공기술의 개발 등으로 인한 목재의 가격 상승을 의미하는 것은?

① 재적 생장　② 가격 생장
③ 형질 생장　④ 등귀 생장

[해설]
목재의 수급관계 및 일반물가수준의 상승에 의한 목재 가치의 증가를 등귀생장이라 한다.

58 일반적으로 사용되고 있는 원가비교 방법이 아닌 것은?

① 기간 비교　② 한계 비교
③ 상호 비교　④ 표준실제비교

[해설]
원가계산을 위한 비교방법에는 기간비교, 상호비교, 표준실제비교가 있다.

59 임지기망가의 크기에 대한 설명으로 옳지 않은 것은?

① 이율이 높을수록 임지기망가는 커진다.
② 주벌수익은 클수록 임지기망가가 커진다.
③ 조림비가 클수록 임지기망가는 작아진다.
④ 동일한 작업법을 영구히 계속함을 전제로 한다.

[해설]
이율이 낮을수록 임지기망가는 커진다.

※ **임지기망가 최대값 영향인자**

주벌수익	증대속도가 낮아질수록 최대값에 빨리 도달한다.
간벌수익	클수록 그 시기가 이를수록 최대값에 빨리 도달한다.
이율	클수록 최대값에 빨리 도달한다.
조림비	작을수록 최대값에 빨리 도달한다.
채취비	작을수록 최대값에 빨리 도달한다.

60 벌채목 재적 측정에 사용되는 것으로 벌채목의 중앙단면적과 재장을 곱하여 재적을 산출하는 방법은?

① Huber 식　② Reineke 식
③ Smalian 식　④ Brereton 식

[해설]
Huber 식은 중앙단면적과 재장의 길이로만 구하는 원목재적 측정 공식이다.

정답 56. ③ 57. ④ 58. ② 59. ① 60. ①

61 산비탈면 비탈 다듬기공사에 대한 설명으로 옳지 않은 것은?

① 수정기울기는 대체로 최대 35° 전후로 한다.
② 공사는 산 아래부터 시작하여 산꼭대기로 진행한다.
③ 붕괴면 주변의 상부는 충분히 끊어내도록 설계한다.
④ 퇴적층의 두께가 3m 이상일 때에는 땅속 흙막이 공작물을 설계한다.

해설
비탈다듬기는 산정상에서 아랫방향으로 공사를 진행한다.

62 아래 나열된 장비의 용도로 옳은 것은?

묘목이식기, 단근굴취기, 정지작업기

① 양묘용   ② 조림용
③ 육림용   ④ 산림보호용

해설
묘목이식기, 단근굴취기, 정지작업기는 양묘용 장비이며 그 외에도 경운작업기, 정지작업기, 포종기 등이 양묘용 장비계 속한다.

63 흙쌓기는 시공 후 시일이 경과하면 수축하여 용적이 감소하므로 더쌓기를 실시한다. 이 때 일반적인 더쌓기는 흙쌓기 높이의 몇 % 정도 실시하는가?

① 0 ~ 5   ② 5 ~ 10
③ 10 ~ 15   ④ 15 ~ 20

해설
흙쌓기 높이 3m 까지는 더쌓기 높이는 10%, 흙쌓기 높이 12m 이상의 경우 더쌓기 높이는 높이의 5% 정도로 하며 통상 5~10% 라고 정의한다.

64 사방댐의 위치선정 원칙에 해당되지 않는 것은?

① 계상 및 양안에 암반이 있는 곳
② 상류부가 좁고 댐의 자리가 넓은 곳
③ 지류가 합류하는 지점에 계획할 때는 합류점 하류부
④ 계단상으로 할 때에는 추정퇴사선과 구계상이 만나는 지점

해설
사방댐은 상류부가 넓고 댐의 자리가 좁은 곳을 시공한다.

65 골막이에 대한 설명으로 옳지 않은 것은?

① 계상물매를 완화하여 종침식을 방지한다.
② 구조적으로 사방댐과 달리 대체로 대수측만 축설한다.
③ 산각을 고정하고 양안의 산복붕괴를 방지한다.
④ 방수로를 별도로 설치하지 않는 대신 중앙부를 낮게 한다.

해설
사방댐은 대수면, 반수면을 모두 축조한다. 골막이의 경우 반수면만 축조한다.
※ **구곡막이(=골막이)**
· 구곡의 유속을 완화하여 침식을 방지한다.
· 수세를 줄여 산각을 고정하고 토사 유실 및 붕괴를 방지한다.
· 시공위치는 사방댐에 비해 계류 상의 위쪽이다.
· 골막이는 반수면만 축조하고 중앙부를 낮게 하여 물이 빠지게 한다.

정답 61. ② 62. ① 63. ② 64. ② 65. ②

66 황폐계천 하상세굴 방지 및 계상 기울기 안정 등 계류의 종횡단 형상을 유지하기 위해 계류를 횡단하여 축설하는 공작물은?

① 사방댐　② 골막이
③ 기슭막이　④ 바닥막이

해설
바닥막이는 통상 1~1.5m 정도로 주로 황폐한 계천 바닥의 종침식을 방지하고 바닥에 퇴적한 불안정한 토사석력의 유실을 방지함으로써 황폐계천의 안정을 도모하기 위하여 계류를 횡단하여 구축하는 사방 공작물이다.

67 해안사방에서 조기에 수림화를 유도하기 위해 밀식하는 경우 1ha 당 가장 적당한 본수는 얼마인가?

① 상층 2000본, 하층 5000본
② 상층 2000본, 하층 6000본
③ 상층 2500본, 하층 3000본
④ 상층 2500본, 하층 4000본

해설
조기에 수림화를 유도하기 위해 밀식하는 경우 1ha 당 상층 2000본, 하층 5000본 이상 식재한다.

68 임도 비탈면에 돌쌓기를 한 경우 지름 3cm 정도의 물빼기 구멍을 설치한다. 다음 중 가장 적합한 것은?

① 3~4m^2에 1개 설치
② 2~3m^2에 1개 설치
③ 1.5~2m^2에 1개 설치
④ 1m^2에 1개 설치

해설
돌쌓기에서도 찰쌓기에는 돌을 쌓을 때 뒤채움은 콘크리트를 사용하고 줄눈에 모르타르를 사용하며 뒷면에는 물빼기 구멍을 만든다. 이때 시공면적 2~3m^2 마다 직경 3cm 정도의 물빼기 관을 설치한다.

69 비탈면의 수직 높이가 2.5m 이고 수평거리가 5m 일 때의 비탈면 기울기는?

① 1 : 2　② 1 : 2.5
③ 2 : 1　④ 2.5 : 1

해설
수직 높이 : 수평거리 → 2.5 : 5 = 1 : 2

70 기슭막이에 대한 설명으로 옳지 않은 것은?

① 계안의 횡침식방지를 목적으로 한다.
② 산복공작물의 기초 보호를 위해 설치한다.
③ 붕괴 위험성이 큰 지점의 전방에 시공한다.
④ 계획홍수위보다 0.5~0.7 m 낮게 설치한다.

해설
기슭막이는 계획홍수위보다 0.5~0.7m 높게 설치한다.

71 토사의 안식각에 대한 설명으로 옳지 않은 것은?

① 토사의 크기에 따라 다르다.
② 토사의 함수상태에 따라 다르다.
③ 포화되면 젖은 흙의 안식각 크기와 같아진다.
④ 일반적으로 같은 조건에서는 마른 자갈보다 마른 모래가 안식각이 작다.

해설
포화되면 젖은 흙의 안식각 크기보다 작아진다.
※ **안식각** : 안식각은 경사의 흙이 흘러내리다가 점차 흙의 완만해지면서 어느 각도에 이르면 안정을 이루게 되는데 이때의 각도를 안식각이라 한다.

정답　66. ④　67. ①　68. ②　69. ①　70. ④　71. ③

72 머캐덤 롤러 장비에서 롤러는 몇 개로 구성되어 있는가?

① 1개　② 2개
③ 3개　④ 4개

해설
머캐덤 롤러는 앞롤러 1개, 뒷롤러 2개 총 3개의 롤러로 구성되어 있다.

73 다음 중 치수를 특별한 규격에 맞도록 가공한 석재는?

① 호박돌　② 야면석
③ 막깬돌　④ 견치돌

해설
견치돌은 특정 규격을 정해두고 깬 석재로서 주로 견고를 요하는 돌쌓기, 옹벽공사 등에 사용된다.

74 임도 시설규정에서 길어깨와 옆도랑의 너비를 제외한 임도의 간선임도 유효너비 기준은?

① 2.0 m　② 2.5 m
③ 3.0 m　④ 6.0 m

해설
길어깨, 옆도랑 너비를 제외한 임도의 유효너비는 3m를 기준으로 한다. 다만 배향곡선지의 경우 6m 이상을 기준으로 한다.

75 벌도 작업 시 유의할 사항으로 옳지 않은 것은?

① 산정방향으로 나무가 넘어지려는 순간에 작업자들은 등고선에 따라 옆으로 대피해야 한다.
② 급경사지에서 산록방향으로 벌도할 경우에는 수구의 천장이 아래쪽을 향하도록 만들어준다.
③ 경사가 40° 이상인 지역과 표토가 얼어 있는 지역에서는 산록방향으로 벌도하는 것이 유리하다.
④ 활엽수인 경우에는 산록방향으로 벌도하는 것이 비합리적이고 위험하므로 산정방향으로 벌도하는 것이 유리하다.

해설
활엽수의 경우 산록(산기슭)방향으로 벌도하는데 이는 벌도 방향이 예측하기 어렵고 나무가 단단하여 쐐기를 박는 시간이 오려 걸려 작업 효율이 떨어지기 때문이다. 경사지에서 침엽수의 경우는 대개 산정방향으로 벌도한다.

76 보통의 임목을 벌목하려 할 때 수구 각도로 가장 적합한 것은?

① 상관 없다.　② 15°
③ 45°　④ 60°

해설
임목의 벌목 각도는 30~45° 정도가 적합하다.

정답 72. ③　73. ④　74. ③　75. ④　76. ③

77 와이어로프의 안전계수를 바르게 나타낸 식은?

① $\dfrac{\text{와이어로프에 걸리는 최대장력}(kg)}{\text{와이어로프의 자체하중}(kg)}$

② $\dfrac{\text{와이어로프에 걸리는 최대장력}(kg)}{\text{와이어로프의 절단하중}(kg)}$

③ $\dfrac{\text{와이어로프의 자체하중}(kg)}{\text{와이어로프에 걸리는 최대장력}(kg)}$

④ $\dfrac{\text{와이어로프의 절단하중}(kg)}{\text{와이어로프에 걸리는 최대장력}(kg)}$

해설

와이어로프 안전계수 공식 : 와이어로프의 절단하중 ÷ 와이어로프에 걸리는 최대장력

※ 와이어로프 안전계수
- 가공본줄 : 2.7
- 짐당김줄, 되돌림줄, 버팀줄, 고정줄 : 4.0
- 짐올림줄, 짐매달음줄 : 6.0

78 임도의 배수시설에 대한 설명으로 옳은 것은?

① 겉도랑은 노면 위의 물을 임도를 횡단시켜 배수한다.
② 옆도랑은 노면 위의 물을 바로 비탈면에 배수한다.
③ 빗물받이는 임도 길어깨에 따라 종단방향으로 설치한다.
④ 속도랑은 노면 위의 물을 길어깨에 따라 종단방향으로 설치한다.

해설

겉도랑은 표면에 노출된 배수로로 임도를 횡단하여 배수한다.

79 벌목과 운재계획을 위한 예비조사에 해당하지 않는 것은?

① 벌목구역조사
② 반출방법조사
③ 임황 및 지황조사
④ 기존 실행결과 조사

해설

임황 및 지황조사는 영림실태조사와 함께 실지조사에 해당한다.

80 임도 시설기준에서 포장한 노면의 경우에 횡단기울기는?

① 1.5~2 % ② 3~5 %
③ 7 % 이하 ④ 8 % 이하

해설

횡단기울기는 비포장은 3~5%, 포장노면은 1.5~2% 정도의 기준을 가진다.

정답 77. ④ 78. ① 79. ③ 80. ①

2016년 제1회 산림산업기사

01 발아시험기에 300립의 종자를 넣고 7일 후에 210립이 발아되었고, 그로부터 5일 후에 30립이 더 발아되었을 때 이 종자의 발아세는?

① 60% ② 70%
③ 80% ④ 90%

해설

※ 발아세

$$\frac{최고\ 발아까지의\ 종자수}{전체\ 종자수} \times 100$$

$$= \frac{210}{300} \times 100 = 70(\%)$$

02 종자로 산림이 형성되고 용재 생산을 목적으로 하는 산림은?

① 죽림 ② 왜림
③ 교림 ④ 중림

해설

교림은 키가 큰 나무를 생산하여 이용하고자 하는 목적을 가지고 있으며 다른 이름으로 용재림이라 한다.

03 종자휴면의 원인이 아닌 것은?

① 배의 성숙
② 두꺼운 종피
③ 생장촉진제 부족
④ 생장억제물질 분비

해설

종자의 휴면의 원인으로 배의 미숙, 발아억제물질, 종피의 불투기성, 기계적 저항, 불투수성 등이 있다.

04 택벌림의 조건으로 옳지 않은 것은?

① 수고 분포는 상·하층 모두 양수 위주로 구성하여야 한다.
② 이상적인 택벌림은 소경급 : 중경급 : 대경급의 재적비율이 2 : 3 : 5를 기준으로 한다.
③ 이상적인 택벌림은 소경급 : 중경급 : 대경급의 본수비율이 7 : 2 : 1을 기준으로 한다.
④ 직경 분포는 직경이 커짐에 따라 본수가 줄어드는 지수감소형 분포를 유지해야 한다.

해설

택벌림은 음수 수종으로 구성하는 것이 유리하고 양수 수종은 적용이 어렵다.

05 자웅이주가 아닌 수종은?

① *Ginkgo biloba*
② *Taxus cuspidata*
③ *Ailanthus altissima*
④ *Cryptomeria japonica*

해설

① 은행나무 ② 주목 ③ 가중나무 ④ 삼나무
삼나무는 자웅동주에 속한다.

정답 01. ② 02. ③ 03. ① 04. ① 05. ④

06 산성토양을 적합한 산도로 교정시키기 위한 방법으로 옳은 것은?

① 토양미생물을 감소시킨다.
② 탄산석회, 생석회 등을 사용한다.
③ 치환성 K, Na의 시비를 적게 한다.
④ 치환성 Mg, Ca의 시비를 적게 한다.

> **해설**
> 탄산석회나 생석회를 통해 토양을 알칼리로 바꾸어 주기에 산도 교정에는 적합한 재료이다.

07 세포원형질을 구성하는 주체로 발아력을 왕성하게 하며 잎, 줄기, 뿌리를 증가시키고 작물의 생장을 도모하는 비료성분은?

① 질소
② 칼륨
③ 인산
④ 석회

> **해설**
> 인산은 가지, 잎, 뿌리의 신장을 촉진하고 내한 및 내건성을 증가시킨다.

08 묘목간 거리를 2m × 2.5m 로 식재시 4ha에 필요한 묘목본수는?

① 6000본
② 8000본
③ 12000본
④ 14000본

> **해설**
> $2m^2 × 2.5m^2 = 5m^2$
> $40,000m^2 ÷ 5m^2 = 8000본$

09 식물 생육에 유효한 토양수분은?

① 흡습수
② 중력수
③ 결합수
④ 모세관수

> **해설**
> 생육에 유효한 토양수분은 모세관수이다.

10 밀식에 대한 설명으로 옳지 않은 것은?

① 묘목 및 식재비용이 증가한다.
② 가지치기 비용을 줄일 수 있다.
③ 임지 침식과 건조 피해가 줄어든다.
④ 연륜폭이 넓은 목재를 얻을 수 있다.

> **해설**
> 식재 밀도가 높으면 연륜폭은 좁아지고 지하고가 높은 우량재를 얻을수 있다.

11 소나무 등의 양수를 조림할 경우 풀베기 방법으로 가장 적합한 방법은?

① 줄베기
② 점베기
③ 모두베기
④ 둘레베기

> **해설**
> 모두베기는 소나무, 낙엽송 등의 양수 식재시 적합한 방법이다.

12 소나무와 곰솔을 구분하는 식별기준으로 가장 적당한 것은?

① 잎의 수
② 유관속의 수
③ 겨울눈의 색
④ 솔방울의 모양

> **해설**
> 소나무와 곰솔의 겨울눈의 색은 소나무는 붉은색, 곰솔은 회백색으로 관찰되어 식별이 가능하다.

정답 06. ② 07. ③ 08. ② 09. ④ 10. ④ 11. ③ 12. ③

13 육림과정에서 풀베기 작업에 대한 설명으로 옳은 것은?

① 풀베기작업 중에서 줄베기는 모두베기에 비하여 많은 인력이 소요된다.
② 추위로부터 조림목을 보호하기 위한 9월 이후의 풀베기는 피하는 것이 좋다.
③ 삼나무, 편백의 조림지에서는 묘목의 보호를 위하여 풀베기작업을 실시하지 않는다.
④ 잡초가 무성한 곳은 한 번에 실시하고, 잡초가 적은 곳은 두 번에 나누어 실시한다.

해설
풀베기 시기는 보통 6월 ~ 8월에 실시하며 9월 이후는 실시하지 않는다.

14 종자 정선 후 즉시 노천매장하는 수종이 아닌 것은?

① 벚나무   ② 단풍나무
③ 측백나무 ④ 들메나무

해설
종자 정선 후 즉시 노천매장하는 수종으로 들메나무, 단풍나무, 잣나무, 느티나무, 벚나무, 목련, 은행나무 등이 있다.

15 광선을 많이 받는 양엽과 광선을 적게 받는 음엽의 특징을 설명한 것으로 옳은 것은?

① 음엽은 양엽보다 책상조직의 배열이 빽빽하다.
② 음엽은 양엽보다 엽록소 함량이 상대적으로 많다.
③ 음엽은 양엽보다 광포화점과 광보상점이 높고 호흡량도 많다.
④ 양엽은 음엽보다 광선을 많이 받아서 잎이 상대적으로 넓다.

해설
음엽은 약한 광조건에서도 활동하며 엽록소 함량이 상대적으로 많다.

16 「산림자원의 조성 및 관리에 관한 법률」에 규정된 "산림기술자"에 포함되지 않는 자는?

① 산림공학기술자
② 산림경영기술자
③ 수목보호기술자
④ 목구조관리기술자

해설
목구조관리기술자는 목재의 지속가능한 이용에 관한 법률에 규정된 자를 말한다.

17 산림용 묘목규격의 측정기준이 아닌 것은?

① 근장   ② 간장
③ H/D율   ④ 근원경

해설
묘목규격의 측정기준에는 간장, 근원경, 뿌리 길이 및 발달형태, 이식횟수, H/D 율, 잎의 색 등을 평가 대상으로 한다.

18 측방천연하종갱신을 위하여 군상개벌작업을 할 때 가장 적당한 군상지의 면적은?

① 0.1ha   ② 1.0ha
③ 3.0ha   ④ 5.0ha

해설
측방천연하종갱신은 가벼운 종자들이 바람에 의해 입목의 측방에 떨어지는 것으로 군상개벌작업을 위한 가장 적당한 군상지 면적은 0.1ha 이다.

정답 13. ② 14. ③ 15. ② 16. ④ 17. ① 18. ①

19 조림용 묘목의 비료주기 방법으로 옳지 않은 것은?

① 속효성 비료는 상 만들기 직후에 준다.
② 지효성 비료는 상 만들기 1개월 전에 준다.
③ 파종상에서의 추비는 1, 2차 솎음 후에 주며, 늦어도 7월 중순까지 실시한다.
④ 이식상에서의 추비는 묘목이 활착하기 전에 준다.

해설
추비의 경우 묘목의 생육이 불량할 경우 주도록 하며 6~7월쯤이 적당하다.

20 묘목을 수하식재할 때 생육이 가장 양호한 수종은?

① 삼나무   ② 소나무
③ 이태리포플러   ④ 일본잎갈나무

해설
수하식재는 내음력이 강한 수종일수록 적합하며 대표 수종으로 삼나무, 편백, 전나무 등이 있다.

21 담배장님노린재에 의하여 매개 전염되는 병은?

① 소나무 잎녹병
② 잣나무 털녹병
③ 오동나무 빗자루병
④ 대추나무 빗자루명

해설
오동나무 빗자루병의 매개체는 담배장님노린재이며 병원은 파이토플라스마이다.

22 식엽성 해충에 해당하지 않는 것은?

① 솔나방   ② 매미나방
③ 박쥐나방   ④ 미국흰불나방

해설
박쥐나방은 줄기를 가해하는 해충이다.

23 진딧물류가 알에서 부화한 것으로 단위 생식형의 암컷은?

① 간모   ② 유충
③ 약충   ④ 성충

해설
간모란 진딧물이 봄에 부화하여 발육한 것으로 날개가 없는 단위 생식형의 암컷을 의미한다.

24 내화력이 강한 수종은?

① 편백   ② 소나무
③ 삼나무   ④ 분비나무

해설
내화력이 강한 대표 수종으로 은행나무, 가문비나무, 황벽나무, 가시나무 등이 있다.

25 벚나무 빗자루병의 병원체는 무엇인가?

① 담자균   ② 자낭균
③ 바이러스   ④ 파이토플라스마

해설
벚나무 빗자루병은 진균의 자낭균류가 병원체이다.

26 살충제의 보조제로서 전착제의 특징이 아닌 것은?

① 유제의 유화성을 높인다.
② 살포액이 넓게 퍼지게 한다.
③ 살포액 중의 약제입자를 약액 속으로 현수시킨다.
④ 살포면에 부착된 약제가 비바람에 의해 유실되거나 날아가지 않도록 한다.

해설
전착제는 살충제가 식물의 잎에 잘 착상하고 골고루 퍼지도록 도와주는 보조제이다.

정답   19. ④   20. ①   21. ③   22. ③   23. ①   24. ④   25. ②   26. ①

27 볕데기(피소)에 관한 설명으로 옳지 않은 것은?
① 남서면의 임연부에서 피해를 줄일 수 있다.
② 수피 일부에서 수분이 과도하게 손실되어 초래된다.
③ 수피에 코르크층이 발달되지 않은 수종이 피해가 심하다.
④ 고립목의 줄기는 짚으로 둘러주거나 석회유 등을 발라 피해를 줄인다.

해설
볕데기는 방위로 남서, 서면에 위치하는 임목에서 피해가 많이 나타난다.

28 자낭균의 무성생식으로 생성된 포자는?
① 난포자   ② 자낭포자
③ 유주포자   ④ 분생포자

해설
자낭균은 분생포자로 이루어지는 무성생식이 있다. 반대로 자낭포자의 경우 유성생식에 의해 생성된 포자이다.

29 식물 뿌리·줄기·잎을 통하여 식물체내로 들어가 식물의 즙액과 함께 식물 전체에 퍼져 식물을 가해하는 해충에 작용하는 살충제는?
① 제충제   ② 접촉살충제
③ 소화중독제 ④ 침투성 살충제

해설
특정 식물체의 부위로 침투시키는 살충제를 침투성 살충제라 하며 이를 통해 천적곤충들의 피해도 줄일 수 있다.

30 유충과 성충이 모두 잎을 가해하는 것은?
① 솔박각시   ② 밤바구미
③ 솔잎혹파리   ④ 오리나무잎벌레

해설
오리나무 잎벌레는 성충과 유충이 모두 잎을 가해하는 것이 특징이다.

31 수목병에 발생하는 병징이 아닌 것은?
① 탈락   ② 총생
③ 흰가루 ④ 시들음

해설
병징은 변색, 시들음, 비대, 부패 등이 있으며 포자에 의한 흰가루 등은 표징에 속한다.

32 곤충의 특징이 옳지 않은 것은?
① 겹눈과 홑눈이 있다.
② 다리는 보통 4쌍이고 7마디로 되어 있다.
③ 배에는 마디가 있고 더듬이는 1쌍이 있다.
④ 몸은 크게 머리, 가슴, 배의 3부분으로 구분된다.

해설
곤충의 다리는 3쌍이며 5마디로 되어 있다.

33 병원균이 뿌리에 기생하면서 뿌리를 썩게 해 나무를 고사시키는 병은?
① 궤양병
② 수지동고병
③ 유관속시들음병
④ 자주빛날개무늬병

해설
자주빛날개무늬병은 미분해유기물이 많이 함유된 토양에서 잘 발생되며 자주색의 균사그물이 덮는 현상으로 자주빛을 띠게 된다. 이렇게 뿌리에 기생하면서 뿌리를 썩게 한다.

정답 27. ① 28. ④ 29. ④ 30. ④ 31. ③ 32. ② 33. ④

34 잣나무 털녹병의 병징과 표징이 나타나는 시기와 병환부는?

① 7 ~ 8월에 잎에 나타난다.
② 3 ~ 5월에 뿌리에 나타난다.
③ 4 ~ 6월에 줄기에 나타난다.
④ 9 ~ 10월에 가지에 나타난다.

> **해설**
> 잣나무털녹병은 4~6월쯤 병든 가지나 줄기가 황색으로 변하고 부풀어 오르는 현상을 보인다.

35 목질부를 가해하는 해충이 아닌 것은?

① 소나무좀   ② 선녀벌레
③ 버들바구미   ④ 측백하늘소

> **해설**
> 선녀벌레는 흡즙성 해충으로 목질부는 가해하지 않는다.

36 솔잎혹파리의 우화 최성기는?

① 4월 상순   ② 6월 상순
③ 8월 상순   ④ 10월 상순

> **해설**
> 솔잎혹파리는 1년에 1회 발생하며 성충우화기는 5월~7월이며 우화 최성기는 6월 상순이다.

37 곤충이 음식물을 먹는데 쓰이는 입틀을 구성하는 기관이 아닌 것은?

① 큰턱   ② 작은턱
③ 윗입술   ④ 아랫입술

> **해설**
> 곤충의 입틀은 윗입술, 아랫입술, 1쌍의 큰턱, 1쌍의 작은턱이 있다. 이때 음식물을 먹을때 사용되는 기관은 음식물을 자르는 큰턱, 먹이를 전구강으로 이동시키는 아래턱, 음식이 빠지지 않도록 하는 아랫입술이 있다.

38 여름포자 세대가 형성되지 않는 수목병은?

① 향나무 녹병   ② 포플러 녹병
③ 소나무 혹병   ④ 잣나무 털녹병

> **해설**
> 향나무녹병균은 여름포자는 형성하지 않고 겨울포자를 형성한다.

39 유충기가 가장 긴 해충은?

① 솔나방   ② 매미나방
③ 어스렝이나방   ④ 미국흰불나방

> **해설**
> 솔나방은 성충이 되기 위해 약 1년 정도의 긴 유충기간을 가진다.

40 미국과 유럽의 밤나무림을 황폐하게 만든 밤나무 줄기마름병의 병원체는?

① 세균   ② 자낭균
③ 담자균   ④ 바이러스

> **해설**
> 밤나무 줄기마름병의 병원균은 자낭균류이며 발생 초기 황갈색, 적갈색으로 변해 수피가 부풀어 오른다.

41 Pressler의 생장률(P) 식으로 옳은 것은?
(단, V : 현재재적, v : m년 전의 재적)

① $P = \dfrac{V+v}{V-v} \times \dfrac{200}{m}$

② $P = \dfrac{V-v}{V+v} \times \dfrac{200}{m}$

③ $P = (\sqrt{\dfrac{V}{v}} - 1) \times 100$

④ $P = (\sqrt{\dfrac{v}{V}} - 1) \times 100$

> **해설**
> 프레슬러공식은 생장이 활발한 임목에 과소값을, 상대적으로 활발도가 낮고 임령이 많은 임목에는 과대값을 적용한다.

정답 34. ③ 35. ② 36. ② 37. ③ 38. ① 39. ① 40. ② 41. ②

42 정상임분의 축적이 3000본이나 현실임분의 축적이 2000본인 경우의 임목도는?

① 1.5 %
② 6.7 %
③ 66.7 %
④ 150.0 %

해설
임목도는 임목밀도로서 정상임분과 현실임분의 축적의 비를 이용하여 구한다.
(2000÷3000) × 100 = 약 66.7 %

43 임목자산의 성장성 분석지표로 가장 부적합한 것은?

① 임목 성장액
② 임목자산 증가율
③ 임목의 감가상각비
④ 성장액의 내부 보유율

해설
임목자산 성장성 분석지표 고려시 임목의 성장액, 임목자산의 증감률, 임목성장액의 내부 보유율을 지표로 활용한다.

44 전체 임목을 몇 개의 계급으로 나누고 각 계급의 본수를 동일하게 한 다음 각 계급에서 같은 수의 표준목을 선정하는 방법은?

① 단급법
② Urich법
③ Hartig법
④ Draudt법

해설
각 계급에서 같은수의 표준목을 선정하는 방법은 우리히법(Urich)이다.

45 강원도에서 잣나무를 잘라 측정해 보니 재장이 10.5m, 원구 직경이 25cm, 말구 직경이 15cm일 때 잣나무 원목의 재적은?

① $0.225m^3$
② $0.236m^3$
③ $0.330m^3$
④ $0.340m^3$

해설
재적 계산 (스말리안식)
$$\frac{원구 단면적 + 말구단면적}{2} \times 재장$$
$$\frac{(0.125^2 \times 3.14) + (0.075^2 \times 3.14)}{2} \times 10.5$$
$$\fallingdotseq 0.35$$

46 취득원가 2천만원, 잔존가격 100만원, 사용가능 연수 10년인 기계가 있다. 정액법에 의한 매년의 감가상각비는 얼마인가?

① 160만원
② 170만원
③ 180만원
④ 190만원

해설
(취득원가 - 잔존가치)÷내용연수
= (2000-100) ÷ 10 = 190

47 임목의 육림비 구성에서 가장 높은 비율을 점유하는 항목은?

① 노동비
② 관리비
③ 재료비
④ 이자비

해설
육림비의 경우 대부분이 이자가 차지한다.

48 임업경영의 성과분석으로 옳은 것은?

① 임업소득 = 임업조수익 - 임업생산비
② 임업소득 = 임업조수익 - 임업경영비
③ 임업순수익 = 임업소득 - 임업경영비
④ 임업경영비 = 임업순수익 - 임업조수익

해설
임업소득 = 임업조수익 - 임업경영비

정답 42. ③ 43. ③ 44. ② 45. ④ 46. ④ 47. ④ 48. ②

49 임업 또는 산림 생산의 사회적 의의를 더욱 발휘하고 인류 생활의 복리를 더욱 증진할 수 있도록 경영하는 지도 원칙은?

① 경제성의 원칙
② 공공성의 원칙
③ 수익성의 원칙
④ 합자연성의 원칙

해설
사회적 의의를 가지고 인류 생활의 복리를 증진시키는 산림경영지도원칙을 공공성의 원칙이라 한다.

50 다음 도표에서 손익분기점은?

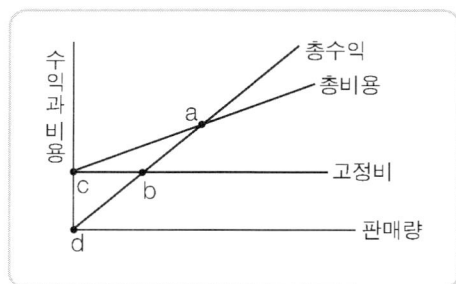

① a
② b
③ c
④ d

해설
손익분기점은 손실과 이익의 경계로서 이지점에서는 이익도 손실도 발생되지 않는다.

51 Glaser법을 이용한 산불피해지역의 피해액을 추정하려 할 때 필요한 인자가 아닌 것은?

① 주벌수입
② 벌기령(주벌시의 임령)
③ 산불 발생년도 조림비
④ 평가대상 산림의 임령

해설
Glaser 공식에 의거 산불 발생년도 조림비는 고려 인자가 아니다.

Glaser 공식: $Am = (Au - Co)\dfrac{m^2}{u^2} + Co$

Au : 표준벌기 임목가격
Co : 조림비원가
u : 표준벌기
m : 임목 연령

52 어느 소나무림의 벌기가 50년이고 벌기마다 5000만원씩의 순수익을 얻을 수 있고 이율이 8%이면 소나무림의 자본가는?

① 약 95만원
② 약 109만원
③ 약 121만원
④ 약 132만원

해설
자본가

$$자본가 = \dfrac{수익}{(1+이율)-1}$$

$$= \dfrac{5000}{1.08^{50}-1} = \dfrac{5000}{46.9-1} ≒ 109$$

53 임지기망가가 최대값이 되는 시기에 대한 설명으로 옳지 않은 것은?

① 조림비가 클수록 임지기망가가 최대값이 되는 시기가 빨리 온다.
② 관리비는 임지기망가가 최대값이 되는 시기와는 관계가 없다.
③ 간벌수익이 클수록 임지기망가가 최대값이 되는 시기가 빨리 온다.
④ 적용하는 이율이 클수록 임지기망가가 최대값이 되는 시기가 빨리 온다.

해설
조림비가 클수록 임지기망가의 최대값이 되는 시기는 늦게 온다.

정답 49. ② 50. ① 51. ③ 52. ② 53. ①

54 임업경영을 위한 수종을 선택할 때 유의해야 할 점으로 옳지 않은 것은?

① 가급적 단일 수종으로 선정한다.
② 조림기술에 맞는 수종을 선정한다.
③ 향토 수종들 중에서 수종을 선정한다.
④ 일시에 대량으로 수종을 변경시키지 않는다.

해설
임업경영의 목적상 단일 수종보다 여러 수종을 선택하는 것이 보속생산면에서 유리하다.

55 산림수확조절을 위해 사용되는 계획모형의 모든 변수들의 관계가 수학적으로 1차 함수로 표현되어야 한다는 전제조건은?

① 확정성   ② 제한성
③ 선형성   ④ 비부성

해설
선형성은 경영과학이론인 선형계획법의 전제조건으로서 목적함수와 제약조건에서는 투입과 산출의 관계를 일차함수식으로 표현할 수 있는 것으로서 투입과 산출이 비례적인 관계를 1차 함수로 나타낸다.

56 천연림, 인공림으로 구분하여 조사하는 항목은?

① 임상   ② 수종
③ 지리   ④ 임종

해설
임상은 침엽수, 활엽수, 혼효림을 구분하며 지리는 10등급으로 100m 단위로 구분한다.

57 Breymann은 직경생장률(Pd)과 재적생장률(Pv)간에는 일정한 관계인 Pv = b×Pd가 성립한다. 이 식에서 b의 값은 Pd의 몇 배인가?

① 0.5   ② 1
③ 2   ④ 4

해설
수정계수법인 breymann 의 간편식으로 2 배를 해준다.

58 임목 축적의 생장 중 화폐가치의 변동, 도로 등의 개설로 인한 운반비 절약 등에 기인하는 임목가격의 상승을 의미하는 것은?

① 재적생장   ② 형질생장
③ 지위생장   ④ 등귀생장

해설
목재의 수급관계 및 일반물가수준의 상승에 의한 목재 가치의 증가를 등귀생장이라 한다.

59 구분구적식으로 중앙단면적을 주로 이용하는 것은?

① Huber식   ② Pressler식
③ Hoppus식   ④ Newton식

해설
Huber 식은 중앙단면적과 재장의 길이로만 구하는 원목재적 측정 공식이다.

정답 54. ① 55. ③ 56. ④ 57. ③ 58. ④ 59. ①

60 허가 또는 신고 없이 입목을 벌채할 수 있는 경우로 옳지 않은 것은?

① 산불, 산사태로 피해를 입은 산림의 경우
② 수목원 조성계획의 승인을 얻은 산림의 경우
③ 자연휴양림 조성계획의 승인을 얻은 산림의 경우
④ 문화재청장이 소관 국유림에서 문화재 보호를 위한 사업을 하는 경우

해설
자연재해 발생시에도 허가 혹은 신고 없이 벌채를 한 경우 징역 5년 이하 혹은 1천 5백만원의 벌금을 지불한다.

61 임도의 횡단구조와 거리가 먼 것은?

① 노체   ② 노면
③ 곡선반지름   ④ 절·성토 비탈면

해설
곡선반지름은 평면구조와 관련이 있다.

62 계류의 유속완화와 유송토사의 퇴적 촉진을 위해 구곡에 시공하는 사방공작물로 주로 반수면만 축설하는 것은?

① 사방댐   ② 골막이
③ 둑쌓기   ④ 누구막이

해설
골막이는 반수면만을 축조하고 중앙부를 낮게 하여 물이 흐르도록 하는 구조를 가진다.

63 돌쌓기에 대한 설명으로 옳지 않은 것은?

① 돌을 쌓을 때 통줄눈을 피하고 파선줄눈이 되도록 쌓는다.
② 찰쌓기를 할 때에는 석축뒷면의 물빼기에 유의해야 한다.
③ 돌을 쌓을 때 뒷채움의 사용여부에 따라 찰쌓기와 메쌓기로 구분한다.
④ 돌쌓기 높이가 3m 이상이면 전부 또는 하부를 찰쌓기로 시공한다.

해설
찰쌓기는 돌을 쌓아 올릴 때 뒤채움을 하고 줄눈에 모르타르를 사용하며 메쌓기의 경우 돌을 쌓아 올릴 때 뒤채움이나 줄눈에 모르타르를 사용하지 않고 쌓는 것이다.

64 지하수 분출로 인한 비탈면의 붕괴가 우려되는 지대에 가장 적합한 것은?

① 주입공사   ② 속도랑배수공
③ 돌림수로내기   ④ 침투수방지공사

해설
속도랑 배수구는 비탈면에 비가 오면 지하수 분출 등의 많은 유량으로 붕괴 우려 지역에 설치한다.

65 빗방울의 튀김과 표면 유거수의 결과로 일어나는 침식은?

① 면상침식   ② 누구침식
③ 구곡침식   ④ 우격침식

해설
㉠ 우격침식 : 토양입자를 타격, 가장 초기과정
㉡ 면상침식 : 표면 전면이 엷게 유실
㉢ 누구침식 : 표면에 잔도랑이 발생
㉣ 구곡침식 : 도랑이 커지면서 심토까지 깎음

정답 60. ① 61. ③ 62. ② 63. ③ 64. ② 65. ①

66 트랙터나 집재기 사용 제한에 가장 큰 인자는?

① 계절 및 온도
② 작업지의 경사
③ 기계의 사용경비
④ 노동력 투입 가능 정도

해설
트랙터는 평탄지나 완경사지에 적합하며 이는 경사가 심할 경우 작업이 불가능하기 때문이다.

67 강제틀댐에 대한 설명으로 옳지 않은 것은?

① 수질정화를 위해 축설한다.
② 틀 속에 돌, 토사 등을 채운다.
③ 설치시 넘어짐 등의 안전사고에 유의해야한다.
④ 유수량이 적은 계류에는 강제틀댐 하류에 바닥막이 설치를 생략한다.

해설
불투과형인 강제틀댐은 정화를 목적으로 하며 주로 숯, 활성탄, 자갈 등을 채우는데 유수량이 적은 계류에는 이러한 정화시설 하류에 바닥막이를 설치한다.

68 물에 의한 침식으로 옳지 않은 것은?

① 우수침식
② 지중침식
③ 하천침식
④ 유동형침식

해설
물에 의한 침식의 종류로 우수침식, 하천침식, 지중침식, 바다침식이 있다. 유동형 침식의 경우 중력침식의 일종이다.

69 기계톱의 취급 및 운전방법으로 옳지 않은 것은?

① 연료는 휘발유와 윤활유의 혼합유를 사용한다.
② 엔진을 시동한 뒤 2~3분간 저속으로 운전한다.
③ 안내판이 불량하면 쏘체인의 회전이 불안전하게 되고 진동이 생긴다.
④ 엔진을 정지할 때는 엔진회전을 고속으로 해서 이물질을 털어낸 뒤 스위치를 끈다.

해설
엔진을 정지할 때는 안전을 위해 시동을 끄고 이물질을 제거한다.

70 측점간격이 20m이고, 측점 0의 단면적이 $2m^2$, 측점 1의 단면적이 $4m^2$ 일 때 이 두 측점간의 토적량은?

① $60m^3$
② $80m^3$
③ $100m^3$
④ $120m^3$

해설
양쪽지점을 기준으로 토적량을 산출하기에 양단면적평균법을 이용하여 구하도록 한다.
$$\frac{2+4}{2} \times 20 = 60$$

71 조재작업이 가능한 기계가 아닌 것은?

① 체인톱
② 포워더
③ 프로세서
④ 하베스터

해설
포워더는 운반기기 이다.

정답 66. ② 67. ④ 68. ④ 69. ④ 70. ① 71. ②

72 1/50000 지형도에서 도면상 1cm의 실제거리는?

① 50m ② 500m
③ 5000m ④ 50000m

해설
지도상 1cm 는 실제거리 50,000cm (500m)를 의미한다.

73 임도 설치시 토질 및 용수 등 지형여건을 종합적으로 고려하여 절토사면에 대한 안정성이 확보되도록 기울기를 설정한다. 다음 중 경암지역에 절토 경사면의 기울기 기준은?

① 1 : 0.3 ~ 0.8
② 1 : 0.5 ~ 1.2
③ 1 : 0.8 ~ 1.5
④ 1 : 1.5 ~ 2.0

해설
토사지역의 절토 사면 설치 기준은 기울기 1 : 0.8 ~ 1.5 이다. 암석지의 경우 경암은 1 : 0.3 ~ 0.8 정도이다.

74 생산재의 품등에 영향을 미치고 규격이 맞는 경제성이 높은 목재를 생산하기 위하여 원목의 크기를 표시하는 것은?

① 조재목 검척
② 가지치기 작업
③ 조재목 마름질
④ 통나무 자르기

해설
집재목의 길이를 측정하여 원목의 크기를 표시하는 작업을 조재목 마름질 혹은 재장을 측정하는 작업이라 한다.

75 임도에서 대피소 설치 간격 기준은?

① 300m 이내 ② 400m 이내
③ 500m 이내 ④ 600m 이내

해설
임도의 대피소 설치 기준은 간격 300m, 너비 5m 이상, 유효길이 15m 이상이다.

76 산지 녹화를 위한 씨뿌리기 공법의 종류로 옳지 않은 것은?

① 새심기 ② 점뿌리기
③ 줄뿌리기 ④ 항공파종공법

해설
새심기는 암반 사면에 잡석을 쌓고 내부에 흙을 채워 식생을 조성하는 공법이다.

77 지름 20~30cm 되는 자연석재로서 시공지 부근의 산이나 개울 등지에서 채취하며 기초공사, 잡석쌓기 기초바닥용, 콘크리트 기초바닥용 등에 많이 사용되는 석재는?

① 마름돌 ② 견치돌
③ 야면석 ④ 호박돌

해설
호박모양의 둥근 자연석재로 안정성이 낮은 편이라 강도가 요구되지 않는 비탈면의 안정을 위해 주로 사용되며 지름 20~ 30cm 정도의 잡석이다.

정답 72. ② 73. ① 74. ③ 75. ① 76. ① 77. ④

78 작업임도에 대한 설명으로 옳지 않은 것은?

① 산림사업을 위하여 필요한 지역에 설치한다.
② 각종 임내 작업을 능률적으로 실시하기 위하여 시설되는 간이 도로이다.
③ 기계, 자재, 작업원 등을 가급적 작업지점에 가까운 곳까지 수송하여 집재 및 운재작업을 시작할 수 있도록 한다.
④ 산림의 다면적 기능 발휘가 기대되는 넓은 산림지역을 이용구역으로 하고 이것을 경영관리 하기 위하여 필요한 골격적인 노선이다.

> 해설

보기 ④ 번은 간선임도에 대한 설명이다.

79 임목 벌도 작업에서 이상적인 수구의 각도는?

① 0° ~ 15° ② 15° ~ 30°
③ 30° ~ 45° ④ 45° ~ 60°

> 해설

수구의 상하면의 각도는 30° ~ 45° 정도가 이상적인 각도이다.

80 와이어로프 사용 금지 항목으로 옳지 않은 것은?

① 꼬임상태(킹크)인 것
② 와이어로프 소선이 10분의 1 이상 절단된 것
③ 와이어로프에 벌목된 나무의 껍질이 걸린 것
④ 마모에 의한 직경 감소가 공칭직경의 7퍼센트를 초과하는 것

> 해설

와이어로프 사용 금지 항목
· 이음매가 있는 것
· 한 꼬임에 끊어진 소선수 10%↑
· 지름의 감소가 공칭지름 7% 초과
· 심하게 변형되거나 부식
· 열과 전기 충격에 의한 손상

정답 78. ④ 79. ③ 80. ③

2016년 제2회 산림산업기사

01 종자를 건조 상태로 저장하는 수종으로 가장 부적합한 것은?
① 편백　② 삼나무
③ 소나무　④ 굴참나무

해설
굴참나무의 경우 노천매장법을 이용하며 건조 저장법에 적합한 수종으로 소나무, 해송, 오리나무, 자작나무 등이 있다.

02 겉씨식물의 특성으로 옳은 것은?
① 헛물관이 있다.
② 잎은 그물맥이다.
③ 중복수정을 한다.
④ 밑씨가 씨방 속에 들어 있다.

해설
겉씨식물은 나란히맥이며 헛물관이 있으며 밑씨는 노출되어 있고 단수정을 한다.

03 잎의 기공에서 이뤄지는 개폐기작과 가장 관련 있는 것은?
① 인산　② 칼륨
③ 칼슘　④ 질소

해설
잎의 세포에 분포하는 칼륨이온의 농도 변화에 의해 기공의 개폐 기작에 관여한다.

04 가식에 대한 설명으로 옳지 않은 것은?
① 상록수는 묘목 전체를 묻는다.
② 가식장소는 배수가 잘 되는 곳을 택한다.
③ 춘기에는 묘목의 끝을 북쪽으로 묻는다.
④ 오랫동안 가식할 때는 다발을 풀고 낱개로 펴서 묻는다.

해설
상록수는 잎이 묻히지 않을 정도로 묻어준다.

05 밀식조림에 대한 설명으로 옳지 않은 것은?
① 수관이 빨리 울폐되고 임지의 침식을 막는다.
② 조림 비용이 더 소요되고 작업량이 많아진다.
③ 개체목 간 경쟁으로 인하여 근계발달이 촉진 된다.
④ 키가 큰 나무를 빨리 이용하고자 할 때 유리하다.

해설
밀식 조림시 근계발달이 약하다.

정답　01. ④　02. ①　03. ②　04. ①　05. ③

06 무성번식에 대한 설명으로 옳지 않은 것은?
① 클론 보존이 가능하다.
② 모수보다 우수한 유전형질 변화를 기대할 수 있다.
③ 종자번식이 어려운 수목의 후계목 조성이 가능하다.
④ 소나무는 다른 수종에 비하여 삽목 발근이 어려운 편이다.

해설
무성번식시 동일 유전자가 전해지기에 유전형질의 변화가 없다.

07 인공조림의 장점이 아닌 것은?
① 집약적인 관리가 가능하다.
② 조림수종 선택의 폭이 넓다.
③ 동령단순 경제림 조성이 용이하다.
④ 천연갱신에 비해 활착률이 더 높다.

해설
인공조림은 천연갱신에 비해 활착률이 낮고 면역력이나 기타 저항성이 약하다.

08 어린나무 가꾸기나 천연림 보육작업 등의 잡목 솎아내기 작업이 끝난 후부터 최종 수확 때까지 숲을 가꾸는 작업은?
① 간벌   ② 제벌
③ 덩굴제거 ④ 가지치기

해설
간벌은 양질의 목재를 다량으로 생산하기 위해 어린나무 가꾸기 작업이 끝난 후 5년 경과, 최종 수확 10년 전까지의 산림에 실시한다.

09 산림토양 내 유기물에 대한 설명으로 옳지 않은 것은?
① 보수력을 감소시킨다.
② 토양을 산성화시킨다.
③ 토양구조를 개량한다.
④ 무기영양소의 흡착능력을 증가시킨다.

해설
산림토양 내 유기물이 풍부하면 토양의 입단구조가 잘 형성되어 보수력이 증가한다.

10 수분 이후 종자성숙까지 소요되는 기간이 가장 긴 수종은?
① 회양목   ② 사시나무
③ 졸참나무 ④ 상수리나무

해설
상수리나무는 꽃핀 이듬해 가을에 성숙하는 수종으로 상대적으로 종자성숙이 가장 긴 수종이다.

11 잎보다 꽃이 먼저 피는 수종은?
① *Juglans regia*
② *Prunus yedoensis*
③ *Aesculus turbinata*
④ *Ligustrum obtusifolium*

해설
① 호두나무 ② 벚나무 ③ 칠엽수 ④ 쥐똥나무
잎보다 꽃이 먼저 피는 것을 선화후엽이라 하며 대표적인 수종으로 개나리, 생강나무, 벚나무, 박태기 등이 있다.

12 목재, 수피 등 물질적 생산을 위하여 경영되는 산림은?
① 원시림   ② 단순림
③ 경제림   ④ 보안림

해설
물질 생산을 위해 경영되는 산림을 경제림이라 정의한다.

정답 06. ② 07. ④ 08. ① 09. ① 10. ④ 11. ② 12. ③

13 묘포지에 가장 알맞은 토양은?
① 사토　② 양토
③ 점토　④ 사양토

해설
사양토는 수분 함량 및 투기성이 양호하여 묘포지로서 적합하다.

14 근주묘(뿌리묘목)의 표시로 옳은 것은?
① $\frac{0}{0}$ 묘　② $\frac{1}{2}$ 묘
③ $\frac{0}{2}$ 묘　④ $\frac{1}{1}$ 묘

해설
근주묘는 줄기를 자르고 뿌리만 남은 부분으로 분자 부분이 0이다.

15 종자의 순량율에 대한 설명으로 옳은 것은?
① 종자 1000립의 무게
② 실중에 발아율을 곱한 값
③ 종자 100립 중에서 발아한 종자의 비율
④ 전체 종자 무게 중에서 순정종자 무게의 비율

해설
순량률은 전체 종자 무게 기준 협잡물을 제거하고 남은 순수한 종자의 무게 비율을 말한다.

16 종자의 구조에 대한 설명으로 옳은 것은?
① 배, 내피, 외피로 구성된다.
② 배, 배유, 종피로 구성된다.
③ 배유, 자엽, 배축으로 구성된다.
④ 유아, 자엽, 외곽조직으로 구성된다.

해설
종자의 구조는 크게 내부의 배, 씨젖은 배유, 종피로 구성된다.

17 노지양묘에서 판갈이 시작년도가 가장 늦은 수종은?
① 곰솔　② 소나무
③ 삼나무　④ 가문비나무

해설
곰솔 및 소나무, 삼나무는 2년차쯤 판갈이를 실시하며 가문비나무의 경우 4년차에 실시한다.

18 수목이 생명현상을 유지하는 데 에너지의 역할이 아닌 것은?
① 세포의 분열
② 체온의 유지
③ 탄수화물의 저장
④ 무기영양소의 흡수

해설
체온유지는 주로 체액과 기공의 개폐에 의해 이루어진다.

19 산림용 고형복합비료의 주성분이 아닌 것은?
① 인산　② 칼륨
③ 칼슘　④ 질소

해설
고형복합비료는 질소, 인산, 칼륨이 12 : 16 : 4 의 비율로 구성되어 있다.

20 다음 설명에 해당하는 작업종은?

> • 벌채지에서 종자를 공급할 수 있는 나무를 단독 또는 군상으로 남기고, 나머지는 벌채목으로 이용한다.
> • 소나무, 곰솔 등이 적합하다.

① 모수작업　② 개벌작업
③ 택벌작업　④ 중림작업

해설
모수작업은 양수수종에 적합하며 벌채지에 형질이 우수한 모수만 남기고 그 외의 나무를 일시에 벌채하는 방법이다.

정답 13. ④　14. ③　15. ④　16. ②　17. ④　18. ②　19. ③　20. ①

21 흡즙성 해충이 아닌 것은?

① 뽕나무이
② 버들잎벌레
③ 분홍다리노린재
④ 진달래방패벌레

> 해설
> 버들잎벌레는 잎에 피해를 주는 식엽성 해충이다.

22 살충제 종류별 작용기작으로 옳지 않은 것은?

① 소화중독제 : 해충의 입으로 들어가면 소화관 내에서 중독작용을 일으킨다.
② 침투성 살충제 : 약제를 해충의 체표면에 직접 살포하여 중독작용을 일으킨다.
③ 훈증제 : 약제의 유효성분을 가스상태로 해충의 호흡기에 침입하여 사망시킨다.
④ 제충제 : 해충을 즉시 죽이지 않고 발육과 생식을 억제하여 해충의 밀도를 저하시킨다.

> 해설
> 침투성 살충제는 해충의 체표면이 아니라 약제를 식물에 특정 부위에 침투시켜 흡즙성 해충이 빨아먹을 때 중독되도록 하는 약품이다.

23 해충의 개체군 동태를 알기 위해서는 주로 사용하는 것으로 충태별 사망수, 사망요인, 사망률 등의 항목으로 구성된 표는?

① 생명표 ② 생태표
③ 생식표 ④ 수명표

> 해설
> 생명표는 연령별 생명표와 시간별 생명표로 분류하며 곤충의 경우 시간별 생명표를 주로 이용한다. 해충의 개체군 현황을 알아보고자 해충별 사망수, 사망의 요인, 사망률 등을 조사한다.

24 항생제 계통인 살균제는?

① 만코제브 수화제
② 메탈락실 수화제
③ 보르도혼합액 입상수화제
④ 옥시테트라사이클린 수화제

> 해설
> 옥시테트라사이클린, 스트렙토마이신은 항생 살균제 계통이다.

25 오동나무 빗자루병의 병원체는?

① 세균   ② 곰팡이
③ 바이러스 ④ 파이토플라스마

> 해설
> 오동나무 빗자루병의 병원체는 파이토플라스마 이며 주로 담배장님노린재를 매개충으로 한다.

26 유충이 침엽수와 활엽수를 모두 가해하는 해충은?

① 독나방   ② 매미나방
③ 천막벌레나방 ④ 미국흰불나방

> 해설
> 매미나방은 식엽성 해충이며 침엽수와 활엽수 모두 가해한다.

27 기주식물의 수간 및 가지 등에 구멍을 뚫어 피해를 주는 천공성 해충이 아닌 것은?

① 박쥐나방
② 알락하늘소
③ 버들바구미
④ 솔껍질깍지벌레

> 해설
> 솔껍질깍지벌레는 흡즙성 해충이다.

정답 21. ② 22. ② 23. ① 24. ④ 25. ④ 26. ② 27. ④

28 다음 ( )안에 들어갈 용어는?

> 잣나무 털녹병균은 잣나무 (A)을/를 통하여 침입하고, 주된 병징은 (B)에 나타난다.

① A : 잎, B : 줄기
② A : 잎, B : 열매
③ A : 뿌리, B : 줄기
④ A : 뿌리, B : 열매

해설
잣나무 털녹병균은 잣나무의 잎을 통해 침입하고 주된 병징은 줄기이며 바람에 의해 전반된다.

29 곤충의 청각기관이 아닌 것은?

① 감각털
② 고막기관
③ 알라타체
④ 존스톤기관

해설
알라타체는 곤충의 내분비샘 기관 중 하나이다.

30 균류에 대한 설명으로 옳지 않은 것은?

① 자낭균류 : 균류 중 가장 많은 종이 있으며 균사에 격벽이 있다.
② 난균류 : 균사에 격벽이 없고 무성포자인 유주포자를 생성한다.
③ 담자균류 : 대부분의 버섯이 속하는 것으로 격벽을 가지고 있는 다세포이다.
④ 불완전균류 : 유성생식으로 번식하며 분생포자 형성기관에 따라 재분류 된다.

해설
불완전균은 무성생식으로 번식한다.

31 지표화로부터 연소되는 경우가 많고, 나무의 공동부가 굴뚝과 같은 작용을 하는 산불의 종류는?

① 수간화
② 수관화
③ 지상화
④ 지중화

해설
수간화는 줄기가 연소하여 고사목이 수간의 굴뚝과 같은 역할을 하게 된다.

32 모잘록병의 피해형태가 아닌 것은?

① 직립형
② 근부형
③ 도복형
④ 지중부패형

해설
모잘록병의 피해 형태로 지중부패형, 도복형, 수부형, 근부형, 거부형이 있다.

33 수목병을 발생하는 세균 중 막대 모양은?

① 간균
② 구균
③ 나선균
④ 방선균

해설
간균은 막대모양, 구균은 구형, 나선균은 나선형, 방선균은 방사상의 모양을 띤다.

34 볕데기(피소현상)에 잘 발생하지 않는 수종은?

① 단풍나무
② 굴참나무
③ 오동나무
④ 배롱나무

해설
굴참나무, 상수리나무는 코르크층이 잘 발달해서 볕데기의 피해를 거의 받지 않는다.

정답 28. ① 29. ③ 30. ④ 31. ① 32. ① 33. ① 34. ②

35 수목 바이러스병 진단에 사용하는 지표식물이 아닌 것은?

① 콩　　② 담배
③ 버섯　④ 명아주

해설
대표적인 지표 식물로 담배, 토마토, 콩, 메밀, 튤립 등이 있다.

36 삼나무 붉은마름병균은 어느 균류에 속하는가?

① 조균　　② 자낭균
③ 담자균　④ 불완전균

해설
삼나무 붉은마름병균은 불완전균에 속하며 기주식물로 삼나무, 낙우송이 있다.

37 소나무좀의 월동 충태는?

① 알　　② 유충
③ 성충　④ 번데기

해설
소나무좀은 성충형태로 지피물 근처 수피에서 월동한다.

38 수목의 잎을 가해하는 식엽성 해충이 아닌 것은?

① 낙엽송잎벌
② 전나무잎응애
③ 참나무재주나방
④ 잣나무넓적잎벌

해설
전나무잎응애와 같이 진딧물류, 응애류, 깍지벌레류 등은 흡즙성 해충이다.

39 녹병균의 생활사에서 핵융합으로 핵상이 2n으로 되는 시기는?

① 녹포자　　② 녹병정자
③ 겨울포자　④ 여름포자

해설
겨울 포자는 초기 세포핵 n이 두 개 존재하다. 말기에 서로 융합하여 2n이 된다.

40 성충은 흡즙 가해하고 유충은 잎을 식엽가해하는 것은?

① 솔나방
② 소나무좀
③ 오리나무잎벌레
④ 느티나무벼룩바구미

해설
느티나무벼룩바구미는 유충이 잎 끝부분을 중심으로 가해하며 성충은 흡즙하여 피해를 준다.

41 다음 조건에서 시장가역산법에 의한 임목의 m^3당 매매가는?

- 원목의 시장평균가격 : 10만원/m^3
- 벌채·운반 기타 비용 : 6만원/m^3
- 조재율 : 80%
- 예상이익률 : 13%

① 약 21,100원　② 약 22,800원
③ 약 25,600원　④ 약 29,700원

해설
시장가 역산법

$$조재율 \times \left(\frac{원목시장가}{1+자본회수기간 \times 월이율 + 기업이율} - 기타비용 \right)$$

$$0.8 \times \left(\frac{100000}{1+0.13} - 60000 \right) ≒ 22796 ≒ 22800$$

정답　35. ③　36. ④　37. ③　38. ②　39. ③　40. ④　41. ②

42 10년 후에 산림의 가치가 백만원이고 산림의 연간 생장률(총 가격생장률)이 6%이면 현재가는?

① 458,400원　② 558,400원
③ 1,690,800원　④ 1,790,800원

해설

$$\frac{1,000,000}{(1+0.06)^{10}} = \frac{1,000,000}{1.79} ≒ 558,400$$

43 임황조사에서 경사도 구분으로 옳지 않은 것은?

① 험준지(험) : 경사 25°이상
② 완경사지(완) : 경사 15°미만
③ 경사지(경) : 경사 15~20°미만
④ 급경사지(급) : 경사 20~25°미만

해설

험준지는 경사 25°~30° 미만 이다.

44 국유림경영계획의 산림구획에서 소반면적에 대한 설명으로 다음 (A)에 해당하는 것은?

면적 : 최소(A)ha 이상으로 구획하되 현지 여건상 부득이한 경우에는 (B)ha 이상으로 기록할 수 있다.

① 0.1　② 0.5
③ 1　④ 100

해설

국유림경영계획에서 임반면적은 100ha 내외, 소반면적은 최소 1 ha 이상으로 구획하되 부득이한 경우 소수점 한자리 까지 기록 한다.

45 법정상태와 관련된 용어에 대한 설명으로 옳지 않은 것은?

① 법정생장량 : 법정축적의 평균생장량이다.
② 법정축적 : 영급분배와 생장상태가 법정일 때 보유할 작업급으로서 전체 축적이다.
③ 법정영급분배 : 해마다 균등한 수확을 할 수 있도록 각 영급의 면적을 동일하게 하는 것이다.
④ 법정임분배치 : 임목 이용, 보호 및 갱신을 위하여 각 임분이 적절한 배치상태를 유지하는 조건이다.

해설

법정생장량은 법정림의 연간 생장량이다.

46 감가상각비 계산 방법 중 감가율은 일정하지만 삼각비는 등비급수적으로 체감하는 것은?

① 정률법　② 정액법
③ 등비급수법　④ 연수합계법

해설

정률법은 연도 초 가액의 일정 비율을 매년 감가상각액으로 감하는 방법이다.

47 연년생장량과 평균생장량과의 관계에 대한 설명으로 옳지 않은 것은?

① 성장 초기에는 연년생장량이 더 크다.
② 평균생장량의 극대점에서는 연년생장량이 더 크다.
③ 연년생장량은 평균생장량보다 빨리 극대점을 가진다.
④ 평균생장량이 극대점에 이르기까지는 연년생장량이 항상 더 크다.

해설

평균생장량 극대점에서 연년생장량과 평균생장량이 같다.

정답 42. ② 43. ① 44. ③ 45. ① 46. ① 47. ②

48 임목자산의 구성 상태로서 질적지표를 나타내는 것은?

① 경영자가 보유하고 있는 전체 산림면적
② 경영자가 보유하고 있는 임목자산장비율
③ 경영자가 보유하고 있는 임목자산 중에서 부채가 차지하는 비율
④ 경영자가 보유하고 있는 임목자산 중에서 인공림이 차지하는 비율

해설
임목자산의 질적지표는 인공림이 차지하는 비율 혹은 인공림의 임형구성상태를 말한다.

49 다음 조건에서 작업시간비례법에 의한 총 감가상각비는?

- 기계톱 취득원가 : 55만원
- 잔존가치 : 5만원
- 총 사용가능시간 : 10만 시간
- 실제 작업시간 : 5천 시간

① 20,000원 ② 22,500원
③ 25,000원 ④ 30,000원

해설
작업시간비례법
$$\frac{실제작업시간 \times (취득원가 - 잔존가치)}{총추정작업시간}$$
$$= \frac{5000 \times (550000 - 50000)}{100000} = 25,000$$

50 임업경영의 경제적 특성에 대한 설명으로 옳지 않은 것은?

① 임업생산은 조방적이다.
② 공익성이 커서 제한성이 많다.
③ 육성임업과 채취임업은 병존한다.
④ 임업노동은 계절적 제약을 크게 받는다.

해설
임업노동은 계절적 제약을 크게 받지 않는다.

51 어떤 재화로부터 장차 얻을 수 있을 것으로 기대되는 수익을 일정한 이율로 할인하여 구한 현재가를 무엇이라 하는가?

① 매매가 ② 비용가
③ 기망가 ④ 자본가

해설
기망가는 장차 발생할 것으로 기대되는 수익의 합계이다.

52 지위지수에 대한 설명으로 옳은 것은?

① 임지의 생산력 판단지표이다.
② 택벌작업을 하는 산림에 설정되는 기간 개념이다.
③ 10등급으로 임도 또는 도로까지의 거리를 100m 단위로 구분하는 것이다.
④ 작업급에 의한 산림의 생산조직화에 있어 이상적인 개념으로 제시된 산림조직이다.

해설
지위지수는 산림의 잠재생산력 혹은 생산력의 판단지표라 한다.

53 수간석해도 작성방법에 해당하는 것은?

① 절충법 ② 평행선법
③ 원주등분법 ④ 삼각등분법

해설
수간석해는 수목의 생장과정과 특성을 조사하기 위해 수간측정을 실시하는 것으로 수간석해도를 작성하기 위한 방법으로 평행선법이 있다. 수간석해의 원판 측정 방법으로 삼각등분법, 원주등분법, 절충법이 있다.

정답 48. ④ 49. ③ 50. ④ 51. ③ 52. ① 53. ②

54 매년 말마다 산림관리비로 1000만원이 필요하고 연이율 5%일 때 자본가는?

① 50만원 ② 1050만원
③ 2억원 ④ 2억 1천만원

해설
자본가
$$\frac{1000만원}{0.05\%} = 2억원$$

55 표준지 매목조사 중 흉고직경 측정에 대한 설명으로 옳지 않은 것은?

① 2cm 괄약을 이용한다.
② 흉고직경 6cm 이상이 측정 대상이다.
③ 흉고란 땅 위에서 1.2m의 높이를 말한다.
④ 흉고직경 측정기구로 아브네이레블이 있다.

해설
아브네이레블은 수고측정기이다.

56 다음 중 소반을 구획하는 경우가 아닌 것은?

① 지종구분이 서로 다를 때
② 임종 및 작업종이 서로 다를 때
③ 임령 및 지위의 차이가 현저할 때
④ 병충해 피해나 간벌작업이 이루어질 때

해설
소반의 구획
- 기능이 상이할 때
- 지종이 상이할 때
- 임종, 임상, 작업종이 상이할 때
- 임령, 지위, 지리 또는 운반계통이 상이할 때

57 임업경영요소 중 유동자본에 속하는 것은?

① 임도 ② 종자
③ 기계톱 ④ 사무실

해설
유동자본의 종류로 종자, 묘목, 약제, 비료가 있다.

58 물가상승과 도로, 철도 등의 개설로 인한 운반비의 절약에 기인하는 산림의 임목가격의 상승을 의미하는 것은?

① 재적생장 ② 형질생장
③ 근원생장 ④ 등귀생장

해설
목재의 수급관계 및 일반물가수준의 상승에 의한 목재 가치의 증가를 등귀생장이라 한다.

59 임업경영 분석에 대한 설명으로 옳지 않은 것은?

① 임업소득은 임업조수익에서 임업경영비를 뺀 값이다.
② 임가소득은 임업소득, 농업소득, 기타소득을 더한 값이다.
③ 임업의존도는 임가소득을 임업소득으로 나누어 100을 곱한 값이다.
④ 임업소득율은 임업소득에서 임업조수익을 나누어 100을 곱한 값이다.

해설
임업의존도는 임업소득을 임가소득으로 나누어 100을 곱한 값이다.

60 Huber식의 약 1.0053배 과대치를 주고 중앙단면이 원이 아닐 때 오차가 더 커지는 구적식은?

① 5분주법
② 호퍼스법
③ 브레레튼법
④ 스크리브너 로그 룰

해설
호퍼스 법은 Huber 식 대비 21.5% 과소치를 주며 5분주법은 1.0053 배 과대치를 주도록 한다.
※ 5분주법
$$\left(\frac{중앙둘레}{5}\right)^2 \times 2 \times 재장$$

정답 54. ③ 55. ④ 56. ④ 57. ② 58. ④ 59. ③ 60. ①

61 포장을 하지 않은 임도 노면의 경우에 횡단기울기 시설 기준은?

① 0~1% ② 1.5~2%
③ 3~5% ④ 6~7%

해설
포장을 하지 않은 임도 노면의 횡단기울기 시설기준은 3~5%, 포장한 노면의 횡단기울기는 1.5~2% 이다.

62 임도의 사면 붕괴 원인으로 옳지 않은 것은?

① 사면 토양의 점착력 감소
② 사면 토양의 공극 수압 감소
③ 온도변화에 의한 사면 토양의 입자 신축
④ 눈 및 빗물로 인한 사면 토양의 과다한 하중 발생

해설
임도의 사면 붕괴 원인으로 토양 공극 수압의 증가가 있다.

63 스키더 또는 타워야더 등에 의해 집재된 전목재의 가지제거, 절단, 초두부 제거, 집적 등의 조재작업을 전문적으로 실행하는 기계는?

① 포워더 ② 하베스터
③ 프로세서 ④ 펠러번쳐

해설
이미 벌목된 전목의 가지를 자르고 토막을 내는 조재작업을 전문으로 하는 기기로서 벌채목의 수간을 잡는 그래플장치, 가지를 자르는 장치, 수간을 밀어내는 송재 장치, 절단장치로 이루어져 있다.

64 사방댐의 시공적지로 옳지 않은 것은?

① 상류부의 계폭이 좁은 곳
② 계상과 양안에 암반이 존재하는 곳
③ 수생태계에 미치는 영향이 크지 않은 곳
④ 지류의 합류점 부근에서는 합류점의 하류지점

해설
사방댐 시공적지는 상류부의 계폭이 넓은 곳이다.

65 벌도작업 시 쐐기 사용의 주목적은?

① 작업 능률 향상
② 벌도 방향 결정
③ 박피 작업 유리
④ 작업 비용 절감

해설
쐐기는 벌목의 방향을 결정하는 것이 주목적이며 그 외에도 톱이 끼지 않도록 한다.

66 임도 설계업무의 순서로 옳은 것은?

① 예비조사 → 답사 → 예측 → 실측 → 설계도 작성
② 예비조사 → 예측 → 답사 → 실측 → 설계도작성
③ 답사 → 예비조사 → 예측 → 실측 → 설계도작성
④ 답사 → 예비조사 → 실측 → 예측 → 설계도작성

해설
임도의 설계업무는 예비조사, 답사, 예측 및 실측, 설계도 작성, 공사량의 산출, 설계도 작성의 순서로 이루어진다.

정답 61. ③ 62. ② 63. ③ 64. ① 65. ② 66. ①

67 앞모래언덕의 뒤쪽으로 바람에 의한 모래 날림을 방지하고 식생의 생육환경을 조성하기 위해 가장 적합한 공법은?

① 모래덮기
② 퇴사울세우기
③ 정사울세우기
④ 구정바자얽기

> **해설**
> 앞모래 언덕에 축설하여 후방지대의 풍속을 약하게 하고 모래의 이동을 막아 양호한 생육환경을 조성하는 방법으로 정사울 세우기가 있다.

68 임도시공 시 사용하는 용어에 대한 설명으로 옳지 않은 것은?

① 준설 : 물 속의 흙을 파내는 것
② 취토장 : 흙이 남아서 버리는 곳
③ 매립 : 물에 흙을 메워 육지로 만드는 것
④ 흙일 : 흙을 깎거나 쌓아 올리는 모든 작업

> **해설**
> 취토장은 흙이 부족할 경우 보급하기 위한 장소이다.

69 유역면적의 단위가 ha일 때 유량공식으로 옳은 것은? (단, C : 유출계수, I : 강우강도 (mm/hr), A : 면적)

① $Q = 2778 CIA (m^3/sec)$
② $Q = 0.2778 CIA (m^3/sec)$
③ $Q = 0.02778 CIA (m^3/sec)$
④ $Q = 0.002778 CIA (m^3/sec)$

> **해설**
> 보기의 유량공식은 단면이 원이라는 가정으로 1/360 비율을 고려하여
> 0.002778 × 유출계수 × 강우강도 × 면적으로 구한다.

70 횡단배수구 설치에 대한 설명으로 옳지 않은 것은?

① 옆도랑의 물을 처리하기 위해 설치
② 표면배수 또는 지하배수를 처리하기 위해 설치
③ 배수관의 연결부 또는 배수시설의 단면이 변화하는 곳에 설치
④ 작은 골짜기 유역으로부터 집수되는 유수 처리를 처리하기 위해 설치

> **해설**
> **횡단배수구 설치 지점**
> · 유하방향의 종단기울기 변이점
> · 구조물의 앞 혹은 뒤
> · 외쪽물매로 옆도랑물이 역류하는 곳
> · 흙이 부족하여 속도량으로 부적당한 곳
> · 체류수가 있는 곳

71 산복수로공에 대한 설명으로 옳지 않은 것은?

① 유수가 집중되는 凹부에 설치한다.
② 떼수로공은 집수구역이 좁은 곳에 설치한다.
③ 수로의 시작과 끝에는 반드시 수평대공 작물을 적용한다.
④ 가급적 수로의 기울기는 상부에서 하부로 내려가면서 감소하게 계획한다.

> **해설**
> 수로의 기울기는 가급적 상부에서 하부에 이르기까지 일정하게 계획한다.

정답 67. ③ 68. ② 69. ④ 70. ③ 71. ④

72 트랙터의 구입가격이 5000만원이고 수명이 5000시간이며 잔존가치는 구입가격의 20%일 때 이 기계의 시간당 감가상각비는?

① 1,250원 ② 8,000원
③ 12,500원 ④ 80,000원

해설
- 잔존가치 = 5,000만원 × 20% = 1,000만원
- $\dfrac{50,000,000원 - 10,000,000원}{5,000시간} = 8,000원$

73 벌도 시 벌목방향을 확정하고 벌도목이 쪼개지는 것을 방지하기 위하여 근원 부근에 만드는 것은?

① 추구 ② 수구
③ 벌도구 ④ 수평구

해설
수구는 벌목방향을 정하고 주로 30~45° 정도로 한다.

74 가선집재작업이 수행 가능한 장비로 가장 효율적인 것은?

① 하베스터 ② 펠러번처
③ 프로세서 ④ 타워야더

해설
타워야더는 철재 기둥과 가선집재 장치인 원치를 트랙터 혹은 트럭에 탑재한 장비로 경사가 급한 지역에도 작업이 가능하다.

75 중력침식에 속하지 않는 것은?

① 산붕 ② 산사태
③ 땅밀림 ④ 해안사구

해설
중력침식의 형태로 산사태, 산붕, 땅밀림, 눈사태, 붕락, 포락 등이 있다.

76 지선임도 밀도가 10m/ha이며, 임도효율요인이 4인 경우 트랙터를 이용한 평균집재거리는?

① 2.5m ② 40m
③ 400m ④ 2,500m

해설
임도밀도(m/ha)
= 임도효율계수/평균집재거리(km)
$10 = \dfrac{4}{x} \Rightarrow x = 400m$

77 단면 A의 면적은 180m², 단면 B의 면적은 600m²이고 양단면 사이의 거리가 20m이면 양단면적 평균법을 이용한 토량(m³)은?

① 7,800 ② 8,600
③ 9,400 ④ 12,600

해설
양단면 평균법
$V = \dfrac{1}{2}(A_1 + A_2) \times L$
$= \dfrac{1}{2}(600 + 180) \times 20 = 7800$

78 시멘트 저장 중에 공기 중의 수분을 흡수하여 경미한 수화작용을 일으키고, 그 결과 생긴 수산화칼슘이 공기 중의 이산화탄소와 결합 하여 탄산칼슘이 만들어져 시멘트 강도가 약해지는 작용은?

① 풍화 ② 응결
③ 경화 ④ 분말도

해설
암석이 물리적, 화학적 작용에 의해 부서지는 현상을 풍화라고 하며 시멘트 역시 공기중 수분과 반응하여 화학적 작용으로 인해 강도가 약해지는 현상을 보인다.

정답 72. ② 73. ② 74. ④ 75. ④ 76. ③ 77. ① 78. ①

79 방위각 275°를 방위로 표기하면 다음 중 어느 것인가?

① N85°W
② S85°W
③ N95°W
④ S95°W

해설
방위각은 북위를 기준으로 시작한다.

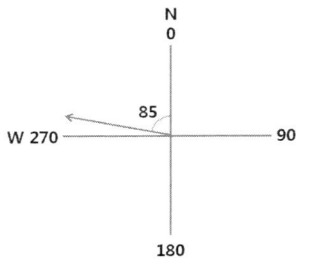

80 임도의 너비 설치 기준으로 옳지 않은 것은?

① 배향곡선지의 경우 유효너비는 6m이상으로 한다.
② 길어깨 및 옆도랑의 너비는 각 50cm~1m 범위로 한다.
③ 임도의 곡선 반경이 10m 이상일 경우 곡선부 너비를 확대한다.
④ 길어깨 및 옆도랑을 포함한 임도의 너비 3m를 기준으로 한다.

해설
임도의 유효너비는 길어깨, 옆도랑의 너비를 제외한 3m 정도를 기준으로 한다.

2016년 제3회 산림산업기사

01 모수작업을 위한 모수로 가장 불리한 수종은?

① 천근성 수종
② 암수한그루 수종
③ 수피가 두꺼운 수종
④ 생육입지 요구도가 낮은 수종

해설
모수작업은 천연하종에 의한 후계림 조성을 목적으로 하기에 바람에 대한 저항성이 강하고 형질적으로 양호한 나무이어야 한다. 천근성 수종의 경우 바람에 대한 저항성이 약해 모수로서는 불리한 수종이다.

02 임지에서 적정한 석회질 비료를 주었을 때 나타나는 효과로 옳지 않은 것은?

① 산성토양을 중화시킨다.
② 토양의 풍화를 촉진한다.
③ 미생물의 번식을 촉진한다.
④ 토양의 이화학적 성질을 개량한다.

해설
석회질 비료는 산성토양을 개량하는데 목적을 두고 있으며 토양의 풍화 촉진과는 상관이 없다. 주로 많이 이용되는 석회질 비료의 종류로 석회고토, 패화석 등이 있다.

03 천연갱신에 대한 설명으로 옳지 않은 것은?

① 천연하종, 맹아갱신 등에 의해 이루어진다.
② 인공조림에 비하여 실행하기 어렵고 오래 걸린다.
③ 울창한 숲 상태에서는 양수보다 음수가 더 유리하다.
④ 인공조림에 비하여 각종 피해에 대한 저항력이 약하다.

해설
천연갱신은 인공조림에 비해 환경에 대한 적응력이 높아 각종 피해에 대한 저항력이 강하다.

04 비료목으로 활용 가능한 수종으로 가장 거리가 먼 것은?

① 단풍나무   ② 자귀나무
③ 오리나무   ④ 족제비싸리

해설
비료목의 대표수종으로 아까시나무, 자귀나무, 박태기나무, 싸리나무, 오리나무, 보리수나무 등이 있다.

05 5~6월에 종자가 성숙하여 종자 채종이 가능한 수종으로만 올바르게 나열된 것은?

① 회양목, 미루나무, 회화나무
② 양버들, 사시나무, 졸참나무
③ 버드나무, 사시나무, 느릅나무
④ 밤나무, 느릅나무, 아까시나무

해설
월별 종자 성숙기

5월	버드나무, 미루나무, 황철나무, 사시나무 등
6월	느릅나무, 벚나무 등

정답 01. ① 02. ② 03. ④ 04. ① 05. ③

06 임지에 존재하는 무기성분 중 가장 풍부하지만 임목생장에 있어 가장 결핍되기 쉬운 것은?

① 인산 ② 칼륨
③ 질소 ④ 구리

해설
질소는 가장 풍부한 무기성분이지만 무기화 과정이나 음전하를 띠는 성질로 인해 비가 내리면 쉽게 용탈된다. 또한 일부는 미생물이 이용하거나 휘발 등으로 인해 쉽게 결핍하기 쉬운 성분이다.

07 묘목 식재에 방해가 되는 잡목을 제거하는 작업이 아닌 것은?

① 화입법 ② 쳐내기법
③ 수구치기법 ④ 약제처리법

해설
수구치기는 벌목작업에 해당한다.

08 가지치기에 대한 설명으로 옳지 않은 것은?

① 포플러류는 역지 이상의 가지를 제거한다.
② 가지의 지름이 5cm 이상인 것은 자르지 않는다.
③ 자연낙지가 잘 되는 수종은 생략해도 무방하다.
④ 일반 소경재인 경우에는 가지치기를 실시하지 않는다.

해설
역지 이상의 과도한 가지치기는 나무의 생장을 저해한다.

09 어린나무가꾸기에 대한 설명으로 옳지 않은 것은?

① 풀베기 작업이 끝난 후 실시한다.
② 11월 전후에 실시하는 것을 원칙으로 한다.
③ 조림목과 경쟁하는 목적 이외의 수종을 제거한다.
④ 보육 대상목의 생장에 지장을 주는 나무는 가급적 지표면에서 가깝게 잘라낸다.

해설
어린나무가꾸기는 주로 6~9월 실시하며 11월 말에는 완료하도록 한다.

10 숲가꾸기 작업 중 덩굴 제거에서 사용되는 디캄바 액제 사용법으로 옳지 않은 것은?

① 칡 등 콩과 잡초에 적용한다.
② 작업시기는 덩굴류 생장기인 5~9월에 사용한다.
③ 고온에서는 증발에 의해 주변 식물에 약해를 일으킬 수 있다.
④ 약제 처리 후 24시간 이내에 강우가 예상될 경우 작업을 중지한다.

해설
디캄바액제는 효율상 초본류가 발생하는 2~3월, 낙엽이 지는 10~11월이 적당하다.

정답 06. ③ 07. ③ 08. ① 09. ② 10. ②

11 탈종 방법에 대한 설명으로 옳지 않은 것은?

① 벚나무 종자는 침수하여 부식시킨 후 세척한다.
② 두꺼운 육질의 종자는 침수하여 물에 불리고 세척한다.
③ 소나무나 콩과 수종의 종자는 건조 후 흔들거나 굴린다.
④ 부드러운 섬유상 과육의 종자는 침수하고 연화하여 세척한다.

> **해설**
> 두꺼운 육질을 가진 종자에 적합한 방법은 부숙시킨 후 모래를 섞어 마찰시키는 부숙마찰법이다.

12 노천매장에 대한 설명으로 옳지 않은 것은?

① 종자와 모래를 섞어 묻는다.
② 배수가 양호한 곳을 택하여야 한다.
③ 종자의 발아촉진을 겸한 저장법이다.
④ 종자를 묻고 비가 들어가지 않도록 한다.

> **해설**
> 노천매장법은 흙과 짚으로 덮어 마무리하여 빗물이 스며 들어간다.

13 교림에 대한 설명으로 옳은 것은?

① 맹아에 의하여 갱신된 산림
② 순수한 원시림으로 유지된 산림
③ 숲가꾸기가 적기에 실시된 산림
④ 주로 실생묘로 성립된 키 큰 산림

> **해설**
> 교림은 수고 10m 이상의 키큰 나무를 생산하는 것을 목적으로 주로 실생묘로 성립된 키 큰 산림이라 정의한다.

14 척박한 산지에 사방 조림용 수종으로 가장 적합한 것은?

① Zelkova serrata
② Pinus densiflora
③ Castanea crenatra
④ Robinia pseudoacacia

> **해설**
> ① 느티나무 ② 소나무 ③ 밤나무 ④ 아까시나무
> 사방 조림용 수종으로 척박한 지역에서도 잘 자라는 비료목인 아까시나무가 적합하다.

15 밀식에 대한 설명으로 옳지 않은 것은?

① 풀베기 작업 비용이 절감된다.
② 초살도가 높은 용재가 생산된다.
③ 수목의 근계발달이 약해질 수 있다.
④ 조기에 울폐되어 임지보호 효과가 높다.

> **해설**
> 밀식을 하면 초살도는 감소한다.

16 중력이 작용하는 방향으로 수목이 자라는 것을 의미하는 것은?

① 굴지성   ② 주지성
③ 주광성   ④ 굴광성

> **해설**
> 식물이 광합성을 위해 줄기가 위로 자라고 양분 흡수를 위해 뿌리가 아래로 자라는 현상을 굴지성이라 한다.

17 묘목의 가식을 위한 토양으로 가장 좋은 것은?

① 점질토   ② 석력토
③ 사질양토 ④ 부식질토

> **해설**
> 묘목을 가식할 때 물이 고이지 않는 사질양토가 적합하다.

정답 11. ② 12. ④ 13. ④ 14. ④ 15. ② 16. ① 17. ③

18 수목의 뿌리가 이용 가능한 토양수분은?

① 결합수　② 중력수
③ 범람수　④ 모세관수

해설
수목이 이용가능한 유효수분으로 모세관수(모관수)가 있다.

19 발아촉진 방법에 해당하지 않는 것은?

① 수선법　② 침수법
③ 열탕처리법　④ 황산처리법

해설
수선법은 물을 이용하는 정선방법의 일종이다.

20 5ha임지에 묘간거리 4m, 열간거리 5m의 장방형 식재를 위한 필요 묘목수는?

① 250본　② 500본
③ 2500본　④ 5000본

해설
$4m \times 5m = 20m^2$
$50,000 \div 20 = 2,500$ 본

21 농약의 약제를 제형에 따라 분류한 용어가 아닌 것은?

① 유제　② 액제
③ 용제　④ 수화제

해설
농약 제형에 따른 분류로 유제, 수화제, 액제 등이 있으며 용제는 녹이는데 사용한 물질을 의미한다.

22 솔나방의 월동 충태는?

① 알　② 성충
③ 유충　④ 번데기

해설
솔나방은 유충 형태로 월동한다.

23 해충의 생물적 방제를 위한 천적 선택 조건으로 옳지 않은 것은?

① 단식성이어야 한다.
② 소량으로 증식해야 한다.
③ 천적에 기생하는 곤충이 없어야 한다.
④ 해충의 출현과 천적의 생활사가 잘 일치하여야 한다.

해설
해충의 생물적 방제를 위해 천적은 증식력이 좋아야 한다.

24 잎을 가해하는 해충이 아닌 것은?

① 솔나방　② 매미나방
③ 박쥐나방　④ 미국흰불나방

해설
박쥐나방은 목질부를 가해하는 천공성 해충이다.

25 균사에 격벽이 없는 균류는?

① 난균류　② 담자균류
③ 자낭균류　④ 불완전균류

해설
격벽이 없는 균류로 접합균류와 난균류가 있다.

26 수목병원성 세균은 대부분 어떤 형태인가?

① 공모양　② 실모양
③ 나선모양　④ 막대모양

해설
수목병을 일으키는 대부분은 간균으로 막대모양이다.

정답　18. ④　19. ①　20. ③　21. ③　22. ③　23. ②　24. ③　25. ①　26. ④

27 딱정벌레목에 속하는 해충이 아닌 것은?

① 밤바구미
② 알락하늘소
③ 솔껍질깍지벌레
④ 오리나무잎벌레

해설
솔껍질깍지벌레는 매미목이다.

28 수목병과 매개충의 연결로 옳지 않은 것은?

① 아까시나무 모자이크병 – 진딧물
② 밤나무 흰가루병 – 밤나무순혹벌
③ 오동나무 빗자루병 – 담배장님노린재
④ 대추나무 빗자루병 – 마름무늬매미충

해설
흰가루병은 매개충이 아닌 바람에 의해 전반된다.

29 모잘록병 예방법으로 가장 효과적인 것은?

① 햇볕을 막아 그늘지게 한다.
② 질소질 비료를 충분하게 준다.
③ 파종량을 적게 하고 복토를 두껍게 한다.
④ 배수와 통풍이 잘 되고 과습하지 않도록 한다.

해설
모잘록병은 습도가 높고 바람이 잘 통하지 않으면 쉽게 발생된다.

30 잣나무 털녹병에 대한 설명으로 옳지 않은 것은?

① 중간기주로는 우리나라에서 송이풀이 있다.
② 여름포자는 여름 동안 소생자를 만들고 소생자는 겨울포자를 만든다.
③ 잣나무에 녹병정자와 녹포자를 형성하고 중간기주에 여름포자, 겨울포자, 담자포자 등을 형성한다.
④ 병원균은 잣나무의 수피조직 내에서 균사 형태로 월동하고 4월 중순~5월 하순경 가지와 줄기에 녹포자를 형성한다.

해설
겨울 포자가 소생자를 만들어 잣나무의 잎의 기공으로 침입한다.

31 대기오염 물질에 의한 활엽수의 병징으로 옳지 않은 것은?

① PAN : 엽맥 사이 조직의 황화현상 및 잎의 왜성화
② 아황산가스 : 잎의 끝 부분과 엽맥 사이 조직의 괴사
③ 오존 : 잎 표면에 주근깨 같은 반점이 형성되고, 반점이 합쳐져 표면의 백색화
④ 질소산화물 : 초기에 흩어진 회녹색 반점이 생기다가 잎의 가장자리 조직 괴사

해설
엽맥 사이 조직의 황화현상 및 잎의 왜성화의 병징은 중금속에 의한 병징이다.

정답 27. ③ 28. ② 29. ④ 30. ② 31. ①

32 방화선 설치에 대한 설명으로 옳지 않은 것은?

① 나비는 보통의 경우 1~2m로 한다.
② 방화선 설치 시 가연물은 제거해야 한다.
③ 산의 능선, 산림 구획선, 임도 등을 이용한다.
④ 삽, 괭이, 기계톱 등을 이용하여 방화선을 구축한다.

해설
방화선 설치
- 산림구획선, 경계선, 도로, 능선, 암석지, 하천 등을 이용
- 대단위 조림지, 채종림, 소능선, 등에 10~20m 폭으로 가연물 제거
- 방화선 구축시 삽, 괭이, 기계톱 등을 이용
- 5ha 이상 조성지 대상 조림면적의 10% 정도의 면적, 폭은 25~30m 로 조성

33 토양을 소독하면 방제 효과가 가장 높은 병은?

① 잎떨림병   ② 모잘록병
③ 빗자루병   ④ 줄기마름병

해설
모잘록병균은 토양에 월동하기에 토양 소독에 의한 방제 효과가 높다.

34 산림해충의 임업적 방제법으로 옳지 않은 것은?

① 복층림과 혼효림을 조성하여 임상을 다양하게 한다.
② 토양의 경운, 토성의 개량을 통한 임지환경을 조정한다.
③ 농약 사용을 지양하고 포살법이나 유살법을 이용하여 해충을 방제한다.
④ 간벌 및 가지치기 등을 실시하여 해충의 잠복장소를 제거하고 수목의 활력을 증대시킨다.

해설
포살법이나 유살법은 기계적 방제에 속한다.

35 오동나무 빗자루병을 일으키는 병원체는?

① 세균   ② 조균
③ 바이러스   ④ 파이토플라스마

해설
오동나무 빗자루병은 파이토플라스마에 의해 발생되며 매개충으로 담배장님노린재가 있다.

36 옥시테트라사이클린을 주입하여 치료하는 병은?

① 잣나무 털녹병
② 포플러 모자이크병
③ 밤나무 근두암종병
④ 오동나무 빗자루병

해설
파이토플라스마에 의해 발생되는 대추나무 빗자루병, 오동나무 빗자루병은 옥시테트라싸이클린을 주입하며 수간주사를 이용한다.

정답 32. ① 33. ② 34. ③ 35. ④ 36. ④

37 포플러 잎녹병균의 유성포자 형성을 나타낸 그림에서 A에 해당하는 명칭은?

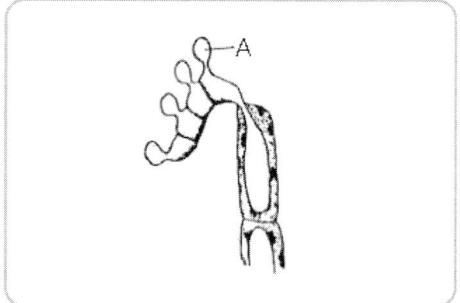

① 녹포자　　② 여름포자
③ 겨울포자　④ 담자포자

해설
A 부분은 담자포자이며 담자포자의 연결부위를 담자병이라 한다.

38 소나무좀에 대한 설명으로 옳지 않은 것은?

① 성충으로 월동한다.
② 1년에 2회 발생한다.
③ 봄과 여름 두 번 가해한다.
④ 주로 소나무와 잣나무를 가해한다.

해설
소나무좀은 1년에 1회 발생한다.

39 외국에서 유입된 해충이 아닌 것은?

① 솔나방
② 솔잎혹파리
③ 아까시잎혹파리
④ 솔껍질깍지벌레

해설
솔나방은 토종벌레이다.

40 매미나방의 월동 충태는?

① 알　　　② 성충
③ 유충　　④ 번데기

해설
매미나방은 줄기나 가지에 알 형태로 월동한다.

41 경영계획구 면적이 500ha이고 윤벌기가 50년이며 1영급이 20영계일 경우 법정영급면적은?

① 200ha　　② 400ha
③ 600ha　　④ 800ha

해설
법정영급면적
(산림면적 / 윤벌기) × 영계수
(500 / 50) × 20 = 200 ha

42 수확조정 기법과 관계가 없는 것으로 연결된 것은?

① 생장량법 - 연년생장량
② 조사법 - 택벌림에서 실행
③ 재적평분법 - 개위면적 산출
④ 임분경제법 - 법정상태 실현추구

해설
개위면적 산출은 구획윤벌법에 관련된다.

43 지황조사 항목에 포함되지 않는 것은?

① 지리　　② 지위
③ 소밀도　④ 경사도

해설
소밀도는 임황조사 항목에 속한다.

정답　37. ④　38. ②　39. ①　40. ①　41. ①　42. ③　43. ③

44 손익분기점 분석에 설정하는 가정으로 옳지 않은 것은?

① 재고는 없다.
② 제품 단위당 비용은 일정하다.
③ 제품의 생산능률은 변함이 없다.
④ 제품의 판매가는 생산량에 따라 변한다.

해설
손익분기점은 기업의 판매량을 결정하는 유용한 방법이며 아래와 같은 가정을 전제로 한다.
※ 손익분기점 분석 가정
• 원가는 고정비와 변동비로 구분한다.
• 제품 한 단위당 변동비는 일정하다.
• 제품의 생산능률은 변동이 없다
• 생산량과 판매량은 같으며 생산과 판매에 동시성이 있다.
• 제품의 판매가격은 판매량이 변동해도 변화하지 않는다.

45 임지 생산력을 판단하는 기준 중 가장 정확한 지위사정 방법은?

① 환경인자에 의한 방법
② 지위지수에 의한 방법
③ 지표식물에 의한 방법
④ 종자 생산량에 의한 방법

해설
지위는 임지의 임목생산능력을 말하며 이를 지수화한 것을 지위지수라 정의하며 임지의 생산력을 판단하는 가장 정확한 방법이다.

46 공유림 경영의 목적으로 옳지 않은 것은?

① 공공복지 증진
② 재정 수입의 확보
③ 국유림 경영의 지원
④ 사유림 경영의 시범

해설
공유림은 모범적 산림경영을 통해 사유림의 경영에 시범, 공공복지의 증진, 지방재정 확보의 목적을 가진다.

47 일반적으로 적용하는 침엽수의 조재율은?

① 0.4~0.7 ② 0.4~0.9
③ 0.6~0.7 ④ 0.6~0.9

해설
조재율은 벌채한 나무의 부피와 마름재목의 부피의 비율로 통상 0.6~0.9 정도의 값을 가진다. 대표적으로 소나무는 조재율 0.85, 잣나무는 0.79 정도의 값을 가진다.

48 직경과 수고측정이 모두 가능한 기구는?

① 섹타포크
② 덴드로미터
③ 아브네이레벨
④ 스피겔릴라스코프

해설
섹타포크는 직경 측정을, 덴드로미터와 아브네이레벨은 수고측정 기구이다.

49 임목 평가 방법이 아닌 것은?

① 임목상각가 ② 임목매매가
③ 임목비용가 ④ 임목기망가

해설
임목평가 방법으로 비용가법, 기망가법, 수익환원법, 매매가법, 시장가 역산법 등이 있다.

50 주벌수익에 해당하지 않는 것은?

① 제벌 과정에서 벌채 작업으로 수확한 것
② 갱신과정에서 병충해 피해로 인한 벌채 작업으로 수확한 것
③ 적합한 벌채시기에 완전한 생산물로 된 임목을 벌채 작업으로 수확한 것
④ 임지를 임목육성 이외의 용도로 사용하기 위하여 벌채 작업으로 수확한 것

해설
제벌은 밑깎기와 간벌의 중간 작업으로 주벌수익에 해당되지 않는다.

정답 44. ④ 45. ② 46. ③ 47. ④ 48. ④ 49. ① 50. ①

51 육림비 항목 중 가장 큰 비중을 차지하는 것은?

① 이자   ② 지대
③ 재료비   ④ 감가상각비

해설
육림비의 대부분은 이자이기에 이자를 줄이는 것이 매우 중요하다.

52 임업이율이 다른 이율에 비해 고율인 이유로 옳지 않은 것은?

① 목재 생산기간이 길기 때문에
② 자본을 장기간 고정시키기 때문에
③ 자본이자가 아닌 대부이자이기 때문에
④ 임업투자에 대한 예측하지 못한 위험성과 불확실성이 크기 때문에

해설
임업 이율의 성격
- 대부이자가 아닌 자본이자 이다.
- 현실이율이 아닌 평정이율이다.
- 실질적 이율이 아닌 명목적 이율이다.
- 임업이율은 장기 이율이다.

53 유동자본재에 해당하지 않는 것은?

① 묘목   ② 입목
③ 종자   ④ 벌채 후 목재

해설
임목은 벌채전 상태로 고정자본이다.

54 다음 조건에서 말구직경자승법에 의한 통나무 재적(m^3)은?

- 원구직경 : 40cm
- 중앙직경 : 30cm
- 말구직경 : 20cm
- 재장 : 5m

① 0.20   ② 0.45
③ 0.80   ④ 2.00

해설
말구직경자승법

$$V = 원목지름^2 \times 원목길이 \times \frac{1}{10000}$$

$$V = 20^2 \times 5 \times \frac{1}{10000} = 0.2$$

55 다음 조건에서 임업평가자본은?

- 토지평가액 : 100,000원
- 건물평가액 : 600,000원
- 임업용 기계 평가액 : 400,000원
- 임목 축적 평가액 : 700,000원
- 벌도목 재고 평가액 : 300,000원
- 차입금 : 600,000원
- 미불금 : 70,000원

① 830,000원   ② 1,430,000원
③ 2,100,000원   ④ 2,630,000원

해설
임업평가 자본
- 임업평가자본총액 = 토지평가액(지대) + 건물평가액 + 임업용 기계평가액 + 임목축적 + 벌도목 재고평가액
  ☞ 10만원+60만원+40만원+70만원+30만원 =210만원
- 부채=차입금+미불금
  ☞ 60만원 + 7만원 = 67만원
- 순 임업자본=임업평가자본총액 - 부채
  ☞ 210만원 - 67만원 = 143만원

정답   51. ①   52. ③   53. ②   54. ①   55. ②

56 취득 원가가 20만원인 기계톱의 내용년수가 5년이고 폐기 시 잔존가치가 5만원일 때, 정액법에 의한 연간 감가상각비는?

① 2만원　　② 3만원
③ 4만원　　④ 5만원

해설

$$\frac{\text{취득원가} - \text{잔존가치}}{\text{내용연수}} = \frac{20-5}{5} = 3$$

57 임업경영의 지도원칙에서 협의의 보속 개념이란?

① 사경제적 보속성
② 공경제적 보속성
③ 목재 생산의 보속성
④ 목재 공급의 보속성

해설

임업경영 보속성의 원칙
- 협의의 보속개념 : 목재공급의 보속성
- 광의의 보속개념 : 목재생산의 보속성

58 숲가꾸기 표준지의 면적은 대상지 전체면적의 몇 % 이상으로 선정하는가?

① 0.1　　② 1
③ 5　　④ 10

해설

지속가능한 산림자원관리지침에 의거 표준지면적은 전체 면적의 1% 이상 조사하도록 한다.

59 어떤 임분의 면적이 10ha이고 표준지 면적이 0.1ha이며 표준지 재적이 $10m^3$이라면 임분재적 (m^3)은?

① 1　　② 10
③ 100　　④ 1000

해설

10 ha : xm^3 = 0.1ha : $10m^3$
x = 1000 m^3

60 조림비가 500만원이 소요된 산림에서 30년 뒤의 후가는? (단, 이율은 5%임)

① 524만원　　② 1500만원
③ 2160만원　　④ 15000만원

해설

500만원 × $(1+0.05)^{30}$ ≒ 2160만원

61 산지에서 발생하는 침식의 형태 중 중력침식에 해당하지 않는 것은?

① 붕괴형 침식　　② 지활형 침식
③ 유동형 침식　　④ 곡상형 침식

해설

중력침식에는 붕괴형, 지활형, 유동형이 있다.

62 황폐계류의 유역면적이 1~10km^2에 해당하는 비유량(m^3/s)은?

① 10　　② 15
③ 20　　④ 25

해설

황폐계류 비유량

유역면적(km^2)	1~10	11~20
비유량(m^3/s)	25	20

63 임도 설계에 필요한 도면이 아닌 것은?

① 투시도　　② 평면도
③ 종단면도　　④ 횡단면도

해설

임도 설계시 평면도, 종단면도, 횡단면도, 구조물 및 도로 표준도, 위치도 등이 필요하다.

정답 56. ②　57. ④　58. ②　59. ④　60. ③　61. ④　62. ④　63. ①

64 황폐지의 녹화를 위해 분사식 씨뿌리기 공법을 사용할 경우 초본의 발아 생립 본수 기준(본/m²)은?

① 1500　　② 2000
③ 2500　　④ 3000

> **해설**
> 분사식 씨뿌리기 공법을 사용할 초본의 발아생립본수 기준은 초본이 2000 본/m², 목본이 100 본/m² 이다.

65 임도의 횡단면도에 나타나지 않는 것은?

① 누가거리
② 절성토 높이
③ 절성토 면적
④ 지장목 제거 물량

> **해설**
> 횡단면도는 각 측점의 단면의 지반고, 계획고, 절토고, 성토고, 단면적, 지장목의 제거, 사면보호공의 물량 등을 기입하여 토적계산 자료로 활용한다.

66 사방댐의 안정조건 중 지반지지력 안정을 위한 설명으로 옳지 않은 것은?

① 허용항압강도 대신 지반의 지지력 강도를 이용하면 된다.
② 지반이 받는 최대압력이 지반의 허용지지력 보다 커야 한다.
③ 제저에 발생되는 최대압력강도는 지반의 지지력 강도를 초과해서는 안 된다.
④ 기초지반이 사력인 경우에는 침투에 의한 파괴에 대해서도 안정되도록 설계해야 한다.

> **해설**
> 지반이 받는 최대압력이 지반의 허용지지력보다 작아야 한다.

67 1차로의 임도에서 설계속도가 40km/시간 이고 자동차폭이 2.5m라면 적정 차도폭은?

① 3.5m　　② 3.6m
③ 3.7m　　④ 3.8m

> **해설**
> 설계속도에 의한 차도폭
> $$\text{자동차폭} + \frac{\text{설계속도}}{50} + 0.5$$
> $$= 2.5 + \frac{40}{50} + 0.5 = 3.8$$

68 와이어로프의 폐기기준으로 옳지 않은 것은?

① 꼬임상태(킹크)가 발생한 것
② 현저하게 변형 또는 분식된 것
③ 와이어로프 소선이 1/100이상 절단된 것
④ 마모에 의한 직경 감소가 공칭직경의 7% 초과하는 것

> **해설**
> 와이어로프의 소선이 10%(1/10) 이상 절단된 것은 폐기해야 한다.

69 1/25000 지형도에서 지도상 거리가 10cm 이면 실제거리는?

① 250m　　② 1,000m
③ 2,500m　　④ 10,000m

> **해설**
> 축적 1 : 25000 은 지도상 1cm 가 실제로 25,000cm 를 의미하기에 지도상 10cm 는 2,500m 를 의미한다.

정답 64. ②　65. ①　66. ②　67. ④　68. ③　69. ③

70 벌채 작업장의 안전을 위해 작업조간의 최소 안전거리로 적합한 것은?

① 수고의 0.5배 간격
② 수고의 1.5배 간격
③ 수고의 2.5배 간격
④ 수고의 3.5배 간격

해설

벌목 표준안전 지침(벌목작업)
㉠ 벌채사면의 구획은 세로방향으로 하고, 동일 벌채사면의 위·아래 동시 작업을 금지하여야 한다.
㉡ 인접한 곳에서 벌목할 때에는 절단 대상수목을 중심으로 수목 높이의 1.5배 이상 안전거리를 유지하여 작업하여야 한다.
㉢ 절단수목 주위의 관목, 고목, 넝쿨 및 부석 등은 제거하여야 한다.
㉣ 미리 대피장소를 정하고 대피 통로는 대피할 때 지장을 초래하는 나무뿌리, 넝쿨 등의 장해물을 미리 제거하여 정비하여야 한다.

71 집재용 도구가 아닌 것은?

① 피비
② 펄프훅
③ 마세티
④ 파이크폴

해설

마세티는 나이프의 일종이다. 집재용 도구의 종류로 피비, 캔트훅, 사피, 펄프 훅, 파이크폴 등이 있다.

72 석재를 쌓고 모르타르를 사용하지 않아 침투수의 배수가 용이한 돌쌓기 방법은?

① 메쌓기
② 찰쌓기
③ 골쌓기
④ 켜쌓기

해설

석재를 쌓고 모르타르를 사용하지 않는 방법은 메쌓기이며 기울기는 1 : 0.3 을 기준으로 한다.

73 가선집재와 비교한 트랙터집재에 대한 설명으로 옳은 것은?

① 기동성이 떨어진다.
② 환경에 대한 피해가 작다.
③ 급경사지에서 실행하기 어렵다.
④ 장비설치 및 철거시간이 필요하다.

해설

가선집재의 경우 급경사지에서 용이하지만 트랙터집재는 급경사지에서 작업의 능률이 낮고 사고의 위험성이 있다.

74 돌망태 골막이에 대한 설명으로 옳지 않은 것은?

① 구곡에 호박돌 크기의 자연석이 많은 장소에서 이를 이용하여 축조하는 철선 돌망태 이다.
② 암석지대나 산사태, 토석류가 발생하는 지대의 활동성이 있는 구곡의 발달을 저지하고 산각을 고정하기 위해 이용한다.
③ 콘크리트 공작물보다 자연친화적이고 상수가 흐르는 곳에서는 수서생물 서식에 효과적이다.
④ 공작물 자체가 안정적이지만 철선은 쉽게 부식되므로 일시적인 소모품으로 취급되기도 한다.

해설

돌망태 골막이의 철선은 아연도금이나 PVC 코팅 등을 사용하여 부식에 강하도록 만든다.

75 배향곡선지가 아닌 경우 임도의 유효너비 기준은?

① 2.5m
② 3m
③ 5m
④ 6m

해설

길어깨, 옆도랑 너비를 제외한 임도의 유효너비는 3m를 기준으로 한다. 다만 배향곡선지의 경우 6m 이상을 기준으로 한다.

정답 70. ② 71. ③ 72. ① 73. ③ 74. ④ 75. ②

76 설계속도가 40km/시간이고 일반지형에서 설치하는 임도의 종단기울기 기준은?

① 7% 이하 ② 8% 이하
③ 9% 이하 ④ 10% 이하

해설

종단기울기 기준

설계속도	일반지형	특수지형
20	9% 이하	14% 이하
30	8% 이하	12% 이하
40	7% 이하	10% 이하

77 임도의 대피소 유효길이 기준은?

① 10m 이상 ② 15m 이상
③ 20m 이상 ④ 25m 이상

해설

임도 대피소 설치 기준으로 간격은 300m이내, 유효길이 15m 이상, 너비 5m 이상이다.

78 정사울타리 공작물의 통풍비는?

① 1 : 1 ② 1 : 2
③ 1 : 3 ④ 1 : 4

해설

정사울 세우기 기준
- 정사울타리는 한 변이 7~15m의 정사각형이나 직사각형으로 구획
- 정사울타리의 높이는 1.0~1.2m 기준
- 통풍비는 1 : 1 로 시공
- 구획내부에 ha당 10,000본 묘목을 식재

79 철도의 삭도운재와 비교하여 트럭을 이용한 도로운재에 대한 설명으로 옳지 않은 것은?

① 기동성이 높다.
② 시설비 및 유지보수가 적게 든다.
③ 대규모 장거리 운재작업에는 비용이 높다.
④ 운반시간 지체 등의 운반사고 발생이 적다.

해설

철도의 삭도운재와 비교한 트럭의 도로운재의 경우 교통 체증 및 기타 상황에 의해 사고 및 지체율이 더 높다.

80 산림작업 기계화의 주목적으로 가장 거리가 먼 것은?

① 생산비용의 절감
② 노동생산성의 향상
③ 환경피해의 최소화
④ 중노동으로부터의 해방

해설

산림작업의 기계화는 여러 장점이 있으나 빠른 황폐화 등을 야기하여 환경피해적 측면에서 오히려 늘어난다.

정답 76. ① 77. ② 78. ① 79. ④ 80. ③

2017년 제1회 산림산업기사

01 묘포지 구비조건에 대한 설명으로 옳지 않은 것은?

① pH 7.5 이상의 알칼리성 토양이 좋다.
② 평탄지보다는 5° 이하의 완경사지가 좋다.
③ 토심이 깊고 부식질이 많은 비옥한 사양토가 좋다.
④ 사방이 높은 산으로 막힌 산간 지역의 좁은 계곡 지역은 피해야 한다.

해설
묘포지 pH 조건으로 침엽수는 5~5.5, 활엽수는 5.5~6 정도가 적당하다.

02 생가지치기를 할 경우 부후의 위험성이 가장 높은 수종은?

① 소나무 ② 삼나무
③ 단풍나무 ④ 일본잎갈나무

해설
생가지치기 작업시 단풍나무, 느릅나무, 벚나무, 물푸레나무 등은 상처 유합이 잘 되지 않아 부후의 위험성이 높다.

03 묘목 식재를 위하여 뿌리를 잘라주는 주요 목적은?

① 인건비가 절감된다.
② 양분 소모를 막는다.
③ 수분의 소모를 막는다.
④ 가는 뿌리 발달이 좋아진다.

해설
묘목을 식재할 때 뿌리를 잘라주면 잔뿌리의 발달을 촉진시켜 활착률을 높여준다.

04 동령임분의 흉고직경 분포를 나타낸 그림에서 빗금 친 부분을 간벌하였다면 어떠한 간벌양식이 적용된 것인가?

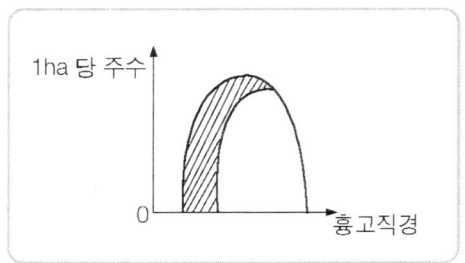

① 하층간벌 ② 상층간벌
③ 택벌식 간벌 ④ 기계식 간벌

해설
미성숙목들로 이루어진 숲에서 임목생장을 돕기 위해 하층임관에 속하는 열세목 위주로 실시하는 솎아베기를 하층간벌이라 한다.

05 무성번식의 장점으로 옳지 않은 것은?

① 초기생장이 빠르다.
② 개화 및 결실이 빠르다.
③ 실생묘에 비해 대량생산이 쉽다.
④ 모수의 유전형질을 이어받을 수 있다.

해설
무성번식은 일시에 많은 묘목을 얻을 수 없다.

정답 01. ① 02. ③ 03. ④ 04. ① 05. ③

06 글라신 액제를 사용한 덩굴제거 작업에 대한 설명으로 옳지 않은 것은?

① 모든 임지에 적용 가능하다.
② 광엽잡초나 콩과식물을 선택적으로 제거한다.
③ 신진대사를 교란시켜 뿌리까지 고사시킬 수 있다.
④ 덩굴류 생장기인 5~9월 중에 작업하는 것이 효과적이다.

해설
광엽잡초 및 콩과식물에 적용하는 약제는 디캄바액제이다. 글라신액제는 비선택성 경엽살포제로 선택적으로 제거가 어렵다.

07 왜림작업에 대한 설명으로 옳은 것은?

① 소나무림의 갱신에 쉽게 적용할 수 있다.
② 신탄재나 연료재 생산림을 경영할 때 적용하기 쉽다.
③ 왜림작업 지역은 산불 발생의 위험성이 교림지역보다 낮다.
④ 왜림 조성을 위한 갱신 벌채는 맹아 발생이 왕성한 여름철이 좋다.

해설
왜림작업은 활엽수림에서 연료재의 생산을 목적으로 한다.

08 꽃이 핀 그 해 가을 종자가 성숙하는 수종은?

① *Larix kaempferi*
② *Pinus densiflora*
③ *Torreya nucifera*
④ *Quercus variabilis*

해설
① 일본잎갈나무 ② 소나무 ③ 비자나무
④ 굴참나무
개화 당년 가을에 종자가 성숙하는 수종으로 낙엽송(일본잎갈나무), 전나무, 가문비나무 등이 있다.

09 산림토양의 수직적 단면 순서를 표면에서부터 바르게 나열한 것은?

① 유기물층 → 집적층 → 용탈층 → 모재층
② 유기물층 → 집적층 → 모재층 → 용탈층
③ 유기물층 → 용탈층 → 모재층 → 집적층
④ 유기물층 → 용탈층 → 집적층 → 모재층

해설
표면에서부터 O 층인 유기물층, A층인 용탈층, B층인 집적층, C 층인 모재층으로 분류하고 있다.

10 숲의 교란과 복원에 대한 설명으로 옳지 않은 것은?

① 교란의 종류에는 산불, 산사태, 병충해가 해당된다.
② 교란은 생태계의 구조와 기능에 심각한 영향을 끼친다.
③ 훼손은 발생빈도, 공간규모, 훼손강도가 일정한 패턴을 띤다.
④ 훼손된 생태계가 복원되기란 매우 어렵고 시간이 많이 걸린다.

해설
산불이나 산사태 병충해 등의 훼손의 발생 및 규모 등이 일정한 패턴을 보이지는 않는다.

11 풍매화에 해당하지 않는 수종은?

① 호두나무   ② 자작나무
③ 버드나무   ④ 이태리포플러

해설
버드나무, 피나무 등은 충매화에 속한다.

정답 06. ② 07. ② 08. ① 09. ④ 10. ③ 11. ③

12 산벌작업 순서로 옳은 것은?

① 후벌 → 하종벌 → 예비벌
② 하종벌 → 예비벌 → 후벌
③ 예비벌 → 후벌 → 하종벌
④ 예비벌 → 하종벌 → 후벌

> **해설**
> 갱신준비 단계 예비벌, 치수의 발생을 완성하는 하종벌, 치수의 발육을 돕는 후벌 단계가 있다.

13 이령림과 비교한 동령림에 대한 특징으로 옳지 않은 것은?

① 대부분 사람에 의해 조성된 숲이다.
② 숲을 구성하고 있는 나무의 나이가 같거나 거의 비슷하다.
③ 숲의 공간적 구조가 복잡하고 생태적 측면에서 안정적이다.
④ 일반적으로 크기가 비슷한 나무를 단위면적당 많이 생산할 수 있다.

> **해설**
> 구조가 복잡하고 생태적 측면이 안정적인 것은 이령림의 특징이다.

14 택벌작업의 장점이 아닌 것은?

① 토양이 보호된다.
② 하층목 손상이 거의 없다.
③ 잔존 수목의 결실이 잘된다.
④ 좁은 면적의 경우 보속적 수확을 올리는 작업을 할 수 있다.

> **해설**
> 택벌작업은 벌채가 어렵고 어린나무 및 하층목에 손상을 줄 수 있다.

15 동일한 수목의 양엽과 음엽을 비교한 설명으로 옳지 않은 것은?

① 양엽은 음엽보다 광포화점이 높다.
② 음엽은 양엽보다 잎의 두께가 두껍다.
③ 음엽은 양엽보다 엽록소 함량이 더 많다.
④ 양엽은 음엽보다 책상조직이 빽빽하게 배열되어 있다.

> **해설**
> 양엽이 음엽보다 색이 진하고 잎이 두껍다.

16 종자의 품질을 나타내는 순량률은 종자의 무엇을 기준으로 한 것인가?

① 수량   ② 부피
③ 크기   ④ 무게

> **해설**
> 순량률은 아래와 같이 무게를 기준으로 구한다.
> ※ 순량률
> $$순량률(\%) = \frac{순정종자량(g)}{작업시료량(g)} \times 100$$

17 수목의 기본구조 중에서 영양구조에 해당하는 기관만으로 올바르게 짝지어진 것은?

① 잎, 뿌리, 줄기
② 꽃, 열매, 종자
③ 종자, 열매, 줄기
④ 뿌리, 줄기, 열매

> **해설**
> 생식기관의 종류에는 꽃, 열매, 종자가 있으며 영양기관에는 수목의 잎, 뿌리, 줄기가 있다.

정답 12. ④ 13. ③ 14. ② 15. ② 16. ④ 17. ①

18 광색소에서 파이토크롬에 대한 설명으로 옳지 않은 것은?

① 햇빛을 받으면 합성이 일부 금지되거나 파괴된다.
② 높은 광조건하에서 기른 식물체 내에서 많이 검출된다.
③ 피롤(pyrrole) 4개가 모여서 이루어진 발색단을 가진다.
④ 분자량이 120000 Da(dalton) 가량 되는 두 개의 동일한 폴리펩타이드로 구성되어 있다.

해설
광색소인 파이토크롬은 낮은 광조건하에서 기른 식물 내에서 많이 검출된다.

19 소나무 종자 시료를 1kg 채취하여 협잡물 100g 을 골라내어 정선하였고, 정선된 종자의 발아율 시험 결과 87% 인 경우 소나무 종자의 효율은?

① 78.3 %   ② 79.2 %
③ 84.7 %   ④ 85.8 %

해설
- 효율 = $\dfrac{\text{순량률} \times \text{발아율}}{100}$
  → $\dfrac{90 \times 87}{100} = 78.3(\%)$
- 순량률(%) = $\dfrac{\text{순정종자량}(g)}{\text{작업시료량}(g)} \times 100$
  = $\dfrac{900}{1000} \times 100 = 90(\%)$
- 발아율 = $\dfrac{\text{발아종자수}}{\text{발아시험수}} \times 100 = 87(\%)$

20 수목의 개화생리 순서로 옳은 것은?

> 가 : 화아형성   나 : 화아분화
> 다 : 수정   라 : 수분

① 나 – 가 – 다 – 라
② 나 – 라 – 가 – 다
③ 가 – 나 – 다 – 라
④ 가 – 나 – 라 – 다

해설
먼저 화아형성 및 분화를 통해 꽃눈이 형성되고 암술, 수술의 꽃눈들이 서로 만나는 과정인 수분이 다음과정으로 이루어진다. 이러한 수분의 과정을 거쳐 마지막으로 수정이 이루어진다.

21 수목치료를 위한 수간주입방법 중 주입기 용량이 가장 적은 것은?

① 중력식   ② 삽입식
③ 흡수식   ④ 미세압력식

해설
삽입식의 방법의 목적이 약액을 나무에 천천히 주입하기 위한 방법으로 주입 직경 1cm 정도로 작다.

22 소나무좀 신성충이 가해하는 부위는?

① 잎   ② 수간
③ 새 가지   ④ 오래된 가지

해설
신성충은 갓 성충이 된 벌레를 말하며 6월쯤 우화하여 1년생 신초, 즉 새가지를 가해한다.

23 수목병을 일으키는 바이러스의 전염 수단이나 방법으로 가장 거리가 먼 것은?

① 바람   ② 접목
③ 종자   ④ 토양선충

해설
바이러스는 진균이나 세균처럼 스스로 이동이 불가능하여 바람에 의해 전염되는 것은 어렵다.

정답 18. ② 19. ① 20. ④ 21. ② 22. ③ 23. ①

24 모잘록병 방제방법으로 옳지 않은 것은?

① 파종상에서는 토양소독을 한다.
② 토양산도가 염기성이 되도록 한다.
③ 묘상이 과습하지 않도록 주의한다.
④ 질소질 비료보다 인산, 칼륨질 비료를 더 많이 준다.

해설
모잘록병은 진균에 의해 발생하기에 과습하거나 너무 건조한 토양에서 주로 발생되며 산도에는 큰 영향을 받지 않는다.

25 식물기생선충에 대한 설명으로 옳지 않은 것은?

① 고착성 선충과 이동성 선충으로 구분한다.
② 선충에 의해 병이 발생하면 병징은 지상부에서만 나타난다.
③ 생활사의 일부 또는 전부가 토양을 경유하는 토양선충이 대부분이다.
④ 선충이 분비하는 침과 분비물에 의해 식물의 생리적 변화가 발생한다.

해설
선충에 의해 병이 발생할 경우 지상부뿐 아니라 뿌리부분인 지하부에도 피해를 주기도 하며 대표적으로 뿌리썩이선충병, 소나무재선충병 등이 있다.

26 우리나라 산불의 원인으로 가장 빈도수가 낮은 것은?

① 담뱃불
② 입산자 실화
③ 벼락에 의한 경우
④ 논과 밭두렁의 소각

해설
입산자의 실화나 담뱃불 실화 등등의 사람의 실수에 의한 산불 빈도가 대부분이며 자연적인 벼락 등은 그 빈도가 매우 낮다.

27 나무의 수피와 목질부 표면을 환상으로 식해하며 거미줄을 토하여 벌레똥과 먹이 잔재물을 식해부위에 철하여 놓는 해충은?

① 박쥐나방
② 알락하늘소
③ 광릉긴나무좀
④ 잣나무넓적잎벌

해설
박쥐나방의 특징은 식물의 줄기 속을 파먹으며 구멍 난 곳을 관찰시 섬유질과 박쥐나방의 배설물이 섞여 있는 것을 관찰할 수 있다.

28 소나무 재선충병 방제방법으로 옳지 않은 것은?

① 매개충의 방제
② 감염된 수목은 벌채 후 소각
③ 매개충 우화 최성기에 나무주사 처리
④ 포스티아제이트 액제를 이용한 토양관주

해설
소나무재선충 방제 방법
· 고사목은 벌채후 소각
· 무육관리를 통해 매개충 침입 예방
· 먹이나무를 이용해 매개충 방제
· 약제 항공살포

29 일반적으로 연간 발생횟수가 가장 많은 해충은?

① 매미나방
② 솔잎혹파리
③ 밤나무혹벌
④ 미국흰불나방

해설
미국흰불나방은 1년에 2회 발생하며 매미나방, 솔잎혹파리, 밤나무혹벌은 1년에 1회 발생한다.

정답 24. ② 25. ② 26. ③ 27. ① 28. ③ 29. ④

30 솔껍질깍지벌레에 대한 설명으로 옳지 않은 것은?

① 전성충은 수컷에서만 볼 수 있다.
② 암컷은 수컷보다 2령 약충 기간이 길다
③ 암컷은 불완전변태를 수컷은 완전변태를 한다.
④ 주로 소나무에 피해를 주며 곰솔에는 피해를 주지 않는다.

> **해설**
> 솔껍질깍지벌레는 주로 해안지방에 있는 곰솔(해송)에 많은 피해를 준다.

31 잣나무 털녹병 방제방법으로 적합하지 않은 것은?

① 중간기주를 제거한다.
② 내병성 품종을 심는다.
③ 토양소독을 철저히 한다.
④ 병든 나무는 지속적으로 제거한다.

> **해설**
> 잣나무 털녹병은 주로 포자가 바람에 의해 전반되기에 토양소독은 효과가 없다.

32 완전변태를 하는 해충은?

① 대벌레　　② 노린재
③ 가루깍지벌레　④ 도토리거위벌레

> **해설**
> 도토리거위벌레는 딱정벌레목으로 알, 유충, 번데기, 성충의 완전변태과정을 거친다.

33 조류에 의한 수목의 피해로 옳지 않은 것은?

① 딱따구리 – 줄기 가해
② 직박구리 – 과실 가해
③ 올빼미 – 어린 순 가해
④ 백로류 – 배설물로 인한 나무의 고사

> **해설**
> 올빼미는 멸종위기동물 2급 중 하나이며 수목에는 큰 피해를 주지 않는다. 딱따구리는 주로 줄기를 가해, 직박구리는 과실에 피해를 주며 백로류는 배설물로 인해 나무가 고사하는 피해를 준다.

34 병원체임을 입증하는 방법으로 파이토플라스마와 같은 절대 기생체에 적용되지 않는 조건은?

① 병원균은 반드시 환부에 존재한다.
② 분리된 병원균은 인공 배지상에서 배양될 수 있어야 한다.
③ 배양한 병원균을 접종하여 동일한 병이 발생되어야 한다.
④ 발병한 환부에서 접종균과 동일한 병원균이 재분리되어야 한다.

> **해설**
> 바이러스나 파이토플라스마는 다른 미생물처럼 인공배양되지 않고 특정 살아있는 세포에서만 증식하는 절대기생체이다.

35 대기오염에 의한 산림의 피해를 최소화시킬 수 있는 방안으로 거리가 먼 것은?

① 방음벽 시설 설치
② 공해배출의 법적 규제
③ 공해저항성 수종의 식재
④ 임지비배를 통한 산림관리

> **해설**
> 방음벽 시설은 소음에 관련된 것으로 대기오염과는 거리가 멀다.

정답　30. ④　31. ③　32. ④　33. ③　34. ②　35. ①

36 해충 방제에 사용되는 천적 곤충이 아닌 것은?

① 기생벌   ② 무당벌레
③ 풀잠자리 ④ 투리사이드

[해설]
주로 무당벌레는 응애류, 풀잠자리 및 기생벌은 진딧물의 천적 곤충이다.

37 낙엽송 잎떨림병의 방제방법으로 가장 효과적인 것은?

① 10월 경 낙엽을 모아 태운다.
② 중간기주인 참나무류를 제거한다.
③ 매개충인 끝동매미충을 방제한다.
④ 일본잎갈나무의 단순림을 조성한다.

[해설]
낙엽송잎떨림병은 병든 낙엽이 1차 전염원이기에 방제방법으로 태우는 것이 효과적이다.

38 밤나무 줄기마름병에 대한 설명으로 옳지 않은 것은?

① 병원체는 담자균이다.
② 질소비료를 적게 주고 상처가 나지 않도록 한다.
③ 동해 및 열해를 받아 형성층이 손상된 경우 쉽게 감염된다.
④ 발생 초기에는 감염 수목의 수피가 황갈색 또는 적갈색으로 변한다.

[해설]
밤나무줄기마름병의 병원균은 자낭균이다.

39 해충 방제를 위한 물리적 방제방법이 아닌 것은?

① 고온처리   ② 습도처리
③ 방사선처리 ④ 토양소독처리

[해설]
토양소독은 약제를 사용하므로 화학적 방제법에 속한다.

40 잠복기간이 가장 긴 수목병은?

① 소나무 혹병
② 잣나무 털녹병
③ 포플러 잎녹병
④ 낙엽송 잎떨림병

[해설]
잣나무 털녹병의 잠복기간은 3-4년 단위로 가장 길다.

41 국유림경영계획을 위한 지황 조사항목에 대한 설명으로 옳지 않은 것은?

① 방위는 8방위로 구분한다.
② 무립목지는 미립목지와 제지로 구분한다.
③ 경사도에서 험준지는 25° 이상 30° 미만을 말한다.
④ 임도에서 도로까지 450m 인 경우 지리는 4급지로 표시한다.

[해설]
지리는 1급당 100m 단위로 4급지의 경우 401~500m이다.

42 산림 경리의 업무 내용이 아닌 것은?

① 산림 조사 ② 조림 계획
③ 수확 규정 ④ 임업소득률 결정

[해설]
산림 경리의 업무로 산림측량, 구획, 조사 및 수확의 규정과 조림계획, 시설계획 등이 있다.

43 총비용과 총수익이 같아져서 이익이 0(Zero)이 되는 판매액의 수준을 무엇이라 하는가?

① 고정비   ② 변동비
③ 손실영역 ④ 손익분기점

[해설]
손익분기점은 총수익과 총비용이 같아져 이익이나 손실이 발생하지 않는 시점을 말한다.

정답   36. ④ 37. ① 38. ① 39. ④ 40. ② 41. ④ 42. ④ 43. ④

44 수확조정 방법에 대한 설명으로 옳지 않은 것은?

① 면적조정법은 주로 택벌작업에 응용된다.
② 임분경제법과 등면적법은 영급법에 속한다.
③ 재적배분법, 재적평분법 등은 재적수확의 보속을 추구한다.
④ 면적평분법, 순수영급법 등은 법정상태의 실현을 추구한다.

해설
면적조정법은 수확조정의 기준을 면적에 두는 것으로 개벌작업이나 왜림작업에 적합하다.

45 유령림의 임목 평가에 가장 적합한 방법은?

① 환원가법 ② 기망가법
③ 비용가법 ④ 매매가법

해설
유령림 임목평가의 경우 식재 및 육림의 투자액을 기준으로 평가하는 임목비용가법이 적합하다.

46 임업경영을 경제적 특성과 기술적 특성으로 구분할 때 기술적 특성에 해당하는 것은?

① 생산기간이 대단히 길다.
② 육성임업과 채취임업이 병존한다.
③ 원목가격의 구성요소 대부분이 운반비이다.
④ 임업노동은 계절적 제약을 크게 받지 않는다.

해설
임업의 기술적 특성
- 임목의 성숙기가 일정하지 않다.
- 토지나 기후조건에 대한 요구도가 낮다.
- 자연조건의 영향을 많이 받는다.
- 생산기간이 길다.

47 임분의 재적을 추정할 때 전 임목을 몇 개의 계급으로 나누어 각 계급의 본수를 동일하게 한 다음 각 계급에서 같은 수의 표준목을 선정하는 방법은?

① 단급법 ② Urich 법
③ Hartig 법 ④ Draudt 법

해설
우리히법은 표준목 선정 방법의 하나로 전체의 임목을 몇 개의 계급으로 나누고, 각 계급의 본수를 동일하게 한 다음 각 계급에서 같은 수의 표준목을 선정하는 방법이다.

48 중령림의 평가방법으로 원가수익절충 방식을 적용하는 대표적인 평가방법은?

① Glaser 법 ② 매매가법
③ 수익환원법 ④ 임목기망가법

해설
원가수익절충 방식의 대표적인 방법으로 Glaser 법, 임지기망가응용법이 있다.

49 흉고직경이 50cm, 수고가 18m, 수간재적이 $1.59m^3$ 인 임목의 흉고 형수는? (단, π = 3.14)

① 약 0.40 ② 약 0.45
③ 약 0.50 ④ 약 0.55

해설
㉠ $V = g \times h \times f =$ 단면적 × 높이 × 형수
㉡ $g = \dfrac{r^2}{4}\pi = \dfrac{0.5^2}{4} \times 3.14 = 0.19625$
㉢ $1.59 = 0.19625 \times 18 \times f$
㉣ $f ≒ 0.45$

정답 44. ① 45. ③ 46. ① 47. ② 48. ① 49. ②

50 벌채목의 중앙단면적과 재장의 길이로 재적을 측정하는 방법은?

① 후버식 ② 뉴턴식
③ 스말리안식 ④ 브레레튼식

해설
후버식은 가장 널리 쓰이는 간편한 방법으로 중앙단면적식이라고도 한다.

51 산림평가에 영향을 끼칠 수 있는 주요 산림 구성비용이 아닌 것은?

① 임지 ② 임목
③ 관리비 ④ 부산물

해설
산림평가를 정의하기를 산림을 구성하는 임지, 임목, 부산물 등의 경제적 가치를 평가한다.

52 10년 후에 100만원의 가치가 있는 산림의 전가(현재가)는?(단, 이율은 5%)

① 약 853,000 원 ② 약 613,900 원
③ 약 653,000 원 ④ 약 813,900 원

해설
전가합계

$$V = \frac{N}{(1+P)^n} = \frac{100만원}{(1+0.05)^{10}}$$

$$= 613,913 ≒ 613,900원$$

53 순현재가치를 영(0)이 되게 하는 할인율의 크기로 투자효율을 평가하는 방법은?

① 회수기간법 ② 순현재가치법
③ 내부수익률 ④ 수익비용비법

해설
내부수익률법은 편익흐름의 현재가치의 합이 비용흐름의 현재가치의 합과 같아지는 할인율이다.

54 이상적인 임분의 재적 또는 흉고단면적에 대한 실제 임분의 재적 또는 흉고단면적의 비율로 나타내는 임분밀도의 척도는?

① 임목도 ② 상대밀도
③ 임분밀도지수 ④ 상대공간지수

해설
임목도는 이상적 임분의 밀도에 대한 실제 임분의 밀도의 비 또는 수확표상에 단면적에 대한 실제 단면적의 비를 말하며, 재적, 본수, 단면적 등을 기준으로 해서 나타낸다.

55 주벌수확의 임목가격을 사정(결정)하기 위해 일반적으로 고려하지 않는 것은?

① 조재율
② 단위재적당 채취비
③ 총재적의 재종별 재적
④ 화폐가치 하락에 의한 임목가격의 상대적 등귀

해설
조재율, 채취비, 재적 등은 임목 가격 결정요인이나 화폐가치의 변화는 동일한 비율로 영향을 주는 외부적 요인으로서 임목가격 결정의 고려대상이 아니다.

56 감가상각비 계산을 위한 요소가 아닌 것은?

① 취득원가 ② 잔존가치
③ 자산상태 ④ 추정내용연수

해설
감가상각비는 취득원가, 잔존가치, 추정내용연수를 이용하여 구하도록 한다.

※ **감가상각비**

$$\frac{취득원가 - 잔존가치}{추정사용기간}$$

정답 50. ① 51. ③ 52. ② 53. ③ 54. ① 55. ④ 56. ③

57 산림자원의 조성 및 관리에 관한 법률 규정에 말한 산림기술자 중 산림경영기술자의 업무 범위가 아닌 것은?

① 산림경영계획의 수립
② 임도사업과 사방사업의 설계 및 시공
③ 도시림 등의 조성 사업 설계 및 시공
④ 산림병해충 방제 관련 사업 설계 및 시공

해설
임도사업과 사방사업의 설계 및 시공은 산림공학기술자의 업무 범위이다.

58 다음 ( ) 안에 들어갈 용어로 가장 적합한 것은?

> 임업경영은 일정한 목적을 가지고( )을 하는 조직과 활동을 말한다.

① 경제활동   ② 임업생산
③ 경제적 기능   ④ 공익적 기능

해설
임업경영이란 산림을 계획적으로 갱신, 생육하여 목재의 생산을 통해 소득을 올리는 것을 주목적으로 하는 경제활동을 말한다. 이러한 목재생산을 위한 활동들을 임업생산이라 한다.

59 면적이 150ha 이고 윤벌기가 30년이며 1개의 영급이 10개의 영계로 구성되어 있는 산림의 법정 영급면적은?

① 3 ha   ② 30 ha
③ 50 ha   ④ 300 ha

해설
법정영급면적
영급면적 = (산림면적÷벌기령) × 1영급 포함 영계수
(150 / 30) × 10 = 50

60 삼각법을 응용한 수고 측고기는?

① 와이제 측고기
② 아소스 측고기
③ 크리스튼 측고기
④ 블루메라이스 측고기

해설
삼각법을 이용한 대표 수고 측고기로 하가측고기, 블루메라이스 측고기, 덴트로메타 등이 있다.

61 임도 설계에서 교각법에 의하여 단곡선 설정 내각이 90°, 곡선 반경이 500m 이면 접선길이는?

① 100 m   ② 250 m
③ 500 m   ④ 1000 m

해설
교각법
$$곡선반지름 = 접선길이 \times \tan\left(\frac{\theta}{2}\right)$$
$$= 500 \times \tan 45 (=1) = 500$$

62 적정 임도 밀도가 25m/ha 인 산림에서 도로 양쪽에서 임목을 집재한다면 이 지역의 평균 집재거리는?

① 25m   ② 50m
③ 100m   ④ 200m

해설
평균집재거리(양방향집재)
$$집재거리 = \frac{10000}{적정임도밀도 \times 4}$$
$$= \frac{10000}{25 \times 4} = 100$$

정답 57. ② 58. ② 59. ③ 60. ④ 61. ③ 62. ③

63 사방댐 중에서 흙댐의 경우 댐 높이가 10m 일 때 댐 마루 나비는?

① 2m ② 2.5m
③ 3m ④ 3.5m

해설
댐마루나비
너비 = $\dfrac{댐\,높이}{5} + 1.5 = \dfrac{10}{5} + 1.5 = 3.5$

64 벌목 작업시 수구를 만드는 방향은?

① 계곡 쪽
② 임도가 있는 쪽
③ 작업자가 있는 쪽
④ 벌도목이 넘어지는 쪽

해설
수구는 30~45° 각으로 작업하여 벌도방향으로 하며 추구는 수구의 반대방향에서 작업한다.

65 임도를 설계할 때 필요하지 않은 도면은?

① 평면도 ② 측면도
③ 종단면도 ④ 횡단면도

해설
임도 설계도면은 위치도, 평면도, 종단면도, 횡단면도, 구조물 설계도가 필요하다.

66 임도의 선형 설계에서의 제약요소로 가장 거리가 먼 것은?

① 기상 조건의 제약
② 시공상에서의 제약
③ 지질, 지형에서의 제약
④ 사업비, 유지관리비 등에서의 제약

해설
임도 설계시 지형, 사업비 등의 작업조건이 우선 고려되나 기상 조건은 차후 현장문제로서 제약요소와는 거리가 멀다.

67 트랙터 주행장치의 유형에서 타이어방식과 비교한 크롤러 바퀴방식의 특징으로 옳지 않은 것은?

① 기동력이 높다.
② 회전 반지름이 작다.
③ 가격이 고가이고 수리 유지비가 많이 소요된다.
④ 견인력과 접지면적이 커서 힘준한 지형에서도 주행성이 양호하다.

해설
크롤러형은 장궤형이라고도 하며 타이어방식과 비교하여 크롤러 방식은 회전반지름이 작고 기동력이 낮다.

68 비탈면 녹화에 사용하는 사방용 초본류 중 재래종이 아닌 것은?

① 김의털 ② 오리새
③ 제비쑥 ④ 까치수영

해설
오리새는 도입초종이다.

69 비탈안정공법에 해당하지 않는 것은?

① 자연석 쌓기
② 격자틀 붙이기
③ 비탈힘줄박기
④ 종비토뿜어붙이기

해설
종비토뿜어붙이기는 녹화공법의 일종이다.

70 반송기를 사용하는 장비는?

① 체인톱 ② 예불기
③ 펠러번처 ④ 타워야더

해설
반송기는 목재를 적재, 운반하는 기능을 가진 장비로 타워야더가 반송기를 사용한다.

정답 63. ④ 64. ④ 65. ② 66. ① 67. ① 68. ② 69. ④ 70. ④

71 산지사방 기초공사에 해당되지 않는 것은?

① 바자얽기 ② 누구막이
③ 비탈다듬기 ④ 땅속흙막이

해설
바자얽기는 산지녹화공사에 해당한다.

72 외래 초본류를 도입하여 사용하는 파종공법에 대한 설명으로 옳지 않은 것은?

① 재래 초본류를 혼합하여 사용하지 않는다.
② 일반적으로 발아가 빠르고 조기에 피복한다.
③ 생육이 왕성하여 뿌리의 자람이 좋은 편이다.
④ 지표의 유기물질을 집적하여 토양의 성질을 개선해 준다.

해설
재래 초본류와 외래 초본류를 혼합하여 사용한다.

73 임도의 유지·보수에 대한 설명으로 옳지 않은 것은?

① 작업임도에 대해서도 관리를 하여야 한다.
② 지선임도는 유지보수 관리 대상이 아니다.
③ 결함이 있을 때에는 보수공사를 하여야 한다.
④ 수시점검, 일상점검, 정기점검, 긴급점검 등이 있다.

해설
지선임도 역시 산림경영 및 보호를 목적으로 간선임도나 도로에서 연결되는 임도로서 임업적 기능을 가지기에 유지보수 관리 대상이다.

74 다음 ( ) 안에 들어갈 용어가 아닌 것은?

> 노면의 종단기울기가 8퍼센트를 초과하는 사질토양 또는 점토질 토양인 구간과 종단기울기가 8퍼센트 이하인 구간으로서 지반이 약하고 습한 구간에는 ( )·( )을(를) 부설하거나 ( ) 등으로 포장한다.

① 섶 ② 쇄석
③ 자갈 ④ 콘크리트

해설
노면시공 기준
노면의 종단기울기가 8%를 초과하는 사질토양 또는 점토질 토양인 구간과 종단기울기 8% 이하인 구간으로서 지반이 약하고 습한 곳은 쇄석, 자갈을 부설하거나 콘크리트 등으로 포장한다.

75 임도망 편성에 있어 설치 위치별 분류에 해당되지 않는 것은?

① 계곡임도 ② 사면임도
③ 임연임도 ④ 능선임도

해설
산악 임도망으로 계곡, 사면, 능선, 산정부, 계곡분지 등이 있다.

76 임도설치 관련 규정에 의한 임도의 종류에 포함되지 않는 것은?

① 사설임도 ② 공설임도
③ 단체임도 ④ 테마임도

해설
임도설치에 관련된 규정을 기준으로 국유임도, 공설임도, 사설임도, 테마임도 등이 있다.

정답 71. ① 72. ① 73. ② 74. ① 75. ③ 76. ③

77 해안사지 조림용 수종의 구비조건으로 거리가 먼 것은?

① 바람에 대한 저항력이 클 것
② 양분과 수분에 대한 요구가 클 것
③ 온도의 급격한 변화에도 잘 견디어 낼 것
④ 울폐력이 좋고 낙엽, 낙지 등에 의하여 지력을 증진시킬 수 있을 것

해설
해안사지의 경우 양분과 수분의 요구도가 적어야 생존이 가능하며 대표 수종으로 해송, 사시나무, 아까시나무 등이 있다.

78 밑판, 종자, 표면 덮개의 3부분으로 구성된 녹화용 피복자재는?

① 식생대   ② 식생반
③ 식생자루 ④ 식생매트

해설
식생반은 뜬 떼의 대용품으로 밑판, 종자, 표면덮개로 구성되어 있다. 대량의 유기물과 비료양분을 함유하여 근계발달에 좋다.

79 와이어로프의 폐기기준으로 옳지 않은 것은?

① 킹크 상태인 것
② 현저하게 변형된 것
③ 와이어로프 소선이 10% 이상 절단된 것
④ 마모에 의한 직경 감소가 공칭직경의 10%를 초과하는 것

해설
마모에 의한 직경 감소가 공칭직경에 7% 초과할 경우 폐기한다.

80 사방댐에서 일반적으로 가장 많이 사용되는 댐마루의 형상은? (단, 그림에서 빗금 부분이 사방댐임)

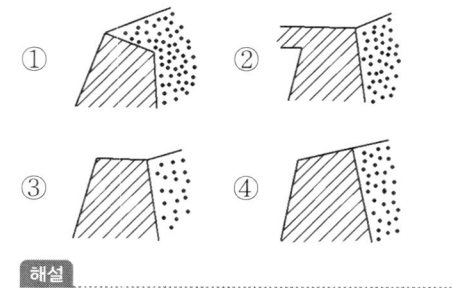

해설
사방댐의 일반적인 단면도 형상은 사다리꼴이다.

정답 77. ② 78. ② 79. ④ 80. ③

2017년 제2회 산림산업기사

01 겉씨식물에 속하는 수종은?
① 비자나무 ② 오동나무
③ 신갈나무 ④ 오리나무

해설
겉씨식물에는 비자나무, 구상나무, 소나무, 주목 등이 있다.

02 종자의 품질 평가 기준으로 발아율과 순량률을 곱하여 알 수 있는 것은?
① 효율 ② 순도
③ 발아력 ④ 발아세

해설
효율은 실제 종자의 가치로 발아율과 순량율의 곱으로 나타낸다.

03 인공조림과 천연갱신을 비교한 설명으로 옳지 않은 것은?
① 인공조림은 조림할 수종의 선택의 폭이 넓다.
② 인공조림은 천연갱신에 비해 조림지의 기후와 토양에 적합하지 못할 경우 조림 실패율이 높다.
③ 천연갱신은 그곳의 임목이 이미 긴 세월을 통해서 그 곳 환경에 적응된 것이므로 성림의 실패가 적다.
④ 인공조림은 일반적으로 동령단순림을 조성하는데 이러한 인공조림법의 반복은 임지생산력과 조림성과를 점차적으로 향상시킨다.

해설
인공조림은 개벌로 인한 임지의 황폐화로 오히려 조림성과 및 생산력을 감퇴시킨다.

04 내음력이 가장 약한 수종은?
① 녹나무 ② 전나무
③ 자작나무 ④ 가문비나무

해설
내음력이 약한 수종은 양수수종에 가까우며 자작나무는 양수 중에서도 극양수에 속한다.

05 온대지역에 있어서 인위적인 요인으로 산림이 파괴되지 않는다면 최종적으로 산림이 형성되는 수종은?
① 양수 수종 ② 음수 수종
③ 중용 수종 ④ 조림 수종

해설
온대지역의 산림천이는 이끼류를 시작으로 최종적으로 음수수종으로 형성된다.

06 내음성이 약한 양수를 갱신하는데 적용하기 힘든 작업종은?
① 택벌작업 ② 개벌작업
③ 모수작업 ④ 왜림작업

해설
택벌작업은 양수 수종 적용에는 곤란한 작업이다. 또한 임목의 벌채가 어렵고 치수의 손상을 야기하기 쉽다.

정답 01. ① 02. ① 03. ④ 04. ③ 05. ② 06. ①

07 아래의 종자 단면도에서 내종피는?

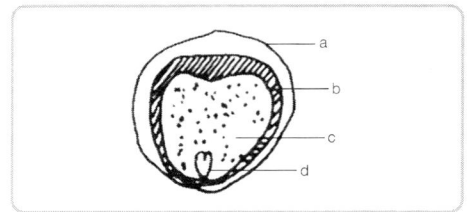

① a   ② b
③ c   ④ e

해설
a : 외종피, b : 내종피, c : 씨젖, d : 떡잎

08 수목 체내에서 이동이 비교적 잘 안되고 부족하면 분열조직에 심한 피해를 주는 양분 원소는?

① 인   ② 칼슘
③ 질소   ④ 마그네슘

해설
칼슘은 잎에 함유량이 많으며 이동이 잘 안되는 편이며 결핍시 분열조직의 생장이 감소하는 피해를 준다.

09 생가지치기를 하면 상처 부위가 부패될 수 있는 가능성이 가장 높은 수종은?

① *Larix kaempferi*
② *Pinus densiflora*
③ *Prunus serrulata*
④ *Populus davidiana*

해설
① 낙엽송 ② 소나무 ③ 벚나무 ④ 사시나무
벚나무는 생가지치기를 하면 상처유합이 잘 되지 않아 부후의 위험성이 높다.

10 묘포지를 선정할 때 고려해야 할 사항으로 거리가 먼 것은?

① 기후
② 경사
③ 토양
④ 인접 산지의 식생형태

해설
묘포지 선정시 면적, 수급문제, 토양의 비옥도 및 산도, 경사 등을 고려하며 인접 산지의 식생형태는 관련이 없다.

11 묘목 곤포 작업의 정의로 옳은 것은?

① 굴취한 묘목을 규격에 따라 나누는 일
② 포지에서 양성된 묘목을 식재될 산지까지 수송하는 일
③ 묘목을 식재지까지 운반하기 위해 알맞은 크기로 다발 묶음하여 포장하는 일
④ 묘목을 심기 전 일시적으로 도랑을 파서 그 안에 뿌리를 묻어 건조를 방지하고 생기를 회복시키는 일

해설
묘목을 조림 예정지까지 수송하기 위해 묘목을 포장하는 작업을 곤포라 하고 한 곤포는 약 500~2000본 단위로 다발 묶음으로 한다.

12 수관급에 기초해서 행하여지는 간벌방법으로 옳지 않은 것은?

① 정량간벌   ② 하층간벌
③ 상층간벌   ④ 택벌식간벌

해설
정성적 간벌은 수관급을 기준으로 양을 구체화하지 않고 행하는 방법이며 대표적으로 하층간벌, 상층간벌, 택벌식간벌 등이 있다. 정량간벌은 간벌의 실행 기준을 간벌량에 둔다.

정답 07. ② 08. ② 09. ③ 10. ④ 11. ③ 12. ①

13 산벌작업에서 충분한 결실연도가 되어 실시하며 1회의 벌채로 그 목적을 달성하는 작업방법은?

① 후벌　　② 하종벌
③ 결실벌　④ 예비벌

해설
산벌작업의 종류인 예비벌, 하종벌, 후벌이 있는데 1회의 벌채를 목적으로 달성하는 것은 하종벌이다.

14 덩굴치기 작업에 대한 설명으로 옳지 않은 것은?

① 덩굴식물이 뿌리 속의 저장 양분을 소모한 7월경에 실시하는 것이 좋다.
② 조림목을 감고 올라가서 피해를 주는 각종 덩굴식물을 제거하는 작업이다.
③ 약제 처리할 때 방제 효과를 높이기 위하여 비 오는 날은 실시하지 않는다.
④ 칡과 같은 덩굴은 줄기의 지표면 부근을 절단하는 것이 가장 효과적이다.

해설
칡과 같은 덩굴은 뿌리째 굴취하는 것이 가장 효과적이다. 생명력이 좋은 덩굴식물은 지표면 부근만 제거하면 다시 번식한다.

15 종자 발아에 후숙을 필요로 하지 않는 수종으로만 짝지어진 것은?

① 잣나무, 버드나무
② 잣나무, 물푸레나무
③ 버드나무, 이태리포플러
④ 물푸레나무, 이태리포플러

해설
종자의 수명이 짧은 버드나무나 이태리 포플러는 바로 파종한다.

16 교림의 정의로 옳은 것은?

① 두 가지 이상의 수종으로 이루어진 숲
② 현저한 수령 차이가 있는 수목들로 구성된 숲
③ 영양번식에 의한 맹아가 기원이 되어 이루어진 숲
④ 종자에서 발생한 치수가 기원이 되어 이루어진 숲

해설
① 혼효림 정의 ② 이령림 정의 ③ 왜림 정의 ④ 교림 정의

17 식재본수 및 식재밀도 결정에 영향을 미치는 인자가 아닌 것은?

① 경영목표　　② 지리적 조건
③ 수종의 특성　④ 식재인력의 숙련도

해설
인력의 숙련도가 본수 및 밀도에 영향을 주지는 않는다.

18 일본잎갈나무의 꽃눈이 분화하는 시기는?

① 3월경　② 5월경
③ 7월경　④ 9월경

해설
일본잎갈나무(낙엽송)은 7월쯤 암수의 꽃눈이 분화한다.

19 산림 천이에 대한 설명으로 옳지 않은 것은?

① 산림 천이 초기에는 종다양성이 증가한다.
② 1차 천이는 2차 천이보다 생산력이 높은 단계에서 시작된다.
③ 산림 벌채 후 산불, 기상재해 등은 산림의 2차 천이를 유발하는 주요 요인이다.
④ 1차 천이는 기존 식물상 자체에 의하여 유도되는 자발천이의 과정으로 볼 수 있다.

해설
1차 천이는 식물이 전혀 없는 곳에서 시작하기에 2차 천이보다 생산력은 낮은 단계이다.

정답　13. ②　14. ④　15. ③　16. ④　17. ④　18. ③　19. ②

20 산림 토양의 지력을 증진하기 위한 작업에 해당하지 않는 것은?

① 개벌 실시
② 적당한 비음 유지
③ 토양의 산도 조정
④ 낙엽 및 낙지 보호

> 해설
> 개벌은 모두베기 작업으로 오히려 지력이 감소하게 된다.

21 병징은 있으나 표징이 없는 수목병은?

① 뽕나무 오갈병
② 낙엽송 잎떨림병
③ 삼나무 붉은 마름병
④ 소나무 리지나뿌리썩음병

> 해설
> 뽕나무 오갈병은 파이토플라스마에 의한 수목병으로 표징이 나타나지 않는다. 일반적으로 바이러스, 파이토플라스마에 의한 수목병은 병징만 나타난다.

22 솔잎혹파리에 대한 설명으로 옳지 않은 것은?

① 우화 최성기가 5~6월이다.
② 10~11월에 번데기로 월동한다.
③ 낙엽 밑이나 흙속에서 월동한다.
④ 유충이 솔잎 기부에 벌레혹을 형성한다.

> 해설
> 솔잎혹파리는 유충형태로 땅속에 월동한다.

23 잣나무 털녹병균의 침입 부위와 발병 부위가 옳게 짝지어진 것은?

① 잎의 기공 – 잎
② 줄기의 피목 – 잎
③ 잎의 기공 – 줄기
④ 줄기의 피목 – 줄기

> 해설
> 잣나무 털녹병균은 담자포자가 바람에 의해 전반되며 잎의 기공으로 침입, 줄기로 전파된다.

24 뿌리혹병의 방제법으로 옳지 않은 것은?

① 병이 없는 건전한 묘목을 식재한다.
② 접목할 때 쓰이는 도구는 소독하여 사용한다.
③ 재식할 묘목은 스트렙토마이신 용액에 침지하는 것이 좋다.
④ 심하게 발생한 지역에서는 내병성 수종인 포플러류를 식재한다.

> 해설
> 뿌리혹병이 심할 경우 건전한 나무에도 전파하므로 별도의 식재작업보다 소각을 하는 것이 효율적이다.

25 곤충이 부적합한 환경에서 발육을 일시 정지하는 것은?

① 이주
② 탈피
③ 변태
④ 휴면

> 해설
> 부적합한 환경에 발육을 일시정지하는 것은 휴면에 대한 정의이다. 이주는 이동을 의미하며 탈피는 곤충이 허물을 벗는 과정, 변태는 유충에서 성충이 되어가는 과정을 의미한다.

정답 20. ① 21. ① 22. ② 23. ③ 24. ④ 25. ④

26 동물에 의한 수목 피해로 옳지 않은 것은?

① 두더지는 묘목의 뿌리를 가해한다.
② 고라니는 새순과 나무 열매를 가해한다.
③ 다람쥐는 겨울철에 나무 뿌리를 가해한다.
④ 멧토끼는 겨울에 어린 나무의 수피를 가해한다.

해설
다람쥐는 종자의 어린싹, 새잎에 피해를 준다. 뿌리를 가해하는 동물은 두더지가 있다.

27 방화선의 설치 위치로 적절하지 않은 것은?

① 나지 또는 미립목지에 위치
② 급경사지, 관목 및 고사목 집적지역에 위치
③ 인공적 또는 천연적인 도로, 하천 등이 있는 위치
④ 산정 또는 능선 바로 뒤편 8~9부 능선에 위치

해설
급경사지 및 고사목 집적지역은 산불의 확산을 가속시켜 방화선의 설치 위치로는 적절하지 않다.

28 파이토플라스마에 의한 수목병 방제에 사용되는 약제는?

① 아바멕틴
② 테부코나졸
③ 에마멕틴벤조에이트
④ 옥시테트라사이클린

해설
옥시테트라사이클린은 대추나무, 오동나무 빗자루병을 일으키는 파이토플라스마의 방제 약제이며 주로 수간주입을 한다.

29 세균에 의하여 발병하는 수목병은?

① 철쭉 떡병
② 포플러 잎마름병
③ 호두나무 뿌리혹병
④ 낙엽송 가지끝마름병

해설
뿌리혹병은 주로 세균에 의해 발생된다.

30 침엽수 묘목의 모잘록병을 방제하는데 가장 알맞은 방법은?

① 중간 기주로 제거한다.
② 살균제로 토양소독과 종자소독을 한다.
③ 살충제를 뿌려서 매개 곤충을 구제한다.
④ 질소질비료를 충분히 주어 묘목을 튼튼하게 한다.

해설
주로 클로로피크린이라는 살균제를 이용하여 종자 및 토양을 소독한다.

31 곤충과 비교한 거미의 특징으로 옳지 않은 것은?

① 홑눈만 있다.
② 날개가 없다.
③ 더듬이가 2쌍이다.
④ 탈바꿈(변태)을 하지 않는다.

해설
거미는 더듬이가 없다.

32 1년에 2회 이상 발생하는 해충은?

① 솔잎혹파리
② 광릉긴나무좀
③ 미국흰불나방
④ 호두나무잎벌레

해설
미국흰불나방은 100 종류 이상의 활엽수종을 가해하며 1년에 2회 발생한다.

정답 26. ③ 27. ② 28. ④ 29. ③ 30. ② 31. ③ 32. ③

33 잣나무의 구과를 가해하는 해충은?
① 소나무좀
② 솔알락명나방
③ 잣나무넓적잎벌
④ 북방수염하늘소

해설
솔알락명나방은 1년에 1회 발생하며 잣나무 종실을 가해한다.

34 곤충의 기관에서 체외로 방출되어 같은 종끼리 통신을 하는 데 이용되는 물질은?
① 페로몬 ② 호르몬
③ 알로몬 ④ 카이로몬

해설
페로몬은 곤충이 외부로 분비하는 일종의 화학물질로 곤충의 정보전달 수단 중 하나이다.

35 봄철 수목 생장이 시작된 후 내리는 서리에 의해 수목이 입는 피해는?
① 상렬 ② 상주
③ 조상 ④ 만상

해설
만상은 늦서리 피해로 이른 봄에 수목의 발육이 시작되고 갑작스러운 온도저하로 인한 피해이다.

36 소나무 혹병의 중간기주로 방제를 위하여 제거해야 할 수종은?
① 오리나무 ② 단풍나무
③ 자작나무 ④ 신갈나무

해설
소나무 혹병의 중간기주는 신갈나무로 이를 제거하면 방제 효과가 있다.

37 해충 방제를 위한 임업적 방제방법으로 옳지 않은 것은?
① 단순림 조성의 확대
② 내충성 수종의 식재
③ 적당한 간벌로 임분밀도 조절
④ 토양 및 기후에 적합한 수종의 조림

해설
단순림의 조성은 오히려 피해를 확산시키게 된다.

38 밤나무 흰가루병균으로 잎의 앞뒷면에 밀가루를 뿌려 놓은 것 같이 보이는 것은?
① 분생포자 ② 자낭포자
③ 후벽포자 ④ 담자포자

해설
병환부의 흰가루부분(흰색 반점)은 분생포자에 의한 표징이다.

39 토양훈증제의 설명으로 옳지 않은 것은?
① 메탐소듐, 메틸브로마이드 등이 있다.
② 인화성이 있고 구석가지 침투하는 확산능력이 있어야 한다.
③ 비등점이 낮은 원제를 액체, 고체 또는 압축가스의 형태로 용기에 충전한 것이다.
④ 일정한 시간 내에 기화하여 훈증효과를 나타내야 하므로 휘발성이 큰 약제를 써야 한다.

해설
인화성이 있을 경우 산불의 위험성이 있으므로 인화성이 없는 토양훈증제를 사용해야 한다.

정답 33. ② 34. ① 35. ④ 36. ④ 37. ① 38. ① 39. ②

40 살아있는 나무와 죽은 나무의 목질부를 모두 가해하는 해충은?

① 소나무좀
② 밤나무혹벌
③ 미국흰불나방
④ 느티나무벼룩바구미

해설
소나무좀은 벌채목과 쇠약목 혹은 죽은나무 등 모두 가해하는 2차 해충이다.

41 산림경영계획에 대한 설명으로 옳은 것은?

① 우리나라 국유림 종합계획 기간은 5년이다.
② 사유림 소유자의 산림경영계획 수립은 의무가 아니라 권장사항이다.
③ 한번 작성된 산림경영계획은 그 계획기간 동안에는 변경이 불가능하다.
④ 국유림경영계획 작성의 의무는 국유림이 존재하는 해당 지방자치단체장에게 있다.

해설
우리나라 국유림의 계획 기간은 10년이며 한번 작성한 계획은 변경이 가능하다. 또한 국유림경영계획 작성의 의무는 산림청장에게 있다.

42 임업경영 지도원칙 중에서 보속성 원칙에 대한 설명으로 옳은 것은?

① 수익률을 가장 크게 하는 원칙
② 해마다 목재수확을 균등하게 할 수 있는 원칙
③ 최소의 비용으로 최대의 효과를 발휘하는 원칙
④ 생산량을 생산요소의 수량으로 나눈 값이 최고가 되도록 하는 원칙

해설
임업경영의 지도원칙은 수익성 원칙, 경제성 원칙, 생산성 원칙, 공공성 원칙, 보속성 원칙, 합자연성 원칙, 환경보전 원칙이 있으며 그 중에서 보속성의 원칙은 매년 수확을 균등하게 영구적으로 할 수 있도록 하는 것을 의미한다.

43 흉고형수에 영향을 미치는 인자가 아닌 것은?

① 수고   ② 지위
③ 수종   ④ 근원직경

해설
흉고형수는 원주와 수간의 재적의 비로서 수고, 생산성을 나타내는 지위, 수종 등은 흉고형수 결정에 영향을 주지만 근원직경은 상관이 없다.

44 임업경영의 성과를 나타내는 가장 정확한 지표로 임업경영의 결과에 의하여 직접적으로 얻은 소득에 해당하는 것은?

① 임업소득   ② 임업조수익
③ 임업총수입   ④ 임업현금수입

해설
임업소득은 경영의 성과를 나타내는 지표로 임업조수익과 임업경영비의 차를 이용하여 구한다.

45 보속작업에서 한 작업급에 속하는 모든 임분을 일순벌하는데 필요한 기간을 나타내는 임업생산기간은?

① 윤벌기   ② 갱정기
③ 회귀년   ④ 정리기

해설
윤벌기는 한 작업급에 속하는 숲을 벌채하고 순차적으로 계획벌채할 때 전체 숲의 벌채가 끝날 때 까지의 기간이다. 갱정기는 정리기라고도 하며 법정상태로 가는데 걸리는 기간을 말한다.

정답 40. ① 41. ② 42. ② 43. ④ 44. ① 45. ①

46 수확조정기법 중 평분법에 대한 설명으로 옳지 않은 것은?

① 재적평분법은 일반적으로 경제변동에 대한 탄력성이 없는 것으로 평가된다.
② 절충평분법은 재적평분법과 면적평분법의 장점을 채택하여 절충한 것이다.
③ 면적평분법은 제 2 윤벌기에 산림이 법정상태가 되어 개벌작업에는 응용할 수 없다.
④ 평분법의 특징은 윤벌기를 일정한 분기로 나누어 분기마다 수확량을 균등하게 하는 것이다.

> 해설
> 면적평분법은 제 2 윤벌기에 법정상태가 되면 분기의 면적을 균등하게 하므로 개벌작업 응용이 가능하다. 반대로 택벌작업에 응용할 수가 없다

47 수고 곡선 유도방법으로 자료가 많은 경우 또는 정확도를 요구할 때 사용하는 것은?

① 이동평균법 ② 자유곡선법
③ 최소자승법 ④ 드라우트법

> 해설
> 최소자승법은 정확도가 높으나 상대적으로 복합한 통계분석을 요구한다.

48 우리나라 산림 소유 구분에 따른 분류로 옳지 않은 것은?

① 법정림 ② 공유림
③ 국유림 ④ 사유림

> 해설
> 법정림은 경제성과 보속성 두 가지를 만족시키는 것으로 목적에 따른 분류에 해당한다.

49 음(-)의 값이 나올 수 있는 투자효율 분석법은?

① 회수기간법 ② 순현재가치법
③ 투자이익률법 ④ 수익비용률법

> 해설
> 장기투자를 결정하는 순현재가치법은 미래에 대한 가치 판단을 기준으로 하기에 음의 값이 나올 수 있다.

50 산림자원의 효율적 조성과 육성을 위해 산림의 기능구분에 해당하지 않는 것은?

① 목재생산림 ② 산림휴양림
③ 수원함양림 ④ 기업경영림

> 해설
> 기업경영림은 소유주체에 의한 구분에 해당한다.

51 유령림의 임목평가 방법으로 가장 적합한 것은?

① 비용가법 ② 기망가법
③ 매매가법 ④ 환원가법

> 해설
> 유령림은 비용가법을, 중령림은 Glaser 법을, 벌기미만의 장령림은 임목기망가법을 채택하는 것이 효율적이다.

정답 46. ③ 47. ③ 48. ① 49. ② 50. ④ 51. ①

52 임업의 경제적 특성에 해당되는 것은?
① 자연조건의 영향을 많이 받는다.
② 임목의 성숙기가 일정하지 않다.
③ 토지나 기후조건에 대한 요구도가 낮다.
④ 임업노동은 계절적 제약을 크게 받지 않는다.

해설
①, ②, ③ 은 임업의 기술적 특성이다.
※ 임업의 경제적 특성
· 자본회수 기간이 장기적이다.
· 육성적, 채취적 임업이 함께한다.
· 임산물 가격의 대부분은 운반비이다.
· 임업노동은 계절적 영향을 크게 받지 않는다.
· 임업생산은 조방적이다.

53 어떤 소나무림에서 간벌을 하면 500만원씩의 수입을 얻을 것으로 예상된다. 연중에는 3회 간벌을 하고, 5년간 연 이율을 5%로 적용할 경우 후가 계산에 적합한 식은?

① $\dfrac{500만원 \times [1.05^5 - 1]}{1.05^{15}}$

② $\dfrac{500만원 \times [1.05^{15} - 1]}{1.05^5}$

③ $\dfrac{500만원 \times [1.05^5 - 1]}{1.05^{15} - 1}$

④ $\dfrac{500만원 \times [1.05^{15} - 1]}{1.05^5 - 1}$

해설
m 년마다 A 씩 n 회 얻을 수 있는 후가
$N = \dfrac{A(1+P)^{nm} - 1}{(1+P)^m - 1}$

54 고정자본재에 해당하는 것은?
① 농약 ② 묘목
③ 임도 ④ 산림용비료

해설
고정자본재로 건물, 기계, 운반시설, 임도 등이 있다.

55 임지 취득 후 조림 등 임목육성에 적합한 상태로 개량하는데 소요된 모든 비용의 후가에서 그 동안의 수입의 후가를 공제한 값으로 평가하는 방법은?
① 대용법 ② 수익환원법
③ 임지비용가 ④ 임지기망가법

해설
임지비용가는 임지에서 취득하고 이를 조림 및 임목 육성에 적합하게 개량하는데 소요된 순 비용의 현재가의 합계를 의미한다. 즉 후가합계로 평가하는 방법이다.

56 각산정 표준지법에서 스피겔릴라스코프를 사용하여 1개의 표준점에서 측정된 나무의 평균 본수가 10본이었으며 사용된 흉고단면적 정수는 2m²이었다면 이 임분의 ha 당 흉고단면적은?
① 5m² ② 8m²
③ 12m² ④ 20m²

해설
스피겔릴라스코프는 측정대상의 임목의 크기에 관계없이 할당되는 흉고단면적을 이용하며 이때의 값을 흉고단면적의 정수라 한다. 일반적으로 정수는 1m², 2m², 4m² 인 3가지가 주어지며 ha 당 흉고단면적을 구하기 위해 정수와 본수를 곱해주도록 한다.
10본 × 2m² = 20

57 법정축적은 일반적으로 어느 계절의 축적으로 계산하는가?
① 춘계 ② 하계
③ 추계 ④ 동계

해설
법정축적은 계절에 따라 상이하여 평균치인 하계축적을 사용한다.

정답 52. ④ 53. ④ 54. ③ 55. ③ 56. ④ 57. ②

58 25년생 잣나무 임분의 임목재적이 $45m^3/ha$ 이고 수확표의 임목재적은 $50m^3/ha$ 이라면 입목도는?

① 0.5 ② 0.7
③ 0.9 ④ 1.1

> **해설**
> 입목도는 수확표의 임목재적과 임분의 임목재적을 이용하며 아래와 같이 구한다.
> 45 ÷ 50 = 0.9

59 임목 측정에서 불완전한 기계 또는 계산에 의해 발생하는 오차는?

① 과오 ② 누적오차
③ 상쇄오차 ④ 표본오차

> **해설**
> 임목 측정에서 불완전한 기계나 계산에 의해 발생되는 오차를 누적오차라 하며 이렇게 발생된 오차는 크기가 0에 가까워지지 않는 것이 특징이다.

60 감가상각비의 계산방법 중에 감가상각비 총액을 각 사용연도에 할당하여 매년 균등하게 감가하는 방법은?

① 정액법 ② 정률법
③ 연수합계법 ④ 작업시간비례법

> **해설**
> 감가상각비(정액법)
> $$\frac{구입가격 - 폐물가격}{내용연수}$$

61 방위가 S49°10W 일 때의 방위각은?

① 130°50 ② 229°10
③ 310°50 ④ 49°10

> **해설**
> 방위각은 자북선 즉 북쪽을 기준으로 시계방향이며 아래와 같이 구할 수 있다.
>
>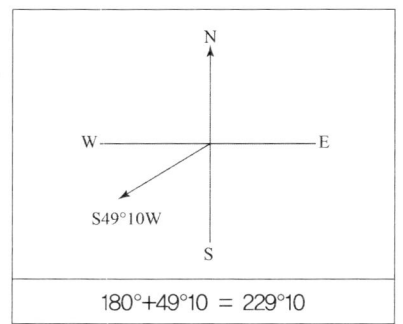
>
> 180°+49°10 = 229°10

62 벌목 운재 계획을 위한 예비조사가 아닌 것은?

① 임황 및 지황 조사
② 반출방법에 대한 조사
③ 벌목구역의 개황 조사
④ 기존 실행결과에 의한 조사

> **해설**
> 임황 및 지황조사의 경우 산림 생산력에 대한 조사 대용이다.

63 겨울에 산림수확작업을 수행하는 경우 장점으로 옳지 않은 것은?

① 잔존 임분에 대한 영향이 적다.
② 해충과 균류에 의한 피해가 적다.
③ 작업원 안전사고가 적게 발생한다.
④ 수액 정지기간에 작업하므로 양질의 목재를 수확할 수 있다.

> **해설**
> 통계적으로 여름에 안전사고가 많이 발생하나 이것이 겨울 산림수확의 장점이 될 수는 없다.

정답 58. ③ 59. ② 60. ① 61. ② 62. ① 63. ③

64 임도 식생사면의 유지보수에 대한 설명으로 옳지 않은 것은?

① 사면으로 직접 물이 흐르도록 배수시설을 설치한다.
② 강수량이 일시 집중적인 곳에는 붕괴에 대비하여야 한다.
③ 나무가 너무 커서 넘어질 경우 비탈면 붕괴가 되지 않도록 관리한다.
④ 떼붙임을 한 사면은 주기적으로 풀베기를 실시하여 다른 식물의 생장을 막아주어야 한다.

해설
사면에 직접 물이 흐를 경우 토사유실의 문제가 발생할 수 있어 배수로를 설치하도록 한다.

65 수중굴착 및 구조물의 기초바닥 등 상당히 깊은 범위의 굴착과 호퍼(hopper)작업에 적합한 기종은?

① 크레인(crane)
② 백호우(backhoe)
③ 클램셀(clamshell)
④ 어드드릴(earth drill)

해설
셔블계인 클램셀은 수중 굴착이 가능한 기기이다.

66 임도 설계시 곡선설치를 생략하는 기준은?

① 내각이 140도 이상
② 내각이 145도 이상
③ 내각이 150도 이상
④ 내각이 155도 이상

해설
임도 설계 규정에 의거하여 내각이 155도 이상인 장소의 곡선은 생략이 가능하다.

67 암반 비탈면 녹화에 주로 사용하는 공법이 아닌 것은?

① 새집 공법
② 피복녹화 공법
③ 선떼붙이기 공법
④ 덩굴받침망 설치 공법

해설
선떼붙이기는 산복비탈면의 녹화공법이다.

68 사방댐의 방수로 크기를 결정하는 주요 요인이 아닌 것은?

① 강수량
② 집수면적
③ 댐의 종류
④ 상류 하상의 상태

해설
사방댐의 방수로 크기 결정 요인으로 강수량, 집수면적, 산림상태, 경사가 있다.

69 다음 석재 중 압축강도가 가장 큰 것은?

① 사암
② 화강암
③ 안산암
④ 석회암

해설
사암과 같이 퇴적암의 경우 강도가 매우 약하지만 화강암은 경암으로서 강도가 매우 강하다.

70 습한 지대에서 임도의 노면이 가라앉는 것을 막기 위하여 만드는 것은?

① 자갈길
② 흙모랫길
③ 부순돌길
④ 통나무길

해설
저습지대에서 노면의 침하를 방지하기 위해 통나무길이나 섶길을 이용한다.

정답 64. ① 65. ③ 66. ④ 67. ③ 68. ③ 69. ② 70. ④

71 산지사방 식재용 수종의 요구 조건으로 가장 부적절한 것은?

① 토양개량 효과가 기대될 것
② 뿌리 발육이 천천히 진행될 것
③ 생장력이 왕성하여 잘 번성할 것
④ 묘목의 생산비가 적게 들고 대량생산이 가능할 것

해설
산지 사방 식재용 수종은 토사의 유실 및 붕괴를 방지하기 위해 가능하면 뿌리 발육이 빠른 수종으로 선택한다.

72 주로 사면 기울기가 1 : 1 보다 완만한 곳에 흙이 떨어지지 않을 온떼를 사용하여 전면녹화를 목적으로 시공하는 산지사방 녹화공법은?

① 띠떼심기   ② 줄떼다지기
③ 선떼붙이기 ④ 평떼붙이기

해설
평떼붙이기
- 경사 45° 이하의 완만한 산지
- 떼붙이기 작업전 표면을 다듬어야 한다.
- 주로 땅깎기 비탈면에서 많이 사용
- 떼가 비탈면 이탈이 발생하지 않게 떼꽂이로 고정

73 평판을 설치할 때 만족되어야 하는 필수 조건이 아닌 것은?

① 표정   ② 치심
③ 정준   ④ 방위

해설
평판 설치시 3요소로 수평 맞추기인 정준, 중심 맞추기인 치심, 방향 맞추기인 표정이 있다.

74 비탈면 녹화용 피복자재에 해당하지 않는 것은?

① 크라우트   ② 볏짚거적
③ 쥬트네트   ④ 코이어네트

해설
비탈면 녹화 피복자재로서 천연 볏짚을 이용하는 볏짚거적, 황마를 이용하는 쥬트네트, 코이어식생네트 등이 있다.

75 다음 조건에서 임도 설계시 적용하는 곡선 반지름으로 가장 적합한 것은?

◎ 설계속도 : 40km/h
◎ 노면의 외쪽기울기 : 6%
◎ 일반지형에서 가로미끄럼에 대한 노면과 타이어의 마찰계수 : 0.15

① 50 m   ② 60 m
③ 70 m   ④ 80 m

해설
최소곡선반지름

$$= \frac{설계속도^2}{127(타이어 마찰계수 + 노면 횡단물매)}$$

$$= \frac{40^2}{127(0.15+0.06)} = \frac{1600}{127 \times 0.21} \fallingdotseq 60$$

76 임도의 합성기울기를 10%로 설정하려 할 때 외쪽기울기가 6%라면 종단기울기는?

① 8 %   ② 10 %
③ 12 %   ④ 14 %

해설
합성기울기
$합성기울기 = \sqrt{종단기울기^2 + 횡단기울기^2}$
$10 = \sqrt{6^2 + x^2}$
$100 = 36 + x^2$
$x = 8$

정답 71. ② 72. ④ 73. ④ 74. ① 75. ② 76. ①

77 옆도랑과 길어깨를 제외한 임도의 구조는?
① 대피소 ② 유효나비
③ 도로나비 ④ 합성기울기

해설
구조상 옆도랑과 길어깨를 제외한 부분을 유효나비라 하며 유효나비의 기준은 통상 3m 이다.

78 체인톱의 쏘체인 규격은 무엇으로 구분하는가?
① 피치 ② 중량
③ 배기량 ④ 엔진출력

해설
쏘체인의 규격은 피치(pitch)로서 서로 접한 3개의 리벳간격을 2로 나눈 값을 말한다.

79 기슭막이에 대한 설명으로 옳지 않은 것은?
① 황폐계천에서 유수에 의한 계안의 횡침식을 방지하기 위해 설치한다.
② 유로의 만곡에 의하여 물의 충격을 받거나 붕괴 위험성이 있는 계천변에 설치한다.
③ 계류의 둑쌓기 구간 내에 시공할 경우 둑쌓기 계획비탈기울기와 동일한 기울기로 계획한다.
④ 침식이 심하고 유수의 충돌이 심한 곳에서는 통나무기슭막이나 바자기슭막이를 적용한다.

해설
침식이 심하거나 유수의 충돌이 심한 곳은 침식 방지를 위해 돌, 콘크리트, 블록, 돌망태기슭막이를 적용한다.

80 다음 그림에서 수제의 설치 위치로 가장 적당한 것은?

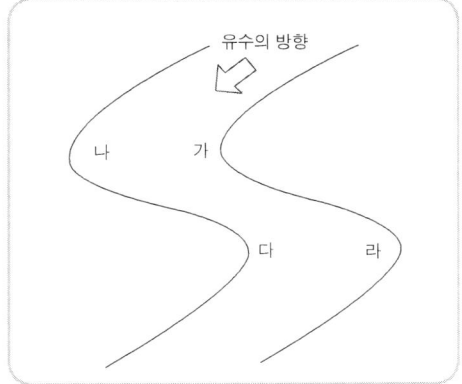

① 가, 다 ② 나, 다
③ 나, 라 ④ 다, 라

해설
세굴을 방지하기 위해 유속을 완화시키는 나, 라 지점에 설치한다.

정답 77. ② 78. ① 79. ④ 80. ③

2017년 제3회 산림산업기사

01 소나무림을 갱신하는데 가장 적합한 작업종은?

① 택벌작업　② 산벌작업
③ 모수작업　④ 왜림작업

해설
모수작업은 소나무, 낙엽송 등의 양수 수종에 적합한 작업 방법이다.

02 산림군집을 수직적으로 볼 때 산림 식생의 층상구조가 잘 나타나는 산림은?

① 인공림　② 동령림
③ 천연림　④ 경제림

해설
천연림은 여러 식물이 발달하면서 자연스럽게 층상구조가 형성된다.

03 다음 중 성격이 다른 숲은?

① 천연림　② 맹아림
③ 원시림　④ 불완전 천연림

해설
산림의 분류시 천연림에 원시림과 불완전 천연림이 속하여 같은 성격을 가지며 맹아림은 왜림이라 하여 다른 분류에 속한다.

04 수목의 어린뿌리가 토양 중에 있는 곰팡이와 공생을 하는 균근의 역할이 아닌 것은?

① 수목에게 탄수화물을 공급한다.
② 토양 중에 있는 양료의 흡수를 돕는다.
③ 토양의 건조에 대한 저항성을 높여준다.
④ 생육환경이 나쁜 곳에서는 생장에 중요한 역할을 한다.

해설
균류가 수목의 뿌리에 공생을 하면서 식물의 흡수율을 증가시켜주고 항생물질의 생성을 도와 병원균으로부터 저항성을 증가시켜준다. 양분의 경우 주로 인과 질소 성분의 흡수를 도와주는데 직접적인 양분의 공급을 하는 것은 아니다.

05 묘목의 가식에 대한 설명으로 옳은 것은?

① 가식 장소는 배수가 양호한 사질양토가 좋다.
② 묘포에서 캐낸 묘목의 뿌리를 충분히 말린 후 묻는다.
③ 2~3일 정도 단기간 가식할 경우 묘목 다발을 풀어서 묻는다.
④ 봄에는 노출된 줄기의 끝이 남쪽으로 향하도록 비스듬히 눕혀 묻는다.

해설
묘목의 가식은 배수가 좋은 사질양토에 가식하고 단기간 가식시 다발째, 장기간 가식시 결속을 풀어준다.

06 우량한 묘목의 조건으로 옳지 않은 것은?

① 측아가 정아보다 우세한 것
② 발육이 완전하고 조직이 충실할 것
③ 주지의 세력이 강하고 곧게 자란 것
④ 양호한 발달 상태와 왕성한 수세를 지닌 것

해설
측아 발달보다 정아가 우세한 것이 우량 묘목의 조건이다.

정답 01. ③　02. ③　03. ②　04. ①　05. ①　06. ①

07 수형급 구분에 의하지 않고 임목간 거리를 대상으로 하는 간벌방법은?

① 도태간벌 ② 하층간벌
③ 자유간벌 ④ 기계적 간벌

> **해설**
> 기계적 간벌의 경우 남겨둘 나무간의 거리를 정해두고 간벌을 실행한다.

08 양수 수종에 해당하는 것은?

① *Larix kaempferi*
② *Abies holophylla*
③ *Taxus cuspidata*
④ *Euonymus japonicus*

> **해설**
> 양수 수종에는 은행나무, 소나무류, 낙엽송(일본잎갈나무) 등이 있다.
> ① 일본잎갈나무 ② 전나무 ③ 주목 ④ 사철나무

09 내음성에 대한 설명으로 옳은 것은?

① 양수는 음수보다 광포화점이 낮다.
② 과수류는 대부분 음수에 해당한다.
③ 수목이 햇빛을 좋아하는 정도에 따라 구분한다.
④ 수목이 그늘에서 견딜 수 있는 정도에 따라 구분한다.

> **해설**
> 내음성은 식물이 광도가 낮은 조건에서도 생육할 수 있는 능력을 의미한다.

10 설형(쐐기형) 산벌작업에 대한 설명으로 옳은 것은?

① 풍해에 대비하기 위한 방법이다.
② 벌기가 짧은 소경재 생산에 용이하다.
③ 음수와 양수를 혼합하여 조성할 수 있다.
④ 모수의 보호효과가 크고 갱신과정이 안정적이다.

> **해설**
> 쐐기형 산벌작업은 벌기가 짧은 소경재 생산에 용이하며 연료재 생산을 목적으로 하는 왜림작업에 사용하기도 한다.

11 주로 5월 전후에 채종하는 수종은?

① 주목   ② 미루나무
③ 단풍나무 ④ 측백나무

> **해설**
> 5월에 채종하는 수종으로 버드나무, 사시나무, 미루나무 등이 있다.

12 꽃이 완전화에 속하는 수종은?

① 자작나무 ② 자귀나무
③ 버드나무 ④ 가래나무

> **해설**
> 완전화에는 벚나무, 자귀나무 등이 있으며 불완전화에는 포플러, 가래나무, 버드나무, 자작나무 등이 있다.

13 산림용 묘목규격을 결정하는데 사용되지 않는 것은?

① 간장   ② 묘령
③ 근원경 ④ 흉고직경

> **해설**
> 묘목 규격의 측정기준으로 간장, H/D 율, 근원경 묘령이 있다.

정답 07. ④ 08. ① 09. ④ 10. ② 11. ② 12. ② 13. ④

14 고립목에서의 양엽과 음엽의 특징 중 양엽에 대한 설명으로 옳은 것은?

① 잎이 넓다.
② 광포화점이 낮다.
③ 잎의 두께가 두껍다.
④ 엽록소 함량이 더 많다.

> **해설**
> 양엽과 음엽의 비교
> · 양엽이 음엽보다 색이 진하고 잎이 두껍다.
> · 양엽은 음엽에 비해 광보상점, 광포화점이 높다.
> · 음엽은 양엽보다 엽록소 함량이 더 많다.
> · 양엽은 음엽보다 책상조직이 빽빽하게 배열되어 있다.

15 종자의 보관 방법으로 보습저장법이 아닌 것은?

① 냉습적법
② 보호저장법
③ 상온저장법
④ 노천매장법

> **해설**
> 상온저장법은 건조저장법에 속하며 보습저장법의 종류로는 노천매장법, 보호저장법, 냉습적법이 있다.

16 택벌작업에 대한 설명으로 옳지 않은 것은?

① 양수 수종의 갱신에 적합하다.
② 작업한 임분의 심미적 가치가 높다.
③ 병해충에 대한 저항력을 높일 수 있다.
④ 보속 생산을 하는데 가장 적절한 방법이다.

> **해설**
> 택벌작업은 일부분 국소적으로 벌채하는 작업으로 양수수종에 적용이 어렵다.

17 경제적 수입을 기대하면서 실시하는 작업종은?

① 제벌
② 간벌
③ 밑깎기
④ 덩굴치기

> **해설**
> 간벌은 임분밀도 조절을 위해 시행하지만 중간에 벌목하는 목재를 통해 중간수입이 발생되는 작업이다.

18 종자가 성숙한 후 가장 오랫동안 모수에 붙어 있는 수종은?

① 단풍나무
② 느티나무
③ 양버즘나무
④ 방크스소나무

> **해설**
> 방크스소나무의 종자는 보기 중 가장 오랫동안 모수에 붙어 있으며 그 기간은 10년 내외 정도이다.

19 종자의 개화 결실을 촉진시키기 위한 방법으로 옳지 않은 것은?

① 줄기에 철선묶기 등의 자극을 준다.
② 간벌을 실시하여 생육공간을 확장한다.
③ 수피의 일부를 제거하여 C/N율을 높인다.
④ 단근을 실시하여 질소의 흡수를 증가시킨다.

> **해설**
> 개화 결실 촉진 방법으로는 환상박피, 단근, 시비, 생장호르몬, 밀도조절 등이 있다. 단근 작업이 개화 결실을 촉진시키지만 이는 탄수화물의 함량을 조절하는 것이며 질소의 흡수와는 관련이 없다.

20 소나무와 일본잎갈나무의 첫 번째 제벌을 시작하는 임령을 옳은 것은?

① 1~2년
② 4~5년
③ 7~8년
④ 10~15년

> **해설**
> 제벌 실시 임령
> · 소나무, 낙엽송 7~8년
> · 삼나무, 편백 10년
> · 전나무, 가문비나무 13~15년

정답 14. ③ 15. ③ 16. ① 17. ② 18. ④ 19. ④ 20. ③

21 솔잎혹파리에 대한 설명으로 옳지 않은 것은?

① 벌레혹을 만든다.
② 1년에 2회 발생한다.
③ 5~7월경에 우화한다.
④ 유충은 땅속에서 월동한다.

해설
솔잎혹파리는 1년에 1회 발생한다.

22 해안 방풍림 조성에 가장 적당한 수종은?

① 곰솔   ② 포플러류
③ 사시나무   ④ 일본잎갈나무

해설
해안 방풍림 조성으로 염풍에 강한 수종이 적합하며 곰솔, 향나무, 사철나무, 팽나무 등이 있다.

23 공동충전제로 사용되는 발포성 수지 중 폴리우레탄 폼의 배합 비율로 가장 적합한 것은?

① 주제(P.P.G) : 발포경화제(M.D.I) = 2 : 1
② 주제(P.P.G) : 발포경화제(M.D.I) = 1 : 3
③ 주제(P.P.G) : 발포경화제(M.D.I) = 1 : 2
④ 주제(P.P.G) : 발포경화제(M.D.I) = 1 : 1

해설
폴리우레탄은 주제와 발포경화제를 1:1 로 배합하여 중합반응을 일으키게 되면 부피가 약 20배 가량 증가하게 된다.

24 종실을 가해하는 해충으로만 올바르게 나열한 것은?

① 밤나무혹벌, 굼벵이류
② 가루나무좀, 버들바구미
③ 밤바구미, 복숭아명나방
④ 미끈이하늘소, 미국흰불나방

해설
종실 및 구과 가해 해충으로 도토리바구미, 밤나방, 밤바구미, 복숭아명나방, 솔알락명나방, 하늘소류 등이 있다.

25 윤작의 연한이 짧아도 방제 효과가 가장 큰 수목병은?

① 흰비단병
② 자주빛날개무늬병
③ 침엽수의 모잘록병
④ 오리나무 갈색무늬병

해설
오리나무 갈색무늬병은 연작에 의한 피해가 심하기에 윤작을 통해 방제하는데 윤작의 연한이 짧아도 방제의 효과가 좋다.

26 밤나무 줄기마름병에 대한 설명으로 옳지 않은 것은?

① 과다한 질소 시비를 지양한다.
② 천공성 해충의 피해를 받은 경우 잘 발생한다.
③ 병원균의 중간기주인 포플러를 같이 심지 않는다.
④ 동해나 열해를 받아 수피와 형성층이 손상 입은 경우 잘 발생한다.

해설
밤나무 줄기마름병은 중간기주가 없고 상처부위를 통해 감염된다.

정답 21. ② 22. ① 23. ④ 24. ③ 25. ④ 26. ③

27 잎에 기생하며 흡즙 가해하는 것으로 노린재목에 속하는 해충은?

① 대벌레
② 솔노랑잎벌
③ 배나무방패벌레
④ 백송애기잎말이나방

해설
배나무방패벌레는 노린재목의 방패벌레과로 흡즙성 해충이다.

28 어스렝이나방이 월동하는 형태는?

① 알
② 유충
③ 성충
④ 번데기

해설
어스렝이나방은 알 형태로 월동한다.

29 전염성 수목병에 있어서 주인(主因)에 해당하는 것은?

① 수종
② 병원체
③ 재배법
④ 토양조건

해설
병의 발병조건은 병원균, 기주, 환경, 시간 등의 요소가 있는데 여기서 직접적으로 관여하는 요인인 주인은 병원균과 병원체의 전염성이 있다.

30 어린 조림목에 가장 큰 피해를 주는 동물은?

① 어치
② 다람쥐
③ 왜가리
④ 멧토끼

해설
멧토끼는 농경지에서 산악지대까지 다양한 환경에서 서식하며 초식성으로 종자나 줄기를 식해한다.

※ 가해에 따른 동물의 종류

종류	특징
산토끼	어린 싹 및 수피 가해
다람쥐	종자나 어린싹, 새잎 가해
두더지	묘목의 뿌리 가해
들쥐	임목의 목질부 가해

31 수세가 쇠약한 수목의 줄기를 가해하는 것은?

① 독나방
② 소나무좀
③ 미국흰불나방
④ 오리나무잎벌레

해설
소나무좀은 벌채목과 쇠약목 혹은 죽은나무 등 모두 가해하는 2차 해충이다.

32 솔나방에 대한 설명으로 옳지 않은 것은?

① 보통 5령충으로 월동한다.
② 성충은 4월 전후에 발생한다.
③ 1년에 1회, 일부 남부지방에서는 2회 발생한다.
④ 부화 유충기인 8월에 비가 많이 오면 사망률이 높아진다.

해설
솔나방의 성충은 7~8월에 나타난다.

정답 27. ③ 28. ① 29. ② 30. ④ 31. ② 32. ②

33 대추나무 빗자루병에 대한 설명으로 옳지 않은 것은?

① 바이러스에 의한 수목병이다.
② 매개충은 마름무늬매미충이다.
③ 병든 나무의 분주에 통해 전염될 수 있다.
④ 꽃봉오리가 잎으로 변하는 엽화현상이 발생한다.

> 해설
> 대추나무 빗자루병은 파이토플라스마에 의해 발생한다.

34 주로 가지나 줄기에서 발생하는 수목병은?

① 벚나무 빗자루병
② 느티나무 흰색무늬병
③ 벚나무 갈색무늬구멍병
④ 오동나무 자줏빛날개무늬병

> 해설
> 자줏빛날개무늬병은 감염시 비대해진 가지부위에서 잔가지가 다량 발생하여 빗자루의 형태를 띠는 것이 특징이다. 이러한 피해가 반복될 경우 결국 가지가 말라 고사하게 된다.

35 소나무류 잎녹병의 중간기주가 아닌 것은?

① 참취   ② 쑥부쟁이
③ 황벽나무 ④ 참나무류

> 해설
> 소나무 잎녹병의 중간기주로 황벽나무, 잔대, 참취가 있다. 참나무를 중간기주로 하는 것으로는 소나무 혹병이 있다.

36 수목의 뿌리혹병을 방제하는 방법으로 가장 거리가 먼 것은?

① 건전한 묘목 식재
② 석회 사용량 증가
③ 4~5년간 휴경 실시
④ 병든 묘목 즉시 제거

> 해설
> 뿌리혹병의 경우 고온다습한 알칼리성 토양에서 주로 발생하기에 석회의 사용량을 늘리게 될 경우 발병 가능성이 높아진다.

37 산불 피해에 대한 설명으로 옳지 않은 것은?

① 산불의 피해는 여름이 가장 크다.
② 은행나무가 소나무보다 산불의 피해가 작다.
③ 활엽수보다 침엽수가 산불의 피해를 심하게 받는다.
④ 수령이 낮은 임분일수록 산불의 피해를 많이 받는다.

> 해설
> 산불의 피해는 주로 봄에 가장 크다.

38 잣나무넓적잎벌에 대한 설명으로 옳지 않은 것은?

① 유충으로 월동한다.
② 우화 최성기는 7월경이다.
③ 나뭇잎 뒷면에서 월동한다.
④ 1년에 1회 또는 2년에 1회 발생한다.

> 해설
> 잣나무넓적잎법은 주로 흙속에서 월동한다.
> ※ 잣나무넓적잎벌
> · 1년에 1회 발생, 일부는 2년에 1회 발생한다.
> · 흙속에서 유충 형태로 월동한다.
> · 완전변태를 한다.

정답 33. ① 34. ① 35. ④ 36. ② 37. ① 38. ③

39 솔껍질깍지벌레가 수목에 피해를 입히는 형태는?

① 천공 가해 ② 식엽 가해
③ 충영 형성 ④ 흡즙 가해

> **해설**
> 솔껍질깍지벌레는 흡즙성 해충에 해당한다.

40 수목병의 방제를 위한 예방법과 가장 거리가 먼 것은?

① 숲가꾸기 ② 임지 정리
③ 환상박피 작업 ④ 건전한 묘목 육성

> **해설**
> 환상박피는 주로 개화결실을 촉진하는 방법이다.

41 임업조수익을 계산하기 위해 사용되는 인자는?

① 감가상각액
② 현금지출액
③ 임업외 현금수입액
④ 미처분 임산물 증감액

> **해설**
> 임업조수익을 구하기 위한 구성요소로 산림현금수입, 미처분임산물증감액, 산림생산자재재고증가액, 임목생장액, 산림생산물가계소비액이 있으며 이들을 모두 더한 값이 임업조수익이다.

42 임지기망가에 대한 설명으로 옳은 것은?

① 관리비는 임지기망가가 최대로 되는 시기와 관계없다.
② 이율이 높을수록 임지기망가가 최대로 되는 시기가 늦게 온다.
③ 간벌수익이 클수록 임지기망가가 최대로 되는 시기가 늦게 온다.
④ 임지기망가가 최대로 되는 때를 벌기로 한 것을 시장가격 최대의 벌기령이라 한다.

> **해설**
> 관리비는 임지기망가가 최대로 되는 시기에 관계없다.

43 산림평가가 임지와 임목의 평가 이외에도 여러 분야에서 응용되고 있다. 다음 중 응용 분야로 거리가 먼 것은?

① 산림의존도의 사정
② 산림과세의 기준설정
③ 산림피해의 손해액 결정
④ 산림의 매매, 교환의 가격사정

> **해설**
> 산림의존도는 산림소득에 대한 임가소득의 백분율을 의미한다.
> ※ **산림평가 방법의 응용 분야**
> · 산림의 과세 표준액 결정
> · 산림피해의 손실액과 보상액 산정
> · 산림에 대한 담보가치 결정

정답 39. ④ 40. ③ 41. ④ 42. ① 43. ①

44 벌기령에 대한 설명으로 옳은 것은?

① 임목이 실제로 벌채되는 연령
② 모든 임분을 일순벌하는데 필요한 기간
③ 맨 처음 택벌한 일정구역을 또 다시 택벌하는데 필요한 기간
④ 임분이 생장하는 과정에 있어서 어느 성숙기에 도달하는 계획상의 연수

> 해설
> 벌기령은 임목을 일정 성숙한 상태로 육성하는데 필요한 계획상의 연수 혹은 산림경영의 원칙하에 주벌수확기에 이른 나무의 나이를 의미한다.

45 임분의 재적을 측정하는 방법 중에서 표본점을 필요로 하지 않기 때문에 플롯레스 샘플링(plotless sampling)이라고 하는 방법은?

① 표본조사법　② 원형 표준지법
③ 대상 표준지법　④ 각산정 표준지법

> 해설
> 플롯레스 샘플링은 각산정 표준지법이라 하여 표준지 설정과 매목조사가 필요없고 임분의 흉고단면적의 합계를 이용하여 임분의 재적을 구하는 방법이다.

46 말구직경 26cm, 중앙직경 30cm, 원구직경 36cm, 재장이 4m 인 통나무 Huber 식에 의하여 계산한 재적은?

① 약 $0.212m^3$　② 약 $0.283m^3$
③ 약 $0.302m^3$　④ 약 $0.407m^3$

> 해설
> π×반지름²×재장
> =3.14×0.15²×4 ≒ 0.283(m^3)

47 산림경리의 업무내용 중 본업에 속하지 않는 것은?

① 수확규정　② 조림계획
③ 시설계획　④ 산림구획

> 해설
> 산림경리의 업무에서 본업은 주업이라 하며 시업체계의 조직, 수확규정, 조림계획, 시설계획이 있다. 산림구획은 전업에 해당된다.

48 평가방법에 따른 대상으로 올바르게 짝지어진 것은?

① 기망가 - 성숙림　② 매매가 - 장령림
③ 비용가 - 유령림　④ 자본가 - 중령림

> 해설
> 산림 평가 방법
> · 유령림 - 비용가법
> · 중령림 - Glaser 법
> · 장령림 - 임목기망가법
> · 성숙림 - 시장가역산법

49 임업의 경제적 특성으로 원목가격 구성요소에서 가장 큰 항목은?

① 지대　② 육림비
③ 운반비　④ 감가상각비

> 해설
> 원목가격의 대부분은 운반비이다.

정답　44. ④　45. ④　46. ②　47. ④　48. ③　49. ③

50 다음 조건에서 단일수입의 복리산식 중 전가계산식으로 옳은 것은?

- V_n : n 년 후의 후가
- V_0 : 전가
- p : 이율
- n : 년수

① $V_0 = \dfrac{V_n}{(1+p)^n}$

② $V_0 = \dfrac{V_n}{(1+p)^{n-1}}$

③ $V_n = \dfrac{V_0(1+p)^n}{p}$

④ $V_n = \dfrac{V_0(1+p)^{n-1}}{p}$

> **해설**
> 복리산식은 후가계산, 전가계산, 무한이자, 유한이자의 계산방법이 있으며 복리산식의 전가계산은 $V_0 = \dfrac{V_n}{(1+p)^n}$ 공식에 따른다.

51 우리나라 산림의 소유별 구조에서 가장 많은 비율을 차지하고 있는 것은?

① 국유림   ② 사유림
③ 도유림   ④ 군유림

> **해설**
> 사유림은 국내 산림면적의 약 60% 이상을 차지한다.

52 임분밀도를 나타내는 척도 중 우세목의 수고에 대한 임목간 평균거리의 백분율을 의미하는 것은?

① 입목도   ② 상대밀도
③ 상대공간지수   ④ 임분밀도지수

> **해설**
> 우세목의 수고를 기준으로 임목간의 평균거리의 백분율은 상대공간지수를 의미한다. 이때 임목간격은 직경, 수고, 수관 등의 요인에 의해 영향을 받는다.
> · 임도밀도지수 : 지위지수와 임령을 이용하며 동령림에 대한 밀도
> · 상대밀도 : 흉고단면적과 평균임분직경의 비율
> · 임목도 : 법정임분재적과 현재 재적의 비율

53 산림경영계획을 위한 지황조사 항목에 대한 설명으로 옳은 것은?

① 방위는 임지의 주 사면을 보고 4방위로 구분한다.
② 지리는 임지의 생산능력에 따라 m 단위로 표시한다.
③ 토양의 건습도는 일반적으로 습, 중, 건 3단계로 분류한다.
④ 경사도는 5단계로 구분하는데 가장 완만한 완경사지는 15° 미만을 말한다.

> **해설**
> 경사도는 완, 경, 급, 험, 절 5단계로 구분하며 완경사지는 15° 미만을 의미한다.
> ※ **경사도**
>
> | 구분 | 기준 |
> | --- | --- |
> | 완경사지(완) | 경사 15° 미만 |
> | 경사지(경) | 경사 15~20° 미만 |
> | 급경사지(급) | 경사 20~25° 미만 |
> | 험준지(험) | 경사 25~30° 미만 |
> | 절험지(절) | 경사 30° 이상 |

정답 50. ①   51. ②   52. ③   53. ④

54 임분 재적이 ha 당 180m³, 임분 형수가 0.4, 임분 평균 수고가 15m 인 경우 ha당 흉고단면적은?

① 4.8m²　　② 12m²
③ 30m²　　④ 72m²

해설
180 = 흉고단면적 × 15 × 0.4
흉고단면적(m²) = 30
※ 형수법
재적 = 단면적×높이×형수

55 임업자산 중 고정자산이 아닌 것은?

① 임도　　② 묘목
③ 집재도구　　④ 벌목기계

해설
묘목은 유동자산에 속한다.

고정자산	임지, 건물, 기계 등
유동자산	미처분임산물, 묘목, 비료, 종자 등
임목자산	임목축적

56 1000만m²의 산림에 대한 숲가꾸기 실시설계의 책임기술자를 배치하고자 할 때 필요한 인력에 해당하는 것은?

① 기능특급 산림경영기술자 1인
② 기술특급 산림경영기술자 1인
③ 해당 업무분야 실무경력 4년 이상 기술 1급 산림경영기술자 1인
④ 해당 업무분야 실무경력 6년 이상 기능 2급 산림경영기술자 1인

해설
면적 1200만m² 이하의 숲가꾸기의 경우 해당 업무경력 2년 이상의 기술특급 산림경영기술자 혹은 해당 업무경력 4년 이상인 기술 1급 산림경영기술자 1인이 필요하다.

57 취득원가에서 감가상각비 누계액을 뺀 후 장부원가에 일정율의 감가율을 곱하여 감가상각비를 산출하는 방법은?

① 정률법　　② 연수합계법
③ 생산량비례법　　④ 작업시간비례법

해설
정률법은 연도 초 가액의 일정 비율을 매년 감가상각액으로 감하는 방법이다.

58 어느 임분의 ha 당 20년 전 재적이 200m³이고 현재 재적이 300m³일 때, 이 임분의 재적을 Pressler 공식으로 계산한 생장률은?

① 2%　　② 3%
③ 4%　　④ 5%

해설
프레슬러 공식

$$\frac{\text{현재 재적} - n\text{년 전 재적}}{\text{현재 재적} + n\text{년 전 재적}} \times \frac{200}{n}$$

$$\to \frac{300만m^3 - 200만m^3}{300만m^3 + 200만m^3} \times \frac{200}{20} = 2(\%)$$

59 법정림에서 법정상태 요건이 아닌 것은?

① 법정축적　　② 법정수확
③ 법정생장량　　④ 법정영급분배

해설
법정림의 법정상태 요건으로 법정생장량, 법정축적, 법정임분배치, 법정영급분배이다.

정답 54. ③　55. ②　56. ③　57. ①　58. ①　59. ②

60 경영규모의 확장으로 인하여 물리적으로는 고정자산의 사용이 가능하지만 경제적 이유로 이를 사용할 수 없기 때문에 폐기시키는 경우에 해당하는 것은?

① 물리적 감가 ② 부적응 감가
③ 진부화 감가 ④ 부패·부식 감가

해설
사업의 변화 및 확장 등으로 인한 설비의 부적응의 경우 이를 부적응의 감가라 한다.

61 돌쌓기에서 모르타르나 콘크리트를 사용하는 것은?

① 메쌓기   ② 찰쌓기
③ 골쌓기   ④ 켜쌓기

해설
찰쌓기
- 돌쌓기 또는 벽돌을 쌓을 때 뒷채움에 콘크리트를 사용하고, 줄눈에 모르타르를 사용하는 공법이다.
- 찰쌓기공법에서는 메쌓기공법과는 달리 뒷면에서의 배수를 주의해야 하고 전면의 2~3m²당 지름 3cm 정도의 물빼기 구멍을 설치한다.

62 삭도 운재 방법에 대한 설명으로 옳지 않은 것은?

① 대량 운반이 용이하다.
② 임지 훼손을 최소화할 수 있다.
③ 험준한 지형에서도 설치가 가능하다.
④ 지정된 장소에서만 적재 및 하역이 가능하다.

해설
삭도 운재는 운반의 안전을 위해 적재량을 제한하기에 대량 운반이 어렵다.

63 목재의 충해와 균해를 방지(예방)하고, 장기간 보존하기 위하여 주로 사용되는 저목방법은?

① 수중저목   ② 최종저목
③ 중계저목   ④ 산지저목

해설
목재의 충해와 균해를 방지하기 위한 효율적인 장기 보관방법으로 물속에 저장하는 수중저목방법이 있다.

64 시멘트에 탄산나트륨이나 탄산칼슘을 넣으면 어떻게 되는가?

① 빨리 굳는다.
② 동해에 강하다.
③ 느리게 굳는다.
④ 방수효과가 있다.

해설
시멘트 제조시 탄산칼슘이나 탄산나트륨을 넣으면 빠르게 굳게 되고 이를 급결성이라 한다.

65 앞면·길이·뒷면·접촉부 및 허리치기의 치수를 특별히 맞도록 지정하여 제작한 석재는?

① 막깬돌   ② 견치돌
③ 야면석   ④ 호박돌

해설
견치돌은 특정 규격을 정해두고 깬 석재를 의미한다.

정답 60. ② 61. ② 62. ① 63. ① 64. ① 65. ②

66 기초공사에 대한 설명으로 옳지 않은 것은?

① 전면기초는 상부구조의 전면적을 받치는 단일 슬랩의 지지층에 실려 있는 형태이다.
② 확대기초는 직접기초의 일종으로 상부구조의 하중을 확대하여 직접 지반에 전달한다.
③ 직접기초는 견고한 지반 위에 기초콘크리트를 직접 시공하고 하중이 작용하도록 한다.
④ 공기케이슨기초는 큰 관과 같은 모양의 통내부를 수중굴착하여 침하시킨 다음 수중 콘크리트를 쳐서 만든 기초이다.

해설
공기케이슨기초는 작업시 굴착된 흙보다 밀려들어오는 흙이 더 많아 작업이 곤란한 곳에 사용하는 공법으로 압축공기의 압력을 이용하여 흙이나 물의 유입을 막는 방법이다.

67 계류보전사업에서 고려되어야 할 사항이 아닌 것은?

① 계류의 분류점과 합류점은 예각이 되도록 한다.
② 상류부에서 산지사방의 계간사방공사와 연계한다.
③ 계안이나 제방으로 보호할 곳은 기슭막이 시공을 해야 한다.
④ 하류부에서 골막이 또는 사방댐을 설치하여 산각을 고정한다.

해설
사방댐의 경우 유실되는 토사 및 자갈 등을 차단하기 위한 적정 장소에 설치하는 것이지 하류부에만 하는 것은 아니다. 골막이 역시 하천의 침식 방지를 위해 우려 지역에 설치하는 것이다.

68 작업로망 배치형태의 이용성이 가장 높은 형태는?

① 방사형
② 단선형
③ 간선수지형
④ 방사복합형

해설
작업로 배치 형태의 이용효율
수지형 > 어골형 > 단선형 > 방사형

 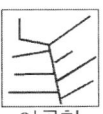  

수지형　어골형　단선형　방사형

69 임도시공에서 흙쌓기는 시공 후에 시일이 경과하면 수축하여 용적이 감소되어 공사면이 어느 정도 침하된다. 이를 보완하기 위해 시공하는 것은?

① 더쌓기
② 다지기
③ 단끊기
④ 물빼기

해설
흙쌓기를 할 때 5~10% 정도 더 쌓아 지반의 침하를 대비하는 작업을 더쌓기라 한다.

70 와이어로프의 폐기기준으로 옳지 않은 것은?

① 꼬임상태인 것
② 현저하게 변형 또는 부식된 것
③ 와이어로프 소선이 10분의 1 이상 절단된 것
④ 마모에 의한 직경 감소가 공칭직경의 10%를 초과하는 것

해설
마모에 의한 직경 감소가 공칭직경에 7% 초과할 경우 폐기한다.

정답 66. ④　67. ④　68. ③　69. ①　70. ④

71 아스팔트 포장작업 마무리 및 성토전압에 주로 사용하는 것은?

① 탬핑 롤러   ② 진동 롤러
③ 타이어 롤러 ④ 진동 콤팩터

해설
타이어롤러는 여러 타이어를 이용하여 흙이나 아스팔트 포장을 다지는 기기로 마무리 작업에 많이 이용된다.

72 임도의 종단기울기가 8%인 구간에 곡선부의 외쪽기울기를 6%로 설치할 때 합성기울기는?

① 2.0%   ② 6.9%
③ 10.0% ④ 14.0%

해설
합성기울기
$= \sqrt{종단기울기^2 + 횡단기울기^2}$
$= \sqrt{8^2 + 6^2} = 10(\%)$

73 임도의 폭이 5m, 반출할 목재의 길이가 20m인 경우에 임도의 최소곡선반지름은?

① 10m   ② 15m
③ 20m   ④ 25m

해설
최소곡선반지름
$R = \dfrac{l^2}{4B} = \dfrac{20^2}{4 \times 5} = \dfrac{400}{20} = 20$
R : 곡선반지름(m)
l : 통나무 길이(m)
B : 노폭(m)

74 비탈면의 녹화를 위한 사방공사에 속하지 않는 것은?

① 조공   ② 비탈덮기
③ 바자얽기 ④ 비탈다듬기

해설
비탈다듬기는 산지사방 기초공사에 속한다.
※ 기초공사 : 비탈다듬기, 누구막이, 흙막이, 골막이, 산비탈 배수로 등
※ 녹화공사 : 바자얽기, 줄떼다지기, 비탈덮기, 조공, 선떼붙이기 등

75 설계속도가 30km/h 인 일반지형 임도의 경우에 종단기울기 설치 기준은?

① 7% 이하   ② 8% 이하
③ 10% 이하 ④ 12% 이하

해설

설계속도 (km/hr)	종단기울기(순기울기,%)	
	일반지형	특수지형
40	7	10
30	8	12
20	9	14

76 방호책이나 가드레일 등을 노측에 설치하는 방법에 대한 설명으로 옳지 않은 것은?

① 임도의 축조한계 밖에 시설해야 한다.
② 표지와 같은 부속물은 절취 또는 성토 비탈면에 설치한다.
③ 옹벽 등에 설치하는 경우에는 기둥부분까지 마루나비를 넓힌다.
④ 축조한계와 접하여 설치하는 경우에는 기둥을 얕게 묻어 차량통행에 방해되지 않도록 한다.

해설
축조한계와 접하게 설치하는 경우 기둥을 아주 깊게 묻거나 콘크리트 기초공사를 실시해야 한다.

정답 71. ③ 72. ③ 73. ③ 74. ④ 75. ② 76. ④

77 비탈면에 자주 일어나는 침식형태로 산사태, 붕락, 포락 등에 해당하는 것은?

① 붕괴형 침식   ② 지중형 침식
③ 유동형 침식   ④ 땅밀림 침식

해설
붕괴형 침식의 종류로 산사태, 붕락, 산붕, 포락 등이 있다.

78 녹화용 피복자재가 아닌 것은?

① 식생반   ② 그라우트
③ 볏짚거적   ④ 쥬트네트

해설
그라우트는 갈라진 건축물이나 지반의 틈을 채우는 공법이다.

79 산림토양 10,000m³ 을 4m³ 용량의 덤프트럭으로 운반한다면 필요한 덤프트럭의 수는?(단, L = 1.25)

① 2,000대   ② 2,500대
③ 3,125대   ④ 3,425대

해설
산림토양 10,000m³ 기준 토양의 변화율을 고려하여 필요한 덤프트럭의 수를 구한다.
10,000m³ × 1.25 = 12,500 ÷ 4 = 3125
※ 토양의 변화율
· L : 흐트러진 상태 토량 / 자연상태 토량
· C : 다져진 상태 토량 / 자연상태 토량

80 사방댐 설계시 고려하여야 할 사항으로 옳은 것은?

① 댐의 하단부에 암석층이 없어야 한다.
② 구역이 긴 구간은 계단상 댐을 설치한다.
③ 평형기울기와 홍수기울기가 같아야 한다.
④ 댐 어깨가 접하는 곳에는 점토가 있어야 한다.

해설
사방댐 설치 장소
· 댐부분은 좁고 상류부분은 넓어 퇴사하기 용이한 곳
· 상류 계류 바닥 기울기가 완만하고 지류가 합류하는 곳
· 구역이 긴 구간의 경우 계단상으로 설치한다.
· 계상 및 양안에 암반이 존재하는 곳

정답   77. ①   78. ②   79. ③   80. ②

2018년 제1회 산림산업기사

01 묘목간 거리를 4m×4m로 2ha 조림하려 할 때 필요한 묘목 수량은?

① 약 1,250본 ② 약 2,500본
③ 약 12,500본 ④ 약 25,000본

해설
4m × 4m = 16m^2
20,000m^2 ÷ 16m^2 = 1,250본

02 한 임분을 구성하고 있는 임목 중 성숙한 임목만을 선별·벌채하는 갱신 방법은?

① 택벌작업 ② 산벌작업
③ 모수작업 ④ 중림작업

해설
택벌작업은 벌기 및 벌채량 등의 제한이 없고 성숙한 임목을 벌채하는 방법이다.

03 잣나무에 대한 설명으로 옳지 않은 것은?

① 뿌리는 심근성이다.
② 잎은 5개가 모여난다.
③ 천연갱신이 대체로 잘되는 편이다.
④ 고산지대 및 한랭한 기후에서 잘 자란다.

해설
천연갱신에 적합한 수종으로 소나무류, 자작나무류, 사시나무류 등이 적합하며 잣나무는 인공조림이 적합하다.

04 수목의 가지치기 방법으로 옳지 않은 것은?

① 늦은 겨울이나 이른 봄에 실시하는 것이 좋다.
② 가지의 지피융기선을 다치지 않게 주의해야 한다.
③ 죽은 가지도 잘라주어 유합조직의 형성을 도와준다.
④ 절단면이 마르면 줄기 쪽으로 다시 한 번 잘라준다.

해설
가지치기 이후 절단면의 융합을 돕기 위해 보호제 혹은 도포제를 바른다.

05 도태간벌에 대한 설명으로 옳지 않은 것은?

① 간벌양식으로 볼 때 하층간벌에 해당된다.
② 현재의 가장 우수한 개체를 선발하여 남기는 것이다.
③ 미래목 생장에 방해되지 않는 중층목과 하층목의 대부분을 존치한다.
④ 하층식생에 일시적으로 큰 수광량을 주어 복층구조를 유도하는 데는 좋다.

해설
도태간벌은 간벌양식으로 볼 때 상층간벌에 해당된다.

정답 01. ① 02. ① 03. ③ 04. ④ 05. ①

06 수목이 필요로 하는 무기양분 중에서 미량원소에 속하는 무기양분은?

① 인   ② 철
③ 황   ④ 칼슘

해설
철은 미량원소에 속한다.
※ **다량원소** : 탄소, 수소, 산소, 질소, 황, 칼륨, 마그네슘

07 겉씨식물에 해당되지 않는 수종은?

① 소철   ② 편백
③ 나한송   ④ 협죽도

해설
협죽도는 속씨식물에 속한다.

08 왜림작업에 사용되는 수종으로 묘목의 맹아력이 가장 강한 것은?

① 밤나무   ② 서어나무
③ 단풍나무   ④ 물푸레나무

해설
왜림작업에는 맹아력이 강한 참나무류, 물푸레나무, 서어나무 등이 있으나 그중에서 가장 강한 것은 밤나무이다.

09 우량 묘목의 조건이 아닌 것은?

① T/R 값이 3 정도인 것
② 측아가 정아보다 우세한 것
③ 발육이 왕성하고 조직이 충실한 것
④ 가지와 잎이 골고루 분포하고 줄기가 굵은 것

해설
측아 발달보다 정아가 우세한 것이 우량 묘목의 조건이다.

10 내음성이 가장 강한 수종은?

① *Ginkgo biloba*
② *Thuja orientalis*
③ *Abies holophylla*
④ *Juniperus chinensis*

해설
보기 중 전나무의 경우 음수로서 상대적으로 내음성이 가장 강하다.
① 은행나무 ② 측백나무 ③ 전나무 ④ 향나무

11 우리나라 산림대의 일반적 구분으로 옳은 것은?

① 한대림, 난대림, 열대림
② 한대림, 난대림, 아열대림
③ 아한대림, 온대림, 난대림
④ 한대림, 온대림, 난대림, 열대림

해설
우리나라 산림대는 일반적으로 난대림, 온대림, 아한대림으로 구분한다. 난대림은 주로 상록활엽수림이 발달하고 온대림은 신갈나무가 넓게 분포되며 아한대림의 경우 상록 침엽수가 분포되어 있다.

12 숲의 기능에 대한 설명으로 옳지 않은 것은?

① 소음 방지
② 토사유출 방지
③ 야생생물 보호
④ 목재 생산성 향상

해설
산림의 기능에는 수원함양 기능, 수질정화기능, 토사유출방지 기능, 야생동물 보호기능, 산림휴양 기능, 소음완화기능 등이 있다.

13 자유생장을 하는 수종은?

① 잣나무   ② 은행나무
③ 신갈나무   ④ 가문비나무

해설
자유생장을 하는 수종으로 은행나무, 낙엽송, 포플러, 자작나무 등이 있다.

정답 06. ② 07. ④ 08. ① 09. ② 10. ③ 11. ③ 12. ④ 13. ②

14 종자의 활력을 검사하는 방법이 아닌 것은?
① 절단법   ② 환원법
③ 부숙마찰법   ④ X선 분석법

해설
부숙마찰법은 종자의 탈종법에 속한다.

15 발아 촉진을 위해 침수처리를 하는 수종이 아닌 것은?
① 편백   ② 피나무
③ 삼나무   ④ 일본잎갈나무

해설
침수처리에 적합한 수종으로 낙엽송, 삼나무, 편백, 소나무 등이 있다. 피나무는 황산처리법이 적합하다.

16 우리나라 산림에서 적용하는 지위지수의 정의로 옳은 것은?
① 일정한 수령을 기준으로 하여 그 때의 재적으로 결정한다.
② 일정한 수령을 기준으로 하여 그 때의 흉고직경으로 결정한다.
③ 일정한 수령을 기준으로 하여 그 때의 흉고직경의 평균치로 결정한다.
④ 일정한 수령을 기준으로 하여 그 때의 수고로 결정한다.

해설
지위지수는 산림의 잠재생산력 혹은 생산력의 판단지표로서 일정 수령의 나무의 수고를 기준으로 한다.

17 상온의 건조한 실내에 종자를 저장할 때 발아력에 가장 심한 손상을 입는 수종은?
① 편백   ② 소나무
③ 신갈나무   ④ 일본잎갈나무

해설
참나무류인 신갈나무는 종자가 건조하면 발아력이 저하된다.

18 파종상에 해가림을 해주어야 하는 수종으로만 나열한 것은?
① 잣나무, 전나무
② 곰솔, 포플러류
③ 소나무, 가문비나무
④ 아까시나무, 일본잎갈나무

해설
해가림이 필요한 수종은 음수수종으로 잣나무, 주목, 가문비나무, 전나무 등이 있다.

19 제벌작업을 통해 나무의 고사상태를 알고 맹아력을 감소시키기에 가장 적합한 시기는?
① 봄   ② 여름
③ 가을   ④ 겨울

해설
제벌작업은 조림 후 5~10년 사이에 어린나무 가꾸기를 시작하는데 맹아력을 감소시키기 위해서 6~9월인 여름에 실시하는 것이 좋다.

20 개벌작업에 대한 설명으로 옳은 것은?
① 음수 수종의 갱신에 적당하다.
② 임지가 보호되어 지력이 증진될 수 있다.
③ 작업이 복잡하여 고도의 기술을 필요로 한다.
④ 동일한 규격의 목재를 생산하여 경제적으로 유리하다.

해설
개벌작업은 한 번에 모든 나무를 벌채하기에 동일한 규격의 목재를 생산하는데 유리하다.

21 미국흰불나방의 월동 형태는?
① 알   ② 유충
③ 성충   ④ 번데기

해설
미국흰불나방은 번데기 형태로 월동한다.

정답 14. ③ 15. ② 16. ④ 17. ③ 18. ① 19. ② 20. ④ 21. ④

22 묘목에 발생하는 수목병으로 병원체가 토양중에서 월동하지 않는 것은?

① 뿌리혹병
② 모잘록병
③ 바이러스병
④ 자주빛날개무늬병

해설
토양에서 월동하는 대표 병원체로는 뿌리혹선충류, 모잘록병, 오동나무빗자루병, 자줏빛날개무늬병균 등이 있다.

23 솔잎혹파리에 대한 설명으로 옳지 않은 것은?

① 번데기로 월동한다.
② 주요 천적으로 기생벌류가 있다.
③ 암컷 성충은 소나무의 침엽사이에 알을 낳는다.
④ 산란 및 부화최성기에 아세타미프리드 액제를 이용한 나무주사를 실시하여 방제한다.

해설
솔잎혹파리는 유충으로 월동한다.

24 리지나뿌리썩음병에 대한 설명으로 옳은 것은?

① 주로 활엽수에 발생한다.
② 담자포자에 의해 전염된다.
③ 자실체는 파상땅해파리버섯이다.
④ 우리나라에서만 발생하는 병이다.

해설
리지나뿌리썩음병의 자실체는 파상땅해파리버섯이다.

25 해충 발생량의 변동을 조사할 때 한 지역 내의 개체군 밀도 결정에 관여하지 않는 요인은?

① 출생률   ② 사망률
③ 변이율   ④ 이입률

해설
개체군의 밀도 결정에 있어 출생률, 사망률, 이입률이 영향을 준다.

26 잣나무 털녹병 방제방법으로 옳지 않은 것은?

① 벌기령을 단축한다.
② 가지치기를 실시한다.
③ 중간기주를 제거한다.
④ 병든 나무를 제거한다.

해설
잣나무털녹병은 담자균에 의해 발생하며 잎의 기공을 통해 침입하기에 가지치기의 효과가 적다.

27 충영을 형성하는 해충이 아닌 것은?

① 외줄면충   ② 밤나무혹벌
③ 솔잎혹파리   ④ 소나무솜벌레

해설
충영해충은 기주식물에 혹을 만드는 해충으로 밤나무순혹벌, 솔잎혹파리, 진딧물류 등이 있으며 소나무솜벌레의 경우 수액을 빨아먹는 흡즙성 해충으로 별도의 충영을 형성하지는 않는다.

28 산불을 인위적으로 적당히 활용하는 처방화입의 효용으로 옳지 않은 것은?

① 병충해를 방제할 수 있다.
② 야생 목초의 질과 양을 개량시킨다.
③ 임지의 조부식층을 보존할 수 있다.
④ 일부 수종의 천연하종을 가능하게 한다.

해설
처방화입을 적용하면 적당한 불을 넣어 조부식층을 제거하게 된다.

정답 22. ③ 23. ① 24. ③ 25. ③ 26. ① 27. ④ 28. ③

29 기주식물체의 표면을 덮고 광합성 작용을 방해하여 동화작용이 저해되어 수세가 약해지는 병으로, 주로 진딧물이나 깍지벌레에 기생했던 곳에서 발생하는 수목병은?

① 잎녹병　　② 털녹병
③ 그을음병　　④ 줄기마름병

> **해설**
> 그을음병
> ・깍지벌레, 진딧물 등 흡즙성 해충이 기생한 수목에 주로 관찰된다.
> ・식물의 동화작용을 방해하여 수세가 약해지게 한다.
> ・기주 수종으로 낙엽송, 소나무류, 버드나무 등이 있다.

30 밤바구미 방제에 사용하는 약제가 아닌 것은?

① 테부코나졸 유제
② 펜토에이트 분제
③ 카보설판 수화제
④ 티아클로프리드 액상수화제

> **해설**
> 밤바구미 방제에 사용되는 약제로 펜토에이트분제, 클로티아니딘액상수화제, 티아클로프리드액상수화제, 펜토에이트유제, 펜발러레이트유제, 페니트로티온유제, 카보설판수화제 등이 있다.

31 노거 수목의 지상부 외과 수술에서 공동부의 충진법으로 주로 이용되고 있는 것은?

① 목재 충진법
② 수지 충진법
③ 시멘트 충진법
④ 흙에 의한 충진법

> **해설**
> 노거 수목의 외과 수술로 수지 충진법이 주로 이용되며 이때 에폭시 수지, 발포성 수지, 불포화 폴리에스테르 수지 등이 있다.

32 수목병 방제를 위한 외과적 요법에 대한 설명으로 옳지 않은 것은?

① 바이러스나 파이토플라스마에 의한 병에는 효과가 없다.
② 외과적 처리 시기는 생장이 멈춘 늦가을에 하는 것이 좋다.
③ 수술방법은 피해부위에 따라 다르며 병환부는 완전히 제거해야 한다.
④ 절제부위는 살균 및 방부처리를 하여 상처부위를 통한 병원체의 2차 감염을 예방한다.

> **해설**
> 외과적 요법은 일반적으로 이른 봄에 처리하는 것이 좋다.

33 소나무 혹병의 병원균이 중간기주의 잎으로 날아갈 때의 포자 형태는?

① 소생자　　② 녹포자
③ 여름포자　　④ 녹병정자

> **해설**
> 소나무 혹병은 병원균인 녹포자(수포자)가 비산하여 중간기주인 참나무류로 이동한다.

34 바람으로 인한 피해로 가장 거리가 먼 것은?

① 수목의 형태 변형
② 토양의 양분 용탈
③ 수목의 동화 작용 방해
④ 수목의 과도한 증산 작용

> **해설**
> 토양의 양분 용탈은 주로 물에 의한 피해에 의해 발생한다.

정답 29. ③　30. ①　31. ②　32. ②　33. ②　34. ②

35 오리나무잎벌레에 대한 설명으로 옳지 않은 것은?

① 양성생식을 한다.
② 1년에 1회 발생한다.
③ 유충과 성충이 모두 잎을 갉아 먹는다.
④ 성충은 오리나무의 줄기에 알을 낳는다.

해설
오리나무잎벌레는 잎 뒷면에 알을 산란한다.

36 흡즙성 해충이 아닌 것은?

① 소나무좀
② 솔껍질깍지벌레
③ 버즘나무방패벌레
④ 느티나무벼룩바구미

해설
소나무좀은 천공성 해충에 속한다.

37 솔나방의 발생 예찰을 위한 방법으로 가장 적합한 것은?

① 번데기의 수를 조사한다.
② 성충의 산란수를 조사한다.
③ 산란기의 기상 상태를 조사한다.
④ 월동 전 유충의 밀도를 조사한다.

해설
소나무 재선충은 피해발생본수, 솔잎혹파리는 충영률 등 각각의 병충해에 특성에 맞추어 조사를 한다. 솔나방의 경우 충영밀도를 기준으로 한다.

38 수목병에 대한 임업적 방제법으로 옳은 것은?

① 저항성 수종을 심는다.
② 피해 임지에 약제를 살포한다.
③ 항생제를 병든 나무에 주사한다.
④ 항구, 공항, 국제우편국에서 식물 검역을 실시한다.

해설
임업적 방제법
· 내충성 품종 혹은 저항성 품종을 선택
· 간벌 및 밀도 조절
· 시비
· 혼효림의 조성

39 빗자루병에 걸린 대추나무에 나무 주사를 실시하여 치료하는 약제는?

① 베노밀
② NCS제
③ 사이클로헥사마이드
④ 옥시테트라사이클린

해설
파이토 플라스마에 의해 발생되는 대추나무빗자루병, 오동나무빗자루병은 테트라사이클린 약제를 수간주사 방법으로 투입한다.

40 아황산가스에 대한 저항성이 가장 약한 수종은?

① 향나무
② 벚나무
③ 사철나무
④ 회화나무

해설
아황산가스에 대한 저항성이 낮은 수종으로 소나무, 벚나무, 낙엽송 등이 있다.

정답 35. ④ 36. ① 37. ④ 38. ① 39. ④ 40. ②

41 25년생 소나무의 재적이 2.5m³일 때 평균생장량은?

① 0.010m³   ② 0.025m³
③ 0.100m³   ④ 0.250m³

> **해설**
> 평균생장량은 일정한 기간 내에 생장한 정기생장량을 그 기간의 년수로 나눈 값이다.
> 평균생장량 = $\dfrac{\text{현재 재적}}{\text{년수}} = \dfrac{2.5}{25} = 0.1(m^3)$

42 산림수확조절을 위한 방법으로 아래 Austrian 공식에 대한 설명으로 옳지 않은 것은?

$$Y = I + \left(\dfrac{G_a - G_r}{a}\right)$$

① a : 갱정기
② I : 총생장량
③ G_r : 법정축적
④ G_a : 현실임분의 축적

> **해설**
> Austrian 공식의 I는 연년생장량을 의미한다.
> ※ Austrian 공식
> Y = 연년생장량 + ($\dfrac{\text{현실임분축적} - \text{법정축적}}{\text{갱정기}}$)

43 임업경영 규모나 자산을 전년도와 비교하여 얼마나 변화하였는지 분석하는 방법은?

① 손익분석   ② 부채분석
③ 성장성 분석   ④ 감가상각비 분석

> **해설**
> 임업경영을 위해 경영규모와 자산을 이전의 데이터와 비교, 분석하는 것을 성장성 분석이라 하며 이러한 임목자산 성장성 분석지표 고려시 임목의 성장액, 임목자산의 증감률, 임목성장액의 내부 보유율을 지표로 활용한다.

44 산림평가 방법 중 수익방식의 장점으로 옳지 않은 것은?

① 과학적이고 논리적이다.
② 일반 경제원칙에서 대체의 원칙과 부합한다.
③ 평가자의 주관이 개입될 여지가 비교적 적다.
④ 안정된 시장에서는 데이터만 정확하면 대체로 가격이 정확하게 평가된다.

> **해설**
> 대체의 원칙은 말 그대로 대체가능한 다른 재화와 상호 연관성이 있어야 하며 용도, 유용성, 가격이 유사해야 성립이 된다. 그러나 수익방식의 경우 이러한 상호 대체 가능한 대상이 없어 부합하지 않는다.

45 우리나라의 경우 대경목으로 분류하는 흉고직경의 크기는?

① 18cm 이상   ② 28cm 이상
③ 30cm 이상   ④ 52cm 이상

> **해설**
> 대경목은 흉고직경 30cm 이상을 기준으로 한다.

46 n년 전의 재적을 v, 현재의 재적을 V 라고 할 때, m년 동안의 정기평균생장량은 V와 v의 평균재적에 대하여 몇 %에 해당하는지를 알아보기 위한 식은?

① Meyer   ② Denzin
③ Pressler   ④ Schneider

> **해설**
> Pressler 공식
> $P = \dfrac{V-v}{V+v} \times \dfrac{200}{n}$
> P : 생장률(%), V : 현재 재적,
> v : n년 전 재적, n : 년수

정답 41. ③ 42. ② 43. ③ 44. ② 45. ③ 46. ③

47 임가소득 중에서 임업소득이 차지하는 비율은?

① 임업소득률
② 임업의존도
③ 임업조수익
④ 임업소득가계충족률

해설
임업의존도는 임업소득을 임가소득으로 나눈값을 백분율로 나타낸 것이다.

48 원구단면적이 $0.35m^2$ 이고 말구단면적이 $0.25m^2$인 통나무의 길이가 6m라고 할 때 스말리안식에 의한 통나무의 재적은?

① $0.8m^3$
② $1.5m^3$
③ $1.8m^3$
④ $2.1m^3$

해설
스말리안식
$= \dfrac{\text{원구 단면적} + \text{말구단면적}}{2} \times \text{재장}$
$= \dfrac{0.35 + 0.25}{2} \times 6 = 1.8m^3$

49 시장가역산법에 의해 임목의 가치를 평가하려고 할 때 계산 항목에 포함되지 않는 것은?

① 임목 육성에 투입된 비용
② 벌출된 원목의 예측되는 시장가격
③ 벌출 운반에 소요될 것으로 예측되는 비용
④ 벌출·운반 및 매각사업에서 얻어질 수 있을 것으로 예측되는 정상이윤

해설
시장가역산법에서 조림 및 육림비와 관련된 임목 육성 투입 비용은 고려되지 않는다.
※ **시장가 역산법**
조재율 × $\left(\dfrac{\text{원목시장가}}{1 + \text{자본회수기간} \times \text{월이율} + \text{기업이율}} - \text{기타비용} \right)$

50 측고기를 사용하여 수고를 측정할 때 주의사항으로 옳은 것은?

① 수고 정도의 거리에서 측정한다.
② 수고보다 가까운 거리에서 측정한다.
③ 나무가 서 있는 등고선보다 높은 위치에 서만 측정한다.
④ 나무가 서 있는 등고선보다 낮은 위치에 서만 측정한다.

해설
수고 측정시 수고 정도의 거리에서 측정하도록 한다.

51 수종별 벌기령이 옳지 않은 것은?(단, 공·사 유림의 일반기준 벌기령을 적용)

① 소나무 : 40년
② 잣나무 : 50년
③ 참나무류 : 25년
④ 포플러류 : 10년

해설
주요 수종 기준 벌기령(공, 사유림 기준)
· 소나무 : 40년
· 잣나무 : 50년
· 포플러류 : 3년
· 참나무류 : 25년
· 낙엽송 : 30년

52 임목생산에 들어간 비용의 원리합계는?

① 지대
② 육림비
③ 노동비
④ 감가상각비

해설
임목생산 비용의 원리합계인 육림비는 노동비, 직접 재료비, 지대, 감가 상각비, 이자 등으로 구성된다.

정답 47. ② 48. ③ 49. ① 50. ① 51. ④ 52. ②

53 손익분기점 분석에 필요한 가정의 설명으로 옳은 것은?

① 제품을 생산하는 능률은 변함이 없다.
② 고정비는 생산량의 증감에 따라 변한다.
③ 생산량과 판매량은 항상 같은 것은 아니다.
④ 제품 한 단위당 변동비는 제품 생산이 늘어남에 따라 함께 증가한다.

[해설]
손익분기점 분석시 제품의 생산능력은 변화가 없음을 가정한다.

54 산림평가에 사용되는 임업이율의 성격으로 옳지 않은 것은?

① 대부이자가 아니고 자본이자이다.
② 현실이율이 아니고 평정이율이다.
③ 단기이율이 아니고 장기이율이다.
④ 명목적 이율이 아니고 실질적 이율이다.

[해설]
임업이율은 실질이율이 아닌 명목이율이다.
※ 임업이율의 성격
㉠ 임업이율은 대부이자가 아닌 자본이자이다.
㉡ 임업이율은 현실이율이 아닌 평정이율이다.
㉢ 임업이율은 실질이율이 아닌 명목이율이다.
㉣ 임업이율은 장기이율이다.

55 벌구식 택벌작업급에 있어서 택벌구가 일순 택벌된 다음 최초의 택벌구로 벌채가 되돌아오는데 소요되는 기간은?

① 갱신기 ② 윤벌기
③ 개량기 ④ 회귀년

[해설]
최초 벌채된 지역인 벌구에 다시 작업을 하는데 까지의 소요기간을 회귀년을 말한다.

56 임업 및 산촌진흥 촉진에 관한 법률에 의한 '임업인'에 해당하지 않는 것은?

① 1년 중 30일 이상 임업에 종사하는 자
② 3ha 이상 산림에서 임업을 경영하는 자
③ 산림조합법 제 18조에 따른 조합원으로 임업을 경영하는 자
④ 임업경영을 통한 임산물의 연간 판매액이 120만원 이상인 자

[해설]
임업인은 1년 중 90일 이상 임업에 종사하는 자를 말한다.
※ 임업인 정의
· 3ha 이상의 산림에서 임업을 경영하는 자
· 1년 중 90일 이상 임업에 종사하는 자
· 산림경영을 통한 임산물의 연간 판매액이 100만원 이상인 자
· 산림조합법 18조에 의거 조합원으로 임업을 경영하는 자

57 10만원으로 임지를 구입하고 5년이 경과했을 때 임지비용가는?(단, 이율은 5%)

① 약 7,830원 ② 약 63,800원
③ 약 87,500원 ④ 약 127,630원

[해설]
임지비용가 = 비용 × $(1+이율)^{기간}$
= $100,000 \times (1+0.05)^5$
= 127,628원 ≒ 약 127,630원

58 법정림의 4가지 요건에 해당되지 않는 것은?

① 법정축적 ② 법정수확
③ 법정생장량 ④ 법정영급분배

[해설]
법정림의 법정상태 요건으로 법정생장량, 법정축적, 법정임분배치, 법정영급분배이다.

정답 53. ① 54. ④ 55. ④ 56. ① 57. ④ 58. ②

59 지황조사 항목이 아닌 것은?
① 방위　② 지리
③ 지위　④ 소밀도

> **해설**
> 소밀도는 임황조사 항목이다.
> ※ **임황조사 항목** : 임종, 임상, 수종, 혼효율, 임령, 영급, 수고, 경급, 소밀도, 축적 등

60 임업노동의 특성에 대한 설명으로 옳지 않은 것은?
① 단위면적당 노동량이 많고 노동강도가 강하다.
② 산림경영 규모가 작아서 기계의 연속 가동일수가 짧다.
③ 작업장소인 산림까지의 이동시간이 길어서 실제 작업시간은 짧다.
④ 농업 노동력을 벌채·운반노동에 이용하려면 별도의 훈련이 필요하다.

> **해설**
> 임업노동은 단위면적당 노동이 농업의 노동강도에 비해 적은편이다.

61 설계속도가 30km/시간, 마찰계수가 0.15, 노면의 횡단물매가 0.15 인 경우 임도 노선의 최소곡선반지름은?
① 20.6m　② 21.6m
③ 22.6m　④ 23.6m

> **해설**
> $$\frac{설계속도^2}{127(타이어 마찰계수 + 노면횡단물매)}$$
> $$= \frac{30^2}{127(0.15+0.15)} \fallingdotseq 23.6$$

62 평판측량의 장점으로 옳지 않은 것은?
① 오측을 쉽게 발견할 수 있다.
② 내업이 다른 측량보다 적은 편이다.
③ 기상에 따른 영향을 거의 받지 않는다.
④ 현장에서 제도하므로 정확하게 표시할 수 있다.

> **해설**
> 날씨의 영향으로 종이의 신축으로 종이의 오차가 발생하고 작업능률이 저하된다.
> ※ **평판측량 장점**
> ・현장에서 제도하기에 정확한 표시가 가능하다.
> ・과실의 발견이 용이해 수정이 가능하다.
> ・방법이 간단해 작업이 신속하고 기구의 운반이 용이하다.

63 척박한 황폐지의 녹화수종으로 가장 부적합한 것은?
① 소나무　② 싸리류
③ 오리나무　④ 서어나무

> **해설**
> 황폐지 녹화수종으로 소나무, 싸리류, 오리나무, 리기다소나무, 졸참나무 등이 있다. 이들은 황폐한 임지에서도 생장이 왕성하고 뿌리 자람이 좋아 토양의 긴박력과 병충해 등의 저항력이 크다.

64 산지 침식의 주요 요인이 아닌 것은?
① 지리적 요인　② 기상적 요인
③ 지형적 요인　④ 지질적 요인

> **해설**
> 산지 침식에는 강우량, 경사, 토양의 성질 등 기상적, 지형적, 지질적 요인의 영향이 크게 작용한다.

정답　59. ④　60. ①　61. ④　62. ③　63. ④　64. ①

65 트랙터집재와 비교한 가선집재의 장점으로 옳은 것은?

① 작업이 단순하다.
② 작업생산성이 높다.
③ 장비구입비가 저렴하다.
④ 잔존 임분에 피해가 적다.

해설
가선집재의 경우 공중에서 와이어로프로 이동을 하기에 잔존 임분의 피해가 적다.

66 나무운반미끄럼틀을 이용한 집재 시 스위치백(switch back)을 설치하는 곳은?

① 암석지　　② 훼손지
③ 급경사지　④ 급한 굴곡지

해설
급한 굴곡지나 가파른 산악지형에서 정상적인 운반이 어려울 경우 스위치백을 설치한다.

67 해안지역의 모래언덕에 조림하는 수종으로 가장 부적합한 것은?

① 곰솔, 소나무, 아까시나무 등의 수종
② 양분과 수분에 대한 요구도가 높은 수종
③ 온도의 변화와 강한 바람에 잘 견디는 수종
④ 왕성한 낙엽, 낙지 등으로 지력을 증진시키는 수종

해설
해안지역의 모래언덕에 조림 수종은 양분과 수분의 요구도가 적어야 한다.
※ **해안사지 조림 수종 구비 조건**
· 양분과 수분 요구도가 적을 것
· 온도의 급격한 변화에 잘 견딜 것
· 비사, 한해, 조해 등의 피해에 잘 견딜 것
· 울폐력이 좋고 낙엽, 낙지 등으로 지력을 증진시킬 수 있을 것

68 임도 시공에서 흙쌓기 공사에 대한 설명으로 옳지 않은 것은?

① 시공면의 침하를 고려하여 더쌓기를 실시한다.
② 흙쌓는 두께 30~50cm 마다 흙다지기를 해야 한다.
③ 흙쌓기 비탈면은 줄떼다지기 등의 보호공사를 실시해야 한다.
④ 더쌓기의 두께는 기준 높이의 20~25%를 표준으로 한다.

해설
더쌓기의 두께는 기준 높이의 5~10% 를 표준으로 한다.

69 견치돌에 대한 설명으로 옳지 않은 것은?

① 마름돌과 같이 고가의 재료이다.
② 특별한 규격으로 다듬은 석재이다.
③ 사방댐이나 옹벽에는 사용하지 않는다.
④ 견고를 요하는 돌쌓기 공사에 사용한다.

해설
견치돌은 주로 견고를 요구하는 돌쌓기, 옹벽공사 등에 사용된다.

70 1ha 당 적정 임도밀도가 20m일 때 집재거리는?

① 62.5m　　② 125.0m
③ 187.5m　④ 250.0m

해설
적정임도밀도에서의 집재거리의 산출은 아래와 같이 도출한다.
집재거리
$= \dfrac{10,000}{\text{적정임도밀도} \times 2} = \dfrac{10,000}{20 \times 2} = 250m$

정답　65. ④　66. ④　67. ②　68. ④　69. ③　70. ④

71 인공 수로에서 윤변이 30m이고, 유적이 15m 일 때 경심은?

① 0.5m   ② 1.0m
③ 1.5m   ④ 2.0m

해설
유적 / 윤변 = 경심 → 15 / 30 = 0.5

72 임도 노선의 실제 측량 시에 중심말뚝의 측점은 몇 m 간격마다 설치하는가?

① 10m   ② 20m
③ 30m   ④ 40m

해설
중심선측량에서 중심말뚝의 측점은 20m 간격으로 설치한다.

73 조공식 파종공법에 대한 설명으로 옳지 않은 것은?

① 사용되는 비료는 속효성 비료보다 지효성 비료가 좋다.
② 파종구에 토양과 비료를 잘 혼합한 후 체로 쳐서 사용한다.
③ 파종 후에는 잘 밟아주고 다시 약간의 흙덮기를 하여 준다.
④ 비탈면에 일정간격으로 수평계단을 설치하고 계단 안에 파종구를 설치한다.

해설
조공식 파종공법은 빠른 생육을 위해 속효성 비료가 사용된다.
※ **조공식 파종공법** : 비탈다듬기 공사를 실시하고 비탈면이나 계단간 비탈에 30~50cm 마다 너비 15~20cm 의 수평계단을 설치하고 너비 10cm 정도의 파종구를 파 시비와 객토를 하고 그 위에 파종하는 공법이다.

74 산사태나 산붕의 위험성이 가장 높은 토질은?

① 점토   ② 사질토
③ 미사토   ④ 사질양토

해설
산사태나 산붕은 주로 사질토로 된 곳에서 발생하고 땅밀림 침식은 점성토로 된 곳에서 많이 발생한다.

75 일반지형에서 설계속도가 20km/시간인 경우 종단기울기는?

① 7% 이하   ② 9% 이하
③ 10% 이하   ④ 14% 이하

해설

설계속도 (km/hr)	종단기울기(순기울기,%)	
	일반지형	특수지형
40	7	10
30	8	12
20	9	14

76 임목수확작업 시 벌도, 가지치기, 토막내기, 조재목 마름질에 가장 적합한 기계는?

① 포워더(forwarder)
② 하베스터(harvester)
③ 프로세서(processor)
④ 펠러번처(feller buncher)

해설
임목을 벌목하여 가지자르기, 토막내기 작업을 일관된 공정으로 작업할 수 있는 다공정 벌채장비이다.

정답 71. ① 72. ② 73. ① 74. ② 75. ② 76. ②

77 체인톱에 대한 설명으로 옳지 않은 것은?

① 체인톱 몸통의 수명은 약 1500시간이다.
② 휘발유와 체인톱 전용오일의 혼합비는 40 : 1 이다.
③ 체인톱 날 처짐은 상관없으나 볼트, 너트 풀림 상태는 항상 확인하여야 한다.
④ 우리나라에서 주로 사용되는 체인톱 기종은 배기량 30 ~ 70cc 정도의 소형 및 중형이다.

해설
체인톱의 안전을 위해 볼트 및 너트 풀림 상태 등은 항상 확인하는 것이 좋다.

78 산림의 단위 면적당 임도연장으로 나타내는 양적 지표는?

① 임도밀도　　② 산림개발도
③ 임도효율요인　④ 평균집재거리

해설
임도밀도는 총연장거리를 총면적으로 나눈 값으로 산림의 단위 면적당 임도연장으로 나타내는 양적 지표로 활용된다.

79 잔골재 크기에 대한 구분 방법으로 다음 (　) 안을 순서대로 올바르게 나열한 것은?

> 한국산업표준(KS F 2523)에서는 잔골재란 (　　)mm 체를 통과하고 (　　)mm 체를 거의 다 통과하며 (　　)mm 체에 거의 남은 입상 상태의 암석

① 10, 5, 2.5　　② 5, 2.5, 0.08
③ 10, 5, 0.08　④ 10, 2.5, 0.08

해설
잔골재의 크기는 한국산업표준에 의거 10 mm 체를 전부 통과하고 5mm 체를 거의 다 통과하며 0.08mm 체에 거의 다 남는 골재를 잔골재라 한다.

80 임도 설계서에서 예정공정표 작성 시 점검하는 사항으로 가장 거리가 먼 것은?

① 작업의 난이도
② 계절적인 조건
③ 시방서 준수여부
④ 기술인력 투입정도

해설
임도 설계서에서 예정공정표는 작업의 난이도, 계절적인 조건, 기술인원, 자재구입 사항, 장비 등을 점검해야 한다.

정답 77. ③　78. ①　79. ③　80. ③

2018년 제2회 산림산업기사

01 솎아베기(간벌)에 대한 설명으로 옳지 않은 것은?

① 임분의 수평 구조를 개선하여 임분 안정화 도모
② 임연부를 보호 관리하고 자연고사에 의한 손실을 방지
③ 수령과 생장이 증가됨에 따라 확장되는 일정한 생육공간을 조절
④ 임분 구성에 부적당하거나 해로운 나무를 제거하여 임분의 가치 증진

해설
간벌을 하면 하층식생이 발달하여 임분의 수직구조를 개선하여 임분의 안정화를 도모한다.

02 어떤 수목이 1000cc의 물을 증산시켜 2g의 건물질을 생산하였다. 이에 대한 설명으로 옳지 않은 것은?

① 증산능은 1 이다.
② 증산비는 1 : 500 이다.
③ 증산계수는 500 이다.
④ 1g 의 건물질을 만드는 증산량은 500cc 이다.

해설
1kg 물 기준 2g 의 경우 증산능은 2이다.

03 참나무류에 대한 지위지수(A)와 경사도(B)의 관계를 가장 잘 나타낸 것은?

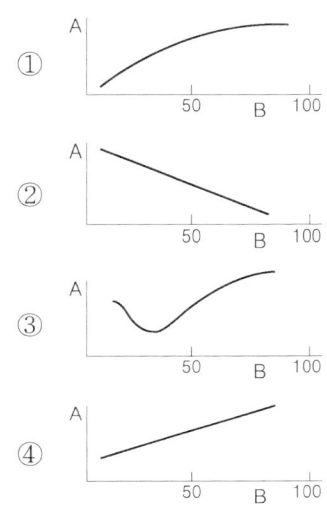

해설
지위지수는 토양, 지형, 입지 조건으로 임지의 생산능력을 나타내는 지표이다. 경사도는 나무의 공간지수 및 밀도에 영향을 주게 되고 경사가 급할수록 지위지수는 낮아지는 반비례 관계가 형성된다.

04 주요 조림 수종인 잣나무에 대한 설명으로 옳지 않은 것은?

① 내한성이 강하다.
② 잎은 5개씩 모여난다.
③ 충청 이남 지역에 주로 식재한다.
④ 학명은 *Pinus koraiensis* Siebold & Zucc. 이다.

해설
잣나무는 대부분 고산지대에 식재되어 있다.

정답 01. ① 02. ① 03. ② 04. ③

05 양수 수종을 조림할 경우 밑깎기 작업으로 가장 적합한 방법은?

① 줄깎기   ② 평깎기
③ 둘레깎기   ④ 전면깎기

해설
전면깎기는 임지가 비옥하고 식재목에 광선이 많이 요구되는 양수수종에 적합하다.

06 참나무류의 숲을 왜림작업에 의해 갱신하려고 할 때 적절한 벌채 시기는?

① 연중 실시
② 성장 휴지기
③ 성장 왕성기
④ 성장휴지기 2~3개월 전

해설
일반적으로 참나무류는 맹아갱신을 주로 하는데 이때 작업방법인 왜림작업은 벌채된 그루터기에 맹아가 발생하기에 수액 이동이 없는 성장 휴지기에 주로 작업을 실시한다.

07 수목에 필요한 무기영양 중에서 질소와 인 다음으로 결핍되기 쉬우며, 결핍증상으로 황화현상이 나타나며 뿌리썩음병이 잘 걸리게 되는 원소는?

① 칼륨   ② 질소
③ 붕소   ④ 알루미늄

해설
칼륨이 부족할 경우 황화현상이 일어나고 뿌리썩음병의 발생확률이 높아진다.

08 숲을 구성하고 있는 나무의 나이가 같거나 거의 비슷하게 구성된 산림은?

① 혼효림   ② 천연림
③ 이령림   ④ 동령림

해설
나무의 나이가 같은 경우로 임분을 구성하는 나무의 수령 범위가 평균임령의 20% 내외 이면 동령림으로 취급한다.

09 수목이 이용 가능한 토양의 수분은?

① 흡습수   ② 중력수
③ 결합수   ④ 모관수

해설
모관수는 유효수분이라 하며 식물이 흡수 가능한 수분이다.

10 결실주기가 가장 긴 수종은?

① *Alnus japonica*
② *Larix kaempferi*
③ *Zelkova serrata*
④ *Cryptomeria japonica*

해설
일본잎갈나무는 보기에서 5년 이상으로 가장 결실주기가 길다.
① 오리나무 ② 일본잎갈나무(낙엽송)
③ 느티나무 ④ 삼나무

정답 05. ④ 06. ② 07. ① 08. ④ 09. ④ 10. ②

11 묘포적지 선정 시 고려 사항으로 옳지 않은 것은?

① 교통과 노동력의 공급 조건을 검토한다.
② 위도가 높고 한랭한 지역은 동남향이 유리하다.
③ 보통 묘포토양은 평탄한 지역의 점토질 토양이 유리하다.
④ 봄철 파종 시 건조조건이 문제가 되므로 관개 및 배수의 편리성을 검토한다.

> **해설**
> 점질토양의 경우 배구가 거의 되지 않으며 5° 이하의 경사지가 적합하다. 묘포지는 배수가 양호한 사양토가 적합하다.

12 개벌천연하종갱신을 적용하여 후계림을 조성하는데 적절하지 않은 수종은?

① 잣나무   ② 소나무
③ 오리나무 ④ 물푸레나무

> **해설**
> 개벌에 의한 천연하종갱신에 적합한 수종으로 소나무류, 자작나무류, 사시나무류, 들메나무, 난티나무 등에 적용할 수 있다. 잣나무의 경우 인공조림에 의하며 주로 산벌작업이 적합하다.

13 제벌에 대한 설명으로 옳지 않은 것은?

① 조림목이 임관을 형성한 뒤부터 간벌하기 전에 실행한다.
② 조림목 하나하나의 성장보다는 임상을 정비하여 임분 전체의 형질을 향상시키는데 목적을 둔다.
③ 조림수종이 그 임지에 적합하여 성림이 잘될 것 같으면 침입한 천연생목은 원칙적으로 제거한다.
④ 비용만 들고 산물은 거의 이용되지 않으므로 임분의 형질향상을 위해 실시시기를 늦추는 것이 유리하다.

> **해설**
> 제벌작업은 밑깎기와 간벌작업의 중간에 실시되는 작업으로 제벌대상목이 왕성하게 성장하는 6~9월 사이 실시하는 것이 원칙이며 늦어도 11월에 실시한다.

14 발아율을 나타내는 계산식은?

① (시험한 종자의 수 ÷ 발아한 종자의 수) × 100 %
② (발아한 종자의 수 ÷ 시험한 종자의 수) × 100 %
③ (발아한 종자의 수 - 시험한 종자의 수) × 100 %
④ (시험한 종자의 수 - 발아한 종자의 수) × 100 %

> **해설**
> 발아율은 준비한 전체 시료 종자수에서 일정기간 동안 발아된 종자입수의 백분율로 표시하며 공식은 아래와 같다.
> $$발아율(\%) = \frac{발아한 종자 수}{전체 시료 종자수} \times 100$$

정답 11. ③ 12. ① 13. ④ 14. ②

15 삽목 번식이 가장 잘되는 수종은?

① 개나리, 회양목
② 밤나무, 소나무
③ 낙우송, 느티나무
④ 두릅나무, 아까시나무

> 해설
> 삽목 번식이 용이한 수종으로 포플러, 은행나무, 주목, 개나리, 꽝꽝나무, 동백나무, 회양목 등이 있다.

16 양수에 해당하는 수종은?

① 주목, 비자나무
② 편백, 솔송나무
③ 소나무, 사시나무
④ 전나무, 가문비나무

> 해설
> 양수 수종에는 은행나무, 소나무류, 측백나무, 향나무, 낙우송, 밤나무, 오리나무, 사시나무 등이 있다.

17 발아촉진 방법이 아닌 것은?

① 냉수침적법　② 노천매장법
③ X선 처리법　④ 화학약품 처리

> 해설
> X선 처리법은 발아검사 방법 중 하나이다.

18 자웅이주에 해당하는 수종으로만 나열된 것은?

① 주목, 소나무
② 주목, 은행나무
③ 잣나무, 은행나무
④ 잣나무, 상수리나무

> 해설
> 자웅이주 수종으로 식나무, 은행나무, 삼나무, 초피나무, 소철, 주목 등이 있다.

19 식재거리가 같을 때 정삼각형 식재는 정방형 식재보다 몇 % 나 더 묘목을 식재하는가?

① 7.5　　② 10.0
③ 12.0　　④ 15.5

> 해설
> 정삼각형 식재는 정방형 식재에 비해 식재 본수가 15.5% 증가한다.

20 산벌작업에서 하종벌을 적용하기에 가장 적절한 시기는?

① 유령기 때
② 갱신 주기 때
③ 결실량이 많을 때
④ 하층식생이 많을 때

> 해설
> 하종벌은 예비벌 실시 3~5년 후에 종자의 결실량이 많을 때 실시한다.

21 토양소독을 위한 물리적 방법이 아닌 것은?

① 소토법　　② 훈증법
③ 전기가열법　④ 증기소독법

> 해설
> 훈증법은 약품을 사용하는 화학적 방법이다.

22 향나무 녹병균(녹포자)이 배나무에서 향나무로 전파하는 시기는?

① 12 ~ 2월경　② 3 ~ 5월경
③ 6 ~ 8월경　④ 9 ~ 11월경

> 해설
> 녹포자는 5~6월 바람에 의해 향나무로 전반된다.

정답 15. ① 16. ③ 17. ③ 18. ② 19. ④ 20. ③ 21. ② 22. ③

23 천공성 해충에 해당하는 것은?
① 솔나방   ② 독나방
③ 박쥐나방   ④ 참나무재주나방

해설
박쥐나방은 줄기를 가해하는 천공성 해충이다.

24 내화력이 가장 약한 수종은?
① 은행나무   ② 고로쇠나무
③ 가문비나무   ④ 아까시나무

해설
내화력이 약한 수종으로 소나무, 해송, 편백, 녹나무, 아까시나무 등이 있다.

25 유충으로 월동하는 해충은?
① 소나무좀
② 솔잎혹파리
③ 참나무재주나방
④ 오리나무잎벌레

해설
솔잎혹파리는 지피물아래나 땅속에서 유충형태로 월동한다.

26 정주성 내부기생선충 종으로 정착한 주변 세포를 비정상적으로 비대하게 만들어 영양 저장고로 이용하는 기작을 가지고 있으며 밤나무, 오동나무 등의 묘목을 재배한 묘포에서 많이 발생하는 것은?
① 스턴트선충   ② 뿌리혹선충
③ 소나무재선충   ④ 뿌리썩이선충

해설
뿌리혹선충은 뿌리에 기생하여 뿌리조직이 혹모양으로 비대하는데 이는 세포분열에 이상이 생겨 발생하는 현상이다. 방제를 위해 연작을 피하고 토양 소독을 실시한다.

27 한해(旱害 : drought injury)의 피해를 가장 적게 받는 수종은?
① 소나무   ② 오리나무
③ 버드나무   ④ 포플러류

해설
한해의 피해가 발생하기 쉬운 수종으로 버드나무, 오리나무, 들메나무, 포플러 등이 있다.

28 주로 기공 감염을 하는 수목병은?
① 소나무 잎떨림병
② 밤나무 줄기마름병
③ 오동나무 빗자루병
④ 뽕나무 자줏빛날개무늬병

해설
소나무잎떨림병균은 자연개구부 중 잎의 기공으로 침입한다.

29 곤충의 다리에 대한 설명으로 옳지 않은 것은?
① 곤충에도 발톱이 있다.
② 다리는 가슴에 붙어 있다.
③ 곤충의 다리는 대부분 3마디이다.
④ 다리의 기부에서부터 볼 때 마지막 마디는 발마디(tarsus)이다.

해설
곤충의 다리는 5마디로 되어 있다.

30 유충기가 가장 긴 해충은?
① 솔나방   ② 매미나방
③ 어스렝이나방   ④ 미국흰불나방

해설
솔나방은 성충이 되기 위해 약 1년 정도의 긴 유충기간을 가진다.

정답 23. ③ 24. ④ 25. ② 26. ② 27. ① 28. ① 29. ③ 30. ①

31 미국흰불나방이 월동하는 형태는?
① 알 ② 성충
③ 유충 ④ 번데기

해설
미국흰불나방은 번데기 형태로 월동한다.

32 솔껍질깍지벌레의 생태적 특성으로 옳지 않은 것은?
① 부화약충의 발생시기는 4월경이다.
② 연 1회 발생하며 후약충으로 월동한다.
③ 암컷은 알주머니를 형성한 후 산란한다.
④ 수컷은 완전변태를 하며 암컷은 불완전변태를 한다.

해설
부화약충의 발생시기는 5월 상순 ~ 6월 상순이다.

33 밤나무 줄기마름병의 방제 방법으로 가장 효과적인 것은?
① 매개충을 구제한다.
② 중간기주를 제거한다.
③ 병든 부위를 도려내고 도포제를 발라준다.
④ 항생제 계통 약제로 나무주사를 실시한다.

해설
상처부위로 감염되기에 상처에 주의하고 병든 부위는 도려내 도포제로 처리한다.

34 오리나무잎벌레에 대한 설명으로 옳지 않은 것은?
① 번데기를 형성한다.
② 1년에 1회 발생한다.
③ 유충과 성충이 모두 잎을 가해한다.
④ 낙엽이나 지피물 밑에서 유충으로 월동한다.

해설
오리나무잎벌레는 성충형태로 지피물 혹은 흙속에 월동한다.

35 군집생활을 하며 임목을 고사시키는 조류는?
① 할매새 ② 동박새
③ 왜가리 ④ 산비둘기

해설
백로, 왜가리는 4~6월이 번식기로 산성인 배설물로 나무에 피해를 주며 군집생활을 하여 주변 주민들에게 냄새 및 소음 등으로 피해를 주기도 한다.

36 단위생식에 의해서 증식하는 해충은?
① 솔잎혹파리
② 밤나무혹벌
③ 오리나무잎벌레
④ 아까시잎혹파리

해설
암컷만으로 하는 생식을 단위생식, 처녀생식이라 하며 대표적으로 밤나무혹벌, 민다듬이벌레 등이 대표적이다.

37 참나무 시들음병의 전반 경로는?
① 물 ② 바람
③ 종자 ④ 매개충

해설
참나무 시들음병은 매개충인 광릉긴나무좀에 의해 전반된다.

정답 31. ④ 32. ① 33. ③ 34. ④ 35. ③ 36. ② 37. ④

38 윤작은 어떤 병원균의 방제에 효과가 좋은가?

① 기주범위가 좁고, 기주가 없이도 오래 생존하는 것
② 기주범위가 넓고, 기주가 없이도 오래 생존하는 것
③ 기주범위가 넓고, 기주가 없으며 오래 생존하지 못하는 것
④ 기주범위가 좁고, 기주가 없으면 오래 생존하지 못하는 것

> **해설**
> 윤작은 기주범위가 좁고 기주식물이 없으며 오래 생존할 수 없는 병원균에 효과가 좋으며 대표적으로 오동나무 탄저병, 오리나무갈색무늬병 등이 있다.

39 대추나무 빗자루병의 방제법으로 옳지 않은 것은?

① 썩덩나무노린재를 구제한다.
② 옥시테트라사이클린을 수간에 주입한다.
③ 병든 가지와 병든 줄기를 모두 소각한다.
④ 병든 나무는 분주를 통해 퍼져 나가므로 반드시 병든 나무도 제거해야 한다.

> **해설**
> 대추나무 빗자루병의 매개충은 마름무늬매미충이다.

40 소나무 재선충병의 방제법으로 옳지 않은 것은?

① 피해목을 훈증한다.
② 광릉긴나무좀을 구제한다.
③ 이목을 설치하여 소각 및 패쇄한다.
④ 소나무 주변으로 토양관주를 실시한다.

> **해설**
> 소나무 재선충병의 매개충은 솔수염하늘소로 이를 구제한다.

41 산림기본법에 명시된 산림경영계획으로 옳은 것은?

① 산림기본계획, 지역산림계획
② 산림기본계획, 광역산림계획
③ 산림종합계획, 지역산림계획
④ 산림종합계획, 광역산림계획

> **해설**
> 산림기본법에 명시된 산림경영계획은 산림기본계획과 지역산림계획이 있다.

42 주로 원가관리 목적과 재고자산 평가 등의 용도로 활용하는 원가는?

① 표준원가   ② 변동원가
③ 고정원가   ④ 기회원가

> **해설**
> 원가관리를 위해 실제원가와 비교할 수 있는 표준원가를 계산하는데 이때 사용되는 표준원가는 원가관리 목적과 재고자산 평가의 용도로 활용된다.

43 법정림에 대한 설명으로 옳은 것은?

① 법으로 정해진 산림
② 목재 수확을 위해 지정한 산림
③ 해마다 균등하게 목재를 수확할 수 있는 산림
④ 산림 파괴를 막기 위해 정부가 보호하는 산림

> **해설**
> 법정림은 보속적인 목재 수확이 가능한 산림으로 경제성과 보속성을 동시에 만족시키는 산림을 말한다.

정답 38. ④ 39. ① 40. ② 41. ① 42. ① 43. ③

44 단위면적에서 수확되는 목재생산량이 최대가 되는 연령을 벌기령으로 하는 방법은?

① 수익률 최대의 벌기령
② 화폐수익 최대의 벌기령
③ 재적수확 최대의 벌기령
④ 토지 순수익 최대의 벌기령

해설
재적수확 최대 벌기령은 단위면적당 평균적인 목재생산량이 최대가 되는 시점이다.

45 벌기 이상의 임목 평가법으로 가장 적절한 것은?

① Glaser 법   ② 임목비용가법
③ 임목기망가법 ④ 시장가역산법

해설
시장가 역산법은 원목의 시장가를 조사하여 역산하는 방법, 간접적으로 입목가격을 측정하는 방법이다.

※ **임목평가**

유령림	임목비용가법
벌기 미만 장령림	임목기망가법
중령림	임목비용가법, Glaser 법
벌기 이상 임목	시장가역산법

46 다음 ( ) 안에 알맞은 것은?

> 산림조사에서 매목조사 시 흉고직경은 (A)cm 괄약으로 수종별로 측정하여 기록하되 (B)cm 미만은 측정하지 않는다.

① A : 2, B : 2   ② A : 2, B : 6
③ A : 6, B : 2   ④ A : 6, B : 6

해설
산림조사시 흉고직경은 2cm 괄약으로 측정하고 6cm 미만은 측정하지 않는다.

47 매년 말에 r 씩 영구히 수득할 수 있는 무한연년이자의 전가합계식(K)은? (단, p=연이율)

① $K = \dfrac{r}{0.0p}$

② $K = \dfrac{r}{1.0p}$

③ $K = \dfrac{r}{1.0p - 1}$

④ $K = \dfrac{r}{1.0p + 1}$

해설
해마다 연말에 수입이 발생하므로 무한연년이자의 전가계산방법을 이용한다.

48 일반적으로 사용하는 원가 비교 방법이 아닌 것은?

① 기간비교   ② 상호비교
③ 표준실제비교 ④ 부가가치비교

해설
원가비교 방법은 기간비교, 상호비교, 표준실제비교가 있다.

49 산림평가에서 유동자본에 해당하지 않는 것은?

① 조림비   ② 관리비
③ 사업비   ④ 제재소 설치비

해설
제재소 설치자본의 경우 고정자본에 해당한다.
※ **고정자본** : 임지, 건물, 임도, 차량, 제재소설치비 등
※ **유동자본** : 종자, 비료, 묘목, 감독비, 운반 및 소모품비 등

정답 44. ③ 45. ④ 46. ② 47. ① 48. ④ 49. ④

50 산림조사에 관한 설명으로 옳지 않은 것은?

① 지위의 임지생산력 판단지표이다.
② 임종은 침엽수림, 활엽수림, 침활혼효림으로 구분한다.
③ 혼효율은 수종별 입목재적, 본수, 수관점유면적 비율에 의하여 백분율로 산정한다.
④ 소밀도는 조사면적에 대한 입목의 수관면적이 차지하는 비율을 백분율로 표시한다.

> **해설**
> 임종은 천연림, 인공림으로 구분한다.

51 국유림경영계획 실행상황을 평가하는데 해당되지 않는 것은?

① 예비평가   ② 중간평가
③ 사전평가   ④ 최종평가

> **해설**
> 국유림경영계획 실행상황 평가 항목으로 연간, 중간, 최종 평가로 구분하여 실행한다.

52 산림경영의 지도원칙 중 보속성의 원칙에 대한 설명으로 옳은 것은?

① 공공경제성의 원칙·경제후생의 원칙이라고도 한다.
② 최소 비용에 대한 최대 효과의 원칙이라고 할 수 있다.
③ 자연에 순응하고 어울리는 복지적 경영을 해야 하는 고차원적 원칙이다.
④ 산림에서 매년 수확을 균등적, 항상적으로 계속되도록 경영하려는 원칙이다.

> **해설**
> 보속성의 원칙은 해마다 목재의 수확이 일정하도록 하는 원칙이다.
> ※ **임업경영의 지도원칙 종류** : 수익성 원칙, 경제성 원칙, 생산성 원칙, 공공성 원칙, 보속성 원칙, 합자연성 원칙, 환경보전 원칙

53 수간석해의 방법으로 총재적을 얻을 때 고려하지 않아도 되는 것은?

① 근주재적   ② 지조재적
③ 결정간재적 ④ 초단부재적

> **해설**
> 수간재적은 계산 시 초단부재적, 근주재적, 결정간재적을 나누어 계산 후 총재적으로 합산한다.

54 감가가 발생하는 요인 중 물리적 감가에 해당되는 것은?

① 부적응에 의한 감가
② 진부화에 의한 감가
③ 경제적 요인에 의한 감가
④ 마모, 손상 및 오손에 의한 감가

> **해설**
> 물리적 감가는 시간의 흐름이나 외부 작용에 의해 마모, 마멸, 손상, 파손 등에 의한 감가를 말한다.

55 윤벌기와 관련된 작업으로 가장 적합한 것은?

① 개벌작업   ② 택벌작업
③ 모수작업   ④ 왜림작업

> **해설**
> 보속작업에 있어서 하나의 작업급에 속하는 모든 임분을 일순벌 하는데 소요되는 기간을 윤벌기라 하며 이는 임분을 한번에 벌채하는 개벌작업에 관련된다.

정답 50. ② 51. ③ 52. ④ 53. ② 54. ④ 55. ①

56 다음 도표에서 손익분기점은?

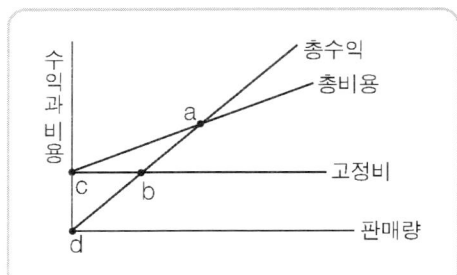

① a ② b
③ c ④ d

해설
총수익과 총비용이 같아지는 지점을 손익분기점이라 한다.

---

57 어떤 입목의 수피 외직경이 14cm 이고, 수피 두께가 5mm 일 때 수피 내직경은?

① 12.0cm ② 12.5cm
③ 13.0cm ④ 13.5cm

해설
14cm − (2×5mm) = 13cm

---

58 다음과 같은 이령림의 평균임령은?

수령	10년	15년	20년
본수	120본	100본	80본

① 약 13.8년 ② 약 14.3년
③ 약 14.8년 ④ 약 15.3년

해설
평균임령
$= \dfrac{(10 \times 120) + (15 \times 100) + (20 \times 80)}{120 + 100 + 80}$
≒ 약 14.3년

---

59 사유림의 규모가 15ha 일 때 해당하는 경영형태는?

① 농가임업 ② 부업적임업
③ 겸업적임업 ④ 주업적임업

해설
사유림 규모가 15ha 경우 5~30ha 범위의 부업적임업에 속한다.

※ 사유림의 경영주체

구분	면적	특징
농가임업	5ha 미만	목재생산 목적보다 농용재 및 개인 용도 등으로 사용
부업적임업	5~30 ha	농업과 부업적 경영을 목적
겸업적임업	30~100 ha	농업, 축산업등의 다른 사업과 함께 임업을 경영
주업적임업	100 ha 이상	임업경영을 주목적으로 별도의 경영진을 보유

---

60 현 산림축적이 ha 당 1000m³이고 연평균 생장률이 3% 일 때, 10년 후 산림 축적을 복리식 후가계산식으로 계산하면?

① 약 131m³ ② 약 1305m³
③ 약 1344m³ ④ 약 13786m³

해설
$A \times (1+P)^m$
$= 1000 \times (1+0.03)^{10}$
$≒ 1000 \times 1.3439 ≒ 1344$

정답 56. ① 57. ③ 58. ② 59. ② 60. ③

61 유역내 강수량 관측지점의 면적이 각각 100ha, 150ha, 250ha 이다. 각각의 면적에서 측정한 강수량이 각각 110mm, 100mm, 115mm 일 때 Thiessen 법으로 계산한 평균강수량은?

① 약 100mm ② 약 105mm
③ 약 110mm ④ 약 115mm

해설
Thiessen 의 가중평균법은 각 관측장소의 면적에 대한 가중치를 반영하여 구하도록 한다.
평균강수량
$= \dfrac{(110 \times 100) + (100 \times 150) + (115 \times 250)}{100 + 150 + 250}$
$≒ 110$

62 임도의 평면선형에서 사용되는 곡선이 아닌 것은?

① 단곡선 ② 이중곡선
③ 복심곡선 ④ 배향곡선

해설
평면선형에 사용되는 곡선으로 단곡선, 복심곡선, 배향곡선, 반대곡선이 있다.

63 계류의 상류부에 축설하는 시설물로서 반수면만을 축조하는 공작물은?

① 사방댐 ② 골막이
③ 밑막이 ④ 기슭막이

해설
골막이의 경우 반수면만 설치하고 대수면은 채우기를 한다.

64 산지사방의 목표와 거리가 먼 것은?

① 산사태의 방지
② 붕괴의 확대방지
③ 표토침식의 방지
④ 계상침식의 방지

해설
계상침식의 방지는 야계사방공사의 목표이다.

65 임도의 종단곡선 기준으로 옳은 것은?(단, 설계속도 40km/시간 인 경우)

① 종단곡선의 길이 : 20m 이상
② 종단곡선의 길이 : 30m 이상
③ 종단곡선의 반경 : 250m 이상
④ 종단곡선의 반경 : 450m 이상

해설
종단곡선

설계속도 (km/hr)	종단곡선 반경 (m)	종단곡선의 길이 (m)
40	450 이상	40 이상
30	250 이상	30 이상
20	100 이상	20 이상

66 돌망태에 관한 설명으로 옳지 않은 것은?

① 작업실행이 쉽다.
② 표면의 조도가 크다.
③ 가설공사에 주로 사용된다.
④ 내구성이 길어 영구적이다.

해설
돌망태는 내구성이 부족한 것이 단점이다.
※ **돌망태**
돌망태는 주로 철선이나 섶 등의 선형재료를 이용하여 엮은 원형 혹은 이불형, 정육면체형 등의 망태로 호박돌, 굵은 자갈, 잡석 등을 채운 것을 의미한다. 돌망태의 표면은 조도가 크고 굴요성이 좋으며 작업성이 좋은 장점이 있으나 다소 내구성이 부족한 단점을 가진다.

정답 61. ③ 62. ② 63. ② 64. ④ 65. ④ 66. ④

67 임도의 노체를 시공하는 순서로 옳은 것은?

① 노상 → 노반 → 기층 → 표층
② 노반 → 노상 → 기층 → 표층
③ 노상 → 노반 → 표층 → 기층
④ 노반 → 노상 → 표층 → 기층

해설
임도의 시공순서는 하층인 노상을 시작으로 노반, 기층, 표층 순서로 실시한다.

68 돌을 다듬을 때 앞면·길이·뒷면·접촉부 및 허리치기의 차수를 특별한 규격에 맞도록 하여 만든 석재는?

① 깬돌   ② 사석
③ 견치돌   ④ 야면석

해설
견치돌은 특정 규격을 정해두고 깬 석재를 의미한다.

69 대경재 벌목 방법으로 옳지 않은 것은?

① 쐐기나 지렛대를 이용한다.
② 기계톱에 무리한 힘을 가하지 않는다.
③ 바버체어(baber chair)가 발생하도록 작업한다.
④ 목재 손실을 방지하기 위해 옆면노치 자르기를 한다.

해설
바버체어는 벌목시 수간의 수직방향으로 갈라진 임목을 의미하여 불충분한 수구 작업으로 인해 발생하는데 바버체어가 발생하지 않고 깨끗하게 절단하는 것이 좋다.

70 자연적인 현상에 의한 황폐지 유형이 아닌 것은?

① 훼손지   ② 붕괴지
③ 밀린땅   ④ 황폐계류

해설
훼손지는 인위적으로 토지의 형질에 변화가 발생한 곳을 의미한다. 대표적으로 절취사면, 성토사면, 채석장 등이 있다.

71 한 측점에서 많은 점의 시준이 안 되고, 길고 좁은 지역의 측량에 주로 이용되는 방법은?

① 도선법   ② 방사법
③ 전방교회법 ④ 측방교회법

해설
도선법은 측량시 한 지점에서 다음 지점으로 측량기계를 차례로 옮기면서 방향과 거리를 측정하여 도상에 다각형을 결정하는 방법으로 구역이 좁고 길거나 장애물이 있어서 교차법을 사용할 수 없는 경우 사용한다.

72 퇴사울타리를 설치할 때 기준 높이는?

① 0.5m   ② 1.0m
③ 1.5m   ④ 2.0m

해설
퇴사울타리의 높이는 1m 정도로 한다.

73 씨뿌리기공법에 해당되지 않은 것은?

① 섶뿌리기   ② 점뿌리기
③ 흩어뿌리기   ④ 분사식씨뿌리기

해설
씨뿌리기 공법에는 줄뿌리기, 흩어뿌리기, 점뿌리기, 항공파종 등이 있다.

정답 67. ① 68. ③ 69. ③ 70. ① 71. ① 72. ② 73. ①

74 임도설계업무 순서로 옳은 것은?

① 답사→예비조사→예측→실측→설계도 작성→공사수량의 산출→설계서작성
② 답사→예측→예비조사→실측→설계도 작성→공사수량의 산출→설계서작성
③ 예비조사→예측→답사→실측→설계도 작성→공사수량의 산출→설계서작성
④ 예비조사→답사→예측→실측→설계도 작성→공사수량의 산출→설계서작성

해설

임도설계 순서
예비조사 → 답사 → 예측 → 실측 → 설계도 작성 → 공사량 산출 → 설계서 작성

75 반출할 목재의 길이가 10m 이고, 임도의 나비가 5m 일 때 최소곡선반지름은?

① 3m ② 4m
③ 5m ④ 6m

해설

최소곡선반지름

$R = \dfrac{l^2}{4B} = \dfrac{10^2}{4 \times 5} = \dfrac{100}{20} = 5$

R : 곡선반지름(m)
l : 통나무길이(m)
B : 노폭(m)

76 와이어로프에 대한 설명으로 옳은 것은?

① 임업용 와이어로프는 스트랜드의 수가 4개인 것을 많이 사용한다.
② 보통꼬임은 꼬임이 안정되어 킹크가 생기기 어렵고 취급이 용이하다.
③ 랑꼬임은 꼬임이 풀리기 쉬워 킹크가 일어나기 쉽고 보통꼬임보다 강도가 낮다.
④ 와이어의 꼬임과 스트랜드의 꼬임이 동일방향으로 된 것을 보통꼬임이라 한다.

해설

보통고임은 킹크가 잘 일어나지 않는다. 단, 마모 정도는 높은 편이다.

77 등고선 간격이 10m인 1 : 25000 지형도에서 종단 기울기가 8% 가 되게 노선을 그릴 때 도상의 수평거리는?

① 4mm ② 5mm
③ 8mm ④ 10mm

해설

8 : 100 = 10 : 수평거리
→ 수평거리 : 125m
양각기 1폭 : 125m × 1/25000 = 5mm

78 도저의 블레이드면의 방향이 진행방향의 중심선에 대하여 20~30°의 경사가 진 것은?

① 불도저   ② 틸트도저
③ 앵글도저 ④ 스트레이트도저

해설

앵글도저는 블레이드면의 진행 방향을 좌우로 각도 변환이 가능하며 이때 중심선에 대해 20~30° 경사가 있다.

정답 74. ④ 75. ③ 76. ② 77. ② 78. ③

79 임도 개설 시 m³당 임목수집비를 고려할 때 효율성과 경제성이 가장 큰 위치는?

① 산복부 ② 능선부
③ 계곡부 ④ 복합지역

해설
산록부와 산복부에 설치하는 산복임도는 집재작업 효율이 높아 임목수집비가 적게 들어 경제적이다.

80 벌목작업 시 벌도목이 인근 나무에 걸렸을 때 해결방법으로 가장 적합한 것은?

① 걸려있는 인근 나무를 베도록 한다.
② 걸치고 있는 나무를 벌도하여 함께 넘긴다.
③ 걸린 나무에 올라가 흔들어 떨어뜨리도록 한다.
④ 지렛대를 사용하여 걸린 나무를 돌려 낙하되도록 한다.

해설
벌목작업 도중에 옆의 나무에 걸렸을 경우 지렛대를 이용하여 작업자의 반대 방향으로 나무를 돌려 낙하시킨다.

정답 79. ① 80. ④

2018년 제3회 산림산업기사

01 암수한그루로만 바르게 나열한 것은?
① 왕버들, 소철
② 은행나무, 버드나무
③ 굴참나무, 오리나무
④ 물푸레나무, 사시나무

해설
암수한그루는 자웅동주로서 오리나무, 삼나무, 소나무, 너도밤나무, 자작나무, 굴참나무 등이 있다.

02 양수 및 음수에 대한 설명으로 옳지 않은 것은?
① 양수는 음수보다 광포화점이 높다.
② 소나무는 양수이고 주목은 음수이다.
③ 양수는 음수보다 낮은 광도에서 광합성 효율이 높다.
④ 양수와 음수는 햇빛을 좋아하는 정도가 아니라 그늘에 견딜 수 있는 내음성의 정도에 따라 구분한다.

해설
음수는 양수보다 낮은 광도에서 광합성 효율이 높다.

03 수목이 이용하는 필수원소 중 미량원소에 해당하는 것은?
① 철
② 황
③ 칼슘
④ 마그네슘

해설
철은 미량원소에 속한다.
※ **다량원소** : 탄소, 수소, 산소, 질소, 황, 칼륨, 마그네슘

04 사람이 이용한 적이 없고 산불이나 병해충 등에 의한 큰 피해가 없는 산림은?
① 순림
② 원시림
③ 천연림
④ 인공림

해설
원시림은 사람의 이용이 없고 재해를 받은 적이 없는 산림을 말하며 처녀림이라고도 한다.

05 임지에 질소 성분을 증가시키기 위해 식재하는 비료목으로만 나열한 것은?
① 싸리, 오리나무
② 소나무, 잣나무
③ 대나무, 삼나무
④ 리기다소나무, 리기테다소나무

해설
대표적인 비료목으로 콩과수종에는 아까시나무, 싸리, 칡, 자귀나무 등이 있으며 비콩과수종에는 오리나무, 소귀나무, 보리수나무 등이 있다.

06 수목이 이용 가능한 수분으로 토양입자와 물분자 간의 부착력에 의하여 토양에 남아 있는 수분은?
① 결합수
② 중력수
③ 범람수
④ 모세관수

해설
모세관수는 토양에서 이용가능한 수분은 모세관수이며 pF 3.0이며 중력에 저항하여 토양입자와 물분자 간의 부착력에 의해 모세관 사이에 남아있다.

정답 01. ③ 02. ③ 03. ① 04. ② 05. ① 06. ④

07 뿌리를 건전하게 하고 에너지의 저장과 공급에 중요한 역할을 하는 원소는?

① 철   ② 인산
③ 질소   ④ 칼슘

해설
인산은 뿌리의 신장을 촉진하고 내한성 및 내건성을 향상시킨다. 결핍 시 뿌리의 생육이 나빠져 발육이 늦어진다.

08 파종조림이 가장 용이한 수종으로만 나열한 것은?

① 잣나무, 박달나무
② 복자기, 단풍나무
③ 소나무, 상수리나무
④ 분비나무, 일본잎갈나무

해설
파종조림에는 소나무, 해송 등의 침엽수종이나 가래나무, 밤나무, 상수리나무, 졸참나무, 신갈나무 등의 활엽수종이 적합하다.

09 가지치기에 대한 설명으로 옳은 것은?

① 수액 유동이 원활한 계절에 실시한다.
② 포플러류는 으뜸가지 이하의 가지만 제거한다.
③ 가지의 절단면에 빗물이 고이면 유합이 빨라진다.
④ 단풍나무 및 느릅나무는 생가지치기를 하여도 부후의 위험성이 없다.

해설
참나무류, 사시나무, 포플러류 등은 역지(으뜸가지) 이하의 가지만 잘라준다.

10 Hawley 간벌 방법 중 주로 준우세목이 벌채되며 우량목에 지장을 주는 중간목과 우세목도 일부 벌채하는 간벌 방법은?

① 하층간벌   ② 수관간벌
③ 도태간벌   ④ 택벌식 간벌

해설
수관간벌은 상층을 소개하여 같은 층을 구성하는 우량개체의 생육을 촉진하는데 목적이 있다. 주로 준우세목이 벌채되며, 우량목에 지장을 주는 중간목과 우세목도 일부 벌채된다.

11 계절적으로 종자의 성숙시기가 가장 빠른 수종은?

① 오리나무   ② 버드나무
③ 호두나무   ④ 느티나무

해설
보기 중 종자의 성숙시기가 가장 빠른 수종은 버드나무이다.
① 오리나무 - 10월
② 버드나무 - 5월
③ 호두나무 - 9월
④ 느티나무 - 10월

12 묘목 식재에 대한 설명으로 옳지 않은 것은?

① 겨울철에는 동해나 한해를 고려하여야 한다.
② 주로 봄에 식재하지만 가을에 식재하기도 한다.
③ 용기묘는 온실에서 키운 후 곧바로 산지에 식재한다.
④ 봄철 식재는 서리의 피해가 우려되지 않을 때 심는 것이 좋다.

해설
용기묘는 온실에서 키운 후 주위의 환경 및 계절을 고려하여 산지에 식재한다.

정답 07. ② 08. ③ 09. ② 10. ② 11. ② 12. ③

13 종자의 품질에 대한 설명으로 옳지 않은 것은?

① 순량율은 순정종자의 비율을 의미한다.
② 발아율은 일정 기간 내에 발아된 종자의 비율을 의미한다.
③ 발아세는 단기간 내 일시에 발아된 종자의 비율을 의미한다.
④ 효율은 발아율과 발아세를 곱하여 표시한 것으로 종자의 품질을 의미한다.

해설
종자의 효율은 발아율과 순량율을 곱하여 표시한다.

14 주로 입선법으로 종자를 정선하는 수종은?

① *Picea jezoensis*
② *Larix kaempferi*
③ *Pinus densiflora*
④ *Juglans mandshurica*

해설
입선법은 굵은 종자나 열매를 손으로 구별하는 방법으로 대립종자가 적합하며 가래나무의 경우 종자의 크기가 4~8cm 정도로 큰 편이다.
① 가문비나무 ② 일본잎갈나무 ③ 소나무
④ 가래나무

15 갱신이 어떤 기간 안에 이루어져야 한다는 제한이 없고 성숙한 임목을 선택적으로 벌채하는 작업종은?

① 택벌작업   ② 개벌작업
③ 모수작업   ④ 산벌작업

해설
택벌작업은 벌기, 벌채량, 방법 등 제한이 없고 성숙한 임목을 골라 벌채하는 방법이다.

16 벌구 위에 서 있는 임목 전부를 일시 벌채하는 용어에 해당하는 것은?

① 1벌   ② 3벌
③ 윤벌   ④ 초벌

해설
임목 전부를 한번에 벌채하는 것을 1벌이라 한다.

17 모수작업으로 천연갱신이 가장 어려운 수종은?

① 곰솔   ② 소나무
③ 자작나무 ④ 서어나무

해설
모수작업은 소나무, 낙엽송 등의 양수 수종에 적합한 작업 방법이다. 서어나무는 음수 수종이다.

18 정삼각형 식재와 정방형 식재의 본수 관계로 옳은 것은?

① 정삼각형 식재가 정방형 식재보다 11.5% 적다.
② 정삼각형 식재가 정방형 식재보다 11.5% 많다.
③ 정삼각형 식재가 정방형 식재보다 15.5% 적다.
④ 정삼각형 식재가 정방형 식재보다 15.5% 많다.

해설
정삼각형 식재가 정방형 식재 대비 묘목의 1본이 차지하는 면적은 86.6% 감소하고 식재 묘목본수는 15.5% 증가한다.

19 지하자엽 발아형에 속하는 수종은?

① 버드나무   ② 단풍나무
③ 아까시나무 ④ 물푸레나무

해설
지하자엽형에는 참나무류, 밤나무, 호두나무, 가래나무, 버드나무 등이 있다.

정답   13. ④ 14. ④ 15. ① 16. ① 17. ④ 18. ④ 19. ①

20 어린나무 가꾸기 작업 시기에 대한 설명으로 옳은 것은?

① 식재 후 바로 실시한다.
② 주로 겨울철에 작업한다.
③ 수관경쟁이 시작될 때 실시한다.
④ 솎아베기 작업 후 1년 이내에 실시한다.

해설
작업은 조림 후 5~10년이 경과한 임분에 실시하며 수관경쟁이 시작될 무렵 실시한다. 작업은 주로 6~9월 사이 유해수종을 제거하고 밀생지의 경우 공간 조절을 할 수 있다.

21 지표식물을 이용하여 발병 여부를 확인할 수 있는 병은?

① 낙엽송 잎떨림병
② 참나무 시들음병
③ 밤나무 가지마름병
④ 아까시나무 모자이크병

해설
바이러스병의 경우 지표식물인 담배, 콩 등을 이용하면 발병 여부를 확인할 수 있다.

22 아황산가스로 인한 수목의 피해 증상 및 영향에 대한 설명으로 옳지 않은 것은?

① 대기의 습도가 낮은 경우에는 가스가 정체되어 피해가 현저하게 나타난다.
② 만성증상은 수목의 생육이 왕성한 늦봄과 초여름에 최고로 민감하게 나타난다.
③ 급성증상은 잎의 주변부와 엽맥 사이에 조직의 괴사와 연반현상이 나타난다.
④ 기공으로 흡수된 아황산가스의 대부분은 황산 또는 황산염으로 되어 접촉부위 부근에 축적된다.

해설
아황산가스의 경우 습도가 높을 때 피해가 현저하게 나타난다.

23 모잘록병에 대한 설명으로 옳지 않은 것은?

① 거의 모든 수종에 발병할 수 있다.
② 병원균은 난균류와 자낭균류가 있다.
③ 묘상이 과습하지 않도록 배수와 통풍에 주의한다.
④ 어린 묘목의 뿌리 또는 지체부가 주로 감염된다.

해설
모잘록병의 병원균은 진균이다.

24 솔나방에 대한 설명으로 옳지 않은 것은?

① 종실을 가해한다.
② 7~8월에 우화한다.
③ 유충 상태로 월동한다.
④ 알을 무더기로 낳는다.

해설
솔나방은 식엽성 해충으로 잎을 가해한다.
※ 솔나방
· 소나무, 해송 등에 피해를 준다.
· 1년에 1회 발생
· 5령충이 지피물 혹은 나무껍질 사이에 월동
· 8령충이 번데기가 되어 이후 나방이 된다.

25 나무껍질 사이에서 월동하는 해충은?

① 밤바구미
② 솔잎혹파리
③ 어스렝이나방
④ 잣나무넓적잎벌

해설
어스렝이나방은 알 형태로 나무껍질 사이나 줄기의 수피위에 월동한다.

정답 20. ③ 21. ④ 22. ① 23. ② 24. ① 25. ③

26 수목병의 임업적 방제법에 대한 설명으로 옳지 않은 것은?

① 묘목은 건강하게 키워야 하며, 취급에도 주의해야 한다.
② 특정한 병의 발생이 예상될 경우에는 다른 수종을 심는다.
③ 부후병 방지를 위해서 봄에서 초여름에 걸쳐 벌채하는 것이 좋다.
④ 조림지와 유사한 환경조건을 가진 임지의 우량한 모수에서 채취한 종자를 심는다.

> 해설
> 부후병 방제를 위해 건전부위까지 잘라 소각하도록 한다.

27 수목에 발생하는 흰가루병의 표징에 대한 설명으로 옳은 것은?

① 병환부에 나타난 흰가루는 감로에 곰팡이가 자란 것이다.
② 병환부에 나타난 흰가루는 병원균의 완전세대이다.
③ 병환부에 나타난 흰가루는 병원균의 분생포자이다.
④ 봄철 병환부에 나타난 미세한 흑색의 알맹이는 불완전세대인 자낭구이다.

> 해설
> 병환부의 흰가루부분은 분생포자에 의한 병징이다.

28 매미나방에 대한 설명으로 옳지 않은 것은?

① 침엽수와 활엽수의 잎을 식해한다.
② 암컷은 밤낮을 활발하게 날며 수컷을 찾는다.
③ 연 1회 발생하며 나무줄기에서 알로 월동한다.
④ 부화유충은 4~5일간 알덩어리 주위에 있다가 바람에 날려 분산한다.

> 해설
> 암컷은 몸이 무거워 멀리 날지 못하지만 수컷은 활발하게 활동하며 밤낮으로 암컷을 찾아다닌다.

29 토양 속의 자유생활선충과 비교한 식물기생성 선충의 대표적인 형태적 특징은?

① 입의 유무   ② 구침의 유무
③ 몸체가 투명 ④ 뱀장어 모양

> 해설
> 자유생활을 하는 비기생성 선충에는 구침이 없다. 식물기생선충은 구침을 이용하여 양분을 흡수한다.

30 산불 관련 실효습도의 정의로 옳은 것은?

① 토양의 함수량
② 임분 내의 평균습도
③ 당일 대기 중 상대습도 3회의 평균치
④ 당일을 포함한 최근 일의 상대습도에 가중치를 붙인 평균 습도

> 해설
> 수일 전부터 당일까지의 습도를 합해 계수를 곱하여 계산한양 혹은 상대습도의 가중치를 붙인 평균습도이다. 목재를 이용하여 평가하기도 하여 화재 발생의 위험도를 표시하는 습도로 이용된다. 실효습도가 50% 이하가 될 경우 화재 발생의 가능성이 높다라고 한다.

정답 26. ③ 27. ③ 28. ② 29. ② 30. ④

31 농약에 의한 수목의 약해에 대한 설명으로 옳지 않은 것은?

① 줄기 또는 잎이 변색된다.
② 피해가 심할 경우 고사한다.
③ 태풍이 지나간 후 살포하면 약해를 받기 쉽다.
④ 두 가지 이상의 살충제를 혼용하면 약해가 줄어든다.

해설
약제를 혼용하여 저항성 발현을 억제하는데 이를 약제혼용이라 한다. 혼합한 약제는 즉시 살포를 원칙으로 하나 약제의 특성상 혼합이 어려운 경우가 많다.

32 곤충의 호흡이 이루어지는 기관은?

① 기문　　② 인두
③ 내분비계　　④ 말피기관

해설
곤충의 호흡은 기문을 통해 이루어진다. 그래서 훈증제의 경우 가스 상태로 해충의 기문을 통해 침투하게 된다.

33 동해로 인한 피해가 가장 심한 곳은?

① 남사면이 아닌 곳
② 경사가 15°를 넘는 사면
③ 사면을 따라 내려가 오목하게 들어간 곳
④ 임내 공지가 주변에 있는 임목 수고의 1.5배 이하인 곳

해설
사면을 따라 내려가 오목하게 들어갈 경우는 냉기가 모이기 쉽기에 동해의 피해가 심해진다.

34 소나무재선충병에 대한 설명으로 옳지 않은 것은?

① 잣나무도 피해를 입을 수 있다.
② 현재는 솔수염하늘소에 의해서만 전반된다.
③ 피해목은 벌채하여 메탐소듐 액제로 훈증한다.
④ 우리나라는 1988년경 부산에서 최초로 감염목이 발견되었다.

해설
소나무재선충의 매개충은 솔수염하늘소와 북방수염하늘소이다.

35 같은 종의 곤충에 대하여 행동 및 생리에 영향을 주는 물질은?

① 알로몬　　② 시노몬
③ 페로몬　　④ 카이로몬

해설
페로몬은 곤충이 외부로 분비하는 일종의 화학물질로 곤충의 정보전달 수단 중 하나이다.

36 밤나무혹벌에 대한 설명으로 옳지 않은 것은?

① 1년에 1회 발생한다.
② 밤의 결실을 방해하는 해충이다.
③ 주요 천적으로 중국긴꼬리좀벌과 상수리좀벌 등이 있다.
④ 성충은 초여름에 우화하여 교미 후 밤나무의 곁눈에 산란한다.

해설
성충은 초여름에 우화하여 1주일 정도 충영내 있다가 구멍을 뚫고 6~7월 외부로 탈출하여 새 눈에 3~5개 산란한다.

정답　31. ④　32. ①　33. ③　34. ②　35. ③　36. ④

37 산림해충의 발생예찰 방법이 아닌 것은?
① 약제를 이용하는 방법
② 통계를 이용하는 방법
③ 개체군 동태를 이용하는 방법
④ 다른 생물 현상과의 관계를 이용하는 방법

해설
산림해충의 발생 예찰 방법으로 통계, 개체군 동태, 타생물 현상과의 관계, 실험적 방법이 있다.

38 소나무좀 방제 방법으로 옳지 않은 것은?
① 페니트로티온 유제를 살포한다.
② 6월 이전에 임내의 잡초를 없앤다.
③ 기생성 천적인 좀벌류, 기생파리류를 이용한다.
④ 성충을 산란하게 한 후 먹이나무를 박피하여 소각한다.

해설
소나무좀 방제법
· 쇠약목, 고사목 등은 벌채한다.
· 2~3월에 먹이나무를 설치하고 유인후 소각한다.
· 수세가 약한 나무는 제거하고 4월경 수피를 제거하여 번식처를 없앤다.
· 2~4월 페니트로티온 유제를 줄기에 살포한다.
· 기생성 천적인 좀벌류, 맵시벌류, 기생파리류를 보호한다.
· 딱따구리류 및 해충을 잡아먹는 조류를 보호한다.
· 숲 가꾸기 지역 내 벌채목을 제거하여 6월에 신성충의 후식 피해를 막는다.

39 대추나무 빗자루병 방제에 가장 효과적인 약제는?
① 보르도액
② 페니실린
③ 석회 황합제
④ 옥시테트라사이클린

해설
대추나무 빗자루병, 오동나무 빗자루병, 뽕나무 오갈병은 파이토플라스마에 의해 발생되며 파이토플라스마는 테트라사이클린계 약제로 방제한다.

40 연작에 의해서 피해가 현저하게 증가하는 수목병은?
① 뿌리혹선충병
② 잣나무 털녹병
③ 소나무 잎녹병
④ 배나무 붉은별무늬병

해설
뿌리혹선충병은 연작에 의해 피해가 증가된다. 뿌리혹선충병의 방제법으로 돌려짓기인 윤작을 해야 한다.

41 임업경영 분석자료 중 조수익이 4,500,000원 경영비가 1,500,000원이면 소득률은?
① 약 33%   ② 약 67%
③ 약 150%   ④ 약 300%

해설
임업소득 = 임업조수입 - 임업경영비
→ 임업소득 = 4,500,000 - 1,500,000 = 3,000,000
임업소득률=(임업소득/임업조수익)×100
→ 임업소득률
= (3,000,000/4,500,000)×100 ≒ 67

정답 37. ① 38. ② 39. ④ 40. ① 41. ②

42 임업 이율에 해당하는 것은?

① 평정이율 ② 현실이율
③ 단기이율 ④ 실질적 이율

> **해설**
> 임업이율은 자본이율, 평정이율, 명목이율, 장기이율이 해당된다.
> ※ 임업이율의 성격
> ・임업이율은 대부이율이 아닌 자본이율이다.
> ・임업이율은 현실이율이 아닌 평정이율이다.
> ・임업이율은 실질이율이 아닌 명목이율이다.
> ・임업이율은 장기이율이다.

43 재적수확 최대의 벌기령을 채택하는 기준이 되는 생장량은?

① 총생장량 ② 연년생장량
③ 정기생장량 ④ 총평균생장량

> **해설**
> 재적수확 최대 벌기령은 단위면적당 평균적인 목재생산량이 최대가 되는 시점으로 각 연령에 대한 총평균생장량을 비교하여 정하도록 한다.

44 입목 재적 계산에 필요한 요소로만 나열된 것은?

① 수고, 형수, 단면적
② 수고, 형수, 원주율
③ 직경, 형수, 단면적
④ 직경, 단면적, 원주율

> **해설**
> 입목 재적은 임목의 단면적, 수고, 형수를 이용하여 구한다.
> ※ 형수법
> 재적 = 단면적×높이×형수

45 임지의 특성에 대한 설명으로 옳지 않은 것은?

① 임지는 임업 이외의 용도로 변경될 수 있다.
② 임지의 경제적 가치는 교통의 편리 여부에 영향을 많이 받는다.
③ 임지는 생육환경이 수직적으로 비슷하므로 생육하는 수종들도 단순하게 나타난다.
④ 임지는 넓고 험하며 높은 지대에 위치하고 있어서 주로 조방적인 작업이 이루어진다.

> **해설**
> 임지는 지역 및 환경에 따라 수종이 다양하다.

46 Glaser 법을 이용한 산불피해지역의 피해액을 추정하려 할 때 필요한 인자가 아닌 것은?

① 주벌 수입
② 산불 발생년도 조림비
③ 평가 대상 산림의 임령
④ 벌기령(주벌 시의 임령)

> **해설**
> Glaser 공식에 의거 산불 발생년도 조림비는 고려인자가 아니다.
>
> **Glaser 공식:** $Am = (Au - Co)\dfrac{m^2}{u^2} + Co$
>
> Au : 표준벌기 임목가격
> Co : 조림비원가
> u : 표준벌기
> m : 임목 연령

정답 42. ① 43. ④ 44. ① 45. ③ 46. ②

47 벌기미만 장령림의 임목평가에 주로 사용하는 방법은?

① 원가법　　② 기망가법
③ 비용가법　④ 시장가역산법

해설
유령림은 비용가법을, 중령림은 Glaser 법을, 벌기미만의 장령림은 임목기망가법을 채택하는 것이 효율적이다.

48 단목의 연령을 측정하는 방법에 대한 설명으로 옳은 것은?

① 목측으로도 나무의 크기에 관계없이 정확한 나무의 나이를 측정할 수 있다.
② 기록에 의한 방법은 과거의 조림 기록에 의해 나무의 연령을 측정하는 것이다.
③ 지절에 의한 방법은 가지의 모양에 관계없이 가지의 수를 세어 연령을 파악하는 것이다.
④ 성장추를 이용하여 흉고부위에서 목편을 채취하고 연륜수를 파악하면 그것이 곧 그 나무의 연령이 된다.

해설
기록에 의한 방법은 초기 조림을 했던 시기를 기록하여 그때를 기준으로 나무의 연령을 측정하는 방법이다

※ 단목의 연령 측정 방법
• **목측법에 의한 방법** : 임령을 목측하는 것으로 대략적인 나이를 측정
• **지절에 의한 방법** : 가지가 윤상으로 자라는 경우 가지를 이용하여 임령을 측정
• **성장추에 의한 방법** : 성장추를 이용하여 목편을 빼 목편에 나타나는 연령수를 측정, 단 흉고부위 채취시 연륜수에 2년을 더하는 것이 일반적이다.

49 임목자산의 구성 상태로서 질적 지표를 나타내는 것은?

① 경영자가 보유하고 있는 전체 산림면적
② 경영자가 보유하고 있는 임목자산장비율
③ 경영자가 보유하고 있는 임목자산 중에서 부채가 차지하는 비율
④ 경영자가 보유하고 있는 임목자산 중에서 인공림의 임령 구성 상태

해설
임목자산의 질적지표는 인공림이 차지하는 비율 혹은 인공림의 임형구성상태를 말한다.

50 임지기망가의 값이 작아지는 경우로 옳은 것은?

① 이율이 낮아질 때
② 벌기가 짧아질 때
③ 조림비가 커질 때
④ 간벌 수익이 커질 때

해설
임지기망가 값이 작아지는 경우
• 주벌 및 간벌 수익이 작을 때
• 조림비 및 관리비가 커질 때
• 이율이 높을 때

51 정액법을 이용한 임업 자산의 감가상각액 산출 방법은?

① 폐기가격 ÷ 내용연수
② 구입가격 ÷ 내용연수
③ (폐기가격 − 구입가격) ÷ 내용연수
④ (구입가격 − 폐기가격) ÷ 내용연수

해설
감가상각비 정액법
$$\frac{구입가격 - 폐물가격}{내용연수}$$

정답　47. ②　48. ②　49. ④　50. ③　51. ④

52 임업원가 계산방법으로 개별원가계산에 대한 설명으로 옳지 않은 것은?

① 공정별 원가계산방법이라고도 한다.
② 주문에 의하여 제품을 생산하는 경우에 많이 사용한다.
③ 제품의 원가를 개개의 제품단위별로 직접 계산하는 방법이다
④ 소비자에게 제품의 원가와 일정한 이익을 포함한 제품가격을 청구하는데 도움이 된다.

> **해설**
> 개별원가계산방법은 제품별 원가계산이라고 한다.

53 구분구적식으로 중앙단면적을 이용하여 벌채목의 재적을 계산하는 방법은?

① Huber 식
② Hoppus 식
③ Newton 식
④ Pressler 식

> **해설**
> Huber 식은 중앙단면적과 재장의 길이로만 구하는 원목재적 측정 공식이다.

54 임업경영의 지도원칙으로 매년 목재수확을 균등하게 하여 영속적으로 목재를 공급하는 것은?

① 보속성의 원칙
② 공공성의 원칙
③ 생산성의 원칙
④ 합자연성의 원칙

> **해설**
> 보속성의 원칙은 해마다 목재의 수확이 일정하도록 하는 원칙이다.

55 지위 평가방법으로 옳지 않은 것은?

① 지표식물에 의한 방법
② 우세목의 연령에 의한 방법
③ 준우세목의 수고에 의한 방법
④ 토양인자를 종합하여 판단하는 방법

> **해설**
> 지위 평가 방법으로 환경인자에 의한 방법, 지위지수에 의한 방법, 지표식물에 의한 방법 등이 있으며 그중에서도 지위지수에 의한 방법이 가장 정확한 방법이다.

56 임업경영자산으로 유동자산이 아닌 것은?

① 현금
② 묘목
③ 비료
④ 임목

> **해설**
> 임목은 임목자산으로 분류된다.
> ※ **자본재 분류**
>
> | 고정자산 | 임지, 건물, 기계 등 |
> |---|---|
> | 유동자산 | 미처분임산물, 묘목, 비료, 종자 등 |
> | 임목자산 | 임목축적 |

57 지황조사 항목이 아닌 것은?

① 지위
② 지리
③ 임종
④ 경사도

> **해설**
> 임종은 임황조사항목에 속한다.
> ※ **임황조사 항목** : 임종, 임상, 수종, 혼효율, 임령, 영급, 수고, 경급, 소밀도, 축적 등
> ※ **지황조사 항목** : 지종, 방위, 경사, 토성, 토심, 습도, 지리, 하층식생 등

정답 52. ① 53. ① 54. ① 55. ② 56. ④ 57. ③

58 20m × 10m 크기의 표준지에서 매목조사를 통하여 측정된 임목 본수는 60본이었다. 이 경우 이 임분의 ha 당 본수는 얼마로 추정되는가?

① 150　　② 300
③ 1,500　④ 3,000

해설
- 20m × 10m = 200m²
- 1ha = 100m × 100m = 10,000m²
- 200m² ÷ 10,000m² = 0.02 ha
- 60본 : 0.02ha = x : 1ha
  → x = 3000 본/ha

59 다음 조건에서 Kameraltaxe 법에 의한 전체 연간표준벌채량은?

- 산림면적 : 100 ha
- ha 당 현실축적 : 40m³
- ha 당 현실 연간생장량 : 2m³
- ha 당 법정축적 : 60m³
- 정리기 : 20년

① 1m³　　② 3m³
③ 100m³　④ 300m³

해설

$2 + (\frac{40-60}{20}) = 1 \to 1 \times 100 = 100m^3$

※ Kameraltaxe 법
표준연벌채량
= 현실연간생장량 + $\frac{현실축적 - 법정축적}{갱정기}$

60 산림조사에서 지종 구분에 해당되지 않는 것은?

① 제지　　② 입목지
③ 황폐지　④ 무입목지

해설
지종에는 입목지와 무입목지가 있으며 무입목지는 다시 미입목지와 제지로 분류된다.

61 중력댐의 안정조건이 아닌 것은?

① 전도에 대한 안정
② 활동에 대한 안정
③ 대수면의 기울기에 대한 안정
④ 기초지반의 지지력에 대한 안정

해설
사방댐의 안정조건으로 전도에 대한 안정, 활동에 대한 안정, 제체 파괴 및 기초 지반 지지력에 대한 안정이 있다.

62 시멘트의 경화 촉진제로 쓰이는 것은?

① 석고　　　② 염화칼슘
③ 탄산칼슘　④ 탄산나트륨

해설
응결경화 촉진제는 수화반응을 통해 조기에 강도를 상승시키는 작용을 하며 염화칼슘, 염화알루미늄 등이 있다.

63 산악지대에 임도를 배치하는 방법으로 개설비용이 가장 적고 토사 유출이 적지만 상향집재만 가능한 것은?

① 능선임도　② 계곡임도
③ 사면임도　④ 산복임도

해설
능선임도형은 축조비용이 가장 적게 소요되며 토사 유출이 적으나 제한된 범위 내에서만 이용이 가능하고 상향집재에만 의지한다.

64 생산재의 품등에 영향을 미치고, 규격이 맞는 경제성이 높은 목재를 생산하기 위하여 실시하는 것은?

① 조재목 검척　② 조재목 마름질
③ 가지제거 작업　④ 통나무 자르기

해설
집재목의 길이를 측정하여 원목의 크기를 표시하는 작업을 조재목 마름질 혹은 재장을 측정하는 작업이라 한다.

정답 58. ④　59. ③　60. ③　61. ③　62. ②　63. ①　64. ②

65 목재수확 작업에서 트랙터 사용 여부에 가장 큰 영향을 주는 것은?

① 사용 경비
② 작업지 경사
③ 계절 및 온도
④ 노동력 투입 가능 정도

해설
트랙터의 경우 급경사지에서 작업의 능률이 낮고 사고의 위험성이 있기에 작업지의 경사가 사용 여부에 큰 영향을 준다.

66 임도의 세월시설에 대한 설명으로 옳은 것은?

① 계상기울기가 완만한 계류통과부에 설치한다.
② 하류부가 황폐계류인 경우에 설치하는 것이 효과적이다
③ 유로에 해당되는 부분은 사다리꼴의 단면으로 한다.
④ 평상시에 관거 등을 통해 배수하고 홍수 시는 월류할 수 있게 한다.

해설
세월교(세월시설)는 갑작스럽게 많은 비가 올 때 유량이 급증하는 지역에 적합한 시설이다.

※ 세월시설 특징
· 상류로부터 자갈 등의 유동물질이 많고 노면이 암석으로 되어 있는 곳에 적합하다.
· 암거를 겸한 세월교는 강도 및 하중에 강하다.
· 평소에 물의 양이 적은 계곡에서 홍수 시 대량의 물이 흐르는 지역에 적합하다.
· 교통량이 적은 곳에 적합하다.
· 개설 비용이 비교적 적게 든다.

67 임도의 곡선부에서 곡률반경이 4m, 트럭의 길이가 2m, 트럭의 폭이 1m 일 때 확폭량은?

① 0.1m   ② 0.2m
③ 0.5m   ④ 1.5m

해설
$\dfrac{2^2}{2 \times 4} = 0.5 m$

※ 곡선부의 확폭
확폭 = $\dfrac{(차량 앞바퀴 \sim 뒷바퀴까지 길이)^2}{2 \times 곡선반지름}$

68 산지사방 공작물의 종류와 기능에 대한 설명으로 옳지 않은 것은?

① 누구막이는 누구로 인한 침식을 방지한다.
② 땅속흙막이는 비탈 다듬기로 생긴 토사의 활동을 방지한다.
③ 산비탈흙막이는 산비탈의 경사를 완화하여 산비탈의 붕괴를 방지한다.
④ 골막이는 속도랑에 의하여 집수된 물을 지표에 도출하고 안전하게 배수한다.

해설
골막이는 공작물 상류 측에 쌓이는 퇴적토사에 의해 산각을 고정하고 양쪽 기슭으로 이어진 산비탈의 붕괴를 방지한다.

69 1m 깊이의 하천에서 수면으로부터 20cm 깊이의 유속은 1.10 m/s, 60cm 깊이의 유속은 0.92 m/s 바닥의 유속은 0.64 m/s 이었다면 종유속곡선이 포물선에 가까울 때 이 수로의 평균 유속(m/s)은?

① 0.64   ② 0.89
③ 0.92   ④ 1.10

해설
종유속곡선은 유체의 깊이에 따른 속도의 변화를 나타낸 그래프로 이 곡선이 포물선에 가까울 경우 수면 깊이의 60% 지점의 유속을 평균유속으로 잡는다.

정답 65. ② 66. ④ 67. ③ 68. ④ 69. ③

70 빗물침식에 해당되지 않는 것은?

① 용출침식 ② 구곡침식
③ 면상침식 ④ 누구침식

해설
용출침식은 지중침식에 속한다.

71 임도의 폭이 4m 이고 횡단기울기가 3% 일 때 임도 중앙점과 길어깨와의 높이차는?

① 3cm ② 4cm
③ 6cm ④ 9cm

해설
임도의 폭 4m에서 중앙지점까지 2m 기준으로 횡단기울기 3% 적용시
200cm × 0.03%=6cm 로서 결국 중앙점과 길어깨와의 높이차는 6cm이다.

72 임도의 종단면도 설계도 작성에 대한 설명으로 옳지 않은 것은?

① 축척은 횡 1/1000, 종 1/200으로 한다.
② 종단기울기의 변화점에는 종단곡선을 삽입한다.
③ 시공계획고는 절토량과 성토량이 균형을 이루게 한다.
④ 절토부분은 토사 및 암반으로 구분하되 암반부분은 추정선으로 기입한다.

해설
④의 경우 횡단면도에 대한 설명이다.

73 일반지형에서 임도의 설계속도가 20km/h 인 경우 종단기울기 기준은?

① 7% 이하 ② 9% 이하
③ 12% 이하 ④ 14% 이하

해설
설계속도 20km/h 의 일반지형은 종단기울기 9%이다.

| 설계속도 | 종단기울기(순기울기,%) | |
(km/hr)	일반지형	특수지형
40	7	10
30	8	12
20	9	14

74 컴퍼스 측량에 발생하는 오차가 아닌 것은?

① 치심오차
② 기계오차
③ 관측오차
④ 국소인력에 의한 오차

해설
컴퍼스 측량시 컴퍼스의 자침, 수준기 등의 기계적 오차, 관측자의 오차, 컴퍼스 근처의 철제구조물 및 직류전류 등으로 인한 국소인력에 의한 오차가 있다. 치심의 경우 평판측량에 관련된다.

75 임도에 설치된 교량이 받는 활하중에 속하는 것은?

① 교량의 시설물
② 교량 바닥틀의 무게
③ 교량을 지나는 트럭의 무게
④ 교량 주트러스(main truss) 무게

해설
활하중은 임도교량에 움직임을 가지는 것으로 보행자 및 차량에 의한 하중이다. 사하중은 교상의 시설 및 바닥판 등의 시설물 무게이다.

정답 70. ① 71. ③ 72. ④ 73. ② 74. ① 75. ③

76 선떼붙이기에 대한 설명으로 옳지 않은 것은?

① 기울기는 1 : 0.2~0.3으로 한다.
② 경사가 급할수록 큰 급수를 적용한다.
③ 지표수를 분산시켜 침식을 방지하기 위한 공법이다.
④ 떼붙이기의 사용매수에 따라 1~9급으로 구분한다.

해설
선떼붙이기의 경우 1급에 가까울수록 고급, 9급에 가까울수록 저급이다. 급수의 경우 목적에 따라 급수를 정하며 표토이동 및 강수차단의 경우 5급 이상, 사방지 식재 및 파종의 경우 6급 이하로 한다.

77 철강제 틀 댐에 대한 설명으로 옳지 않은 것은?

① 설치작업 공사기간이 단축된다.
② 시공 자재의 운반 작업이 용이하다.
③ 터파기를 줄일 수 있고 연약지반에 설치할 수 있다.
④ 구조물의 연결부분을 핀구조로 하여 탄력성이 낮아진다.

해설
철강제 틀댐은 구조물의 연결부분을 핀구조로 함으로써 구조물의 탄력성을 개선하려는 공법이다.

78 가선집재 작업이 수행 가능한 장비로 가장 효율적인 것은?

① 타워야더   ② 하베스터
③ 펠러번처   ④ 프로세서

해설
타워야더는 철재 기둥과 가선집재 장치인 윈치를 트랙터 혹은 트럭에 탑재한 장비로 경사가 급한 지역에도 작업이 가능하다.

79 산지와 절개지에서 발생한 황폐지 복구 방법으로 옳지 않은 것은?

① 빗물을 분산시켜 일정한 장소에 모이거나 흐르게 한다.
② 도랑이나 작은 구곡 수로에는 떼로 수로와 누구막이를 만들어 침식을 막는다.
③ 불규칙한 지반을 정리하고 녹화공법 위주로 식생을 조성하여 표토를 피복한다.
④ 경사가 완만한 경우는 단을 끊고 가급적 파종상을 만들지 않아 표토의 이동이 없도록 한다.

해설
경사가 완만한 황폐지의 경우 단을 끊지 않고 가급적 표토 이동없이 파종상을 만든다.

※ 황폐지 시공
· 누로나 작은 구곡 수로에는 떼로서 누구막이와 수로를 만들어 침식을 막는다.
· 경사가 급한 지역은 단을 끊으며 생산된 부토는 선떼붙이기, 흙막이, 산비탈돌쌓기, 골막이 등으로 고정한다.
· 작은 수로에서는 위쪽에 누구막이 아래쪽에 수로를 설치하며 큰 구곡 수로에는 돌 혹은 콘크리트 골막이를 시공하여 산각을 고정한다.
· 직파로 작업이 어려운 급경사 단간사면은 짚 혹은 거적덮기공법으로 피복한다.

80 와이어로프의 안전계수를 바르게 나타낸 식은?

① $\dfrac{\text{와이어로프의 절단하중}(kg)}{\text{와이어로프에 걸리는 최대장력}(kg)}$

② $\dfrac{\text{와이어로프의 자체하중}(kg)}{\text{와이어로프에 걸리는 최대장력}(kg)}$

③ $\dfrac{\text{와이어로프에 걸리는 최대장력}(kg)}{\text{와이어로프의 절단하중}(kg)}$

④ $\dfrac{\text{와이어로프에 걸리는 최대장력}(kg)}{\text{와이어로프의 자체하중}(kg)}$

해설
와이어로프 안전계수는 로프의 절단하중 나누기 로프에 걸리는 최대장력으로 구한다. 일반적으로 이러한 공식을 통해 구한 가공본줄의 안전계수는 2.7의 값을 가진다.

정답 76. ② 77. ④ 78. ① 79. ④ 80. ①

2019년 제1회 산림산업기사

01 1.2ha 의 임야에 4m × 2m 의 장방형으로 식재할 때 필요한 묘목 수는?

① 500 본　② 1500 본
③ 2000 본　④ 2500 본

해설

묘목의 수 $= \dfrac{12{,}000 m^2}{2m \times 4m} = 1{,}500$

02 간벌의 효과로 옳지 않은 것은?

① 산림관리 비용을 크게 줄인다.
② 임분의 수직구조 및 안정화를 도모한다.
③ 직경생장을 촉진하여 연륜폭이 넓어진다.
④ 우량한 개체를 남겨서 임분의 유전적 형질을 향상시킨다.

해설

간벌을 위한 비용이 필요하기에 산림관리 비용이 크게 줄어들지는 않는다.

03 수목에서 카스페리안 대(casparian strip)에 대한 설명으로 옳은 것은?

① 내피에서 양료의 자유 이동이 가능하도록 해준다.
② 무기염의 비선택적 흡수에 관여하는 조직이다.
③ 뿌리의 삼투압에 관여하여 뿌리의 수분 흡수에 결정적으로 관여하는 조직이다.
④ 내피에서 자유공간을 없애 무기염이 더 이상 자유롭게 뿌리 속으로 이동할 수 없도록 막아준다.

해설

카스페리안 대는 내피세포의 형성된 비후막으로 뿌리속으로 흡수된 무기염이 식물 내부로 침투하지 못하게 막아준다.

04 자웅이주에 해당하지 않는 수종은?

① *Ginkgo biloba*
② *Taxus cuspidata*
③ *Ailanthus altissima*
④ *Cryptomeria japonica*

해설

① 은행나무 ② 주목 ③ 가죽나무 ④ 삼나무
삼나무는 자웅동주에 속한다.

05 풀베기에 대한 설명으로 옳은 것은?

① 줄베기는 모두베기에 비하여 많은 인력이 소요된다.
② 보통 5~7월 중에 실시하며 연 2회 실시할 경우 8월에 추가로 실시한다.
③ 한해 및 풍해의 위험성이 있는 지역에서는 9월 이후에 풀베기를 실시한다.
④ 삼나무, 편백 등의 조림지에서는 묘목의 보호를 위하여 풀베기 작업을 실시하지 않는다.

해설

풀베기는 주로 5~7월 쯤 실시하며 연 2회 실시할 경우 8월쯤 추가 실시하고 9월 이후에는 실시하지 않는다.

정답 01. ② 02. ① 03. ④ 04. ④ 05. ②

06 다음 중 그늘에서 가장 잘 견디는 수종은?
① 향나무   ② 자작나무
③ 사철나무 ④ 버드나무

> **해설**
> 사철나무는 극음수 수종으로 보기 중에서 그늘에서 가장 잘 견딘다.

07 잎의 기공에서 이뤄지는 개폐기작에 가장 큰 영향을 주는 무기원소는?
① 인산   ② 칼슘
③ 칼륨   ④ 질소

> **해설**
> 잎의 세포에 분포하는 칼륨이온의 농도 변화에 의해 기공의 개폐 기작에 관여한다.

08 조림지 준비 작업에 대한 설명으로 옳지 않은 것은?
① 산불 위험을 줄일 수 있다.
② 식재된 묘목과 경쟁식생의 경합을 완화시킬 수 있다.
③ 벌채 잔해물을 제거하여 식재 작업 조건을 개선할 수 있다.
④ 하층목의 밀도를 조절하여 식재된 묘목의 초기 활착과 생장을 개선할 수 있다.

> **해설**
> 조림지 준비 작업은 상층목의 밀도를 조절하여 식재 작업 조건을 개선할 수 있다.

09 주로 종자로 인하여 숲이 형성되어 주로 용재 생산을 목적으로 이용하는 것은?
① 죽림   ② 왜림
③ 교림   ④ 중림

> **해설**
> 교림은 수고 10m 이상의 키 큰 나무를 생산하는 것을 목적으로 한다.

10 우량 묘목의 조건으로 가장 적합한 것은?
① T/R 율의 값이 큰 것
② 줄기가 곧으며 도장된 것
③ 근계 중에 주근이 길고 곧고 세근이 적은 것
④ 묘목의 가지가 균형 있게 뻗고 정아가 완전한 것

> **해설**
> 묘목의 가지가 균형 있게 사방으로 골고루 뻗어 발달하고 정아가 완전하며 측근과 세근의 발달량이 많아야 한다.

11 다음 설명에 해당하는 갱신작업은?

> ◎ 일정면적은 임목갱신을 위하여 일정기간 동안에는 제거되는 일이 없다.
> ◎ 성숙한 일부 임목만이 국부적으로 벌채되어 항상 각 영급의 임목이 서로 혼재되어 있다.
> ◎ 직경분포 및 임목축적에 급격한 변화를 주지 않는 방법이다.

① 산벌작업   ② 중림작업
③ 택벌작업   ④ 모수작업

> **해설**
> 택벌작업의 가장 큰 특징은 임지의 일부분 국소적으로 벌채하는 작업이다. 택벌작업은 모수가 많아 치수의 보호가 용이하고 좁은 면적에서도 보속적 수확이 가능하다.

12 군상개벌작업에서 한 벌채구역의 일반적인 크기는?
① 0.03 ~ 0.1 ha
② 0.3 ~ 1.0 ha
③ 1.0 ~ 3.0 ha
④ 3.0 ~ 5.0 ha

> **해설**
> 군상지는 0.03~0.1 ha를 기준으로 한다.

정답 06. ③ 07. ③ 08. ④ 09. ③ 10. ④ 11. ③ 12. ①

13 종자가 일반적으로 11월경에 성숙하는 수종은?

① 버드나무　② 동백나무
③ 비술나무　④ 소사나무

해설
동백나무, 회화나무의 종자는 11월에 성숙한다.

14 곰솔에 대한 설명으로 옳지 않은 것은?

① 잎은 두 개씩 모여서 난다.
② 바다의 바람을 이겨내는 힘이 강하다.
③ 소나무에 비해 실생묘의 양성이 어렵다.
④ 직사광선을 받는 곳에서 생장이 왕성하다.

해설
곰솔은 종자로 쉽게 실생묘를 양성할 수 있다.

15 파종하기 1개월 전에 노천매장을 하면 발아에 유리한 수종으로만 올바르게 나열된 것은?

① 삼나무, 소나무
② 피나무, 층층나무
③ 벚나무, 물푸레나무
④ 들메나무, 단풍나무

해설
종자를 파종하기 한 달쯤 전에 노천매장을 하여 발아를 촉진시키는 수종으로 소나무, 해송, 리기다, 삼나무, 편백나무 등이 있다

16 질소 결핍으로 인한 주요 증상으로 옳은 것은?

① 잎에 검은 반점이 나타난다.
② 성숙한 잎에 황화현상이 나타난다.
③ 절간생장이 억제되고 잎이 작아진다.
④ 새로 생장한 부분의 발육이 매우 불량하고 백화현상이 나타난다.

해설
질소 결핍시 잎의 생장이 불량하고 잎이 짧아진다. 또한 잎 전체가 황화 현상이 일어나고 심할 경우 고사한다.

17 종자를 탈각할 때 부숙 마찰법이 가장 적합한 수종은?

① 주목　② 옻나무
③ 오리나무　④ 아까시나무

해설
부숙마찰법에 적합한 수종으로 주목, 은행나무, 벚나무, 가래나무 등이 있다.

18 어린나무 가꾸기나 천연림 보육작업 등의 잡목 솎아내기 작업이 끝난 후부터 최종 수확때까지 숲을 가꾸는 작업은?

① 간벌　② 제벌
③ 덩굴제거　④ 가지치기

해설
간벌은 양질의 목재를 다량으로 생산하기 위해 어린나무 가꾸기 작업이 끝난 후 5년 경과, 최종 수확 10년 전까지의 산림에 실시한다.

19 토양에서 탄질률에 대한 설명으로 옳지 않은 것은?

① 토양 비옥도를 판정하는 기준이 된다.
② 낙엽층의 탄질률은 시간이 경과함에 따라 높아진다.
③ 토양과 식물체 등에 포함된 유기탄소와 총질소의 함유 비율이다.
④ 분해가 매우 잘된 산림토양 표토층의 탄질률은 12~13 정도이다.

해설
낙엽층의 탄질률은 시간이 경과함에 따라 낮아진다.

정답　13. ②　14. ③　15. ①　16. ②　17. ①　18. ①　19. ②

20 인공조림과 비교할 때 천연갱신의 장점으로 옳지 않은 것은?

① 수종 선정의 잘못으로 인한 실패의 염려가 적다.
② 임지가 나출되는 일이 드물며 지력 유지에 적합하다.
③ 해당 임지의 기후와 토질에 가장 적합한 수종으로 갱신된다.
④ 전문적인 육림기술이 필요 없고 향후 벌목과 운재 작업이 용이하다.

> **해설**
> 천연갱신의 임지관리는 전문적인 육림기술이 필요하며 향후 벌목과 운재 작업은 인공조림보다는 불리하다.

21 토양을 소독하면 방제 효과가 가장 높은 수목병은?

① 잎떨림병 ② 빗자루병
③ 모잘록병 ④ 줄기마름병

> **해설**
> 모잘록병은 토양에 의해 전반되기에 토양을 소독하면 방제효과가 크다.

22 고형 약제 중에서 입경의 크기가 가장 큰 것은?

① 분제 ② 입제
③ 미립제 ④ 세립제

> **해설**
> 입제의 입경 크기는 0.5~2.5mm 정도로 보기 중 가장 크다.

23 모잘록병 예방 방법으로 가장 효과적인 것은?

① 햇볕을 막아 그늘지게 한다.
② 질소질 비료를 충분하게 준다.
③ 파종량을 적게 하고 복토를 두껍게 한다.
④ 배수와 통풍이 잘 되고 과습하지 않도록 한다.

> **해설**
> 모잘록병은 토양 및 종자에 의해 전반되기에 토양의 배수를 원활하게 하여 과습을 피한다.

24 소나무 재선충병 진단에 대한 설명으로 옳지 않은 것은?

① 피해목은 수지(송진)의 분비가 감소한다.
② 묵은 잎과 새잎이 아래로 처지며 시든 현상이 나타난다.
③ 수지 분비 상태를 이용한 피해목 식별은 겨울철에 확인한다.
④ 목편에서 선충을 분리 후 분자생물학적 진단기술로 동정한다.

> **해설**
> 수지 분비 상태를 이용한 피해목의 식별은 여름~초가을(6~10월)에 확인한다.

25 솔잎혹파리 방제를 위한 가장 효과적인 나무주사 약제는?

① 메탐소듐
② 석회유황합제
③ 아세타미프리드
④ 옥시테트라사이클린

> **해설**
> 솔잎혹파리는 나무주사를 통해 방제하며 주로 포스팜액제와 아세타미프리드 액제를 이용한다

정답 20. ④ 21. ③ 22. ② 23. ④ 24. ③ 25. ③

26 대기오염물질에 의한 활엽수의 병징으로 옳지 않은 것은?

① PAN : 엽맥 사이 조직의 황화현상 및 잎의 비대화
② 아황산가스 : 잎의 끝 부분과 엽맥 사이 조직의 괴사
③ 질소산화물 : 초기에 흩어진 회녹색 반점이 생기다가 잎의 가장자리 조직 괴사
④ 오존 : 잎 표면에 주근깨 같은 반점이 형성되고 반점이 합쳐져 표면의 백색화

해설
PAN은 식물의 세포막이나 소기관을 파괴하여 기능을 상실시키며 광합성을 저하시킨다.

27 볕데기로 인한 피해가 가장 적은 수종은?

① 오동나무   ② 호두나무
③ 상수리나무 ④ 가문비나무

해설
굴참나무, 상수리나무는 코르크층이 잘 발달해서 볕데기의 피해를 거의 받지 않는다

28 생물적 해충 방제를 위한 천적 선택 조건으로 옳지 않은 것은?

① 단식성이어야 한다.
② 소량으로 증식해야 한다.
③ 천적에 기생하는 곤충이 없어야 한다.
④ 해충의 출현과 천적의 생활사가 잘 일치해야 한다.

해설
생물적 해충 방제를 위한 천적들은 소량으로 증식할 경우 해충처리 효율이 떨어지기에 대량으로 증식해야 한다.

29 솔잎혹파리가 우화하는 최성기는?

① 4월 상순   ② 6월 상순
③ 8월 상순   ④ 10월 상순

해설
솔잎혹파리의 우화 최성기는 5~6월이다.

30 목질부를 가해하는 천공성 해충이 아닌 것은?

① 선녀벌레   ② 소나무좀
③ 버들바구미 ④ 측백하늘소

해설
선녀벌레는 흡즙성 해충이다.

31 외국에서 유입된 해충이 아닌 것은?

① 솔나방   ② 솔잎혹파리
③ 아까시잎혹파리 ④ 버즘나무방패벌레

해설
솔나방은 토종벌레이다.

32 제5령 충으로 월동을 하여 이듬해 4월경부터 잎을 갉아먹는 해충은?

① 솔나방   ② 천막벌레나방
③ 어스렝이나방 ④ 복숭아심식나방

해설
솔나방은 5령충이 지피물이나 나무껍질 사이에 월동하여 이듬해 4월쯤 잎에 피해를 준다.

33 미국흰불나방에 대한 설명으로 옳지 않은 것은?

① 번데기로 월동한다.
② 1년에 2회 이상 발생한다.
③ 약 50개 정도의 알을 낳는다.
④ 1화기 성충 발생 기간은 5월 ~ 6월 이다.

해설
미국흰불나방은 잎 뒷면에 600~700개 알을 산란한다.

정답 26. ① 27. ③ 28. ② 29. ② 30. ① 31. ① 32. ① 33. ③

34 수목병과 중간기주의 연결이 옳지 않은 것은?

① 소나무 혹병 - 황벽나무
② 잣나무 털녹병 - 송이풀
③ 포플러 잎녹병 - 일본잎갈나무
④ 배나무 붉은별무늬병 - 향나무

해설
황벽나무는 소나무잎녹병의 중간기주이다.

35 곤충의 특징으로 옳지 않은 것은?

① 겹눈과 홑눈이 있다.
② 다리는 보통 3쌍이고 5마디로 되어 있다.
③ 몸은 머리, 가슴, 배 3부분으로 구분된다.
④ 배에 마디가 없고 더듬이는 1쌍이 있다.

해설
곤충은 배에는 마디가 있고 더듬이는 1쌍이 있다.

36 옥시테트라사이클린을 주입하여 방제하는 수목병은?

① 잣나무 털녹병
② 포플러 모자이크병
③ 밤나무 근두암종병
④ 오동나무 빗자루병

해설
옥시테트라사이클린을 주입하여 방제하는 수목병으로 오동나무 빗자루병, 대추나무 빗자루병 등이 있다.

37 난균류에 의해 발생하는 수목병이 아닌 것은?

① 역병
② 탄저병
③ 모잘록병
④ 뿌리썩음병

해설
탄저병은 진균에 의해 발생한다.

38 오리나무 갈색무늬병 방제 방법으로 옳지 않은 것은?

① 종자를 소독한다.
② 매개충을 구제한다.
③ 연작을 하지 않는다.
④ 떨어진 병든 잎을 모아 소각한다.

해설
오리나무 갈색무늬병의 방제 방법으로 종자를 소독하고 윤작을 실시하며 병든 낙엽은 태워준다.

39 대추나무 빗자루병의 전반 가능성이 가장 높은 것은?

① 종자에 의한 전반
② 토양에 의한 전반
③ 공기에 의한 전반
④ 분주에 의한 전반

해설
대추나무 빗자루병은 병에 걸린 모수에서 접수나 혹은 포기나누기인 분주에 의해 감염된다.

40 산불이 토양에 미치는 영향으로 옳지 않은 것은?

① 토양이 척박해진다.
② 토양의 이화학적 성질을 악화시킨다.
③ 낙엽이 탄 결과로 토양의 투수성이 감소된다.
④ 지표의 보호물이 사라져 지표유하수가 감소한다.

해설
산불에 의해 지표의 보호물이 사라지면 지표 유하수는 증가한다.

정답 34. ① 35. ④ 36. ④ 37. ② 38. ② 39. ④ 40. ④

41 다음 ( ) 안에 들어갈 용어로 가장 적합한 것은?

> 자본재 중에서 임업경영의 기본이 되는 것은 임목이다. 임목은 원래 종자나 또는 묘목이 자라서 성립된 것인데, 앞으로 생산을 계속하는 자본으로 볼 때에는 ( ) 이란 명칭을 사용한다.

① 생장　　② 유동자본
③ 고정자본　④ 임목축적

해설
임목축적은 임목자산의 개념으로 지속적인 생산이 가능한 자본으로 볼 수 있다.

42 임업순수익을 계산하는 식으로 옳은 것은?

① 조수익 - 임업경영비
② 임업소득 - 임업경영비
③ 조수익 - 임업경영비 - 가족임금추정액
④ 임업소득 - 임업경영비 - 가족임금추정액

해설
임업순수익은 임업경영이 순수익의 최대를 목표로 하는 자본가적 경영이 이루어졌을 때 얻을 수 있는 수익으로 <임업조수익 - 임업경영비 - 가족임금추정액> 공식으로 구한다.

43 산림면적이 800ha 이고, 윤벌기가 40년이며 1영급이 10개의 영계로 구성된 산림의 법정영급면적은?

① 100ha　② 200ha
③ 300ha　④ 400ha

해설
법정영급면적 = (면적/윤벌기)×영계수
= 800/40 × 10 = 200 ha

44 법정상태의 요건이 아닌 것은?

① 법정생장량　② 법정벌기령
③ 법정영급분배　④ 법정임분배치

해설
법정림의 법정상태 요건으로 법정생장량, 법정축적, 법정임분배치, 법정영급분배이다

45 재적 수확의 보속을 실현할 수 있는 내용과 조건을 구비한 산림은?

① 보호림　② 보안림
③ 법정림　④ 천연림

해설
법정림은 보속작업을 할 수 있는 산림을 말한다.

46 임업경영의 지도원칙 중에서 최소의 비용으로 최대의 효과를 발휘할 수 있게 하는 원칙은?

① 경제성 원칙　② 수익성 원칙
③ 생산성 원칙　④ 보속성 원칙

해설
임업경영 지도원칙에서 최소의 비용으로 최대의 효과를 발휘하는 원칙을 경제성 원칙이라 한다.

47 연이율이 16%일 때 매년 말에 200만원의 이자를 영구히 얻기 위한 자본가는 얼마인가?

① 32만원　② 320만원
③ 1,150만원　④ 1,250만원

해설
$$K = \frac{r}{P} = \frac{2,000,000원}{0.16} = 12,500,000원$$

정답 41. ④　42. ③　43. ②　44. ②　45. ③　46. ①　47. ④

48 임분재적 측정방법인 표준목법의 종류 중 모든 임분을 1개의 급으로 취급하여 단 1개의 표준목을 선정하는 방법은?

① 단급법 ② Urich 법
③ Hartig 법 ④ Draudt 법

해설
단급법은 전체 임분을 1개의 급으로 취급하기에 가장 간단한 표준목법이다.

49 이령림의 어떤 임분에서 5년생이 60본이고, 10년생이 40본일 경우 본수령은?

① 5년 ② 6년
③ 7년 ④ 8년

해설
$$\frac{(5 \times 60) + (10 \times 40)}{60 + 40} = \frac{700}{100} = 7$$

50 감가상각액의 계산법 중 직선법이라고도 하며 가장 간단하고 보편적인 방법은?

① 정액법 ② 정률법
③ 연수합계법 ④ 생산량비례법

해설
정액법은 감가상각비 총액을 각 사용연도에 할당하여 매년 균등하게 감가하는 방법으로 가장 간단하고 보편적인 방법이다.

51 $N = V \cdot 1.0 P^n$ 식에서 $1.0 P^n$ 은 무엇인가?(단, N = 합계액, V = 원금, P = 연이율, n = 연수)

① 연금계수 ② 현가계수
③ 전가계수 ④ 후가계수

해설
$N = V \cdot 1.0 P^n$ 은 후가계산식이라 하며 $1.0 P^n$ 은 임업에서 후가계수라 한다.

52 산림경영계획을 위한 산림구획에 대한 설명으로 옳지 않은 것은?

① 임반의 면적은 불가피한 경우를 제외하고는 100ha 내외로 구획한다.
② 동일한 임반 내에서 임종, 임상 및 영급이 상이할 경우에는 소반으로 구획한다.
③ 지방자치단체의 장은 소유하고 있는 공유림별로 산림경영계획을 10년 단위로 수립한다.
④ 소반은 필요에 의해 구획을 변경할 수 있으며, 소반번호는 가, 나, 다 등의 일련번호를 붙인다.

해설
소반의 번호는 아라비아 숫자로 기입한다.

53 벌채목의 실적계수 크기에 관계없는 인자는?

① 수종 ② 통나무의 형상
③ 통나무의 크기 ④ 통나무의 임목도

해설
벌채목의 실적계수는 수종, 모양과 크기, 쌓는방법에 영향을 받는다.

54 임업투자사업에서 감응도 분석 대상으로 고려해야 할 주요 요인이 아닌 것은?

① 생산량
② 감가상각비
③ 사업기간의 지연
④ 생산물의 가격 및 노임 등의 가격요인

해설
감응도분석 미래에 불확실한 투자 분석에 포함하여 어느정도 민감하게 변화되는지를 예측 하는 것으로 생산량, 사업기간 지연, 생산물 가격, 노임, 자재비용 (원료 및 원자재) 등이 있다.

정답 48. ① 49. ③ 50. ① 51. ④ 52. ④ 53. ④ 54. ②

55 산림의 가격 평가방법이 아닌 것은?

① 지대가법 ② 기망가법
③ 비용가법 ④ 매매가법

> **해설**
> 산림의 가격 평가방법으로 원가법, 비용가법, 기망가법, 매매가법, 시장가역산법 등이 있다.

56 임업노동의 특성으로 옳지 않은 것은?

① 단위 면적당 노동량이 다른 산업 노동에 비해 비교적 많다.
② 작업 장소가 넓고 험하기 때문에 감독과 자재 수송이 곤란하다.
③ 조림 및 육림, 벌채, 반출 노동은 작업자의 특수한 훈련이 필요하다.
④ 임업노동을 위한 이동 시간이 길기 때문에 실제 작업량은 많지 않다.

> **해설**
> 임업노동은 단위면적당 노동이 농업의 노동강도에 비해 적은편이다.

57 수확을 위한 벌채기준으로 옳지 않은 것은?

① 골라베기 비율은 재적기준 30% 이내로 한다.
② 모수 작업 시 모수는 1ha 당 15~20본을 존치시킨다.
③ 왜림작업 시 벌채 절단면이 북향으로 약간 기울게 한다.
④ 골라베기 작업 시 표고 재배용 나무는 재적기준 50% 이내로 할 수 있다.

> **해설**
> 왜림작업 시 벌채 절단면이 남향으로 약간 기울게 한다.

58 임업원가관리에 있어 특수한 의사결정을 위한 원가 유형의 분류가 아닌 것은?

① 기회원가 ② 직접원가
③ 한계원가 ④ 현금지출원가

> **해설**
> 직접원가는 원가의 기록을 위한 분류이다.

59 산림 평가방법인 임지기망가법과 수익환원법에 대한 설명으로 옳은 것은?

① 두 방법 모두 일제림을 전제로 하는 임지의 평가방법이다.
② 수익환원법은 택벌림과 같이 연년수입이 있는 경우에 적용하는 방식이다.
③ 임지기망가는 임지에서 장래에 기대되는 순수익의 미래가(후가) 합계로 정한 가격이다.
④ 임지기망가법에 의하여 산출된 지가는 임업경영을 위한 임지를 매입할 때 지불할 수 있는 최저 한도액을 의미한다.

> **해설**
> 수익환원법은 장래에 산출할 것으로 기대되는 순수익으로 택벌림과 같이 연년수입이 기대되는 경우 적용하는 방식이다.

60 임목재적 계산시 "$\frac{\pi}{4}d^2 \times$수고$\times$형수"에서 d가 흉고직경일 경우 $\frac{\pi}{4}d^2$ 은 무엇인가?

① 입목재적 ② 통나무재적
③ 흉고단면적 ④ 흉고직경합계

> **해설**
> $\frac{\pi}{4}d^2$ 는 흉고단면적의 공식이다.

정답 55. ① 56. ① 57. ③ 58. ② 59. ② 60. ③

61 임도에서 배향곡선지가 아닌 경우 유효너비 기준은?

① 1.7m ② 2.0m
③ 2.5m ④ 3.0m

해설
길어깨, 옆도랑 너비를 제외한 임도의 유효너비는 3m로 하며 배향곡선지의 경우 6m 이상을 기준으로 한다.

62 가선집재와 비교한 트랙터 집재의 특징이 아닌 것은?

① 기동성이 높다.
② 작업이 단순하다.
③ 운전이 용이하다.
④ 고속이므로 장거리 운반에 바람직하다.

해설
트랙터는 저속으로 장거리 운반에는 바람직하지 않다.

63 비탈면 안정을 위한 침식방지제 사용효과로 옳지 않은 것은?

① 보온 효과
② 객토의 유출 방지
③ 토양 수분의 증발 촉진
④ 종자 및 비료 유실 방지

해설
토양 수분의 증발을 억제하여야 침식 방지 효과가 나타난다.

64 산지사방에서 녹화공사에 해당하는 것은?

① 골막이 ② 누구막이
③ 산복수로공 ④ 선떼붙이기

해설
선떼붙이기, 줄떼다지기, 비탈덮기 등은 녹화공사에 해당한다.

65 임도의 옆도랑(측구)에 대한 설명으로 옳은 것은?

① 물이 임도를 횡단하여야 할 개소에 시설한 수로
② 노면의 물을 집수정으로 유도하기 위하여 시설한 수로
③ 차량을 돌릴 수 있도록 시설한 장소의 횡단상의 수로
④ 일정한 간격으로 차량통행에 지장이 없도록 횡단상의 수로

해설
옆도랑은 노면에 인접된 사면의 물을 집수정으로 유도하기 위한 수로로 종단방향에 따라 설치한다.

66 사면붕괴의 전조현상으로 옳지 않은 것은?

① 용수가 맑아짐
② 용출현상이 생김
③ 사면에 균열이 생김
④ 작은 돌이 사면에서 떨어짐

해설
용수가 맑을 경우 사면붕괴전에 나타나는 흙의 이동이나 변화가 없는 것을 의미한다. 반대로 용수가 흙이 섞여 탁해지는 등의 현상을 보일 경우 붕괴의 가능성이 있는 것이다.

67 적정임도간격이 1km인 경우의 적정임도밀도는?(단, 우회율을 고려하지 않음)

① 5m/ha ② 10m/ha
③ 15m/ha ④ 20m/ha

해설
RS(임도간격) = 10,000 / ORD(적정임도밀도)
1,000 = 10,000 / 적정임도밀도
적정임도밀도 = 10m/ha

정답 61. ④ 62. ④ 63. ③ 64. ④ 65. ② 66. ① 67. ②

68 와이어로프 사용 금지 항목으로 옳지 않은 것은?

① 꼬임상태(킹크)인 것
② 와이어로프에 벌목된 나무의 껍질이 걸린 것
③ 와이어로프 소선이 10분의 1 이상 절단된 것
④ 마모에 의한 직경 감소가 공칭직경의 7%를 초과하는 것

해설
와이어로프 사용 금지 항목은 주로 와이어로프의 손상 및 변화에 해당된다. 나무의 껍질이 걸린 것은 관련이 없다

69 엄격한 규격 치수가 아닌 대략적 수치에 의해 깨내어 만든 석재는?

① 막깬돌   ② 마름돌
③ 견치돌   ④ 호박돌

해설
막깬돌은 견치돌과는 다르게 일정한 규격에 의해 만드는 것이 아니라 대략적 수치에 의해 깨내어 만든 석재이다.

70 다음 그림은 흐르는 물의 단면을 그린 것이다. 흐르는 속도가 가장 빠른 부분은?

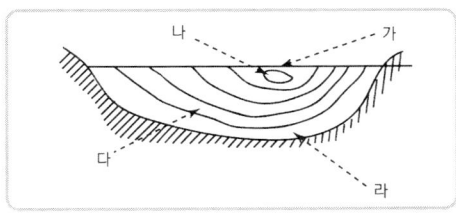

① 가   ② 나
③ 다   ④ 라

해설
흐르는 물의 단면에서 <나> 부분이 가장 빠르며 이는 지표면과 닿는 면적이 작기 때문에 마찰력이 가장 적어 유속이 빠르다.

71 사방댐에서 일반적으로 방수로의 단면으로 가장 많이 이용되는 형상은?

① 활꼴   ② 직사각형
③ 정삼각형   ④ 사다리꼴

해설
방수로의 단면은 사다리꼴을 많이 채택하고 방수로 양엽의 기울기는 1:1로 한다.

72 임도의 기능이 아닌 것은?

① 이동기능   ② 접근기능
③ 생산기능   ④ 공간기능

해설
임도의 기능으로 이동기능, 접근기능, 공간기능이 있다.

73 임도 설계에서 단곡선을 설치할 때 교각이 90°, 외선장이 15m인 경우 곡선반지름은?

① 36.2 m   ② 44.1 m
③ 46.2 m   ④ 54.1 m

해설
외선길이 = 곡선반지름 $[\sec(\frac{\theta}{2}) - 1]$

$15 = $ 곡선반지름 $\times [\sec(\frac{90}{2}) - 1]$

곡선반지름 = $15 \div 0.4142 ≒ 36.2$

74 찰쌓기 공법에 대한 설명으로 옳은 것은?

① 뒷채움 없이 시공한다.
② 돌과 시멘트를 섞어서 쌓는다.
③ 돌을 쌓고 돌 이음 부분의 외부에만 시멘트를 바른다.
④ 돌을 쌓는 뒷부분에 콘크리트로 뒷채움을 하고 줄눈에 모르타르를 사용한다.

해설
찰쌓기는 돌쌓기 또는 벽돌을 쌓을 때 뒷채움에 콘크리트를 사용하고, 줄눈에 모르타르를 사용하는 공법이다.

정답 68. ② 69. ① 70. ② 71. ④ 72. ③ 73. ① 74. ④

75 평균강우량을 계산하는 방법이 아닌 것은?

① 티센법　　② 침투형법
③ 등우선법　④ 산술평균법

해설
유역의 평균 강우량 산출법으로 산술평균법, 티센법(thiessen 법), 등우선법이 있다

76 임도의 절토 경사면이 토사지역일 때 기울기 기준으로 옳은 것은?

① 1 : 0.3 ~ 0.8
② 1 : 0.5 ~ 1.2
③ 1 : 0.8 ~ 1.5
④ 1 : 1.2 ~ 2.0

해설
토사지역의 절토 사면 설치 기준은 기울기 1 : 0.8 ~ 1.5 이다. 암석지의 경우 경암은 1 : 0.3 ~ 0.8 정도이다.

77 머캐덤롤러에서 롤러는 몇 개로 구성되어 있는가?

① 1개　② 2개
③ 3개　④ 4개

해설
머캐덤롤러는 앞바퀴 1개, 뒷바퀴 2개로 총 3개의 롤러를 갖는다.

78 아래 나열된 장비의 용도로 옳은 것은?

> 묘목이식기, 단근굴취기, 정지작업기

① 양묘용　② 조림용
③ 육림용　④ 산림보호용

해설
양묘용 장비로 묘목이식기, 단근굴취기, 약제살포기, 중경제초기, 경운작업기, 정지작업기 등이 있다.

79 사리도의 유지보수에 대한 설명으로 옳지 않은 것은?

① 횡단기울기는 5~6% 정도로 한다.
② 제초 작업은 1년에 1회 이상 실시한다.
③ 노면이 완전히 건조된 상태에서 정지작업을 실시한다.
④ 방진처리를 위해 물, 염화칼슘 및 타르 등이 사용된다.

해설
사리도의 노면의 정지작업은 가급적 비가 온 후 습윤한 상태에서 실시하는 것이 좋다.

80 측점간격이 20m 이고, 측점 0 의 단면적이 $2m^2$, 측점 1의 단면적이 $4m^2$ 일 때 이 두 측점간의 토적량은?

① $60m^3$　② $80m^3$
③ $100m^3$　④ $120m^3$

해설
$$V = \frac{1}{2}(A_1 + A_2) \times L = \frac{1}{2}(2+4) \times 20 = 60$$

정답　75. ②　76. ③　77. ③　78. ①　79. ③　80. ①

2019년 제2회 산림산업기사

01 묘간거리 4m로 정방형 식재를 할 때 1ha당 식재 본수는?

① 63본 ② 250본
③ 625본 ④ 2500본

해설
4m × 4m = 16m²
10,000 ÷ 16 = 625 본

02 수목에서 수분 통도 및 지탱의 역할을 하는 조직은?

① 밀선 ② 목부
③ 사부 ④ 유조직

해설
수목의 목부는 수분의 이동 통로 역할을 하며 더 안쪽의 목부부위들은 기계적 지지 역할을 담당한다.

03 1/2묘에 대한 설명으로 옳은 것은?

① 뿌리의 나이가 1년이고 줄기의 나이가 2년인 삽목묘이다.
② 뿌리의 나이가 2년이고 줄기의 나이가 1년인 삽목묘이다.
③ 파종상에서 1년, 그 뒤 한 번 상체되어 1년을 지낸 2년생 실생묘이다.
④ 파종상에서 1년, 그 뒤 한 번 상체되어 2년을 지낸 3년생 실생묘이다.

해설
1/2 묘는 삽목묘의 묘령을 표기하는 방법으로 줄기/뿌리를 의미한다. 뿌리나이 2년, 줄기 나이 1년된 삽목묘로서 1/1 묘를 상체하여 1년이 경과한 경우이다.

04 아래 그림에 해당되는 Hawley의 간벌 양식은?(단, 모두 동령림이며 빗금은 간벌 대상임)

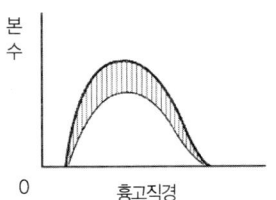

① 하층간벌 ② 수관간벌
③ 택벌식 간벌 ④ 기계적 간벌

해설
간벌 양식

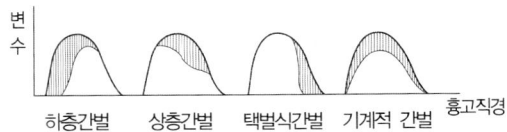

05 밤나무 재배환경에 대한 설명으로 옳지 않은 것은?

① 토양산도가 pH 5.0~5.5인 곳이 좋다.
② 해발 고도가 400m 이상인 고산지역이 좋다.
③ 재배 적지의 토성은 사질양토나 양토가 좋다.
④ 경사도 25°미만의 완경사지에서 생육이 좋다.

해설
밤나무 재배환경조건은 해발고도가 400m이하의 지역이 좋으며 해안지역은 피해야 한다. 기온의 일교차가 적고 서리피해가 적은 곳이 적합하다.

정답 01. ③ 02. ② 03. ② 04. ④ 05. ②

06 수목에서 양료의 이동에 대한 설명으로 옳지 않은 것은?

① 질소, 인, 칼륨 등은 이동이 쉬운 원소들이다.
② 이동이 쉽게 이루어지지 않는 원소는 칼슘, 철, 붕소 등이 있다.
③ 이동성이 좋은 양료는 결핍 현상이 어린 잎에서 먼저 나타난다.
④ 어떤 원소의 이동성이랑 용해도와 사부 조직으로 들어 갈 수 있는 용이성을 의미한다.

> 해설
> 보통 이동성이 낮은 양료의 결핍 현상이 어린 잎에서 먼저 나타나며 대표적으로 칼슘과 붕소 등이 있다.

07 종자의 실중에 대한 설명으로 옳은 것은?

① 소립종자는 1000립씩 4회 반복한 평균무게이다.
② 소립종자는 10000립씩 4회 반복한 평균무게이다.
③ 대립종자는 1000립씩 4회 반복한 평균무게이다.
④ 대립종자는 10000립씩 4회 반복한 평균무게이다.

> 해설
> 소립종자의 실중은 1000립씩 4회 반복한 평균무게이다.

08 임목이 주로 종자로 양성된 임형은?

① 교림   ② 왜림
③ 중림   ④ 죽림

> 해설
> 교림은 10m 이상의 나무들로 종자에 의해 숲이 형성되며 주로 용재 생산을 목적으로 한다.

09 장령림에서 동해를 예방하기 위해 비료주기를 피해야 하는 시기는?

① 늦가을에서 초봄
② 늦봄에서 초여름
③ 늦여름에서 초가을
④ 늦가을에서 초겨울

> 해설
> 장령림의 시비는 연중 가능하나 가능하면 봄이 좋으며 늦여름에서 초가을 사이는 가지의 웃자람에 의해 동해의 우려가 있어 피하는 것이 좋다.

10 입선법으로 종자를 선별하는 것이 가장 효과적인 수종은?

① *Thuja orientalis*
② *Pinus densiflora*
③ *Taxus cuspidata*
④ *Juglans mandshurica*

> 해설
> ① 측백나무 ② 소나무 ③ 주목 ④ 가래나무
> 입선법은 굵은 종자나 열매를 손으로 구별하는 방법으로 밤나무, 상수리나무, 가래나무 등의 대립종자가 적합하다.

11 가래나무와 호두나무에 대한 설명으로 옳지 않은 것은?

① 자웅이주이다.
② 9월경에 결실한다.
③ 4~5월에 개화한다.
④ 열매는 핵과에 속한다.

> 해설
> 가래나무와 호두나무는 자웅동주이다.

12 풀베기 시기로 가장 적합한 것은?

① 3월~5월   ② 6월~8월
③ 9월~11월   ④ 12월~3월

> 해설
> 풀베기 시기는 보통 6월 ~ 8월에 실시하며 9월 이후는 실시하지 않는다.

정답 06. ③ 07. ① 08. ① 09. ③ 10. ④ 11. ① 12. ②

13 왜림작업 적용이 가능한 가장 용이한 수종은?

① 소나무　② 잣나무
③ 굴참나무　④ 일본잎갈나무

해설
왜림작업은 활엽수림에 적합한 방법으로 보기 중 굴참나무에 적용 가능하다.

14 가지치기에 대한 설명으로 옳지 않은 것은?

① 생장 휴지기에 수목의 수액 유동 시작 직전에 실시한다.
② 옹이가 없고 통직한 완만재를 생산할 목적으로 실시한다.
③ 참나무류와 포플러나무류는 으뜸가지이상의 가지만 잘라 준다.
④ 너도밤나무, 가문비나무의 생가지치기 작업은 부후의 위험성이 있어 원칙적으로 고사지 제거만 실시한다.

해설
참나무류와 포플러나무류는 으뜸가지 이하의 가지만 잘라준다.

15 묘목의 가식 방법으로 옳지 않은 것은?

① 묘목을 심기 전 일시적으로 도랑을 파서 그 안에 뿌리를 묻어 건조를 방지한다.
② 단시일 가식하고자 할 때에는 묘목을 다발채로 비스듬히 누여서 뿌리를 묻는다.
③ 장기간 가식하고자 할 때에는 묘목을 다발에서 풀어 도랑에 세우고 묻은 후 관수한다.
④ 한풍해가 우려되는 경우에는 묘목의 정단부가 바람과 같은 방향으로 되도록 누여서 묻는다.

해설
한풍해가 우려되는 경우 묘목의 정단부를 바람과 반대방향으로 누여서 묻어준다.

16 부숙마찰법에 의하여 탈종시키는 수종으로만 올바르게 나열한 것은?

① 밤나무, 참나무, 옻나무
② 잣나무, 호두나무, 비자나무
③ 느릅나무, 단풍나무, 물푸레나무
④ 싸리나무, 주엽나무, 아까시나무

해설
부숙마찰법은 과피를 부숙시켜 마찰을 이용해 분리하는 것으로 은행나무, 벚나무, 비자나무, 가래나무, 잣나무 등이 있다.

17 전형적인 이령림 작업에 속하는 갱신 작업종은?

① 개벌작업　② 모수작업
③ 산벌작업　④ 택벌작업

해설
택벌작업은 벌채 연령이 된 성숙한 나무를 국소적으로 선택하여 벌채하기에 갱신되는 산림이 이령림이 된다.

18 수목의 뿌리가 이용 가능한 토양수분은?

① 결합수　② 중력수
③ 범람수　④ 모세관수

해설
토양의 수분 가운데 수목이 이용 가능한 수분을 모세관수라고 한다.

19 중력이 작용하는 방향으로 수목이 생장한다는 의미에 해당하는 것은?

① 굴지성　② 주지성
③ 주광성　④ 굴광성

해설
식물이 광합성을 위해 줄기가 위로 자라고 양분 흡수를 위해 뿌리가 아래로 자라는 현상을 굴지성이라 한다.

정답 13. ③　14. ③　15. ④　16. ②　17. ④　18. ④　19. ①

20 천연갱신과 인공조림에 대한 설명으로 옳지 않은 것은?

① 천연갱신으로 조성된 숲에서 생산된 목재는 균일하다.
② 천연갱신은 새로운 숲이 조성되기까지 오랜 세월을 필요로 한다.
③ 천연갱신은 그 곳의 환경에 잘 적응된 나무들로 구성되고 갱신 비용이 적게 드는 것이 장점이다.
④ 인공조림은 좋은 씨앗으로 묘목을 길러 식재하고 무육에 힘써 좋은 목재를 생산한다는 것이 장점이다.

해설
인공조림으로 조성된 숲에서 생산된 목재가 균일한 편이다.

21 묘포장에서 뿌리혹선충 방제 방법으로 옳지 않은 것은?

① 침엽수는 돌려짓기를 한다.
② 활엽수는 이어짓기를 한다.
③ 살선충제로 토양을 소독한다.
④ 농작물을 재배했던 포지는 이용하지 않는다.

해설
뿌리혹선충은 이어짓기의 피해가 심한 수병으로 서로 다른 종류의 수종을 순차적으로 재배하는 윤작을 실시한다.

22 해충 방제와 관련하여 경제적 가해수준에 대한 설명으로 옳은 것은?

① 수목이 피해를 입을 때의 해충의 밀도
② 일반적 환경조건 하에서의 해충의 밀도
③ 방제가 가능한 단위면적당 해충의 밀도
④ 해충에 의한 피해비용과 방제비용이 같을 때의 해충의 밀도

해설
경제적 가해수준은 경제적으로 피해가 나타나는 해충의 최저밀도로 해충에 의한 피해액과 방제비가 같을 때의 해충밀도를 말한다.

23 번데기로 월동하는 해충은?

① 매미나방   ② 밤나무혹벌
③ 어스렝이나방   ④ 미국흰불나방

해설
미국흰불나방은 1년에 2회 발생하고 번데기 형태로 월동한다.

24 오리나무잎벌레의 생활사에 대한 설명으로 옳은 것은?

① 알로 월동하고 줄기에 산란한다.
② 유충으로 월동하고 잎에 산란한다.
③ 성충으로 월동하고 잎에 산란한다.
④ 번데기로 월동하고 줄기에 산란한다.

해설
오리나무잎벌레는 1년에 1회 발생하며 성충으로 지피물이나 흙속에 월동하고 잎에 산란하며 성충과 유충이 동시에 잎을 식해한다.

정답 20. ① 21. ② 22. ④ 23. ④ 24. ③

25 식물바이러스에 대한 설명으로 옳지 않은 것은?

① 전신 감염이 되는 경우가 많다.
② 인공 배지에서 배양이 가능하다.
③ 광학 현미경으로는 관찰이 매우 어렵다.
④ 영양번식 및 접목에 의하여 전염될 수 있다.

해설
식물바이러스는 살아있는 세포에서만 증식하는 절대기생체로 인공 배양이 어렵다.

26 빨아먹는 입틀을 가진 해충은?

① 메뚜기   ② 흰개미
③ 노린재   ④ 딱정벌레

해설
빨아먹는 입틀을 가진 흡즙성 해충은 노린재류, 깍지벌레류, 진딧물류 등이 있다.

27 석회 보르도액으로 방제효과가 가장 미비한 수목병은?

① 소나무 잎녹병
② 밤나무 흰가루병
③ 낙엽송 잎떨림병
④ 삼나무 붉은마름병

해설
석회보르도액을 방제에 이용하는 수목병에는 삼나무붉은마름병, 오리나무갈색무늬병, 소나무 잎떨림병, 잣나무털녹병, 낙엽송잎떨림병, 향나무녹병, 포플러잎녹병 등이 있으며 밤나무 흰가루병에는 효과가 미미하여 사용하지 않는 편이다.

28 천공성 해충이 아닌 것은?

① 소나무좀   ② 박쥐나방
③ 매미나방   ④ 알락하늘소

해설
매미나방은 식엽성 해충이다.

29 수목병 방제를 위한 방법이 다른 것은?

① 약제 살포
② 임지 정리 작업
③ 건전 묘목 육성
④ 적절한 수확 및 벌채

해설
약제 살포는 화학적 방제법이며 임지 정리, 건전 묘목 육성, 적절한 수확 및 벌채는 임업적 방제법이다.

30 급격한 저온에 따른 수목 조직의 수축 및 팽창으로 줄기가 갈라지는 현상은?

① 만상   ② 상렬
③ 상주   ④ 조상

해설
상렬은 추위로 인해 수액의 동결이 발생하여 나무의 줄기나 껍질이 수축 및 팽창으로 갈라지는 현상을 말한다.

31 감수성 식물에 대한 설명으로 옳은 것은?

① 병원체에 이미 감염된 식물
② 병원체에 감염될 가능성이 없는 식물
③ 병원체에 의해 가해 받을 수 있는 식물
④ 병원체에 감염되었으나 견디어 내는 식물

해설
감수성 식물은 특정 병원체 등에 저항성이 약한 것으로 가해를 받을 수 있는 식물을 말한다.

정답 25. ② 26. ③ 27. ② 28. ③ 29. ① 30. ② 31. ③

32 볕데기에 의한 수목 피해 예방법으로 옳은 것은?

① 해가림, 볏짚깔기 또는 흙깔기 등을 하여 지표의 고온화를 완화시킨다.
② 모래 등을 섞어 토질을 개량하거나 배수처리를 하여 토양수분을 감소시킨다.
③ 토양의 온도를 낮추기 위한 관수나 해가림, 또는 토양피복처리를 하는 것이 좋다.
④ 고립목의 줄기를 짚으로 둘러주거나 석회유 등을 발라 직사광선을 막아주는 것이 효과적이다.

해설
볕데기에 대한 피해를 예방하기 위해 해가림을 하거나 석회유, 점토 등으로 발라주거나 짚을 이용하여 주위를 감싸 직사광선을 막아준다.

33 대추나무 빗자루병 방제에 가장 효과적인 약제는?

① 페니실린
② 보르도액
③ 석회황합제
④ 옥시테트라사이클린

해설
대추나무 빗자루병은 파이토플라스마에 의해 발생하며 방제를 위해 옥시테트라사이클린 약제를 이용한다.

34 화학적 해충 방제 방법에 대한 설명으로 옳지 않은 것은?

① 적용범위가 넓다.
② 효과가 신속하고 정확하다.
③ 특정 곤충의 돌발발생을 예방할 수 있다.
④ 살충제에 대한 저항성이 나타나기도 한다.

해설
화학적 해충 방제는 특정 곤충이 돌발발생하면 저항성을 가지고 있을 경우 예방이 어려울수 있다.

35 기주교대를 하는 병원균은?

① 향나무 녹병균
② 밤나무 흰가루병균
③ 소나무 모잘록병균
④ 벚나무 빗자루병균

해설
녹병균에는 기주교대하는 것이 다수 있으며 그 외에도 배나무 붉은무늬병균, 잣나무 털녹병균, 소나무 혹병균 등도 기주교대를 한다.

36 솔잎혹파리 방제 방법으로 옳지 않은 것은?

① 아세타미프리드 액제로 나무주사한다.
② 나무에 볏짚을 감아 월동 유충을 포살한다.
③ 밀생 임분은 간벌하고 불량치수 및 피압목을 제거한다.
④ 기생성 천적인 혹파리살이먹좀벌을 대량 사육하여 방사한다.

해설
솔잎혹파리 방제법으로 유충이 성숙하기 전에 벌목하여 소각한다.

37 잣나무 털녹병균이 중간기주에서 형성하지 않는 포자는?

① 녹포자
② 여름포자
③ 겨울포자
④ 담자포자

해설
잣나무 털녹병균의 중간기주에서는 여름포자, 겨울포자를 형성하고 겨울포자가 발아하여 담자포자가 되어 바람에 의해 전반된다.

38 산불 발생 및 위험이 가장 높은 시기는?

① 봄
② 여름
③ 가을
④ 겨울

해설
1년 중 산불은 자연습도가 낮은 봄철에 가장 많이 발생하며 통계적으로 4월이 가장 발생률이 높다.

정답 32. ④ 33. ④ 34. ③ 35. ① 36. ② 37. ① 38. ①

39 식물 뿌리·줄기·잎을 통하여 식물체 내로 들어가 식물의 즙액과 함께 식물 전체에 퍼져 식물을 가해하는 해충에 작용하는 살충제는?

① 제충제
② 접촉살충제
③ 소화중독제
④ 침투성살충제

해설
침투성살충제는 식물에 약제를 투입시키며 흡즙성 해충 처리에 유리하며 다른 곤충이나 천적 등에 피해가 적다.

40 생물적 해충 방제 방법으로 옳은 것은?

① Bt 제를 이용하여 방제한다.
② 식재할 때에 내충성 품종을 선정한다.
③ 임목밀도를 조절하여 건전한 임분을 육성한다.
④ 생리활성물질인 키틴합성억제제를 이용하여 산림해충을 방제한다.

해설
생물적 해충 방제 방법은 산림생태계에 영향을 적게 주는 장점이 있으며 천적을 이용하는 방법이나 미생물 농약 BT제 등을 이용하는 방법이 있다.

41 산림경영 지도원칙 중 경제원칙에 해당하지 않는 것은?

① 공공성의 원칙
② 수익성의 원칙
③ 생산성의 원칙
④ 합자연성의 원칙

해설
합자연성의 원칙은 자연법칙을 존중하면서 산림을 경영하자는 원칙으로 경제원칙에는 해당하지 않는다.

42 회귀년과 관련된 작업종은?

① 개벌작업
② 모수작업
③ 택벌작업
④ 왜림작업

해설
택벌작업에서 맨 처음 택벌한 구역을 또다시 택벌하기까지 소요되는 기간을 회귀년이라 한다.

43 전국 단위의 산림계획에 따라 관할지역의 특수성을 고려하여 수립하는 산림경영계획은?

① 지역산림계획
② 산림기본계획
③ 국유림경영계획
④ 국유림종합계획

해설
지역산림계획은 특별시장, 광역시장, 도지사 및 지방산림청장이 산림기본계획에 따라 관할지역의 특수성을 고려하여 수립 및 시행한다.

44 임지의 지위를 사정하는데 주로 사용하는 방법은?

① 수고에 의한 방법
② 재적에 의한 방법
③ 토양인자에 의한 방법
④ 지피식물에 의한 방법

해설
임지의 지위를 사정하는데 특정 임령의 우세목의 평균수고를 이용한다.

45 임분이 처음 성립하여 생장하는 과정에 있어서 어느 성숙기에 도달하는 계획상의 연수는?

① 벌기령
② 벌채령
③ 윤벌령
④ 회귀령

해설
벌기령은 임목이 목표한 크기까지 성장하는데 걸리는 시간으로 성숙기에 도달하는 계획상의 연수이기도 하다.

정답 39. ④ 40. ① 41. ④ 42. ③ 43. ① 44. ① 45. ①

46 일반적으로 적용하는 침엽수의 조재율은?

① 0.1~0.3   ② 0.4~0.6
③ 0.6~0.9   ④ 1.0~1.1

해설
조재율은 벌채한 나무의 부피와 마름재목의 부피의 비율로 통상 침엽수종은 0.6~0.9 정도이다.

47 20년 전의 재적이 $100m^3$이고 현재의 재적이 $150m^3$ 일 때 프레슬러 공식을 적용하여 재적생장률을 구하면?

① 1%   ② 2%
③ 3%   ④ 4%

해설
프레슬러 공식

$$\frac{\text{현재 재적} - n\text{년전 재적}}{\text{현재 재적} + n\text{년전 재적}} \times \frac{200}{n}$$

$$\rightarrow \frac{150m^3 - 100m^3}{150m^3 + 100m^3} \times \frac{200}{20} = 2\,(\%)$$

48 취득 원가가 20만원인 기계톱의 내용년수가 5년이고 폐기 시 잔존가치가 5만원일 때 정액법에 의한 연간 감가상각비는?

① 1만원   ② 2만원
③ 3만원   ④ 4만원

해설
감가상각비 정액법

$$\frac{\text{구입가격} - \text{폐물가격}}{\text{내용연수}} = \frac{20\text{만원} - 5\text{만원}}{5\text{년}} = 3\text{만원}$$

49 수목의 직경과 수고 측정이 모두 가능한 기구는?

① 섹타포크   ② 덴드로미터
③ 아브네이레블   ④ 스피겔릴라스코프

해설
섹타포크는 직경 측정을, 덴드로미터와 아브네이레블은 수고측정 기구이다.

50 손익분기점 분석에 설정하는 가정으로 옳지 않은 것은?

① 재고는 없다.
② 제품 단위당 비용은 일정하다.
③ 제품의 생산능률은 변함이 없다.
④ 제품의 판매가는 생산량에 따라 변한다.

해설
제품의 판매가격은 생산량과 판매량이 같으며 생산과 판매의 동시성이 있어 생산량에 따라 변하지 않는다.

51 임업경영 분석에 대한 설명으로 옳지 않은 것은?

① 임업소득은 임업조수익에서 임업경영비를 뺀 값이다.
② 임가소득은 임업소득, 농업소득, 기타소득을 더한 값이다.
③ 임업의존도는 임가소득을 임업소득으로 나누어 100을 곱한 값이다.
④ 임업소득율은 임업소득에서 임업조수익을 나누어 100을 곱한 값이다.

해설
임업의존도는 임업소득을 임가소득으로 나눈값을 백분율로 표현한 것이다.

52 임업의 기술적 특성이 아닌 것은?

① 생산 기간이 대단이 길다.
② 임목의 성숙기가 일정하지 않다.
③ 자연 조건의 영향을 많이 받는다.
④ 임업 노동은 계절적 제약을 크게 받지 않는다.

해설
임업 노동은 계절적 제약을 크게 받지 않는 특성은 산림 경영의 경제적 특성이다.

정답 46. ③   47. ②   48. ③   49. ④   50. ④   51. ③   52. ④

53 임업 이율을 분류할 때 용도에 따른 이율은?

① 경영이율　② 장기이율
③ 평정이율　④ 대부이율

해설
임업 이율에서 용도에 따른 이율의 종류로 경영이율, 환율이율이 있다.

54 산림평가와 관계있는 임업경영요소가 아닌 것은?

① 수익　② 비용
③ 임업 기술　④ 임업 이율

해설
산림평가에 관련된 임업경영요소로 수익, 비용, 임업 이율 등이 있다.

55 농지의 주변이나 둑, 농지와 산지와의 경계선 등지에 유실수, 특용수, 속성수 등을 식재하여 임업수입의 조기화를 도모하는 복합임업경영형태에 해당하는 것은?

① 혼농임업　② 농지임업
③ 비임지임업　④ 부산물임업

해설
농지임업은 농지의 주변 및 산지에 유실수, 속성수 등을 심어 빠른 수입을 얻는 형태를 말한다.

56 자산을 획득하기 위하여 제공한 경제적 가치의 측정치는?

① 손익　② 수익
③ 비용　④ 원가

해설
특정 목적이나 자산의 획득을 위해 발생한 가능성이 있는 가치를 화폐액으로, 즉 경제적 가치로 측정한 것을 원가라 한다.

57 Huber 식의 약 1.0053배 과대치를 주고 중앙단면이 원이 아닐 때 오차가 더 커지는 구적식은?

① 5분주법
② 호퍼스법
③ 브레레튼법
④ 스크리브너 로그 룰

해설
호퍼스 법은 Huber 식 대비 21.5% 과소치를 주며 5분주법은 1.0053 배 과대치를 주도록 한다

58 산림조사 결과 다음과 같을 때 평균임령은?

◎ 30년생 : 20주
◎ 35년생 : 10주
◎ 40년생 : 10주
◎ 45년생 : 10주

① 35년　② 36년
③ 37.5년　④ 38년

해설
$$\frac{(30년 \times 20주)+(35년 \times 10주)+(40년 \times 10주)+(45년 \times 10주)}{20+10+10+10}$$
$$=\frac{600+350+400+450}{50}=36$$

59 현재 거래되고 있는 임지의 시가로써 평가하려는 임지와 조건이 유사한 다른 임지의 실제 거래가격을 비교하여 결정하는 평가방법은?

① 임지비용가　② 임지매매가
③ 임지기망가　④ 임지사정가

해설
임지매매가는 임지가 현실적으로 매매되는 가격을 말하며 평가하려는 임지의 조건과 비슷한 임지의 실제 거래 가격을 모델로 결정하는 평가방법이다.

정답 53. ① 54. ③ 55. ② 56. ④ 57. ① 58. ② 59. ②

60 유령림의 임목평가 방식으로 알맞은 것은?

① Glaser 법 ② 임목비용가법
③ 시장가역산법 ④ 임목기망가법

해설
유령림은 임목비용가법을 적용한다. Glaser 법은 중령림, 시장가역산법은 벌기 이상의 임목, 임목기망가법은 벌기 미만의 장령림에 적합하다.

61 해안사방에 주로 사용되는 공사는?

① 조공 ② 기슭막이
③ 속도랑내기 ④ 정사울세우기

해설
해안사방에 공종으로 정사울세우기, 퇴사울세우기, 사초심기 등이 있다.

62 야계사방에 있어서 합리식에 의한 유량을 산정하는 주요 인자가 아닌 것은?

① 유역면적
② 조도계수
③ 유출계수
④ 일정기간 동안의 강우 강도

해설
합리식을 산정하는 주요 인자로 유출계수, 최대우량, 유역면적이 있다.

63 비탈다듬기 및 단끊기 시공과정에서 생기는 토사를 유치·고정하는 공사는?

① 조공 ② 비탈덮기
③ 누구막이 ④ 땅속흙막이

해설
땅속흙막이는 비탈다듬기로 인하여 발생되는 토사의 유실을 방지한다.

64 집재용 도구가 아닌 것은?

① 피비 ② 펄프훅
③ 마세티 ④ 파이크폴

해설
마세티는 나이프의 일종이다. 집재용 도구의 종류로 피비, 캔트훅, 사피, 펄프 훅, 파이크홀 등이 있다.

65 와이어로프의 폐기 기준으로 옳지 않은 것은?

① 현저하게 변형된 것
② 꼬임 상태가 발생한 것
③ 와이어로프 소선이 1/100 이상 절단된 것
④ 마모에 의한 직경 감소가 공칭 직경의 7%를 초과한 것

해설
와이어로프 소선이 10% 이상 절단된 것을 폐기한다.

66 임도의 설계속도는 20km/h, 외쪽기울기가 3%, 타이어의 마찰계수는 0.1 일 때 최소곡선 반지름은?

① 약 12.3m ② 약 17.5m
③ 약 23.6m ④ 약 24.2m

해설
$$\frac{20^2}{127(0.1+0.03)} = \frac{400}{127 \times 0.13} ≒ 24.2$$

67 임도 시작점의 표고가 100m, 도착점의 표고는 500m인 산지에 종단기울기 6% 인 임도를 직선으로 시공할 경우 임도의 길이는?

① 1.7km ② 4.0km
③ 6.7km ④ 8.3km

해설
$$기울기 = \frac{표고차}{임도길이} \Rightarrow 0.06$$
$$= \frac{400}{임도길이} \Rightarrow 임도길이 : 약 6.7km$$

정답 60. ② 61. ④ 62. ② 63. ④ 64. ③ 65. ③ 66. ④ 67. ③

68 상단면적 120m², 하단면적 200m², 상하단의 거리가 12m 인 경우 평균단면적법에 의한 토사량(m³)은?

① 192　　② 384
③ 1,920　　④ 3,840

해설

토사량 = $\frac{단면적A + 단면적B}{2}$ × 단면적사이거리

= $(\frac{120+200}{2}) \times 12 = 1920 m^3$

69 많은 토사와 오물을 포함한 유수로 인해 배수관이나 속도랑이 막히는 것을 방지하기 위한 임도의 구조물은?

① 곁도랑　　② 빗물받이
③ 돌림수로　　④ 횡단배수구

해설

빗물받이는 도로 옆에 물이 고이기 쉬운 장소나 L형 측구의 유하방향 하단부에 설치하여 유수로 인해 막히는 현상을 방지한다.

70 산사태와 땅밀림을 비교하여 설명한 것으로 옳지 않은 것은?

① 산사태는 지하수에 의한 영향이 크다.
② 산사태는 땅밀림에 비해 규모가 작다.
③ 땅밀림은 계속적으로 재발 가능성이 크다.
④ 산사태는 사질토로 된 지점에서 많이 발생한다.

해설

산사태보다는 땅밀림의 경우 지하수의 영향이 더 크다.

71 다음 설명에 해당되는 임도는?

◎ 계곡임도에서 시작되어 산록부와 산복부에 설치한다.
◎ 노선선정은 하단부로부터 점차적으로 선형을 계획하여 진행한다.
◎ 동일한 사면에서 배향곡선은 최소한으로 설치한다.

① 사면임도　　② 능선임도
③ 순환임도　　④ 산정임도

해설

사면임도는 계곡임도에서 시작하여 산록부와 산복부에 설치하는 임도로 하부에서 점차적으로 계획하여 진행하며 지그재그방식 혹은 대각선 방식이 적당하다.

72 다음 설명에 해당하는 식재는?

◎ 무게가 약 100kg 정도인 자연석으로 운반이 가능하고 공사용으로 쓸 수 있는 비교적 큰 돌이다.
◎ 주로 돌쌓기 현장 부근에서 채취하여 찰쌓기와 메쌓기에 사용한다.

① 호박돌　　② 야면석
③ 막깬돌　　④ 견치돌

해설

야면석은 자연석으로 무게 약 100kg 정도로 찰쌓기와 메쌓기에 사용된다.

73 임도의 교량 및 암거 설치 시에 고려하여야 하는 활하중의 무게 기준은?

① DB-10 이상　　② DB-13.5 이상
③ DB-18 이상　　④ DB-32.45 이상

해설

표준트럭하중을 DB 라하며 활하중의 무게 산정시 사하중 위에서 실제로 움직이는 DB-18 (32.45톤) 이상의 무게를 기준으로 한다.

정답　68. ③　69. ②　70. ①　71. ①　72. ②　73. ③

74 사방댐의 주요 기능 및 설치 목적이 아닌 것은?

① 계상기울기를 완화한다.
② 토사의 이동을 방지한다.
③ 산각을 고정하여 붕괴를 방지한다.
④ 황폐계류의 유심 방향을 변경한다.

해설
사방댐의 기능
· 계상물매를 완화하고 종침식을 방지한다.
· 산각을 고정하고 붕괴를 방지한다.
· 계상에 퇴적한 불안정 토사의 유동을 막고 양안의 산각을 고정한다.
· 산불 발생시 진화용수나 야생동물의 음용수로 이용된다.

75 벌도 작업의 안전을 위하여 다른 근로자가 들어오면 안되는 최소 작업 범위는?

① 벌도 대상목 수고의 0.5배
② 벌도 대상목 수고의 1.5배
③ 벌도 대상목 수고의 2.5배
④ 벌도 대상목 수고의 3.5배

해설
벌목 표준 안전 지침에 의거 인접한 곳에서 벌목할 때에는 절단 대상수목을 중심으로 수목 높이의 1.5배 이상 안전거리를 유지하여 작업하여야 한다.

76 임도설계 시 임시기표, 교각점, 측점번호 및 사유토지의 지번별 경계, 구조물 및 곡선 제원 등을 기입하는 도면은?

① 평면도   ② 구조도
③ 종단면도 ④ 횡단면도

해설
평면도는 축적 1 : 1200 을 기준으로 하고 기입사항으로 임시기표, 교각점, 경계, 구조물, 지형지물, 곡선 제원 등이 있다.

77 중력에 의한 침식으로만 올바르게 나열한 것은?

① 붕괴형 침식, 지활형 침식, 침강침식
② 지활형 침식, 붕괴형 침식, 사구침식
③ 유동형 침식, 지활형 침식, 침강침식
④ 붕괴형 침식, 지활형 침식, 유동형 침식

해설
중력침식 종류에는 붕괴형, 지활형, 유동형, 사태형이 있다.

78 성·절토 비탈면 보호 및 녹화에 주로 이용되는 공법이 아닌 것은?

① 사초심기
② 자연석쌓기
③ 격자틀붙이기
④ 콘크리트블록쌓기

해설
사초심기는 해안사방 공법이다.

79 임도의 노체 하층부터 표면층까지의 구성 순서로 옳은 것은?(단, 순서는 바닥면부터 표시함)

① 노상 - 노반 - 기층 - 표층
② 노상 - 기층 - 표층 - 노반
③ 노반 - 노상 - 기층 - 표층
④ 기층 - 표층 - 노상 - 노반

해설
임도의 구조는 표면을 시작으로 표층, 기층, 노반, 노상으로 구성되며 이때 노상과 노반을 합쳐 노면이라 부르기도 한다.

정답 74. ④ 75. ② 76. ① 77. ④ 78. ① 79. ①

80 집재된 전목재의 가지 제거, 절단, 초두부제거, 집적 등 조재작업을 전문적으로 실행하는 임업기계는?

① 포워더　　② 프로세서
③ 타워야더　④ 펠러번쳐

해설

프로세서는 가지제거, 절단, 초두부 제거 등의 조재작업을 전문으로 하는 기기이다.

정답　80. ②

2019년 제3회 산림산업기사

01 가지치기의 효과로 옳지 않은 것은?

① 무절재를 생산할 수 있다.
② 하목의 수광량을 증가시킨다.
③ 산불이 있을 때 수관화를 경감시킨다.
④ 연륜폭을 조절해서 수간의 완만도를 낮춘다.

해설
옹이가 없고 수간의 완만도를 높이는 것은 가지치기의 특징이다.

02 모수작업법에 대한 설명으로 옳지 않은 것은?

① 벌채가 집중되므로 경비가 절약된다.
② 토양침식과 유실이 발생할 가능성이 낮다.
③ 작업의 용이성으로 보아서는 개벌작업과 상당히 유사하다.
④ 모수는 종자의 결실량이 많고 비산능력이 좋은 수종으로 선택한다.

해설
모수작업법은 임지의 노출로 토양침식 및 유실이 우려되는 작업이다.

03 풀베기 방법으로 모두베기에 대한 설명으로 옳은 것은?

① 한풍해가 예상되는 곳에서 실시한다.
② 조림목이 양수 수종인 경우에 적용한다.
③ 조림목에 광선을 제대로 주지 못하는 단점이 있다.
④ 조림목이 심어진 줄에 따라 모든 잡초목을 제거하는 방법이다.

해설
모두베기는 소나무, 낙엽송 등의 양수 식재시 적합한 방법이다.

04 동일한 수목의 양엽과 음엽을 비교한 설명으로 옳지 않은 것은?

① 양엽은 음엽보다 광포화점이 높다.
② 음엽은 양엽보다 잎의 두께가 두껍다.
③ 음엽은 양엽보다 엽록소 함량이 더 많다.
④ 양엽은 음엽보다 책상조직이 빽빽하게 배열되어 있다.

해설
양엽이 음엽보다 색이 진하고 잎이 두껍다.

정답 01. ④ 02. ② 03. ② 04. ②

05 대상 산벌갱신에 대한 설명으로 옳지 않은 것은?

① 일반적으로 양수 수종 갱신에 유리하다.
② 대상지의 폭은 수고의 2~3배 정도이다.
③ 벌채는 주풍방향과 반대방향으로 진행하는 것이 유리하다.
④ 풍해를 예방하기 위한 방법으로 상방하종 및 측방하종도 가능하다.

해설
산벌작업은 음수 수종 갱신에 유리하다.

06 묘목의 가식에 대한 설명으로 옳지 않은 것은?

① 1~2개월 장기간 가식을 할 경우에는 관수가 필요하다.
② 가급적 비가 오거나 비가 온 후 바로 가식하여 묘목이 건조하지 않게 한다.
③ 묘목을 심기 전 일시적으로 땅에 뿌리를 묻어 건조하지 않도록 해 주는 작업이다.
④ 추위나 바람의 피해가 우려되는 곳은 묘목의 정단 부분을 바람과 반대방향으로 되도록 눕혀 묻어준다.

해설
비가 오거나 비가 온 후에는 가식을 피한다.

07 종자의 결실 주기가 2~3년인 수종은?

① *Salix koreensis*
② *Picea jezoensis*
③ *Larix kaempferi*
④ *Quercus acutissima*

해설
상수리나무(*Quercus acutissima*), 느티나무, 삼나무 등의 종자 결실 주기는 2~3년이다

08 다음 설명에 해당하는 원소는?

◎ 결핍될 경우 왜성화로 인해 묘목의 생장이 불량하다.
◎ 초기에는 뚜렷한 다른 증세가 나타나지 않으나 소나무의 경우에는 자주색을 띤다.

① P
② N
③ K
④ Mg

해설
인산은 식물체에서 이동이 용이하고 결핍될 경우 왜성화로 묘목이 잘 자라지 않는다. 또한 소나무에서 인산이나 마그네슘 등의 결핍이 발생되면 잎이 자주색 혹은 담적색으로 변하기도 한다.

09 온대남부의 조림수종으로 상록성인 참나무류로만 올바르게 나열한 것은?

① 개가시나무, 먼나무
② 개가시나무, 황칠나무
③ 붉가시나무, 종가시나무
④ 붉가시나무, 홍가시나무

해설
온대남부의 상록성 참나무류로 종가시나무, 붉가시나무, 참가시나무 등이 있다.

10 토양수 중 식물이 쉽게 이용할 수 있는 pF 1.8~4.2에 상당하는 유효수분은?

① 화합수
② 흡습수
③ 모관수
④ 중력수

해설
모관 인력에 의하여 토양 내의 작은 공극을 상승하는 수분을 모관수라 하며 pF 1.8~4.2에 해당한다.

정답 05. ① 06. ② 07. ④ 08. ① 09. ③ 10. ③

11 1-2-1묘는 몇 번 판갈이 작업한 묘인가?

① 1번   ② 2번
③ 3번   ④ 4번

해설
1-2-1 묘는 파종상에서 1년, 옮겨심고 2년, 다시 옮겨심어 1년이 지난 4년생 실생묘로서 판갈이 작업을 2번 실시하였다.

12 편백과 화백에 대한 설명으로 옳지 않은 것은?

① 편백과 화백은 측백나무과이다.
② 편백과 화백은 모두 암수딴그루이다.
③ 편백은 잎 끝이 예리하고 화백의 잎은 비늘모양이다.
④ 편백은 잎의 뒷면이 백색기공선이 Y자형이고 화백은 V 또는 W자형이다.

해설
잎 끝이 둔하고 뒷면에 흰색 기공이 Y 자 모양인 경우 편백, 잎 끝이 예리하고 흰색 기공선이 W 모양인 경우 화백이다

13 수목의 개화생리 순서로 옳은 것이다.

| 가 : 화아형성 | 나 : 화아분화 |
| 다 : 수정 | 라 : 수분 |

① 가 – 나 – 라 – 다
② 가 – 나 – 다 – 라
③ 나 – 가 – 다 – 라
④ 나 – 라 – 가 – 다

해설
먼저 화아형성 및 분화를 통해 꽃눈이 형성되고 암술, 수술의 꽃눈들이 서로 만나는 과정인 수분이 다음과정으로 이루어진다. 이러한 수분의 과정을 거쳐 마지막으로 수정이 이루어진다.

14 교림에 대한 설명으로 옳은 것은?

① 맹아에 의하여 갱신된 산림
② 순수한 원시림으로 유지된 산림
③ 숲가꾸기가 적기에 실시된 산림
④ 주로 실생묘로 성립된 키 큰 산림

해설
교림은 수고 10m 이상의 키 큰 나무를 생산하는 것을 목적으로 주로 실생묘로 성립된 키 큰 산림이라 정의한다.

15 종자의 순량율 기준이 가장 낮은 수종은?

① 잣나무   ② 밤나무
③ 오리나무   ④ 은행나무

해설
보기 중 잣나무, 밤나무, 은행나무는 순량률이 90% 이상이나 오리나무는 73% 정도로 가장 낮다.

16 묘목의 단근 작업에 대한 설명으로 옳지 않은 것은?

① 묘목의 철늦은 자람을 억제한다.
② 측근과 세근의 발달을 촉진시킨다.
③ 묘목을 포지에 세워두고 도구를 이용해서 절단한다.
④ 단근 작업을 통해서 건전한 묘목을 생산할 수는 있어도 산지에 식재하는 경우에는 활착률은 떨어진다.

해설
단근작업을 통해 뿌리 발달 및 활착률을 높일 수 있다.

17 산림 갱신을 위한 작업종에 해당되지 않는 것은?

① 간벌   ② 개벌
③ 산벌   ④ 획벌

해설
간벌은 갱신이 목적이 아닌 임분 밀도 조절 및 중간 수입을 목적으로 한다.

정답 11. ② 12. ③ 13. ① 14. ④ 15. ③ 16. ④ 17. ①

18 비료목의 정의, 식재 및 관리에 대한 설명으로 옳지 않은 것은?

① 비료목을 식재한 지역에는 시비하지 않는다.
② 임지 비배효과 증대를 위해 비료목을 혼합 식재한다.
③ 임목의 건전한 생산성을 위해 심는 보조적 임목을 말한다.
④ 척박한 임지에 주임목의 생장촉진을 위해 비료목을 혼합 식재한다.

해설
비료목은 임지의 지력을 향상시키는데 도움은 주지만 비료목 식재지역에 시비를 중단해야하는 것은 아니다.

19 종자를 채집하여 11월말까지는 노천매장을 해야 좋은 수종은?

① 전나무   ② 단풍나무
③ 층층나무 ④ 느티나무

해설
종자를 채집하여 11월 중에 매장하는 것이 좋은 수종으로 팽나무, 물푸레나무, 층층나무, 피나무, 옻나무 등이 있다.

20 숲의 교란과 복원에 대한 설명으로 옳지 않은 것은?

① 산불, 산사태, 병충해 등으로 숲이 교란된다.
② 교란은 생태계의 구조와 기능에 심각한 영향을 끼친다.
③ 훼손된 생태계는 복원되기란 매우 어렵고 시간이 많이 걸린다.
④ 훼손은 발생빈도, 공간규모, 훼손강도가 일정한 패턴을 보인다.

해설
산불이나 산사태 병충해 등의 훼손의 발생 및 규모 등이 일정한 패턴을 보이지는 않는다.

21 곤충의 내외부 형태에 대한 설명으로 옳지 않은 것은?

① 표피는 외표피와 원표피로 구분된다.
② 입틀은 윗입술, 큰턱, 작은턱, 아랫입술, 혀 등으로 구성된다.
③ 기체의 통로는 기문으로 하며 가슴에 2쌍, 배에 8쌍, 모두 10쌍이 일반적이다.
④ 가슴은 앞가슴, 가운데가슴, 뒷가슴이 있고, 앞가슴과 가운데가슴에는 보통 1쌍씩의 날개가 있다.

해설
곤충의 가슴은 앞가슴, 가운데가슴, 뒷가슴으로 구성되어 있고 날개는 가운데가슴과 뒷가슴에 한쌍씩 달려 있다.

22 천공성 해충에 속하지 않는 것은?

① 박쥐나방   ② 밤나무혹벌
③ 알락하늘소 ④ 광릉긴나무좀

해설
밤나무혹벌은 수목에 벌레혹인 충영을 형성한다.

23 다음 설명에 해당하는 농약살포 방법은?

· 농약 원액 또는 유효 성분의 함량이 수십%인 고농도로 살포한다.
· 주로 탑재 살포액의 양이 한정적인 항공 살포에 많이 이용한다.

① 살분법   ② 살립법
③ 미량 살포 ④ 대량 살포

해설
미량살포는 액제살포의 방법으로 원액에 가까운 농후액을 살포하는 것으로 항공방제에 많이 이용된다.

정답 18. ① 19. ③ 20. ④ 21. ④ 22. ② 23. ③

24 소나무좀이 월동하는 충태는?
① 알   ② 성충
③ 유충   ④ 번데기

해설
소나무좀은 성충으로 월동한다.

25 향나무 녹병의 중간기주가 아닌 것은?
① 잎갈나무   ② 모과나무
③ 팥배나무   ④ 윤노리나무

해설
향나무 녹병의 중간기주는 사과나무, 산사나무, 야광나무, 윤노리나무, 팥배나무, 모과나무 등이 있다.

26 솔잎혹파리 방제를 위하여 나무주사를 실시할 때 가장 효과적인 시기는?
① 3월~4월   ② 5월~6월
③ 7월~8월   ④ 9월~10월

해설
솔잎혹파리 방제는 성충의 우화기인 5~7월쯤 수간주사하는 것이 효과적이다.

27 후약충으로 11월부터 이듬해 3월까지 수목에 피해를 주는 해충은?
① 솔나방   ② 소나무좀
③ 솔잎혹파리   ④ 솔껍질깍지벌레

해설
솔껍질깍지벌레는 11월경에 탈피하여 2령 약충이 되는데 11~3월에 2령약충이 수목에 가장 많은 피해를 준다.

28 다음 중 나무좀·하늘소·바구미 등의 해충 방제에 가장 적합한 방법은?
① 포살법
② 등화 유살법
③ 번식장소 유살법
④ 잠복장소 유살법

해설
천공성 해충은 나무를 직접 가해하는 습성을 이용하여 통나무와 같은 번식처에 유인하여 방제하는 유살법이 효율적이다.

29 대기오염에 의한 산림의 피해를 최소화시킬 수 있는 방안으로 거리가 먼 것은?
① 방음벽 시설 설치
② 공해 배출의 법적 규제
③ 공해 저항성 수종의 식재
④ 임지비배를 통한 산림관리

해설
방음벽 설치는 소음의 피해를 최소화하는 방법이다.

30 내화력이 가장 강한 수종은?
① 편백   ② 소나무
③ 삼나무   ④ 가문비나무

해설
내화력이 강한 수종으로 은행나무, 잎갈나무, 황벽나무, 굴참나무, 음나무, 가문비나무 등이 있다.

31 포플러 모자이크병을 일으키는 병원체는?
① 세균   ② 진균
③ 바이러스   ④ 파이토플라스마

해설
포플러 모자이크병의 병원체는 바이러스이다.

정답 24. ② 25. ① 26. ② 27. ④ 28. ③ 29. ① 30. ④ 31. ③

32 해충의 개체군 동태를 알기 위해 주로 사용하는 것으로 충태별 사망수, 사망요인, 사망률 등의 항목으로 구성된 표는?

① 생명표　② 생태표
③ 생식표　④ 수명표

해설
생명표는 연령별 생명표와 시간별 생명표로 분류하며 곤충의 경우 시간별 생명표를 주로 이용한다. 해충의 개체군 현황을 알아보고자 해충별 사망수, 사망의 요인, 사망률 등을 조사한다.

33 소나무재선충병의 매개충은?

① 소나무좀　② 솔잎혹파리
③ 솔수염하늘소　④ 솔껍질깍지벌레

해설
소나무 재선충병의 매개충에는 솔수염하늘소와 북방수염하늘소가 있다.

34 균사에 격벽이 없는 균류는?

① 난균류　② 담자균류
③ 자낭균류　④ 불완전균류

해설
격벽이 없는 균류로 접합균류와 난균류가 있다.

35 침엽수 묘목의 모잘록병을 방제하는데 가장 알맞은 방법은?

① 중간 기주를 제거한다.
② 살균제로 토양소독과 종자소독을 한다.
③ 살충제를 뿌려서 매개 곤충을 구제한다.
④ 질소질비료를 충분히 주어 묘목을 튼튼하게 한다.

해설
주로 클로로피크린이라는 살균제를 이용하여 종자 및 토양을 소독한다.

36 해충의 생물학적 방제 방법으로 사용되는 천적이 아닌 것은?

① 먹좀벌류　② 방패벌레류
③ 무당벌레류　④ 풀잠자리류

해설
생물학적 방제법에 사용되는 천적으로 풀잠자리류, 딱정벌레류, 노린재류, 무당벌레류, 먹좀벌류 등이 있다.

37 뿌리혹병 방제 방법으로 옳지 않은 것은?

① 병이 없는 건전한 묘목을 식재한다.
② 접목할 때 쓰이는 도구는 소독하여 사용한다.
③ 재식할 묘목은 스트렙토마이신 용액에 침지하는 것이 좋다.
④ 심하게 발생한 지역에서는 내병성 수종인 포플러류를 식재한다.

해설
뿌리혹병이 심할 경우 건전한 나무에도 전파하므로 별도의 식재작업보다 소각을 하는 것이 효율적이다.

38 봄에 수목 생장 개시 후에 내리는 서리에 의해 발생하는 수목 피해는?

① 만상　② 동상
③ 한상　④ 조상

해설
만상은 늦서리 피해로 이론 봄에 수목의 발육이 시작되고 갑작스러운 온도저하로 인한 피해이다.

정답 32. ①　33. ③　34. ①　35. ②　36. ②　37. ④　38. ①

39 잣나무 털녹병 방제 방법으로 옳지 않은 것은?

① 중간기주를 제거한다.
② 내병성 품종을 심는다.
③ 토양 소독을 철저히 한다.
④ 병든 나무는 지속적으로 제거한다.

해설
잣나무 털녹병의 방제방법으로 병든나무나 중간기주를 제거하고 내병성 품종을 심어주도록한다. 8월쯤에는 보르도액을 살포하여 소생자의 침입을 방제하고 피해지역의 묘목은 다른 지역으로 반출을 금지한다.

40 담배장님노린재를 구제하여 방제가 가능한 수목병은?

① 소나무 잎녹병
② 잣나무 털녹병
③ 대추나무 빗자루병
④ 오동나무 빗자루병

해설
담배장님노린재는 오동나무 빗자루병의 매개충으로 구제시 수목병의 방제가 가능하다.

41 흉고직경 측정 자료가 2cm 괄약으로 정리되었을 경우, 흉고직경 10cm는 어떤 흉고직경의 측정범위에 속하는가?

① 8cm 이상 ~ 10cm 미만
② 9cm 이상 ~ 11cm 미만
③ 10cm 이상 ~ 12cm 미만
④ 9.5cm 이상 ~ 11.5cm 미만

해설
흉고직경 10cm의 괄약기준 측정범위는 9cm 이상 ~ 11cm 미만이다.

42 임업의 경제적 특성에 대한 설명으로 옳지 않은 것은?

① 임업생산은 조방적이다.
② 생산기간이 대단히 길다.
③ 공익성이 커서 제한성이 많다.
④ 육성임업과 채취임업이 병존한다.

해설
생산기간이 대단히 긴 것은 임업의 기술적 특성에 해당된다.

43 흉고형수에 영향을 미치는 인자가 아닌 것은?

① 수고　　　　② 지위
③ 수종　　　　④ 근원직경

해설
흉고형수는 원주와 수간의 재적의 비로서 수고, 생산성을 나타내는 지위, 수종 등은 흉고형수 결정에 영향을 주지만 근원직경은 상관이 없다.

44 법정림 개념을 적용하기에 가장 적합한 작업방법은?

① 개벌작업　　② 택벌작업
③ 산벌작업　　④ 중림작업

해설
법정림은 개벌작업의 보속성을 기초로 만들어졌으며 택벌작업 및 기타 다른 작업에는 적용하기가 곤란하다.

45 산림조사 항목으로 지황 조사항목이 아닌 것은?

① 지세　　　　② 지위
③ 지리　　　　④ 임종

해설
임종은 임황 조사항목이다.

정답　39. ③　40. ④　41. ②　42. ②　43. ④　44. ①　45. ④

46 산림경영계획에서 소반구획의 최소 면적은?

① 0.1ha ② 1ha
③ 10ha ④ 100ha

해설
산림경영계획에서 소반은 최소 1ha 이상을 구획한다.

47 고정자산에 대한 설명으로 옳은 것은?

① 처분을 목적으로 소유하는 자산
② 물리적으로 이동이 불가능한 자산
③ 시간에 따른 가치의 변화가 없는 자산
④ 자산이 가지고 있는 생산능력을 이용하기 위해 소유하는 자산

해설
임업에서 고정자산에는 임지, 건물, 기계 등이 있으며 이는 자산이 가진 생산능력을 이용하고자 소유하는 자산으로 정의할 수 있다.

48 임업이율의 성격으로 옳지 않은 것은?

① 임업이율은 대부이자이다.
② 임업이율은 장기이율이다.
③ 임업이율은 명목적 이율이다.
④ 임업이율의 계산은 복리를 적용한다.

해설
임업이율은 대부이자가 아닌 자본이자이다.

49 임업경영의 성과분석에서 계산되는 다음의 항목 중에서 가장 큰 값은?

① 임가소득 ② 임업소득
③ 기타소득 ④ 임업순수익

해설
임가소득은 산림의 소득과 농업의 소득, 농업 이외의 소득의 합으로서 임가 전체 소득수준과 성과를 파악할 수 있어 보기의 항목 중 가장 큰 값을 가진다.

50 임목 생산에 들어간 각종 비용의 원리금 합계에서 육림기간 중에 얻은 간벌수입이나 기타 임산물 수입의 원리금 합계를 공제한 나머지를 가리키는 것은?

① 육림비 ② 수익가
③ 차액지대 ④ 임목원가

해설
육림비는 육림을 하는 기간 중에서 얻을 수 있는 수입의 원리합계를 공제한 것을 임목원가라 한다.

51 임분의 재적을 추정할 때 전 임목을 몇 개의 계급으로 나누어 각 계급의 본수를 동일하게 한 다음 각 계급에서 같은 수의 표준목을 선정하는 방법은?

① 단급법 ② Urich법
③ Hartig법 ④ Draudt법

해설
각 계급에서 같은수의 표준목을 선정하는 방법은 우리히법(Urich)이다.

52 임지생산능력을 판단하는 항목으로 옳지 않은 것은?

① 법정축적에 의한 방법
② 환경인자에 의한 방법
③ 지위지수에 의한 방법
④ 지표식물에 의한 방법

해설
임지의 생산능력을 판단하는 항목으로 환경인자에 의한 방법, 지위지수에 의한 방법, 지표식물에 의한 방법 등이 있다.

정답 46. ② 47. ④ 48. ① 49. ① 50. ④ 51. ② 52. ①

53 임업 경영의 지도원칙 중 보속성의 원칙에 대한 설명으로 옳은 것은?

① 국민의 복리 증진을 목표로 하는 원칙
② 최소의 비용으로 최대의 효과를 발휘하게 하는 원칙
③ 해마다 목재 수확을 양적 및 질적으로 계속적으로 균등하게 하는 원칙
④ 생산량을 투입한 생산 요소의 수량으로 나눈 값이 최고가 되도록 하는 원칙

해설
보속성의 원칙은 해마다 목재의 수확이 일정하도록 하는 원칙이다.

54 벌기 4년마다 순수익 R을 영속적으로 얻을 수 있는 임지가 있다. 연이율이 p%일 경우 이 임지에서 발생하는 수익의 전가합계식은?

① $R \div p^4$
② $R \div (1+p)^4$
③ $R \div (p^4-1)$
④ $R \div ((1+p)^4-1)$

해설
벌기 n년마다 순수익 R을 영구적으로 얻을 수 있는 공식은 $R \div ((1+p)^4-1)$ 으로 무한정기이자의 전가합계식이다.

55 어떤 산림의 벌채권 취득원가가 5천만원이고 잔존가치는 없으며 벌채추정량이 1백만 m^3 이고 당기벌채량이 1천 m^3 이라면 총감가상각비는?(단, 생산량 비례법 이용)

① 500원
② 5,000원
③ 50,000원
④ 500,000원

해설
(5,000만원-0만원) $\times \dfrac{1,000m^3}{1,000,000m^3}$
=50,000원

56 아래와 같은 수확표가 주어질 때 벌기수확에 의한 법정축적은(단, 산림면적은 100ha, 윤벌기는 50년)

구분	임령				
	10	20	30	40	50
재적(m^3)	20	175	360	520	630

① 27,800m^3
② 31,250m^3
③ 31,500m^3
④ 32,250m^3

해설
$\dfrac{50}{2} \times 630 \times \dfrac{100}{50} = 31,500$

※ 벌기수확 기준 법정축적
$\dfrac{U}{2} m_u \times \dfrac{F}{U}$

n : 수확표의 년차, m_u : 각 영급의 재적
F : 산림면적, U : 윤벌기

57 말구직경 24cm, 중앙직경 28cm, 원구직경 34cm, 재장이 4m인 통나무를 Newton식(또는 Riecke)식으로 계산한 재적은?

① 약 0.246m^3
② 약 0.255m^3
③ 약 0.272m^3
④ 약 0.295m^3

해설
$\dfrac{\text{원구단면적}+4\times(\text{중앙단면적})+\text{말구단면적}}{6} \times \text{재장}$

$\dfrac{(\pi \times 0.12^2)+4(\pi \times 0.14^2)+(\pi \times 0.17^2)}{6} \times 4 \fallingdotseq 0.255m^3$

58 어떤 재화로부터 장차 얻을 수 있을 것으로 기대되는 수익을 일정한 이율로 할인하여 구한 현재가를 무엇이라 하는가?

① 기망가
② 매매가
③ 비용가
④ 자본가

해설
기망가는 장차 발생할 것으로 기대되는 수익의 합계이다.

정답 53. ③ 54. ④ 55. ③ 56. ③ 57. ② 58. ①

59 농지의 주변이나 농지와 산지의 경계선 등에 유실수나 특용수 또는 속성수 등을 식재하여 임업수입의 조기화를 도모하는 형태의 임업경영은?

① 혼농임업 　② 혼목임업
③ 농지임업 　④ 비임지임업

> **해설**
> 농지임업은 농지의 주변 및 산지에 유실수, 속성수 등을 심어 빠른 수입을 얻는 형태를 말한다.

60 음(−)의 값이 나올 수 있는 투자효율 분석법은?

① 회수기간법 　② 투자이익률법
③ 순현재가치법 　④ 수익비용률법

> **해설**
> 장기투자를 결정하는 순현재가치법은 미래에 대한 가치 판단을 기준으로 하기에 음의 값이 나올 수 있다.

61 시멘트에 대한 설명으로 옳지 않은 것은?

① 풍화된 시멘트는 강도가 저하된다.
② 시멘트의 강도는 경화의 강도로 표시한다.
③ 시멘트입자 1g에 대한 표면적(cm^2)을 분말도라 한다.
④ 시멘트의 분말도는 높을수록 콘크리트의 초기 강도가 크다.

> **해설**
> 시멘트 강도는 압축강도, 인장강도 등 물리적 강도로 표시한다.

62 산악지대에서 임도의 노선 선정 방법으로 옳지 않은 것은?

① 계곡임도는 임지의 상부에서부터 개발되며 임지개발의 중추적 역할을 한다.
② 산정부 개발임도는 산정부의 안부에서부터 시작되는 순환식 노선방식을 주로 사용한다.
③ 능선임도는 산악지대 임도배치 중 건설비가 가장 적게 소요되며 계곡 및 늪지대에서 임도 개설 시 용이하다.
④ 사면임도는 계곡임도로부터 시작하며 지그재그방식이 적당하지만 완경사지에서는 대각선 방식도 사용된다.

> **해설**
> 계곡임도는 임지의 하부로부터 개발해야 하므로 임지 개발의 중추적인 역할을 담당하는 산악지대 임도 노선형이다.

63 주로 사면 기울기가 1:1보다 완만한 곳에 흙이 털어지지 않은 온떼를 사용하여 전면 녹화를 목적으로 시공하는 산지사방 녹화공법은?

① 띠떼심기 　② 줄떼다지기
③ 선떼붙이기 　④ 평떼붙이기

> **해설**
> 평떼붙이기 시공장소는 경사가 45° 이하 혹은 기울기 1 : 1 보다 완만한 비탈에 비옥한 산지 사면에 적합한 공법이다.

정답 59. ③　60. ③　61. ②　62. ①　63. ④

64 다음 조건에서도 임도 설계 시 적용하는 곡선 반지름으로 가장 적합한 것은?

- 설계속도 : 30km/h
- 노면의 외쪽기울기 : 5%
- 일반지형에서 가로미끄럼에 대한 노면과 타이어의 마찰계수 : 0.2

① 약 30m ② 약 45m
③ 약 60m ④ 약 75m

해설

$$\frac{설계속도^2}{127(타이어 마찰계수 + 노면횡단물매)}$$

$$= \frac{30^2}{127(0.2+0.05)} ≒ 28.34$$

65 배향곡선지가 아닌 경우 길어깨와 옆도랑의 너비를 제외한 임도의 유효너비 기준은?

① 2m ② 3m
③ 4m ④ 6m

해설

임도의 너비 기준은 길어깨 및 옆도랑을 포함한 임도의 너비 3m를 기준으로 한다.

66 사방댐 설치 목적으로 가장 거리가 먼 것은?

① 물 이용 ② 산각 고정
③ 식생 복구 ④ 토석류 피해 저지

해설

사방댐의 기능 및 목적
- 계상물매를 완화하고 종침식을 방지한다.
- 산각을 고정하고 붕괴를 방지한다.
- 계상에 퇴적한 불안정 토사의 유동을 막고 양안의 산각을 고정한다.
- 산불 발생시 진화용수나 야생동물의 음용수로 이용된다.

67 비탈면 녹화에 사용하는 사방용 초본류 중 재래종이 아닌 것은?

① 김의털 ② 제비쑥
③ 오리새 ④ 까치수영

해설

오리새는 도입초종이다.

68 비유량이 20m³/s/km²이고 유역면적이 15km²일 때 최대홍수유량은?

① 133m³/s ② 300m³/s
③ 450m³/s ④ 750m³/s

해설

유역면적의 단위가 km^2 일 경우 합리식은
< Q = 0.2778CIA > 공식에 의거하며 비유량은
< 0.2778CI >를 의미한다. 비유량 및 유역면적을 이용하여 최대홍수유량을 산출하도록 한다.
최대홍수유량 = $20m^3/s/km^2 × 15km^2$
= $300m^3/s$

69 임도에서 대피소 설치 간격 기준은?

① 300m 이내 ② 400m 이내
③ 500m 이내 ④ 600m 이내

해설

대피소의 간격 300m 이내, 너비 5m 이상, 유효길이 15m 이상을 기준으로 한다.

정답 64. ① 65. ② 66. ③ 67. ③ 68. ② 69. ①

70 산지 황폐의 진행상태가 초기 단계부터 순차적으로 올바르게 나열된 것은?

① 초기황폐지 – 임간나지 – 민둥산 – 척악임지 – 황폐이행지
② 초기황폐지 – 임간나지 – 민둥산 – 황폐이행지 – 척악임지
③ 임간나지 – 척악임지 – 초기황폐지 – 황폐이행지 – 민둥산
④ 척악임지 – 임간나지 – 초기황폐지 – 황폐이행지 – 민둥산

해설
황폐지 유형 및 단계는 <척악임지→임간나지→초기황폐지→황폐이행지→민둥산> 순서로 진행된다.

71 와이어로프 표기방법으로 "6×7 C/L 20mm B종"에서 B종이 의미하는 것은?

① 스트랜드의 본수
② 와이어 로프의 지름
③ 와이어 로프의 인장강도
④ 와이어 로프의 표면처리 상태

해설
와이어로프의 인장강도는 G종, A종, B종 등으로 표현한다.

72 트랙터에 의한 집재 방법이 아닌 것은?

① 팬   ② 설키
③ 지면끌기   ④ 인클라인

해설
트랙터의 집재방법으로 지면끌기집재, 팬집재, 설키집재 등이 있다.

73 고저측량에서 전시와 후시를 함께 읽는 점으로 오차발생 시 측량결과에 중요한 영향을 주는 것은?

① 중간점   ② 기계고
③ 미지점   ④ 이기점

해설
전시와 후시가 모두 있는 측점을 이기점 이라 한다.

74 거리 측정에 사용하는 장비는?

① 폴   ② 레벨
③ 트랜싯   ④ 컴퍼스

해설
거리 측정 관련 기준 장비로 폴이 있다.

75 벌목 작업 시 수구를 만드는 방향은?

① 계곡 쪽
② 임도가 있는 쪽
③ 작업자가 있는 쪽
④ 벌도목이 넘어지는 쪽

해설
수구는 30~45° 각으로 작업하여 벌도방향으로 하며 추구는 수구의 반대방향에서 작업한다.

76 산지사방에서 비탈다듬기에 대한 설명으로 옳지 않은 것은?

① 수정기울기는 대체로 최대 35° 전후로 한다.
② 산 아래부터 시작하여 산꼭대기로 진행한다.
③ 붕괴면 주변의 상부는 충분히 끊어내도록 설계한다.
④ 퇴적층의 두께가 3m 이상일 때에는 땅속 흙막이 공작물을 설계한다.

해설
비탈다듬기는 산정상에서 아랫방향으로 진행한다.

정답 70. ④ 71. ③ 72. ④ 73. ④ 74. ① 75. ④ 76. ②

77 양각기계획법으로 1:25000 지형도상에 종단기울기가 5%인 노선을 배치할 때 양각기 조정 폭은?

① 0.2cm ② 0.4cm
③ 0.6cm ④ 0.8cm

해설
5 : 100 = 10 : 수평거리 → 수평거리 : 200m
양각기 조정폭 : 200m × 1/25000 = 8mm

78 임도개설 작업 시 측면 절토 또는 흙을 밀어낼 때 가장 적합한 장비는?

① 로드 롤러 ② 토우인 윈치
③ 앵글 도우저 ④ 모터 그레이더

해설
앵글도저는 측면의 절토, 정지, 흙메우기 등의 작업에 적합하며 블레이드를 좌우로 방향을 전환하여 흙을 좌우로 운반이 가능하다.

79 비탈 돌쌓기 시공요령으로 옳지 않은 것은?

① 귀돌이나 갓돌은 규격에 맞는 것으로 한다.
② 돌쌓기의 세로줄눈은 파선줄눈을 피하여 쌓는다.
③ 높은 돌쌓기는 아래로 내려오면서 돌쌓기의 뒷길이를 길게 한다.
④ 기초를 깊이 파고 단단히 다져야 하며 큰 돌부터 먼저 놓아가면서 차례로 쌓아 올린다.

해설
돌쌓기의 줄눈은 통줄눈을 피하고 파선줄눈으로 쌓는다.

80 임도 설계서 작성 순서로 옳은 것은?

① 시방서 – 설계사용서 – 예산내역서 – 수량산출서 – 예정공정표
② 시방서 – 수량산출서 – 예산내역서 – 설계설명서 – 예정공정표
③ 설계설명서 – 시방서 – 예정공정표 – 예산내역서 – 수량산출서
④ 설계설명서 – 시방서 – 예정공정표 – 수량산출서 – 예산내역서

해설
임도 설계서 작성은 < 설계설명서 - 일반, 특별 시방서 - 예정공정표 - 예산내역서 - 수량 산출서 > 순서로 작성한다.

정답 77. ① 78. ③ 79. ② 80. ③

2020년 제1·2회 산림산업기사

01 산벌작업의 순서로 옳은 것은?

① 전벌→하종벌→종벌
② 예비벌→전벌→종벌
③ 하종벌→예비벌→후벌
④ 예비벌→하종벌→후벌

> **해설**
> 산벌작업은 크게 예비벌, 하종벌, 후벌의 단계를 거쳐 갱신한다.

02 수목 잎의 기공개폐에 대한 설명으로 옳지 않은 것은?

① 온도가 높아지면 기공이 닫힌다.
② 잎의 수분포텐셜이 낮으면 기공이 열린다.
③ 순광합성이 가능한 정도의 광도이면 기공은 충분히 열린다.
④ 엽육 조직의 세포간극에 있는 이산화탄소의 농도가 높으면 기공이 닫힌다.

> **해설**
> 잎의 수분포텐셜이 높아지면 잎의 기공이 열리고 증산작용이 촉진된다.

03 조림지의 풀베기 작업 시기로 가장 적합한 것은?

① 여름철인 6~8월이 좋다.
② 잡초목의 생장이 완료된 늦가을에 실시한다.
③ 수목의 수액이 이동하기 전인 4월 이전이 좋다.
④ 잡초목의 생장이 시작되는 4~5월에 실시한다.

> **해설**
> 풀베기 시기는 보통 6월 ~ 8월에 실시하며 9월 이후는 실시하지 않는다.

04 종자의 활력을 검사하는 방법이 아닌 것은?

① 절단법
② 양건법
③ X-선법
④ 효소검출법

> **해설**
> 양건법은 종자건조법이자 탈곡법 중 하나이다.

05 단순히 토양 입자의 크기로만 평가하였을 때 단위 부피당 토양이 지닌 양이온치환용량이 가장 큰 것은?

① 역토
② 양토
③ 식토
④ 사토

> **해설**
> 식토는 다른 토양에 비해 양이온치환용량이 크다.

06 간벌에 대한 설명으로 옳지 않은 것은?

① 임목을 건전하게 발육시킨다.
② 임분의 형질을 개선하는데 도움을 준다.
③ 직경 생장을 촉진시킬 목적으로 실시한다.
④ 정량간벌은 수관급의 고려를 하는 것이 가장 중요하다.

> **해설**
> 정성간벌에서 수관급을 고려한다. 정량 간벌은 단순하게 작업할 양을 정해두고 기계적으로 작업을 한다.

정답 01. ④ 02. ② 03. ① 04. ② 05. ③ 06. ④

07 배주에 해당하지 않는 것은?

① 주피　　② 자방
③ 주심　　④ 난핵

해설
배주는 주피, 주심, 극핵, 난핵 등으로 구성되어 있다. 자방은 씨방으로 열매로 발달하며 배주에 해당하지 않는다.

08 잣나무의 특성 및 임분 관리 방법에 대한 설명으로 옳은 것은?

① 천연갱신이 잘 이루어진다.
② 식재 후 30~40년경 간벌을 시작한다.
③ 토양 수분이 충분한 계곡이나 산복의 비옥지에 식재한다.
④ 자연 번식력이 강하므로 어떠한 작업종을 선택하여도 갱신에 지장이 없다.

해설
잣나무는 온대이북의 산악지이면서 토심이 깊고 비옥한 적윤지가 식재하기 적당하다.

09 삽수의 발근을 촉진하는 방법으로 식물호르몬 처리에 해당하지 않는 것은?

① 분제 처리법
② 저농도액 침지법
③ 증산억제제 처리법
④ 고농도 순간침지법

해설
증산억제제는 식물의 증산을 억제하는 약제로 약제를 식물 표면에 뿌려 피막을 형성시키는 약제이다.

10 자연의 힘으로 이루어진 극상림의 숲은?

① 보안림　　② 열대림
③ 원시림　　④ 동령림

해설
원시림은 자연의 힘으로 이루어졌으며 인간의 힘이 작용한 적이 없는 극상림의 숲을 말한다.

11 다음 설명에 해당하는 갱신작업 방법은?

- 임관이 항상 울폐한 상태에 있어 임지 및 치수가 보호된다.
- 병충해에 대한 저항력과 심미적 가치가 높다.
- 음수수종 갱신에 적합하고 상층의 성층목은 일광을 잘 받아 결실이 잘 된다.

① 택벌작업　　② 개벌작업
③ 산벌작업　　④ 왜림작업

해설
택벌작업은 벌기, 벌채량, 방법 등 제한이 없고 성숙한 임목을 골라 벌채하는 방법으로 음수수종 갱신에 유리하며 좁은 면적의 산림에서도 보속적 수확이 가능하다. 또한 지력유지 및 토사유실 방지에 유리하며 미적 가치가 높고 산림생태계 유지에 유리하다.

12 육묘 시 해가림이 필요 없는 수종은?

① *Pinus rigida*
② *Larix kaempferi*
③ *Abies holophylla*
④ *Pinus koraiensis*

해설
① 리기다소나무　② 일본잎갈나무
③ 전나무　④ 잣나무
해가림은 리기다소나무와 같은 양수 수종에는 필요 없다.

13 종자의 순량률에 대한 설명으로 옳은 것은?

① 종피와 종자 크기에 대한 비율이다.
② 1000개의 종자 무게를 비율로 정한 것이다.
③ 충실종자와 미숙종자에 대한 무게의 비율이다.
④ 전체 시료종자 무게에 대한 순정종자 무게의 비율이다.

해설
순량률은 작업시료에서 협잡물, 파쇄립 등을 제외한 순정종자와의 중량의 백분율이다.

정답　07. ②　08. ③　09. ③　10. ③　11. ①　12. ①　13. ④

14 임목에 잎에 있는 엽록체가 주로 흡수하여 광합성에 이용하는 광선은?

① 적외선   ② 자외선
③ 근적외선 ④ 가시광선

해설
광합성은 가시광선에 의해 이루어지며 청색광과 적색광에 광합성 효율이 가장 좋다.

15 묘목 식재 시 낙엽수종의 뿌리 돌림 작업시기로 가장 적합한 것은?

① 4~5월   ② 6~7월
③ 9~10월 ④ 11~12월

해설
뿌리돌림은 세근이 잘 발달하지 않은 묘목에 실시하는 작업으로 낙엽수종은 11~12월에 작업을 하는 것이 좋다.

16 가지치기의 장점이 아닌 것은?

① 부정아 발생
② 무절재 생산
③ 하층목 생장 촉진
④ 산불로 인한 수관화 경감

해설
가지치기에 의해 부정아가 발생하는 것은 가지치기의 단점이다.

17 난대림에 분포하는 주요 수종이 아닌 것은?

① 전나무   ② 동백나무
③ 가시나무 ④ 후박나무

해설
전나무의 경우 온대림이나 한대림에 분포한다.

18 모수작업에 가장 알맞은 수종은?

① 잣나무   ② 소나무
③ 밤나무   ④ 일본잎갈나무

해설
모수작업은 소나무와 같은 양수수종에 적합하다.

19 콩과 수목으로 비료목인 것은?

① 사시나무   ② 오리나무
③ 아까시나무 ④ 보리장나무

해설
비료목인 콩과수목으로 아까시나무, 싸리나무, 칡, 자귀나무 등이 있다.

20 양분요구도가 가장 낮은 수종은?

① 밤나무   ② 소나무
③ 오동나무   ④ 느티나무

해설
양분요구도가 낮은 수종으로 소나무, 해송, 향나무, 자작나무 등이 있다.

21 수목의 표피를 직접 뚫고 침입하는 병원균이 아닌 것은?

① 잣나무 털녹병균
② 묘목의 모잘록병균
③ 아밀라리아뿌리썩음병균
④ 뽕나무 자줏빛날개무늬병균

해설
병원체가 식물 표면을 직접 뚫고 침입하는 것으로 뽕나무뿌리썩음병균, 자줏빛날개무늬병균, 호두나무탄저병균, 잿빛곰팡이병균, 묘목의 모잘록병균, 각종 녹병균 등이 있다.

22 모잘록병 방제방법으로 옳지 않은 것은?

① 병든 묘목은 발견 즉시 뽑아 태운다.
② 파종량을 적게 하고 복토를 두텁지 않게 한다.
③ 인산질 비료의 과용을 삼가고 질소질 비료를 충분히 준다.
④ 묘상의 배수를 철저히 하여 과습을 피하고 통기성을 양호하게 한다.

해설
모잘록병 방제를 위해 인산질 비료를 충분히 공급하고 질소질 비료의 과용을 피한다.

정답 14. ④ 15. ④ 16. ① 17. ① 18. ② 19. ③ 20. ② 21. ① 22. ③

23 수화제에 대한 설명으로 옳은 것은?
① 분말이 비산하는 단점을 보완한 것이다.
② 용제로 석유계, 알코올류 등을 사용한다.
③ 물에 희석하면 유효 성분의 입자가 물에 골고루 분산하여 현탁액이 된다.
④ 증기압이 높은 농약의 원제를 액상, 고상 또는 압축가스상으로 용기 내에 충전한다.

해설
수화제는 물에 넣어 조제한 현탁액의 고체입자가 균일하게 분산 부유하는 성질을 가진다.

24 다음 ( ) 안에 해당하는 것은?

> 북부지방 추운 곳에서 남부지방 따뜻한 지역으로 옮겨진 수목은 ( )에 의한 피해에 가장 취약하다

① 조상   ② 만상
③ 상고   ④ 동상

해설
추운지역에서 따뜻한 지역으로 이동한 수목의 경우 환경에 적응을 하지 못하고 갑작스럽게 서리가 내리는 만상에 취약하게 된다.

25 소나무좀 방제방법으로 옳지 않은 것은?
① 등화로 유살한다.
② 기생성 천적을 보호한다.
③ 피해 입은 소나무를 제거한다.
④ 피해 입은 먹이 나무를 박피한다.

해설
소나무좀의 방제를 위해 쇠약목, 고사목 등은 벌채하고 4월쯤에는 수피를 제거하여 번식처를 없애거나 2~3월에는 먹이나무를 설치, 유인하여 먹이나무를 소각하도록 한다. 혹은 3월쯤 약제를 이용하거나 기생성 천적인 좀벌류 및 조류를 보호하도록 한다.

26 병환부에 표징이 가장 잘 나타나는 병원체는?
① 균류   ② 세균
③ 선충   ④ 바이러스

해설
흰가루병과 같은 균류의 경우 표징이 잘 나타난다.

27 밤나무혹벌에 대한 설명으로 옳은 것은?
① 양성생식한다.
② 성충으로 월동한다.
③ 1년에 2회 발생한다.
④ 천적으로는 긴꼬리좀벌류가 있다.

해설
밤나무혹벌의 생물적 방제법에 의한 천적으로 중국긴꼬리좀벌, 노란꼬리혹좀벌, 남색긴꼬리좀벌 등의 긴꼬리좀벌류가 있다.

28 해충의 생물적 방제방법으로 옳지 않은 것은?
① 잠복소 이용   ② 기생벌 이용
③ 포식충 이용   ④ 병원미생물 이용

해설
잠복소 이용은 기계적 방제법에 속한다.

29 오리나무잎벌레의 생태에 대한 설명으로 옳지 않은 것은?
① 성충으로 월동한다.
② 1년에 1회 발생한다.
③ 유충만이 수목을 가해한다.
④ 노숙 유충은 지피물 아래 또는 흙속에서 번데기가 된다.

해설
오리나무잎벌레는 성충과 유충이 동시에 잎을 식해한다.

정답 23. ③ 24. ② 25. ① 26. ① 27. ④ 28. ① 29. ③

30 옥시테트라사이클린으로 방제 효과가 가장 큰 수목병은?

① 오동나무 탄저병
② 밤나무 뿌리혹병
③ 포플러 모자이크병
④ 대추나무 빗자루병

해설
옥시테트라사이클린 약제는 대추나무빗자루병, 오동나무 빗자루병 등의 수목병에 방제 효과가 크다.

31 흰가루병균이 속하는 분류군은?

① 조균   ② 자낭균
③ 담자균   ④ 접합균

해설
흰가루병은 진균인 자낭균류에 속한다.

32 방풍림을 설치하면 방제 효과가 가장 큰 수목병은?

① 철쭉 떡병
② 소나무 혹병
③ 삼나무 붉은마름병
④ 낙엽송 가지끝마름병

해설
낙엽송 가지끝마름병의 방제를 위해 활엽수종 방풍림을 조성한다.

33 흡즙성 해충이 아닌 것은?

① 진딧물류   ② 나무이류
③ 나무좀류   ④ 깍지벌레류

해설
나무좀류는 천공성해충이다.

34 등화유살법으로 해충을 방제할 때 가장 효과적인 광선은?

① 적외선   ② 방사선
③ 자외선   ④ 근적외선

해설
등화유살법은 해충의 주광성을 이용한 방제법으로 전등, 수은등, 자외선 등을 설치하는 것이 효과적이다.

35 솔나방이 월동하는 형태는?

① 알   ② 유충
③ 성충   ④ 번데기

해설
솔나방은 유충으로 지피물이나 나무껍질 사이에 월동한다.

36 다음 설명에 해당하는 것은?

> 알에서 부화한 유충이 여러 차례 탈피를 거듭한 후에 성충으로 변하는 현상이다.

① 주성   ② 휴면
③ 생식   ④ 변태

해설
알에서 부화한 유충이 탈피를 통해 성충으로 변하는 현상을 변태라하며 번데기 과정의 유무에 따라 완전변태, 불완전변태로 분류한다.

37 임지에 쌓여있는 낙엽과 지피물, 갱신치수 및 지상 관목 등이 타는 산림화재의 종류는?

① 지중화   ② 지표화
③ 수관화   ④ 수간화

해설
지표화는 지표의 낙엽과 지피물 등에 화재가 발생하는 것으로 치수들이 많은 피해를 받는다.

정답 30. ④ 31. ② 32. ④ 33. ③ 34. ③ 35. ② 36. ④ 37. ②

38 포플러 잎녹병 방제 방법으로 포플러 묘포지에서 가장 멀리해야 하는 수종은?

① 향나무 ② 배나무
③ 신갈나무 ④ 일본잎갈나무

> **해설**
> 포플러 잎녹병의 중간기주로 낙엽송(일본잎갈나무)가 있으며 방제를 위해 포플러 묘포지와 멀리 있도록 해야 한다.

39 수목에 피해를 주는 주요 대기오염 물질이 아닌 것은?

① 오존 ② 질소
③ 팬(PAN) ④ 이산화황

> **해설**
> 수목에 피해를 주는 대기오염 물질로 아황산가스, 불화수소, 이산화질소, PAN, 오존 등이 있다.

40 수목병과 매개 곤충의 연결이 옳지 않은 것은?

① 뿌리혹병 - 진딧물
② 소나무 재선충병 - 솔수염하늘소
③ 오동나무 빗자루병 - 담배장님노린재
④ 대추나무 빗자루병 - 마름무늬매미충

> **해설**
> 진딧물은 주로 바이러스를 전반하는 매개충이며 뿌리혹병은 세균에 의해 발생하는데 알칼리성 토양조건이나 상처에 의해 발생한다.

41 다음 4가지 형태의 산림구조 중에서 수입이 가장 적고 투자가 가장 많은 것은?

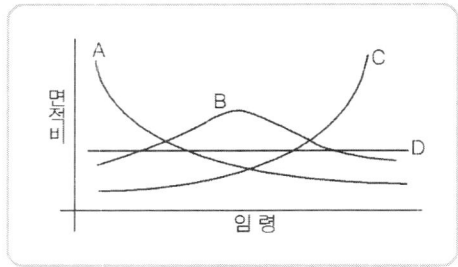

① A ② B
③ C ④ D

> **해설**
> 산림구조에서 A형은 유령림이 많고 수입이 없으며 투자가 많은 것이 특징이다.

42 수확표의 주요 용도가 아닌 것은?

① 지위 판정
② 지리 판정
③ 경영성과 판정
④ 장래의 생장량과 수확량 예측

> **해설**
> 수확표의 주요 용도로 임목도 및 벌기령의 결정, 수확량 예정, 지위 판정, 경영성과 판정, 경영기술의 지침, 산림평가 등이 있다.

43 우리나라 공·사유림의 경영계획 작성을 위한 임반의 크기 기준은?

① 0.1 ha 내외 ② 1 ha 내외
③ 10 ha 내외 ④ 100 ha 내외

> **해설**
> 국내의 공, 사유림의 경영계획 작성시 임반은 가능한 100ha 내외 구획한다.

정답 38. ④ 39. ② 40. ① 41. ① 42. ② 43. ④

44 임가소득은 4억원이고 임업소득이 1억 2천만원인 경우 임업의존도는?

① 3%   ② 4%
③ 30% ④ 40%

해설

임업의존도 $= \dfrac{\text{임업소득}}{\text{임가소득}} \times 100$
$= \dfrac{1.2억}{4억} \times 100 = 30\%$

45 법정상태를 위한 구비조건이 아닌 것은?

① 법정생장량 ② 법정수확률
③ 법정영급분배 ④ 법정임분배치

해설

법정림의 법정상태 요건으로 법정생장량, 법정축적, 법정임분배치, 법정영급분배이다.

46 재적수확 최대의 벌기령에 해당하는 경우는?

① 등귀생장이 최대일 때
② 형질생장이 최대일 때
③ 화폐수익이 최대일 때
④ 벌기평균생장량이 최대일 때

해설

재적수확 최대의 벌기령은 단위면적당 목재 생산량이 최대가 되는 벌기령으로 벌기평균생장량이 최대일 경우 해당된다.

47 중령림의 임목을 평가하는 방법으로 가장 적합한 것은?

① Glaser 법 ② 비용가법
③ 기망가법   ④ 매매가법

해설

중령림의 임목평가는 Glaser 법을 채택한다.

48 임지의 생산능력을 나타내는 지위와 연관성이 가장 큰 것은?

① 직경생장 ② 수고생장
③ 수관생장 ④ 이용고생장

해설

지위지수는 임지의 생산능력을 수치화한 것으로 특정 나무의 수고를 이용한다.

49 임업자본 중에서 유동자본에 해당하는 것은?

① 임도   ② 조림비
③ 벌목기구 ④ 제재소 설비

해설

유동자본의 종류로 종자, 묘목, 약제, 비료, 조림비가 있다.

50 단목의 연령측정 방법이 아닌 것은?

① 기록에 의한 방법
② 목측에 의한 방법
③ 생장추를 이용한 방법
④ 표본목령에 의한 방법

해설

단목에 의한 연령측정방법으로 기록에 의한 방법, 목측에 의한 방법, 지절에 의한 방법, 생장추에 의한 방법 등이 있다.

51 임목의 간재적이 $0.8m^3$이고 벌채 조재 후 원목재적은 $0.65m^3$일 때 조재율은?

① 약 8 %   ② 약 12 %
③ 약 81 % ④ 약 123 %

해설

조재율은 <원목의 예상총재적 / 임목의 총재적> 으로 구한다.

조재율 $= \dfrac{\text{원목의 예상총재적}}{\text{임목의 총재적}} \times 100(\%)$
$= \dfrac{0.65}{0.8} \times 100 ≒ 81(\%)$

정답 44. ③ 45. ② 46. ④ 47. ① 48. ② 49. ② 50. ④ 51. ③

52 다음 조건에 해당하는 기계톱의 작업시간 비례법에 의한 감가상각비는?

- 취득원가 : 950,000원
- 폐기할 때의 잔존가치 : 50,000원
- 사용가능 시간 : 90,000시간
- 실제사용 시간 : 45,000시간

① 225,000원   ② 250,000원
③ 350,000원   ④ 450,000원

해설

작업시간비례법
$$\frac{실제작업시간 \times (취득원가 - 잔존가치)}{총추정작업시간}$$
$$= \frac{45,000 \times (950,000 - 50,000)}{90,000} = 450,000$$

53 부가가치가 가장 낮은 주업적 임업경영의 업무 순서로 옳은 것은?

① 식재→육림→임목매각
② 식재→육림→벌채→원목매각
③ 식재→육림→벌채→원료원목공급(제지)
④ 식재→육림→벌채→표고생산·제탄·제재

해설

주업적 임업경영의 형태는 4가지가 있으며 <식재→육림→임목매각>은 가장 일반적이나 부가가치가 높지 않은 형태이다.

54 벌채목의 원구와 말구의 단면적을 평균한 단면적을 사용하여 재적을 산출하는 방법은?

① 4분주식
② 후버(Huber)식
③ 뉴톤(Newton)식
④ 스말리안(Smalian)식

해설

스말리안공식은 벌채목의 원구와 말구의 단면적의 평균값에 벌목 목재의 길이를 통해 재적을 산출하는 공식이다.

55 임목 원가라고도 하며 간벌 이전의 유령 임목에 대한 가격 산정에 적용할 수 있는 것은?

① 임지기망가   ② 임목기망가
③ 임목비용가   ④ 임목매매가

해설

임목비용가법은 조림비, 지대, 관리비의 합계에서 간벌수입을 제외할 경우 임목비용가가 나타나며 이러한 방법은 주로 유령림의 임목평가에 활용된다.

56 측고기를 이용하여 수고를 측정할 때 주의사항으로 옳지 않은 것은?

① 수목의 높이보다 가까운 거리에서 측정하면 오차를 줄일 수 있다.
② 측정하고자 하는 수목의 정단과 밑이 잘 보이는 지점에서 측정하여야 한다.
③ 경사진 곳에서는 오차가 생기기 쉬우므로 가능하면 등고선 방향에서 측정한다.
④ 측고기의 종류에 따라 사용 방법이 다르기 때문에 측고기 사용법을 숙지하는 것이 오차를 줄일 수 있는 방법이다.

해설

측고기 사용시 수목의 높이와 유사한 거리에서 측정하면 오차를 줄일 수 있다.

57 이율이 높아짐에 따라 임지기망가의 변화로 옳은 것은?

① 커진다.
② 작아진다.
③ 일시적으로 작아졌다가 다시 커진다.
④ 일시적으로 커졌다가 다시 작아진다.

해설

임지기망가에서 이율이 높아지면 지출되는 금액이 높아져 임지기망가가 작아진다.

정답 52. ④ 53. ① 54. ④ 55. ③ 56. ① 57. ②

71 뒷길이, 접촉면의 폭, 뒷면 등이 규격에 맞도록 지정하여 깬 석재는?

① 견치돌 ② 부순돌
③ 호박돌 ④ 야면석

해설
견치돌은 돌을 뜰 때 전면, 뒷면, 돌길이, 접촉부 사이의 치수를 특별한 규격을 두어 깬 석재이다.

72 유역면적이 60km² 이고, 비유량이 12m³/s /km² 일 때 최대홍수유량은?

① 36m³/s ② 72m³/s
③ 360m³/s ④ 720m³/s

해설
유역면적의 단위가 km² 일 경우 합리식은 < Q = 0.2778CIA > 공식에 의거하며 비유량은 < 0.2778CI > 를 의미한다. 비유량 및 유역면적을 이용하여 최대홍수유량을 산출하도록 한다.
최대홍수유량 = 12m³/s/km² × 60km² = 720m³/s

73 임도 설계업무의 순서로 옳은 것은?

① 예비조사 - 답사 - 예측 - 설계도작성 - 실측 - 공사수량산출 - 설계서작성
② 예비조사 - 답사 - 예측 - 실측 - 설계서작성 - 공사수량산출 - 설계도작성
③ 예비조사 - 답사 - 예측 - 실측 - 설계도작성 - 공사수량산출 - 설계서작성
④ 예비조사 - 답사 - 예측 - 실측 - 설계도작성 - 설계서작성 - 공사수량산출

해설
임도의 설계업무는 예비조사, 답사, 예측 및 실측, 설계도 작성, 공사량의 산출, 설계서 작성의 순서로 이루어진다.

74 해안사방에서 조기에 수림화를 유도하기 위해 밀식하는 경우 1ha당 가장 적당한 본수는?

① 상층 : 1,000본, 하층 : 3,000본
② 상층 : 2,000본, 하층 : 3,000본
③ 상층 : 1,000본, 하층 : 5,000본
④ 상층 : 2,000본, 하층 : 5,000본

해설
해안사방의 식재본수는 표준 10,000 본/ha 를 기준으로 하고 조기에 수림화를 유도하기 위해 밀식하는데 상층목은 2,000본 이상, 하층목은 5,000본 이상으로 한다.

75 가선집재와 비교한 트랙터집재의 특징이 아닌 것은?

① 기동성이 높다.
② 작업생산성이 높다.
③ 급경사지 작업이 가능하다.
④ 산림환경에 대한 피해가 크다.

해설
가선집재의 경우 급경사지에서 용이하지만 트랙터집재는 급경사지에서 작업의 능률이 낮고 사고의 위험성이 있다.

76 가선형 집재기계가 아닌 것은?

① 윈치 ② 포워더
③ 타워야더 ④ 케이블 크레인

해설
포워더는 벌목 후 집재한 원목을 적재하여 운반하는 기기이다.

정답 71. ① 72. ④ 73. ③ 74. ④ 75. ③ 76. ②

77 임도설치 관련 규정에 의한 임도의 종류에 포함되지 않은 것은?

① 사설임도　② 단체임도
③ 공설임도　④ 테마임도

해설
임도설치에 관련된 규정을 기준으로 국유임도, 공설임도, 사설임도, 테마임도 등이 있다.

78 임목수확작업 과정에 해당되지 않는 것은?

① 간재　② 집재
③ 조재　④ 벌목

해설
임목수확작업은 나무를 자르는 벌목, 가지등을 정리하는 조재, 다음으로 집재와 운재작업이 수행된다.

79 중심선측량과 영선측량의 편차가 많이 발생하는 지역은?

① 계곡부, 능선부　② 능선부, 정상부
③ 사면부, 계곡부　④ 정상부, 사면부

해설
능선부, 계곡부, 배향곡선 등은 영선과 중심선의 편차가 심하게 발생할 우려가 있다.

80 임도의 대피소 설치기준으로 옳지 않은 것은?

① 너비 : 5m 이상
② 간격 : 300m 이내
③ 유효길이 : 15m 이상
④ 종단 기울기 : 7% 이하

해설
대피소의 간격 300m 이내, 너비 5m 이상, 유효길이 15m 이상을 기준으로 한다.

정답 77. ② 78. ① 79. ① 80. ④

58 임업조수익의 계산 항목에 포함되지 않는 것은?

① 임목성장액
② 임업현금수입
③ 임업현금지출
④ 미처분 임산물 증감액

해설
임업조수익 = 임업현금수입 + 임산물가계소비액 + 미처분임산물증감액 + 임업생산 자재재고증감액 + 임목성장액

59 경급을 구분하는 기준으로 옳은 것은?

① 치수 : 흉고직경 8cm 미만
② 소경목 : 흉고직경 8~16cm
③ 중경목 : 흉고직경 18~28cm
④ 대경목 : 흉고직경 50cm 이상

해설
수목의 경급 구분 기준으로 치수는 흉고직경 6cm 미만, 소경목은 흉고직경 6~16cm, 대경목은 흉고직경 30cm 이상을 기준으로 한다.

60 산림기본계획 수립 및 시행에 포함되지 않는 사항은?

① 지역산림 협력에 관한 사항
② 산림시책의 기본목표 및 추진방향
③ 산림의 공익기능 증진에 관한 사항
④ 산림자원의 조성 및 육성에 관한 사항

해설
산림기본계획 수립 및 시행은 산림기본법에 의거하여 지속가능한 산림경영이 이루어지도록 전국의 산림을 대상으로 산림기본계획을 수립 및 시행한다. 여기에 특정 지역산림 협력에 관한 사항은 포함되어 있지 않다.

61 산지사방에서 분사식 씨뿌리기공법으로 시공시에 초본의 발아생립본수 기준은?

① 100본/m^2
② 200본/m^2
③ 1,000본/m^2
④ 2,000본/m^2

해설
분사식 씨뿌리기 공법을 사용할 초본의 발아생립본수 기준은 초본이 2000 본/m^2, 목본이 100 본/m^2 이다.

62 산지사방의 녹화공사에 해당되는 것은?

① 단쌓기
② 격자틀붙이기
③ 콘크리트블록쌓기
④ 콘크리트뿜어붙이기

해설
산지사방 녹화공사에는 단쌓기, 바자얽기, 선떼붙이기 등의 방법이 있다.

63 밑판, 종자, 표면덮개의 3부분으로 구성된 녹화용 피복자재는?

① 식생대
② 식생반
③ 식생자루
④ 식생매트

해설
식생반은 뜬 떼의 대용품으로 밑판, 종자, 표면덮개로 구성되어 있다. 대량의 유기물과 비료양분을 함유하기에 근계발달이 좋다.

64 임도 비탈면의 수직 높이가 2.5m이고, 수평 거리가 5m일 때의 비탈면 기울기는?

① 1:2
② 2:1
③ 1:2.5
④ 2.5:1

해설
비탈면의 기울기는 수직높이 1에 대한 수평거리의 비로 < 2.5 : 5 = 1 : 2 > 이다.

정답 58. ③ 59. ③ 60. ① 61. ④ 62. ① 63. ② 64. ①

65 적정임도밀도가 40m/ha 인 임도에서 평균 집재거리는?

① 25m ② 31.25m
③ 40m ④ 62.5m

> **해설**
> 평균집재거리(양방향집재)
> 집재거리 $= \dfrac{10000}{\text{적정임도밀도} \times 4}$
> $= \dfrac{10000}{40 \times 4} = 62.5m$

66 임도의 노체 구성 및 시공방법에 대한 설명으로 옳은 것은?

① 노상토는 조립토보다 세립토가 좋다.
② 보조기층의 두께는 15cm 이상으로 한다.
③ 종단 기울기가 8% 이하인 모든 구간은 자갈이나 콘크리트 포장을 하지 않아도 된다.
④ 기층을 생략하거나 자갈층 위에 기층을 두고 표층을 3~4cm 두께로 시공하는 것을 표면처리라고 한다.

> **해설**
> 보조기층은 노상 위에 위치하는 층으로 포장층에서 발생하는 하중을 분산시켜 노상으로 전달하는 역할을 하며 두께는 15cm 이상으로 한다. 재료는 주로 자갈, 부순돌, 모래 등을 혼합하며 점질토는 10% 이상 함유하지 않는 것이 좋다.

67 유량 산정 시 합리식을 적용했을 때 유출계 수값으로 옳지 않은 것은?

① 산지하천 : 0.75~0.85
② 평지소하천 : 0.45~0.75
③ 기복이 있는 토지와 수림 : 0.75~0.90
④ 유역의 반 이상이 평탄한 대하천 : 0.50~0.75

> **해설**
> 기복이 있는 토지와 수림의 유출계수는 0.5 ~ 0.75 이다.

68 선떼붙이기 작업 시 일반적인 단끊기의 너비와 발디딤의 너비를 모두 올바르게 나열한 것은?

① 단끊기 : 30~45cm, 발디딤 : 10~20cm
② 단끊기 : 30~45cm, 발디딤 : 20~30cm
③ 단끊기 : 50~70cm, 발디딤 : 10~20cm
④ 단끊기 : 50~70cm, 발디딤 : 20~30cm

> **해설**
> 비탈의 선떼붙이기 공법에서 단끊기의 나비는 50~70cm, 발디딤의 나비는 10~20cm 정도를 기준으로 한다.

69 임도시공 시 정지작업에 사용되는 장비가 아닌 것은?

① 불도져
② 파워 셔블
③ 모터 그레이드
④ 스크레이퍼 도져

> **해설**
> 파워셔블은 굴착기계로서 지면보다 높은 곳을 굴착하기 적합하다.

70 임도의 비탈면 붕괴가 우려되는 경우로 가장 거리가 먼 것은?

① 연약한 지반에 흙쌓기한 경우
② 투수성의 불연속면을 절취한 경우
③ 미끄러지기 쉬운 급경사면에 흙쌓기한 경우
④ 침투수에 의하여 성토 내부의 간극수압이 낮은 경우

> **해설**
> 토사 비탈면의 간극수압이 증가할 경우 붕괴가 발생할 수 있다.

정답 65. ④ 66. ② 67. ③ 68. ③ 69. ② 70. ④

2020년 제3회 산림산업기사

01 가지치기 작업 시 부후의 위험성이 가장 높은 수종은?

① Cedrus deodara
② Pinus densiflora
③ Abies holophylla
④ Pruns serrulata

[해설]
① 개잎갈나무 ② 소나무 ③ 전나무 ④ 벚나무생가지치기 위험이 있는 수종으로 단풍나무, 느릅나무, 물푸레나무, 벚나무 등이 있다.

02 접목 실시 방법에 대한 설명으로 옳은 것은?

① 접수와 대목이 활동을 시작할 때 실시한다.
② 접수와 대목이 휴면상태에 있을 때 실시한다.
③ 접수는 활동을 시작하고 대목은 휴면상태일 때 실시한다.
④ 접수는 휴면상태에 있고 대목이 활동을 시작할 때 실시한다.

[해설]
접목을 실시하는 시기로 접수는 휴면상태, 대목은 활발한 상태일 때 접목의 적기이다.

03 우세목을 간벌재로 이용하고자 할 때 적용하는 간벌 방법은?

① 하층간벌   ② 수관간벌
③ 택벌식 간벌 ④ 기계적 간벌

[해설]
택벌식 간벌은 상층간벌로 우세목을 간벌재로 활용하고자 할 때 적합한 방법이다.

04 광색소에서 파이토크롬에 대한 설명으로 옳지 않은 것은?

① 햇빛을 받으면 합성이 일부 금지되거나 파괴된다.
② 높은 광 조건에서 생장한 수목에서 많이 검출된다.
③ 피롤(pyrrole) 4개가 모여서 이루어진 발색단을 가진다.
④ 분자량이 120000 Da(dalton) 가량 되는 두 개의 동일한 폴리펩타이드로 구성되어 있다.

[해설]
광색소인 파이토크롬은 낮은 광조건하에서 기른 식물 내에서 많이 검출된다.

05 종자의 결실주기가 가장 긴 수종은?

① 소나무   ② 오리나무
③ 아까시나무   ④ 일본잎갈나무

[해설]
낙엽송, 너도밤나무 등은 결실주기가 5년 이상으로 긴 수종이다.

06 식물이 필요로 하는 필수원소 중에서 수목의 체내 이동이 상대적으로 어려운 원소는?

① 칼륨   ② 칼슘
③ 질소   ④ 마그네슘

[해설]
칼슘, 철, 붕소 등은 수목 체내에서 이동성이 낮은 편이다.

정답 01. ④ 02. ④ 03. ③ 04. ② 05. ④ 06. ②

07 비료목으로 적합하지 않은 수종은?

① 싸리   ② 고로쇠나무
③ 물오리나무 ④ 아까시나무

> **해설**
> 대표적인 비료목으로 콩과수종에는 아까시나무, 싸리, 칡, 자귀나무 등이 있으며 비콩과수종에는 오리나무, 소귀나무, 보리수나무 등이 있다.

08 종자 결실량을 증가시키는 방법이 아닌 것은?

① 간벌 작업을 실시한다.
② 건조, 접목, 상처주기 등의 스트레스를 준다.
③ 꽃눈이 분화하는 시기에 비료를 주지 않는다.
④ 수피의 일부분을 제거하여 C/N 율을 조절한다.

> **해설**
> 화아분화기에 시비를 하면 결실을 촉진할 수 있다.

09 식재 간격을 2.4m×2.4m 정방형으로 조림을 하고자 할 때에 1ha당 식재본수는?

① 약 1800본 ② 약 2400본
③ 약 3000본 ④ 약 4200본

> **해설**
> 보기 중 정답에 근접한 식재본수는 약 1800 본이다.
> $$\frac{10,000\,m^2}{2.4m \times 2.4m} ≒ 1736$$

10 내음력이 가장 약한 수종은?

① 녹나무   ② 전나무
③ 자작나무   ④ 가문비나무

> **해설**
> 자작나무는 극양수로 내음력이 약한 수종에 속한다.

11 산림 보육 작업에 해당되지 않는 것은?

① 제벌   ② 간벌
③ 개벌   ④ 풀베기

> **해설**
> 산림무육작업에는 풀베기, 덩굴제거, 제벌, 가지치기, 간벌이 있다.

12 다음 설명에 해당하는 갱신 작업종은?

> · 벌채지에서 종자를 공급할 수 있는 나무를 단독 또는 군상으로 남기고, 나머지는 벌채목으로 이용한다.
> · 소나무, 곰솔 등이 적합하다.

① 모수작업   ② 개벌작업
③ 택벌작업   ④ 중림작업

> **해설**
> 모수작업은 성숙임분을 대상으로 실시하는 것이 유리하며 모수만을 남기고 그 외 나무를 일시에 베어내는 작업을 말한다. 주로 소나무, 곰솔 등과 같은 양수 수종에 적용하는 것이 유리하다.

13 수종별 파종 방법으로 적합하지 않은 것은?

① 소나무 - 산파
② 호두나무 - 산파
③ 느티나무 - 조파
④ 상수리나무 - 점파

> **해설**
> 호두나무는 대립종자로 점파를 한다.

14 암수딴그루에 해당하는 수종은?

① 편백   ② 소나무
③ 벚나무   ④ 은행나무

> **해설**
> 암수딴그루에 해당하는 수종으로 은행나무, 식나무, 소철, 초피나무 등이 있다.

정답 07. ② 08. ③ 09. ① 10. ③ 11. ③ 12. ① 13. ② 14. ④

15 인공조림과 비교한 천연갱신에 대한 설명으로 옳지 않은 것은?

① 임지가 나출되지 않아 지력이 유지된다.
② 전문적인 육림기술이 필요하지만 벌목과 운재 작업은 용이하다.
③ 임분 조성의 확실성이 결여되어 보완조림 등이 필요한 경우가 있다.
④ 치수가 모수의 보호를 받고, 여러 가지 위해에 대한 저항력이 강하다.

> 해설
> 천연갱신은 인공조림에 비해 벌목과 운재 작업이 상대적으로 어렵다.

16 종자 검사 항목에 대한 설명으로 옳지 않은 것은?

① 효율은 발아율과 순량률을 곱한 값이다.
② 순량률은 순정종자무게를 전체시료무게로 나눈 값이다.
③ 용적중은 100mL에 대한 무게를 그램 단위로 나타낸 것이다.
④ 소립종자의 실중은 1000립의 무게를 4번 반복하여 측정한 값의 평균치로 한다.

> 해설
> 용적중은 종자 1L에 대한 종자의 무게를 말한다.

17 중림작업에 대한 설명으로 옳지 않은 것은?

① 교림작업과 왜림작업을 혼합한 갱신작업이다.
② 일반적으로 하층임분은 개벌에 의한 맹아갱신을 반복한다.
③ 동일 임지에서 일반용재와 신탄재 등을 동시에 생산하는 것을 목적으로 한다.
④ 하층목은 양수 수종, 상층목은 지하고가 높고 수관의 틈이 많은 음수 수종이 적합하다.

> 해설
> 중림작업은 용재생산이 목적인 교림작업과 연료재 생산이 목적인 왜림작업을 동시에 실시하는 산림작업종으로 하층목은 음수 수종, 상층목은 양수 수종이 적합하다.

18 뿌리의 내피에 발달한 카스페리안대(Casparian strip)의 역할에 대한 설명으로 옳은 것은?

① 뿌리털을 통해 흡수한 물의 이동을 효율적으로 차단하는 역할을 한다.
② 뿌리털을 통한 물의 흡수를 촉진하는 역할을 한다.
③ 뿌리털을 통해 흡수한 물에 녹아있는 무기양료를 모아서 보관하는 역할을 한다.
④ 뿌리털을 통해 흡수한 물에 녹아 있는 무기양료만 통과시키는 거름종이 역할을 한다.

> 해설
> 식물 뿌리 내피에 발달한 카스페리안대는 내피세포를 둘러싸고 있는 일종의 띠 형태를 보이고 있으며 이것은 뿌리털을 통해 흡수한 물이 뿌리 피층으로 빠져나가는 것을 막아주는 역할을 한다.

정답 15. ② 16. ③ 17. ④ 18. ①

19 종자 또는 삽목에 의해 시작된 숲으로 주로 높은 수고의 수목으로 이루어진 숲은?

① 교림 ② 왜림
③ 중림 ④ 죽림

해설
교림은 수고 10m 이상의 키 큰 나무를 생산하는 것을 목적으로 한다.

20 리기다소나무에 대한 설명으로 옳지 않은 것은?

① 맹아력이 약하다.
② 잎은 3개씩 나오고 비틀린다.
③ 소나무에 비해 송충이 피해가 적다.
④ 사방 조림 수종으로 사용할 수 있다.

해설
리기다소나무는 맹아력이 강해 줄기에서 잎이난다.

21 밤나무 줄기마름병 방제 방법으로 옳지 않은 것은?

① 저항성 품종인 옥광 등을 식재한다.
② 배수가 잘되는 토양에 건전한 묘목을 심는다.
③ 천공성 해충류의 피해가 없도록 살충제를 살포한다.
④ 초기의 병반이 발생했을 때는 병든 부분을 도려내고 소독한 후 도포제를 바른다.

해설
저항성 품종인 옥광 등을 식재하는 것은 밤나무혹벌에 대한 방제 방법 중 하나이다.

22 밤을 가해하는 종실 해충은?

① 복숭아명나방 ② 붉은매미나방
③ 버들재주나방 ④ 벚나무모시나방

해설
복숭아명나방은 밤나무, 복숭아나무, 감나무 등의 종실을 가해한다.

23 숲에 군집하여 수목을 고사시키는 조류가 아닌 것은?

① 백로 ② 왜가리
③ 딱따구리 ④ 가마우지

해설
딱따구리는 줄기를 가해하는 조류로 군집생활을 하지 않는다. 백로, 왜가리는 4~6월이 번식기로 산성인 배설물로 나무에 피해를 주며 군집생활을 하여 주변 주민들에게 냄새 및 소음 등으로 피해를 주기도 한다.

24 모잘록병 방제 방법으로 옳지 않은 것은?

① 파종상에서는 토양 소독을 한다.
② 묘상이 과습하지 않도록 주의한다.
③ 토양의 산도가 염기성이 되도록 한다.
④ 질소질 비료보다 인산, 칼륨질 비료를 더 많이 준다.

해설
모잘록병은 진균에 의해 발생하기에 과습하거나 너무 건조한 토양에서 주로 발생되며 산도에는 큰 영향을 받지 않는다.

25 해충의 생물적 방제 방법에 대한 설명으로 옳지 않은 것은?

① 친환경적인 방법으로 생태계가 안정된다.
② 해충밀도가 낮을 경우에도 효과를 거둘 수 있다.
③ 화학적 방제 방법에 비해 방제 효과가 영속성을 지닌다.
④ 해충밀도가 위험한 밀도에 달하였을 때 더욱 효과적이다.

해설
생물적 방제법은 해충밀도가 높을수록 방제효과가 낮아진다.

정답 19. ① 20. ① 21. ① 22. ① 23. ③ 24. ③ 25. ④

26 번데기로 월동하는 해충은?

① 매미나방 ② 박쥐나방
③ 차독나방 ④ 미국흰불나방

해설
미국흰불나방은 1년에 2회 발생하고 번데기 형태로 월동한다.

27 잣나무 털녹병의 중간기주는?

① 송이풀 ② 황벽나무
③ 등골나무 ④ 일본잎갈나무

해설
잣나무 털녹병의 중간기주로 송이풀, 까치밥나무가 있다.

28 소나무재선충을 매개하는 해충은?

① 왕바구미 ② 소나무좀
③ 북방수염하늘소 ④ 썩덩나무노린재

해설
소나무 재선충병의 매개충에는 솔수염하늘소와 북방수염하늘소가 있다.

29 미국흰불나방은 1년에 몇 회 발생하는가?

① 1회 ② 2~3회
③ 4~5회 ④ 6~8회

해설
미국흰불나방은 1년에 2~3회 발생한다.

30 완전변태를 하는 내시류에 속하는 곤충목은?

① 파리목 ② 메뚜기목
③ 흰개미목 ④ 잠자리목

해설
내시류는 생육기간에 완전변태를 하며 곤충 중에서 고등곤충 집단으로 가장 진화된 형태이다. 내시류에는 벌목, 딱정벌레목, 나비목, 파리목, 풀잠자리목 등이 있다.

31 뽕나무 오갈병의 원인이 되는 병원체는?

① 세균 ② 곰팡이
③ 바이러스 ④ 파이토플라스마

해설
대추나무 빗자루병, 오동나무 빗자루병, 뽕나무 오갈병의 병원체는 파이토플라스마이다.

32 병원생물 중 *Bacillus thuringiensis*는 주로 어느 해충을 방제하는데 사용되는가?

① 나비류 유충
② 소나무좀 성충
③ 솔수염하늘소 번데기
④ 솔껍질깍지벌레 후약충

해설
BT(*Bacillus thuringiensis*) 수화제는 솔나방 등과 같은 나비류 유충 방제에 효과적이다.

33 성충 및 유충 모두가 수목을 가해하는 것은?

① 솔나방 ② 솔잎혹파리
③ 황다리독나방 ④ 오리나무잎벌레

해설
오리나무잎벌레는 성충과 유충이 동시에 오리나무 잎을 식해하는 식엽성 해충이다.

34 소나무 재선충병 방제 방법으로 옳지 않은 것은?

① 감염된 수목은 벌채 후 소각한다.
② 밀생 임분은 간벌을 하여 쇠약목이 없도록 한다.
③ 포스티아제이트 액제를 이용한 토양 관주를 한다.
④ 매개충의 우화 최성기에 나무주사를 실시한다.

해설
소나무 재선충병의 방제를 위해 나무주사의 경우 11월~이듬해 3월 사이에 실시하며 매개충의 우화하기 전에 주입한다.

정답 26. ④ 27. ① 28. ③ 29. ② 30. ① 31. ④ 32. ① 33. ④ 34. ④

35 지표화로부터 연소되는 경우가 많고, 나무의 공동부가 굴뚝과 같은 작용을 하는 산불의 종류는?

① 수관화　　② 수간화
③ 지상화　　④ 지중화

해설
수간화는 나무 줄기에 발생하는 화재현상으로 지표화에 의해 번지는 경우가 많다.

36 솔잎혹파리 방제를 위한 나무주사용 약제는?

① 디밀린 수화제
② 헥사코나졸 유제
③ 디플루벤주론 액상수화제
④ 이미다클로프리드 분산성액제

해설
이미다클로프리드 분산성액제는 수간주사나 토양관주처리를 하며 솔잎혹파리 방제에 사용되는 약제이다.

37 잣나무 잎떨림병 방제 방법으로 가장 효과가 약한 것은?

① 풀베기와 가지치기를 실시한다.
② 2차 감염 방지를 위해 토양 소독을 철저히 한다.
③ 비배관리를 잘하고 병든 잎은 모두 모아서 태운다.
④ 자낭포자가 비산하는 시기에 적합한 약제를 살포한다.

해설
잣나무잎떨림병은 병든 잎에서 자낭반이 형성되어 자낭포자가 비산하여 잎의 기공으로 침입하기에 토양 소독은 효과가 없다.

38 약제의 유효성분을 가스 상태로 하여 해충의 기문을 통하여 호흡기에 침입시켜 사망시키는 것은?

① 훈증제　　　② 제충제
③ 소화중독제　④ 침투성 살충제

해설
훈증제는 기화하여 훈증효과를 나타내기에 휘발성이 있는 약제로 해충의 기문을 통해 호흡기로 침입하여 해충을 사망시키며 클로로피크린, 브로민화메틸 등이 있다.

39 볕데기가 잘 발생하지 않는 수종은?

① 호두나무　② 굴참나무
③ 오동나무　④ 가문비나무

해설
강한 직사광선에 의해 발생하는 볕데기 피해는 코르크층이 발달한 굴참나무, 상수리나무 등에는 잘 발생하지 않는다.

40 포플러 잎녹병균의 유성포자 형성을 나타낸 다음 그림에서 A에 해당하는 명칭은?

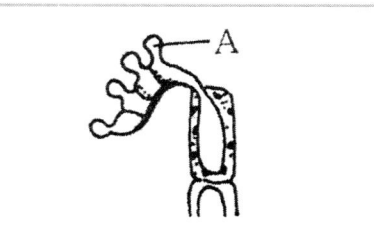

① 녹포자　② 담자포자
③ 여름포자　④ 겨울포자

해설
그림은 녹병균의 겨울포자가 발아한 모습으로 A 부분은 담자포자이다.

정답　35. ②　36. ④　37. ②　38. ①　39. ②　40. ②

41 다음 조건에서 정액법에 의한 감가상각비는?

> • 벌도목을 집재하기 위하여 10년 전에 7천5백만원으로 펠러번처를 구입한다.
> • 펠러번처의 중고 가격은 2천만원이다.

① 20만원/년 ② 55만원/년
③ 200만원/년 ④ 550만원/년

해설

$$\frac{구입가격 - 폐물가격}{내용연수}$$
$$= \frac{7,500만원 - 2,000만원}{10년}$$
$$= 550만원/년$$

42 다음 조건에서 스말리안식에 의한 재적은?

> • 말구직경 : 24cm
> • 중앙직경 : 30cm
> • 원구직경 : 32cm
> • 재장 : 4m

① 약 0.2317m³ ② 약 0.2512m³
③ 약 0.2617m³ ④ 약 0.3021m³

해설

$$V(m^3) = \frac{\pi}{4} \times \frac{d_0^2 + d_n^2}{2} \times L$$
$$= \frac{3.14}{4} \times \frac{0.32^2 + 0.24^2}{2} \times 4$$
$$= 0.2512$$

V : 재적, L : 목재 길이,
d_0 : 원구 지름, d_n : 말구 지름

43 정리기에 대한 설명으로 옳은 것은?

① 불법정인 영급관계를 법정인 영급으로 개량하는 기간이다.
② 산벌작업에서 예비벌을 시작하여 후벌을 마칠 때까지의 기간이다.
③ 보속작업에서 한 작업급에 속하는 모든 임분을 일순벌하는데 필요한 기간이다.
④ 벌구식 택벌작업에서 맨 처음 택벌한 구역을 또다시 택벌하는데 필요한 기간이다.

해설

정리기(갱정기)는 법정인 영급으로 정리 혹은 개량하는 기간을 말하며 경제적 불이익을 적게 하여 수확량을 균등하고 지속시키기 위한 생산기간이다.

44 임지가격의 결정 방법으로 옳지 않은 것은?

① 자산가에 의한 방법
② 매매가에 의한 방법
③ 기망가에 의한 방법
④ 비용가에 의한 방법

해설

임지가격의 결정 방법으로 비용가법, 기망가법, 환원가법, 매매가법 등이 있다.

45 임업자산 중 유동자산이 아닌 것은?

① 임도 ② 묘목
③ 비료 ④ 미처분 임산물

해설

유동자산에는 묘목, 비료, 약제, 미처분임산물 등이 있으며 임도는 고정자산에 속한다.

정답 41. ④ 42. ② 43. ① 44. ① 45. ①

46 공유림에 대한 설명으로 옳지 않은 것은?

① 공공복지 증진을 목적으로 한다.
② 경영기관의 재정수입 확보에 기여하여야 한다.
③ 사유림보다는 1ha 당 평균축적이 적은 편이다.
④ 모범적인 산림경영으로 사유림 경영의 시범이 되어야 한다.

> 해설
> 공유림의 평균축적은 사유림보다 1ha 당 평균축적이 많은 편이다.

47 산림경영계획 수립 시 소반구획을 달리하는 경우에 속하지 않는 것은?

① 지종이 상이할 때
② 작업종이 상이할 때
③ 지위, 지리가 상이할 때
④ 임종, 경급이 상이할 때

> 해설
> 산림경영계획에서 소반구획시 임종 및 경급이 상이한 경우는 해당되지 않는다.

48 산림경영계획 수립을 위한 임황조사에 대한 설명으로 옳지 않은 것은?

① 혼효림의 경우는 5종까지 주요 수종을 조사할 수 있다.
② 가슴높이지름 6cm 이상의 입목을 측정하여 총축적을 산정한다.
③ 인공 조림지에서는 조림년도를 아는 경우에도 측정 대상의 입목에 생장추를 이용하여 임령을 산정한다.
④ 임분 수고의 최저, 최고 및 평균을 측정하여 임분 수고의 범위를 분모로 하고 평균 수고를 분자로 하여 표시한다.

> 해설
> 인공조림지는 조림년도의 묘령을 기준으로 임령을 산출한다. 임령의 식별이 어려운 임지는 생장추를 이용하여 임령을 산출하게 된다.

49 이상적인 임분의 ha 당 재적이 $30m^3$ 이고, 현실임분의 ha 당 재적이 $15m^3$ 이라면 임분의 입목도는?

① 0.1   ② 0.5
③ 1   ④ 2

> 해설
> 임목도는 임목밀도로서 정상임분과 현실임분의 축적의 비를 이용하여 구한다.
> $\frac{15}{30} = 0.5$

50 감가가 발생하는 요인 중 물리적 감가에 해당되는 것은?

① 부적응에 의한 감가
② 진부화에 의한 감가
③ 경제적 요인에 의한 감가
④ 마모 및 손상에 의한 감가

> 해설
> 물리적 감가는 시간의 흐름이나 외부 작용에 의해 마모, 마멸, 손상, 파손 등에 의한 감가를 말한다.

51 임업경영의 성과분석에 대한 설명으로 옳지 않은 것은?

① 임가소득, 임업소득, 임업순수익 등으로 파악할 수 있다.
② 임업소득은 임업조수익에서 임업경영비를 뺀 나머지를 말한다.
③ 짧은 기간 동안의 성과는 명확하게 계산할 수 없는 경우가 많다.
④ 임가소득으로 서로 다른 임가 사이의 경영성과에 대하여 직접 비교가 용이하다.

> 해설
> 임가소득은 서로 다른 임가 사이의 경영성과에 대하여 직접 비교할 수 없다.

정답 46. ③ 47. ④ 48. ③ 49. ② 50. ④ 51. ④

52 산림평가에서 복리산 공식에 해당되지 않는 것은?

① 증가 계산식
② 전가 계산식
③ 무한이자 계산식
④ 유한이자 계산식

해설
산림평가에서 복리산 공식으로 후가계산식, 전가계산식, 무한이자계산식, 유한이자계산식 등이 있다.

53 전체 임분을 본수가 같은 몇 개의 계급으로 나누고, 각 계급에서 같은 수의 표준목을 선정하여 임목 재적을 계산하는 방법은?

① 단급법
② Urich 법
③ Hartig 법
④ Draudt 법

해설
각 계급에서 같은수의 표준목을 선정하는 방법은 우리히법(Urich)이다.

54 산림평가에 대한 설명으로 옳지 않은 것은?

① 임도·저목장·건물 등 임지 안의 시설에 대하여 평가한다.
② 임지 안의 동물·토석·광물 등에 대하여는 평가하지 않는다.
③ 산림의 공익적 기능은 종류별로 분류하여 계량평가를 한다.
④ 임지는 자연적 요소, 지위 및 지리별 입목지·벌채적지·미립목지·시설부지·암석지·지소 등으로 나누어 평가한다.

해설
산림 평가에서 부산물은 임지 내의 동물, 토석, 광물 등에 대해서 평가한다.

55 우리나라의 경우 흉고직경은 입목의 지상 몇 미터 높이에서 측정하는가?

① 0.5m
② 1.0m
③ 1.2m
④ 1.5m

해설
국내의 경우 근원부에서 높이 1.2m 높이의 직경을 흉고직경이라 한다.

56 다음 그림에서 보속 생산이 가능한 형태의 산림 구성은?

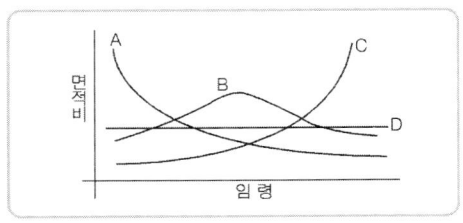

① A형
② B형
③ C형
④ D형

해설
D형은 유령림, 장령림, 성숙림이 혼재한 산림으로 보속 생산이 가능한 형태이다.

57 임업경영의 지도 원칙이 아닌 것은?

① 공정성의 원칙
② 경제성의 원칙
③ 수익성의 원칙
④ 보속성의 원칙

해설
임업경영의 지도원칙으로 수익성의 원칙, 경제성의 원칙, 생산성의 원칙, 보속성의 원칙, 합자연성의 원칙, 환경보전의 원칙이 있다.

정답 52. ① 53. ② 54. ② 55. ③ 56. ④ 57. ①

58 수확조정 방법 중 법정축적법에 대한 설명으로 옳은 것은?

① 교차법, 임분경제법, 등면적법 등이 있다.
② 법정축적에 도달하도록 하는 수식법이다.
③ 수확량을 산출하고 벌채장소를 규정한다.
④ 수확량을 기초로 생장량을 예측하는 협의의 생장량법이다.

해설
법정축적법은 일정 기간이 지나면 현실림이 법정림에 도달하는 개념으로 법정축적에 도달하는 수식법이다.

59 생장의 종류를 수목의 생장에 따른 분류와 임목의 부분에 따른 분류가 있을 때, 수목의 생장에 따른 분류에 속하지 않는 것은?

① 재적생장
② 형질생장
③ 수고생장
④ 등귀생장

해설
수목의 생장에 따라 재적생장, 형질생장, 등귀생장으로 분류하며 이러한 재적생장, 형질생장, 등귀생장의 합을 총가생장이라 한다.

60 유령림의 임목 평가방법으로 임목가격의 최저한도액을 이용하는 것은?

① 원가법
② 매매가법
③ 비용가법
④ 시장가역산법

해설
유령림의 임목 평가방법에서 비용가법은 일반적으로 임목가의 최저 한도액을 나타내며 임목을 현재까지 육성하는데 소요된 순비용의 후가합계로 나타낸다.

61 통나무의 길이가 16m, 임도의 노폭은 4m인 경우 임도의 최소곡선반지름은?

① 4m
② 8m
③ 12m
④ 16m

해설
$$최소곡선반지름 = \frac{곡선반지름^2}{4 \times 노폭} = \frac{16^2}{4 \times 4} = 16$$

62 가선집재와 비교한 트랙터 집재에 대한 설명으로 옳지 않은 것은?

① 작업비가 절약된다.
② 작업생산성이 높다.
③ 급경사지에서도 가능하다.
④ 기동성이 있고 탄력적으로 작업할 수 있다.

해설
트랙터 집재는 급경사지에서는 작업 능률이 낮고 사고의 위험성이 있다.

63 임도가 가장 이상적으로 배치되었을 경우에 개발지수는?

① 0
② 1
③ 10
④ 100

해설
균일하게 임도가 배치되었을 때 개발지수는 1 이다.

64 암반 비탈면의 녹화 조성에 가장 효과가 작은 것은?

① 새집공법
② 차폐수벽공
③ 분사식씨뿌리기
④ 종비토뿜어붙이기

해설
분사식씨뿌리기는 종자와 비료, 전착제 등을 물에 섞어 압축공기로 분사하는 방법으로 종자가 자라는데 시간이 오래 걸려 녹화 조성 효과가 상대적으로 적은편이다.

정답 58. ② 59. ③ 60. ③ 61. ④ 62. ③ 63. ② 64. ③

65 생성 원인이 다른 암석은?

① 편마암　　② 화강암
③ 안산암　　④ 현무암

> **해설**
> 화강암, 안산암, 현무암은 화성암의 종류로 마그마나 용암이 냉각된 것이며 편마암은 화강암이 고온, 고압의 영향으로 변성된 것이다.

66 임도 설치를 위한 현지측량 결과가 다음과 같을 때 전체 구간에서 절토량은?

측점	절토 횡단면적
측점1	100m²
측점2	200m²
측점2+5.0	300m²

① 2750m³　　② 4250m³
③ 6750m³　　④ 8000m³

> **해설**
> 측점 간의 거리는 20m를 기준으로 하며 양단면적평균법을 이용하여 절토량을 구하도록 한다.
> · 측점1 ~ 측점2 : $\frac{100+200}{2} \times 20 = 3000 m^3$
> · 측점2 ~ +5.0m : $\frac{200+300}{2} \times 5 = 1250 m^3$
> · 전체 구간 절토량 : 3000 + 1250 = 4250m³

67 1:25,000 지형도에서 임도의 종단기울기 8%의 노선을 긋고자 할 때 도면상에 표시되는 주곡선간의 길이는?

① 0.5mm　　② 1mm
③ 5mm　　④ 10mm

> **해설**
> 1:25000에서 주곡선의 간격은 10m이고 종단기울기가 8%이므로 주곡선간의 길이는 아래와 같이 구한다.
> $\frac{10}{실제거리} \times 100 = 8(\%) \to 실제거리 : 125m$
> $125m \times \frac{1}{25000} = 0.005m = 5mm$

68 비탈다듬기 또는 단끊기에 의하여 발생한 토사를 산복의 깊은 곳에 넣어 고정 및 유지시키며 침식을 방지하고자 시공하는 것은?

① 땅속흙막이　　② 산복수로공
③ 비탈힘줄박기　　④ 산비탈흙막이

> **해설**
> 땅속흙막이는 비탈다듬기나 단끊기 등의 흙깎기 과정에서 부토가 많고 깊게 퇴적되는 곳에서는 강우 등에 의해 토괴가 미끄러져 내리기 쉬운데 이러한 토사의 유실을 방지하기 위해 땅속에 설치하며 지표면에는 드러나지 않는다.

69 목재수확작업에 주로 사용되는 와이어로프의 스트랜드의 수는?

① 3　　② 4
③ 5　　④ 6

> **해설**
> 임업용 와이어로프 스트랜드는 6개가 대부분이다.

70 산지사방에서 편책공 및 목책공에 대한 설명으로 옳지 않은 것은?

① 토사 유출 방지를 목적으로 시공한다.
② 한번 시설하면 영구적으로 사용할 수 있다.
③ 통나무를 이용하여 흙막이를 한 것을 목책공이라 한다.
④ 말뚝을 박고 섶가지 등을 엮어서 흙막이를 한 것을 편책공이라 한다.

> **해설**
> 토사 유실을 방지할 목적으로 만드는 편책공 및 목책공은 재료 조건상 영구적으로 사용이 불가능하다.

정답　65. ①　66. ②　67. ③　68. ①　69. ④　70. ②

71 상하 소단간의 경사거리가 길고 경사가 급하여 토사 유실이 예상되는 산지의 안정과 녹화에 가장 적합한 공법은?

① 떼단쌓기 ② 줄떼다지기
③ 평떼붙이기 ④ 선떼붙이기

해설
줄떼다지기는 비탈면 기울기를 유지하고 보호 및 녹화 목적으로 자연경관 회복, 침식과 붕괴 방지 효과가 있다.

72 롤러의 표면에 돌기를 만들어 부착한 것은?

① 탬핑롤러 ② 탠덤롤러
③ 진동롤러 ④ 머캐덤롤러

해설
롤러 표면에 다량의 돌기가 있어 흙의 압축이 용이한 장비를 탬핑롤러라 한다.

73 다음 (   ) 안에 내용으로 옳은 것은?

> 시장·군수·구청장 또는 국유림 관리소장은 (   ) 단위로 연도별 임도설치계획을 작성하여야 한다.

① 1년 ② 2년
③ 5년 ④ 10년

해설
임도설치 및 관리 등에 관한 규정에 의거하여 시장, 군수, 구청장 또는 국유림 관리소장은 5년 단위로 연도별 임도설치계획을 작성하여야 한다.

74 돌을 쌓는 방법에 따른 공법의 종류에 해당되지 않는 것은?

① 덧쌓기 공법 ② 메쌓기 공법
③ 찰쌓기 공법 ④ 켜쌓기 공법

해설
돌쌓기 공법으로 찰쌓기, 메쌓기, 골쌓기, 켜쌓기 등이 있다.

75 콘크리트의 강도에 대한 설명으로 옳은 것은?

① 인장강도가 압축강도보다 크다.
② 전단강도가 압축강도보다 크다.
③ 압축강도와 인장강도가 비슷하다.
④ 인장강도와 전단강도는 비슷하다.

해설
콘크리트의 인장강도는 전단강도와 비교시 다소 높거나 비슷한 경향을 보인다.

76 해안사방에서 모래언덕 조성방법에 속하지 않는 것은?

① 모래덮기 ② 파도막이
③ 퇴사울세우기 ④ 정사울세우기

해설
정사울세우기는 식재공법과 함께 사지조림 공법에 속한다.

77 소실수량(증발산량)에 대한 설명으로 옳은 것은?

① 강수량에서 유출량을 뺀 값이다.
② 유출량에서 강수량을 뺀 값이다.
③ 강수량과 유출량을 합한 값이다.
④ 강수량과 유출량을 곱한 값이다.

해설
소실수량은 강수량에서 유출량을 제외한 값이다.

정답 71. ② 72. ① 73. ③ 74. ① 75. ④ 76. ④ 77. ①

78 임도 노면의 유지보수에 대한 설명으로 옳지 않은 것은?

① 약화된 노체의 지지력을 보강한다.
② 노면에 생긴 바퀴 자국이나 골을 없앤다.
③ 길어깨가 노면보다 높으면 깎아내고 다진다.
④ 노면 정제는 습윤한 상태보다 건조한 상태에서 실시하는 것이 좋다.

해설
노면 고르기는 노면이 건조한 상태보다 어느 정도 습윤한 상태에서 실시한다.

79 임도에서 각 측점의 절성토 높이 및 지장목 제거 등의 물량을 산출하기 위한 내용이 기입된 설계도는?

① 평면도
② 횡단면도
③ 구조물도
④ 도로표준도

해설
횡단면도는 임도의 각 측점 단면마다 지반고, 계획고, 절, 성토고 및 지장목 제거 등의 물량을 기입하는 도면이다.

80 하베스터가 수행하는 주요 작업에 대한 설명으로 옳은 것은?

① 벌도작업만 가능하다.
② 조재작업만 가능하다.
③ 벌도 및 조재작업이 가능하다.
④ 벌도 및 가선 집재작업이 가능하다.

해설
하베스터는 다공정 처리기기로 벌도 및 조재 작업을 수행한다.

정답 78. ④ 79. ② 80. ③

산림산업기사
산업기사 CBT 제1회

** 본문제는 수험생들의 기억을 바탕으로 작성 된 것으로 실제 문제와 차이가 있을 수 있습니다.

01 죽림을 조성 하는데 사용되는 번식재료로 가장 적당한 것은?

① 죽간　　② 종자
③ 지하경　④ 지엽부

해설
죽림의 땅속의 줄기인 지하경을 굴취하여 번식하는 데 이용한다.

02 다음 중 줄기를 해부했을 때 환공재로 특징 되는 수종은?

① 참나무　② 단풍나무
③ 포플러　④ 호두나무

해설
환공재는 지름이 큰 관공이 연륜을 따라 고리모양의 환상으로 수열 배열되는 것으로 참나무속, 느티나무속, 느릅나무속, 아까시나무속, 음나무속, 오동나무속 등이 있다.

03 소나무 종자 1kg에 대한 협잡물이 0.1kg이고, 발아율이 88%인 경우 그 효율은?

① 79.2%　② 84.7%
③ 76.7%　④ 81.8%

해설

$$순량률(\%) = \frac{순정종자량(g)}{작업시료량(g)} \times 100$$
$$= \frac{900}{1000} \times 100 = 90(\%)$$

$$효율 = \frac{순량률 \times 발아율}{100} \rightarrow \frac{90 \times 88}{100} = 79.2(\%)$$

04 중림작업법에 대한 설명으로 틀린 것은?

① 교림과 왜림을 동일 임지에 함께 세워서 경영하는 작업법이다.
② 하목으로서의 왜림은 맹아로 갱신되며 일반적으로 연료재와 소경재를 생산한다.
③ 상목으로서의 교림은 일반용재로 생산 할 수 없다.
④ 일반적으로 하층목은 개벌되고 맹아갱신을 반복 한다.

해설
중림작업은 상층임관은 교림으로 형질이 좋은 목재를, 하층임관은 왜림으로 용재 및 연료재로 동시에 실시하는 것이 특징이다

05 Moller는 항속림 사상을 주장하였다. 다음에서 해당 하지 않는 것은?

① 항속림은 동령순림이다.
② 지표 유기물을 잘 보존한다.
③ 천연갱신을 원칙으로 한다.
④ 단목택벌을 원칙으로 한다.

해설
임지, 임목은 항속될수 있도록 경영하는 사상이 뮐러 (moller)의 항속림 사상이다. 그렇기에 단순 혹은 동령림으로 유도하는 개벌을 금한다.

정답 01. ③　02. ①　03. ①　04. ③　05. ①

06 테트라졸륨 테스트(TTC Test)는 다음 중에서 어디에 사용되는 방법인가?

① 종자의 발아 촉진 처리방법
② 화아분화 촉진 처리방법
③ 종자의 발아력 검정방법
④ 삽수의 발근 촉진 처리방법

> **해설**
> 테트라졸륨은 종자의 활력 검사를 목적으로 하며 건전한 배의 경우 반응시 적색 혹은 분홍색을 띤다.

07 군상 산벌작업은 다음 중 어떤 수종에 가장 알맞은 갱신법인가?

① 양수   ② 음수
③ 극양수   ④ 중용수

> **해설**
> 산벌작업은 양수에도 가능은 하지만 음수에 적용하는 것이 적합하다.

08 우량한 묘목을 능률적으로 양성하기 위하여 묘포 입지를 선정할 때 유의해야 할 조건이 아닌 것은?

① 단단한 점토질토양이 알맞다.
② 관개와 배수가 동시에 편리한 곳이 좋다.
③ 포지의 경사는 5°이하의 환경사지가 바람직하다.
④ 포지의 방위는 위도가 높고 한랭한 지역에서는 동남향이 좋다.

> **해설**
> 토양은 사질양토로서 토심이 30cm 이상인 곳이 적합하다.

09 하종벌은 다음 중 어느 때 적용하는 것이 옳은가?

① 갱신 주기 때
② 하층식생이 많을 때
③ 유령기 때
④ 결실량이 많을 때

> **해설**
> 하종벌은 종자가 성숙한 이후 벌채하면서 종자의 낙하를 유도해 발아시키는 방법으로 결실량이 많을 때 하는 것이 유리하다.

10 간벌의 실행에 관한 설명 중 바른 것은?

① 지위가 나쁠수록 자주 실행한다.
② 일반적으로 겨울 또는 봄에 실시한다.
③ 낙엽송의 간벌개시 임령은 30~40년경이다.
④ 활엽수의 경우 지위가 좋을수록, 개시시기가 느려진다.

> **해설**
> 간벌은 산가지치기를 수반하는 경우 11월~이듬해 5월 사이 실시한다.

11 다음 풀베기 방법 가운데 모두베기에 대한 설명으로 맞는 것은?

① 한풍해가 예상되는 곳에서 실시한다.
② 조림목이 음수 수종에 적응하면 좋다.
③ 조림목에 광선을 제대로 주지 못하는 단점이 있다.
④ 조림목을 남겨두고 그 지역의 모든 잡초목을 제거하는 방법이다.

> **해설**
> 풀베기의 경우 모두베기는 지정한 지역의 모든 잡초목을 제거하는 것으로 주로 양수수종의 경우 적합한 방법이다.

정답 06. ③ 07. ② 08. ① 09. ④ 10. ② 11. ④

12 종자의 품질을 나타내는 순량률은 종자의 무엇을 기준으로 한 것인가?

① 무게 ② 수량
③ 부피 ④ 크기

[해설]
종자시료에서 순정종자가 차지하는 무게의 백분율로 표시한다.

13 파종조림의 성과가 비교적 용이한 수종이 아닌 것은?

① 소나무 ② 전나무
③ 해송 ④ 상수리나무

[해설]
파종조림은 발아가 용이하고 결실량이 많은 수종이 유리하며 대표적으로 소나무, 해송, 상수리나무, 굴참나무, 졸참나무 등이 있다.

14 파종하기 전에 종자의 정착 및 발아, 그리고 어린묘목의 발육이 잘 되도록 하기 위하여 정지작업을 한다. 이 작업의 진행 순서는?

① 쇄토 → 밭갈이 → 작상
② 밭갈이 → 쇄토 → 작상
③ 작상 → 쇄토 → 밭갈이
④ 쇄토 → 작상 → 밭갈이

[해설]
묘포 조성 작업시 밭갈이, 쇄토, 작상의 순서로 진행되며 이러한 작업을 정지작업이라 한다. 밭갈이 작업인 경운은 토양을 갈아주는 작업이며 쇄토는 경운한 흙을 곱게 부수어 지면을 평평하게 고르는 작업이다.

15 묘포장을 설계할 때 침엽수종의 경우 토양 산도(pH)는 어느 정도가 알맞은가?

① pH 3.0~4.0 ② pH 5.0~6.5
③ pH 7.0~8.5 ④ pH 9.0~10

[해설]
묘표 토양은 침엽수는 pH 5~5.5 정도에서 가장 적합하며 중성인 pH 5~6.5 범위에서도 생육이 가능하다.

16 산림이 발휘하는 공익적 기능이 아닌 것은?

① 홍수나 산사태를 방지한다.
② 이산화탄소를 흡수하고 산소를 방출한다.
③ 파티클 보드의 원료로 이용된다.
④ 휴양의 기회를 제공한다.

[해설]
파티클 보드와 같이 가공을 통한 생산물은 경제적 기능이다.

17 뿌리의 근류를 가지는 것만으로 나열된 것은?

① 아까시나무, 리기다소나무, 향나무
② 갈매나무, 싸리나무, 소나무
③ 오리나무, 보리수나무, 소귀나무
④ 물푸레나무, 오동나무, 자귀나무

[해설]
근류를 가지는 수종은 주로 콩과식물로 아까시나무, 싸리, 칡, 자귀나무 등이 있으며 비콩과식물 중에서도 오리나무, 소귀나무, 보리수나무 등이 있다.

18 최근 목재로써 인기가 높은 편백의 조림 적지를 가장 잘 나타낸 것은?

① 한대지방
② 온대중부지방
③ 온대북부지방
④ 온대남부, 난대지방

[해설]
편백은 1900년대 조림된 나무로 난대나 온대 남부지방 혹은 해발고도 400m 이하인 지역에서 생육하기 적합하다.

정답 12. ① 13. ② 14. ② 15. ② 16. ③ 17. ③ 18. ④

19 종자의 결실량을 증가시키기 위한 방법으로 옳지 않은 것은?

① 간벌을 실시하여 생육공간을 확장한다.
② 수피의 일부를 제거하여 C/N율을 높인다.
③ 단근을 실시하여 질소의 흡수를 조장한다.
④ 줄기에 환상박피, 철선묶기 등의 자극을 준다.

해설
단근은 나무의 활착에 도움을 주며 질소의 흡수에 영향을 주는 것은 아니다.

20 어린나무 가꾸기에 가장 적절한 시기는?

① 12 ~ 2월   ② 3 ~ 5월
③ 6 ~ 8월   ④ 10 ~ 12월

해설
어린나무가꾸기는 밑깎기와 간벌작업의 중간에 실시되는 작업으로 대상목이 왕성하게 성장하는 6~9월 사이 실시하는 것이 원칙이며 늦어도 11월에 실시한다.

21 식엽성 해충에 해당하지 않는 것은?

① 솔나방   ② 매미나방
③ 박쥐나방   ④ 미국흰불나방

해설
박쥐나방은 줄기를 가해하는 해충이다.

22 담배장님노린재에 의하여 매개 전염되는 병은?

① 소나무 잎녹병
② 잣나무 털녹병
③ 오동나무 빗자루병
④ 대추나무 빗자루병

해설
오동나무 빗자루병의 매개체는 담배장님노린재이며 병원은 파이토플라즈마이다.

23 벚나무 빗자루병의 병원체는 무엇인가?

① 담자균   ② 자낭균
③ 바이러스   ④ 파이토플라즈마

해설
벚나무 빗자루병은 진균의 자낭균류이 병원체이다.

24 볕데기(피소)에 관한 설명으로 옳지 않은 것은?

① 남서면의 임연부에서 피해를 줄일 수 있다.
② 수피 일부에서 수분이 과도하게 손실되어 초래된다.
③ 수피에 코르크층이 발달되지 않은 수종이 피해가 심하다.
④ 고립목의 줄기는 짚으로 둘러주거나 석회유 등을 발라 피해를 줄인다.

해설
볕데기는 태양광산으로 인해 코르크 발달이 약한 오동나무, 호두나무, 가문비나무등에서 주로 수분증말로 인한 피해 현상이다.

25 수목병에 발생하는 병징이 아닌 것은?

① 탈락   ② 총생
③ 흰가루   ④ 시들음

해설
병징은 변색, 시들음, 비대, 부패 등이 있으며 포자에 의한 흰가루등은 표징에 속한다.

26 잣나무 털녹병의 병징과 표징이 나타나는 시기와 병환부는?

① 7 ~ 8월에 잎에 나타난다.
② 3 ~ 5월에 뿌리에 나타난다.
③ 4 ~ 6월에 줄기에 나타난다.
④ 9 ~ 10월에 가지에 나타난다.

해설
잣나무 털녹병은 4~6월 사이 줄기에 두드러기와 같이 부풀어 오르는 현상을 보인다.

정답 19. ③ 20. ③ 21. ③ 22. ③ 23. ② 24. ① 25. ③ 26. ③

27 곤충이 음식물을 먹는데 쓰이는 입틀을 구성하는 기관이 아닌 것은?

① 큰턱　　② 작은턱
③ 윗입술　④ 아랫입술

> **해설**
> 곤충의 입틀은 윗입술, 아랫입술, 1쌍의 큰턱, 1쌍의 작은턱이 있다. 이때 음식물을 먹을때 사용되는 기관은 음식물을 자르는 큰턱, 먹이를 전구강으로 이동시키는 아래턱, 음식이 빠지지 않도록 하는 아랫입술이 있다.

28 유충기가 가장 긴 해충은?

① 솔나방　　② 매미나방
③ 어스렝이나방　④ 미국흰불나방

> **해설**
> 솔나방은 성충이 되기 위해 약 1년 정도의 긴 유충기간을 가진다.

29 미국과 유럽의 밤나무림을 황폐하게 만든 밤나무 줄기마름병의 병원체는?

① 세균　　② 자낭균
③ 담자균　④ 바이러스

> **해설**
> 밤나무 줄기마름병의 병원균은 자낭균류에 속하며 발생 초기 황갈색, 적갈색으로 변해 수피가 부풀어 오른다.

30 우리나라 산불의 원인으로 가장 빈도수가 낮은 것은?

① 담뱃불
② 입산자 실화
③ 벼락에 의한 경우
④ 논과 밭두렁의 소각

> **해설**
> 입산자의 실화나 담뱃불 실화 등등의 사람의 실수에 의한 산불 빈도가 대부분이며 자연적인 벼락 등은 그 빈도가 매우 낮다.

31 일반적으로 연간 발생횟수가 가장 많은 해충은?

① 매미나방　　② 솔잎혹파리
③ 밤나무혹벌　④ 미국흰불나방

> **해설**
> 미국흰불나방은 1년에 2회 발생하며 매미나방, 솔잎혹파리, 밤나무혹벌은 1년에 1회 발생한다.

32 완전변태를 하는 해충은?

① 대벌레　　② 노린재
③ 가루깍지벌레　④ 도토리거위벌레

> **해설**
> 도토리거위벌레는 알, 유충, 번데기, 성충의 완전변태과정을 거친다.

33 대기오염에 의한 산림의 피해를 최소화시킬 수 있는 방안으로 거리가 먼 것은?

① 방음벽 시설 설치
② 공해배출의 법적 규제
③ 공해저항성 수종의 식재
④ 임지비배를 통한 산림관리

> **해설**
> 방음벽 시설은 소음에 관련된 것으로 대기오염과는 거리가 멀다.

34 해충 방제에 사용되는 천적 곤충이 아닌 것은?

① 기생벌　　② 무당벌레
③ 풀잠자리　④ 부리사이드

> **해설**
> 주로 무당벌레는 응애류, 풀잠자리 및 기생벌은 진딧물의 천적 곤충이다.

정답　27. ③　28. ①　29. ②　30. ③　31. ④　32. ④　33. ①　34. ④

35 해충 방제를 위한 물리적 방제방법이 아닌 것은?

① 고온처리　　② 습도처리
③ 방사선처리　④ 토양소독처리

해설
토양소독은 약제를 사용하기에 화학적 방제법에 속한다.

36 솔잎혹파리에 대한 설명으로 옳지 않은 것은?

① 번데기로 월동한다.
② 주요 천적으로 기생벌류가 있다.
③ 암컷 성충은 소나무의 침엽사이에 알을 낳는다.
④ 산림 및 부화최성기에 아세타미프리드 액제를 이용한 나무주사를 실시하여 방제한다.

해설
솔잎혹파리는 유충으로 월동한다.

37 리지나뿌리썩음병에 대한 설명으로 옳은 것은?

① 주로 활엽수에 발생한다.
② 담자포자에 의해 전염된다.
③ 자실체는 파상땅해파리버섯이다.
④ 우리나라에서만 발생하는 병이다.

해설
리지나뿌리썩음병의 자실체는 파상땅해파리버섯이다.

38 충영을 형성하는 해충이 아닌 것은?

① 외줄면충　　② 밤나무혹벌
③ 솔잎혹파리　④ 소나무솜벌레

해설
충영해충은 기주식물에 혹을 만드는 해충으로 밤나무순혹벌, 솔잎혹파리, 진딧물류 등이 있으며 소나무솜벌레의 경우 수액을 빨아먹는 흡즙성 해충으로 별도의 충영을 형성하지는 않는다.

39 밤바구미 방제에 사용하는 약제가 아닌 것은?

① 테부코나졸 유제
② 펜토에이트 분제
③ 카보설판 수화제
④ 티아클로프리드 액상수화제

해설
밤바구미 방제에 사용되는 약제로 펜토에이트분제, 클로티아니딘액상수화제, 티아클로프리드액상수화제, 펜토에이트유제, 펜발러레이트유제, 페니트로티온유제, 카보설판수화제 등이 있다.

40 바람으로 인한 피해로 가장 거리가 먼 것은?

① 수목의 형태 변형
② 토양의 양분 용탈
③ 수목의 동화 작용 방해
④ 수목의 과도한 증산 작용

해설
토양의 양분 용탈은 주로 물에 의한 피해에 의해 발생한다.

41 감가상각비를 계산하기 위한 기본적 요소가 아닌 것은?

① 취득원가　　② 자본이율
③ 잔존가치　　④ 사용년수

해설
감가상각비는 취득원가, 잔존가치, 추정내용연수(사용년수)를 이용하여 구하도록 한다.

정답　35. ④　36. ①　37. ③　38. ④　39. ①　40. ②　41. ②

42 법정림의 법정상태 요건으로 해당하지 않는 것은?

① 법정축적 ② 법정벌채량
③ 법정임분배치 ④ 법정영급분배

해설
법정림의 법정상태 요건으로 법정생장량, 법정축적, 법정임분배치, 법정영급분배이다.

43 임업의 경제적 특성으로 원목가격 구성요소에서 가장 큰 항목은?

① 지대 ② 육림비
③ 운반비 ④ 감가상각비

해설
임산물 가격의 대부분은 운반비이다.

44 임업이율의 특징으로 옳은 것은?

① 대부이율 ② 명목이율
③ 현실이율 ④ 단기이율

해설
임업이율의 성격
· 임업이율은 대부이율가 아닌 자본이율이다.
· 임업이율은 현실이율이 아닌 평정이율이다.
· 임업이율은 실질이율이 아닌 명목이율이다.
· 임업이율은 장기이율이다.

45 유동자본재가 아닌 것은?

① 임도 ② 묘목
③ 종자 ④ 비료

해설
유동자본재는 미처분임산물, 묘목, 비료, 종자 등이 있다.

46 임지평가기법 중 마이너스(−) 값이 나올 수 있는 것은?

① 대용법 ② 입지법
③ 임지기망가법 ④ 임지매매가법

해설
장차 발생될 것으로 기대되는 수익의 합계를 기망가라 하며 이때 고려되는 조림비와 관리비가 커질 경우 마이너스 값이 발생할 수 있다.

47 경영계획을 수립할 때 가장 먼저 구획하는 것은?

① 소반 ② 임반
③ 작업급 ④ 경영계획구

해설
산림 경영의 효율을 위해서 계획구 설정을 먼저 하며 다음으로 임반, 소반 단위로 나누어 설정하도록 한다.

48 주업적 임업의 설명으로 옳지 않은 것은?

① 기업과 독립가의 임업이 해당된다.
② 주로 연료 및 농용재 생산을 위한 임업형태이다.
③ 임업을 주업으로 하는 100ha 이상의 임업형태이다.
④ 임업을 독립된 경영조직으로 운영하는 임업형태이다.

해설
연료 및 농용재 생산을 위한 임업은 종속적 임업이다.

정답 42. ② 43. ③ 44. ② 45. ① 46. ③ 47. ④ 48. ②

49 임가소득 중에서 임업소득이 차지하는 비율을 무엇이라 하는가?

① 임업의존도
② 임업소득률
③ 임업조수익
④ 임업소득가계충족률

> 해설
> 임업의존도는 임업소득을 임가소득으로 나눈값을 백분율로 표현한 것이다.

50 산림평가의 대상이 아닌 것은?

① 임지
② 임목
③ 부산물
④ 임업기계

> 해설
> 산림평가는 산림을 구성하는 임지, 임목, 부산물 등의 경제적 가치를 평가한다.

51 임업노동의 특성에 대한 설명으로 옳지 않은 것은?

① 단위면적당 노동량이 많고 노동강도가 강하다.
② 작업장소인 산림까지의 이동시간이 길어서 실제작업시간이 짧다.
③ 농업노동력을 벌채, 운반노동에 이용하려면 별도의 훈련이 필요하다.
④ 산림경영규모가 작아서 기계의 연속 가동 일수가 짧다.

> 해설
> 임업노동은 단위면적당 노동이 농업의 노동강도에 비해 적은편이다.

52 소반의 구획요건으로 옳지 않은 것은?

① 지종이 상이할 때
② 방위가 상이할 때
③ 임종, 임상 및 작업종이 상이할 때
④ 임령, 지위, 지리 및 운반계통이 현저히 상이할 때

> 해설
> 소반의 구획
> ・기능이 상이할 때
> ・지종이 상이할 때
> ・임종, 임상, 작업종이 상이할 때
> ・임령, 지위, 지리 또는 운반계통이 상이할 때

53 산림조사시 토양의 깊이(심도)는 천, 중, 심으로 구분하는데 심에 해당하는 것은?

① 30cm 이상
② 40cm 이상
③ 50cm 이상
④ 60cm 이상

> 해설
> 토심
> ・천 : 토양 깊이 30cm 미만
> ・중 : 토양 깊이 30~60cm미만
> ・심 : 토양 깊이 60cm 이상

54 면적이 150ha 이고 윤벌기가 30년이며 1개의 영급이 10개의 영계로 구성되어 있는 산림의 법정 영급면적은?

① 3ha
② 30ha
③ 50ha
④ 300ha

> 해설
> 법정영급면적 = (면적/윤벌기)×영계수
> = 150/30 × 10 = 50

정 답 49. ① 50. ④ 51. ① 52. ② 53. ④ 54. ③

55 임업의 기술적 특성이 아닌 것은?

① 생산 기간이 대단히 길다.
② 임목의 성숙기가 일정하지 않다.
③ 자연 조건의 영향을 많이 받는다.
④ 임업 노동은 계절적 제약을 크게 받지 않는다.

해설
임업 노동은 계절적 제약을 크게 받지 않는 특성은 산림 경영의 경제적 특성이다.

56 손익분기점 분석에 설정하는 가정으로 옳지 않은 것은?

① 재고는 없다.
② 제품 단위당 비용은 일정하다.
③ 제품의 생산능률은 변함이 없다.
④ 제품의 판매가는 생산량에 따라 변한다.

해설
제품의 판매가격은 생산량과 판매량이 같으며 생산과 판매의 동시성이 있어 생산량에 따라 변하지 않는다.

57 일반적으로 적용하는 침엽수의 조재율은?

① 0.1~0.3   ② 0.4~0.6
③ 0.6~0.9   ④ 1.0~1.1

해설
조재율은 벌채한 나무의 부피와 마름재목의 부피의 비율로 통상 침엽수종은 0.6~0.9 정도이다.

58 전국 단위의 산림계획에 따라 관할지역의 특수성을 고려하여 수립하는 산림경영계획은?

① 지역산림계획
② 산림기본계획
③ 국유림경영계획
④ 국유림종합계획

해설
지역산림계획은 특별시장, 광역시장, 도지사 및 지방산림청장이 산림기본계획에 따라 관할지역의 특수성을 고려하여 수립 및 시행한다.

59 산림경영 지도원칙 중 경제원칙에 해당하지 않는 것은?

① 공공성의 원칙   ② 수익성의 원칙
③ 생산성의 원칙   ④ 합자연성의 원칙

해설
합자연성의 원칙은 자연법칙을 존중하면서 산림을 경영하자는 원칙으로 경제원칙에는 해당하지 않는다.

60 유령림의 임목평가 방식으로 알맞은 것은?

① Glaser 법   ② 임목비용가법
③ 시장가역산법   ④ 임목기망가법

해설
유령림은 임목비용가법을 적용한다. Glaser 법은 중령림, 시장가역산법은 벌기 이상의 임목, 임목기망가법은 벌기 미만의 장령림에 적합하다.

61 임도의 대피소 설치기준으로 옳지 않은 것은?

① 너비 : 5m 이상
② 간격 : 300m 이내
③ 유효길이 : 15m 이상
④ 종단 기울기 : 7% 이하

해설
대피소의 간격 300m 이내, 너비 5m 이상, 유효길이 15m 이상을 기준으로 한다.

62 임도설치 관련 규정에 의한 임도의 종류에 포함되지 않은 것은?

① 사설임도   ② 단체임도
③ 공설임도   ④ 테마임도

해설
임도설치에 관련된 규정을 기준으로 국유임도, 공설임도, 사설임도, 테마임도 등이 있다.

정답 55. ④ 56. ④ 57. ③ 58. ① 59. ④ 60. ② 61. ④ 62. ②

63 해안사방에서 조기에 수림화를 유도하기 위해 밀식하는 경우 1ha 당 가장 적당한 본수는?

① 상층 : 1000, 하층 : 3000본
② 상층 : 2000, 하층 : 3000본
③ 상층 : 1000, 하층 : 5000본
④ 상층 : 2000, 하층 : 5000본

해설
해안사방의 식재본수는 표준 10,000 본/ha 를 기준으로 하고 조기에 수림화를 유도하기 위해 밀식하는데 상층목은 2,000본 이상, 하층목은 5,000본 이상으로 한다.

64 뒷길이, 접촉면의 폭, 뒷면 등이 규격에 맞도록 지정하여 깬 석재는?

① 견치돌   ② 부순돌
③ 호박돌   ④ 야면석

해설
견치돌은 돌을 뜰 때 전면, 뒷면, 돌길이, 접촉부 사이의 치수를 특별한 규격을 두어 깬 석재이다.

65 선떼붙이기 작업 시 일반적인 단끊기의 너비와 발디딤의 너비를 모두 올바르게 나열한 것은?

① 단끊기 : 30~45cm, 발디딤 : 10~20cm
② 단끊기 : 30~45cm, 발디딤 : 20~30cm
③ 단끊기 : 50~70cm, 발디딤 : 10~20cm
④ 단끊기 : 50~70cm, 발디딤 : 20~30cm

해설
비탈의 선떼붙이기 공법에서 단끊기의 나비는 50~70cm, 발디딤의 나비는 10~20cm 정도를 기준으로 한다.

66 적정임도밀도가 40m/ha 인 임도에서 평균 집재거리는?

① 25m   ② 31.25m
③ 40m   ④ 62.5m

해설
평균집재거리(양방향집재)
$$집재거리 = \frac{10000}{적정임도밀도 \times 4}$$
$$= \frac{10000}{40 \times 4} = 62.5m$$

67 임도 비탈면의 수직 높이가 2.5m 이고, 수평거리가 5m 일 때의 비탈면 기울기는?

① 1:2   ② 2:1
③ 1:2.5   ④ 2.5:1

해설
비탈면의 기울기는 수직높이 1에 대한 수평거리의 비로 < 2.5 : 5 = 1 : 2 > 이다.

68 임도의 노체 하층부터 표면층까지의 구성 순서로 옳은 것은?(단, 순서는 바닥면부터 표시함)

① 노상 - 노반 - 기층 - 표층
② 노상 - 기층 - 표층 - 노반
③ 노반 - 노상 - 기층 - 표층
④ 기층 - 표층 - 노상 - 노반

해설
임도의 구조는 표면을 시작으로 표층, 기층, 노반, 노상으로 구성되며 이때 노상과 노반을 합쳐 노면이라 부르기도 한다.

정답 63. ④ 64. ① 65. ③ 66. ④ 67. ① 68. ①

69 벌도 작업의 안전을 위하여 다른 근로자가 들어오면 안되는 최소 작업 범위는?

① 벌도 대상목 수고의 0.5배
② 벌도 대상목 수고의 1.5배
③ 벌도 대상목 수고의 2.5배
④ 벌도 대상목 수고의 3.5배

해설
벌목 표준 안전 지침에 의거 인접한 곳에서 벌목할 때에는 절단 대상수목을 중심으로 수목 높이의 1.5배 이상 안전거리를 유지하여 작업하여야 한다.

70 산사태와 땅밀림을 비교하여 설명한 것으로 옳지 않은 것은?

① 산사태는 지하수에 의한 영향이 크다.
② 산사태는 땅밀림에 비해 규모가 작다.
③ 땅밀림은 계속적으로 재발 가능성이 크다.
④ 산사태는 사질토로 된 지점에서 많이 발생한다.

해설
산사태보다는 땅밀림의 경우 지하수의 영향이 더 크다.

71 상단면적 120m², 하단면적 200m², 상하단의 거리가 12m 인 경우 평균단면적법에 의한 토사량(m³)은?

① 192
② 384
③ 1920
④ 3840

해설
토사량 = $\frac{\text{단면적}A + \text{단면적}B}{2} \times \text{단면적사이거리}$
$= (\frac{120+200}{2}) \times 12 = 1920 m^3$

72 집재용 도구가 아닌 것은?

① 피비
② 펄프훅
③ 마세티
④ 파이크폴

해설
마세티는 나이프의 일종이다. 집재용 도구의 종류로 피비, 캔트훅, 사피, 펄프 훅, 파이크홀 등이 있다.

73 반출할 목재의 길이가 10m 이고 임도의 나비가 5m 일 때 최소곡선반지름은?

① 3m
② 4m
③ 5m
④ 6m

해설
최소곡선반지름
$R = \frac{l^2}{4B} = \frac{10^2}{4 \times 5} = \frac{100}{20} = 5$
여기서, R : 곡선반지름(m)
l : 통나무길이(m)
B : 노폭(m)

74 퇴사울타리를 설치할 때 기준 높이는?

① 0.5m
② 1.0m
③ 1.5m
④ 2.0m

해설
퇴사울타리의 높이는 1m 정도로 한다.

75 산지사방의 목표와 거리가 먼 것은?

① 산사태의 방지
② 붕괴의 확대방지
③ 표토침식의 방지
④ 계상침식의 방지

해설
계상침식의 방지는 야계사방공사의 목표이다.

정답 69. ② 70. ① 71. ③ 72. ③ 73. ③ 74. ② 75. ④

76 임도의 평면선형에서 사용되는 곡선이 아닌 것은?

① 단곡선　　② 이중곡선
③ 복심곡선　④ 배향곡선

> **해설**
> 평면선형에 사용되는 곡선으로 단곡선, 복심곡선, 배향곡선, 반대곡선이 있다.

77 녹화용 피복자재가 아닌 것은?

① 식생반　　② 그라우트
③ 볏짚거적　④ 쥬트네트

> **해설**
> 그라우트는 갈라진 건축물이나 지반의 틈을 채우는 공법이다.

78 임도의 종단기울기가 8%인 구간에 곡선부의 외쪽기울기를 6%로 설치할 때 합성기울기는?

① 2.0%　　② 6.9%
③ 10.0%　 ④ 14.0%

> **해설**
> 합성기울기
> $= \sqrt{종단기울기^2 + 횡단기울기^2}$
> $= \sqrt{8^2 + 6^2} = 10(\%)$

79 와이어로프의 폐기기준으로 옳지 않은 것은?

① 꼬임상태인 것
② 현저하게 변형 또는 부식된 것
③ 와이어로프 소선이 10분의 1 이상 절단된 것
④ 마모에 의한 직경 감소가 공칭직경의 10%를 초과하는 것

> **해설**
> 마모에 의한 직경 감소가 공칭직경에 7% 초과할 경우 폐기한다.

80 시멘트에 탄산나트륨이나 탄산칼슘을 넣으면 어떻게 되는가?

① 빨리 굳는다.　② 동해에 강하다.
③ 느리게 굳는다.④ 방수효과가 있다.

> **해설**
> 시멘트 제조시 탄산칼슘이나 탄산나트륨을 넣으면 빠르게 굳게 되고 이를 급결성이라 한다.

정답　76. ②　77. ②　78. ③　79. ④　80. ①

산림산업기사

산업기사 CBT 제2회

** 본문제는 수험생들의 기억을 바탕으로 작성 된 것으로 실제 문제와 차이가 있을 수 있습니다.

01 다음 중 많이 쓰면 토양이 산성으로 되는 것은?

① 요소 ② 황산암모니아
③ 석회질소 ④ 용성인비

해설
황산암모니아는 생리적 산성비료에 해당하며 토양에 사용하게 되면 산성을 띠게 된다.

02 조림지에서 2m 간격의 정사각형 식재를 할 경우 1ha당 필요한 조림 본수는?

① 2500본 ② 3500본
③ 5000본 ④ 10000본

해설
$$\frac{10,000m^2}{2m \times 2m} = 2500본$$

03 다음 수종 중 비교적 파종조림이 용이한 수종은?

① 분비나무 ② 가래나무
③ 전나무 ④ 단풍나무

해설
파종조림에 용이한 수종으로 물푸레나무, 밤나무, 가래나무, 자작나무, 벚나무, 소나무, 해송, 리기다소나무, 잣나무, 박달나무, 들메나무, 느티나무 등이 있다.

04 수목의 가시적 양분 진단결과 어린잎 또는 어린 가지에 결핍증상이 나타났다면, 이 수목의 생장을 제한할 가능성이 가장 큰 양분 원소는?

① 질소(N) ② 인(P)
③ 마그네슘(Mg) ④ 칼슘(Ca)

해설
칼슘은 식물체내에서도 이동성이 낮아 신엽(새잎, 어린잎), 경엽등에서 결핍증상이 나타난다.

05 우세목을 간벌재로 이용하고자 할 때 적용하는 간벌 방법은?

① 하층간벌 ② 수관간벌
③ 택벌식 간벌 ④ 기계적 간벌

해설
택벌식 간벌은 상층간벌로 우세목을 간벌재로 활용하고자 할 때 적합한 방법이다.

06 비료목으로 적합하지 않은 수종은?

① 싸리 ② 고로쇠나무
③ 물오리나무 ④ 아까시나무

해설
대표적인 비료목으로 콩과수종에는 아까시나무, 싸리, 칡, 자귀나무 등이 있으며 비콩과수종에는 오리나무, 소귀나무, 보리수나무 등이 있다.

정답 01. ② 02. ① 03. ② 04. ④ 05. ③ 06. ②

07 암수딴그루에 해당하는 수종은?

① 편백 ② 소나무
③ 벗나무 ④ 은행나무

> **해설**
> 암수딴그루에 해당하는 수종으로 은행나무, 식나무, 소철, 초피나무 등이 있다.

08 중림작업에 대한 설명으로 옳지 않은 것은?

① 교림작업과 왜림작업은 혼합한 갱신작업이다.
② 일반적으로 하층임분은 개벌에 의한 맹아갱신을 반복한다.
③ 동일 임지에서 일반용재와 신탄재 등을 동시에 생산하는 것을 목적으로 한다.
④ 하층목은 양수 수종, 상층목은 지하고가 높고 수관의 틈이 많은 음수 수종이 적합하다.

> **해설**
> 중림작업은 용재 생산이 목적인 교림작업과 연료재 생산이 목적인 왜림작업을 동시에 실시하는 산림작업종으로 하층목은 음수 수종, 상층목은 양수 수종이 적합하다.

09 산림 입지를 결정하는 환경 조건으로 옳지 않은 것은?

① 기상환경 ② 작업환경
③ 생물환경 ④ 토양환경

> **해설**
> 작업환경은 산림 입지 결정에는 영향을 미치지 않는다. 임목 개화결실 촉진 방법으로 시비, 화학적 처리, 기계적처리, 수형조절, 접목, 환상박피 등이 있다.

10 가지치기의 효과로 옳지 않은 것은?

① 무절재를 생산할 수 있다.
② 하목의 수광량을 증가시킨다.
③ 산불이 있을 때 수관화를 경감시킨다.
④ 연륜폭을 조절해서 수간의 완만도를 낮춘다.

> **해설**
> 옹이가 없고 수간의 완만도를 높이는 것은 가지치기의 특징이다.

11 풀베기 방법으로 모두베기에 대한 설명으로 옳은 것은?

① 한풍해가 예상되는 곳에서 실시한다.
② 조림목이 양수 수종인 경우에 적용한다.
③ 조림목에 광선을 제대로 주지 못하는 단점이 있다.
④ 조림목이 심어진 줄에 따라 모든 잡초목을 제거하는 방법이다.

> **해설**
> 모두베기는 소나무, 낙엽송 등의 양수 식재시 적합한 방법이다.

12 토양수 중 식물이 쉽게 이용할 수 있는 pF 1.8~4.2에 상당하는 유효수분은?

① 화합수 ② 흡습수
③ 모관수 ④ 중력수

> **해설**
> 모관 인력에 의하여 토양 내의 작은 공극을 상승하는 수분을 모관수라 하며 pF 1.8 ~ 4.2 에 해당한다.

13 종자의 순량율 기준이 가장 낮은 수종은?

① 잣나무 ② 밤나무
③ 오리나무 ④ 은행나무

> **해설**
> 보기 중 잣나무, 밤나무, 은행나무는 순량률이 90% 이상이나 오리나무는 73% 정도로 가장 낮다.

정답 07. ④ 08. ④ 09. ② 10. ④ 11. ② 12. ③ 13. ③

14 종자를 채집하여 11월말까지는 노천매장을 해야 좋은 수종은?

① 전나무　② 단풍나무
③ 층층나무　④ 느티나무

해설
종자를 채집하여 11월 중에 매장하는 것이 좋은 수종으로 팽나무, 물푸레나무, 층층나무, 피나무, 옻나무 등이 있다.

15 지하자엽 발아형에 속하는 수종은?

① 버드나무　② 단풍나무
③ 아까시나무　④ 물푸레나무

해설
지하자엽형에는 참나무류, 밤나무, 호두나무, 가래나무, 버드나무 등이 있다.

16 묘목 식재에 대한 설명으로 옳지 않은 것은?

① 겨울철에는 동해나 한해를 고려하여야 한다.
② 주로 봄에 식재하지만 가을에 식재하기도 한다.
③ 용기묘는 온실에서 키운 후 곧바로 산지에 식재한다.
④ 봄철 식재는 서리의 피해가 우려되지 않을 때 심는 것이 좋다.

해설
용기묘는 온실에서 키운 후 주위의 환경 및 계절을 고려한 후 산지에 식재한다.

17 종자의 개화 결실을 촉진시키기 위한 방법으로 옳지 않은 것은?

① 줄기에 철선묶기 등의 자극을 준다.
② 간벌을 실시하여 생육공간을 확장한다.
③ 수피의 일부를 제거하여 C/N율을 높인다.
④ 단근을 실시하여 질소의 흡수를 증가시킨다.

해설
개화 결실 촉진 방법으로는 환상박피, 단근, 시비, 생장호르몬, 밀도조절 등이 있다. 단근 작업이 개화 결실을 촉진시키지만 이는 탄수화물의 함량을 조절하는 것이며 질소의 흡수와는 관련이 없다.

18 택벌작업에 대한 설명으로 옳지 않은 것은?

① 양수 수종의 갱신에 적합하다.
② 작업한 임분의 심미적 가치가 높다.
③ 병해충에 대한 저항력을 높일 수 있다.
④ 보속 생산을 하는데 가장 적절한 방법이다.

해설
택벌작업은 일부분 국소적으로 벌채하는 작업으로 양수수종에 적용이 어렵다.

19 산림용 묘목규격을 결정하는데 사용되지 않는 것은?

① 간장　② 묘령
③ 근원경　④ 흉고직경

해설
묘목 규격의 측정기준으로 간장, H/D 율, 근원경, 묘령이 있다.

20 주로 5월 전후에 채종하는 수종은?

① 주목　② 미루나무
③ 단풍나무　④ 측백나무

해설
5월 전후 종자가 성숙하는 수종의 경우 채종가능하며 대표적으로 버드나무, 미루나무, 사시나무, 황철나무가 있다.

정답　14. ③　15. ①　16. ③　17. ④　18. ①　19. ④　20. ②

21 다음 중 병원체가 토양 중에서 월동하지 않는 것은 어느 것인가?

① 식물병원성바이러스
② 자줏빛날개무늬병균
③ 근두암종병균
④ 묘목의 잘록병균

해설
병원체가 토양 중에 월동하는 것으로 모잘록병균, 뿌리혹병균(근두암종병균), 오동나무빗자루병, 자줏빛날개무늬병균 등이 있다.

22 다음 중 오리나무잎벌레의 월동 형태로 가장 적합한 것은?

① 알   ② 유충
③ 번데기   ④ 성충

해설
오리나무잎벌레는 1년에 1회 발생하고 성충으로 지피물 아래나 흙 속에서 월동한다.

23 최근 우리나라 산불발생에 가장 많이 차지하는 원인은?

① 입산자의 실화
② 논, 밭두렁의 소각
③ 어린이의 불장난
④ 성묘객의 실화

해설
입산자의 실화가 대략 50%, 담뱃불 실화의 경우 대략 10~13%, 논 밭두렁의 경우 봄철에 많이 발생되어 약 20%, 가을에는 소각이 적어 5% 이내 정도의 발생 비율을 보인다.

24 수간의 인피부를 가해하는 해충 중 공동을 만드는 것은?

① 유리나방   ② 비단벌레
③ 하늘소   ④ 나무좀

해설
유리나방은 천공성 해충으로 수간의 인피부에 구멍을 뚫어 가해한다.

25 다음 중 표징에 해당되는 것은?

① 위축   ② 균사체
③ 시들음   ④ 줄기마름

해설
균사체는 표징에 해당한다.

26 일반적으로 1년에 2회 발생하고 월동은 번데기로 하며 주로 잎을 가해하는 해충은?

① 대벌레   ② 매미나방
③ 미국흰불나방 ④ 잣나무넓적잎벌

해설
미국흰불나방
· 피해수종으로 포플러, 버즘나무, 단풍나무 등이 있다.
· 1년에 2회 발생하고 번데기 형태로 월동한다.
· 초기에는 병든 잎을 소각하며, 유충가해기에는 BT 수화제를 이용한다.

27 단성생식으로 다음 세대를 이어가는 해충으로 옳은 것은?

① 솔노랑잎벌
② 밤나무혹벌
③ 천막벌레나방
④ 소나무노랑점바구미

해설
밤나무혹벌은 암컷만으로 단성생식을 한다.

28 가뭄 피해에 관한 설명으로 옳지 않은 것은?

① 주로 장령림에게 피해가 집중된다.
② 임지에 비해 묘포지는 피해가 적다.
③ 남쪽 또는 서쪽 사면의 토양의 깊이가 얕은 곳에 발생이 쉽다.
④ 토양의 수분 부족으로 나무의 끝이 말라 죽거나 생장이 감소하는 현상이다.

해설
장령림의 경우 가뭄에 대한 저항성이 있어 피해가 적은 편이다.

정답 21. ① 22. ④ 23. ① 24. ① 25. ② 26. ③ 27. ② 28. ①

29 농약의 부작용으로서 가장 좁은 의미의 약해의 설명으로 옳은 것은?

① 야생동물, 가축이 입는 피해
② 잔류농약에 의한 생태계의 피해
③ 방제대상이 아닌 식물이 입는 피해
④ 꿀벌, 누에 등 유용곤충이 입는 피해

해설
농약의 부작용 범위를 물었으며 이때 농약의 사용대상인 방제대상 외의 식물이 입을 경우가 가장 좁은 약해의 범위이며 그 외의 동물이나 곤충 등이 입는 부작용의 범위, 다음으로 큰 의미로 생태계의 부작용으로 정의할 수 있다.

30 늦가을 줄기에 짚을 감아 두었다가 봄에 이것을 모아 태워 해충과 익충도 함께 유실되는 방법은?

① 식이유살법   ② 등화유살법
③ 번식처유살법 ④ 잠복장소유살법

해설
먹이나무를 설치하거나 월동을 위한 장소를 제공하여 유인한 후 이것을 소각하는 방법으로 잠복장소유살법이라 한다.

31 대추나무 빗자루병에 관한 설명으로 옳지 않은 것은?

① 병원체는 바이러스이다.
② 주로 체관부(phloem)에 기생한다.
③ 마름무늬매미충에 의해 매개 전염된다.
④ 옥시테트라싸이클린 수간주사로 치료가 가능하다.

해설
대추나무 빗자루병의 병원체는 파이토플라스마이다.

32 오리나무잎벌레의 생활사에 대한 설명으로 옳은 것은?

① 알로 월동하고 줄기에 산란한다.
② 유충으로 월동하고 잎에 산란한다.
③ 성충으로 월동하고 잎에 산란한다.
④ 번데기로 월동하고 줄기에 산란한다.

해설
오리나무 잎벌레는 성충으로 지피물 혹은 흙속에 월동한다.

33 다음 수병 중 바이러스 발생 원인으로 옳은 것은?

① 불마름병   ② 뿌리혹병
③ 흰가루병   ④ 모자이크병

해설
모자이크병은 바이러스에 의한 병이다.

34 대기 중 공중습도가 30% 이하일 때 산불발생 위험도와의 관계는?

① 잘 발생하지 않는다.
② 발생하지만 진행이 더디다.
③ 발생하기 어렵지만 진화는 쉽다.
④ 대단히 발생하기 쉽고, 진화가 어렵다.

해설
상대습도 60% 이상에서는 거의 발생하지 않으며 40% 이하에서는 발생률이 높고 진화가 어렵다.

35 아황산가스에 대한 감수성이 가장 큰 것은?

① 편백   ② 소나무
③ 삼나무   ④ 은행나무

해설
아황산가스에 감수성이 큰 것은 저항성이 약한 것을 의미하며 보기 중 소나무가 가장 저항성이 약하다.

정답 29. ③ 30. ④ 31. ① 32. ③ 33. ④ 34. ④ 35. ②

36 수병과 중간 기주의 연결이 옳지 않은 것은?

① 포플러 잎녹병 - 낙엽송
② 소나무 혹병 - 황벽나무
③ 잣나무 털녹병 - 까치밥나무
④ 배나무 붉은별무늬병 - 향나무

해설
소나무 혹병의 기주는 소나무, 졸참나무, 신갈나무 등이며 중간기주는 참나무이다.

37 농약의 보조제에 대한 설명으로 옳지 않은 것은?

① 협력제는 주제의 살충 효력을 증진시킨다.
② 증량제는 주약제의 농도를 높이기 위해 사용한다.
③ 유화제는 유제의 유화성을 높이기 위해 사용한다.
④ 전착제는 식물이나 해충 표면에 살포액이 잘 부착시키기 위해 사용한다.

해설
증량제의 경우 주약제의 농도를 낮추기 위해 사용하는 보조제이다.

38 솔껍질깍지벌레는 어느 부류에 속하는가?

① 흡즙성 해충   ② 천공성 해충
③ 식엽성 해충   ④ 충영형성 해충

해설
흡즙성 해충은 수목의 수액을 빨아먹는 해충으로 응애, 진딧물, 깍지벌레 등이 있다.

39 야생동물 분포조사 방법에 해당하지 않는 것은?

① 포획조사   ② 육안조사
③ 지형조사   ④ 설문조사

해설
야생동물 분포도 작성을 위한 조사 방법으로 육안조사, 포획조사, 설문조사, 전수조사 등이 있다.

40 수목치료를 위한 수간주입방법 중 주입기 용량이 가장 작은 것은?

① 중력식   ② 삽입식
③ 흡수식   ④ 미세압력식

해설
삽입식의 방법의 목적이 약액을 나무에 천천히 주입하기 위한 방법으로 주입 직경 1cm 정도로 작다.

41 다음 임업자산 중 고정자산으로 옳지 않은 것은?

① 묘목   ② 차량
③ 임도   ④ 집재기

해설
묘목은 유동자산에 속한다.

42 산림경영의 목적을 달성하기 위한 지도원칙으로 옳지 않은 것은?

① 수익성의 원칙
② 공공성의 원칙
③ 합자연성의 원칙
④ 비교우위의 원칙

해설
산림경영 지도원칙으로는 수익성, 경제성, 생산성, 공공성, 보속성, 합자연성의 원칙이 있다.

43 산림경영계획의 사업실행 순서로 옳은 것은?

① 연차계획 → 사업예정 → 사업실행 → 조사업무
② 조사업무 → 연차계획 → 사업예정 → 사업실행
③ 조사업무 → 사업예정 → 연차계획 → 사업실행
④ 연차계획 → 조사업무 → 사업예정 → 사업실행

해설
산림경영계획은 연차계획이후 사업을 예정하고 실행 후 실행에 대한 조사 순서로 이루어진다.

정답   36. ② 37. ② 38. ① 39. ③ 40. ② 41. ① 42. ④ 43. ①

44 측고기 사용상의 주의사항으로 가장 옳은 것은?

① 수고 정도의 거리에서 측정한다.
② 수고보다 가까운 거리에서 측정한다.
③ 나무가 서 있는 등고선보다 높은 위치에 서만 측정 한다.
④ 나무가 서 있는 등고선보다 낮은 위치에 서만 측정 한다.

> **해설**
> 측고기를 사용시 가장 정확한 수고 측정을 위해서는 수고 정도의 거리를 이격하여 측정한다.

45 임업을 경영하는 임가에서 2020년 한 해 동안 임가 소득은 3억원, 임업소득은 1억2천만원이라면 이임가의 2020년 임업의존도는 몇 %인가?

① 30%   ② 40%
③ 45%   ④ 50%

> **해설**
> 임업의존도 $= \dfrac{\text{산림소득}}{\text{임가소득}} \times 100(\%)$
> $= \dfrac{1.2억}{3억} \times 100 = 40(\%)$

46 임지기망가의 크기에 대한 설명으로 옳지 못한 것은?

① 벌기가 커질수록 임지기망가는 커진다.
② 이율이 높을수록 임지기망가는 작아진다.
③ 조림비와 관리비가 클수록 임지기망가는 작아진다.
④ 주벌수익과 간벌수익이 클수록 임지기망가는 커진다.

> **해설**
> 벌기가 커지면 임지기망가는 증가한다. 단, 최대시기 도달 이후는 점차 감소한다.

47 법정림의 법정상태 요건으로 해당하지 않는 것은?

① 법정축적   ② 법정벌채량
③ 법정임분배치 ④ 법정영급분배

> **해설**
> 법정림의 법정상태 요건으로 법정생장량, 법정축적, 법정임분배치, 법정영급분배이다.

48 임업이율의 특징으로 옳은 것은?

① 대부이율   ② 명목이율
③ 현실이율   ④ 단기이율

> **해설**
> 임업이율의 성격
> ・임업이율은 대부이율이 아닌 자본이율이다.
> ・임업이율은 현실이율이 아닌 평정이율이다.
> ・임업이율은 실질이율이 아닌 명목이율이다.
> ・임업이율은 장기이율이다.

49 지황조사에서 제지에 해당하는 것은?

① 관련 법률에 의거 지정된 임지
② 입목본수 비율이 30% 이상인 임지
③ 입목본수 비율이 30% 이하인 임지
④ 암석 및 석력지로서 조림이 불가능한 임지

> **해설**
> 제지는 암석이나 석력지 등 조림이 어려운 지역을 말한다. 주로 도로, 하천, 방화선, 암석지, 습지 등이 여기에 속한다.

50 임지평가기법 중 마이너스(-) 값이 나올 수 있는 것은?

① 대용법   ② 입지법
③ 임지기망가법 ④ 임지매매가법

> **해설**
> 장차 발생될 것으로 기대되는 수익의 합계를 기망가라 하며 이때 고려되는 조림비와 관리비가 커질 경우 마이너스 값이 발생할 수 있다

정답 44. ① 45. ② 46. ① 47. ② 48. ② 49. ④ 50. ③

51 통나무의 길이가 7m, 원구의 단면적이 1.4m², 말구의 단면적이 0.6m²일 때 스말리안(Smalian)식에 의한 이 통나무의 재적은 얼마인가?

① 0.3m³ ② 1.2m³
③ 7.0m³ ④ 30m³

> 해설
> 스말리안식 = $\frac{원구단면적 + 말구단면적}{2} \times 길이$
> $= \frac{1.4 + 0.6}{2} \times 7 = 7(m^3)$

52 주업적 임업의 설명으로 옳지 않은 것은?

① 기업과 독림가의 임업이 해당된다.
② 주로 연료 및 농용재 생산을 위한 임업형태이다.
③ 임업을 주업으로 하는 100ha 이상의 임업형태이다.
④ 임업을 독립된 경영조직으로 운영하는 임업형태 이다.

> 해설
> 연료 및 농용재 생산을 위한 임업은 종속적 임업이다.

53 단목의 연령을 측정하는 방법에 관한 설명으로 옳은 것은?

① 목측으로도 나무의 크기에 관계없이 정확한 나무의 나이를 측정 할 수 있다.
② 기록에 의한 방법은 과거의 조림 기록에 의해 나무의 연령을 측정하는 방법이다.
③ 지절에 의한 방법은 가지의 모양에 관계없이 가지의 수를 세어 연령을 파악할 수 있는 방법이다.
④ 성장추를 이용하여 흉고부위에서 목편을 채취하여 연륜수를 파악하면 그것이 곧 그 나무의 연령이 된다.

> 해설
> 기록에 의한 방법은 초기 조림을 했던 시기를 기록하여 그때를 기준으로 나무의 연령을 측정하는 방법이다.

54 다음 중 산림측량의 종류로 옳지 않은 것은?

① 주위측량 ② 시설측량
③ 구획측량 ④ 하해측량

> 해설
> 산림측량의 종류로 주위측량, 구획측량, 시설측량이 있다. 하해측량은 호수, 해안지역 등에 시공을 위한 측량을 의미한다.

55 국유림경영계획을 위한 산림조사 항목에 대한 설명으로 옳지 않는 것은?

① 영급은 10년을 한 단위로 한다.
② 임령은 분모에 평균을 표시한다.
③ 임종은 인공림·천연림의 구분이다.
④ 소밀도는 조사면적에 대한 입목의 수관면적이 차지하는 비율을 백분율로 표시한다.

> 해설
> 임령은 분자에 평균을 표시한다.

정답 51. ③ 52. ② 53. ② 54. ④ 55. ②

56 임목 생장률 계산식이 아닌 것은?

① 단리산식 ② Pressler식
③ Brereton식 ④ Schneider식

해설
임목의 생장률 계산으로 단리산식, 복리산식, Pressler식, Schneider식이 있다. 보기의 Brereton식은 임목재적 계산식이다.

57 손익분기점 분석에 필요한 가정에 대한 설명으로 옳은 것은?

① 제품의 생산능률은 변함이 없다.
② 고정비는 생산량의 증감에 따라 변한다.
③ 생산량과 판매량은 항상 같은 것은 아니다.
④ 제품 한 단위당 변동비는 제품 생산이 늘어남에 따라 함께 증가한다.

해설
손익분기점 분석을 위한 가정
· 제품 판매량은 일정하다.
· 비용이 고정비와 변동비로 구분된다.
· 판매 단위당 변동비가 일정하다.
· 고정비는 생산량 수준에 관계없이 생산능력은 일정하다.
· 생산량과 판매량은 항상 같다.
· 생산의 효율성은 항상 일정하다.

58 우리나라 수확표의 기준임령에서 지위지수의 결정 방법은 무엇인가?

① 토양의 환경인자에 의하여
② 임분의 우세목 평균수고에 의하여
③ 임분의 우세목, 피압목의 평균수고에 의하여
④ 임분의 우세목, 준우세목, 피압목의 평균수고에 의하여

해설
지위지수는 산림의 잠재생산력 혹은 생산력의 판단지표로서 특정 임령의 우세목의 평균수고를 이용한다.

59 입목의 간재적이 $0.8m^3$이고, 이를 벌채 조재하여 원목재적을 계산하니 $0.65m^3$이었다. 이 나무의 조재율은?

① 약 15% ② 약 19%
③ 약 81% ④ 약 85%

해설
조재율은 원목재적을 임목줄기의 재적으로 나눈 값이다.
$\frac{0.65}{0.8} \times 100 ≒ 81\%$

60 이율의 고저를 좌우하는 요인이 아닌 것은?

① 대부기간
② 자본의 크기
③ 자본투하의 위험성
④ 투하자본의 유동성

해설
이율의 크기 및 고저를 결정하는 요인으로 대출기간, 자본투하의 위험성, 투하자본의 유동성 등이 있다.

61 벌목 및 조재작업시 측척, 원목돌리기 등과 같은 작업은 작업의 분류시 어디에 속하는가?

① 준비작업 ② 주체작업
③ 부대작업 ④ 작업여유

해설
부대작업은 주체작업에 부수되는 작업으로 측척, 원목돌리기와 같은 작업들이 있다.

62 다음 중 임목 조재작업에 사용되는 기구 · 기계가 아닌 것은?

① 도끼 ② 톱
③ 무육낫 ④ 팬(pan)

해설
나무를 베어 조건에 맞도록 가지치기 및 규격에 맞추어 자르는 작업을 조재작업이라 하며 도끼, 톱, 무육낫 등을 활용한다.

정답 56. ③ 57. ① 58. ② 59. ③ 60. ② 61. ③ 62. ④

63 비탈다듬기공사 후에 선떼붙이기를 위한 단끊기 공사를 설계할 때 계단나비는 일반적으로 얼마로 하는가?

① 30 ~ 50cm   ② 50 ~ 70cm
③ 70 ~ 90cm   ④ 90 ~ 110cm

해설
선떼붙이기공법은 비탈다듬기를 시행한 비탈에 높이 1~2m 단위로 수평 단끊기를 실시하고 소단폭은 50~70cm 정도로 한다.

64 임도설계를 위한 설계서 작성에 포함되는 내용이 아닌 것은?

① 공사설명서   ② 일반시방서
③ 평면도   ④ 예정공정표

해설
임도 설계서
목차, 공사설명서, 시방서, 예정공정표, 예산내역서, 일위대가표, 단가산출서, 원가계산서, 각종 중기경비계산서, 소요자재총괄표, 공정별 수량계산서, 토적표, 산출기초

65 다음 중 찰쌓기를 할 때 물빼기 구멍용 PVC 파이프(직경 3cm 정도)를 몇 m² 에 하나씩 설치하는가?

① 1m²   ② 2~3m²
③ 4m²   ④ 5m²

해설
찰쌓기 시공시 시공면적 2~3m² 마다 직경 3cm 정도의 물빼기 관을 설치한다.

66 임도 설계에서 교각법에 의하여 단곡선 설정 내각이 90°, 곡선 반경이 500m 이면 접선길이는?

① 100 m   ② 250 m
③ 500 m   ④ 1000 m

해설
교각법
$$곡선반지름 = 접선길이 \times \tan\left(\frac{\theta}{2}\right)$$
$$= 500 \times \tan 45 (=1) = 500$$

67 임도를 설계할 때 필요하지 않은 도면은?

① 평면도   ② 측면도
③ 종단면도 ④ 횡단면도

해설
임도 설계도면은 위치도, 평면도, 종단면도, 횡단면도, 구조물 설계도가 필요하다.

68 트랙터 주행장치의 유형에서 타이어방식과 비교한 크롤러 바퀴방식의 특징으로 옳지 않은 것은?

① 기동력이 높다.
② 회전 반지름이 작다.
③ 가격이 고가이고 수리 유지비가 많이 소요된다.
④ 견인력과 접지면적이 커서 험준한 지형에서도 주행성이 양호하다.

해설
크롤러형은 장궤형이라고도 하며 타이어방식과 비교하여 크롤러 방식은 회전반지름이 작고 기동력이 낮다.

정답 63. ② 64. ③ 65. ② 66. ③ 67. ② 68. ①

69 비탈면 녹화에 사용하는 사방용 초본류 중 재래종이 아닌 것은?

① 김의털　② 오리새
③ 제비쑥　④ 까치수영

해설
오리새는 도입초종이다.

70 반송기를 사용하는 장비는?

① 체인톱　② 예불기
③ 펠러번처　④ 타워야더

해설
반송기는 목재를 적재, 운반하는 기능을 가진 장비로 타워야더가 반송기에 해당한다.

71 임도의 유지 보수에 대한 설명으로 옳지 않은 것은?

① 작업임도에 대해서도 관리를 하여야 한다.
② 지선임도는 유지보수 관리 대상이 아니다.
③ 결함이 있을 때에는 보수공사를 하여야 한다.
④ 수시점검, 일상점검, 정기점검, 긴급점검 등이 있다.

해설
지선임도 역시 산림경영 및 보호를 목적으로 간선임도나 도로에서 연결되는 임도로서 임업적 기능을 가지기에 유지보수 관리 대상이다.

72 임도망 편성에 있어 설치 위치별 분류에 해당되지 않는 것은?

① 계곡임도　② 사면임도
③ 임연임도　④ 능선임도

해설
산악 임도망으로 계곡, 사면, 능선, 산정부, 계곡분지 등이 있다.

73 해안사지 조림용 수종의 구비조건으로 거리가 먼 것은?

① 바람에 대한 저항력이 클 것
② 양분과 수분에 대한 요구가 클 것
③ 온도의 급격한 변화에도 잘 견디어 낼 것
④ 울폐력이 좋고 낙엽, 낙지 등에 의하여 지력을 증진시킬 수 있을 것

해설
해안사지의 경우 양분과 수분의 요구도가 적어야 생존이 가능하며 대표 수종으로 해송, 사시나무, 아까시나무 등이 있다.

74 와이어로프의 폐기기준으로 옳지 않은 것은?

① 킹크 상태인 것
② 현저하게 변형된 것
③ 와이어로프 소선이 10% 이상 절단된 것
④ 마모에 의한 직경 감소가 공칭직경의 10%를 초과하는 것

해설
마모에 의한 직경 감소가 공칭직경에 7% 초과할 경우 폐기한다.

75 사방댐의 방수로 크기를 결정하는 주요 요인이 아닌 것은?

① 강수량　② 집수면적
③ 댐의 종류　④ 상류 하상의 상태

해설
사방댐의 방수로 크기 결정 요인으로 강수량, 집수면적, 산림상태, 경사가 있다.

정답　69. ②　70. ④　71. ②　72. ③　73. ②　74. ④　75. ③

76 임도 설계시 곡선설치를 생략하는 기준은?

① 내각이 140도 이상
② 내각이 145도 이상
③ 내각이 150도 이상
④ 내각이 155도 이상

해설
임도 설계 규정에 의거 내각이 155도 이상인 장소는 곡선을 생략 가능하다.

77 임도의 합성기울기를 10%로 설정하려 할 때 외쪽기울기가 6% 라면 종단기울기는?

① 8 %
② 10 %
③ 12 %
④ 14 %

해설
합성기울기
합성기울기 = $\sqrt{종단기울기^2 + 횡단기울기^2}$
$10 = \sqrt{6^2 + x^2}$
$100 = 36 + x^2$
$x = 8$

78 옆도랑과 길어깨를 제외한 임도의 구조는?

① 대피소
② 유효나비
③ 도로나비
④ 합성기울기

해설
구조상 옆도랑과 길어깨를 제외한 부분을 유효나비라 하며 유효나비의 기준은 통상 3m 이다.

79 체인톱의 쏘체인 규격은 무엇으로 구분하는가?

① 피치
② 중량
③ 배기량
④ 엔진출력

해설
쏘체인의 규격은 피치(pitch)로서 서로 접한 3개의 리벳간격을 2로 나눈 값을 말한다.

80 기슭막이에 대한 설명으로 옳지 않은 것은?

① 황폐계천에서 유수에 의한 계안의 횡침식을 방지하기 위해 설치한다.
② 유로의 만곡에 의하여 물의 충격을 받거나 붕괴 위험성이 있는 계천변에 설치한다.
③ 계류의 둑쌓기 구간내에 시공할 경우 둑쌓기 계획비탈기울기와 동일한 기울기로 계획한다.
④ 침식이 심하고 유수의 충돌이 심한 곳에서는 통나무기슭막이나 바자기슭막이를 적용한다.

해설
침식이 심하거나 유수의 충돌이 심한 곳은 침식 방지를 위해 돌, 콘크리트, 블록, 돌망태기슭막이를 적용한다.

정답 76. ④ 77. ① 78. ② 79. ① 80. ④

산림산업기사

산업기사 CBT 제3회

** 본문제는 수험생들의 기억을 바탕으로 작성 된 것으로 실제 문제와 차이가 있을 수 있습니다.

01 포지에 심한 가뭄이 들어서 관수를 하려고 한다. 가장 적당한 것은?

① 상에 직접 준다.
② 보도 및 우마도에 준다.
③ 상과 상 사이에 준다.
④ 상에 작은 골을 파고 준다.

해설
심한 가뭄이 발생하면 고랑(보도)에 관수하는 것이 좋다.

02 무육작업의 종류로만 조합된 것이 아닌 것은?

① 풀베기, 덩굴치기
② 가지치기, 간벌
③ 개벌작업, 파종작업
④ 임지시비, 비료목식재

해설
무육작업은 생육단계별로 적용하는 작업이 있으며 풀베기, 덩굴치기, 가지치기, 간벌, 임지시비, 비료목의 식재 등이 있다. 개벌작업은 갱신작업에 해당하며 파종 작업은 씨를 뿌리는 작업으로 무육작업을 하기 전에 해당한다.

03 제벌의 시기로 맞는 것은?

① 식재 후 바로 실시한다.
② 조림목의 수관이 거의 접촉하는 시기에 한다.
③ 수시로 한다.
④ 간벌 후 한다.

해설
제벌은 조림목의 수관 경쟁이 시작되는 즉 수관이 거의 접촉하는 시기에 실시한다.

04 접목 실시 방법에 대한 설명으로 옳은 것은?

① 접수와 대목이 활동을 시작 할 때 실시한다.
② 접수와 대목이 휴면상태에 있을 때 실시한다.
③ 접수는 활동을 시작하고 대목은 휴면상태일 때 실시한다.
④ 접수는 휴면상태에 있고 대목이 활동을 시작할 때 실시한다.

해설
접목을 실시하는 시기로 접수는 휴면상태, 대목은 활발한 상태일 때 접목의 적기이다.

05 종자의 결실주기가 가장 긴 수종은?

① 소나무 ② 오리나무
③ 아까시나무 ④ 일본잎갈나무

해설
낙엽송, 너도밤나무 등은 결실주기가 5년 이상으로 긴 수종에 속한다.

정답 01. ③ 02. ③ 03. ② 04. ④ 05. ④

06 종자 결실량을 증가시키는 방법이 아닌 것은?

① 간벌 작업을 실시한다.
② 건조, 접목, 상처주기 등의 스트레스를 준다.
③ 꽃눈이 분화하는 시기에 비료를 주지 않는다.
④ 수피의 일부분을 제거하여 C/N 율을 조절한다.

> **해설**
> 화아분화기에 시비를 하면 결실을 촉진할 수 있다.

07 내음력이 가장 약한 수종은?

① 녹나무   ② 전나무
③ 자작나무   ④ 가문비나무

> **해설**
> 자작나무는 극양수로 내음력이 약한 수종에 속한다.

08 수종별 파종 방법으로 적합하지 않은 것은?

① 소나무 - 산파
② 호두나무 - 산파
③ 느티나무 - 조파
④ 상수리나무 - 점파

> **해설**
> 호두나무는 대립종자로 점파를 한다.

09 인공조림과 비교한 천연갱신에 대한 설명으로 옳지 않은 것은?

① 임지가 나출되지 않아 지력이 유지된다.
② 전문적인 육림기술이 필요하지만 벌목과 운재 작업이 용이하다.
③ 임분 조성의 확실성이 결여되어 보완조림 등이 필요한 경우가 있다.
④ 치수가 모수의 보호를 받고, 여러 가지 위해에 대한 저항력이 강하다.

> **해설**
> 천연갱신은 인공조림에 비해 벌목과 운재 작업이 상대적으로 어렵다.

10 산벌작업의 순서로 옳은 것은?

① 전벌 → 하종벌 → 종벌
② 예비벌 → 전벌 → 종벌
③ 하종벌 → 예비벌 → 후벌
④ 예비벌 → 하종벌 → 후벌

> **해설**
> 산벌작업은 크게 예비벌, 하종벌, 후벌의 단계를 거쳐 갱신한다.

11 조림지의 풀베기 작업 시기로 가장 적합한 것은?

① 여름철인 6~8월이 좋다.
② 잡초목의 생장이 완료된 늦가을에 실시한다.
③ 수목의 수액이 이동하기 전인 4월 이전이 좋다.
④ 잡초목의 생장이 시작되는 4~5월에 실시한다.

> **해설**
> 풀베기 시기는 보통 6월 ~ 8월에 실시하며 9월 이후는 실시하지 않는다.

정답 06. ③ 07. ③ 08. ② 09. ② 10. ④ 11. ①

12 자연의 힘으로 이루어진 극상림의 숲은?

① 보안림 ② 열대림
③ 원시림 ④ 동령림

해설
원시림은 자연의 힘으로 이루어졌으며 인간의 힘이 작용한 적이 없는 극상림의 숲을 말한다.

13 가지치기의 장점이 아닌 것은?

① 부정아 발생
② 무절재 생산
③ 하층목 생장 촉진
④ 산불로 인한 수관화 경감

해설
가지치기에 의해 부정아가 발생하는 것은 가지치기의 단점이다.

14 동일한 수목의 양엽과 음엽을 비교한 설명으로 옳지 않은 것은?

① 양엽은 음엽보다 광포화점이 높다.
② 음엽은 양엽보다 잎의 두께가 두껍다.
③ 음엽은 양엽보다 엽록소 함량이 더 많다.
④ 양엽은 음엽보다 책상조직이 빽빽하게 배열되어 있다.

해설
양엽이 음엽보다 색이 진하고 잎이 두껍다.

15 묘목의 가식에 대한 설명으로 옳지 않은 것은?

① 1~2개월 장기간 가식을 할 경우에는 관수가 필요하다.
② 가급적 비가 오거나 비가 온 후 바로 가식하여 묘목이 건조하지 않게 한다.
③ 묘목을 심기 전 일시적으로 땅에 뿌리를 묻어 건조하지 않도록 해 주는 작업이다.
④ 추위나 바람의 피해가 우려되는 곳은 묘목의 정단 부분을 바람과 반대방향으로 되도록 눕혀 묻어준다.

해설
비가 오거나 비가 온 후에는 가식을 피한다.

16 토양수 중 식물이 쉽게 이용할 수 있는 pF 1.8~4.2에 상당하는 유효수분은?

① 화합수 ② 흡습수
③ 모관수 ④ 중력수

해설
모관 인력에 의하여 토양 내의 작은 공극을 상승하는 수분을 모관수라 하며 pF 1.8 ~ 4.2 에 해당한다.

17 1-2-1묘는 몇 번 판갈이 작업한 묘인가?

① 1번 ② 2번
③ 3번 ④ 4번

해설
1-2-1 묘는 파종상에서 1년, 옮겨심고 2년, 다시 옮겨심어 1년이 지난 4년생 실생묘로서 판갈이 작업을 2번하였다.

정답 12. ③ 13. ① 14. ② 15. ② 16. ③ 17. ②

18 종자의 순량율 기준이 가장 낮은 수종은?
① 잣나무   ② 밤나무
③ 오리나무 ④ 은행나무

해설
보기 중 잣나무, 밤나무, 은행나무는 순량률이 90% 이상이나 오리나무는 73% 정도로 가장 낮다.

19 묘간거리 4m로 정방형 식재를 할 때 1ha 당 식재 본수는?
① 63본   ② 250본
③ 625본   ④ 2500본

해설
4m × 4m = 16m²
10,000 ÷ 16 = 625 본

20 수목에서 수분 통도 및 지탱의 역할을 하는 조직은?
① 밀선   ② 목부
③ 사부   ④ 유조직

해설
수목의 목부는 수분의 이동 통로 역할을 하며 더 안쪽의 목부부위들은 기계적 지지 역할을 담당한다.

21 토양을 소독하면 방제 효과가 가장 높은 수목병은?
① 잎떨림병   ② 빗자루병
③ 모잘록병   ④ 줄기마름병

해설
모잘록병은 토양에 의해 전반되기에 토양을 소독하면 방제효과가 크다.

22 모잘록병 예방 방법으로 가장 효과적인 것은?
① 햇볕을 막아 그늘지게 한다.
② 질소질 비료를 충분하게 준다.
③ 파종량을 적게 하고 복토를 두껍게 한다.
④ 배수와 통풍이 잘 되고 과습하지 않도록 한다.

해설
모잘록병은 토양 및 종자에 의해 전반되기에 토양의 배수를 원활하게 하여 과습을 피한다.

23 대기오염물질에 의한 활엽수의 병징으로 옳지 않은 것은?
① PAN : 엽맥 사이 조직의 황화현상 및 잎의 비대화
② 아황산가스 : 잎의 끝 부분과 엽맥 사이 조직의 괴사
③ 질소산화물 : 초기에 흩어진 회녹색 반점이 생기다가 잎의 가장자리 조직 괴사
④ 오존 : 잎 표면에 주근깨 같은 반점이 형성되고 반점이 합쳐져 표면의 백색화

해설
PAN은 식물의 세포막이나 소기관을 파괴하여 기능을 상실시키며 광합성을 저하시킨다.

24 솔잎혹파리가 우화하는 최성기는?
① 4월 상순   ② 6월 상순
③ 8월 상순   ④ 10월 상순

해설
솔잎혹파리의 우화 최성기는 5~6월이다.

정답 18. ③ 19. ③ 20. ② 21. ③ 22. ④ 23. ① 24. ②

25 외국에서 유입된 해충이 아닌 것은?

① 솔나방
② 솔잎혹파리
③ 아까시잎혹파리
④ 버즘나무방패벌레

해설
솔나방은 토종벌레이다.

26 소나무좀 방제 방법으로 옳지 않은 것은?

① 페니트로티온 유제를 살포한다.
② 6월 이전에 임내의 잡초를 없앤다.
③ 기생성 천적인 좀벌류, 기생파리류를 이용한다.
④ 성충을 산란하게 한 후 먹이나무를 박피하여 소각한다.

해설
소나무좀 방제법
· 쇠약목, 고사목 등은 벌채한다.
· 2~3월에 먹이나무를 설치하고 유인후 소각한다.
· 수세가 약한 나무는 제거하고 4월경 수피를 제거하여 번식처를 없앤다.
· 2~4월 페니트로티온 유제를 줄기에 살포한다.
· 기생성 천적인 좀벌류, 맵시벌류, 기생파리류를 보호한다.

27 같은 종의 곤충에 대하여 행동 및 생리에 영향을 주는 물질은?

① 알로몬
② 시노몬
③ 페로몬
④ 카이로몬

해설
페로몬은 곤충이 외부로 분비하는 일종의 화학물질로 곤충의 정보전달 수단 중 하나이다.

28 곤충의 호흡이 이루어지는 기관은?

① 기문
② 인두
③ 내분비계
④ 말피기관

해설
곤충의 호흡은 기문을 통해 이루어진다. 그래서 훈증제의 경우 가스 상태로 해충의 기분을 통해 침투하게 된다.

29 산불 관련 실효습도의 정의로 옳은 것은?

① 토양의 함수량
② 임분 내의 평균습도
③ 당일 대기 중 상대습도 3회의 평균치
④ 당일을 포함한 최근 일의 상대습도에 가중치를 붙인 평균 습도

해설
수일 전부터 당일까지의 습도를 합해 계수를 곱하여 계산한양 혹은 상대습도의 가중치를 붙인 평균습도이다. 목재를 이용하여 평가기도 하여 화재 발생의 위험도를 표시하는 습도로 이용된다. 실효습도가 50% 이하가 될 경우 화재 발생의 가능성이 높다라고 한다.

30 수목에 발생하는 흰가루병의 표징에 대한 설명으로 옳은 것은?

① 병환부에 나타난 흰가루는 감로에 곰팡이가 자란 것이다.
② 병환부에 나타난 흰가루는 병원균의 완전세대이다.
③ 병환부에 나타난 흰가루는 병원균의 분생포자이다.
④ 봄철 병환부에 나타난 미세한 흑색의 알맹이는 불완전세대인 자낭구이다.

해설
병환부의 흰가루부분은 분생포자에 의한 병징이다.

정답 25. ① 26. ② 27. ③ 28. ① 29. ④ 30. ③

31 나무껍질 사이에서 월동하는 해충은?

① 밤바구미
② 솔잎혹파리
③ 어스렝이나방
④ 잣나무넓적잎벌

해설
어스렝이나방은 알 형태로 나무껍질 사이나 줄기의 수피위에 월동한다.

32 솔나방에 대한 설명으로 옳지 않은 것은?

① 종실을 가해한다.
② 7~8월에 우화한다.
③ 유충 상태로 월동한다.
④ 알을 무더기로 낳는다.

해설
솔나방은 식엽성 해충으로 잎을 가해한다.

33 아황산가스로 인한 수목의 피해 증상 및 영향에 대한 설명으로 옳지 않은 것은?

① 대기의 습도가 낮은 경우에는 가스가 정체되어 피해가 현저하게 나타난다.
② 만성증상은 수목의 생육이 왕성한 늦봄과 초여름에 최고로 민감하게 나타난다.
③ 급성증상은 잎의 주변부와 엽맥 사이에 조직의 괴사와 연반현상이 나타난다.
④ 기공으로 흡수된 아황산가스의 대부분은 황산 또는 황산염으로 되어 접촉부위 부근에 축적된다.

해설
아황산가스의 경우 습도가 높을 때 피해가 현저하게 나타난다.

34 한해(drought injury)의 피해를 가장 적게 받는 수종은?

① 소나무   ② 오리나무
③ 버드나무 ④ 포플러류

해설
한해의 피해가 발생하기 쉬운 수종으로 버드나무, 오리나무, 들메나무, 포플러 등이 있다.

35 유충기가 가장 긴 해충은?

① 솔나방   ② 매미나방
③ 어스렝이나방 ④ 미국흰불나방

해설
솔나방은 성충이 되기 위해 약 1년 정도의 긴 유충기간을 가진다.

36 미국흰불나방이 월동하는 형태는?

① 알   ② 성충
③ 유충   ④ 번데기

해설
미국흰불나방은 번데기 형태로 월동한다.

37 오리나무잎벌레에 대한 설명으로 옳지 않은 것은?

① 번데기를 형성한다.
② 1년에 1회 발생한다.
③ 유충과 성충이 모두 잎을 가해한다.
④ 낙엽이나 지피물 밑에서 유충으로 월동한다.

해설
오리나무잎벌레는 성충형태로 지피물 혹은 흙속에 월동한다.

정답 31. ③ 32. ① 33. ① 34. ① 35. ① 36. ④ 37. ④

38 단위생식에 의해서 증식하는 해충은?

① 솔잎혹파리
② 밤나무혹벌
③ 오리나무잎벌레
④ 아까시잎혹파리

해설
암컷만으로 하는 생식을 단위생식, 처녀생식이라 하며 대표적으로 밤나무혹벌, 민다듬이벌레 등이 대표적이다.

39 윤작은 어떤 병원균의 방제에 효과가 좋은가?

① 기주범위가 좁고, 기주가 없이도 오래 생존하는 것
② 기주범위가 넓고, 기주가 없이도 오래 생존하는 것
③ 기준범위가 넓고, 기주가 없으며 오래 생존하지 못하는 것
④ 기주범위가 좁고, 기주가 없으면 오래 생존하지 못하는 것

해설
윤작은 기주범위가 좁고 기주식물이 없으며 오래 생존할 수 없는 병원균에 효과가 좋으며 대표적으로 오동나무 탄저병, 오리나무갈색무늬병 등이 있다.

40 대추나무 빗자루병의 방제법으로 옳지 않은 것은?

① 썩덩나무노린재를 구제한다.
② 옥시테트라사이클린을 수간에 주입한다.
③ 병든 가지와 병든 줄기를 모두 소각한다.
④ 병든 나무는 분주를 통해 퍼져 나가므로 반드시 병든 나무도 제거해야 한다.

해설
대추나무 빗자루병의 매개충은 마름무늬매미충이며 이를 구제한다.

41 산림평가 방법 중 수익방식의 장점으로 옳지 않은 것은?

① 과학적이고 논리적이다.
② 일반 경제원칙에서 대체의 원칙과 부합한다.
③ 평가자의 주관이 개입될 여지가 비교적 적다.
④ 안정된 시장에서는 데이터만 정확하면 대체로 가격이 정확하게 평가된다.

해설
대체의 원칙은 말 그대로 대체가능한 다른 재화와 상호 연관성이 있어야 하며 용도, 유용성, 가격이 유사해야 성립이 된다. 그러나 수익방식의 경우 이러한 상호 대체 가능한 대상이 없어 부합하지 않는다.

42 n년 전의 재적을 v, 현재의 재적을 V 라고 할 때, m년 동안의 정기평균생장량은 V와 v의 평균재적에 대하여 몇 % 에 해당하는지를 알아보기 위한 식은?

① Meyer
② Denzin
③ Pressler
④ Schneider

해설
Pressler 공식

$$P = \frac{V-v}{V+v} \times \frac{200}{n}$$

P : 생장률(%), V : 현재 재적
v : n 년 전 재적, n : 년수

43 임가소득 중에서 임업소득이 차지하는 비율은?

① 임업소득률
② 임업의존도
③ 임업조수익
④ 임업소득가계충족률

해설
임업의존도는 임업소득을 임가소득으로 나눈값을 백분율로 표현한 것이다.

정답 38. ② 39. ④ 40. ① 41. ② 42. ③ 43. ②

44 임목생산에 들어간 비용의 원리합계는?

① 지대
② 육림비
③ 노동비
④ 감가상각비

해설
임목생산 비용의 원리합계인 육림비는 노동비, 직접재료비, 지대, 감가상각비, 이자 등으로 구성된다.

45 손익분기점 분석에 필요한 가정의 설명으로 옳은 것은?

① 제품을 생산하는 능률은 변함이 없다.
② 고정비는 생산량의 증감에 따라 변한다.
③ 생산량과 판매량은 항상 같은 것은 아니다.
④ 제품 한 단위당 변동비는 제품 생산이 늘어남에 따라 함께 증가한다.

해설
손익분기점 분석시 제품의 생산능력은 변화가 없음을 가정한다.

46 임업조수익을 계산하기 위해 사용되는 인자는?

① 감각상각액
② 현금지출액
③ 임업외 현금수입액
④ 미처분 임산물 증감액

해설
임업조수익을 구하기 위한 구성요소로 산림현금수입, 미처분임산물증감액, 산림생산자재재고증가액, 임목생장액, 산림생산물가계소비액이 있으며 이들을 모두 더한 값이 임업조수익이다.

47 임지기망가에 대한 설명으로 옳지 않은 것은?

① 조림비가 클수록 임지기망가가 최대로 되는 시기가 늦어진다.
② 이율이 클수록 임지기망가가 최대로 되는 시기가 빨리 온다.
③ 간벌수익이 클수록 임지기망가가 최대로 되는 시기가 빨리 온다.
④ 지위가 양호한 임지일수록 임지기망가가 최대로 되는 시기가 늦어진다.

해설
지위가 양호할수록 기대되는 임지기망가의 최대 시기는 빨리온다.

48 평가방법에 따른 대상으로 올바르게 짝지어진 것은?

① 기망가 - 성숙림
② 매매가 - 장령림
③ 비용가 - 유령림
④ 자본가 - 중령림

해설
산림 평가 방법
· 유령림 - 비용가법
· 중령림 - Glaser 법
· 장령림 - 임목기망가법
· 성숙림 - 시장가역산법

49 우리나라 산림의 소유별 구조에서 가장 많은 비율을 차지하고 있는 것은?

① 국유림
② 사유림
③ 도유림
④ 군유림

해설
사유림은 국내 산림면적의 약 60% 이상을 차지한다.

정답 44. ② 45. ① 46. ④ 47. ④ 48. ③ 49. ②

50 취득원가에서 감가상각비 누계액을 뺀 후 장부원가에 일정율의 감가율을 곱하여 감가상각비를 산출하는 방법은?

① 정률법 ② 연수합계법
③ 생산량비례법 ④ 작업시간비례법

해설
정률법은 연도 초 가액의 일정 비율을 매년 감가상각액으로 감하는 방법이다.

51 어느 임분의 ha 당 20년 전 재적이 200m³이고 현재 재적이 300m³일 때, 이 임분의 재적을 Pressler 공식으로 계산한 생장률은?

① 2% ② 3%
③ 4% ④ 5%

해설
프레슬러 공식
$$\frac{현재 재적 - n년전 재적}{현재 재적 + n년전 재적} \times \frac{200}{n}$$
$$\rightarrow \frac{300만m^3 - 200만m^3}{300만m^3 + 200만m^3} \times \frac{200}{20} = 2(\%)$$

52 법정림에서 법정상태 요건이 아닌 것은?

① 법정축적 ② 법정수확
③ 법정생장량 ④ 법정영급분배

해설
법정림의 법정상태 요건으로 법정생장량, 법정축적, 법정임분배치, 법정영급분배이다.

53 감가상각비의 계산방법 중에 감가상각비 총액을 각 사용연도에 할당하여 매년 균등하게 감가하는 방법은?

① 정액법 ② 정률법
③ 연수합계법 ④ 작업시간비례법

해설
감가상각비(정액법)
$$\frac{구입가격 - 폐물가격}{내용연수}$$

54 임목 측정에서 불완전한 기계 또는 계산에 의해 발생하는 오차는?

① 과오 ② 누적오차
③ 상쇄오차 ④ 표본오차

해설
임목 측정에서 불완전한 기계나 계산에 의해 발생되는 오차를 누적오차라 하며 이렇게 발생된 오차는 크기가 0에 가까워지지 않는 것이 특징이다.

55 법정축적은 일반적으로 어느 계절의 축적으로 계산하는가?

① 춘계 ② 하계
③ 추계 ④ 동계

해설
법정축적은 계절에 따라 상이하여 평균치인 하계축적을 사용한다.

56 임업의 경제적 특성에 해당되는 것은?

① 자연조건의 영향을 많이 받는다.
② 임목의 성숙기가 일정하지 않다.
③ 토지나 기후조건에 대한 요구도가 낮다.
④ 임업노동은 계절적 제약을 크게 받지 않는다.

해설
①,②,③ 은 임업의 기술적 특성이다
※ **임업의 경제적 특성**
・자본회수 기간이 장기적이다.
・육성적, 채취적 임업이 함께한다.
・임산물 가격의 대부분은 운반비이다.
・임업노동은 계절적 영향을 크게 받지 않는다.
・임업생산은 조방적이다.

정답 50. ① 51. ① 52. ② 53. ① 54. ② 55. ② 56. ④

57 산림자원의 효율적 조성과 육성을 위해 산림의 기능구분에 해당하지 않는 것은?

① 목재생산림 ② 산림휴양림
③ 수원함양림 ④ 기업경영림

해설
기업경영림은 소유주체에 의한 구분에 해당한다.

58 음(-)의 값이 나올 수 있는 투자효율 분석법은?

① 회수기간법   ② 순현재가치법
③ 투자이익률법 ④ 수익비용률법

해설
장기투자를 결정하는 순현재가치법은 미래에 대한 가치 판단을 기준으로 하기에 음의 값이 나올 수 있다.

59 수확조정기법 중 평분법에 대한 설명으로 옳지 않은 것은?

① 재적평분법은 일반적으로 경제변동에 대한 탄력성이 없는 것으로 평가된다.
② 절충평분법은 재적평분법과 면적평분법의 장점을 채택하여 절충한 것이다.
③ 면적평분법은 제 2 윤벌기에 산림이 법정상태가 되어 개벌작업에는 응용할 수 없다.
④ 평분법의 특징은 윤벌기를 일정한 분기로 나누어 분기마다 수확량을 균등하게 하는 것이다.

해설
면적평분법은 제 2 윤벌기에 법정상태가 되면 분기의 면적을 균등하게 하므로 개벌작업 응용이 가능하다. 반대로 택벌작업에 응용할 수가 없다.

60 삼각법을 응용한 수고 측고기는?

① 와이제 측고기
② 아소스 측고기
③ 크리스튼 측고기
④ 블루메라이스 측고기

해설
삼각법을 이용한 대표 수고 측고기로 하가측고기, 블루메라이스 측고기, 덴트로메타 등이 있다.

61 산림작업 기계화의 주목적으로 가장 거리가 먼 것은?

① 생산비용의 절감
② 노동생산성의 향상
③ 환경피해의 최소화
④ 중노동으로부터의 해방

해설
산림작업의 기계화는 여러 장점이 있으나 빠른 황폐화 등의 야기하여 환경피해적 측면에서 오히려 늘어난다.

62 정사울타리 공작물의 통풍비는?

① 1 : 1   ② 1 : 2
③ 1 : 3   ④ 1 : 4

해설
정사울 세우기 기준
- 정사울타리는 한 변이 7~15m의 정사각형이나 직사각형으로 구획
- 정사울타리의 높이는 1.0~1.2m 기준
- 통풍비는 1 : 1 로 시공
- 구획내부에 ha당 10,000본 묘목을 식재

63 임도의 대피소 유효길이 기준은?

① 10m 이상   ② 15m 이상
③ 20m 이상   ④ 25m 이상

해설
임도 대피소 설치 기준으로 간격은 300m이내, 유효길이 15m 이상, 너비 5m 이상이다.

정답 57. ④ 58. ② 59. ③ 60. ④ 61. ③ 62. ① 63. ②

64 돌망태 골막이에 대한 설명으로 옳지 않은 것은?

① 구곡에 호박돌 크기의 자연석이 많은 장소에서 이를 이용하여 축조하는 철선 돌망태 이다.
② 암석지대나 산사태, 토석류가 발생하는 지대의 활동성이 있는 구곡의 발달을 저지하고 산각을 고정하기 위해 이용한다.
③ 콘크리트 공작물보다 자연친화적이고 상수가 흐르는 곳에서는 수서생물 서식에 효과적이다.
④ 공작물 자체가 안정적이지만 철선은 쉽게 부식되므로 일시적인 소모품으로 취급되기도 한다.

해설
돌망태 골막이의 철선은 아연도금이나 PVC 코팅등을 사용하여 부식에 강하도록 만든다.

65 집재용 도구가 아닌 것은?

① 피비　　② 펄프훅
③ 마세티　④ 파이크홀

해설
마세티는 나이프의 일종이다. 집재용 도구의 종류로 피비, 캔트훅, 사피, 펄프 훅, 파이크홀 등이 있다.

66 사방댐의 안정조건 중 지반지지력 안정을 위한 설명으로 옳지 않은 것은?

① 허용압력강도 대신 지반의 지지력 강도를 이용하면 된다.
② 지반이 받는 최대압력이 지반의 허용지지력 보다 커야 한다.
③ 제저에 발생되는 최대압력강도는 지반의 지지력 강도를 초과해서는 안 된다.
④ 기초지반이 사력인 경우에는 침투에 의한 파괴에 대해서도 안정되도록 설계해야 한다.

해설
지반이 받는 최대압력이 지반의 허용지지력보다 작아야 한다.

67 임도의 너비 설치 기준으로 옳지 않은 것은?

① 배향곡선지의 경우 유효너비는 6m이상으로 한다.
② 길어깨 및 옆도랑의 너비는 각 50cm~1m 범위로 한다.
③ 임도의 곡선 반경이 10m 이상일 경우 곡선부 너비를 확대한다.
④ 길어깨 및 옆도랑을 포함한 임도의 너비 3m를 기준으로 한다.

해설
임도의 유효너비는 길어깨, 옆도랑의 너비를 제외한 3m 정도를 기준으로 한다.

정답　64. ④　65. ③　66. ②　67. ④

68 시멘트 저장 중에 공기 중의 수분을 흡수하여 경미한 수화작용을 일으키고, 그 결과 생긴 수산화칼슘이 공기 중의 이산화탄소와 결합 하여 탄산칼슘이 만들어져 시멘트 강도가 약해지는 작용은?

① 풍화
② 응결
③ 경화
④ 분말도

해설
암석이 물리적, 화학적 작용에 의해 부서지는 현상을 풍화라고 하며 시멘트 역시 공기중 수분과 반응하여 화학적 작용으로 인해 강도가 약해지는 현상을 보인다.

69 단면 A의 면적은 $180m^2$, 단면 B의 면적은 $600m^2$이고 양단면 사이의 거리가 20m이면 양단면적 평균법을 이용한 토량(m^3)은?

① 7,800
② 8,600
③ 9,400
④ 12,600

해설
양단면 평균법
$$V = \frac{1}{2}(A_1 + A_2) \times L$$
$$= \frac{1}{2}(600 + 180) \times 20 = 7800$$

70 중력침식에 속하지 않는 것은?

① 산붕
② 산사태
③ 땅밀림
④ 해안사구

해설
중력침식의 형태로 산사태, 산붕, 땅밀림, 눈사태, 붕락, 포락 등이 있다.

71 벌도 시 벌목방향을 확정하고 벌도목이 쪼개지는 것을 방지하기 위하여 근원 부근에 만드는 것은?

① 추구
② 수구
③ 벌도구
④ 수평구

해설
수구는 벌목방향을 정하고 주로 30~45° 정도로 한다.

72 임도시공 시 사용하는 용어에 대한 설명으로 옳지 않은 것은?

① 준설 : 물 속의 흙을 파내는 것
② 취토장 : 흙이 남아서 버리는 곳
③ 매립 : 물에 흙을 메워 육지로 만드는 것
④ 흙일 : 흙을 깎거나 쌓아 올리는 모든 작업

해설
취토장은 흙이 부족할 경우 보급하기 위한 장소이다.

73 와이어로프 사용 금지 항목으로 옳지 않은 것은?

① 꼬임상태(킹크)인 것
② 와이어로프 소선이 10분의 1 이상 절단된 것
③ 와이어로프에 벌목된 나무의 껍질이 걸린 것
④ 마모에 의한 직경 감소가 공칭직경의 7퍼센트를 초과하는 것

해설
와이어 로프 사용 금지 항목
- 이음매가 있는것
- 한 꼬임에 끊어진 소선수 10%↑
- 지름의 감소가 공칭지름 7% 초과
- 심하게 변형되거나 부식
- 열과 전기 충격에 의한 손상

정답 68. ① 69. ① 70. ④ 71. ② 72. ② 73. ③

74 작업임도에 대한 설명으로 옳지 않은 것은?
① 산림사업을 위하여 필요한 지역에 설치한다.
② 각종 임내 작업을 능률적으로 실시하기 위하여 시설되는 간이 도로이다.
③ 기계, 자재, 작업원 등을 가급적 작업지점에 가까운 곳까지 수송하여 집재 및 운재작업을 시작할 수 있도록 한다.
④ 산림의 다면적 기능 발휘가 기대되는 넓은 산림지역을 이용구역으로 하고 이것을 경영관리 하기 위하여 필요한 골격적인 노선이다.

해설
보기 ④ 번은 간선임도에 대한 설명이다.

75 지름 20~30cm 되는 자연석재로서 시공지 부근의 산이나 개울 등지에서 채취하며 기초공사, 잡석쌓기 기초바닥용, 콘크리트 기초바닥용 등에 많이 사용되는 석재는?
① 마름돌　　② 견치돌
③ 야면석　　④ 호박돌

해설
호박모양의 둥근 자연석재로 안정성이 낮은 편이라 강도가 요구되지 않는 비탈면의 안정을 위해 주로 사용되며 지름 20~30cm 정도의 잡석이다.

76 산지 녹화를 위한 씨뿌리기 공법의 종류로 옳지 않은 것은?
① 새심기　　② 점뿌리기
③ 줄뿌리기　④ 항공파종공법

해설
새심기는 암반 사면에 잡석을 쌓고 내부에 흙을 채워 식생을 조성하는 공법이다.

77 1/50000 지형도에서 도면상 1cm의 실제거리는?
① 50m　　② 500m
③ 5000m　④ 50000m

해설
지도상 1cm 는 실제거리 50,000cm(500m) 를 의미한다.

78 기계톱의 취급 및 운전방법으로 옳지 않은 것은?
① 연료는 휘발유와 윤활유의 혼합유를 사용한다.
② 엔진을 시동한 뒤 2~3분간 저속으로 운전한다.
③ 안내판이 불량하면 쏘체인의 회전이 불안전하게 되고 진동이 생긴다.
④ 엔진을 정지할 때는 엔진회전을 고속으로 해서 이물질을 털어낸 뒤 스위치를 끈다.

해설
엔진을 정지할 때는 안전을 위해 시동을 끄고 이물질을 제거한다.

79 트랙터나 집재기 사용 제한에 가장 큰 인자는?
① 계절 및 온도
② 작업지의 경사
③ 기계의 사용경비
④ 노동력 투입 가능 정도

해설
트랙터는 평탄지나 완경사지에 적합하며 이는 경사가 심할 경우 작업이 불가능하기 때문이다.

정답　74. ④　75. ④　76. ①　77. ②　78. ④　79. ②

80 빗방울의 튀김과 표면 유거수의 결과로 일어나는 침식은?

① 면상침식   ② 누구침식
③ 구곡침식   ④ 우격침식

해설
㉠ 우격침식 : 토양입자를 타격, 가장 초기과정
㉡ 면상침식 : 표면 전면이 엷게 유실
㉢ 누구침식 : 표면에 잔도랑이 발생
㉣ 구곡침식 : 도랑이 커지면서 심토까지 깎음

정답 80. ①

산림산업기사

산업기사 CBT 제4회

** 본문제는 수험생들의 기억을 바탕으로 작성 된 것으로 실제 문제와 차이가 있을 수 있습니다.

01 다음 그림은 어떤 수종의 종자인가?

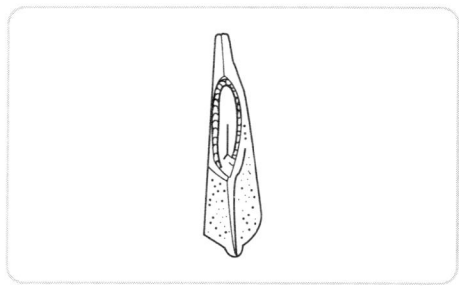

① 전나무　② 플라타너스
③ 대추나무　④ 가중나무

해설
플라타너스 종자는 바람에 잘 날리도록 가볍고 곤충의 날개 모양에 털이 붙어 있는 것이 특징이다.

02 가지를 삽목할 때 발근이 잘되는 수종은?

① 은행나무　② 소나무
③ 신갈나무　④ 단풍나무

해설
포플러, 은행나무, 주목, 개나리, 꽝꽝나무, 동백나무 등은 삽목발근이 용이한 수종이다.

03 파종 1개월 전에 노천매장을 하는 것이 좋은 수종들로 짝지어진 것은?

① 잣나무, 가래나무
② 삼나무, 편백
③ 은행나무, 주목
④ 벚나무, 느티나무

해설
파종 1개월 전 노천매장하는 수종으로 소나무, 해송, 리기다소나무, 삼나무, 편백 등이 있다.

04 수목의 기본구조 중에서 영양기관만으로 짝지어진 것은?

① 종자, 열매, 줄기
② 뿌리, 줄기, 열매
③ 잎, 뿌리, 줄기
④ 꽃, 열매, 종자

해설
잎, 뿌리, 줄기를 영양기관이라 하며 꽃, 열매, 종자는 생식기관이라 한다.

05 밤, 도토리 등의 저장에 이용되는 저장법은?

① 밀봉저장　② 실온저장
③ 보호저장　④ 노천매장

해설
보호저장법은 모래와 종자를 섞어서 용기 안에 저장하는 방법으로 종자에 전반적으로 함수량이 많은 전분질 종자를 저장하는데 적합하다. 대표 수종 은행나무, 밤나무, 굴참나무 등이 있다.

정답　01. ②　02. ①　03. ②　04. ③　05. ③

06 침엽수류의 줄기에서 대부분의 수분 이동을 담당하는 통로가 되는 주요 세포는?

① 도관
② 후막세포
③ 표피세포
④ 가도관

해설
침엽수의 가도관은 수분 이동을 담당하는 세포이다.

07 묘목의 식재요령에 대한 설명으로 맞는 것은?

① 교통이 불편한 곳일수록 묘목을 소식한다.
② 땅이 비옥하고 성장 속도가 빠르면 밀식한다.
③ 일반적으로 양수는 밀식한다.
④ 소나무처럼 피해를 많이 받는 수종은 소식한다.

해설
교통이 불편할 경우 운반에 어려움이 있어 묘목을 소식하도록 한다.

08 가지치기의 설명으로 옳은 것은?

① 역지 이상부의 가지는 끊어도 된다.
② 활엽수 가지치기에서 가지의 직경이 5cm 이상이 되어도 반드시 가지치기를 한다.
③ 가지가 나무 줄기와 직각으로 붙어 있는 것의 가지치기는 절단면을 줄기에 평행하도록 하고, 이 때 줄기의 껍질을 벗기는 일이 없도록 한다.
④ 가지의 기부가 굵은 활엽수의 가지치기를 실시할 경우 지융부는 남겨두지 않는다.

해설
① 역지 이상부의 가지는 남겨둔다
② 활엽수는 직경 5cm 이상이 되면 가지치기 하지 않는다.
④ 활엽수 가지치기의 경우 지융부에 가깝게 제거하여 지융부를 남겨둔다.

09 테트라졸륨 테스트(TTC Test)는 다음 중에서 어디에 사용되는 방법인가?

① 종자의 발아 촉진 처리방법
② 화아분화 촉진 처리방법
③ 종자의 발아력 검정방법
④ 삽수의 발근 촉진 처리방법

해설
테트라졸륨은 종자의 활력 검사를 목적으로 하며 건전한 배의 경우 반응시 적색 혹은 분홍색을 띤다.

10 노천매장법과 관련된 내용 설명으로 틀린 것은?

① 봄에 파종하면 이듬해 봄에 발아하는 들메나무, 목련류의 종자에 적용한다.
② 땅속 50~100cm 깊이에 모래와 섞어 묻어 둔다.
③ 겨울에는 눈이나 빗물이 스며들지 않도록 한다.
④ 종자의 후숙을 도와 발아를 촉진시키도록 한다.

해설
노천매장법은 배수가 양호하기에 겨울에 눈이나 빗물이 스며든다.

11 자작나무, 오리나무의 발아시험기간은 얼마나 되는가?

① 14일간
② 21일간
③ 28일간
④ 42일간

해설
자작나무, 오리나무는 28일 간의 발아시험기간을 갖는다.

정답 06. ④ 07. ① 08. ③ 09. ③ 10. ③ 11. ③

12 한 임분을 구성하고 있는 임목 중 성숙한 임목만을 국소적으로 추출·벌채하고 그곳의 갱신이 이루어지게 하는 갱신법으로 어떤 설정된 갱신기간이 없고 임분을 항상 각 영급의 나무가 서로 혼생하도록 하는 작업방법은?

① 택벌작업　② 산벌작업
③ 모수작업　④ 중림작업

해설
택벌작업은 일부분 국소적으로 벌채하는 작업으로 양수수종에 적용이 어렵다.

13 묘포장을 설계할 때 침엽수종의 경우 토양 산도(pH)는 어느 정도가 알맞은가?

① pH 3.0~4.0　② pH 5.0~6.5
③ pH 7.0~8.5　④ pH 9.0~10

해설
모표 토양은 침엽수는 pH 5~5.5 정도에서 가장 적합하며 중성인 pH 5~6.5 범위에서도 생육이 가능하다.

14 산림이 발휘하는 공익적 기능이 아닌 것은?

① 홍수나 산사태를 방지한다.
② 이산화탄소를 흡수하고 산소를 방출한다.
③ 파티클 보드의 원료로 이용된다.
④ 휴양의 기회를 제공한다.

해설
파티클 보드와 같이 가공을 통한 생산물은 경제적 기능이다.

15 간벌의 실행에 관한 설명 중 바른 것은?

① 지위가 나쁠수록 자주 실행한다.
② 일반적으로 겨울 또는 봄에 실시한다.
③ 낙엽송의 간벌개시 임령은 30~40년경이다.
④ 활엽수의 경우 지위가 좋을수록, 개시시기가 느려진다.

해설
간벌은 산가지치기를 수반하는 경우 11월~이듬해 5월 사이 실시한다.

16 종자의 품질을 나타내는 순량률은 종자의 무엇을 기준으로 한 것인가?

① 무게　② 수량
③ 부피　④ 크기

해설
종자시료에서 순정종자가 차지하는 무게의 백분율로 표시한다.

17 파종조림의 성과가 비교적 용이한 수종이 아닌 것은?

① 소나무　② 전나무
③ 해송　④ 상수리나무

해설
파종조림은 발아가 용이하고 결실량이 많은 수종이 유리하며 대표적으로 소나무, 해송, 상수리나무, 굴참나무, 졸참나무 등이 있다.

18 인공조림에 비해 천연갱신의 특징으로 틀린 것은?

① 실행하기 용이하다.
② 조림비용을 절감할 수 있다.
③ 임지의 퇴화를 막을 수 있다.
④ 임목의 생육환경을 그대로 잘 유지할 수 있다.

해설
천연갱신은 다양한 변수로 인하여 갱신의 시기가 확실하지 않다.

정답　12. ①　13. ②　14. ③　15. ②　16. ①　17. ②　18. ①

19 환경 변화에 따른 수목의 기공개폐를 설명한 것으로 틀린 것은?

① 온도가 높아지면(30~35℃) 기공이 닫힌다.
② 잎의 수분포텐셜이 낮으면 기공이 열린다.
③ 엽육조직의 세포간극에 있는 CO_2의 농도가 높으면 기공이 닫힌다.
④ 인공합성이 가능한 정도의 광도이면 기공은 충분히 열린다.

해설
잎의 수분포텐셜이 낮은것은 수분이 부족함을 의미하며 이러한 경우 수분을 지키기 위해 기공이 닫힌다.

20 양수 또는 음수에 관한 설명으로 옳지 않은 것은?

① 소나무는 양수이고, 주목은 음수이다.
② 양수는 음수보다 광포화점이 높다.
③ 양수는 음수보다 낮은 광도에서 광합성 효율이 낮다.
④ 양수와 음수는 햇빛을 좋아하는 정도가 아니라 그늘에 견딜 수 있는 내음성의 정도에 따라 구분 한다.

해설
음수는 양수보다 낮은 광도에서 광합성 효율이 높다.

21 다음 수병 중 바이러스 발생 원인으로 옳은 것은?

① 불마름병   ② 뿌리혹병
③ 흰가루병   ④ 모자이크병

해설
모자이크병은 바이러스에 의한 병이다.

22 임목에 군집하여 고사 시키는 조류로 옳지 않은 것은?

① 백로   ② 왜가리
③ 딱따구리   ④ 가마우지

해설
딱따구리는 줄기를 가해하는 조류로 군집생활을 하지 않는다. 백로, 왜가리는 4~6월이 번식기로 산성인 배설물로 나무에 피해를 주며 군집생활을 하여 주변 주민들에게 냄새 및 소음 등으로 피해를 주기도 한다.

23 다음 중 충영형성 해충으로 옳은 것은?

① 솔나방   ② 밤나무혹벌
③ 솔알락명나방 ④ 미끈이하늘소

해설
충영해충은 기주식물에 혹을 만드는 해충으로 밤나무순혹벌, 솔잎혹파리, 진딧물류 등이 있다.

24 일반적으로 1년에 2회 발생하고 월동은 번데기로 하며 주로 잎을 가해하는 해충은?

① 대벌레   ② 매미나방
③ 미국흰불나방 ④ 잣나무넓적잎벌

해설
미국흰불나방
· 피해수종으로 포플러, 버즘나무, 단풍나무 등이 있다.
· 1년에 2회 발생하고 번데기 형태로 월동한다.
· 초기에는 병든 잎을 소각하며, 유충가해기에는 BT 수화제를 이용한다.

정답   19. ②   20. ③   21. ④   22. ③   23. ②   24. ③

25 산불을 인위적으로 조절하여 산림경영상 얻는 효용으로 옳지 않은 것은?

① 적당한 불로 병해충을 방제할 수 있다.
② 우량목의 경제적 가치 향상이 기대된다.
③ 낙엽, 죽은 가지, 고사목 등을 제거할 수 있다.
④ 관목류가 밀집된 지역의 야생목초의 양과 질이 개량된다.

해설
산불은 나무에 직접적인 피해를 주는 원인으로 우량목의 경제적 가치 향상과는 관련이 없다.

26 다음 포유류 가운데 천연기념물로 지정된 것이 아닌 것은?

① 삵   ② 산양
③ 수달   ④ 물범

해설
천연기념물의 종류로 삽살개, 물범, 하늘다람쥐, 산양, 진돗개, 수달 등이 있다. 삵은 멸종위기 야생동물로 지정되어 있다.

27 단성생식으로 다음 세대를 이어가는 해충으로 옳은 것은?

① 솔노랑잎벌
② 밤나무혹벌
③ 천막벌레나방
④ 소나무노랑정바구미

해설
밤나무혹벌은 암컷만으로 단성생식을 한다.

28 다음 중 수병의 잠복기간이 가장 짧은 것은?

① 잣나무 털녹병
② 포플러 잎녹병
③ 소나무 재선충병
④ 낙엽송 잎떨림병

해설
포플러 잎녹병은 잠복기간이 1주일 이내로 가장 짧으며 잣나무 털녹병은 3~4년 정도로 매우 길다.

29 다음 약제 중 훈증제가 아닌 것은?

① 시안화수소   ② 크레오소트
③ 클로리피크린   ④ 메틸브로마이드

해설
크레오소트는 목재 방부제의 종류이다.

30 다음 중 수병의 중간기주 연결이 틀린 것은?

① 소나무 혹병 - 황벽나무
② 잣나무 털녹병 - 송이풀
③ 포플러 잎녹병 - 일본잎갈나무
④ 배나무 붉은별무늬병 - 향나무

해설
소나무 혹병의 중간기주는 참나무이다.

31 수목의 흰가루병에 대한 설명으로 옳지 않은 것은?

① 2차 감염원은 잎 표면에 형성되는 자낭포자이다.
② 포플러류 및 참나무류 등 다양한 수종에 발병한다.
③ 가을에 병든 낙엽과 가지를 모아 소각하여 방제 한다.
④ 순의 생장이 위축되고 꽃과 열매가 달리지 못하는 피해가 나타난다.

해설
1차 감염원이 자낭포자이다.

정답 25. ② 26. ① 27. ② 28. ② 29. ② 30. ① 31. ①

32 밤나무 줄기마름병에 대한 설명으로 옳지 않은 것은?

① 바이러스에 의해 발병하는 수목병이다.
② 질소비료를 적게 주고 상처가 나지 않도록 한다.
③ 발생 초기에는 감염 수목의 수피가 갈색으로 변한다.
④ 동해 및 열해를 받아 형성층이 손상된 경우 쉽게 감염된다.

> **해설**
> 밤나무 줄기마름병은 진균에 의한 수목병이다.

33 볕데기에 대한 설명으로 옳지 않은 것은?

① 강한 직사광선이 직접 투입되는 것을 막아 예방할 수 있다.
② 코르크층이 발달된 수종에서 특히 취약하다.
③ 피해부위는 움푹하게 들어가고 갈라져 터지므로 부후균의 침입을 받기 쉽다.
④ 고립목의 줄기는 짚으로 둘러주거나 석회유 등을 발라 피해를 입지 않게 한다.

> **해설**
> 볕데기는 코르크층이 발달이 좋지 않은 경우 취약하며 코르크층이 잘 발달되지 않은 대표 수종으로 오동나무, 호두나무, 가문비나무 등이 있다.

34 소나무좀에 대한 설명으로 옳지 않은 것은?

① 번데기로 월동한다.
② 부화유충은 모갱과 직각으로 유충갱을 만든다.
③ 노숙유충은 목질섬유로 둘러싸고 그 속에서 번데기가 된다.
④ 5°C 이상에서 활동하며 구멍을 뚫고 갱도를 만들어 알을 낳는다.

> **해설**
> 소나무좀은 성충 형태로 월동한다.

35 식물선충에 관한 설명 중 옳지 않은 것은?

① 절대활물기생체이다.
② 대부분은 유충에서 성충이 되기까지 4회 탈피한다.
③ 기생하는 부위에 따라 내부, 외부, 반내부기생선충으로 나눌 수 있다.
④ 소나무재선충은 매개충의 몸속에서 나온 제2기 유충이 침입기에 해당한다.

> **해설**
> 소나무 재선충은 매개충의 몸속에서 나온 제4기 유충이 침입기에 해당한다.

36 곤충의 입틀 구조가 찔러서 빨아 먹기에 알맞은 구조로 된 곤충으로 짝지어진 것은?

① 메뚜기, 풍뎅이
② 집파리, 나비류
③ 진딧물, 매미류
④ 등애류의 성충, 나비류

> **해설**
> 찔러서 빨아먹는 형태의 해충을 흡즙성 해충이라 하며 주로 깍지벌레, 진딧물등이 있다.

37 수목병해충 예방과 구제를 위하여 살충제를 사용 하여야 할 것은?

① 잎녹병   ② 그을음병
③ 잎떨림병   ④ 흰가루병

> **해설**
> 그을음병은 진균에 의해 발생하여 주로 흡즙성 해충이 기생하였던 곳에 발생하기에 살충제를 사용하여 예방과 구제를 한다.

정 답 32. ① 33. ② 34. ① 35. ④ 36. ③ 37. ②

38 아까시나무 모자이크병의 병원체 판별기주로 가장 적당한 것은?

① 명아주 ② 참나무류
③ 황벽나무 ④ 까치밥나무

해설
먼저 판별기주는 바이러스의 판별에 이용되는 식물을 의미한다. 이때 바이러스 병의 판별을 위해 명아주, 독말풀, 잠두, 천일홍, 동부 등이 있으며 아까시나무 모자이크병의 경우 명아주를 이용하며 단기간에 검출이 가능한 것이 특징이다.

39 향나무 녹병균의 생활사 중에 형성하지 않는 포자형은?

① 녹포자 ② 담자포자
③ 겨울포자 ④ 여름포자

해설
향나무 녹병균은 여름포자의 생성 과정이 없다.

40 향나무하늘소의 주요 피해 수종이 아닌 것은?

① 편백 ② 측백
③ 잣나무 ④ 삼나무

해설
향나무하늘소의 피해 수종으로 향나무, 측백나무, 삼나무, 편백 등이 있다.

41 임업조수익이 1,000만원이고, 임업경영비가 400만원일 때 임업소득은 얼마인가?

① 500만원 ② 600만원
③ 700만원 ④ 800만원

해설
임업소득 = 임업조수익 − 임업경영비
= 1000만원−400만원=600만원

42 회귀년에 대한 설명으로 옳은 것은?

① 임목이 실제로 벌채되는 연령이다.
② 택벌을 실시한 일정 구역에 또 다시 택벌하기까지의 기간이다.
③ 보속작업에서 작업급에 속하는 모든 임분을 벌채하는데 소요되는 기간이다.
④ 임분이 처음 성립되어 생장하는 과정에 있어 성숙기에 도달하는 계획상의 연수이다.

해설
회귀년은 택벌작업을 하는 산림에 설정된 기간으로 처음 작업한 곳으로 다시 돌아오는데 걸리는 기간을 말한다.

43 수간석해에서 원판측정 방법에 해당하는 것은?

① 표준목법 ② 수고곡선법
③ 직선연장법 ④ 원주등분법

해설
원판은 벌채점에 나타난 나이테 수에 벌채점이 자라는데 걸리는 연수를 합산하여 수령을 측정한다.

44 25년생 잣나무 임분의 입목재적이 $45m^3/ha$이고, 수확표의 입목재적은 $50m^3/ha$ 이라면 입목도는?

① 0.5 ② 0.7
③ 0.9 ④ 1.1

해설
임목도는 수확표의 임목재적과 임분의 임목재적을 이용하며 아래와 같이 구한다.
45 ÷ 50 = 0.9

정답 38. ① 39. ④ 40. ③ 41. ② 42. ② 43. ④ 44. ③

45 이율의 크기를 결정하는 주요 요인이 아닌 것은?

① 대출 기간
② 자본의 크기
③ 자본 투하의 위험성
④ 투하 자본의 유동성

해설
이율의 크기 및 고저를 결정하는 요인으로 대출기간, 자본투하의 위험성, 투하자본의 유동성 등이 있다.

46 기계톱의 구입가가 100만원, 내용 연수는 10년, 폐기 시 가격이 20만원일 때 정액법에 의한 감가상각비는?

① 2만원/년   ② 8만원/년
③ 10만원/년   ④ 20만원/년

해설
$$\frac{구입가격 - 폐물가격}{내용연수}$$
$$= \frac{100만원 - 20만원}{10년} = 8만원/년$$

47 임지기망가가 최대값에 도달하는 시기에 대한 설명으로 옳지 않은 것은?

① 조림비가 클수록 늦어진다.
② 이율의 값이 클수록 빨라진다.
③ 관리비가 많아질수록 늦어진다.
④ 간벌 수익이 많을수록 빨라진다.

해설
관리비는 임지기망가 최대값의 도달 시기와는 관련이 없다.

48 윤척을 사용하는 방법으로 옳지 않은 것은?

① 수간 축에 직각으로 측정한다.
② 흉고부(지상 1.2m)를 측정한다.
③ 경사진 곳에서는 임목보다 낮은 곳에서 측정한다.
④ 흉고부에 가지가 있으면 가지 위나 아래를 측정한다.

해설
경사진 곳에서는 임목보다 높은 곳에서 측정한다.

49 산림 조사에서 험준지에 해당하는 경사는?

① 15~20°   ② 20~25°
③ 25~30°   ④ 30° 이상

해설
험준지는 경사 25°~30° 미만 이다.

50 30년생 임목이 7본, 25년생 임목이 12본, 20년생 임목이 7본인 경우 본수령으로 계산한 평균임령은?

① 15년   ② 20년
③ 25년   ④ 30년

해설
$$\frac{(30년 \times 7) + (25년 \times 12) + (20년 \times 7)}{7 + 12 + 7}$$
$$= \frac{650}{26} = 25$$

51 임목재적을 측정하기 위한 흉고형수에 대한 설명으로 옳지 않은 것은?

① 지위가 양호할수록 형수가 작다.
② 수고가 작을수록 형수는 작아진다.
③ 연령이 많아질수록 형수는 커진다.
④ 흉고직경이 작아질수록 형수는 커진다.

해설
수고가 작을수록 형수는 커진다.

정답 45. ② 46. ② 47. ③ 48. ③ 49. ③ 50. ③ 51. ②

52 임업투자 결정 중 현금유입을 통하여 투자금액을 회수하는데 소요되는 기간을 가지고 투자 결정을 하는 방법은?

① 회수기간법 ② 내부수익률법
③ 순현재가치법 ④ 수익·비용비법

해설
회수기간은 투자에 소요된 모든 비용을 회수하는데 걸리는 기간을 말하며, 보통 연수로 표시한다. 회수기간법은 빨리 회수되는 투자안일수록 투자가치가 높다고 판단한다.

53 트레킹길 중 산줄기나 산자락을 따라 길게 조성하여 시점과 종점이 연결되지 않는 길은?

① 둘레길 ② 탐방로
③ 트레일 ④ 산림레포츠길

해설
트레일은 산줄기나 산자락을 따라 길게 조성하여 시점과 종점이 연결되지 않는 길이다.

54 법정림(개벌작업)에서 작업급의 윤벌기가 50년인 경우의 법정수확률은?

① 2% ② 3%
③ 4% ④ 5%

해설
개벌작업에 대한 법정 수확률은 다음과 같이 구할수 있다.

법정수확률 = $\frac{200}{윤벌기}$ = $\frac{200}{50}$ = 4(%)

55 산림경영의 지도원칙 중 보속성의 원칙에 해당되지 않는 것은?

① 합자연성 ② 목재수확 균등
③ 생산자본 유지 ④ 화폐수확 균등

해설
산림경영 지도원칙에서 보속성의 원칙에는 목재 수확 균등의 보속, 목재생산의 보속, 화폐수확 균등의 보속, 생산자본 유지의 보속이 있다. 합자연성은 환경보전의 원칙과 함께 복지의 원칙에 해당한다.

56 다음 조건에서 시장가 역산법을 적용한 소나무 원목의 임목가는?

- 시장가격 : 300,000원
- 생산비용 : 100,000원
- 조재율 : 70%
- 투입 자본의 회수기간 : 5년
- 자본의 연이율 : 4%
- 기업 이익률 : 30%

① 55,000원 ② 70,000원
③ 95,000원 ④ 125,400원

해설
$X = 0.7 \times (\frac{300,000}{1 + 5 \times 0.04 + 0.3} - 100,000)$
$= 70,000$ (원)

57 공·사유림 산림경영계획을 작성하기 위한 임황조사 항목이 아닌 것은?

① 지위 ② 경급
③ 임령 ④ 총축적

해설
지위는 지황조사항목에 해당한다.

정답 52. ① 53. ③ 54. ③ 55. ① 56. ② 57. ①

58 자연휴양림 안에 설치할 수 있는 시설의 규모에 대한 설명으로 옳은 것은?

① 3층 이상의 건축물을 건축하면 안된다.
② 일반음식점영업소 또는 휴게음식점영업소의 연면적은 900m² 이하로 한다.
③ 자연휴양림시설 중 건축물이 차지하는 총 바닥면적은 10,000m² 이하가 되도록 한다.
④ 자연휴양림시설의 설치에 따른 산림의 형질변경 면적은 10,000m² 이하가 되도록 한다.

해설
자연휴양림 안에 설치할수 있는 시설의 규모
① 자연휴양림시설의 설치에 따른 산림의 형질변경 면적(자연휴양림 조성 전에 설치된 임도·순환로·산책로·숲체험코스 및 등산로의 면적은 산림의 형질변경 면적에서 제외한다)은 10만제곱미터 이하가 되도록 할 것
② 자연휴양림시설 중 건축물이 차지하는 총 바닥면적은 1만제곱미터 이하가 되도록 할 것
③ 개별 건축물의 연면적은 900제곱미터 이하로 할 것. 다만, 「식품위생법 시행령」에 따른 휴게음식점영업소 또는 일반음식점영업소의 연면적(국가 또는 지방자치단체 외의 자가 소유한 자연휴양림의 경우에는 각 층의 바닥면적 중 가장 넓은 바닥면적을 말한다)은 200제곱미터 이하로 하여야 한다.
④ 건축물의 층수는 3층 이하가 되도록 할 것

59 법정림을 구성하기 위한 법정상태의 요건에 해당되지 않는 것은?

① 법정축적   ② 법정생장량
③ 법정노동력   ④ 법정임분배치

해설
법정림의 법정상태 요건으로 법정생장량, 법정축적, 법정임분배치, 법정영급분배이다.

60 임업경영의 지표분석 중 수익성 분석 항목이 아닌 것은?

① 자본순수익   ② 자본이익률
③ 토지회전율   ④ 자본회전율

해설
임업경영의 지표분석에 수익성분석 항목에는 수익성, 자본순수익, 자본이익률, 자본회전율, 토지순수익이 있다.

61 임도의 횡단구조와 거리가 먼 것은?

① 노체   ② 노면
③ 곡선반지름   ④ 절·성토 비탈면

해설
곡선반지름은 평면구조와 관련이 있다.

62 돌쌓기에 대한 설명으로 옳지 않은 것은?

① 돌을 쌓을 때 통줄눈을 피하고 파선줄눈이 되도록 쌓는다.
② 찰쌓기를 할 때에는 석축뒷면의 물빼기에 유의해야 한다.
③ 돌을 쌓을 때 뒷채움의 사용여부에 따라 찰쌓기와 메쌓기로 구분한다.
④ 돌쌓기 높이가 3m 이상이면 전부 또는 하부를 찰쌓기로 시공한다.

해설
찰쌓기는 돌을 쌓아 올릴 때 뒤채움을 하고 줄눈에 모르타르를 사용하며 메쌓기의 경우 돌을 쌓아 올릴 때 뒤채움이나 줄눈에 모르타르를 사용하지 않고 쌓는 것이다.

정답 58. ③ 59. ③ 60. ③ 61. ③ 62. ③

63 빗방울의 튀김과 표면 유거수의 결과로 일어나는 침식은?

① 면상침식　② 누구침식
③ 구곡침식　④ 우격침식

해설
㉠ 우격침식 : 토양입자를 타격, 가장 초기과정
㉡ 면상침식 : 표면 전면이 엷게 유실
㉢ 누구침식 : 표면에 잔도랑이 발생
㉣ 구곡침식 : 도랑이 커지면서 심토까지 깎음

64 강제틀댐에 대한 설명으로 옳지 않은 것은?

① 수질정화를 위해 축설한다.
② 틀 속에 돌, 토사 등을 채운다.
③ 설치시 넘어짐 등의 안전사고에 유의해야한다.
④ 유수량이 적은 계류에는 강제틀댐 하류에 바닥막이 설치를 생략한다.

해설
불투과형인 강제틀댐은 정화를 목적으로 하며 주로 숯, 활성탄, 자갈등을 채우는데 유수량이 적은 계류에는 이러한 정화시설 하류에 바닥막이를 설치한다.

65 기계톱의 취급 및 운전방법으로 옳지 않은 것은?

① 연료는 휘발유와 윤활유의 혼합유를 사용한다.
② 엔진을 시동한 뒤 2~3분간 저속으로 운전한다.
③ 안내판이 불량하면 쏘체인의 회전이 불안전하게 되고 진동이 생긴다.
④ 엔진을 정지할 때는 엔진회전을 고속으로 해서 이물질을 털어낸 뒤 스위치를 끈다.

해설
엔진을 정지할 때는 안전을 위해 시동을 끄고 이물질을 제거한다.

66 조재작업이 가능한 기계가 아닌 것은?

① 체인톱　② 포워더
③ 프로세서　④ 하베스터

해설
포워더는 운반기기 이다.

67 1/50000 지형도에서 도면상 1cm의 실제거리는?

① 50m　② 500m
③ 5000m　④ 50000m

해설
지도상 1cm 는 실제거리 50,000cm(500m) 를 의미한다.

68 생산재의 품등에 영향을 미치고 규격이 맞는 경제성이 높은 목재를 생산하기 위하여 원목의 크기를 표시하는 것은?

① 조재목 검척　② 가지치기 작업
③ 조재목 마름질　④ 통나무 자르기

해설
집내목의 길이를 측정하여 원목의 크기를 표시하는 작업을 조재목 마름질 혹은 재장을 측정하는 작업이라 한다.

69 임도에서 대피소 설치 간격 기준은?

① 300m 이내　② 400m 이내
③ 500m 이내　④ 600m 이내

해설
임도의 대피소 설치 기준은 간격 300m, 너비 5m 이상, 유효길이 15m 이상이다.

정답　63. ①　64. ④　65. ④　66. ②　67. ②　68. ③　69. ①

70 포장을 하지 않은 임도 노면의 경우에 횡단 기울기 시설 기준은?

① 0~1% ② 1.5~2%
③ 3~5% ④ 6~7%

해설
포장을 하지 않은 임도 노면의 횡단기울기 시설기준은 3~5%, 포장한 노면의 횡단기울기는 1.5~2% 이다.

71 사방댐의 시공적지로 옳지 않은 것은?

① 상류부의 계폭이 좁은 곳
② 계상과 양안에 암반이 존재하는 곳
③ 수생태계에 미치는 영향이 크지 않은 곳
④ 지류의 합류점 부근에서는 합류점의 하류지점

해설
사방댐 시공적지는 상류부의 계폭이 넓은 곳이다.

72 벌도작업 시 쐐기 사용의 주목적은?

① 작업 능률 향상
② 벌도 방향 결정
③ 박피 작업 유리
④ 작업 비용 절감

해설
쐐기는 벌목의 방향을 결정하는 것이 주목적이며 그 외에도 톱이 끼지 않도록 한다.

73 앞모래언덕의 뒤쪽으로 바람에 의한 모래 날림을 방지하고 식생의 생육환경을 조성하기 위해 가장 적합한 공법은?

① 모래덮기   ② 퇴사울세우기
③ 정사울세우기 ④ 구정바자얽기

해설
앞모래 언덕에 축설하여 후방지대의 풍속을 약하게 하고 모래의 이동을 막아 양호한 생육환경을 조성하는 방법으로 정사울 세우기가 있다. 그 외에도 해안사방공사의 방법으로 모래덮기, 사초심기등이 있다.

74 벌도 시 벌목방향을 확정하고 벌도목이 쪼개지는 것을 방지하기 위하여 근원 부근에 만드는 것은?

① 추구 ② 수구
③ 벌도구 ④ 수평구

해설
수구는 벌목방향을 정하고 주로 30~45° 정도로 한다.

75 중력침식에 속하지 않는 것은?

① 산봉 ② 산사태
③ 땅밀림 ④ 해안사구

해설
중력침식의 형태로 산사태, 산봉, 땅밀림, 눈사태, 붕락, 포락 등이 있다.

76 단면 A의 면적은 180m², 단면 B의 면적은 600m²이고 양단면 사이의 거리가 20m이면 양단면적 평균법을 이용한 토량(m³)은?

① 7,800 ② 8,600
③ 9,400 ④ 12,600

해설
양단면 평균법
$$V = \frac{1}{2}(A_1 + A_2) \times L$$
$$= \frac{1}{2}(600 + 180) \times 20 = 7800$$

정답 70. ③ 71. ① 72. ② 73. ③ 74. ② 75. ④ 76. ①

77 임도의 너비 설치 기준으로 옳지 않은 것은?

① 배향곡선지의 경우 유효너비는 6m이상으로 한다.
② 길어깨 및 옆도랑의 너비는 각 50cm~1m 범위로 한다.
③ 임도의 곡선 반경이 10m 이상일 경우 곡선부 너비를 확대한다.
④ 길어깨 및 옆도랑을 포함한 임도의 너비 3m를 기준으로 한다.

해설
임도의 유효너비는 길어깨, 옆도랑의 너비를 제외한 3m 정도를 기준으로 한다.

78 설계속도가 40km/시간이고 일반지형에서 설치하는 임도의 종단기울기 기준은?

① 7% 이하 ② 8% 이하
③ 9% 이하 ④ 10% 이하

해설
종단기울기 기준

설계속도	일반지형	특수지형
20	9% 이하	14% 이하
30	8% 이하	12% 이하
40	7% 이하	10% 이하

79 정사울타리 공작물의 통풍비는?

① 1 : 1 ② 1 : 2
③ 1 : 3 ④ 1 : 4

해설
정사울 세우기 기준
- 정사울타리는 한 변이 7~15m의 정사각형이나 직사각형으로 구획
- 정사울타리의 높이는 1.0~1.2m 기준
- 통풍비는 1 : 1 로 시공
- 구획내부에 ha당 10,000본 묘목을 식재

80 산림작업 기계화의 주목적으로 가장 거리가 먼 것은?

① 생산비용의 절감
② 노동생산성의 향상
③ 환경피해의 최소화
④ 중노동으로부터의 해방

해설
산림작업의 기계화는 여러 장점이 있으나 빠른 황폐화 등의 야기하여 환경피해적 측면에서 오히려 늘어난다.

정답 77. ④ 78. ① 79. ① 80. ③

산업기사 CBT 제5회 — 산림산업기사

** 본문제는 수험생들의 기억을 바탕으로 작성 된 것으로 실제 문제와 차이가 있을 수 있습니다.

01 묘목의 식재요령에 대한 설명으로 맞는 것은?

① 교통이 불편한 곳일수록 묘목을 소식한다.
② 땅이 비옥하고 성장 속도가 빠르면 밀식한다.
③ 일반적으로 양수는 밀식한다.
④ 소나무처럼 피해를 많이 받는 수종은 소식한다.

[해설]
교통이 불편할 경우 운반에 어려움이 있어 묘목을 소식하도록 한다.

02 가지치기의 설명으로 옳은 것은?

① 역지 이상부의 가지는 끊어도 된다.
② 활엽수 가지치기에서 가지의 직경이 5cm 이상이 되어도 반드시 가지치기를 한다.
③ 가지가 나무 줄기와 직각으로 붙어 있는 것의 가지치기는 절단면을 줄기에 평행하도록 하고, 이 때 줄기의 껍질을 벗기는 일이 없도록 한다.
④ 가지의 기부가 굵은 활엽수의 가지치기를 실시할 경우 지융부는 남겨두지 않는다.

[해설]
① 역지 이상부의 가지는 남겨둔다.
② 활엽수는 직경 5cm 이상이 되면 가지치기 하지 않는다.
④ 활엽수 가지치기의 경우 지융부에 가깝게 제거하여 지융부를 남겨둔다.

03 Moller는 항속림 사상을 주장하였다. 다음에서 해당 하지 않는 것은?

① 항속림은 동령순림이다.
② 지표 유기물을 잘 보존한다.
③ 천연갱신을 원칙으로 한다.
④ 단목택벌을 원칙으로 한다.

[해설]
임지, 임목은 항속될 수 있도록 경영하는 사상이 뮬러(moller)의 항속림 사상이다. 그렇기에 단순 혹은 동령림으로 유도하는 개벌을 금한다.

04 중림작업법에 대한 설명으로 틀린 것은?

① 교림과 왜림을 동일 임지에 함께 세워서 경영하는 작업법이다.
② 하목으로서의 왜림은 맹아로 갱신되며 일반적으로 연료재와 소경재를 생산한다.
③ 상목으로서의 교림은 일반용재로 생산할 수 없다.
④ 일반적으로 하층목은 개벌되고 맹아갱신을 반복 한다.

[해설]
중림작업은 상층임관은 교림으로 형질이 좋은 목재를, 하층임관은 왜림으로 용재 및 연료재로 동시에 실시하는 것이 특징이다.

정답 01. ① 02. ③ 03. ① 04. ③

05 묘포에서 늦어도 7월 이전에 비료를 주어야 하는 가장 주된 이유는?

① 생장기가 짧기 때문이다.
② 비료를 흡수할 시간적 여유가 없기 때문이다.
③ 늦게까지 자라게 되어 월동기에 동해를 받기 때문이다.
④ 장마철에 비료분의 유실이 심하기 때문이다.

해설
늦어도 7월 이전에 주는 비료는 주로 추비로서 종자의 발아나 묘목 이식후 주는 일종의 추가 거름이다. 만약 7월 이후에 주게 되는 경우 자람이 지속되어 식물이 월동기 준비를 하지 못해 동해의 피해를 받을 수 있다.

06 다음 중 줄기를 해부했을 때 환공재로 특징되는 수종은?

① 참나무   ② 단풍나무
③ 포플러   ④ 호두나무

해설
환공재는 지름이 큰 관공이 연륜을 따라 고리모양의 환상으로 수열 배열되는 것으로 참나무속, 느티나무속, 느릅나무속, 아까시나무속, 음나무속, 오동나무속 등이 있다.

07 우리나라 산림에서 적용하는 지위지수(site index)를 올바르게 설명한 것은?

① 일정한 수령을 기준으로 하여 그때의 흉고직경의 평균치로 결정한다.
② 일정한 수령을 기준으로 하여 그때의 흉고직경으로 결정한다.
③ 일정한 수령을 기준으로 하여 그때의 재적으로 결정한다.
④ 일정한 수령을 기준으로 하여 그때의 수고로 결정한다.

해설
특정 나무에 있어 임령의 수고를 이용해 임지의 생산능력을 수치화한 것을 지위지수라 한다.

18 뿌리의 근류를 가지는 것만으로 나열된 것은?

① 아까시나무, 리기다소나무, 향나무
② 갈매나무, 싸리나무, 소나무
③ 오리나무, 보리수나무, 소귀나무
④ 물푸레나무, 오동나무, 자귀나무

해설
근류를 가지는 수종은 주로 콩과식물로 아까시나무, 싸리나무, 칡, 자귀나무 등이 있으며 비콩과식물 중에서도 오리나무, 소귀나무, 보리수나무 등이 있다.

09 노천매장법으로 파종하기 한 달쯤 전에 매장하는 것이 발아촉진에 도움을 주는 수종이 아닌 것은?

① 소나무   ② 낙엽송
③ 삼나무   ④ 가래나무

해설
파종 한달 전에 매장하는 수종으로 소나무, 해송, 낙엽송, 가문비나무, 삼나무, 편백 등이 있다.

10 다음 수종 중 생가지치기를 할 경우 부후의 위험성이 가장 높은 수종은?

① 단풍나무   ② 소나무
③ 일본잎갈나무   ④ 삼나무

해설
생가지치기 위험이 있는 수종으로 단풍나무, 느릅나무, 물푸레나무, 벚나무 등이 있다.

11 자작나무, 오리나무의 발아시험기간은 얼마나 되는가?

① 14일간   ② 21일간
③ 28일간   ④ 42일간

해설
자작나무, 오리나무는 28일 간의 발아시험기간을 갖는다.

정답   05. ③   06. ①   07. ④   08. ③   09. ④   10. ①   11. ③

12 묘포장을 설계할 때 침엽수종의 경우 토양 산도(pH)는 어느 정도가 알맞은가?

① pH 3.0~4.0 ② pH 5.0~6.5
③ pH 7.0~8.5 ④ pH 9.0~10

해설
모표 토양은 침엽수는 pH 5~5.5 정도에서 가장 적합하며 중성인 pH 5~6.5 범위에서도 생육이 가능하다.

13 제벌작업에 대하여 가장 올바르게 설명하고 있는 것은?

① 산림보육 순서로 보면 간벌작업 후에 실시하는 작업이다.
② 중간 일체 수입을 목적으로 하지 않는다.
③ 농한기인 겨울철에 실시하는 것이 좋다.
④ 제벌 모수는 어느 수종이나 1회 실시하는 것으로 충분하다.

해설
중간 수입을 기대하는 것은 간벌에 대한 설명이다.

14 나무의 수체에서 수분이 올라갈 때 최저의 저항을 받는 경로의 조직은?

① 피층   ② 사부
③ 부름켜 ④ 목부

해설
나무의 목부부분은 수분의 이동통로이다.

15 환경 변화에 따른 수목의 기공개폐를 설명한 것으로 틀린 것은?

① 온도가 높아지면(30~35℃) 기공이 닫힌다.
② 잎의 수분포텐셜이 낮으면 기공이 열린다.
③ 엽육조직의 세포간극에 있는 CO_2의 농도가 높으면 기공이 닫힌다.
④ 인공합성이 가능한 정도의 광도이면 기공은 충분히 열린다.

해설
잎의 수분포텐셜이 낮은것은 수분이 부족함을 의미하며 이러한 경우 수분을 지키기 위해 기공이 닫힌다.

16 양수 또는 음수에 관한 설명으로 옳지 않은 것은?

① 소나무는 양수이고, 주목은 음수이다.
② 양수는 음수보다 광포화점이 높다.
③ 높은 광도에서 음수의 생장속도가 빠르다.
④ 양수와 음수는 햇빛을 좋아하는 정도가 아니라 그늘에 견딜 수 있는 내음성의 정도에 따라 구분 한다.

해설
높은 광도에서 양수가 광합성을 더 많이 하여 음수보다 생장속도가 빠르다.

17 일본잎갈나무의 꽃눈이 분화하는 시기는?

① 3월경 ② 5월경
③ 7월경 ④ 9월경

해설
일본잎갈나무(낙엽송)은 7월쯤 암수의 꽃눈이 분화한다.

18 광색소에서 파이토크롬(phytochrome)의 설명으로 옳지 않은 것은?

① 암흑속에서 기른 식물체 내에서 적게 검출된다.
② 햇빛을 받으면 합성이 일부 금지되거나 파괴된다.
③ pyrrole 4개가 모여서 이루어진 발색단을 가진다.
④ 분자량이 120000 Dalton 가량 되는 두 개의 동일한 polypeptide로 구성되어 있다.

해설
광색소인 파이토크롬은 낮은 광조건하에서 기른 식물에 내에서 많이 검출된다.

정답 12. ② 13. ② 14. ④ 15. ② 16. ③ 17. ③ 18. ①

19 종자에 수분침투와 가스교환이 잘 되지 않을 때 실시하는 발아 촉진 방법으로 옳은 것은?

① 탈납법　　② 재워묻기
③ 온탕 침적법　④ 냉수 침적법

> **해설**
> 종자를 황산에 넣어 표면을 부식시킨 후 세척하여 파종하는 방법을 황산처리법(탈납법)이라 하며 주로 옻나무, 피나무, 콩과수목의 종자 처리에 효과적이다.

20 다음 중 성격이 다른 숲은?

① 맹아림　　② 천연림
③ 원시림　　④ 불완전 천연림

> **해설**
> 산림의 분류시 천연림에 원시림과 불완전 천연림이 속하여 같은 성격을 가지며 맹아림은 왜림이라 하여 다른 분류에 속한다.

21 수목치료를 위한 수간주입방법 중 주입기 용량이 가장 적은 것은?

① 중력식　　② 삽입식
③ 흡수식　　④ 미세압력식

> **해설**
> 삽입식의 방법의 목적이 약액을 나무에 천천히 주입하기 위한 방법으로 주입 직경 1cm 정도로 작다.

22 식물기생선충에 대한 설명으로 옳지 않은 것은?

① 고착성 선충과 이동성 선충으로 구분한다.
② 선충에 의해 병이 발생하면 병징은 지상부에서만 나타난다.
③ 생활사의 일부 또는 전부가 토양을 경유하는 토양선충이 대부분이다.
④ 선충이 분비하는 침과 분비물에 의해 식물의 생리적 변화가 발생한다.

> **해설**
> 선충에 의해 병이 발생할 경우 지상부뿐 아니라 뿌리부분인 지하부에도 피해를 주기도 하며 대표적으로 뿌리썩이선충병, 소나무재선충병 등이 있다.

23 소나무 재선충병 방제방법으로 옳지 않은 것은?

① 매개충의 방제
② 감염된 수목은 벌채 후 소각
③ 매개충 우화 최성기에 나무주사 처리
④ 포스티아제이트 액제를 이용한 토양관주

> **해설**
> 소나무재선충 방제 방법
> ・고사목은 벌채후 소각
> ・무육관리를 통해 매개충 침입 예방
> ・먹이나무를 이용해 매개충 방제
> ・약제 항공살포

24 잣나무 털녹병 방제방법으로 적합하지 않은 것은?

① 중간기주를 제거한다.
② 내병성 품종을 심는다.
③ 토양소독을 철저히 한다.
④ 병든 나무는 지속적으로 제거한다.

> **해설**
> 잣나무 털녹병은 주로 포자가 바람에 전반되기에 토양소독은 비효율적이다.

25 완전변태를 하는 해충은?

① 대벌레　　② 노린재
③ 가루깍지벌레　④ 도토리거위벌레

> **해설**
> 도토리거위벌레는 알, 유충, 번데기, 성충의 완전변태과정을 거친다.

정답 19. ①　20. ①　21. ②　22. ②　23. ③　24. ③　25. ④

26 조류에 의한 수목의 피해로 옳지 않은 것은?

① 딱따구리 - 줄기 가해
② 직박구리 - 과실 가해
③ 올빼미 - 어린 순 가해
④ 백로류 - 배설물로 인한 나무의 고사

해설
올빼미는 멸종위기동물 2급 중 하나이며 수목에는 큰 피해를 주지 않는다. 딱따구리는 주로 줄기를 가해, 직박구리는 과실에 피해를 주며 백로류는 배설물로 인해 나무가 고사하는 피해를 준다.

27 밤나무 줄기마름병에 대한 설명으로 옳지 않은 것은?

① 병원체는 담자균이다
② 질소비료를 적게 주고 상처가 나지 않도록 한다.
③ 동해 및 열해를 받아 형성층이 손상된 경우 쉽게 감염된다.
④ 발생 초기에는 감염 수목의 수피가 황갈색 또는 적갈색으로 변한다.

해설
밤나무줄기마름병의 병원균은 자낭균이다.

28 잣나무 털녹병균의 침입 부위와 발병 부위가 옳게 짝지어진 것은?

① 잎의 기공 - 잎
② 줄기의 피목 - 잎
③ 잎의 기공 - 줄기
④ 줄기의 피목 - 줄기

해설
잣나무 털녹병균은 담자포자가 바람에 의해 전반되며 잎의 기공으로 침입, 줄기로 전파된다.

29 방화선의 설치 위치로 적절하지 않은 것은?

① 나지 또는 미립목지에 위치
② 급경사지, 관목 및 고사목 집적지역에 위치
③ 인공적 또는 천연적인 도로, 하천 등이 있는 위치
④ 산정 또는 능선 바로 뒤편 8~9부 능선에 위치

해설
급경사지 및 고사목 집적지역은 산불의 확산을 가속시켜 방화선의 설치 위치로는 적절하지 않다.

30 세균에 의하여 발병하는 수목병은?

① 철쭉 떡병
② 포플러 잎마름병
③ 호두나무 뿌리혹병
④ 낙엽송 가지끝마름병

해설
뿌리혹병은 주로 세균에 의해 발생된다.

31 1년에 2회 이상 발생하는 해충은?

① 솔잎혹파리
② 광릉긴나무좀
③ 미국흰불나방
④ 호두나무잎벌레

해설
미국흰불나방은 100 종류 이상의 활엽수종을 가해하며 1년에 2회 발생한다.

32 소나무 혹병의 중간기주로 방제를 위하여 제거해야 할 수종은?

① 오리나무   ② 단풍나무
③ 자작나무   ④ 신갈나무

해설
소나무 혹병의 중간기주로 신갈나무로서 이를 제거하면 방제 효과가 있다.

정답 26. ③ 27. ① 28. ③ 29. ② 30. ③ 31. ③ 32. ④

33 윤작의 연한이 짧아도 방제 효과가 가장 큰 수목병은?

① 흰비단병
② 자주빛날개무늬병
③ 침엽수의 모잘록병
④ 오리나무 갈색무늬병

해설
오리나무 갈색무늬병은 연작에 의한 피해가 심하기에 윤작을 통해 방제하는데 윤작의 연한이 짧아도 방제의 효과가 좋다.

34 밤나무 줄기마름병에 대한 설명으로 옳지 않은 것은?

① 과다한 질소 시비를 지양한다.
② 천공성 해충의 피해를 받은 경우 잘 발생한다.
③ 병원균의 중간기주인 포플러를 같이 심지 않는다.
④ 동해나 열해를 받아 수피와 형성층이 손상 입은 경우 잘 발생한다.

해설
밤나무 줄기마름병은 중간기주가 없고 상처부위를 통해 감염된다.

35 어스렝이나방이 월동하는 형태는?

① 알
② 유충
③ 성충
④ 번데기

해설
어스렝이나방은 알 형태로 월동한다.

36 수세가 쇠약한 수목의 줄기를 가해하는 것은?

① 독나방
② 소나무좀
③ 미국흰불나방
④ 오리나무잎벌레

해설
소나무좀은 벌채목과 쇠약목 혹은 죽은나무 등 모두 가해하는 2차 해충이다.

37 산불 피해에 대한 설명으로 옳지 않은 것은?

① 산불의 피해는 여름이 가장 크다.
② 은행나무가 소나무보다 산불의 피해가 작다.
③ 활엽수보다 침엽수가 산불의 피해를 심하게 받는다.
④ 수령이 낮은 임분일수록 산불의 피해를 많이 받는다.

해설
산불의 피해는 주로 봄에 가장 크다.

38 리지나뿌리썩음병에 대한 설명으로 옳은 것은?

① 주로 활엽수에 발생한다.
② 담자포자에 의해 전염된다.
③ 자실체는 파상땅해파리버섯이다.
④ 우리나라에서만 발생하는 병이다.

해설
리지나뿌리썩음병의 자실체는 파상땅해파리버섯이다.

39 해충 발생량의 변동을 조사할 때 한 지역 내의 개체군 밀도 결정에 관여하지 않는 요인은?

① 출생률
② 사망률
③ 변이율
④ 이입률

해설
개체군의 밀도 결정에 있어 출생률, 사망률, 이입률이 영향을 준다.

정답 33. ④ 34. ③ 35. ① 36. ② 37. ① 38. ③ 39. ③

40 잣나무 털녹병 방제방법으로 옳지 않은 것은?

① 벌기령을 단축한다.
② 가지치기를 실시한다.
③ 중간기주를 제거한다.
④ 병든 나무를 제거한다.

해설
잣나무 털녹병 방제
• 병든나무와 중간기주 제거
• 수고 1/3 까지 가지치기 실시(감염경로 차단)
• 피해지역의 묘목은 다른 지역 반출 금지
• 8월 쯤부터 보르도액 살포(소생자 침입 방지)

41 산림 경리의 업무 내용이 아닌 것은?

① 산림 조사   ② 조림 계획
③ 수확 규정   ④ 임업소득률 결정

해설
산림 경리의 업무로 산림측량, 구획, 조사 및 수확의 규정과 조림계획, 시설계획 등이 있다.

42 유령림의 임목 평가에 가장 적합한 방법은?

① 환원가법   ② 기망가법
③ 비용가법   ④ 매매가법

해설
유령림 임목평가의 경우 식재 및 육림의 투자액을 기준으로 평가하는 임목비용가법이 적합하다.

43 임업경영을 경제적 특성과 기술적 특성으로 구분할 때 기술적 특성에 해당하는 것은?

① 생산기간이 대단히 길다.
② 육성임업과 채취임업이 병존한다.
③ 원목가격의 구성요소 대부분이 운반비이다.
④ 임업노동은 계절적 제약을 크게 받지 않는다.

해설
임업의 기술적 특성
• 임목의 성숙기가 일정하지 않다.
• 토지나 기후조건에 대한 요구도가 낮다.
• 자연조건의 영향을 많이 받는다.
• 생산기간이 길다.

44 순현재가치를 영(0)이 되게 하는 할인율의 크기로 투자효율을 평가하는 방법은?

① 회수기간법   ② 순현재가치법
③ 내부수익률법 ④ 수익비용률법

해설
내부수익률법은 편익흐름의 현재가치의 합이 비용흐름의 현재가치의 합과 같아지는 할인율이다.

45 이상적인 임분의 재적 또는 흉고단면적에 대한 실제 임분의 재적 또는 흉고단면적의 비율로 나타내는 임분밀도의 척도는?

① 임목도   ② 상대밀도
③ 임분밀도지수 ④ 상대공간지수

해설
임목도는 이상적 임분의 밀도에 대한 실제 임분의 밀도의 비 또는 수확표상에 단면적에 대한 실제 단면적의 비를 말하며, 재적, 본수, 단면적 등을 기준으로 해서 나타낸다.

정답 40. ① 41. ④ 42. ③ 43. ① 44. ③ 45. ①

46 보속작업에서 한 작업급에 속하는 모든 임분을 일순벌하는데 필요한 기간을 나타내는 임업생산기간은?

① 윤벌기   ② 갱정기
③ 회귀년   ④ 정리기

해설
윤벌기는 한 작업급에 속하는 숲을 벌채하고 순차적으로 계획벌채할 때 전체 숲의 벌채가 끝날 때 까지의 기간이다. 갱정기는 정리기라고도 하며 법정상태로 가는데 걸리는 기간을 말한다.

47 음(-)의 값이 나올 수 있는 투자효율 분석법은?

① 회수기간법   ② 순현재가치법
③ 투자이익률법   ④ 수익비용률법

해설
장기투자를 결정하는 순현재가치법은 미래에 대한 가치 판단을 기준으로 하기에 음의 값이 나올 수 있다.

48 어떤 소나무림에서 간벌을 하면 500만원씩의 수입을 얻을 것으로 예상된다. 연중에는 3회 간벌을 하고, 5년간 연 이율을 5%로 적용할 경우 후가 계산에 적합한 식은?

① $\dfrac{500만 원 \times [1.05^5 - 1]}{1.05^{15}}$

② $\dfrac{500만 원 \times [1.05^{15} - 1]}{1.05^5}$

③ $\dfrac{500만 원 \times [1.05^5 - 1]}{1.05^{15} - 1}$

④ $\dfrac{500만 원 \times [1.05^{15} - 1]}{1.05^5 - 1}$

해설
m 년마다 A 씩 n 회 얻을 수 있는 후가
$N = \dfrac{A(1+P)^{nm} - 1}{(1+P)^m - 1}$

49 산림평가가 임지와 임목의 평가 이외에도 여러분야에서 응용되고 있다. 다음 중 응용 분야로 거리가 먼 것은?

① 산림의존도의 사정
② 산림과세의 기준 설정
③ 산림피해의 손해액 결정
④ 산림의 매매, 교환의 가격사정

해설
산림의존도는 산림소득에 대한 임가소득의 백분율을 의미한다.

50 벌기령에 대한 설명으로 옳은 것은?

① 임목이 실제로 벌채되는 연령
② 모든 임분을 일순벌하는데 필요한 기간
③ 맨 처음 택벌한 일정구역을 또 다시 택벌하는데 필요한 기간
④ 임분이 생장하는 과정에 있어서 어느 성숙기에 도달하는 계획상의 연수

해설
벌기령은 임목을 일정 성숙한 상태로 육성하는데 필요한 계획상의 연수 혹은 산림경영의 원칙하에 주벌수확기에 이른 나무의 나이를 의미한다.

51 말구직경 26cm, 중앙직경 30cm, 원구직경 36cm, 재장이 4m 인 통나무 Huber 식에 의하여 계산한 재적은?

① 약 $0.212m^3$ ② 약 $0.283m^3$
③ 약 $0.302m^3$ ④ 약 $0.407m^3$

해설
중앙단면적×재장=π×반지름²×재장
=3.14×0.15²×4≒0.2839(m^3)

정답   46. ①   47. ②   48. ④   49. ①   50. ④   51. ②

52 임업의 경제적 특성으로 원목가격 구성요소에서 가장 큰 항목은?

① 지대 ② 육림비
③ 운반비 ④ 감가상각비

해설
원목가격의 대부분은 운반비이다.

53 다음 조건에서 단일수입의 복리산식 중 전가계산식으로 옳은 것은?

- V_n : n 년 후의 후가
- V_0 : 전가
- p : 이율
- n : 년수

① $V_0 = \dfrac{V_n}{(1+p)^n}$

② $V_0 = \dfrac{V_n}{(1+p)^{n-1}}$

③ $V_n = \dfrac{V_0(1+p)^n}{p}$

④ $V_n = \dfrac{V_0(1+p)^{n-1}}{p}$

해설
복리산식은 후가계산, 전가계산, 무한이자, 유한이자의 계산방법이 있으며 복리산식의 전가계산은 $V_0 = \dfrac{V_n}{(1+p)^n}$ 공식에 따른다.

54 산림경영계획을 위한 지황조사 항목에 대한 설명으로 옳은 것은?

① 방위는 임지의 주 사면을 보고 4방위로 구분한다.
② 지리는 임지의 생산능력에 따라 m 단위로 표시한다.
③ 토양의 건습도는 일반적으로 습, 중, 건 3단계로 분류한다.
④ 경사도는 5단계로 구분하는데 가장 완만한 완경사지는 15° 미만을 말한다.

해설
경사도는 완, 경, 급, 험, 절 5단계로 구분하며 완경사지는 15° 미만을 의미한다.

54 임분 재적이 ha 당 180m³, 임분 형수가 0.4, 임분 평균 수고가 15m 인 경우 ha당 흉고단면적은?

① 4.8m² ② 12m²
③ 30m² ④ 72m²

해설
180 = 흉고단면적 × 15 × 0.4
흉고단면적(m²) = 30
※ 형수법
　재적=단면적×높이×형수

56 어느 임분의 ha 당 20년 전 재적이 200m³이고 현재 재적이 300m³일 때, 이 임분의 재적을 Pressler 공식으로 계산한 생장률은?

① 2% ② 3%
③ 4% ④ 5%

해설
프레슬러 공식

$\dfrac{\text{현재 재적} - n\text{년전 재적}}{\text{현재 재적} + n\text{년전 재적}} \times \dfrac{200}{n}$

→ $\dfrac{300만m^3 - 200만m^3}{300만m^3 + 200만m^3} \times \dfrac{200}{20} = 2\,(\%)$

정답 52. ③ 53. ① 54. ④ 55. ③ 56. ①

57 임업경영 규모나 자산을 전년도와 비교하여 얼마나 변화하였는지 분석하는 방법은?

① 손익분석　② 부채분석
③ 성장성 분석　④ 감가상각비 분석

해설
임업경영을 위해 경영규모와 자산을 이전의 데이터와 비교, 분석하는 것을 성장성 분석이라 하며 이러한 임목자산 성장성 분석지표 고려시 임목의 성장액, 임목자산의 증감률, 임목성장액의 내부 보유율을 지표로 활용한다.

58 단위면적에서 수확되는 목재생산량이 최대가 되는 연령을 벌기령으로 하는 방법은?

① 수익률 최대의 벌기령
② 화폐수익 최대의 벌기령
③ 재적수확 최대의 벌기령
④ 토지 순수익 최대의 벌기령

해설
재적수확 최대 벌기령은 단위면적당 평균적인 목재생산량이 최대가 되는 시점이다.

59 산림조사에 관한 설명으로 옳지 않은 것은?

① 지위의 임지생산력 판단지표이다.
② 임종은 침엽수림, 활엽수림, 침활혼효림으로 구분한다.
③ 혼효율은 수종별 입목재적, 본수, 수관점유면적 비율에 의하여 백분율로 산정한다.
④ 소밀도는 조사면적에 대한 입목의 수관면적이 차지하는 비율을 백분율로 표시한다.

해설
임종은 천연림, 인공림으로 구분한다.

60 윤벌기와 관련된 작업으로 가장 적합한 것은?

① 개벌작업　② 택벌작업
③ 모수작업　④ 왜림작업

해설
보속작업에 있어서 하나의 작업급에 속하는 모든 임분을 일순벌 하는데 소요되는 기간을 윤벌기라 하며 이는 임분을 한번에 벌채하는 개벌작업에 관련된다.

61 목재의 충해와 균해를 방지(예방)하고, 장기간 보존하기 위하여 주로 사용되는 저목방법은?

① 수중저목　② 최종저목
③ 중계저목　④ 산지저목

해설
목재의 충해와 균해를 방지하기 위한 효율적인 장기 보관방법으로 물속에 저장하는 수중저목방법이 있다.

62 체인톱을 소형, 중형, 대형으로 구분하는 기준으로 옳은 것은?

① 가격과 무게
② 출력과 무게
③ 부피와 출고년도
④ 제작회사 및 국가

해설
체인톱은 출력과 무게로 소형, 중형, 대형으로 구분한다.

63 일반적인 도수라(道修羅)의 활로 너비는?

① 1 ~ 2m　② 2 ~ 3m
③ 3 ~ 4m　④ 4 ~ 5m

해설
도수라의 활로의 너비는 1~2m 정도를 기준으로 한다.

정답　57. ③　58. ③　59. ②　60. ①　61. ①　62. ②　63. ①

64 다음 삭도방식 중 운재거리가 가장 긴 것은?

① 반가선식 삭도
② 복선순환식 삭도
③ 단선순환식 삭도
④ 반송줄부착교주식 삭도

해설
반송줄부착 교주식 삭도에서는 빈 반송기를 작업장소로 회송하는 반송전용의 가공삭 로프를 설치하는데 이것을 반송줄이라 하며 삭도방식 중에서 운재거리가 가장 긴 것이 특징이다.

65 임도에 관한 설명으로 옳지 않은 것은?

① 농·산촌간 지역교통 개선 기능이 있다.
② 삼림의 경영 및 관리를 위하여 설치한 도로이다.
③ 일반적으로 임도의 설계속도는 60km/h로 설정하여 계획한다.
④ 산림과 시장을 연결하여 임산물과 인원을 수송하는 등 중요한 역할을 가지고 있다.

해설
임도의 설계속도는 일반적으로 20~40km/h 범위에서 설정하여 계획한다.

66 산악지대에서 임도의 노선 선정 방법으로 옳지 않은 것은?

① 계곡임도는 임지의 상부에서부터 개발되며 임지개발의 중추적 역할을 한다.
② 산정부 개발임도는 산정부의 안부에서부터 시작되는 순환식 노선방식을 주로 사용한다.
③ 능선임도는 산악지대 임도배치 중 건설비가 가장 적게 소요되며 계곡 및 늪지대에서 임도 개설 시 용이하다.
④ 사면임도는 계곡임도로부터 시작하며 지그재그방식이 적당하지만 완경사지에서는 대각선 방식도 사용된다.

해설
계곡임도는 임지의 하부로부터 개발해야 하므로 임지 개발의 중추적인 역할을 담당하는 산악지대 임도 노선형이다.

67 배향곡선지가 아닌 경우 길어깨와 옆도랑의 너비를 제외한 임도의 유효너비 기준은?

① 2m ② 3m
③ 4m ④ 6m

해설
임도의 너비 기준은 길어깨 및 옆도랑을 포함한 임도의 너비 3m를 기준으로 한다.

68 와이어로프 표기방법으로 "6×7 C/L 20mm B종"에서 B종이 의미하는 것은?

① 스트랜드의 본수
② 와이어 로프의 지름
③ 와이어 로프의 인장강도
④ 와이어 로프의 표면처리 상태

해설
와이어로프의 인장강도는 G종, A종, B종 등으로 표현한다.

69 트랙터에 의한 집재 방법이 아닌 것은?

① 팬   ② 설키
③ 지면끌기 ④ 인클라인

해설
트랙터의 집재방법으로 지면끌기집재, 팬집재, 설키집재 등이 있다.

70 벌목 작업 시 수구를 만드는 방향은?

① 계곡 쪽
② 임도가 있는 쪽
③ 작업자가 있는 쪽
④ 벌도목이 넘어지는 쪽

해설
수구는 30~45° 각으로 작업하여 벌도방향으로 하며 추구는 수구의 반대방향에서 작업한다.

정답 64. ④ 65. ③ 66. ① 67. ② 68. ③ 69. ④ 70. ④

71 임도 설계서 작성 순서로 옳은 것은?

① 시방서 – 설계사용서 – 예산내역서 – 수량산출서 – 예정공정표
② 시방서 – 수량산출서 – 예산내역서 – 설계설명서 – 예정공정표
③ 설계설명서 – 시방서 – 예정공정표 – 예산내역서 – 수량산출서
④ 설계설명서 – 시방서 – 예정공정표 – 수량산출서 – 예산내역서

해설
임도 설계서 작성은 < 설계설명서 - 일반, 특별 시방서 - 예정공정표 - 예산내역서 - 수량 산출서 > 순서로 작성한다.

72 포장을 하지 않은 임도 노면의 경우에 횡단기울기 시설 기준은?

① 0~1% ② 1.5~2%
③ 3~5% ④ 6~7%

해설
포장을 하지 않은 임도 노면의 횡단기울기 시설기준은 3~5%, 포장한 노면의 횡단기울기는 1.5~2% 이다.

73 벌도작업 시 쐐기 사용의 주목적은?

① 작업 능률 향상
② 벌도 방향 결정
③ 박피 작업 유리
④ 작업 비용 절감

해설
쐐기는 벌목의 방향을 결정하는 것이 주목적이며 그 외에도 톱이 끼지 않도록 한다.

74 임도시공 시 사용하는 용어에 대한 설명으로 옳지 않은 것은?

① 준설 : 물 속의 흙을 파내는 것
② 취토장 : 흙이 남아서 버리는 곳
③ 매립 : 물에 흙을 메워 육지로 만드는 것
④ 흙일 : 흙을 깎거나 쌓아 올리는 모든 작업

해설
취토장은 흙이 부족할 경우 보급하기 위한 장소이다.

75 트랙터의 구입가격이 5000만원이고 수명이 5000시간이며 잔존가치는 구입가격의 20%일 때 이 기계의 시간당 감가상각비는?

① 1,250원 ② 8,000원
③ 12,500원 ④ 80,000원

해설
· 잔존가치 = 5,000 만원 × 20 % = 1,000 만원
· $\dfrac{50,000,000원 - 10,000,000원}{5,000\ 시간} = 8,000\ 원$

76 다음 중 임도설계 시 곡선설정법이 아닌 것은?

① 교각법 ② 편각법
③ 진출법 ④ 교회법

해설
임도노선 곡선 설정 방법으로 교각법, 편각법, 진출법이 있다. 교회법은 평판측량의 방법이다.

77 중력침식에 속하지 않는 것은?

① 산붕 ② 산사태
③ 땅밀림 ④ 해안사구

해설
중력침식의 형태로 산사태, 산붕, 땅밀림, 눈사태, 붕락, 포락 등이 있다.

정답 71. ③ 72. ③ 73. ② 74. ② 75. ② 76. ④ 77. ④

78 사방댐의 안정조건 중 지반지지력 안정을 위한 설명으로 옳지 않은 것은?

① 허용항압강도 대신 지반의 지지력 강도를 이용하면 된다.
② 지반이 받는 최대압력이 지반의 허용지지력 보다 커야 한다.
③ 제저에 발생되는 최대압력강도는 지반의 지지력 강도를 초과해서는 안 된다.
④ 기초지반이 사력인 경우에는 침투에 의한 파괴에 대해서도 안정되도록 설계해야 한다.

해설
지반이 받는 최대압력이 지반의 허용지지력보다 작아야 한다.

79 1차로의 임도에서 설계속도가 40km/시간이고 자동차폭이 2.5m라면 적정 차도폭은?

① 3.5m ② 3.6m
③ 3.7m ④ 3.8m

해설
설계속도에 의한 차도폭

자동차폭 + $\dfrac{설계속도}{50}$ + 0.5

= $2.5 + \dfrac{40}{50} + 0.5 = 3.8$

80 집재용 도구가 아닌 것은?

① 피비 ② 펄프훅
③ 마세티 ④ 파이크폴

해설
마세티는 나이프의 일종이다. 집재용 도구의 종류로 피비, 캔트훅, 사피, 펄프 훅, 파이크폴 등이 있다.

정답 78. ② 79. ④ 80. ③

산림산업기사

산업기사 CBT 제6회

** 본문제는 수험생들의 기억을 바탕으로 작성 된 것으로 실제 문제와 차이가 있을 수 있습니다.

01 산벌작업의 3단계를 바르게 묶어 놓은 것은?

① 산벌, 개벌, 택벌
② 예비벌, 하종벌, 후벌
③ 초벌, 중벌, 종벌
④ 정지벌, 무육벌, 성숙벌

해설
산벌작업은 갱신을 위해 크게 예비벌, 하종벌, 후벌의 과정으로 진행된다.

02 테트라졸륨 테스트(TTC Test)는 다음 중에서 어디에 사용되는 방법인가?

① 종자의 발아 촉진 처리방법
② 화아분화 촉진 처리방법
③ 종자의 발아력 검정방법
④ 삽수의 발근 촉진 처리방법

해설
테트라졸륨은 종자의 활력 검사를 목적으로 하며 건전한 배의 경우 반응시 적색 혹은 분홍색을 띤다.

03 1.8m×1.8m의 정방형 식재를 할 때 ha 당 소요되는 묘목의 본수는?

① 3086본   ② 3776본
③ 5132본   ④ 2887본

해설
1ha : 10,000m², 1.8m × 1.8m = 3.24m²
10,000 ÷ 3.24 = 약 3086 본

04 풀베기작업에서 모두베기 방법을 적용하는 것이 가장 바람직한 조림지는?

① 1ha에 200본이 식재된 호두나무 조림지
② 한풍해가 심한 조림지
③ 소나무 밀식 조림지
④ 전나무 소식 조림지

해설
모두베기는 소나무, 낙엽송 등의 양수 식재시 적합한 방법이다.

05 임목의 잎에 있는 엽록체가 주로 흡수하여 광합성에 이용하는 광선은?

① 적외선   ② 근적외선
③ 자외선   ④ 가시광선

해설
임목은 주로 가시광선을 광합성에 이용한다.

정답 01. ② 02. ③ 03. ① 04. ③ 05. ④

06 다음 중 하층간벌에 대한 설명으로 가장 거리가 먼 것은?

① 가장 오랜 역사를 지닌 간벌방법으로 보통간벌이라고 한다.
② 우세목 중 결점이 있는 2급목만 벌채하는 방법이다.
③ 일반적으로 양수성의 수종으로 구성된 임분에 적용된다.
④ 처음에는 피압된 가장 낮은 수관층의 나무를 벌채 하고 그 후 점차 높은 층의 나무를 벌채하는 방법이다.

해설
하층간벌(보통간벌, 독일식 간벌)은 피압된 가장 낮은 수관층의 나무를 벌채하고 점차 높은 층의 나무를 벌채하는 방법이다. 강도 높은 하층간벌을 실시하면 우세목, 준우세목이 남게 된다.

07 최근 목재로써 인기가 높은 편백의 조림 적지를 가장 잘 나타낸 것은?

① 한대지방
② 온대중부지방
③ 온대북부지방
④ 온대남부, 난대지방

해설
편백은 1900년대 조림된 나무로 난대나 온대 남부지방 혹은 해발고도 400m 이하인 지역에서 생육하기 적합하다.

08 1년생 묘가 상당한 크기에 이르고 공간을 차지하는 수종의 파종방법은 줄로 뿌려주는 조파로 한다. 다음 중 조파로 하지 않는 수종은?

① 밤나무   ② 느티나무
③ 아까시나무 ④ 옻나무

해설
밤나무의 경우 대립종자로서 주로 점파를 한다.

09 밤나무를 조림 할 때 수분수를 혼식해야 한다. 수분수는 주품종의 몇%정도 식재하는 것이 가장 적합한가?

① 10~20%   ② 20~30%
③ 30~40%   ④ 40~50%

해설
수분수는 주품종의 20% 내외(20~30%) 비율로 혼식한다.

10 한 임분을 구성하고 있는 임목 중 성숙한 임목만을 국소적으로 추출·벌채하고 그곳의 갱신이 이루어지게 하는 갱신법으로 어떤 설정된 갱신기간이 없고 임분을 항상 각 영급의 나무가 서로 혼생하도록 하는 작업방법은?

① 택벌작업   ② 산벌작업
③ 모수작업   ④ 중림작업

해설
택벌작업은 일부분 국소적으로 벌채하는 작업으로 양수수종에 적용이 어렵다.

11 산림이 발휘하는 공익적 기능이 아닌 것은?

① 홍수나 산사태를 방지한다.
② 이산화탄소를 흡수하고 산소를 방출한다.
③ 파티클 보드의 원료로 이용된다.
④ 휴양의 기회를 제공한다.

해설
파티클 보드와 같이 가공을 통한 생산물은 경제적 기능이다.

정답 06. ② 07. ④ 08. ① 09. ② 10. ① 11. ③

12 묘포의 입지 조건으로 적합하지 못한 것은?

① 토양은 유기물의 함량이 많고 질소 함량이 많은 식양토일 것
② 관수와 배수가 편리할 것
③ 가능한 조림지의 환경과 같은 곳일 것
④ 노동작업 공급 등이 편리할 것.

해설
유기물 함량이 많고 질소 함량이 높은 식양토는 도장의 우려가 있다.

13 군상 산벌작업은 다음 중 어떤 수종에 가장 알맞은 갱신법인가?

① 양수   ② 음수
③ 극양수   ④ 중용수

해설
산벌작업은 양수에도 가능은 하지만 음수에 적용하는 것이 적합하다.

14 산림토양 내의 수분에서 개벌 전과 비교하여 개벌 후의 지하수위 높이는 어떻게 변하게 되는가?

① 높아진다.
② 낮아진다.
③ 낮아졌다가 높아진다.
④ 변화가 없다.

해설
개벌을 실시하게 임지가 노출되어 표면의 유실이 발생, 지하수위의 높이가 높아지게 된다.

15 하종벌은 다음 중 어느 때 적용하는 것이 옳은가?

① 갱신 주기 때
② 하층식생이 많을 때
③ 유령기 때
④ 결실량이 많을 때

해설
하종벌은 종자가 성숙한 이후 벌채하면서 종자의 낙하를 유도해 발아시키는 방법으로 결실량이 많을 때 하는 것이 유리하다.

16 종자의 결실량을 증가시키기 위한 방법으로 옳지 않은 것은?

① 간벌을 실시하여 생육공간을 확장한다.
② 수피의 일부를 제거하여 C/N율을 높인다.
③ 단근을 실시하여 질소의 흡수를 조장한다.
④ 줄기에 환상박피, 철선묶기 등의 자극을 준다.

해설
단근은 나무의 활착에 도움을 주며 질소의 흡수에 영향을 주는 것은 아니다.

17 제벌에 대한 설명으로 옳지 않는 것은?

① 소나무와 낙엽송의 첫 번째 제벌은 식재 후 7~8년이 적정하다.
② 간벌이 시작될 때까지 2~3회 제벌하는 것을 원칙으로 한다.
③ 제벌은 비용만 투입되고 벌채되는 불량목은 거의 이용대상이 되지 못한다.
④ 제벌시기는 나무의 고사 상태를 알고 맹아력을 감소시키기 위해서는 겨울철에 실행하는 것이 좋다.

해설
제벌은 6~9월쯤인 여름철에 실시한다.

정답 12. ① 13. ② 14. ① 15. ④ 16. ③ 17. ④

18 산림작업종의 주요 인자로 옳지 않은 것은?

① 벌채의 종류
② 임도의 위치
③ 새로운 임분의 기원
④ 벌채 및 갱신의 작업면적 크기

해설
산림작업종의 분류시 임분의 기원은 교림, 왜림, 중림으로 분류되며 그 외 기준으로 벌채종, 벌채구의 크기 및 형태가 있다.

19 적지적수는 종자의 산지와 조림지와의 밀접한 관계가 있다. 어떤 점에 가장 중점을 두어야 하는가?

① 채종원에서 채취한 종자에 의한 묘목을 식재한다.
② 결실되는 지조가 적은 나무에서 채취한 종자에 의한 묘목을 식재한다.
③ 병충해에 대한 저항력이 강한 나무에서 채취한 종자에 의한 묘목을 식재한다.
④ 조림지 부근에서 또는 기후풍토가 비슷한 곳에서 채취한 종자에 의한 묘목을 식재한다.

해설
적지적수는 입지에 가장 잘 적응할 수 있는 수종의 나무를 선택하는 것이다.

20 발아시험에 있어서 단기간 내 일시에 발아된 종자의 수를 전체 시료 종자의 수로 나누어 백분율로 나타낸 것은?

① 효율   ② 발아세
③ 발아력   ④ 발아율

해설
발아세는 발아시험을 위한 일정 기간동안 발아하는 종자수의 비율을 의미한다.

21 소나무좀 신성충이 가해하는 부위는?

① 잎   ② 수간
③ 새가지   ④ 오래된가지

해설
신성충은 갓 성충이 된 벌레를 말하며 6월쯤 우화하여 1년생 신초, 즉 새가지를 가해한다.

22 모잘록병 방제방법으로 옳지 않은 것은?

① 파종상에서는 토양소독을 한다.
② 토양산도가 염기성이 되도록 한다.
③ 묘상이 과습하지 않도록 주의한다.
④ 질소질 비료보다 인산, 칼륨질 비료를 더 많이 준다.

해설
모잘록병은 진균에 의해 발생하기에 과습하거나 너무 건조한 토양에서 주로 발생되며 산도에는 큰 영향을 받지 않는다.

23 우리나라 산불의 원인으로 가장 빈도수가 낮은 것은?

① 담뱃불
② 입산자 실화
③ 벼락에 의한 경우
④ 논과 밭두렁의 소각

해설
입산자의 실화나 담뱃불 실화 등등의 사람의 실수에 의한 산불 빈도가 대부분이며 자연적인 벼락 등은 그 빈도가 매우 낮다.

24 나무의 수피와 목질부 표면을 환상으로 식해하며 거미줄을 토하여 벌레똥과 먹이 잔재물을 식해부위에 철하여 놓는 해충은?

① 박쥐나방   ② 알락하늘소
③ 광릉긴나무좀   ④ 잣나무넓적잎벌

해설
박쥐나방의 특징은 식물의 줄기 속을 파먹으며 구멍난 곳을 관찰시 섬유질과 박쥐나방의 배설물이 섞여 있는 것을 관찰할 수 있다.

정답 18. ② 19. ④ 20. ② 21. ③ 22. ② 23. ③ 24. ①

25 대기오염에 의한 산림의 피해를 최소화시킬 수 있는 방안으로 거리가 먼 것은?

① 방음벽 시설 설치
② 공해배출의 법적 규제
③ 공해저항성 수종의 식재
④ 임지비배를 통한 산림관리

> **해설**
> 방음벽 시설은 소음에 관련된 것으로 대기오염과는 거리가 멀다.

26 해충 방제에 사용되는 천적 곤충이 아닌 것은?

① 기생벌　　② 무당벌레
③ 풀잠자리　④ 투리사이드

> **해설**
> 무당벌레는 응애류 및 풀잠자리의 천적이며 기생물은 진딧물의 천적 곤충이다.

27 낙엽송 잎떨림병의 방제방법으로 가장 효과적인 것은?

① 10월 경 낙엽을 모아 태운다.
② 중간기주인 참나무류를 제거한다.
③ 매개충인 끝동매미충을 방제한다.
④ 일본잎갈나무의 단순림을 조성한다.

> **해설**
> 낙엽송잎떨림병은 병든낙엽이 1차 전염원이기에 방제방법으로 태우는것이 효과적이다.

28 솔잎혹파리에 대한 설명으로 옳지 않은 것은?

① 우화 최성기가 5~6월이다.
② 10~11월에 번데기로 월동한다.
③ 낙엽 밑이나 흙속에서 월동한다.
④ 유충이 솔잎 기부에 벌레혹을 형성한다.

> **해설**
> 솔잎혹파리는 유충형태로 땅속에 월동한다.

29 파이토플라스마에 의한 수목병 방제에 사용되는 약제는?

① 아바멕틴
② 테부코나졸
③ 에마멕틴벤조에이트
④ 옥시테트라사이클린

> **해설**
> 옥시테트라사이클린은 대추나무, 오동나무 빗자루병을 일으키는 파이토플라스마의 방제 약제이며 주로 수간주입을 한다.

30 침엽수 묘목의 모잘록병을 방제하는데 가장 알맞은 방법은?

① 중간 기주로 제거한다.
② 살균제로 토양소독과 종자소독을 한다.
③ 살충제를 뿌려서 매개 곤충을 구제한다.
④ 질소질비료를 충분히 주어 묘목을 튼튼하게 한다.

> **해설**
> 주로 클로로피크린이라는 살균제를 이용하여 종자 및 토양을 소독한다.

31 곤충과 비교한 거미의 특징으로 옳지 않은 것은?

① 홑눈만 있다.
② 날개가 없다.
③ 더듬이가 2쌍이다.
④ 탈바꿈(변태)을 하지 않는다.

> **해설**
> 거미는 더듬이가 없다.

정답　25. ①　26. ④　27. ①　28. ②　29. ④　30. ②　31. ③

32 해충 방제를 위한 임업적 방제방법으로 옳지 않은 것은?

① 단순림 조성의 확대
② 내충성 수종의 식재
③ 적당한 간벌로 임분밀도 조절
④ 토양 및 기후에 적합한 수종의 조림

> **해설**
> 단순림의 조성은 오히려 피해를 확산시키게 된다.

33 밤나무 흰가루병균으로 잎의 앞뒷면에 밀가루를 뿌려 놓은 것 같이 보이는 것은?

① 분생포자   ② 자낭포자
③ 후벽포자   ④ 담자포자

> **해설**
> 병환부의 흰가루부분(흰색 반점)은 분생포자에 의한 표징이다.

34 토양훈증제의 설명으로 옳지 않은 것은?

① 메탐소듐, 메틸브로마이드 등이 있다.
② 인화성이 있고 구석가지 침투하는 확산능력이 있어야 한다.
③ 비등점이 낮은 원제를 액체, 고체 또는 압축가스의 형태로 용기에 충전한 것이다.
④ 일정한 시간 내에 기화하여 훈증효과를 나타내야 하므로 휘발성이 큰 약제를 써야 한다.

> **해설**
> 인화성이 있을 경우 산불의 위험성이 있으므로 인화성이 없는 토양훈증제를 사용해야 한다.

35 해안 방풍림 조성에 가장 적당한 수종은?

① 곰솔   ② 포플러류
③ 사시나무   ④ 일본잎갈나무

> **해설**
> 해안 방풍림 조성으로 염풍에 강한 수종이 적합하며 곰솔, 향나무, 사철나무, 팽나무 등이 있다.

36 공동충전제로 사용되는 발포성 수지 중 폴리우레탄 폼의 배합 비율로 가장 적합한 것은?

① 주제(P.P.G) : 발포경화제(M.D.I) = 2 : 1
② 주제(P.P.G) : 발포경화제(M.D.I) = 1 : 3
③ 주제(P.P.G) : 발포경화제(M.D.I) = 1 : 2
④ 주제(P.P.G) : 발포경화제(M.D.I) = 1 : 1

> **해설**
> 폴리우레탄은 주제와 발포경화제를 1:1 로 배합하여 중합반응을 일으키게 되면 부피가 약 20배 가량 증가하게 된다.

37 주로 가지나 줄기에서 발생하는 수목병은?

① 벚나무 빗자루병
② 느티나무 흰색무늬병
③ 벚나무 갈색무늬구멍병
④ 오동나무 자줏빛날개무늬병

> **해설**
> 감염시 비대해진 가지부위에서 잔가지가 다량 발생하여 빗자루의 형태를 띠는 것이 특징이다. 이러한 피해가 반복될 경우 결국 가지가 말라 고사하게 된다.

38 소나무류 잎녹병의 중간기주가 아닌 것은?

① 참취   ② 쑥부쟁이
③ 황벽나무   ④ 참나무류

> **해설**
> 소나무 잎녹병의 중간기주로 황벽나무, 잔대, 참취가 있다. 참나무를 중간기주로 하는 것으로는 소나무 혹병이 있다.

정답   32. ①   33. ①   34. ②   35. ①   36. ④   37. ①   38. ④

39 수목의 뿌리혹병을 방제하는 방법으로 가장 거리가 먼 것은?

① 건전한 묘목 식재
② 석회 사용량 증가
③ 4~5년간 휴경 실시
④ 병든 묘목 즉시 제거

해설
뿌리혹병의 경우 고온다습한 알칼리성 토양에서 주로 발생하기에 석회의 사용량을 늘리게 될 경우 발병 가능성이 높아진다.

40 충영을 형성하는 해충이 아닌 것은?

① 외줄면충   ② 밤나무혹벌
③ 솔잎혹파리 ④ 소나무솜벌레

해설
충영해충은 기주식물에 혹을 만드는 해충으로 밤나무순혹벌, 솔잎혹파리, 진딧물류 등이 있으며 소나무솜벌레의 경우 수액을 빨아먹는 흡즙성 해충으로 별도의 충영을 형성하지는 않는다.

41 총비용과 총수익이 같아져서 이익이 0(Zero)이 되는 판매액의 수준을 무엇이라 하는가?

① 고정비   ② 변동비
③ 손실영역 ④ 손익분기점

해설
손익분기점은 총수익과 총비용이 같아져 이익이나 손실이 발생하지 않는 시점을 말한다.

42 수확조정 방법에 대한 설명으로 옳지 않은 것은?

① 면적조정법은 주로 택벌작업에 응용된다.
② 임분경제법과 등면적법은 영급법에 속한다.
③ 재적배분법, 재적평분법 등은 재적수확의 보속을 추구한다.
④ 면적 평분법, 순수영급법 등은 법정상태의 실현을 추구한다.

해설
면적조정법은 수확조정의 기준을 면적에 두는 것으로 개벌작업이나 왜림작업에 적합하다.

43 임분의 재적을 추정할 때 전 임목을 몇 개의 계급으로 나누어 각 계급의 본수를 동일하게 한 다음 각 계급에서 같은 수의 표준목을 선정하는 방법은?

① 단급법   ② Urich 법
③ Hartig 법   ④ Draudt 법

해설
우리히법은 표준목 선정 방법의 하나로 전체의 임목을 몇 개의 계급으로 나누고, 각 계급의 본수를 동일하게 한 다음 각 계급에서 같은 수의 표준목을 선정하는 방법이다.

44 10년 후에 100만원의 가치가 있는 산림의 전가(현재가)는?(단, 이율은 5%)

① 약 853,000 원   ② 약 613,900 원
③ 약 653,000 원   ④ 약 813,900 원

해설
전가합계
$$V = \frac{N}{(1+P)^n} = \frac{100만원}{(1+0.05)^{10}} = 613913 ≒ 613900원$$

정답 39. ② 40. ④ 41. ④ 42. ① 43. ② 44. ②

45 주별수확의 임목가격을 사정(결정)하기 위해 일반적으로 고려하지 않는 것은?

① 조재율
② 단위재적당 채취비
③ 총재적의 재종별 재적
④ 화폐가치 하락에 의한 임목가격의 상대적 등귀

해설
조재율, 채취비, 재적 등은 임목 가격 결정요인이나 화폐가치의 변화는 동일한 비율로 영향을 주는 외부적 요인으로서 임목가격 결정의 고려대상이 아니다.

46 감가상각비 계산을 위한 요소가 아닌 것은?

① 취득원가   ② 잔존가치
③ 자산상태   ④ 추정내용연수

해설
감가상각비는 취득원가, 잔존가치, 추정내용연수를 이용하여 구하도록 한다.

47 다음 (   ) 안에 들어갈 용어로 가장 적합한 것은?

> 임업경영은 일정한 목적을 가지고 (   )을 하는 조직과 활동을 말한다.

① 경제활동   ② 임업생산
③ 경제적 기능   ④ 공익적 기능

해설
임업경영이란 산림을 계획적으로 갱신, 생육하여 목재를 생산하여 소득을 올리는 것을 주목적으로 하는 경제활동을 말하며 이러한 목재생산을 위한 활동들을 임업생산이라 한다.

48 면적이 150ha 이고 윤벌기가 30년이며 1개의 영급이 10개의 영계로 구성되어 있는 산림의 법정 영급면적은?

① 3 ha   ② 30 ha
③ 50 ha   ④ 300 ha

해설
법정영급면적
영급면적 = (산림면적÷벌기령) × 1영급 포함 영계수
(150 / 30) × 10 = 50

49 흉고형수에 영향을 미치는 인자가 아닌 것은?

① 수고   ② 지위
③ 수종   ④ 근원직경

해설
흉고형수는 원주와 수간의 재적의 비로서 수고, 생산성을 나타내는 지위, 수종 등은 흉고형수 결정에 영향을 주지만 근원직경은 상관이 없다.

50 수확조정기법 중 평분법에 대한 설명으로 옳지 않은 것은?

① 재적평분법은 일반적으로 경제변동에 대한 탄력성이 없는 것으로 평가된다.
② 절충평분법은 재적평분법과 면적평분법의 장점을 채택하여 절충한 것이다.
③ 면적평분법은 제 2 윤벌기에 산림이 법정상태가 되어 개별작업에는 응용할 수 없다.
④ 평분법의 특징은 윤벌기를 일정한 분기로 나누어 분기마다 수확량을 균등하게 하는 것이다.

해설
면적평분법은 제 2 윤벌기에 법정상태가 되면 분기의 면적을 균등하게 하므로 개별작업 응용이 가능하다. 반대로 택벌작업에 응용할 수가 없다.

정답 45. ④ 46. ③ 47. ② 48. ③ 49. ④ 50. ③

51 수고 곡선 유도방법으로 자료가 많은 경우 또는 정확도를 요구할 때 사용하는 것은?

① 이동평균법　② 자유곡선법
③ 최소자승법　④ 드라우트법

해설
최소자승법은 정확도가 높으나 상대적으로 복합한 통계분석을 요구한다.

52 임지 취득 후 조림 등 임목육성에 적합한 상태로 개량하는데 소요된 모든 비용의 후가에서 그 동안의 수입의 후가를 공제한 값으로 평가하는 방법은?

① 대용법　② 수익환원법
③ 임지비용가　④ 임지기망가법

해설
임지비용가는 임지에서 취득하고 이를 조림 및 임목육성에 적합하게 개량하는데 소요된 순 비용의 현재가의 합계를 의미한다. 즉 후가합계로 평가하는 방법이다.

53 법정축적은 일반적으로 어느 계절의 축적으로 계산하는가?

① 춘계　② 하계
③ 추계　④ 동계

해설
법정축적은 계절에 따라 상이하여 평균치인 하계축적을 사용한다.

54 25년생 잣나무 임분의 임목재적이 45m³/ha이고 수확표의 임목재적은 50m³/ha 이라면 입목도는?

① 0.5　② 0.7
③ 0.9　④ 1.1

해설
입목도는 수확표의 임목재적과 임분의 임목재적을 이용하며 아래와 같이 구한다.
45 ÷ 50 = 0.9

55 임목 측정에서 불완전한 기계 또는 계산에 의해 발생하는 오차는?

① 과오　② 누적오차
③ 상쇄오차　④ 표본오차

해설
임목 측정에서 불완전한 기계나 계산에 의해 발생되는 오차를 누적오차라 하며 이렇게 발생된 오차는 크기가 0에 가까워지지 않는 것이 특징이다.

56 산림경리의 업무내용 중 본업에 속하지 않는 것은?

① 수확규정　② 조림계획
③ 시설계획　④ 산림구획

해설
산림경리의 업무에서 본업은 주업이라 하며 시업체계의 조직, 수확규정, 조림계획, 시설계획이 있다. 산림구획은 전업에 해당된다.

57 법정림에서 법정상태 요건이 아닌 것은?

① 법정축적　② 법정수확
③ 법정생장량　④ 법정영급분배

해설
법정림의 법정상태 요건으로 법정생장량, 법정축적, 법정임분배치, 법정영급분배이다.

58 주로 원가관리 목적과 재고자산 평가 등의 용도로 활용하는 원가는?

① 표준원가　② 변동원가
③ 고정원가　④ 기회원가

해설
원가관리를 위해 실제원가와 비교할수 있는 표준원가를 계산하는데 이때 사용되는 표준원가는 원가관리 목적과 재고자산 평가의 용도로 활용된다.

정답 51. ③　52. ③　53. ②　54. ③　55. ②　56. ④　57. ②　58. ①

59 법정림에 대한 설명으로 옳은 것은?

① 법으로 정해진 산림
② 목재 수확을 위해 지정한 산림
③ 해마다 균등하게 목재를 수확할 수 있는 산림
④ 산림 파괴를 막기 위해 정부가 보호하는 산림

해설
법정림은 보속적인 목재 수확이 가능한 산림으로 경제성과 보속성을 동시에 만족시키는 산림을 말한다.

60 일반적으로 사용하는 원가 비교 방법이 아닌 것은?

① 기간비교 ② 상호비교
③ 표준실제비교 ④ 부가가치비교

해설
원가비교 방법은 기간비교, 상호비교, 표준실제비교가 있다.

61 노동자 1000인에 대하여 연간 발생하는 사상자 수가 의미하는 것은 옳은 것은?

① 강도율 ② 도수율
③ 연천인률 ④ 종합재해지수

해설
안전성 평가시 근로자 1000명당 1년간에 발생하는 사상자 수를 연천인률이라 한다.
※ 연천인률

$$연천인률 = \frac{1년간 사상자수}{1년간 평균 근로자수} \times 1000$$

62 다음 설명의 ( )안에 들어갈 기간은?

산림작업에 있어 표준공정은 "표준적인 작업자가 합리적인 작업방법에 의해 보통의 노력으로 얻은 ( )의 작업량" 이라고 규정된다

① 1시간 ② 1일
③ 1개월 ④ 1년

해설
산림작업에 있어 표준공정은 표준작업자가 합리적인 작업방법으로 작업하였을 경우 표준시간인 하루의 작업량을 의미하며 보통 하루의 8시간을 기준으로 한다.

63 돌망태에 관한 설명으로 옳지 않은 것은?

① 작업실행이 쉽다
② 표면 조도가 크다.
③ 가설공사에 주로 사용된다.
④ 내구성이 길어 영구적이다.

해설
돌망태는 내구성이 약하여 영구적이지 않다.

64 외래초본류를 도입하여 사용하는 녹화파종 공법에 관한 설명으로 옳지 않은 것은?

① 생육이 왕성하여 뿌리의 자람이 좋은 편이다.
② 일반적으로 발아가 빠르고 조기에 식피(植被)를 형성한다.
③ 지표의 유기물질을 집적하여 토양의 성질을 개선해 준다.
④ 안전식생상을 형성하기 위해서는 재래초본은 심지 않는다.

해설
외래 초본류는 일반적으로 발아가 빠르고 지표의 피복효과가 기대되며 토양의 긴박력이 크기 때문에 재래초본류와 함께 혼합하여 사용한다.

정답 59. ③ 60. ④ 61. ③ 62. ② 63. ④ 64. ④

65 다음 중 비탈면 녹화에 적당한 사방용 초류의 구비 조건으로 옳지 않은 것은?

① 재생력이 강해야 한다.
② 척박지와 건조에 잘 견디어야 한다.
③ 일년생으로 초장이 높고 널리 퍼져야 한다.
④ 뿌리, 줄기 및 지상경의 번식력이 커야 한다.

해설
비탈면 녹화의 경우 교목 혹은 키가 작은 초류를 식재하는 것이 일반적이다.

66 일반적으로 무근콘크리트를 사용하는 옹벽 공법은?

① T자형옹벽 ② L자형옹벽
③ 부벽식옹벽 ④ 중력식옹벽

해설
중력식 옹벽은 무근콘크리트로 만들어지며 자중에 의해 안정이 유지가 된다.

67 주로 사면 기울기가 1:1보다 완만한 곳에 흙이 털어지지 않은 온떼를 사용하여 전면 녹화를 목적으로 시공하는 산지사방 녹화 공법은?

① 띠떼심기 ② 줄떼다지기
③ 선떼붙이기 ④ 평떼붙이기

해설
평떼붙이기 시공장소는 경사가 45° 이하 혹은 기울기 1 : 1 보다 완만한 비탈에 비옥한 산지 사면에 적합한 공법이다.

68 사방댐 설치 목적으로 가장 거리가 먼 것은?

① 물 이용 ② 산각 고정
③ 식생 복구 ④ 토석류 피해 저지

해설
사방댐의 기능 및 목적
· 계상물매를 완화하고 종침식을 방지한다.
· 산각을 고정하고 붕괴를 방지한다.
· 계상에 퇴적한 불안정 토사의 유동을 막고 양안의 산각을 고정한다.
· 산불 발생시 진화용수나 야생동물의 음용수로 이용된다.

69 산지 황폐의 진행상태가 초기 단계부터 순차적으로 올바르게 나열된 것은?

① 초기황폐지 – 임간나지 – 민둥산 – 척악임지 – 황폐이행지
② 초기황폐지 – 임간나지 – 민둥산 – 황폐이행지 – 척악임지
③ 임간나지 – 척악임지 – 초기황폐지 – 황폐이행지 – 민둥산
④ 척악임지 – 임간나지 – 초기황폐지 – 황폐이행지 – 민둥산

해설
황폐지 유형 및 단계는 <척악임지→임간나지→초기황폐지→황폐이행지→민둥산> 순서로 진행된다.

70 고저측량에서 전시와 후시를 함께 읽는 점으로 오차발생 시 측량결과에 중요한 영향을 주는 것은?

① 중간점 ② 기계고
③ 미지점 ④ 이기점

해설
전시와 후시가 모두 있는 측점을 이기점 이라 한다.

정답 65. ③ 66. ④ 67. ④ 68. ① 69. ④ 70. ④

71 산지사방에서 비탈다듬기에 대한 설명으로 옳지 않은 것은?

① 수정기울기는 대체로 최대 35° 전후로 한다.
② 산 아래부터 시작하여 산꼭대기로 진행한다.
③ 붕괴면 주변의 상부는 충분히 끊어내도록 설계한다.
④ 퇴적층의 두께가 3m 이상일 때에는 땅속 흙막이 공작물을 설계한다.

해설
비탈다듬기는 산정상에서 아랫방향으로 진행한다.

72 비탈 돌쌓기 시공요령으로 옳지 않은 것은?

① 귀돌이나 갓돌은 규격에 맞는 것으로 한다.
② 돌쌓기의 세로줄눈은 파선줄눈을 피하여 쌓는다.
③ 높은 돌쌓기는 아래로 내려오면서 돌쌓기의 뒷길이를 길게 한다.
④ 기초를 깊이 파고 단단히 다져야 하며 큰 돌부터 먼저 놓아가면서 차례로 쌓아 올린다.

해설
돌쌓기의 줄눈은 통줄눈을 피하고 파선줄눈으로 쌓는다.

73 임도의 사면 붕괴 원인으로 옳지 않은 것은?

① 사면 토양의 점착력 감소
② 사면 토양의 공극 수압 감소
③ 온도변화에 의한 사면 토양의 입자 신축
④ 눈 및 빗물로 인한 사면 토양의 과다한 하중 발생

해설
임도의 사면 붕괴 원인으로 토양의 공극 수압이 증가가 있다.

74 앞모래언덕의 뒤쪽으로 바람에 의한 모래 날림을 방지하고 식생의 생육환경을 조성하기 위해 가장 적합한 공법은?

① 모래덮기   ② 퇴사울세우기
③ 정사울세우기   ④ 구정바자얽기

해설
앞모래 언덕에 축설하여 후방지대의 풍속의 약하게 하고 모래의 이동을 막아 양호한 생육환경을 조성하는 방법으로 정사울 세우기가 있다. 그 외에도 해안 사방공사의 방법으로 모래덮기, 사초심기등이 있다.

75 횡단배수구 설치에 대한 설명으로 옳지 않은 것은?

① 옆도랑의 물을 처리하기 위해 설치
② 표면배수 또는 지하배수를 처리하기 위해 설치
③ 배수관의 연결부 또는 배수시설의 단면이 변화하는 곳에 설치
④ 작은 골짜기 유역으로부터 집수되는 유수 처리를 처리하기 위해 설치

해설
횡단배수구 설치 장소로는 유하방향의 종단기울기 변이점, 구조물의 앞 혹은 뒤, 외쪽물매로 옆도랑물이 역류하는 곳, 흙이 부족하여 속도랑으로 부적당한 곳, 체류수가 있는 곳이다.

76 단면 A의 면적은 180m², 단면 B의 면적은 600m²이고 양단면 사이의 거리가 20m이면 양단면적 평균법을 이용한 토량(m³)은?

① 7,800   ② 8,600
③ 9,400   ④ 12,600

해설
양단면 평균법
$$V = \frac{1}{2}(A_1 + A_2) \times L = \frac{1}{2}(600 + 180) \times 20 = 7800$$

정답 71. ② 72. ② 73. ② 74. ③ 75. ③ 76. ①

77 시멘트 저장 중에 공기 중의 수분을 흡수하여 경미한 수화작용을 일으키고, 그 결과 생긴 수산화칼슘이 공기 중의 이산화탄소와 결합 하여 탄산칼슘이 만들어져 시멘트 강도가 약해지는 작용은?

① 풍화
② 응결
③ 경화
④ 분말도

해설
암석이 물리적, 화학적 작용에 의해 부서지는 현상을 풍화라고 하며 시멘트 역시 공기중 수분과 반응하여 화학적 작용으로 인해 강도가 약해지는 현상을 보인다.

78 임도의 너비 설치 기준으로 옳지 않은 것은?

① 배향곡선지의 경우 유효너비는 6m이상으로 한다.
② 길어깨 및 옆도랑의 너비는 각 50cm~1m 범위로 한다.
③ 임도의 곡선 반경이 10m 이상일 경우 곡선부 너비를 확대한다.
④ 길어깨 및 옆도랑을 포함한 임도의 너비 3m를 기준으로 한다.

해설
임도의 유효너비는 길어깨, 옆도랑의 너비를 제외한 3m 정도를 기준으로 한다.

79 황폐지의 녹화를 위해 분사식 씨뿌리기 공법을 사용할 경우 초본의 발아 생립 본수 기준(본/m^2)은?

① 1500
② 2000
③ 2500
④ 3000

해설
분사식 씨뿌리기 공법을 사용할 초본의 발아생립본수 기준은 초본이 2000 본/m^2, 목본이 100 본/m^2 이다

80 임도의 횡단면도에 나타나지 않는 것은?

① 누가거리
② 절성토 높이
③ 절성토 면적
④ 지장목 제거 물량

해설
횡단면도는 각 측점의 단면의 지반고, 계획고, 절토고, 성토고, 단면적, 지장목의 제거, 사면보호공의 물량등을 기입하여 토적계산 자료로 활용한다.

정답 77. ① 78. ④ 79. ② 80. ①

산림산업기사

산업기사 CBT 제7회

** 본문제는 수험생들의 기억을 바탕으로 작성 된 것으로 실제 문제와 차이가 있을 수 있습니다.

01 다음 목본식물내 지질의 종류 가운데 수목의 2차대 사물질인 isoprenoid 화합물이 아닌 것은?

① 고무　　② 수지
③ terpenes　④ lignin

해설
이소프레노이드(isoprenoid)는 이소프렌이 중합한 화합물을 의미하며 리그닌(lignin)은 페닐프로판을 골격으로 중합한 화합물이다.

02 종자의 활력 검정방법(Viability test method)이 아닌 것은?

① 절단법　　② X-선법
③ 효소검출법　④ 양건법

해설
양건법은 종자 건조 방법 중 하나이다.

03 노천매장법과 관련된 내용 설명으로 틀린 것은?

① 봄에 파종하면 이듬해 봄에 발아하는 들메나무, 목련류의 종자에 적용한다.
② 땅속 50~100cm 깊이에 모래와 섞어 묻어둔다.
③ 겨울에는 눈이나 빗물이 스며들지 않도록 한다.
④ 종자의 후숙을 도와 발아를 촉진시키도록 한다.

해설
노천매장법은 배수가 양호하기에 겨울에 눈이나 빗물이 스며든다.

04 소나무 종자 1kg에 대한 협잡물이 0.1kg이고, 발아율이 88%인 경우 그 효율은?

① 79.2%　② 84.7%
③ 76.7%　④ 81.8%

해설
$$순량률(\%) = \frac{순정종자량(g)}{작업시료량(g)} \times 100$$
$$= \frac{900}{1000} \times 100 = 90(\%)$$
$$효율 = \frac{순량률 \times 발아율}{100} \rightarrow \frac{90 \times 88}{100} = 79.2(\%)$$

05 느티나무, 아까시나무에 알맞은 파종법은?

① 점파　② 조파
③ 산파　④ 상파

해설
느티나무, 아까시나무, 옻나무, 물푸레나무 등은 발아력이 좋고 성장이 빨라 주로 줄을 지어 뿌리는 조파 방법을 이용한다.

06 죽림을 조성하는데 사용되는 번식재료로 가장 적당한 것은?

① 죽간　② 종자
③ 지하경　④ 지엽부

해설
죽림의 땅속의 줄기인 지하경을 굴취하여 번식하는데 이용한다.

정답 01. ④　02. ④　03. ③　04. ①　05. ②　06. ③

07 다음 수종 가운데 풍매화가 아닌 것은?

① 호두나무 ② 자작나무
③ 포플러류 ④ 피나무

해설
버드나무, 피나무 등은 충매화에 속한다.

08 산벌작업의 작업순서로 맞는 것은?

① 하종벌 → 후벌 → 예비벌 → 갱신완료
② 후벌 → 예비벌 → 하종벌 → 갱신완료
③ 하종벌 → 예비벌 → 후벌 → 갱신완료
④ 예비벌 → 하종벌 → 후벌 → 갱신완료

해설
산벌작업은 갱신을 위해 크게 예비벌, 하종벌, 후벌의 과정으로 진행된다.

09 하목 식재 수종의 구비요건에 대한 설명으로 거리가 먼 것은?

① 내음성이 클 것
② 가지가 적은 수종일 것
③ 소목이라도 약간의 이용가치가 있을 것
④ 낙엽의 비효가 클 것

해설
하목 식재의 경우 임지의 수분보존과 토양의 유실 방지를 위해 가지가 많은 수종이어야 한다.

10 파종하기 전에 종자의 정착 및 발아, 그리고 어린묘목의 발육이 잘 되도록 하기 위하여 정지작업을 한다. 이 작업의 진행 순서는?

① 쇄토 → 밭갈이 → 작상
② 밭갈이 → 쇄토 → 작상
③ 작상 → 쇄토 → 밭갈이
④ 쇄토 → 작상 → 밭갈이

해설
묘포 조성 작업시 밭갈이, 쇄토, 작상의 순서로 진행되며 이러한 작업을 정지작업이라 한다. 밭갈이후 경운은 토양을 갈아주는 작업이며 쇄토는 경운한 흙을 곱게 부수어 지면을 평평하게 고르는 작업이다.

11 조림 수종을 선택하는 요건으로 틀린 것은?

① 성장속도가 빠르고 재적성장량이 높은 것
② 지하고가 낮고 조림의 실패율이 적은 것
③ 가지가 가늘고 짧으며, 줄기가 곧은 것
④ 입지에 대하여 적응력이 큰 것

해설
조림수종 선택시 지하고가 높고 조림 실패율이 낮은 것으로 선택한다.

12 우량한 묘목을 능률적으로 양성하기 위하여 묘포 입지를 선정할 때 유의해야 할 조건이 아닌 것은?

① 단단한 점토질토양이 알맞다.
② 관개와 배수가 동시에 편리한 곳이 좋다.
③ 포지의 경사는 5°이하의 환경사지가 바람직하다.
④ 포지의 방위는 위도가 높고 한랭한 지역에서는 동남향이 좋다.

해설
토양은 사질양토로서 토심이 30cm 이상인 곳이 적합하다.

13 일반적으로 식재 후 13~15년에 이른 임령에서 첫번째 제벌작업을 실시하는 수종은?

① 소나무 ② 삼나무
③ 낙엽송 ④ 전나무

해설
전나무나 가문비의 경우 13~15년 정도에 제벌을 실시한다.

14 종자발아촉진법 중에서 종자의 발아를 돕는 화학 자극제가 아닌 것은?

① 지베렐린 ② 에틸렌
③ 메틸렌 ④ 질산칼륨

해설
종자발아촉진을 위한 대표 약품으로 지베렐린, 시토키닌, 에틸렌, 질산칼륨 등이 있다.

정답 07. ④ 08. ④ 09. ② 10. ② 11. ② 12. ① 13. ④ 14. ③

15 다음중 우량묘목이라 할 수 있는 것은?
① 줄기가 곧으며 도장된 것
② 묘목의 가지가 균형 있게 뻗고 정아가 완전한 것
③ 근계 중에 주근이 같고 곧고 세근이 적은 것
④ T/R률의 값이 큰 것

해설
우량묘목은 도장되지 않아야하고, 뿌리가 발달하며 T/R 률이 작아야 한다.

16 산림 입지를 결정하는 환경 조건으로 옳지 않은 것은?
① 기상환경 ② 작업환경
③ 생물환경 ④ 토양환경

해설
작업환경은 산림 입지 결정에는 영향을 미치지 않는다.

17 파종량 산출 공식(산파)에서 득묘율(또는 잔존율)은?
① 0.7 ~ 0.9 ② 0.5 ~ 0.7
③ 0.3 ~ 0.5 ④ 0.1 ~ 0.3

해설
산파에 대한 파종량 산출공식의 득묘율은 0.3~0.5 정도를 기준으로 한다.

18 종자를 산파할 때 필요한 파종량을 산출하려고 한다. 1m²에 잔존본수 400그루, 득묘율 30%, 종자효율 70%, 1g당 종자알수 150개일 때 m²당 파종량은?
① 3.8g ② 8.8g
③ 10.5g ④ 12.7g

해설
$$파종량 = \frac{1 \times 400}{150 \times 0.7 \times 0.3} = \frac{400}{31.5} ≒ 12.7(g)$$

19 신엽 또는 정엽부터 결핍증상이 나타나는 영양소는?
① 인 ② 칼슘
③ 칼륨 ④ 질소

해설
칼슘은 식물체내에서 이동성이 낮아 신엽 등에서 결핍증상이 나타난다.

20 다음 중 낙엽활엽수의 접수 채취 시기로 옳은 것은?
① 12월 초순 ② 10월 하순
③ 4월 중순 ④ 2월 중순

해설
접수는 봄철(2~3월)에 수액이 유동하기 전에 채취하여 저장 후 사용하는 것이 좋다.

21 수목병을 일으키는 바이러스의 전염 수단이나 방법으로 가장 거리가 먼 것은?
① 바람 ② 접목
③ 종자 ④ 토양선충

해설
바이러스는 진균이나 세균과 같이 스스로 이동이 어려워 전염원이 필요하기에 바람에 의해 전연되는 것이 어렵다.

22 일반적으로 연간 발생횟수가 가장 많은 해충은?
① 매미나방 ② 솔잎혹파리
③ 밤나무혹벌 ④ 미국흰불나방

해설
미국흰불나방은 1년에 2회 발생하며 매미나방, 솔잎혹파리, 밤나무혹벌은 1년에 1회 발생한다.

정답 15. ② 16. ② 17. ③ 18. ④ 19. ② 20. ④ 21. ① 22. ④

23 솔껍질깍지벌레에 대한 설명으로 옳지 않은 것은?

① 전성충은 수컷에서만 볼 수 있다.
② 암컷은 수컷보다 2령 약충 기간이 길다.
③ 암컷은 불완전변태를 수컷은 완전변태를 한다.
④ 주로 소나무에 피해를 주며 곰솔에는 피해를 주지 않는다.

해설
솔껍질깍지벌레는 주로 해안지방에 있는 곰솔(해송)에 많은 피해를 준다.

24 병원체임을 입증하는 방법으로 파이토플라스마와 같은 절대 기생체에 적용되지 않는 조건은?

① 병원균은 반드시 환부에 존재한다.
② 분리된 병원균은 인공 배지상에서 배양될 수 있어야 한다.
③ 배양한 병원균을 접종하여 동일한 병이 발생되어야 한다.
④ 발병한 환부에서 접종균과 동일한 병원균이 재분리되어야 한다.

해설
바이러스나 파이토플라스마는 다른 미생물처럼 인공배양되지 않고 특정 살아있는 세포에서만 증식하는 절대기생체이다.

25 해충 방제를 위한 물리적 방제방법이 아닌 것은?

① 고온처리   ② 습도처리
③ 방사선처리   ④ 토양소독처리

해설
토양소독은 약제를 사용하기에 화학적 방제법에 속한다.

26 병징은 있으나 표징이 없는 수목병은?

① 뽕나무 오갈병
② 낙엽송 잎떨림병
③ 삼나무 붉은 마름병
④ 소나무 리지나뿌리썩음병

해설
뽕나무 오갈병은 파이토플라스마에 의한 수목병으로 표징이 나타나지 않는다. 일반적으로 바이러스, 파이토플라스마에 의한 수목병은 병징만 나타난다.

27 뿌리혹병의 방제법으로 옳지 않은 것은?

① 병이 없는 건전한 묘목을 식재한다.
② 접목할 때 쓰이는 도구는 소독하여 사용한다.
③ 재식할 묘목은 스트렙토마이신 용액에 침지하는 것이 좋다.
④ 심하게 발생한 지역에서는 내병성 수종인 포플러류를 식재한다.

해설
뿌리혹병이 심할 경우 건전한 나무에도 전파하므로 별도의 식재작업보다 소각을 하는 것이 효율적이다.

28 곤충이 부적합한 환경에서 발육을 일시 정지하는 것은?

① 이주   ② 탈피
③ 변태   ④ 휴면

해설
부적합한 환경에 발육을 일시정지하는 것은 휴면에 대한 정의이다. 이주는 이동을 의미하며 탈피는 곤충이 허물을 벗는 과정, 변태는 유충에서 성충이 되어가는 과정을 의미한다.

정답 23. ④ 24. ② 25. ④ 26. ① 27. ④ 28. ④

29 동물에 의한 수목 피해로 옳지 않은 것은?

① 두더지는 묘목의 뿌리를 가해한다.
② 고라니는 새순과 나무 열매를 가해한다.
③ 다람쥐는 겨울철에 나무 뿌리를 가해한다.
④ 멧토끼는 겨울에 어린 나무의 수피를 가해한다.

해설
다람쥐는 종자의 어린싹, 새잎에 피해를 준다. 뿌리를 가해하는 동물은 두더지가 있다.

30 잣나무의 구과를 가해하는 해충은?

① 소나무좀   ② 솔알락명나방
③ 잣나무넓적잎벌 ④ 북방수염하늘소

해설
솔알락명나방은 1년에 1회 발생하며 잣나무 종실을 가해한다.

31 곤충의 기관에서 체외로 방출되어 같은 종끼리 통신을 하는 데 이용되는 물질은?

① 페로몬   ② 호르몬
③ 알로몬   ④ 카이로몬

해설
페로몬은 곤충이 외부로 분비하는 일종의 화학물질로 곤충의 정보전달 수단 중 하나이다.

32 봄철 수목 생장이 시작된 후 내리는 서리에 의해 수목이 입는 피해는?

① 상렬   ② 상주
③ 조상   ④ 만상

해설
만상은 늦서리 피해로 이론 봄에 수목의 발육이 시작되고 갑작스러운 온도저하로 인한 피해이다.

33 종실을 가해하는 해충으로만 올바르게 나열한 것은?

① 밤나무혹벌, 굼벵이류
② 가루나무좀, 버들바구미
③ 밤바구미, 복숭아명나방
④ 미끈이하늘소, 미국흰불나방

해설
종실 및 구과 가해 해충으로 도토리바구미, 밤나방, 밤바구미, 복숭아명나방, 솔알락명나방, 하늘소류 등이 있다.

34 잎에 기생하며 흡즙 가해하는 것으로 노린재목에 속하는 해충은?

① 대벌레
② 솔노랑잎벌
③ 배나무방패벌레
④ 백송애기잎말이나방

해설
배나무방패벌레는 노린재목의 방패벌레과로 흡즙성 해충이다.

35 전염성 수목병에 있어서 주인에 해당하는 것은?

① 수종   ② 병원체
③ 재배법 ④ 토양조건

해설
병의 발병조건은 병원균, 기주, 환경, 시간 등의 요소가 있는데 여기서 직접적으로 관여하는 요인인 주인은 병원균과 병원체의 전염성이 있다.

36 어린 조림목에 가장 큰 피해를 주는 동물은?

① 어치   ② 다람쥐
③ 왜가리 ④ 멧토끼

해설
멧토끼는 농경지에서 산악지대까지 다양한 환경에서 서식하며 초식성으로 종자나 줄기를 식해한다.

정답 29. ③ 30. ② 31. ① 32. ④ 33. ③ 34. ③ 35. ② 36. ④

37 잣나무넓적잎벌에 대한 설명으로 옳지 않은 것은?

① 유충으로 월동한다.
② 우화 최성기는 7월경이다.
③ 나뭇잎 뒷면에서 월동한다.
④ 1년에 1회 또는 2년에 1회 발생한다.

해설
주로 흙속에서 월동한다.

38 수목병의 방제를 위한 예방법과 가장 거리가 먼 것은?

① 숲가꾸기   ② 임지 정리
③ 환상박피 작업   ④ 건전한 묘목 육성

해설
환상박피는 주로 개화결실을 촉진하는 방법이다.

39 묘목에 발생하는 수목병으로 병원체가 토양중에서 월동하지 않는 것은?

① 뿌리혹병   ② 모잘록병
③ 바이러스병   ④ 자주빛날개무늬병

해설
토양에서 월동하는 대표 병원체로는 뿌리혹선충류, 모잘록병, 오동나무빗자루병, 자줏빛날개무늬병균 등이 있다.

40 산불을 인위적으로 적당히 활용하는 처방화입의 효용으로 옳지 않은 것은?

① 병충해를 방제할 수 있다.
② 야생 목초의 질과 양을 개량시킨다.
③ 임지의 조부식층을 보존할 수 있다.
④ 일부 수종의 천연하종을 가능하게 한다.

해설
조부식은 지형적으로 건조하기 쉽거나 한랭다습한 조건에서 미생물의 활동이 활발하지 않아 분해작용이 덜 일어나는 곳을 말한다. 여기서 처방화입을 활용하면 영양소의 재순환을 촉진하여 생산성을 향상시킬수 있어 미생물의 활동을 좀더 활발하게 할수 있다.

41 중령림, 평가방법으로 원가수익절충 방식을 적용하는 대표적인 평가방법은?

① Glaser 법   ② 매매가법
③ 수익환원법   ④ 임목기망가법

해설
원가수익절충 방식의 대표적인 방법으로 Glaser 법, 임지기망가응용법이 있다.

42 벌채목의 중앙단면적과 재장의 길이로 재적을 측정하는 방법은?

① 후버식   ② 뉴턴식
③ 스말리안식   ④ 브레레튼식

해설
후버식은 가장 널리 쓰이는 간편한 방법으로 중앙단면적식이라고도 한다.

43 산림평가에 영향을 끼칠 수 있는 주요 산림 구성비용이 아닌 것은?

① 임지   ② 임목
③ 관리비   ④ 부산물

해설
산림평가를 정의하기를 산림을 구성하는 임지, 임목, 부산물 등의 경제적 가치를 평가한다.

44 삼각법을 응용한 수고 측고기는?

① 와이제 측고기
② 아소스 측고기
③ 크리스튼 측고기
④ 블루메라이스 측고기

해설
삼각법을 이용한 대표 수고 측고기로 하가측고기, 블루메라이스 측고기, 덴트로메타 등이 있다.

정답 37. ③ 38. ③ 39. ③ 40. ③ 41. ① 42. ① 43. ③ 44. ④

45 임업경영 지도원칙 중에서 보속성 원칙에 대한 설명으로 옳은 것은?

① 수익률을 가장 크게 하는 원칙
② 해마다 목재수확을 균등하게 할 수 있는 원칙
③ 최소의 비용으로 최대의 효과를 발휘하는 원칙
④ 생산량을 생산요소의 수량으로 나눈 값이 최고가 되도록 하는 원칙

해설
임업경영의 지도원칙은 수익성 원칙, 경제성 원칙, 생산성 원칙, 공공성 원칙, 보속성 원칙, 합자연성 원칙, 환경보전 원칙이 있으며 그 중에서 보속성의 원칙은 매년 수확을 균등하게 영구적으로 할 수 있도록 하는 것을 의미한다.

46 임업경영의 성과를 나타내는 가장 정확한 지표로 임업경영의 결과에 의하여 직접적으로 얻은 소득에 해당하는 것은?

① 임업소득   ② 임업조수익
③ 임업총수입   ④ 임업현금수입

해설
임업소득은 경영의 성과를 나타내는 지표로 임업조수익과 임업경영비의 차를 이용하여 구한다.

47 우리나라 산림 소유 구분에 따른 분류로 옳지 않은 것은?

① 법정림   ② 공유림
③ 국유림   ④ 사유림

해설
법정림은 경제성과 보속성 두 가지를 만족시키는 것으로 목적에 따른 분류에 해당한다.

48 산림자원의 효율적 조성과 육성을 위해 산림의 기능구분에 해당하지 않는 것은?

① 목재생산림   ② 산림휴양림
③ 수원함양림   ④ 기업경영림

해설
기업경영림은 소유주체에 의한 구분에 해당한다.

49 유령림의 임목평가 방법으로 가장 적합한 것은?

① 비용가법   ② 기망가법
③ 매매가법   ④ 환원가법

해설
유령림은 비용가법을, 중령림은 Glaser 법을, 벌기미만의 장령림은 임목기망가법을 채택하는 것이 효율적이다.

50 고정자본재에 해당하는 것은?

① 농약   ② 묘목
③ 임도   ④ 산림용비료

해설
고정자본재로 건물, 기계, 운반시설, 임도 등이 있다.

51 감가상각비의 계산방법 중에 감가상각비 총액을 각 사용연도에 할당하여 매년 균등하게 감가하는 방법은?

① 정액법   ② 정률법
③ 연수합계법 ④ 작업시간비례법

해설
감가상각비(정액법)
$$\frac{구입가격 - 폐물가격}{내용연수}$$

정답 45. ② 46. ① 47. ① 48. ④ 49. ① 50. ③ 51. ①

52 임업조수익을 계산하기 위해 사용되는 인자는?

① 감가상각액
② 현금지출액
③ 임업외 현금수입액
④ 미처분 임산물 증감액

해설
임업조수익을 구하기 위한 구성요소로 산림현금수입, 미처분임산물증감액, 산림생산자재재고증가액, 임목생장액, 산림생산물가계소비액이 있으며 이들을 모두 더한 값이 임업조수익이다.

53 임지기망가에 대한 설명으로 옳은 것은?

① 관리비는 임지기망가가 최대로 되는 시기와 관계없다.
② 이율이 높을수록 임지기망가가 최대로 되는 시기가 늦게 온다.
③ 간벌수익이 클수록 임지기망가가 최대로 되는 시기가 늦게 온다.
④ 임지기망가가 최대로 되는 때를 벌기로 한 것을 시장가격 최대의 벌기령이라 한다.

해설
관리비는 임지기망가가 최대로 되는 시기에 관계없다.

54 임분의 재적을 측정하는 방법 중에서 표본점을 필요로 하지 않기 때문에 플롯레스 샘플링(plotless sampling)이라고 하는 방법은?

① 표본조사법   ② 원형 표준지법
③ 대상 표준지법 ④ 각산정 표준지법

해설
플롯레스 샘플링은 각산정 표준지법이라 하여 표준지 설정과 매목조사가 필요없고 임분의 흉고단면적의 합계를 이용하여 임분의 재적을 구하는 방법이다.

55 임분밀도를 나타내는 척도 중 우세목의 수고에 대한 임목간 평균거리의 백분율을 의미하는 것은?

① 입목도   ② 상대밀도
③ 상대공간지수   ④ 임분밀도지수

해설
우세목의 수고를 기준으로 임목간의 평균거리의 백분율은 상대공간지수를 의미한다. 이때 임목간격은 직경, 수고, 수관 등의 요인에 의해 영향을 받는다.
· 임도밀도지수 : 지위지수와 임령을 이용하며 동령림에 대한 밀도
· 상대밀도 : 흉고단면적과 평균임분직경의 비율
· 임목도 : 법정임분재적과 현재 재적의 비율

56 취득원가에서 감가상각비 누계액을 뺀 후 장부원가에 일정율의 감가율을 곱하여 감가상각비를 산출하는 방법은?

① 정률법   ② 연수합계법
③ 생산량비례법   ④ 작업시간비례법

해설
정률법은 연도 초 가액의 일정 비율을 매년 감가상각액으로 감하는 방법이다.

57 경영규모의 확장으로 인하여 물리적으로는 고정자산의 사용이 가능하지만 경제적 이유로 이를 사용할 수 없기 때문에 폐기시키는 경우에 해당하는 것은?

① 물리적 감가   ② 부적응 감가
③ 진부화 감가   ④ 부패, 부식 감가

해설
사업의 변화 및 확장 등으로 인한 설비의 부적응의 경우 이를 부적응의 감가라 한다.

정답 52. ④ 53. ① 54. ④ 55. ③ 56. ① 57. ②

58 산림평가 방법 중 수익방식의 장점으로 옳지 않은 것은?

① 과학적이고 논리적이다.
② 일반 경제원칙에서 대체의 원칙과 부합한다.
③ 평가자의 주관이 개입될 여지가 비교적 적다.
④ 안정된 시장에서는 데이터만 정확하면 대체로 가격이 정확하게 평가된다.

> **해설**
> 대체의 원칙은 말 그대로 대체가능한 다른 재화와 상호 연관성이 있어야 하며 용도, 유용성, 가격이 유사해야 성립이 된다. 그러나 수익방식의 경우 이러한 상호 대체 가능한 대상이 없어 부합하지 않는다.

59 산림경영의 지도원칙 중 보속성의 원칙에 대한 설명으로 옳은 것은?

① 공공경제성의 원칙, 경제후생의 원칙이라고도 한다.
② 최소 비용에 대한 최대 효과의 원칙이라고 할 수 있다.
③ 자연에 순응하고 어울리는 복지적 경영을 해야 하는 고차원적 원칙이다.
④ 산림에서 매년 수확을 균등적, 항상적으로 계속되도록 경영하려는 원칙이다.

> **해설**
> 보속성의 원칙은 해마다 목재의 수확이 일정하도록 하는 원칙이다.

60 감가가 발생하는 요인 중 물리적 감가에 해당되는 것은?

① 부적응에 의한 감가
② 진부화에 의한 감가
③ 경제적 요인에 의한 감가
④ 마모, 손상 및 오손에 의한 감가

> **해설**
> 물리적 감가는 시간의 흐름이나 외부 작용에 의해 마모, 마멸, 손상, 파손 등에 의한 감가를 말한다.

61 와이어로프 폐기 기준으로 옳지 않은 것은?

① 킹크된 것
② 현저하게 변형된 것
③ 와이어로프 1피치 사이에 와이어의 단선수가 5% 이상인 것
④ 마모에 의한 와이어로프 지름의 감소가 공칭지름의 7%를 초과하는 것

> **해설**
> 와이어로프 폐기 기준으로 1피치 사이 와이어의 단선수가 10% 이상인 것으로 한다.

62 산림관리기반시설의 설계 및 시설기준에서 직선부의 간선 및 지선임도 유효너비로 옳은 것은?(단, 길어깨, 옆도랑을 제외하고 배향곡선지가 아닌 경우임)

① 3m   ② 4m
③ 5m   ④ 6m

> **해설**
> 길어깨, 옆도랑 너비를 제외한 임도의 유효너비는 3m로 하며 배향곡선지의 경우 6m 이상을 기준으로 한다.

63 체인톱에 의한 벌목 및 조재작업을 효율적으로 실행하기 위한 조건으로 옳지 않은 것은?

① 무선(리모콘)으로 조작이 가능할 것
② 소음과 진동이 적고, 내구성이 높을 것
③ 무게가 가볍고, 소형이며 취급이 간편할 것
④ 연료의 소비, 수리비, 유지비 등 경비가 적게 소요될 것

> **해설**
> 체인톱의 안전한 사용을 위해서 무선 조작 방법은 사용하지 않는다.

정답 58. ② 59. ④ 60. ④ 61. ③ 62. ① 63. ①

64 토공작업에 적합한 장비로 옳지 않은 것은?
① 굴착 - 파워쇼벨, 백호우
② 운반 - 불도저, 덤프트럭
③ 다지기 - 로드롤러, 탬퍼
④ 정지 - 모터그레이더, 트렌쳐

해설
트렌쳐의 경우 굴착작업용 기기이다.

65 평상시에는 유량이 적지만 강우시에 유량이 급격히 증가하는 지역 등과 같은 곳에 설치하는 배수장치는?
① 도랑   ② 세월시설
③ 빗물받이   ④ 횡단배수관

해설
세월교(세월시설)는 갑작스럽게 많은 비가 올 때 유량이 급증하는 지역에 적합한 시설이다.

66 시멘트에 대한 설명으로 옳지 않은 것은?
① 풍화된 시멘트는 강도가 저하된다.
② 시멘트의 강도는 경화의 강도로 표시한다.
③ 시멘트입자 1g에 대한 표면적(cm^2)을 분말도라 한다.
④ 시멘트의 분말도는 높을수록 콘크리트의 초기 강도가 크다.

해설
시멘트 강도는 압축강도, 인장강도 등 물리적 강도로 표시한다.

67 비탈면 녹화에 사용하는 사방용 초본류 중 재래종이 아닌 것은?
① 김의털   ② 제비쑥
③ 오리새   ④ 까치수영

해설
오리새는 도입초종이다.

68 임도에서 대피소 설치 간격 기준은?
① 300m 이내   ② 400m 이내
③ 500m 이내   ④ 600m 이내

해설
대피소의 간격 300m 이내, 너비 5m 이상, 유효길이 15m 이상을 기준으로 한다.

69 거리 측정에 사용하는 장비는?
① 폴   ② 레벨
③ 트랜싯   ④ 컴퍼스

해설
거리 측정 관련 기준 장비로 폴이 있다.

70 양각기계획법으로 1:25000 지형도상에 종단기울기가 5%인 노선을 배치할 때 양각기 조정 폭은?
① 0.2cm   ② 0.4cm
③ 0.6cm   ④ 0.8cm

해설
5 : 100 = 10 : 수평거리 → 수평거리 : 200m
양각기 조정폭 : 200m × 1/25000 = 8mm

71 임도개설 작업 시 측면 절토 또는 흙을 밀어 낼 때 가장 적합한 장비는?
① 로드 롤러   ② 토우인 윈치
③ 앵글 도우저 ④ 모터 그레이더

해설
앵글도저는 측면의 절토, 정지, 흙메우기 등의 작업에 적합하며 블레이드를 좌우로 방향을 전환하여 흙을 좌우로 운반이 가능하다.

정답 64. ④ 65. ② 66. ② 67. ③ 68. ① 69. ① 70. ④ 71. ③

72 스키더 또는 타워야더 등에 의해 집재된 전목재의 가지제거, 절단, 초두부 제거, 집적 등의 조재작업을 전문으로 실행하는 기계는?

① 포워더
② 하베스터
③ 프로세서
④ 펠러번쳐

[해설]
목재의 조재작업을 전문으로 하는 기계에 프로세서가 있다.

73 사방댐의 시공적지로 옳지 않은 것은?

① 상류부의 계폭이 좁은 곳
② 계상과 양안에 암반이 존재하는 곳
③ 수생태계에 미치는 영향이 크지 않은 곳
④ 지류의 합류점 부근에서는 합류점의 하류지점

[해설]
사방댐 시공적지는 상류부의 계폭이 넓은 곳이다.

74 임도 설계업무의 순서로 옳은 것은?

① 예비조사→답사→예측→실측→설계도 작성
② 예비조사→예측→답사→실측→설계도작성
③ 답사→예비조사→예측→실측→설계도작성
④ 답사→예비조사→실측→예측→설계도작성

[해설]
임도의 설계업무는 예비조사, 답사, 예측 및 실측, 설계도 작성, 공사량의 산출, 설계도 작성의 순서로 이루어진다.

75 산복수로공에 대한 설명으로 옳지 않은 것은?

① 유수가 집중되는 凹부에 설치한다.
② 떼수로공은 집수구역이 좁은 곳에 설치한다.
③ 수로의 시작과 끝에는 반드시 수평대공 작물을 적용한다.
④ 가급적 수로의 기울기는 상부에서 하부로 내려가면서 감소하게 계획한다.

[해설]
수로의 기울기는 가급적 상부에서 하부에 이르기까지 일정하게 계획한다.

76 가선집재작업이 수행 가능한 장비로 가장 효율적인 것은?

① 하베스터
② 펠러번쳐
③ 프로세서
④ 타워야더

[해설]
타워야더는 철재 기둥과 가선집재 장치인 윈치를 트랙터 혹은 트럭에 탑재한 장비로 경사가 급한 지역에도 작업이 가능하다.

77 지선임도 밀도가 10m/ha이며, 임도효율요인이 4인 경우 트랙터를 이용한 평균집재거리는?

① 2.5m
② 40m
③ 400m
④ 2,500m

[해설]
임도밀도(m/ha)
= 임도효율계수/평균집재거리(km)
$10 = \frac{4}{x} \Rightarrow x = 400m$

정답 72. ③ 73. ① 74. ① 75. ④ 76. ④ 77. ③

78 산지에서 발생하는 침식의 형태 중 중력침식에 해당하지 않는 것은?

① 붕괴형 침식 ② 지활형 침식
③ 유동형 침식 ④ 곡상형 침식

해설
중력침식에는 붕괴형, 지활형, 유동형이 있다.

79 황폐계류의 유역면적이 1~10km²에 해당하는 비유량(m³/s)은?

① 10 ② 15
③ 20 ④ 25

해설
황폐계류 비유량

유역면적(km²)	1~10	11~20
비유량(m³/s)	25	20

80 임도 설계에 필요한 도면이 아닌 것은?

① 투시도 ② 평면도
③ 종단면도 ④ 횡단면도

해설
임도 설계시 평면도, 종단면도, 횡단면도, 구조물 및 도로 표준도, 위치도 등이 필요하다.

정답 78. ④ 79. ④ 80. ①

산림산업기사

산업기사 CBT 제8회

** 본문제는 수험생들의 기억을 바탕으로 작성 된 것으로 실제 제와 차이가 있을 수 있습니다.

01 파종하기 전에 종자의 정착 및 발아, 그리고 어린묘목의 발육이 잘 되도록 하기 위하여 정지작업을 한다. 이 작업의 진행 순서는?

① 쇄토 → 밭갈이 → 작상
② 밭갈이 → 쇄토 → 작상
③ 작상 → 쇄토 → 밭갈이
④ 쇄토 → 작상 → 밭갈이

해설
묘포 조성 작업시 밭갈이, 쇄토, 작상의 순서로 진행되며 이러한 작업을 정지작업이라 한다. 밭갈이후 경운은 토양을 갈아주는 작업이며 쇄토는 경운한 흙을 곱게 부수어 지면을 평평하게 고르는 작업이다.

02 산벌작업의 작업순서로 맞는 것은?

① 하종벌 → 후벌 → 예비벌 → 갱신완료
② 후벌 → 예비벌 → 하종벌 → 갱신완료
③ 하종벌 → 예비벌 → 후벌 → 갱신완료
④ 예비벌 → 하종벌 → 후벌 → 갱신완료

해설
산벌작업은 갱신을 위해 크게 예비벌, 하종벌, 후벌의 과정으로 진행된다.

03 뿌리의 근류를 가지는 것만으로 나열된 것은?

① 아까시나무, 리기다소나무, 향나무
② 갈매나무, 싸리나무, 소나무
③ 오리나무, 보리수나무, 소귀나무
④ 물푸레나무, 오동나무, 자귀나무

해설
근류를 가지는 수종은 주로 콩과식물로 아까시나무, 싸리, 칡, 자귀나무 등이 있으며 비콩과식물 중에서도 오리나무, 소귀나무, 보리수나무 등이 있다.

04 자작나무, 오리나무의 발아시험기간은 얼마나 되는가?

① 14일간 ② 21일간
③ 28일간 ④ 42일간

해설
자작나무, 오리나무는 28일 간의 발아시험기간을 갖는다.

05 수정이 되어서 종자가 성숙되어 가는 과정 가운데 배유안에서 분화되서 자엽, 유아, 배축, 유근 등을 형성한다. 이 때 다음 침엽수 종 가운데 자엽의 수가 가장 많은 것은?

① 소나무 ② 측백나무
③ 향나무 ④ 주목

해설
소나무는 다자엽 수종으로 보기중 가장 많은 자엽을 보유한다.

정답 01. ② 02. ④ 03. ③ 04. ③ 05. ①

06 산림이 발휘하는 공익적 기능이 아닌 것은?

① 홍수나 산사태를 방지한다.
② 이산화탄소를 흡수하고 산소를 방출한다.
③ 파티클 보드의 원료로 이용된다.
④ 휴양의 기회를 제공한다.

해설
파티클 보드와 같이 가공을 통한 생산물은 경제적 기능이다.

07 동일한 수목의 양엽과 음엽을 비교한 설명으로 옳지 않은 것은?

① 양엽은 음엽보다 광포화점이 높다.
② 음엽은 양엽보다 잎의 두께가 두껍다.
③ 음엽은 양엽보다 엽록소 함량이 더 많다.
④ 양엽은 음엽보다 책상조직이 빽빽하게 배열되어 있다.

해설
양엽이 음엽보다 색이 진하고 잎이 두껍다.

08 수관급에 기초해서 행하여지는 간벌방법으로 옳지 않은 것은?

① 정량간벌
② 하층간벌
③ 상층간벌
④ 택벌식간벌

해설
정성적 간벌의 경우 수관급을 기준으로 하며 종류로 상층간벌, 하층간벌, 택벌식간벌, 기계적 간벌 등이 대표적이다. 정량간벌의 경우 양을 기준으로 하며 정성적 간벌과는 기준이 다르다.

09 채종원의 입지조건으로 옳지 않은 것은?

① 통풍이 잘 되고 냉해가 없는 곳
② 500m 이내에 동종 임분이 있는 곳
③ 기후조건이 개화, 결실에 알맞은 곳
④ 노동력 공급이 잘 되고 교통이 편리한 곳

해설
채종원은 외부 화분에 의한 수정을 막기 위하여 동종 임분에서 500m 이상 떨어진 곳으로 선택한다.

10 산 가지치기의 실행시기로 적합한 것은?

① 여름철 장마 직후
② 수목의 생장이 활발할 때
③ 봄부터 가을까지 비가 온 직후
④ 수목생장 휴지기 중 수액 유동 직전

해설
가지치기는 수액 유동이 줄어드는 생장휴지기 기간인 11월에서 이듬해 3월이 적합하다

11 중림작업법에 대한 설명으로 다음 빈 칸에 알맞은 것은?

> 중림작업법이란 (①) 구역 안에서 용재 생산을 목적으로 하는 (②)과 땔감 생산을 목적으로 하는 (③)을 함께 세워 경영하는 작업법을 말한다.

① ① : 같은 ② : 교림 ③ : 왜림
② ① : 다른 ② : 교림 ③ : 왜림
③ ① : 같은 ② : 왜림 ③ : 교림
④ ① : 다른 ② : 왜림 ③ : 교림

해설
중림작업은 같은 구역에 용재 생산을 목적으로 하는 교림과 연료재 생산을 목적으로 하는 왜림을 함께 실시한다.

정답 06. ③ 07. ② 08. ① 09. ② 10. ④ 11. ①

12 광색소에서 파이토크롬에 대한 설명으로 옳지 않은 것은?

① 햇빛을 받으면 합성이 일부 금지되거나 파괴된다.
② 높은 광 조건에서 생장한 수목에서 많이 검출된다.
③ 피롤(pyrrole) 4개가 모여서 이루어진 발색단을 가진다.
④ 분자량이 120000 Da(dalton) 가량 되는 두 개의 동일한 폴리펩타이드로 구성되어 있다.

> **해설**
> 광색소인 파이토크롬은 낮은 광조건하에서 기른 식물내에서 많이 검출된다.

13 종자 결실량을 증가시키는 방법이 아닌 것은?

① 간벌 작업을 실시한다.
② 건조, 접목, 상처주기 등의 스트레스를 준다.
③ 꽃눈이 분화하는 시기에 비료를 주지 않는다.
④ 수피의 일부분을 제거하여 C/N 율을 조절한다.

> **해설**
> 화아분화기에 시비를 하면 결실을 촉진할 수 있다.

14 식재 간격을 2.4m×2.4m 정방형으로 조림을 하고자 할 때에 1ha 당 식재본수는?

① 약 1800본   ② 약 2400본
③ 약 3000본   ④ 약 4200본

> **해설**
> 보기 중 정답에 근접한 식재본수는 약 1800 본이다.
> $$\frac{10{,}000\,m^2}{2.4m \times 2.4m} \fallingdotseq 1736$$

15 산림 보육 작업에 해당되지 않는 것은?

① 제벌   ② 간벌
③ 개벌   ④ 풀베기

> **해설**
> 산림무육작업에는 풀베기, 덩굴제거, 제벌, 가지치기, 간벌이 있다.

16 암수딴그루에 해당하는 수종은?

① 편백   ② 소나무
③ 벚나무   ④ 은행나무

> **해설**
> 암수딴그루에 해당하는 수종으로 은행나무, 식나무, 소철, 초피나무 등이 있다.

17 종자 또는 삽목에 의해 시작된 숲으로 주로 높은 수고의 수목으로 이루어진 숲은?

① 교림   ② 왜림
③ 중림   ④ 죽림

> **해설**
> 교림은 수고 10m 이상의 키 큰 나무를 생산하는 것을 목적으로 한다.

18 가지치기의 효과로 옳지 않은 것은?

① 무절재를 생산할 수 있다.
② 하목의 수광량을 증가시킨다.
③ 산불이 있을 때 수관화를 경감시킨다.
④ 연륜폭을 조절해서 수간의 완만도를 낮춘다.

> **해설**
> 옹이가 없고 수간의 완만도를 높이는 것은 가지치기의 특징이다.

정답   12. ②   13. ③   14. ①   15. ③   16. ④   17. ①   18. ④

19 풀베기 방법으로 모두베기에 대한 설명으로 옳은 것은?

① 한풍해가 예상되는 곳에서 실시한다.
② 조림목이 양수 수종인 경우에 적용한다.
③ 조림목에 광선을 제대로 주지 못하는 단점이 있다.
④ 조림목이 심어진 줄에 따라 모든 잡초목을 제거하는 방법이다.

> **해설**
> 모두베기는 소나무, 낙엽송 등의 양수 식재시 적합한 방법이다.

20 묘목의 가식에 대한 설명으로 옳지 않은 것은?

① 1~2개월 장기간 가식을 할 경우에는 관수가 필요하다.
② 가급적 비가 오거나 비가 온 후 바로 가식하여 묘목이 건조하지 않게 한다.
③ 묘목을 심기 전 일시적으로 땅에 뿌리를 묻어 건조하지 않도록 해 주는 작업이다.
④ 추위나 바람의 피해가 우려되는 곳은 묘목의 정단 부분을 바람과 반대방향으로 되도록 눕혀 묻어준다.

> **해설**
> 비가 오거나 비가 온 후에는 가식을 피한다.

21 고형 약제 중에서 입경의 크기가 가장 큰 것은?

① 분제 ② 입제
③ 미립제 ④ 세립제

> **해설**
> 입제의 입경 크기는 0.5~2.5mm 정도로 보기 중 가장 크다.

22 소나무 재선충병 진단에 대한 설명으로 옳지 않은 것은?

① 피해목은 수지(송진)의 분비가 감소한다.
② 묵은 잎과 새잎이 아래로 처지며 시든 현상이 나타난다.
③ 수지 분비 상태를 이용한 피해목 식별은 겨울철에 확인한다.
④ 목편에서 선충을 분리 후 분자생물학적 진단기술로 동정한다.

> **해설**
> 수지 분비 상태를 이용한 피해목의 식별은 여름~초가을(6~10월)에 확인한다.

23 생물적 해충 방제를 위한 천적 선택 조건으로 옳지 않은 것은?

① 단식성이어야 한다.
② 소량으로 증식해야 한다.
③ 천적에 기생하는 곤충이 없어야 한다.
④ 해충의 출현과 천적의 생활사가 잘 일치해야 한다.

> **해설**
> 생물적 해충 방제를 위한 천적들은 소량으로 증식할 경우 해충처리 효율이 떨어지기에 대량으로 증식해야 한다.

24 외국에서 유입된 해충이 아닌 것은?

① 솔나방
② 솔잎혹파리
③ 아까시잎혹파리
④ 버즘나무방패벌레

> **해설**
> 솔나방은 토종벌레이다.

정답 19. ② 20. ② 21. ② 22. ③ 23. ② 24. ①

25 수목병과 중간기주의 연결이 옳지 않은 것은?

① 소나무 혹병 - 황벽나무
② 잣나무 털녹병 - 송이풀
③ 포플러 잎녹병 - 일본잎갈나무
④ 배나무 붉은별무늬병 - 향나무

> **해설**
> 황벽나무는 소나무잎녹병의 중간기주이다.

26 난균류에 의해 발생하는 수목병이 아닌 것은?

① 역병 ② 탄저병
③ 모잘록병 ④ 뿌리썩음병

> **해설**
> 탄저병은 진균에 의해 발생한다.

27 오리나무 갈색무늬병 방제 방법으로 옳지 않은 것은?

① 종자를 소독한다.
② 매개충을 구제한다.
③ 연작을 하지 않는다.
④ 떨어진 병든 잎을 모아 소각한다.

> **해설**
> 오리나무 갈색무늬병의 방제 방법으로 종자를 소독하고 윤작을 실시하며 병든 낙엽은 태워준다.

28 대추나무 빗자루병의 전반 가능성이 가장 높은 것은?

① 종자에 의한 전반
② 토양에 의한 전반
③ 공기에 의한 전반
④ 분주에 의한 전반

> **해설**
> 대추나무 빗자루병은 병에 걸린 모수에서 접수나 혹은 포기나누기인 분주에 의해 감염된다.

29 산불이 토양에 미치는 영향으로 옳지 않은 것은?

① 토양이 척박해진다.
② 토양의 이화학적 성질을 악화시킨다.
③ 낙엽이 탄 결과로 토양의 투수성이 감소된다.
④ 지표의 보호물이 사라져 지표유하수가 감소한다.

> **해설**
> 산불에 의해 지표의 보호물이 사라지면 지표 유하수는 증가한다.

30 곤충의 다리에 대한 설명으로 옳지 않은 것은?

① 곤충에도 발톱이 있다.
② 다리는 가슴에 붙어 있다.
③ 곤충의 다리는 대부분 3마디이다.
④ 다리의 기부에서부터 볼 때 마지막 마디는 발마디(tarsus)이다.

> **해설**
> 곤충의 다리는 5마디로 되어 있다.

31 솔껍질깍지벌레의 생태적 특성으로 옳지 않은 것은?

① 부화약충의 발생시기는 4월경이다.
② 연 1회 발생하며 후약충으로 월동한다.
③ 암컷은 알주머니를 형성한 후 산란한다.
④ 수컷은 완전변태를 하며 암컷은 불완전변태를 한다.

> **해설**
> 부화약충의 발생시기는 5월 상순 ~ 6월 상순이다.

정답 25. ① 26. ② 27. ② 28. ④ 29. ④ 30. ③ 31. ①

32 군집생활을 하며 임목을 고사시키는 조류는?

① 할매새　　② 동박새
③ 왜가리　　④ 산비둘기

해설
백로, 왜가리는 4~6월이 번식기로 산성인 배설물로 나무에 피해를 주며 군집생활을 하여 주변 주민들에게 냄새 및 소음 등으로 피해를 주기도 한다.

33 윤작은 어떤 병원균의 방제에 효과가 좋은가?

① 기주범위가 좁고, 기주가 없이도 오래 생존하는 것
② 기주범위가 넓고, 기주가 없이도 오래 생존하는 것
③ 기준범위가 넓고, 기주가 없으며 오래 생존하지 못하는 것
④ 기주범위가 좁고, 기주가 없으면 오래 생존하지 못하는 것

해설
윤작은 기주범위가 좁고 기주식물이 없으며 오래 생존할 수 없는 병원균에 효과가 좋으며 대표적으로 오동나무 탄저병, 오리나무갈색무늬병 등이 있다.

34 해안 방풍림 조성에 가장 적당한 수종은?

① 곰솔　　② 포플러류
③ 사시나무　　④ 일본잎갈나무

해설
해안 방풍림 조성으로 염풍에 강한 수종이 적합하며 곰솔, 향나무, 사철나무, 팽나무 등이 있다.

35 밤나무 줄기마름병에 대한 설명으로 옳지 않은 것은?

① 과다한 질소 시비를 지양한다.
② 천공성 해충의 피해를 받은 경우 잘 발생한다.
③ 병원균의 중간기주인 포플러를 같이 심지 않는다.
④ 동해나 열해를 받아 수피와 형성층이 손상 입은 경우 잘 발생한다.

해설
밤나무 줄기마름병은 중간기주가 없고 상처부위를 통해 감염된다.

36 어린 조림목에 가장 큰 피해를 주는 동물은?

① 어치　　② 다람쥐
③ 왜가리　　④ 멧토끼

해설
멧토끼는 농경지에서 산악지대까지 다양한 환경에서 서식하며 초식성으로 종자나 줄기를 식해한다.

37 주로 가지나 줄기에서 발생하는 수목병은?

① 벚나무 빗자루병
② 느티나무 흰색무늬병
③ 벚나무 갈색무늬구멍병
④ 오동나무 자줏빛날개무늬병

해설
감염시 비대해진 가지부위에서 잔가지가 다량 발생하여 빗자루의 형태를 띠는 것이 특징이다. 이러한 피해가 반복될 경우 결국 가지가 말라 고사하게 된다.

정답　32. ③　33. ④　34. ①　35. ③　36. ④　37. ①

38 잣나무넓적잎벌에 대한 설명으로 옳지 않은 것은?

① 유충으로 월동한다.
② 우화 최성기는 7월경이다.
③ 나뭇잎 뒷면에서 월동한다.
④ 1년에 1회 또는 2년에 1회 발생한다.

해설
주로 흙속에서 월동한다.

39 완전변태를 하는 해충은?

① 대벌레
② 노린재
③ 가루깍지벌레
④ 도토리거위벌레

해설
도토리거위벌레는 알, 유충, 번데기, 성충의 완전변태과정을 거친다.

40 병원체임을 입증하는 방법으로 파이토플라스마와 같은 절대 기생체에 적용되지 않는 조건은?

① 병원균은 반드시 환부에 존재한다.
② 분리된 병원균은 인공 배지상에서 배양될 수 있어야 한다.
③ 배양한 병원균을 접종하여 동일한 병이 발생되어야 한다.
④ 발병한 환부에서 접종균과 동일한 병원균이 재분리되어야 한다.

해설
바이러스나 파이토플라스마는 다른 미생물처럼 인공배양되지 않고 특정 살아있는 세포에서만 증식하는 절대기생체이다.

41 다음 조건에서 스말리안식에 의한 재적은?

- 말구직경 : 24cm
- 중앙직경 : 30cm
- 원구직경 : 32cm
- 재장 : 4m

① 약 0.2317 m³
② 약 0.2512 m³
③ 약 0.2617 m³
④ 약 0.3021 m³

해설
$$V(m^3) = \frac{\pi}{4} \times \frac{d_0^2 + d_n^2}{2} \times L$$
$$= \frac{3.14}{4} \times \frac{0.32^2 + 0.24^2}{2} \times 4 = 0.2512$$

V : 재적, L : 목재 길이
d_0 : 원구 지름, d_n : 말구 지름

42 정리기에 대한 설명으로 옳은 것은?

① 불법정인 영급관계를 법정인 영급으로 개량하는 기간이다.
② 산벌작업에서 예비벌을 시작하여 후벌을 마칠 때까지의 기간이다.
③ 보속작업에서 한 작업급에 속하는 모든 임분을 일순벌하는데 필요한 기간이다.
④ 벌구식 택벌작업에서 맨 처음 택벌한 구역을 또다시 택벌하는데 필요한 기간이다.

해설
정리기(갱정기)는 법정인 영급으로 정리 혹은 개량하는 기간을 말하며 경제적 불이익을 적게 하여 수확량을 균등하고 지속시키기 위한 생산기간이다.

정답 38. ③ 39. ④ 40. ② 41. ② 42. ①

43 임지가격의 결정 방법으로 옳지 않은 것은?

① 자산가에 의한 방법
② 매매가에 의한 방법
③ 기망가에 의한 방법
④ 비용가에 의한 방법

해설
임지가격의 결정 방법으로 비용가법, 기망가법, 환원가법, 매매가법 등이 있다.

44 임업자산 중 유동자산이 아닌 것은?

① 임도
② 묘목
③ 비료
④ 미처분 임산물

해설
유동자산에는 묘목, 비료, 약제, 미처분임산물 등이 있으며 임도는 고정자산에 속한다.

45 감가가 발생하는 요인 중 물리적 감가에 해당되는 것은?

① 부적응에 의한 감가
② 진부화에 의한 감가
③ 경제적 요인에 의한 감가
④ 마모 및 손상에 의한 감가

해설
물리적 감가는 시간의 흐름이나 외부 작용에 의해 마모, 마멸, 손상, 파손 등에 의한 감가를 말한다.

46 임업경영의 성과분석에 대한 설명으로 옳지 않은 것은?

① 임가소득, 임업소득, 임업순수익 등으로 파악할 수 있다.
② 임업소득은 임업조수익에서 임업경영비를 뺀 나머지를 말한다.
③ 짧은 기간 동안의 성과는 명확하게 계산할 수 없는 경우가 많다.
④ 임가소득으로 서로 다른 임가 사이의 경영성과에 대하여 직접 비교가 용이하다.

해설
임가소득은 서로 다른 임가 사이의 경영성과에 대하여 직접 비교할 수 없다.

47 산림평가에서 복리산 공식에 해당되지 않는 것은?

① 증가 계산식
② 전가 계산식
③ 무한이자 계산식
④ 유한이자 계산식

해설
산림평가에서 복리산 공식으로 후가계신식, 전가계산식, 무한이자계산식, 유한이자계산식 등이 있다.

48 전체 임분을 본수가 같은 몇 개의 계급으로 나누고, 각 계급에서 같은 수의 표준목을 선정하여 임목 재적을 계산하는 방법은?

① 단급법
② Urich 법
③ Hartig 법
④ Draudt 법

해설
각 계급에서 같은수의 표준목을 선정하는 방법은 우리히법(Urich)이다.

정답 43. ① 44. ① 45. ④ 46. ④ 47. ① 48. ②

49 수확조정 방법 중 법정축적법에 대한 설명으로 옳은 것은?

① 교차법, 임분경제법, 등면적법 등이 있다.
② 법정축적에 도달하도록 하는 수식법이다.
③ 수확량을 산출하고 벌채장소를 규정한다.
④ 수확량을 기초로 생장량을 예측하는 협의의 생장량법이다.

해설
법정축적법은 일정 기간이 지나면 현실림이 법정림에 도달하는 개념으로 법정축적에 도달하는 수식법이다.

50 생장의 종류를 수목의 생장에 따른 분류와 임목의 부분에 따른 분류가 있을 때 수목의 생장에 따른 분류에 속하지 않는 것은?

① 재적생장   ② 형질생장
③ 수고생장   ④ 등귀생장

해설
수목의 생장에 따라 재적생장, 형질생장, 등귀생장으로 분류하며 이러한 재적생장, 형질생장, 등귀생장의 합을 총가생장이라 한다.

51 음(-)의 값이 나올 수 있는 투자효율 분석법은?

① 회수기간법   ② 투자이익률법
③ 순현재가치법 ④ 수익비용률법

해설
장기투자를 결정하는 순현재가치법은 미래에 대한 가치 판단을 기준으로 하기에 음의 값이 나올수 있다.

52 농지의 주변이나 농지와 산지의 경계선 등에 유실수나 특용수 또는 속성수 등을 식재하여 임업수입의 조기화를 도모하는 형태의 임업경영은?

① 혼농임업   ② 혼목임업
③ 농지임업   ④ 비임지임업

해설
농지임업은 농지의 주변 및 산지에 유실수, 속성수 등을 심어 빠른 수입을 얻는 형태를 말한다.

53 임업이율의 성격으로 옳지 않은 것은?

① 임업이율은 대부이자이다.
② 임업이율은 장기이율이다.
③ 임업이율은 명목적 이율이다.
④ 임업이율의 계산은 복리를 적용한다.

해설
임업이율은 대부이자가 아닌 자본이자이다.

54 고정자산에 대한 설명으로 옳은 것은?

① 처분을 목적으로 소유하는 자산
② 물리적으로 이동이 불가능한 자산
③ 시간에 따른 가치의 변화가 없는 자산
④ 자산이 가지고 있는 생산능력을 이용하기 위해 소유하는 자산

해설
임업에서 고정자산에는 임지, 건물, 기계 등이 있으며 이는 자산이 가진 생산능력을 이용하고자 소유하는 자산으로 정의할 수 있다.

55 흉고형수에 영향을 미치는 인자가 아닌 것은?

① 수고   ② 지위
③ 수종   ④ 근원직경

해설
흉고형수는 원주와 수간의 재적의 비로서 수고, 생산성을 나타내는 지위, 수종 등은 흉고형수 결정에 영향을 주지만 근원직경은 상관이 없다.

정답 49. ② 50. ③ 51. ③ 52. ③ 53. ① 54. ④ 55. ④

56 임업의 경제적 특성에 대한 설명으로 옳지 않은 것은?

① 임업생산은 조방적이다.
② 생산기간이 대단히 길다.
③ 공익성이 커서 제한성이 많다.
④ 육성임업과 채취임업이 병존한다.

해설
생산기간이 대단히 긴 것은 임업의 기술적 특성에 해당된다.

57 산림의 관리경영에 소요되는 관리비에 포함되지 않는 것은?

① 채취비　② 보험료
③ 감가상각비　④ 산림보호비

해설
관리비는 조림비와 채취비를 제외한 비용을 말한다.

58 20m × 20m의 정방형 표준지에서 매목조사를 통하여 측정된 임목 본수는 60본인 경우, 해당 임분의 ha당 본수는 얼마로 추정되는가?

① 900　② 1200
③ 1500　④ 1800

해설
20m×20m 면적당 60본이 존재하므로 비례식을 통해 1ha 당의 본수를 구하도록 한다.
$400m^2 : 60본 = 10000m^2 : x$
→ x = 1500 본

59 개별원가계산방법에 대한 설명으로 옳지 않은 것은?

① 공정별 원가계산방법이라고도 한다.
② 주로 주문에 의하여 제품을 생산하는 경우에 많이 사용한다.
③ 제품의 원가를 개개의 제품단위별로 직접 계산 하는 방법이다.
④ 소비자에게 제품의 원가와 일정한 이익을 합계한 제품가격을 청구하는데 도움이 된다.

해설
개별원가계산방법은 제품별 원가계산이라고 한다.

60 일반적으로 사용하는 원가 비교 방법이 아닌 것은?

① 기간비교　② 상호비교
③ 표준실제비교　④ 부가가치비교

해설
원가비교 방법은 기간비교, 상호비교, 표준실제비교가 있다.

61 밑판, 종자, 표면 덮개의 3부분으로 구성된 녹화용 피복자재는?

① 식생대　② 식생반
③ 식생자루　④ 식생매트

해설
식생반은 뜬 떼의 대용품으로 밑판, 종자, 표면덮개로 구성되어 있다. 대량의 유기물과 비료양분을 함유하기에 근계발달이 좋다.

62 임도설치 관련 규정에 의한 임도의 종류에 포함되지 않는 것은?

① 사설임도　② 공설임도
③ 단체임도　④ 테마임도

해설
임도설치에 관련된 규정을 기준으로 국유임도, 공설임도, 사설임도, 테마임도 등이 있다.

정답　56. ②　57. ①　58. ③　59. ①　60. ④　61. ②　62. ③

63 임도망 편성에 있어 설치 위치별 분류에 해당되지 않는 것은?

① 계곡임도　② 사면임도
③ 임연임도　④ 능선임도

해설
산악 임도망으로 계곡, 사면, 능선, 산정부, 계곡분지 등이 있다.

64 반송기를 사용하는 장비는?

① 체인톱　② 예불기
③ 펠러번처　④ 타워야더

해설
반송기는 목재를 적재, 운반하는 기능을 가진 장비로 타워야더가 반송기에 해당한다.

65 비탈안정공법에 해당하지 않는 것은?

① 자연석 쌓기
② 격자틀 붙이기
③ 비탈힘줄박기
④ 종비토뿜어붙이기

해설
종비토뿜어붙이기는 녹화공법의 일종이다.

66 임도의 선형 설계에서의 제약요소로 가장 거리가 먼 것은?

① 기상 조건의 제약
② 시공상에서의 제약
③ 지질, 지형에서의 제약
④ 사업비, 유지관리비 등에서의 제약

해설
임도 설계시 지형, 사업비 등의 작업조건이 우선 고려되나 기상 조건은 차후 현장문제로서 제약요소와는 거리가 멀다.

67 벌목 작업시 수구를 만드는 방향은?

① 계곡 쪽
② 임도가 있는 쪽
③ 작업자가 있는 쪽
④ 벌도목이 넘어지는 쪽

해설
수구는 30~45° 각으로 작업하여 벌도방향으로 하며 추구는 수고의 반대방향에서 작업한다.

68 임도 설계에서 교각법에 의하여 단곡선 설정 내각이 90°, 곡선 반경이 500m 이면 접선길이는?

① 100 m　② 250 m
③ 500 m　④ 1000 m

해설
교각법

곡선반지름 = 접선길이 × $\tan\left(\dfrac{\theta}{2}\right)$

= $500 \times \tan 45 (=1) = 500$

69 유수에 의한 계상면의 침식을 방지하고 현 계상면을 유지하기 위하여 시설하는 횡구조물은?

① 구곡막이　② 바닥막이
③ 기슭막이　④ 누구막이

해설
바닥막이는 주로 황폐한 계천 바닥의 종침식을 방지하고 바닥에 퇴적한 불안정한 토사석력의 유실을 방지함으로써 황폐계천의 안정을 도모하기 위하여 계류를 횡단하여 구축하는 사방공작물이다.

정답 63. ③　64. ④　65. ④　66. ①　67. ④　68. ③　69. ②

70 사면붕괴의 전조현상으로 옳지 않은 것은?

① 용수가 맑아짐
② 용출현상이 생김
③ 사면에 균열이 생김
④ 작은 돌이 사면에서 떨어짐

해설
용수가 맑을 경우 사면붕괴전에 나타나는 흙의 이동이나 변화가 없는 것을 의미한다. 반대로 용수가 흙이 섞여 탁해지는 등의 현상을 보일 경우 붕괴의 가능성이 있는 것이다.

71 수로의 횡단면에 있어서 물과 접촉하는 수로 주변의 길이는?

① 유적
② 윤변
③ 경심
④ 동수반지름

해설
윤변은 유로의 횡단면에 있어서 물과 접촉하는 유로 주변의 길이를 의미한다.

72 다목적 공정기계인 프로세서(processor)의 기능으로 옳지 않은 것은?

① 송재
② 절단
③ 벌목
④ 조재목 마름질

해설
프로세서의 경우 벌목의 작업이 불가능한 장비이다.

73 암반 비탈면 녹화에 주로 사용하는 공법이 아닌 것은?

① 새집공법
② 피복녹화 공법
③ 선떼붙이기 공법
④ 덩굴받침망 공법

해설
선떼붙이기는 산복비탈면의 녹화공법이다.

74 최대강우량이 50mm/hr, 집수면적이 50ha, 유출계수가 0.5일 때의 유량(m³/sec)은?

① 3.21
② 3.47
③ 4.86
④ 5.12

해설
유량 공식
· 시우량법

$$Q = K \times \dfrac{A \times \dfrac{m}{1000}}{60 \times 60}$$

$$= 0.5 \times \dfrac{500000 \times \dfrac{50}{1000}}{3600} \fallingdotseq 3.47$$

· 합리식법
$Q = 0.002778 \, CIA$
$= 0.00278 \times 0.5 \times 50 \times 50 \fallingdotseq 3.47$

75 임도 설계서 작성 순서로 옳은 것은?

① 시방서 – 설계사용서 – 예산내역서 – 수량산출서 – 예정공정표
② 시방서 – 수량산출서 – 예산내역서 – 설계설명서 – 예정공정표
③ 설계설명서 – 시방서 – 예정공정표 – 예산내역서 – 수량산출서
④ 설계설명서 – 시방서 – 예정공정표 – 수량산출서 – 예산내역서

해설
임도 설계서 작성은 < 설계설명서 - 일반, 특별 시방서 - 예정공정표 - 예산내역서 - 수량 산출서 > 순서로 작성한다.

76 거리 측정에 사용하는 장비는?

① 폴
② 레벨
③ 트랜싯
④ 컴퍼스

해설
거리 측정 관련 기준 장비로 폴이 있다.

정답 70. ① 71. ② 72. ③ 73. ③ 74. ② 75. ③ 76. ①

77 임도에 설치된 교량이 받는 활하중에 속하는 것은?

① 교량의 시설물
② 교량 바닥틀의 무게
③ 교량을 지나는 트럭의 무게
④ 교량 주트러스(main truss) 무게

해설
활하중은 임도교량에 움직임을 가지는 것으로 보행자 및 차량에 의한 하중이다. 사하중은 교상의 시설 및 바닥판 등의 시설물 무게이다.

78 일반지형에서 임도의 설계속도가 20km/h인 경우 종단기울기 기준은?

① 7% 이하   ② 9% 이하
③ 12% 이하 ④ 14% 이하

해설
설계속도 20km/h 의 일반지형은 종단기울기 9% 이다.

79 임도의 곡선부에서 곡률반경이 4m, 트럭의 길이가 2m, 트럭의 폭이 1m 일 때 확폭량은?

① 0.1m   ② 0.2m
③ 0.5m   ④ 1.5m

해설
$$\frac{2^2}{2 \times 4} = 0.5m$$

※ 곡선부의 확폭

$$확폭 = \frac{(차량 앞바퀴 \sim 뒷바퀴까지 길이)^2}{2 \times 곡선반지름}$$

80 임도의 세월시설에 대한 설명으로 옳은 것은?

① 계상기울기가 완만한 계류통과부에 설치한다.
② 하류부가 황폐계류인 경우에 설치하는 것이 효과적이다.
③ 유로에 해당되는 부분은 사다리꼴의 단면으로 한다.
④ 평상시에 관거 등을 통해 배수하고 홍수 시는 월류할 수 있게 한다.

해설
세월교(세월시설)는 갑작스럽게 많은 비가 올 때 유량이 급증하는 지역에 적합한 시설이다.

정답 77. ③ 78. ② 79. ③ 80. ④

산업기사 CBT 제9회 — 산림산업기사

** 본문제는 수험생들의 기억을 바탕으로 작성 된 것으로 실제 제와 차이가 있을 수 있습니다.

01 다음 중 하층간벌에 대한 설명으로 가장 거리가 먼 것은?

① 가장 오랜 역사를 지닌 간벌방법으로 보통간벌이라고 한다.
② 우세목 중 결점이 있는 2급목만 벌채하는 방법이다.
③ 일반적으로 양수성의 수종으로 구성된 임분에 적용된다.
④ 처음에는 피압된 가장 낮은 수관층의 나무를 벌채 하고 그 후 점차 높은 층의 나무를 벌채하는 방법 이다.

해설
하층간벌(보통간벌, 독일식 간벌)은 피압된 가장 낮은 수관층의 나무를 벌채하고 점차 높은 층의 나무를 벌채하는 방법이다. 강도 높은 하층간벌을 실시하면 우세목, 준우세목이 남게 된다

02 하목 식재 수종의 구비요건에 대한 설명으로 거리가 먼 것은?

① 내음성이 클 것
② 가지가 적은 수종일 것
③ 소목이라도 약간의 이용가치가 있을 것
④ 낙엽의 비효가 클 것

해설
하목 식재의 경우 임지의 수분보존과 토양의 유실 방지를 위해 가지가 많은 수종이어야 한다.

03 다음 수종 중 생가지치기를 할 경우 부후의 위험성이 가장 높은 수종은?

① 단풍나무   ② 소나무
③ 일본잎갈나무   ④ 삼나무

해설
생가지치기 위험이 있는 수종으로 단풍나무, 느릅나무, 물푸레나무, 벚나무 등이 있다.

04 1년생 묘가 상당한 크기에 이르고 공간을 차지하는 수종의 파종방법은 줄로 뿌려주는 조파로 한다. 다음 중 조파로 하지 않는 수종은?

① 밤나무   ② 느티나무
③ 아까시나무   ④ 옻나무

해설
밤나무의 경우 대립종자로서 주로 점파를 한다.

05 묘포장을 설계할 때 침엽수종의 경우 토양 산도(pH) 는 어느 정도가 알맞은가?

① pH 3.0~4.0   ② pH 5.0~6.5
③ pH 7.0~8.5   ④ pH 9.0~10

해설
모표 토양은 침엽수는 pH 5~5.5 정도에서 가장 적합하며 중성인 pH 5~6.5 범위에서도 생육이 가능하다.

정답 01. ② 02. ② 03. ① 04. ① 05. ②

06 종자 발아능력 검사방법 중 생리적인 면을 다룰 수 없는 것은?

① 발아시험 ② 배추출시험
③ X선사진법 ④ 테트라졸리움시험

해설
X선 사진법은 내부의 촬영을 통해 상처나 해충의 피해 식별이 가능하나 생리적인 측면은 확인이 어렵다.

07 풀베기(밑깎기) 작업에 대한 설명으로 옳지 않은 것은?

① 둘러베기는 조림목의 주변에 나는 잡초목만을 제거한다.
② 줄베기는 조림목이 심어진 줄에 따라 잡초목을 제거한다.
③ 풀베기란 조림목의 생육에 지장을 주는 잡초 또는 쓸데없는 관목을 제거한다.
④ 모두베기는 지상식생의 피압으로 수형이 나빠지기 쉬운 음수에 적용한다.

해설
모두베기는 주로 양수에 적용한다.

08 개벌작업의 장점으로 옳지 않은 것은?

① 비용이 절약된다.
② 음수성 수종에 적당하다.
③ 작업의 실행이 쉽고 빠르다.
④ 비슷한 크기의 목재를 생산할 수 있다.

해설
개벌작업은 주로 양수 수종에 적합하다.

09 택벌작업에 대한 설명으로 옳은 것은?

① 양수 수종의 갱신에 적당하다.
② 일시 벌채량이 많아 경제적이다.
③ 소면적 임지에서 보속생산이 가능하다.
④ 임목 벌채가 쉽고 치수에 손상을 주지 않는다.

해설
택벌작업은 성숙한 임목을 선택하여 벌채하는 작업으로 소면적 임지에서 보속생산이 가능하다.

10 다음 중 내음력이 가장 약한 수종은?

① 녹나무 ② 전나무
③ 자작나무 ④ 가문비나무

해설
내음력이 약한 수종은 양수 수종을 의미하며 보기 중 자작나무는 극양수로서 내음력이 가장 약한 수종이다.

11 다음 중 겉씨식물에 속하는 것은?

① 구상나무 ② 오동나무
③ 신갈나무 ④ 오리나무

해설
소나무과에 속하는 구상나무는 겉씨식물이다.

12 우세목을 간벌재로 이용하고자 할 때 적용하는 간벌 방법은?

① 하층간벌 ② 수관간벌
③ 택벌식 간벌 ④ 기계적 간벌

해설
택벌식 간벌은 상층간벌로 우세목을 간벌재로 활용하고자 할 때 적합한 방법이다.

정답 06. ③ 07. ④ 08. ② 09. ③ 10. ③ 11. ① 12. ③

13 종자의 결실주기가 가장 긴 수종은?

① 소나무　　② 오리나무
③ 아까시나무　④ 일본잎갈나무

> **해설**
> 낙엽송, 너도밤나무 등은 결실주기가 5년 이상으로 긴 수종에 속한다.

14 비료목으로 적합하지 않은 수종은?

① 싸리　　　② 고로쇠나무
③ 물오리나무　④ 아까시나무

> **해설**
> 대표적인 비료목으로 콩과수종에는 아까시나무, 싸리나무, 칡, 자귀나무 등이 있으며 비콩과수종에는 오리나무, 소귀나무, 보리수나무 등이 있다.

15 다음 설명에 해당하는 갱신 작업종은?

- 벌채지에서 종자를 공급할 수 있는 나무를 단독 또는 군상으로 남기고, 나머지는 벌채목으로 이용한다.
- 소나무, 곰솔 등이 적합하다.

① 모수작업　② 개벌작업
③ 택벌작업　④ 중림작업

> **해설**
> 모수작업은 성숙임분을 대상으로 실시하는 것이 유리하며 모수만을 남기고 그 외 나무를 일시에 베어내는 작업을 말한다. 주로 소나무, 곰솔 등과 같은 양수 수종에 적용하는 것이 유리하다.

16 종자 검사 항목에 대한 설명으로 옳지 않은 것은?

① 효율은 발아율과 순량율을 곱한 값이다.
② 순량율은 순정종자무게를 전체시료무게로 나눈 값이다.
③ 용적중은 100ml에 대한 무게를 그램 단위로 나타낸 것이다.
④ 소립종자의 실중은 1000립의 무게를 4번 반복하여 측정한 값의 평균치로 한다.

> **해설**
> 용적중은 종자 1L에 대한 종자의 무게를 말한다.

17 중림작업에 대한 설명으로 옳지 않은 것은?

① 교림작업과 왜림작업을 혼합한 갱신작업이다.
② 일반적으로 하층임분은 개벌에 의한 맹아갱신을 반복한다.
③ 동일 임지에서 일반용재와 신탄재 등을 동시에 생산하는 것을 목적으로 한다.
④ 하층목은 양수 수종, 상층목은 지하고가 높고 수관의 틈이 많은 음수 수종이 적합하다.

> **해설**
> 중림작업은 용재 생산이 목적인 교림작업과 연료재 생산이 목적인 왜림작업을 동시에 실시하는 산림작업종으로 하층목은 음수 수종, 상층목은 양수 수종이 적합하다.

18 동일한 수목의 양엽과 음엽을 비교한 설명으로 옳지 않은 것은?

① 양엽은 음엽보다 광포화점이 높다.
② 음엽은 양엽보다 잎의 두께가 두껍다.
③ 음엽은 양엽보다 엽록소 함량이 더 많다.
④ 양엽은 음엽보다 책상조직이 빽빽하게 배열되어 있다.

> **해설**
> 양엽이 음엽보다 색이 진하고 잎이 두껍다.

정답 13. ④　14. ②　15. ①　16. ③　17. ④　18. ②

19 온대남부의 조림수종으로 상록성인 참나무 류로만 올바르게 나열한 것은?

① 개가시나무, 먼나무
② 개가시나무, 황칠나무
③ 붉가시나무, 종가시나무
④ 붉가시나무, 홍가시나무

해설
온대남부의 상록성 참나무류로 종가시나무, 붉가시 나무, 참가시나무 등이 있다.

20 1-2-1묘는 몇 번 판갈이 작업한 묘인가?

① 1번   ② 2번
③ 3번   ④ 4번

해설
1-2-1 묘는 파종상에서 1년, 옮겨심고 2년, 다시 옮겨 심어 1년이 지난 4년생 실생묘로서 판갈이 작업을 2번하였다.

21 토양을 소독하면 방제 효과가 가장 높은 수 목병은?

① 잎떨림병   ② 빗자루병
③ 모잘록병   ④ 줄기마름병

해설
모잘록병은 토양에 의해 전반되기에 토양을 소독하 면 방제효과가 크다.

22 모잘록병 예방 방법으로 가장 효과적인 것 은?

① 햇볕을 막아 그늘지게 한다.
② 질소질 비료를 충분하게 준다.
③ 파종량을 적게 하고 복토를 두껍게 한다.
④ 배수와 통풍이 잘 되고 과습하지 않도록 한다.

해설
모잘록병은 토양 및 종자에 의해 전반되기에 토양의 배수를 원활하게 하여 과습을 피한다.

23 볕데기로 인한 피해가 가장 적은 수종은?

① 오동나무   ② 호두나무
③ 상수리나무   ④ 가문비나무

해설
굴참나무, 상수리나무는 코르크층이 잘 발달해서 볕 데기의 피해를 거의 받지 않는다.

24 솔잎혹파리가 우화하는 최성기는?

① 4월 상순   ② 6월 상순
③ 8월 상순   ④ 10월 상순

해설
솔잎혹파리의 우화 최성기는 5~6월이다.

25 제 5령 충으로 월동을 하여 이듬해 4월경부 터 잎을 갉아먹는 해충은?

① 솔나방   ② 천막벌레나방
③ 어스렝이나방   ④ 복숭아심식나방

해설
솔나방은 5령충이 지피물이나 나무껍질 사이에 월 동하여 이듬해 4월쯤 잎에 피해를 준다.

26 곤충의 특징으로 옳지 않은 것은?

① 겹눈과 홑눈이 있다.
② 다리는 보통 3쌍이고 5마디로 되어 있다.
③ 몸은 머리, 가슴, 배 3부분으로 구분된다.
④ 배에 마디가 없고 더듬이는 1쌍이 있다.

해설
곤충은 배에는 마디가 있고 더듬이는 1쌍이 있다.

27 토양소독을 위한 물리적 방법이 아닌 것은?

① 소토법   ② 훈증법
③ 전기가열법   ④ 증기소독법

해설
훈증법은 약품을 사용하는 화학적 방법이다.

정답   19. ③ 20. ② 21. ③ 22. ④ 23. ③ 24. ② 25. ① 26. ④ 27. ②

28 천공성 해충에 해당하는 것은?

① 솔나방   ② 독나방
③ 박쥐나방   ④ 참나무재주나방

해설
박쥐나방은 주로 줄기를 가해하는 천공성 해충이다.

29 주로 기공 감염을 하는 수목병은?

① 소나무 잎떨림병
② 밤나무 줄기마름병
③ 오동나무 빗자루병
④ 뽕나무 자줏빛날개무늬병

해설
소나무잎떨림병균은 자연개구부 중 잎의 기공으로 침입한다.

30 유충기가 가장 긴 해충은?

① 솔나방   ② 매미나방
③ 어스렝이나방   ④ 미국흰불나방

해설
솔나방은 성충이 되기 위해 약 1년 정도의 긴 유충기간을 가진다.

31 밤나무 줄기마름병의 방제 방법으로 가장 효과적인 것은?

① 매개충을 구제한다.
② 중간기주를 제거한다.
③ 병든 부위를 도려내고 도포제를 발라준다.
④ 항생제 계통 약제로 나무주사를 실시한다.

해설
상처부위로 감염되기에 상처에 주의하고 병든 부위는 도려내 도포제로 처리한다.

32 단위생식에 의해서 증식하는 해충은?

① 솔잎혹파리
② 밤나무혹벌
③ 오리나무잎벌레
④ 아까시잎혹파리

해설
암컷만으로 하는 생식을 단위생식, 처녀생식이라 하며 대표적으로 밤나무혹벌, 민다듬이벌레 등이 대표적이다.

33 대추나무 빗자루병의 방제법으로 옳지 않은 것은?

① 썩덩나무노린재를 구제한다.
② 옥시테트라사이클린을 수간에 주입한다.
③ 병든 가지와 병든 줄기를 모두 소각한다.
④ 병든 나무는 분주를 통해 퍼져 나가므로 반드시 병든 나무도 제거해야 한다.

해설
대추나무 빗자루병의 매개충은 마름무늬매미충이며 이를 구제한다.

34 종실을 가해하는 해충으로만 올바르게 나열한 것은?

① 밤나무혹벌, 굼벵이류
② 가루나무좀, 버들바구미
③ 밤바구미, 복숭아명나방
④ 미끈이하늘소, 미국흰불나방

해설
종실 및 구과 가해 해충으로 도토리바구미, 밤나방, 밤바구미, 복숭아명나방, 솔알락명나방, 하늘소류 등이 있다.

정답 28. ③ 29. ① 30. ① 31. ③ 32. ② 33. ① 34. ③

35 잎에 기생하며 흡즙 가해하는 것으로 노린재목에 속하는 해충은?

① 대벌레
② 솔노랑잎벌
③ 배나무방패벌레
④ 백송애기잎말이나방

해설
배나무방패벌레는 노린재목의 방패벌레과로 흡즙성 해충이다.

36 수세가 쇠약한 수목의 줄기를 가해하는 것은?

① 독나방   ② 소나무좀
③ 미국흰불나방 ④ 오리나무잎벌레

해설
소나무좀은 벌채목과 쇠약목 혹은 죽은나무 등 모두 가해하는 2차 해충이다.

37 소나무류 잎녹병의 중간기주가 아닌 것은?

① 참취   ② 쑥부쟁이
③ 황벽나무 ④ 참나무류

해설
소나무 잎녹병의 중간기주로 황벽나무, 잔대, 참취가 있다. 참나무를 중간기주로 하는 것으로는 소나무 혹병이 있다.

38 수목의 뿌리혹병을 방제하는 방법으로 가장 거리가 먼 것은?

① 건전한 묘목 식재
② 석회 사용량 증가
③ 4~5년간 휴경 실시
④ 병든 묘목 즉시 제거

해설
뿌리혹병의 경우 고온다습한 알칼리성 토양에서 주로 발생하기에 석회의 사용량을 늘리게 될 경우 발병 가능성이 높아진다.

39 수목병의 방제를 위한 예방법과 가장 거리가 먼 것은?

① 숲가꾸기   ② 임지 정리
③ 환상박피 작업 ④ 건전한 묘목 육성

해설
환상박피는 주로 개화결실을 촉진하는 방법이다.

40 소나무좀 신성충이 가해하는 부위는?

① 잎   ② 수간
③ 새가지 ④ 오래된가지

해설
신성충은 갓 성충이 된 벌레를 말하며 6월쯤 우화하여 1년생 신초, 즉 새가지를 가해한다.

41 수확조정 기법과 관계가 없는 것으로 연결된 것은?

① 생장량법 - 연년생장량
② 조사법 - 택벌림에서 실행
③ 재적평분법 - 개위면적 산출
④ 임분경제법 - 법정상태 실현추구

해설
개위면적 산출은 구획윤벌법에 관련된다.

42 임지 생산력을 판단하는 기준 중 가장 정확한 지위사정 방법은?

① 환경인자에 의한 방법
② 지위지수에 의한 방법
③ 지표식물에 의한 방법
④ 종자 생산량에 의한 방법

해설
지위는 임지의 임목생산능력을 말하며 이를 지수화 한것을 지위지수라 정의하며 임지의 생산력을 판단하는 가장 정확한 방법이다.

정답 35. ③ 36. ② 37. ④ 38. ② 39. ③ 40. ③ 41. ③ 42. ②

43 임목 평가 방법이 아닌 것은?

① 임목상각가 ② 임목매매가
③ 임목비용가 ④ 임목기망가

해설
임목평가 방법으로 비용가법, 기망가법, 수익환원법, 매매가법, 시장가 역산법 등이 있다.

44 주벌수익에 해당하지 않는 것은?

① 제벌 과정에서 벌채 작업으로 수확한 것
② 갱신과정에서 병충해 피해로 인한 벌채 작업으로 수확한 것
③ 적합한 벌채시기에 완전한 생산물로 된 임목을 벌채 작업으로 수확한 것
④ 임지를 임목육성 이외의 용도로 사용하기 위하여 벌채 작업으로 수확한 것

해설
제벌은 밑깎기와 간벌의 중간 작업으로 주벌수익에 해당되지 않는다.

45 임업경영의 지도원칙에서 협의의 보속 개념이란?

① 사경제적 보속성
② 공경제적 보속성
③ 목재 생산의 보속성
④ 목재 공급의 보속성

해설
임업경영 보속성의 원칙
· 협의의 보속개념 : 목재공급의 보속성
· 광의의 보속개념 : 목재생산의 보속성

46 조림비가 500만원이 소요된 산림에서 30년 뒤의 후가는? (단, 이율은 5%임)

① 524만원   ② 1500만원
③ 2160만원 ④ 15000만원

해설
500만원 × $(1+0.05)^{30}$ ≒ 2160만원

47 다음 조건에서 시장가역산법에 의한 임목의 m^3당 매매가는?

· 원목의 시장평균가격 : 10만원/m^3
· 벌채·운반 기타 비용 : 6만원/m^3
· 조재율 : 80%
· 예상이익률 : 13%

① 약 21,100원   ② 약 22,800원
③ 약 25,600원   ④ 약 29,700원

해설
시장가 역산법

조재율 × ($\frac{원목시장가}{1+자본회수기간 \times 월이율+기업이율}$ − 기타비용)

$0.8 \times (\frac{100000}{1+0.13} - 60000)$ ≒ 22796 ≒ 22800

48 10년 후에 산림의 가치가 백만원이고 산림의 연간 생장률(총 가격생장률)이 6%이면 현재가는?

① 458,400원   ② 558,400원
③ 1,690,800원 ④ 1,790,800원

해설
$\frac{1,000,000}{(1+0.06)^{10}} = \frac{1,000,000}{1.79}$ ≒ 558,400

49 어떤 재화로부터 장차 얻을 수 있을 것으로 기대되는 수익을 일정한 이율로 할인하여 구한 현재가를 무엇이라 하는가?

① 매매가   ② 비용가
③ 기망가   ④ 자본가

해설
기망가는 장차 발생할 것으로 기대되는 수익의 합계이다.

정답 43. ① 44. ① 45. ④ 46. ③ 47. ② 48. ② 49. ③

50 임업경영요소 중 유동자본에 속하는 것은?

① 임도　　② 종자
③ 기계톱　④ 사무실

해설
유동자본의 종류로 종자, 묘목, 약제, 비료가 있다.

51 20m × 20m의 정방형 표준지에서 매목조사를 통하여 측정된 임목 본수는 60본인 경우, 해당 임분의 ha당 본수는 얼마로 추정되는가?

① 900　　② 1200
③ 1500　④ 1800

해설
20m×20m 면적당 60본이 존재하므로 비례식을 통해 1ha 당의 본수를 구하도록 한다.
$400m^2 : 60본 = 10000m^2 : x$
→ $x = 1500$ 본

52 다음 중 임목 직경 측정에 적합하지 않은 기구는?

① 포물선윤척
② 빌티모아스틱
③ 아브네이레블
④ 스피겔릴라스코프

해설
아브네이레블은 수고 측정 장비이다.

53 임목수관의 지상투영면적의 백분율로 나타내는 임분밀도의 척도는?

① 상대밀도
② 임분밀도지수
③ 상대공간지수
④ 수관경쟁인자

해설
수관경쟁인자는 임목 수관의 지상투영면적의 비율이다.

54 산림경영계획 수립을 위한 임황조사에 대한 설명으로 옳지 않은 것은?

① 혼효림의 경우는 5종까지 주요 수종을 조사할 수 있다.
② 가슴높이지름 6cm 이상의 입목을 측정하여 총축적을 산정한다.
③ 인공 조림지에서는 조림년도를 아는 경우에도 측정 대상의 입목에 생장추를 이용하여 임령을 산정한다.
④ 임분 수고의 최저, 최고 및 평균을 측정하여 임분 수고의 범위를 분모로 하고 평균 수고를 분자로 하여 표시한다.

해설
인공조림지는 조림년도의 묘령을 기준으로 임령을 산출한다. 임령의 식별이 어려운 임지는 생장추를 이용하여 임령을 산출하게 된다.

55 수확조정 방법 중 법정축적법에 대한 설명으로 옳은 것은?

① 교차법, 임분경제법, 등면적법 등이 있다.
② 법정축적에 도달하도록 하는 수식법이다.
③ 수확량을 산출하고 벌채장소를 규정한다.
④ 수확량을 기초로 생장량을 예측하는 협의의 생장량법이다.

해설
법정축적법은 일정 기간이 지나면 현실림이 법정림에 도달하는 개념으로 법정축적에 도달하는 수식법이다.

56 임업의 경제적 특성에 대한 설명으로 옳지 않은 것은?

① 임업생산은 조방적이다.
② 생산기간이 대단히 길다.
③ 공익성이 커서 제한성이 많다.
④ 육성임업과 채취임업이 병존한다.

해설
생산기간이 대단히 긴 것은 임업의 기술적 특성에 해당된다.

정답　50. ②　51. ③　52. ③　53. ④　54. ③　55. ②　56. ②

57 산림경영계획에서 소반구획의 최소 면적은?

① 0.1ha ② 1ha
③ 10ha   ④ 100ha

해설
산림경영계획에서 소반은 최소 1ha 이상을 구획한다.

58 고정자산에 대한 설명으로 옳은 것은?

① 처분을 목적으로 소유하는 자산
② 물리적으로 이동이 불가능한 자산
③ 시간에 따른 가치의 변화가 없는 자산
④ 자산이 가지고 있는 생산능력을 이용하기 위해 소유하는 자산

해설
임업에서 고정자산에는 임지, 건물, 기계 등이 있으며 이는 자산이 가진 생산능력을 이용하고자 소유하는 자산으로 정의할 수 있다.

59 음(-)의 값이 나올 수 있는 투자효율 분석법은?

① 회수기간법 ② 투자이익률법
③ 순현재가치법 ④ 수익비용률법

해설
장기투자를 결정하는 순현재가치법은 미래에 대한 가치 판단을 기준으로 하기에 음의 값이 나올 수 있다.

60 농지의 주변이나 둑, 농지와 산지와의 경계선 등지에 유실수, 특용수, 속성수 등을 식재하여 임업수입의 조기화를 도모하는 복합임업경영형태에 해당하는 것은?

① 혼농임업 ② 농지임업
③ 비임지임업 ④ 부산물임업

해설
농지임업은 농지의 주변 및 산지에 유실수, 속성수 등을 심어 빠른 수입을 얻는 형태를 말한다.

61 와이어로프의 폐기기준으로 옳지 않은 것은?

① 킹크 상태인 것
② 현저하게 변형된 것
③ 와이어로프 소선이 10% 이상 절단된 것
④ 마모에 의한 직경 감소가 공칭직경의 10%를 초과하는 것

해설
마모에 의한 직경 감소가 공칭직경에 7% 초과할 경우 폐기한다.

62 임도의 유지 보수에 대한 설명으로 옳지 않은 것은?

① 작업임도에 대해서도 관리를 하여야 한다.
② 지선임도는 유지보수 관리 대상이 아니다.
③ 결함이 있을 때에는 보수공사를 하여야 한다.
④ 수시점검, 일상점검, 정기점검, 긴급점검 등이 있다.

해설
지선임도 역시 산림경영 및 보호를 목적으로 간선임도나 도로에서 연결되는 임도로서 임업적 기능을 가지기에 유지보수 관리 대상이다.

63 외래 초본류를 도입하여 사용하는 파종공법에 대한 설명으로 옳지 않은 것은?

① 재래 초본류를 혼합하여 사용하지 않는다.
② 일반적으로 발아가 빠르고 조기에 피복한다.
③ 생육이 왕성하여 뿌리의 자람이 좋은 편이다.
④ 지표의 유기물질을 집적하여 토양의 성질을 개선해 준다.

해설
재래 초본류와 외래 초본류를 혼합하여 사용한다.

정답 57. ② 58. ④ 59. ③ 60. ② 61. ④ 62. ② 63. ①

64 산지사방 기초공사에 해당되지 않는 것은?

① 바자얽기   ② 누구막이
③ 비탈다듬기 ④ 땅속흙막이

해설
바자얽기는 산지녹화공사에 해당한다.

65 임도를 설계할 때 필요하지 않은 도면은?

① 평면도   ② 측면도
③ 종단면도   ④ 횡단면도

해설
임도 설계도면은 위치도, 평면도, 종단면도, 횡단면도, 구조물 설계도가 필요하다.

66 사방댐 중에서 흙댐의 경우 댐 높이가 10m일때 댐 마루 나비는?

① 2m   ② 2.5m
③ 3m   ④ 3.5m

해설
댐마루나비

너비 $= \dfrac{댐 높이}{5} + 1.5 = \dfrac{10}{5} + 1.5 = 3.5$

67 육상 저목장에 관한 설명으로 옳지 않은 것은?

① 수중 저목장보다 저목량이 더 적다.
② 일반적인 저목은 되도록 단기간으로 한다.
③ 목재쌓기 방법으로는 직각쌓기와 평행쌓기가 있다.
④ 산지저목장, 중계저목장, 최종저목장으로 설치할 수 있다.

해설
수중 저목장은 물속이라는 특수성으로 공간의 한계가 있다. 상대적으로 면적의 제한이 적은 육상 저목장의 저목량이 더 많다.

68 설계속도가 40km/h일 때 일반지형에서 임도의 최소 곡선 반지름은?

① 40m   ② 50m
③ 60m   ④ 70m

해설
곡선반지름

설계속도	최소곡선반지름(m)	
(km/hr)	일반지형	특수지형
40	60	40
30	30	20
20	15	12

69 산지사방에서 비탈다듬기에 대한 설명으로 옳지 않은 것은?

① 수정기울기는 대체로 최대 35° 전후로 한다.
② 산 아래부터 시작하여 산꼭대기로 진행한다.
③ 붕괴면 주변의 상부는 충분히 끊어내도록 설계한다.
④ 퇴적층의 두께가 3m 이상일 때에는 땅속 흙막이 공작물을 설계한다.

해설
비탈다듬기는 산정상에서 아랫방향으로 진행한다.

70 벌목 작업 시 수구를 만드는 방향은?

① 계곡 쪽
② 임도가 있는 쪽
③ 작업자가 있는 쪽
④ 벌도목이 넘어지는 쪽

해설
수구는 30~45° 각으로 작업하여 벌도방향으로 하며 추구는 수구의 반대방향에서 작업한다.

정답 64. ① 65. ② 66. ④ 67. ① 68. ③ 69. ② 70. ④

71 임도에서 대피소 설치 간격 기준은?

① 300m 이내 ② 400m 이내
③ 500m 이내 ④ 600m 이내

해설
대피소의 간격 300m 이내, 너비 5m 이상, 유효길이 15m 이상을 기준으로 한다.

72 비탈면 녹화에 사용하는 사방용 초본류 중 재래종이 아닌 것은?

① 김의털 ② 제비쑥
③ 오리새 ④ 까치수영

해설
오리새는 도입초종이다.

73 배향곡선지가 아닌 경우 길어깨와 옆도랑의 너비를 제외한 임도의 유효너비 기준은?

① 2m ② 3m
③ 4m ④ 6m

해설
임도의 너비 기준은 길어깨 및 옆도랑을 포함한 임도의 너비 3m를 기준으로 한다.

74 다음 조건에서도 임도 설계 시 적용하는 곡선 반지름으로 가장 적합한 것은?

- 설계속도 : 30km/h
- 노면의 외쪽기울기 : 5%
- 일반지형에서 가로미끄럼에 대한 노면과 타이어의 마찰계수 : 0.2

① 약 30m ② 약 45m
③ 약 60m ④ 약 75m

해설

$$\frac{설계속도^2}{127(타이어 마찰계수 + 노면횡단물매)}$$
$$= \frac{30^2}{127(0.2+0.05)} ≒ 28.34$$

75 주로 사면 기울기가 1:1보다 완만한 곳에 흙이 털어지지 않은 온떼를 사용하여 전면 녹화를 목적으로 시공하는 산지사방 녹화 공법은?

① 띠떼심기 ② 줄떼다지기
③ 선떼붙이기 ④ 평떼붙이기

해설
평떼붙이기 시공장소는 경사가 45° 이하 혹은 기울기 1 : 1 보다 완만한 비탈에 비옥한 산지 사면에 적합한 공법이다.

76 시멘트에 대한 설명으로 옳지 않은 것은?

① 풍화된 시멘트는 강도가 저하된다.
② 시멘트의 강도는 경화의 강도로 표시한다.
③ 시멘트입자 1g에 대한 표면적(cm^2)을 분말도라 한다.
④ 시멘트의 분말도는 높을수록 콘크리트의 초기 강도가 크다.

해설
시멘트 강도는 압축강도, 인장강도 등 물리적 강도로 표시한다.

77 와이어로프의 안전계수를 바르게 나타낸 식은?

① $\dfrac{와이어로프의 절단하중(kg)}{와이어로프에 걸리는 최대장력(kg)}$

② $\dfrac{와이어로프의 자체하중(kg)}{와이어로프에 걸리는 최대장력(kg)}$

③ $\dfrac{와이어로프에 걸리는 최대장력(kg)}{와이어로프의 절단하중(kg)}$

④ $\dfrac{와이어로프에 걸리는 최대장력(kg)}{와이어로프의 자체하중(kg)}$

해설
와이어로프 안전계수는 로프의 절단하중 나누기 로프에 걸리는 최대장력으로 구한다. 일반적으로 이러한 공식을 통해 구한 가공본줄의 안전계수는 2.7의 값을 가진다.

정답 71. ①　72. ③　73. ②　74. ①　75. ④　76. ②　77. ①

78 선떼붙이기에 대한 설명으로 옳지 않은 것은?

① 기울기는 1 : 0.2~0.3 으로 한다.
② 경사가 급할수록 큰 급수를 적용한다.
③ 지표수를 분산시켜 침식을 방지하기 위한 공법이다.
④ 떼붙이기의 사용매수에 따라 1~9급으로 구분한다.

해설
선떼붙이기의 경우 1급에 가까울수록 고급, 9급에 가까울수록 저급이다. 급수의 경우 목적에 따라 급수를 정하며 표토이동 및 강수차단의 경우 5급이상, 사방지 식재 및 파종의 경우 6급이하로 한다.

79 빗물침식에 해당되지 않는 것은?

① 용출침식   ② 구곡침식
③ 면상침식   ④ 누구침식

해설
용출침식은 지중침식에 속한다.

80 산지사방 공작물의 종류와 기능에 대한 설명으로 옳지 않은 것은?

① 누구막이는 누구로 인한 침식을 방지한다.
② 땅속흙막이는 비탈 다듬기로 생긴 토사의 활동을 방지한다.
③ 산비탈흙막이는 산비탈의 경사를 완화하여 산비탈의 붕괴를 방지한다.
④ 골막이는 속도랑에 의하여 집수된 물을 지표에 도출하고 안전하게 배수한다.

해설
골막이는 공작물 상류 측에 쌓이는 퇴적토사에 의해 산각을 고정하고 양쪽 기슭으로 이어진 산비탈의 붕괴를 방지한다.

정답 78. ② 79. ① 80. ④

산림산업기사

산업기사 CBT 제10회

** 본문제는 수험생들의 기억을 바탕으로 작성 된 것으로 실제 제와 차이가 있을 수 있습니다.

01 최근 목재로써 인기가 높은 편백의 조림 적지를 가장 잘 나타낸 것은?
① 한대지방
② 온대중부지방
③ 온대북부지방
④ 온대남부, 난대지방

해설
편백은 1900년대 조림된 나무로 난대나 온대 남부지방 혹은 해발고도 400m 이하인 지역에서 생육하기 적합하다.

02 노천매장법으로 파종하기 한 달쯤 전에 매장하는 것이 발아촉진에 도움을 주는 수종이 아닌 것은?
① 소나무
② 낙엽송
③ 삼나무
④ 가래나무

해설
파종 한달 전에 매장하는 수종으로 소나무, 해송, 낙엽송, 가문비나무, 삼나무, 편백 등이 있다.

03 조림 수종을 선택하는 요건으로 틀린 것은?
① 성장속도가 빠르고 재적성장량이 높은 것
② 지하고가 낮고 조림의 실패율이 적은 것
③ 가지가 가늘고 짧으며, 줄기가 곧은 것
④ 입지에 대하여 적응력이 큰 것

해설
조림수종 선택시 지하고가 높고 조림 실패율이 낮은 것으로 선택한다.

04 밤나무를 조림 할 때 수분수를 혼식해야 한다. 수분수는 주품종의 몇%정도 식재하는 것이 가장 적합한가?
① 10~20%
② 20~30%
③ 30~40%
④ 40~50%

해설
수분수는 주품종의 20% 내외(20~30%) 비율로 혼식한다.

05 한 임분을 구성하고 있는 임목 중 성숙한 임목만을 국소적으로 추출·벌채하고 그곳의 갱신이 이루어지게 하는 갱신법으로 어떤 설정된 갱신기간이 없고 임분을 항상 각 영급의 나무가 서로 혼생하도록 하는 작업방법은?
① 택벌작업
② 산벌작업
③ 모수작업
④ 중림작업

해설
택벌작업은 일부분 국소적으로 벌채하는 작업으로 양수수종에 적용이 어렵다.

06 칼슘이온의 양이온치환용량 1 M.E.(milliequivalenet : Meq)의 양은?(단, 칼슘의 원자량은 40 이고 원자가는 2 이다)
① 2g
② 4g
③ 0.02g
④ 0.2g

해설
양이온치환용량은 토양에 양이온 흡착할 수 있는 정도로서 원자량을 원자가로 나누어 구한다.
40 ÷ 2 = 20mg = 0.02g

정답 01. ④ 02. ④ 03. ② 04. ② 05. ① 06. ③

07 1.8m 간격으로 정방형 식재를 할 때 1ha의 면적에 필요한 묘목 소요량은?(단, 평지일 경우이다)

① 2506주　② 3086주
③ 4186주　④ 5016주

해설
10000 ÷ (1.8×1.8) = 약 3086 주

08 종자 크기가 대립인 수종으로만 구성된 것은?

① 소나무, 단풍나무
② 잣나무, 자작나무
③ 전나무, 은행나무
④ 밤나무, 호두나무

해설
대립종자로 밤나무, 호두나무, 참나무 종류 등이 있다.

09 다음 중 많이 쓰면 토양이 산성으로 되는 것은?

① 요소　② 용성인비
③ 석회질소　④ 황산암모니아

해설
황산암모니아에는 황이 함유되어 있어 산성화로 인하여 산성토양이 될 수 있다.

10 묘포의 구획으로 가장 적합한 것은?

① 묘상은 동서방향, 상 너비 1~2m, 보도 너비 1m
② 묘상은 동남방향, 상 너비 1.5~2.5m, 보도 너비 1m
③ 묘상은 동서방향, 상 너비 1~2m, 보도 너비 30cm~50cm
④ 묘상은 남북방향, 상 너비 1.5~2.5m, 보도 너비 30cm~50cm

해설
묘상은 동서로 길게 하며 상의 너비는 1~2m, 통로인 보도의 너비는 30~50cm 정도로 한다.

11 비료목에 대한 설명으로 옳지 않은 것은?

① 비료목을 식재한 지역에는 시비하지 않는다.
② 임지 비배효과 증대를 위해 비료목을 혼효식재한다.
③ 임목의 건전한 생산성을 위하여 심는 보조적 임목을 말한다.
④ 척박한 임지에 주임목의 생장촉진을 위해 비료목을 혼효식재한다.

해설
비료목은 임지의 지력을 향상시키는데 도움은 주지만 그 지역에 시비를 중단하는 것은 아니다.

12 균사가 뿌리피층의 세포간극에 균사망을 형성하는 균근은?

① 의균근　② 내생균근
③ 외생균근　④ 내외생균근

해설
외생균근은 균사가 식물의 뿌리 표면에 번식하면서 뿌리 피층 세포간극에 균사망을 형상하게 된다.

13 접목 실시 방법에 대한 설명으로 옳은 것은?

① 접수와 대목이 활동을 시작 할 때 실시한다.
② 접수와 대목이 휴면상태에 있을 때 실시한다.
③ 접수는 활동을 시작하고 대목은 휴면상태일 때 실시한다.
④ 접수는 휴면상태에 있고 대목이 활동을 시작할 때 실시한다.

해설
접목을 실시하는 시기로 접수는 휴면상태, 대목은 활발한 상태일때 접목의 적기이다.

정답　07. ②　08. ④　09. ④　10. ③　11. ①　12. ③　13. ④

14 식물이 필요로 하는 필수 원소 중에서 수목의 체내 이동이 상대적으로 어려운 원소는?

① 칼륨 ② 칼슘
③ 질소 ④ 마그네슘

해설
칼슘, 철, 붕소 등은 수목 체내에서 이동성이 낮은 편이다.

15 내음력이 가장 약한 수종은?

① 녹나무 ② 전나무
③ 자작나무 ④ 가문비나무

해설
자작나무는 극양수로 내음력이 약한 수종에 속한다.

16 수종별 파종 방법으로 적합하지 않은 것은?

① 소나무 - 산파
② 호두나무 - 산파
③ 느티나무 - 조파
④ 상수리나무 - 점파

해설
호두나무는 대립종자로 점파를 한다.

17 인공조림과 비교한 천연갱신에 대한 설명으로 옳지 않은 것은?

① 임지가 나출되지 않아 지력이 유지된다.
② 전문적인 육림기술이 필요하지만 벌목과 운재 작업은 용이하다.
③ 임분 조성의 확실성이 결여되어 보완조림 등이 필요한 경우가 있다.
④ 치수가 모수의 보호를 받고, 여러 가지 위해에 대한 저항력이 강하다.

해설
천연갱신은 인공조림에 비해 벌목과 운재 작업이 상대적으로 어렵다.

18 모수작업법에 대한 설명으로 옳지 않은 것은?

① 벌채가 집중되므로 경비가 절약된다.
② 토양침식과 유실이 발생할 가능성이 낮다.
③ 작업의 용이성으로 보아서는 개벌작업과 상당히 유사하다.
④ 모수는 종자의 결실량이 많고 비산능력이 좋은 수종으로 선택한다.

해설
모수작업법은 임지의 노출로 토양침식 및 유실이 우려되는 작업이다.

19 대상 산벌갱신에 대한 설명으로 옳지 않은 것은?

① 일반적으로 양수 수종 갱신에 유리하다.
② 대상지의 폭은 수고의 2~3배 정도이다.
③ 벌채는 주풍방향과 반대방향으로 진행하는 것이 유리하다.
④ 풍해를 예방하기 위한 방법으로 상방하종 및 측방하종도 가능하다.

해설
산벌작업은 음수 수종 갱신에 유리하다.

20 토양수 중 식물이 쉽게 이용할 수 있는 pF 1.8~4.2에 상당하는 유효수분은?

① 화합수 ② 흡습수
③ 모관수 ④ 중력수

해설
모관 인력에 의하여 토양 내의 작은 공극을 상승하는 수분을 모관수라 하며 pF 1.8 ~ 4.2 에 해당한다.

정답 14. ② 15. ③ 16. ② 17. ② 18. ② 19. ① 20. ③

21 솔잎혹파리 방제를 위한 가장 효과적인 나무주사 약제는?

① 메탐소듐
② 석회유황합제
③ 아세타미프리드
④ 옥시테트라사이클린

> **해설**
> 솔잎혹파리는 나무주사를 통해 방제하며 주로 포스팜액제와 아세타미프리드 액제를 이용한다.

22 대기오염물질에 의한 활엽수의 병징으로 옳지 않은 것은?

① PAN : 엽맥 사이 조직의 황화현상 및 잎의 비대화
② 아황산가스 : 잎의 끝 부분과 엽맥 사이 조직의 괴사
③ 질소산화물 : 초기에 흩어진 회녹색 반점이 생기다가 잎의 가장자리 조직 괴사
④ 오존 : 잎 표면에 주근깨 같은 반점이 형성되고 반점이 합쳐져 표면의 백색화

> **해설**
> PAN 은 식물의 세포막이나 소기관을 파괴하여 기능을 상실시키며 광합성을 저하시킨다.

23 목질부를 가해하는 천공성 해충이 아닌 것은?

① 선녀벌레
② 소나무좀
③ 버들바구미
④ 측백하늘소

> **해설**
> 선녀벌레는 흡즙성 해충이다.

24 미국흰불나방에 대한 설명으로 옳지 않은 것은?

① 번데기로 월동한다.
② 1년에 2회 이상 발생한다.
③ 약 50개 정도의 알을 낳는다.
④ 1화기 성충 발생 기간은 5월 ~ 6월 이다.

> **해설**
> 미국흰불나방은 잎 뒷면에 600~700개 알을 산란한다.

25 옥시테트라사이클린을 주입하여 방제하는 수목병은?

① 잣나무 털녹병
② 포플러 모자이크병
③ 밤나무 근두암종병
④ 오동나무 빗자루병

> **해설**
> 옥시테트라사이클린을 주입하여 방제하는 수목병으로 오동나무 빗자루병, 대추나무 빗자루병 등이 있다.

26 내화력이 가장 약한 수종은?

① 은행나무
② 고로쇠나무
③ 가문비나무
④ 아까시나무

> **해설**
> 내화력이 약한 수종으로 소나무, 해송, 편백, 녹나무, 아까시나무 등이 있다.

27 유충으로 월동하는 해충은?

① 소나무좀
② 솔잎혹파리
③ 참나무재주나방
④ 오리나무잎벌레

> **해설**
> 솔잎혹파리는 지피물아래나 땅속에서 유충형태로 월동한다.

정답 21. ③ 22. ① 23. ① 24. ③ 25. ④ 26. ④ 27. ②

28 한해(drought injury)의 피해를 가장 적게 받는 수종은?
① 소나무   ② 오리나무
③ 버드나무 ④ 포플러류

해설
한해의 피해가 발생하기 쉬운 수종으로 버드나무, 오리나무, 들메나무, 포플러 등이 있다.

29 미국흰불나방이 월동하는 형태는?
① 알   ② 성충
③ 유충   ④ 번데기

해설
미국흰불나방은 번데기 형태로 월동한다.

30 오리나무잎벌레에 대한 설명으로 옳지 않은 것은?
① 번데기를 형성한다.
② 1년에 1회 발생한다.
③ 유충과 성충이 모두 잎을 가해한다.
④ 낙엽이나 지피물 밑에서 유충으로 월동한다.

해설
오리나무잎벌레는 성충형태로 지피물 혹은 흙속에 월동한다.

31 참나무 시들음병의 전반 경로는?
① 물   ② 바람
③ 종자   ④ 매개충

해설
참나무 시들음병은 매개충인 광릉긴나무좀에 의해 전반된다.

32 소나무 재선충병의 방제법으로 옳지 않은 것은?
① 피해목을 훈증한다.
② 광릉긴나무좀을 구제한다.
③ 이목을 설치하여 소각 및 패쇄한다.
④ 소나무 주변으로 토양관주를 실시한다.

해설
소나무 재선충병의 매개충은 솔수염하늘소로 이를 구제한다.

33 솔잎혹파리에 대한 설명으로 옳지 않은 것은?
① 벌레혹을 만든다.
② 1년에 2회 발생한다.
③ 5~7월경에 우화한다.
④ 유충은 땅속에서 월동한다.

해설
솔잎혹파리는 1년에 1회 발생한다.

34 윤작의 연한이 짧아도 방제 효과가 가장 큰 수목병은?
① 흰비단병
② 자주빛날개무늬병
③ 침엽수의 모잘록병
④ 오리나무 갈색무늬병

해설
오리나무 갈색무늬병은 연작에 의한 피해가 심하기에 윤작을 통해 방제하는데 윤작의 연한이 짧아도 방제의 효과가 좋다.

35 어스렝이나방이 월동하는 형태는?
① 알   ② 유충
③ 성충   ④ 번데기

해설
어스렝이나방은 알 형태로 월동한다.

정답 28. ① 29. ④ 30. ④ 31. ④ 32. ② 33. ② 34. ④ 35. ①

36 전염성 수목병에 있어서 주인에 해당하는 것은?

① 수종　　② 병원체
③ 재배법　④ 토양조건

해설
병의 발병조건은 병원균, 기주, 환경, 시간 등의 요소가 있는데 여기서 직접적으로 관여하는 요인인 주인은 병원균과 병원체의 전염성이 있다.

37 솔나방에 대한 설명으로 옳지 않은 것은?

① 보통 5령충으로 월동한다.
② 성충은 4월 전후에 발생한다.
③ 1년에 1회, 일부 남부지방에서는 2회 발생한다.
④ 부화유충기인 8월에 비가 많이 오면 사망률이 높아진다.

해설
솔나방의 성충은 7~8월에 나타난다.

38 산불 피해에 대한 설명으로 옳지 않은 것은?

① 산불의 피해는 여름이 가장 크다.
② 은행나무가 소나무보다 산불의 피해가 작다.
③ 활엽수보다 침엽수가 산불의 피해를 심하게 받는다.
④ 수령이 낮은 임분일수록 산불의 피해를 많이 받는다.

해설
산불의 피해는 주로 봄에 가장 크다.

39 나무의 수피와 목질부 표면을 환상으로 식해하며 거미줄을 토하여 벌레똥과 먹이 잔재물을 식해부위에 철하여 놓는 해충은?

① 박쥐나방　　② 알락하늘소
③ 광릉긴나무좀　④ 잣나무넓적잎벌

해설
박쥐나방의 특징은 식물의 줄기 속을 파먹으며 구멍 난 곳을 관찰시 섬유질과 박쥐나방의 배설물이 섞여 있는 것을 관찰할 수 있다.

40 일반적으로 연간 발생횟수가 가장 많은 해충은?

① 매미나방　　② 솔잎혹파리
③ 밤나무혹벌　④ 미국흰불나방

해설
미국흰불나방은 1년에 2회 발생하며 매미나방, 솔잎혹파리, 밤나무혹벌은 1년에 1회 발생한다.

41 다음 조건에서 정액법에 의한 감가상각비는?

- 벌도목을 집재하기 위하여 10년 전에 7천5백만원으로 펠러번처를 구입한다.
- 펠러번처의 중고 가격은 2천만원이다.

① 20만원/년　　② 55만원/년
③ 200만원/년　④ 550만원/년

해설
$$\frac{\text{구입가격} - \text{폐물가격}}{\text{내용연수}}$$
$$= \frac{7{,}500\text{만원} - 2{,}000\text{만원}}{10\text{년}}$$
$$= 550\text{만원/년}$$

정답　36. ②　37. ②　38. ①　39. ①　40. ④　41. ④

42 임목평가의 방법 중에서 유령림의 평가에 가장 적합한 것은?

① Glaser 법　② 시장가역산법
③ 임목기망가법　④ 임목비용가법

해설
유령림에서 임목평가는 식재 및 보육을 위한 투자액을 기준으로 하는 임목비용가법이 적합하다.

43 산림경영계획 수립 시 소반구획을 달리하는 경우에 속하지 않는 것은?

① 지종이 상이할 때
② 작업종이 상이할 때
③ 지위, 지리가 상이할 때
④ 임종, 경급이 상이할 때

해설
산림경영계획에서 소반구획시 임종 및 경급이 상이한 경우는 해당되지 않는다.

44 이상적인 임분의 ha 당 재적이 30m³ 이고, 현실임분의 ha 당 재적이 15m³ 이라면 임분의 입목도는?

① 0.1　② 0.5
③ 1　④ 2

해설
임목도는 임목밀도로서 정상임분과 현실임분의 축적의 비를 이용하여 구한다.
$\frac{15}{30} = 0.5$

45 산림평가에 대한 설명으로 옳지 않은 것은?

① 임도.저목장.건물 등 임지 안의 시설에 대하여 평가한다.
② 임지 안의 동물, 토석, 광물 등에 대하여는 평가하지 않는다.
③ 산림의 공익적 기능은 종류별로 분류하여 계량평가를 한다.
④ 임지는 자연적 요소, 지위 및 지리별 입목지, 벌채적지, 미립목지, 시설부지, 암석지, 지소 등으로 나누어 평가한다.

해설
산림 평가에서 부산물은 임지 내의 동물, 토석, 광물 등에 대해서 평가한다.

46 우리나라의 경우 흉고직경은 입목의 지상 몇 미터 높이에서 측정하는가?

① 0.5m　② 1.0m
③ 1.2m　④ 1.5m

해설
국내의 경우 근원부에서 높이 1.2m 높이의 직경을 흉고직경이라 한다.

47 임업경영의 지도 원칙이 아닌 것은?

① 공정성의 원칙　② 경제성의 원칙
③ 수익성의 원칙　④ 보속성의 원칙

해설
임업경영의 지도원칙으로 수익성의 원칙, 경제성의 원칙, 생산성의 원칙, 보속성의 원칙, 합자연성의 원칙, 환경보전의 원칙이 있다.

정답 42. ④　43. ④　44. ②　45. ②　46. ③　47. ①

48 어떤 재화로부터 장차 얻을 수 있을 것으로 기대되는 수익을 일정한 이율로 할인하여 구한 현재가를 무엇이라 하는가?

① 기망가 ② 매매가
③ 비용가 ④ 자본가

해설
기망가는 장차 발생할 것으로 기대되는 수익의 합계이다.

49 말구직경 24cm, 중앙직경 28cm, 원구직경 34cm, 재장이 4m인 통나무를 Newton식(또는 Riecke)식으로 계산한 재적은?

① 약 0.246m³ ② 약 0.255m³
③ 약 0.272m³ ④ 약 0.295m³

해설
$$\frac{\text{원구단면적} + 4 \times (\text{중앙단면적}) + \text{말구단면적}}{6} \times \text{재장}$$

$$\frac{(\pi \times 0.12^2) + 4(\pi \times 0.14^2) + (\pi \times 0.17^2)}{6} \times 4 ≒ 0.255 m^3$$

50 임지생산능력을 판단하는 항목으로 옳지 않은 것은?

① 법정축적에 의한 방법
② 환경인자에 의한 방법
③ 지위지수에 의한 방법
④ 지표식물에 의한 방법

해설
임지의 생산능력을 판단하는 항목으로 환경인자에 의한 방법, 지위지수에 의한 방법, 지표식물에 의한 방법 등이 있다.

51 임목 생산에 들어간 각종 비용의 원리금 합계에서 육림기간 중에 얻은 간벌수입이나 기타 임산물 수입의 원리금 합계를 공제한 나머지를 가리키는 것은?

① 육림비 ② 수익가
③ 차액지대 ④ 임목원가

해설
육림비는 육림을 하는 기간 중에서 얻을 수 있는 수입의 원리합계를 공제한 것을 임목원가라 한다.

52 산림경영계획에서 소반구획의 최소 면적은?

① 0.1ha ② 1ha
③ 10ha ④ 100ha

해설
산림경영계획에서 소반은 최소 1ha 이상을 구획한다.

53 산림조사 항목으로 지황 조사항목이 아닌 것은?

① 지세 ② 지위
③ 지리 ④ 임종

해설
임종은 임황 조사항목이다.

54 노령림과 미숙림이 함께 존재하는 임분을 벌채할 때 어느 쪽이든지 경제적 불이익을 감소시키기 위하여 설정하는 기간은?

① 갱신기 ② 윤벌기
③ 회기년 ④ 정리기

해설
정리기(갱정기)는 법정인 영급으로 정리하는 기간을 말하며 경제적 불이익을 적게 하여 수확량을 균등하고 지속시키기 위한 생산기간이다.

정답 48. ① 49. ② 50. ① 51. ④ 52. ② 53. ④ 54. ④

55 흉고직경 측정 자료가 2cm 괄약으로 정리되었을 경우, 흉고직경 10cm는 어떤 흉고직경의 측정범위에 속하는가?

① 8cm 이상 ~ 10cm 미만
② 9cm 이상 ~ 11cm 미만
③ 10cm 이상 ~ 12cm 미만
④ 9.5cm 이상 ~ 11.5cm 미만

해설
흉고직경 10cm 의 괄약기준 측정범위는 9cm 이상 ~ 11cm 미만이다.

56 다음 중 임목 직경 측정에 적합하지 않은 기구는?

① 포물선윤척   ② 빌티모아스틱
③ 아브네이레블 ④ 스피겔릴라스코프

해설
아브네이레블은 수고 측정 장비이다.

57 산림경영임지의 확보, 임업기술개발 및 학술연구를 위하여 보존할 필요가 있는 국유림은?

① 학술국유림   ② 필요국유림
③ 보존국유림   ④ 요존국유림

해설
요존국유림은 국토보존, 산림경영, 학술연구, 임업기술개발, 문화재의 보호 등의 국가가 보존할 필요가 있는 산림을 의미한다.

58 다음 중 민유림의 의미로 옳은 것은?

① 사유림
② 국유림과 사유림
③ 국유림과 공유림
④ 공유림과 사유림

해설
민유림은 국가 이외의 것이 소유하는 산림을 의미하며 공유림이나 개인, 단체 등의 사유림이 포함된다.

59 다음 중 산림측량의 종류로 옳지 않은 것은?

① 주위측량   ② 시설측량
③ 구획측량   ④ 하해측량

해설
산림측량의 종류로 주위측량, 구획측량, 시설측량이 있다. 하해측량은 호수, 해안지역 등에 시공을 위한 측량을 의미한다.

60 단목의 연령을 측정하는 방법에 관한 설명으로 옳은 것은?

① 목측으로도 나무의 크기에 관계없이 정확한 나무의 나이를 측정 할 수 있다.
② 기록에 의한 방법은 과거의 조림 기록에 의해 나무의 연령을 측정하는 방법이다.
③ 지절에 의한 방법은 가지의 모양에 관계없이 가지의 수를 세어 연령을 파악할 수 있는 방법이다.
④ 성장추를 이용하여 흉고부위에서 목편을 채취하여 연륜수를 파악하면 그것이 곧 그 나무의 연령이 된다.

해설
기록에 의한 방법은 초기 조림을 했던 시기를 기록하여 그때를 기준으로 나무의 연령을 측정하는 방법이다.

61 해안사지 조림용 수종의 구비조건으로 거리가 먼 것은?

① 바람에 대한 저항력이 클 것
② 양분과 수분에 대한 요구가 클 것
③ 온도의 급격한 변화에도 잘 견디어 낼 것
④ 울폐력이 좋고 낙엽, 낙지 등에 의하여 지력을 증진시킬 수 있을 것

해설
해안사지의 경우 양분과 수분의 요구도가 적어야 생존이 가능하며 대표 수종으로 해송, 사시나무, 아까시나무 등이 있다.

정답 55. ② 56. ③ 57. ④ 58. ④ 59. ④ 60. ② 61. ②

62 비탈면 녹화에 사용하는 사방용 초본류 중 재래종이 아닌 것은?

① 김의털 ② 오리새
③ 제비쑥 ④ 까치수영

해설
오리새는 도입초종이다.

63 가선집재와 비교한 트랙터 집재에 대한 설명으로 옳지 않은 것은?

① 작업비가 절약된다.
② 작업생산성이 높다.
③ 급경사지에서도 가능하다.
④ 기동성이 있고 탄력적으로 작업할 수 있다.

해설
트랙터 집재는 급경사지에서는 작업 능률이 낮고 사고의 위험성이 있다.

64 비탈면의 녹화를 위한 사방공사에 속하지 않는 것은?

① 조공 ② 비탈덮기
③ 바자얽기 ④ 비탈다듬기

해설
비탈다듬기는 산지사방 기초공사에 속한다.

65 임도의 노선 결정시 주요 통과지에 대한 유의사항으로 옳지 않은 것은?

① 지형에 순응한 선형으로 한다.
② 붕괴지, 암석지, 습지는 가급적 피한다.
③ 너무 많은 흙깎기, 흙쌓기가 필요한 곳은 피한다.
④ 가급적 교량, 옹벽 등 구조물 시설이 많은 곳으로 한다.

해설
임도의 노선 설정시 고조물 시설이 많은 곳은 오히려 공사비가 추가로 들기에 피하도록 한다.

66 비탈면 붕괴에 관여하는 주요 요인이 아닌 것은?

① 임상 ② 토질
③ 임령 ④ 지형

해설
비탈면 붕괴는 침식, 임상, 지형, 작업 등의 요인들이 있으며 임령은 나무의 나이를 의미한다.

67 벌목 운재 계획을 위한 예비조사가 아닌 것은?

① 임항 및 지황 조사
② 반출방법에 대한 조사
③ 벌목구역의 개황 조사
④ 기존 실행결과에 의한 조사

해설
임황 및 지황조사의 경우 산림 생산력에 대한 조사 내용이다.

68 톱체인(saw chain)의 날세우기와 점검시 주의사항으로 옳지 않은 것은?

① 드라이브링크의 끝을 뾰족하게 한다.
② 깊이제한부의 어깨부위를 뾰족하게 한다.
③ 창날각, 가슴각, 지붕각을 일정하게 한다.
④ 날의 길이와 커터의 높이를 일정하게 한다.

해설
깊이제한부는 어깨부위를 연마를 통해 둥근형태로 부드럽게 해주어야 한다.

69 임도를 기능에 따라 분류할 때 성격이 다른 것은?

① 주임도 ② 부임도
③ 사리도 ④ 작업도

해설
사리도는 자갈길이라 하여 재료에 따른 분류에 속한다.

정답 62. ② 63. ③ 64. ④ 65. ④ 66. ③ 67. ① 68. ② 69. ③

70 비탈 돌쌓기 시공요령으로 옳지 않은 것은?
① 귀돌이나 갓돌은 규격에 맞는 것으로 한다.
② 돌쌓기의 세로줄눈은 파선줄눈을 피하여 쌓는다.
③ 높은 돌쌓기는 아래로 내려오면서 돌쌓기의 뒷길이를 길게 한다.
④ 기초를 깊이 파고 단단히 다져야 하며 큰 돌부터 먼저 놓아가면서 차례로 쌓아 올린다.

[해설] 돌쌓기의 줄눈은 통줄눈을 피하고 파선줄눈으로 쌓는다.

71 임도개설 작업 시 측면 절토 또는 흙을 밀어낼 때 가장 적합한 장비는?
① 로드 롤러 ② 토우인 윈치
③ 앵글 도우저 ④ 모터 그래이더

[해설] 앵글도저는 측면의 절토, 정지, 흙메우기 등의 작업에 적합하며 블레이드를 좌우로 방향을 전환하여 흙을 좌우로 운반이 가능하다.

72 고저측량에서 전시와 후시를 함께 읽는 점으로 오차발생 시 측량결과에 중요한 영향을 주는 것은?
① 중간점 ② 기계고
③ 미지점 ④ 이기점

[해설] 전시와 후시가 모두 있는 측점을 이기점 이라 한다.

73 트랙터에 의한 집재 방법이 아닌 것은?
① 팬 ② 설키
③ 지면끌기 ④ 인클라인

[해설] 트랙터의 집재방법으로 지면끌기집재, 팬집재, 설키집재 등이 있다.

74 산지 황폐의 진행상태가 초기 단계부터 순차적으로 올바르게 나열된 것은?
① 초기황폐지 – 임간나지 – 민둥산 – 척악임지 – 황폐이행지
② 초기황폐지 – 임간나지 – 민둥산 – 황폐이행지 – 척악임지
③ 임간나지 – 척악임지 – 초기황폐지 – 황폐이행지 – 민둥산
④ 척악임지 – 임간나지 – 초기황폐지 – 황폐이행지 – 민둥산

[해설] 황폐지 유형 및 단계는 <척악임지→임간나지→초기황폐지→황폐이행지→민둥산> 순서로 진행된다.

75 산지와 절개지에서 발생한 황폐지 복구 방법으로 옳지 않은 것은?
① 빗물을 분산시켜 일정한 장소에 모이거나 흐르게 한다.
② 도랑이나 작은 구곡 수로에는 떼로 수로와 누구막이를 만들어 침식을 막는다.
③ 불규칙한 지반을 정리하고 녹화공법 위주로 식생을 조성하여 표토를 피복한다.
④ 경사가 완만한 경우는 단을 끊고 가급적 파종상을 만들지 않아 표토의 이동이 없도록 한다.

[해설] 경사가 완만한 황폐지의 경우 단을 끊지 않고 가급적 표토 이동없이 파종상을 만든다.

76 가선집재 작업이 수행 가능한 장비로 가장 효율적인 것은?
① 타워야더 ② 하베스터
③ 펠러번처 ④ 프로세서

[해설] 타워야더는 철재 기둥과 가선집재 장치인 윈치를 트랙터 혹은 트럭에 탑재한 장비로 경사가 급한 지역에도 작업이 가능하다.

정답 70. ② 71. ③ 72. ④ 73. ④ 74. ④ 75. ④ 76. ①

77 생산재의 품등에 영향을 미치고, 규격이 맞는 경제성이 높은 목재를 생산하기 위하여 실시하는 것은?

① 조재목 검척
② 조재목 마름질
③ 가지제거 작업
④ 통나무 자르기

> **해설**
> 집재목의 길이를 측정하여 원목의 크기를 표시하는 작업을 조재목 마름질 혹은 재장을 측정하는 작업이라 한다.

78 산악지대에 임도를 배치하는 방법으로 개설비용이 가장 적고 토사 유출이 적지만 상향집재만 가능한 것은?

① 능선임도
② 계곡임도
③ 사면임도
④ 산복임도

> **해설**
> 능선임도형은 축조비용이 가장 적게 소요되며 토사 유출이 적으나 제한된 범위 내에서만 이용이 가능하고 상향집재에만 의지한다.

79 시멘트의 경화 촉진제로 쓰이는 것은?

① 석고
② 염화칼슘
③ 탄산칼슘
④ 탄산나트륨

> **해설**
> 응결경화 촉진제는 수화반응을 통해 조기에 강도를 상승시키는 작용을 하며 염화칼슘, 염화알루미늄 등이 있다.

80 벌목작업 시 벌도목이 인근 나무에 걸렸을 때 해결방법으로 가장 적합한 것은?

① 걸려있는 인근 나무를 베도록 한다.
② 걸치고 있는 나무를 벌도하여 함께 넘긴다.
③ 걸린 나무에 올라가 흔들어 떨어뜨리도록 한다.
④ 지렛대를 사용하여 걸린 나무를 돌려 낙하되도록 한다.

> **해설**
> 벌목작업 도중에 옆의 나무에 걸렸을 경우 지렛대를 이용하여 작업자의 반대 방향으로 나무를 돌려 낙하시킨다.

정답 77. ② 78. ① 79. ② 80. ④

올배움 이러닝 강의 및 교재내용 문의

올배움 홈페이지 www.kisa.co.kr 에
방문하시면 본 교재의 저자직강 강의를 통하여
자격증 단기합격을 할 수 있습니다.
또한 본 교재의 정오표는
올배움 홈페이지를 통해 확인이 가능하며
그 밖의 다른 의견 및 오탈자를 제보해주시면
더 좋은 강의와 교재로 보답하겠습니다.

www.kisa.co.kr

1544-8509   카톡 ID : kisa

올배움BOOK
홈페이지
바로가기 >

산림기사 · 산업기사 과년도 필기

1판1쇄 발행 2023년 1월 10일	2판1쇄 발행 2024년 1월 10일
3판1쇄 발행 2025년 1월 10일	4판1쇄 발행 2026년 1월 10일

지은이 • 권 현 준
펴낸이 • 이 정 훈
펴낸곳 • 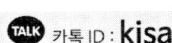 올배움
주 소 • 서울시 금천구 가산디지털1로 168 B동 B105(가산동, 우림라이온스밸리)
전 화 • 1544-8509 / FAX 0505-909-0777
홈페이지 • www.kisa.co.kr

법인등록번호 • 110111-5784750
I S B N • 979-11-6517-183-4 (13520)

정가 29,000원

이 책에서 내용의 일부 또는 도해를 다음과 같은 행위자들이 사전 승인없이 인용할 경우에는
저작권법 제93조 「손해배상청구권」에 적용 받습니다.
① 단순히 공부할 목적으로 부분 또는 전체를 복제하여 사용하는 학생 또는 복사업자
② 공공기관 및 사설교육기관(학원, 인정직업학교), 단체 등에서 영리를 목적으로 복제·배포
   하는 대표, 또는 당해 교육자
③ 디스크 복사 및 기타 정보 재생 시스템을 이용하여 사용하는 자

※ 파본은 구입하신 서점에서 교환해 드립니다.